Auf der Internationalen Wasserausstellung Lüttich 1939
hatte die Hafenbautechnische Gesellschaft ihre Jahrbücher ausgestellt.
Ihr wurde vom Internationalen Preisgericht ein
„Grand Prix"
zuerkannt.

Die Hafenbautechnische Gesellschaft ist stolz auf die Verleihung dieser höchsten Auszeichnung;
sie wird ihr ein Ansporn sein, in dem Bestreben fortzufahren, durch wissenschaftliche Bearbeitung
von Fragen aus dem Gebiet des Hafenbaus, der Wasserstraßentechnik und der Hafenverkehrswege
zur Erforschung der Zusammenhänge zwischen Bau, Betrieb und Wirtschaftsführung beizutragen
und deren Belangen auch in Zukunft zu dienen.

Jahrbuch

der

Hafenbautechnischen Gesellschaft

Schirmherr: Großadmiral Dr. h. c. E. Raeder

Im Arbeitskreis „Schiffahrtstechnik" des NS-Bundes deutscher Technik

In den Zentralvereinen für deutsche Seeschiffahrt und deutsche Binnenschiffahrt

Achtzehnter Band
1939–1940

Mit 305 Abbildungen im Text und auf 6 Tafeln

Springer-Verlag Berlin Heidelberg GmbH
1941

ISBN 978-3-642-89028-4   ISBN 978-3-642-90884-2 (eBook)
DOI 10.1007/978-3-642-90884-2

Alle Rechte, insbesondere das der Übersetzung
in fremde Sprachen, vorbehalten.

Copyright 1941 by Springer-Verlag Berlin Heidelberg
Originally published by Springer-Verlag o. H. G. in Berlin in 1941
Softcover reprint of the hardcover 1st edition 1941

Additional material to this book can be downloaded from http://extras.springer.com.

Inhaltsverzeichnis.

Seite

25 Jahre Hafenbautechnische Gesellschaft 1914—1939. Von Professor Dr.-Ing. A. Agatz, Hafenbaudirektor a. D., Erster Vorsitzender der Hafenbautechnischen Gesellschaft, Berlin 1

Vortrag, gehalten auf der 17. Hauptversammlung in Lübeck am 18. Mai 1939.

Hafenpolitik. Von Staatssekretär i. R. Koenigs, Berlin 7

Veröffentlichungen der Ausschüsse der Hafenbautechnischen Gesellschaft.

1. Ausschuß für Hafenumschlagstechnik. Von O. Wundram, Hamburg 14
2. Die Straßenverkehrswege in den Binnenhäfen. Von Direktor J. H. Nadermann, Magdeburg, Leiter der Arbeitsgruppe „Straßenwege" im Ausschuß für Hafenverkehrswege der Binnenhäfen 17
   - I. Zubringerstraßen für die Binnenhäfen 17
   - II. Hafenstraßen im engeren Sinne 20
     - a) Begriffsbestimmung — rechtlicher Charakter. 20
     - b) Arten 21
     - c) Verhältnis der Straße zur Uferkante usw. und
     - d) Verkehr auf den Hafenstraßen 22
     - e) Parkplätze und Autobahnhöfe 28
   - Zusammenfassung 28

Beiträge.

Lübecks hansische Überlieferung. Von Oberbürgermeister Staatsrat Dr. O. H. Drechsler, Lübeck . . 31

Lübecks neue Aufgaben im Ostseeraum. Von Gesandten Werner Daitz, Berlin 33

Der Hafen von Kopenhagen. Gestaltung, Entwicklung, Bedeutung und Zukunft. Von Dr.-Ing. I. A. Rimstad, Kopenhagen 36
  - I. Der Hafenplan 36
    1. Yderhavnen 36
    2. Inderhavnen 39
    3. Sydhavnen 42
  - II. Die Entwicklung des Hafens 43
  - III. Kennzeichnende Bohlwerks- und Kaibauten des Hafens 44
  - IV. Die wirtschaftliche Bedeutung des Hafens 49
  - V. Die Zukunft 51
  - Schrifttum 54

Wirkungen von Formänderungen verankerter Bohlwände und des stützenden Bodens auf die Verteilung der äußeren und inneren Kräfte. Von Baurat Dr.-Ing. Hermann G. Schütte, Hamburg 55
  - Gebräuchliche Berechnungsverfahren 55
  - Kennwert für das Verhältnis des Wandweges zum Grenzwert des Erdwiderstandes 56
  - Änderung gegenüber der Ausgangsberechnung bei Berücksichtigung der Bodennachgiebigkeit . . . 57
  - Änderung gegenüber der Ausgangsberechnung bei Berücksichtigung des Erdwiderstandes gegen die Rückbiegung des Überankerteils 58
  - Änderung gegenüber der Ausgangsberechnung bei Berücksichtigung der Erddruckverlagerung infolge Ausbiegens der Wand 60
  - Einfluß des Bauvorganges auf die Erddruckverteilung 60
  - Das wahrscheinliche Einspielen der Kräfte 61
  - Schriftennachweis 63

Vorarbeiten für Seebauten. Von Regierungs- und Baurat J. M. Lorenzen, Kiel 64
  - I. Einleitung 64
  - II. Art und Aufgabe der Seebauten 65
    1. Küstenschutz 65
    2. Landgewinnung 66
    3. Verkehrswasserbau 66

		Seite
III.	Die Vorarbeiten für Seebauten	66
	A. Allgemeines	66
	B. Art und Durchführung der an der schleswig-holsteinischen Westküste ausgeführten Vorarbeiten	69
	1. Das Wattenmeer als Baugebiet	69
	a) Die Wattoberfläche. S. 69 — b) Der Wattuntergrund. S. 70.	
	2. Die Gezeitenbewegung	74
	a) Allgemeines. S. 74 — b) Pegelwesen. S. 74 — c) Strom- und Sinkstoffmengen. S. 76 —	
	C. Einsatz der Vorarbeiten für die Planung von Seebauten	78
	1. Friedrichskoogspitze	79
	a) Watt- und Gezeitenuntersuchungen. S. 80 — b) Die Wirkung des Dammes. S. 80 — c) Vorläufige Folgerungen aus den Untersuchungen und der bisherigen Wirkung des Dammes. S. 81 —	
	2. Dammbau Festland—Pellworm	84
	3. Uferschutz auf der Insel Sylt	86
	D. Stand der Vorarbeiten im schleswig-holsteinischen Wattmeer	89
IV.	Schluß	90

Die Entwicklung der Fahrwasserverhältnisse in der Außenelbe. Von Bauassessor Dr.-Ing. Walter Hensen, Hamburg 91

		Seite
I.	Ziel der Forschungen	91
II.	Grundlagen der Untersuchungen	94
	a) Kartenvergleich	94
	1. Allgemeines	94
	2. Kartenverzeichnis	94
	3. Bemerkungen zu den Karten	94
	b) Grundsätzliche Bemerkungen zu einigen Problemen im Tidegebiet	97
	1. Orbitaltheorie	97
	2. Reflexion	97
	3. Tidehub und Regelungsmaßnahmen	98
	4. Tidehub und Oberwasser	100
	5. Bedeutung des Tidehubes	100
	6. Beispiele	101
	7. Lage der Kenterpunkte	102
	8. Reststrom	104
	9. Dichteunterschiede	105
	10. Strömungsablenkung infolge der Erdumdrehung	107
	11. Sturmfluten	109
	12. Küstensenkung	112
	c) Messungen in der Natur	112
	1. Einleitung	112
	2. Wasserstandsbeobachtungen	113
	3. Strömungsmessungen	115
	α) Schwimmermessungen	115
	β) Flügel- und Logmessungen	118
	4. Salzgehaltsmessungen	125
	5. Sandwanderungsmessungen	128
	6. Bodenproben	130
	7. Schwebestoffmessungen	130
III.	Entwicklung der Fahrwasserverhältnisse in der Außenelbe	132
	a) Allgemeiner periodischer Verlauf	132
	1. Entstehung von Sandablagerungen auf der Nordseite der Süder Elbe	132
	2. Umwandlung der Ablagerungen zu einem selbständigen Mittelsand	133
	3. Wanderung des Mittelsandes nach Süden	134
	4. Wirkung der Südwanderung des Mittelsandes	134
	5. Anschluß des Mittelsandes an das Neuwerker Watt	134
	6. Letzte Wirkungen des Anschlusses des Mittelsandes	135
	b) Erläuterungen und Einzelheiten zum periodischen Verlauf	135
	1. Allgemeines	135
	2. Erläuterungen und Einzelheiten zu a) 1.—6.	135
	c) Einzelheiten aus dem Kartenvergleich	144
	1. Vorgeschichte	144
	2. Gebiet nördlich der Elbe	146
	α) Sände und Inseln	146
	β) Wasserläufe	150
	γ) Orte	150

		Seite
3. Gebiet südlich der Elbe		151
α) Orte, Watten, Inseln, Sände		151
β) Wasserläufe		152
IV. Maßnahmen zur Verbesserung der Fahrwasserverhältnisse		153
a) Heutiger Stromzustand		153
b) Ausblick		155
c) Regelmaßnahmen		156
1. Allgemeines		156
2. Rechnungsverfahren		157
3. Modellversuche		157
V. Vergleich der größeren deutschen Tideströme		158
VI. Zusammenfassung		159
Schrifttum		163
Abkürzungen		165

Die Entwicklung der ostfriesischen Inseln in geschichtlicher, geomorphologischer, hydrodynamischer und seebautechnischer Hinsicht. Ein Beitrag zur Frage der Sandwanderung in der südlichen deutschen Nordsee. Von Regierungsbaurat Dr.-Ing. H. Backhaus, Stade 166

A. Einleitung 166
    I. Die ostfriesischen Inseln und die Küste in vorgeschichtlicher Zeit und ihre geologische Veränderung 166
    II. Die Kräfte der Insel- und Küstengestaltung 173
    III. Übersicht der geschichtlichen, kartographischen und archivalischen Unterlagen 175

B. Hauptteil. Die Beschreibung, geschichtliche, morphologische und seebautechnische Entwicklung der Ostfriesischen Inseln und Küste. 176
    I. Die ostfriesischen Inseln 176
        a) Die Entwicklung der Insel Borkum 178
        b) Die Entwicklung der Insel Juist 182
        c) Die Entwicklung der Insel Memmert 188
        d) Die Entwicklung der Insel Norderney 190
        e) Die Entwicklung der Insel Baltrum 198
        f) Die Entwicklung der Insel Langeoog 204
        g) Die Entwicklung der Insel Spiekeroog 209
        h) Die Entwicklung der Insel Wangeroog 214
    II. Die Beschreibung und geschichtliche Entwicklung der Watten 218
    III. Die Veränderung des Strandes, Vorstrandes und des Nordsee-Meeresbodens 223

C. Ergebnis der Untersuchungen und Folgerungen 225
    Übersicht über das vorhandene Schrifttum 234
    Übersicht über die benutzten Karten 237
    Übersicht über die aus dem Staatsarchiv Aurich, dem Archiv der Marinewerft Wilhelmshaven und der nautischen Abteilung des Oberkommandos der Kriegsmarine Berlin benutzten Karten 240

Aus der Geschichte des Antwerpener Hafens. Gemeinschaftsarbeit von Oberbaurat Franz Bock, Köln und Regierungsbaurat Dr.-Ing. Bernhard Kressner, Hamburg 243
    I. Der Zustand des Antwerpener Hafens beim Ausbruch des Weltkrieges 243
        A. Die Seezufahrtstraße 243
        B. Die Hafenanlagen 245
        C. Die Verbindungen mit dem Hinterland 248
    II. Erweiterungs- und Verbesserungsbestrebungen 249
    III. Der Antwerpener Hafen in seiner wirtschaftlichen Bedeutung vor dem Weltkriege 260
    IV. Die Ausbau- und Erweiterungsbauten in der Zeit nach dem Weltkriege 264
        A. Die Seezufahrtstraße 264
        B. Die Hafenanlagen 265
            1. Allgemeine Hafenwerke 265
            2. Besondere Anlagen 267
                a) Die Kruisschansschleuse. S. 267 — b) Bewegliche Brücken. S. 271 — c) Die Speicher- und Umschlagsanlagen für Kalisalze. S. 272 — d) Trockendocks. S. 276.
            3. Fortschritte in der mechanischen Hafenausrüstung 276
                a) Kaikräne. S. 276 — b) Verladebrücken und Brückenkräne. S. 277 — c) Schwimmkräne. S. 278 — d) Schwimmende Getreideheber. S. 279.

		Seite
	4. Die Entwicklung der Eisenbahnanlagen	282
	5. Die Untertunnelungen der Schelde	283
C.	Die Verbindungen mit dem Hinterland. — Der Albert-Kanal	285
V.	Der Schiffs- und Warenverkehr nach dem Weltkriege	287

Der Seehafen von Bangkok (Thailand). Von **Dr.-Ing. A. Agatz,** ord. Professor an der Technischen Hochschule Berlin, Hafenbaudirektor a. D. 289

1. Die Handelsstatistik von Thailand 289
   - a) Allgemeines 289
   - b) Die Ausfuhrerzeugnisse Thailands 291
   - c) Der Außenhandel Thailands 295
   - d) Die Reisausfuhr 295
   - e) Die Teakholzausfuhr 299
   - f) Die Zinnausfuhr 299
   - g) Die Ausfuhr von Gummi 301
   - h) Die Ein- und Ausfuhr über die derzeitigen Häfen 301
   - i) Schiffahrt und Verkehr im Hafen Bangkok 302
2. Die bisherigen Anlagen für den Seeschiffsumschlag in Bangkok 306
3. Die bisherige Verwaltung des Hafens „Bangkok" 310
4. Die übrigen Häfen von Thailand 312
5. Die Voruntersuchungen für die Anlage eines Seehafens in Bangkok 314
   - a) Bericht der Völkerbundkommission 314
   - b) Die Ausschreibung des Generalplanes für den Seehafen Bangkok 316
6. Die Aufstellung des Generalplanes für den Seehafen Bangkok 321
   - a) Lage des Hafens 321
   - b) Forderungen an den Hafen 322
   - c) Natürliche Verhältnisse 323
   - d) Aufteilung des Hafengeländes 324
   - e) Eisenbahnverkehrswege 326
   - f) Leistungsfähigkeit der Bahnanlagen 328
     - I. Bemessung der Gleisanlagen für die einzelnen Kaistrecken 329
     - II. Berechnung des Haupthafenbahnhofs 334
   - g) Straßenwege 337
   - h) Wasserwege 337
   - i) Zollabschluß 337
   - k) Stückgutanlagen 338
   - l) Leistungsfähigkeit der Umschlagsanlagen für Stückgut 338
   - m) Fahrgastanlagen 341
   - n) Schwerlastumschlag 342
   - o) Reisumschlags- und Verarbeitungsanlagen 342
   - p) Berechnung der Leistungsfähigkeit der Umschlagsanlagen für Reis 342
   - q) Sonstige Anlagen an seeschifftiefen Kais 346
   - r) Anlagen am binnenschiffstiefen Kai 346
   - s) Trockendocks 346
   - t) Siedlungsgebiet 347
   - u) Versorgungsleitungen 348
   - v) Einzelbauwerke des ersten Ausbaues 348
   - w) Umfang der Hafenanlagen 348
   - x) Bauprogramm 348
   - y) Zusammenfassung 348
7. Die Regulierung des Chow Phraya-Flusses (Menam) und die Durchbaggerung der Barre mit Hauptkanal 350
8. Das Ausbauprogramm des ersten Ausbaues 357
9. Die Bauarbeiten und ihre Organisation 358
10. Die neue Organisation für den Seehafen Bangkok 358
11. Die wirtschaftlichen Folgen des Seehafenbaues 358
12. Zusammenfassung 359

Schrifttum zur weiteren Unterrichtung über Hafenfragen in Thailand 359

Register 360

Anläßlich der
25 - Jahrfeier in Lübeck, am 18. Mai 1939
ernannte die Hafenbautechnische Gesellschaft

zu

Ehrenmitgliedern

die Herren

Staatssekretär **Gustav Koenigs**, Berlin

In Anerkennung seiner großen Verdienste um die deutsche Hafenwirtschaft und Hafentechnik und für die stete Förderung der Bestrebungen
der Hafenbautechnischen Gesellschaft.

Dr.-Ing. e. h. **Rudolf Christiani**, Kopenhagen

Direktor und Mitinhaber der Firma Christiani und Nielsen,
Kopenhagen.
Mitbegründer der Hafenbautechnischen Gesellschaft.

In Anerkennung seiner langjährigen Verdienste auf dem Gebiet des Hafenbaues und um den Ausbau und die Entwicklung der Hafenbautechnischen Gesellschaft.

Dr.-Ing. e. h. **Leonard Goedhart**, Düsseldorf

Direktor der Firma Gebr. Goedhart, Aktiengesellschaft,
Düsseldorf.
Mitbegründer und Vorstandsmitglied
der Hafenbautechnischen Gesellschaft.

In Anerkennung seiner langjährigen Verdienste auf dem Gebiet des Baggerwesens und um den Ausbau
und die Entwicklung
der Hafenbautechnischen Gesellschaft.

Gustav Koenigs.

Dr.-Ing. e. h. August Kauermann †

Am 26. Oktober 1939 ist August Kauermann, dessen Initiative die Hafenbautechnische Gesellschaft ihre Gründung verdankt, in seinem 73. Lebensjahre von uns gegangen.

Als Konstrukteur bei Ludwig Stuckenholz in Wetter a. d. Ruhr, wo er im Jahre 1888 seine Laufbahn begann, und bei der Duisburger Maschinenbau-Actiengesellschaft vorm. Bechem & Keetman in Duisburg, in deren Vorstand er später berufen wurde, dann als einer der beiden Generaldirektoren der Deutschen Maschinenfabrik A.-G. (der späteren Demag A.-G.), Duisburg, galt sein Interesse in erster Linie der Entwicklung leistungsfähiger Hafenumschlagsgeräte, großer Schwimmkrane und neuzeitlicher Helling-Anlagen. Von den Erfolgen, die er auf diesen Gebieten erzielt hat, geben heute noch viele Anlagen Zeugnis, wie die Kohlenkipper im Duisburg-Ruhrorter Hafen, die auch heute noch größte Helling-Krananlage der Welt auf der Schiffswerft von Blohm & Voß in Hamburg, wie auch die ausgedehnten Werftneubauten der Putilow-Werke in Petersburg, die kurz vor dem Weltkrieg unter seiner maßgeblichen Mitarbeit entstanden. Er war auch einer der ersten, der den elektrischen Krananrieb einführte.

Durch seine Tätigkeit kam er vorzugsweise mit Kreisen in enge Fühlung, die sich mit dem Bau, der Ausrüstung und dem Betrieb von Häfen beschäftigten. Er erwarb sich in diesen Kreisen viele Freunde. In dem Gedankenaustausch mit diesen Freunden wies er schon früh auf das Fehlen einer Einrichtung hin, die es ermögliche, die von den Einzelnen gemachten wertvollen Erfahrungen auf dem Gebiet des Hafenbaus und Betriebes zu sammeln, um sie für die interessierten Kreise nutzbar zu machen. Seine starke geschäftliche Inanspruchnahme ließ ihm zunächst keine Zeit, sich dieser Idee zu widmen. Als er aber Mitte 1913 für die Deutsche Maschinenfabrik A.-G. als Generalbevollmächtigter für Norddeutschland seinen Sitz nach Berlin verlegte, konnte er seine volle Kraft für diese seine Idee, eine Gesellschaft zu schaffen, in der alle am Hafenbau und -Betrieb beteiligten Kreise gesammelt werden und die ihre Erfahrungen in Jahrbüchern, ähnlich den von der Schiffbautechnischen Gesellschaft schon seit längerer Zeit herausgegebenen, niederlegen sollten, wirkungsvoll einsetzen. Zunächst gewann er seinen alten Freund Oberbaudirektor Dr. Wendemuth in Hamburg hierfür und dann gelang es ihm, die Bedenken des Geheimen Baurats Professor de Thierry gegen die Gründung einer neuen Gesellschaft zu zerstreuen.

So kam es dann im Mai 1914 zur Gründung der Hafenbautechnischen Gesellschaft, in deren Vorstand Kauermann das Amt eines Schatzmeisters übernahm. Dieses Amt hat er bis zu seinem Ausscheiden aus dem Vorstand betreut. Durch den kurz nach der Gründung erfolgten Ausbruch des Weltkrieges kam die Arbeit der Gesellschaft ins Stocken, doch als sich 1919 die Möglichkeit einer Wiederaufnahme der Arbeit bot, da war es Kauermann, der mit seinen Freunden de Thierry und Wendemuth die Abhaltung der ersten Hauptversammlung der HTG. am 29. Oktober 1919 in Berlin betrieb. Von diesem Tage an begann die Entwicklung der HTG., die Kauermann mit viel Aufopferung und Geschick, unter Ausnutzung seines großen Ansehens in den maßgebenden Industrien, durch die finanziellen Schwierigkeiten der Inflation steuerte. Es hat wohl kaum eine Vorstandssitzung oder sonst eine Veranstaltung der HTG. stattgefunden, an der Kauermann nicht aktiv teilgenommen hätte. Im Jahre 1934 legte er trotz des dringenden Wunsches seiner Freunde, zu bleiben, sein Vorstandsamt, das er über 20 Jahre in vorbildlichster Weise betreut hatte, nieder, nachdem ihn bereits die Hauptversammlung vom 27. Mai 1924 in Königsberg in Anerkennung seiner großen Verdienste um die Gesellschaft zum Ehrenmitglied ernannt hatte.

Aber auch nach seinem Ausscheiden aus dem Vorstand verfolgte er die Arbeiten der Gesellschaft mit größtem Interesse und stellte sich immer wieder für Sonderaufgaben zur Verfügung. Auch das Leiden, das ihm in den letzten Jahren immer mehr zusetzte, konnte ihn nicht davon abhalten, seinen Freunden im Vorstand der HTG. mit Rat und Tat zur Seite zu stehen, wenn es ihm auch nicht mehr möglich war, an den Veranstaltungen selbst teilzunehmen.

Sein ganz besonderer Stolz war, auf die stattliche Reihe der Jahrbücher der HTG. mit ihrem für die Fachkreise der ganzen Welt so außerordentlich wichtigen Inhalt hinzuweisen, als ein Beweis für die Daseinsberechtigung und fruchtbare Arbeit der Gesellschaft.

Wie sehr sich Kauermann allem verbunden fühlte, was mit Hafen und Schiffahrt zu tun hat, ist daraus zu erkennen, daß, als im Jahre 1921 eine zeitweilige Schließung der Hamburgischen Schiffbauversuchsanstalt wegen mangelnder Beschäftigung und Unterstützung erörtert wurde, er sich mit großem Erfolg für eine Unterstützung dieses Instituts seitens der Rheinisch-Westfälischen Großindustrie einsetzte. Bei der Gründung der Gesellschaft der Freunde und Förderer der Hamburgischen Schiffbauversuchsanstalt trat er auch in den Vorstand dieser Gesellschaft ein, die ihn ebenfalls zu ihrem Ehrenmitglied ernannte. Auch der Schiffbautechnischen Gesellschaft gehörte er seit vielen Jahren an.

Das Hinscheiden August Kauermanns hat bei allen seinen Freunden aufrichtigsten Schmerz ausgelöst. In der Hafenbautechnischen Gesellschaft hat er sich ein unvergängliches Denkmal gesetzt, das das Gedenken an ihn immer aufrechterhalten wird.

Dr.-Ing. e. h. Leonard Goedhart †

Ganz unerwartet kam die Nachricht, daß Herr Dr.-Ing. e. h. Leonard Goedhart in Düsseldorf am 13. August 1939 verschieden ist. Nicht allzu lange Zeit vorher hat er noch an der Tagung der Hafenbautechnischen Gesellschaft in Lübeck/Kopenhagen teilgenommen, sich dort an den Beratungen beteiligt und auch bei den geselligen Veranstaltungen im Kreise seiner Freunde in voller Frische seinen humorvollen Geist spielen lassen. Um so größer ist jetzt die Trauer um diesen untadeligen Mann.

Als Holländer am 10. Januar 1867 geboren, hat sich der Verstorbene schon früh seinem Fach, dem Baggerwesen, gewidmet. 1891 kam Goedhart nach Deutschland, um in einer Gruppe von deutschen und holländischen Bauunternehmungen an dem Bau des Düsseldorfer Hafens mitzuwirken. Er lebte dann in Deutschland, das seine zweite Heimat wurde. Im Jahre 1899 gründete der Verstorbene mit zweien seiner Brüder die Bauunternehmung Gebrüder Goedhart G. m. b. H. in Düsseldorf, die im Jahre 1906 in eine Aktiengesellschaft umgewandelt wurde.

Goedhart hat es dank seiner hohen Fähigkeiten und seiner großen Erfahrungen verstanden, seine Firma aus kleinen Anfängen zu hoher Blüte und in führende Stellung auf dem Gebiete der Naßbaggerei zu bringen. Er war ein Meister seines Faches. In besonderer Anerkennung seiner Verdienste auf diesem Gebiet hat ihn die Technische Hochschule Hannover zum Dr.-Ing. e. h. ernannt. Kurz vor seinem Tode wurde dem Verstorbenen noch eine besondere Ehrung dadurch zuteil, daß ihn die Hafenbautechnische Gesellschaft zu ihrem Ehrenmitglied ernannte. Seit der Gründung hat Leonard Goedhart die Arbeiten der Hafenbautechnischen Gesellschaft mit Liebe und Eifer unterstützt; lange gehörte er auch dem Engeren Vorstand an, in dem seine Stimme und sein Rat gern Gehör fanden.

Gern hat sich Goedhart stets auch seinen Berufskameraden zur Verfügung gestellt, wenn es galt, in gemeinsamen Beratungen die Interessen des Naßbaggergewerbes zu vertreten. Durch seinen Tod ist in den Reihen seiner Freunde, Bekannten und Berufskameraden eine schwer schließbare Lücke gerissen worden. Von allen, die ihn kannten, wird ihm stets ein ehrenvolles Andenken bewahrt werden.

25 Jahre Hafenbautechnische Gesellschaft 1914–1939.

Von Prof. Dr.-Ing. **A. Agatz**, Hafenbaudirektor a. D., Erster Vorsitzender der Hafenbautechnischen Gesellschaft.

Bereits im Jahre 1885 fand in Brüssel der 1. Internationale Schiffahrtskongreß statt, der den Zweck hatte, damals zunächst nur die Binnenschiffahrt zu fördern und zu heben. Seit dem 7. Internationalen Kongreß im Jahre 1898 in Brüssel erstreckten sich die Arbeiten auf die Binnen- und Seeschiffahrt. Der Zweck der Internationalen Schiffahrtskongresse, deren 16. im Jahre 1935 in Venedig stattfand, ist das eindringliche Studium bestimmt formulierter bautechnischer und betrieblicher Fragen, die sich auf die See- und Binnenschiffahrt beziehen. Er wird erfüllt durch die Feststellung der auf diesen Gebieten in der ganzen Welt erzielten Fortschritte und durch kritische Prüfung im Geiste vielseitiger und enger Zusammenarbeit von Technikern und Wissenschaftlern aller Länder. Durch Abhaltung der Internationalen Kongresse im Abstand von 3 bis 5 Jahren wurde umfangreiches Material über die technische Ausgestaltung der für die See- und Binnenschiffahrt notwendigen Anlagen gesammelt.

Nachdem im Jahre 1912 bereits der 12. Internationale Schiffahrtskongreß in Philadelphia getagt hatte, wurde der Wunsch immer dringender, die Arbeiten dieses Kongresses durch eine nationale Gesellschaft zu ergänzen und dadurch auf die besonderen Aufgaben in Deutschland mehr einzugehen. Die

Oberbaudirektor Dr.-Ing. e. h. Wendemuth †

Tatsache, daß zwischen den einzelnen Kongressen ein längerer Zeitraum verstrich, mußte insbesondere der an ihren Arbeiten hervorragend beteiligte deutsche Hafenbauingenieur als einen Mangel empfinden. Aus diesen Gedanken heraus regte im Jahre 1914 der damalige Baurat und spätere Oberbaudirektor des Hamburger Hafens Wendemuth die Gründung einer deutschen Gesellschaft an, die sich ungefähr mit den gleichen Fragen wie die Internationalen Schiffahrtskongresse befassen, aber außerdem auch alle wirtschaftlichen Fragen bearbeiten sollte, die mit dem Hafenbau und dem Hafenbetrieb zusammenhängen. Gemeinsam mit den Herren Generaldirektor Dr.-Ing. e. h. Kauermann und o. Prof. Geh. Baurat Dr.-Ing. e. h. de Thierry, die den von Wendemuth geäußerten Gedanken tatkräftig unterstützt hatten, wurde im April 1914 ein Einladungsschreiben verfaßt, das sich an eine größere Anzahl von Fachvertretern an den Technischen Hochschulen, bei Reichs-, Staats- und Gemeindebehörden sowie bei Schiffahrt, Handel und Industrie wandte und zu einer Versammlung einlud, die über die Gründung der Hafenbautechnischen Gesellschaft beraten sollte.

Diese Gründungsversammlung fand am 22. Mai 1914 im Hotel Adlon in Berlin statt und wurde von 25 Teilnehmern besucht. Als Zweck der Gesellschaft wurde die Behandlung aller den Bau und den Betrieb von Häfen behandelnden Fragen angegeben. Dabei sollte der Techniker wie auch der Wirtschaftler zu Wort kommen. Diesen Charakter eines teils aus Technikern, teils aus Wirtschaftlern zusammengesetzten Mitgliederkreises hat die Gesellschaft bis zum heutigen Tage behalten. Die Arbeit sollte durch regelmäßige Jahresversammlungen und eine Herausgabe von

Jahrbüchern ihren sichtbaren Niederschlag finden. Die Gründungsversammlung wählte als vorläufigen Vorstand die Herren: de Thierry, Wendemuth und Kauermann. Dieser Vorstand blieb der Gesellschaft bis zum Jahre 1929 in seiner alten Zusammensetzung erhalten. Damals wurde durch den Tod Wendemuths die erste Lücke gerissen. Die Herren de Thierry und Kauermann legten im Jahre 1934 ihre Ämter nieder, nachdem sie 20 Jahre lang die Gesellschaft durch den Krieg, die Nachkriegszeit mit der Inflation und die Wirtschaftskrisen geführt hatten. Herr Dr.-Ing. e. h. Kauermann wurde uns im Herbst 1939 genommen. Es ist für uns in Anbetracht dieser schmerzlichen Verluste eine besondere Freude, daß wir Herrn de Thierry heute als Ehrenvorsitzenden in unseren Reihen haben.

Bei Kriegsbeginn 1914 zählte die Gesellschaft bereits 123 Mitglieder, ohne daß sie in der Zwischenzeit mit einer Versammlung oder durch Herausgabe von Druckschriften an die Öffentlichkeit getreten wäre. Durch den Ausbruch des Krieges 1914—1918 mußte die geplante erste Hauptversammlung im letzten Augenblick abgesagt werden. Es dauerte bis zum Jahre 1919, ehe sie abgehalten werden konnte. Es ist erstaunlich, daß es überhaupt möglich gewesen ist, eine Gesellschaft, die gerade in den schwersten Zeiten ins Leben gerufen worden ist und eigentlich noch kaum ein Lebenszeichen von sich gegeben hatte, trotzdem aufrechtzuerhalten und ihr neue Mitglieder zuzuführen. Durch Werbung wurde die Anzahl der Mitglieder im Jahre 1916 auf 265 gesteigert. Sie betrug bei der ersten Hauptversammlung, die am 29. Oktober 1919 in Berlin stattfand, 318. Verfolgt man die weitere Entwicklung der Gesellschaft, so erreichte sie einen ersten Höhepunkt in den Jahren 1926/27 mit fast 700 Mitgliedern. Diese wenigen Zahlen geben einen sichtbaren Beweis dafür, wie lebenskräftig der der Gesellschaft zugrunde gelegte Zweck ist und welchen Anklang der einfache Grundsatz gefunden hat, die HTG. mit unnötigen Repräsentationsaufgaben zu verschonen, um dafür einmal jährlich mit einem sehr reichhaltig ausgestatteten Jahrbuch, das im Durchschnitt 200—250 Druckseiten mit vielen Abbildungen umfaßt, und mit einer Hauptversammlung, wo Fachvorträge gehalten und Fachbesichtigungen unternommen werden, an die Öffentlichkeit zu treten.

Dr.-Ing. e. h. Kauermann †

Bevor die erste Hauptversammlung stattfand, hatte im Jahre 1916 Großadmiral Prinz Heinrich von Preußen die Schirmherrschaft über die Gesellschaft übernommen und damit die Größe ihrer Aufgaben anerkannt. Ebenfalls vor Beginn der 1. Hauptversammlung wurde als erste Leistung der Gesellschaft das erste „Jahrbuch der Hafenbautechnischen Gesellschaft" versandt. Dieses ist um so bemerkenswerter, als erst im Jahre 1918 regelmäßige Beiträge eingezogen wurden. Der Sitz der Gesellschaft wurde auf der 1. Hauptversammlung nach Hamburg gelegt und dort die Eintragung in das Vereinsregister vorgenommen. Das Datum dieser Eintragung ist der 4. Mai 1920. Auf der 1. Hauptversammlung hatte sich die Gesellschaft dem Deutschen Verband technisch-wissenschaftlicher Vereine angeschlossen, der später in die RTA und zuletzt in den NSBDT überführt wurde.

Die eigentlichen fachlichen Arbeiten wurden im Jahre 1919 dadurch in Angriff genommen, daß ein Hafenbahnausschuß gegründet wurde, der bereits im Jahre 1920 dem Reichsverkehrsministerium eine Denkschrift über Hafenbahnen einreichen konnte. Ihm folgte im Jahre 1920 die Bildung eines Schriftleitungsausschusses, der die Herausgabe der Jahrbücher, die seit dem 1. Band regelmäßig erschienen, zu betreuen hatte und später für das Gesellschaftsorgan verantwortlich war. Im Jahre 1927 trat dazu der Ausschuß für Hafenumschlagsgeräte, der heute unter der Bezeichnung Ausschuß für Hafenumschlagstechnik auf eine beachtliche Anzahl von Arbeiten zurückblicken kann. Bei der Neuordnung der Gesellschaft im Jahre 1935/36 entstanden zwei weitere Ausschüsse für Hafenverkehrswege der Binnen- und Seehäfen.

Bei der 3. ordentlichen Hauptversammlung, die 1921 in Mannheim stattfand, wurde die Schaffung von Förderern verkündet, die durch einen erhöhten Beitrag im besonderen Maße die Herausgabe der Jahrbücher sicherstellen sollten. Seit dieser Zeit zählt die Gesellschaft etwa 80 Förderer aus der Industrie und Verwaltung, die es ihr ermöglichen, die beträchtlichen Druckkosten für ihre Jahrbücher zu tragen. Anläßlich des 25-Jahrfeier in Lübeck im Jahre 1939 wurde zur zusätzlichen Sicherung eine Jubiläumsstiftung errichtet, die bezweckt, die auf ausschließlich gemeinnütziger Grundlage beruhenden technisch-wissenschaftlichen Arbeiten der Gesellschaft und die Herausgabe von Jahrbüchern der Hafenbautechnischen Gesellschaft, die von grundlegender Bedeutung für die deutsche Hafenbautechnik und den Hafenbetrieb sind, sicherzustellen. Trotz der kurzen Zeit ihres Bestehens umfaßt die Jubiläumsstiftung bereits über 30 Namen führender Persönlichkeiten und Unternehmungen. Zu dem Jahrbuch kam im Jahre 1922 die Zeitschrift „Werft-Reederei-Hafen", die im Verlag Julius Springer Berlin erscheint, als Gesellschaftsorgan hinzu. Sie blieb als solches bis zum Jahre 1937 im Dienst der Gesellschaft. Damals wurde mit Rücksicht auf die große Zahl von Bauingenieuren, die der HTG angehören, „Der Bauingenieur" aus dem gleichen Verlag Gesellschaftsorgan, während „Werft-Reederei-Hafen" das „Fachblatt für Umschlagstechnik" der Gesellschaft wurde: Seit dem Jahre 1935 erscheint auch das Jahrbuch bei Julius Springer, so daß in Auswahl und Ausstattung aller Veröffentlichungen eine einheitliche Linie gewahrt wird.

Überblickt man die 17 Hauptversammlungen und die 17 Jahrbücher, die seit dem Jahre 1918 in Erscheinung getreten sind, so enthalten sie eine derartige Menge von technischen und wirtschaftlichen Veröffentlichungen, Vorträgen, Besprechungen und Einzelarbeiten zur Lösung bestimmter Fragen, daß es unmöglich ist, in wenigen Worten auch nur auf den wesentlichen Inhalt einzugehen. Um das reichhaltige Material, das in diesem Archiv des deutschen Hafenbaues, in den Jahrbüchern, auf 4329 Seiten im DIN A 4-Format mit 3527 Abbildungen und 108 Tafeln niedergelegt ist, der Öffentlichkeit zugänglich zu machen, hat die Gesellschaft im Jahre 1937 ein Register erscheinen lassen, das den Inhalt der ersten 15 Bände in Stichworten enthält. Es wurden nicht nur die bautechnischen Fragen der Gründung und Gestaltung von Hafenbauwerken und Wasserbauten aller Art behandelt, sondern mit gleicher Sorgfältigkeit beschäftigen sich die Jahrbücher mit der Planung von Hafenanlagen und Wasserstraßen, den betriebswirtschaftlichen Erfordernissen, der Umschlagstechnik, den wirtschaftlichen Grundlagen und der Verwaltung von Häfen. Dabei wurde auch für Lösungen rein wissenschaftlicher Fragen, die grundlegend Neues für diese Gebiete gebracht haben, ein ausreichender Raum bereitgestellt.

Geh. Baurat Dr.-Ing. e. h. de Thierry.

Alle Tagesfragen, deren Aufnahme in das Jahrbuch nicht gerechtfertigt war, die dafür aber auf eine desto schnellere Veröffentlichung ein Anrecht hatten, wurden grundsätzlich dem Gesellschaftsorgan zugewiesen. Stellt man die Veröffentlichungen, die in den beiden Zeitschriften „Der Bauingenieur" und „Werft-Reederei-Hafen" bisher erschienen sind, zusammen, so darf man auch hier mit Stolz auf eine lange Reihe von guten Namen und wesentlichen Aufsätzen zurückblicken.

Trotz der Inflation, die die Durchführung eines solchen Programms fast unmöglich machte, ist es gelungen, die Arbeiten ohne Lücken fortzuführen. So konnte die Gesellschaft im Jahre 1924 mit dem 7. Jahrbuch ihr 10 jähriges Bestehen feiern und bei diesem Anlaß ihren Vorstand, die Herren de Thierry, Wendemuth und Kauermann zu ihren ersten Ehrenmitgliedern ernennen, denen im nächsten Jahre das Vorstandsmitglied Richard Krogmann aus Hamburg folgte. Die folgenden Jahre brachten nicht in dem Maße Schwierigkeiten, wie es während der ersten der Fall gewesen war. Im Gegenteil entwickelte sich die Gesellschaft in ständig steigendem Maße bis zum Beginn der Wirtschaftskrise im Jahre 1930 und konnte während dieser Zeit vor allem einen ihrer Grundsätze zur Verwirklichung bringen: das Ausland an ihren Arbeiten zu beteiligen und zu interessieren. Bereits im Jahre 1927 fand im Anschluß an die Hauptversammlung in Duisburg ein Ausflug nach Holland statt, dem im Jahre 1931 nach der Hauptversammlung in Emden ein zweiter Besuch folgte. Im Jahre 1935 wurde der damals polnische Hafen Gotenhafen besichtigt, und im Jahre 1939 verlegte die Gesellschaft einen Teil der Feier ihres 25jährigen Bestehens nach Kopenhagen. Wir können heute sagen, daß die ausländischen Mitglieder der Hafenbautechnischen Gesellschaft nicht nur durch ihre Teilnahme an unseren Veranstaltungen gezeigt haben, wie aufmerksam man außerhalb der Reichsgrenzen unsere Arbeiten verfolgt, sondern auch durch den großen Anteil ihrer Veröffentlichungen im Jahrbuch sich ein bleibendes Denkmal gesetzt haben. Ihre Zahl stieg von Jahr zu Jahr und betrug 1939 8% der Gesamtmitglieder. Der Erfahrungsaustausch, der hier ständig hin und her fließt, hat den deutschen Hafenbau ebensosehr befruchtet wie den ausländischen zu neuen Lösungen angeregt. Die Anerkennung der jahrelangen freundschaftlichen Beziehungen zum Koninkl. Instituut van Ingenieurs, das den ersten Vorsitzenden der Hafenbautechnischen Gesellschaft de Thierry im Jahre 1922 zum Ehrenmitglied ernannt hatte, konnte die Gesellschaft im Jahre 1937 durch Ernennung des Herrn Direkteur und Hoofdingenieur van den Rykswaterstaat van Panhuys zum Ehrenmitglied zum Ausdruck bringen.

Zwischen den Jahren 1929 und 1934 wirkte sich die Wirtschaftskrise mit ihren Folgen auch auf die Arbeiten der Gesellschaft lähmend aus. Die Hauptversammlungen wurden nur noch im Abstand von 2 Jahren abgehalten, und die pünktliche Herausgabe der Jahrbücher konnte ebenfalls nicht mehr durchgeführt werden. Nach der Machtübernahme wurde daher eine völlige Neuordnung der Gesellschaft beschlossen, die im Jahre 1934 auf der Hauptversammlung in Frankfurt/Main eingeleitet wurde. Die Gesellschaft schloß sich den damals teilweise neu geschaffenen Dachorganisationen RTA, Zentralverein für Binnenschiffahrt und Zentralverein für Seeschiffahrt an, ohne ihre Selbständigkeit zu verlieren. Später gingen die Befugnisse der RTA auf den NSBDT über, dem die Gesellschaft mit ihren reichsdeutschen technischen Mitgliedern heute als selbständiger Fachverein angehört. Es gelang durch einen zähen Aufbauwillen, den Mitgliederrückgang, der im Jahre 1935 mit 374 seinen niedrigsten Wert erreichte, aufzuhalten und seit diesem Jahre eine deutliche Aufwärtsbewegung einzuleiten. Im Jahre 1936 wurden in Düsseldorf die neuen Satzungen verabschiedet und der für die Gesellschaft bedeutungsvolle Entschluß des Oberbefehlshabers der Kriegsmarine Großadmiral Dr. h. c. Raeder bekanntgegeben, als Nachfolger von Prinz Heinrich die Schirmherrschaft über die Gesellschaft zu übernehmen.

Großadmiral Prinz Heinrich von Preußen †

Dem Schirmherrn ist es im besonderen Maße zu verdanken, daß es möglich war, die Gesellschaft in ihrer bisherigen Form zu erhalten. Da sich unsere Mitglieder aus Technikern, Kaufleuten, Reedern, Juristen, Spediteuren und vielen anderen nichttechnischen Berufen zusammensetzen und außerdem die HTG zu einem nicht unwesentlichen Prozentsatz aus Ausländern besteht, bestand bei jeder Art von Eingliederung in die neuaufgebauten großen Organisationen der Technik und Schiffahrt die Gefahr, daß nur einem dieser Mitgliederteile Gerechtigkeit widerfuhr. Sowohl der Schirmherr als auch der Reichswalter des NSBDT, Herr Generalinspektor Dr.-Ing. Todt, hatten für die Eigenart der Gesellschaft großes Verständnis. Es wurde daher am 27. November 1937 von dem Schirmherrn der HTG und dem Reichswalter des NSBDT ein gemeinsames Protokoll unterzeichnet, in dem die Sonderstellung der HTG anerkannt und berücksichtigt worden ist. Wir haben alle Ursache, diese Regelung dankbar zu begrüßen. Die Gesellschaft ist zusammen mit der Schiffbautechnischen Gesellschaft und der Gesellschaft der Freunde und Förderer der Hamburgischen Schiffbauversuchsanstalt im Arbeitskreis Schiffahrtstechnik der Fachgruppe Bauwesen angegliedert, die unter der Leitung von Herrn Ministerialdirektor Schönleben und des Geschäftsführers Herrn Reichsamtsleiter Heil steht. Wir begrüßen die harmonische Zusammenarbeit mit der neu geschaffenen Fachgruppe Bauwesen besonders warm und hoffen, daß hierdurch manches technische Problem eher gelöst wird, als es bisher der Fall gewesen ist.

Außer dem Arbeitskreis Schiffahrtstechnik gehörte die Gesellschaft seit dem Jahre 1934 der Reichsarbeitsgemeinschaft der Deutschen Wasserwirtschaft an, bis diese als Arbeitskreis Wasserwirtschaft ebenfalls der Fachgruppe Bauwesen angeschlossen wurde. Sie steht unter der Leitung von Herrn Reichsminister a. D. Krohne. Die Reichsarbeitsgemeinschaft wurde vor fünf Jahren auf meine Anregung hin ins Leben gerufen, um den wissenschaftlichen Vereinen, die sich mit der Technik des Wassers befassen, einen Austausch ihrer Arbeiten und eine gemeinschaftliche Aufteilung ihrer Programme zu ermöglichen. Sie fand ihren sichtbaren Niederschlag in einer Vortragsreihe, die jeden Winter in Berlin veranstaltet wurde. Hier war die HTG wie auch die übrigen Vereine des Arbeitskreises Wasserwirtschaft jährlich mit einer Vortragsveranstaltung beteiligt, deren Inhalt in den einzelnen Jahrbüchern veröffentlicht wurde.

Seit dem Jahre 1934 finden die Hauptversammlungen wieder jährlich statt, wobei nach dem Grundsatz verfahren wird, Binnenhäfen und Seehäfen als Tagungsort miteinander wechseln zu lassen. Der im Jahre 1925 auf der Hauptversammlung in Breslau eingeführte Termin, die Versammlungen Himmelfahrt und die beiden folgenden Tage abzuhalten, hat sich bis heute bewährt. Seit dem Jahre 1936 konnte nach Einholung der Rückstände auch das Jahrbuch der HTG wieder jährlich erscheinen.

So waren wir 1939 in der glücklichen Lage, das 25jährige Bestehen der Gesellschaft in einer Zeit, die uns durch den Führer größere Aufgaben stellte als je zuvor, und in einem Zustande zu begehen, der uns kräftig genug erscheinen ließ, diese Aufgaben durchzuführen.

Großadmiral Dr. h. c. Raeder.

Es muß an dieser Stelle einmal ausgesprochen werden, daß es zu einem großen Teil unseren Förderern zu danken ist, daß wir mit einer solchen Befriedigung auf die ersten 25 Jahre unseres Bestehens zurückblicken können. Es war häufig nur durch ihre namhaften Beiträge möglich, die Arbeiten in einer so hochwertigen Form herauszubringen, wie dies ausnahmslos seit dem Jahre 1914 geschehen konnte.

Die Aufgaben, die jetzt vor uns liegen, werden durch den Ausgang des Krieges so mannigfach gestaltet werden, daß es sich zur Zeit noch nicht übersehen läßt, welche Gebiete der friedlichen Zusammenarbeit am ehesten bedürfen. Bisher waren die Arbeiten des Hafenbaues in Deutschland durch die Neuanlage von See- und Binnenhäfen und die Ergänzungsbauten in älteren Häfen in eine bestimmte Richtung gewiesen. Die Begünstigung des Ausbaues der Wasserstraßen durch die Reichsregierung zog die Schaffung neuer Hafenanlagen mit sich, ebenso wie durch die planmäßige Verlagerung von Industrien mit hohem Massengutverkehr Forderungen an alte und neue Umschlagsplätze gestellt wurden, deren Größe so erheblich war, daß neue Mittel zu ihrer Erfüllung eingesetzt werden mußten. In Zukunft werden nicht nur in Deutschland, sondern auch in Europa und in Übersee noch viele Aufgaben zur Diskussion stehen, an denen sich die Gesellschaft beteiligen wird. Ich verweise in diesem Zusammenhang nur auf die Veröffentlichungen über die Kolonialhäfen, die im letzten Jahrbuch erschienen sind. Hier wurde ein überseeisches Arbeitsgebiet in mehreren Aufsätzen systematisch betrachtet.

Nicht nur auf dem Gebiete der Theorie als der Grundlage der technischen Gestaltung, des Entwurfs, der Bauausführung, der Planung von Häfen und Hafenbauwerken erschöpft sich unsere Mitarbeit, sondern in ebenso starkem Maße werden die Fragen der Bewirtschaftung, der rechtlichen Stellung und der Verwaltung von See- und Binnenhäfen aufgegriffen. Hierzu ist die wertvolle Mitarbeit aller Mitglieder unerläßliche Vorbedingung. Voll Stolz können wir rückschauend die 25jährige Arbeit der HTG als wirkliche Gemeinschaftsarbeit bezeichnen. In guten und schlechten Zeiten haben sich immer wieder unsere in- und ausländischen Mitglieder zur Bearbeitung von Fragen des Hafenbaues und der Hafenwirtschaft zur Verfügung gestellt. Es ist daher erfreulich, daß der Zustrom neuer Mitglieder seit dem Jahre 1935, wo die Gesellschaft ihre größte Krise durchmachen mußte, unvermindert anhält und wir heute auf einen Gesamtstand von fast 700 Mitgliedern und Förderern blicken können. So sind alle Voraussetzungen erfüllt für eine unverminderte Weiterentwicklung der Gesellschaft in den nächsten 25 Jahren.

Vortrag
gehalten auf der 17. Hauptversammlung in Lübeck am 18. Mai 1939.

Hafenpolitik.
Von Staatssekretär G. Koenigs, Berlin.

Die 750-Jahrfeier des Hafens von Hamburg, zu welcher die Hansestadt Hamburg am 7. Mai d. J. auch die Vertreter deutscher und ausländischer Häfen aus dem Mitgliedsbereich der mittelalterlichen Hanse geladen hatte, gestaltete sich zu einer machtvollen Kundgebung deutscher Hafenpolitik. Wer wie ich die beiden Tage miterleben durfte und die Planung für den Ausbau des Hamburger Hafens gesehen hat, wie sie auf der Ausstellung „Segen des Meeres" im Modell gezeigt wurde, könnte leicht in Versuchung kommen, Ihnen die gewaltige Größe dieser unmittelbar der Verwirklichung entgegenreifenden Pläne für „Das Tor der Welt" vor Augen zu führen. Ich muß diese Aufgabe den dazu berufenen Persönlichkeiten von Hamburg überlassen und mich in meinen Ausführungen auf das beschränken, was meines Amtes ist. Ich habe, als ich von dem Herrn Vorsitzenden der Hafenbautechnischen Gesellschaft gebeten wurde, auf der heutigen festlichen Tagung das Wort zu nehmen, das Thema „Hafenpolitik" gewählt. Ich sehe in meiner dienstlichen Stellung als Staatssekretär im Reichsverkehrsministerium die Häfen vom Standpunkt des Staates aus, ich beobachte, ich verfolge und beeinflusse gegebenenfalls auch den Ausbau, die Entwicklung der Häfen vom Staate her und will versuchen, ihnen die Politik, welche der Staat — nachdem wir im Deutschen Reich ein Einheitsstaat geworden sind, verstehe ich unter Staat das Reich — den Häfen gegenüber führt, in großen Zügen aufzuzeichnen. Ich beschränke mich dabei in der Hauptsache auf die Seehäfen. Ich hatte vor zwei Jahren auf der Internationalen Binnenhafenkonferenz in Köln Gelegenheit, über Binnenhäfen zu sprechen und möchte mich nicht wiederholen. Ich glaube für diese Beschränkung bei ihnen um so mehr Verständnis zu finden, als wir uns heute in einem Seehafen zusammengefunden haben, der im Beginn einer neuen Entwicklung steht und berufen erscheint, die deutsche Stellung an der Ostsee zu stärken und zu festigen.

I.

Die Träger der Seehäfen hatten bis zum Ende des Weltkrieges nicht nur die Hafenanlagen im engeren Sinn, die Hafenbecken, Kais, teilweise auch die Umschlagseinrichtungen und Lagerschuppen herzustellen und zu betreiben, sondern darüber hinaus auch für den seewärtigen Zugang zu ihren Häfen zu sorgen. Hamburg hat Jahrhunderte hindurch die Unterelbe abwärts Hamburg unterhalten, obwohl die Elbe von Altona bis Cuxhaven zu Preußen gehörte. Bremen mußte sich, nachdem der kluge und weitschauende Bürgermeister Smidt im Anfang des vorigen Jahrhunderts das Gebiet des Hafens von Bremerhaven erworben hatte, dauernd um die Verbesserung und Vertiefung der Unterweser und Außenweser bemühen, obgleich die Unterweser auf der rechten Seite überwiegend zu Preußen und auf der linken Seite überwiegend zu Oldenburg gehörte. Preußen hat den Forderungen der kommunalen Häfen von Stettin und Königsberg auf Verbesserung der unteren Oder und Vertiefung und Befeuerung des Königsberger Seekanals erst nachgegeben, nachdem die Kaufmannschaften der beiden Städte der Preußischen Regierung gegenüber weitgehende Garantieverpflichtungen für die Verzinsung und Tilgung der Baukapitalien aus den aufkommenden Schiffahrtabgaben eingegangen waren. Die Stadt Rostock war für ihren kommunalen Hafen wegen der Offenhaltung der unteren Warnow bis Warnemünde und darüber hinaus auf sich selbst angewiesen und erhielt ebensowenig wie die Stadt Wismar für das Seefahrwasser zu ihrem kommunalen Hafen eine Erleichterung von der mecklenburgischen Regierung. Nur die Stadt Emden brauchte sich um den seewärtigen Zugang zu ihrem Hafen nicht zu kümmern. Emden war ein preußischer Staatshafen, und der Preußische Staat übernahm es als Träger des Hafens, das von Natur schwierige Fahrwasser der unteren Ems für die Seeschiffahrt leicht zugänglich zu machen. Lübeck hatte als Bundesstaat die Verwaltung und Unterhaltung der auf seinem Gebiet belegenen unteren Trave und hat diese Aufgabe bis nach der Machtübernahme behalten.

Bei dem Übergang der Wasserstraßen von den Ländern auf das Reich ließ die Reichsregierung die Seehäfen in ihrem Bestand und in ihrer Verwaltungsform unberührt, nahm den Häfen aber die Sorge und die Last für die seewärtigen Zugänge ab. Die Verwaltung der unteren Elbe, der Unterweser und Außenweser, der unteren Ems, der unteren Oder, des Königsberger Seekanals, der unteren Warnow und der Seeschiffahrtstraße von Wismar gingen mit allen Rechten und Pflichten auf das Reich über. Die Hansestädte Hamburg, Bremen und Lübeck begegneten diesem Geschehen mit großer Sorge. Sie befürchteten, daß das Reich in seiner neu entstehenden Reichswasserstraßenverwaltung die Seeschiffahrtsstraßen nicht aus der naturnahen Verbundenheit wie die bisherigen Verwaltungen der Hansestaaten sehen würde und die Probleme der Seewasserstraßen nicht so erfolgreich werde meistern können, wie sie es mit ihren Hafenverwaltungen in jahrhunderte langer Tradition getan hätten. Die dem Übergang der Seewasserstraßen auf das Reich widerstrebenden Kreise besorgten auch, daß die Elbe, die Weser und die Trave im Ausgleich der Bedürfnisse der verschiedenen Seehäfen unter dem vorherrschenden Einfluß von Preußen zu kurz kommen könnten. In Lübeck ging man so weit, die untere Trave von dem Übergang auf das Reich auszuschließen, und es ist Lübeck, das dieses Reservat später als einen Fehler erkannte, erst im Jahre 1934 gelungen, die untere Trave nachträglich vom Reich abgenommen zu erhalten. Die Seehafenstaaten suchten sich durch Zusätze zu den Staatsverträgen, welche vom Reiche 1921 zur Vollziehung des Übergangs der Wasserstraßen mit den Ländern abgeschlossen werden mußten, im einzelnen zu sichern, und erreichten von der Reichsregierung besondere Zusagen dahingehend, daß die Reichswasserstraßenverwaltung bestimmte Bauziele auf den Seewasserstraßen einhalten werde. Es mutet uns heute Lebenden seltsam an, daß das Reich gezwungen war, sich in einer so selbstverständlichen, das Volksganze lebenswichtig berührenden Frage staatsvertraglich zu binden und daß die Reichsregierung nicht das Vertrauen genoß, daß sie ihre verkehrshoheitlichen und verkehrspolitischen Aufgaben von sich aus erfüllen werde. Jene Staatsverträge bleiben traurige Dokumente von der Schwäche der Reichsgewalt und der Halbheit des Weimarer Systems.

Ich glaube nicht, daß es in Hamburg oder Bremen heute noch Jemanden gibt, welcher die Abgabe der seewärtigen Zugänge an die Reichswasserstraßenverwaltung bedauert und sie in die eigene Verwaltung zurücknehmen möchte. Hamburg und Bremen hätten mit den besten Ingenieuren und den größten Geldmitteln in dem Ausbau der Unterläufe der Elbe und der Weser nicht diejenigen Erfolge erzielen können, welche die Reichswasserstraßenverwaltung in den vergangenen 18 Jahren für sich buchen darf. Der Grund dafür liegt nicht in einem Versagen der hamburgischen oder der bremischen Verwaltung. Hamburg und Bremen hatten schon vorher nicht das gleiche erreichen können, weil sie nicht Herren der Ströme waren. Sie mußten sich das Recht zum Ausbau der Fahrwasser in der Elbe und Weser von Preußen, — und Bremen für die Unterweser auch von Oldenburg — im Wege von Staatsverträgen erbitten und blieben in allen Strombaumaßnahmen auf die Entscheidungen der preußischen und Bremen auch der oldenburgischen Landespolizeibehörden angewiesen. Es hatten sich in der Zeit vor dem Kriege an den beiden Strömen zwei feindliche Parteien gebildet: Die Hafen- und Schiffahrtbeteiligten der Hansestädte Hamburg und Bremen auf der einen Seite und die landwirtschaftlichen und Fischereikreise von Preußen und Oldenburg auf der anderen Seite. Auf beiden Ufern der Unterelbe und Unterweser kämpfte man gegen Hamburg und Bremen. Die Hansestädte waren in diesem Kampf allein. Preußen und Oldenburg hätten als Territorialherren wohl die Aufgabe gehabt, auch den Bedürfnissen der Seeschiffahrt gerecht zu werden, überließen die Vertretung der Schiffahrt aber den Hansestädten und nahmen allein die Forderungen der landwirtschaftlichen Anlieger und Fischereibeteiligten wahr. Was Hamburg und Bremen für die Schiffahrt durchsetzten, übernahmen Preußen und Oldenburg gern für ihre Häfen in Harburg, Altona, Brake, Nordenham und Wesermünde, überließen aber den Hansestädten die Kosten der Fahrwasserverbesserungen und die Auseinandersetzungen mit den Landespolizeibehörden.

Das Reich vermochte mit ganz anderen Mitteln an den Ausbau der seewärtigen Zugänge zu den Seehäfen heranzugehen. Kraft eigener Strombauhoheit konnte es die Strombauregulierungen und Korrektionen als eigene Sache durchführen und unter vertretbaren und erträglichen Bedingungen den notwendigen Ausgleich mit den landwirtschaftlichen Anliegern und den Fischereiberechtigten herstellen. Die Reichswasserstraßenverwaltung hat unter Verwertung der an anderen Stellen gewonnenen Erfahrungen und mit neuen Methoden zum Uferschutz den Frieden zwischen Anliegern und Strom gestiftet und stellt den deutschen Seehäfen heute für ihre Zufahrten zum Meer Seewasserstraßen zur Verfügung, welche den höchsten Anforderungen der Handelsmarine und Kriegsmarine genügen. Das Reich hat diese Aufgaben nicht ausgeführt, weil sie ihm in den Staatsverträgen auferlegt waren, sondern weil wir in der Reichswasserstraßenverwaltung der Überzeugung lebten, daß die Entwicklung der Seehäfen und der Ausbau ihrer seewärtigen Zugänge mehr als Hamburg, Bremen, Stettin, Lübeck, Königsberg oder Emden umschließt. Häfen und Ströme sind Instrumente einer gesamtdeutschen Verkehrspolitik, und es ist uns in der Reichswasserstraßenverwaltung niemals zweifelhaft gewesen, daß die Seehäfen ihre Aufgaben nicht erfüllen können, wenn wir ihnen nicht die besten und nautisch zuverlässigsten Ansteuerungsmöglichkeiten geben. Sollte später einmal die Geschichte der Reichswasserstraßenverwaltung geschrieben werden, so werden die Arbeiten für die seewärtigen Zugänge zu den Seehäfen als ein klares Bekenntnis des Reichs zu einer positiven Seehafenpolitik offenbar werden.

II.

Der Bau, die Unterhaltung und der Betrieb von Seehäfen ist überwiegend eine Aufgabe des Staates. Privaten Unternehmungen ist der Bau und der Betrieb von Seehäfen nicht verboten — wir haben auch private Seehäfen —, doch treten diese privaten Seehäfen wegen ihrer Beschränkung auf die Bedürfnisse der Werke, für welche die Häfen gebaut sind, für die Gesamtheit zurück. Wenn ich sage, daß der Bau von Häfen und ihre Unterhaltung Aufgabe des Staates ist, so meine ich damit nicht, daß der Staat diese Aufgabe selbst und durch seine eigenen Behörden wahrnehmen müßte. Seit der Entdeckung der Form der Selbstverwaltung durch den großen preußischen Minister Freiherrn vom Stein im Anfang des vergangenen Jahrhunderts wissen wir, daß es eine ganze Reihe von staatlichen Aufgaben gibt, die besser nicht unmittelbar vom Staat gelöst, sondern den Gemeinden zur Selbstverwaltung überlassen werden. Zu diesen Aufgaben der kommunalen Selbstverwaltung gehören auch die Seehäfen. Bei der Aufteilung der hamburgischen Verwaltung in einen staatlichen und in einen kommunalen Sektor, die im Zuge des Ausbaues der Hansestadt Hamburg notwendig wurde, ist der Hafen von Hamburg folgerichtig eine kommunale Einrichtung geworden und in gleicher Weise ist bei dem Aufgehen der Stadt Lübeck in den preußischen Staat der Hafen von Lübeck nicht als ein preußischer Staatshafen auf den preußischen Staat übergegangen, sondern der Gemeinde Lübeck verblieben. Ein Hafen muß, wenn er erfolgreich verwaltet werden soll, aus der Gemeinde heraus und in unmittelbarer Fühlung mit der Kaufmannschaft und den Reedern, welche ihre Schiffe auf den Hafen fahren lassen, entwickelt werden. Der Hafen muß ein lebendiger Organismus bleiben, der in seinem Schicksal von dem Leiter der Gemeinde bestimmt wird. Der Leiter der Gemeinde hat darüber zu befinden, welche Anlagen für den Hafen geschaffen, in welchem Umfange er mit Umschlagseinrichtungen, Kränen und Verladebrücken versehen und inwieweit er mit Lager- und Speicherräumen ausgestattet werden soll. Es bleibt ebenso der Entschließung des Leiters der Gemeinde vorbehalten, ob er diese Anlagen von seiten der Gemeinde erstellen und betreiben, in welchem Ausmaß er Betriebsgesellschaften bilden oder inwieweit er privaten Unternehmern die Errichtung und den Betrieb solcher Anlagen überlassen will. Die Praxis bietet uns ein buntes Bild von Lösungsmöglichkeiten und zeigt uns, daß die einzelnen Häfen zur Erreichung der gleichen Ziele die verschiedensten Wege gegangen sind. Entscheidend bleibt, daß die dem öffentlichen Dienst gewidmeten Anlagen und Einrichtungen ausreichen, um dem öffentlichen Verkehrsbedürfnis zu entsprechen.

Die Frage entsteht, inwieweit soll der Staat neben der Gemeindeaufsicht, die in der deutschen Gemeindeordnung vom 30. Januar 1935 und in der Eigenbetriebsverordnung vom 21. November 1938 verankert ist, vom Verkehrsstandpunkt aus eine hafentechnische und hafenpolitische Sonderaufsicht ausüben? Anlaß zu dieser Frage bietet der Erlaß des Preußischen Handelsministers vom 20. November 1930. Der Preußische Handelsminister schrieb damals vor, daß ihm „alle von privaten und öffentlichen Stellen ernstlich verfolgten, größeren Hafenbaupläne zur Kenntnis gebracht und daß insbesondere diejenigen Bauvorhaben, die öffentliche Mittel erforderten, an zentraler Stelle vom allgemein volkswirtschaftlichen und handelspolitischen Standpunkt aus einer eingehenden Nachprüfung unterzogen würden". Der Erlaß ist zu einer Zeit ergangen, als wir unter der größten Arbeitslosigkeit litten. Eine Reihe von Gemeinden glaubte damals, der Arbeitslosigkeit dadurch steuern zu können, daß sie den Bau von Häfen als Notstandsarbeiten ausschrieben. Der Preußische Handelsminister warnte davor, den Bau oder die Erweiterung von Häfen nur deshalb in Angriff zu nehmen, weil dadurch Arbeit geschaffen würde. Da jede produktive Arbeitsbeschaffung voraussetzt, daß die hergestellten Werke für den Produktions- und Verteilungsapparat eine Bereicherung darstellen, Häfen, für die kein Bedürfnis vorhanden ist, für den Wiederaufbau der Wirtschaft aber keine Förderung, sondern eher ein Hemmnis bilden, ist der Erlaß, aus der damaligen Zeit heraus gesehen, verständlich und berechtigt. Die Anhänger einer zentralen Hafenpolitik haben diesen Erlaß aber begrüßt, weil sie darin den Anspruch des Staates erblickten, die Freiheit der kommunalen Hafenverwaltungen in ihren Entschließungen über die Errichtung und den Ausbau von Häfen einzuschränken und die Gestaltung der Häfen in die Zuständigkeit der Zentrale zu nehmen. Ich muß, wenn ich heute vor Ihnen über Hafenpolitik spreche, zu diesem Erlaß Stellung nehmen. Es ist eine Kardinalfrage, ob der Staat den Hafenverwaltungen ihre Entschließungsfreiheit läßt, soweit sie nicht durch die Bestimmungen der allgemeinen Staatsaufsicht nach dem Gemeindeverfassungsgesetz gebunden sind, oder ob er sich für die technischen und wirtschaftlichen Fragen der Hafenverwaltungen die oberste verkehrspolitische Genehmigung vorbehalten will. Auf die Gefahr hin, nicht die allgemeine Zustimmung zu finden, will ich Ihnen die Antwort eindeutig geben: Wenn der Staat den Gemeinden eine Aufgabe zur Selbstverwaltung überläßt, so soll er dem Leiter der Gemeinde auch das Vertrauen entgegenbringen, daß er diese Aufgabe im Sinne des Staates löst und darf ihm in seiner Arbeit keine Fesseln anlegen, welche ihm die Entschlußkraft und die Verantwortungsfreudigkeit nehmen müssen. Ich kann mir nicht vorstellen, daß eine Ministerialinstanz ein besseres Urteil darüber besitzt, was für einen Hafen notwendig ist, als der Leiter der Gemeinde, welcher den Verhältnissen nahesteht und die finanzielle Verantwortung seiner Maßnahmen trägt. Ich fürchte vor allem, daß sich die zentrale Prüfung aller Hafenbauvorhaben vorzugsweise negativ auswirken würde. Da ein Bauvorhaben wohl abgelehnt, der Gemeinde aber nicht auf ihre Kosten auferlegt werden kann, würde die zusätzliche Sonderaufsicht praktisch nur restringierend und nicht fördernd sein. Kein Leiter einer Gemeinde wird Hafenbaupläne ohne Anhörung seiner Ratsherren verfolgen und wird von der Durchführung absehen, wenn er für seine Gedanken bei den maßgebenden Persönlichkeiten in der Gemeinde kein Verständnis findet. Sollte wirklich einmal eine Gemeinde ein Vorhaben beginnen, das offensichtlich nicht gerechtfertigt wäre, so genügen die allgemeinen staatlichen Aufsichtsbefugnisse und sonstigen Handhaben staatlicher Einwirkung, um den staatlichen Notwendigkeiten im einzelnen Geltung zu verschaffen. Ich persönlich stehe unbedingt auf dem Standpunkt, daß die freie und verantwortliche Selbstverwaltung die beste Gewähr für die Entwicklung unserer Seehäfen gibt, und glaube, daß dieser Satz von den Erfahrungen der Vergangenheit bestätigt wird.

Preußen und Bremen hatten unter dem 21. Juni 1930 ein Weser-Ems-Abkommen getroffen und darin vereinbart: „Der Senat der Freien Hansestadt Bremen und die Preußische Staatsregierung werden mit Rücksicht auf das gemeinsame Hinterland der Weser und Ems zur Vermeidung unwirtschaftlicher Anlagen auf eine einheitliche Entwicklung des Wirtschaftsgebietes an Weser und Ems und insbesondere auf eine einheitliche Seehäfenpolitik für dieses Gebiet hinwirken.

Die Preußische Staatsregierung und der Senat der Freien Hansestadt Bremen werden einander rechtzeitig von Maßnahmen Kenntnis geben, die die Interessen des anderen Vertragsteiles berühren, mit dem Ziele, eine wirtschaftlich vernünftige Ausnutzung der Seehäfen sicherzustellen".

Im Preußischen Landtage wurde zu dieser Vereinbarung erklärt, daß sie Greifbares nicht bringe. Sie sei, so hieß es, „so molluskenhaft, so weich, daß man, wenn es hart auf hart ginge, mit diesen Bestimmungen nichts anfangen könne". Tatsächlich ist der Wortlaut des Abkommens in seiner Formulierung so wenig klar, daß er die Absicht dessen, was gemeint ist, nicht erkennen läßt. Gedacht war eine Aufgabenteilung zwischen Emden und den bremischen Häfen. Emden sollte den Umschlag für Massengüter, insbesondere für Erz und Kohle ausbauen, aber nicht nach einem Stückgutumschlag streben, Bremen sollte sich dafür von der Heranziehung von Erz und Kohle auf seine Häfen fernhalten. Die Aufgabenteilung erscheint von einem planwirtschaftlichen Standpunkt aus bestechend. Wenn ich von Preußen dazu aufgerufen worden wäre, Bremen von der Errichtung von Erz- und Kohlenumschlagsanlagen zurückzuhalten, so glaube ich kaum, daß ich meinem Minister dazu geraten haben würde. Nachdem Bremen durch den Rückgang des Außenhandels und die im Ostseebereich neu entstandenen ausländischen Häfen einen Teil seines früheren Handels verloren hatte, mußte sich Bremen nach einem Ersatz umsehen, und hat in zäher Arbeit die großen Kohlenumschlagsanlagen in seinen Industriehäfen unterhalb der Häfen von Bremen-Stadt geschaffen. Es hat damit einen großen Teil der Kohlenausfuhr nach Italien an sich gezogen. Es hat sich weiter in Verbindung mit einem saarländischen Hüttenwerk in den Erzumschlag eingeschaltet. Bremen hat mit diesen Maßnahmen den Verkehr der auf Bremen fahrenden Schiffe erhalten und sich stärker in der Seegeltung behauptet, als wenn es auf die Übernahme des Umschlages von Kohle und Erz verzichtet hätte. Der Verkehr in Emden hat darum nicht Not gelitten, und ich glaube, daß wir alle in den beiden letzten Jahren dankbar dafür gewesen sind, daß bei der außerordentlichen Steigerung des Verkehrsvolumens für die Einfuhr von Erz und die Ausfuhr von Kohle auch die bremischen Häfen zur Verfügung standen. Ich führe diese Vorgänge als Beispiel dafür an, daß selbst eine theoretisch richtig gedachte Planung in der Praxis zu einem Fehlergebnis geführt haben würde.

An dem Gedanken der verantwortlichen Selbstverwaltung der Seehäfen halte ich auch für die Fälle fest, wo die Hafengemeinde nicht leistungsfähig genug sein sollte, um die Aufgaben des Ausbaues und der Unterhaltung des Seehafens aus eigenen Mitteln voll zu erfüllen und einer Hilfe des Landes oder Reiches bedarf. Da Seehäfen meist über die Bedürfnisse der Gemeindegrenzen hinausgehen und in ihrer Wirkung tief in das Hinterland hineingreifen, kann sehr leicht der Fall eintreten, daß sich eine Gemeinde außerstande erklärt, mit den ihr zur Verfügung stehenden Kräften die überkommunale Aufgabe zu lösen. So hat der Preußische Staat den Städten Stettin und Königsberg seine Finanzkraft zur Unterstützung ihrer kommunalen Seehäfen zur Verfügung gestellt. Auch in diesen Fällen, wo sich der Staat an den Lasten des Hafens oder des Hafenbetriebes finanziell beteiligen muß, wird er den höchsten wirtschaftlichen Erfolg erreichen, wenn er die Selbstverwaltung achtet und den örtlichen Beteiligten in der Betriebsführung des Hafens so viel Freiheit läßt, als er es mit den sonst von ihm wahrzunehmenden Rücksichten vereinbaren kann.

III.

Die Selbstverwaltung der Hafengemeinden muß sich darauf beschränken, für den Umschlag der Güter vom Seeschiff auf die Landverkehrsmittel (Reichsbahn, Binnenschiff, Kraftfahrzeug) und umgekehrt und für die Lager- und Speichermöglichkeiten zu sorgen. Auf die Zufuhr der Güter zum Seehafen und auf ihre Abbeförderung in das Innere haben die Seehäfen keinen bestimmenden Einfluß. Sollen die Seehäfen Instrumente der nationalen Verkehrs- und Wirtschaftspolitik werden, so muß der Staat mit den ihm zur Verfügung stehenden Verkehrsmitteln dafür sorgen, daß den Seehäfen die Güter zugeführt und abgenommen werden. Hierin liegt die vornehmste, aber auch schwierigste Aufgabe der Hafenpolitik.

Es ist bekannt, daß die Wasserstraßenbaupolitik unter der Reichsführung planmäßig auf den Verkehr zu den Seehäfen umgestellt ist. Ich erinnere daran, daß vor einigen Jahren die Niedrigwasserregulierung der Elbe in Angriff genommen wurde, um Sachsen mit seiner reichen Industrie an Hamburg anzuschließen und Hamburg das binnenwärtige Hinterland zu öffnen. Nachdem durch die Taten des Führers die Elbe bis Liboch aufwärts deutsch geworden ist, sind die Pläne auf den Ausbau der Elbe über die frühere Reichsgrenze hinaus ausgedehnt worden. Der Ausbau der Oder wird fortgesetzt, der Oder-Donau-Kanal ist dazu bestimmt, die Ostmark an die Oderwasserstraße anzuschließen. Über den Oder-Spree-Kanal, die Spree und die Havel würde gleichzeitig ein Wasserweg von der Ostmark nach Hamburg eröffnet sein.

Die stärkste Stütze würden die Seehäfen Hamburg, Bremen und Lübeck durch den Bau des Hansakanals erhalten. Der Hansakanal würde dem Ruhrgebiet neben der Schiene die Möglichkeit bieten, seine Schwergüter zu den niedrigen Frachten der Binnenschiffahrt auf dem kürzesten Wege nach den deutschen Seehäfen zu bringen. Wir haben nach der Eröffnung des Mittellandkanals schon jetzt eine Wasserstraßenverbindung von der Ruhr über Magdeburg nach Hamburg, und Bremen konnte bisher schon über den Dortmund-Ems- und Ems-Weser-Kanal und die Weser Schiffsgüter aus der Ruhr beziehen, allein es waren und sind der Umweg über den Mittellandkanal und die wechselnde Wasserführung der Ströme nicht dazu angetan, den Anforderungen an den Verkehr von der Ruhr für Kohle, Eisen und Erze zu entsprechen. Der Bau des Hansakanals ist für das Ruhrgebiet und für die drei Hansestädte eine staatspolitische Notwendigkeit. Freilich ist es noch nicht möglich, den Kanal zu beginnen, weil es sowohl an Menschen als auch an Material fehlt. Es sind aber die Vorarbeiten, die in früheren Jahren bereits einmal durchgeführt wurden, wieder aufgenommen worden. Die Vorarbeiten verfolgen das Ziel, den Kanal und seine Schleusen für das 1500 t-Schiff herzurichten und gleichzeitig die beste Lösung für seine Weiterführung bis Lübeck zu suchen.

So nachdrücklich ich mit meiner innersten Überzeugung für diese Wasserstraßenbaupolitik eintrete und den Bau des Hansakanals nach Kräften zu fördern suche, so wenig habe ich Verständnis dafür, wenn eine Hamburgische Zeitung die Kanalisierung des Hochrheins zwischen Basel und dem Bodensee als ein Vorhaben geißelt, das gegen die Seehäfen gerichtet ist. Wir betreiben die Kanalisierung des Hochrheins gewiß nicht aus dem Grunde, um Oberbaden und den Bodensee mit Rotterdam zu verbinden. Der Bodensee ist der größte Binnenhafen der Welt, der nur darunter leidet, daß er keinen Zugang besitzt. Schaffen wir ihm diesen Zugang mit der Kanalisierung des Hochrheins, so werden Vorarlberg, Südwestbayern, das südliche Württemberg und Südbaden mit ihrer reichen Industrie und Landwirtschaft die Vorteile des Rheins gewinnen. Der Binnenverkehr, welcher sich zwischen den neuen Rheinstationen und den Rheinplätzen abwärts bis Duisburg-Ruhrort entwickelt, wird bestimmt erheblich größer sein, als der Verkehr, der von den Hochrhein- und Bodenseehäfen vielleicht bis Rotterdam geht. Man tut dem Seehafengedanken in der deutschen Verkehrspolitik bestimmt keinen Dienst, wenn man andere Wasserstraßenpläne damit bekämpft, daß sie möglicherweise auch einem ausländischen Hafen Verkehr bringen könnten.

Es ist ebenso bekannt, daß die Deutsche Reichsbahn die Seehafentarifpolitik von der früheren Preußischen Staatseisenbahnverwaltung nicht nur übernommen, sondern auf Süddeutschland erstreckt und großzügig und planmäßig fortentwickelt hat.

Die Reichsautobahnen verbinden, wie ein Blick auf das Netz der Reichsautobahnen lehrt, die Seehäfen auch für den Verkehr von Lastzügen mit dem Hinterland.

Die Frage der Seehafentarifpolitik wird häufig allein unter dem Moment der Devisenersparnis gesehen, und es wird eine schärfere Seehafentarifpolitik gefordert, um die über ausländische Häfen, insbesondere Rotterdam und Antwerpen, gehenden Güter auf die deutschen Nordseehäfen abzulenken. Da die Dienste, welche die deutsche Wirtschaft in Rotterdam und Antwerpen für den

Umschlag von Gütern in Anspruch nimmt, in holländischen Gulden oder belgischen Franken bezahlt werden müssen, die deutsche Reichsmark aber ebensowenig wie irgendeine andere Landeswährung die Landesgrenze überspringen kann, müssen für die Transporte über die holländischen und belgischen Häfen Devisen aufgewandt werden. Darum bedeutet jeder Transport, der nicht über einen ausländischen Seehafen geht, sondern über einen deutschen Seehafen geleitet werden kann, eine Ersparnis an Devisen. Das ist eine Tatsache, an der niemand vorbeigehen kann, und es ist ebenso selbstverständlich, daß jede Nationalwirtschaft darauf bedacht sein muß, alle Arbeiten, die sie im Inland leisten kann, auch im Inland durchzuführen. Das gilt für Transporte genau so gut wie für die Herstellung von Gütern. Bei der Anziehungskraft der vollschiffigen Rheinwasserstraße und der Abgabenfreiheit auf dem Rhein haben auch die holländischen und belgischen Häfen Verständnis dafür, daß sich die deutsche Verkehrspolitik in den Seehafentarifen der Deutschen Reichsbahn ein Gegengewicht zugunsten der deutschen Seehäfen geschaffen hat und nicht alle Güter sehenden Auges nach dem Ausland abschwimmen läßt. So wenig wir aber in unserer Wirtschaft zu einer Autarkie kommen wollen und kommen können, so wenig werden wir auf die Inanspruchnahme fremder Häfen ganz verzichten können. Die Seehafentarifpolitik muß in den Dienst des Zieles gesetzt werden, Devisen zu sparen, wird aber durch dieses Ziel nicht allein bestimmt. Wir haben eine Seehafentarifpolitik bereits gehabt, als der Begriff der Devisenbewirtschaftung noch eine unbekannte Vokabel war, und werden sie bestimmt auch noch treiben, wenn eine Devisenbewirtschaftung einstmals nicht mehr notwendig sein sollte.

Die Seehafentarifpolitik ist a u c h , aber nicht nur eine Devisenfrage. Maßgebend ist in erster Linie, daß wir mit unserer Seehafenpolitik die deutsche Handelsflotte stützen. Jede nationale Handelsschiffahrt hat ihren natürlichen Stützpunkt in ihrem nationalen Heimathafen. Wir können unsere deutschen Handelsschiffe nicht darauf verweisen, daß sie ihre Güter in ausländischen Häfen an Bord nehmen, sondern müssen den Heimathäfen unserer Handelsflotte soviel Güter zuführen, daß die deutschen Reeder ihre Liniendienste mit Erfolg aufrecht erhalten und verbessern können. Maßgebend ist zweitens, daß wir die Vorratshaltung in den Seehäfen fördern müssen. Die Seehäfen sind für die Beförderungen von See nach dem Binnenland und umgekehrt die natürlichen Brechpunkte der Transporte. Die Güter müssen aus dem Seeschiff gelöscht und in ein Landverkehrsmittel überführt oder umgekehrt von den Landverkehrsmitteln ausgeladen und in ein Seeschiff verstaut werden. Muß die Beförderung wegen Wechsels des Verkehrsmittels unterbrochen werden, so ergibt sich die zwanglose Möglichkeit, die Güter, über welche der Handel noch keine endgültige Bestimmung getroffen hat, als Vorrat einzulagern. Wenn die Seehäfen aber geborene Träger der Vorratswirtschaft sind, so müssen wir Wert darauf legen, daß diese Vorräte in inländischen und nicht in ausländischen Seehäfen niedergelegt werden.

Von diesen beiden Gesichtspunkten aus erhebt sich die Frage, sollen wir die Hafenpolitik auf das Ziel einstellen, daß wir alle Kräfte auf einen einzigen Seehafen konzentrieren, oder sollen wir die bunte Kette von Häfen, die wir an der deutschen Küste haben, alle gleichmäßig fördern? Es wurde von durchaus ernst zu nehmender Seite der Gedanke vertreten, daß wir uns in Deutschland zur Politik „d e s n a t i o n a l e n S e e h a f e n s" bekennen und alle staatlichen Mittel derart zusammenfassen sollten, daß sie allein „d e m nationalen Seehafen" zugute kämen. Nach Lage der Verhältnisse bei uns könnte „D e r nationale Seehafen" nur Hamburg sein.

Hamburg bewältigte von dem ganzen Seehafenverkehr im Jahre 1938 39,5 vH, in weitem Abstande hinter Hamburg kamen Bremen mit 13,7 vH, Stettin mit 12,6 vH und Emden mit 11,4 vH, die übrigen 22,8 vH verteilten sich auf Königsberg, Lübeck, Nordenham, Brake, Kiel, Flensburg, Stralsund, die hinterpommerschen Häfen Stolpmünde, Kolberg und Rügenwaldermünde und endlich Elbing.

Das Bild ist wie alle Darstellungen der Verkehrsstatistik leicht verzerrt. Das rührt daher, daß wir statistisch nur das Gewicht und nicht den Wert der Güter erfassen können. Eine Gewichtseinheit Erz und Kohle werden einer Gewichtseinheit Wolle, Baumwolle, Kaffee oder Tee gleichgestellt, man vergleicht also tatsächlich Äpfel und Birnen. Eine Wertstatistik würde die Bedeutung von Hamburg und Lübeck wahrscheinlich sehr viel stärker und die Bedeutung Emdens geringer erscheinen lassen. Immerhin zeigt schon dieses Bild die überragende Rolle des Hafens von Hamburg in dem seewärtigen Güterverkehr.

Ich möchte dem Gedanken des nationalen Seehafens nicht schlechthin entgegentreten und glaube, daß der gewaltige Ausbau des Hafens von Hamburg, der vom Führer befohlen ist, die Vorortstellung Hamburgs im Kreise der deutschen Seehäfen zwangsläufig weiter stärken wird. Ich kann mir auch denken, daß man Seehafentarife, wie z. B. Seehafendurchgangstarife der Deutschen Reichsbahn aus dem Süden und dem Südosten Europas, für Güter, die nur im Transit der Verkehrsströme über den Atlantik in Frage kommen, nicht auf Null reguliert und daß man sie den Häfen vorenthält, welche keine Überseeschiffahrt haben. Ich halte es auch sonst für möglich, daß man Vergünstigungen im Verkehr zu den Seehäfen für Hamburg gibt, ohne die gleichen Vorzüge allen Häfen zuteil werden zu lassen. Ich scheue aber, den Gedanken „d e s nationalen Seehafens" soweit zu treiben, daß er zu einer Negation und zu einer Drosselung der anderen Seehäfen wird. Belgien hat den nationalen Seehafen: Antwerpen, Holland hat zwei nationale Seehäfen: Rotterdam und Amsterdam, (heute gesagt — hatte —). Bei unserer vielseitigen Wirtschaft würde eine Konzentration der gesamten Seehafenverkehre auf Hamburg eine Verkümmerung der übrigen Häfen bedeuten und kaum zu einer Stärkung der Ausfuhrkraft im ganzen beitragen. Ich mache mir dabei nicht das liberalistische Schlagwort zu eigen, daß jedes Verkehrsunternehmen, welches die höchste Leistung erzielen soll, einen Wettbewerber haben müsse. Die Deutsche Reichsbahn, welche ein tatsächliches, und die Deutsche Reichspost, welche seit jeher ein rechtliches Monopol gehabt haben, beweisen uns, daß Verkehrsanstalten auch ohne den Wettbewerb als treibende Kraft zu den höchsten organisatorischen und technischen Leistungen gekommen sind. Wir würden aber, wenn wir Hamburg zu „dem einzigen nationalen Seehafen" ausgestalten würden, beispielsweise die wertvollen Kräfte verlieren, die in jahrhundertealter Tradition in Bremen entwickelt und für die Pflege unserer Außenhandelsbeziehungen schlechthin unentbehrlich sind. Auch hat uns die Geschichte nicht nur eine Stellung auf der Nordsee, sondern auch eine Mission an der. Ostsee gegeben. Wenn der Kaiser-Wilhelm-Kanal auch die beiden Meere durch eine höchstleistungsfähige Seewasserstraße miteinander verbunden und Hamburg zu einem Ostseehafen hat werden lassen, so führt die Ostsee auch heute noch ein Eigenleben, von dem wir uns nicht ausschalten lassen dürfen. Ich würde es für einen großen Fehler halten, die Ostseeschiffahrt und die Ostseehäfen zu vernachlässigen, glaube im Gegenteil, daß wir bemüht sein müssen, im Rahmen der Ostseeschiffahrt und des gesamten Ostseeverkehrs unseren deutschen Anteil zu steigern. Lübeck würde die starken und engen kulturellen Beziehungen, welche es so vorbildlich mit den skandinavischen Ländern pflegt, nicht mehr erhalten und vertiefen können, wenn sie nicht durch einen regen Handelsverkehr und eine moderne Schiffahrt mit den Ostseestaaten unterstützt würden. Stettin und Königsberg könnten die Aufgaben, die ihnen durch ihre Lage zugewiesen sind, nicht erfüllen, wenn man sie von seiten der staatlichen Hafenpolitik fallen lassen würde. So glaube ich, daß wir dem deutschen Ein- und Ausfuhrhandel den besten Dienst leisten, wenn wir ihm in dem Kranz der verschiedenen Seehäfen an den deutschen Küsten die verschiedenartigsten Gelegenheiten für die Transporte über See geben. Jeder der Häfen hat seine Geschichte, seine Tradition und seine Eigenart. Die Berücksichtigung auch der kleineren Häfen bedeutet bestimmt nicht eine Zersplitterung, sondern Bereicherung der Kräfte. Wie wir uns im binnenländischen Verkehr nicht allein auf die Eisenbahn stützen, sondern gleichzeitig auf die Binnenschiffahrt und den Güterkraftverkehr zu entwickeln suchen, so glaube ich, daß wir auch mit der Ausschöpfung aller Kräfte in den deutschen Seehäfen den höchsten wirtschaftlichen Erfolg erreichen.

Ich habe mich bemüht, Ihnen die Probleme, welche uns die staatliche Hafenpolitik stellt, so offen wie möglich darzulegen und nicht davor zurückgescheut, auch zu politisch umstrittenen Fragen Stellung zu nehmen. Der Seehafenausschuß, welcher unter Leitung des Herrn Lasalle von der Hamburg-Amerika Linie steht, ist dazu berufen, die Fragen im einzelnen zu vertiefen und zu klären. Ihre Aufgabe von der Hafenbautechnischen Gesellschaft aus ist es, die Wege für die technischen Verbesserungen des Hafenausbaus und des Hafenumschlags zu erforschen. Wir alle finden uns in dem Willen und in dem Streben, unsere deutschen Seehäfen als Repräsentanten deutscher Seegeltung auf den höchsten Grad der Leistungsfähigkeit zu bringen.

Veröffentlichungen der Ausschüsse der Hafenbautechnischen Gesellschaft.

1. Ausschuß für Hafenumschlagstechnik.

Von O. Wundram, Hamburg.

Im Jahre 1939 wurden die Hauptaufgaben des Ausschusses fortgesetzt, soweit nicht durch die Kriegsereignisse eine Weiterarbeit als untunlich zurückgestellt werden mußte.

Die schon in den Vorjahren betriebenen Erhebungen und Erörterungen in der Angelegenheit der Lastkraftwagen-Abfertigung in den Häfen fanden zwar schon in dem vorjährigen Ausschußbericht[1] einen gewissen abschließenden Niederschlag, doch wurden die Arbeiten nicht ohne weiteres damit als erledigt betrachtet. Die auf Anregung von Herrn Direktor Eggers, Bremen, in der Hauptversammlung im Mai 1939 aufgenommene Behandlung der Frage über die Notwendigkeit von Parkplätzen in den Häfen wurde auf Veranlassung des Vorsitzenden der HTG dem Ausschuß für Hafenumschlagstechnik zur weiteren Bearbeitung überwiesen; sie ist indessen wegen Ausbruch des Krieges nicht in Angriff genommen worden. Andererseits wurde die Behandlung der Kraftwagenfrage dadurch weitergeführt und gefördert, daß der Ausschußvorsitzende im Januar 1939 auf Vorschlag von Herrn Professor Dr.-Ing. Agatz in den Ausschuß des Zentralvereins für deutsche Binnenschiffahrt berufen wurde, der unter Leitung von Herrn Professor Most, Duisburg, die Fragengruppe des Verhältnisses und der Zusammenarbeit zwischen Binnenschiffahrt und Kraftwagen zu bearbeiten hatte. Der umfangreiche Stoff wurde in mehreren Sitzungen behandelt und im Dezember 1939 zu einem vorläufigen Abschluß gebracht. Über die Zusammensetzung dieses Ausschusses und seine wichtigsten Ergebnisse, die vielfach die Gebiete der HTG berühren, wird nach Kriegsende berichtet werden.

Die zweite vom Ausschuß für Hafenumschlagstechnik seit mehr als Jahresfrist aufgegriffene Aufgabe, Richtlinien für die Bewertung und Messung von Stromverbräuchen von Hafenhebezeugen zu entwickeln, wurde von einem fünfgliedrigen Unterausschuß, dem außer dem Ausschußleiter die Herren Oberingenieure Dr.-Ing. Gewecke, Jungblut, Nissen und Direktor Schiebeler angehörten, bearbeitet. Es war von vornherein die Schwierigkeit dieser Aufgabe nicht verkannt worden, aber auch die Beschränkung der Lösung auf den Stromverbrauch von Massen-(Schütt-)gutumschlagsanlagen im aussetzenden Betriebe führte in einem regen Meinungsaustausch der Bearbeiter doch nicht zu der einheitlichen Willensbildung, weiter Zeit und Mühe auf die Lösung zu verwenden. Die Kenntnis des Stromverbrauchs ist wohl von Nutzen für den Umschlagbetreibenden, um daraus die Möglichkeiten von Ersparungen abzuleiten. Auch den Verfertiger von Hebezeugen wird der Vergleich einwandfrei gewonnener Stromverbrauchszahlen dazu veranlassen können, weiter den Wirkungsgrad von Triebwerken und Steuerungen zu verbessern, wenn dies nicht auf Kosten der Einfachheit und Betriebssicherheit geschieht und eine mögliche Stromersparnis in angemessenem Verhältnis zu der durch sie bedingten Steigerung der Anlagekosten steht. Die Hafenumschlagstechnik hat nun aber so viele Steuerungen mit Sonderarten entwickelt, daß die Richtlinien, die eine Ermittlung und Wertung des Stromverbrauchs auf gleicher Grundlage ermöglichen sollen, so mannigfache Voraussetzungen und Begriffe und Bezeichnungen schaffen müßten, daß ihre Anwendung sicher nicht einfach ausfallen würde, ganz abgesehen davon, daß dazu Einrichtungen und Hilfskräfte benötigt würden, die nicht jeder Hebezeug-Besitzer zur Verfügung hat. Die Ermittlung der Einzelwirkungsgrade des mechanischen und elektrischen Teiles eines Hebezeuges ist ohnehin nicht leicht durchzuführen.

Der Ausschußleiter hat dies Ergebnis für lehrreich genug gehalten, um es in der Vorstandsratsitzung gelegentlich der Hauptversammlung der HTG in Lübeck 1939 vorzutragen und es auch an dieser Stelle zu veröffentlichen. Die in derselben Hauptversammlung abgehaltene Sitzung des umschlagtechnischen Ausschusses zeigte aber eine so starke Anteilnahme an diesen Fragen, daß

---

[1] Jahrbuch HTG. 1938, 17. Bd., S. 132—142.

beschlossen wurde, die Arbeiten nicht abzubrechen, sondern sie möglichst in vereinfachter Form (zunächst nur für Schüttgutumschlag) weiterzuführen Eine Rundfrage soll feststellen, an welchem Energieverbrauch die Umschlagsbetriebe interessiert sind.

Die dritte wichtige Aufgabe des Ausschusses, die Drahtseilfrage, wurde in einer Arbeitsgruppe unter Führung des leider bald nach der Hauptversammlung verstorbenen Professor Dr.-Ing. R. Woernle von den Mitgliedern Dr.-Ing. Neumann, Wehrspan und Wundram bearbeitet. Professor Woernle, ein führender Fachmann der Drahtseilforschung, berichtete über die Verwertung der Ergebnisse der Drahtseilforschung für die Drahtseile der Hafenumschlagstechnik vor den Mitgliedern des Großen Vorstandsrates in der Hauptversammlung 1939 in Lübeck. Das Wichtigste daraus wird im folgenden wiedergegeben:

Überaus nachteilig für die Lebensdauer von Drahtseilen ist eine ungünstige Auflage in der Trommel- oder Seilscheibenrille. Die Verwendung der Scheibenrillen nach DIN 690 mit ihren verhältnismäßig geringen Anschmiegungen an das Seil führt zu einer erheblichen Minderung der Seillebensdauer. Vorteilhaft sind bearbeitete, tunlichst passende Seilrillen.

Das Gleichschlagseil, das bei passender Rille dem Kreuzschlagseil an Lebensdauer im allgemeinen überlegen ist, ist empfindlicher gegen nichtpassende Rillen als das Kreuzschlagseil. Das Gleichschlagseil ist wegen seines großen Belastungsdralls als einzelnes Kranseil mit freischwebender Last nicht geeignet, wohl aber bei Greiferkranen mit Zwillingsanordnung der Seile. Bei frei schwebender Last an einem Seiltrum sind sog. „drehungsfreie" Seile erforderlich, z. B. geflochtene Zopfseile, die jedoch ihres ungünstigen Aufbaus wegen geringe Lebensdauer besitzen. Den Zopfseilen gegenüber sind doppelflachlitzige Seile, die praktisch drehungsfrei sind, an Lebensdauer überlegen.

Die vorgeformten Seile besitzen den Vorteil, daß sie keine elastische Rückwirkung der verseilten Drähte (elastischen Drall) aufweisen und weniger zu Kinkenbildung neigen. Sie sind deshalb beim Einbau und im Betrieb bequemer zu handhaben als nichtvorgeformte Seile. Auch die Lebensdauer der Seile wird durch die Vorformung günstig beeinflußt.

Eine wesentliche Steigerung der Lebensdauer von Drahtseilen kann in Sonderfällen erzielt werden durch Futterung der Rillen. Als besonders geeignet zur Futterung zwecks Seilschonung haben sich bei hohen Seilbelastungen Kunstharzstoffe mit Faserstoffeinlagen wie Bosch-Resitex und dergl. erwiesen. Ein wirkungsvolles Mittel zur Steigerung der Lebensdauer der Drahtseile ist die Vergrößerung des Scheibendurchmessers. Die Vergrößerung der spez. Seilbelastung führt dagegen zu einem raschen Abfall der Lebensdauer.

Zur Schonung des Seiles muß der Konstrukteur eine möglichst einfache Seilführung anstreben. Eine vielfache Umlenkung des Seiles bedingt eine Vervielfachung der Biegungswechsel je Arbeitsspiel und damit eine frühe Zerstörung des Seiles. Ungünstig für die Lebensdauer von Seilen wirkt sich besonders eine Seilführung in Gegenbiegung (S-Biegung) aus.

Bei neueren Drahtfestigkeitsversuchen des Forschungsinstituts von Professor Woernle zeigt sich bei Sealeseilen bei konstanter spez. Seilbelastung und bei sonst gleichen Versuchsbedingungen im untersuchten Festigkeitsbereich von 130—200 kg/mm² ein beachtlicher Anstieg der Lebensdauer bis zur Drahtfestigkeit von 200 kg/mm². Auch bei Sealeseilen mit ähnlichen, in Abhängigkeit von der Zunahme der Drahtfestigkeit abnehmenden Seilquerschnitten zeigte sich bei gleichbleibender Seillast, also gleichbleibender Sicherheit auf Zug und bei gleichen Scheibendurchmessern, d. h. also bei wachsendem Scheibenverhältnis $\frac{D}{d_2}$, im untersuchten Festigkeitsbereich von 130—200 kg/mm² ebenfalls ein beachtlicher Anstieg der Seillebensdauer bis zur Drahtfestigkeit von 200 kg/mm². Das neuere Streben, bei Krandrahtseilen an Stelle von 130 kg/mm² eine Drahtfestigkeit von 160 kg/mm² als Norm anzusehen, muß als zweckmäßig bezeichnet werden, da die Drahtgüte offensichtlich gestiegen ist.

Unter sonst gleichen Versuchsbedingungen ergaben die bei der Herstellung in ihrem Inneren geschmierten Drahtseile (durch Tränkung der Seilseele durch Fettstoffe und Schmierung der einzelnen Drahtlagen der Litzen) verglichen mit trockenen Drahtseilen gleicher Art und Güte eine Lebensdauersteigerung um 100—500 vH infolge Minderung des inneren Verschleißes. Bei einem Kranseil, das nur die Hälfte der Umschlagsleistung der vorausgegangenen Seile erbrachte, zeigte die Nachprüfung, daß das Seil im Innern nicht geschmiert war. Als Schmiermittel sind für die Schmierung der Seile im Innern bei der Herstellung Fette oder dickflüssige Zylinderöle zu empfehlen nach den „Richtlinien für Einkauf und Prüfung von Schmiermitteln". Holzteer ist wegen seiner ungenügenden Schmierfähigkeit ungeeignet.

Die Rostgefahr besonders bei den im Freien laufenden Hafenkranseilen ist ein starker Feind, der bei der Korrosiom im Seilinnern seine gefährlichste Form annimmt. Hiergegen hilft nur eine gute bei der Fabrikation vorgenommene Innenschmierung; allerdings geht ihr Vorrat im Laufe der Betriebszeit allmählich verloren. Dieser Verlust kann durch äußere Schmierung (etwa durch

Anpinseln im Betriebe) nicht ersetzt werden, eine Nachschmierung ist nur wirkungsvoll, wenn das Seil im unbelasteten Zustande in einem Bottich mit angewärmtem Fett oder Öl getränkt wird. Äußere Schmierung bietet also keinen Schutz, sie kann sogar u. U. das Vorhandensein zerstörender Innenkorrosion verdecken. Neben der Schmierung ergibt die Verzinkung, sofern sie ausreichend durchgeführt ist, den besten Korrosionsschutz. In den Normen für Kranseile, aber auch in den Handelsschiffnormen für Drahtseile, fehlt eine Angabe über die Zinkauflage. Bei den Handelsschiffnormen für Drahtseile wird lediglich ausgesprochen „seemäßig verzinkt". Es empfiehlt sich, für seemäßige Verzinkung der Seildrähte tunlichst eine Zinkauflage nicht unter 150 g/m^2 zugrunde zu legen, ebenso für Hafenkranseile, um einen hinreichenden Rostschutz zu gewährleisten. Bemerkenswert ist, daß, wie Versuche des Institutes von Professor Woernle zeigten, Seile aus verzinkten Drähten in ihrer Dauerbiegefähigkeit den entsprechenden Seilen aus blanken Drähten nicht nachstehen. Dieses günstige Verhalten der Seile aus verzinkten Drähten ist festgestellt nicht nur bei schwacher Verzinkung, sondern auch bei der für wirksamen Korrosionsschutz erforderlichen starken Verzinkung von 150 g/m^2 und mehr.

Die Stahlseele an Stelle der Hanfseele wirkt sich im allgemeinen günstig auf die Lebensdauer der Seile aus. Hinsichtlich der Litzenzahl im Seil ist zu bemerken, daß sich 8litzige Seile im Dauerversuch gegenüber 6litzigen Seilen bei den im Kranbau vorkommenden spez. Seilbelastungen an Lebensdauer überlegen erwiesen haben. Es zeigt sich ferner, daß die genormten Kranseile mit Litzenaufbau nach DIN 655 im Dauerversuch in ihrer Lebensdauer im Nachteil waren gegenüber Seilen, deren Litzen im Parallelschlag hergestellt werden.

Bei den Versuchen mit Dauerschwellzugbeanspruchung von Drahtseilen im Woernleschen Institut ergab sich, daß Drahtseile nicht nur durch den Lauf über Scheiben, d. h. durch Umbiegen und Wiedergeraderichten geschädigt werden, sondern auch durch axiale Zugbeanspruchungen, die sich schwellend auswirken. Hieraus lassen sich Seilbrüche von stehenden Seilen erklären, z. B. von Abspanntauen für Kranausleger u. dgl. Die bisherigen Untersuchungen zeigten, daß bei schwellender Zugbelastung Kranseile bereits bei einer Schwingweite von etwa $1/9$ bis $1/5$ der statischen Zerreißfähigkeit des Seiles zu Bruch gingen. Besonders gefährdet sind Seile, die schwellend beansprucht werden und die gleichzeitig der Korrosion ausgesetzt sind.

Neben der Frage der Steigerung der Güte und Lebensdauer von Drahtseilen für die verschiedensten Zwecke ist von besonderer Wichtigkeit noch die Frage der Ablegereife der Drahtseile. Aus wirtschaftlichen Gründen verbietet sich ein zu frühes Ablegen, während die Betriebssicherheit ein rechtzeitiges Ablegen vor dem Bruch verlangt. Die Untersuchungen gehen dahin, auf Grund des Zerstörungsgrades der Seile durch Drahtbrüche und Verschleiß ein Urteil für die Abnahme an Seiltragkraft zu gewinnen, um bei den verschiedenen Betriebsbedingungen den richtigen Zeitpunkt für das Ablegen von Drahtseilen zu erfassen. Besonders schwierig ist die Feststellung der Ablegereife solcher Seile, deren Zerstörung infolge gewisser Betriebsbedingungen sich kaum oder nicht durch äußere Drahtbrüche anzeigt und deren Verfall auch sonst nicht ohne weiteres äußerlich erkennbar ist, d. h. bei innerer Korrosion und inneren Drahtbrüchen. Die Untersuchung solcher Seile auf innere Drahtbrüche und innere Korrosion kann durch magnetelektrische Prüfung erfolgen.

Von großer Bedeutung sind für Hafenkrane die Endbefestigungen von Drahtseilen, z. B. am Hakengeschirr, durch Kausche, Klemmverbindungen oder Vergußkonus. Über diese wichtige Frage sind weitere Untersuchungen nötig.

Diese Notwendigkeit und die Fülle des bereits Geleisteten gibt dem Ausschuß für Hafenumschlagtechnik doppelt Anlaß, den frühzeitigen Verlust seines ausgezeichneten Mitarbeiters Professor Woernle aufrichtig zu beklagen.

Im Laufe der Ausschußarbeiten im Jahre 1939 traten weitere Anregungen zum Verfolg einschlägiger Fragen an den Leiter heran, so etwa die richtige Bemessung der Krananzahl für eine bestimmte Umschlagsaufgabe, ferner die Wahl der vorteilhaftesten Höhe der Kaikanten im Kanalhafen. Besonders scheinen der Bearbeitung würdig die Fragen des Unfallschutzes in Hafenbetrieben, soweit sie sich auf den Umschlag beziehen.

2. Die Straßenverkehrswege in den Binnenhäfen.

Von Direktor **J. H. Nadermann**, Magdeburg, Leiter der Arbeitsgruppe „Straßenwege" im Ausschuß für Hafenverkehrswege der Binnenhäfen.

Die Straßenverkehrswege in den Binnenhäfen haben durch die Entwicklung des Lastkraftwagenverkehrs in den letzten Jahren erheblich an Bedeutung gewonnen. Es war daher durchaus zu begrüßen, wenn von der Hafenbautechnischen Gesellschaft Untersuchungen der hiermit verbundenen verkehrstechnischen Fragen angeregt und in die Wege geleitet wurden. Über die Ergebnisse dieser Bearbeitungen, die innerhalb der hierzu gebildeten Arbeitsgruppe „Straßenwege" des Ausschusses für Hafenverkehrswege der Binnenhäfen durchgeführt worden sind und zum großen Teil als grundsätzlich abgeschlossen gelten können, soll nunmehr kurz berichtet werden.

Zur Gewinnung des für die Bearbeitung notwendigen Materials sollte zunächst versucht werden, durch Fragebögen Unterlagen über den derzeitigen Stand der Straßenwege in den Binnenhäfen zu erhalten und zum anderen die Meinungen einzelner Hafenverwaltungen über die künftige Entwicklung festzustellen. Es zeigte sich jedoch bald — und zwar schon vor Absendung der Fragebogen —, daß auf diese Weise in diesem Bereich praktisch nicht weiterzukommen war. Vom Verfasser wurde daher empfohlen, die wichtigsten Gesichtspunkte, die bei derartigen Untersuchungen beachtet werden müssen, in einem kleineren Kreis durchzusprechen und sodann zu versuchen, die Ergebnisse dieser Besprechungen zu gewissen Richtlinien zu verarbeiten.

Dementsprechend ist dann auch verfahren worden.

Für die Durchführung dieser Untersuchungen ergab sich aus der Natur der Sache fast zwangsläufig eine gewisse Unterteilung, und zwar empfahl es sich zu untersuchen

I. die Zubringerstraßen für die Binnenhäfen
a) Begriffsbestimmung und Bezeichnung,
b) nach ihren Beziehungen zu Ortsstraßen, Reichsstraßen, Reichsautobahnen,
c) in bezug auf ihre Lage, Abmessungen usw.,

II. die Hafenstraßen im engeren Sinne, und zwar
a) Begriffsbestimmung — rechtlicher Charakter —,
b) Arten — die jeweiligen Unterschiede in bezug auf Lage, Abmessungen, Querschnitte usw.
c) Verhältnis der Hafenstraßen zur Uferkante, zu den Lagerhallen, zu den Gleisen und zur Kranbahn,
d) Verkehr auf den Hafenstraßen,
e) Parkplätze und Autobahnhöfe.

Es war weiterhin bei jeder dieser Fragen zu unterscheiden:
der gegenwärtige Stand,
die Gesichtspunkte für die künftige Umgestaltung bestehender Anlagen bzw. für die Schaffung neuer Anlagen.

Hierzu ist im einzelnen zu bemerken:

I. Zubringerstraßen für die Binnenhäfen
(vgl. Abb. 1 und 2).

Als der landseitige Verkehr in den Häfen ausschließlich oder doch vorwiegend auf der Schiene abgewickelt wurde, war eine Beschäftigung der Hafenverwaltungen mit den Zubringerstraßen wenn auch nicht unnötig, so doch nicht entfernt von derartiger Bedeutung wie heute. Der seinerzeit vorhandene Straßenverkehr wurde noch überwiegend mit Pferdefuhrwerken abgewickelt, die naturgemäß an die Zufahrtsverhältnisse nicht derartige Anforderungen stellten wie heute der Lastkraftwagenverkehr, so daß die Hafenverwaltungen an der Gestaltung der Zubringerstraßen weniger interessiert waren.

Die Straßenverkehrswege in den Binnenhäfen.

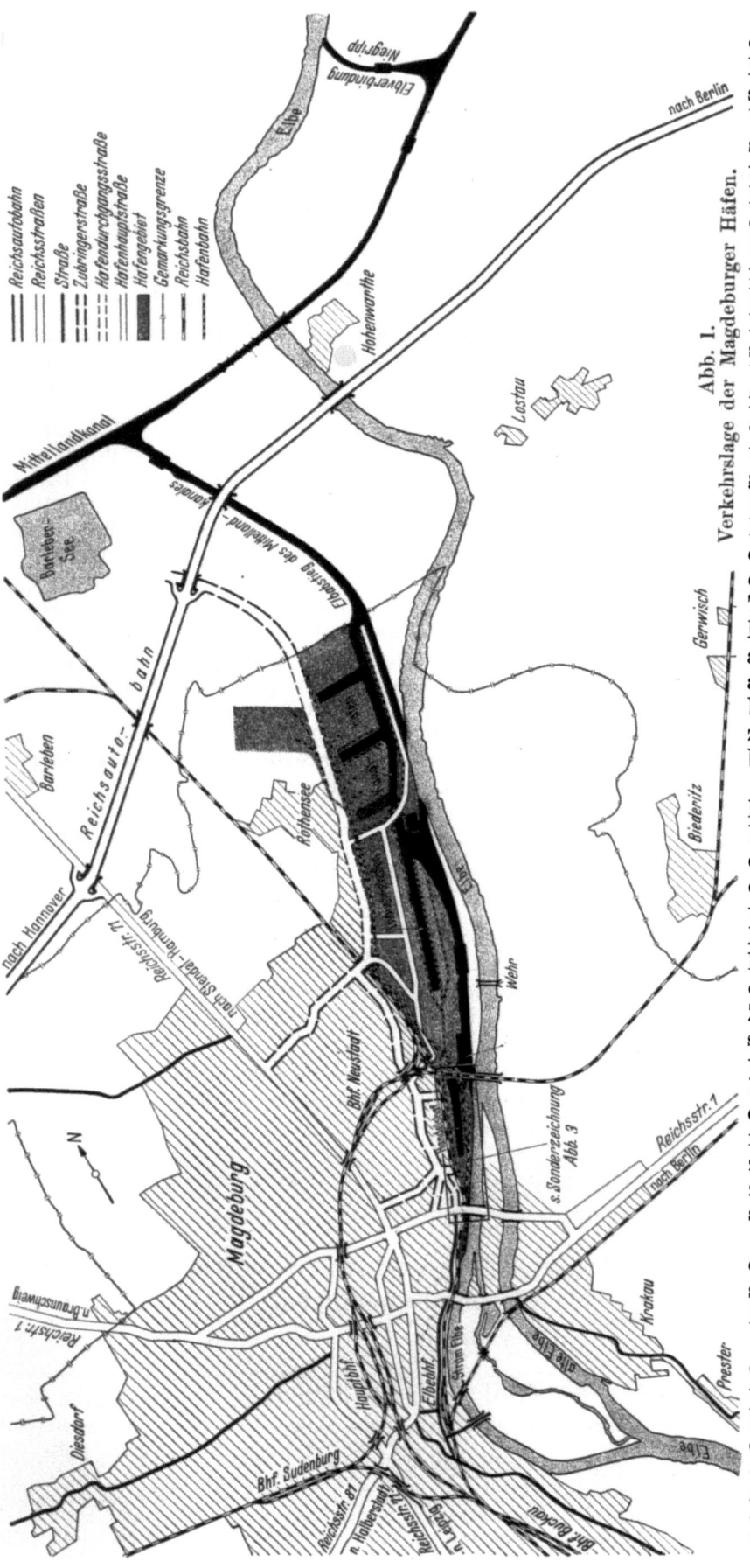

Abb. 1. Verkehrslage der Magdeburger Häfen.

Als Zubringerstraßen sind diejenigen Straßen außerhalb der Hafengebiete anzusehen, die auf dem kürzesten Wege die Verbindung zwischen den Hafengebieten und den zunächst gelegenen Hauptstraßen der Gemeinden, den Reichsstraßen, den Straßen 1. Ordnung oder neuerdings den Reichsautobahnen herstellen. Ob diese Definition für die Zubringerstraßen allen vorkommenden Verhältnissen gerecht wird, ist eine Frage der jeweils örtlichen Verhältnisse. Es wird zweifellos viele Fälle geben, in denen derartige Straßen unmittelbar am Rand eines Hafengebietes entlang führen, so daß sie dann auch einen erheblichen Teil des inneren Hafenverkehrs aufnehmen. Ob derartige Straßen dann noch als Zubringerstraßen oder bereits als Hafenstraßen anzusehen sind, muß jeweils besonders überlegt werden.

Für bestehende Verhältnisse dürfte eine Verbesserung — vor allem in den Breitenverhältnissen — der Zubringerstraßen in den wenigsten Fällen in Frage kommen. Bei der Neuanlage von Häfen wäre jedoch zu fordern, daß die Zubringerstraßen mindestens vierspurig sein sollten; wenn sie überwiegend durch bebautes Gebiet führen, empfiehlt es sich, dieses Maß noch um zwei Standspuren zu verbreitern. Plankreuzungen mit Bahnanlagen sind möglichst zu vermeiden.

Wohl in allen Fällen wird es sich bei diesen Zubringerstraßen um öffentliche Straßen handeln.

Aus der wachsenden Bedeutung des Lastkraftwagenverkehrs und hierbei insbesondere des Fernverkehrs ergibt sich die Forderung, diese Zubringerstraßen vor allem an den Abzweigungen von Reichsstraßen und Reichsautobahnen mit einheitlichen Hinweisschildern zu versehen, die auch gleichzeitig den weiteren Verlauf der Zubringerstraßen übersichtlich kenntlich machen.

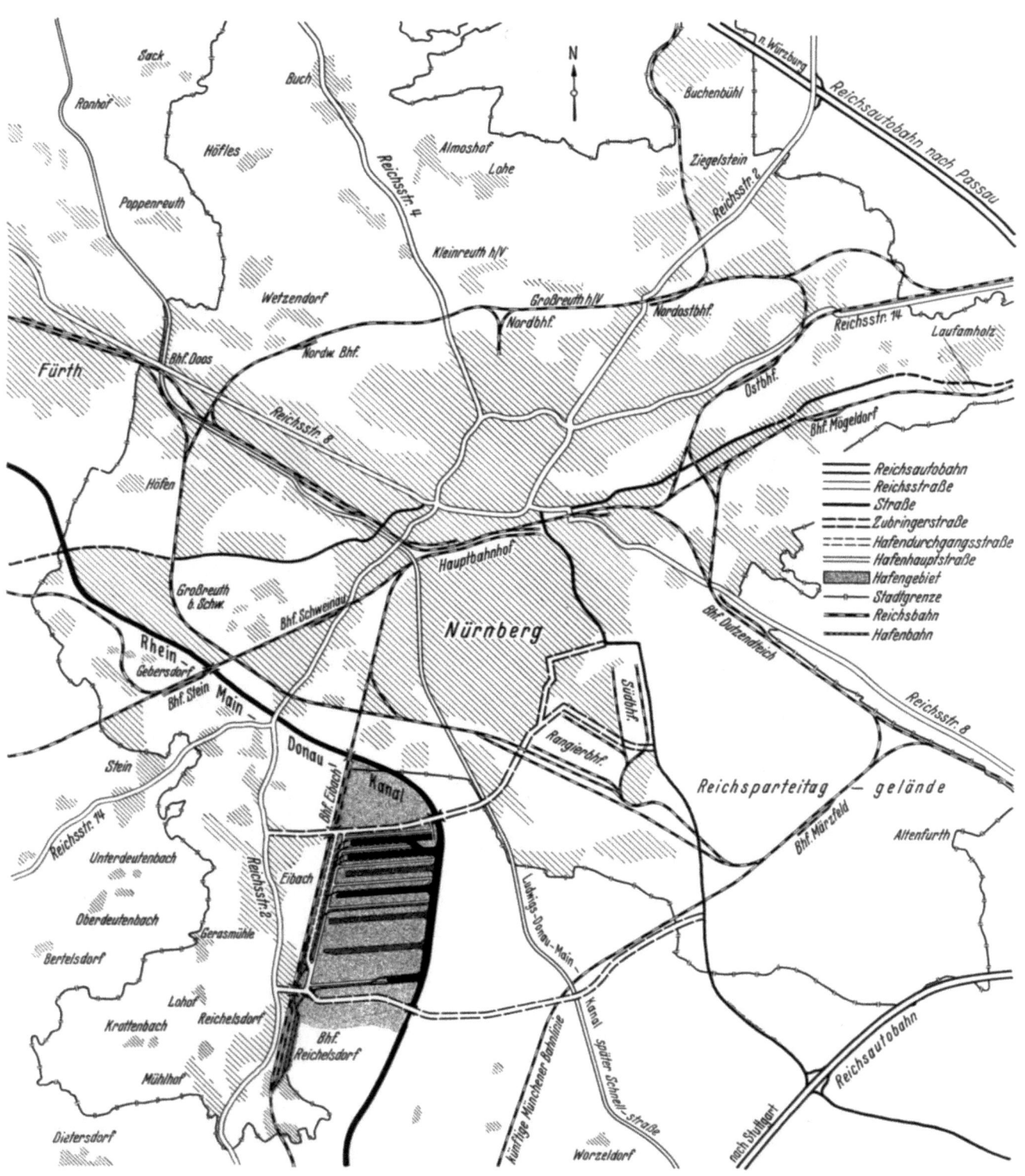

Abb. 2. Verkehrslage des Nürnberger Hafens.

20

II. Hafenstraßen im engeren Sinne
(vgl. Abb. 3—8).

a) Begriffsbestimmung — rechtlicher Charakter.

Im Gegensatz zu den Zubringerstraßen, die also in der Regel außerhalb der Hafengebiete liegen, sollen mit Hafenstraßen alle Straßenwege innerhalb der Hafengebiete selbst bezeichnet werden, und zwar gleichgültig zunächst, welchen rechtlichen Charakter sie im einzelnen besitzen und auch

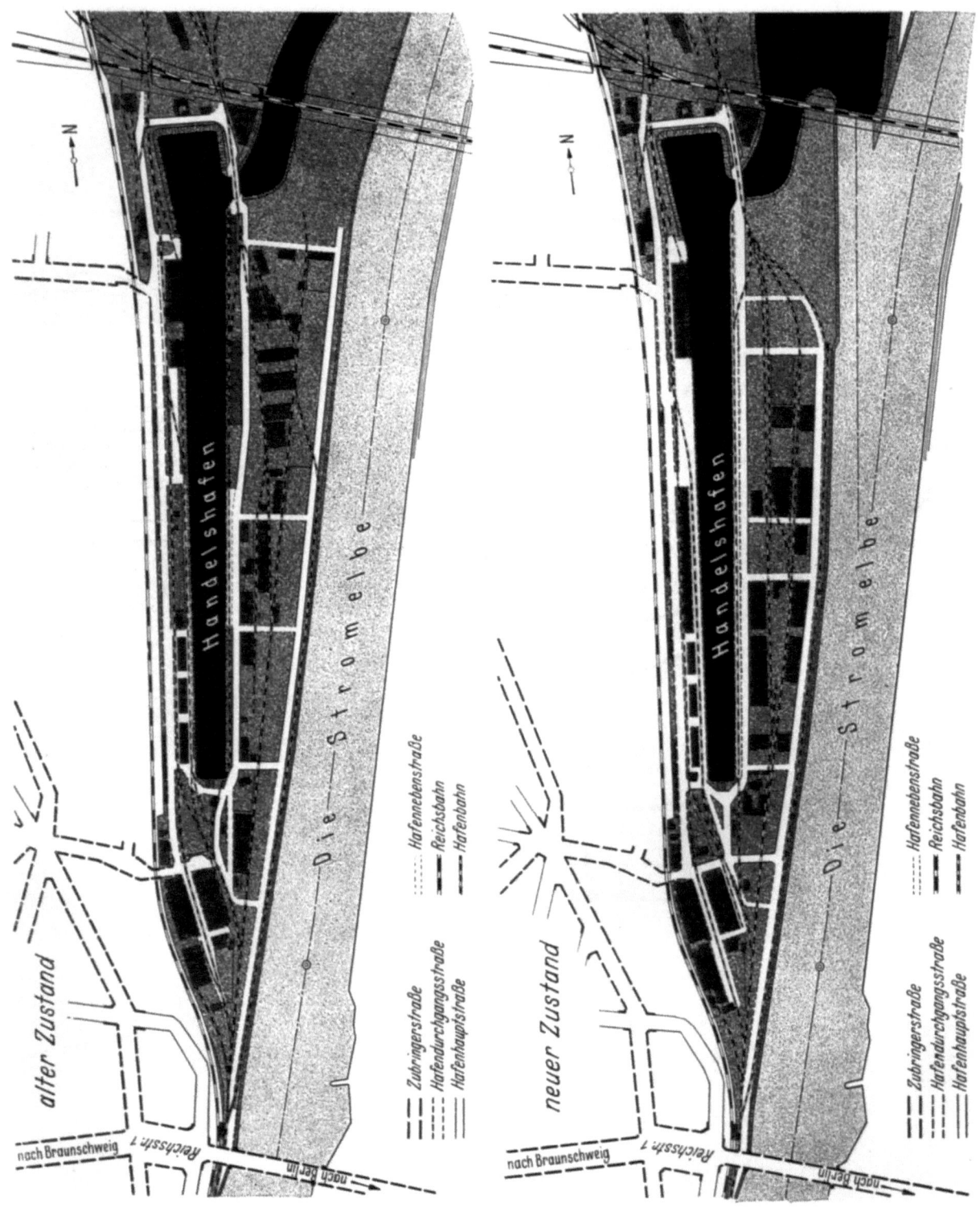

Abb. 3. Straßenverkehrswege im Handelshafen Magdeburg. Alter und neuer Zustand.

gleichgültig, ob sie ausschließlich oder nur überwiegend dem Hafenverkehr dienen. Vorweggenommen sei zur Frage des rechtlichen Charakters dieser Straßen bemerkt, daß auch hier der bisherige Zustand durchaus nicht einheitlich ist. Vorwiegend handelt es sich um Privatstraßen, die jedoch gleichzeitig auch dem öffentlichen Verkehrsbedürfnis dienen. Da diese Frage auch wegen der Haftungsverhältnisse von Bedeutung sein kann, empfiehlt es sich klarzustellen, welche Hafenstraßen als öffentliche und welche als Privatstraßen anzusehen sind. Eine zwangsweise allgemein gültige Festlegung auf einen bestimmten Rechtscharakter ist infolge der tatsächlich bestehenden Verschiedenheiten nicht ohne weiteres durchführbar.

b) Arten (vgl. Abb. 3—5).

Nach ihrer Bedeutung einerseits für den durchgehenden Verkehr, andererseits für die Verkehrsabwicklung an der Uferkante bzw. am Schuppen, können die Hafenstraßen systematisch unterteilt werden in:

1. Hafendurchgangsstraßen,
2. Hafenhauptstraßen,
3. Hafennebenstraßen
— diese können sein Uferstraßen, Ladestraßen, Querstraßen, Stichstraßen usw.

Je nach der Einordnung der Hafenstraßen in dieses Schema ergeben sich im Einzelfall verschiedenartige Anforderungen an Straßenbreiten und an die Straßenbefestigungen. Es ist selbstverständlich nicht notwendig, daß in den einzelnen Häfen sämtliche oben genannten Arten von Hafenstraßen vorhanden sein müssen bzw. vorhanden sind. Vor allem in den bestehenden Häfen, die sich erst im Rahmen des möglichen auf den Lastkraftwagenverkehr einrichten mußten, wird dies kaum der Fall sein. Es ist jedoch zu fordern, daß bei der Anlage neuer Häfen der allmähliche Straßenausbau auf dieser Grundlage möglich bleibt.

Abb. 4. Der Handelshafen Magdeburg, vom Süden aus gesehen. Straßenverkehrsverhältnisse vor Kopf des Hafens sowie an den Kaikanten, im neuen Zustand (vgl. Abb. 3).

Als Merkmale zur Unterscheidung dieser verschiedenen Arten der Hafenstraßen können gelten:

1. Hafendurchgangsstraßen.

Wie schon der Name sagt, handelt es sich um die wichtigsten durchgehenden Verbindungsstraßen, die im allgemeinen im Zuge der oder einer Zubringerstraße durchgeführt sind. Von ihnen aus müssen vor allem, wenn es sich um räumlich getrennt liegende Teile eines Hafengebietes handelt, möglichst alle diese Teile schnell und sicher, d. h. insbesondere auch möglichst ohne Plankreuzungen mit Schienenwegen, erreicht werden können. Die Breite ist ebenso wie bei den Zubringerstraßen auf mindestens vier Fahrspuren und möglichst zwei Standspuren zu bemessen.

2. Hafenhauptstraßen.

Die Hafenhauptstraßen sollen den Hauptteil des inneren Hafenverkehrs, vor allem auch innerhalb der einzelnen Teile eines Hafengebietes, aufnehmen, d. h. also, sie sollen insbesondere auch den durchgehenden Verkehr von der Uferkante bzw. von den Ladestraßen möglichst abzweigen. Auch für diese Straßen empfiehlt es sich daher allgemein vier Fahrspuren vorzusehen; je nach den örtlichen Verhältnissen sind ebenso wie für die Hafendurchgangsstraßen auch besondere Radfahrwege und Fußwege erforderlich.

3. Hafennebenstraßen.

Ufer- bzw. Ladestraßen. Als Breite hierfür dürften zwei Fahrspuren genügen, zu denen entweder, falls von diesen Straßen nur Schuppen bedient werden sollen, eine Standspur oder aber auch, wenn außerdem von dieser Straße noch direkt in die Schiffsfahrzeuge übergeladen werden soll, zwei Standspuren hinzutreten müßten. Die zweite Standspur kann gegebenenfalls durch Auspflasterung der Ufer- oder auch der Schuppengleise ersetzt werden, so daß also in der Regel die Straßenbreite, abgesehen von reinen „Straßenhäfen", zwei Fahrspuren und eine Standspur betragen muß.

Querstraßen. Für den ihrer Bestimmung entsprechenden Querverkehr zwischen Hafenhauptstraßen und Ufer- bzw. Ladestraßen genügt eine Breite von zwei Fahrspuren. Zur Vermeidung unnötiger weiterer Anforderungen in bezug auf die Breiten dieser Straßen empfiehlt es sich, das Be- und Entladen von Straßenfahrzeugen von diesen Straßen aus zu verbieten, d. h. die Schuppen in einer gewissen seitlichen Entfernung von diesen Straßen anzuordnen, so daß der Lastkraftwagen gegebenenfalls Be- und Entlademöglichkeiten abseits der Querstraße auf ausgepflasterten Flächen zwischen Querstraße und Schuppen findet.

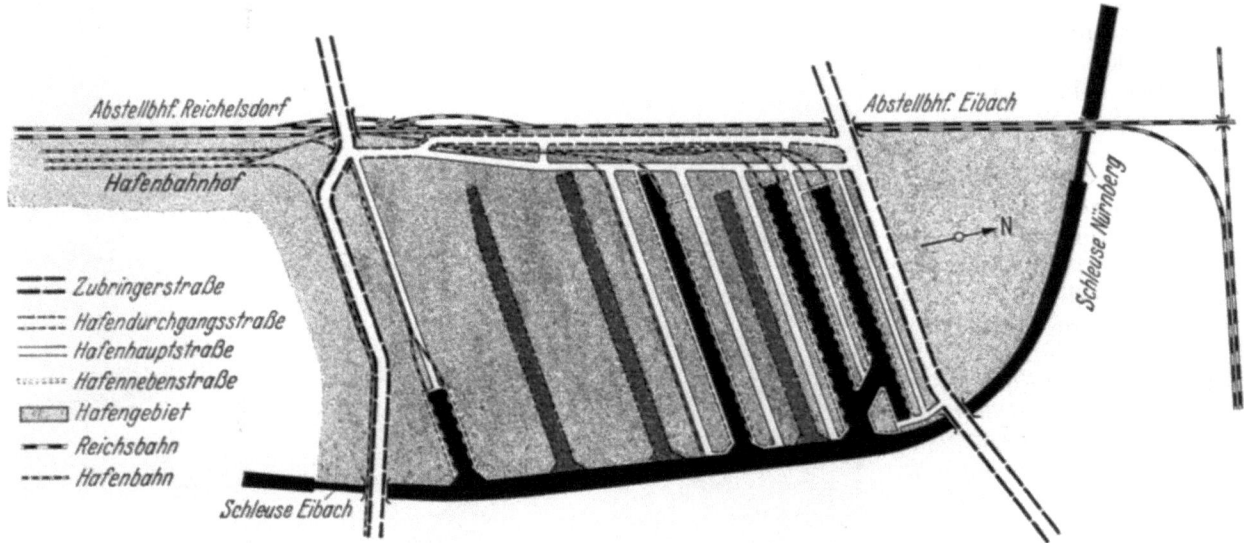

Abb. 5. Projektierte Straßenverkehrswege im Hafen von Nürnberg.

Es ist bereits erwähnt, daß in vielen Binnenhäfen nicht alle genannten Arten der Hafenstraßen vorhanden sind, insbesondere werden wohl vielfach die Hafenhauptstraßen fehlen, so daß an und für sich der von diesen Straßen aufzunehmende Verkehr sich ebenfalls auf den Lade- bzw. Uferstraßen abwickeln muß. In diesem Fall werden selbstverständlcih die Breitenverhältnisse dieser Hafennebenstraßen entsprechend geändert werden müssen. Ihre äußerste Begrenzung werden die Gesamtbreiten zwischen Uferkante und Schuppen in noch wirtschaftlichen Auslegerweiten der Kräne finden. Wie nachher jedoch an den einzelnen Regelquerschnitten (vgl. Abb. 8) zu zeigen sein wird, übersteigen diese Breiten zwischen Uferkante und Schuppen im allgemeinen ein Maß von 20 m nicht. Dieses Maß ist jedoch für die Kranausleger durchaus zu vertreten. Es ermöglicht weiter auch den direkten Umschlag in den zweiten Kahn.

c) Verhältnis der Straße zur Uferkante usw. und
d) Verkehr auf den Hafenstraßen (vgl. Abb. 6—8).

Die wichtigste Frage, die zu klären war, ist zweifellos die Frage nach dem Verhältnis der Straßenverkehrswege in den Binnenhäfen zu den anderen Verkehrswegen, insbesondere zum Schienenweg, in diesem Zusammenhang die Klarstellung der betrieblichen Möglichkeiten zur getrennten oder gleichzeitigen Verkehrsabwicklung auf diesen Wegen und schließlich das Verhältnis dieser verschiedenen Verkehrswege zum Ufer sowie zu den Schuppen, Speichern usw. Hierbei ist es interessant festzustellen, wie verschiedenartig diese Fragen bis jetzt in den einzelnen Binnenhäfen gelöst worden sind (vgl. Abb. 6 u. 7).

Die Untersuchung dieser Frage ergab sehr bald, daß es kaum Binnenhäfen gibt, die auf diesem Gebiet nach einheitlichen Gesichtspunkten geplant und angelegt sind, d. h. die restlos und in allen

Beziehungen miteinander verglichen werden können. Die aus den besonderen örtlichen Verhältnissen herrührenden Einflüsse haben vielmehr teilweise zu einer weitgehenden Systemlosigkeit geführt, die in vielen Fällen nur das unbedingt Notwendige und gerade für den Augenblick Ausreichende schuf, ohne die Gesamtanlagen einer tatsächlich vorausschauenden und weitgreifenden Planung zu unterziehen. Die Folgen zeigen sich nunmehr in den vielfach durchaus unzulänglichen Erweiterungsmöglichkeiten der Häfen. Soweit nun das für die Zweckmäßigkeit der Hafenverkehrswege ausschlaggebende Verhältnis zwischen Straßenweg, Schienenweg, Uferkante und Lagerhaus bzw. Freilagerflächen in Betracht kommt, wurde versucht, den derzeitigen Zustand bzw. die bis-

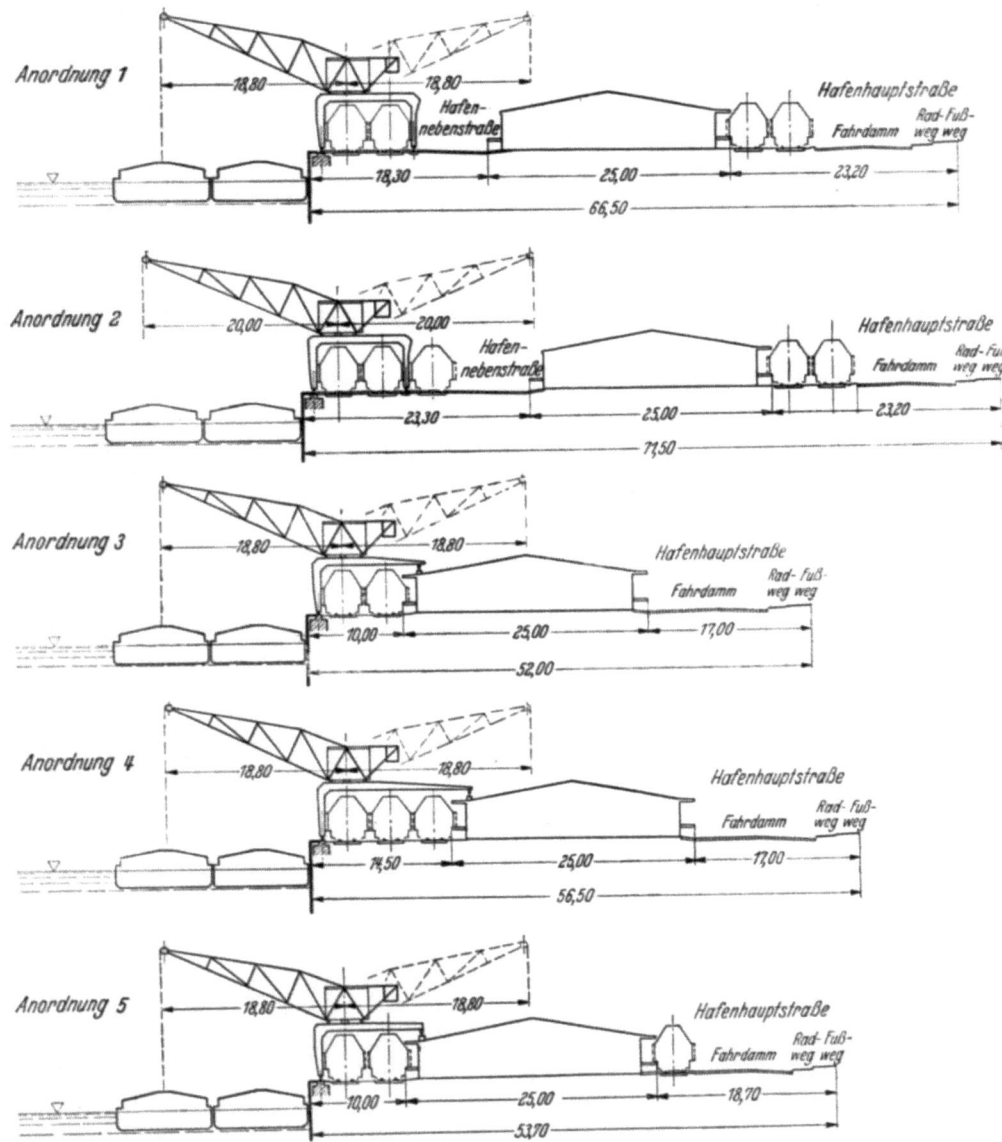

Abb. 6. Einige Anordnungen der Straßenverkehrswege in deutschen Binnenhäfen (Anordnung 1—5).

her angewandten Lösungen in schematischen Querschnitten (Abb. 6/7) darzustellen mit dem Ziel, hieraus zu einer gewissen Übersicht bzw. zu gewissen Oberteilungen zu kommen. Es hat sich jedoch auch hier herausgestellt, daß sich infolge der überall vorhandenen Verschiedenheit eine einwandfreie systematische Ordnung hieraus nicht entwickeln ließ. Lagerhäuser bzw. Güterhallen stehen teilweise unmittelbar an der Uferkante, teilweise sind sie in mehr oder weniger großen Abständen von der Uferkante angeordnet. In diesem letzteren und wohl überwiegenden Fall sind zwischen Uferkante und den Gebäuden die Verkehrswege angeordnet, und zwar entweder nur Gleise (1—3) oder auch nur eine Straße oder auch Gleise und Straße nebeneinander. Darüber hinaus kommen Gleise/Straße in allen möglichen Kombinationen vor, also entweder Gleis — Straße — Schuppen, Straße — Gleis — Schuppen, Gleis — Straße — Gleis — Schuppen. In vielen Fällen ist hierbei noch dazu so disponiert worden, daß man sich durch eine zu knappe Bemessung der Breiten zwischen Uferkante und Schuppen alle Erweiterungs- bzw. Umgestaltungsmöglichkeiten verbaute; nur in verhältnismäßig wenigen Fällen ist noch Raum für allmähliche Umgestaltungen vorhanden.

Es ist weiterhin bekannt, daß auch die verschiedenartigen Konstruktionen der Kräne einen weitgehenden Einfluß auf die Ausgestaltung der Uferflächen zwischen Uferkante und Lagerhäusern ausüben können. Auch hierin ist die Vielgestaltigkeit des derzeitigen Zustandes in den deutschen Binnenhäfen außerordentlich groß. So findet man Volltorkräne, die über zwei oder drei Gleise reichen, aber auch Halbtorkräne, verschiedentlich auch noch standfeste Kräne.

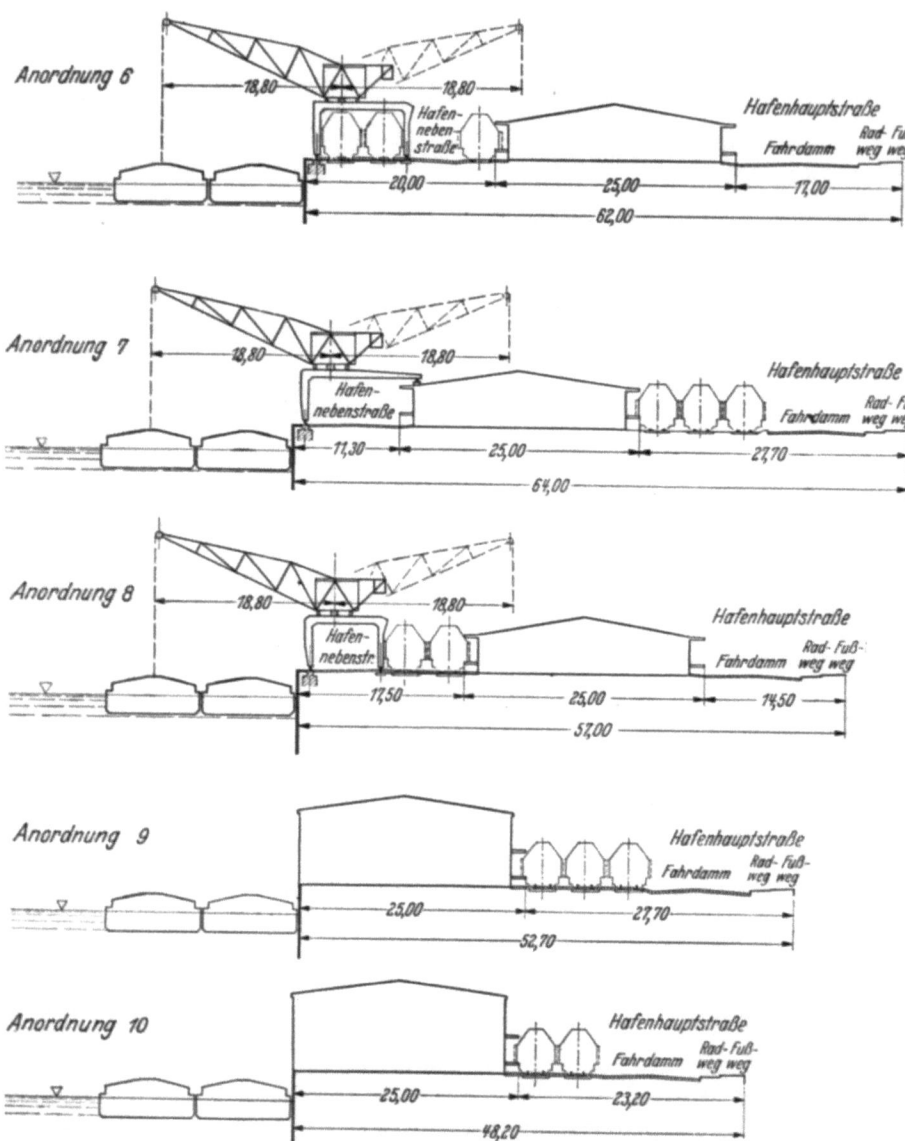

Abb. 7. Einige Anordnungen der Straßenverkehrswege in deutschen Binnenhäfen (Anordnung 6—10).

Vielfach sind die mit dem Anwachsen des Lastkraftwagenverkehrs auftauchenden Fragen nach Zusammenarbeit zwischen Schienen- und Straßenfahrzeug an der Uferkante dadurch zu lösen versucht worden, daß man die Gleise am Ufer ausgepflastert hat, so daß auch das Straßenfahrzeug an das Ufer heran kann. Wegen der hierdurch aber hervorgerufenen betrieblichen Unzulänglichkeiten hat man an einzelnen Stellen auch versucht, die Umschlagstellen für diese beiden Landfahrzeuge örtlich zu trennen, indem man besondere Uferstrecken ausschließlich für den Lastkraftwagenumschlag eingerichtet hat. Die praktische Durchführung derartiger Umänderungen ist aus dem Beispiel des Handelshafens Magdeburg im alten und neuen Zustand (vgl. Abb. 3) zu ersehen.

Welche Lösungen sind nun einmal für bereits bestehende Hafenanlagen, andererseits für Neuanlagen durchführbar und welche Anforderungen sind an diese Lösungen zu stellen? Um einen allgemeinen Gesichtspunkt hierfür zu gewinnen, ist es zweckmäßig, zunächst festzustellen, an welchen Stellen im Hafengebiet Schienen- und Straßenfahrzeuge Aufgaben überhaupt zu erfüllen haben. bzw. an welchen Stellen sich diese Aufgaben überschneiden. Das ist der Fall am Ufer, an den Güterlagerhallen und an den Ladestellen größerer Speicher. Es ist natürlich leicht, die Forderung zu erheben, daß für Schienen- und Straßenfahrzeuge in allen diesen Bereichen getrennte Ladestellen vorhanden sein sollen; praktisch durchführbar sind derartige Anforderungen bei den bestehenden Binnenhäfen nicht, weil einfach der nötige Raum hierfür nicht zur Verfügung steht. Die meisten Binnenhäfen sind durchschnittlich nur zu einem verhältnismäßig geringen Umfang ihrer eigenen Verkehrskapazität ausgenutzt. Dieser Ausnutzungsgrad muß zwangsläufig weiter absinken, wenn bei gleichbleibendem Verkehrsdurchsatz für das Schienen- und Straßenfahrzeug grundsätzlich getrennte Lade- und Lagerumschlagsstellen in den Binnenhäfen verlangt werden. Man darf bei der Meinungsbildung über diese Fragen nicht vergessen, daß die Schaffung der Binnenhäfen, d. h. also die Herstellung der Uferkante, den Gemeinden — die in den meisten Fällen die Kosten direkt oder indirekt zu tragen haben — ohnehin erhebliche Lasten auferlegt, die ohne zwingende Gründe nicht weiter gesteigert werden dürfen. Der sog. gemischte Verkehr an den Ladestellen ist bei stärkeren Verkehrsanforderungen zweifellos eine betrieblich unerwünschte Erscheinung. Man wird ihn daher dort, wo die Verhältnisse es irgendwie ermöglichen, beseitigen. Diese Bestrebungen sollten jedoch keinesfalls dahin führen, den gemischten Verkehr grundsätzlich abzulehnen. Sehr wohl ist es dagegen auch in den Binnenhäfen durchaus möglich, beide Verkehrswege in Einzelfällen getrennt zu halten, wenn die örtlichen Verhältnisse betriebstechnisch derartige Lösungen bedingen. Es gibt Binnenhäfen, die vorwiegend dem Stückgutverkehr dienen, andere wieder haben nur Massenumschlag und in einer dritten Gruppe sind beide Funktionen zu erfüllen. Während im Stückgutverkehr nun beim Lastkraftwagen infolge seiner Anpassungsfähigkeit gegenüber dem Staffeltarif der Reichsbahn insbesondere an solchen Binnenhafenplätzen, die einen starken Verbrauchsverkehr ihres Standortes zu vermitteln haben, eine weitere Steigerung zweifellos möglich erscheint, kann man dasselbe von Massengut, insbesondere soweit längere Zulaufstrecken in Betracht kommen, nicht ohne weiteres sagen. Wenn auch nicht zu bezweifeln ist, daß unter den gegenwärtigen Verhältnissen auch auf diesem Gebiet der Lastkraftwagen erhebliche Gütermengen übernommen hat, die ihrer Natur nach auf den Wasserweg bzw. im Zulaufsverkehr auf die Schiene gehören, so darf man doch nicht verkennen, daß im allgemeinen das Massengut bzw. die Umschlagsvermittlung für dieses Gut die natürliche Aufgabe der Binnenhäfen ist und auch zweifellos weiterhin bleiben wird. Wo die örtlichen Verhältnisse und die wirtschaftlichen Voraussetzungen es zulassen, ist eine bestimmte Aufgabenteilung innerhalb der Binnenhäfen durchaus zweckmäßig und daher auch anzustreben. Es gibt z. B. Binnenhäfen, in denen vorwiegend Massengüter wie Erze, Kohle, Salz usw. umgeschlagen werden, für die als natürlicher Zubringer zweifellos das Schienenfahrzeug anzusehen ist. Es ist daher hier auch nicht erforderlich, an den Umschlagstellen Maßnahmen vorzusehen, die das Heranbringen des Lastkraftwagens an die Uferkante sichern. Anders liegen dagegen die Verhältnisse bei den Güterlagerhallen, die — besonders im Stückgutverkehr — der Zwischenlagerung dienen. Hier treten die verschiedensten Verkehrs- und Betriebswege in Erscheinung, die u. a. auch den unmittelbaren Verkehr des Lastkraftwagens an der Uferkante bedingen. Dasselbe trifft zu für alle sonstigen Verkehrsvorgänge, bei denen der Lastkraftwagen neben dem Schienenfahrzeug Zubringerfunktionen für das Schiffsfahrzeug übernimmt. Hier tritt also der gemischte Verkehr an der Uferkante in Erscheinung. Auf diesen Strecken ist es daher auch erforderlich, die Gleiszonen sowie die daneben liegenden Flächen durch Pflaster zu befestigen, sowie überhaupt dafür zu sorgen, daß ausreichende Uferlängen, die in dieser Weise dem gemischten Verkehr dienen können, vorhanden sind.

Als Schlußfolgerungen aus diesen Überlegungen sind vier Querschnitte (vgl. Abb. 8) aufgestellt worden, die als Regelquerschnitt bezeichnet werden können und die Typen von Anordnungen zeigen, wie sie für die Verkehrsabwicklung in den Binnenhäfen geeignet und verwendbar sind. Hierbei sind unterschieden:

Regelquerschnitt I. Planung bei reinem Bahnverkehr am Ufer.
Regelquerschnitt II. Planung bei reinem Straßenverkehr am Ufer,
Regelquerschnitt IIIa und b. Planung bei gemischtem Bahn- und Straßenverkehr am Ufer, und zwar.

    a) bei überwiegendem Bahnverkehr,
    b) bei überwiegenden Straßenverkehr.

Außerdem ist in allen Fällen als notwendig vorausgesetzt worden,

    a) daß der örtliche Verkehr vom durchgehenden Verkehr getrennt wird, d. h. also besondere Anordnung von Hafenhauptstraßen außer bzw. neben den Lade- oder Uferstraßen,

    b) daß die Schuppen sowohl mit Straßen- als auch mit Schienenfahrzeugen bedient werden können, ohne daß sich diese gegenseitig stören, d. h. es darf an einer Seite des Schuppens nur Straße und an der anderen Seite nur Gleis vorhanden sein.

Hiervon ausgehend ist zu den einzelnen Regelquerschnitten folgendes zu bemerken:

Bei reinem Bahnverkehr am Ufer (Abb. 8, Anordnung I) sind, von der Uferkante angefangen, nebeneinander angeordnet:

Uferkante — drei Gleise — Schuppen — Straße (Hafenhauptstraße, gleichzeitig Ladestraße). Drei Gleise sind notwendig; ein Gleis ist für den Umschlag zwischen Schiene und Schiffsfahrzeug erforderlich, während je ein weiteres Gleis dem durchgehenden Verkehr und der landseitigen Verkehrsabwicklung mit dem Schuppen zu dienen hat.

Die Breite der Hafenhauptstraße ist entsprechend den bereits oben näher erläuterten Voraussetzungen mit vier Fahrspuren und einer Standspur und der Breite für einen Radfahrweg nebst Fußweg angenommen.

Bei reinem Straßenverkehr am Ufer (Abb. 8, Anordnung II) sind nebeneinander angeordnet

Uferkante — Hafennebenstraße (Ufer- bzw. Ladestraße) — Schuppen — zwei Gleise — Hafenhauptstraße.

Die Breite der Ufer- bzw. Ladestraße ergibt sich aus: eine Standspur für den direkten Wasserumschlag, zwei Fahrspuren und eine Standspur für den Verkehr mit dem Schuppen.

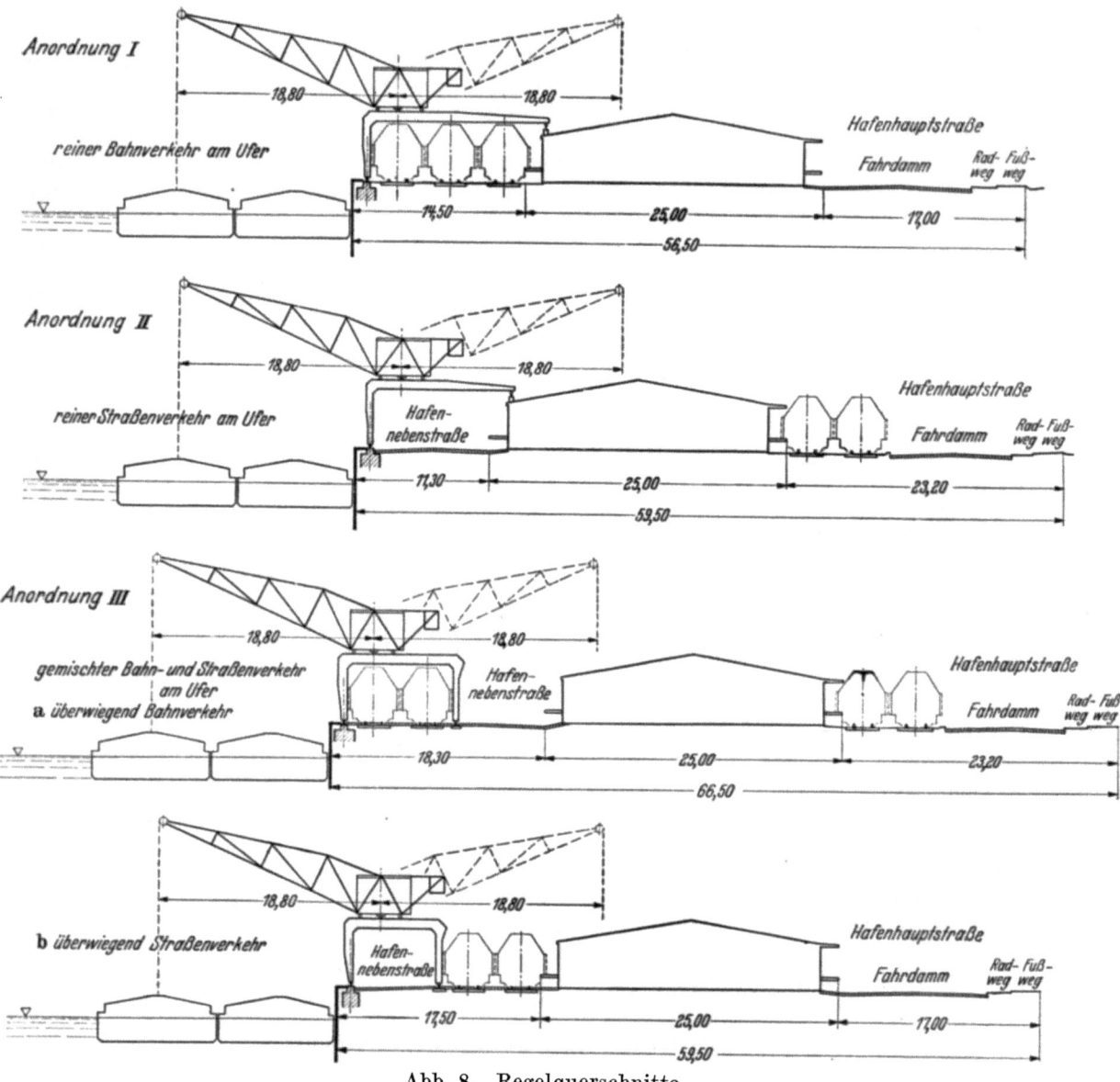

Abb. 8. Regelquerschnitte.

Von den Gleisen hat eines als Ladegleis zum Schuppen, das andere als Durchfahrtsgleis zu dienen. Für die Hafenhauptstraße genügt eine Breite von vier Fahrspuren, weil unmittelbare Lademöglichkeiten in den Schuppen nicht vorhanden sind, eine besondere Standspur ist daher hier nicht erforderlich.

Bei gemischtem Verkehr mit überwiegendem Bahnverkehr am Ufer (Abb. 8, Anordnung III a) sind nebeneinander angeordnet

Uferkante — zwei Gleise — Hafennebenstraße (Ufer- bzw. Ladestraße) — Schuppen — zwei Gleise — Hafenhauptstraße.

Von den beiden Gleisen am Ufer ist eines Ladegleis für den Wasserumschlag, während das andere dem Durchfahrtsverkehr dient. Die Bahnbedienung des Schuppens erfolgt an der Rückseite. Auch hier muß neben dem Ladegleis ein Durchfahrtsgleis angeordnet werden. Die Breite der Ufer- bzw. Ladestraße beträgt zwei Fahrspuren und eine Standspur (für die Umladung in Schuppen); die an und für sich notwendige zweite Standspur für den Wasserumschlag des Lastkraftwagens kann durch Auspflastern der Gleise ohne Schwierigkeiten gewonnen werden. Für die Breite der Hafendurchgangsstraße genügen, wie bei Anordnung II, vier Fahrspuren.

Bei gemischtem Verkehr mit überwiegendem Straßenverkehr (Abb. 8, Anordnung III b) sind nebeneinander angeordnet
Uferkante — Hafennebenstraße (Ufer- bzw. Ladestraße) — zwei Gleise — Schuppen — Hafenhauptstraße.

Die Breite der Ufer- bzw. Hafenstraße ist mit zwei Fahrspuren und einer Standspur für den Wasserumschlag angesetzt. Eine weitere Standspur für den Verkehr mit dem Schuppen erübrigt sich, da dieser Verkehr wieder an der Rückseite des Schuppens abgewickelt wird. Entsprechend ist die normale Breite der Hafenhauptstraße, die auch in diesem Fall gleichzeitig mit einem Teil als Ladestraße dient, um eine Standspur verbreitert worden. Die beiden Gleise dienen vorwiegend dem Verkehr mit dem Schuppen und dem Durchgangsverkehr. Es kann natürlich auch hier notfalls ein nicht allzubedeutender direkter Wasserumschlag, allerdings nur unter Zwischenschaltung von Ladegeräten, abgewickelt werden.

Hinsichtlich der Vor- und Nachteile der Regelquerschnitte kann folgendes gesagt werden. Es wird selbstverständlich stets Fälle geben, in denen sich der Verkehr im Hafengebiet. oder in Teilen eines größeren Hafengebietes nur zwischen Schienen- und Schiffsfahrzeug abwickelt. Ebenso wird es aber auch stets, wenn auch nicht ausgesprochene Straßenhäfen, wie sie vor längerer Zeit einmal empfohlen worden sind, so doch Teile von Hafenanlagen geben, für die mehr das Straßenfahrzeug bzw. der unmittelbare Umschlag von Straßenfahrzeug zum Wasser überragende Bedeutung erlangt. Für diese beiden Fälle sind die Regelquerschnitte I und II gedacht. Außer der Abwicklung dieses jeweiligen Hauptverkehrs kann bei diesen Anordnungen auch gleichzeitig am Schuppen — nicht aber am Ufer — der Verkehr über den anderen Verkehrsweg abgewickelt werden. Es wären selbstverständlich auch Fälle denkbar, in denen beispielsweise bei reinem Bahnverkehr auf die Heranführung der Straße zum Schuppen überhaupt kein Wert gelegt wird, in denen also auch an der Rückseite des Schuppens im Fall des Regelquerschnittes I keine Straße, sondern weitere Gleise angeordnet werden. Derartige Anordnungen können aber kaum mehr als Regel, sondern nur als Ausnahme für bestimmte Fälle bezeichnet werden.

In der überwiegenden Mehrzahl der Fälle wird man es in den Häfen heute mit einem gemischten Verkehr an der Uferkante zu tun haben. Hierfür sind die Querschnitte IIIa und IIIb gedacht. Bei den in diesen Querschnitten festgelegten Anordnungen ist es also in beiden Fällen an und für sich möglich, aus Straßen- und Schienenfahrzeug auf Wasserfahrzeuge umzuladen und umgekehrt. Ebenso ist die ungestörte Bedienung des Schuppens von beiden Verkehrswegen aus möglich. Vorzuziehen ist jedoch der Querschnitt IIIa, da in diesem Fall unmittelbar, d. h. ohne Zwischenschaltung von Ladegeräten, sowohl vom Schienen- als auch vom Straßenfahrzeug — bei Auspflasterung der Ufergleise — in das Wasserfahrzeug umgeladen werden kann, während im Fall IIIb diese unmittelbare Umladung zwischen Schienen- und Wasserfahrzeug nicht möglich ist. Ein gewisser Nachteil beim zuerst genannten Querschnitt (IIIa) liegt allerdings darin, daß, wenn Straßen- und Bahnverkehr gleichzeitig und stoßweise stark auftreten, gewisse betrieblich unerwünschte Erscheinungen sich einstellen. Wie jedoch eingangs bereits erwähnt, lassen sich auch hier durch Verweisung desjenigen Teils des Straßenverkehrs, der in seiner Größe bekannt und in seinem regelmäßigen zeitlichen Anfall vorausgesehen werden kann, an bestimmte abgesonderte Uferstrecken durchaus Möglichkeiten zur relativ ungestörten Abwicklung des dann noch übrig bleibenden gemischten Verkehrs an der Uferkante erzielen.

Zu erwähnen ist noch, daß die Anzahl der Ladegleise an der Uferkante außer von der allgemeinen Verkehrsbelastung auch von der Länge der Uferkante abhängig ist. Die erwähnten vier Regelquerschnitte sind unter der Voraussetzung aufgestellt, daß es sich um relativ normale Längen — schätzungsweise von 600—1000 m — handelt. Bei größeren Uferlängen ist es ratsam, nicht ein, sondern zwei Durchfahrtsgleise neben den üblichen Ladegleisen — wenigstens an der Uferkante — vorzusehen.

Für die Verkehrsbedienung größerer Lagerhäuser und Speicher empfiehlt es sich durchweg von vornherein den Schienenweg vom Straßenweg grundsätzlich zu trennen, weil hier im allgemeinen die Voraussetzungen für die Verkehrsabwicklungen eindeutig festliegen, so daß sich bestimmte Dispositionen hierauf begründen lassen. Es ist meist am zweckmäßigsten, in solchen Fällen zwei oder drei Gleise am Ufer durchzuführen und in der Breitendisposition sodann den Speicheraufbau und anschließend den Straßenverkehrsweg vorzusehen.

e) Parkplätze und Autobahnhöfe.

Zusammenfassend kann zu diesem Punkt festgestellt werden, daß der Schaffung derartiger Anlagen, sei es für den Personen- als auch für den Güterverkehr, in Zukunft noch weitaus größere Bedeutung zukommen wird als jetzt. Auch hierbei wird selbstverständlich die Entwicklung in den einzelnen Häfen je nach der Bedeutung des Straßenverkehrs durchaus verschieden sein. Es empfiehlt sich jedoch, bei der Erschließung bzw. Verwertung des Geländes innerhalb des Hafengebietes auf die sich für die Zukunft etwa ergebenden Notwendigkeiten Rücksicht zu nehmen.

Die Erfahrungen, die einzelne Häfen mit der Schaffung von sog. Autobahnhöfen gemacht haben, dürften noch zu gering sein, als daß hieraus bereits endgültige Folgerungen für die Zukunft gezogen werden könnten. Ebenso würde noch die Frage genauer zu klären und zu untersuchen sein, wer etwaigenfalls die Schaffung derartiger Autobahnhöfe zu übernehmen hat.

Als auch praktisch verwertbares Ergebnis der Untersuchungen innerhalb der Arbeitsgruppe „Straßenwege" mag folgende

Zusammenfassung.

dienen.

Zu den charakteristischen Merkmalen der Binnenhäfen gehört auch ihre Verschiedenheit. Diese Verschiedenheit ist bedingt durch die Funktion der Binnenhäfen; sie wird beeinflußt durch den dezentralen Aufbau der deutschen Binnenschiffahrt und durch die stark wechselnden Anforderungen, die an die Binnenhäfen von den übrigen Gliedern der deutschen Verkehrs- und Produktionswirtschaft gestellt werden. Man kann z. B. unterscheiden:

1. Öffentliche Umschlagshäfen,
2. Handelshäfen, die dem Umschlag, der Spedition und der Lagerei dienen,
3. Häfen, die vorwiegend Massengutumschlag und -lagerung — Kohle, Erze, Holz usw. — dienen,
4. Industriehäfen,
5. Ölhäfen,
6. Werkshäfen,
7. Schutzhäfen.

Es bedarf keiner näheren Begründung, daß die Anforderungen, die in diesen Häfen an den Straßenweg gestellt werden, durchaus verschieden sind und auch verschieden sein müssen. Daher ist es auch nicht möglich, die Straßenverkehrswege in ihrer Gestaltung auf einen für alle Fälle anwendbaren Regelquerschnitt abzustellen.

Bei der Meinungsbildung über die Frage, nach welchen Gesichtspunkten verfahren werden muß, damit der Lastkraftwagen in den Binnenhäfen seine Aufgabe als Zubringer einwandfrei erfüllen kann, muß man unterscheiden:

A. die Zubringerstraßen zu den Binnenhäfen,
B. die derzeitigen Straßenverkehrswege in den Binnenhäfen,
C. Richtlinien für die Ausgestaltung der Straßenverkehrswege der Binnenhäfen bei der Planung neuer Häfen.

Als wesentliche Gesichtspunkte zu A, B und C haben sich ergeben:

A. Zu den Straßenverkehrswegen in den Binnenhäfen müssen außer den eigentlichen Hafenstraßen auch die Zubringerstraßen (Abb. 1 u. 2) gerechnet werden, deren Zustand, Lage, Ausbau usw. infolge der wachsenden Bedeutung des Lastkraftwagenverkehrs als Zubringerverkehr zu den Binnenhäfen ebenfalls der Aufmerksamkeit der Hafenverwaltungen bedarf. Die Zubringerstraßen — die also außerhalb der Hafengebiete liegen — sollen die kürzeste verkehrsmäßig einwandfreie Verbindung der Hafengebiete mit den zunächst gelegenen Hauptstraßen der Gemeinden, den Reichsstraßen, den Straßen 1. Ordnung oder auch den Reichsautobahnen herstellen. Ihre Breite sollte mindestens vier Fahrspuren sowie zwei Standspuren betragen, dazu müßten selbstverständlich Radfahrwege und Fußwege kommen. Eine den flüssigen Verkehr ermöglichende gradlinige Führung sowie profilfreie Kreuzungen mit anderen Verkehrswegen sind erwünscht.

Zur Erleichterung des Lastkraftwagenzubringerverkehrs zu den Häfen sind an den Abzweigungen der Zubringerstraßen von den Hauptverkehrsstraßen Hinweisschilder erforderlich. Eine Vereinheitlichung derartiger Hinweisschilder für das ganze Reichsgebiet ist dringend erwünscht.

B. 1. Im Gegensatz zu den Zubringerstraßen werden mit Hafenstraßen (Abb. 3 u. 5) alle Straßenverkehrswege innerhalb des Hafengebietes bezeichnet. Der rechtliche Charakter der Hafenstraßen ist in seinem jetzigen Zustand ebenfalls nicht einheitlich, vorwiegen dürften die Privatstraßen mit öffentlichem Verkehr. Eine reichseinheitliche Lösung scheint infolge der zu verschiedenartigen örtlichen Entwicklung nicht angebracht. Es ist jedoch zu empfehlen, in den einzelnen Häfen den Rechtscharakter eindeutig festzulegen.

2. Nach ihrer Bedeutung für den durchgehenden Verkehr einerseits und für die Verkehrsabwicklung an der Uferkante bzw. am Schuppen andererseits kann eine systematische Unterteilung der Hafenstraße in

a) Hafendurchgangsstraßen,
b) Hafenhauptstraßen,
c) Hafennebenstraßen, und zwar Uferstraßen, Ladestraßen, Querstraßen, Stichstraßen vorgenommen werden.

Zu a) Die Hafendurchgangsstraßen sollen eine sichere Verbindung sämtlicher auch räumlich getrennt liegender Teile eines großen Hafengebietes ermöglichen. Die Breite sollte vier Fahrsowie — nach Möglichkeit — zwei Standspuren zuzüglich Radfahrwege und Fußwege betragen.

Zu b) Die Hafenhauptstraßen sollen den Raum zwischen Uferkante und Schuppen (d. h. also die Ufer- oder Ladestraßen) vom durchgehenden Hafenverkehr entlasten. Sie sollten daher vor allem bei Hafengebieten, die in einer Längsrichtung überdurchschnittlich ausgedehnt sind, auf jeden Fall vorgesehen werden. Für die Breite dieser Straßen sind vier Fahrspuren notwendig, eine plankreuzungsfreie Führung ist jedoch in Rücksicht auf die besonderen Verhältnisse eines Hafengebietes nicht möglich und auch nicht notwendig.

Zu c) Alle anderen Straßenwege im Hafengebiet sind Hafennebenstraßen. Als wichtigste sind hierbei die Ufer- oder Ladestraßen zu nennen, die also entweder den unmittelbaren Verkehr zwischen Lastkraftwagen und Schiffsfahrzeug oder den Verkehr zwischen Straßenfahrzeug und Schuppen aufzunehmen bestimmt sind. Soweit die vorhandenen örtlichen Verhältnisse es zulassen, sollten diese Straßen mindestens doppelspurig angelegt werden. Hierzu müßten je nach Lage des Falles ein oder zwei Standspuren für den Umschlag mit den Schuppen, mit dem Schiffsfahrzeug oder aber auch mit Schuppen und Schiffsfahrzeug hinzutreten. Lediglich die Querstraßen — Querverbindungen zwischen Hafenhauptstraßen und Ufer- bzw. Ladestraßen — können doppelspurig ohne weitere Standspuren angelegt werden. Ein Ladeverkehr von solchen Querstraßen aus ist zu verbieten und auf die Grundstücksflächen der Anlieger selbst zu verweisen.

3. Zur Klärung der wichtigsten Frage — Verhältnis der Straße zur Uferkante, zum Schuppen usw. sowie Verhältnis der verschiedenen Landverkehrswege im Hafengebiet untereinander (vgl. Abb. 6—8) muß in jedem einzelnen Fall zunächst die Bedeutung der einzelnen Landverkehrswege (Straßenweg und Schienenweg) für den betreffenden Hafen festgestellt werden, da hierdurch die Anordnung der Wege zueinander, vor allem im Verhältnis zur Uferkante, maßgebend beeinflußt wird. Als Hauptfälle der verkehrsmäßigen Bedeutung der Landverkehrswege für einen Hafen bzw. für die Uferstrecken eines Hafens sind zu nennen

a) Strecken mit reinem Bahnverkehr (Regelquerschnitt I),
b) Strecken mit reinem Straßenverkehr (Regelquerschnitt II),
c) Strecken mit gemischtem Bahn- und Straßenverkehr
1. mit überwiegendem Bahnverkehr (Regelquerschnitt IIIa),
2. mit überwiegendem Straßenverkehr (Regelquerschnitt IIIb).

Bei allen diesen Möglichkeiten empfiehlt es sich jedoch, im Verhältnis dieser Landverkehrswege zum Schuppen sowohl direkten und vom Bahnverkehr ungestörten Umschlag zwischen Schuppen und Straßenfahrzeug als auch direkten und vom Straßenfahrzeug ungestörten Umschlag zwischen Schuppen und Schienenfahrzeug vorzusehen.

Zu a) Für Strecken mit reinem Bahnverkehr (vgl. Abb. 8, Anordnung I) empfiehlt es sich, am Ufer nur Gleise (2—3) anzuordnen und anschließend den Schuppen, daran anschließend die Straße, die in diesem Fall gleichzeitig Hafenhauptstraße (vier Fahrspuren und Radfahrwege usw.) als auch Ladestraße (eine Standspur für den Umschlag zum Schuppen) ist, vorzusehen.

Zu b) Bei wahrscheinlich nur selten und dann auch nur an einzelnen Teilstrecken eines Hafengebietes vorkommendem reinen Straßenverkehr (vgl. Abb. 8, Anordnung II) wäre zwischen Uferkante und Schuppen nur eine Straße (Ufer- bzw. Ladestraße, d. h. zwei Fahrspuren) anzuordnen. Hierzu hätten je eine Standspur für den Umschlag zum Schuppen als auch eine Standspur für den Umschlag zum Wasserfahrzeug hinzuzutreten.

Zu c) 1. Bei gemischtem Straßen- und Bahnverkehr, jedoch überwiegendem Bahnverkehr (vgl. Abb. 8, Anordnung IIIa), wären unmittelbar am Ufer zunächst zwei, bei größeren Anlagen auch drei Gleise zu verlegen, dann eine Uferstraße (zweispurig), wozu noch eine Standspur für den Umschlag zum Schuppen hinzutreten müßte. An der Rückseite des Schuppens wären dann abermals zwei Gleise für die Verkehrsbedienung des Schuppens mit Schienenfahrzeugen vorzusehen. Anschließend an diese Gleise ist die Hafenhauptstraße (vierspurig mit

Radfahrwegen usw., vgl. oben) anzuordnen. Zur Ermöglichung auch des direkten Umschlags zwischen Straßen- und Wasserfahrzeug können die Gleise am Ufer ohne Schwierigkeiten ausgepflastert werden.

Zu c) 2. Der gemischte Bahn- und Straßenverkehr mit überwiegendem Straßenverkehr (vgl. Abb. 8, Anordnung IIIb), erfordert zunächst unmittelbar am Ufer eine Uferstraße (zweispurig und eine Standspur zum Umschlag in Wasserfahrzeug). Anschließend wären zwei Gleise (Ladegleis für den Schuppen und ein Durchfahrtsgleis) sowie anschließend an den Schuppen die Hafenhauptstraße vorzusehen.

C. 1. Die künftige einwandfreie Abwicklung des Lastkraftwagenverkehrs in den Binnenhäfen ist wesentlich abhängig von der richtigen Lösung der Raumfrage, d. h. von der Größe und Aufteilung derjenigen Flächen, die in bestehenden und künftigen Häfen für das Landfahrzeug zur Verfügung stehen. Es ist verhältnismäßig leicht, die Forderung zu erheben, daß für beide Landfahrzeuge in den Binnenhäfen getrennte Umschlagsstrecken zu schaffen sind. Abgesehen von der finanziellen Auswirkung ist eine derartige Forderung bei der Verschiedenheit der deutschen Binnenhäfen weder in den vorhandenen noch in neu anzulegenden Häfen restlos durchführbar. Nach den angestellten Erhebungen liegt eine zwingende Notwendigkeit, derartige Forderungen als Richtlinien festzulegen, auch nicht vor.

Der sog. gemischte Verkehr an der Uferkante ist zweifellos kein Idealzustand; er führt dort zu Schwierigkeiten, wo größere Häufigkeiten eintreten, d. h. an solchen Uferstrecken, an denen vorwiegend Stückgutumschlag betrieben wird. Wo das nicht der Fall ist, läßt sich an den Strecken, wo an sich ausreichende Breiten für die Verkehrsflächen vorhanden sind, auch in Zukunft der sog. gemischte Verkehr durchaus durchführen. Vielfach sind in den Binnenhäfen bestimmte Uferstrecken vorhanden, die für den Schienenweg nicht erreichbar sind oder wenig günstig liegen. Diese Uferstrecken werden zweckmäßig für den reinen Lastkraftwagenumschlag hergerichtet. Weiterhin ist es ratsam, soweit als möglich eine bestimmte Teilung der Umschlagsstrecken, die den beiden Landfahrzeugen dienen sollen, vorzunehmen und hierbei die den einzelnen Strecken obliegenden Funktionen ordnend abzugrenzen. Damit lassen sich in den meisten Fällen unliebsame Überschneidungen in der Benutzung der beiden Landverkehrswege, insbesondere in zeitlicher Hinsicht, wesentlich einschränken bzw. vermeiden. Auch diese Möglichkeit ist aber naturgemäß nur dann gegeben, wenn an sich ausreichender Raum für den gleichzeitigen Einsatz der beiden Verkehrsträger — Schienen- und Straßenfahrzeug — vorhanden ist. Wo das nicht der Fall ist, bleibt nichts anderes übrig, als die nötigen Maßnahmen für die getrennte Abfertigung der beiden Verkehrsträger zu schaffen.

Eine weitere Möglichkeit besteht in allen Fällen darin, den Umschlagsverkehr zwischen Straßenfahrzeug und Speicher bzw. Schuppen von der Längsseite dieser Anlagen auf die Stirnseite der Gebäude zu verlegen. Hierdurch werden jedoch nicht die Funktionen berührt, die mit dem Heranbringen des Lastkraftwagens an die Uferkante verbunden sind.

2. Der Schaffung von Parkplätzen und Autobahnhöfen ist unter Berücksichtigung der für die nächsten Jahre zweifellos zu erwartenden Zunahme des Kraftwagenverkehrs in den Häfen besondere Aufmerksamkeit zu schenken. Die Frage, ob besondere Autobahnhöfe in den Häfen oder in Verbindung mit den Binnenhäfen erforderlich sind, bedarf nach ihrer grundsätzlichen Seite hin noch der näheren Prüfung.

Beiträge.

Lübecks hansische Überlieferung.

Von Oberbürgermeister Staatsrat Dr. O. H. Drechsler, Lübeck.

Die Bevölkerung der deutschen Küstenplätze verbindet mit dem Drang, der sie über See und in die Ferne lockt, einen nüchtern abwägenden, klaren Blick für das Erreichbare und seinen Wert. Schon die niederdeutschen Männer, die Lübeck als ersten Hafen einer großen Siedlungsbewegung gründeten, waren keine reinen Abenteurer, sondern sie wußten, was der Ort bedeuten würde. Auf der festen Grundlage dieses Platzes, wo sich Ost und West die Hand reichten, der Süden über das Meer schaute und der Norden drohte, haben sie ein echtes Führertum entwickelt, wie es später, durch das Wort „Hansegeist" gekennzeichnet worden ist.

In jener großen Volksbewegung, die von etwa 1150—1350 dem deutschen Blut neuen Boden nach Osten hin erschloß, trugen die niederdeutschen Stämme Westfalen, Friesen, Flamen und die Männer vom Niederrhein die küstenwärtige Flanke. Soweit sie sich an der Gründung von Städten beteiligten, waren sie meist auch aus Städten gekommen und richteten ihr Auge auf den Handel mit dem Osten, dem rohstoffreichen Osten, dessen Naturschätze der gewerbliche Westen brauchen konnte. Mit Lübecks Gründung im westlichen Winkel der Ostsee, hart am Landübergang nach der Nordsee, war das Sprungbrett gerichtet und damit der Entwicklung ihr Weg gewiesen und der Bevölkerung ihre Aufgabe gestellt. Von hier aus wurden die Küsten erschlossen, wurde der Kranz von Städten bis ins fernste Baltikum gegründet, von hier aus verbreitete sich manch westdeutsche Sippe in den Ostseeraum, hier wurde der Typ der altdeutschen Stadt umgeformt auf den Zuschnitt der Siedlungsstadt. Hier wurde auch auf der Grundlage des Rechts der Westfalenstadt Soest das Lübische Stadtrecht geschaffen, das den meisten Gründungsstädten an der Küste verliehen wurde und die Mutterstadt Lübeck für ihre Führerrolle vorherbestimmte. Im Zusammenhang mit der Gründung Lübecks entstand die Niederlassung deutscher Kaufleute und Seefahrer zu Wisby auf Gotland, dem Knotenpunkt des Ostseeverkehrs, wo sich zuerst eine Art Mittelstelle des niederdeutschen Überseehandels herausbildete.

In dem „Gemeinen Kaufmann am gotischen Ufer" haben wir die Hauptwurzel der Deutschen Hanse zu erblicken. Wenn zu Ende des 13. Jahrhunderts Lübeck dieser Genossenschaft den Rang ablief und als Führerin der Hanse anerkannt wurde, so verdankte das die Stadt der politischen und wirtschaftlichen Umsicht ihres Rates und ihrer Betätigung zum Besten des gesamten niederdeutschen Handels; der Anspruch war also durch Leistung begründet. Das Wirken Lübecks war nicht uneigennützig, denn mit der Blüte des großen Verkehrs war der eigene Wohlstand eng verknüpft. Aber der Rat hat auch großzügig eigene Nachteile um der Gesamtheit willen in weit größerem Maße in Kauf genommen, als jede beliebige andere Stadt. Die Lage am Scheitelpunkt des Verkehrs von Meer zu Meer und unter der ständigen Drohung des dänischen Reiches schärfte den Blick für das, was nottat. Im Bewußtsein einer Aufgabe verschaffte der Rat 1226 seiner Stadt die Unabhängigkeit, die für diese Aufgabe erforderlich war: die Reichsfreiheit. Er verbündete sich 1241 mit Hamburg zum Schutz der wichtigen Überlandstraße, verbündete sich 1259 mit den „wendischen" Nachbarstädten, dehnte die Bündnisse zur Sicherung des Land- und Seefriedens auf einen größeren Kreis von Städten und gar von Territorialfürsten aus, bis in diesem Landstrich ohne Hilfe des Reichs eine Macht erstand, der politisch wie wirtschaftlich der Norden Rechnung trug. Lübeck ging voran im Erwerben von Auslandprivilegien für den deutschen Handel, Befreiung vom Strandrecht, Zollvergünstigungen, Recht der Niederlassung, eigenem Gerichtsstand. Sicherheit des Auftretens, Wehrhaftigkeit und genossenschaftlicher Zusammenhalt kennzeichneten den Fernkaufmann in fremden Ländern, wo er das Deutschtum vertrat. Kein Grundgesetz band die Gesamtheit der Fernkaufleute, nur der gemeinsame Genuß der Auslandrechte und der Zusammenhalt in den auswärtigen Niederlassungen, den Kontoren. Wie dort der Geist der Selbstverwaltung wirksam war, so war er es im Inland bei den Städten und ihren Bündnissen zu gemeinsamer Vertretung ihrer Belange und zu Schutz und Trutz. Aus dem Zusammenwirken der Städte mit ihrer Auslandkaufmannschaft ergab sich Mitte des 14. Jahrhunderts schließlich die Hanse der deutschen Städte.

Lübeck vertrat diesen Geist des organisierten Gemeinwohls am reinsten und folgerichtigsten. Deshalb kam die Stadt an die Spitze, wurde zum „Haupt aller", wie sie gelegentlich in Dankschreiben anderer Städte genannt wurde und hat künftig die Geschäfte der Hanse geführt, ihrer Politik die Wege gewiesen, ihre Tagungen anberaumt und über Zusammenhalt und Zucht gewacht. Zu politischer Machtentfaltung in Kriegen fehlten der Hanse die Voraussetzungen politischer Bindung. Wo es aber notwendig war, bildeten sich zu wehrhaftem Ausdruck ihres Willens besondere Bündnisse unter den beteiligten Städten, und auch hier ist Lübeck weitaus am entschiedensten und häufigsten für die hansischen Belange eingesprungen und hat nicht selten mit geringer Gefolgschaft das Schwert für alle gezogen.

Handelspolitisch hat die Hanse lange Zeit die Vorherrschaft im europäischen Norden ausgeübt. Als aber die Reiche des Nordens mehr und mehr zu eigener nationaler Wirtschaft erstarkten, wurden der Hanse ihre Privilegien gekündigt, und ihre Tage waren gezählt. Schließlich waren von der großen Gemeinschaft, die bisweilen 80 Städte gezählt haben mochte, nur noch drei übrig, die bis auf den heutigen Tag den Namen einer Hansestadt führen. Und übriggeblieben ist auch der Geist hansischen Unternehmertums über See. Die Handels- und Schiffahrtsverträge des geeinten Deutschen Reiches konnten an die Verträge anknüpfen, die jene drei Städte mit vielen auswärtigen Mächten bereits geschlossen hatten. Bei diesen Verträgen hatte Lübeck zwar äußerlich den Ehrenvorrang, aber das Schwergewicht hatte sich längst nach der Nordseeküste verlagert. Was nach mittelalterlichem Maßstab Lübeck erreicht hatte, das Erschließen überseeischer Gebiete im baltischen Raum, das taten nun die Söhne der großen Hansestädte an der Nordseeküste über den weiten Raum des Weltmeers: sie eroberten dem deutschen Handel die neue Welt. Lübeck aber hat seine Aufgabe im Ostseeraum nach wie vor, es verbindet Inland und Ausland, Ost und West. Und wenn schon Ende des 14. Jahrhunderts der Lübecker Rat die damals beispiellose Kühnheit hatte, durch die Kanalisierung zweier kleinen Flüsse eine Verbindung der Elbe mit der Ostsee herzustellen und dadurch den Lüneburger Salzhandel zu beherrschen, so macht der neuzeitlich ausgebaute Elbe—Lübeck-Kanal vollends Lübeck zum Elbhafen an der Ostsee, und auch darin wirkt hansischer Unternehmergeist auf unsere Tage fort; die alte Mittelsaufgabe Lübecks im deutschen Seeverkehr ist noch heute lebendig.

Lübecks neue Aufgaben im Ostseeraum.
Von Gesandten **Werner Daitz**, Berlin.

Die in unseren Tagen sich über Krieg und Revolutionen entwickelnde Neuordnung Europas — die von Schicksalsgewalt erzwungene neue Zusammenarbeit aller europäischer Völker — stellt jedes von ihnen nicht nur vor neue nationale, sondern zugleich auch wieder neue europäische Aufgaben. Die letzten vierhundert Jahre europäischer Entwicklung wurden gekennzeichnet durch die fortschreitende Auflösung der europäischen Lebensgemeinschaft und der sie wirtschaftlich vertretenden hansischen Wirtschaftsordnung. Die hemmungslose Ausbreitung der europäischen Menschen über die neu entdeckten Erdteile bewirkte eine immer größere Europaflüchtigkeit der europäischen Völker und schwächte ihr Zusammengehörigkeitsgefühl. Diejenigen Städte Deutschlands, die hervorragende Mittel- oder Schnittpunkte europäischer Zusammenarbeit darstellten, verloren infolgedessen im gleichen Maße an Bedeutung.

Lübeck, das z. Zt. der Hanse, der ersten europäischen Großraumwirtschaft, eine der wichtigsten verkehrspolitischen Bindeglieder zwischen dem Reich, Mitteleuropa und den Ostseeländern, insbesondere Dänemark, Schweden und Norwegen war, verlor seine führende verkehrs- und kulturpolitische Mittlerrolle im europäischen Raum in dem Maße, wie die europäische Völkergemeinschaft sich lockerte und die nordischen Länder europaflüchtig wurden. Dementsprechend gewannen Hamburg, Bremen, Rotterdam, Antwerpen, die Häfen der englischen, der französischen und spanischen Küste an Bedeutung. Auch der aus den Ostseeländern sich entwickelnde selbständige atlantische Verkehr lief an Lübeck vorbei.

Die heutige Neuordnung der Welt, die wieder auf eine klare Herausstellung und neue Abgrenzung der alten rassisch gebundenen Lebensräume hinausläuft, die künftig von rassischen Monroe-Doktrinen bewußt organisiert und beherrscht werden: Nordamerika den Nordamerikanern, Südamerika den Südamerikanern, Indien den Indern, Ostasien den Ostasiaten und Europa den Europäern — lassen nun auch die Bedeutung des in den letzten vierhundert Jahren verhältnismäßig geschwächten europäischen innerkontinentalen Verkehrs als eine der Grundlagen des Wirtschaftslebens Europas wieder erneut hervortreten. Diese lebensräumlichen Kräfteballungen zwingen aber nicht nur den Binnen- sondern auch den Seeverkehr in ihre Kraftfelder und richten ihn von hier neu aus. Die hauptsächlichsten Ballungsmittelpunkte und Neuordnungen des Seeverkehrs werden in den nächsten Jahrzehnten zunächst Europa mit Afrika, Nordamerika sowie Ostasien darstellen.

Mit dieser Entwicklung gewinnen zwangsläufig auch wieder diejenigen Städte, die in den verflossenen Jahrhunderten wichtige Verkehrsknotenpunkte im innerkontinentalen europäischen Verkehr und im Verkehr mit Afrika darstellten, erhöhte Bedeutung, und andere nur nach Übersee ausgerichteten Städte werden unter Umständen in ihrer Entwicklung stehen bleiben, obgleich der Verkehr, der sich zwischen den sich neu festigenden kontinentalen Lebensräumen als Weltverkehr abspielen wird, an Umfang nicht verlieren, sondern nur gewisse Strukturänderungen erleiden wird. — So erhält beispielsweise der Gau Nordmark, die Provinz Schleswig-Holstein, in immer stärkerem Maße wieder seine alte Bestimmung zurück, die natürliche und kürzeste **Landbrücke** zwischen Dänemark, Norwegen, Schweden, Finnland und Deutschland und damit dem übrigen Kontinentaleuropa zu sein. Lübeck, die **wichtigste Verkehrsstadt Schleswig-Holsteins**, in der günstigsten verkehrsstrategischen Lage der Provinz gelegen, erfährt zwangsläufig eine immer größere Belebung und muß nun weitschauend diesen alten aus der neuen europäischen Verbundenheit heraus sich wieder ergebenden Aufgaben Rechnung tragen.

Verkehrs- und kulturpolitische Imponderabilien, die s. Zt. Lübeck befähigten, die erste Stadt der Ostsee zu sein, erwachen heute wieder zu neuem Leben. Die immer eindrucksvolleren Reichstagungen der Nordischen Gesellschaft seit 1934, in denen die gemeinsamen kulturpolitischen Interessen der Völker des Ostseeraumes sich wie in einem Brennpunkt neu sammeln und die immer stärkere Verkehrsbelebung des Hafens und des Gesamtwirtschaftslebens der Stadt sind zum Teil eine zwangsläufige Folge der beginnenden Neuordnung und Neuorientierung des Ostseeraumes auf Kontinentaleuropa hin. — Diese Entwicklung frühzeitig erkannt und bewußt unterstützt zu haben, ist auch hier das hohe Verdienst der nationalsozialistischen Bewegung.

So wird beispielsweise auch die lange vor Kriegsausbruch geplante sog. Vogelfluglinie, Roedby—Fehmarn—Neustadt—Lübeck—Hamburg, die für den Bahn- und Autoverkehr die Länder des Nordens mit 50 vH Zeitgewinn näher an Deutschland heranbringt, erst jetzt durch Männer der nationalsozialistischen Bewegung in verständnisvollem Zusammenwirken mit dänischen Regierungsstellen ihre Verwirklichung finden.

Die Stadt Lübeck hat vor den meisten anderen Ostseehäfen von Bedeutung den unschätzbaren Vorteil voraus, nur etwa 15 km von der Ostsee entfernt zu liegen. Schon heute erstrecken sich ihre Seehafenanlagen bis auf etwa 7 km an die Ostsee. Es wird deshalb der Stadt Lübeck leichter als jedem anderen Ostseehafen möglich sein, ihre neuen für den gesteigerten Verkehr zu erbauenden Hafenanlagen immer näher an die Ostseeküste vorzuschieben und so für ihre städtebauliche Entwickelung den nötigen Raum nach der See hin zu gewinnen. Besonders bei sinnvoller Einbeziehung des Hemmelsdorfer Sees, der an sich ein bisher unbenutztes und wenig erkanntes Juwel einer Hafenanlage darstellt, und der es gestattet, den Geländeschwierigkeiten am Steilufer der unteren Trave auszuweichen, können hier Hafenanlagen geschaffen werden, die jeder möglichen Entwicklung Lübecks auf Jahrhunderte gerecht werden. Sie würden es darüber hinaus auch großen Ozeandampfer ermöglichen, im erweiterten Lübecker Seehafen unmittelbar zu löschen und zu laden. Denn darüber wird man sich klar sein müssen, daß nach wie vor aus dem Ostseeraum ebenso wie aus dem Mittelmeerraum ein unmittelbarer Überseeverkehr ausstrahlen wird. Selbstverständlich wird künftig dieser Ostsee-Überseeverkehr ebenso wie der des Mittelmeers **stärker als bisher durch das gesamteuropäische Wirtschafts- und Verkehrsinteresse gebunden** und mit dem aus den Westhäfen von Hamburg bis Lissabon ausstrahlenden mittelkontinentalen Verkehr ausgewogen und verbunden werden in einer gesamteuropäischen Verkehrs- und Wirtschaftsordnung. Aber ein direkter Ostsee-Überseeverkehr wird bleiben und sich verstärken.

Das heute bereits im Gange befindliche Näherrücken der Lübecker Hafenanlagen an die See kann hierfür einen günstigen Stützpunkt schaffen, namentlich bei späterer Einbeziehung des Hemmelsdorfer Sees, der ja nur 1 km von der Lübecker Bucht entfernt ist und in Wirklichkeit den letzten Ausläufer der Lübecker Bucht darstellt, der sich bis 5 km Dänischburg und damit dem oberen Travelauf nähert, die Steilufer der unteren Trave umgeht, und für den Umschlag, die Veredelungsindustrie und den Fahrgastverkehr bestens geeignetes Gelände erschließt, wie es am unteren Travelaufe und um Travemünde niemals gewonnen werden könnte. Um diese neuen deutschen und kontinentalen Aufgaben Lübecks erfüllen zu können, die in Wirklichkeit alte Aufgaben sind, bedarf es jedoch noch dreier Voraussetzungen:

1. ist es notwendig, daß Lübeck seine in der Systemzeit außerordentlich erschwerte Wettbewerbsmöglichkeit durch eine entsprechende Gestaltung der Seehafen- u. Durchfuhrtarife der Reichsbahn wieder zurückerhält, so daß die für die Ostsee bestimmten u. aus der Ostsee kommenden Güter ihren Weg auch über Lübeck nehmen können. Dann wird sich wieder eine natürliche Arbeitsteilung und verstärkte Zusammenarbeit zwischen Hamburg und Lübeck ergeben, in der die günstige geographische Lage Lübecks für den Ostseeumschlag im Interesse des Reiches und des Ostseeraumes wieder voll zur Geltung kommt, die heute durch die künstliche Benachteiligung Lübecks gegenüber Hamburg nicht ausgenutzt wird und indirekt auch Hamburg schädigt,

2. ist es notwendig, die Verlusttarife, zu denen die Reichsbahn auch heute noch **Massengüter** über die Fähren Warnemünde-Gjedser und Saßnitz-Trälleborg befördert, und die noch ein Überbleibsel früherer Zeiten sind, in denen die Reichsbahn glaubte, die Schiffahrt in der Ostsee um jeden Preis bekämpfen zu müssen, auf den Stand zurückzuführen, der für das gesamtverkehrspolitische Interesse des Ostseeraumes und der Ostseehäfen zum Besten des Reiches notwendig ist. Denn die Organisation des neuen Europa, vor allem der europäischen Großraumwirtschaft ist weitgehend eine verkehrspolitische Aufgabe, eine Verkehrsfrage, die nur gelöst werden kann durch einheitlichen und im Interesse des Ganzen erfolgenden ergänzenden Einsatz der Verkehrsmittel und nicht durch ihren unnatürlichen Wettbewerb und ihre Überschneidung: die Luft dem Flugzeug, die See dem Seeschiff, das Land der Schiene und der Autobahn!

3. wird es notwendig sein, und zwar mehr denn je, endlich den Hansakanal vom Ruhrgebiet bis nach Lübeck über Minden, Bremen und Hamburg durchzuführen. Auch eine künftige Verkehrsüberwachung der Nordseeküsten von Flandern bis Kap Skagen wird niemals den Hansakanal, dessen Kopfstück Lübeck ist, überflüssig machen. Nur auf diesem Wasserwege kann auf billigste Weise eine Koks-, Kohle und andere Schwergutbelieferung des Ostseeraumes erfolgen, sowie billigste Rückfracht von Holz, Holzerzeugnissen, Erzen und anderen Gütern aus dem Ostseeraum erreicht werden und damit die bisherige Vorherrschaft der englischen Flagge in der Ostsee ein für allemal auf die natürlichste und billigste Weise gebrochen werden. Gleichzeitig wird mit dem Hansakanal auch eine natürliche Arbeitsteilung zwischen den drei hansischen Häfen Bremen, Hamburg und Lübeck auf dem Wasserwege erzielt.

Lübecks neue Aufgaben sind also keine geringen. Sie sind in Wirklichkeit nur eine gewisse Wiederbelebung seiner alten hansischen, weil eben die hansische Wirtschaftsordnung in Form einer europäischen Großraumwirtschaft wiedersteht und damit die vierhundert Jahre lang immer mehr in Vergessenheit geratenen wirtschafts-, verkehrs- und kulturpolitischen Wege wieder erstehen.

Lübeck in der großen Gemeinschaft Schleswig-Holsteins und Preußens wird heute diesen Reichs- und europäischen Verkehrsaufgaben besser gewachsen sein, als zur Zeit der Hanse, da es ganz auf sich selbst gestellt war.

Der Hafen von Kopenhagen.
Gestaltung, Entwicklung, Bedeutung und Zukunft.
Von Dr.-Ing. **I. A. Rimstad**, Kopenhagen.

I. Der Hafenplan.

Der Hafen Kopenhagens ist durch Ausbau des engen Sundes zwischen den beiden Inseln Seeland und Amager entstanden. Ursprünglich war dieser Sund ein großes flaches Becken mit vielen kleinen Inseln, von welchen aber nur die Insel Slotsholmen zurückblieb, während die übrigen durch Auffüllung oder Ausbaggerung verschwunden sind.

Auf Abb. 2 ist der jetzige Hafenplan gezeigt. In der Nord-Südrichtung gemessen hat der Hafen eine Ausdehnung von 8,4 km. Die Wasserfläche beträgt rd. 500 ha, und die zu dem

Abb. 1. Außenhafen mit dem Freihafen.

Hafen gehörige Landfläche einschließlich des Freihafens und aller Zufahrtstraßen hat eine Größe von 170 ha. Insgesamt besitzt der Hafen eine Kailänge von rd. 40 km.

In großen Zügen teilt sich der Hafen in natürlicher Weise in drei Anlagen: 1. Den Außenhafen („Yderhavnen"), 2. Den Innenhafen („Inderhavnen") und 3. Den Südhafen („Sydhavnen"). Im Folgenden soll von jeder dieser drei Anlagen eine kurze Beschreibung gegeben werden.

1. Yderhavnen.

Der Außenhafen (Abb. 1) ist die Bezeichnung der Hafenanlage, die nördlich der Zollbrücke („Toldbodbommen") liegt. Die Gesamtanlage besteht aus einer Reihe von Hafenbecken, die durch Molen gegen das offene Meer geschützt sind. In dem „Kalkbrænderihavn"-Becken werden Kohlen und Baustoffe, wie Steine, Schotter und Sand ausgeladen. Der „Skudehavnen" ist für Fischerei und Segelsport eingerichtet und wird von der in Kopenhagen weit entwickelten Industrie für den Bau von Kleinbooten stark in Anspruch genommen. Benachbart liegt die eine der beiden Hafenanlagen für Brennstoffe, die Kopenhagen besitzt, der sog. „Alte Benzinhafen". Das 10 m-Becken gehört zu den neuesten Anlagen des Hafens und ist noch dem Zollhafen angeschlossen, wartet aber auf seine Einverleibung in den Freihafen. Beim Bau dieses Beckens wurde es notwendig, die 150 m breite Hauptschiffahrtsrinne des Hafens, welche die Bezeichnung „Kroneløbet" führt, bis auf 10 m auszutiefen; die dadurch entstandenen Kosten können von der Neuanlage kaum verzinst werden, und die Wirtschaftlichkeitsgrenze ist also hier mit 10 m Tiefe erreicht.

Der Freihafen („Frihavnen") besteht aus fünf Becken mit verschiedener Wassertiefe von 7,5—9,5 m; er ist der Hafenverwaltung nicht unterstellt, sondern wird durch eine private Aktiengesellschaft betrieben, die die Becken von der Hafenverwaltung gepachtet hat. Packhäuser, Schuppen und Kräne gehören als Eigentum der Gesellschaft und haben einen Kapitalaufwand von rd. 40 Mill. dän. Kronen erfordert. An der östlichen Grenze des Freihafens befindet sich der alte Yachthafen und der bekannte „Langelinie"-Kai (Abb. 3), an dem Rundreiseschiffe in der Reisezeit anlegen. Hier gegenüber, auf der Seeseite des Hafens und in Verlängerung der Schutzmolen liegen die zwei Seeforts „Trekroner" und „Lynetten", das letztere mit der Insel Refshaleøen durch eine Brücke verbunden. Auf der Insel befinden sich die Anlagen der größten Schiffswerft des Landes, Burmeister & Wain, und außerdem hat hier die Hafenverwaltung ihre Arbeits- und Lagerplätze.

In Verbindung mit dem Außenhafen müssen noch zwei kleinere neue Anlagen erwähnt werden, und zwar der neue Yachthafen in der Bucht von „Svanemøllen" (Abb. 4), der durch dieselbe Schifffahrtsrinne „Kalkbrænderiløbet" wie das Kalkbrænderihavnbecken zugänglich ist, und der neue Benzinhafen, der auf der Ostseite Amagers in dem alten Seefort „Prøvestenen" eingerichtet ist (Abb. 5).

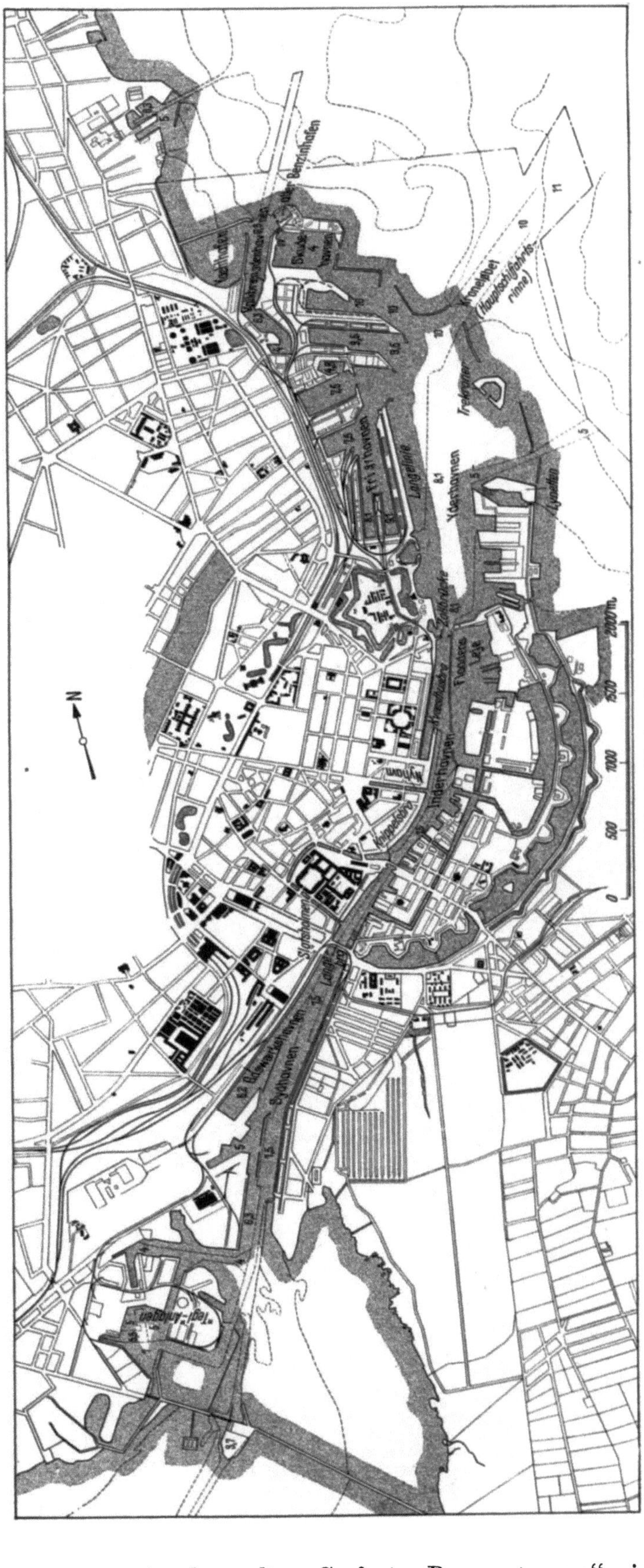

Abb. 2 Hafenplan.

Abb. 3. Rundreiseschiffe am „Langelinie"-Kai.

Abb. 4. Der neue Yachthafen in der Bucht von Svanemøllen.

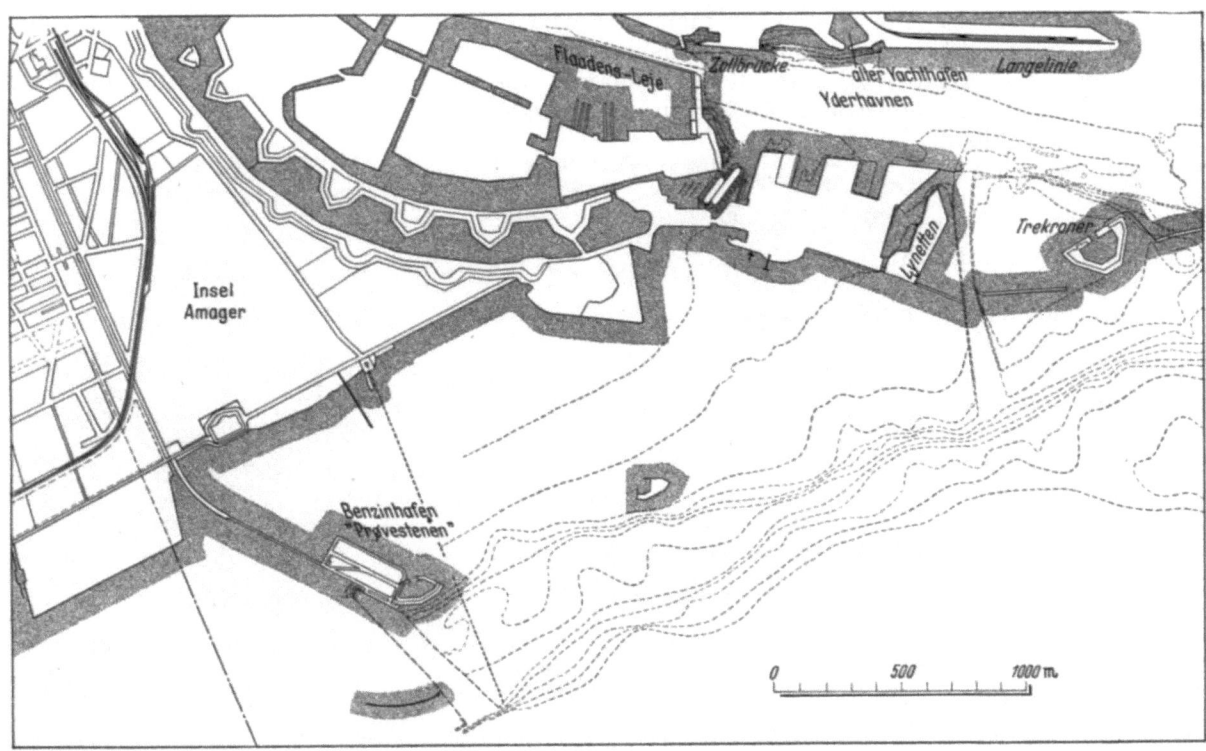

Abb. 5. Lage des neuen Benzinhafens „Prøvestenen".

2. Inderhavnen.

Der Innenhafen (Abb. 6) gehört zu dem ältesten Teil des Hafens. Er erstreckt sich von der Zollbrücke bis zur Brücke „Langebro", der südlichsten der beiden großen Verkehrsbrücken des

Abb. 6. Der Innenhafen mit Knippelsbro und Langebro.

Hafens. Während der Außenhafen ein mehr internationales Gepräge trägt, wird der Innenhafen hauptsächlich von dem einheimischen Schiffsverkehr benutzt. Die großen inländischen Reedereien haben hier ihre Stapelplätze, und auf dem Gelände sind die Fabriken, Werkstätten und Packhäuser der dänischen Industrie und des Handels zu finden.

Gegenüber Toldbodbommen, auf der Seeseite des Hafens, hat der Kriegshafen „Flaadens Leje" mit der Marinewerft „Orlogsværftet" seinen Platz und nimmt seit alter Zeit eine verhältnismäßig große Wasserfläche des Hafens in Anspruch. Seine Bekken dienen in neuerer Zeit auch als Häfen für die vom dänischen Staat für zivile Zwecke verwendeten Fahrzeuge, z. B. für Vermessungsschiffe, Eisbrecher usw. Die Kaianlagen auf der Landseite „Larsens Plads" und „Kvæsthusbroen" (Abb. 7) werden von der Reederei „Det forenede

Abb. 7. Larsens Plads und Kvæsthusbroen.

Abb. 8. Nyhavn.

Dampskibsselskab" benutzt, deren Schiffe von hier aus fast alle größeren dänischen Häfen anlaufen. Die zwischen dem kleinen Pakethafen „Nyhavn", (Abb. 8) und Slotsholmen liegenden Kais werden für den Verkehr mit Schweden und Bornholm benutzt, und die Anlagen gegenüber dienen u. a. dem Verkehr mit den Färinseln, Island und Grönland. Der „Slotsholmskanal" ist Zufahrtweg für den Fischmarkt „Gammel Strand" (Abb. 9), auf dem der Hauptanteil der Fischzufuhr für die Stadt Kopenhagen umgesetzt wird.

Kurz vor Slotsholmen an der Börse wird der den Hafen

Abb. 9. Fischmarkt „Gammel Strand".

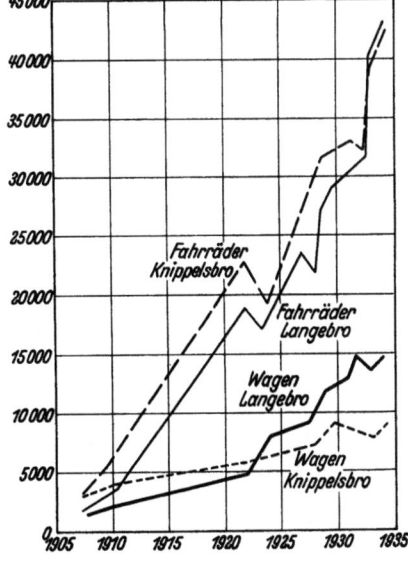

Abb. 10. Die Verkehrssteigerung auf der Langebro und Knippelsbro in den Jahren 1905 bis 1935 (Anzahl Fahrzeuge je Tag).

kreuzende Straßenverkehr über die Brücke „Knippelsbro" geleitet. Der Übergang bildet zusammen mit der Übergangstelle an der Langebro das große Verkehrsproblem des Kopenhagener Hafens. Die Stadt ist auf den beiden Inseln Seeland und Amager gebaut, und die Einwohnerzahl auf der Amagerseite befindet sich im raschen Steigen und beträgt im Augenblick rd. 20 vH der Einwohnerzahl Groß-Kopenhagens. Auf Grund der hiermit zusammenhängenden Verkehrssteigerung (Abb. 10) waren die beiden Brücken im Laufe der Zeit in einem fast ständigen Umbau- und Erweiterungszustand. So ist die Knippelsbro in den Jahren 1816, 1868, 1908 und 1936 vollkommen umgebaut worden, die Langebro in den Jahren 1851, 1875, 1902 und 1930. Die jetzige Knippelsbro ist eine Klappbrücke mit zwei Klappen und einer freien Schiffahrtsöffnung von 35 m (Abb. 11). Die Brückenbreite beträgt 27 m, wovon 21 m als Fahrbahn ausgebildet sind. Die Brücke hat eine freie Durchfahrtshöhe von 5,4 m über dem Wasserspiegel; die Pfeiler sind in trokkener Baugrube ausgeführt worden und sind unmittelbar auf dem Kalkfelsen gegründet. Die Gesamtkosten der Anlage einschließlich Rampen und Straßenanschlüssen betrugen 5,1 Mill. dän. Kronen.

Die Langebro ist zur Zeit ein vorläufiges Bauwerk, gegründet auf Holzpfählen (Abb. 12). Die Länge beträgt 154 m, die Breite 23 m und die freie Durchfahrtsöffnung 33 m mit 2,5 m Durchfahrtshöhe. Die Brücke ist als Einzelklappbrücke nach System Strauss ausgeführt.

Abb. 11. Knippelsbro in geöffnetem Zustand.

Abb. 12. Langebro in geöffnetem Zustand.

Der größte Teil der auf Kopenhagen selbst entfallenden landwirtschaftlichen Ausfuhr Dänemarks wird auf dem zwischen Knippelsbro und Langebro liegenden „Kristiansgade"-Bohlwerk verladen, und das Kaigelände hier ist deshalb von Pack- und Kühlhäusern stark in Anspruch genommen. Gegenüber am „Christianshavnskanal" hat die Firma Burmeister & Wain ihre Maschinenfabriken, und die dänischen Zuckerfabriken ihre Kopenhagener Raffinerie „Phønix".

3. Sydhavnen.

Der Südhafen steht durch eine Schleusenanlage und durch die 3,7 m tiefe Schifffahrtsrinne „Sorte Rende" mit der Bucht von Köge, die einen Teil des Sundes bildet, in Verbindung. Da die Hafentiefe an der Knippelsbro und Langebro 7,5 m beträgt, ist keines von den Südhafenbecken mit einer größeren Tiefe gebaut.

Anschließend an die Widerlager der Langebro erstrecken sich die beiden längsten Kaianlagen des Kopenhagener Hafens. Auf der Seelandseite wird die Kaianlage „Kalvebod Brygge" mit ihrem

Abb. 13. Der Südhafen. Islands Brygge.

1,5 km langen Kaiplatz für Kohlenentladung verwendet. Auf der Amagerseite hat u. a. die größte dänische Handelsgesellschaft „Østasiatisk Kompagni" ihre Anlagen an der 2,0 km langen „Islands Brygge", (Abb. 13) wo die Firma u. a. eine für die Landwirtschaft des Landes notwendige Soyaölkuchenfabrik eingerichtet hat. Der südlichste Teil der Kalvebod Brygge ist als ein 6,2 m tiefes Becken ausgebaut, der sog. „Gasværkshavn", wo die Entladung von Eisen, Zement und Baustoffen stattfindet. Hinter dieser Anlage liegt ein kleiner Fischereihafen „Fiskerihavnen", der nach seiner letzten Erweiterung auch als Löschplatz für Holz dient. Die anschließende „Enghave Brygge" wird hauptsächlich für Entladung von Kohlen benutzt. Außer mehreren privaten Firmen hat hier die Stadt Kopenhagen einen Kaiplatz, an dem die Kohlenversorgung für das Kraftwerk „H. C. Ørstedværket" vor sich geht. Ebenso haben die dänischen Staatsbahnen hier Verladungsmöglichkeiten, und die Anlagen stehen, wie auch die Kalvebod Brygge in direkter Gleisverbindung mit dem Hauptgüterbahnhof Kopenhagens. Die Wassertiefe an dem Kai beträgt 6,3 m, und die Kaimauer ist mit Ein- und Auslaufvorrichtungen für das Kondenswasser des Werkes versehen.

Die südlichsten Teile des Hafens, die „Tegl"-Anlagen (Abb. 14), sind in den Kriegsjahren 1914 bis 1918, als die Industrie einen besonderen Aufschwung nahm, von privatem Unternehmungsgeist gebaut worden. Der Hafen ist durch Ausbau einer Reihe Ziegeleigräben, die in älterer Zeit hinter Fangedämmen bis auf — 4,0 m ausgegraben waren, entstanden. Die beiden Becken, die hier liegen, werden heute noch von der Industrie benutzt. So haben hier die „Ford Motor Company", die Margarinefabrik „Otto Mønsted", die Stahlgießereien der Firma Burmeister & Wain und viele andere Gesellschaften Verladungsmöglichkeiten bei einer Wassertiefe an den Bohlwerken von 4,0—7,0 m.

Der Hafen wird an seiner Südgrenze von einem 2,3 km langen Sperrdamm abgeschlossen (Abb. 14). Die Dammkrone ist 10 m breit und liegt auf +2,5 m; die oben erwähnte Schleusenanlage für die Schiffahrt ist in diesem Damm eingebaut. Die Schleusenkammer ist 53 m lang, 11,3 m breit und hat eine Tiefe von 3,7 m. Die Tore werden elektrisch angetrieben. Auf der Südseite des Dammes ist ein kleiner Vorhafen angeordnet. Da die Befahrung der Schiffahrtsrinne

Abb. 14. Der Südhafen. Die „Tegl"-Anlagen. Rechts der Sperrdamm mit der Schleusenanlage.

vor dem Bau des Dammes nicht behindert war, ist die Benutzung der Schleuse kostenlos. Der Wasserstandunterschied am Schleusentor, der von der Stauung an dem Kalkfelsengrund östlich von Amager herrührt, ist bei ungünstigen Wetterverhältnissen zu 1,8 m gemessen worden. Zur Erneuerung des Wassers im Hafen ist ein Grundablaß mit 28 Schützen vorgesehen. Durch diese wird der Hafenstrom so geregelt, daß eine Höchstgeschwindigkeit von 1,5 kn, gemessen an der Knippelsbro, nicht überschritten wird.

II. Die Entwicklung des Hafens.

In der Mitte des 12. Jahrhunderts begann der dänische Bischof Absalon den Ausbau des Dorfes „Hafn". Er ließ eine befestigte Burg auf der Insel Slotsholmen bauen, ordnete den Ausbau von verschiedenen Hafenwerken, Brücken und Molen an und legte so mit seinem Werk den Grund zum heutigen Kopenhagen. Die Hafenentwicklung war damit im Schutze der Burg begonnen, und der Slotsholmskanal gehört zu dem ältesten Teil des Hafens.

Die erste vollständige Karte über den Hafen stammt aus dem Jahre 1585. Sie zeigt den Ausbau des Inselkanals mit zwei angelegten Verkehrsbrücken und die Zollbrücke, die damals auf der Slotsholmsseite lag. Der Bau von Hafenanlagen in dem flachen Becken zwischen Seeland und Amager begann erst unter König Christian IV, „dem zweiten Gründer Kopenhagens". Er baute auf der Nordspitze Amagers die Festung „Christianshavn", die mit der Stadt durch einen langen Steindamm verbunden wurde. Der Damm lag ungefähr an der Stelle der heutigen Knippelsbro und hatte in der Mitte eine hölzerne Klappbrücke, die „Amagerbro". Die Zollbrücke wurde nach Norden verschoben und fand ihren endgültigen Platz an der jetzigen Stelle.

Nach und nach wurden die Hafenanlagen in dem gegenwärtigen Innenhafen erweitert. Das Problem lag damals wie immer darin, große Wassertiefen an den Bohlwerken zu schaffen. Im Jahre 1740 betrug diese Tiefe nur rd. 3 m, und die größeren Schiffe waren darauf angewiesen, an Dalben in der 6 m tiefen nördlichen Schiffahrtsrinne festzumachen. Südlich der Amagerbro wurden die Wassertiefen noch geringer, und die südliche Rinne zur Kögebucht hatte damals nicht mehr als 2,5 m Wassertiefe aufzuweisen.

Erst in der Mitte des 19. Jahrhunderts wurde eine planmäßige Vertiefung des Hafens in Erwägung gezogen, und die damals beschlossenen Arbeiten wurden zum größten Teil in den Jahren 1865 bis 1880 ausgeführt. In großen Zügen waren es folgende: 1. Die Ausbaggerung der Schiffahrtsrinne vom Kroneløbet zum Larsens Plads bis auf 6,9 m und weiter zum Gasværkshavn bis auf 6,3 m Tiefe. 2. Die Erschließung und Auffüllung verschiedener Gelände u. a. der Refshaleø, der Kalvebod Brygge und der Strecke zwischen Langebro und Knippelsbro. 3. Der Umbau einiger Brücken für größeren und stärkeren Verkehr, z. B. der Langebro und Knippelsbro, und 4. Die Verbesserungen von älteren Bohlwerken und der Ausbau der Kanäle.

Die schnelle Entwicklung der Dampfschiffahrt brachte es aber mit sich, daß diese Erweiterungen noch vor ihrer Beendigung überholt waren. Mehrere Hafenbecken mit größerer Tiefe waren notwendig, wenn nicht die Stadt Kopenhagen ihre Bedeutung im Ostseeraum verlieren sollte. In den achtziger Jahren wurde deshalb mit dem Ausbau des Außenhafens angefangen, und 1891 wurde die Anlage des Freihafens beschlossen, da der begonnene Bau des Kaiser-Wilhelm-Kanals befürchten ließ, daß der Durchgangsverkehr nach den Ostseeländern an Kopenhagen vorbeigeführt würde.

Gegen Schluß des Jahrhunderts waren die Stromverhältnisse im Hafen wegen der ständigen Vertiefungen so ungünstig geworden, daß Maßnahmen gegen diesen Übelstand getroffen werden mußten. So konnte unter besonderen Wetterverhältnissen der Hafenstrom eine Geschwindigkeit von 5 km erreichen und die Durchfahrt in den schmalen Brückenöffnungen ganz unmöglich machen. Der Bau des südlichen Sperrdamms wurde daher in Angriff genommen, und 1903 war die Arbeit vollendet. Die Kontrolle über den Hafenstrom ermöglichte nun große Vertiefungen im Südhafen, und in den nächsten vier Jahren wurden die großen Landgewinnungen innerhalb der Islands Brygge und Enghave Brygge vollendet. Der Südhafen erreichte hiermit eine Bedeutung, die diesen Hafen mit den übrigen Anlagen des Kopenhagener Hafens gleichstellte. Wie früher bereits erwähnt, wurde diese Entwicklung in den Kriegsjahren durch Ausführung des Teglværkshafens weiter verfolgt.

Gleichzeitig mit dem Südhafen wurde der Außenhafen durch große Erweiterungen im Freihafen ausgebaut. So wurde in den Jahren 1915 bis 1918 das Kroneløbsbecken ausgeführt, und 1921 wurde der Bau des kürzlich vollendeten 10 m-Beckens beschlossen.

Im Laufe der Zeiten war es immer schwierig, eine einwandfreie Verbindung zwischen dem Hafen und der Staatsbahn zu schaffen. Der Innenhafen mit seinen vielen Packhäusern hat z. B. zur Zeit nur Gleisanlagen auf einem einzigen Kai, nämlich zwischen Knippelsbro und Langebro. Der Außenhafen hat wohl stark ausgebaute Eisenbahnanlagen, besonders im Freihafen und für die Fähreverbindung mit Schweden erhalten, der Verkehr aber muß, um den Schwerpunkt der Eisenbahnanlagen, die in dem südwestlichen Teil der Stadt liegen, zu erreichen, entweder auf der stark in Anspruch genommenen Stadtbahn oder über eine äußere Ringbahn geleitet werden. Nur der Südhafen hat eine bequeme und unmittelbare Verbindung mit dem Hauptgüterbahnhof, und diese Tatsache hat ohne Zweifel wesentlich zu dem starken Ausbau dieses Hafenteils beigetragen. Dies gilt jedoch nur für die Westseite des Hafens. Die Verbindung mit Islands Brygge, die quer zum Hafenverkehr über die Langebro geführt wird, war immer mit Zeitverlust und Verkehrsschwierigkeiten verknüpft.

III. Kennzeichnende Bohlwerks- und Kaibauten des Hafens.

Die Voraussetzungen für den Bau der Kai- und Bohlwerkskonstruktionen, die im Kopenhagener Hafen besonders leicht und einfach ausgeführt sind, waren folgende:

1. Gute Bodenverhältnisse.

2. Kleiner Gezeitenwechsel und geringer Salzgehalt des Wassers.

3. Große Ausdehnung der natürlichen Ufer.

Der Hafenboden besteht im allgemeinen aus Ton und Grobkies. Weicher Boden ist eine Seltenheit. An einzelnen Stellen im Südhafen liegt Kalkfelsen nur 4—5 m unter mittlerem Wasserstand, ist aber so weich, daß neuzeitliche Stahlprofile mit modernen Rammgeräten in den Felsen eingerammt werden können.

Der Gezeitenhub ist mit 7 cm Schwankungen kaum bemerkbar. Der Salzgehalt im Sund beträgt im Durchschnitt 1,2 vH. Der Mindestgehalt wird im Mai mit 1,0 vH festgestellt, und der Januar bringt den höchsten Gehalt von 1,4 vH. Bei dauernder Nordströmung vom Kattegat her kann der Salzgehalt bis 2,5 vH steigen, was aber nur selten vorkommt. Der geringe Salzgehalt bewirkt, daß die Holzschädlinge im Hafen keine Lebensbedingungen finden. Die Bohrwürmer haben allerdings im Laufe der Zeit die Holzkonstruktionen, besonders in dem nördlichen Teil des Hafens, etwas zerstört; die für die Dauer errichteten Holzbauwerke sind deshalb mit Eisenplatten oder Nagelbeschlägen geschützt worden. Leider scheint es so, als ob diese Angriffe in der letzten Zeit zugenommen haben.

Die guten Baubedingungen zusammen mit der Tatsache, daß Baustoffe wie Sand, Grobkies und Steine von dem nahen Hafen- oder Meeresboden beschafft werden können, kommen der Wirtschaftlichkeit bei der Ausführung der Hafenbauwerke zugute. Hierzu kommt noch die Möglichkeit, eine lange und geschützte Uferlinie ausnützen zu können. Das alles bewirkt, daß die Kopenhagener Hafenanlagen aus langgestreckten, leicht gebauten Ufereinfassungen mit niedrigen Lagerhausbauten bestehen, im Gegensatz zu den Hafenanlagen, bei denen ein-

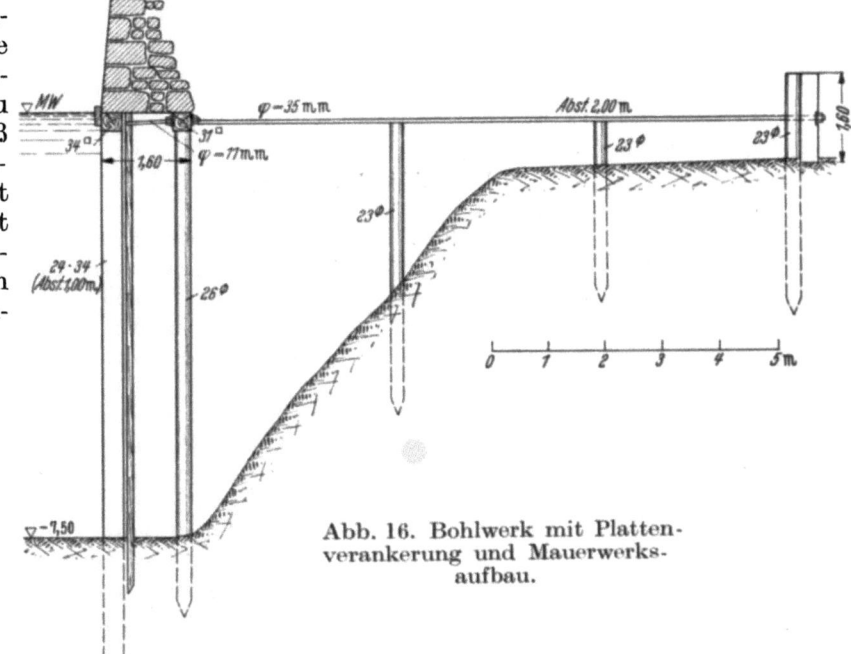

Abb. 16. Bohlwerk mit Plattenverankerung und Mauerwerksaufbau.

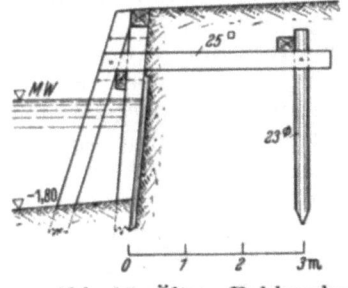

Abb. 15. Ältere Bohlwerkskonstruktion des Kopenhagener Hafens.

geschränkte Platzmöglichkeiten und große Kosten der Anlagen die Ausdehnung des Hafens erschweren und die Stockwerkanzahl der Lagerhäuser erhöhen.

Die älteste Form der Hafeneinfassungen in Kopenhagen ist das von den Ostseehäfen bekannte Holzbohlwerk (Abb. 15), bei dem eine Bohlenwand hinter äußeren Schrägpfählen (Sturmpfählen) das Ausgleiten der Bodenhinterfüllung verhindert. Eine spätere Ausführung der Konstruktion ist mit innerer Verankerung durch Pfahlböcke oder Betonplatten versehen, da die Sturmpfähle die Schiffahrt behinderten. Ebenso ist die Neigung der Vorderwand, die früher 12:1 oder 16:1 betrug, fortgefallen. Die Einfassungen werden jetzt mit senkrechter Wand und in den meisten Fällen mit Beton- oder Mauerwerksaufbau ausgeführt (Abb. 16).

Abb. 17 zeigt eine Sonderkonstruktion im Anschluß an die Widerlager der Knippelsbro. Wegen der Uferbebauung war nur eine ganz kurze Verankerung möglich, und die Absteifung des Bauwerkes erfolgte deshalb durch Pfahlböcke, die eine dichte Wand bilden und mit einer inneren Betonfüllung versehen wurden.

Das erste Bohlwerk mit Eisenspundbohlen wurde verhältnismäßig spät gebaut und stammt aus den Jahren 1915 bis 1916. Der Grund hierfür ist wahrscheinlich in den niedrigen Holzpreisen und in der Tatsache zu suchen, daß Dänemark eines der ersten Länder in Europa war, das den Eisenbeton im Wasserbau einführte. Bei dem internationalen Schiffahrtskongreß in Venedig im Jahre 1931 war es von dänischer Seite möglich, eine wohlaufbewahrte Eisenbetonplatte, die

37 Jahre lang im Salzwasser in dem Kopenhagener Hafen gelegen hatte, zu zeigen. Der Hafenboden ist manchmal sehr hart, und die eisernen Spundbohlen haben sich daher besonders wirt-

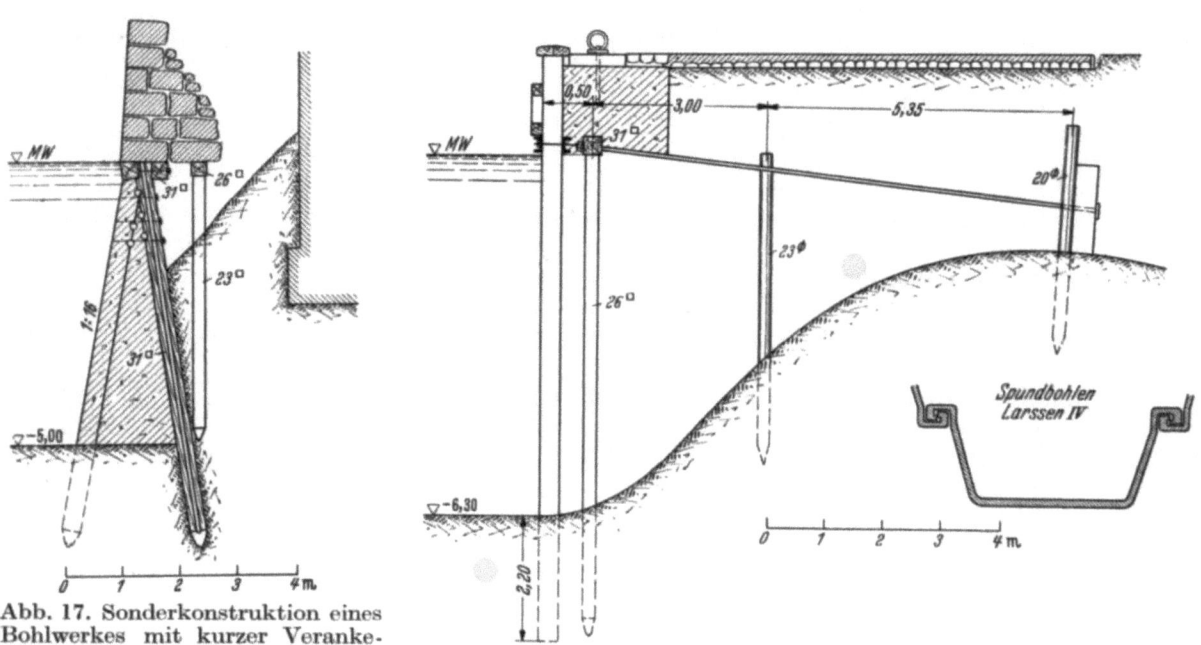

Abb. 17. Sonderkonstruktion eines Bohlwerkes mit kurzer Verankerung. (An der Knippelsbro.)

Abb. 18. Bohlwerk mit Larssenbohlen im Kalbkraenderihavnsbecken.

schaftlich dort erwiesen, wo eine spätere Vertiefung des Hafenbeckens erfolgen sollte. Die Bohlen müssen hier mit größerer Rammtiefe eingeschlagen werden, und die Anwendung von Holz oder Beton ist in solchem Falle nicht am Platze. Abb. 18 zeigt eine Konstruktion mit Eisenspundbohlen, die im Kalkbrænderihavnbecken ausgeführt ist.

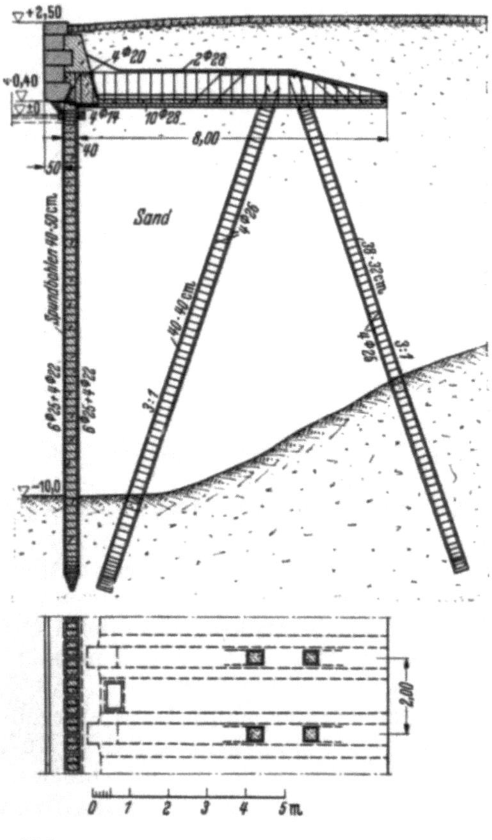

Bei der Ausführung einer Uferwand in dem 10 m-Becken wurde ein Wettbewerb ausgeschrieben, um die Wirtschaftlichkeit eines Eisenbetonbauwerkes gegenüber einem Bauwerk aus Stahlbohlen zu untersuchen. Die damaligen Preise für Holz hatten von vornherein diesen Baustoff vom Wettbewerb ausgeschlossen. Als die billigste Lösung wurde eine reine Eisenbetonkonstruktion nach dem System „Christiani & Nielsen" ausgeführt (Abb. 19). Die Ufermauerart, die in mehreren deutschen und dänischen Häfen zu sehen ist, wurde hier zum erstenmal für eine Wassertiefe von 10 m angewandt.

Von den Kaimauern sind die in trockener Baugrube ausgeführten Konstruktionen die interessantesten. Eine Ausführung für 8 m Wassertiefe auf der Insel Teglholmen im Südhafen ist auf Abb. 20 zu sehen. Da der Kalkfelsen unmittelbar an der Sohle des Hafens anstand, wurde nicht ein gerammtes Bohlwerk, sondern eine Kaimauer, deren Hinterseite sich unmittelbar auf die Tonböschung stützt, für die Ausführung gewählt. Durch Aussparungen in der Vorderseite wurde der Mauerschwerpunkt vorteilhaft zurückgezogen, damit eine bessere Standsicherheit erreicht werden konnte. Die Mauer ist mit einer rückwärts geneigten Eisenbetonverankerung in Höhe des Wasserspiegels festgehalten und bildet somit ein Mittelding zwischen einem Bohlwerk und einer Kaimauer.

Abb. 19. Kaimauer für 10 m Wassertiefe. Bauart: „Christiani & Nielsen".

Eine ähnliche Ausführung (Abb. 21) wurde in den Jahren 1919 bis 1921 in dem 10 m-Becken auf hartem Ton gebaut. Die Mauer ruht auch hier teilweise auf der dahinterliegenden Tonböschung, die aber bei diesem Bauwerk stufenweise abgegraben ist. Nur der vordere Teil der Mauer ist zur vollen Tiefe herunter geführt, während der hintere Teil aus 120 cm breiten Rippen besteht, die in 5 m Abstand angeordnet auf den Tonstufen aufliegen. Zwischen den Rippen spannt sich ein Betongewölbe, das die Hinterfüllung trägt und der Mauer die notwendige Standsicherheit verleiht.

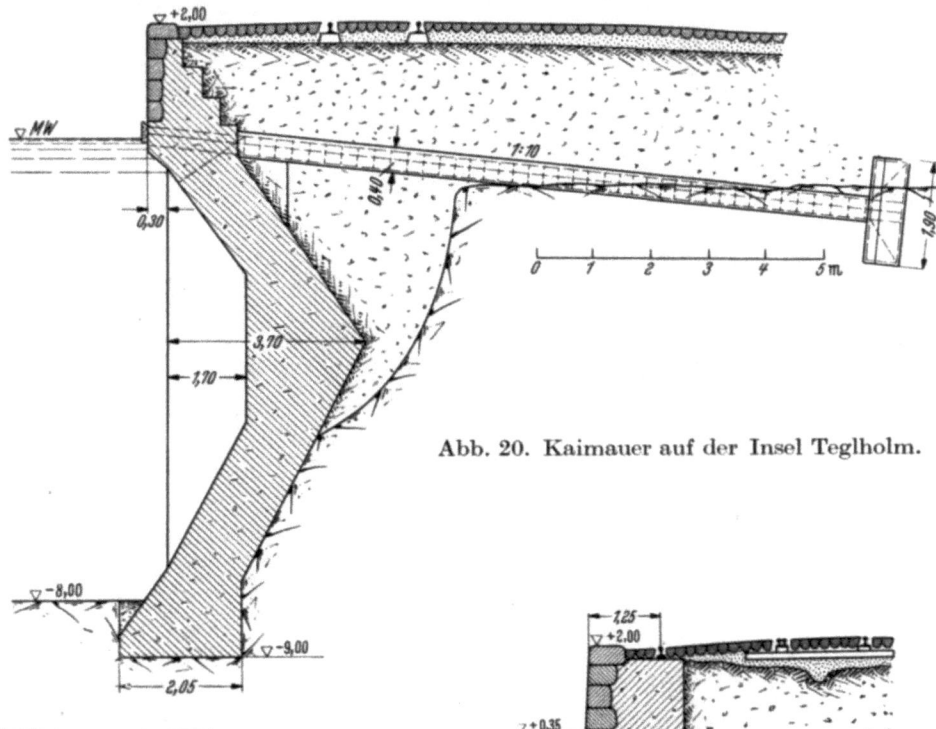

Abb. 20. Kaimauer auf der Insel Teglholm.

Im Kroneløbsbekken im Freihafen wurde eine Kaimauer ohne Benutzung einer trockenen Baugrube hergestellt (Abb. 22). Die Mauer besteht aus abgesenkten Eisenbetonschwimmkästen von 49,5 m Länge, die im Trockendock gebaut waren. Die Kästen wurden zur Baustelle geschleppt und auf eine Steinschüttung abgelassen. Die Wassertiefe beträgt bei dieser Mauer 9,5 m.

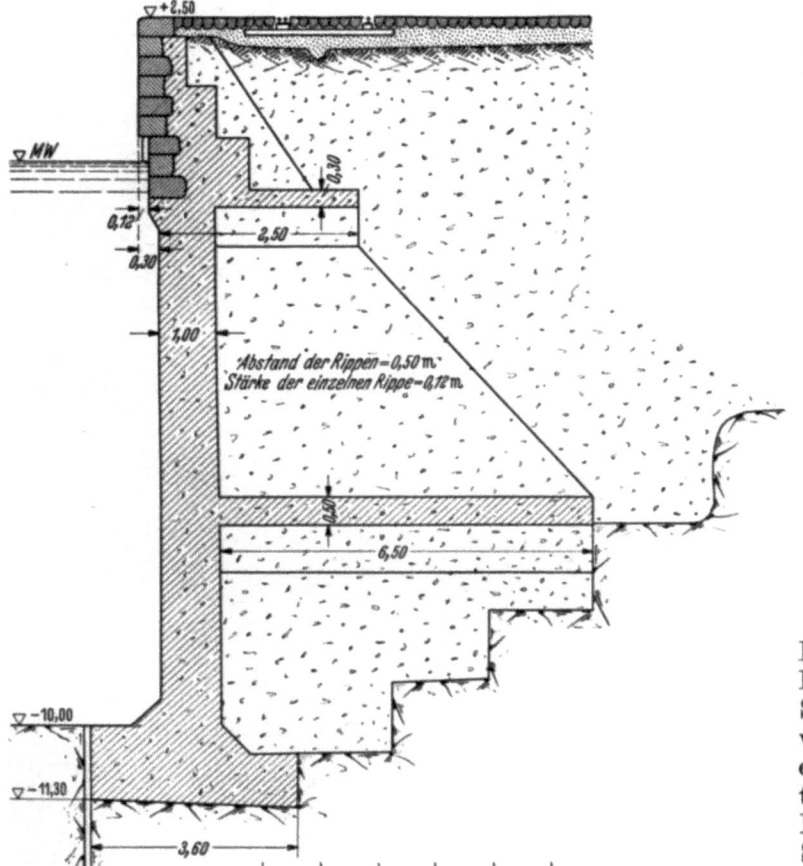

Abb. 23. Kaimauer aus Betonblöcken an der Enghave Brygge.

Im Jahre 1919 wurde die Enghave Brygge erweitert, und da die nötigen Erfahrungen im Rammen von eisernen Spundbohlen in den Kalkfelsen fehlten, wurde eine Mauer aus Massivblöcken errichtet (Abb. 23). Die einzelnen Betonblöcke wogen 40 t, wurden auf dem Land betoniert und mit Hilfe eines Schwimmkranes versetzt.

Die Schuppen- und Lagerhauskon-

48 Der Hafen von Kopenhagen.

Kaiplatzverhältnisse bedingt. Größere Lagerhäuser mit mehreren Stockwerken findet man deshalb fast nur auf dem Freihafengelände. Abb. 24 zeigt einen Schnitt durch den Ostkai dieses Hafens, wo ein Speicher mit drei Stockwerken gebaut ist. An seiner Kaiseite sind

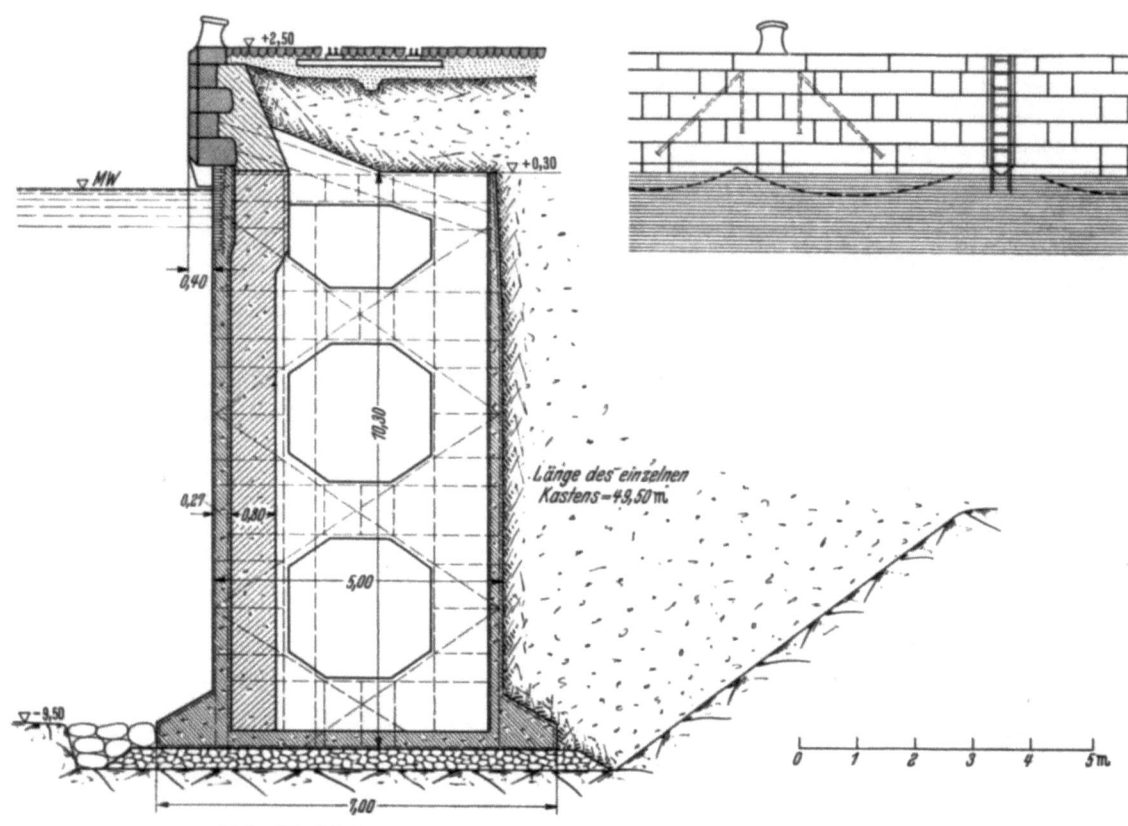

Abb. 22. Kaimauer aus Schwimmkästen im Kroneløbsbecken.

Plattformen in verschiedener Konstruktion zum Absetzen der Güter angeordnet. Die Lagerräume im Keller werden durch Luken in der Kellerdecke bedient. Die im Erd- und Dachgeschoß

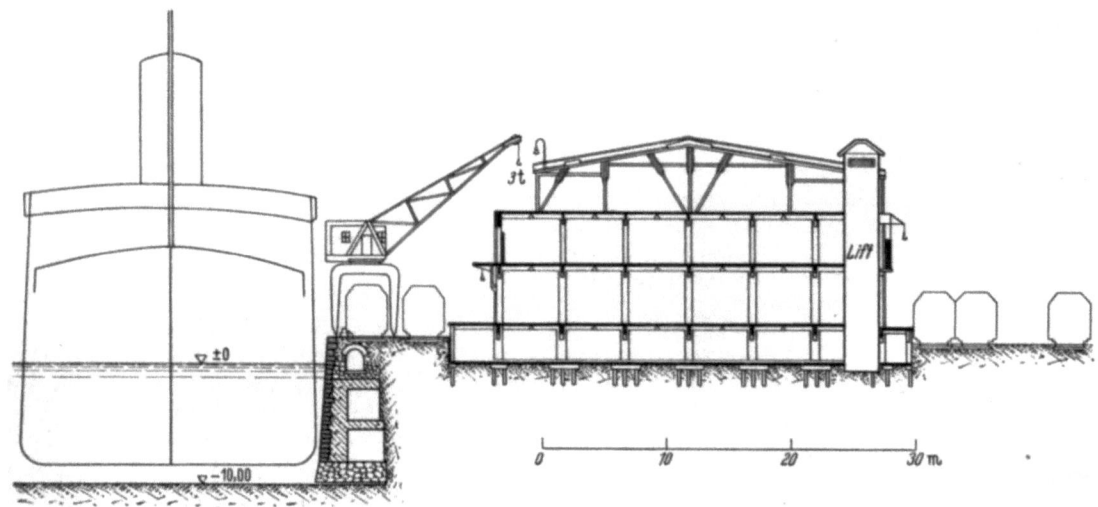

Abb. 24. Querschnitt durch den Ostkai des Freihafens.

zurückgezogenen Plattformen haben den Vorteil, daß die Aufzüge nur wenig in Anspruch genommen zu werden brauchen, da die Güter unmittelbar mit Hilfe des Kaikrans in jedem gewünschten Geschoß ein- und ausgeladen werden können.

Der Hafen von Kopenhagen. 49

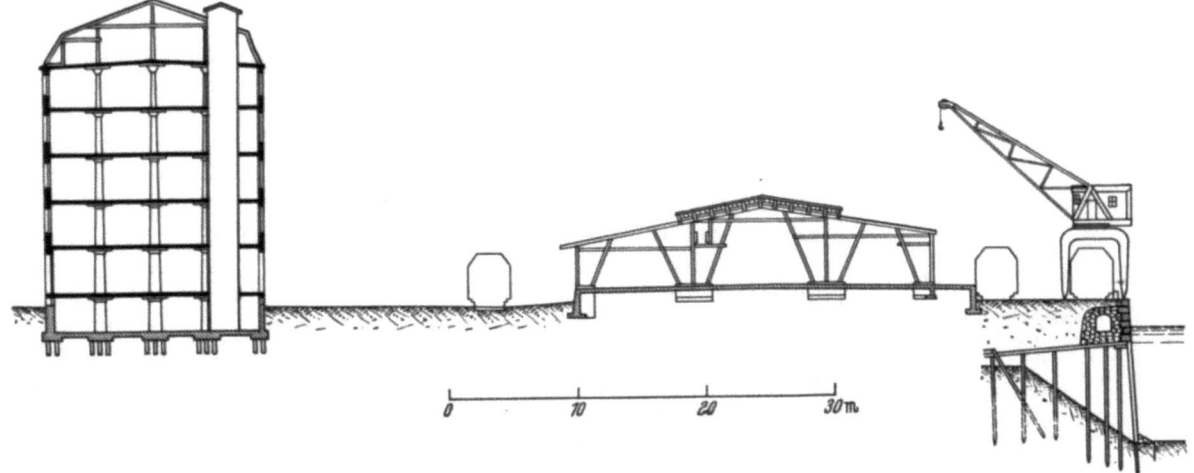

Abb. 25. Querschnitt durch den Westkai des Freihafens.

Den Kaiquerschnitt am Westkai des Freihafens zeigt Abb. 25. Die fünfstöckigen Lagerhäuser in Pilzdeckenkonstruktion sind von der Freihafengesellschaft selbst in den Jahren 1918 bis 1921 erbaut worden und haben eine gesamte Bodenfläche von 6000 m².

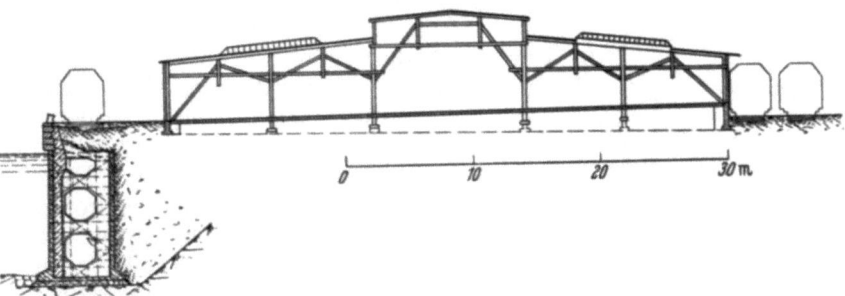

Abb. 26. Querschnitt durch den Sundkai des Freihafens.

Ein Schnitt des Sundkais im Kroneløbsbecken ist in Abb. 26 dargestellt. Die Schuppen stammen aus den Jahren 1916 bis 1919. Sie sind durchgehend gegründet, haben aber trotzdem nur einen vorläufigen Charakter. Die Böden der Schuppen haben ein Gefälle von der Eisenbahnseite zur Kaiseite hin, wodurch eine Erleichterung der Verladearbeit erreicht wird.

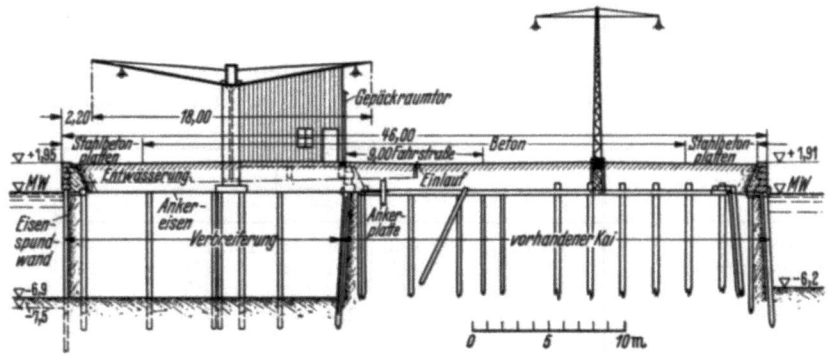

Abb. 27. Querschnitt der Kvæsthusbro.

Ein Querschnitt der Kvæsthusbro ist aus Abb. 27 zu ersehen. Die hafenseitige Erweiterung ist im Jahre 1938 fertiggestellt worden, und die 300 m lange Eisenbetondachüberdeckung (Abb. 28) bedeutet einen erheblichen Vorteil für den Inlandfahrgastverkehr, der zum größten Teil von hier nach den Städten Frederikshavn, Aarhus und Aalborg ausgeht.

IV. Die wirtschaftliche Bedeutung des Hafens.

Wenn mehr als der fünfte Teil der Einwohner eines Landes, dessen Küstenlinie eine Länge von rd. 20 m je Kopf besitzt, in der Hauptstadt wohnt, und diese in ihrer Anlage eng mit dem Meer verbunden ist, ist

Abb. 28. 300 m lange Eisenbetondachüberdeckung der Kvæsthusbro im Bau.

es klar, daß ihr Hafen für das innere Verkehrsleben des Landes eine ungeheure Bedeutung haben muß.

So steht Kopenhagen mit fast allen dänischen Hafenstädten in täglicher oder wöchentlicher Schiffsverbindung, und auf diesen inländischen Schiffsverkehr, der teils durch Motorfrachtschiffe, teils durch Dampfschiffe in regelmäßiger Linienfahrt betrieben wird, übt die große dänische Reederei „Det Forenede Dampskibs-Selskab" einen maßgebenden Einfluß aus; sie befährt mit ihren Schiffen, mit Ausnahme der Bornholmverbindung und einiger kleinen Schiffahrtslinien, alle inländischen Linien.

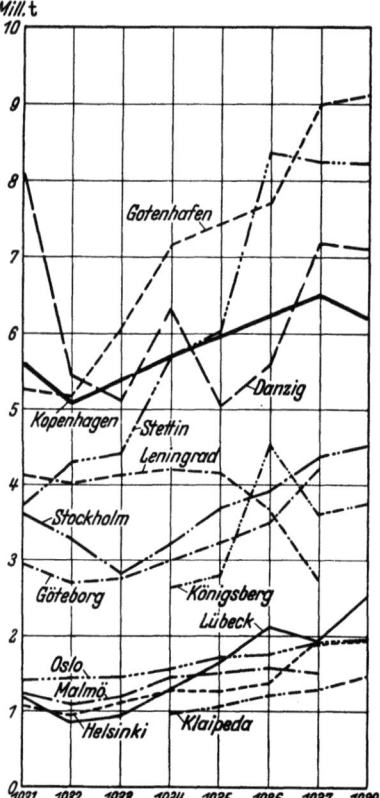

Abb. 29. Warenverkehr verschiedener skandinavischer, deutscher und baltischer Häfen, 1931–1938.

Die wirtschaftliche Bedeutung des Kopenhagener Hafens ist aber nur zum Teil an den Inlandsverkehr geknüpft. Die Lage des Hafens am Ostseebecken zwischen Skagerak und Leningrad hat ihn, zusammen mit einer großzügigen Erweiterungs- und Zollpolitik, in eine führende Stellung innerhalb dieses Wirtschaftsraumes gebracht. Die hieraus sich ergebende Bevorzugung des Hafens hat in den späteren Jahrzehnten eine kräftige Bestätigung durch die Tatsache gefunden, daß große überseeische Werke Kopenhagen als Standort für ihre Lagerhäuser und Sammelfabriken von Kraftwagen, Maschinen usw. für die weitere Ausfuhr nach den baltischen und den anderen skandinavischen Ländern gewählt haben. Hier können u. a. die Fabriken von Ford, General Motors, Chrysler und Citroën genannt werden.

In der nachstehenden Zahlentafel ist eine Übersicht über den Warenverkehr — Ein- und Ausfuhr — für den dreijährigen Zeitraum 1934 bis 1936 gegeben. Es geht daraus hervor, daß der Durchgangshandel Kopenhagens vorwiegend Stückgüter, Futtermittel und Korn umfaßt. Die Entwicklung des Freihafens hat besonders für den Handel mit diesen Waren eine große Rolle gespielt. Eine Darstellung des Warenverkehrs verschiedener skandinavischer, deutscher und baltischer Häfen, angegeben in Millionen Tonnen für die Jahrfolge 1931 bis 1938, ist in Abb. 29 zeichnerisch aufgetragen; die Darstellung zeigt, daß Kopenhagen hier zusammen mit Gotenhafen, Stettin und Danzig eine Gruppe bildet, die den anderen Ostseehäfen gegenüber eine Sonderstellung einnimmt.

Waren	Einfuhr in t			Ausfuhr in t			Gesamtumschlag in t		
	1934	1935	1936	1934	1935	1936	1934	1935	1936
Futtermittel	80 421	107 433	150 716	135 436	163 807	184 035	215 857	271 240	334 751
Düngemittel. . . .	2 603	5 321	6 456	499	339	437	3 102	5 660	6 893
Korn	188 963	205 845	257 102	67 274	77 016	107 939	256 237	282 861	365 041
Kohlen und Koks .	2 050 733	2 151 886	2 236 255	22 763	16 441	17 489	2 073 496	2 168 327	2 253 744
Steine, Zement, Kalk usw.	352 480	355 645	363 785	8 566	6 818	8 804	361 046	362 463	372 589
Ziegelsteine, Mauersteine usw. . . .	70 125	58 661	57 003	359	1 001	5 101	70 484	59 662	62 104
Bauholz.	166 841	149 242	146 099	2 607	3 458	2 846	169 448	152 700	148 945
Verschiedene größere Güter.	519 265	596 667	717 023	102 272	111 983	112 369	621 537	711 650	829 392
Stückgüter	1 102 221	1 081 597	1 020 011	877 298	898 872	881 685	1 979 519	1 980 469	1 901 696
Lebende Tiere . . .	6 879	6 886	6 590	1 532	1 207	3 635	8 411	8 093	10 225

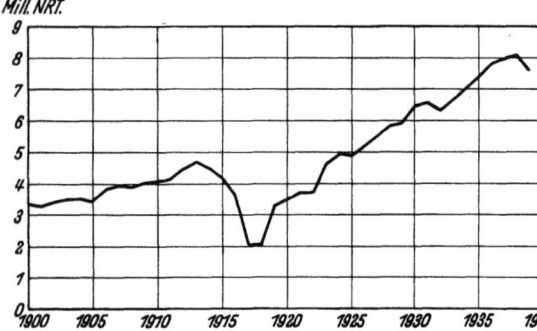

Abb. 30. Eingegangene Tonnage in Millionen Registertonnen, 1900–1939.

Abgesehen von dem Ostseedurchfuhrhandel und dem näheren Auslandsverkehr spielen die überseeischen Verbindungen eine erhebliche Rolle für den Hafen. In erster Reihe stehen hier die Personenbeförderung und der Stückgüterverkehr nach Südamerika, nach dem Mittelmeer und nach Ostasien, die Verbindungen mit dem Unionsland Island und der dänischen Kolonie Grönland und die Einfuhr von Kohlen, Öl, Korn und Futtermitteln. Abb. 30 zeigt die im Hafen eingegangene Tonnage in Millionen Nettoregistertonnen in den Jahren 1900 bis 1939. Die große Bedeutung des Auslandes für den Gesamtverkehr des Kopenhagener Hafens läßt die Tatsache erkennen, daß während des Weltkrieges 1914 bis 1918 ein Rückgang von über 50 vH dieser Tonnage stattfand. Aus der Abb. 31 ist die ein- und ausgeladene Gütermenge in Millionen Tonnen in dem Zeitraum 1900 bis 1939 zu ersehen. Der große Unterschied zwischen Aus- und Einfuhr ist dadurch zu erklären, daß es sich bei der Ausfuhr hauptsächlich um veredelte Erzeugnisse handelt, während die Einfuhr wesentlich Rohstoffe umfaßt, und daß weiterhin die Hauptausfuhrwaren Dänemarks, die landwirtschaftlichen Erzeugnisse, größtenteils von anderen Häfen aus, z. B. von Esbjerg, verschifft werden.

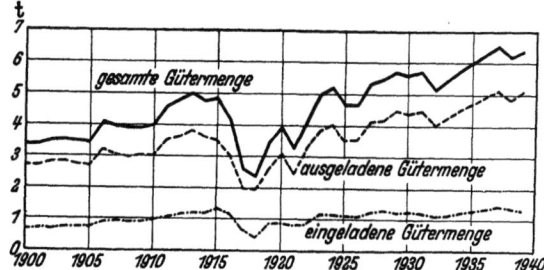

Abb. 31. Ein- und ausgeladene Gütermenge in Millionen Registertonnen, 1900—1939.

Infolge seiner Lage und Entwicklung ist der Hafen demnach 1. Mittelpunkt des Inlandsverkehrs, 2. Umschlaghafen für das Ostseebecken und 3. Ausgangshafen für den dänischen Überseeverkehr. Eine vierte Aufgabe, nämlich der Dienst als Versorgungsstation für den Großschifffahrtsverkehr des Sundes, hat in neueren Zeiten eine immer größere Bedeutung gewonnen. So wurde Kopenhagen im Jahre 1938 von rd. 1300 größeren Dampf- und Motorschiffen zu Versorgungszwecken angelaufen. Der Hafen legt großen Wert auf diesen Verkehr, der auch von allen Hafengebühren frei ist. Besonders nach Einrichtung des neuen Ölhafens Prøvestenen (Abb. 5 u. 32), der nur we-

Abb. 32. Ölhafen „Prøvestenen".

nige hundert Meter vom Kongedybet entfernt liegt, können die Schiffe schnell und leicht von diesem Hafenteil aus ihren Bedarf an Betriebsstoffen usw. gedeckt erhalten.

V. Die Zukunft.

Eine sachliche, nüchterne Besprechung der wirtschaftlichen Zukunft des Hafens ließe sich im Augenblick nur als eine Zusammenstellung ausarbeiten, worin die unzähligen Möglichkeiten für die Einordnung des Ostseeraumes in die kommende europäische Wirtschaft einander gegenüber gestellt werden müßten. Denn so viel kann man mit Sicherheit sagen, — die Zukunft des Kopenhagener Hafens ist mit dem künftigen Ostseeproblem eng verbunden. Da es aber an dieser Stelle nicht die Aufgabe ist, Voraussagungen zu machen, wird die einzige Grundlage, auf der die kommenden Hafenpläne hier besprochen werden können, die Annahme sein, daß die Stadt- und Hafenentwicklung in der kommenden Zeit einen ähnlich steigenden Verlauf aufweisen wird wie in der vergangenen.

Mit Rücksicht auf eine solche Entwicklung steht aber der Hafen vor kostspieligen und tief in die Hafenplanung eingreifenden Maßnahmen, wenn nicht in dem organischen Zusammenhang von Stadt und Hafen eine starke Störung eintreten soll.

Mit der bereits früher erwähnten Brückenfrage steht man sofort im Mittelpunkt der Zukunftsüberlegungen. Brückenerweiterungen, wie die in den letzten Jahren vorgenommenen, können allein nur als eine vorläufige Nothilfe betrachtet werden, die die Schwierigkeiten auf kurzfristige Zeit zwar vermindern, aber nicht dauernd beseitigt. Die zu lösende Aufgabe hat zwei Seiten; nicht allein der Straßenverkehr nimmt zu (Abb. 10), sondern auch der Hafenverkehr, und die beiden Brücken müssen deshalb stets häufiger geöffnet werden (Abb. 33). Es ist klar, daß eine vorausschauende Planung in erster Linie diese Verhältnisse berücksichtigen muß.

Es fehlt nicht an Planungen für Erweiterungsmöglichkeiten des Hafens. Im Jahre 1917 wurde der Entwurf des damaligen Hafendirektors H. C. V. Møller veröffentlicht, wonach Erweiterungen nach Norden, Osten und Süden zu möglich waren (Abb. 34). Sein Vorschlag wurde als Richtlinie betrachtet, aber eine endgültige Entscheidung für irgendeine Ausbaurichtung ist bis heute noch nicht getroffen worden. — Die Frage ist ständig die, wie ein Ausbau nach einer oder mehreren Richtungen gleichzeitig die Verkehrsfragen lösen kann. Folgende drei Hauptvorschläge stehen hier zur Erörterung:

I. Stillegung des Südhafens, Ausbau des Nordhafens oder Anlegung eines neuen Osthafens.
II. Abtrennung des Südhafens von den übrigen Hafenanlagen, z. B. durch Auffüllung des jetzigen Hafenteils zwischen Langebro und Knippelsbro. Ausbau der Schiffahrtsrinne Sorte Rende, oder Beschaffung einer neuen Einfahrt für den Südhafen.
III. Ausbau des Hafens nach allen Richtungen und Beseitigung der Straßenverkehrsschwierigkeiten durch Bau von Hochbrücken oder Tunnels.

Aus diesen Vorschlägen geht klar hervor, daß der Südhafen mit seiner Zukunft eine besondere Stellung in den Überlegungen einnimmt. Den hart in das Bestehende eingreifenden Vorschlag I hätte man möglicherweise vor dem Jahre 1916, wo der Bau der Tegelanlagen begonnen wurde, durchführen können. Nach dem Bau dieses Hafenteils, wobei ein für dänische Verhältnisse sehr großes Kapital festgelegt wurde, läßt sich der Vorschlag nur theoretisch besprechen. In Verbindung mit der öfters erwähnten Kritik des großen Ausbaus des Südhafens muß jedoch betont werden, daß dieser Hafenteil eine viel bessere Eisenbahnverbindung als die übrigen besitzt, — ein Vorteil, der bei der damaligen Planung viel dazu beigetragen hat, die Pläne durchzuführen.

Geht man also davon aus, daß die Schließung des Südhafens nicht mehr möglich ist, muß der

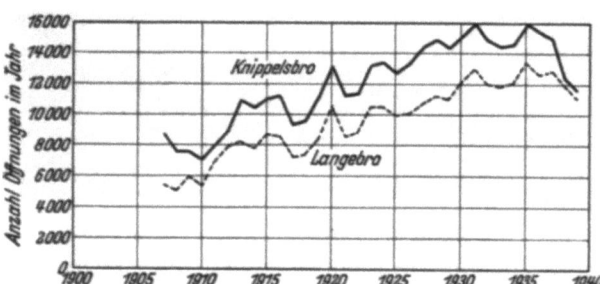

Abb. 33. Anzahl der jährlichen Öffnungen der beiden Brücken „Knippelsbro" und „Langebro".

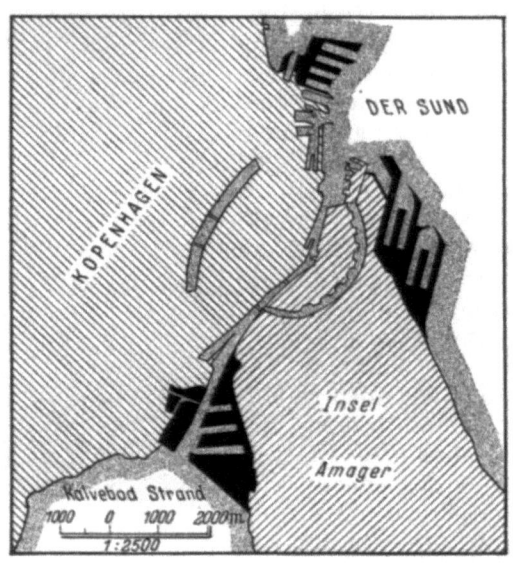

Abb. 34. Erweiterungspläne für den Kopenhagener Hafen, ausgearbeitet von Hafendirektor C. V. Møller, 1917.

zweite Vorschlag — die Abtrennung dieses Hafens — untersucht werden. Die durch diesen Plan erreichten Vorteile sind einleuchtend. Unter der Annahme, daß die Trennung durch Auffüllung der Hafenstrecke zwischen Langebro und Knippelsbro vorgenommen wird, ist die Straßenverkehrsfrage zwischen den Stadtteilen Seeland und Amager für alle Zeiten gelöst; ob der Osthafen oder der Nordhafen oder beide zusammen ausgebaut werden sollen, wird eine technische und wirtschaftliche Frage sein, die sich noch in der Entwicklung befindet. Auch hier spielt die Frage der Eisenbahnverbindung eine besondere Rolle, und nach den vorläufigen Untersuchungen scheint es, als ob der Osthafenplan vorteilhaft sei.

Der Abtrennungsplan des Südhafens besitzt aber auch große Nachteile, die sich vor allem in der Beschaffung eines neuen Zufahrtweges für den Hafen zeigen. Eine Vertiefung der jetzigen Schiffahrtsrinne von 3,4 auf 7 m wird mit ungeheuren Kosten verbunden sein und liegt deshalb in Wirklichkeit nicht innerhalb der Grenze der Möglichkeit. Neuerdings ist aber — im Zusammenhang mit dem Plan der Sundbrücke Malmö-Kopenhagen — von einem Konsortium großer dänischer Ingenieurfirmen ein Entwurf ausgearbeitet worden, der den Bau eines 7 m tiefen Seefahrtkanals quer durch Amager vorschlägt. Der Kanal soll den jetzigen Südhafen mit dem Sund unmittelbar verbinden und entlang der Rampe für die Sundbrücke verlaufen. Die Kosten werden zu rd. 25 Millionen Kronen veranschlagt. Die geplante Kanallinie und eine Darstellung der Bodenwerte in Kopenhagen in dän. Kronen je Quadratmeter zeigt Abb. 35. Der Kanal zusammen mit der gezeigten, schraffierten Neulandgewinnung wird eine Bodenwertsteigerung in dem südlichen Stadtgelände hervorrufen, die im vollen Umfang die Anlagekosten decken wird.

Der dritte Vorschlag zu dem künftigen Ausbau des Kopenhagener Hafens, wonach die Erweiterung nach allen drei Richtungen erfolgen sollte, wenn die notwendigen Verbindungen zwischen Seeland und Amager durch Hochbrücken oder Tunnels geschaffen werden, liegt der Fortsetzung der jetzigen Entwicklung am nächsten. Damit soll jedoch nicht gesagt werden, daß eine Entscheidung zuungunsten des an und für sich wirtschaftlicheren Abtrennungsvorschlages bereits gefallen sei. Seit Jahren liegen Untersuchungen und Entwürfe für Hochbrücken und Tunnels in großer Anzahl vor. So wurde im Jahre 1926 von der Stadt Kopenhagen zu einem öffentlichen Wettbewerb über eine Hochbrückenverbindung zwischen Amager und Seeland eingeladen. Die von der Stadt selbst vorgeschlagene Brückenlinie lag ungefähr 1500 m südlich der Langebro und verband die Mündung der Straße „Dybbølsgade" auf der Seelandseite mit der Straße „Artillerivej" auf der Amagerseite. Diese Brückenführung war nicht als Bedingung festgelegt, wurde aber von dem ersten Preisträger und dem einen der beiden zweiten Preisträger benutzt[1]. Der andere zweite Preisträger hatte eine etwa 300 m südlicher liegende Linie vorgeschlagen. Die Brücke sollte eine gesamte Fahrbahnbreite von 22 m erhalten, beweglich sein und eine freie Durchfahrtshöhe von 21,5 m in geschlossenem Zustand einhalten. Falls eine Hubbrücke in Frage käme, war eine Mindestdurchfahrtshöhe von 55 m unter der gehobenen Brücke festgelegt. Die Kosten der verschiedenen Entwürfe schwankten zwischen 11 und 20 Mill. dän. Kronen. Keiner der gemachten Vorschläge gelangte zur Ausführung, da die Stadtverwaltung gegen eine für die damaligen Verhältnisse so erhebliche Ausgabe Bedenken hatte.

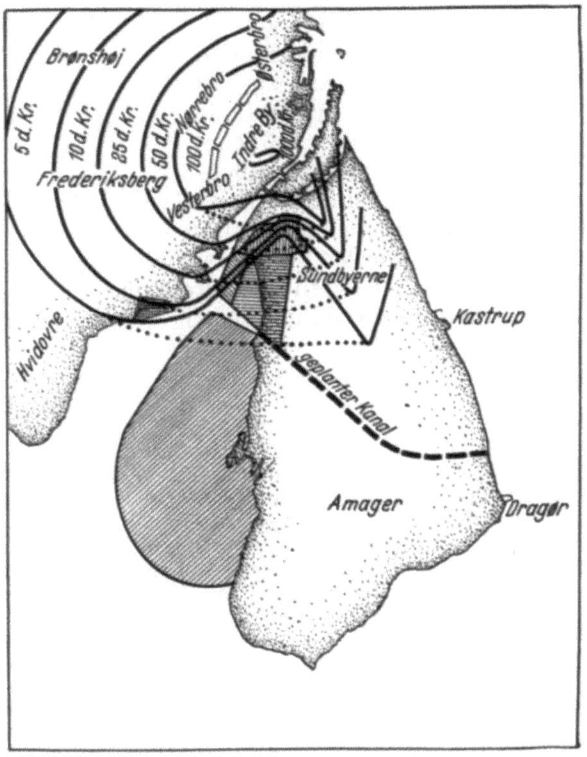

Von besonderem Interesse sind hier die bei dem Wettbewerb festgelegten Durchfahrtshöhen. Die Statistik zeigte, daß rd. 75 vH des gesamten Schiffsverkehrs eine 18 m freie Höhe durchfahren konnten. Mit 21,5 m Höhe wurde das Verhältnis nur um wenige Vomhundert verbessert, und erst bei 33 m Höhe wurde 100 vH erreicht. Wenn trotzdem für die Hubbrücke eine freie Höhe von 55 m verlangt wurde, lag das daran, daß dieses ein internationales Maß war, das unter Umständen in der Zukunft für den Kopenhagener Hafen Bedeutung haben könnte.

Abb. 35. Plan eines 7 m tiefen Seekanals quer durch Amager. Darstellung der Bodenwerte in Kopenhagen, angegeben in dän. Kronen je m².

Die Lage der Brückenlinie im Straßenzug Dybbølsgade-Artillerivej hätte eine künftige Verschiebung der Geschäfts- und Verkehrsschwerpunkte der Stadt nach Westen zu zur Folge. Diese Tatsache wurde eifrig erörtert, und die Zweifel an der Richtigkeit der 1926 vorgeschlagenen Brückenlinie kamen in einem von Hafeningenieur K. S. Gnutzmann im Jahre 1927 ausgearbeiteten Entwurf klar zum Ausdruck. Nach diesem sollte eine 18 m hohe Klappbrücke dicht nördlich der Knippelsbro über den Hafen geführt werden. Der Entwurf stellte eine streng sachliche Lösung dar und fand in weiten Kreisen starke Anerkennung. Auch hier waren aber die Kosten — rd. 10 Mill. dän. Kronen mit einem Zuschlag für Grunderwerb von rd. 5 Mill. dän. Kronen — der Stein des Anstoßes.

Durch den Wettbewerb und die vielen verschiedenen Vorschläge wurde das Interesse geweckt, die Brückenfrage von neuen Gesichtspunkten aus zu lösen. 1927 veröffentlichte die Firma Christiani & Nielsen einen Tunnelplan, nach dem die Tunnellinie vom „Polititorvet" in einem Bogen unter dem Hafen und unter dem alten Festungsgraben hindurch zur Ausmündung in den „Amager Boulevard" geführt war (Abb. 36). Das Tunnelrohr sollte kreisförmigen Querschnitt

---

[1] Erster Preisträger war Professor Anton Rosen in Verbindung mit Civilingenieur Chr. Bjørn Petersen und Gutehoffnungshütte. Die beiden zweiten Preisträger waren 1. die Firma Christiani & Nielsen in Verbindung mit Professor Kaj Gottlob und der Maschinenfabrik Augsburg-Nürnberg und 2. Dr. techn. Chr. Nøkkentved in Verbindung mit Civilingenieur Friis-Jespersen.

haben, und der Tunnel sollte in Schildbauweise ausgeführt werden. Die Kosten betrugen für diese Lösung auch 15 Mill. dän. Kronen.

Inzwischen führten Erwägungen wirtschaftlicher Art die Stadtverwaltung zu einer Entscheidung zugunsten der oben bereits erwähnten Erweiterung der alten Brücken Knippelsbro und Langebro. Gleichzeitig wurden im Jahre 1928 die Richtlinien für den kommenden Gesamtbau des Hafens von der Hafenverwaltung in Übereinstimmung mit dem Plan von H. C. V. Møller folgendermaßen neu aufgestellt: 1. Der Ausbau der Anlagen soll in erster Linie auf der Seelandseite erfolgen. 2. Die Neuanlagen des Außenhafens sollen diesen Hafenteil als Verkehrshafen kennzeichnen. Die Neuanlagen des Südhafens sollen der Industrie vorbehalten sein. 3. Die Schiffahrtsrinne nach Süden soll nach und nach etwas vertieft werden. — Dies stellte wieder einen Versuch dar, alle Möglichkeiten noch eine Reihe von Jahren offen zu halten und die Durchführung eines mit der Stadtplanung eng und mit der Stadtentwicklung richtig verbundenen Hafenplans der Zukunft zu überlassen.

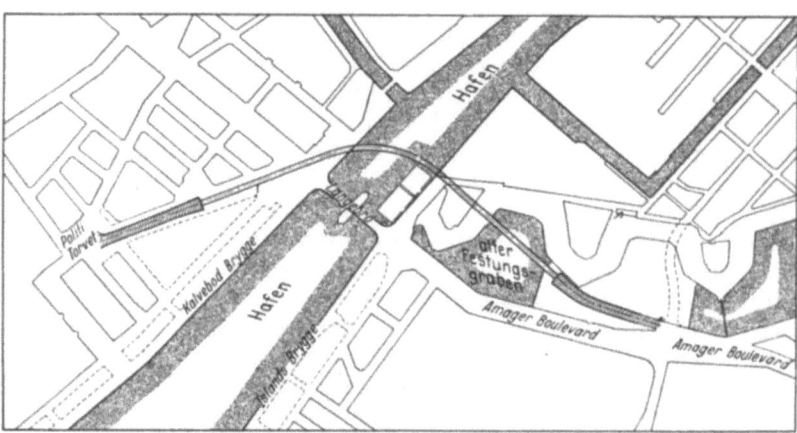

Abb. 36. Tunnelvorschlag der Firma Christiani & Nielsen.

Schrifttum.

Møller, H. C. V.: Københavns Havns Udvikling i Fortid og Nutid, samt Forslag til Havnens fremtidige Udvidelser. Kopenhagen: G. E. C. Gad 1917.

Schaper, Dr.-Ing. e. h.: Wettbewerb für Entwürfe zu einer Verbindung über den Hafen zwischen den Stadtteilen Seeland und Amager in Kopenhagen. Bautechn. 1926. Heft 32, 34, 37, 44 und 50.

Gnudtzmann, K. S.: Forslag til Bygning af en Højbro ved Knippelsbro. Ingeniøren 1927, S. 25.

Bro eller Tunnel. Projekt herausgegeben von Christiani & Nielsen. Kopenhagen 1928.

Lorenz, G.: Die Verwendung von Beton und Eisenbeton bei den Hafenbauten des Hafens von Kopenhagen und ihre Erhaltung im Salzwasser. XV. Internationaler Schiffahrtskongreß, Venedig 1931. Bericht 96.

The Copenhagen Free Port. Kopenhagen: Verlag Der Freihafen Kopenhagen 1931.

Statistiske Oversigter over Skibsfart og Vareomsætning paa København. Kopenhagen: Verlag Københavns Havnevæsen 1934.

Lorenz, G.: Københavns Havns Udvikling. Kopenhagen: G. E. C. Gad 1934.

Skibsfartskanal gennem Amager. Projekt herausgegeben von Christiani & Nielsen, Højgaard & Schultz A/S und Kampmann, Kierulff & Saxild A/S, Kopenhagen 1937.

Port of Copenhagen. Kopenhagen: Scandinavian Shipping Gazette 1938.

Beschreibung des Hafens von Kopenhagen. Kopenhagen: Københavns Havnevæsen 1939.

Wirkungen von Formänderungen verankerter Bohlwände und des stützenden Bodens auf die Verteilung der äußeren und inneren Kräfte.[1]

Von Baurat Dr.-Ing. Hermann G. Schütte, Hamburg.

Kurzer Inhalt: Es wird ein neuer erddruckstatischer Begriff, der „Verschiebungskennwert", aufgezeigt und in seiner Bedeutung ergründet. Dabei stellt sich heraus, daß eine Einspannung verankerter Bohlwände im Boden nur teilweise und nur bedingt eintreten kann. Die Fehler der gebräuchlichen Rechnung können durch andere Einflüsse hinsichtlich der Biegespannungen gemildert, ja aufgehoben werden. In jedem Fall bewirken die Formänderungen der Wand und des Bodens eine Kraftverlagerung zum Anker hin. Die Neigung zum Abweichen der wirklichen von den errechneten Kräften muß in den „zulässigen" Spannungen und dem Sicherheitsfaktor des Ankers berücksichtigt werden.

Gebräuchliche Berechnungsverfahren.

Dienen die verankerten Bohlwände dazu, einen Geländesprung herzustellen und den waagerecht angreifenden Druck der Erde aufzunehmen, so pflegen sie andererseits auch als Widerlager Erde in Anspruch zu nehmen und durch sie die aufgenommenen Kräfte in den tieferen Baugrund abzugeben. Erde oder Boden ist hier Last, dort Baustoff. Als Bestandteil eines statisch unbestimmten Systems muß auch der Boden durch seine Formänderung Bedeutung für den Kräfteverlauf haben. Bekanntlich stößt aber die mathematische Erfassung dieser Formänderungen wie überhaupt eine genaue rechnerische Lösung der Gleichung der elastischen Linie solcher Bohlwand auf Schwierigkeiten. Man hilft sich in der praktischen Statik durch zeichnerische Verfahren und durch Annahmen.

Dabei kommen folgende Grenzfälle in Betracht:

1. Die kurze Bohlwand, die in den widerstehenden Boden nur gerade so tief eindringen soll, daß bei voller Ausnutzung des Widerstandsgrenzwertes die untere Auflagerkraft aufgenommen werden kann. Die Bodennachgiebigkeit wird außer Betracht gelassen.

2. Die lange Bohlwand, die so tief in den Boden eindringen soll, daß außer dem Gegenwert der aufzulagernden Kraft ein Kräftepaar durch vor und hinter der Wand auszulösenden Erdwiderstand entsteht, das volle Einspannung bewirkt. Die Bodennachgiebigkeit ist für den Kräfteverlauf ausschlaggebend; sie wird bei dem üblichen Verfahren als so gering angenommen, daß man überall mit dem Grenzwert des Erdwiderstandes rechnen dürfe.

In dem Aufsatze über „Anwendungen der Erddrucktheorie"[1] habe ich die grundsätzliche Abhängigkeit von Erddruck, Wandbiegsamkeit, Bodennachgiebigkeit und Erdwiderstandsverteilung dargelegt und in den Beispielen bei der Abschätzung der Annahmen herangezogen. Diese Abschätzung mußte jedoch reichlich ungewiß nach der „Erfahrung" vorgenommen werden, da noch keinerlei Anhalt an bestimmte Zahlen gegeben war. In den folgenden Ausführungen soll nun die fehlende Anschaulichkeit der allgemeinen Erkenntnisse gewonnen werden, indem am Beispiel einer einfachen Stahlspundwand die Wirkungen verschiedener Formänderungen der Wand und des Bodens ihrer Größenordnung nach abgetastet werden.

Die Abb. 2 und 3 geben die Ausgangsberechnungen für die beiden genannten Grenzfälle. Der Erddruck ist, wie üblich, nach der Coulombschen Theorie berechnet; Abweichungen hiervon werden nicht zum Gegenstand dieser Untersuchungen gemacht. Der Boden sei kohäsionsloser Sand mit einer Reibungsziffer von $\mu = \text{tg}\, \varrho = \text{tg}\, 30°$. Die Wandreibung sei zu $\delta_{max} = 25°$ bestimmt und in die Rechnung mit der durchschnittlichen Wirkung von $\delta = 20°$ für Erddruck und Erdwiderstand eingeführt. Die Wandbiegsamkeit, gekennzeichnet durch Länge, Elastizitätsmodul und Trägheitsmoment wird unveränderlich gehalten und dabei eine Stahlspundwand Klöckner, Profil II mit $I = 11\,000\text{ cm}^4$ zugrunde gelegt.

Veränderlich bleiben danach nur die Verteilung des Erddruckes und Erdwiderstandes und die Verschiebungen von Wand und Erde.

---
[1] Von der Technischen Hochschule Hannover genehmigte Dissertation; Berichterstatter: Professor Dr.-Ing. habil. A. Streck; Mitberichterstatter: Professor Dipl.-Ing. B. Körner.

Kennwert für das Verhältnis des Wandweges zum Grenzwert des Erdwiderstandes.

Für eine gegebene bestimmte Verteilung des Erddruckes und Erdwiderstandes lassen sich die entsprechenden Verschiebungen y_1 der Wand in bezug auf die Wandachse aus der Gleichung der Biegelinie

$$E \cdot I \cdot \frac{d^4 y_1}{d h^4} = p = e \qquad (1)$$

ermitteln. Die Integration ist zeichnerisch durchzuführen, indem die zur Belastungsfläche gezeichnete Momentenfläche als Belastung aufgefaßt und zu ihr wieder die Momentenlinie gezeichnet wird, die nun die $y_1 \cdot E \cdot I$-Linie darstellt. Zu den Verschiebungen y_1 in bezug auf die Wandachse können als Integrationskonstante weitere Verschiebungen y_2 der Wandachse selbst hinzutreten.

Die Gesamtheit der Verschiebungen der Wand

$$y_w = y_1 + y_2 \qquad (2)$$

muß an jedem Punkte übereinstimmen mit der Verschiebung des Bodens y_b. Es muß also sein:

$$y_w = y_b. \qquad (3)$$

Für das Verhältnis zwischen dem Erddruck e und der Bodenverschiebung y_b ist das Gesetz nicht bekannt. Stattdessen kann eine Beziehung zwischen dem Grenzwert des Erdwiderstandes (bezogen auf die Einheit der Breite b) in einer bestimmten Höhe, bzw. Tiefe t und der Verschiebung in dieser Tiefe herangezogen werden. Es ist dies die Beziehung:

$$v \cdot y_{gr} \geq E_{gr} \text{ (für } b = 1 \text{ m).} \qquad (4)$$

Das heißt: Das Erreichen des Grenzwiderstandes E_{gr} hat eine bestimmte Mindestverschiebung y_{gr} zur Voraussetzung, die E_{gr} verhältnisgleich ist und durch einen für gleiche Bodeneigenschaften gleichbleibenden Kennwert $v(t/\mathrm{m}^2)$ der Bodennachgiebigkeit — oder reziprok der Bodenfestigkeit — bestimmt wird. Hoher Kennwert v — große Bodenfestigkeit! Daß die angeschriebene Gleichung der Wirklichkeit entspricht, ist an sich einleuchtend und findet außerdem seine Bestätigung in den Versuchen von Franzius[2].

(Franzius schreibt allerdings — mit $K = \frac{\gamma \cdot \lambda}{2\,v}$ — allgemeiner $y = K \cdot t^x$ und deutet aus Versuchen für verschiedene Bodenverhältnisse x zwischen 1,5 und 2,5 aus. Doch schließt er die Möglichkeit von Nebeneinflüssen nicht aus, sondern faßt zusammen: „Der Wert x liegt anscheinend in der Nähe von 2". Für die hier angestellten Überlegungen wird genau genug $x = 2$ gesetzt.)

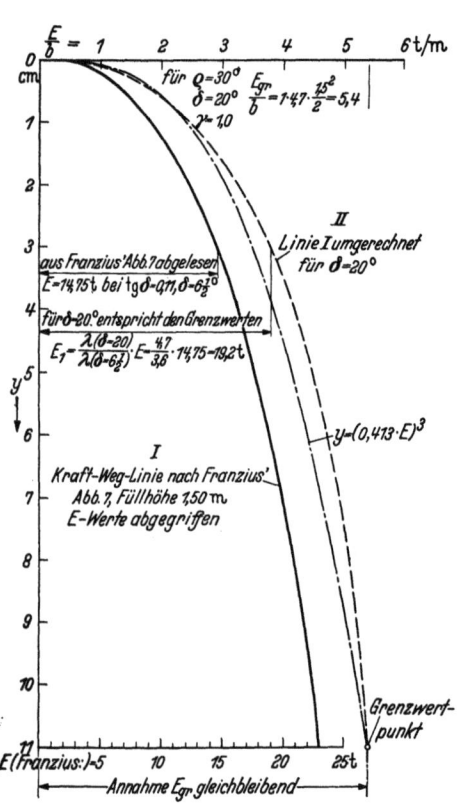

Abb. 1. Vergleich einer Franziusschen Kraft-Weg-Linie mit $y = (a \cdot E)^3$.

Die von Franzius für verschiedene gleichbleibende Füllhöhen gefundenen $E(y)$-Linien, von denen eine in Abb. 1 wiedergegeben ist, stimmen ziemlich gut mit den Schaulinien der angenommenen Gleichung

$$y = (a \cdot E)^3 \qquad (5)$$

überein. Bei Franzius steigen die $E(y)$-Linien nach Erreichen des theoretischen Grenzwertes von

$$E_{gr}/b = \tfrac{1}{2} \cdot \gamma \cdot \lambda \cdot t^2 \qquad (6)$$

noch weiter an. Dies ist vielleicht auf die unvermeidliche Versuchsungenauigkeit zurückzuführen, daß der Boden im Verlaufe des Versuches steigt. In diesen Betrachtungen muß jedoch entsprechend dem Begriff des Grenzwiderstandes als des Erdwiderstandes im Grenzzustand des Gleichgewichts an der theoretischen Forderung festgehalten werden, daß auch bei weiterer Verschiebung E nicht über den Grenzwert anwachsen kann, daß also die $E(y)$-Linie vom Grenzwertpunkte an parallel zur y-Achse verlaufe.

Aus Gl. (4) und (6) folgt $v \cdot y_{gr} = \tfrac{1}{2} \cdot \gamma \cdot \lambda \cdot t^2$ oder

$$\frac{t^2}{y_{gr}} = \frac{2\,v}{\gamma \cdot \lambda} = v_1(m). \qquad (7)$$

v_1 ist ein durch die Eigenschaften des Bodens, Raumgewicht, Reibungsbeiwerte und Dichte der Lagerung sowie wahrscheinlich auch durch die Neigung der Wand bedingter Wert, der aus Versuchen bestimmt werden müßte. Er gibt als Faktor von $y_{gr} = 1$ m das Quadrat derjenigen Wandhöhe an, für die zum Erreichen des Grenzwiderstandes eine Verschiebung von 1 m nötig wäre.

Für den von Franzius benutzten Boden, mit dem der Grenzwiderstand bei $t = 1{,}50$ m Füllhöhe nach $y = 11$ cm Wandweg beobachtet wurde, errechnet sich $v_1 = 1{,}5^2/0{,}11 = 20{,}5$ m und die große Verschiebung von $y_{gr} = 1$ m würde schon bei einer Wandhöhe von $t = \sqrt{y_{gr} \cdot v_1} = 4{,}5$ m erforderlich sein, um den Grenzwiderstand zu erreichen.

Nun wird es sich bei Franzius trotz des vorgenommenen Einstampfens noch um verhältnismäßig lockeren Boden gehandelt haben. Beim gewachsenen Boden und Verdichtung durch das Einrammen der Bohlwand mag eine erheblich geringere Verschiebbarkeit und damit ein höherer v_1-Wert gegeben sein. Für die angegriffene Aufgabe, die Wirkung verschiedener Grade der Bodennachgiebigkeit abzutasten, wird daher von $v_1 = 20{,}5$ m als angenommenem unteren Grenzwert ausgegangen und zum Vergleich die Wirkung von $v_1 = 205$ m und $v_1 = 2050$ m untersucht, die also einer zehn- bzw. hundertmal geringeren Verschiebung entspricht.

An der Oberfläche des widerstehenden Bodens ist stets die Verschiebung $v \cdot y > E_{gr}$. Mit zunehmender Tiefe t nähert sie sich dem Grenzwert $v \cdot y = E_{gr}$. Im Linienzug, der die Fläche der Erddruckverteilung und Erdwiderstandsverteilung begrenzt, soll der Punkt, in dem $v \cdot y = E_{gr}$ ist, als „Grenzwertpunkt" bezeichnet werden.

Bei der kurzen Wand fällt der Grenzwertpunkt gemäß Voraussetzung mit dem Fußpunkt zusammen. Die Biegelinie, die den Forderungen der Gl. (1) und (4) bzw. (7) beiden genügt, wird daher einfach dadurch gefunden, daß im Fußpunkt von der Achse ab $y = t^2/v_1$ angetragen und durch diesen neuen Fußpunkt die Biegelinie gezeichnet wird. Abb. 2 zeigt die Biege-Verschiebungslinien für $v_1 = 2050$ m und $v_1 = 205$ m.

Bei der in Abb. 3 gegebenen Berechnung der eingespannten Wand wurde in Höhe des Grenzwertpunktes ($t = 3{,}4$ m) $y = 0{,}07$ cm abgelesen; das ist 800 mal kleiner als den Versuchen Franzius' entsprechen würde. Im weiteren Verlauf der Biegelinie nimmt y auf 0 ab und läßt in dem Teil des Erdwiderstandes von rechts jede Wandverschiebung nach rechts vermissen. Die gebräuchliche Bestimmung nach Abb. 3 ist also theoretisch fehlerhaft.

Für die Bestimmung der richtigen Biege-Verschiebungslinie sind folgende Anhaltspunkte gegeben:

1. Im Grenzwertpunkt muß die Bedingung $t^2 = v_1 \cdot y$ erfüllt sein.
2. Die wirksamen Erdwiderstände müssen den eintretenden Verschiebungen entgegengesetzt gerichtet sein.

a) Wo kein Erdwiderstand in Anspruch genommen wird, tritt auch keine Verschiebung ein: Der Nullpunkt der Fläche des in Anspruch genommenen Erdwiderstandes liegt in gleicher Höhe mit dem Drehpunkt der Biege-Verschiebungslinie.

b) Wo unterhalb des Grenzwertpunktes keine nach links gerichteten resultierenden Erddruckkräfte auftreten, soll gemäß Gl. (5) sein: $y = (a \cdot E)^3$, wenn y nach unten zunimmt,
und $\qquad\qquad\qquad\qquad y < (a \cdot E)^3$, wenn y nach unten abnimmt.

Zur Bestimmung von a wird der Umstand benutzt, daß die Gl. (5) auch für den Grenzzustand gilt, für den $E = E_{gr}$ und $y = t^2/v_1$ bekannt sind. Also:

$$\frac{1}{a} = \frac{\dfrac{E_{gr}}{b}}{\sqrt[3]{y}} = \frac{\tfrac{1}{2}\gamma \cdot \lambda \cdot t^2}{\sqrt[3]{\dfrac{t^2}{v_1}}} = \sqrt[3]{(\tfrac{1}{2}\gamma \cdot \lambda)^3 \cdot v_1 \cdot t^4}\,.$$

Dies in die Gl. (5) eingesetzt gibt

$$E = \sqrt[3]{y \cdot (\tfrac{1}{2}\gamma \cdot \lambda)^3 \cdot v_1 \cdot t^4} \qquad\qquad (8)$$

und wenn $y < (a \cdot E)^3$, $E > \sqrt[3]{y \cdot (\tfrac{1}{2}\gamma \cdot \lambda^3) \cdot v_1 \cdot t^4}$. In dieser Form ist die Gleichung in den zeichnerischen Ermittelungen angeschrieben.

Es ist also eine Belastungsfläche zu finden, die nach der zeichnerischen Integration eine Biege-Verschiebungslinie ergibt, die den genannten Anhaltspunkten genügt. Die Anhaltspunkte lassen dabei Möglichkeiten für mehrere Lösungen offen. Die durch den Grenzwertpunkt und den Nullpunkt oder Fußpunkt zu ziehende Erddruckverteilungslinie muß eine der Biegelinie entsprechende Form haben, also nach außen gebogen bei Einspannung und nach innen gebogen bei fehlendem Drucküberschuß von rechts.

Änderung gegenüber der Ausgangsberechnung bei Berücksichtigung der Bodennachgiebigkeit.

Ein Vergleich der in Abb. 4 gegebenen Lösungen untereinander und mit den Berechnungen der Abb. 2 und 3, die sämtlich ohne Berücksichtigung der Verbiegung des Überankerteils durchgeführt sind, führt zu folgenden ersten Ergebnissen:

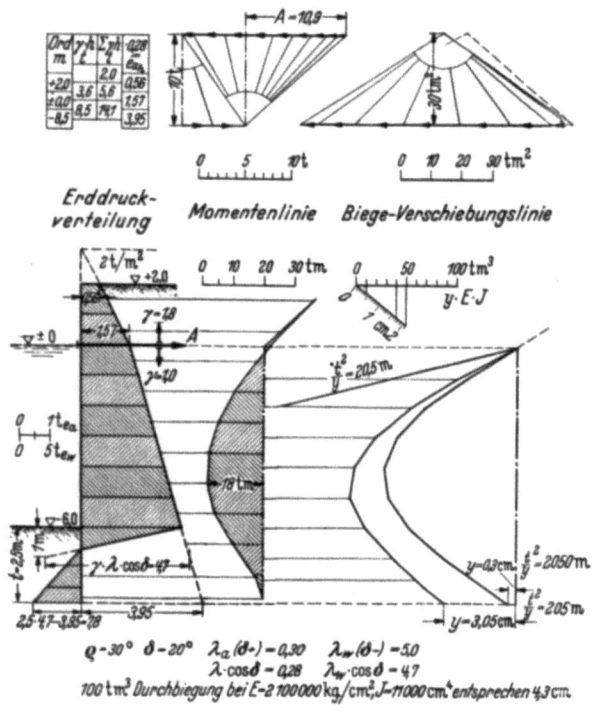

Abb. 2.
Kurze Bohlwand — Berechnung für den 1. Grenzfall.

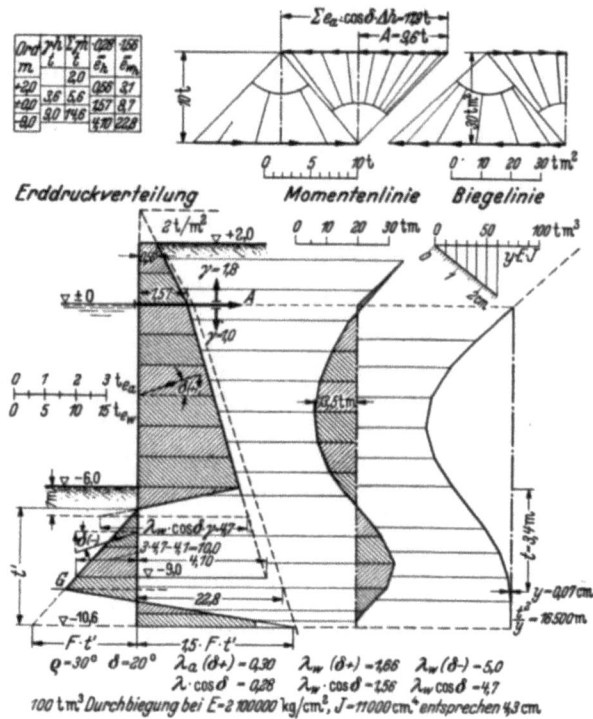

Abb. 3. Lange Bohlwand — Berechnung für den 2. Grenzfall bei gebräuchlicher Annahme der Einspannung im Boden als Ausgangsberechnung.

1. *Der Einfluß der Bodennachgiebigkeit auf den Grad der Einspannung einer Wand im Boden ist so groß, daß die Einspannung in den weitest möglichen Grenzen schwankt, nämlich zwischen fast*

voll — *bei sehr hohem Verschiebungskennwert* v_1 *und*
null — *bei niedrigem Verschiebungskennwert* v_1.

2. *Bei der langen Bohlwand sind* a) *Ankerkraft und* b) *Biegemoment um so größer, je größer die Bodennachgiebigkeit ist. Sie können über die Werte der kurzen Bohlwand hinaus anwachsen.*

3. *Vergrößerung der Rammtiefe gegenüber dem Grenzfalle der kurzen Bohlwand kann also eine Vergrößerung der Ankerkraft und des Biegemomentes zur Folge haben.*

4. *Gekrümmte und gradlinige Begrenzung der anzunehmenden Erdwiderstandsverteilung führen nicht zu wesentlich verschiedenen Ergebnissen. Die von den Anhaltspunkten offen gelassenen Möglichkeiten der Erdwiderstandsverteilung sind also nicht sehr weit. Man darf daher bei der Rechnungsdurchführung gradlinige Begrenzung annehmen.*

Bei den in Abb. 4 zusammengestellten Berechnungen blieb der Einfluß der Bewegung der Wand oberhalb des Ankers unberücksichtigt, nicht nur um die verschiedenen Bewegungseinflüsse getrennt zu untersuchen, sondern auch um als erste Ergebnisse diejenigen herauszuschälen, die für sich allein in vielen Fällen Bedeutung haben, z. B. bei Kaimauerspundwänden, denen eine Fortsetzung nach oben über den Anker hinaus fehlt.

Änderung gegenüber der Ausgangsberechnung bei Berücksichtigung des Erdwiderstandes gegen die Rückbiegung des Überankerteils.

Wo aber ein Überankerteil gegeben ist, wie bei dem angenommenen Beispiel, ist festzustellen, daß er sich nicht ungehemmt zurückbiegen kann. Im Grenzfalle muß Erdwiderstand in Höhe des Grenzwertes ausgelöst werden. Dieser Fall ist in Abb. 5 dargestellt. Die mögliche Größe des Erdwiderstandes gegen den Überankerteil wird dabei durch die Bedingung begrenzt, daß über die ganze Wandlänge die Summe der lotrechten Komponenten der Erddruckabszissen (e_a und e_W) gleich 0 sein muß:

$$\Sigma e \cdot \sin \delta \cdot \Delta h \geq 0 . \tag{9}$$

In der Berechnung der Abb. 3 bleibt bei abwärts gerichtetem, also positivem δ der von rechts angreifenden Drucke gegenüber dem von links mit negativem δ wirkenden Erdwiderstand ein Überschuß abwärts gerichteter Kräfte in Höhe von $A \cdot \mathrm{tg}\,\delta$ bestehen, für den Ausgleichsmöglichkeiten z. B. durch Druck in der Bodenfuge gegeben sind. Ein Überschuß aufwärts gerichteter Erddruck-

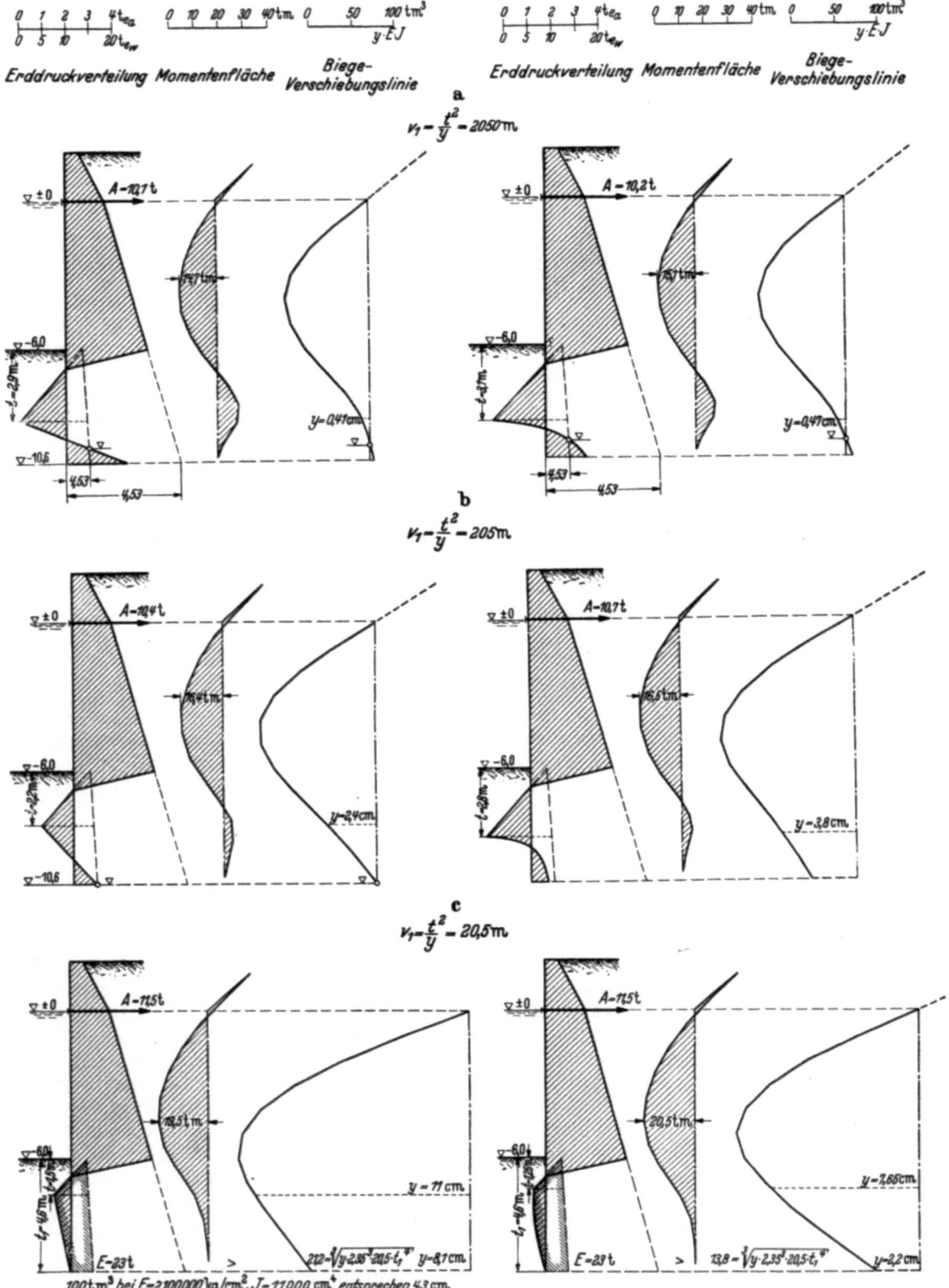

Abb. 4. Den „Anhaltspunkten" entsprechende Verteilungen des Erddrucks und Erdwiderstandes bei Verschiebungskennwerten von $v_1 = 2050$, 205 und 20,5 m zum Vergleich mit der Ausgangsberechnung.*

* Die mit Rücksicht auf die Unterbringung im Satzspiegel hier fortgelassenen Einzelheiten der Rechnungsdurchführung sind gleichartig wie in den Abbildungen 2, 3 und 5 bis 8.

komponenten $e \cdot \sin \delta$ müßte eine Aufwärtsbewegung der Wand herbeiführen, die also dem vom Überankerteil nach oben zu verdrückenden Boden gleich liefe, so daß der Reibungswinkel und damit die Höhe des λ-Wertes absänke. Die in Abb. 5 angesetzte Erdwiderstandsverteilung gibt ungefähr die Grenze des Möglichen wieder; durch Beteiligung der Auflast am Erdwiderstand gegen den Überankerteil ist lediglich eine geringe Verschiebung des Schwerpunktes dieser Erdwiderstandsfläche nach oben denkbar.

Im Vergleich mit der Ausgangsberechnung (Abb. 3) zeigt Abb. 5 als weiteres Ergebnis:

5. Durch gehemmte Verschiebung ausgelöster Erdwiderstand gegen den Überankerteil der Wand kann eine Vergrößerung der Ankerkraft in erheblichem Maße — hier auf rund das Doppelte des Ausgangswertes — bewirken. Zugleich tritt eine Minderung der Biegemomente und der Inanspruchnahme der Einspannwiderstände im Boden ein.

Änderung gegenüber der Ausgangsberechnung bei Berücksichtigung der Erddruckverlagerung infolge Ausbiegens der Wand.

Der Erdwiderstand gegen den Überankerteil muß nicht notwendig die Summe der Erddruckkräfte von rechts vergrößern. Es ist auch möglich, daß nur eine Verlagerung der angreifenden Kräfte von dem nach vorne ausbiegenden zu dem rückbiegenden Teile der Wand eintritt. Ähnliche Verlagerungen wurden an Baugrubenaussteifungen[3] beobachtet und sind für einen vereinfachten Sonderfall an Laboratoriumsversuchen näher erforscht worden. Die von Mecke[4] für Boden von $\varrho = 33°$ und $\delta = 20°$ in Form einer Kennlinie mitgeteilten Verhältniszahlen der Verlagerungsdrücke bei verschiedenen Wandunterteilungsverhältnissen $\alpha = h_u/H$ setzen eine scharfe Abgrenzung der unteren verschobenen (h_u) gegenüber der oberen, stehen bleibenden ($H - h_u$) Wand und außerdem eine Mindestbewegung des unteren Wandteiles von $s = 0{,}005\, H^2/h_u$ bei locker eingeschaufeltem Sand voraus und lassen andererseits eine Rückbewegung des oberen Wandteiles außer Betracht; sie beziehen sich also auf etwas andere Verhältnisse als sie in dem angenommenen Beispiel vorliegen und geben für dieses keinen zureichenden Maßstab. Immerhin bieten sie in der Erkenntnis, „daß die auf den oberen Wandteil wirkenden Drücke mehr als doppelt so groß werden können wie die entsprechenden Coulomb-Drücke" einen Anhalt für die Möglichkeit der in Abb. 6 angenommenen Verlagerung. Die Ermittelung der Abb. 6 weist sich als Absteckung wieder einer Grenze des Kräftespiels aus durch ihr Ergebnis:

6. Verlagerung des Erddrucks von den ausbiegenden unteren nach den oberen Wandteilen kann einen Ausgleich der positiven und negativen Biegemomente unter Verringerung des Größtmomentes bis unter die Hälfte des Wertes der Ausgangsberechnung herbeiführen. Zugleich verringert sich auch die Inanspruchnahme der Einspannwiderstände im Boden, während die Ankerkraft anwächst. Dabei ist zu beachten, daß die Verlagerung des Erddruckes mit wachsendem Ausbiegen der Wand bis zu einem Grenzwerte zunimmt.

Einfluß des Bauvorganges auf die Erddruckverteilung.

Durch die vorstehenden Untersuchungen ist klargelegt, daß die äußeren und inneren Kräfte unter der Wirkung von Formänderungen der Wand und von Verschiebungen des Bodens sehr verschiedene Werte annehmen können. Für die Voraussetzung des gewählten Beispiels wurden die Grenzen des möglichen Kräftespiels abgesteckt. Nun erhebt sich die Frage: Mit welchen Kräften müssen wir rechnen? Genauer: Muß sowohl für die Ankerkraft als auch für das Biegemoment mit dem im ungünstigsten Falle des Kräftespiels sich ergebenden Wert gerechnet werden, oder darf ein Ausgleich im Kräftespiel vorausgesetzt werden?

Diese Frage ist nicht allgemein gültig zu beantworten; denn es kommt auf den Bauvorgang und auf die Bemessung und Ausbildung der Wand und des Ankers an, welcher Ausgleich sich im Kräftespiel einstellt. Jeder der gedachten Grenzfälle kann wirklich werden, jedoch nur bei einem Bauvorgang und einer Bauausbildung, die sein Eintreten ermöglicht.

Der Grenzzustand für die Ankerkraft (Abb. 5) könnte z. B. unter folgenden Voraussetzungen tatsächlich eintreten:

Bauvorgang A: Die Bohlwand ist in einen sehr festen, schon bei Baubeginn in der endgültigen Geländehöhe anstehenden Boden gerammt. Die Anker werden von der späteren Wasserseite her durch die Wand und den Boden gebohrt, an dem Grundwerk eines schweren, unverschieblichen Gebäudes befestigt und aufs äußerste vorgespannt. Beim späteren Ausbaggern des Hafens vor der Wand biegt diese aus. Dabei möge die durch das Rammen eingetretene Spannung des Bodens grade auf das Maß des Erddrucks im Grenzzustande des Gleichgewichts, wie er der Abb. 5 zugrunde liegt, zurückgehen, so daß der rückbiegende Überankerteil der Wand zusätzlichen Erdwiderstand auslöst.

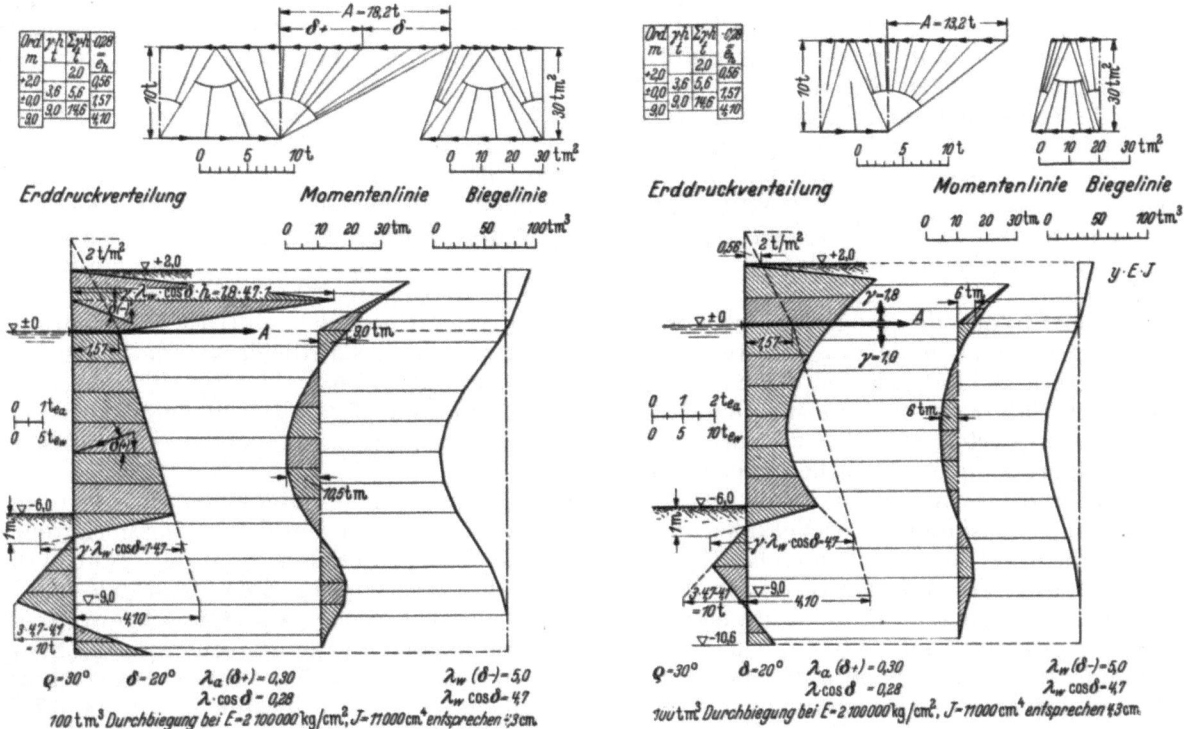

Abb. 5. Berechnung für zusätzlichen Widerstandsdruck auf den Überankerteil zum Vergleich mit der Ausgangsberechnung.

Abb. 6. Berechnung für verlagerten Erddruck zum Vergleich mit der Ausgangsberechnung.

Der Grenzzustand für das Biegemoment (Abb. 4c) könnte unter folgenden anderen Voraussetzungen ebenfalls eintreten:

Bauvorgang B: Die Bohlwand ist in einem frisch aufgeschütteten und ziemlich locker gelagerten, bei Baubeginn etwa in Höhe der Hafensohle liegenden Boden aufgestellt. Die Anker sind in einem dahinter errichteten Bauwerk unnachgiebig befestigt und so reichlich bemessen, daß sie keine nennenswerten Dehnungen erfahren. Die Hinterfüllung wird nun unter ständiger Verdichtung des Bodens mit Tauchrüttlern — um Sackungen der Ankerunterlage zu begegnen — von hinten nach vorn fortschreitend so eingebracht, daß sich beim Erreichen der Ankerhöhe ein größerer Erddruck ergibt als dem Grenzzustand des Gleichgewichts für diese Höhe der Hinterfüllung entspricht, und daß die endgültige Verbiegung und damit das entsprechende Biegemoment schon in diesem Bauzustande erreicht wird. Die weitere Aufhöhung bis zur Oberkante der Bohlwand und die Verkehrsbelastung können das Biegemoment nun nicht mehr verringern; sie werden nur den Ankerzug erhöhende Kräfte auf den Überankerteil hervorrufen.

Das wahrscheinliche Einspielen der Kräfte.

Das Vorkommen solcher Voraussetzungen, unter denen die Grenzzustände für die Ankerkraft oder für das Biegemoment eintreten würden, ist wenig wahrscheinlich. Meistens wird man es etwa mit den der Abb. 7 zugrunde gelegten Bedingungen zu tun haben:

Bauvorgang C: Die Bohlwand wird in einen „gewachsenen" Boden gerammt, der durch die beim Einrammen notwendig eintretenden Verschiebungen einen Kennwert für die Biegeverschiebung von $v_1 = \sim 200$ erreicht. Die Anker werden an Platten befestigt und mäßig angespannt. Doch tritt nach Hinterfüllung, Ausbaggerung der Hafentiefe und Einwirken der Verkehrslast noch eine kleine Verschiebung ein, die hier mit 1,4 cm angenommen wurde. Die im Endzustand eintretenden Verbiegungen reichen aus, um eine mäßige Druckverlagerung und geringen zusätzlichen Erdwiderstand gegen den Überankerteil auszulösen. Da der Boden hinter der Wand nur wenig festgestampft ist, gilt für ihn ein Verschiebungskennwert von $v_1 = \sim 20$ m.

Bei diesem wahrscheinlichen Bauvorgang spielen sich die Kräfte so ein, daß das Biegemoment etwas unter dem der Ausgangsberechnung bleibt, während die Ankerkraft die der Ausgangsberechnung etwas übersteigt. (Um möglichst wirklichkeitsnahe Annahmen zu machen, wurde in der Berechnung der Abb. 7 übrigens noch berücksichtigt, daß der wirksame Wandreibungswinkel des Erdwiderstandes mit wachsender Wandbewegung zunimmt*. Unmittelbar unter der Hafensohle wird er den Größtwert, der hier mit $\delta = 25°$ angenommen war, erreichen, während er nach unten abnimmt; deshalb wurde er für die Tiefe von 2 m unter der Hafensohle zu $\delta = 20°$ und unterhalb geringer angenommen.)

Für die Frage nach dem Ausgleich im Kräftespiel ist ferner wichtig, welche Folgen bei Überbeanspruchungen der Wand oder des Ankers zu erwarten sind.

Könnte nach Beendigung des Bauvorganges B oder in einem anderen Falle der Abb. 4 oder infolge Verschwächung durch Abrostung das Biegemoment von der Bohlwand nicht mehr aufgenommen werden, so würde also die Bohlwand eine weitere Formänderung erleiden: Sie würde sich im Spannungsbereich der Streckgrenze so lange weiter verbiegen als die angreifenden Kräfte das Biegemoment gleich groß erhalten. Das Biegemoment verringert sich aber bei weiterer Ausbiegung sofort infolge der dadurch ausgelösten Kräfte gegen den Überankerteil (Druckverlagerung) sowie in geringerem Maße durch Vergrößerung der einspannenden Erdwiderstände gegen den unteren Wandteil. Dabei lassen die Kräfte gegen den Überankerteil die Ankerkraft anwachsen. Abb. 8 zeigt, daß noch im ungünstigsten Falle eines für den unteren Wandteil maßgeblichen Verschiebungskennwertes von $v_1 = 20,5$ m das Biegemoment der Ausgangsberechnung bei mäßiger Druckverlagerung nicht wesentlich überschritten wird.

Könnte andrerseits der Anker die auf ihn entfallende Kraft nicht aufnehmen, so würde bei entsprechender Ausbildung der Verankerung nun der Anker sich im Bereich der Streckgrenze solange dehnen, als die angreifenden Kräfte die Ankerkraft gleich groß erhalten. Im Ausnahmefalle der Abb. 5 wird die Ankerkraft infolge Verminderung des zusätzlichen Erdwiderstandes dann sofort erheblich absinken. Es kann sich eine Ankerkraft wie in Abb. 8 oder Abb. 7 und bei weiterem Nachgeben entsprechend Abb. 4c, b, a einstellen. Dabei müssen die entsprechenden größeren Biegemomente von der Wand aufgenommen werden. Im äußersten Falle könnte die Ankerkraft auf die in der Ausgangsberechnung ermittelte herabsinken, die den geringsten möglichen Wert darstellt.

Es zeigt sich, daß der Anker beim Nachgeben der Wand und die Wand beim Nachgeben des Ankers zusätzliche Kräfte erhält. Der entwerfende Ingenieur muß sich entscheiden, welchem Bauteil er die für das Ganze notwendige Sicherheit zuweisen will. Diese Entscheidung fällt nicht schwer und kann unter Zusammenfassung der Ergebnisse der vorstehenden Untersuchungen wie folgt getroffen werden:

7. Das Kräftespiel einer verankerten Bohlwand mit Überankerteil bietet — bei genügender Sicherheit des Ankers — für das Biegemoment die Wahrscheinlichkeit des Ausgleichs auf den ungefähren Wert M_a der Ausgangsberechnung, und es gibt die Gewißheit, daß dieser Wert, sobald $M_a/W = \sigma_{Streckgrenze}$ wird, nicht überschritten wird. Daher kann auch — nach Verminderung des Querschnitts um die voraussichtliche Abrostung — mit $\sigma_{zul.}$ bis in die Nähe der Streckgrenze gegangen werden. Empfohlen wird $\sigma_{zul.} = 0,8\, \sigma_{Str}$. Die Ankerkraft wird stets größer als die Ausgangsberechnung ergibt. Sie kann auch bei einem Überschuß an Biegewiderstand der Wand nur teilweise und unter der Voraussetzung ausgeglichen werden, daß der Anker sich mehr oder weniger erheblich längt oder verschiebt, wodurch der Zweck des Bauwerks im allgemeinen beeinträchtigt wird. Es ist daher zu empfehlen, den Anker mindestens für das 1,5 fache (bei langem Überankerteil auch für das mehrfache) der in der Ausgangsberechnung bestimmten Ankerkraft zu bemessen. Bei der Festsetzung der zulässigen Spannung müssen außerdem die nach Maßgabe des Einzelfalles zu erwartenden Nebenspannungen berücksichtigt werden.

Die Beziehungen zwischen **1. Erdwiderstand und Verschiebung** und **2. Druckverlagerung und Wandverformung** sind noch nicht bekannt und konnten in die hier angestellten Überlegungen nur nach Andeutungen eingeführt werden, wie sie durch die Ergebnisse bisher veröffentlichter Versuche vorliegen. Beide Beziehungen werden nach Art der Formänderungen und der Bodeneigenschaften mancherlei Abwandlungsmöglichkeiten aufweisen und es erscheint recht zweifelhaft, ob es gelingen kann, sie in Abhängigkeit von einigen meßbaren Kennziffern des Bodens allgemein gültig aufzustellen. Selbst aber, wenn dies gelänge, wird sich doch die Verteilung der äußeren und inneren Kräfte bei einer verankerten Bohlwand nicht allgemein gültig vorausberechnen lassen, weil diese im Zusammenhang mit den bezeichneten Beziehungen durch **3. den Bauvorgang** wesentlich beeinflußt wird. Trotzdem ist es wichtig, den Beziehungen 1 und 2 weiter nachzuspüren, wozu beim Franzius-Institut angeregte und dort bereits eingeleitete Versuche beitragen werden; denn die vorliegenden Vergleichsrechnungen haben erwiesen, welche Bedeutung allein die Möglichkeit, die Bodennachgiebigkeit richtig einzuschätzen für die Beurteilung der Bauwerke besitzt.

Diese Untersuchungen bestätigen die verbreitete Erfahrung, daß nicht Überbiegung der Bohlen, sondern Nachgeben der Anker die Wände am ehesten gefährdet. Sie zeigen aber auch,

---
* Vgl. die unter 2 angezogenen Versuche Franzius'.

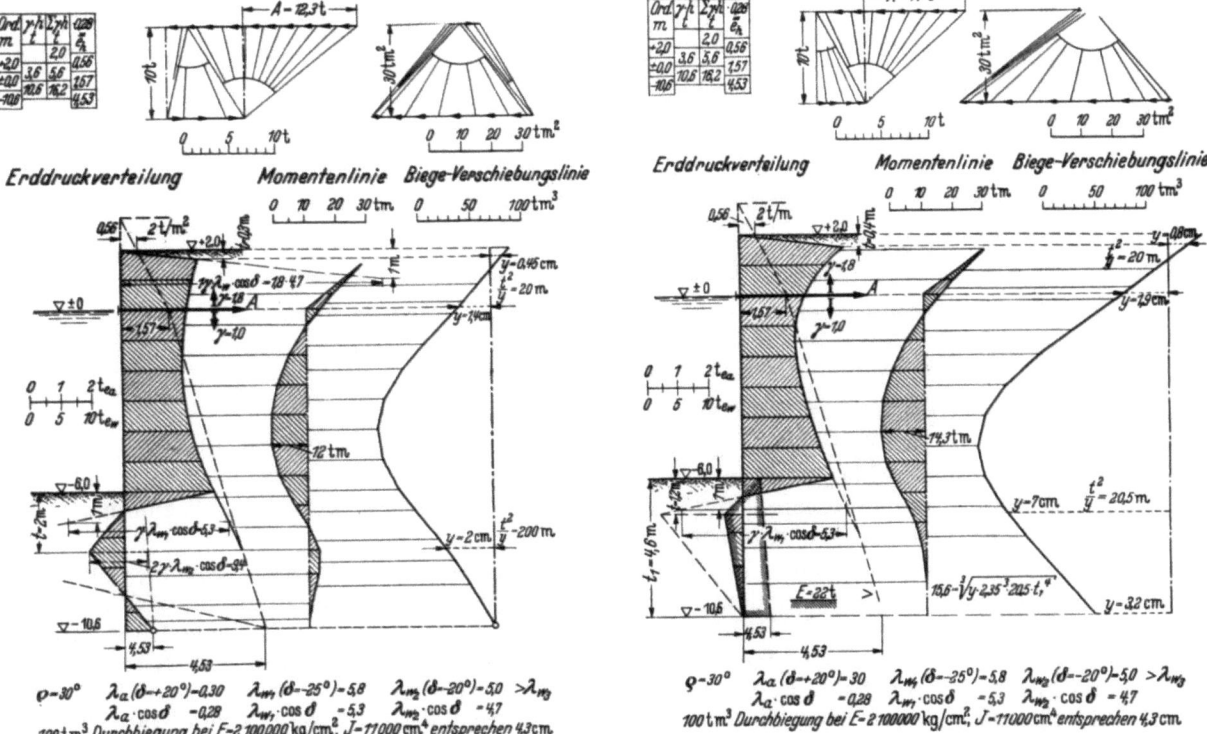

Abb. 7. Das Einspielen der Kräfte bei wahrscheinlichem Bauvorgang und festem Boden.

Abb. 8. Das Einspielen der Kräfte bei wahrscheinlichem Bauvorgang und sehr nachgiebigem Boden.

daß Erfahrung trügerisch sein kann. Der Schluß, daß die Ausgangsberechnung allgemein anwendbar sei, weil so berechnete Bohlwände sich bewährt haben, ist nicht zulässig, wenn es sich bei den Gegenständen der Erfahrung, wie zu vermuten, um Wände mit Überankerteil handelt. Bei fehlendem Überankerteil fehlen wesentliche Gegenkräfte, die sonst eine Überschätzung der Einspannung im Boden ausgleichen. Für solche Kaimauerspundwände müssen die Erfahrungen gesondert gesammelt werden; für sie haben auch die geplanten Versuche zur Bestimmung der Bodennachgiebigkeit besondere Bedeutung.

Schriftennachweis.

1 Schütte: Anwendungen der Erddrucktheorie bei der Berechnung von Spundwänden und Kaimauern. Bauing. 21 (1940) S. 105 und dort genannte Schriften, darunter besonders Krey: Erddruck, Erdwiderstand. Berlin 1932. — Müller: Der Einfluß der mechanischen Verdichtung der Hinterfüllung von Stützkörpern auf ihre Standsicherheit. Bautechn. 16 (1938) S. 115 und Erddruck, neueste Erkenntnisse und Folgerungen. Beton u. Eisen 38 (1939) S. 171. — Ohde: Zur Theorie des Erddrucks unter besonderer Berücksichtigung der Erddruckverteilung. Bautechn. 16 (1938) S. 150. — Rifaat: Die Spundwand als Erddruckproblem. Zürich und Leipzig 1935. — Blum: Einspannungsverhältnisse bei Bohlwerken. Berlin 1931. — Streck: Spundwandberechnung. Mitt. Hannoversch. Hochschulgemeinsch. 17/18 (1937).
2 Franzius: Versuche mit passivem Erddruck in natürlichem Maßstabe. Bauing. 9 (1928) S. 787.
3 Spilker: Mitteilung über die Messung der Kräfte in einer Baugrubenaussteifung. Bautechn. 15 (1937) S. 16. — Press: Steifendrücke und ihre Veränderung mit dem Baufortschritt. Bautechn. 16 (1938) S. 383.
4 Mecke: Der Erdangriff in einer im unteren Teil nachgiebigen Wand. Mitt. Hannoversch. Hochschulgemeinschaft 19/20 (1939).

Vorarbeiten für Seebauten.

Von Regierungs- und Baurat **J. M. Lorenzen**, Kiel.

I. Einleitung.

Zu den im Wasserbau notwendigen Vorarbeiten gehören vor allem:

1. die Erkundung des Bodens als „Baugrund" und als „Baustoff" oder als nützliche beziehungsweise schädliche Ablagerung in Rinnen und Strömen,

2. die Erkundung des „Wassers" und seiner Wirkung als freies, stehendes beziehungsweise strömendes Wasser oder als Grundwasser.

Im Binnenlande kann man bei diesen Vorarbeiten im allgemeinen davon ausgehen, daß Oberflächenform und Untergrund des Bodens, soweit nicht schwankende Wasserstände wirksam sind, ohne menschlichen Eingriff sich in Ruhe oder im Gleichgewicht befinden. Es bedarf hier also im wesentlichen der Abschätzung oder Berechnung der durch technische Maßnahmen hervorgerufenen Störungen des Ruhezustandes und der daraus entstehenden Rückwirkungen auf Baumaßnahmen. Etwas ähnliches gilt für den Eingriff in das freie stehende Wasser oder das Grundwasser. Aber auch für Bauaufgaben im oder am strömenden Wasser, in Wasserläufen, lassen sich mit Hilfe der Kenntnis der Wasserbewegung die Wirkungen baulicher Maßnahmen auf die Wasserbewegung und die zu erwartende Rückwirkung auf die baulichen Maßnahmen ermitteln, zumal heute eine gute Kenntnis der Wasserbewegung in den meisten größeren Wasserläufen vorhanden ist. Auch über die Vorgänge bei der Bewegung oder Ablagerung fester Stoffe in den Wasserläufen sind durch Rechnung und Versuch gute Anhaltspunkte gefunden.

Größere Schwierigkeiten beginnen in den Mündungsgebieten der Ströme, wo der reine Abflußvorgang auf die Bewegung des Meerwassers trifft. Sie werden im Gezeitenbereich vermehrt durch die Einwirkung der Tide, wie wir sie an den Flußmündungen der Nordseeküste kennen. Von einem bestimmten Abschnitt der in die Nordsee mündenden Wasserläufe an tritt durch die Gezeitenbewegung eine zeitweise Umkehrung der Fließrichtung ein. Immerhin bewegt sich das Wasser hier noch — wenn auch in beiden Richtungen — in vorgeschriebenen Bahnen, so daß es möglich ist, den natürlichen Bewegungsvorgang, seine Wirkung ohne Eingriff des Menschen und die Rückwirkung auf bauliche Eingriffe mit einiger Sicherheit zu errechnen oder mindestens abzuschätzen. Hierfür sind besondere Verfahren mit Erfolg angewendet worden. So haben die steigenden Anforderungen an die Nutzung der Gezeitenströme als Verkehrsträger und Vorfluter Veranlassung gegeben, den allgemeinen Gesetzen der Wasserbewegung nachzugehen und durch Rechnung, Versuch und Erfahrung die Wirkung technischer Eingriffe auf den Abflußvorgang vorher zu bestimmen.

Beim Eintritt des Flußlaufes in das Meer ändern sich die natürlichen Gegebenheiten grundlegend:

Oberfläche und Untergrund sind nicht mehr in Ruhe oder im Gleichgewicht; sie ändern sich unter der Gezeiten- und der Brandungswirkung ständig und werden auch durch bauliche Maßnahmen nicht zur Ruhe gebracht. Die Ursache hierfür liegt in der Gezeitenbewegung, deren Erscheinungsformen und deren angreifende, zerstörende oder aufbauende Tätigkeit nach Größe und Richtung sowohl als Ganzes, wie in ihren Einzelwirkungen sich ständig ändern. Die Gesetze der Gezeitenbewegung in der freien See sind im großen und ganzen bekannt. Dagegen ist die Kenntnis der Wechselbeziehung zwischen Gezeitenbewegung und Küste noch auffallend gering. Das erscheint zunächst verwunderlich; ist doch das Grenzgebiet zwischen Land und Meer seit langem nicht weniger als der Strom im Binnenland ein wichtiges Tätigkeitsfeld des Wasserbau-Ingenieurs, dessen Arbeitsgebiet der Seebau ist. Angesichts der großen Aufgaben im Seegebiet muß diese Tatsache zunächst verwundern. Der tiefere Grund dafür, daß man sich bisher verhältnismäßig wenig mit den für alle Seebauten wichtigen Vorarbeiten, insbesondere der Erkundung des „Bodens" und des Wassers befaßt hat, dürfte wohl darin zu suchen sein, daß es im Seegebiet unter der Gezeitenwirkung weder bleibende Formen der Oberfläche und des Untergrundes noch der gestaltenden Kräfte gibt und daß es daher nicht möglich ist, selbst aus einem noch so eingehenden — örtlich begrenzten — Augenblicksbild eine zutreffende bleibende Grundlage für bauliche Maßnahmen zu gewinnen. Solange man sich aber damit begnügen muß, für einzelne Baumaßnahmen einen zeitlich und örtlich begrenzten Ausschnitt aus einem fortdauernden Umgestaltungsvorgang kennenzulernen, wird man bei keinem Seebauwerk die Gewähr für seine Wirkung und Lebensdauer geben können. Der einzige Weg, eine verhältnismäßig sichere Grundlage zu gewinnen, ist der Versuch, die örtlichen Einzelerkenntnisse der Gegenwart an dem Ablauf der Entwicklung über eine möglichst lange Zeit und im möglichst weiten Raum zu prüfen und daraus die Folgerungen zu ziehen.

Im folgenden soll an dem Beispiel der an der schleswig-holsteinischen Nordseeküste eingeleiteten, planmäßigen Untersuchungen gezeigt werden, welche Wege zur Vertiefung der Kenntnis von den Beziehungen zwischen Angriff und Widerstand, Aufbau und Abtrag des breiten, dem Festland vorgelagerten Wattsockels beschritten wurden und welche Bedeutung diese Vorarbeiten für Seebauten haben.

II. Art und Aufgabe der Seebauten.

Die wichtigsten Arbeitsgebiete im Seebau an der schleswig-holsteinischen Westküste sind:

1. die Maßnahmen zur Sicherung der Küste gegen die bis in die Gegenwart fortdauernde Zerstörung durch Meeresangriff,

2. in Verbindung mit den Aufgaben des Küstenschutzes, die Arbeit zur Neulandgewinnung aus dem Wattenmeer,

3. die Erhaltung und Verbesserung der Seewasserstraßen und der Außenpriele in dem für Schiffahrt und Vorflut notwendigen Umfange.

Die vorstehende Reihenfolge der Aufgaben kennzeichnet für Schleswig-Holstein zugleich ihre Stellung in der Gesamtarbeit; an anderen Küstengebieten ist die Rangfolge zum Beispiel infolge der stärkeren Bedeutung der Seewasserstraßen eine etwas andere.

1. Küstenschutz.

Die Erhaltung der Meeresküste und der Schutz des Landes gegen die weitere Zerstörung steht im Vordergrund aller Maßnahmen. Diese Aufgabe beschränkt sich nicht auf die Erhaltung einer bestimmten Uferlinie des Festlandes, der Inseln oder der Halligen. Den wichtigsten natürlichen Schutz für das Festland, das fast an der ganzen Nordseeküste aus einem breiten Saum tiefliegenden Marschlandes — in Schleswig-Holstein rund 200 000 ha — besteht, bildet nicht nur der Seedeich, sondern ebenso das diesem nach See zu vorgelagerte Wattenmeer.

Das Wattenmeer verhindert oder mildert den unmittelbaren Angriff von Strom und Brandung aus der offenen See auf die Festlandküste. Es gestattet dort, wo es genügend hoch und breit ist, am Festland den Bau verhältnismäßig leichter Schutzwerke, der Seedeiche, deren grüne Rasendecke im allgemeinen dem Angriff der See hinreichend Widerstand bietet. Ohne das Wattenmeer oder bei wesentlicher Abtragung des breiten Wattsockels würden unsere heutigen Seedeiche, von denen allein die schleswig-holsteinische Westküste fast 400 km besitzt, keinen ausreichenden Schutz darstellen. Die Erhaltung der jetzigen Festlandküste würde — wenn überhaupt — so nur mit ungleich höheren Aufwendungen als heute möglich sein. Das Wattenmeer ist also ein wesentlicher Bestandteil der natürlichen Küstenschutzanlagen. Seine Erhaltung und Verteidigung gegen zerstörende Wirkungen ist eine der wichtigsten Voraussetzungen für eine kostenmäßig tragbare Verteidigung der Uferlinie und der Deiche. Man kann also sagen, daß das Schwergewicht der Küstenverteidigung im Wattenmeer selber liegt. Die Inseln und Halligen im Wattenmeer sind wichtige Stützpunkte im Vorfeld der Küstenlinie. Ihre Erhaltung ist nicht allein wichtig, weil sie in gewissem Grade dem Festland als Wellenbrecher dienen, sondern weil sie die besten Stützpunkte für notwendige, vorbeugende Maßnahmen zum Schutz des Festlandes (Dammbauten) bilden. Das Vorhandensein von gesicherten Inseln und Halligen verhindert außerdem die an vielen Punkten vor der insellosen Küstenstrecke so oft beobachtete, gefährliche Verlagerung oder die Neubildung gefährlicher Stromrinnen. Das Wattenmeer mit seinen Inseln und Halligen bedarf daher als Vorfeld der Festlandverteidigungsstellung ebenso sorgsamer Überwachung und Erhaltung, wie die Küste selbst. Nun hat es der Mensch nicht völlig in der Hand, die Küste mit dem Wattenmeer in ihrem jetzigen Zustand zu erhalten oder in einen Zustand zu bringen, der ernste Gefahren für die Zukunft ausschließt. Die nach jahrhundertelangem, verlustreichem Ringen des Menschen um den Bestand seines Landes, der fruchtbaren Marschen, bis heute erreichte Verteidigungsstellung ist, wie Sturmfluten neuerer Zeit und ihre Wirkung an Deichen und im Wattenmeer selbst zeigen, keine völlig gesicherte. Maßgebend für die Höhe und Stärke der Küstenschutzanlagen waren bisher zum Beispiel die jeweils vorher bekannten höchsten und wirksamsten Sturmfluten. Da es nicht ausgeschlossen ist, daß die bisherige höchste Sturmflut in Zukunft noch überschritten wird, da ferner die Gestalt des Wattenmeeres einer Veränderung auch in ungünstiger Richtung unterworfen ist, gibt es für die Küste keine Ruhe und endgültige Sicherheit. Die Arbeit der Küstenverteidigung ist deshalb eine bis in alle Zukunft fortdauernde Aufgabe, die zwangsläufig fortdauernde Lasten auferlegt. Man darf sich also nicht damit begnügen, jeweils die Folgen aus einzelnen Ereignissen örtlich zu ziehen und danach örtlich Maßnahmen zu treffen, bis neue Erfahrungen zu neuen Folgerungen zwingen. Der Seebauingenieur muß vielmehr versuchen, einen Standpunkt zu gewinnen, von dem aus er auf längere Sicht eine möglichst günstige und billige Verteidigungsstellung erreichen kann. Weitschauende Küstenschutzarbeit setzt aber einen tieferen Einblick in das Wesen, die Entwicklung und Richtung der die Küste angreifenden Kräfte und ihrer Wirkung auf die Schutzanlagen des Festlandes voraus. Erst hierdurch wird es möglich, Maßnahmen zum Schutz der Küste so zu gestalten, daß schädliche Rückwirkungen infolge eines Eingriffs möglichst gering und demzufolge die Erhaltung der Bauwerke möglichst billig werden. Küstenschutzanlagen werden also nicht durch einen bestimmten Bauzweck, sondern nur von dem Gesichtspunkt geleitet, die angreifende und zerstörende Wirkung des Meeresangriffs zu mildern, abzuweisen oder zu brechen.

2. Landgewinnung.

In engem Zusammenhang mit der Aufgabe des Küstenschutzes steht die Arbeit der Neulandgewinnung aus dem Wattenmeer. Erfahrungsgemäß ist eine Aufhöhung des Wattenmeeres besonders vor der Küste durch Sand oder Schlick oder durch beides zusammen für den Schutz der Küste und der Deiche immer wertvoll, weil mit der Verringerung der Wassertiefe die Wirkungen des Wellen- und Stromangriffs erheblich gemildert und die Kosten für die Unterhaltung der Uferschutzanlagen herabgesetzt werden. Insofern stellt die planmäßig geförderte Auflandung des Watts zugleich eine wertvolle und verhältnismäßig billige Küstenschutzmaßnahme dar, die die Kosten der Landgewinnungsarbeit schon fast allein rechtfertigt. Darüber hinaus wird aber die Aufhöhung des Watts zur Gewinnung und Besiedlung landwirtschaftlich wertvollen Landes, also aus allgemeinen volkswirtschaftlichen Erwägungen, planmäßig betrieben. Die planmäßige Landgewinnung stützt sich auf die von der Natur gegebenen Verhältnisse, die im Sinne einer beschleunigten Wattaufhöhung gelenkt werden müssen. Daneben kann auch durch Maßnahmen zum Schutze der Küste eine Auflandung stattfinden, deren planmäßige Förderung durch Landgewinnungswerke zur Neulandgewinnung beitragen kann. Die Hauptaufgabe des Ingenieurs in der Landgewinnung ist, durch sorgsames Beobachten und Einfühlen in den Gezeitenvorgang den einfachsten und sichersten Weg zu einer Lenkung der Gezeitenbewegung im Sinne einer schnellen und vollständigen Ablagerung der im Strom mitgeführten, festen Stoffe zu finden; danach sind ohne allzuscharfen Eingriff in die natürlichen Verhältnisse die die Ablagerung fördernden Anlagen einzubauen. Gewaltsame Eingriffe führen nur in wenigen Fällen zu einem Dauererfolg und dürfen daher nur dann vorgenommen werden, wenn ihre günstige Wirkung sicher vorauszusehen ist.

3. Verkehrswasserbau.

Etwas anders liegen die Verhältnisse bei den Maßnahmen zur Offenhaltung, Erweiterung oder Verlegung von Wasserwegen für Verkehr und Vorflut, die Erhaltung oder den Neubau einer Hafeneinfahrt oder auch die Erhaltung eines wichtigen bestimmten Punktes an der Küste zum Zwecke der Landesverteidigung. Bei diesen Aufgaben ist in erster Linie der Bauzweck entscheidend, das heißt der Bau muß bestimmten Forderungen, zuweilen ohne Rücksicht auf die naturgegebenen Verhältnisse genügen. So wird es gelegentlich notwendig, Bauwerke an Stellen zu errichten, wo starke Widerstände überwunden oder dauernd trotz hoher Kosten in Kauf genommen werden müssen. Ein Hafen oder ein Wasserweg können nicht ohne weiteres verlegt werden, sobald eine zunehmende Verschlickung oder Versandung ihre Erhaltung erschwert und verteuert. Um so wichtiger ist es, daß man in solchen Fällen die Ursachen sowie die Richtung und voraussichtliche Dauer der natürlichen Erschwernisse kennt und wenigstens die Vorkehrungen treffen kann, die eine Förderung günstiger und eine Herabminderung hemmender Einwirkungen versprechen. Hierbei müssen natürlich die Belange des Küstenschutzes gewahrt werden.

III. Die Vorarbeiten für Seebauten.

A. Allgemeines.

Ein planmäßiges Arbeiten im Seebau ist nach dem Vorstehenden nur möglich, wenn der Seebauingenieur über das Rüstzeug verfügt, das ihm zum mindesten die einigermaßen sichere Abschätzung der Wirkung seiner Werke auf die lebendigen Kräfte des Meeres und deren Rückwirkung auf technische Maßnahmen gestattet. Dieses Rüstzeug besteht vor allem in einer umfassenden Kenntnis des Küstengebietes der Nordsee und der an seinem Aufbau wie an seiner Zerstörung wirksamen Kräfte.

Den bisherigen, teilweise sehr wertvollen Vorarbeiten für Seebauten haften im einzelnen vor allem folgende Mängel an, die ihre Verwendbarkeit im großen stark in Frage stellen:

1. Für die örtlichen Vorarbeiten stand und steht mit Rücksicht auf die Frist für die Bauaufgabe meist nur eine kurze Zeit zur Verfügung, die nicht ausreicht, um die für alle Baumaßnahmen entscheidende Entwicklung im Gezeitengebiet über einen längeren Zeitraum zu erfassen.

2. Die mit umfassenden Untersuchungen im Gezeitengebiet verbundenen hohen Kosten sind häufig der Anlaß zu ihrer übermäßig starken, räumlichen und zeitlichen Begrenzung.

3. Daneben verhindern die Zuständigkeitsgrenzen der örtlichen Baudienststellen die notwendige räumliche Ausdehnung der Vorarbeiten, obwohl häufig genug die Notwendigkeit hierzu erkannt worden ist.

4. Das Fehlen von geschultem Personal und geeigneten, erprobten Meßgeräten sowie einheitlicher Untersuchungs- und Auswertungsverfahren im größeren Raum hat sowohl die Brauchbarkeit der Ergebnisse an sich als auch ihre Verwendbarkeit für andere Dienststellen im gleichen oder angrenzenden Arbeitsgebiet in Frage gestellt oder ausgeschlossen.

Ganz allgemein gehen somit die Ergebnisse örtlicher Vorarbeiten für die Verwendung durch andere Dienststellen meist verloren. Der größte Nachteil solcher Einzeluntersuchungen liegt darin, daß alle noch so brauchbaren Untersuchungen, nachdem sie einmal erfolgreich begonnen und durchgeführt waren, nicht nur auf ein eng begrenztes Gebiet, sondern in diesem wieder auf die durch die jeweilige Baumaßnahme bedingte Fragestellung beschränkt blieben. Die Folge war letzten Endes auch eine nur begrenzte Ausnutzung der für sie aufgewendeten Kosten und Erfahrungen. Es erscheint angesichts solcher unvollkommenen Untersuchungen bis zu einem gewissen Grade verständlich, daß man oftmals geneigt ist, der Erfahrung und dem Gefühl des ortskundigen Wasserbauingenieurs vor eingehenden Untersuchungen den Vorzug zu geben.

Wenn man alle technischen Maßnahmen im Seegebiet überwiegend von dem Gesichtspunkt örtlicher Einzelaufgaben und ihres begrenzten Zweckes betrachtet, übersieht man leicht, daß es unmöglich ist, aus einem kleinen Ausschnitt der Meeresküste die Wirkungsweise der gestaltenden Kräfte im größeren Raum zu erkennen; aus der Einzelaufgabe heraus kann man keine allgemeinen Beziehungen zwischen den Gezeitenkräften und dem veränderlichen Raum des Wattenmeeres ableiten und für andere Arbeiten nutzbar machen.

Seit 1933 ist man im schleswig-holsteinischen Küstengebiet von der streng nach Zuständigkeiten abgegrenzten, technischen Einzelplanung zur umfassenden Raumplanung übergegangen. Die Aufgabe ist nicht mehr, nur eine Insel, eine Hallig oder einen Deich zu sichern, sondern den Weg zu einem wirksamen dauerhaften Schutz der gesamten Nordseeküste zu finden. In der Landgewinnung genügt es vom Standpunkt einer Raumplanung nicht, hier und da Aufschlickungsarbeiten durchzuführen, sondern es gilt, die Anlandung und Eindeichung unter Abwägung aller Möglichkeiten nach volkswirtschaftlichen Gesichtspunkten auf der ganzen Linie zu fördern und sie zugleich für den Schutz der Küste wirksam nutzbar zu machen. Für den Ausbau und die Erhaltung von Wasserwegen für Verkehr und Vorflut sind im gesamten Küstenbereich Vorarbeiten zu leisten, die eine Planung leistungsfähiger und dauernd mit geringsten Mitteln offenzuhaltender Wasserwege möglich machen.

Die vom Gauleiter und Oberpräsidenten der Provinz Schleswig-Holstein im Jahre 1933 angeordnete Raumplanung an der schleswig-holsteinischen Westküste fand ihren ersten Niederschlag in dem sogenannten Zehnjahresplan für Küstenschutz, Landgewinnung und Marschwasserwirtschaft (Abb. 1). Für seine Durchführung galt es, die Grundlage für die Gesamtplanung durch eingehende Untersuchungen des gesamten Planungsraumes und der in ihm wirksamen Kräfte zu schaffen. Die Aufgaben des Zehnjahresplanes waren vor allem die umfassende Sicherung der Küste, des Festlandes, der Inseln und der Halligen, ferner die verstärkte Fortführung der Landgewinnung im Wattenmeer sowie die Eindeichung, Erschließung und Besiedlung des neuen Landes. Von diesen Maßnahmen konnten sofort und ohne eingehende Vorarbeiten die Eindeichung der deichreifen Vorländereien und ihre Besiedlung sowie die dringendsten Ufersicherungsarbeiten in Angriff genommen werden. Für alle weitgreifenden Arbeiten wie die Erhaltung des Wattenmeeres oder des Vorstrandes der Düneninseln, die Verhinderung weiterer Zerstörung durch den Bau von Dämmen nach den Inseln und Halligen, vor allem aber für eine wirksame Verstärkung der Landgewinnung fehlten die nötigen Unterlagen. Weder war über die Gestalt des Wattenmeeres mit seinen Strömen und ihrer Veränderlichkeit nach Form und Lage, noch über den Wattuntergrund, seinen Aufbau und seine Entstehung etwas Näheres bekannt. Auch über die Gezeitenkräfte fehlten alle Unterlagen; Wasserstände und Gezeitenströme waren nur örtlich sehr begrenzt bekannt; dementsprechend fehlte jede Kenntnis über die Bewegung der Sinkstoffe, des Schlicks und

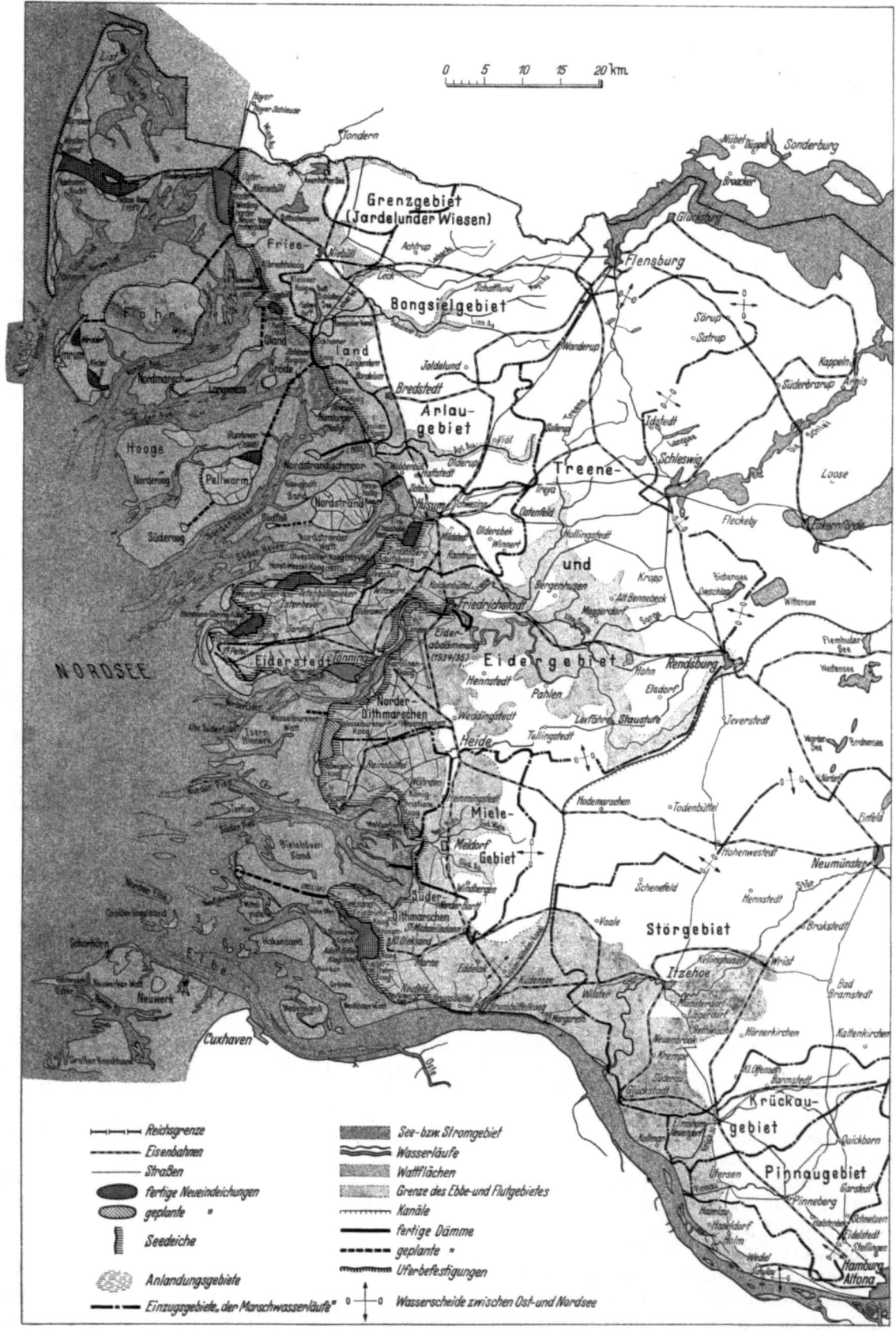

Abb. 1. Übersichtsplan der Westküste Schleswig-Holsteins 1:200000. Im Rahmen des 10-Jahresplanes ausgeführte und geplante Aufgaben.

des Sandes. Somit kann ohne Übertreibung gesagt werden, daß für eine weitschauende Planung fast alle Voraussetzungen fehlten. Der Ozean war besser erfaßt als das Wattgebiet der Nordseeküste. Die Erkenntnis dieser Mängel einerseits und die Lösung der dem Ingenieur gestellten, umfassenden Aufgaben andererseits führten im Jahre 1934 zur Inangriffnahme eingehender Voruntersuchungen. Die umfangreiche Arbeit wird seit fünf Jahren von besonderen Vorarbeitsdienststellen — den Forschungsabteilungen — geleistet.

B. Art und Durchführung der an der schleswig-holsteinischen Westküste ausgeführten Vorarbeiten.

1. Das Wattenmeer als Baugebiet.

a) Die Wattoberfläche.

Als erste Vorarbeit gilt es, den Raum des Wattenmeeres als Baugelände für Seebauten eingehend kennenzulernen; es ist im Grunde die gleiche Arbeit, die für das Binnenland durch die Herstellung der für die großen Ströme bestehenden Flußkarten geleistet wird. Die Oberflächengestalt (Form und Höhenlage) des Wattenmeeres als Ganzes war bisher kaum vermessen. Eine Ausnahme bilden diejenigen Wasserwege, die seit langem für die Schiffahrt und Vorflut eine mehr oder weniger große Bedeutung erlangt haben und daher in ihrer Lage und ihrer Bettgestalt vermessen und in Seekarten festgelegt worden sind. Im übrigen war das Wattenmeer in seinen Formen nur in unmittelbarer Nähe von Uferschutz-, Hafenbau- und sonstigen Baustellen untersucht worden.

Die Oberfläche des Wattenmeeres wird durch die Gezeitenbewegung ständig verändert, abgetragen oder aufgehöht; ebenso verändern die Hauptwasserwege ihre Lage und ihre Bettform fortwährend. Die abgetragenen Stoffe gelangen durch Gezeitenstrom und Brandung entweder an andere Stellen des Wattenmeeres und höhen diese auf oder sie werden durch die Strömung ins Meer getragen. Besonders stark sind im allgemeinen die Formänderungen im Grenzgebiet zwischen Wattenmeer und offener See, in dem Gebiet der Sandbänke und der Mündung der Wattwasserwege ins Meer. Die Gestaltänderung der Wattoberfläche läßt sich — großräumig gesehen — durch technische Maßnahmen nur in Küstennähe lenken; im Grenzgebiet zwischen Watt und offener See ist es meist nicht möglich, sie in einer bestimmten Richtung zu beeinflussen. Da die Form des Wattenmeeres und ihre Veränderung für alle Seebauten von ausschlaggebender Bedeutung ist, ist die möglichst genaue Festlegung der Formen besonders wichtig. Eine Feststellung der gegenwärtigen Gestalt des Wattenmeeres ist außerdem für die Deutung der bisherigen und zugleich für eine Vorhersage der zukünftigen Entwicklung erforderlich. Die Ermittlung des gegenwärtigen Zustandes in der Oberflächenform des Wattenmeeres wurde daher zuerst in Angriff genommen. Die „Bestandsaufnahme" mußte so durchgeführt werden, daß ihre spätere Wiederholung eine genaue Feststellung aller in Zukunft eintretenden Veränderungen gestattet. Um aber schon die erste kartenmäßige Festlegung des gegenwärtigen Zustandes als Glied einer langen Entwicklung für die zu erwartenden Veränderungen des Oberflächenbildes nutzbar machen zu können, ist versucht worden, die zurückliegende Entwicklung an Hand von älteren Seekarten und Plänen zu klären und im Vergleich mit dem gegenwärtigen Zustand zu deuten. Der Seekartenvergleich hat sich hierbei als ein praktisch sehr brauchbares Hilfsmittel erwiesen.

Die großräumige Wattaufnahme, die sowohl die trockenfallenden Wattflächen als auch die Wattströme und Priele umfaßt, führte zu einer Aufteilung des gesamten Wattgebietes von der Reichsgrenze im Norden bis zur Elbe durch ein Grundkartennetz (Abb. 2). Dieses schließt sich an das Kartennetz der Grundkarten des deutschen Reiches an, wurde aber nicht im Maßstab der deutschen Grundkarte 1:5000, sondern im Maßstab 1:10000 hergestellt. Die Grundkarten der Wattaufnahme bilden die bleibende Grundlage aller Vorarbeiten für seebauliche Maßnahmen. Die Aufnahme der trockenfallenden Wattfläche erfolgt durch Nivellement, das sich auf ein besonders hergestelltes Netz von eingemessenen, dauerhaften Festpunkten und Standlinien im Watt stützt. Aus der Wattaufnahme werden die Höhenkarten im Maßstab 1:10000 hergestellt (Abb. 3a). Der Umfang der durch die Wattaufnahme bis 1939 erfaßten und kartenmäßig dargestellten Wattflächen ist in Abb. 2 dargestellt.

Infolge der schnellen Veränderungen der Wattoberfläche ist man mit Hilfe des verhältnismäßig langsamen Verfahrens der Wattaufnahme durch Nivellement nicht immer in der Lage, größere Gebiete so darzustellen, daß sie einen gleichzeitigen Zustand einer großen Wattoberfläche wiedergeben. Als Ergänzung zur Wattvermessung ist deshalb die Aufnahme im Luftbild und dessen Entzerrung zu Luftbildplänen im Maßstab 1:10000 angewendet worden (Abb. 2 und 3b). Das Luftbild ist eine wichtige Arbeitsgrundlage und wertvolle, bildmäßige Ergänzung für die Einzeldarstellung der terrestrischen Vermessung. Es gibt eine allgemeine Übersicht über die Ge-

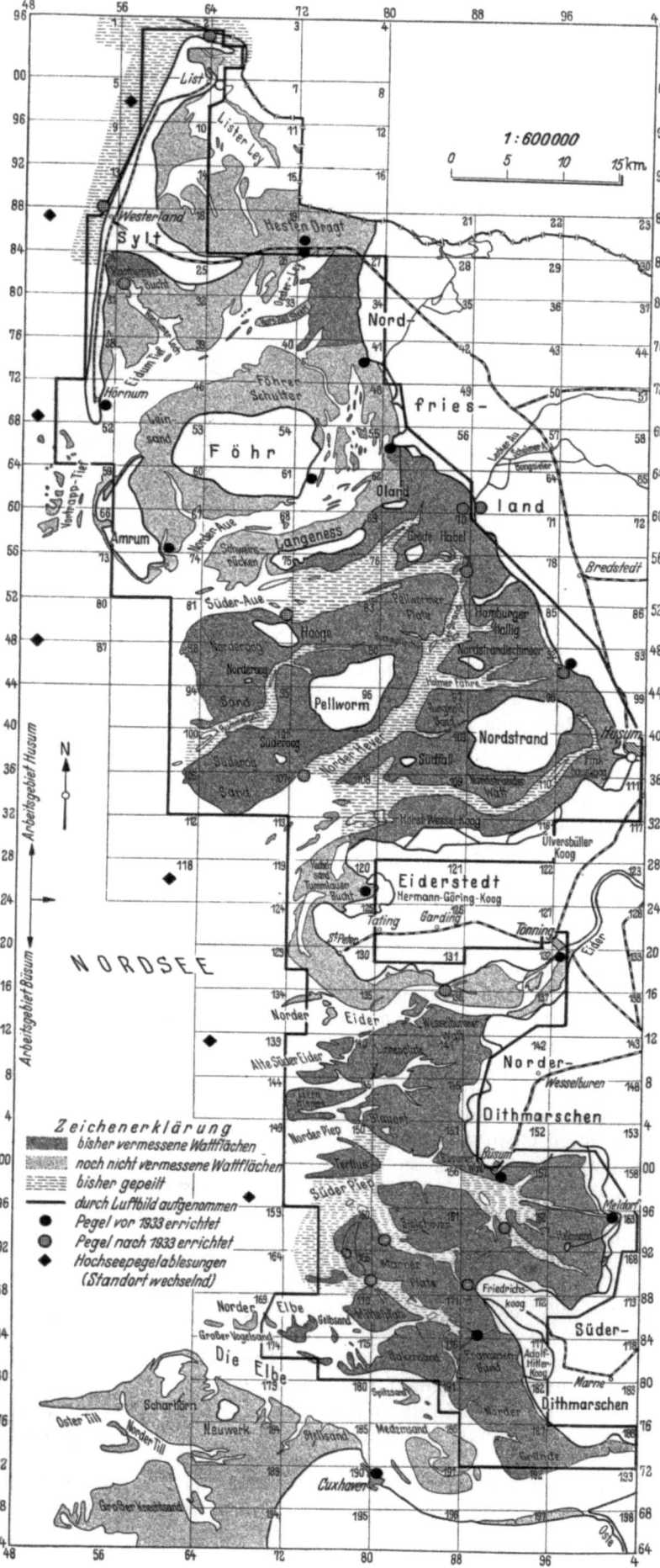

samtgestalt des Wattenmeeres und bildet so eine brauchbare Grundlage für alle großräumigen Planungen. In dem Gebiet der schnell veränderlichen, wenig zugänglichen Außensände, im Grenzgebiet zwischen Watt und freier See, ist das Luftbild fast das einzige Hilfsmittel, die Formen und ihre Veränderung festzuhalten.

Die Bettform der nicht trockenfallenden Ströme und Priele wird durch Peilung aufgenommen und zwar in schmalen Rinnen durch Handpeilungen, in den breiten Strömen durch Echolotpeilungen (Abb. 2). Die Peilung erfolgt abweichend von dem Verfahren der Kriegsmarine in genau festgelegten Peilstandlinien. Das bietet den Vorteil, daß jede Wiederholungspeilung mit den vorhergehenden Peilungen vergleichbar ist (Abb. 4a und 4b).

b) Der Wattuntergrund.

Die ständige Höhenänderung der Wattoberfläche und die dadurch verursachte Bewegung fester Stoffe durch Strom und Brandung machen neben der Vermessung und kartenmäßigen Darstellung der Formen (Topographie) und ihrer Veränderung auch eine Untersuchung des Wattbodens nach seiner Zusammensetzung als Baugrund und als erdgeschichtliches Ergebnis einer Jahrtausende währenden Umwälzung des Untergrundes notwendig. Die Untersuchungen über den Wattaufbau ergänzen die topographische Wattuntersuchung insofern, als sie die Ursachen und die Richtung der Veränderlichkeit der Formen deuten helfen.

Die für alle Seebauten wichtige Sedimentzusammensetzung des Baugrundes „Wattenmeer" stützt sich zur Hauptsache auf Sand und Ton, wobei der Sand bei weitem überwiegt. Der Tonanteil tritt meist mit Sand vermischt als Schlick auf. Die Wattoberfläche besteht in Küstennähe im allgemeinen aus Schlick und geht nach See zu in reinen Sand über.

Abb. 2. Grundkartennetz der Wattaufnahme vor der schleswig-holsteinischen Westküste.

Die geologische Untersuchung des Wattuntergrundes ist ein wichtiges, in manchen Fällen das einzige Hilfsmittel, die Entstehung des Gebietes, seiner Formen und ihrer Veränderlichkeit

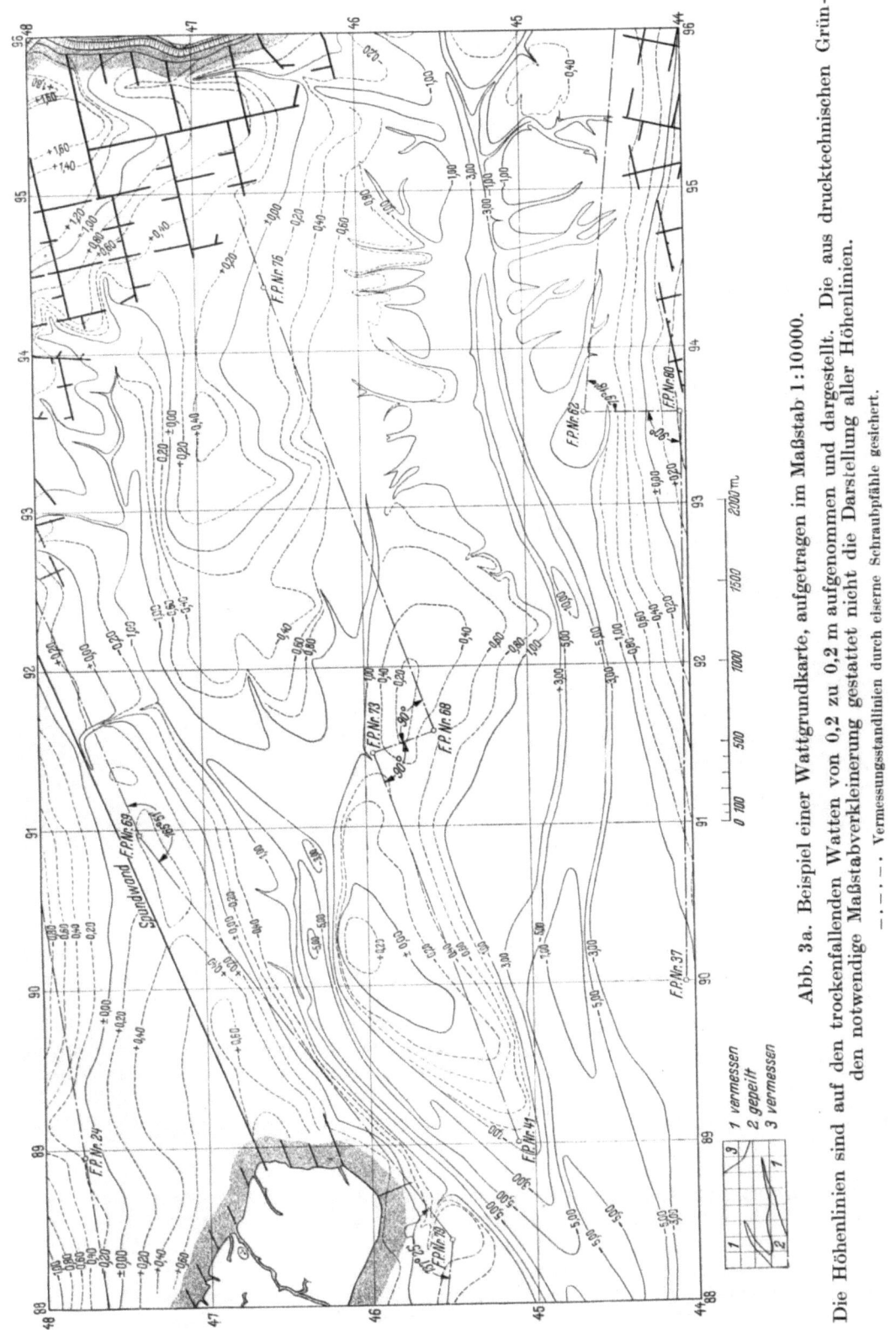

Abb. 3a. Beispiel einer Wattgrundkarte, aufgetragen im Maßstab 1:10000. Die aus drucktechnischen Gründen notwendige Maßstabverkleinerung gestattet nicht die Darstellung aller Höhenlinien. Die Höhenlinien sind auf den trockenfallenden Watten von 0,2 zu 0,2 m aufgenommen und dargestellt. —·—·—· Vermessungsstandlinien durch eiserne Schraubpfähle gesichert.

bis zur Gegenwart klarzustellen und hieraus wichtige Schlüsse für die zukünftige Entwicklung abzuleiten. Sie bedarf der Ergänzung durch mineralogische und sedimentpetrographische Untersuchungen am Wattsediment. Diese ergänzenden Untersuchungen helfen die wichtige Frage nach der Herkunft und dem Wanderweg der im Gezeitenstrom abgetragenen, fortbewegten und an anderer Stelle wieder abgelagerten Sedimente wesentlich klären. Sie vertiefen zugleich den mit der erdgeschichtlichen Untersuchung gewonnenen Einblick in die gestaltenden Kräfte der jüngeren Vergangenheit und runden das Bild der durch unmittelbare Messung ermittelten, gegenwärtig gestaltenden Kräfte ab.

Der Untergrund des Wattenmeeres in seiner ganzen Ausdehnung war bisher fast völlig unerforscht. Dieser Mangel beeinträchtigte die Beurteilung seiner Widerstandsfähigkeit gegen Meeresangriff und seiner natürlichen Veränderlichkeit. Wie wenig selbst die Sedimentzusammensetzung an der Oberfläche des Watts bekannt war, geht zum Beispiel daraus hervor, daß den Plänen einer Eindeichung des gesamten Wattenmeeres mit dem Ziel einer landwirtschaftlichen Nutzung des gewonnenen Bodens die Meinung zugrunde lag, das Watt sei zum großen Teil für landwirtschaftliche Nutzung geeignet. Diese Auffassung konnte erst nach eingehenden Untersuchungen der letzten Jahre gründlich widerlegt werden. Die Kenntnis der Zusammensetzung der oberen Wattenschichten ist besonders für die Feststellung seiner Widerstandskraft gegen Strom und Wellenschlag, für die Beurteilung der Sand- und Schlickwanderung und der Nutzbarkeit für landwirtschaftliche und sonstige Zwecke wichtig. Die Untersuchung der tieferen Schichten dient, abge-

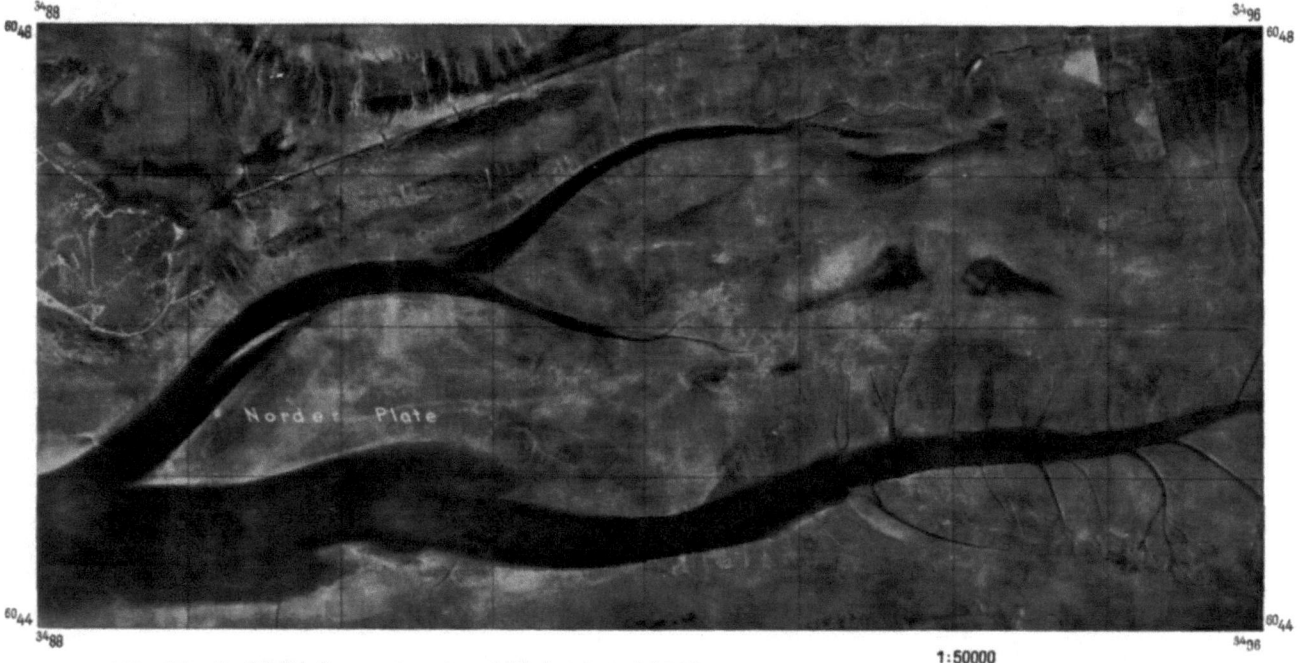

Abb. 3b. Luftbildplan, entzerrt auf Maßstab 1:10 000.
Frei R. L. M. Nr. 9545/41.

sehen von örtlichen Bauzwecken, vor allem der Erforschung seiner Entstehung und leistet so einen Beitrag zur Voraussage über die wahrscheinliche Richtung der künftigen Entwicklung.

Der Aufbau des Wattenmeeres wird durch Bohrungen ermittelt, die in sehr großer Zahl als Flach- und Tiefbohrungen ausgeführt worden sind und die sich über fast das gesamte Wattenmeer von der dänischen Küste bis zur Elbe erstrecken. Die Flachbohrungen sind im allgemeinen nur bis zu 2 m Tiefe ausgeführt und dienten zur Hauptsache als Unterlage zur Ermittlung von Sand- und Schlickbewegung beziehungsweise bodenkundlich-landwirtschaftlichen Zwecken. Die Tiefbohrungen sind im allgemeinen bis zum Diluvium durchgeführt worden, ältere Formationen wurden im Norden des Gebietes und an den Geesträndern erreicht. Die Bohrergebnisse sind in Schichtenverzeichnissen festgehalten; die Bohrproben werden in luftdicht verschlossenen Gläsern in einer besonderen Bohrsammelstelle sorgfältig aufgehoben, sodaß sie für alle praktischen Bedürfnisse zur Verfügung stehen. Außerdem sind alle erreichbaren, verstreut bei den verschiedensten Stellen liegenden Bohrergebnisse aus dem Wattengebiet gesammelt worden (Abb. 5). Hierdurch steht allen künftigen Planungen ein umfangreiches Material zur Verfügung.

Zur Klarstellung der Gesamtentwicklung im großen Raum mußten die Bodenuntersuchungen von der Grenze des Wattes gegen die offene See bis in die Marsch und weiter bis zum Geestrand ausgedehnt werden. Die Ergebnisse enthalten zunächst nur die Bodenbeschreibung des Gebietes (Stratigraphie); aus ihr wird die erdgeschichtliche Entwicklung abgeleitet. Sie vermitteln außerdem eine Anzahl weiterer Erkenntnisse, von denen nur die Küstensenkung genannt sei. Die bisherige Auswertung des Bodenaufbaues und der geologischen Untersuchungen zeigt, daß diese Frage nicht, wie es bisher geschah, durch mehr oder weniger örtlich begrenzte und daher oft einseitige Aufschlüsse, sondern nur durch eine das gesamte Küstengebiet und darin alle Fragen umfassende Untersuchung geklärt werden kann.

Die oberen Wattschichten sind verschiedenen, ergänzenden Untersuchungen unterworfen worden. Durch die bereits genannte, vergleichende mineralogische und sedimentpetrographische Bearbeitung nach holländischem Vorbild ist für bestimmte Teilgebiete ein Anhalt über die Herkunft der jungen Wattablagerungen gewonnen worden.

Als weiteres Hilfsmittel zur Deutung der Entwicklung im Wattenmeer sind Diatomeenuntersuchungen ausgeführt worden, nachdem die Diatomeen als wichtiges Leitfossil für die geschichtliche Entwicklung erkannt worden sind.

Während die geschilderten Bodenuntersuchungen im Wattenmeer für alle Seebauaufgaben von Bedeutung sind, treten für die Landgewinnung eine Reihe von Sonderuntersuchungen über den Vorgang der Schlickbildung und -bindung, der Umwandlung des Sediments in landwirtschaftlich nutzbaren Boden, hinzu. Hierzu gehören die Untersuchungen über die Mitwirkung und den planmäßigen Einsatz der Lebewesen bei dem Vorgang der Bildung und des Absatzes von Schlick in der Landgewinnung. Der Schlick als die jüngste obere Wattschicht wurde bisher im allgemeinen als ein aus anorganischen Stoffen

Abb. 4a. Die Peilung der Wattströme: a) Peilboot „Jsern Hinnerk" ausgerüstet mit Atlas-Echolot.
Bildarchiv Westküste B – a 66, Aufn. Haberstroh.

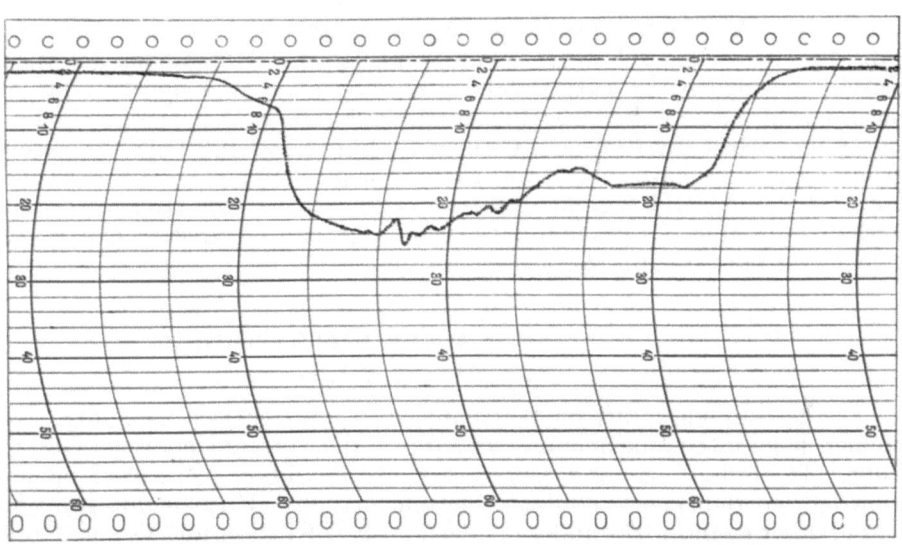

Abb. 4b. Darstellung eines mit Atlas-Echolot aufgenommenen Peildiagramms.

Abb. 5. Bohrgutsammelstelle der Forschungsabteilung Husum.

Bildarchiv Westküste B – b 123/21, Aufn. Dechend.

zusammengesetztes Sediment betrachtet, dessen Ablagerung allein oder überwiegend durch technische Hilfsmittel zu erreichen sei. Durch neuere, eingehende wissenschaftliche Untersuchungen ist aber erwiesen, daß den Lebewesen eine entscheidende Mitwirkung bei der Bodenbildung zukommt. Unter den größeren Pflanzen ist vor allem die Mitarbeit des Quellers (Salicornia herbacea) bekannt geworden, der sowohl die Ablagerung des Schlicks wie auch die Humusversorgung des zum Boden umgewandelten Sediments fördert. Nach eingehenden Untersuchungen und Versuchen ist es gelungen, den Queller durch Samengewinnung und künstliche Aussaat im Wattenmeer wirkungsvoll einzusetzen und damit den Vorgang der Aufschlickung gegenüber der bisherigen, natürlichen Entwicklung wesentlich zu beschleunigen. Auch durch Versuche, die Aufschlickung mit anderen Pflanzen, zum Beispiel mit der in Holland in tieferen Wattgebieten eingesetzten spartina townsendii oder durch Brackwasserpflanzen (Binsen) in den Grenzzonen der Flußmündungen zwischen Salz- und Süßwasser zu erreichen, sind die Einsatzmöglichkeiten der Pflanze eingehend untersucht worden.

Eine der schwierigsten Aufgaben (des Biologen und des Geologen) ist die Lösung der Frage nach der Entstehung und dem Ablagerungsvorgang des Schlicks und hierin der Mitwirkung kleiner und kleinster Lebewesen, die sowohl an der Bildung des Schlicks wie an seiner Bindung bei der Ablagerung und schließlich bei der Umwandlung des Sediments zum nutzungsreifen Boden beteiligt sind. Diese Frage ist durch die Erkundung der Herkunft und Wanderung der anorganischen, schlickbildenden Stoffe Sand und Ton durchaus nicht abgeschlossen. Obgleich das Schlickproblem heute noch nicht als gelöst anzusehen ist, hat die Wattenmeerforschung schon beachtliche Teilergebnisse erzielt, die eine Lösung in absehbarer Zeit erwarten lassen. Dieser Zweig der meereskundlichen Forschung wird, da er für die praktischen Aufgaben des Seebaues wichtig ist, unter Einsatz aller wissenschaftlichen und praktischen Hilfsmittel gefördert. Hier ergibt sich ein besonders fruchtbares Tätigkeitsfeld für eine enge Gemeinschaftsarbeit zwischen dem Seebauingenieur und dem wissenschaftlichen Meereskundler. Auf diesem Gebiet liegt bereits eine in enger Zusammenarbeit des Biologen, Geologen und des bodenkundlich arbeitenden Landwirts geleistete, größere Gemeinschaftsarbeit von erheblicher praktischer Bedeutung für die Landgewinnung fertig vor; in ihr sind durch besondere Kartierungsverfahren die Grenzen der landwirtschaftlichen Nutzbarkeit im Raum des gesamten 100 000 ha großen nordfriesischen Wattenmeeres eindeutig festgelegt und kartenmäßig dargestellt worden.

2. Die Gezeitenbewegung.
a) Allgemeines.

Die gestaltende Kraft im Wattenmeer ist die Gezeitenbewegung. Der Ablauf dieser im allgemeinen bekannten Erscheinung wird durch die verschiedenartige Gestalt der Küste stark beeinflußt. Tidehub, Flut- und Ebbedauer, Stromverlauf usw. sind dementsprechend überall verschieden, so daß eine Verallgemeinerung örtlicher Untersuchungen nicht zulässig ist. Auf die Gezeitenbewegung wirkt außer den kosmischen Kräften und den meteorologischen Erscheinungen vor allem die Form und Höhenlage der Wattoberfläche. Die Gesamtwirkung aller äußeren Kräfte erscheint in der Tidekurve. Während die lotrechte Komponente der Gezeitenbewegung durch Pegelaufzeichnung festgehalten wird, gibt die Strommessung ein Bild der waagerechten Wasserbewegung. Aus diesen beiden Komponenten der Gezeitenbewegung wird das Gesamtbild der Gezeitenkräfte entwickelt. Die Ermittlung der Gezeitenkräfte ist notwendig, um die Ursachen für den Auf- und Abbau der Wattoberfläche und hieraus entweder die wahrscheinliche Entwicklung in der Zukunft in günstiger oder ungünstiger Richtung zu ermitteln oder um Grundlagen für eine technische Planung zu gewinnen.

b) Pegelwesen.

Die lotrechte Gezeitenbewegung wird durch selbstzeichnende Pegel erfaßt, die zum Teil schon Jahrzehnte an der Küste arbeiten und damit für den Beobachtungsort einen Überblick über eine längere Entwicklung gestatten. Da bisher über die Wirkung der Küste und des Wattenmeeres auf die Tidewelle der freien Nordsee so gut wie nichts bekannt gewesen ist, müssen die Wasserstandsbeobachtungen soweit nach der offenen See ausgedehnt werden, daß das Auflaufen der Tidewelle aus der freien See zur Küste einwandfrei verfolgt und der Einfluß der ansteigenden Küste auf die Gezeitenbewegung ermittelt werden kann. Ferner muß das Beobachtungsnetz so dicht angeordnet werden, daß alle wesentlichen Übergangsformen der Tidewelle im Wattenmeer und alle wichtigen Einflüsse auf die Form der Watten erfaßt werden. Mit Hilfe der so gewonnenen Tidekurven lassen sich die Gefällverhältnisse ermitteln, die unter anderem die Unterlage zur Voraussage über Sturmfluten liefern.

Der Standort der Pegel war bisher meist so gewählt, daß sie von Land aus zugänglich waren. Dadurch mußten alle durch den Standort bedingten, örtlichen Einflüsse auf die Tidewelle auch für die Aufzeichnungen in Kauf genommen werden (Sielzug bei Schleusen, Stauwirkungen einer Bucht und dergleichen). So konnte kein klares Bild über den Verlauf der Flutwelle von der freien See bis zur Küste und die auf dem Wege dahin verursachten Einwirkungen durch die Form des Wattenmeeres gewonnen werden. Diesem Mangel ist durch Errichtung zahl-

Abb. 6a—c. Selbstzeichnende Pegel im Gezeitengebiet: a) Dalbenpegel. Bildarchiv Westküste. B—b XLIV, 26, Aufn. Haberstroh, 1937.

Abb. 6b. Rohrpegel. Bildarchiv Westküste B — a, Aufn. Schelling.

reicher, planmäßig angesetzter neuer Pegel abgeholfen worden. Entsprechend der Aufgabe, die Beobachtungen — unabhängig von festen Landanschlüssen — soweit wie möglich nach See zu auszudehnen, sind Neuerungen in der Bauart der Pegel mit Erfolg eingeführt worden (Abb. 6a bis c). Besondere Sorgfalt wird der ständigen Wartung und der Auswertung der Beobachtungsergebnisse gewidmet. Um die Tidewelle bereits in dem vom Wattenmeer unbeeinflußten Gebiet in der freien See erfassen zu können, wurden außerhalb des Wattenmeeres Hochseepegelbeobachtungen durchgeführt. Hiernach ist es möglich geworden, den Verlauf der Flutwelle im Wattenmeer eindeutig festzulegen. Abb. 2 zeigt im Vergleich das Pegelnetz im Wattenmeer 1933 und heute. Zur Untersuchung des durch die örtlichen Verhältnisse bedingten Auflaufens der Sturmfluten an den wichtigsten Stellen der Küste wurde vor den Deichen, an den Inseln und Halligen eine große Zahl von sogenannten Tassenpegeln (Abb. 7) errichtet, welche nur den höchsten bei Sturmfluten erreichten Wasserstand aufzeichnen und den Höhenunterschied zwischen der Höhe des Wellenauflaufs und dem höchsten Wasserstand ermitteln lassen. Die Tassenpegelaufzeichnungen sind außerdem für die Darstellung der Gefällverhältnisse bei Sturmfluten im gesamten Wattenmeer wichtig.

Abb. 6c. Hochseepegel.
Bildarchiv Westküste B — a 94, Aufn. Haberstroh.

Das Pegelnetz ist im übrigen so angeordnet, daß für wichtige Bauaufgaben vor ihrer Inangriffnahme ausreichende Unterlagen über die Wasserstandsbewegung zur Verfügung stehen.

e) Strom- und Sinkstoffmessungen.

Bei der Ermittlung des Kräftebildes aus der Gezeitenbewegung ist die Messung der waagerechten Wasserbewegung des Stromes in erster Linie entscheidend. Nun ist das Kräftebild im Gezeitengebiet nicht gleichbleibend. Es ändert sich im Laufe der Zeit auch ohne künstliche Eingriffe infolge der verschiedensten Umstände, wie meteorologische Einflüsse, Änderung der Küstengestalt u. a. m. und wird sich auch in Zukunft weiter verändern. Daher liefert selbst eine große Anzahl gleichzeitiger, einzelner Messungen, aus denen sich ein Kräftebild „zur Zeit der Messung" ermitteln läßt, aus einer Entwicklungsreihe immer nur einen Augenblicksausschnitt. Um eine Gesetzmäßigkeit der Vorgänge und eine Richtung in der Entwicklung für die Zukunft zu erkennen, müssen die Gezeitenstrommessungen fortlaufend durchgeführt beziehungsweise in bestimmten Zeiträumen wiederholt werden. Dieses Verfahren liefert aber mangels früherer, genauer Messungen erst nach längerer Zeit beziehungsweise mehrfacher Wiederholung ein klares Bild, kann also praktisch erst in der weiteren Zukunft voll nutzbar gemacht werden. Viele Bauaufgaben der Gegenwart erfordern aber eine schnelle Entscheidung; in solchen Fällen muß zur Beurteilung der Wechselwirkung zwischen den geplanten, seebaulichen Maßnahmen und den gestaltenden Kräften versucht werden, eine Beziehung zwischen der einmaligen Feststellung des Kräftebildes durch unmittelbare Messung und der „geschichtlichen Betrachtung" der Kräfte über die geologische Untersuchung und den Kartenvergleich herzustellen.

Abb. 7. Tassenpegel für die Aufzeichnung von Sturmflutwasserständen an der Küste und Wellenauflauf an den Seedeichen.

Bildarchiv Westküste B – a, Aufn. Schelling.

Die Ergebnisse einer genügenden Zahl von Einzelstrommessungen lassen sich zu einem Strombild für ein ganzes Watteinzugsgebiet zusammenstellen.

Im Gegensatz zu den Strömen im Binnenland gibt es im Wattenmeer allerdings keine geschlossenen Stromgebiete und einheitlichen Stromquerschnitte. Die Tidewelle tritt infolge ihres zeitlich verschiedenen Auftreffens auf die Küste zu verschiedenen Zeiten in die Wattströme ein und verteilt sich durch Nebenarme und Priele auf das ganze Wattgebiet. Da die zu den einzelnen Wattströmen gehörigen Wattgebiete oft nicht bis über Hochwasser voneinander getrennt sind, beeinflussen sich die Einzelwellen der Tide in den Einzelwattgebieten gegenseitig mehr oder weniger stark. Demzufolge treten zwischen verschiedenen Stromeinzugsgebieten Wechselbeziehungen in der Wasserbewegung derart auf, daß von einem Stromgebiet Wassermengen an ein benachbartes Gebiet abfließen; hierdurch entsteht eine kreisförmige Strombewegung, die zur Folge haben kann, daß die Flut- und Ebbewassermengen an der Mündung eines Wattstromes verschieden sind. Hierdurch kommt in bestimmten Strömen überwiegend Flut- oder überwiegend Ebbstrom zustande. Aus diesen Gründen erfordert die Ermittlung und Darstellung des Kräftebildes für ein Wattstromgebiet besondere Verfahren. Um das während einer ganzen Tide veränderliche Strombild in einem Einzugsgebiet zu gewinnen, müßte genau genommen eine große Anzahl gleichzeitig über das ganze Stromgebiet verteilter Strommessungen angesetzt werden. Das ist bei der großen Ausdehnung des Gebietes praktisch unmöglich; die Messung des Stromes erfolgt deshalb im allgemeinen nacheinander an den einzelnen, wichtigen Punkten des Gebietes, wobei an jedem Punkt über eine ganze Tide oder über mehrere Tiden gemessen wird. Da jede Tide von der vorhergehenden und nachfolgenden verschieden ist, wird die Umrechnung der Ergebnisse auf eine mittlere Tide vorgenommen, was nach den Erfahrungen im allgemeinen für die vorliegenden Aufgaben ausreicht. Die Ergebnisse der Einzelmessungen werden dann zu den Strombildern oder Stromplänen zusammengefaßt, in denen für ein bestimmtes Stromgebiet Stromrichtung und -stärke von Stunde zu Stunde dargestellt werden. Sollen die Strommessungen zu Wassermengenermittlungen verwertet werden, was zur Untersuchung der im Wasser bewegten, festen Stoffe in Frage kommen kann, so genügt das Verfahren der Einzelstrommessung nicht immer. Besonders ist das in den tiefen und breiten Wattströmen der Fall, in denen die Wasserbewegung im Profil sehr verschieden sein kann. Die Wasserbewegung erfolgt hier meist nicht in gleichmäßigen Stromquerschnitten und ist selbst in diesen wegen der Barren und Sände sehr ungleichmäßig. Außerdem setzt der Strom bei steigendem Wasser auch über das Watt hinweg ein, so daß einzelne Messungen im

Querschnitt keinen brauchbaren Anhalt für die durchgeflossene Wassermenge bieten. Hier müssen zur Ermittlung der durchfließenden Wassermengen mehrere gleichzeitige Strommessungen an verschiedenen Stellen des Profils einsetzen; die Zusammensetzung der Ergebnisse mehrerer zweckmäßig im Profil angeordneter, gleichzeitiger Messungen läßt dann bei bekanntem Durchflußquerschnitt eine zutreffende Ermittlung der durchfließenden Wassermengen zu. Zur Kontrolle der so ermittelten Durchflußmengen dient das Verfahren zur Wassermengenermittlung mit Hilfe der Stundenlinien, wobei die genaue Kenntnis der Wattform und eine genügend große Anzahl von zweckmäßig über das Einzugsgebiet verteilten, selbstzeichnenden Pegeln vorausgesetzt ist. Die Auswertung der Strommessungen zu Wassermengenermittlungen ist an allen den Stellen notwendig, wo durch seebauliche Maßnahmen, vor allem durch Dammbauten, die gewaltsame Trennung zweier Wattstromgebiete mit starkem Wasseraustausch aus Gründen des Küstenschutzes und der Landgewinnung durchgeführt werden muß.

An der schleswig-holsteinischen Westküste ist das Strombild für eine Reihe von Stromeinzugsgebieten ermittelt worden. Diese Untersuchungen wurden meist mit der Ermittlung der Sinkstoffbewegung im Strom verbunden. An allen Strommeßstellen wurden während der ganzen Dauer der Messung in kurzen Zeitabständen Wasserproben aus den gleichen Tiefen entnommen, in denen jeweils der Strom gemessen wurde. Der Sinkstoffgehalt der Wasserproben wurde im Laboratorium ermittelt. Die Sinkstoffbewegung am Grunde wurde zusätzlich durch Sandfallenmessungen verfolgt. Aus dem gemessenen Sinkstoffgehalt des Wassers und der in der Tide in einer bestimmten Richtung durchgeflossenen Wassermenge ist die Sinkstoffbewegung im gemessenen Profil während einer Tide zu ermitteln. Außer den gleichzeitigen Strommessungen durch mehrere Geräte im Profil sind auch in der Längsrichtung großer Ströme an mehreren Stellen gleichzeitige Messungen durchgeführt worden, die den Zweck hatten, die Bewegung der Sinkstoffe von der freien See zur Küste hin zu verfolgen. Die Verbindung dieser über mehrere Tiden — bis zu fünf Tagen — hinweg ausgeführten Strommessungen mit der Untersuchung der im Wasser bewegten Sinkstoffe hat wertvolle Aufschlüsse über die Sinkstoffbewegung im größeren Raum geliefert.

Abb. 8a, b. Fahrzeuge und Geräte für Strommessungen: a) Dampfer Rungholt, ausgerüstet mit zwei Rauschelbach-Strommessern.

Bildarchiv Westküste, B — a, Aufn. Schelling.

Die Aufstellung der Strompläne wird getrennt nach Stromeinzugsgebieten vorgenommen. Die Wasserscheiden zwischen den Stromeinzugsgebieten sind, soweit nicht festes Land die Grenze bildet, meist höhere Wattrücken. Soweit diese nicht tatsächlich zugleich Stromscheiden darstellen, findet über sie hinweg ein Wasseraustausch zwischen den Stromgebieten statt. Dieser Vorgang ist, wie bereits erwähnt, bedingt durch die verschiedene Stromführung in den großen Tiefs und die in ihnen zeitlich verschieden eintretende Flutwelle. Der Wasseraustausch zwischen den Stromgebieten über die Wasserscheide hinweg ist eine der wesentlichsten Ursachen für die zerstörende Wirkung der Gezeitenbewegung im Watt und an der Küste. Sie ist daher zum Teil schon durch Dammbauten unterbunden worden. Deshalb ist die Untersuchung der Wasserbewegung auf den Wasserscheiden eine besonders wichtige Aufgabe der Strommessungen.

Die Strommessungen sind in den größeren Wattströmen durchweg mit dem bifilar aufgehängten Strommesser nach Rauschelbach ausgeführt worden. Da diese Messungen auch bei weniger ruhiger Wetterlage vorgenommen werden mußten, wurden sie von seetüchtigen Fahrzeugen aus durchgeführt (Abb. 8a). Auf flacheren Wattgebieten wurde der auf besonderen Flößen eingebaute Ottflügel „Mulde" verwendet (Abb. 8b).

Als wichtige Ergänzung zu den Strommessungen durch feste Meßgeräte ist die Strommessung mit Hilfe von Schwimmern zu erwähnen. Das Verfahren der Schwimmermessung hat sich vor allem dort als zweckmäßig erwiesen, wo die Messung in Profilen nicht mehr gut möglich ist und wo es gilt, den gesamten Wanderweg des Wassers und der im Wasser bewegten Sinkstoffe, vor allem des Schlicks und des Sandes zu ermitteln. Das kommt besonders im Grenzgebiet des Wattenmeeres gegen die freie See in Frage, wo eine ausgeprägte Umkehr der Stromrichtung von Flut und Ebbe nicht stattfindet, sondern der Strom zickzack- oder kreisförmige Bewegungen ausführt. Schwimmermessungen sind jedoch nur in begrenztem Umfange durchführbar, weil stets mehrere Fahrzeuge notwendig sind, um die Bahn der Schwimmer zu verfolgen und die Bauart der Fahrzeuge für das gleichzeitige Befahren sehr flacher und tiefer Seegebiete eingerichtet sein muß. Da sich tiefgehende, seetüchtige Fahrzeuge häufig nicht eignen, ist die Ausführung von Schwimmermessungen auf ruhige Wetterlagen beschränkt.

Bei der Untersuchung der Gezeitenkräfte ergibt sich für manche praktischen Bedürfnisse die Aufgabe, die Wirkung meteorologisch bedingter Einflüsse zu erfassen und auszusondern. Aus diesem Grunde ist neben den Gezeitenuntersuchungen vor allem die Beobachtung und Aufzeichnung der Windwirkung auf die Gezeitenwasserstände erforderlich. Zu diesem Zweck sind vor der Westküste im ganzen vier selbstschreibende Universalwindmesser und zwar auf Sylt, Hallig Hooge, in Tönning und in Büsum (Abb. 9) neu aufgestellt worden.

Abb. 8b. Meßfloß mit Ott-Flügel-„Mulde".
Bildarchiv Westküste B — a 138, Aufn. Haberstroh.

Die gemeinsame Betrachtung der Formänderungen der Wattoberfläche über einen möglichst langen Zeitraum und der durch Messung ermittelten Stromkräfte einschließlich der beobachteten Fortbewegung fester Stoffe liefert einen wichtigen Beitrag zur Frage nach der künftig zu erwartenden Wirkung der Gezeitenkräfte auf die Wattoberfläche.

Da die vergleichende Betrachtung der Formänderungen des Wattenmeeres zusammen mit der ersten unmittelbaren Messung der wirksamen Kräfte noch keine ausreichende Grundlage für die Beurteilung der künftigen Entwicklung bietet, ist es notwendig, die Messungen in bestimmtem Zeitabstand zu wiederholen. So wird durch Vergleich ein Einblick in die Richtung und das Schrittmaß der Gestaltänderung gewonnen.

C. Einsatz der Vorarbeiten für die Planung von Seebauten.

Abb. 9. Universal-Windmesser.
(System Seibt-Fuess.)
Bildarchiv Westküste B — b, 44/12 A, Aufn. Haberstroh.

Die geschilderten Vorarbeiten für Seebauten erfordern naturgemäß viel Zeit, besonders diejenigen Untersuchungen, die sich mit den nur großräumig erfaßbaren Vorgängen, der Gezeitenbewegung und der Sand- und Schlickbewegung befassen. Man veranschlagte zu Beginn der Untersuchungen an der schleswig-holsteinischen Westküste im Jahre 1934 die Dauer der Vorarbeiten bis zur Vorlage der Ergebnisse auf etwa zehn Jahre. Dieser Zeitraum erscheint auf den ersten Blick recht erheblich, er wird aber verständlich, wenn man beispielsweise bedenkt, daß ein Wattgebiet von über 200 000 ha, von dem nur etwa zwei Drittel über einige Stunden am Tage trockenfallen, zum Teil unter Wiederholung vermessen und kartiert, daß daneben eine Wasserfläche aus zahllosen Strömen und Prielen von fast 60 000 ha ebenfalls teilweise wiederholt gepeilt werden muß, daß jede einzelne Strommessung, von denen mehrere tausend erforderlich werden, mindestens eine volle Tide in Anspruch nimmt und daß alle diese Arbeiten erst die Grundlage für eine mühevolle Auswertung liefern. Der Beginn der Untersuchungen mußte mit der Inangriffnahme der Bauaufgaben des Zehnjahresplanes, der erst den Anstoß zu den umfassenden Vorarbeiten gegeben hatte, zeitlich zusammenfallen. Um die ersten Ergebnisse der Untersuchungen für die schwierigen Seebauten des Zehnjahresplanes noch nutzbar zu machen, wurde der Arbeitsplan für die Vorarbeiten dem Bauplan entsprechend aufgestellt und in Angriff genommen. Die Durchführung der Vorarbeiten und ihre ersten Ergebnisse für die Planung sollen an einigen Beispielen erläutert werden.

1. Friedrichskoogspitze.

Eine der dringendsten Seebauaufgaben im Gebiet der schleswig-holsteinischen Westküste war nach 1933 die Sicherung der Westecke der Halbinsel Friedrichskoog in Dithmarschen (Abb. 1 und 11). Bis zum Jahre 1853 dehnte sich vor dem Seedeich des Kronprinzenkooges in einer Tiefe von 10 km (west-östlich gemessen) ein etwa 2000 ha großes Vorland aus, das bei höheren Wasserständen einen unmittelbaren Wasseraustausch vor der Küste von dem Stromgebiet der Piep zur Elbe hin gestattete. An das Vorland schloß sich nach Westen verlaufend ein 15 km langer Wattrücken, die Marner Plate, die Anschluß an einen hohen Sandrücken, den Buschsand hatte. Die Marner Plate und das Vorland vor dem Kronprinzenkoog stellen eine natürliche Wattwasserscheide zwi-

Abb. 10 a, b. Luftbildschrägaufnahmen vom Watt vor der Friedrichskoogspitze:
a) vor Schließung des Dammes.
Bildarchiv Westküste B — d 40, Aufn. Hansa-Luftbild, 22. August 1935 Nr. 28342. — Freigegeben RLM.

schen den Nebenströmen der Elbe und dem Stromgebiet der Piep dar. Mit der Eindeichung des Friedrichskooges schob sich der neue Koog zwischen das Stromgebiet der Elbe und der Piep wie eine etwa 10 km lange, hochwasserfreie Buhne in das Seegebiet vor. Da der Bau des Deiches vermeintlich auf der Stromscheide zwischen Elbe und Piep errichtet wurde, ist mit einer wesentlichen Störung des vorhandenen Zustandes durch den Deichbau anscheinend nicht gerechnet worden. Als der Deich gebaut wurde, erstreckte sich vor seinem Fuß nach Westen noch ein breites Vorland, dessen Kante anscheinend bald nach Fertigstellung des Deiches abzubrechen begann und zu Beginn der zwanziger Jahre dieses Jahrhunderts bis an den Deichfuß zurückgegangen war. Im Zuge dieser Entwicklung hat sich ein Nebenarm der Piep, der Flakstrom, mit seinem oberen Lauf, dem Altfelder Priel, ein zunehmend großes Einzugsgebiet geschaffen. Er ist mit der zurückgehenden Vorlandkante bis dicht an den Seedeich, dessen Fuß schließlich angegriffen wurde, herangerückt (Abb. 10a). Maßnahmen, die in Form von kleinen Dämmen auf eine Verkleinerung des Einzugsgebietes südlich der Friedrichskoogspitze abzielten, blieben erfolglos. Der Deichfuß wurde zuerst durch eine Steindecke und als diese angesichts der Vertiefung des Altfelder Priels nicht standhielt, durch schwere eiserne Buhnen mit Steinschüttung gesichert. Die Gefährdung des Deiches nahm trotz dieser Maßnahmen so ernste Formen an, daß man im Jahre 1934 vor der Entscheidung stand, entweder eine wirksame, dauerhafte Abwehr vor dem vorhandenen

Seedeich zu schaffen, oder den Deich unter Preisgabe von wertvollem Land in eine günstigere Abwehrstellung zurückzuverlegen. Man entschied sich für den ersteren Weg und stellte einen Entwurf auf, der unter Durchbauung des Altfelder Priels westlich der Friedrichskoogspitze den Bau einer vorläufig 2½ km langen, gepflasterten Mole (O.K. rund 1,30 m über Mthw.) in Richtung auf die Insel Trischen vorsah. Eine Verlängerung der Mole bei Bedarf war vorgesehen. Dem Entwurf lagen eingehendere Untersuchungen nicht zugrunde, sodaß die Wirkung eines solchen Eingriffs in die Gezeitenverhältnisse nicht abgesehen werden konnte. Die dadurch von vornherein in Kauf genommene Unsicherheit galt es so schnell wie möglich durch gründliche Untersuchungen zu beseitigen. Als Ziel der Untersuchungen wurde herausgestellt:

1. Die Klärung der voraussichtlichen Wirkung der geplanten 2½ km langen Mole auf die Watt- und Gezeitenverhältnisse sowie deren Rückwirkung auf das Bauwerk.

2. Für den Fall, daß nach den Untersuchungen zu 1. der 2½ km lange Damm auf die Dauer nicht oder nur unter großen Kosten zu halten sein würde, war zu untersuchen, welche Maßnahmen geeignet sein würden, den Bestand des Bauwerks und die Sicherheit der Küste zu gewährleisten sowie die Landgewinnung nach Möglichkeit zu fördern. Hierbei sollte auch eine Verlängerung des Dammes bis zu der 12 km entfernten Insel Trischen untersucht werden.

3. Um entscheiden zu können, ob eine Verlängerung des Dammes bis nach Trischen in Frage kommen würde, mußte weiter untersucht werden, ob die Insel Trischen als natürlicher Dammkopf zu halten sei.

Die im Jahre 1934 begonnenen Vorarbeiten befaßten sich im Sinne des Arbeitsprogramms der großräumigen Untersuchungen zunächst mit einer Bestandsaufnahme des gesamten Watt- und Stromgebietes beiderseits der Marner Plate bis nach Trischen durch Wattvermessung, Luftbildplanherstellung, Peilung der Ströme, Wasserstandsbeobachtungen und Ausführung der Strommessungen. Das Ergebnis der Wattvermessung ist die in Abb. 11 (s. Tasche am Schluß des Bandes) wiedergegebene Wattkarte, nach der es möglich ist, alle künftigen Veränderungen der Oberflächenform genau zu verfolgen. Da diese Arbeiten noch vor Beginn des Dammbaues in Angriff genommen wurden, konnten bereits alle infolge des Dammbaues eingetretenen Veränderungen im Watt erfaßt werden. Ferner sind die Strömungsverhältnisse und die Sinkstoffbewegung zwischen dem Festland und Trischen und beiderseits der Marnerplate durch Messung festgestellt und in Stromplänen dargestellt worden. Besonders eingehend hat man die Wirkungen des Dammbaues in dessen nächster Umgebung beobachtet, um danach erforderlichenfalls die geeigneten Maßnahmen treffen zu können. Die Untersuchungen haben zu folgenden, vorläufigen Ergebnissen geführt:

a) Watt- und Gezeitenuntersuchungen.

1. Die Marner Plate ist keine Stromscheide zwischen Elbe und Piep; der bei Eintritt der Flut über die Plate nach Norden gehende Flutstrom setzt bald nach Unterlaufen der Watten aus dem Flakstrom über das Watt nach Süden und behält diese Richtung während der ganzen Tide bis zum Trockenfallen der Watten bei. Strommessungen haben bestätigt, daß im Flakstrom (nördlich der Marner Plate) der Flutstrom, im Neufahrwasser (südlich der Plate) der Ebbstrom überwiegt.

2. Die Verteilung der überströmenden Mengen über die Marner Plate vor und nach dem Dammbau veranschaulicht Abb. 10a und b. Die unter a genannte Stromrichtung über die Marner Plate wird bei Südweststurm gemildert, aber nicht umgekehrt.

3. Vor dem Dammbau betrug die in einer mittleren Tide von Norden nach Süden über die Marner Plate strömende Wassermenge rund 33,5 Mill. m³, während von Süden nach Norden nur etwa 4,5 Mill. m³ über die Marner Plate strömten. Nach Fertigstellung des Dammes betrugen die über die Marner Plate strömenden Wassermengen von Norden nach Süden 26,5 Mill. m³, von Süden nach Norden rd. 2 Mill. m³.

4. Nach überschläglicher Ermittlung wandern im Gezeitenstrom einer mittleren Tide rund 1250 t Schlick nach Süden.

5. Der die Insel Trischen tragende Buschsand liegt nicht fest, sondern wandert, wie durch Kartenvergleich ermittelt wurde, seit langem in östlicher Richtung. Seit der Befestigung des Westufers der Insel wandern der Nord- und Südflügel des Sandes stärker, während der Strand vor dem befestigten Inselkern sich abflacht. Mit der Wanderung ist in den letzten Jahrzehnten im ganzen eine Abnahme des Buschsandes festzustellen.

b) Die Wirkung des Dammes.

Durch den Bau des Dammes ist der Zweck, den Altfelder Priel von der Küste abzuweisen, voll erreicht worden. Der Altfelder Priel ist nördlich des Dammes infolge Wegnahme seines oberen Einzugsgebietes auf mehrere hundert Meter vor der Küste völlig verschlickt beziehungsweise versandet. Der abgeschnittene, obere Teil des Flakstrom-Piep-Einzugsgebietes (südlich des Dammes) wurde dem Elbeeinzugsgebiet (Pottschiffsloch-Neufahrwasser) zugewiesen. Eine Folge dieses Eingriffs war eine Schwächung der Kraft des Flakstromes und eine beachtliche Aufschlickung zu beiden Seiten vor dem Festland. Allem Anschein nach hat der Damm außerdem die Anlandung vor dem Nordende des Adolf-Hitler-Kooges begünstigt. Andererseits ist eine Verstärkung der Kräfte im Oberlauf des Neufahrwassers und Pottschiffslochs zu beobachten, das sich dem Damm besonders an der Spitze genähert hat. Die Strömungen am Kopf des Dammes haben sich verschärft und eine Vertiefung des Watts unmittelbar vor dem Damm-Kopf herbeigeführt. Diese Entwicklung, die laufend beobachtet wird, ist noch nicht abgeschlossen (vgl. Abb. 12a und b).

c) **Vorläufige Folgerungen aus den Untersuchungen und der bisherigen Wirkung des Dammes.**

Wenn die bisherige Entwicklung am Kopf des Dammes anhält, wie angenommen wird, besteht die Gefahr, daß eines Tages die Marner Plate vor Kopf des Dammes tiefer durchbricht. Die Verteidigung des Dammkopfes wird dadurch erheblich erschwert und verteuert werden. Es

Abb. 10 b). Ein Jahr nach Schließung des Dammes.
Bildarchiv Westküste B — d 49, Aufn. Hansa-Luftbild, 11. Juni 1937 Nr. 29641. — Freigegeben RLM.

entsteht die Frage, ob die Verteidigung des Dammes günstiger und billiger würde, wenn man ihn verlängert. Aus den Messungen ergibt sich, daß der Dammkopf noch im Bereich der auch schon vor dem Dammbau starken Überströmung der Marner Plate liegt. In der Überströmung wird voraussichtlich auch mit stärkerer Verlandung des Flakstromes keine Änderung eintreten, weil die insgesamt südwärts gerichtete Strömung nicht allein vom Flakstrom herrührt, sondern durch die ebenfalls südlich gerichtete Überströmung des Bielshöven Sandes von der Piep und ihren Ausläufern her genährt wird (Abb. 2). Die Überströmung der Marner Plate nimmt in Richtung nach Trischen ab. Die Fortführung des Dammes in Richtung Trischen wird zwar den Durchflußquerschnitt „Marner Plate" verringern. Hierdurch werden sich die Stromgeschwindigkeiten auf der Marner Plate aber voraussichtlich nicht verstärken, sondern infolge des nach Westen zu abnehmenden Gefälles zwischen Flakstrom und Neufahrwasser wahrscheinlich verringern. Damit wird der Angriff auf den Dammkopf durch die Strömung geringer werden. In gleichem Maße wie die Überströmung der Marner Plate abnimmt, werden die Flutstromkräfte im Flakstrom und die Ebbstromkräfte im Neufahrwasser abnehmen. Die Sinkstoffe, die bisher über die Marner Plate nach Süden verfrachtet und wahrscheinlich durch das Neufahrwasser seewärts getragen wurden, werden in stärkerem Maße der Meldorfer Bucht verbleiben.

Die Frage, wo der Damm mit Rücksicht auf seine günstigste Verteidigung am besten endet, läßt sich natürlich noch nicht mit Sicherheit beantworten. Vom Gesichtspunkt der Erhaltung der

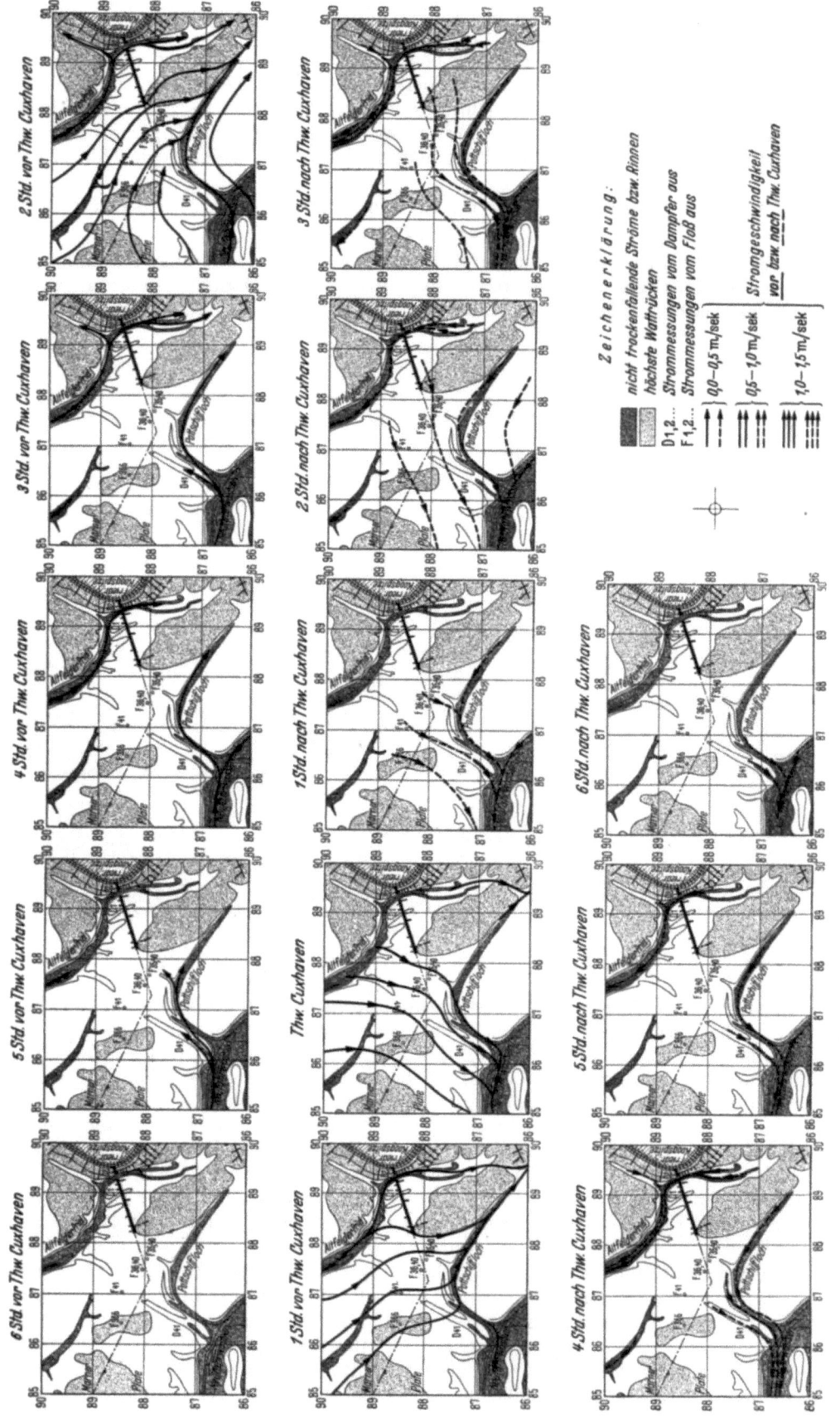

Abb. 12a. Strombilder im Watt vor dem Friedrichskoog: vor dem Dammbau (1935).

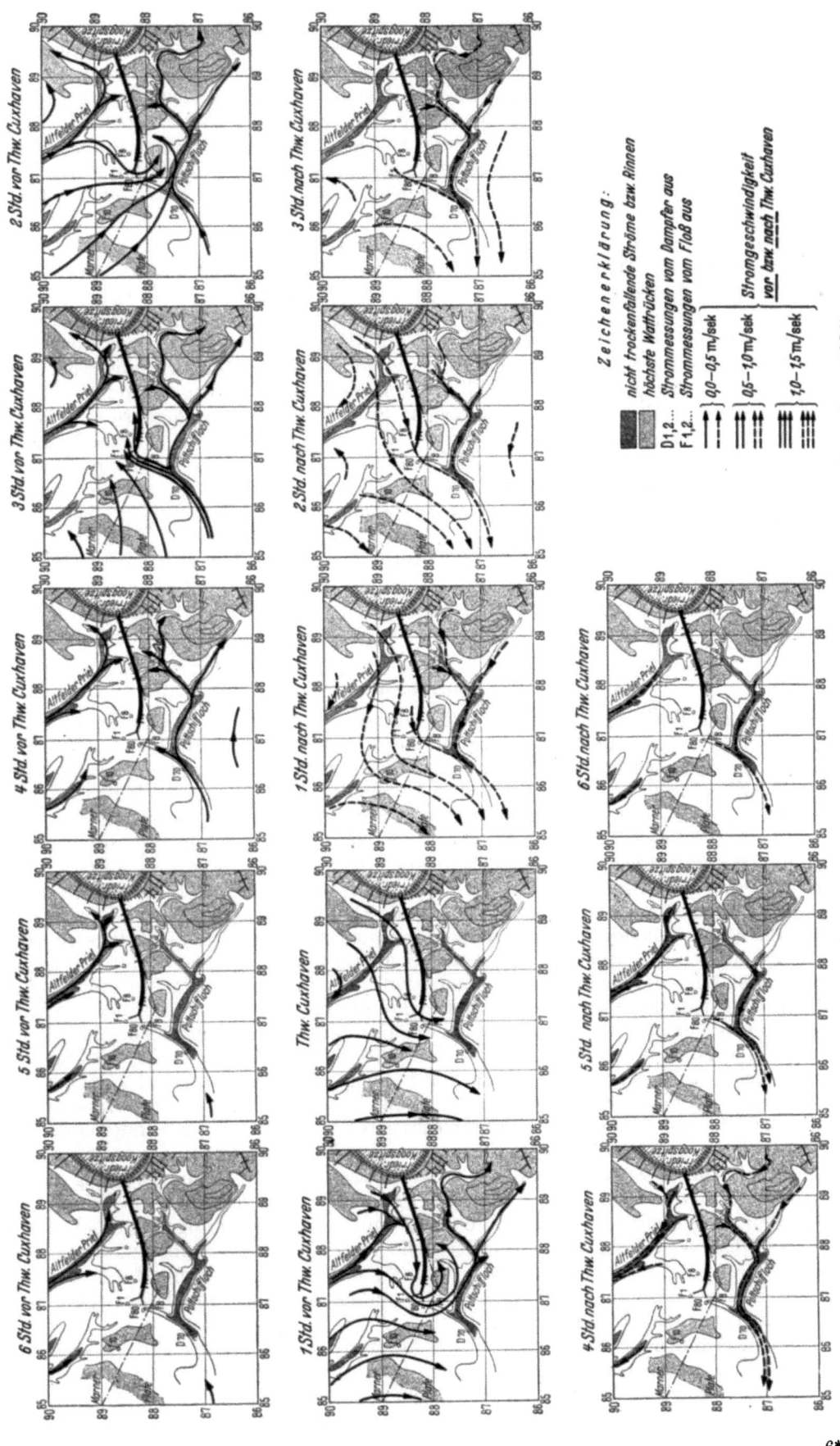

Abb. 12b. Strombilder im Watt vor dem Friedrichskoog: nach dem Dammbau (1936).

Marner Plate liegt der natürliche Dammkopf am Buschsand. Da nach den bisherigen Untersuchungen der Buschsand langsam nach Osten wandert und zur Zeit im Westen mehr abbricht, als er im Osten anlandet, ist weiter untersucht worden, ob unter den vorliegenden Verhältnissen eine Verstärkung der bisherigen Befestigung der Insel Trischen gegen weiteren Abbruch im Westen erfolgversprechend und zweckmäßig sei. Diese Frage mußte im wesentlichen deshalb verneint werden, weil die Erhaltung der Insel als Teil des Buschsandes von dessen Bestand abhängt und die Festlegung des wandernden Buschsandes mit vertretbaren Mitteln nicht möglich ist. Infolgedessen muß die Insel ihrem Schicksal überlassen werden. Man kann jedoch annehmen, daß der Buschsand trotz seiner — langsamen — Wanderung auf absehbare Zeit erhalten bleibt. Zu diesem Schluß berechtigt die bisherige Entwicklung, welche außerdem zeigt, daß von Westen her eine Sandzufuhr in Richtung auf die Insel stattfindet.

Das Ergebnis der Untersuchungen läßt sich dahin zusammenfassen:

a) Die Verteidigung des Dammkopfes wird durch eine Verlängerung des Dammes in Richtung auf die Insel Trischen günstiger.

b) Eine Fortführung des Dammes bis nach Trischen wird auch im Interesse der Landgewinnung liegen, da anzunehmen ist, daß die Abriegelung der Sinkstoffbewegung über die Marner Plate nach Süden der Anlandung in der Meldorfer Bucht zugute kommt. Ohne Zweifel wird aber beiderseits des Dammes die Landgewinnung erheblich schneller als bisher fortschreiten.

Wieweit das Ergebnis der Untersuchung für das Bauvorhaben „Trischendamm" praktisch verwertet werden kann, hängt nicht zuletzt von den Kosten ab, die mit dem erreichten Nutzen in Einklang gebracht werden müssen. Es kann vom Gesichtspunkt des örtlichen Küstenschutzes unter Umständen ein kürzerer Damm trotz verhältnismäßig hoher Kosten leichter und billiger zu verteidigen sein als ein langer Damm, der entsprechend mehr Angriffspunkte bietet. Die Entscheidung darüber, ob der Damm verlängert werden soll, wird aber nicht vom Standpunkt der einmaligen und laufenden Kosten für seine Unterhaltung getroffen werden; sie wird vielmehr davon abhängen, auf welche Weise es am besten gelingt, die Küste und zugleich ihr Vorfeld, das Watt, zwischen Elbe und Piep auf weite Sicht zu sichern und die Anlandung in diesem Raum auf breiter Grundlage zu fördern.

2. Dammbau Festland-Pellworm (Abb. 1 und 13).

Im nordfriesischen Wattenmeer hat nach den letzten großen Landverlusten im 17. Jahrhundert eine wenig beachtete, aber zunehmende Ausweitung und Vertiefung einzelner großer Wattströme stattgefunden. Diese Entwicklung, die nachweislich schon im 14. Jahrhundert eingesetzt hat, ist in den letzten Jahrzehnten besonders im Raum Dagebüll-Oland-Langeness-Pellworm-Nordstrand auffallend schnell fortgeschritten. Der Hauptwattstrom, die zwischen Nordstrand und Pellworm nach Nordosten verlaufende Norderhever, vergrößert sein Einzugsgebiet gegenüber der zwischen Langeness und Hooge in west-östlicher Richtung eintretenden Süderau ständig. Sie hat die Verbindung des großen Wattgebietes, das die Insel Pellworm mit den Halligen Hooge und Süderog trägt, durch eine tiefe Rinne, den „Strand" vom Festlandswatt abgetrennt. Diese Entwicklung bedeutet für die Sicherheit des ganzen Küstenabschnitts eine ernste Gefahr, die sich heute schon durch einen verstärkten Angriff auf die angrenzenden Inseln und Halligen bemerkbar macht. Man muß erwarten, daß auch die Festlandküste mehr und mehr in den Bereich des Angriffs gerät. Unter allen Umständen aber bedeutet die Zerschneidung und Zerstörung eine empfindliche Schwächung des Wattgebietes, als der für die Erhaltung der Festlandküste wichtigsten Vorfeldstellung. Diese Entwicklung gilt es zu hemmen und zu vermeiden, daß die fortschreitende Zerstörung eines Tages zu unmittelbaren und kostspieligen Abwehrmaßnahmen zwingt. Daher ist es wichtig, vorausschauend die Gefahr noch im Entstehen vorsorglich zu bannen. Das kann nur dadurch geschehen, daß man die Erweiterung des Hevereinzugsgebietes gewaltsam unterbindet, indem man Hever und Süderau durch einen Damm vom Festland bis zur Insel Pellworm voneinander trennt und damit die Einzugsgebiete dieser Ströme ein für allemal festlegt. Da über den Vorgang der Wattzerstörung und das heutige Kräftebild im Raum der Norderhever und der Süderau bisher keine Unterlagen vorhanden waren, sind für den Bau eines Dammes Untersuchungen ähnlich wie im Watt vor dem Friedrichskoog durchgeführt worden. Die Untersuchungen haben sich auch hier nicht auf die Fragestellung für den Dammbau beschränkt, sondern stellen einen Abschnitt der Gesamtuntersuchung dar, die die ganze Husumer Bucht umfassen mußte und Unterlagen für alle hier vorliegenden Seebauaufgaben liefern soll.

Als besonders beachtliche Ergebnisse dieser Arbeiten, die eine sehr eingehende Bestandsaufnahme des Watt- und Stromgebietes und der Gezeitenkräfte durch Wattvermessung, Peilung, Luftbild, Strom- und Sinkstoffmessung im Raum Dagebüll-Oland-Langeness-Hooge-Pellworm-Südfall-Nordstrand umfassen, seien folgende Feststellungen genannt:

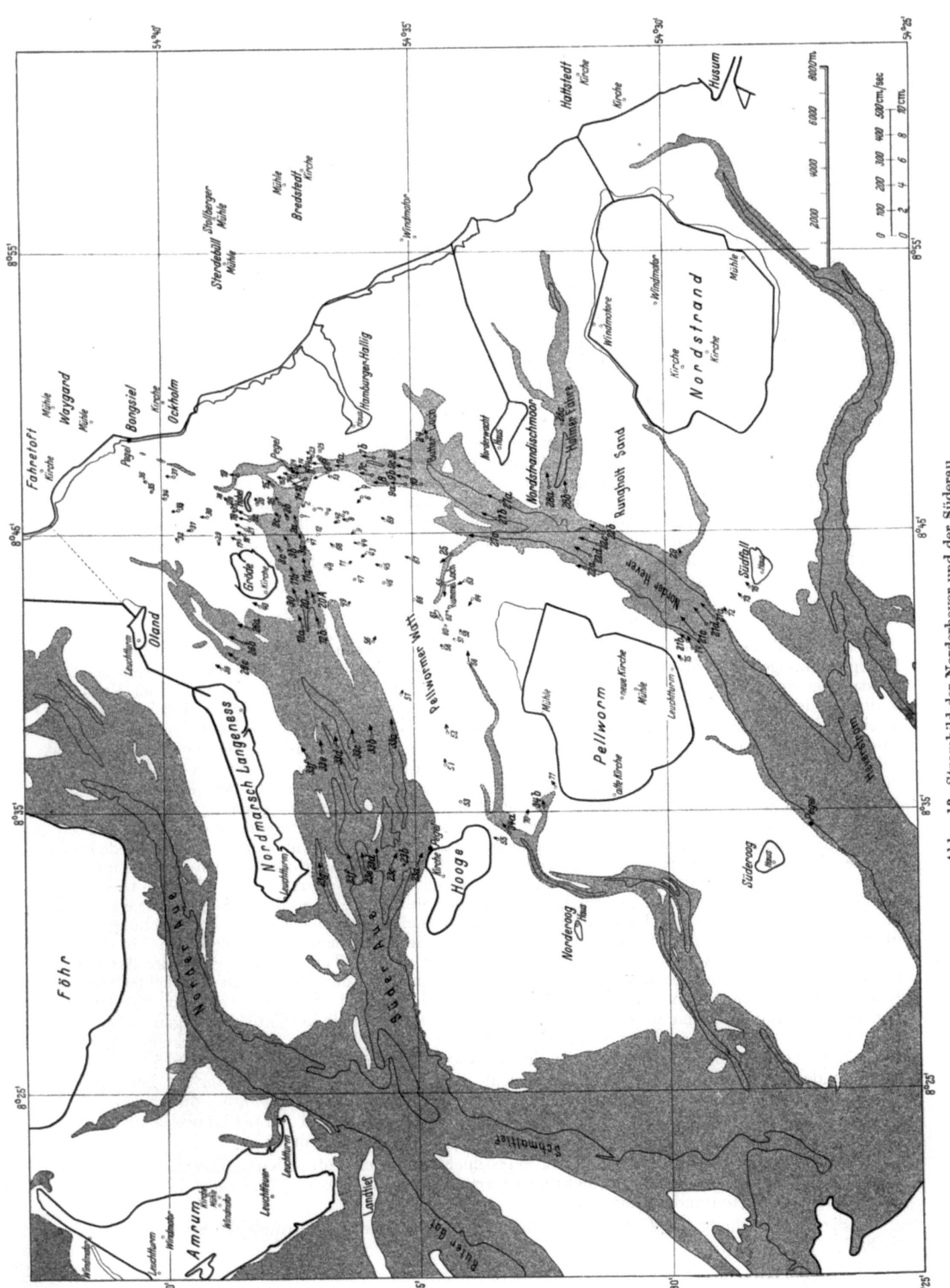

Abb. 13. Strombild der Norderhever und der Süderau.

1. Durch Seekartenvergleich unter Einschluß der jüngsten Bestandsaufnahme ist festgestellt, daß allein aus dem Strombett der Norderhever im Laufe der letzten 300 Jahre eine Bodenmenge von mindestens 250 Mill. m³ ausgeräumt worden ist und daß nach Abzug der in dem gleichen Zeitraum im Strombereich der Norderhever an den Inseln und am Festland stattgefundenen Anlandungen ein Bodenverlust von 200 Mill. m³ eingetreten ist.

2. Das Einzugsgebiet der Norderhever reicht heute im Nordosten bis nach Bongsiel; im Nordwesten wirkt sich die Gezeitenbewegung der Hever bis weit in das Stromgebiet der Süderau (etwa Ostspitze der Hallig Langeness) aus. Die Gezeitenströmung im Strand, der schmalen, aber tiefen Verbindungsrinne zwischen Hever und Süderau, ist in den Strombildern (Abb. 13) dargestellt und zeigt die überragende Bedeutung des Heverstromes. Die festgestellte Entwicklung dauert noch an.

3. Gleichzeitige Strom- und Sinkstoffmessungen an fünf verschiedenen Stellen der Hever von der Hallig Süderoog bis zur Hamburger Hallig haben ergeben, daß der überwiegende Teil der in der Hever bewegten Sinkstoffe dem Bett des Heverstromes selbst entstammt. Hier ist zum erstenmal für ein bestimmtes Gebiet der Nachweis geliefert, daß die landbildenden Sinkstoffe nicht aus der See, sondern aus der Zerstörung benachbarter Wattgebiete stammen. Die zur Zeit am Festland der Husumer Bucht stattfindende, starke Auflandung ist also in erster Linie eine Folge starker Zerstörung im Wattenmeer selbst. Die Unterbindung der weiteren Wattzerstörung durch den Bau eines Trenndammes zwischen Hever und Süderau wird somit weittragende Folgerungen für die Landgewinnung haben.

4. Die Vorarbeiten im Gebiet der Husumer Bucht sind noch nicht abgeschlossen; sie haben aber so eingehende Unterlagen geliefert, daß es möglich gewesen ist, in der Versuchsanstalt des Franzius-Instituts in Hannover die besonders am Zusammentreffen von Hever und Süderau schwierigen Wasserstands- und Strömungsverhältnisse naturgetreu nachzubilden. Das Ergebnis des Modellversuches, das im Tidegebiet mehr und mehr ein wichtiges Hilfsmittel bei Untersuchung des Einflusses von baulichen Maßnahmen geworden ist, wird zusammen mit überschläglichen Berechnungen die Grundlage für die zweckmäßige Lage und Höhe des Trenndammes zwischen Hever und Süderau liefern.

3. Uferschutz auf der Insel Sylt.

Während die beiden vorstehend erwähnten Aufgaben eine Verbindung von Küstenschutz- und Landgewinnungsfragen darstellen, ist die Erhaltung und Sicherung des im Abbruch liegenden Westrandes der Insel Sylt ähnlich wie auf den ostfriesischen Inseln eine ausschließlich der Verteidigung der Küste dienende Seebauaufgabe. Eine wirksame Sicherung oder, falls diese nicht zu erreichen ist, die Erkenntnis der Grenzen der Sicherungsmöglichkeit bedingt, daß die Ursachen des Abbruchs und die Wege, diesen in Zukunft zu verhindern beziehungsweise zu hemmen, hinlänglich bekannt sind. Das war bisher nicht der Fall. Den Anlaß zu den in den letzten drei Jahren durchgeführten Untersuchungen bildete der besonders starke Uferabbruch an der Nordwestecke der Insel, dem Ellenbogen. Wie auch das Beispiel „Sicherung" Friedrichskoog zeigte, waren durchgreifende Sicherungsmaßnahmen so dringend, daß das Ergebnis von Untersuchungen, die nach ihrer Natur mehrere Jahre in Anspruch nehmen mußten, jetzt nicht mehr abgewartet werden konnte. Man entschloß sich unter Zugrundelegung von Erfahrungen zunächst, den über Mtnw. liegenden Teil des Ufers durch eine Steindecke aus Basalt in der Neigung 1:4 zu sichern, wobei man die Entscheidung über eine Sicherung des Fußes der Steindecke gegen Zerstörung im einzelnen von den Ergebnissen der gleichzeitig mit dem Bau der Steindecke eingeleiteten Untersuchungen über die Abbruchursachen abhängig machen wollte. Die Untersuchungen haben, um für die Baumaßnahmen noch von Nutzen zu sein, sich zunächst auf den Teil der Küste und des davor liegenden Seegebietes beschränkt, in dem die für den Angriff auf den Ellenbogen entscheidenden Kräfte vermutet wurden, nämlich den Nordteil der Insel Sylt und die sich hieran nach Norden und Westen anschließenden Seegebiete (Abb. 14). Die Beschränkung der Untersuchungen auf ein Teilgebiet des Gesamtraumes, in welchem die Gezeitenkräfte in enger Wechselwirkung tätig sind, kann bedenklich sein, wenn sich die Einwirkungen aus dem größeren in den kleinen zu untersuchenden Raum hinein und umgekehrt nicht übersehen lassen. Diese Gefahr ist bei den Vorarbeiten am Ellenbogen beachtet worden. Aufgabe der Vorarbeiten war es, die Ursachen des am Ellenbogen besonders starken Küstenabbruchs festzustellen und daraus Hinweise für die zweckmäßige Sicherung dieses Küstenabschnittes abzuleiten. Sie umfaßten:

a) die Feststellung der Formen und ihrer in geschichtlicher Zeit feststellbaren Veränderung auf der Insel und am Strand durch geschichtliche Karten, durch Vermessung und Luftbild, im Seegebiet durch Seekarten und Peilung,

b) die Untersuchung des Untergrundes und der erdgeschichtlichen Entwicklung von Nord-Sylt,

c) die Untersuchung der Gezeitenkräfte durch Strommessungen und Pegelbeobachtungen im Seegebiet,

d) die Ermittlung der Sandwanderung durch unmittelbare Messung.

Von der Durchführung und den Ergebnissen der Vorarbeiten, die zu gegebener Zeit Gegenstand besonderer Darstellung sein werden, sei besonders folgendes hervorgehoben:

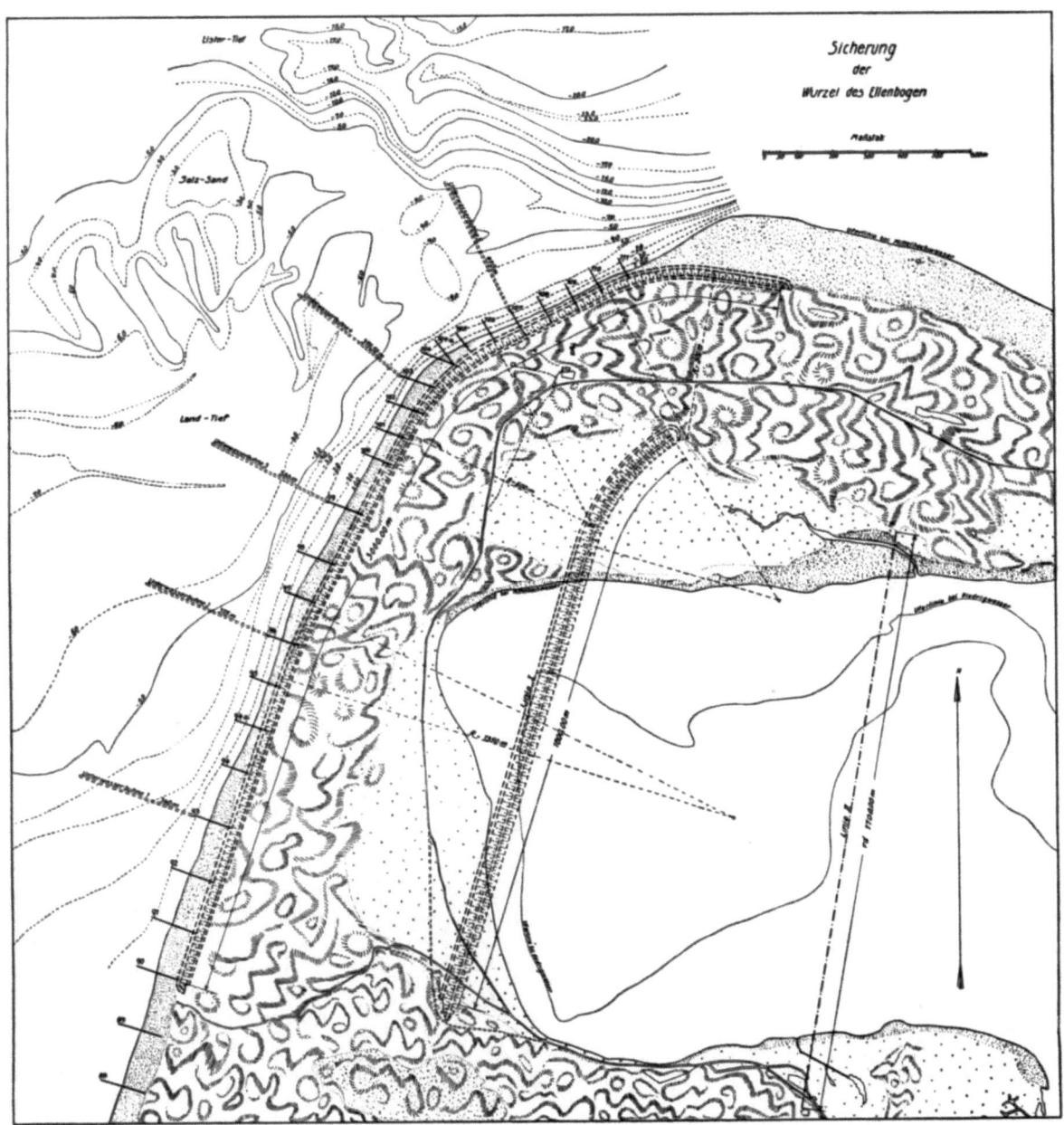

Abb. 14. Seegebiet im Norden und Westen der Insel Sylt.
Aus: Müller-Fischer, Wasserwesen, II. Teil. Die Inseln, 7. Folge. Verlag Dietrich Reimer.

1. Das Westufer der Insel Sylt befindet sich noch heute im Abbruch, die bisherigen Schutzmaßnahmen haben hier den Abbruch verlangsamt, aber nicht aufhalten können (Abb. 15a und b). Der Seegrund westlich der Insel hat sich in den letzten Jahrzehnten vertieft.

2. Der Nordteil der Insel Sylt ist im Gegensatz zu der bisher herrschenden Auffassung durch eingehende, geologische Untersuchungen als junge Meeresbildung nachgewiesen, die bis in Tiefen von 20 m aus leichtbeweglichem Sand aufgebaut wurde und im Westen einem stetigen Abtrag unterliegt. Widerstandsfähigere ältere Schichten, die stärkerem Strom- und Brandungsangriff zu widerstehen vermöchten, sind nicht vorhanden.

3. Aus den kartengeschichtlichen Untersuchungen und der neueren, zum Teil wiederholten Vermessung der Formen konnten Beziehungen zwischen den Abbruchserscheinungen an der Küste und der Gestaltänderung des Seegrundes um Nord-Sylt, besonders seiner Hauptformen, des Lister Tiefs, des Landtiefs und des Salzsandes, nachgewiesen werden.

Abb. 15a. Abbruch an der Westküste der Insel Sylt (Rotes Kliff).
Bildarchiv Westküste B – c, Aufn. Hundt.

Abb. 15b. eiserne Buhnen vor Sylt.
Bildarchiv Westküste B – c, Aufn. Hundt.

4. Die geschichtliche Feststellung der Formänderung wurde ergänzt durch die unmittelbare Messung der gegenwärtig wirksamen Gezeitenkräfte. Durch die Strommessungen, die allerdings auf verhältnismäßig ruhige Wetterlagen beschränkt bleiben mußten, wurde erstmalig ein lückenloses Bild der Stromkräfte und hiermit zugleich der Sandwanderung in dem auf Abb. 14 dargestellten Gebiet ermittelt. Die Beziehung zwischen der Wirkung normaler Gezeitenverhältnisse und der höherer Sturmfluten mußte vorläufig durch Überlegungen theoretischer Art abgeleitet werden; diese Lücke kann das eindeutige Ergebnis der Untersuchungen nicht beeinträchtigen.

Abb. 16. Neues Deckwerk aus Basalt Neigung 1:4) am Ellenbogen.
Bildsammlung Marschenbauamt Husum, XVIII–15. Aufn. Ruhnke.

5. Die Darstellung des gegenwärtigen Kräftebildes und die nachgewiesene Übereinstimmung mit der ebenfalls festgelegten Formänderung der Küste und des Seegrundes läßt nunmehr die Gesamtrichtung der Entwicklung und damit gewisse Schlüsse auf die künftige Entwicklung der Küste und des angrenzenden Seegebietes zu.

6. Die eingehende Untersuchung der Formen, ihrer Veränderlichkeit und der die Veränderung bewirkenden Kräfte im Lister Tief haben zur Kenntnis der Entwicklung dieser Wasserstraße einen wichtigen Beitrag geliefert; allerdings hat sich hierbei herausgestellt, daß es mit der Kenntnis der Ursachen und der künftig zu erwartenden Richtung der Entwicklung sein Bewenden haben muß; eine wirksame Beeinflussung der Entwicklung der Wasserstraße „Lister Tief" durch technische Maßnahmen liegt nur zum geringen Teil im Bereich menschlichen Könnens.

7. Das im Bau befindliche Uferschutzdeckwerk am Ellenbogen soll die bisher bewegliche Uferlinie festlegen (Abb. 16). Diese Linie kann auf die Dauer nur gehalten werden, wenn es

gelingt, den Vorstrand gegen Abtrag zu sichern. Da nach den Untersuchungen mit einem – vielleicht nicht stetigen – weiteren Abtrag des Westrandes gerechnet werden muß, ist der Bau von zusätzlichen Schutzwerken in Gestalt von Buhnen notwendig. Aus den Ergebnissen der Untersuchungen ist ein Vorschlag für die Fußsicherung des im Bau befindlichen Deckwerks entwickelt worden. Der Vorschlag stützt sich auf die durch die Untersuchung gewonnene Erkenntnis, daß jeder gewaltsame Eingriff in den Gezeitenbereich, weil erfolglos und gefährlich, vermieden werden muß, daß aber die angreifenden Kräfte durch zweckmäßige Buhnenanordnung abgewiesen und die Anlandung in gewissen Grenzen gefördert werden kann.

D. Stand der Vorarbeiten im schleswig-holsteinischen Wattmeer.

In den angeführten Beispielen waren die Vorarbeiten zwar durch dringliche Bauaufgaben veranlaßt, sie sind aber entsprechend dem Ziel einer umfassenden Erforschung aller für Seebauten wichtigen Grundlagen (vgl. S. 67) weder auf den durch die Bauaufgabe beeinflußten, engeren Gezeitenbereich, noch auf die durch den Bauzweck gegebene Fragestellung beschränkt worden. Die Bauaufgaben waren lediglich maßgebend für den schnellen Beginn und die Auswahl der zuerst zu untersuchenden Wattgebiete. Über den durch die Sonderaufgaben gesteckten Rahmen hinaus sind für alle im Wattgebiet vor der schleswig-holsteinischen Westküste in Frage kommenden Seebauten umfassende Vorarbeiten geleistet:

1. Etwa die Hälfte des gesamten, trockenfallenden Wattgebietes ist erstmalig eingehend vermessen und das Ergebnis in Höhenplänen festgelegt worden. An Hand eines dauerhaften Festpunkt- und Standliniennetzes ist es jederzeit möglich, jede Formänderung dieses Gebietes durch Wiederholung der Vermessung genau zu ermitteln.

2. In Ergänzung und Ausweitung der Arbeiten zu 1. ist das gesamte Wattenmeer vor der schleswig-holsteinischen Westküste vom Festland bis zu den Außensänden lagemäßig im Luftbild aufgenommen und in entzerrten Luftbildplänen 1:10 000 festgehalten worden.

3. Der Aufbau im Untergrund des gesamten Wattenmeeres ist bis auf eine geringe Fläche zwischen Sylt und dem Festland durch Bohrungen festgestellt und aus den Bohrergebnissen die erdgeschichtliche Entwicklung geklärt worden. Hierdurch ist auch ein entscheidender Beitrag zur Küstensenkungsfrage geleistet worden.

4. Die Gezeitenkräfte sind für das Gebiet zwischen Elbe und Piep, für die Stromgebiete der Norderhever und der Süderau sowie für das nördlich und westlich Nord-Sylts gelegene Seegebiet eingehend untersucht und in Stromplänen niedergelegt, zum Teil auch schon für praktische Zwecke ausgewertet worden.

5. Für die lückenlose Beobachtung der Gezeitenwasserstände und deren Auswertung steht ein planmäßig ausgebautes, sorgfältig gewartetes Pegelnetz zur Verfügung, dessen Beobachtungsergebnisse allen Anforderungen des praktischen Seebaues genügen.

6. Die Sinkstoffbewegung (Schlickverfrachtung) ist für Teile des nordfriesischen Wattenmeeres und vor Süderdithmarschen eingehend untersucht worden; das Ergebnis ist für die Planung der Landgewinnung von ausschlaggebender Bedeutung geworden.

7. Die Untersuchung der Sandwanderung ist an mehreren Stellen eingeleitet, ihre Ausweitung auf den gesamten Grenzstreifen zwischen Wattenmeer und freier See ist infolge des Krieges noch in den Anfängen, sie wird eine der Hauptaufgaben bei voller Wiederaufnahme der Arbeit nach Kriegsende sein.

8. Für die praktische Zielsetzung der Landgewinnung sind eine Reihe wichtiger Vorarbeiten geleistet, durch welche

a) die geologischen, biologischen und bodenkundlichen Voraussetzungen für eine landwirtschaftliche Nutzung im Raum des ganzen nordfriesischen Wattenmeeres geklärt werden konnten,

b) die Nutzbarkeit von Wattboden bestimmter Zusammensetzung für landwirtschaftliche Zwecke durch biologisch-bodenkundliche Untersuchungen und dreijährige Versuche erwiesen werden konnte.

Die Ergebnisse der vorstehend geschilderten Vorarbeiten sind zum Teil in der vom Oberpräsidenten herausgegebenen Zeitschrift „Westküste"[1] veröffentlicht worden. Der größere Teil liegt aber vorläufig erst in Arbeitsberichten vor; diese stehen, soweit ihre Veröffentlichung nicht in absehbarer Zeit möglich sein wird, allen Dienststellen für ihre praktischen Aufgaben zur Verfügung.

---

[1] „Westküste", Archiv für Forschung, Technik und Verwaltung in Marsch und Wattenmeer. Herausgegeben vom Oberpräsidenten der Provinz Schleswig-Holstein.

IV. Schluß.

Die im schleswig-holsteinischen Wattengebiet geleisteten Vorarbeiten stellen den ersten Schritt auf dem Wege von den örtlich und zeitlich begrenzten und dadurch nur bedingt verwertbaren Untersuchungen zur umfassenden Raumplanung im Seebau dar. Sie werden geleitet von dem Gedanken, daß nur eine umfassende Kenntnis des Küstenraumes und der in diesem gestaltend wirksamen Kräfte die Gewähr für eine richtige Beurteilung der natürlichen Vorgänge und der von Menschenhand getätigten Eingriffe zu geben vermag. Der Raum und die Kräfte vor der schleswig-holsteinischen Westküste stehen aber weiter in Beziehung zu den Vorgängen in der freien See und in den benachbarten Küstengebieten. Das zeigt am deutlichsten der für alle Seebauten der Nordsee bedeutungsvolle Vorgang der Sandwanderung. Hieraus folgt, daß es notwendig ist, für einen Teil der Vorarbeiten im Seebau, vor allem für die Untersuchungen der Gezeitenbewegung und der Sand- und Schlickwanderung, eine enge Zusammenarbeit aller im Seebau an der Nordseeküste tätigen Stellen und Kräfte herbeizuführen. Erst wenn es gelungen ist, alle überörtlichen, großräumigen Untersuchungen nach grundsätzlich gleichen Verfahren durchzuführen und damit die Ergebnisse der Vorarbeiten vergleichbar zu machen, werden die Vorarbeiten das werden, was sie sein sollen: allgemein brauchbare Grundlagen für eine planmäßige Arbeit im Seebau.

Die Entwicklung der Fahrwasserverhältnisse in der Außenelbe[1].

Von Regierungsbaurat Dr.-Ing. **Walter Hensen**, Hamburg.

I. Ziel der Forschungen[2].

Die Fahrwasserverhältnisse in der Außenelbe[3], die im allgemeinen bisher den Anforderungen der Schiffahrt genügt haben, gaben noch keine unmittelbare Veranlassung, eingehendere Untersuchungen darüber anzustellen, wie sich die Elbemündung im Laufe der Zeit entwickelt und verändert hat und welche Kräfte hauptsächlich an ihren Umbildungen beteiligt sind. Trotzdem sind von der Wasserstraßendirektion Hamburg in den letzten Jahren solche Forschungen systematisch angestellt worden und nunmehr zu einem gewissen Abschluß gelangt. Zweck dieser Arbeiten war vor allem, bereit zu sein für die Forderung, das Fahrwasser in der Außenelbe weiter zu vertiefen. Bisher war die Erhaltung einer Tiefe von 10 m bei Mitteltideniedrigwasser (MTnw) die Aufgabe. In dem Staatsvertrag betreffend den Übergang der Wasserstraßen von den Ländern auf das Reich vom Jahre 1921 war in der Außenelbe bereits eine Tiefe von 11 m bei MTnw vereinbart worden, die bisher mangels eines entsprechenden Bedürfnisses nicht hergestellt worden ist. Angesichts des ständigen Wachsens der Abmessungen der großen Fahrgastschiffe (Abb. 1) ist es als durchaus möglich anzusehen, daß auch die Abmessungen der auf der Elbe verkehrenden Schiffe noch weiter zunehmen werden und damit eine Vertiefung weit über das bisherige Maß notwendig werden wird.

Wohl keiner der führenden Wasser- und Hafenbauer hält ein weiteres Wachsen der Schiffsgrößen, besonders ihres Tiefganges für wünschenswert. Aus den zum XVI.

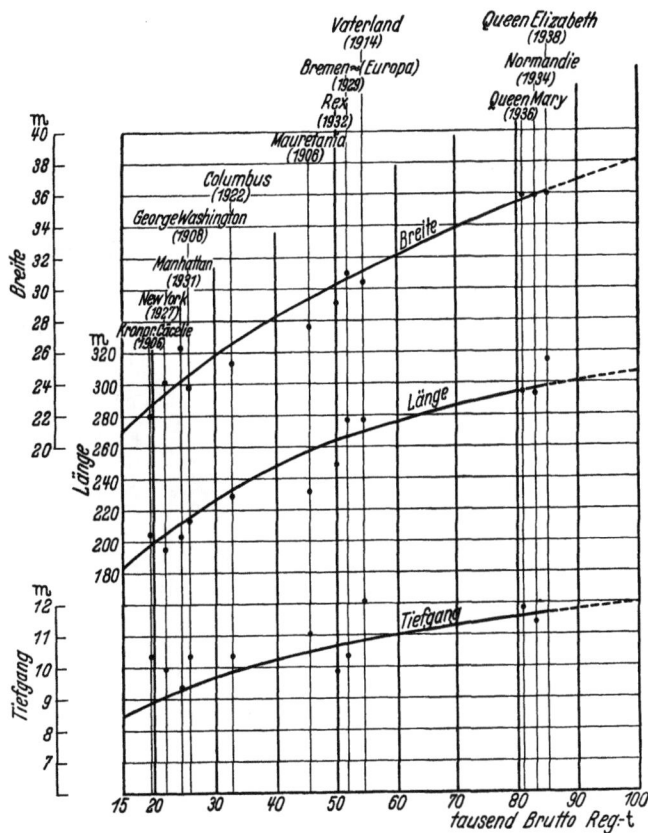

Abb. 1. Abmessungen großer Fahrgastschiffe.

Internationalen Schifffahrt-Kongreß 1935 [33][4] erstatteten Berichten gehen die ausführlich begründeten Bedenken hervor, die weitblickende Fachleute gegen die Entwicklung der größten Fahrgastschiffe vorbringen (s. a. [2]). Die Tatsachen sind jedoch bisher über derartige Erwägungen hinweggegangen; die Schiffsabmessungen wachsen weiter, im Tiefgange glücklicherweise verhältnismäßig langsamer als in den Längen und besonders in den Breiten. Der Wettstreit der Schiffahrtsgesellschaften, der nationale Ehrgeiz, das größte und schnellste Schiff zu besitzen, und das Verlangen nach immer größerer Geschwindigkeit im drohenden Wettbewerb mit der Luftfahrt sind bisher stets noch stärker gewesen als hemmende Rücksichten auf die vorhandenen oder noch erreichbaren Abmessungen der Häfen und ihrer Zufahrten und

---

[1] Von der Technischen Hochschule Berlin genehmigte Dissertation zur Erlangung der Würde eines Doktor-Ingenieurs. Berichter: Prof. Dr.-Ing. Agatz. Mitberichter: Geheimer Baurat Professor Dr.-Ing. e. h. de Thierry.

[2] Die in der Abhandlung benutzten Abkürzungen sind am Schluß zusammengestellt.

[3] Als „Außenelbe" gilt das Mündungsgebiet der Elbe unterhalb Cuxhavens.

[4] Die eingeklammerten Zahlen beziehen sich auf die am Schluß der Arbeit gegebene Zusammenstellung des Schrifttums.

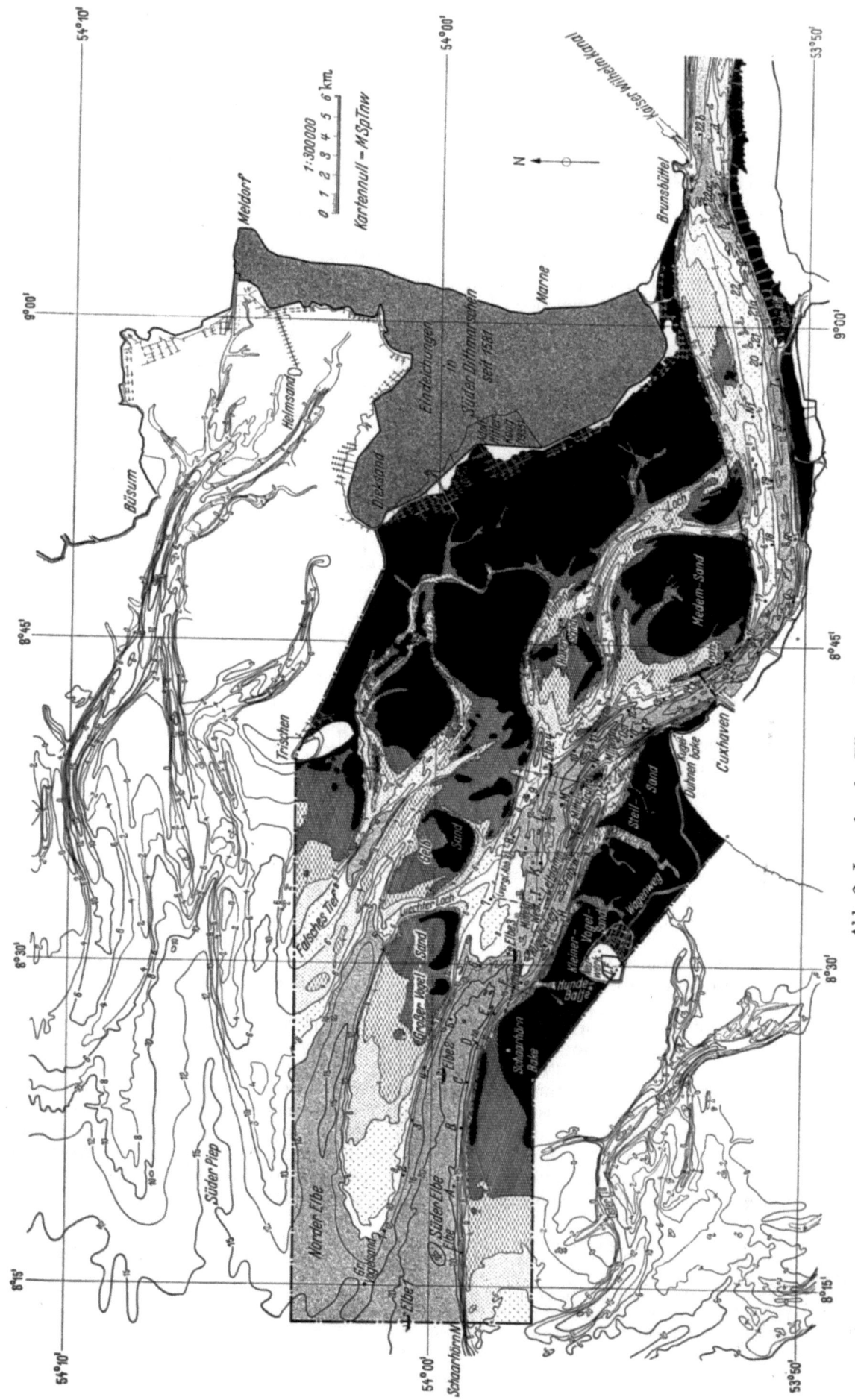

Abb. 2. Lageplan der Elbemündung. (Peilung von 1936).

auch stärker als wirtschaftliche Betrachtungen[5]. Die neueste Entwicklung des Schiffbaues, die in Deutschland bereits zu Hochdruckkesselanlagen bis zu 90 atü geführt hat, wodurch erhebliche Ersparnisse an Raum und Gewicht erreicht werden können, gestatten zwar auch eine Erhöhung der Geschwindigkeit ohne Vergrößerung der Schiffsabmessungen, jedoch bleibt abzuwarten, ob diese Möglichkeit wegen der erwähnten Prestigefragen entsprechend berücksichtigt werden wird. Beachtliche Stimmen haben sich auch aus nautischen und sogar aus Reederkreisen

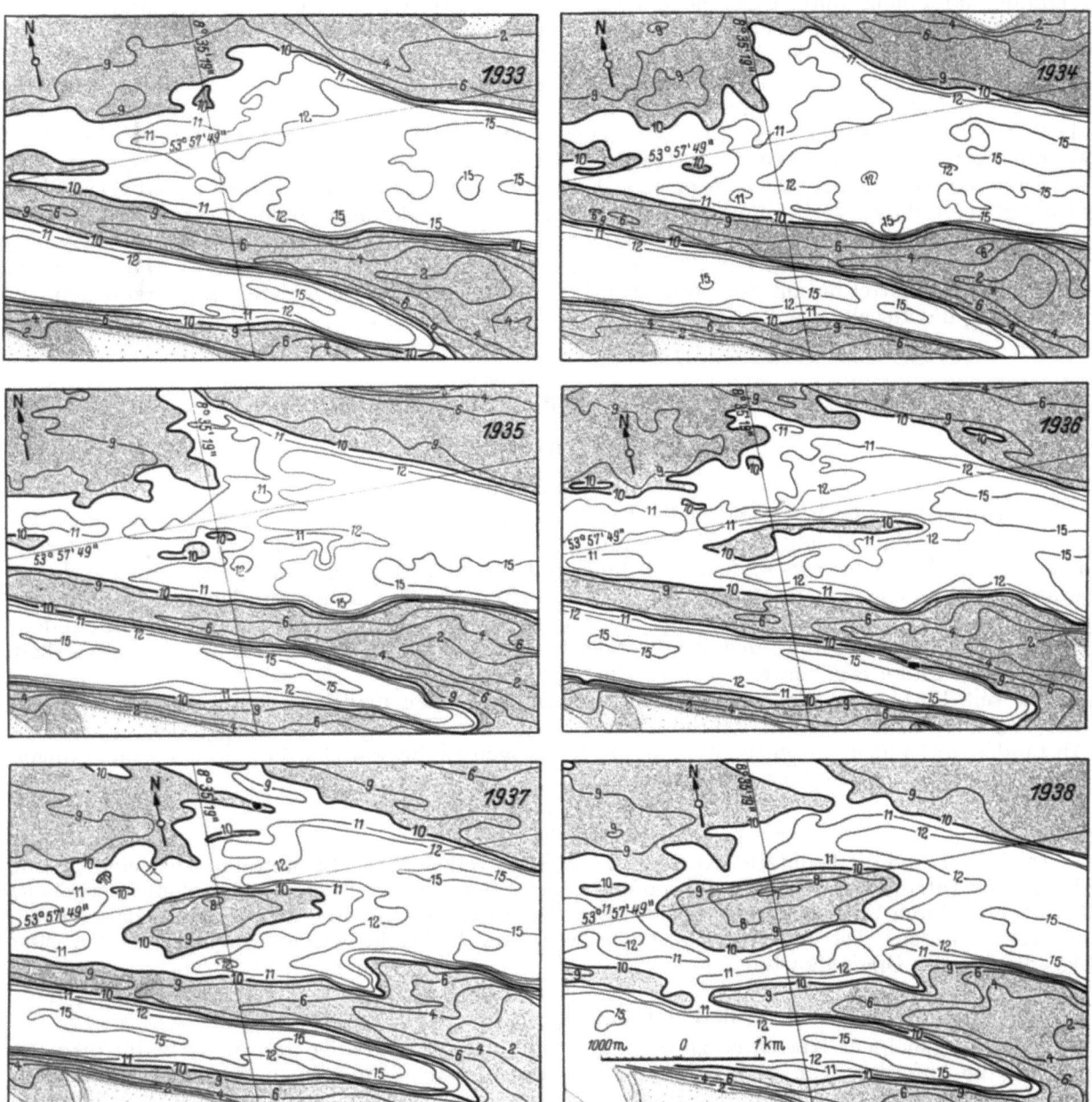

Abb. 3. Entwicklung des Luechter Grundes 1933 bis 1938 (Ausschnitt der Abb. 2).

[12, 13] vernehmen lassen, die mit den heutigen Abmessungen der großen Fahrgastschiffe die Grenze des praktisch Vertretbaren und seemännisch Möglichen für erreicht halten. Dennoch steht dem allen die seit jeher gemachte Erfahrung gegenüber, daß auf allen Lebensgebieten neue technische Entwicklungen und Fortschritte immer wieder zu unerwarteten und vorher nicht für möglich gehaltenen Lösungen schwieriger Probleme führten. Auch aus diesem Grunde ist es daher nicht sehr wahrscheinlich, daß das Ende der „Ozeanriesen" schon gekommen ist.

---

[5] Die „Normandie" hat entgegen allen Erwartungen im Jahre 1937 einen Betriebsüberschuß erzielt und gilt als beste Kapitalanlage der „Companie-Générale-Transatlantique" [12].

Außer der Absicht, der Forderung nach einer Fahrwasservertiefung gewachsen zu sein, rechtfertigt noch ein anderer Umstand den Versuch, den Gesetzen der natürlichen Entwicklung in der Elbemündung nachzugehen. Wie sich aus den späteren Ausführungen an dem Beispiele der Elbe ergeben wird, sind die Tideverhältnisse (Tidehub, Flut- und Ebbedauer, Wassermengen, Strömungsgeschwindigkeiten, Sielzugzeiten usw.) innerhalb des ganzen Tidegebietes eines Flusses in hohem Maße von der Entwicklung und dem Zustande der Flußmündung abhängig. Eine Regelung der Mündung kann daher unter Umständen auch von Nutzen für das übrige Tidegebiet sein.

Die Nützlichkeit vorsorglicher Forschungen hat sich im übrigen bereits bald nach ihrem Beginn gezeigt. Das Fahrwasser der Außenelbe beim Mittelgrund zwischen den Tonnen K und L (Abb. 2) ist zur Zeit in einer ungünstigen Entwicklung. Mitten in dem früheren Fahrwasser bildete sich eine Verflachung (seit 1938 „Luechter Grund" genannt), die jetzt (1939) stellenweise bereits weniger als 7 m unter Kartennull liegt (Abb. 3). Durch eine Verlegung der Fahrwasserbezeichnungen konnte dieser Verflachung, die mit vertretbaren Baggerungen nicht zu beseitigen war, ausgewichen werden. Die nachstehend wiedergegebenen Untersuchungen ließen den Zusammenhang zwischen dem Auftreten dieser Verflachung und langperiodischen Umbildungen in der Außenelbe erkennen.

Die anfangs nur als vorsorgliche Maßnahmen eingeleiteten Untersuchungen haben inzwischen durch die vom Führer im Februar 1939 angeordnete Verbesserung der Fahrwasserverhältnisse der Elbe von Brunsbüttel bis zur See praktische Bedeutung erlangt. Sie bildeten die Grundlagen zur Aufstellung des Regelungsentwurfes.

II. Grundlagen der Untersuchungen.

a) Kartenvergleich.

1. Allgemeines.

Die Erforschung der bettgestaltenden Kräfte wurde mit einer vergleichenden Untersuchung der geschichtlichen Entwicklung der Elbemündung begonnen. Hierfür standen 48 ältere Elbekarten aus der Mitte des 16. bis zum Ende des 19. Jahrhunderts zur Verfügung. Die Karten sind allerdings, je älter, desto weniger zuverlässig. Die älteren Karten konnten daher im allgemeinen nur dazu verwendet werden, offensichtliche Änderungen an der Lage, Gestalt und Bezeichnung von Sänden, Rinnen, Fahrwassern und Tonnen usw. vergleichend zu verfolgen. Erleichtert wurde diese Arbeit durch einige ältere Segelanweisungen [6, 16, 47, 79].

Die seit 1787 entstandenen Karten lassen zum Teil einen maßstäblichen Vergleich zu. Seit den 70er Jahren des vorigen Jahrhunderts sind genaue Peilungen in kurzen, meist jährlichen Abständen vorhanden, die einen guten und zuverlässigen Einblick in den Verlauf der Umbildungen innerhalb der letzten 70 Jahre gestatten.

2. Kartenverzeichnis.

In Tafel 1 sind die benutzten Karten im einzelnen verzeichnet. Im weiteren Text sind sie mit den in der Tafel fett gedruckten Jahren angeführt. Der auf den Karten meist nicht angegebene Maßstab ist durch Vergleich der Abstände fester Landmarken (Kirchen, Leuchttürme, Baken usw.) ermittelt worden. Die als Abb. 50—62 teilweise im Lichtbild wiedergegebenen Karten sind Ausschnitte der Originalkarten.

3. Bemerkungen zu den Karten.

Beim Vergleich der Karten ist zu bedenken, daß erst im Laufe der Jahre das Bedürfnis nach Karten, die Anforderungen an ihre Genauigkeit, sowie die Möglichkeiten zu genaueren Aufnahmen sowohl technisch (Entwicklung der Instrumente und der Geodäsie, sowie der Kartenprojektion) als auch wirtschaftlich gewachsen sind.

Man wird sich bei der Herstellung der Karten früher auf das Notwendigste beschränkt haben. Die Schiffahrt gab wegen des damals geringen Tiefganges der Schiffe noch keine Veranlassung, sich um die Verhältnisse der Elbemündung außerhalb des Fahrwassers viel zu kümmern. Die einzige und allein notwendige Fürsorge für die Schiffahrt hat zunächst in der Aufstellung und Auslegung der schon in den ersten Karten eingetragenen Seezeichen und Tonnen bestanden. Die Abmessungen der auf der Unterelbe verkehrenden Fahrzeuge richteten sich mehr nach den (schlechteren) Fahrwasserverhältnissen des oberen Stromlaufes.

Noch am Ende des 18. Jahrhunderts betrugen die üblichen Tiefgänge der Kauffahrteischiffe erst zwischen 4—6 m, nur Kriegsschiffe hatten Tiefgänge von 7—8 m [4], 1841 war das zahlenmäßige Verhältnis Segelschiffe : Dampfer noch rd. 5 : 1 bei einem Tiefgange der bis Hamburg fahrenden Segelschiffe von 1,5—5 m [31]. Von 2180 angekommenen Fahrzeugen leichterten bei

Die Entwicklung der Fahrwasserverhältnisse in der Außenelbe.

Blankenese 1841 nur 112 Schiffe mit einem Tiefgange von im Mittel 4,3 m. Die Tiefe des Fahrwassers bei Blankenese betrug damals bei halber Flut 10,5 Fuß = rd. 3 m gegen heute 10 m bei mittlerem Tideniedrigwasser. Von den 6032 im Jahre 1881 in Hamburg aus See angekommenen Schiffen hatten 5933 = rd. 98 vH einen Tiefgang unter 5,4 m [8].

Aus den Karten ist zu erkennen, daß sie ihrem Zwecke entsprechend im allgemeinen besonders der Wiedergabe von Fahrwasserbezeichnungen und bemerkenswerten Landmarken dienten. Gepeilt wurde recht spärlich und fast ausschließlich im Fahrwasser. Auch als die Landesaufnahme schon sehr vollkommen war, hat man sich bei der Darstellung der außerhalb des Fahrwassers gelegenen Sände und Rinnen mit sehr rohen, mehr skizzenhaften Umrissen begnügt (vgl. z. B. die Karte von 1787, Abb. 55). Die genauere Aufnahme eines Sandes war etwas ganz Besonderes. Hübbe [32] beschreibt anschaulich die Aufnahme der damals vor Cuxhaven liegenden Sandbank, der „Nord-Plate", durch Woltman in den Jahren 1786 bis 1790.

Auf den meisten Karten ist keine Höhe für das Kartennull angegeben; soweit etwas vermerkt ist, wird als Bezugshöhe „Niedrigwasser", „laag water", „ordin. niedrig Wasser" und auch „halwe Thy" genannt. Über die absolute Höhe des Niedrigwassers gibt aber keine Karte Auskunft. Man wird daher von vornherein gewisse Ungenauigkeiten in der Vergleichbarkeit von Tiefenangaben hinnehmen müssen, besonders in größerer Entfernung von dem Wasserstandsbeobachtungsort (wegen der unsicheren Beschickung der Wasserstände auf den Meßort). Hinzu kommt vielleicht noch eine Küstensenkung oder eine Hebung des mittleren Wasserstandes (MTmw), die in dem Untersuchungszeitraum von etwa drei Jahrhunderten immerhin schon einen größeren Betrag erreicht haben kann.

Zu einigen Karten seien noch kurze Bemerkungen gemacht:

Zahlentafel 1. Kartenverzeichnis.

Lfd. Nr.	Stromzustand vom Jahre	Herstellungsjahr der Karte	Hersteller	Maßstab ungefähr	Abb.
1	—	1568	Melchior Lorichs	—	
2	—	1588	L. J. Waghenaer, Leiden	—	50
3	—	1618	T. G. Repsold	—	
4	—	1628	Chr. Mollero	1 : 200 000	
5	—	1634	H. Hondius	1 : 500 000	51
6	—	1657	N. Piscatore	1 : 200 000	
7	um 1700 (a)	—	Guitet, Amsterdam	1 : 300 000	52
8	um 1700 (b)	—	G. Bodenehr	1 : 200 000	
9	1717	—	Homann, Nürnberg	1 : 600 000	
10	—	1721	S. Zimmermann	1 : 150 000	
11	—	um 1750	Hiddinga	1 : 125 000	
12	—	1751	Pingeling	1 : 240 000	
13	1753/68 (a)	um 1760 (a)	Joh. D. Trock	1 : 130 000	53
14	um 1753/68 (b)	um 1760 (b)	Guitet, Amsterdam	1 : 300 000	
15	1762/67	—	Pingeling	1 : 325 000	
16	—	1764	C. M. Wohlers	1 : 140 000	
17	—	1769	Andr. Höeg	1 : 1 200 000	
18	—	1775	C. M. Wohlers	1 : 125 000	
19	—	1776	S. Jansen, Husum	1 : 200 000	
20	—	1778	Joh. D. Trock	1 : 200 000	54
21	—	1779	C. M. Wohlers	1 : 150 000	
22	1787	—	J. Reinke	1 : 40 500	55
23	1791	1791	J. Mensing, Bremen	1 : 100 000	
24	—	1795	W. Heather, London	1 : 300 000	
25	1802	—	J. Reinke	1 : 120 000	56
26	—	1806	J. Reinke ?	1 : 100 000	
27	1812 (a)	1816	Beautemps-Beaupré	1 : 100 000	
28	1812/15/33	1812 (b)	Elbvermessungsbüro	1 : 100 000	57
29	—	1814	Dän. Kgl. Seek. Arch.	1 : 860 000	
30	1815	—	Schuback	1 : 82 500	
31	—	1818	Niederl. Seekarte	1 : 300 000	
32	1825 (a)	1825	Woltman	1 : 100 000	
33	1825 (b)	1825	Woltman	1 : 100 000	
34	—	1825/37	Hamburgische Behörden	1 : 140 000	
35	—	1827	Norie, London	1 : 270 000	
36	1831	1831	Woltman	1 : 100 000	
37	—	1835/37	Schuback	1 : 102 000	
38	—	1840	J. Bosse, Bremen	1 : 105 000	
39	—	1841	Dän. Kgl. Seek. Arch.	1 : 365 000	
40	1846	1846	Abendroth	1 : 82 000	58
41	—	1847	J. Bosse, Bremen	1 : 125 000	
42	1846/52/55	1855	Abendroth	1 : 40 500	59
43	—	1856	Hübbe	1 : 100 000	
44	1858	1858	Kgl. Preuß. Adm.	1 : 50 000	60
45	1858	1859	Kgl. Preuß. Adm.	1 : 100 000	
46	1866	1868	F. A. Meyer	1 : 100 000	61
47	1866/68/76	1876	Marine-Ministerium	1 : 100 000	
48	1866/72	1876	Senat, Hamburg	1 : 100 000	62

Anmerkung: Die Karten befinden sich in den Sammlungen der Wasserstraßendirektion, der Behörde Strom- und Hafenbau, der Commerzbibliothek und des Staatsarchives, sämtlich in Hamburg.

96 Die Entwicklung der Fahrwasserverhältnisse in der Außenelbe.

Karte von
1568 Die Karte scheint bei der Hervorhebung aller hamburgischen Anlagen, wie Tonnen, Baken usw. ziemlich propagandistisch aufgemacht worden zu sein.
Die vor 1568 herausgegebenen Karten haben für den Bereich der Elbemündung keinen vergleichbaren Wert.
1618 Die Karte stellt einen Plan des 1618 neu eingedeichten Landes vor der „Herrlichkeit Ritzebüttel" (Cuxhaven) dar. In ziemlich rascher Folge mußte der Deich jedoch wieder zurückverlegt werden [15].
um 1700(a) Das Entstehungsjahr der Karte ist nicht angegeben, es wurde daher näherungsweise
(Abb. 52) wie folgt bestimmt: Helgoland ist um 1711 durch Zerstörung des Wittkliffs von seiner Düne getrennt worden [5], auf der Karte besteht die Verbindung noch, daher wird die Aufnahme vor 1711 liegen. Aus der Länge von Baltrum ist mit den Angaben von Gaye [19] etwa das Jahr 1690 zu bestimmen. (Die 1661 ausgelegte „Rote Tonne" [3] ist auf der Karte schon enthalten.)

1787 Die Aufnahme des Landes und
(Abb. 55) der mit ihm in unmittelbarer Verbindung stehenden Watten ist erstmalig sehr gut, die Sände im Fahrwasser sind dagegen nur skizzenhaft eingetragen.

1802 Betreffs der Genauigkeit gilt das
(Abb. 56) zur Karte von 1787 Gesagte.

1806 Die Karte enthält die (wahrscheinlich) ersten Querschnittsaufnahmen.

1812(a) Diese auf Veranlassung Napoleons hergestellte Karte ist die erste vollständig neue Aufnahme der Elbe bis zur Mündung. Für maßstäbliche Vergleiche ist sie durchaus brauchbar, mit der relativ geringen Unsicherheit, die in der unbekannten Höhe des Kartennulls liegt. Herausgegeben wurde die Karte im Jahre 1821 [38].

1812(b) Es handelt sich um eine Um-
(Abb. 57) zeichnung der französischen Karte von 1812 mit Ergänzungen im nördlichen Wattengebiet bis 1833.

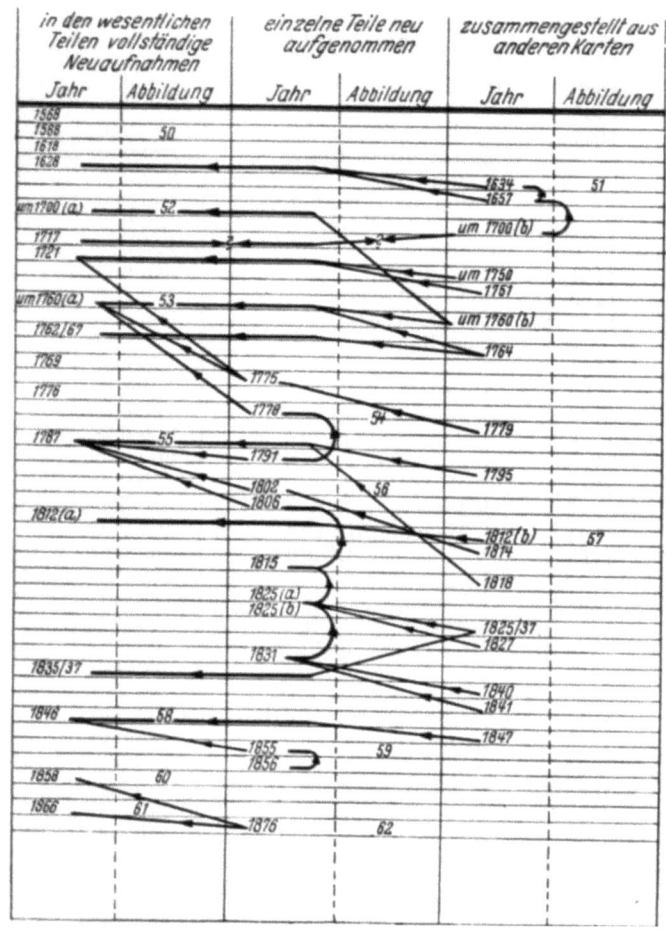

Tafel 2. Verflochtenheit der Elbekarten.

1815 Die Karte entstand vor Bekanntwerden der französischen Karte von 1812. Für die Genauigkeit gelten die Bemerkungen zu der Karte von 1787.
1846 Nach 1812 die erste brauchbare Neuaufnahme der Elbemündung.
(Abb. 58)
1855 Neu gegen die Karte von 1846 ist das Gebiet um den Kleinen und Großen Vogel-
(Abb. 59) sand.
1858 Die erste preußische Admiralitätskarte.
(Abb. 60)
1866/1876 Diese Karten bilden den Übergang zu den folgenden, regelmäßigen und einheitlichen
(Abb. 61 Aufnahmen der hamburgischen Behörden und der Marine.
und 62)

Aus einem Vergleich der in den Karten enthaltenen Einzelheiten ging hervor, daß sie in ihrer Entstehung vielfach miteinander verflochten sind. Tafel 2 zeigt das Ergebnis dieser Untersuchungen. Die Pfeile darin weisen jeweils zu den Karten, auf die sich die Herausgeber neuer Karten offenbar gestützt haben.

Die größte Schwierigkeit, aus solchen lediglich vergleichenden Feststellungen die ursächlichen Zusammenhänge von Stromveränderungen abzuleiten, liegt in der Beurteilung dessen, was Ursache und was Wirkung ist. Bei dem Ineinandergreifen zahlreicher Kräfte und durch sie bedingter Vorgänge, die sich zum Teil wieder wechselseitig beeinflussen, bedarf es daher außer dem Kartenvergleich noch eingehender theoretischer Untersuchungen, die ihrerseits auch erst durch Messungen und Beobachtungen in der Natur eine brauchbare und verläßliche Grundlage erhalten.

b) Grundsätzliche Bemerkungen zu einigen Problemen im Tidegebiet.

Die folgenden Ausführungen über einzelne Probleme des Tidegebietes sollen als Grundlagen für die Deutung von Messungsergebnissen, über die im Abschnitt IIc) berichtet wird, und für die vergleichende Beurteilung der alten Elbekarten dienen. Außerdem bilden sie in Verbindung mit den Messungsergebnissen den Ausgangspunkt der Überlegungen, die eine Verbesserung der Fahrwasserverhältnisse in der Elbemündung bezwecken.

Zur besseren Erläuterung sollen an einzelnen Stellen Beispiele aus der Natur, die nicht nur aus dem Elbegebiet stammen, herangezogen werden.

1. Orbitaltheorie.

Die Tidewelle ist nach der Orbitaltheorie als eine Gravitationswelle aufzufassen. Alle Teilchen der Wassermasse führen lediglich kreisende Bewegungen aus, die einzelnen Teilchen behalten dabei

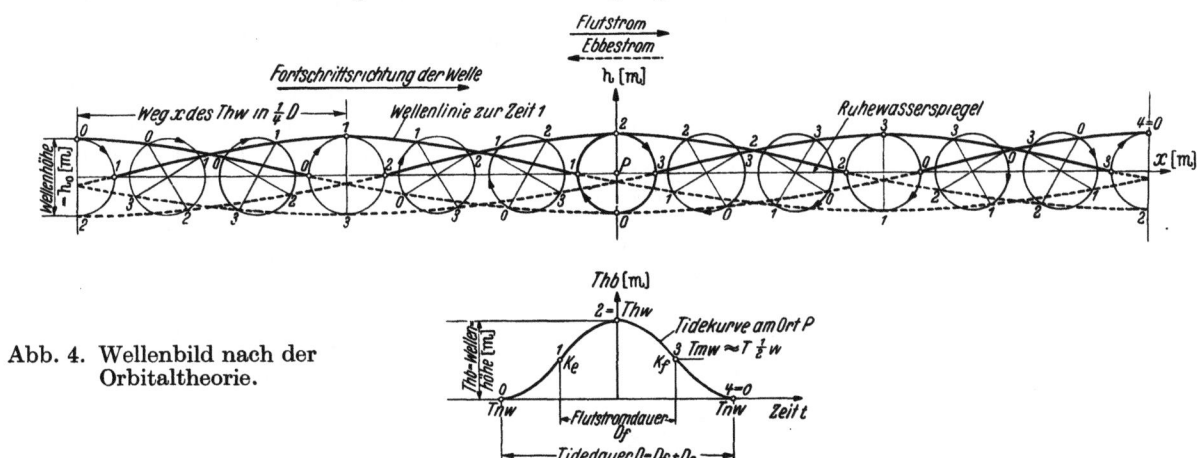

Abb. 4. Wellenbild nach der Orbitaltheorie.

ihre gegenseitige Lage bei. Auf Abb. 4 oben ist dargestellt, wie dadurch an der Wasseroberfläche eine fortschreitende Welle auftritt. Die Zahlen an den Kreisen geben die Lage der einander entsprechenden kreisenden Wasserteilchen zur Zeit 0, 1, 2, 3 an. Die Verbindungslinien von gleichen Zeitpunkten sind die Bilder der Wasseroberfläche. Man erkennt, daß die Welle (Tidewelle) sich bei der angenommenen Rechtsdrehung der Wasserteilchen ebenfalls nach rechts fortpflanzt und daß oberhalb der Mittellage, d. h. im Wellenberg die Strömung (als Flutstrom) in Richtung des Fortschreitens der Welle fällt, während der Ebbestrom im Wellental entgegengerichtet ist. Beim Vorbeilaufen an einem festen Beobachtungsort P wird der zeitliche Vorgang dem Beobachter in der auf Abb. 4 unten dargestellten Weise erscheinen. Der Wasserstand beschreibt, über die Zeit t aufgetragen, eine Sinuslinie. Die Stromrichtung ändert sich (der Strom „kentert") jeweils beim Durchgang durch die Mittellage. (K_e = Kenterung von Ebbe- auf Flutstrom, K_f = Kenterung von Flut- auf Ebbestrom.) Man erkennt außerdem als bemerkenswert, daß die Strömungsgeschwindigkeiten zur Zeit des höchsten und niedrigsten Wasserstandes (bei Thw und Tnw) am größten sind.

Tatsächlich sind in Tideflüssen die Bahnen der Wasserteilchen aus verschiedenen Gründen, auf die einzugehen zu weit führen würde (vgl. [77]), keine Kreise, sondern sehr flache Ellipsen. Auch die Mittellage (Tidemittelwasser) befindet sich nicht genau in der Mitte zwischen den Wellenscheiteln. An dem grundsätzlichen Bilde ändert das aber nichts.

2. Reflexion.

Wird die Tidewelle an einem Hindernis, z. B. an einem Wehr reflektiert, dann läuft an der in einiger Entfernung von der Reflexionsstelle gelegenen Stelle P nicht nur die Welle a (Abb. 5 oben) auf, sondern mit der Phasenverschiebung Δt auch die Welle b ab. Die Wellen haben dabei entgegengesetzte Fortpflanzungsrichtungen, die auflaufende Tidewelle a hat in dem Zeitabschnitt von K_{ea} bis K_{fa} Flutstrom, die ablaufende (reflektierte) Tidewelle b in dem Zeitabschnitt K_{fb} bis K_{eb} für den Beobachter an der Stelle P Ebbestrom, da die Fortpflanzungsrichtung und Strömungsrichtung im Wellenberg dieser Welle nach links gerichtet sind.

Beide Wellen überlagern sich, sowohl in den Wasserständen als auch in den Strömungen. Die stark ausgezogene Linie in der Abb. 5 oben ist die zusammengesetzte Tidekurve an der Stelle P. Nur diese Kurve, nicht die beiden Einzelkurven, kann in der Natur beobachtet und von selbstschreibenden Pegeln aufgezeichnet werden.

Die Überlagerung der Strömungen ist ebenfalls aus der skizzierten Darstellung in Abb. 5 oben zu entnehmen. Am Schnittpunkt der beiden Kurven a und b haben beide Wellen gleiche, aber entgegengesetzte Strömungsgeschwindigkeiten, es herrscht also „Stauwasser".

Da beide Wellen gleiche Höhe (gleichen Tidehub) besitzen, fallen die Scheitelpunkte der zusammengesetzten Tidekurve mit Stauwasser zusammen, d. h. die Strömungen kentern bei Thw und Tnw (stehende Welle). Der Tidehub der zusammengesetzten Tidekurve ist an der Reflexionsstelle theoretisch doppelt so groß wie der Tidehub der Ursprungswelle.

In der Natur kann es nicht vorkommen, daß eine reflektierte Welle in einiger Entfernung von der Reflexionsstelle dieselbe Größe wie die Ursprungswelle hat, da die Welle in ihrem Arbeitsvermögen während des Fortschreitens ständig durch die Bettreibung geschwächt wird. Je nach der Größe des Energieverlustes wird daher die reflektierte Welle gegen die Ursprungswelle verkleinert bei P vorbeilaufen. Die Folge davon ist eine Verschiebung sowohl der Scheitelpunkte der zusammengesetzten Welle als auch der Kenterpunkte. Die Abb. 5 unten stellt diesen Zusammenhang schematisch dar.

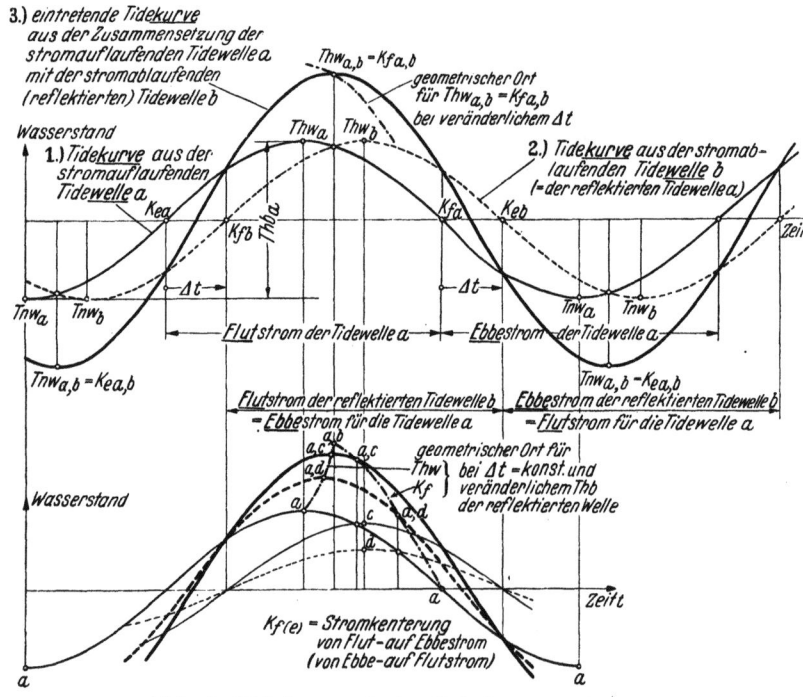

Abb. 5. Tidekurven bei reflektierten Tidewellen.

Kurve a: Tidekurve der Ursprungswelle (Tidewelle läuft stromauf)

Kurve b: Tidewelle der reflektierten Ursprungswelle (Tidewelle läuft stromab) — ohne Energieverlust ($Thb_b = Thb_a$)
„ c: mit „ ($Thb_c < Thb_a$) $\Delta t =$ konst
„ d: „ „ ($Thb_d < Thb_c$)

Das Bemerkenswerteste ist hierbei, daß, je kleiner die Reflexionswelle ist, desto später nach Thw (entsprechend nach Tnw) die Strömung kentert.

Diese von Krey [37] zur Ermittlung des Arbeitsvermögens einer Tidewelle benutzten Beziehungen sind ein brauchbares Mittel zur Erkenntnis und Beurteilung der Strömungsvorgänge in Tidegebieten. Je mehr Energie die in einen Fluß einlaufende Tidewelle für die — durchaus erwünschte und beabsichtigte — Reibungsarbeit (Sohlenräumung) abgegeben hat, desto kleiner wird die zurückgeworfene Welle werden. Je weniger Reflexionen die einlaufende Welle erleidet, desto höher kann sie auflaufen und für die Sohlenräumung ausgenutzt werden, in desto kleinerer Größe kommt die zurückgeworfene, wieder auslaufende Welle bei P vorbei und desto später nach Thw und Tnw kentert dann die Strömung.

Vergleichsweise sei erwähnt, daß die Stromkenterung auf der Ems (bei der Knock) rd. ½ Std. [67], auf der Jade (bei Wilhelmshaven) rd. ¼ Std. [52], auf der Weser (bei Bremerhaven) rd. 1 Std. [62] und auf der Elbe (bei Cuxhaven) rd. 1½ Std. (s. u.) nach Thw und Tnw eintritt. Die Unterschiede an den einzelnen Strömen entsprechen der Stärke der Tidewellen-Reflexion und der Entfernung von der Reflexionsstelle.

3. Tidehub und Regelungsmaßnahmen.

Eine der wichtigsten gewässerkundlichen Fragen bei Eingriffen in einen Tidefluß ist die Frage nach der Änderung des Tidehubes, von dessen Größe wiederum die Höhe des Thw (Deichsicherheit) und des Tnw (Marschenentwässerung), sowie zum Teil auch die Durchflußwassermengen abhängen.

Über die Wirkung einer vollständigen Abdämmung eines Tideflusses auf die Größe des Tidehubes bestehen keine Meinungsverschiedenheiten. Daß sich dabei infolge der Reflexion der Tidehub vergrößert, meist durch eine Hebung des Thw und durch eine Senkung des Tnw, ist aus Theorie und Praxis hinreichend bekannt (vgl. die schematische Darstellung in Abb. 6 A). Als neuere Beispiele seien genannt:

a) Die Abdämmung der Eider bei Nordfeld. Das MThw hat sich an der Abdämmungsstelle um 14 cm gehoben, das MTnw um 65 cm gesenkt. Mit zunehmender Entfernung von der Abdämmungsstelle nehmen diese Maße ab, die Tatsache einer Vergrößerung des Tidehubes durch Hebung des MThw und Senkung des MTnw bleibt aber bestehen [74].

b) Die Modellversuche der Preußischen Versuchsanstalt für Wasser-, Erd- und Schiffbau in Berlin für eine Abdämmung der Durme [74, 75].

Ein Hindernis im Strom, das dem unbehinderten Auflaufen der Tidewelle entgegensteht, kann einer teilweisen Abdämmung gleichgesetzt werden. Das Hindernis kann bestehen in einer Barre, in einer zu starken Krümmung, in einer Strombettverwilderung usw.

Eine Beseitigung des Hindernisses durch eine Stromregelung ist der umgekehrte Fall einer teilweisen Abdämmung (Abb. 6 B). Es kann daher nicht zweifelhaft sein, daß als Folge davon

1. unterhalb der Regelungsstrecke eine Verringerung des Tidehubes, im allgemeinen durch Senkung des Thw und Hebung des Tnw und
2. oberhalb der Regelungsstrecke eine Vergrößerung des Tidehubes, im allgemeinen durch Hebung des Thw und Senkung des Tnw und
3. ein Höherrücken der Flutgrenze eintreten wird. Voraussetzung ist, daß der Tidefluß an der Flutgrenze nicht abgedämmt ist.

Diese Folgen bei einer Regelung im Tidegebiet müssen eintreten, wenn auch natürlich je nach den Umständen in verschiedener Größe. Etwas, jedoch nicht grundsätzlich anders ist es, wenn der Tidefluß unterhalb der Flutgrenze bereits abgedämmt ist oder im Zusammenhang mit einer Regelung abgedämmt wird.

Während ohne Abdämmung als Folge einer Regelung ein Stromaufrücken der Flutgrenze eintritt, kann das nicht geschehen, wenn der Fluß abgedämmt ist.

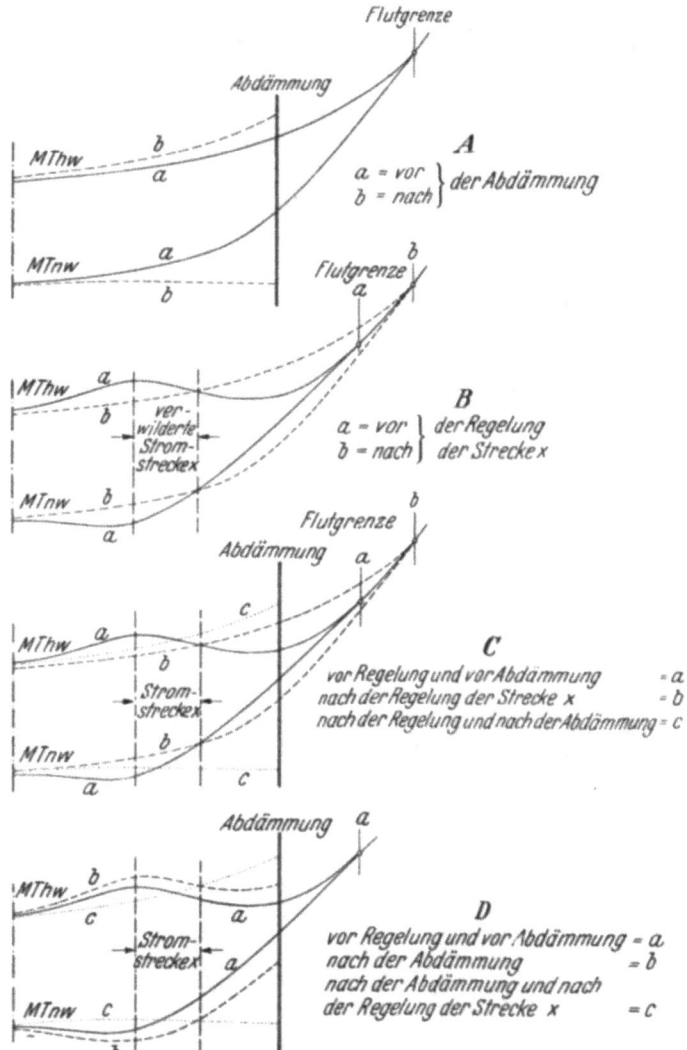

Abb. 6. Änderung des Tidehubes durch Abdämmung und Regelung eines Tideflusses.

Dagegen wird die Tidewelle auf ihrem Wege bis zur Abdämmungsstelle nach einer Regelung weniger reflektiert als vor der Regelung, sie trifft also mit —gegen früher—vergrößertem Arbeitsvermögen an der Abdämmungsstelle ein. Das ganze aus Energie der Lage und der Bewegung bestehende Arbeitsvermögen wird hier in Energie der Lage umgesetzt, der Tidehub wird also oberhalb der Regelungsstrecke noch stärker vergrößert, als wenn der Fluß nicht abgedämmt wäre. Die Tidewelle reflektiert dann an der Abdämmungsstelle vollständig und schwingt zurück, wobei im Vergleich zu dem Zustande vor der Abdämmung und vor der Regelung eine Vergrößerung der Tidehübe auch noch innerhalb und unterhalb der Regelungsstrecke eintreten kann. Die Abb. 6 C und 6 D stellen schematisch die Veränderungen für die beiden Fälle dar:

1. zuerst Regelung und dann Abdämmung,
2. zuerst Abdämmung und dann Regelung.

Die Bilder entstehen durch sinngemäßes Übereinandersetzen der Abb. 6 A und 6 B.

Bei der Vergrößerung des Tidehubes sind die Hebung des Thw und die Senkung des Tnw auf den Ruhewasserstand (Tmw) zu beziehen. Wenn dieser Ruhewasserstand (und damit auch Thw und Tnw) durch künstliche Maßnahmen, z. B. Baggerungen, gesenkt wird, kann es eintreten, daß das Thw trotz relativer Hebung schließlich absolut niedriger liegt als vor der Abdämmung und vor der Regelung (Beispiel: Weser bei Bremen).

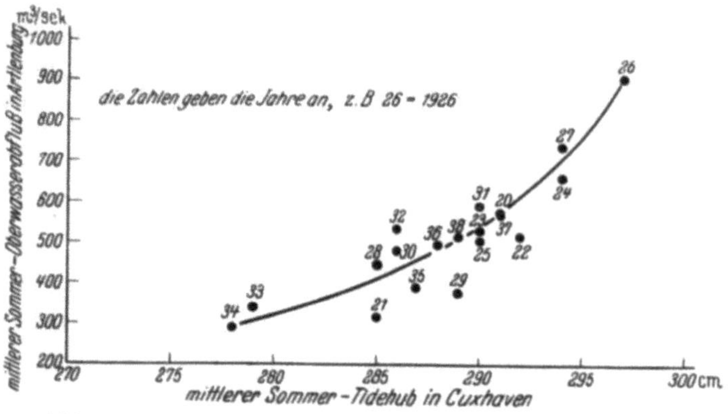

4. Tidehub und Oberwasser.

Auch das Flußoberwasser stellt in dem obigen Sinne ein „Hindernis" für das Auflaufen einer Tidewelle dar. Dieses Hindernis tritt in einer Verringerung der Flutströmungsgeschwindigkeiten auf der ganzen Länge des Flußtidegebietes in Erscheinung. Z. B. muß bei steigendem Oberwasser und bei Annahme einer von See in gleicher Größe (besser: mit gleichem Vorrat an Arbeitsvermögen) einlaufenden Tidewelle eine relative Vergrößerung des Tidehubes in der Nähe der Strommündung eintreten, da die einlaufende Tidewelle stärkere Widerstände (Hindernisse) findet und daher stärker reflektiert wird als bei geringerem Oberwasser. Stromauf muß dann die Vergrößerung des Tidehubes allmählich geringer werden, da relativ immer weniger Energie stromauf gelangt. Schließlich wird man im höhergelegenen Tidegebiete eine Verkleinerung des Tidehubes vorfinden. Die Flutgrenze rückt dadurch, wie bekannt, stromab.

Auf kurze Formel gebracht:
Mit dem Oberwasser nimmt der Tidehub an der Mündung zu und ab.

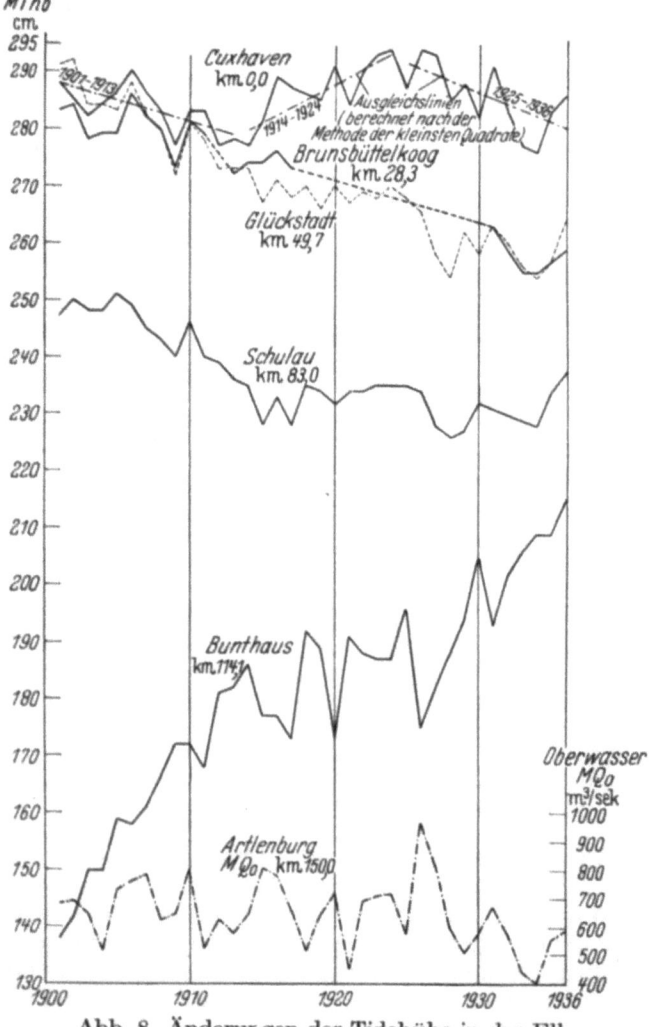

Abb. 7. Abhängigkeit des Tidehubes in Cuxhaven vom Oberwasser der Elbe.

Abb. 8. Änderungen der Tidehübe in der Elbe.

Abb. 7 gibt die Beziehung zwischen dem Oberwasserabfluß in Artlenburg (der Flutgrenze der Elbe, 150 km oberhalb Cuxhavens) und dem Tidehube in Cuxhaven wieder. Da die Winteraufzeichnungen der Schreibpegel häufig durch Eisgang oder Frost gestört oder unterbrochen sind, wurden nur die (einwandfreien) Sommermittel für die Auswertung benutzt. Die noch vorhandene Streuung von der willkürlich eingezeichneten Ausgleichkurve erklärt sich durch die Schwankungen in der Größe der Ursprungstidewelle aus astronomischen oder meteorologischen Einflüssen, auch aus natürlichen Veränderungen des Strombettzustandes oder durch Regelungsmaßnahmen.

5. Bedeutung des Tidehubes.

Es ist vielleicht nicht unangebracht, an dieser Stelle darauf hinzuweisen, daß die Größe des Tidehubes allein kein Kennzeichen für die Güte der Tideverhältnisse und damit Strömungsverhältnisse in einem Tideflusse ist. Die verbreitete und gefühlsmäßige Ansicht, daß eine Stromregelung im Tidegebiet eine allgemeine Vergrößerung des Tidehubes zur Folge haben müßte und wunschgemäß auch haben sollte, trifft nicht den Kern der Sache, wie sich aus dem Vorhergehenden ergibt. Diese Ansicht wird von der Vorstellung beherrscht, daß mit einer Vergrößerung des Tidehubes zwangläufig eine Vergrößerung der Durchflußwassermengen bei Flut- und Ebbestrom auf der ganzen Stromstrecke verbunden ist. Aus dem Vorherigen und den Skizzen in Abb. 6 ist zu erkennen, wann dies zutrifft und wann nicht. Der Schluß „Größerer Tidehub = größere Durchflußwassermenge" ist daher nicht allgemein gültig.

Einem Zuwachs an Flutraum durch Stromaufrücken der Flutgrenze wird — von der Mündung aus gesehen — eine Verminderung des Flutraumes durch Verringerung des Tidehubes auf der unteren Stromstrecke gegenüberstehen. Das eine oder das andere kann überwiegen. Insgesamt können also dann der Flutraum und damit auch die Durchflußmengen größer oder kleiner werden.

Die angedeuteten Beziehungen erlauben, — selbstverständlich immer nur unter Beachtung aller sonstigen Einflüsse — aus Veränderungen der Tidegröße auf die Bedeutung von Veränderungen im Strombett Rückschlüsse zu ziehen.

Aus einem im Laufe der Zeit größer werdenden Tidehub kann man auf eine Verschlechterung der oberhalb oder auf eine Verbesserung der unterhalb gelegenen Stromstrecke schließen und umgekehrt aus einer Verkleinerung des Tidehubes auf eine Verbesserung der oberhalb oder Verschlechterung der unterhalb gelegenen Strecke. Dies gibt ein Mittel an die Hand, die erwünschte Wirkung oder die Notwendigkeit von Strombaumaßnahmen zu erkennen.

6. Beispiele.

Elbe: Abb. 8 zeigt die zeitlich wechselnde Größe der Tidehübe an einigen Pegeln der Elbe. In Brunsbüttelkoog und in Glückstadt haben die Tidehübe seit 1901 unter Schwankungen abgenommen, der Tidehub in Schulau hat bis 1915 ebenfalls abgenommen, ist seitdem aber ungefähr gleich groß geblieben, während er in Bunthaus stark gewachsen ist. Die ersten größeren Regelungsmaßnahmen auf der Unterelbe fanden in den Jahren 1897 bis 1902 in Form von Baggerungen bei Nienstedten statt, es folgten 1902 bis 1904 Baggerungen bis zur Lühe und 1910 bis 1913 die Regelung des Stromes zwischen Altona und Brunshausen, 1925 bis 1936 die Teilregelung bei der Ostebank und 1928 bis 1935 bei dem Pagensand

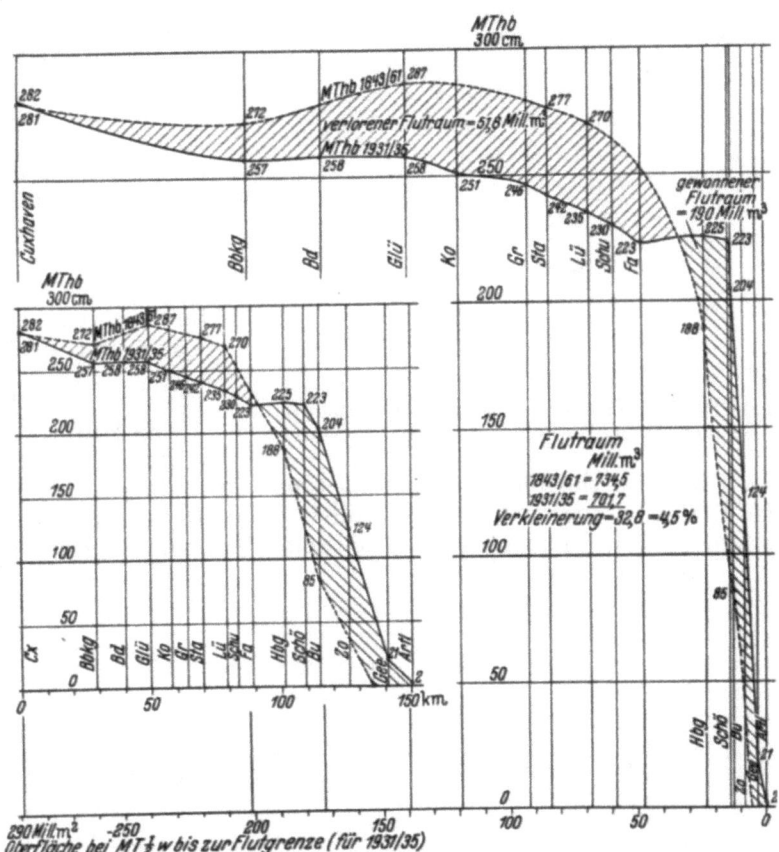

Abb. 9. Änderung des Flutraumes in der Elbe 1843/61 bis 1931/35.

[64]. Nebenher laufen erhebliche Erweiterungsarbeiten im Hamburger Hafen. Besonders die Stromregelung von Altona bis Brunshausen hat wider damaliges Erwarten den Tidehub in Schulau nicht vergrößert, sondern verkleinert, was nach dem Vorhergesagten verständlich sein wird.

Von dem Verlauf des Cuxhavener Tidehubes wird später noch zu sprechen sein.

Besonders augenfällig zeigt Abb. 9 die Änderung der Tidehubgröße in der Elbe. Gegenübergestellt sind (in der Zeichnung links) die Tidehübe im Mittel der Jahre 1843/61 [44] und 1931/35. Im unteren Stromgebiet haben die Tidehübe ab-, im oberen zugenommen. Für die Beurteilung der Flutraumveränderung ist die andere, in Abb. 9 enthaltene, über die Oberfläche aufgetragene Darstellung zweckmäßiger. Die Flächen zwischen den Verbindungslinien der Tidehübe stellen unmittelbar die Flutraumänderungen dar. Die Vergrößerung der Tidehübe im oberen Stromgebiet hat die Verminderung des Flutraumes durch Verkleinerung der Tidehübe im unteren Stromlauf nicht wettgemacht, insgesamt hat sich der Flutraum der Elbe um rd. 4,5 vH verkleinert. Bezüglich des 1843/61 und 1931/35 ungefähr gleich großen Tidehubes in Cuxhaven ist zu sagen, daß er durch örtliche Einflüsse (Strombettverengung), auf die später eingegangen werden wird, vergrößert worden ist. Er hätte sonst nicht seine alte Größe beibehalten können.

Die Verkleinerung der Tidehübe im Unterlauf der Elbe hat vor allem eine Hebung der Tnw zur Folge gehabt, ein Umstand, der für die Entwässerung der Elbemarschen durch die Verkürzung der Sielzugzeiten ungünstig werden kann und teilweise bereits geworden ist.

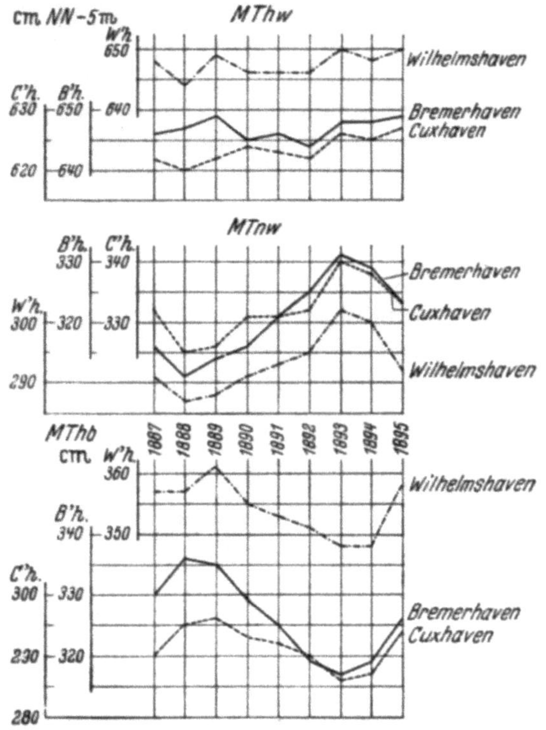

Weser: Der Ausbau der Unterweser ist das klassische Beispiel einer erfolgreichen Stromregelung im Tidegebiet. Die Hauptpunkte der Regelungsziele und -maßnahmen können als bekannt vorausgesetzt werden [17, 36, 62]. Abb. 10 zeigt die Änderungen der Wasserstände und Tidehübe in Bremerhaven, Wilhelmshaven und Cuxhaven während des ersten Weserausbaues (1887/95) vor der Abdämmung bei Hemelingen. Entgegen den damaligen Erwartungen [17] ist eine relative, an sich unbedeutende Verkleinerung des Tidehubes in Bremerhaven eingetreten. Man wird annehmen dürfen, daß diese Verkleinerung durch die späteren Ausbauten der Unterweser noch stärker geworden wäre, wenn nicht durch die Errichtung des Wehres bei Hemelingen eine Vergrößerung der Tidehübe noch bis Bremerhaven verursacht worden wäre.

Clyde: Nach Angaben von Cunningham [86] ist das Tnw auf dem Clyde bei Glasgow infolge der umfangreichen Regelungsmaßnahmen seit 180 Jahren um 3,35 m gesunken. Die mittlere Fahrwassertiefe betrug bei Tnw 1870 erst 5,5 m, 1914 bereits 7,3 m und 1937 7,6—8,4 m.

Abb. 10. Mittlere Wasserstände und Tidehübe in Bremerhaven, Wilhelmshaven und Cuxhaven.

7. Lage der Kenterpunkte.

Es wurde in Nr. 2 dieses Abschnittes bereits erwähnt, daß die Stromkenterung bei einer ungestörten Tidewelle theoretisch bei mittlerem Wasserstande eintritt, daß sie sich je nach der Stärke der Reflexion verfrüht und bei vollständiger Reflexion mit den Wellenscheiteln (Tnw und Thw) zusammenfällt. Es ist möglich, die zeitliche Lage der Kenterpunkte für jeden Querschnitt eines Tideflusses rechnerisch zu ermitteln [26]. Es müssen dazu nur die Tidekurven von dem betreffenden Querschnitt bis zur Flutgrenze und der gleichzeitige Oberwasserabfluß bekannt sein. Abb. 11 enthält als Beispiel die zeitliche Lage der Kenterpunkte bei mittlerer Tide auf der Elbe von Cuxhaven bis Hamburg.

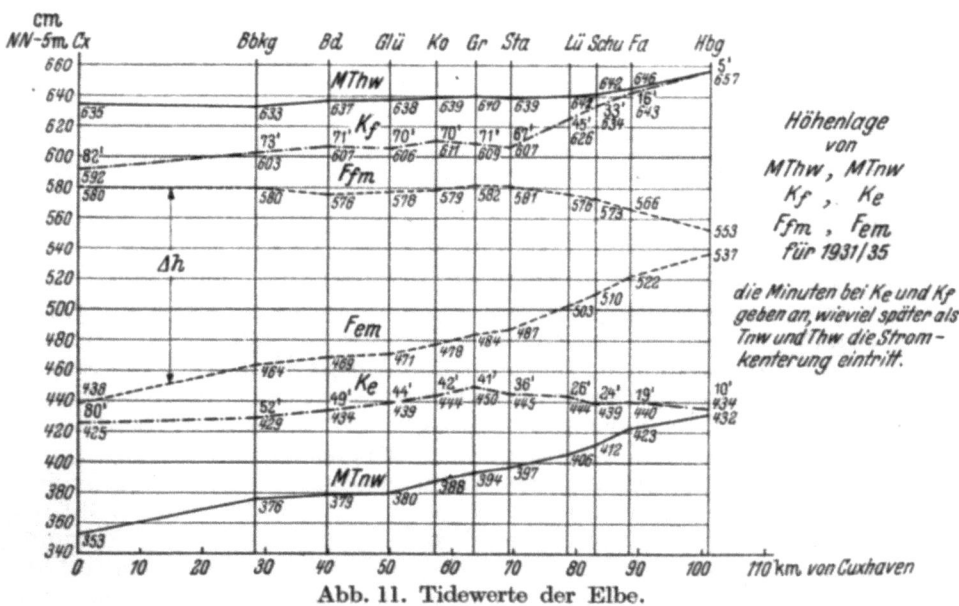

Abb. 11. Tidewerte der Elbe.

Der Lage der Kenterpunkte kommt eine besondere praktische Bedeutung zu. Da die Flutströmung wegen der Verspätung des Stromkenterns gegen den Eintritt des Thw bei höheren Wasserständen stattfindet als die Ebbeströmung (Abb. 12), ist der mittlere Durchflußquerschnitt bei Flutströmung $[F_{fm}]$ größer als bei Ebbeströmung $[F_{em}]$. Das Querschnittsverhältnis $F_{fm} : F_{em}$ ist größer als 1. Abgesehen von dem Oberwasser muß im Mittel in einer Tide die als Flutstrom auflaufende Wassermenge $[T_f]$ als Ebbestrom $[T_e]$ wieder ablaufen.

Mit den Näherungsgleichungen
$$T_f = Q_{fm} \cdot D_f = v_{fm} \cdot F_{fm} \cdot D_f \text{ und} \tag{1}$$
$$T_e = Q_{em} \cdot D_e = v_{em} \cdot F_{em} \cdot D_e \tag{2}$$
ergibt sich daher aus der Bedingung $T_f = T_e$
$$\frac{v_{em}}{v_{fm}} = \frac{F_{fm}}{F_{em}} \cdot \frac{D_f}{D_e} . \tag{3}$$

Auf der rechten Seite ist im allgemeinen der Ausdruck $\frac{F_{fm}}{F_{em}} \gtreqless 1$[6], der Ausdruck $\frac{D_f}{D_e} \leq 1$, das Produkt aus beiden somit $\lesseqgtr 1$.

Je größer die Wassertiefen sind, desto mehr nähert sich der Ausdruck F_{fm}/F_{em} der 1. Da im Gebiet der deutschen Nordseeküste die mittlere Flutdauer D_F kleiner ist als die mittlere Ebbedauer D_E und auch die mittlere Flutstromdauer D_f kleiner ist als die mittlere Ebbestromdauer D_e, somit $D_f/D_e < 1$ ist, wird v_{em}/v_{fm} ebenfalls < 1 sein, d. h. bei großen Tiefen ist die mittlere Flutströmung v_{fm} größer als die mittlere Ebbeströmung v_{em}. Näher zur Küste wächst wegen der abnehmenden Wassertiefen der Ausdruck

$$\begin{aligned}\frac{F_{fm}}{F_{em}} &= \frac{B_{fm} \cdot h_{fm}}{B_{em} \cdot h_{em}} = \frac{B_{fm}}{B_{em}} \cdot \left(\frac{h_{em}}{h_{em}} + \frac{\Delta h}{h_{em}}\right) \\ &= \frac{B_{fm}}{B_{em}} \cdot \left(1 + \frac{\Delta h}{h_{em}}\right) .\end{aligned} \tag{4}$$

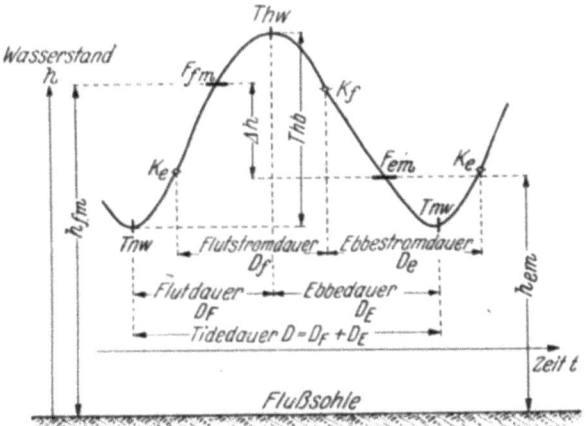

Abb. 12. Lage der Kenterpunkte in einer Tidekurve.

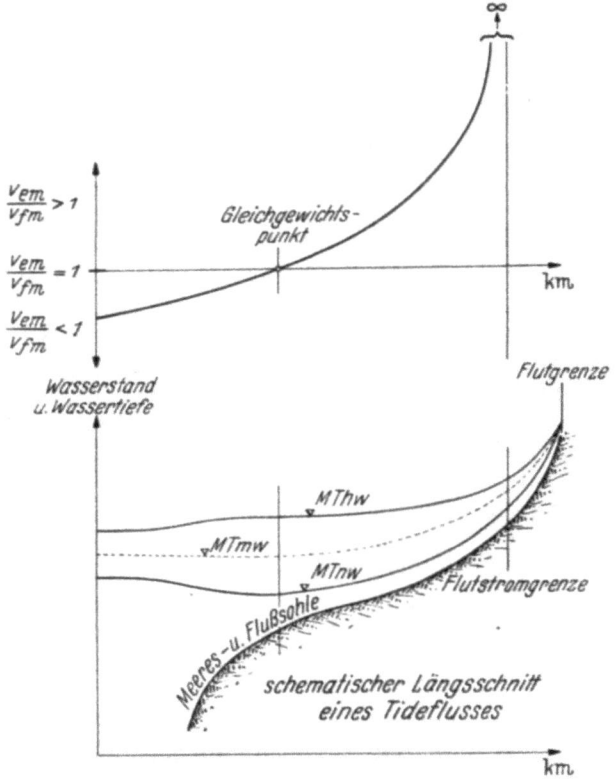

Abb. 13. Verhältnis der mittleren Ebbe- und Flutstromgeschwindigkeiten.

Im offenen Meere sind die mittleren Breiten praktisch unendlich groß, sie können daher auf die Einheit bezogen und ihr Quotient = 1 gesetzt werden. Näher zur Küste und in den Tideflüssen wird h_{em} im allgemeinen rascher abnehmen als Δh, da die Tidehübe (infolge der Reflexion) größer werden.

Mit wachsendem F_{fm}/F_{em} kann dann eine Stelle erreicht werden, an der
$$\frac{v_{em}}{v_{fm}} = \frac{F_{fm}}{F_{em}} \cdot \frac{D_f}{D_e} = 1$$
wird. An der Flutstromgrenze ist $v_{fm} = 0$, $v_{em}/v_{fm} \to \infty$. Es ergibt sich somit das in Abb. 13 skizzierte Bild. Man erkennt, daß es einen „Gleichgewichtspunkt" der Strömungen gibt. Die Lage dieses Punktes wird jedoch durch verschiedene Einflüsse noch verändert:

1. Mit steigendem Oberwasser eines Tideflusses verschiebt sich der Punkt stromab, mit fallendem Oberwasser stromauf. Eines besonderen Beweises bedarf diese selbstverständliche Änderung nicht.

---

[6] Auf die wegen des stärkeren Anteiles des Oberwassers anderen Verhältnisse im oberen Tidegebiet soll hier nicht weiter eingegangen werden (vgl. [25]).

2. In Tideflüssen ist wegen der seitlich des Stromes gelegenen Watten, die bei Flutstrom länger überströmt sind als bei Ebbestrom, $B_{fm} > B_{em}$ und damit $\bar{B}_{fm}/\bar{B}_{e:n} > 1$. Der Gleichgewichtspunkt wird dadurch stromab verlegt.

3. Die Brackwassererscheinungen, von denen noch zu sprechen sein wird, bewirken eine Aufwärtsverschiebung des Gleichgewichtspunktes für die Geschwindigkeiten an der Sohle und eine Abwärtsverschiebung für die Oberflächengeschwindigkeiten.

Bedeutung haben diese Zusammenhänge für die Geschiebebewegung und Sinkstofführung. Daß sich die Watten überhaupt aufbauen, ist, wie Krüger[7] zutreffend bemerkte, dem in der Nordsee in Küstennähe überwiegenden Flutstrom zuzuschreiben. Die zunehmende Verlandung des Jadebusens [39, 54] und die rasche Auflandung hinter dem Leitdamm an der unteren Ems an der Knock [30] deuten auf die gleiche Ursache hin. Aus der Elbe zwischen Brunsbüttelkoog und dem Klotzenloch sind — wie aus den Peilungen ermittelt wurde — in den drei aufeinanderfolgenden Jahren 1928 bis 1930 rd. 45 Millionen m³ Sand nach See zu abgetrieben, in den folgenden Jahren (von 1931 bis 1936) sind dagegen 75 Millionen m³ wieder eingetrieben. Vom Oberlauf der Elbe stammen diese Mengen keinesfalls, da der Abtrieb von dort im Mittel nur etwa 500 000 m³ jährlich beträgt. Es ist daraus zu erkennen, daß von See her große Umwälzungen in den im Strom befindlichen Sandmassen auftreten, je nach dem Kräfteverhältnis zwischen den einzelnen Einflüssen auf die Sandwanderung.

Der „Gleichgewichtspunkt" ist als ein kritischer Punkt zu bezeichnen, denn oberhalb von ihm überwiegt die stromab und unterhalb die stromauf gerichtete Sandwanderung. Es kann daher an dieser Stelle eine in jeder Hinsicht unerwünschte Sandablagerung und -anhäufung eintreten. Natürliche Vorgänge (Oberwasser, Eisgang, jahreszeitlich schwankende Tidehubgröße, wechselnde Dichteverhältnisse durch Temperaturschwankungen und -unterschiede zwischen See- und Flußwasser usw.) verlegen jedoch in teils periodischer, teils nichtperiodischer Folge den kritischen Punkt und damit das Gebiet der Sandanhäufung. So treten z. B. fast regelmäßig alljährlich auf der Elbe zwischen Brunsbüttelkoog und dem Osteriff Verflachungen auf, die ständige Baggerungen erfordern. Ähnliche Verhältnisse dürften auf der Weser bei Kleinensiel vorliegen, wo ebenfalls regelmäßig Eintreibungen vorkommen.

Durch keine Maßnahmen läßt sich der kritische Gleichgewichtspunkt als solcher beseitigen, wohl aber kann man versuchen, durch Regelungsmaßnahmen seine Lage in gewissen Grenzen zu verschieben.

Streng genommen ist der Gleichgewichtspunkt der Strömungen nicht dem Gleichgewichtspunkt der Sandwanderung gleichzusetzen, da die Schleppkraft von der Strömungsgeschwindigkeit nicht linear abhängig ist, sondern für stationäre Strömungen nach dem Gesetz

$$S = a \cdot t \cdot J, \text{ woraus mit} \tag{5}$$
$$v = k \cdot R^{0,5} \cdot J^{0,5} \tag{6}$$
$$S = \beta \cdot v^2 \; (\beta = a/k^2 \cdot R \text{ und } R \approx t) \text{ folgt.} \tag{7}$$

In einem Tideflusse ist nun aber die Gleichung (6) nicht anwendbar, da infolge der Tidebewegung dauernd Beschleunigungen und Verzögerungen in der Wasserbewegung auftreten, somit keine stationäre Strömung vorhanden ist. Solange noch keine befriedigende Lösung der rechnerischen Behandlung der Strömungen in einem Tideflusse gefunden ist (vgl. Abschn. IVc) 2.), wird es auch nicht möglich sein, die Gesetzmäßigkeit der Sandwanderung in Abhängigkeit von der Strömungsgeschwindigkeit rechnerisch genauer zu erfassen. Man muß sich daher mit der oben getroffenen Gleichsetzung als Näherung vorerst zufrieden geben.

8. Reststrom.

Eines Hinweises bedarf der häufig gebrauchte Begriff des „Reststromes". Als Reststrom bezeichnet man bekanntlich die Strömungskomponente, die nach Größe und Richtung als Resultierende bleibt, wenn die an einer Meßstelle in gleichen Zeitabständen über eine volle Tide von 12 Std. 50 min gemessenen Strömungen nach Richtung und Größe in der Art eines Kräftepolygons aneinandergesetzt werden. Man erhält hieraus ein Bild der resultierenden Wasserversetzung. Dieses Verfahren ist in Tideflüssen und in flachen, küstennahen Gebieten jedoch nicht mehr anwendbar. Ein Reststrom „Null" für die mittlere Geschwindigkeit eines Querschnittes bedeutet nicht etwa, daß überhaupt keine resultierende Wasserversetzung besteht, sondern daß das Wasser in der Flutstromrichtung versetzt wird, solange die Kenterpunkte nicht mit Thw und Tnw zusammenfallen und somit wegen der höheren Wasserstände die Durchflußquerschnitte bei Flutstrom größer sind als bei Ebbestrom. Je später die Kenterzeiten nach Thw und Tnw liegen, je größer also

---

[7] In einem Vortrage auf der Tagung Nordwestdeutscher Geologen in Husum im Juni 1938.

der Unterschied zwischen dem mittleren Wasserstand bei Flut- und Ebbestrom ist, desto mehr muß der Reststrom in Ebbestromrichtung überwiegen, um zum mindesten das Ein- und Auslaufen der gleichen Tidewassermenge zu ermöglichen. Das Flußoberwasser vergrößert seiner anteiligen Menge entsprechend den Reststrom in Ebbestromrichtung noch mehr oder weniger.

9. Dichteunterschiede.

Im Mündungsgebiet von Tideflüssen spielt das Zusammentreffen des süßen Flußwassers mit dem bei Flutstrom eindringenden Seewasser eine erhebliche Rolle. Diese Frage ist sowohl in fischereibiologischer und landwirtschaftlicher Hinsicht als auch für die Strömungsvorgänge und für den Schlickfall von Bedeutung.

Grundsätzlich handelt es sich hier um das Problem der Mischung zweier verschieden schwerer Flüssigkeiten. Stellt man sich in einem ruhenden Behälter zwei verschieden schwere Flüssigkeiten vor (Abb. 14), die durch eine senkrechte Wand getrennt sind, dann werden die Flüssigkeiten nach Entfernung der Trennwand das Bestreben zeigen, zur Herstellung hydrostatischen Gleichgewichtes waagerechte Flächen gleichen Druckes (Niveauflächen) auszubilden. Es entstehen entgegengesetzt gerichtete Strömungen an der Oberfläche $[v_o]$ und an der Sohle $[v_s]$. Solche in zunächst ruhenden Flüssigkeiten verschiedener Dichte auftretenden Geschwindigkeiten überlagern sich den aus der

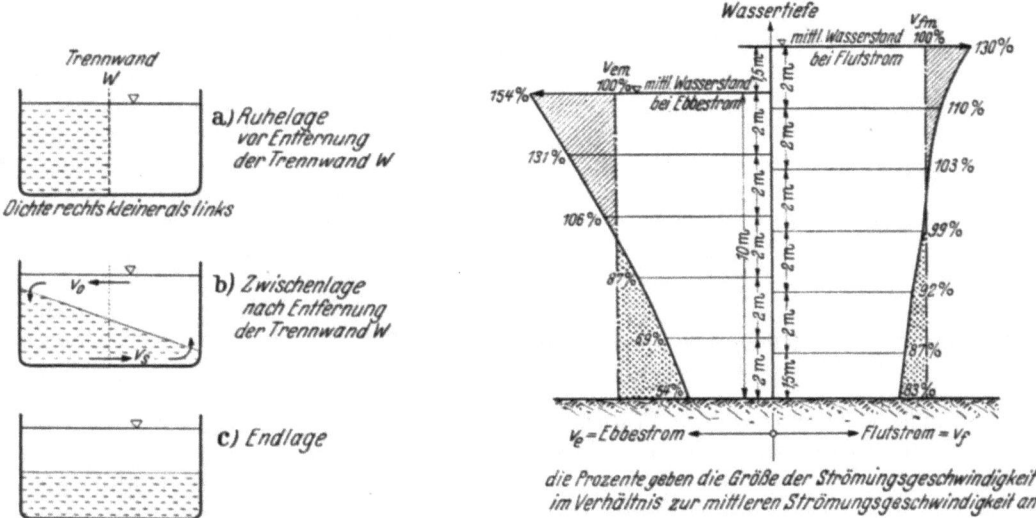

Abb. 14. Ausspiegelung von Flüssigkeiten verschiedener Dichte.

Abb. 15. Verschiedenheit in der senkrechten Verteilung von mittlerer Flut- und Ebbeströmung in der Außenelbe.

Tidewellenbewegung stammenden Strömungen. Da das Seewasser schwerer ist als das Flußwasser, wird an der Sohle eine stromauf, an der Oberfläche eine stromab gerichtete Dichteströmung eintreten. Bei Flutstrom wird daher die Oberflächenströmung kleiner und die Sohlenströmung größer sein, als sie unter sonst gleichen Voraussetzungen im einheitlichen Wasser wäre. Bei Ebbestrom dagegen wird die Oberflächenströmung verstärkt, die Sohlenströmung verzögert.

Im Elbemündungsgebiet besteht tatsächlich eine Verschiedenheit in der senkrechten Verteilung der Strömungen bei Flut- und Ebbestrom derart, daß die Geschwindigkeiten bei Flutstrom mit der Tiefe verhältnismäßig weniger abnehmen als bei Ebbestrom. Auf Abb. 15 ist die aus einer größeren Reihe von Strömungsmessungen in der Elbemündung gemittelte und auf eine Tiefe von 10 m bei mittlerem Wasserstand bei Ebbestrom ($= F_{em}$) bezogene Verteilung schematisch dargestellt. Es fällt darin sofort auf, daß die Ebbestromgeschwindigkeiten von der Oberfläche zur Sohle rascher abnehmen als die Flutstromgeschwindigkeiten. Bei beginnendem Flutstrom schiebt sich das schwerere Flutwasser keilartig unter das an der Oberfläche noch ablaufende Ebbewasser der vorigen Tidewelle. Der Strom kentert in der Nähe der Sohle bei einsetzender Flut ½ bis ¾ Stunde früher, bei einsetzender Ebbe — im Gegensatz zu dem Verlauf oberhalb des Brackwassergebietes — stellenweise bis ½ Stunde später als an der Oberfläche. Im Verlaufe der Strömungen bleibt die dadurch entstehende Verschiedenheit des Salzgehaltes und damit der Dichte an der Oberfläche und am Grunde im allgemeinen bestehen. Das Dichtegefälle bei Flutstrom ist größer als das Spiegelgefälle (Abb. 16). Die Flutströmung in den tieferen Schichten wird daher außer durch das Energiegefälle (= Spiegelgefälle ± Beschleunigungs-(Verzögerungs-)gefälle [68]) noch durch das Dichtegefälle beschleunigt.

Die geschilderten Verhältnisse begünstigen den Abfluß des Oberwassers. In der Elbemündung z. B. herrscht an der Stromsohle meist ein Reststrom in der Flutstromrichtung, so daß bis zu dem bereits erörterten „Gleichgewichtspunkt" ständig Seewasser stromauf dringt. An der Oberfläche besteht dagegen eine resultierend stromab gerichtete Strömung, die das Flußwasser rasch dem Meere zuführt, dort auf eine große Fläche verteilt und so zu einer schnelleren Durchmischung des Flußwassers mit dem Seewasser beiträgt.

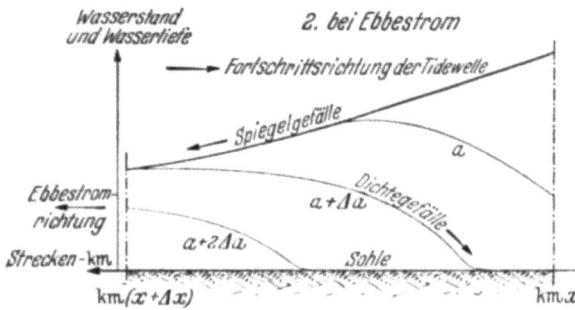

Eine ausschlaggebende Bedeutung besitzt die Verschiedenheit der Strömungsverteilung für die Bewegung des Geschiebes auf der Stromsohle und damit für die Bettbildung und -erhaltung überhaupt. Die an der Sohle die Ebbeströmung übertreffende Flutströmung wird eine stromauf gerichtete Sandwanderung herbeiführen müssen. (Der in Nr. 7 dieses Abschnittes erwähnte Gleichgewichtspunkt rückt für die Strömungsgeschwindigkeiten an der Sohle stromauf, an der Oberfläche stromab.) Unmittelbare Sandwanderungsmessungen an verschiedenen Stellen der Außenelbe haben diese Folgerung als richtig erwiesen (vgl. Abschnitt II. c) 5). Mittelbar sind auch aus Strömungsmessungen diese Verhältnisse bestätigt worden. Eine morphologische Betrachtung des Elbemündungsgebietes führt zu demselben Schluß. Aus dem Lageplan (Abb. 2) erkennt man z. B. am Großen Vogelsand, am Mittelgrund, Gelb-Sand, Haken-Sand und Medem-Sand, daß alle diese Sände einen flachen Anstieg von See (= in Luv der Flutströmung) und einen steilen Abfall am oberen Ende (= in Lee der Flutströmung) be-

Abb. 16. Schematische Darstellung von Dichte- und Spiegelgefälle bei Flut- und Ebbestrom.

sitzen, daß es sich bei ihnen also um Flutstrombänke großen Stils handelt. Auch in dem „Neuen Wasserweg" nach Rotterdam treten durch Salzgehaltsunterschiede starke Unterströme auf, die jährlich bis 1 Mill. m³ Sand bis Schiedam von See verfrachten [86].

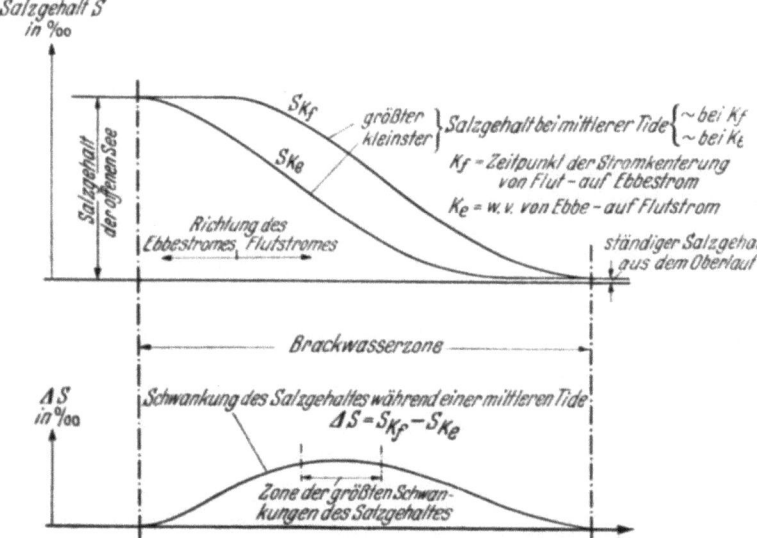

Das Überwiegen der Flutströmung über die Ebbeströmung an der Flußsohle muß dort aufhören, wo die Voraussetzungen dafür wegfallen, d. h. wo während des Tideverlaufes keine Änderung im Salzgehalt eintritt, also oberhalb und unterhalb der dadurch gekennzeichneten Brackwasserzone (Abb. 17). Trotzdem kann und wird es natürlich aus anderen Gründen örtlich oder zeitlich vorkommen, daß im Brackwassergebiet auch an der Sohle die Ebbeströmung größer ist als die Flutströmung. Auf der Elbe liegt die obere Grenze des Brackwassergebietes etwa bei Brunsbüttelkoog, während die untere Grenze mangels genügender Beobachtungen nicht genau festzulegen ist. Bei dem Feuerschiff „Elbe 1" ist noch

Abb. 17. Schematische Darstellung der periodischen Schwankung des Salzgehaltes im Brackwassergebiet.

eine Abhängigkeit des Salzgehaltes von der Tide zu spüren. Zwischen beiden Grenzen muß es eine Strecke geben, auf der die periodischen Schwankungen des Salzgehaltes, der den wesentlichsten Teil der Dichte ausmacht, während einer Tide einen Größtwert erreichen. Auf dieser Strecke, das ist auf der Elbe etwa von Neuwerk bis zum Medem-Sand, wird das Überwiegen der

Flutströmung über die Ebbeströmung besonders groß sein. Diese Zone liegt jedoch nicht fest, sondern rückt mit der Brackwasserzone im ganzen bei höherem Oberwasser stromab, bei niedrigerem Oberwasser stromauf. Entsprechend wirken kleinere und größere Tiden. Die Gestalt der Sände folgt dem Kräftespiel zwischen Sohlen-Flut- und -Ebbestrom. Das Beispiel des Mittelgrundes gibt davon einen anschaulichen Begriff (Abb. 18).

Der flache Abhang der Sände ist dem stärkeren Strom, der steile Abhang dem schwächeren Strom entgegengerichtet.

Auf eine weitere Wirkung dieser Zusammenhänge sei nebenbei hingewiesen. Der Wasserumsatz während einer Tide ist in einem Hafen innerhalb der Brackwasserstrecke erheblich größer als die Flutwassermenge, die zur Füllung des Raumes zwischen Tnw und Thw erforderlich ist. Die im Laufe der Tide vor dem Hafen auftretenden Dichteunterschiede des Wassers veranlassen einen Austausch zwischen Hafen- und Außenwasser, der um so größer sein wird, je größer die Dichteunterschiede bei Tnw und Thw sind, je größer die Hafeneinfahrt ist und je größer die Tiefen im Hafen sind. Entsprechend werden unter der Voraussetzung gleichen Schlickgehaltes des Wassers Häfen im Brackwassergebiet im Vergleich zu Häfen ober- und unterhalb davon um so stärker verschlicken, je breiter ihre Einfahrt und besonders je größer die Hafentiefen sind.

Die Verschiebung der Brackwasserzone ist eine Folge der Änderung des Salzgehaltes. Dieser hängt in erster Linie von der Größe der Oberwassermengen der Elbe ab. In Abb. 19 ist die Abhängigkeit des Salzgehaltes von dem Oberwasser der Elbe dargestellt.

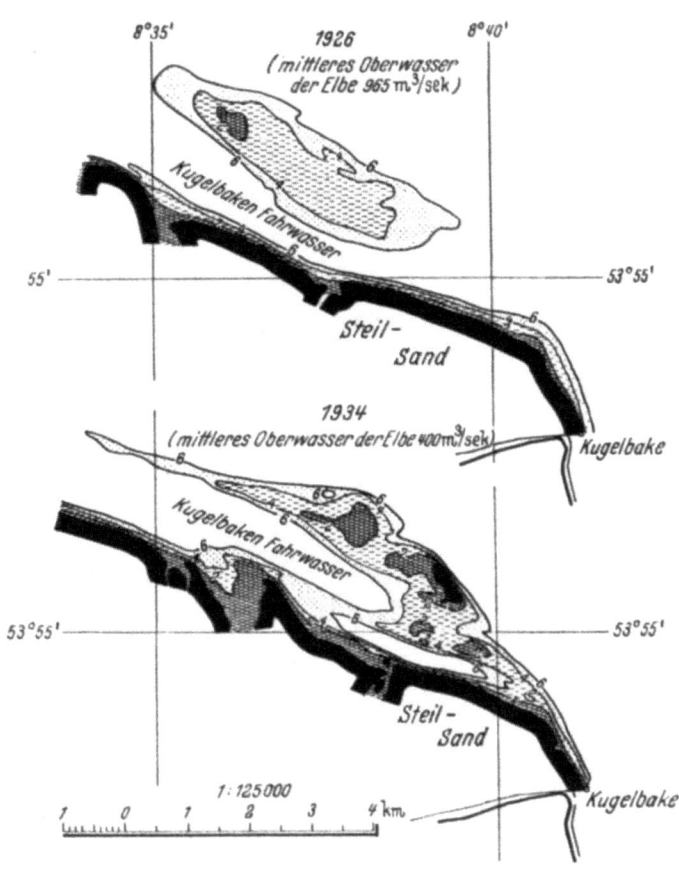

Abb. 18. Gestalt des Mittelgrundes als Abbild der Kräfteverhältnisse zwischen Flut- und Ebbestrom.

Der mittlere Salzgehalt hängt zusammen mit dem Verhältnis der mittleren Tidewassermenge (Q_{fm} m³/sek) zur mittleren Oberwassermenge (Q_o m³/sek). Für die Elbe bei Cuxhaven ist $Q_{fm} : Q_o$ = 27 500 : 550 = 50, für die Weser bei Bremerhaven [62] 6200 : 286 = 22. Der Salzgehalt des Oberflächenwassers beträgt um Thw bei Bremerhaven rd. 0,8 vH [61], bei Cuxhaven etwa 2,2 vH. Die Weser verhält sich zur Elbe mithin im Salzgehalt an der Mündung wie 1:2,7, im Verhältnis $Q_{fm} : Q_o$ wie 1:2,3.

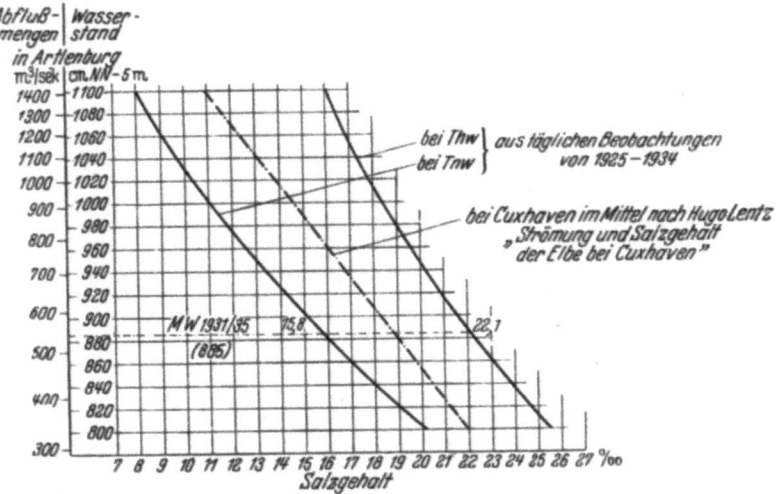

Abb. 19. Salzgehalt des Oberflächenwassers bei dem Feuerschiff „Elbe 4".

10. Strömungsablenkung infolge der Erdumdrehung.

Der Einfluß, den die Erdumdrehung auf die Strömungen ausübt, ist bereits mehrfach beschrieben worden (z. B. [41, 48, 57, 75]). Die Wirkung dieser Beschleunigungsgröße auf Tideflüsse hat Verfasser an anderer Stelle bereits behandelt [28]. Es soll daher hier unter Hinweis auf die zuletzt genannte Arbeit nur das Wesentliche dieser Erscheinung im Tidegebiet — ohne weiteres Eingehen auf ihre Ursachen — besprochen werden.

Die Erdumdrehung bewirkt eine Ablenkung aller Strömungen, auf der Nordhälfte der Erde nach rechts, auf der Südhälfte nach links. Für unsere Gewässer ist daher die kurze Bezeichnung „Rechtsablenkung" üblich.

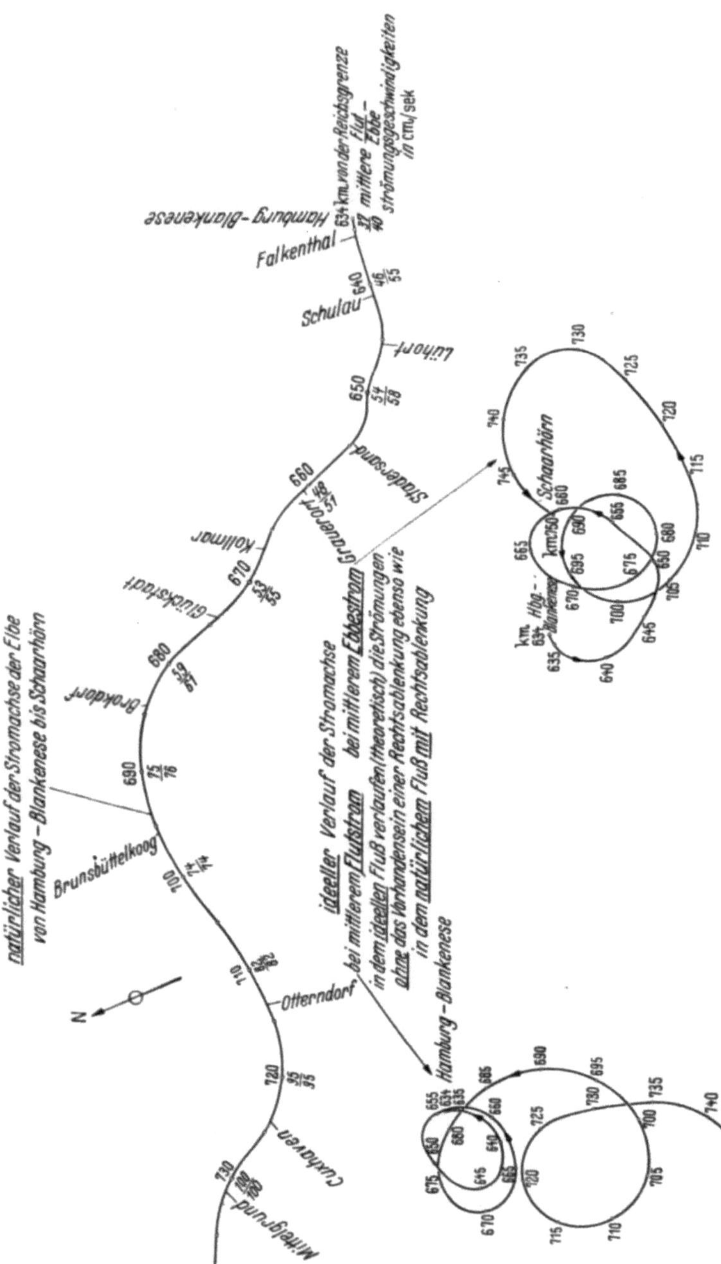

Es ist gleichgültig, in welcher geographischen Richtung die Strömung läuft. Die Größe der Ablenkung, die die Natur und Dimension einer Beschleunigung hat, ist davon unabhängig.

Die Rechtsablenkung ist eine Funktion der geographischen Breite und der Strömungsgeschwindigkeit. Mit beiden Werten nimmt sie zu.

Bei freier Beweglichkeit beschreiben infolge der Ablenkung die Strömungen keine geradlinigen Bahnen, sondern auf der Nord-(Süd)hälfte der Erde „Ablenkungskurven", die nach rechts (links) von der geraden Bahn abweichen.

Bei zwangläufiger gerader Führung muß sich die stets vorhandene Ablenkung in einem Drang der Strömung an die rechts von ihrem Richtungssinn gelegene Führungswand (Ufer) äußern. In Linkskurven (auf der Nordhalbkugel) wird sich dieser Drang der Zentrifugalbeschleunigung überlagern (beide Beschleunigungen addieren sich). In Rechtskurven haben Rechtsablenkung und Zentrifugalbeschleunigung entgegengesetzte Richtungen. Die Differenz kann positiv zugunsten der Rechtsablenkung oder der Zentrifugalbeschleunigung sein, d. h. wenn die Größe der Zentrifugalbeschleunigung überwiegt, behält die Rechtskurve ihre Wirkung auf die Strömung (der Strom legt sich der Außenseite der Kurve an), wenn dagegen die Rechtsablenkung überwiegt, wird der Strom sich der Innenseite der Kurve anschmiegen. Die zweite Erscheinung tritt in Tideflüssen im Gegensatz zu den Strömungen im Oberlauf der Flüsse (vgl. [48]) häufig auf, da sich in ihnen die Größenordnungen der Rechtsablenkung und Zentrifugalbeschleunigung ungefähr die Waage halten. Da außerdem wegen der Flut- und Ebbeströmungen alle Strombettkurven der Natur sowohl Rechts- als auch Linkskurven sind, ergibt sich, daß man Vorstellungen und Erfahrungen über den Strömungsverlauf im Oberlauf der Flüsse nicht ohne weiteres auf Tideflüsse übertragen kann. Veranschaulicht sei dies durch die in Abb. 20 gezeichneten „ideellen Stromachsen" der Elbe für Flut- und Ebbestrom. Als „ideelle" Stromachse ist

Abb. 20. Natürliche und ideelle Stromachsen der Elbe.

ein Verlauf der Flußachse anzusehen, der bei nichtrotierender Erde vorhanden sein müßte, damit die Strömungen im Flußbett überall in den Bahnen verlaufen, die sie auf der rotierenden Erde beschreiben. Für das dargestellte Beispiel der Elbe erkennt man außer der vollständigen Verschiedenheit der Kurvenbilder für Flut- und Ebbestrom, daß die Strömungen sich in beiden Fällen durchweg an das in ihrer Strömungsrichtung rechte Ufer anlegen werden.

Für die Beurteilung von Strömungserscheinungen, Strombettveränderungen und ihren Ursachen, insbesondere aber auch für Regelungsentwürfe darf man die Rechtsablenkung nicht außer acht lassen.

An dem Vorhandensein einer Rechtsablenkung wird von niemandem gezweifelt. Verschieden sind nur die Ansichten über ihre Bedeutung im Vergleich zu anderen äußeren Umständen. Von Ems [71], Weser [62, 63] und Elbe [28] sind Beispiele bekannt, die hauptsächlich auf die Wirkung der Rechtsablenkung zurückgeführt werden müssen. Lüders [51] glaubt dagegen auf Grund seiner Untersuchungen über die Wanderung der Priele zwischen Wangerooge und Minsener Oldeooge, der Rechtsablenkung keine nennenswerte Bedeutung beimessen zu können.

Wie Verfasser a.a.O. [28] näher ausgeführt hat, ist die in der Ebene der Strömungsbewegung wirksame Rechtsablenkung b eine Beschleunigungsgröße

$$b = 2 \cdot \omega \cdot v \cdot \sin \varphi, \tag{8}$$

worin $\omega = 2\pi/\tau$ die Winkelgeschwindigkeit der Erde,
τ die Zeit einer vollen Erdumdrehung (= 1 Sterntag von 86 164 sek),
φ die nördliche geographische Breite und
v die Strömungsgeschwindigkeit des abgelenkten Massenteilchens in m/sek ist.

Für $v = 1$ m/sek und $\varphi = 54°$ wird $b = 0{,}0001179$ m/sek². Demgegenüber ist die Erdbeschleunigung $g = 9{,}81$ m/sek² allerdings wesentlich größer. Da aber die Spiegelgefälle im Tidegebiet selten größer als 1:45 000 sind, beträgt die in die Wasserspiegelebene fallende Komponente der Erdbeschleunigung nur rd. 0,0002180 m/sek²; sie ist also von ähnlicher Größenordnung wie die Rechtsablenkung.

Wenn nicht äußere Umstände, z. B. wechselnde Bodenbeschaffenheit, starke Krümmungen oder seitliche Wasserzuflüsse, die Strömungsrichtungen beeinflussen und dabei die Wirkung der Rechtsablenkung überdecken, wird man ihrem Einfluß durchaus gleiches Gewicht wie der Komponente der Erdbeschleunigung zuerkennen müssen.

Daß Flut- und Ebbestrom verschiedene Strombahnen bevorzugen, ist nach Cunningham [86] bei Eisgang auf dem Mersey im Februar 1895 gut zu erkennen gewesen, als der Flutstrom das Eis auf der linken Flußseite stromauf und der Ebbestrom auf der rechten Flußseite wieder stromab schob. Cunningham führt auf diese Unregelmäßigkeit die Entstehung der sog. „toten Rinnen" (blind channels) zurück, die besonders charakteristisch für Mündungen von Tideflüssen sind.

11. Sturmfluten.

Man ist zunächst leicht geneigt, den Sturmfluten bei der Bildung und Erhaltung der Stromrinnen eine erhebliche Bedeutung beizumessen. Wenn man aber prüft, worin in dieser Hinsicht die Wirkung der Sturmfluten besteht, dann wird es zum mindesten zweifelhaft, ob sie tatsächlich einen nennenswerten Einfluß besitzen. Es fehlt begreiflicherweise bisher an unmittelbaren Messungen, die ausreichen könnten, bei Sturmfluten in den Strömungen auftretende Abweichungen von den Verhältnissen bei mittlerer Tide zu beurteilen. Man ist mehr oder weniger noch auf eine gefühlsmäßige oder höchstens mittelbare Beurteilung angewiesen. Wenn hier die Ansicht vertreten wird, daß Sturmfluten keinen ausschlaggebenden Anteil an der Bettbildung und -umwandlung in der Elbe besitzen, daß sie vor allem nicht den dauernd vorhandenen Einfluß der gewöhnlichen Tideverhältnisse überdecken, dann sollen dafür einige Hinweise gegeben werden, die weder auf Vollständigkeit noch auf unbedingte Richtigkeit Anspruch erheben.

Als Sturmfluten gelten im Elbegebiet Tiden, deren Hochwasserstände mehr als 1,20 m über MThw liegen. In Abb. 21 sind die in den Jahren 1879 bis 1936[8] aufgetretenen Sturmflut-Thw aufgetragen. Die Darstellung der Häufigkeiten läßt erkennen, daß weit mehr Sturmflut-Thw vor als nach der vorausberechneten Thw-Zeit eingetreten sind. Die weniger als 20 min vor oder nach der vorausberechneten Thw-Zeit eingetretenen Sturmflut-Thw sind mit offenen Kreisen, die übrigen Sturmflut-Thw mit vollen Kreisen dargestellt (s. u.).

Die Vorausberechnung der Tiden („Gezeiten" im Sprachgebrauch des Marine-Observatoriums Wilhelmshaven und der Deutschen Seewarte) an der deutschen Nordseeküste konnte seit dem ersten, von Lentz [44] 1873 für die Elbe aufgestellten nonharmonischen Verfahren wegen der zahlreichen, zum Teil noch unbekannten Nebentiden [73] bisher nicht wesentlich verbessert werden.

---

[8] Aus der Zeit vor 1879 (dem Jahre des Erscheinens der ersten „Gezeitentafeln") fehlen Vorausberechnungen der Eintrittszeiten der Thw.

Auch gelang es trotz vorübergehender Versuche *[46]* noch nicht, die Tiden nach dem harmonischen Verfahren zu berechnen. Geringe Abweichungen der eingetretenen von der vorausberechneten Thw-Zeit wird man daher ohne weiteres hinnehmen müssen. Wird als Toleranz der Vorausberechnung eine Zeit von 20 min vor bis 20 min nach Thw gesetzt, dann tritt die Häufung der Sturmflut-Thw vor der vorausberechneten Zeit noch stärker hervor (Tafel 3).

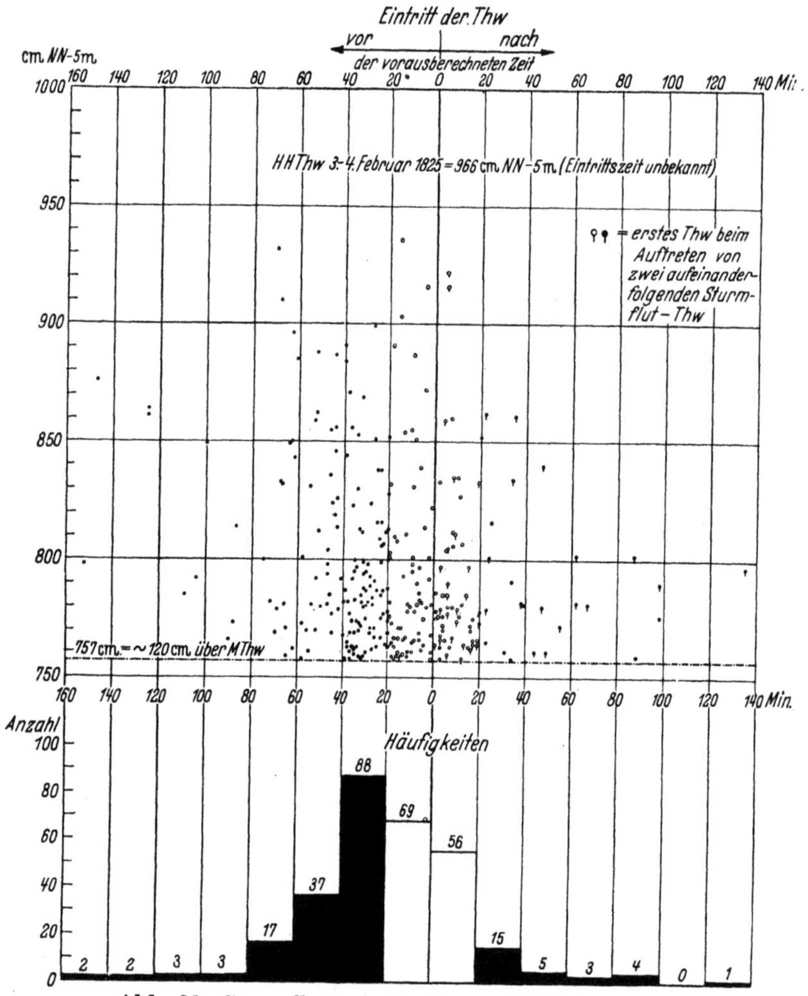

Bildet man für jeden Zeitpunkt der eingetretenen Sturmflut-Tidekurve die Unterschiede zu den Wasserständen der vorausberechneten Tidekurve, dann erhält man eine Kurve für den „Windstau", der sich der vorausberechneten Tidekurve überlagert (Abb. 22). Wie das schematische Beispiel zeigt, tritt Thw früher ein, als vorausberechnet, wenn zu der vorausberechneten Thw-Zeit die Windstaukurve bereits wieder fällt. Das Sturmflut-Thw tritt ein, wenn der Anstieg der vorausberechneten Tidekurve ebenso groß ist wie der Abfall der Windstaukurve, d. h. wenn $\operatorname{tg} \alpha_1^0 + \operatorname{tg} \alpha_2^0 = 0$ ist. Das Maximum des Windstaues muß in diesem Falle also vor Thw liegen. Tatsächlich ist das bei den in Abb. 23 aufgetragenen — den höchsten in den letzten Jahrzehnten eingetretenen — 23 Sturmfluttiden in Cuxhaven meist der Fall gewesen. Bei 21 Sturmfluten fiel der Größtwert des Windstaues in die Flutzeit, nur bei zwei Sturmfluten in die Ebbezeit.

Abb. 21. Sturmfluten in Cuxhaven 1879 bis 1936.

Noch eine andere Erscheinung fällt auf. Der Beginn des Windstaues (50 cm Überschreitung der vorausberechneten Tidekurve sind aus den obengenannten Gründen der Vorausberechnung dafür angenommen) liegt in 20 Fällen in der Ebbezeit, nur in drei Fällen in der Flutzeit.

Tafel 3. Zeitlicher Eintritt des Thw bei Sturmfluten (1879—1936) (für Cuxhaven).

Höhe der Thw cm NN—5 m	Eintritt der Thw				Eintritt der Thw mehr als 20 Minuten			
	vor		nach		vor		nach	
	der vorausberechneten Zeit				der vorausberechneten Zeit			
	Häufigkeit	in %	Häufigkeit	in %	Häufigkeit	in %	Häufigkeit	in %
851 u. höher	31	82	7	18	22	88	3	12
801—850	45	73	17	27	33	85	6	15
758—800	145	71	60	29	97	84	19	16
Gesamt	221	72	84	28	152	85	28	15

MThw 1931/35 liegt in Cuxhaven auf 635 cm NN — 5 m.

Die geschilderten Beziehungen lassen vermuten, daß es sich um gesetzmäßige Vorgänge handelt.

Zur Zeit des Tnw in Cuxhaven setzt in der Deutschen Bucht (außer in den Flußmündungen) der Strom auf die Küste zu, das Oberflächengefälle der Nordsee ist nach Osten gerichtet. Mit auflaufender Flut (in Cuxhaven) verringert sich die Streichlänge der zur Küste setzenden Strömung durch das Nachrücken der Stauwasserzone, das Oberflächengefälle wird flacher und legt sich allmählich nach Westen um. Bei Thw in Cuxhaven herrscht in der ganzen Deutschen Bucht Ebbestrom. Darauf verringert sich die Streichlänge des Ebbestromes und gegen Ende der Ebbe (in Cuxhaven) setzt bereits wieder Flutstrom in die Deutsche Bucht hinein (vgl. *[14, 21]*).

Ein gleichmäßig über eine waagerechte, ruhende und abgeschlossene Wasserfläche streichender Wind erzeugt einen Windstau, dessen Größe der Windstärke entspricht. Eine dem Wind entgegengerichtete Strömung wird den Windstau verringern, da die Energie, die zur Erzeugung eines ebenso großen Aufstaues, wie er bei anfangs ruhender Wasserfläche hervorgerufen wird, und zur Erhaltung der Staugröße aufzuwenden wäre, größer sein müßte. Umgekehrt wird der Stau vergrößert, wenn Wind und Strom gleiche Richtung haben. Hinzu kommt bei den in der Deutschen Bucht vorliegenden Verhältnissen die Wirkung des Oberflächengefälles, das bei Flutstrom die Entwicklung des bei SW- bis NW-Winden entstehenden Windstaus fördert, bei Ebbestrom hindert.

Bubendey *[9]* hat schon die Vermutung ausgesprochen, daß „die vom Winde an der Küste erzeugte Erhebung des Wasserstandes und die gleichzeitig von den Gestirnen erregte Flut nicht völlig unabhängig voneinander verlaufen".

Aus der Statistik ist bekannt, daß die Tidehübe

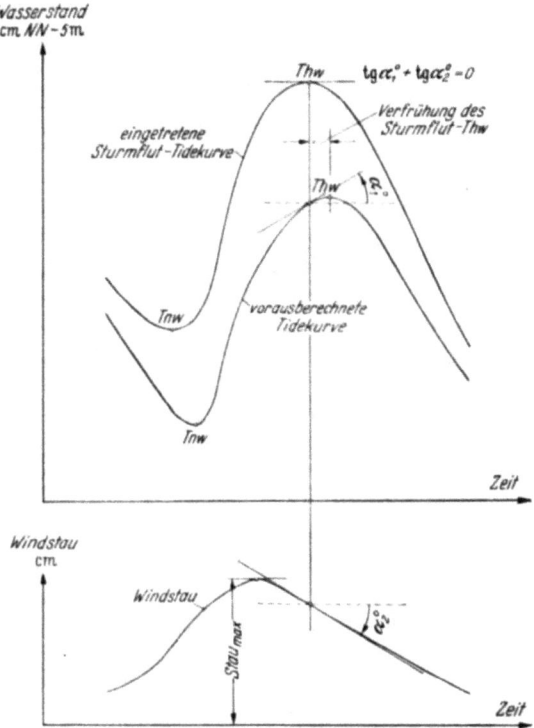

Abb. 22. Windstau und Eintritt des Sturmflut-Thw.

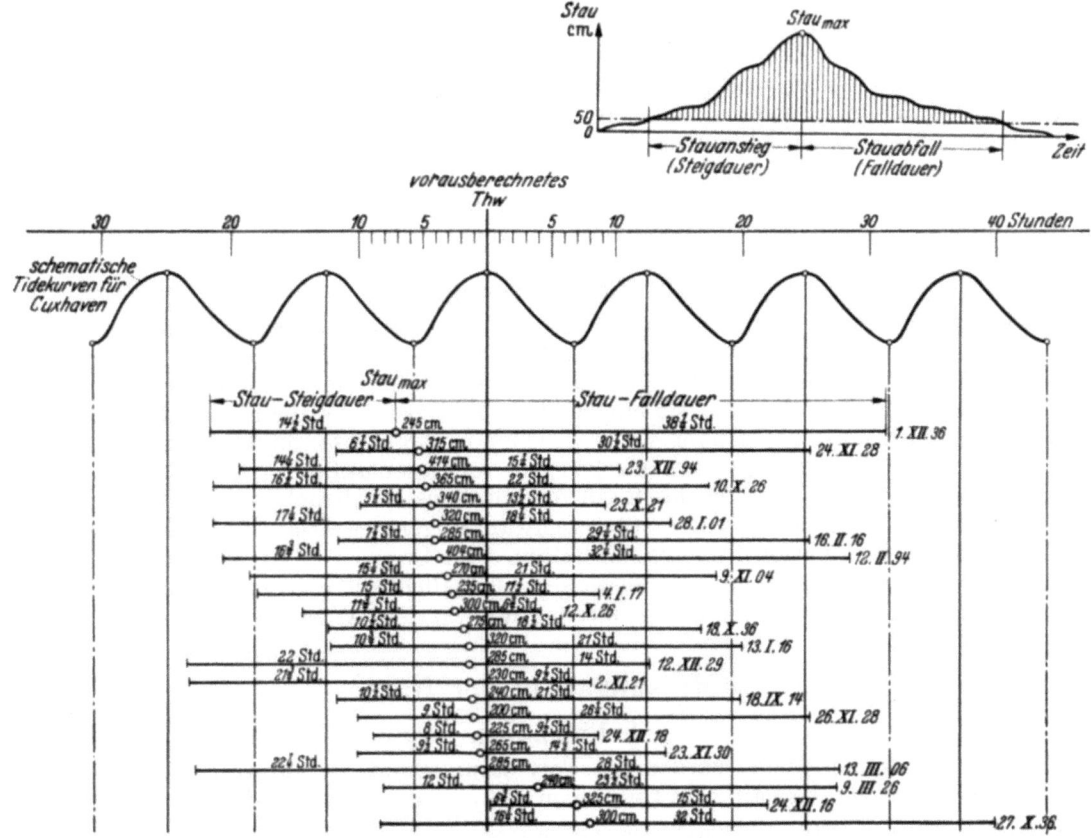

Abb. 23. Sturmfluten in Cuxhaven, Staudauer und Eintritt des Stau$_{max}$.

bei Sturmfluten im Mittel ungefähr dieselbe Größe haben wie bei gewöhnlichen Tiden. Abweichungen kommen nach beiden Seiten vor, größere Unterschiede sind selten[9].

Auf die Strömungen in der Elbemündung wirken die Stau- und Windverhältnisse in folgender Weise. Bei einsetzendem Windstau, d. h. also bei Ebbe, wird das aus der Elbe abströmende Wasser durch Rückstau aus der Deutschen Bucht aufgehalten, die Ebbeströmungen bleiben geringer und das Tnw liegt höher als gewöhnlich. Die Wasserstände bei dem dann einsetzenden Flutstrom liegen ebenfalls höher und die wasserführenden Querschnitte bei Flutstrom sind somit bereits größer als sonst. Da der Tidehub bei Flutstrom, wie schon erwähnt, ungefähr seine gewöhnliche Größe behält, da aber andererseits die Wasserstände während der Flut höher und die Durchflußquerschnitte größer sind, werden auch die Flutströmungen ungefähr ihre Geschwindigkeiten beibehalten oder kleiner sein als sonst. Bei abklingendem Windstau ebbt das in der Elbe und vor ihrer Mündung aufgestaute und aufgelaufene Wasser mit dem inzwischen zugelaufenen Oberwasser allmählich ab. Die Ebbestromgeschwindigkeiten können dabei größer oder kleiner sein als sonst, je nachdem, wie rasch der Sturm abflaut. Im allgemeinen zeigen Strömungsmessungen von Bord der Elbefeuerschiffe, die seit Jahren regelmäßig und bei Stürmen solange wie irgend möglich ausgeführt werden, bei abflauenden Stürmen eine geringe Vergrößerung der Ebbestromgeschwindigkeiten.

Von den Tideströmungen bei Sturmfluten wird man also keine außergewöhnlichen Wirkungen auf das Strombett erwarten können. Der Seegang ist natürlich bei Sturmfluten meist erheblich stärker als sonst. Seine Wirkung erstreckt sich aber hauptsächlich auf die Zone in der Nähe der Wasseroberfläche, d. h. auf die Watten und Ufer. Das tiefere Strombett wird weniger betroffen sein. Es ist zur Zeit noch praktisch unmöglich, die Wirkung einer Sturmflut auf die Flußsohle durch Peilungen zu ermitteln.

In den folgenden Abschnitten werden auch Lageänderungen einzelner Stellen verfolgt. Sturmfluteinwirkungen sind dabei nicht wahrzunehmen.

Anders verhält es sich bei Sturmfluten bezüglich der Schwebestofführung. Entsprechende Messungen aus dem Elbegebiet liegen zwar nicht vor, man wird aber annehmen müssen, daß bei Sturmfluten eine Zunahme des Schlickgehaltes eintreten wird, da die Seegangswellen durch das Aufwühlen der Watten das Wasser mit schwebenden Teilchen anreichern. Auf den Watten zwischen Duhnen und Neuwerk setzen sich erfahrungsgemäß in den Zeiten besonders ruhiger Wetterlage große Schwebestoffmengen ab. Dieselbe Beobachtung teilt Krüger [39] von den Watten an der Jade mit. Was bei Sturmfluten von den Schwebestoffen in der Elbemündung abgelagert wird, was auf den Watten selbst, und ob nicht der größte Teil davon durch den Ebbestrom ins Meer hinausgetragen wird, ist noch völlig unbekannt. Trotzdem ist die letzte Möglichkeit wegen der geschilderten Strömungsänderungen bei Sturmfluten die wahrscheinlichste.

Schließlich muß man auch bedenken, daß in der Elbemündung im Laufe eines Jahres im Mittel nur rd. sieben Sturmfluten eintreten, während insgesamt innerhalb eines Jahres im Mittel 705 Tidewellen elbaufwärts ziehen. Rund gerechnet beträgt die Einwirkungsdauer der Sturmfluten im Verhältnis zu den gewöhnlichen Tiden somit nur 1 : 100.

12. Küstensenkung.

Die umstrittene Frage einer Küstensenkung sei nur kurz gestreift. Besteht eine Küstensenkung, dann werden dadurch die Wasserstände scheinbar gehoben und die Wassertiefen tatsächlich vergrößert. Die Größenordnung, um die es sich hierbei handelt, ist jedoch praktisch unbedeutend, so daß nicht näher auf sie eingegangen zu werden braucht, zumal trotz zahlreicher Untersuchungen noch immer einander widersprechende Ergebnisse und Erklärungen mitgeteilt werden. Es sei von den neueren Untersuchungen hier verwiesen auf die Arbeiten von Lüders [53], der die Wasserstandshebung hauptsächlich auf meteorologische Ursachen zurückführt, von Hahn und Rietschel [23], die säkulare Wasserstandsschwankungen des Atlantiks infolge einer Zunahme der atmosphärischen Zirkulation für möglich halten, von Legrand [42, 43], der die Änderungen der Temperatur und des Salzgehaltes des Seewassers als maßgebend ansieht, und des Verfassers [27] der einer wirklichen Küstensenkung den größten Anteil an der „Wasserstandshebung" einräumen möchte.

c) Messungen in der Natur.

1. Einleitung.

Neben dem Kartenvergleich wurden in Fortsetzung und Erweiterung früherer ähnlicher Arbeiten im Stromgebiet oberhalb von Cuxhaven [69] in der Elbemündung seit einigen Jahren

---

[9] Der mittlere Tidehub beträgt in Cuxhaven 2,82 m (für 1931/35). Der bisher größte bekannte Tidehub hat den Betrag von 5,28 m bei der Sturmflut vom 23./24. Dezember 1916 erreicht. Der nächstgrößte Tidehub trat am 25. Oktober 1868 mit 4,65 m auf.

umfangreiche Messungen und Beobachtungen verschiedener Art angestellt. Gemessen wurden die lotrechte Tidebewegung mit Latten- und selbstschreibenden Pegeln (Bauart Fuess), die waagerechten Strömungen mit Oberflächenschwimmern, Grundschwimmern (sog. Treibankern), Logs und Meßflügeln (Bauart Ott mit elektrisch betätigtem Zählwerk und Richtungsanzeiger), der Salzgehalt mit einem Zeiss'schen Eintauch-Refraktometer und die Sandwanderung mit einer Sandfalle (Bauart Lüders). Bodenproben wurden mit einem kleinen Handgreifer entnommen.

Der Umfang der Messungen verbietet eine Wiedergabe aller einzelnen Meßergebnisse. Daher soll hier nur zusammenfassend über die Ergebnisse berichtet werden. An einzelnen Beispielen wird das jeweils Bemerkenswerte und Typische verdeutlicht werden.

2. Wasserstandsbeobachtungen.

Eine unerläßliche Grundlage aller Messungen bilden Wasserstandsbeobachtungen. Für jede Messung, sei es eine Strömungs-, Salzgehalts- oder Sandwanderungsmessung, muß der Tideverlauf während der Messung bekannt sein. Es ist eine der Hauptschwierigkeiten bei der Beurteilung von Strommessungen, ihre Ergebnisse auf vergleichbare, d. h. mittlere Tideverhältnisse zurückzuführen. Zwar sind schon mehrfach Versuche zu einer rechnerischen Nachbehandlung von Strömungsmessungen unternommen worden [26, 52], doch hat sich keins dieser Verfahren auf die Messungen in der Elbemündung befriedigend anwenden lassen.

Die Größe der senkrechten Tidebewegung (der Tidehub) vermittelt einen ersten Überblick über die Entwicklung einer Tidewelle im Tidefluß. Unter Beachtung der Ausführungen im Abschnitt II b) läßt der Verlauf der in Abb. 24 dargestellten Linien des mittleren Tidehubes von Helgoland bis Brunsbüttelkoog, Bremerhaven, Wilhelmshaven und Friedrichskoog folgendes erkennen. Auf der Strecke von Helgoland nach Schaarhörn nimmt der Tidehub beträchtlich zu, in der Elbe oberhalb von Schaarhörn dagegen wieder ab. Es ist noch unbekannt, ob der Tidehub in Schaarhörn seinen Größtwert erreicht oder unterhalb noch größer ist. Oberhalb Schaarhörns ist er überall kleiner als in Schaarhörn.

Der Vergleich mit dem Tidehub-Verlauf in der Weser und Jade zeigt einen bemerkenswerten Unterschied zwischen Elbe, Weser und Jade. Bei Schaarhörn wird die in die Elbe einlaufende Tidewelle offenbar bereits stark reflektiert. Die verhältnismäßig geringe Strombreite (bei Kartennull) an dieser Stelle wird der Grund dafür sein.

Pegel	Flut u. Ebbedauer	
	D_F Std.	D_E Std.
Schaarhörn	5^{50}	6^{35}
Cuxhaven	5^{37}	6^{48}
Brunsbüttelkoog . .	5^{20}	7^{05}
Trischen	5^{55}	6^{30}
Friedrichskoog . . .	5^{59}	6^{26}

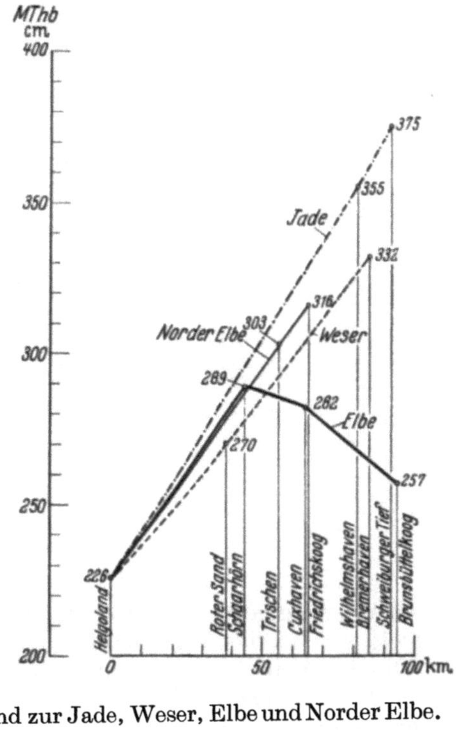

Abb. 24. Mittlere Tidehübe von Helgoland zur Jade, Weser, Elbe und Norder Elbe.

Im Gegensatz zur Elbe liegen die Verhältnisse auf der Weser insofern anders, als die Tidewelle bis Bremerhaven ohne besonders starke Reflexion einlaufen kann, dort allerdings stark reflektiert wird, so daß eine wesentliche Vergrößerung des Tidehubes, auch rückwirkend unterhalb der Reflexionsstelle, eintritt. Ähnlich verlaufen die Tidewellen in der Jade, am größten ist der Tidehub im innersten Jadebusen [54].

Der Verlauf der Linie Helgoland—Trischen—Friedrichskoog entspricht — im Gegensatz zu dem in nächster Nähe vorhandenen Verlauf in der Elbe — der vollständigen Reflexion, die die Tidewelle bei ihrem Auflaufen an die Küste erleiden muß.

Eine Besonderheit soll noch hervorgehoben werden. Wie aus dem Beispiel der Beobachtungen von drei Monaten an den Pegeln Trischen und Cuxhaven hervorgeht (Abb. 25), ist der Tidehub-Unterschied dieser beiden Pegel periodisch veränderlich mit den Mondphasen. Mit der bekannten Spring- und Nippverspätung von etwa drei Tagen [21] zeigt sich ein den Spring- und Nipptiden verwandter Verlauf. Das Verhältnis Spring-Thb : Nipp-Thb ist in Trischen größer als in Cuxhaven. Der Einfluß des Windes vermag das grundsätzliche Bild nicht zu verwischen. Die praktische Bedeutung liegt in dem periodisch wechselnden Quergefälle zwischen der Nord- und Südseite der

Elbe. Die Strömungsrichtungen in der Elbemündung müssen sich diesen Verhältnissen anpassen, sie sind also außer von dem Wind von den Mondphasen abhängig, d. h. östliche Winde oder Springtiden begünstigen in der Elbemündung eine mehr nördlich gerichtete Ebbeströmung. Die Krabbenfischer machen von dieser, ihnen aus Erfahrung bekannten Erscheinung beim Aufsuchen der jeweils günstigsten Fanggründe Gebrauch.

Hiermit ist ein Problem der Nordseetiden berührt, dessen endgültige Lösung noch aussteht [77]. Sowohl näher zur Küste als auch stromauf nimmt das Verhältnis Spring-Thb : Nipp-Thb ab. Für einen Tidefluß wie die Elbe könnte dafür folgende Erklärung gegeben werden. Bei Springtide liegt Thw und damit auch der mittlere Wasserstand bei Flutstrom höher, Tnw und entsprechend der mittlere Wasserstand bei Ebbestrom tiefer als bei Nipptide (vgl. Abschnitt II b) 7). Bei Springtide sind die Durchflußquerschnitte für Flutstrom größer, für Ebbestrom kleiner als bei Nipptide. Die Flutwassermenge bei Springtide ist größer als bei Nipptide. Die größere Wassermenge könnte bei Ebbestrom in dem gegen Nipptidezeit kleineren Durchflußquerschnitt nur dadurch ablaufen, daß größere Ebbestromgeschwindigkeiten auftreten. Das ist aber nur möglich durch größere Gefälle. Diese können wiederum nur durch ein relatives Zurückbleiben der höher stromauf gelegenen Wasserstände erreicht werden. Zur Zeit der Springtide kann daher die bei Flutstrom aufgelaufene

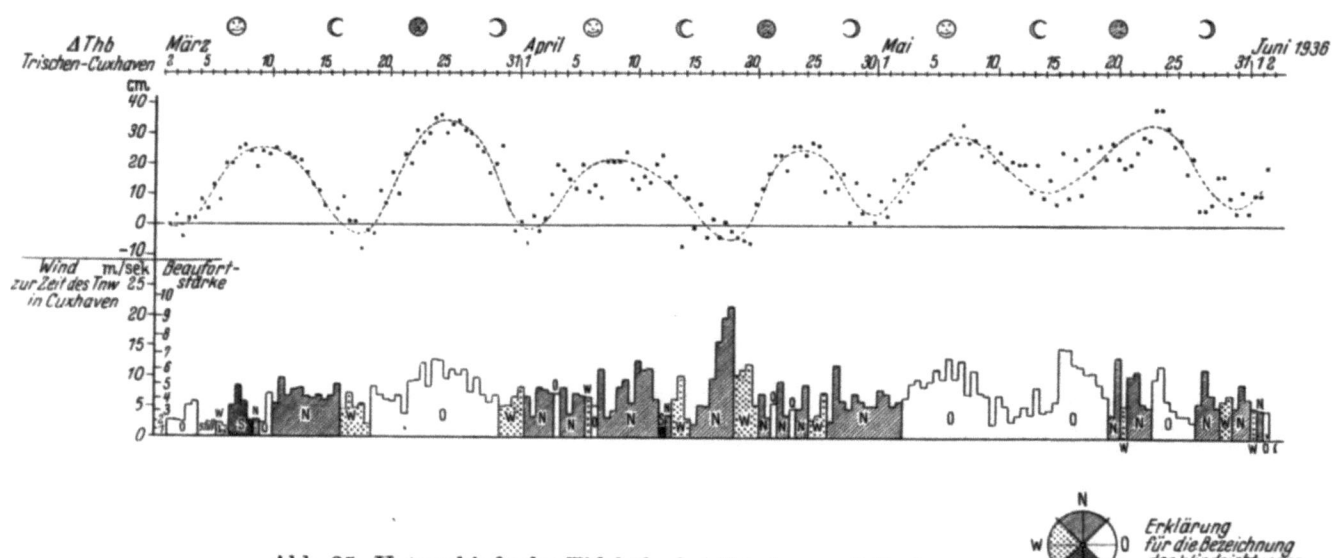

Abb. 25. Unterschiede der Tidehübe bei Trischen und Cuxhaven.

Tidewassermenge bei Ebbestrom nicht vollständig wieder ablaufen, es bleibt Tidewasser im Strom zurück, so daß das Verhältnis Spring-Thb : Nipp-Thb stromauf abnimmt.

Die in Abb. 24 angegebenen Zahlen der mittleren Flutdauer D_F und mittleren Ebbedauer $D_E = D - D_F$ ($D = 12$ Std 50 min) lassen erkennen, wie die Flutdauer in der Elbe durch das Oberwasser der Elbe verkürzt wird.

Ferner ist die Fortschrittsgeschwindigkeit der Wellenscheitel auf der Elbe kleiner als auf dem Wege Helgoland-Friedrichskoog. Wie die unterschiedlichen Fortschrittsgeschwindigkeiten durch die verschieden starke Reflexion der Tidewelle entstehen, wurde bereits ausgeführt (vgl. Abschnitt II b) 2 und Abb. 5). Aus diesen Zusammenhängen ergibt sich auch, daß die Größe der wahren Fortschrittsgeschwindigkeit der Ursprungstidewelle aus den Beobachtungen der Thw- und Tnw-Zeiten erst dann richtig zu ermitteln ist, wenn eine einwandfreie Zerlegung der Tidekurven in Ursprungswellen und reflektierte Wellen möglich ist. Die Ermittlung der Fortschrittsgeschwindigkeit der Tidewelle aus den Scheiteln der an einzelnen Stellen beobachteten Tidekurven liefert nur scheinbare Werte. So wird es verständlich, warum die Bemühungen, die aus Tidekurven ermittelte (scheinbare) Fortschrittsgeschwindigkeit der Tidewelle zu ihrer rechnerischen Erfassung und Behandlung zu benutzen, noch zu keinem befriedigendem Ergebnis geführt haben und führen konnten (vgl. Abschnitt IV c) 2).

Wasserstandsbeobachtungen auf den Watten haben in Verbindung mit Strömungsmessungen gezeigt, daß dort die Strömungen sich dem Spiegelgefälle anpassen. Die Wasserbewegung auf den Watten hat nicht mehr die Natur von Wellenschwingungen, sondern stellt einen Füllungs- und Entleerungsvorgang dar, der von dem Spiegelgefälle beherrscht wird. Es ergab sich, daß auf den südlich der Elbe gelegenen Watten während der Flut und der Ebbe ein Spiegelgefälle zur Elbe überwiegt. Bestätigt wurde diese Feststellung durch unmittelbare Strömungsmessungen.

Auf weitere Wasserstandsbeobachtungen wird bei den einzelnen Messungen eingegangen werden.

3. Strömungsmessungen.

α) Schwimmermessungen.

Zur Ausführung von Schwimmermessungen werden hauptsächlich Schwimmer benutzt, die aus Kreuzen von zwei je 1 m² großen Holztafeln bestehen. Die Kreuze werden zur Messung der Oberflächengeschwindigkeit durch angehängte Gewichte so belastet, daß die Tafeln an einer Spitzboje aufrecht im Wasser hängend ganz eintauchen, während die Boje nur wenige Millimeter über die Oberfläche hinausragt. Der Windeinfluß auf diese Oberflächenschwimmer ist dadurch ausgeschaltet. Als Grundschwimmer (Treibanker) werden dieselben Schwimmer verwendet, indem eine kurze Kette am Holzkreuz an einem ½ m langen Draht angehängt wird. Durch die zusätzliche Belastung sinken die Grundschwimmer zu Boden, bis etwa zwei oder drei Kettenglieder den Boden berühren. Dadurch tritt eine Entlastung ein und der Schwimmer folgt, über dem Grunde schwebend, der jeweiligen Strömung an der Sohle. Wieviele Kettenglieder über den Grund schleifen, zeigen die vom Sandboden blankgescheuerten Glieder. Auf diese Weise kann die richtige Belastung eines Grundschwimmers überwacht und laufend ausgeglichen werden. Ein kleiner Holzstab mit Fähnchen dient als Anzeigeschwimmer.

An flacheren Stellen und auf dem Watt werden kleine massive Holztonnen benutzt, die, durch Eisenreifen beschwert, unter der Oberfläche treiben.

Die Messungen bestanden darin, die Schwimmer der Strömung zu überlassen und ihre Standorte fortlaufend (nach Möglichkeit in Abständen von 15 min) von Bord eines Begleitfahrzeuges aus mit Sextanten einzumessen. Die Länge der beobachteten Bahnen hing von dem Zweck der Messungen und von äußeren Umständen ab (genügende Fahrwassertiefe für das Begleitfahrzeug, Sichtbarkeit der Peilziele, Behinderung durch Seegang oder Schiffahrt usw.). Es wurden meistens mehrere Schwimmer gleichzeitig an verschiedenen Stellen eines Stromquerschnittes abgelassen, da daraus wertvollere Erkenntnisse zu erwarten waren, als wenn die Messungen bei verschiedenen Tiden einzeln ausgeführt worden wären.

Zweck der Schwimmermessungen war, die Wasserbewegung in der Außenelbe im großen zu erforschen, die etwaigen Verschiedenheiten in der Stromrichtung an der Oberfläche und an der Sohle und in den Strömungsgeschwindigkeiten bei Ebbe- und Flutstrom aufzudecken und die Bedeutung von Sänden im Fahrwasser für die Strömungen zu erkennen.

In den als besondere Tafeln am Schluß beigefügten Abb. 26—29 sind einige Ergebnisse dargestellt, Abb. 30 gibt eine Übersicht der Meßstellen; dargestellt sind nur die in dieser Arbeit angeführten Meßstellen. Abb. 26 enthält u. a. eine Messung, die aus einem Meßquerschnitt bei Schaarhörn begonnen wurde. Fünf Oberflächenschwimmer (A_1—A_5) und zwei Grundschwimmer (A_1 und A_5) wurden gleichzeitig abgelassen. Begonnen wurde die Messung etwa 3¼ Std nach Tnw, nachdem im ganzen Querschnitt die Flutströmung eingesetzt hatte (vgl. Abb. 33). Sämtliche Oberflächenschwimmer zogen in das Kugelbaken-Fahrwasser, die Oberflächenschwimmer A_1 und A_2 blieben an der Wattkante bei Schaarhörn hängen. Die Oberflächenschwimmer A_3 und A_4 setzten auf die Wattkante vor Neuwerk, strichen an ihr entlang und wurden an der Mündung der Eitzen-Balje vom Kenterpunkt K_f eingeholt. Der Oberflächenschwimmer A_5, der an der Nordseite des Fahrwassers ausgesetzt worden war, setzte ebenfalls quer über das Hauptfahrwasser in das Kugelbaken-Fahrwasser. Der Grundschwimmer A_1 ging wie der zugehörige Oberflächenschwimmer A_1 an die Wattkante, legte einen nur etwa 1,5 km kürzeren Weg zurück als der Oberflächenschwimmer A_3 und setzte nach Stauwasser quer über das Kugelbaken-Fahrwasser nach Norden. Der Grundschwimmer A_5 wich von der Bahn des zugehörigen Oberflächenschwimmers beträchtlich ab, er erreichte mit Stauwasser einen Punkt, der etwa 700 m nördlich von Tonne 6 lag. Erwähnenswert ist schließlich noch, daß die Flutströmung an der Südseite der Elbe (A_1—A_3) erheblich stärker einsetzte als an der Nordseite. Die bis 180 cm/sek ansteigende Strömungsgeschwindigkeit (A_3) zwischen Schaarhörn und dem Großen Vogelsand läßt den Stau erkennen, den in dieser Enge die Tidewelle erleidet. (Die Tide an dem Meßtage war kleiner als das Mittel, der Tidehub betrug 272 cm gegen 282 cm im Mittel.) Windeinfluß kam nicht in Betracht.

Gedeutet werden müssen die Ergebnisse dieser Messung dahin, daß das Watt zwischen Schaarhörn und Duhnen einen beträchtlichen Teil des Flutwassers zu seiner Füllung an sich zieht. (Nach roher Schätzung nimmt das Watt aus der Elbe rd. 80 Millionen m³ Flutwasser auf.) Gefördert wird dieser Vorgang durch die Rechtsablenkung. Die Bahn des Grundschwimmers A_5 ist ein Hinweis auf die aus den Dichteverhältnissen entstehenden zusätzlichen Stromkomponenten, denn da der

Salzgehalt an der Südseite der Elbe höher ist als an der Nordseite (Abb. 33), besteht ein Dichtequergefälle nach Norden (nach links zur Stromrichtung).

Dem naheliegenden Einwand, solche Strombahnen könnten zu Fehlschlüssen führen, da sie davon abhängen könnten, zu welcher Tidezeit die Schwimmer abgelassen werden, ist durch drei Verfahren begegnet worden. Zunächst wurden an verschiedenen Stellen Schwimmermessungen von einer Meßstelle aus in zeitlichen Abständen von 1 Std ausgeführt, aus denen die etwaigen Änderungen des Strömungsverlaufes mit der Tide festzustellen waren. Sodann wurden die Anfangspunkte, d. h. die Querschnitte, aus denen die Schwimmermessungen jeweils begannen, stromauf verschoben, so daß im ganzen Meßgebiet die Schwimmerbahnen zu verschiedenen Tidephasen dieselben Querschnitte passierten. Schließlich wurden Flügelmessungen angestellt, die u. a. die Aufgabe hatten, die Änderungen der Strömungsrichtungen an einer Meßstelle im Laufe der Tide zu ermitteln.

Tatsächlich hat sich gezeigt, daß an vielen Stellen die Strömungen im Laufe der Tide Richtungswechsel erleiden. Für die Messung aus dem Querschnitt A hat dieser Umstand aber keine Rolle gespielt. Das gilt auch z. B. für die Messung aus dem Querschnitt B (Abb. 27). Hier wurden fünf Oberflächenschwimmer (B_1-B_5) und ein Grundschwimmer (B_3) abgelassen. Der Oberflächenschwimmer B_1 setzte auf das Watt vor Neuwerk, seine Geschwindigkeit nahm dann wegen Grundberührung sehr stark ab. Der Oberflächenschwimmer B_2 schien anfangs dieselbe Richtung nehmen zu wollen wie B_1, er bog jedoch ab und setzte über den höchsten Punkt des Mittelgrundes. Er folgte dabei fast genau dem vorausgeeilten Oberflächenschwimmer B_3. Die Abweichung nach Norden von dem geraden Kurs durch das Kugelbaken-Fahrwasser ist mit dem Einstau zu erklären, den die Tidewelle am oberen (verwilderten) Ende des Kugelbaken-Fahrwassers erleidet. Die dadurch höheren Wasserstände in dieser Nebenrinne verursachen ein seitliches Abfließen des Wassers nach Norden in die Hauptstromrinne. Die Gestalt des Mittelgrundes, die Lage seiner höchsten Kuppe und der Steilabfall an der Nordostseite zeugen von diesem Drängen der Strömung. Daß die Wasserstände im Kugelbaken-Fahrwasser höher sind als im Hauptstrom nördlich des Mittelgrundes, erkennt man in der Natur an dem wehrähnlichen Überfall der Flutströmung zwischen den Tonnen M und N.

Die Oberflächenschwimmer B_4 und B_5 überquerten ebenfalls schräg das Hauptfahrwasser und strichen hart am steilen NO-Rande des Mittelgrundes entlang. Sie erreichten diese Stelle jedoch vor den Oberflächenschwimmern B_2 und B_3. Da zu der Zeit noch ein starker Flutstrom aus dem oberen Kugelbaken-Fahrwasser in die Elbe fiel, wurden beide Schwimmer schräg über das Hauptfahrwasser bis auf die Linie der nördlichen Fahrwasserbegrenzung geworfen. Die Oberflächenschwimmer B_3 und nach ihm B_2 gelangten erst in das Hauptfahrwasser, als der Strom aus dem Kugelbaken-Fahrwasser nachgelassen hatte.

Am Grundschwimmer B_3 ist ähnlich wie bei dem Grundschwimmer A_5 eine Abweichung der Strömungsrichtung von der des zugehörigen Oberflächenschwimmers zu erkennen. Die Ursache dafür ist hier wie dort in dem Einfluß des Dichtequergefälles zu suchen.

Die Messung aus dem Querschnitt C (Abb. 28) bestätigt das Ergebnis der Messung B. Besonders hingewiesen sei auf die wiederum nach links auslaufende Bahn des Grundschwimmers C_2, deren Länge zudem nur wenig geringer ist als die des entsprechenden Oberflächenschwimmers, ein Zeichen für die wenig unterschiedlichen Strömungsgeschwindigkeiten zwischen Oberfläche und Sohle während des Flutstromes. Der Grundschwimmer C_5 weicht zu Ende des Flutstromes ebenfalls nach links ab, ein Hinweis auf die Dichteausgleich-Strömung.

Die Ablenkung des Oberflächenschwimmers C_4 oberhalb der Kugelbake auf die linke Fahrwasserseite rührte von dem nach Thw über den Steil-Sand in die Elbe setzenden Küstenstrom her, die Oberflächenschwimmer C_2, C_3 und C_5 wurden von einem Oberflächenstrom, der zu Ende der Flutstromzeit aus den Cuxhavener Hafenbecken ausläuft, ebenfalls an die Nordseite des Fahrwassers versetzt.

Die Bahn des Oberflächenschwimmers C_1 zeigt, daß zu Ende der Flut Wasser von Süden über das Watt zur Elbe strömte (die Geschwindigkeit der Strömung auf dem Watt ist in Wirklichkeit größer gewesen, als der Schwimmer angibt, da er streckenweise Grund berührte).

Aus der Flutstrommessung E_1 bis E_5 (Abb. 26) erkennt man folgendes:
1. Die Grenze der Einströmung in das Klotzenloch befand sich südlich vom Feuerschiff „Elbe 4".
2. Die Strömung durch das Klotzenloch blieb hinter der durch den Hauptstrom zurück.
3. Grund- und Oberflächenstrom aus der Mitte des Hauptfahrwassers liefen nicht in den Hauptelbearm bei Cuxhaven ein, sondern schräg über das Fahrwasser in die Rinne hinter dem Kratz-Sand, fielen dann über den Kratz-Sand in die Hauptstromrinne und zogen darauf elbeaufwärts.
4. Der Oberflächenschwimmer E_3 legte trotz des Umweges durch die Hinterströmung des Kratz-Sandes den längsten Weg zurück.

5. Der Oberflächenschwimmer E_2 fiel über den Mittelgrund, zog schräg über den Hauptstrom, blieb aber noch im Fahrwasser.

6. Der Oberflächenschwimmer E_1 lief an der Südseite der Elbe mit verhältnismäßig geringer Geschwindigkeit entlang, oberhalb Cuxhavens entfernte sich seine Bahn zunehmend von dem südlichen Ufer.

7. Der Grundschwimmer E_1 hielt sich längere Zeit in einem Nehrstrom hinter dem Mittelgrund auf und wanderte dann durch das Fahrwasser zur Nordseite.

8. Die stärkste Flutströmung bei Cuxhaven läuft nicht — wie man erwarten möchte — an der Außenseite der Stromkurve, sondern an ihrer Innenseite. (Dieses Ergebnis hat sich aus zahlreichen weiteren Messungen stets ergeben.)

Dieses Beispiel belegt die theoretische Ansicht über die Wirkung eines Einstaues der Tidewelle in einer am oberen Ende geschlossenen Rinne. Da der Medem-Sand an seiner südwestlichen Kante nur wenig unter MThw liegt, wird die Tidewelle hier stark reflektiert; aus dem Einstau entsteht der Überfall zum Hauptstrom. Beim Zusammentreffen mit dem Strom im Hauptfahrwasser entsteht eine kabbelige Konvergenzlinie („Kalwerdans" oder „Stromegge" im örtlichen Sprachgebrauch), eine für die Schiffahrt unangenehme Erscheinung, die schon mehrfach zu Kollisionen führte.

Daß der hinter den Kratz-Sand gepreßte Flutstrom sich durch Vorschieben des Kratz-Sandes gegen das linke Elbeufer Luft zu machen sucht, leuchtet ein. Von 1913 bis 1925 hat sich der Sand um 550 m in den Strom vorgeschoben, seitdem konnte er nicht mehr weiter vorrücken, da offenbar der Ebbestrom eine weitere Stromeinschnürung nicht mehr zuließ. Die Strombreite (bei KN) hat sich in demselben Zeitraum um rd. ein Drittel verringert. Dies bedeutete eine Verschlechterung des Tideverlaufes in der Hauptrinne. Auf die früheren Ausführungen über die Änderungen der Tidehübe in der Elbe sei hier verwiesen. Der Tidehub bei Cuxhaven hätte sich infolge dieser Strombettverengung erhöhen müssen. Er tat es nur bis etwa 1924 (vgl. Abb. 8, in der aus den Geraden, die nach der Methode der kleinsten Quadrate eingerechnet wurden, die Tidehubänderung bei Cuxhaven zu erkennen ist). Seit 1925 nahm der Tidehub wieder ab, weil zugleich andere Ursachen für eine Verkleinerung wirksam waren (Regelungen im Tidegebiet oberhalb Cuxhavens, vgl. Abschnitt II b) 6). Der mittlere Tidehub blieb daher unverändert (Abb. 9). Es ist andererseits wahrscheinlich, daß die Verkleinerung der Tidehübe oberhalb Cuxhavens nicht nur von den Regelungsmaßnahmen in der Elbe, sondern zum Teil auch durch die Stromverengung bei Cuxhaven verursacht worden ist. Oberhalb Cuxhavens haben die Tidehübe nämlich hauptsächlich durch eine Erhöhung des Tnw abgenommen.

In der Form der Tidekurve bei Cuxhaven ist jedoch eine Änderung eingetreten. Das Wasser steigt in den ersten zwei Flutstunden nach Tnw heute (im Mittel 1931/35) 144 cm gegen früher (1876) 129 cm, der Anstieg ist also um 15 cm = 11,6 vH größer geworden. Auch dies zeugt von der zunehmenden Behinderung in dem Auflaufen der Tidewelle.

An einer weiteren Messung (V_{1-4}, s. Abb. 27) ist die Hinterströmung des Kratz-Sandes näher erforscht worden. Mit je 1 Std Abstand wurden Oberflächenschwimmer abgelassen. Der erste Schwimmer, der kurz nach einsetzendem Flutstrom ablief, nahm seinen Weg geradeaus, bog aber sofort nach Erreichung des Hauptstrombettes nach links ab. Denselben Weg, nur mit größerer Geschwindigkeit, nahm der zweite Schwimmer. Der dritte Schwimmer, der 2 Std vor Thw abgelassen wurde, hielt sich von Anfang an südlicher und lief dann etwa auf dem Strich der nördlichen Fahrwasserbegrenzung. Der letzte Schwimmer nahm zunächst denselben Kurs wie der dritte, zog dann aber schräg über das Fahrwasser, bis er vom Kenterpunkt der Tidewelle eingeholt wurde.

Der seitliche Überfall durch höheres Auflaufen der Flut in der Rinne hinter dem Kratz-Sand wurde durch diese Messung abermals erwiesen. Auch das den Medem-Sand zu Ende der Tide überströmende Flutwasser, das die Strömung im Hauptfahrwasser allmählich an die Südseite drängt (vgl. auch Messung L auf Abb. 27), läßt den höheren Aufstau der Tidewelle an dem Sand erkennen. Der Wasserzustrom durch Überströmung des Medem-Sandes geht besonders deutlich aus Salzgehaltsmessungen hervor.

Zu Beginn der Flut setzt der Strom oberhalb Cuxhavens auffallenderweise nicht, wie man in einer so scharfen Kurve vermuten sollte, an die Außenseite der Flußkrümmung, sondern streicht hart an ihrer Innenseite entlang. Das liegt daran, daß wegen des gleichzeitigen Steigens des Wasserstandes der Raum des ganzen Strombettes mit Wasser gefüllt werden muß. Es findet daher ein seitliches Abströmen des im Hauptstrom auflaufenden Flutwassers statt, bis auch von Norden über den Medem-Sand Wasser hinzutritt.

Das den Medem-Sand überflutende Wasser läuft zum Teil nicht wieder über ihn ab, sondern in der Elbe selbst (vgl. Messung L auf Abb. 27), da wegen der Lage der Kenterpunkte (Abb. 11) der Sand bei Ebbestrom längere Zeit trocken liegt als bei Flutstrom. Für die Räumung des Fahrwassers bei Cuxhaven ist diese Erscheinung von Nutzen, da sie die Ebbeströmung allgemein vergrößert. Auch die durch das Klotzenloch zur Elbe gelangende Flutwassermenge ist größer als die in ihm ablaufende Ebbewassermenge. Dieser Umstand vergrößert ebenfalls die Ebbeströmungen vor Cuxhaven.

Grundsätzlich ist die Überströmung eines Sandes von einer flacheren Nebenrinne in eine tiefere Hauptrinne, wie sie sich bei der Elbe u. a. aus den Flutmessungen am Mittelgrund, am Kratz-Sand, beim Großen Vogelsand und beim Gelb-Sand (vgl. Messung H_2 in Abb. 27) ergab, auch an anderen Tideflüssen anzutreffen. Hingewiesen sei auf die Ausführungen von Plate [63] für die Weser und von Hirsch [30] für die Ems.

In der Außenweser setzt nach Plate eine Querströmung bei Flut vom Fedderwarder Priel her über den Langlütjen-Nordsteert in den Fedderwarder Arm.

Hirsch berichtet, wie die Mittel-Plate an der Knock durch den Flutstrom ständig nach Süden verbreitert wurde. Die Strömungsverhältnisse liegen hier ähnlich wie beim Kratz-Sand in der Elbe. Ein Unterschied besteht nur insofern, als in der Elbe das südliche Ufer, das der Annäherung des Kratz-Sandes und damit der Einengung des Fahrwassers eine natürliche Grenze setzt, festgelegt ist, während in der Ems eine Verlagerung der Stromrinne an der Mittel-Plate nach Südwesten hätte eintreten können, wenn man nicht zu Regelungsmaßnahmen gegriffen hätte.

Von den Schwimmerbahnen bei Ebbestrom sei zunächst auf die Messungen F_a (Abb 29) verwiesen. An drei Stellen eines Querschnittes vor Cuxhaven wurden Schwimmer gleichzeitig abgelassen. Der Grundschwimmer F_{a1} zog in das Kugelbaken-Fahrwasser, legte jedoch nur einen verhältnismäßig kurzen Weg zurück. Wiederholte Messungen bestätigen, daß aus der Elbe nur ein schwacher Ebbestrom in das Kugelbaken-Fahrwasser setzt.

An der Nordseite des Fahrwassers bei Cuxhaven läuft noch länger Flutstrom als an der Südseite. Der Grundschwimmer F_{a3} beschrieb einen durch Nehrströmungen unterbrochenen Weg und gelangte nur bis etwa zum Feuerschiff „Elbe 4".

Der Oberflächenschwimmer F_{a1} wurde durch das aus dem „Alten Hafen" von Cuxhaven ausströmende Wasser auf die nördliche Fahrwasserseite gedrückt (im Gegensatz zu dem davon unberührten Grundschwimmer F_{a1}), unterhalb der Tonne 12 von dem aus dem Klotzenloch ausströmenden Ebbewasser gefaßt und mit erheblicher Geschwindigkeit in Richtung auf den Großen Vogelsand getrieben. Die Bahnen der beiden anderen Oberflächenschwimmer (F_{a2} und F_{a3}) nahmen einen ähnlichen Verlauf. Beide Schwimmer folgten jedoch mehr der Hauptstromrinne. Diese Erscheinung rührt daher, daß nach dem Trockenfallen des Großen Vogelsandes das Ebbewasser nicht mehr (außer durch das Luechter Loch) nach Norden abströmen kann, sondern zwischen Schaarhörn und dem Großen Vogelsand hindurch muß.

Die Ebbestrommessung aus dem Querschnitt E (Abb. 26) läßt das Drängen der Ebbeströmung an die Südkante des Großen Vogelsandes und die Hinterströmung dieses Sandes erkennen. Auch für die Wasserversetzung nach Norden liefert diese Messung einen Hinweis. Besonders auffallend ist der Verlauf des Grundschwimmers E_3, der in der tiefen Rinne bleibt und erst bei einsetzender Flut nördlich versetzt wird. Die Umströmung des Großen Vogelsandes findet ihr Gegenstück in der Umströmung des Mittelgrundes durch die Oberflächenschwimmer F_{a3} und M (Abb. 29).

β) Flügel- und Logmessungen.

Während aus Schwimmermessungen der Strömungsverlauf über die Strecke ermittelt werden sollte, wurden Flügel- und Logmessungen angestellt, um für einen oder zugleich mehrere Punkte ein Bild des Strömungsverlaufes über die Zeit zu erhalten.

Ein grundsätzlicher Nachteil von Flügelmessungen ist, daß sie — sofern nicht mehrere Meßflügel und Meßschiffe verfügbar sind — immer nur Ergebnisse für eine Stelle liefern. Die Schwierigkeit, solche Ergebnisse vergleichbar auf mittlere Tideverhältnisse umzurechnen, wurde schon erwähnt. Da für die Messungen in der Außenelbe nur ein Meßflügel zur Verfügung stand, wurde versucht, diesem Übelstand dadurch abzuhelfen, daß während einer Flügelmessung an verschiedenen anderen Stellen (meist im gleichen Querschnitt) gleichzeitig Logmessungen ausgeführt wurden. So konnten wenigstens gleichzeitige Oberflächengeschwindigkeiten ermittelt werden. Durch Entnahme von Wasserproben von der Oberfläche und von der Sohle an allen Meßstellen wurden zusätzlich noch Anhaltspunkte für die Strömungen in größeren Tiefen gewonnen.

Gemessen wurde mit dem Ottschen Meßflügel mit elektrisch betätigtem Zählwerk und Richtungsanzeiger. Ein unbestreitbarer Nachteil dieses Flügels für Messungen im Tidegebiet ist die Notwendigkeit, bei Benutzung eiserner Fahrzeuge von Zeit zu Zeit Deviationsbestimmungen für den im Flügel befindlichen Kompaß anstellen zu müssen [49, 69]. Trotzdem besitzt dieses Gerät für den Wasserbauingenieur große Vorteile gegenüber anderen, z. B. gegenüber dem Bifilar-Strommesser von Rauschelbach [66], der sich im wesentlichen dadurch vor dem Ottschen auszeichnet, daß keine Deviationsbestimmungen erforderlich sind. Der bedeutendste davon ist, daß bereits während der Messung laufend die Meßergebnisse aufgetragen werden können. Fehler in der Anzeige und im Gerät treten dabei sogleich in Erscheinung. Besonderheiten in den Strömungsverhältnissen lassen sich ebenfalls sofort erkennen und durch den Augenschein sowie durch zusätzliche Messungen (z. B. Salzgehaltsbestimmungen) näher ergründen. Außerdem braucht das Meßfahrzeug nur vor einem Anker zu liegen, ein Umstand, der Messungen auch noch bei schlechtem, d. h. windigem Wetter (bis etwa Windstärke 6—7) ermöglicht, besonders in Gebieten, in denen die Stromrichtung im Laufe der Tide stark schwankt.

In Zweifelsfällen wurden zur Sicherheit noch Grundschwimmer von der Meßstelle aus abgelassen. Dadurch wurde die Richtigkeit der Richtungsanzeigen für die Sohlenströmungen geprüft und in allen Fällen erwiesen. Die Auftragung der Ergebnisse bereits während der Messung hat die Er-

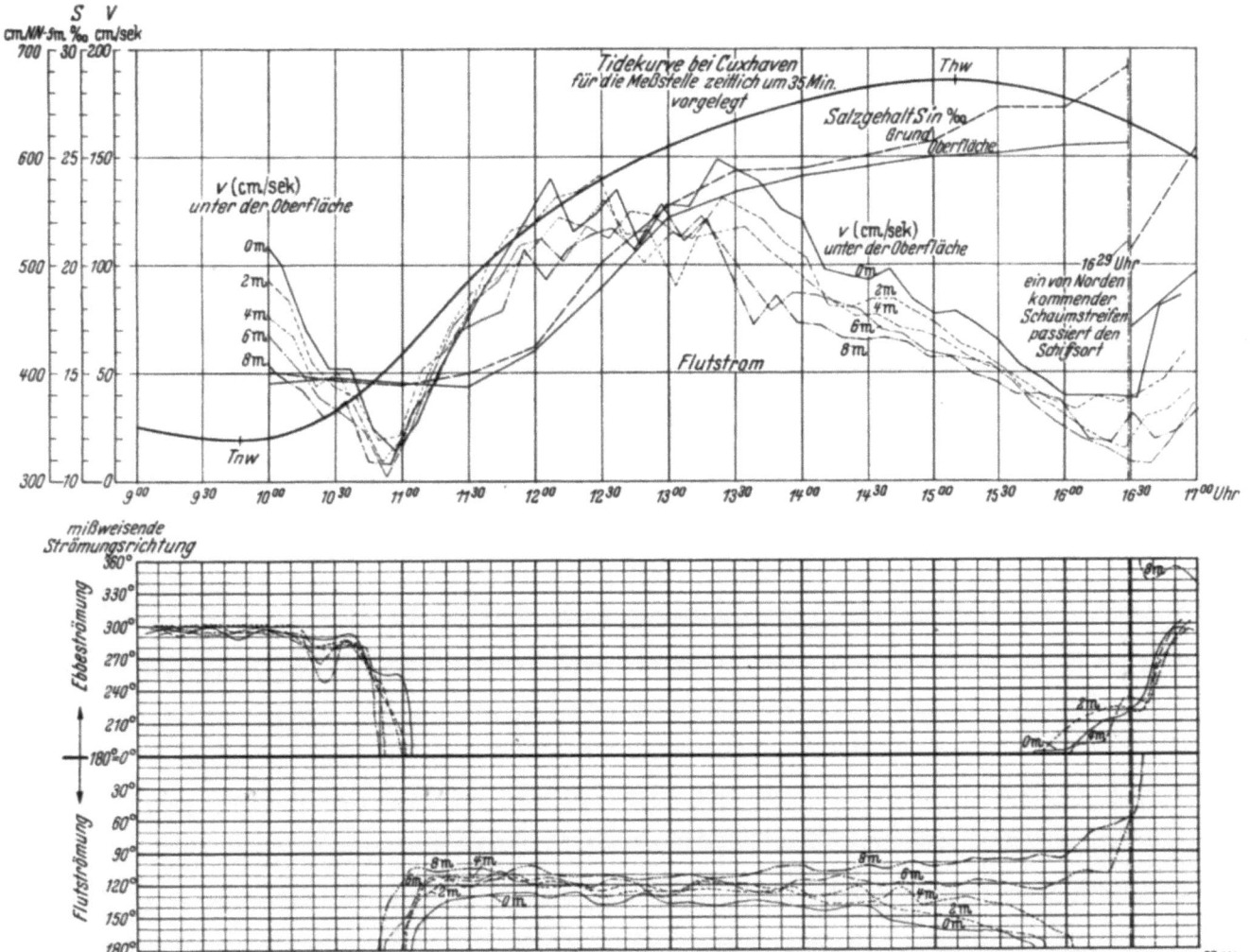

Abb. 31a. Strömungsmessungen in der Außenelbe an der Meßstelle 23. (14. Mai 1937, Wind: SW 2—1—0.)

kenntnis von Einzelheiten des Strömungsverlaufes sehr gefördert. Auch für den weiteren Messungsplan waren daraus wertvolle Richtlinien zu gewinnen.

Die Messungen wurden wegen der Umrechnungsschwierigkeiten zeitlich stets so gelegt, daß kurz vor Stauwasser (K_e oder K_f) begonnen und bis nach dem folgenden Stauwasser (K_f oder K_e), manchmal auch bis zu dem dritten Stauwasser gemessen wurde. Als Oberflächenmessung galt eine Messung in 0,5 m Tiefe, um bei Seegang auf die Oberflächenwerte nicht verzichten zu müssen. In Abständen von je 2 m wurden die Messungen bis zur Sohle fortgesetzt. Die einzelne Messung dauerte 1 min, die Pause bis zur nächsten Messung in einer 2 m größeren Tiefe ebenfalls 1 min. So lagen die Zeitabstände für die einzelnen Tiefen verhältnismäßig eng. Es wurde davon abgesehen, wie es an anderen Stellen geschieht, die Messungen in Teilen, z. B. Fünfteln der jeweiligen Wassertiefe vorzunehmen, da dies wegen der Lage vor nur einem Anker (Schwojen des Schiffes), der Unebenheit der Stromsohle und der Unkenntnis des örtlichen Wasserstandes nicht genau ausführbar gewesen wäre.

Mit Logs (einfachen dreieckigen Holzbrettern) wurde von verankerten Booten aus gemessen. An dünnen, gemarkten Leinen wurden die Logs abgelassen und ihre Laufzeit für Wege von 20—50 m (je nach der herrschenden Geschwindigkeit) gemessen.

Die Hauptergebnisse der Flügel- und Logmessungen sollen an einigen Beispielen mitgeteilt werden.

1. Flut- und Ebbeströmung unterscheiden sich in der senkrechten Verteilung. Während die Ebbestromgeschwindigkeiten näher zur Sohle rasch abnehmen, werden die Flutstromgeschwindigkeiten nur wenig kleiner. Abb. 15 ist das zusammengefaßte Bild dieser Erscheinung, die auf den Dichteverhältnissen des Wassers beruht und im Abschnitt II b) 9 erläutert wurde. Einzelbeispiele

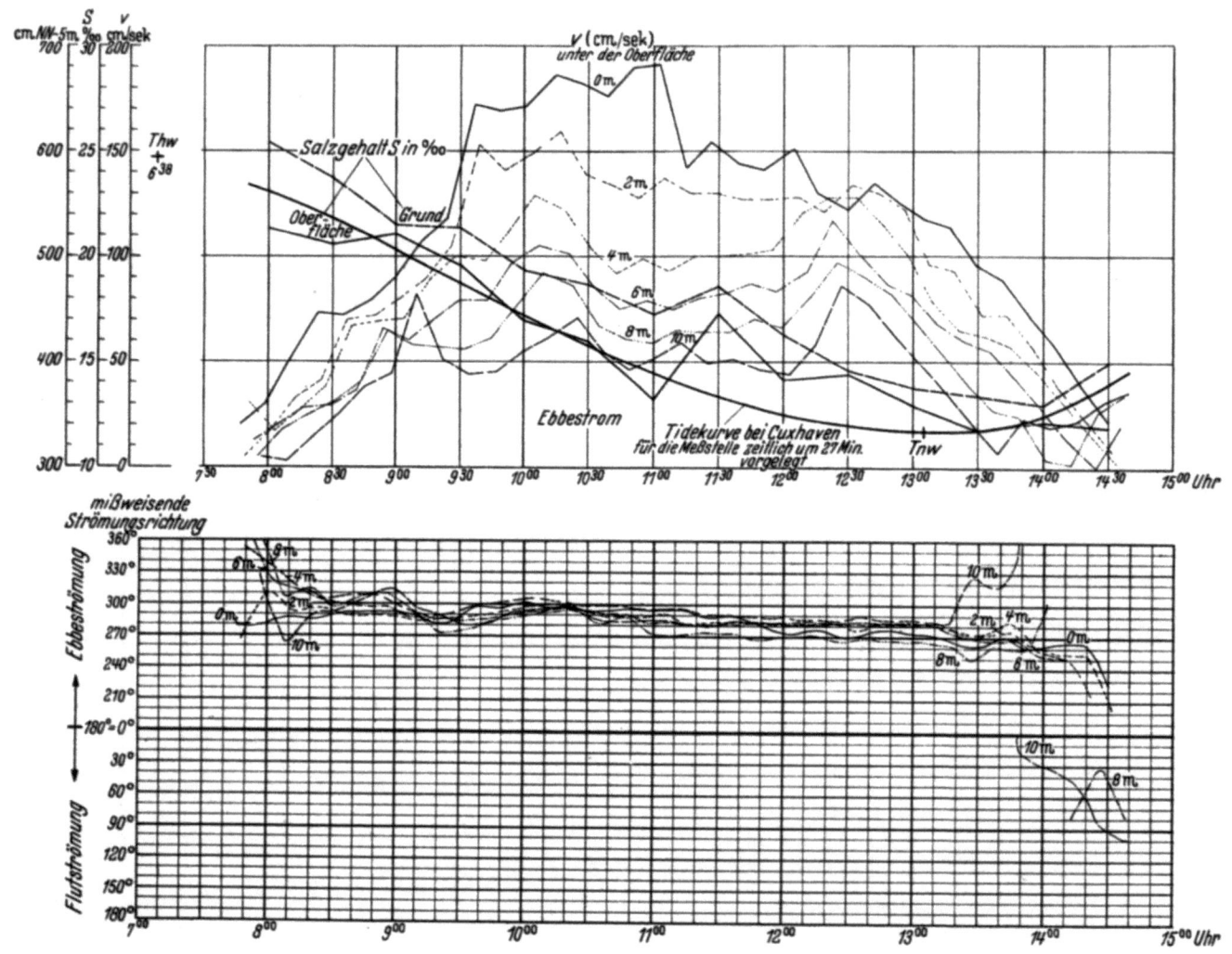

Abb. 31b. Strömungsmessungen in der Außenelbe an der Meßstelle 26. (18. Mai 1937. Wind: NO 2.)

geben die Abb. 31a und b und die Abb. 32. Die beiden Abb. 31a und b lassen ohne weiteres erkennen, wieviel rascher die Geschwindigkeiten bei Ebbestrom mit der Tiefe unter der Oberfläche abnehmen als bei Flutstrom. Man würde zu falschen Schlüssen kommen, wenn man nur Oberflächengeschwindigkeiten messen würde und daraus die Größe der Räumungskräfte an der Sohle bestimmen wollte.

In anderer Darstellungsweise gibt Abb. 32 ein weiteres Beispiel. Hier zeigen die Linien gleicher Strömungsgeschwindigkeit bei Flutstrom einen mehr senkrechten, bei Ebbestrom dagegen einen mehr waagerechten Verlauf.

2. Im allgemeinen ist an der Stromsohle die Flutströmung größer als die Ebbeströmung. Das zeigte sich bereits bei einer morphologischen Betrachtung des Elbemündungsgebietes (Form der Sände) und durch die Ermittlungen über die Sandeintreibungen von See in das Brackwassergebiet. Das Ergebnis wurde noch erhärtet durch unmittelbare Sandwanderungsmessungen (s. u.).

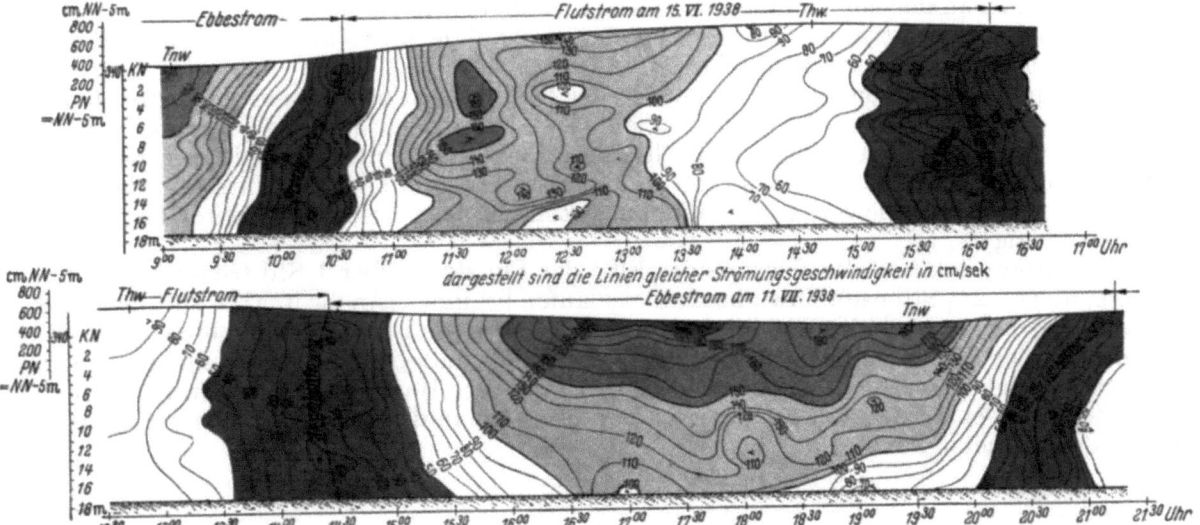

Abb. 32. Strömungsmessungen im Hauptfahrwasser der Elbe bei Cuxhaven (Meßstelle 48).

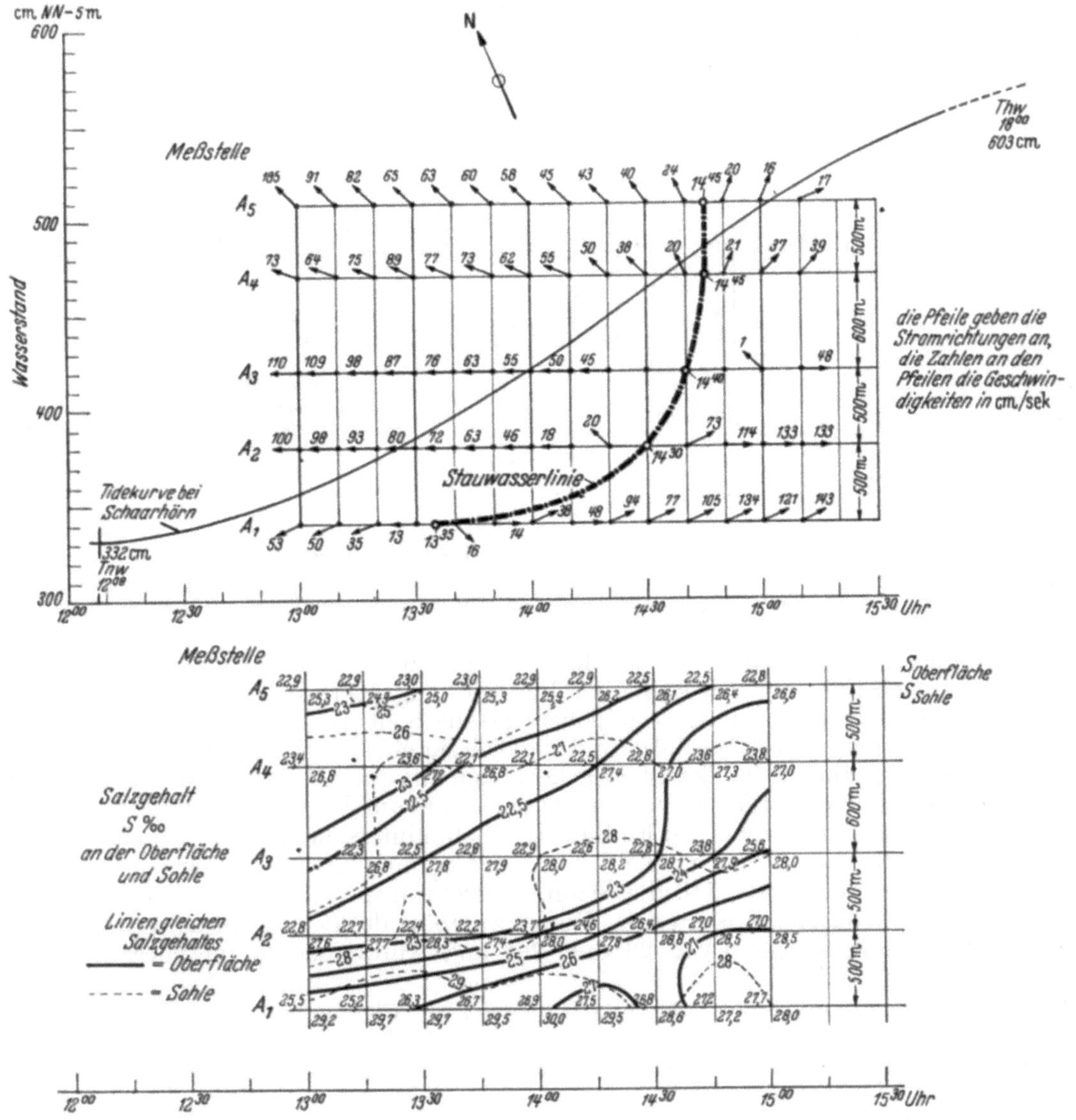

Abb. 33. Log- und Salzgehaltsmessungen im Querschnitt A.

Daß in Abb. 32 an der Sohle die Flutstromgeschwindigkeit nicht wesentlich von der Größe der Ebbestromgeschwindigkeit abweicht, liegt an der Besonderheit der als ausgeprägte Ebberinne anzusprechenden Stromstrecke bei Cuxhaven.

3. Das Kentern der Strömung geht weder in der Senkrechten noch in der Waagerechten eines Querschnittes gleichzeitig vor sich. Abb. 32 läßt z. B. erkennen, daß der Übergang von Ebbe- auf Flutstrom an der dargestellten Meßstelle mit 25—40 min Unterschied in der Senkrechten eintritt. Beim Kentern der Strömung von Flut- auf Ebbestrom sind die Unterschiede geringer. Abb. 32 veranschaulicht die verhältnismäßig lange Zeit geringer Geschwindigkeiten beim Kentern der Flutströmung[10].

Bei Schaarhörn setzt an der Südseite der Elbe der Flutstrom über 1 Std früher ein als an der Nordseite, wo erst 2¾ Std nach Tnw Flutstrom zu laufen beginnt. (An die in Abb. 33 aufgetragenen Logmessungen im Querschnitt A schließt die in Abb. 26 enthaltene Schwimmermessung A an.)

In der Norder Elbe (nördlich vom Großen Vogelsand) läuft bereits bald nach Tnw ein rasch zunehmender Flutstrom (Abb. 34, vgl. auch Abb. 27), in der Hauptelbe setzt der Flutstrom erst etwa 1 Std später ein. Die stärkere Reflexion der Tidewelle in der Norder Elbe bewirkt das frühe Kentern der Strömung.

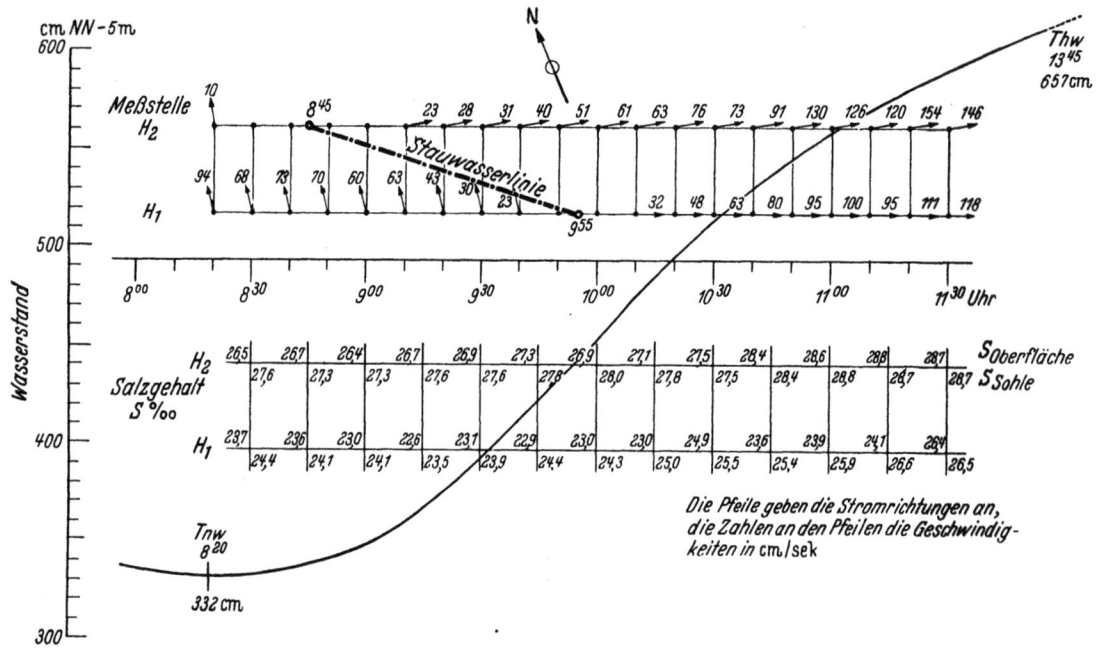

Abb. 34. Log- und Salzgehaltsmessungen an den Meßstellen H_1 und H_2.

Auf die Abb. 35 und 36 sei in diesem Zusammenhange nur verwiesen. Es wird später noch von ihnen zu sprechen sein.

4. Die Strömungsrichtungen weichen bei Flutstrom mit zunehmender Tiefe von der Richtung an der Oberfläche nach links ab. Im Laufe der Fluttide vergrößert sich der Abweichungswinkel dadurch, daß die Oberflächenströmungen südlicher und die Sohlenströmungen nördlicher werden. Abb. 31a und 37 sind typische Beispiele dafür und zugleich für eine weitere, bei vielen Messungen angetroffene Erscheinung, nämlich daß der Oberflächenstrom mit dem Uhrzeiger und der Sohlenstrom gegen den Uhrzeiger ohne eigentliches Stauwasser von Flut- auf Ebbestrom kentern. Begründet sind diese Eigentümlichkeiten durch den Einfluß der Dichteunterschiede (vgl. Abschnitt II b) 9).

Bei Ebbestrom halten sich die Unterschiede in der Strömungsrichtung in engeren Grenzen (Abb. 31b). Bemerkenswerter ist, daß die Strömungsrichtungen insgesamt sich im Laufe der Ebbetide gegen den Uhrzeiger etwas drehen. Dieses Ergebnis deckt sich mit dem Befund bei den Schwimmer-Ebbestrommessungen (Abb. 26 und 29) und wurde bereits im vorigen Abschnitt erklärt.

Die Stromkenterung von Ebbe- auf Flutstrom geht im allgemeinen unregelmäßig vor sich. Gesetzmäßig, wenn auch durch stärkeren Wind gelegentlich überdeckt, verläuft jedoch das Kentern der Strömung am unteren Ende des Mittelgrundes (bei dem Feuerschiff „Elbe 3") und

---

[10] Für Strombauarbeiten ist dieser Umstand wichtig. Der Einbau von Senkstücken ist wegen der längere Zeit anhaltenden kleinen Geschwindigkeit bei K_f (Hochwasserstau) leichter als bei K_e (Niedrigwasserstau), wo nur kurze Zeit, stellenweise überhaupt nicht, gleichzeitig in der ganzen Senkrechten Stauwasser eintritt.

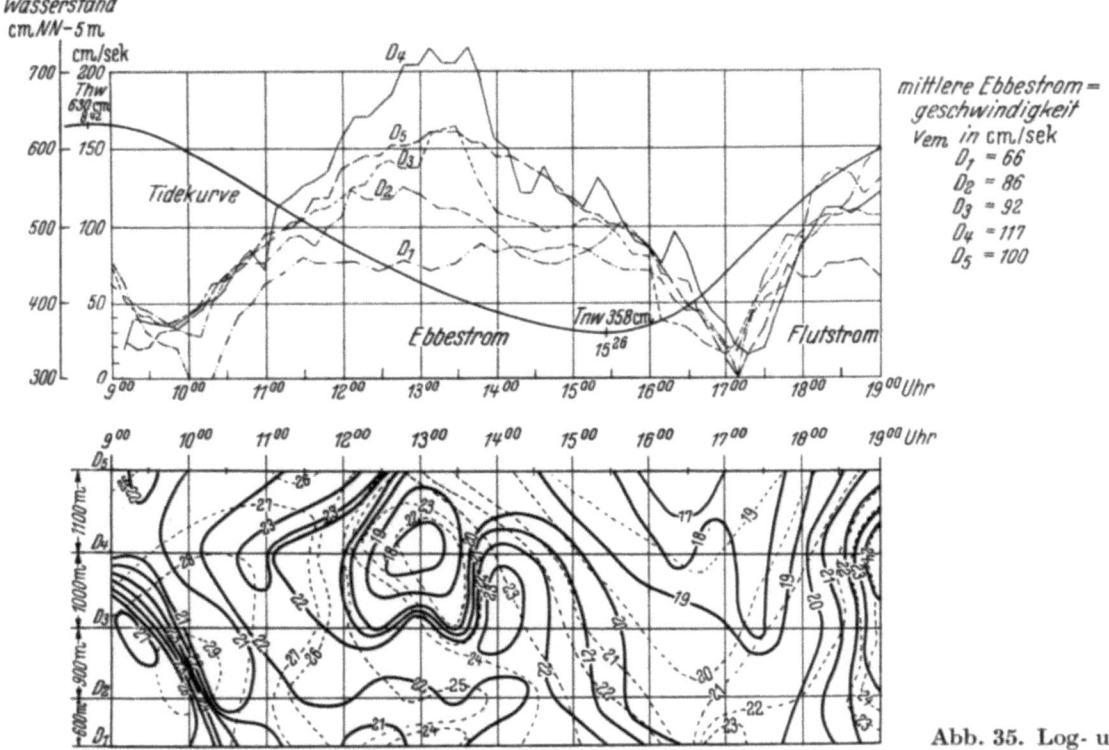

Abb. 35. Log- und Salzgehaltsmessungen im Querschnitt D.

des Großen Vogelsandes (bei dem Feuerschiff „Elbe 2"). „Elbe 3" pflegt über Süd zu drehen, „Elbe 2" über Nord. Man kann häufig das eigentümliche Bild beobachten, wie zu gleicher Zeit „Elbe 3" mit dem Steven nach Norden und „Elbe 2" nach Süden zeigen. Hierin ist abermals eine Bestätigung dafür zu erblicken, daß die Tidewellen im Kugelbaken-Fahrwasser und in der Norder Elbe stärker reflektiert werden als im Hauptstrom, so daß die Tidehübe sich in den beiden Seitenarmen vergrößern und die Tnw erniedrigt werden. Der Flutstrom setzt in beiden Rinnen früher ein als im Hauptstrom und wird um die Ausläufer der sie vom Hauptstrom trennenden Sände herumgezogen (vgl. die Ebbestrommessungen E auf Abb. 26, F_a und M auf Abb. 29).

5. Etwas Besonderes stellen die häufig bei Flutstrom, seltener bei Ebbestrom auftretenden Schaumlinien dar (Abb. 38). Daß es Konvergenzlinien der Strömungen sind, erkennt man an dem in ihnen mitgeführten Treibsel. Auch bei Schwim-

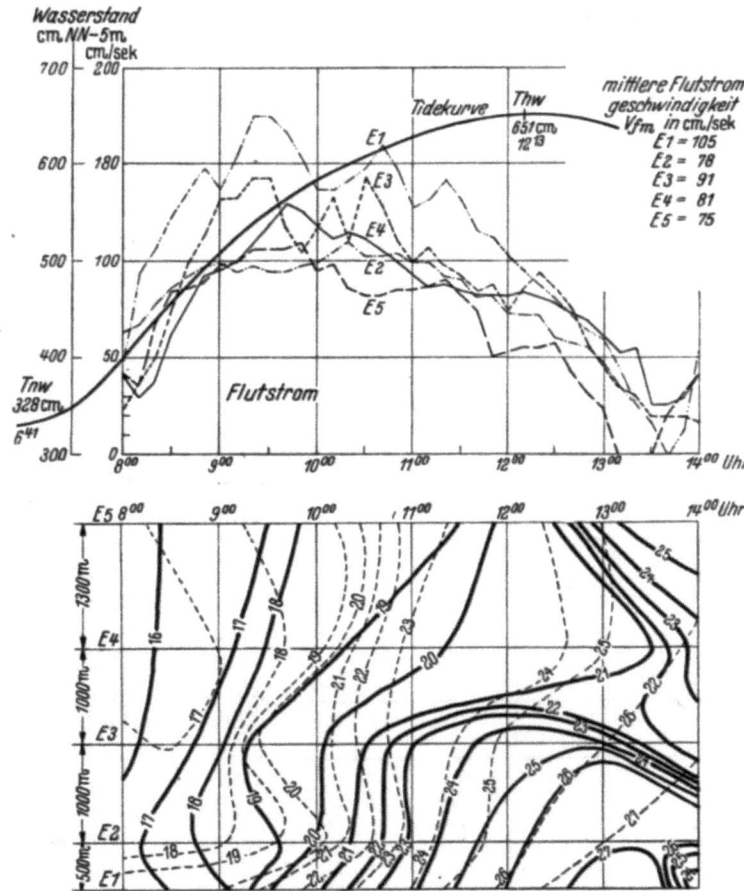

Abb. 36. Log- und Salzgehaltsmessungen im Querschnitt E.

mermessungen übten solche Konvergenzlinien stets eine besondere Anziehung auf die Oberflächenschwimmer aus, die eine Schaumlinie, wenn sie sich erst in ihr befanden, nicht wieder verließen. Verbunden sind diese Schaumlinien meist mit Sprüngen in den Strömungsgeschwindigkeiten und -richtungen sowie im Salzgehalt (vgl. Abb. 31a und 37).

Von ähnlichen Stromkanten berichtet Rauschelbach [67] von der Ems bei der Knock.

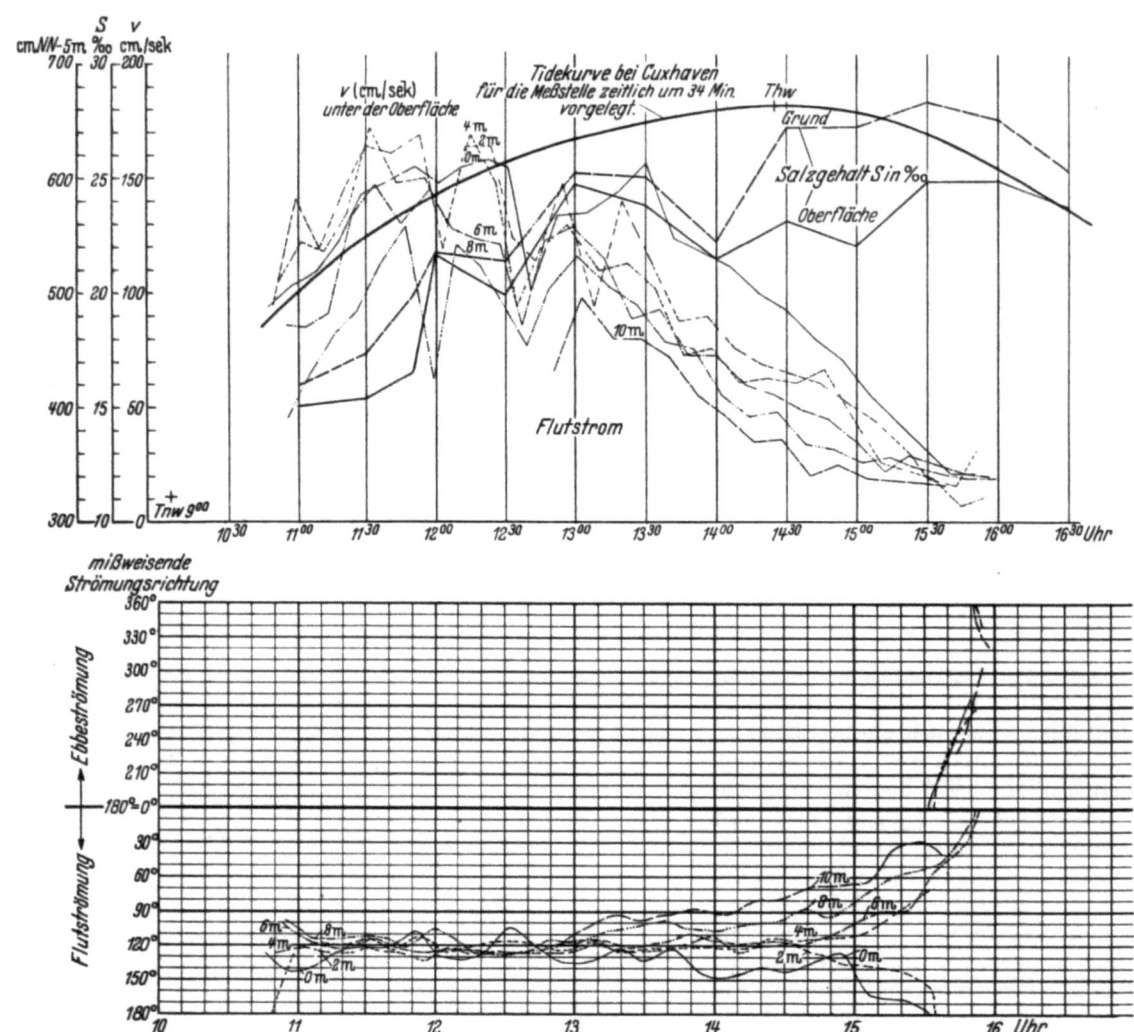

Abb. 37. Strömungsmessung in der Außenelbe an der Meßstelle 22. (13. Mai 1937. Wind SSW 1—2.)

6. Aus Oberflächen-Logmessungen in den Querschnitten D und E (Abb. 35 und 36) geht hervor, daß das Kugelbaken-Fahrwasser eine ausgeprägte Flutrinne darstellt. Berücksichtigt man den größeren Tidehub bei der Messung E (323 cm) gegenüber der Messung D (272 cm), indem man näherungsweise für beide Querschnitte die gemessenen Geschwindigkeiten auf mittlere Geschwindigkeiten im Verhältnis der eingetretenen Tidehübe zum mittleren Tidehub (282 cm) umrechnet, dann erhält man für die Oberfläche:

Die Oberflächengeschwindigkeiten sind im Kugelbaken-Fahrwasser bei Flutstrom größer als bei Ebbestrom, an den übrigen Stellen ist die Ebbeströmung größer. Berücksichtigt man jedoch weiter den in Abb. 15 wiedergegebenen Verlauf der Geschwindigkeiten bei Flut- und Ebbestrom in der Senkrechten, dann ergeben sich für die Geschwindigkeiten an der Sohle folgende Werte:

bei	v_{fm} cm/sek	v_{em} cm/sek	bei
an der Oberfläche			
E_1	91	69	D_1
E_2	68	89	D_2
E_3	79	96	D_3
E_4	70	122	D_4
E_5	65	104	D_5

bei	v_{fm} cm/sek	v_{em} cm/sek	bei
an der Sohle			
E_1	58	24	D_1
E_2	44	31	D_2
E_3	51	34	D_3
E_4	45	43	D_4
E_5	42	36	D_5

An der Sohle übertrifft die Flutströmung also im ganzen Querschnitt die Ebbeströmung.

Die vorstehende Rechnung ist selbstverständlich nur als Überschlag zu werten, da — wie schon bemerkt — einzelne Meßergebnisse aus diesem Stromgebiete noch nicht einwandfrei auf mittlere Tideverhältnisse zu beziehen sind.

7. Auf dem südlichen Watt zwischen Schaarhörn, Neuwerk und Duhnen besteht ein Reststrom zur Elbe. Abb. 40 gibt eine Messung wieder, die in einem Seitenpriel des Buchtloches in der Nähe des Wagenweges angestellt wurde. Der Flutstrom war anfangs im Priel recht stark, nahm aber nach Überflutung des Wattes rasch ab. Die Strömung folgte zuerst dem Priellauf, bald nach Überflutung des Wattes war sie jedoch überwiegend zur Elbe gerichtet. Trotz der nur geringen Geschwindigkeit war die zur Elbe strömende Wassermenge größer als die von der Elbe ins Watt setzende. Dies geht auch aus dem auffallenden Wachsen des Salzgehaltes bei der zur Elbe gerichteten Strömung hervor. Hierin zeigt sich, daß salzhaltigeres Wasser von Süden das Watt in Richtung zur Elbe überströmt.

4. Salzgehaltsmessungen.

Die Untersuchung der Wirkung von Dichteunterschieden erfordert eigentlich zur Feststellung dieser Unterschiede die Messung der hauptsächlich von Temperatur und Salzgehalt abhängigen Dichte. Da jedoch nähere Beobachtungen ergaben, daß es genügt, den Einfluß des Salzgehaltes, der überwiegend die relativen gleichzeitigen Dichteunterschiede hervorruft, zu bestimmen, wurden nur Salzgehaltsmessungen ausgeführt. Wasserproben von der Sohle wurden mit Bleiflaschen entnommen, die nach dem Wegfieren durch eine an einem Korkstöpsel befestigte Reißleine geöffnet wurden (vgl. [45]). Als brauchbares und hinreichend genaues Auswertungsverfahren hat sich die Bestimmung des von der Dichte abhängigen Lichtbrechungsindexes ergeben. Dazu diente das Zeiss'sche Eintauch-Refraktometer. Sämtliche Salzgehaltswerte wurden gemäß der internationalen Gepflogenheit auf eine Temperatur von 17,5° C bezogen. Die Ergebnisse sind mit einer Ungenauigkeit von ± 0,1%$_{00}$ Salzgehalt behaftet, ein für die vorliegenden Aufgaben ausreichender Wert. Eine größere Genauigkeit wäre zwar durch andere Verfahren erreichbar gewesen, hätte aber in keinem Verhältnis mehr zu der dafür aufzuwendenden Zeit und Mühe gestanden. Mit dem Refraktometer konnten im Mittel 150 Proben je Stunde ausgewertet werden; insgesamt wurden bisher etwa 12000 einzelne Wasserproben untersucht. Da die Handhabung des Instrumentes sehr einfach und auch auf fahrendem oder vor Anker liegendem Schiff, selbst bei einigem Seegang ausführbar ist, wurde die Möglichkeit, aus sofortiger Auswertung im Zusammenhang mit den ebenfalls sofort aufgetragenen Strömungs- oder Schwimmermessungen die Ergebnisse an

Abb. 38. Schaumlinie (Konvergenzlinie) in der Außenelbe vor Neuwerk.

Hand der örtlichen Umstände (z. B. Auftreten von Konvergenzlinien) zu studieren, weitgehend ausgenutzt.

Die Messungen bestätigten die theoretischen Überlegungen bezüglich des Einflusses von Dichteunterschieden. Es bestehen sowohl in der Senkrechten als auch in der Waagerechten der Querschnitte Dichteunterschiede, und zwar derart, daß der Salzgehalt an der Oberfläche meist kleiner als an der Sohle und an der Südseite der Elbe meist größer als an der Nordseite ist (Abb. 33, 35 und 36).

Bei der Messung im Querschnitt A (Abb. 33) erkennt man aus den Linien gleichen Salzgehaltes sowohl an der Sohle als auch noch deutlicher an der Oberfläche diese Erscheinung. Das wahrscheinlich tiefere Abfallen des Tnw in der Norder Elbe[11] durch stärkere Reflexion der Tidewelle in dieser Rinne wird zu Ende der Ebbe Wasser aus der Süder Elbe[12] um den Großen Vogelsand herum anziehen. Gleichzeitig dringt von Westen — wegen der Rechtsablenkung hart am Schaarhörn-Riff — die nächste Tidewelle in die Elbe ein. Dieser Verlauf ist besonders bei stürmischen West- oder Nordwestwinden an den Seegangsverhältnissen spürbar. Bei solchen Winden steht

---

[11] Messungen der absoluten Wasserstandshöhe sind unmöglich. Hochseepegel liefern nur die Tidegröße.
[12] Mit „Süder Elbe" ist hier und später im Gegensatz zur „Norder Elbe" (nördlich vom Großen Vogelsand) die sonst nur „Elbe" benannte Hauptstromrinne bezeichnet.

an der Nordseite der Süder Elbe zu Ende der Ebbezeit eine grobe See, da Wind und Strom einander entgegengerichtet sind, während an der Südseite in dem mit dem Winde einlaufenden Strom das Wasser ruhiger ist. Die Lotsenversetzfahrzeuge machen sich diese Verhältnisse gern zunutze.

Beachtenswert ist ferner in den Abb. 35 und 36 der Verlauf der Linien gleichen Salzgehaltes zu Ende des Flutstromes. Um diese Zeit schiebt sich von der Nordseite der Elbe an der Oberfläche weniger salzhaltiges Wasser nach Süden. Eine als Schaumlinie deutlich in Erscheinung tretende Sprungzone trennt die beiden verschiedenen Wassermassen. In den Abb. 35 und 36 liegen die Linien gleichen Salzgehaltes an dieser Stelle dicht zusammen, tatsächlich ist der Sprung im Salzgehalt jedoch noch krasser, als in der Zeichnung dargestellt wurde. Man vergleiche in dieser Hinsicht auch die Abb. 31a, die das plötzliche Abfallen des Salzgehaltes zu Ende der Flutstromzeit erkennen läßt. Es handelt sich dabei um eine regelmäßige, durch zahlreiche Messungen belegte Erscheinung.

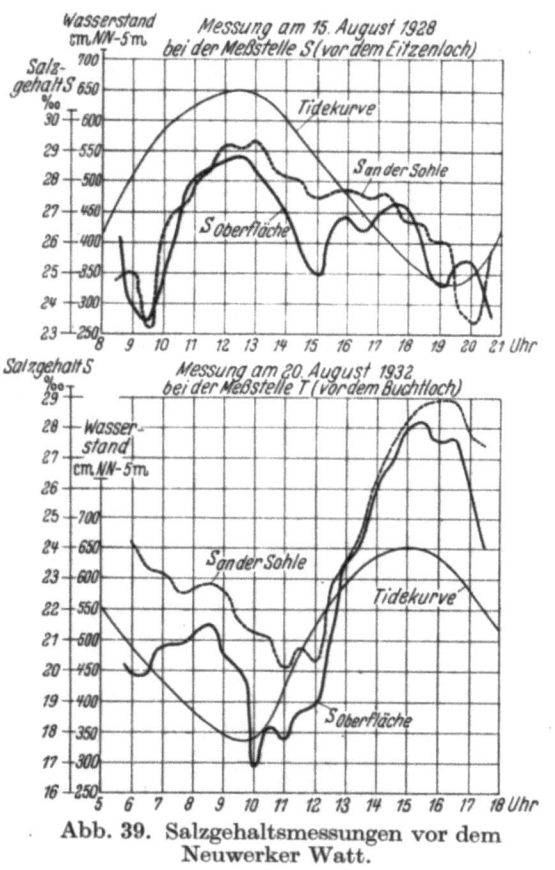

Abb. 39. Salzgehaltsmessungen vor dem Neuwerker Watt.

Während sich das von Norden kommende Oberflächenwasser nach Süden durchsetzt, schiebt sich das Wasser an der Sohle nach Norden (Abb. 35). Nach geraumer Zeit ist der Ausgleich im Salzgehalt an der Sohle erreicht, im Beispiel der Abb. 35 ungefähr um 12 Uhr. Auch dies steht im Einklang mit den theoretischen Überlegungen (Abb. 14) und den Feststellungen, daß in der Regel der Oberflächenstrom bei Flut rechtsdrehend und der Sohlenstrom linksdrehend auf Ebbestrom kentern.

Das bei Flutstrom hinter dem Medem-Sand einstauende und ihn wegen seiner Höhenlage erst gegen Ende der Flut überströmende Wasser hat einen plötzlichen Salzgehaltsabfall des Oberflächenwassers im Fahrwasser zur Folge, da in der Elbe der Salzgehalt sich mit dem rasch auflaufenden Flutstrom erhöht, während den Medem-Sand das erste (weniger salzhaltige) Flutwasser überstaut. Gegen Ende der Flut führt der höhere Einstau und die Überströmung des Medem-Sandes dazu, daß das weniger salzhaltige Wasser bis an die Südseite der Elbe geworfen wird (vgl. die Schwimmerbahnen L und V_4 auf Abb. 27).

Messungen vor dem Neuwerker Watt zeigten stets einen eigentümlichen Verlauf des Salzgehaltes an der Oberfläche (Abb. 39). Während der Ebbe nimmt der Oberflächensalzgehalt zunächst ab, um die Mitte der Ebbezeit jedoch wieder zu. Verursacht wird dieser Verlauf durch das von Süden über das Neuwerker Watt zur Elbe gelangende salzhaltigere Wasser (vgl. Abb. 40). Damit ist zugleich ein Hinweis auf die Wasserversetzung von Süden zur Elbe gegeben. Der Salzgehalt an der Sohle wird von diesem an der Oberfläche stattfindenden Zustrom nur wenig beeinflußt.

Die Ergebnisse der Salzgehaltsmessungen lehren noch folgendes. Die Durchmischung der Wassermassen verschiedener Dichte geht in der Elbemündung nur langsam vor sich. Scharfe Sprünge in der Salzgehaltsverteilung halten sich längere Zeit. Auch Wassermassen verschiedener Herkunft, die zusammen stromab oder stromauf ziehen, vermischen sich wenig. Das ist auch verständlich, wenn man bedenkt, daß sie nur geringe Relativbewegungen ausführen. Abb. 41 gibt eine Messung wieder, die von Bord der Elbe-Feuerschiffe bei einem Südwest- bis Weststurm angestellt wurde. Der Salzgehalt hätte bis zur Kenterzeit des Flutstromes überall zunehmen, bei Stauwasser seinen größten Wert erreichen und alsdann wieder abnehmen müssen (dünngestrichelte Linien in Abb. 41). Man sieht nun, wie entgegen diesem Sollverlauf eine Masse weniger salzhaltigen Wassers schon vor Einsetzen des Ebbestromes die Feuerschiffe passiert. Es handelt sich hierbei um das von Norden nach Süden den Strom überquerende Oberflächenwasser. Bis „Elbe 2" ist diese Wassermenge bei abströmender Ebbe am Salzgehalt zu erkennen, bei „Elbe 1" mußten die Messungen wegen des Sturmes vorzeitig abgebrochen werden.

Ergebnisse von Messungen des Salzgehaltes müssen in der Außenelbe stets im Zusammenhang mit allen übrigen Strömungsvorgängen, auch in der weiteren Umgebung der Meßstelle, beurteilt

Die Entwicklung der Fahrwasserverhältnisse in der Außenelbe.

werden. Die Messungen müssen sich auch über eine volle Tide erstrecken, wenn man von ihnen einen Aufschluß erwartet, der keinen Zufälligkeiten ausgesetzt ist.

Es wurde davon abgesehen, für die Wasserschichten zwischen der Oberfläche und der Sohle Salzgehaltsmessungen anzustellen, woraus das etwaige Vorhandensein von Sprungschichten hätte

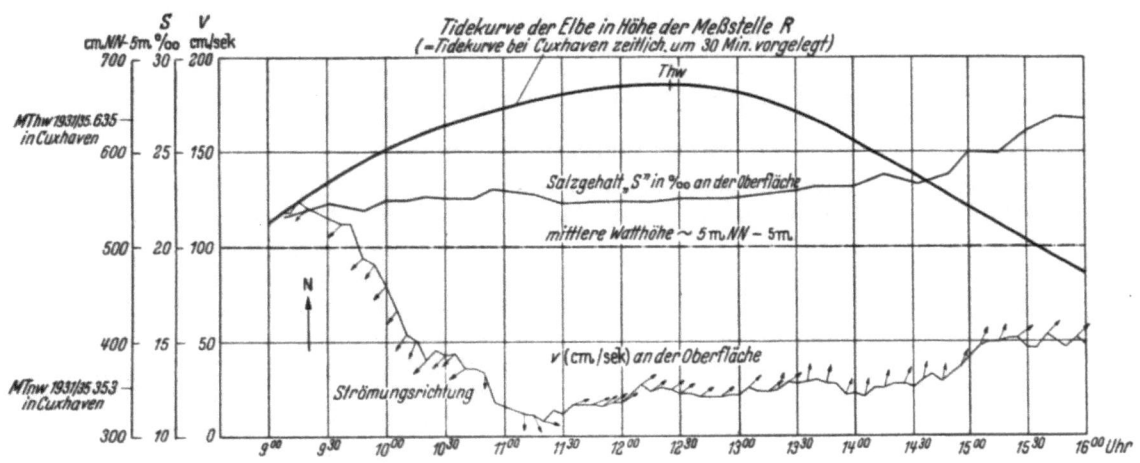

Abb. 40. Strömungs- und Salzgehaltsmessung auf dem Neuwerker Watt.

festgestellt werden können. Von solchen Messungen war für die vorliegenden Untersuchungen kein praktischer Nutzen zu erwarten. Sie haben weniger für den Seebauingenieur als für den Ozeanographen Interesse [77].

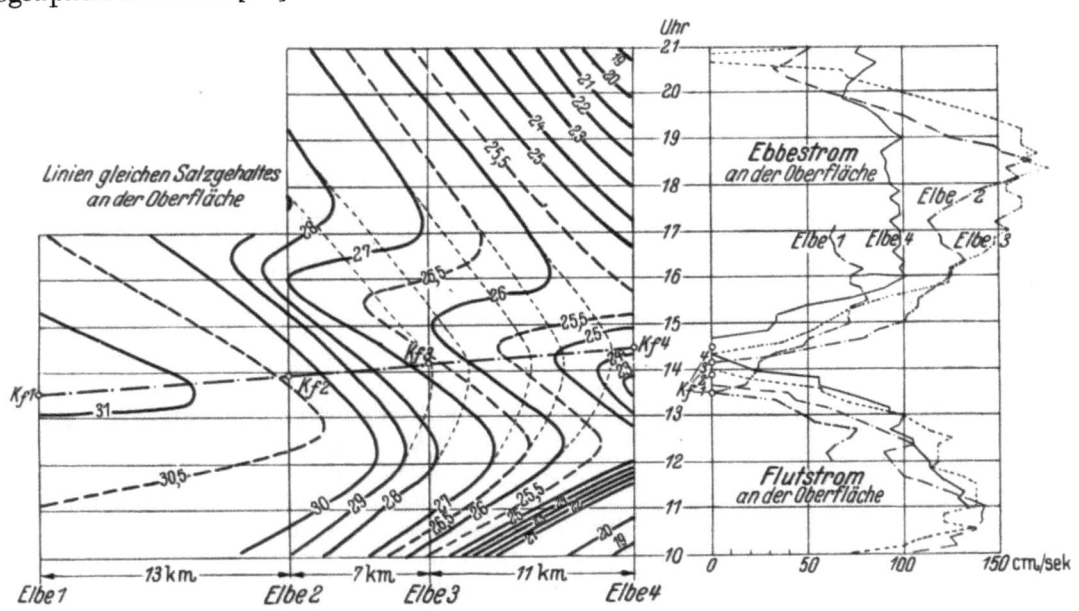

Abb. 41. Messungen von Bord der Elbe-Feuerschiffe am 30. Mai 1938.
Wind: SW—W 6—8—9

Tide in Cuxhaven		Uhr	cm NN−5 m	cm NN−5 m
	Tnw	8^{05}	300	MTnw = 353
	Thw	13^{30}	698	MThw = 635
	Tnw	20^{20}	382	

Auch bei Schwimmermessungen wurde ständig der Salzgehalt ermittelt. Diese Messungen gaben besonders für die Bewegungen der Grundschwimmer einen Anhalt über das gleichmäßige Mitlaufen des Schwimmers mit der Strömung. Wesentliche Änderungen des Salzgehaltes zeigten Störungen (z. B. zu starke Belastung der Schwimmer oder ihr Festhaken an Wrackstücken usw.) sofort an. Fehlmessungen konnten auf diese Weise erkannt und ausgeschaltet werden.

Abb. 42 enthält Ergebnisse von Salzgehaltsmessungen in der Einfahrt und im Innern (am

Deviationsdalben) des Amerika-Hafens in Cuxhaven. Diese Messungen zeigen, wie im Laufe der Tide eine Erhöhung des Salzgehaltes durch das an der Stromsohle einströmende Flutwasser im ganzen Hafenbecken auftritt. Schon längere Zeit vor Thw läuft aus dem Amerika-Hafen der Oberflächenstrom wieder aus. Der Wasserumsatz muß also größer sein als der Flutrauminhalt des Hafens (= Raum zwischen Tnw und Thw). Mit solchen Strömungsvorgängen in Häfen kann man die Strömungen im Elbestrom innerhalb des Brackwassergebietes vergleichen, denn in beiden Fällen überwiegt die ein- bzw. auflaufende Strömung an der Sohle die dort aus- bzw. ablaufende Strömung. Die an der Oberfläche vorwiegend aus dem Hafen setzende Strömung ist der auf der Elbe vorherrschenden Oberflächen-Ebbeströmung vergleichbar.

5. Sandwanderungsmessungen.

Alle Messungen haben letzten Endes das Ziel, Aufschluß über die Sandwanderung und die sie beeinflussenden Kräfte zu gewinnen. Die vorstehend beschriebenen Untersuchungen sind insofern nur Etappen zu diesem Ziel. Sie sind jedoch unentbehrlich, einmal weil sie das Zusammenwirken aller Kräfte räumlich, zeitlich und ursächlich erkennen lassen, zum anderen aber auch deshalb, weil es bis heute noch an wirklich exakten Methoden zur Messung der Sandwanderung fehlt.

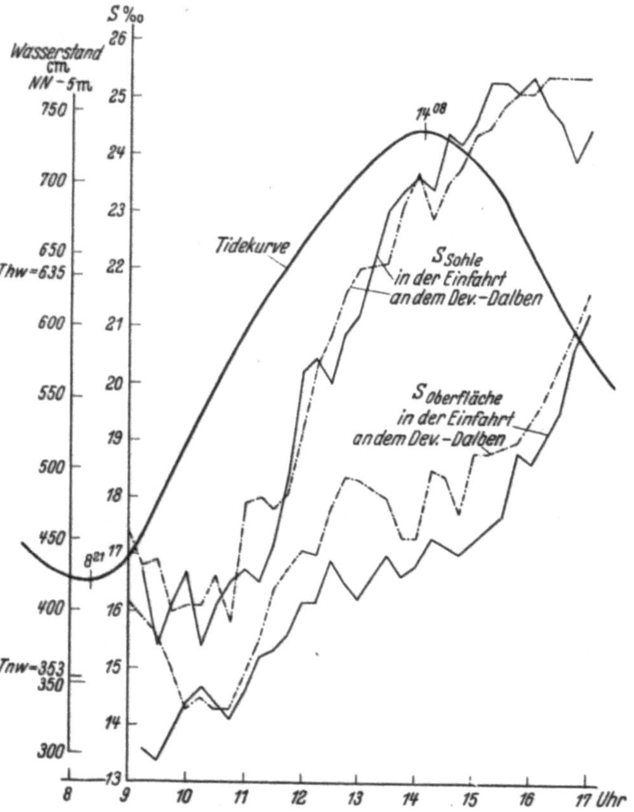

Das von Krüger [38] benutzte mittelbare Verfahren, aus Vergleich von Peilungen, die in gewissen Zeitabständen ausgeführt wurden, ein Bild über die Sandwanderung zu gewinnen, kann nur den Unterschiedsbetrag des in einer abgegrenzten Strecke zu- und abgewanderten Sandes erfassen, jedoch nicht den Sand, der die ganze Strecke in dem Zeitraum zwischen je zwei Peilungen durchwandert hat. Krüger selbst weist darauf hin [40].

Als ein unmittelbares Verfahren hat Lüders [50] die Messung der Sandwanderung mit einer sog. „Sandfalle" bereits auf einen hohen Stand gebracht. Hierbei besteht jedoch die Notwendigkeit, aus räumlich kleinen Abschnitten auf das Ganze zu schließen, wenn quantitative Ergebnisse gewünscht werden. Man wird darauf verzichten und sich mit qualitativen Messungen zufrieden geben müssen. Wer mit der Sandfalle gearbeitet hat, wird auch bemerkt

Abb. 42. Salzgehalt im Amerika-Hafen (Cuxhaven). (29. Juni 1938.)

haben, daß es noch verschiedene Umstände gibt, die einer einwandfreien Messung entgegenstehen. Dazu gehören die Unsicherheit, ob die Sandfalle stromrecht auf der Sohle liegt, ob sie bei geriffeltem Boden[13] sich gut der Sohle anschmiegt, ob sie während des Aufsitzens, z. B. im Triebsand, einsinkt (eingekolkt wird), ob alle verschieden spezifisch schweren und verschieden großen Sandkörner sich in der Falle absetzen oder leichtere Teile wieder herausgerissen werden u. a. m.

Dennoch gibt es bis heute kein besseres Verfahren, denn auch das bereits von Hübbe [32] angewendete und von Wasmund [80] wieder aufgegriffene Mittel, dem Sand Zusätze anderer Färbung beizumengen, hat nur eine auf Ufer und Watten beschränkte Verwendbarkeit. In Flußbetten mit starker Sandbewegung wird eine gefärbte Schicht leicht bald übersandet sein können, in größeren Tiefen fehlt eine genügende Beobachtungsmöglichkeit. Die Sichtbarkeit im stets trüben Brackwasser reicht nur wenige Dezimeter unter den Wasserspiegel.

Die mit der Sandfalle angestellten Messungen haben trotz allem ein aufschlußreiches qualitatives Ergebnis gebracht, dessen Zuverlässigkeit durch wiederholte Messungen erwiesen wurde. Es zeigte sich nämlich, daß die Sandwanderung bei Flutstrom im allgemeinen größer ist als bei Ebbestrom. Als Beispiele mögen Abb. 43 und 44 dienen. Die Ergebnisse lassen vermuten, daß die

---

[13] Nach Feststellungen von Hübbe [32], die er von einer Taucherglocke aus anstellte, ist auch die Sohle der Elbe wie die Watten und Sandbänke mit kleinen Riffeln bedeckt.

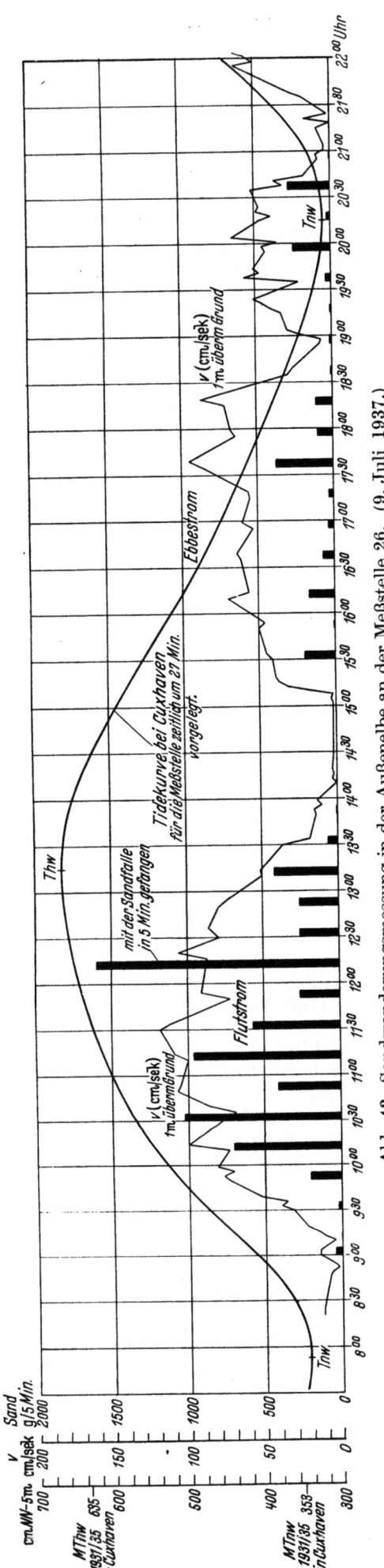

Abb. 43. Sandwanderungsmessung in der Außenelbe an der Meßstelle 26. (9. Juli 1937.)

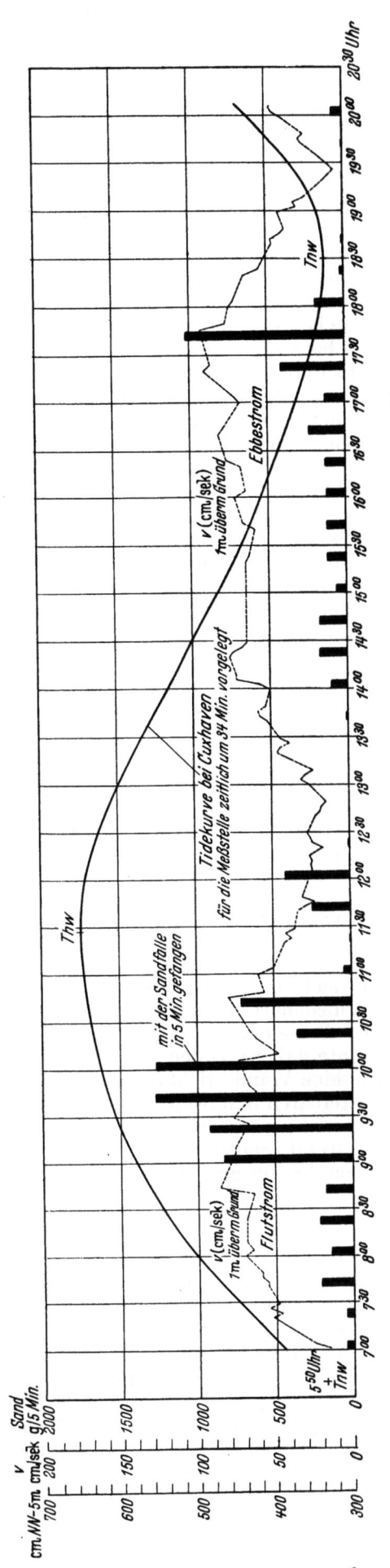

Abb. 44. Sandwanderungsmessung in der Außenelbe an der Meßstelle 22. (7. Juli 1937.)

Sandwanderung bei Flutstrom in den Stromgebieten, die als Flutstromrinnen anzusprechen sind, das sind z. B. das Kugelbaken-Fahrwasser und die Rinne hinter dem Kratz-Sand, größer ist als bei Ebbestrom.

Es war bisher nicht möglich, brauchbare Unterlagen dafür zu gewinnen, bei welcher Strömungsgeschwindigkeit (Grenzgeschwindigkeit) sich der Sand in merkliche Bewegung setzt. Nach den Untersuchungen von Lüders [50] ist solches Ergebnis auch nicht zu erwarten.

6. Bodenproben.

Bodenproben wurden entnommen, um eine allgemeine Kenntnis der Sohlenbeschaffenheit zu gewinnen, die vielleicht dazu beitragen könnte, die Herkunft des Sandes und die Zusammenhänge der Sandwanderung mit den Strömungsverhältnissen zu erkennen.

Geologische Aufschlüsse wird man aus solchen Bodenproben nicht erwarten dürfen, da in kurzer Zeit bis zu großer Tiefe eine Sandumwälzung stattfindet (vgl. Abb. 3).

Die Bodenproben wurden im Sommer 1938 mit einem kleinen Handgreifer entnommen.

An keiner Stelle im Strom wurde Schlick angetroffen. Abb. 45 zeigt die Auftragung der Korngrößenzusammensetzung an einigen Entnahmestellen. Im Mittel herrschen die Korngrößen von 0,1—0,5 mm vor (rd. 95 vH). Die Korngrößen auf dem Neuwerker Watt (Nr. 15 und 16) sind nicht nennenswert anders als im Strom selbst, ein geringer Tongehalt von 3 vH fand sich nur in der Probe Nr. 15. Auffallend ist das Ergebnis an der Entnahmestelle 11. Dort ist der feinste Sand angetroffen worden (93 vH in der Größenstufe 0,02—0,1 mm). Die Entnahme der Grundprobe an dieser Stelle fand jedoch gerade bei Stauwasser (K_f) statt. Es bestand die Vermutung, daß dieses Ergebnis deshalb nur zufällig war. Es ist anzunehmen, daß sich während des Stauwassers die sonst von der Strömung getragenen Schwebestoffe absetzten.

Aber auch an den anderen Meßstellen haben die bei der Bodenentnahme vorhandenen Strömungsverhältnisse die Ergebnisse zweifellos beeinflußt. Aus Tafel 4 geht hervor, daß die Boden-

Tafel 4. Bodenproben.

Meß-stelle	Die Probe wurde ent-nommen	Bei einer Strömungs-geschwindigkeit an der Sohle von cm/sek	Korngrößen in mm					
			0,02—0,1 %	0,1—0,2 %	0,2—0,5 %	0,5—1,0 %	1,0—2,0 %	> 2,0 %
12	½ Std. nach Thw	$v_f = 70$	—	6,46	43,24	37,77	4,71	7,82
12	5 ,, ,, ,,	$v_e = 129$	0,55	5,22	47,42	9,02	4,39	33,40
12	1¼ ,, ,, Tnw	$v_e = 27$	—	8,37	68,04	13,17	1,25	9,17
6	bei Tnw	$v_e = 60$	—	11,91	84,64	1,97	0,72	0,76
6	3¾ Std. nach Tnw	$v_f = 70$	0,35	4,55	90,94	2,45	0,37	1,34
6	¼ ,, ,, Thw	$v_f = 50$	—	2,54	61,74	17,17	3,70	14,85

proben je nach Tidephase und Strömungsgeschwindigkeit, außerdem noch nach ihrer örtlichen Lage verschiedenartige Zusammensetzungen aufweisen, aus deren Anordnung keine klare Gesetzmäßigkeit abzuleiten ist.

Es konnte daher aus den vorliegenden Unterlagen kein Schluß über die Herkunft des Sandes oder über seine Wanderrichtung gezogen werden. Über diese besteht jedoch aus den Strömungs- und unmittelbaren Sandwanderungsmessungen bereits Klarheit.

Immerhin konnte aus den Bodenproben erkannt werden, daß der erst jüngst entstandene Luechter Grund inmitten des Hauptfahrwassers (Abb. 3) aus sehr feinem Sand besteht, wovon auch Proben des aus größerer Tiefe mit Saugbaggern geholten Baggergutes zeugen.

7. Schwebestoffmessungen.

Schwebestoffmessungen wurden nicht angestellt. Es ist von vornherein klar, daß brauchbare Ergebnisse nur zu erhalten sind, wenn solche Messungen in großen Räumen an vielen Stellen gleichzeitig und über längere Zeiträume erstreckt werden. Der Arbeitsaufwand und die Kosten, die damit verbunden wären, haben es bisher nicht erlaubt, für die im Elbemündungsgebiet vorliegenden Aufgaben in solche Untersuchungen einzutreten. Im übrigen sind auch noch manche die Schwebestoffe betreffenden Fragen zu klären, deren Lösungen für die Elbe und teilweise auch grundsätzlich aus den bisher angestellten Messungen nicht gefunden werden konnten. Genannt seien die Fragen nach der Abhängigkeit des Schwebestoffgehaltes von der Tidephase, vom Salzgehalt (vom Oberwasser), von der Temperatur (der Jahreszeit) und von den Sturmfluten, ferner die Fragen nach der verschieden raschen Ausfällung von Schwebestoffen im See- oder Flußwasser,

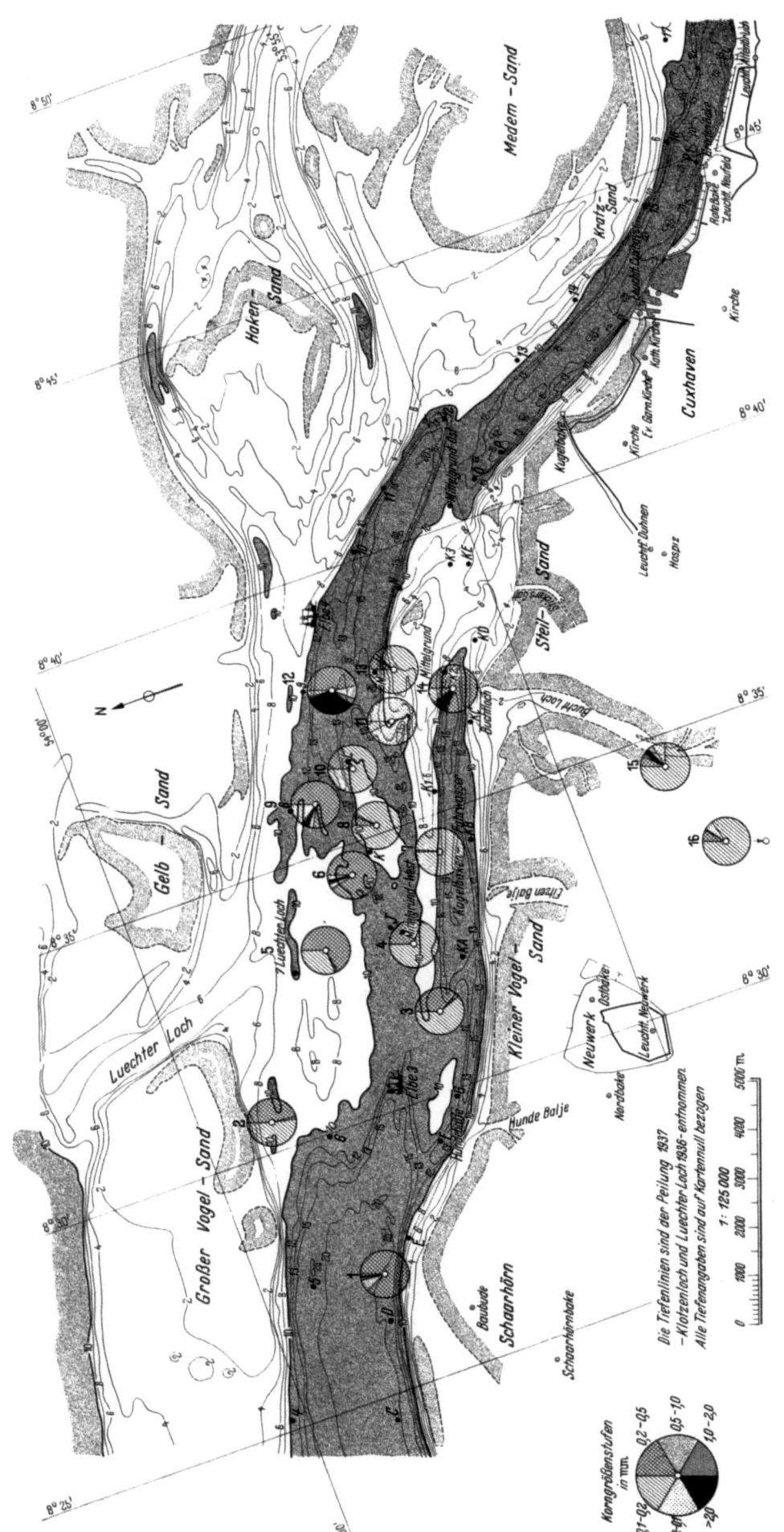

Abb. 45. Korngrößen von Bodenproben.

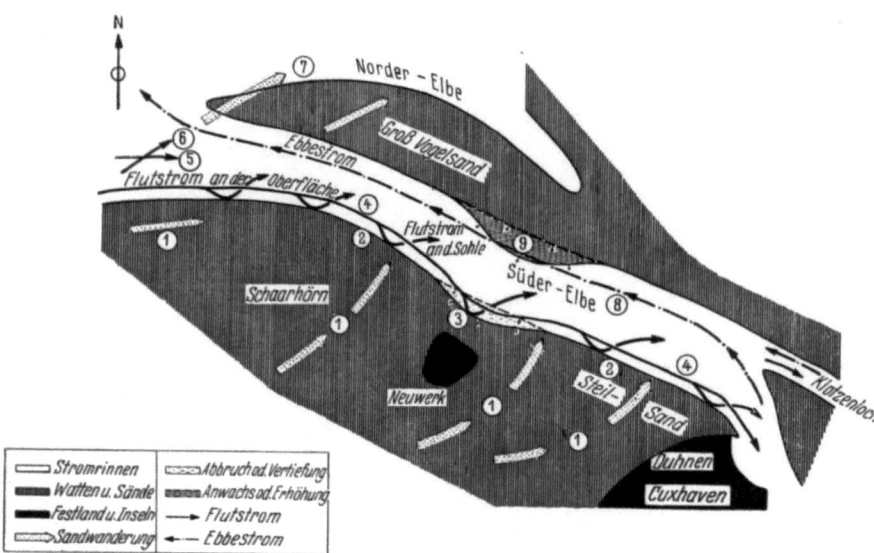

Abb. 46a. Entstehung von Sandablagerungen auf der Nordseite der Süder Elbe

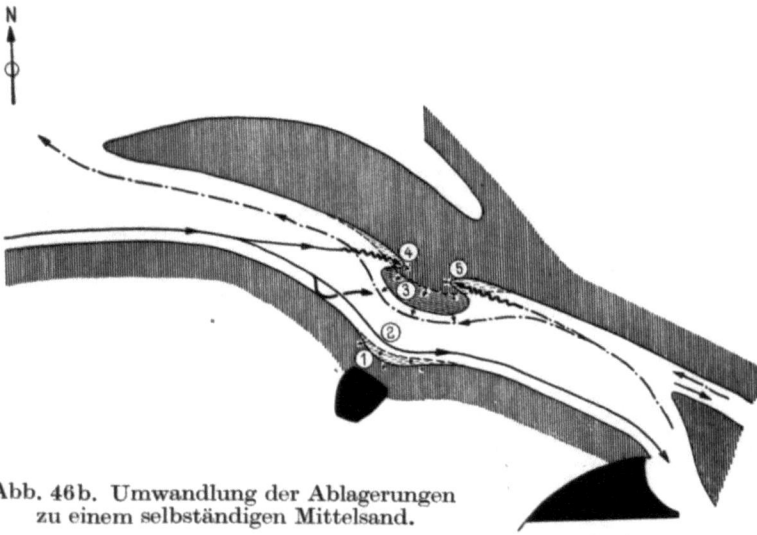

Abb. 46b. Umwandlung der Ablagerungen zu einem selbständigen Mittelsand.

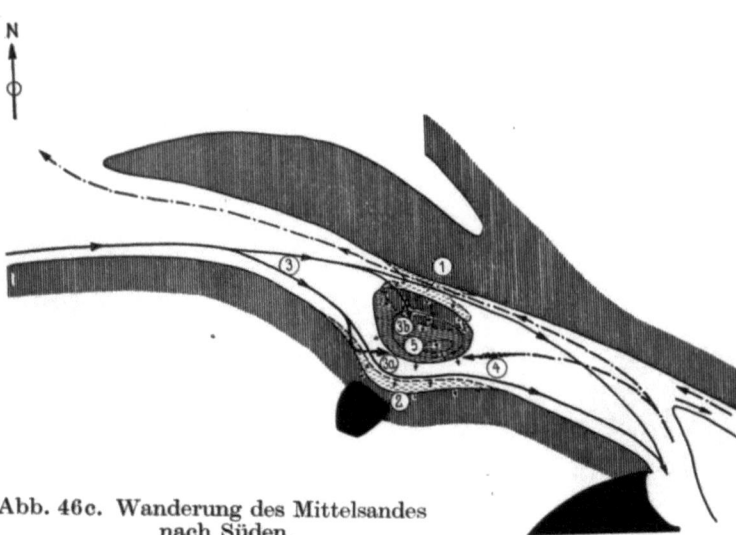

Abb. 46c. Wanderung des Mittelsandes nach Süden.

nach der Neubildung von Schlick im Brackwasser durch absterbendes See- und Süßwasserplankton, nach dem Schlickhaushalt (ist er begrenzt oder unerschöpflich?) und nach seiner Herkunft (von See oder vom Oberstrom?) usw.

Diese Fragen haben überragende Bedeutung in der wissenschaftlichen Forschungsarbeit für die Landgewinnung und für den Küstenschutz [82]. Für Untersuchungen der vorliegenden Art treten sie gegenüber den Strömungsverhältnissen zurück.

III. Entwicklung der Fahrwasserverhältnisse in der Außenelbe.

a) Allgemeiner periodischer Verlauf.

Es wurde schon angedeutet, daß bei dem Studium der alten Elbekarten sich im grundsätzlichen ein periodischer Verlauf in den Umbildungen der Sände und Stromrinnen in der Außenelbe herausstellte. Nachstehend soll dieser Verlauf zunächst an schematischen Skizzen beschrieben und alsdann durch einige Beispiele aus der Natur näher erläutert werden.

Als Beginn der Periode wird ein Stromzustand angenommen, bei dem die Elbemündung frei von Mittelsänden im Fahrwasser ist.

1. Entstehung von Sandablagerungen auf der Nordseite der Süder Elbe.

(Hierzu Abb. 46a.)

Durch die Flutströmung über das Watt zwischen dem Festlande und den Wattinseln Neuwerk und Schaarhörn sowie als Küstenversetzung findet ständig eine Sandzufuhr von Süden und

Westen zur Elbe statt [1][14]. Durch die Sandzufuhr über das Watt wird die Wattkante in die Elbe vorgedrückt [2]. Dieser Anwachs wird aber dadurch wettgemacht, daß der Flutstrom [4] die Wattkante abschält.

Die Insel Neuwerk schirmt die Sandzufuhr von Süden ab. Vor der Insel [3] ist nur der angreifende Flutstrom wirksam. Hier bricht daher das Watt dauernd ab.

Der Flutstrom [4] streicht infolge der Rechtsablenkung und begünstigt durch die Aufnahmefähigkeit der südlich der Elbe gelegenen Wattflächen an der Südseite der Elbe entlang, an der Mündung setzt er im Mittel in die Elbe hinein [5]. Der Strom zu Ende der Ebbe und zu Beginn der Flut setzt dagegen nach Nordosten [6] und bewirkt eine Sandwanderung zum und über den Großen Vogelsand [7].

Der Ebbestrom [8] bevorzugt wegen des natürlichen Bettverlaufes und infolge der Rechtsablenkung die Nordseite der Süder Elbe.

Durch den Wattabbruch vor Neuwerk wird die Breite und damit der Durchflußquerschnitt des Stromes vergrößert; die Strömungsgeschwindigkeiten lassen nach. Die Folge sind Ablagerungen [9], die aus dem Sand entstehen, den die Flutströmung an der Sohle (wegen des Dichtequergefälles) nördlich verfrachtet und die der Ebbestrom, der an der Sohle relativ schwächer ist, nicht wieder fortnimmt, vielmehr noch dadurch anreichert, daß er die von ihm mitgebrachten Schwebestoffe in diesem Gebiet geringerer Strömungsgeschwindigkeiten ausfällt.

2. Umwandlung der Ablagerungen zu einem selbständigen Mittelsand.

(Hierzu Abb. 46b.)

Der Einbuchtung, die aus dem fortschreitenden Abbruch des Wattes vor Neuwerk entsteht [1], folgt die Flutstrombahn [2], wäh-

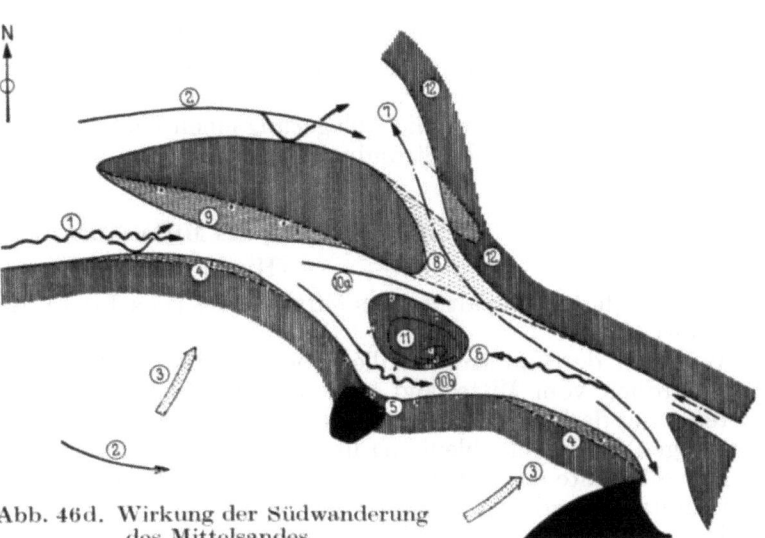

Abb. 46d. Wirkung der Südwanderung des Mittelsandes.

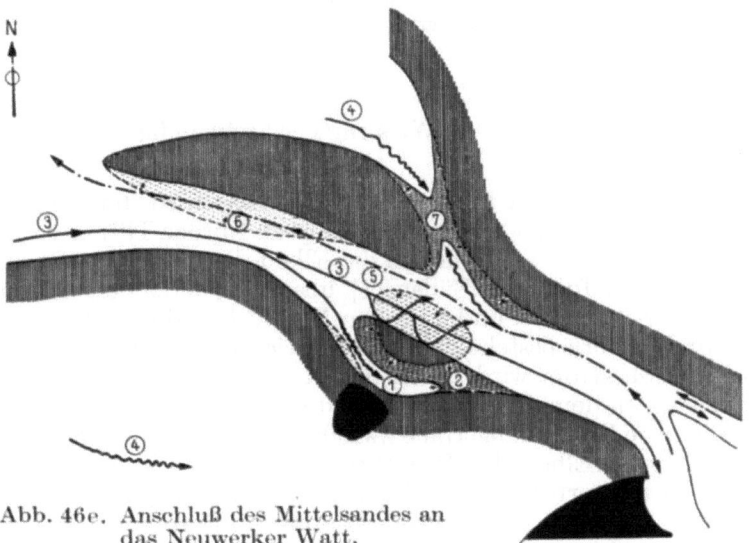

Abb. 46e. Anschluß des Mittelsandes an das Neuwerker Watt.

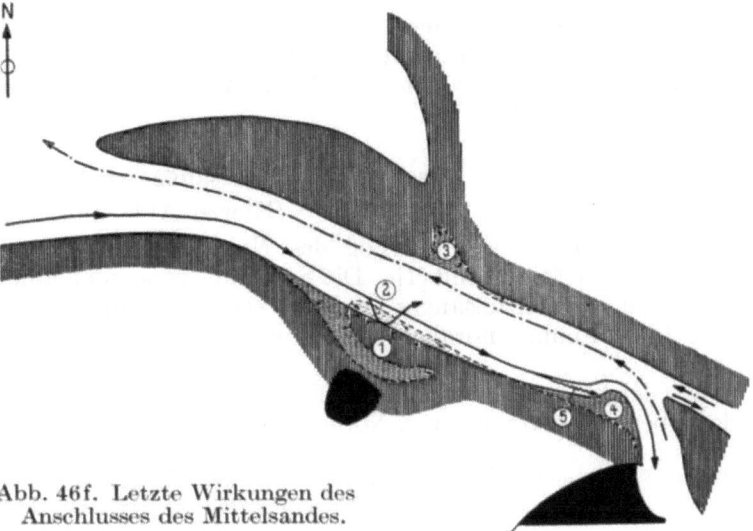

Abb. 46f. Letzte Wirkungen des Anschlusses des Mittelsandes.

---

[14] Die Nummern in eckigen Klammern entsprechen den auf den Skizzen enthaltenen Nummern.

rend die Ablagerungsfläche im Norden durch Anwachs aus Flut- und Ebbestrom besonders an ihrer Südseite weiter wächst [3].

Die Flutströmung spaltet sich in den durch die Krümmung zur Einbuchtung vor Neuwerk bereits geschwächten Hauptarm [2] und in einen Nebenarm, der als Sohlenstrom von unten hinter die Ablagerungsfläche greift[15].

Dem Ebbestrom zwingt die Ablagerung einen Umweg auf. Im Zusammenhange mit der gleichzeitigen Vergrößerung der Strombreite entsteht eine Spaltung der Ebbeströmung [5].

3. Wanderung des Mittelsandes nach Süden.
(Hierzu Abb. 46c.)

Auch nach der Abspaltung des Mittelsandes [1] schreitet der Abbruch des Wattes vor Neuwerk noch fort [2].

Während der Flutstrom südlich vom Mittelsand [3a] zunehmend schwächer wird, gewinnt der Arm nördlich vom Mittelsand [3b] an Bedeutung. Dieser beschleunigt die Südwanderung des Mittelsandes dadurch, daß er seine Nordkante angreift und den losgerissenen Boden teils stromauf, teils wegen der Rechtsablenkung über den Sand wieder nach Süden verfrachtet.

Der Südkante des Mittelsandes wird weiterhin von dem südlichen Flutstromarm [3a] aus dem Wattabbruch Sand zugeführt.

Der südliche Ebbestromarm [4] verliert an Energie (die Strömung kann nicht entgegen der Rechtsablenkung und der natürlichen Krümmung nach links = Süden ausweichen) und trägt damit zum Anwachs der Südkante des Mittelsandes bei.

Der Mittelsand selbst wird durch die auf ihn einwirkenden Kräfte erhöht und beschleunigt nach Süden gedrängt [5].

4. Wirkung der Südwanderung des Mittelsandes.
(Hierzu Abb. 46d.)

Das Auflaufen der Flut in der Süder Elbe wird durch den Mittelsand behindert [1]. Dadurch kommen die von Süden (aus Oster- und Norder-Till) über das Watt und von Norden (aus der Norder Elbe) über die Sände in die Elbe fallenden Flutströmungen stärker zur Wirkung [2].

Die Sandzufuhr von Süden [3] überwiegt jetzt den Abbruch aus dem Flutstrom, so daß das Watt bei Schaarhörn und zwischen Neuwerk und dem Festlande in die Elbe vorrückt [4].

Vor Neuwerk besteht jedoch nach wie vor Abbruch [5].

Der Ebbestrom wird durch den Mittelsand behindert [6] und weicht nördlich aus, wobei er sich zwischen dem Großen Vogelsand und dem Gelbsand hindurchwühlt [7].

Die neue Verbindungsrinne zwischen Süder und Norder Elbe [8] wird von dem Flutstrom, der in der Norder Elbe aufläuft, wahrgenommen und weiter vertieft.

Gleichzeitig rückt die Südkante des Großen Vogelsandes nach Süden vor [9], da der jetzt zum Teil nach Norden ausweichende Ebbestrom zur vollständigen Räumung der Ablagerungen des Flutstromes nicht mehr ausreicht.

In der Süder Elbe gewinnt der nördliche Flutarm [10a] die Oberhand, der südliche Flutarm [10b] erlahmt stromauf.

Der Mittelsand setzt seine Wanderung nach Süden fort [11].

Im Zusammenhange mit diesen Vorgängen tritt im Wattengebiet nördlich der Elbe allgemein eine Erhöhung des Wattes auf, Inseln entstehen oder vergrößern sich, während die Wattwasserläufe versanden [12].

5. Anschluß des Mittelsandes an das Neuwerker Watt.
(Hierzu Abb. 46e.)

Die zunehmende Einbuchtung des Neuwerker Wattes erschwert dem Flutstrom den Weg südlich um den Mittelsand [1]. Die Südrinne versandet allmählich von oben her [2]. Damit ist der Anschluß des Mittelsandes an das Watt angebahnt.

Die Flutströmung nördlich des Mittelsandes [3] ist nicht mehr behindert, sie furcht eine neue Rinne aus.

Das Gleichgewicht zwischen der Flutströmung in der Süder Elbe und den Flutströmungen von Süden über das Watt und von Norden aus der Norder Elbe ist wiederhergestellt [4].

---

[15] Die Schlangenlinien in den schematischen Skizzen sollen andeuten, daß dem Verlauf der Strömung ein Hindernis entgegensteht oder daß die Strömung sich eine freiere Bahn in der dargestellten Richtung zu schaffen sucht.

Die Ebbeströmung wendet sich der von der Flutströmung neu geschaffenen Rinne in der Süder Elbe zu [5] und drängt die Südkante des Großen Vogelsandes wieder zurück [6].

Die Verbindungsrinne von der Süder zur Norder Elbe [7] verlandet, da der Ebbestrom wegen seiner verhältnismäßig geringen Sohlengeschwindigkeit nicht imstande ist, die Tiefen zu erhalten. Die Versandung dieser Rinne wird noch beschleunigt durch Ablagerungen aus dem Abbruch der Nordkante des Mittelsandes, die vom Flutstrom herangetragen werden.

6. Letzte Wirkungen des Anschlusses des Mittelsandes.
(Hierzu Abb. 46f.)

Nach dem Anschluß des Mittelsandes [1] setzt zunächst ein starker Abbruch der (neuen) Wattkante vor Neuwerk ein [2].

Die Verbindungsrinne zur Norder Elbe versandet gänzlich [3].

Der Abbruch des Wattes wird zum Teil stromauf verfrachtet. Am Ende des Steil-Sandes staut sich dieses Geschiebe [4] und bewirkt dadurch eine Ausbuchtung des Wattes, die der Flutstrom [5] zu durchbrechen versucht [so entstand der heutige Mittelgrund (vgl. Abb. 64)] oder allmählich wieder abschleift.

Damit ist der Kreislauf geschlossen.

b) Erläuterungen und Einzelheiten zum periodischen Verlauf.

1. Allgemeines.

Aus den alten Karten, Segelanweisungen und Strombeschreibungen lassen sich seit dem 16. Jahrhundert ganz roh etwa vier solche Perioden mit einer mittleren Dauer von rd. 100 Jahren[16] feststellen. In der fünften Periode befinden wir uns heute. An Lichtbildern einiger alter Elbekarten, an Darstellungen der Veränderungen in neuerer Zeit und an den oben wiedergegebenen Messungsergebnissen sollen zu den wichtigsten Punkten noch einige Erläuterungen gegeben werden. Im Anschluß daran werden ergänzende Ausführungen zu den Kartenvergleichen gemacht.

2. Erläuterungen und Einzelheiten zu a) 1.—6.

Zu a) 1. Die Sandzufuhr durch eine Küstenversetzung ist durch unmittelbare Sandwanderungsmessungen bisher nicht festgestellt worden. Da aber die Wattkante vor Schaarhörn im Laufe von 1½ Jahrhunderten (von 1787 bis 1934) um rd. 1000 m (= im Mittel 6,5 m/Jahr), d. h. fast um die Hälfte der heutigen Strombreite, seit 1846 ohne nennenswerte Schwankung, noch NO vorgerückt ist (Abb. 47), steht eine Küstenversetzung von West nach Ost außer Frage. Da zudem noch in der Deutschen Bucht die Südwestwinde vorherrschen, ist auch durch Windflug aus der Düne von Schaarhörn ein Anwachs an der Elbeseite anzunehmen.

Auch der Große Vogelsand hat sich in der letzten Zeit nach Norden verlagert. Abb. 48 zeigt sowohl dies als auch die Anreicherung, die der Sand bis in Tiefen von 20 m erfahren hat. Auch die Norder Elbe und Süder Piep sind nach Norden verlegt worden.

Strömungsmessungen auf dem Neuwerker Watt zeigten, daß die Strömung überwiegend zur Elbe setzt. Die Schlickarmut dieses Wattes ist ein Zeichen dafür, daß es noch stark überströmt wird, so daß das Wasser selten Gelegenheit hat, seine Schwebestoffe abzulagern.

Aus Pegelbeobachtungen konnte ein Spiegelgefälle und aus Strömungsmessungen ein Küstenstrom von 30—50 cm/sek längs der Küste zur Elbe festgestellt werden. Da der Flutstrom in der Elbe erst ungefähr 1,5—2 Std nach Thw kentert, zieht er nach Thw das auf dem Watt befindliche Wasser an.

Die abschälende Kraft des Flutstromes an der Südseite der Elbe wird dadurch noch besonders wirksam sein, daß die Strömungen an der Sohle nicht viel geringer sind als an der Oberfläche. Die steile Kante des Wattes vor Neuwerk (Abb. 2) ist darauf zurückzuführen.

Der Abbruch des Wattes vor Neuwerk ist der Vorgang, dessen Verlauf den geringsten Schwankungen unterliegt (Abb. 49). Irgendwelche besonders nachhaltigen Einwirkungen, z. B. von Sturmfluten, lassen sich nicht ablesen. Nach anfangs starkem Abbruch in der augenblicklichen Periode weicht das Watt seit 1878 hier um rd. 9 m/Jahr zurück. Insgesamt ist die Wattkante seit 1858 um 1600 m zurückgegangen.

Zu a) 2. Das Auftreten eines Mittelsandes mit seiner anschließenden Wanderung nach Süden ist das auffälligste Ereignis in der periodischen Entwicklung. Die Karte von Melchior Lorichs (1568, vgl. [3]) enthält bereits einen solchen „Niengrund", den man zuerst um 1558 bemerkt hatte [22].

---

[16] Plate [64] gibt an, daß die Umbildungen in der Außenweser sich mit einer Periode von 60—70 Jahren wiederholen.

Das Fahrwasser nördlich dieses Sandes wurde in der Segelanweisung zur Karte von 1588 (Abb. 50) als „Newengatt" bezeichnet *[79]*, woraus zu schließen ist, daß es ursprünglich nicht vorhanden war und erst durch Wanderung des „Nieuwe gronden" nach Süden entstanden ist. Der „Nieuwe gronden" ist damals „mit legem Wasser trucken" gefallen. Daß dieser Sand sich später dem Watt angeschlossen haben wird, geht u. a. auch aus der Tatsache hervor, daß die Bürgerschaft in Hamburg zu Anfang des 17. Jahrhunderts ihre Anträge auf Anlage eines Seehafens auf Neuwerk fallen ließ, da Neuwerk sich durch zunehmenden Wattanwachs immer weiter vom tiefen Fahrwasser entfernte *[18]*.

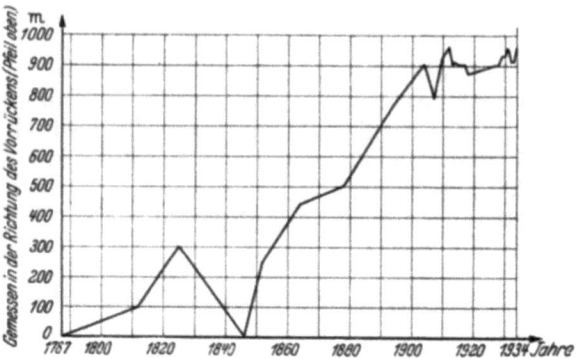

Abb. 47. Vorrücken von Schaarhörn von 1787 bis 1934.

Zu a) 3. Der Kleine Vogelsand wandert nach seiner Abspaltung von der Nordseite in der Mitte des vorigen Jahrhunderts verhältnismäßig rasch nach Süden. Die Karten von 1846 und 1855 (Abb. 58 und 59) lassen das erkennen und zeigen zugleich an dem Verlauf der Tiefenlinien des Sandes das starke Drängen nach Süden. Der Kleine Vogelsand fiel bei Tnw damals bereits trocken.

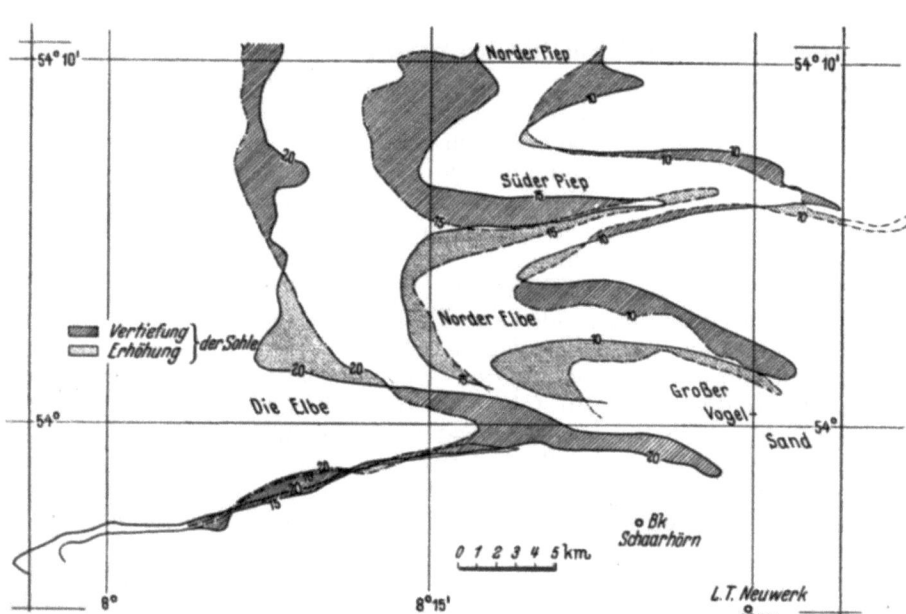

Abb. 48. Außenelbe. Vergleich des Zustandes von 1876 mit 1930.
(nach den Admiralitätskarten) —·—·— = 1876
———— = 1930

Zu a) 4. Das Auflaufen der Tidewelle in der Süder Elbe wird in Verbindung mit dem Auftreten eines Mittelsandes dadurch behindert, daß die Welle keinen schlanken Verlauf mehr nehmen kann, sondern der gewundenen Rinne um den Mittelsand folgen muß. Eine Schwächung der Tidewellenenergie (für das oberhalb gelegene Stromgebiet) durch teilweise Reflexion und durch eine Verzögerung der Fortschrittsgeschwindigkeit der Welle sind die Folgen. Außerdem erleidet in der verwilderten Stromstrecke die Tidewelle dadurch eine Erniedrigung, daß die Strombreite vor Neuwerk durch den Abbruch des Wattes stark vergrößert ist, besonders im Verhältnis zu der Strombreite vor Schaarhörn. Entsprechende Punkte der Tidewelle befinden sich jetzt in der Süder Elbe nicht mehr auf gleicher Höhe wie früher, sondern sie treffen dort später ein und liegen, da die Tidewelle um Tmw schwingt, während des Flutstromes im allgemeinen tiefer, während des Ebbestromes höher als früher.

Der Verlauf der Tidewelle nördlich und südlich der Süder Elbe ändert sich dagegen nicht.

Damit entsteht dann ein vergrößertes Flutgefälle zur Süder Elbe sowohl von Norden als auch von Süden. Im Norden deuten die Tiefenlinien des Großen Vogelsandes diesen Wechsel an; 1846 (Abb. 58) zeigen sie, daß der Flutstrom etwa von Nordwesten über den Sand fällt. Nach dem Anschluß des Mittelsandes (damals als „Sand-Riff", später als „Kleiner Vogelsand" bezeichnet) an das Watt bei Neuwerk (um 1866, vgl. Abb. 61) und im Zusammenhang mit der Entstehung einer neuen schlanken Hauptrinne („Norder Gatt" auf der Karte von 1866) wechselt die Überfallrichtung nach West. In der neueren Entwicklung prägen sich diese Schwankungen wiederum deutlich aus (Abb. 65).

Im Süden der Elbe führt die Verstärkung der Wasser- und damit Schwebestofführung über das Watt zu einem Vorrücken der Wattkante und zu einer Verlandung der Wattwasserläufe.

Zwei etwa 90 Jahre auseinanderliegende Karten (um 1760 und 1846, Abb. 53 und 58) geben einen Eindruck von dem Durchbruch der Norder Elbe, der sich als Folge der Behinderung der Strömungen in der Süder Elbe ausbildet. Das „Zuyder Gat" ist 1760 bis nahe an das Grünland von Neuwerk gerückt, auch 1846 ist das Neuwerker Watt bereits wieder stärker eingebuchtet, während es inzwischen (vgl. die Karte von 1787, Abb. 55) durch den Anschluß des Mittelsandes an das Watt gestreckter war.

Die Karte von 1812 (Abb. 57) zeigt anschaulich die Abspaltung des Mittelsandes und die Ausbildung der Rinne zur Norder Elbe.

Eine Segelanweisung von 1857 [47] gibt Nachricht davon, daß sich „ein neues und für die Schiffahrt wichtiges Fahrwasser zur Norder Elbe mit einer Tiefe von 4½—8 Faden" (= 7,7—13,7 m) gebildet hat. Als Leitmarken wurden Tonnen ausgelegt.

Die neue Aufnahme von 1855 (Abb. 59) zeigt die Elbemündung in einer Zeit stärkster Zersplitterung. Es bestanden damals vier Mündungsarme, von denen drei betonnt waren. Im neugebildeten „Norder Gatt" wurde bereits ein Signalschiff („Ernst") ausgelegt, die „Loots-Galliote" lag noch bis 1858 (Abb. 60) im Süder Gatt. Die Betonnung des Süder Gattes, des ehemaligen Hauptfahrwassers, dessen Tiefen stromauf von 8 auf 3—2¾ Faden

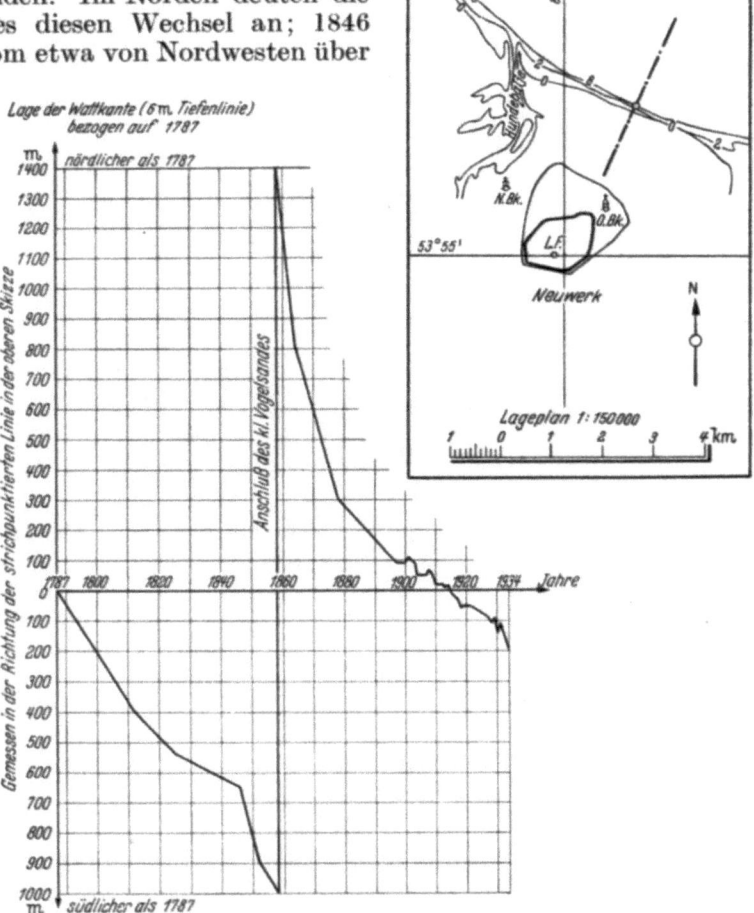

Abb. 49. Abbruch des Wattes vor Neuwerk.

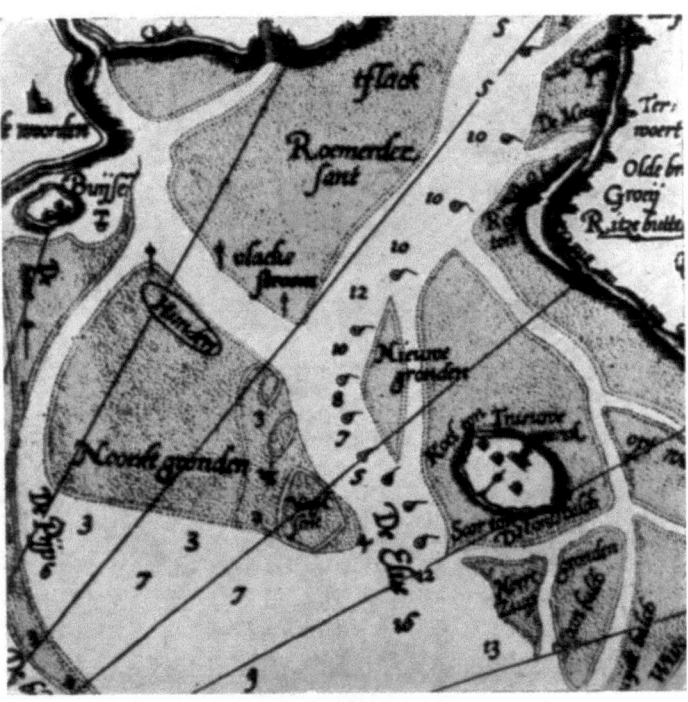

Abb. 50. Elbekarte von 1588.

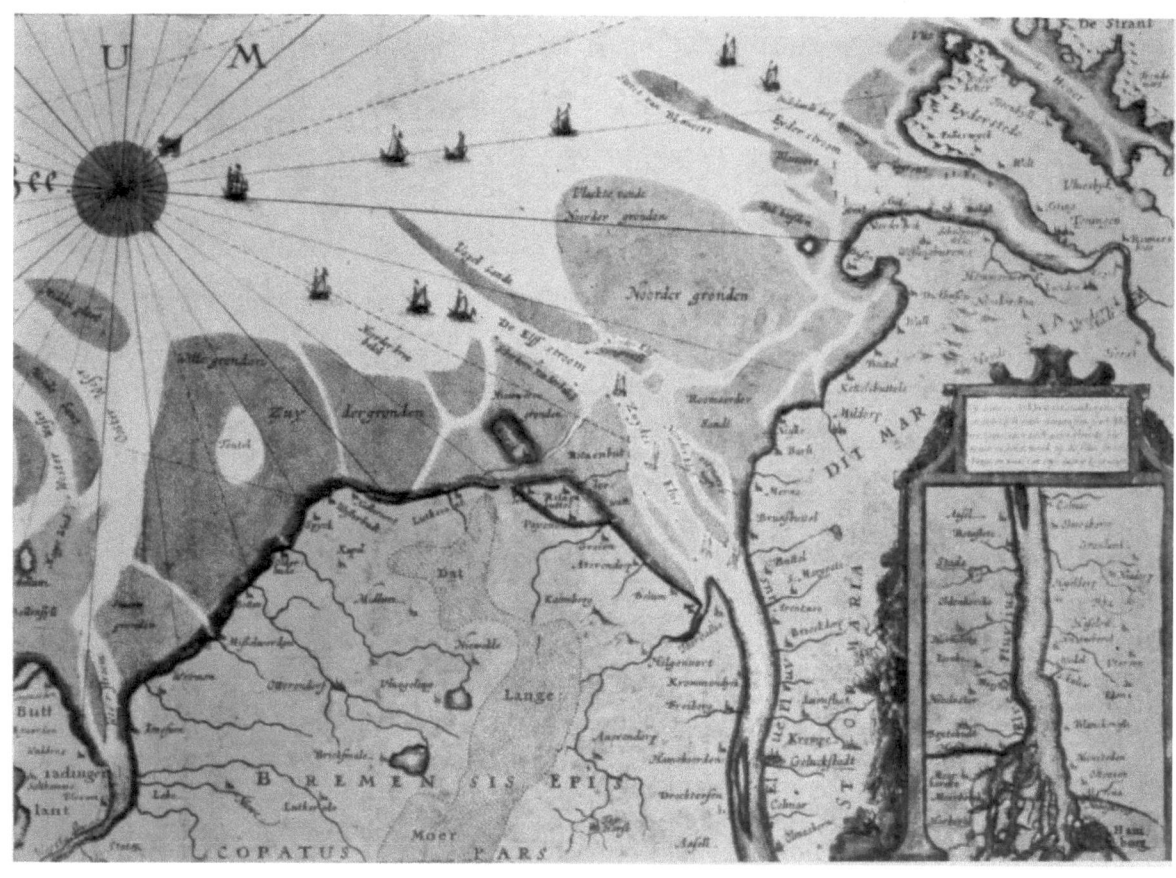

Abb. 51. Elbekarte von 1634.

Abb. 52. Elbekarte um 1700.

(= 13,7 auf 5,1—4,7 m) abnahmen, wurde 1878 beseitigt.

Bemerkenswert ist, daß die Durchbruchsrinne zur Norder Elbe sich mit der wachsenden Bedeutung des Norder Gattes alsbald wieder verflacht. Sie war schon 1858 nur noch für kleine Schiffe befahrbar, bei einer Tiefe von $2\tfrac{3}{4}$ Faden (= 4,7 m). Der Grund dafür wird darin zu suchen sein, daß der Ebbestrom bei der ihm eigentümlichen Strömungsverteilung nicht die Kraft besitzt, sein Strombett in die Tiefe zu graben.

Während Richtung und Art der Sandwanderung bereits einigermaßen bekannt sind, fehlt noch jede zuverlässige Kenntnis von dem Umfange der Sandwanderung. Es wäre daher auch verfrüht, sich um die Lösung der Frage zu bemühen, wo der von Süden durch die Elbe und von Norden in den Raum vor der Dithmarscher Küste gelangende Sand bleibt. Es ist immerhin bemerkenswert, daß vor Dithmarschen schon seit langem und in neuerer Zeit in zunehmendem Maße beträchtliche Landgewinne zu verzeichnen sind (Abb. 2 und 63) und daß das Watt sich offenbar zunehmend erhöht. Dieksand ist nach der Karte von 1588 (Abb. 50) damals noch nicht vorhanden gewesen, um 1700 erscheint er zuerst auf einer Karte, 1853/54 wurde er durch Eindeichung landfest gemacht.

Auffallend ist die Entstehung Dieksands insofern als die Anlandung nicht als Anwachs der Festlandküste eintritt, sondern durch Bildung einzelner Erhebungen im Watt. Diese Erscheinung tritt im Wattengebiet zwischen Elbe und Eider wiederholt auf (Trischen, Helmsand, Franzosensand, Büsum, Großer und Kleiner Max-Queller) und läßt — besonders bei der Betrachtung des zeitlich wechselnden Auftretens und Verschwindens der einzelnen Sände — die Vermutung entstehen, daß das Zusammentreffen einer nördlich gerichteten Sandverfrachtung (von der Elbe her) mit einer nach Süden gerichteten Restströmung (von der Eider her) zu der Bildung der Sände an den Stellen des jeweiligen Gleichgewichtes der wirkenden Kräfte führt. Die auf den älteren Karten noch nicht ausgeprägte, heute in der Verlängerung von Dieksand bis Trischen deutlich erkennbare Watt-Höhenscheide, in der sich — als einer neutralen Zone — eine besonders starke Ablagerung von Sand entwickelte, gibt der vorstehenden Vermutung noch eine Stütze.

Die Insel Trischen läßt bei näherer Untersuchung einen zeitlich zusammentreffenden Verlauf im Werden und Vergehen mit der Rinne von der Süder zur Norder Elbe erkennen.

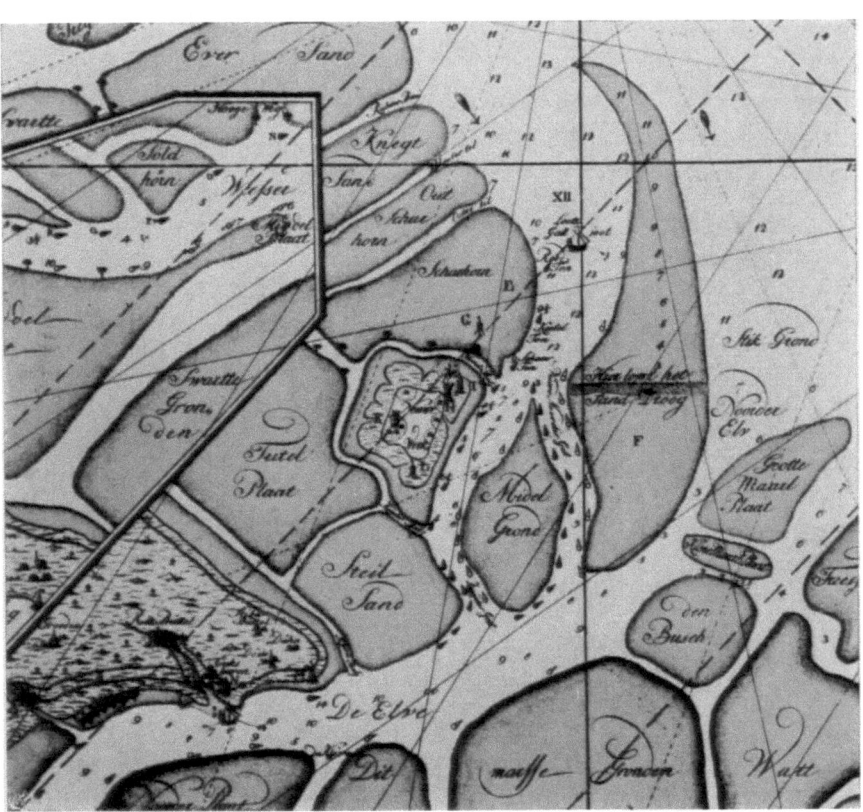

Abb. 53. Elbekarte um 1760.

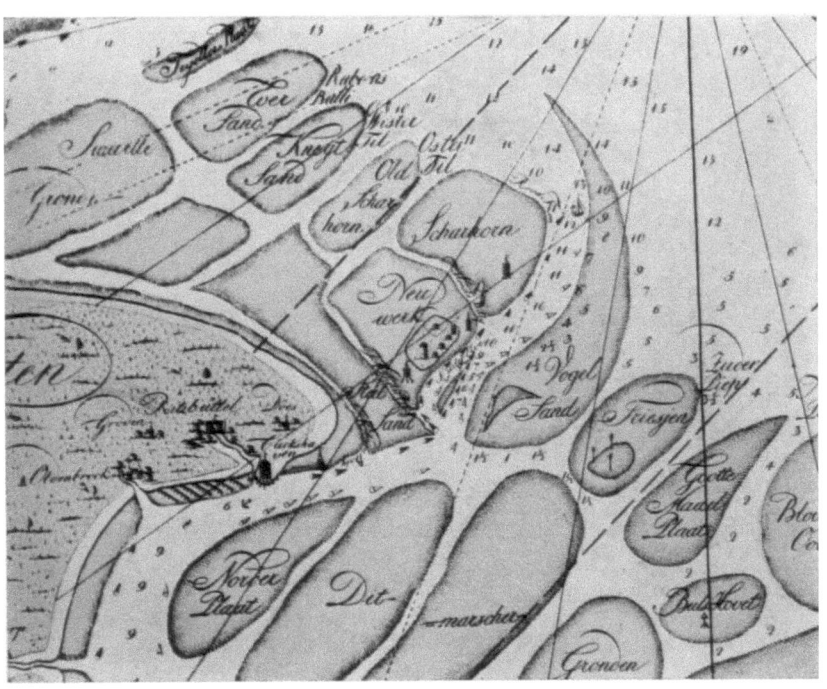

Abb. 54. Elbekarte von 1778.

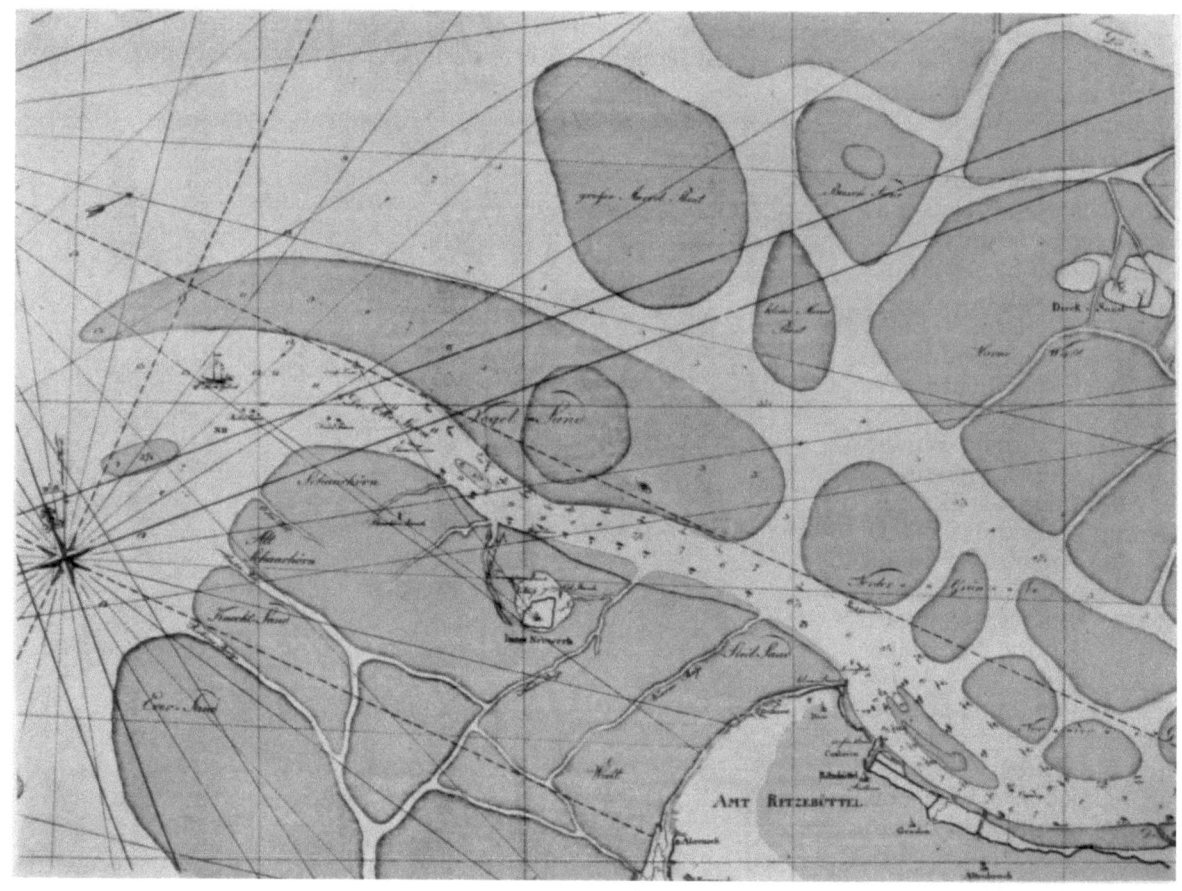

Abb. 55. Elbekarte von 1787.

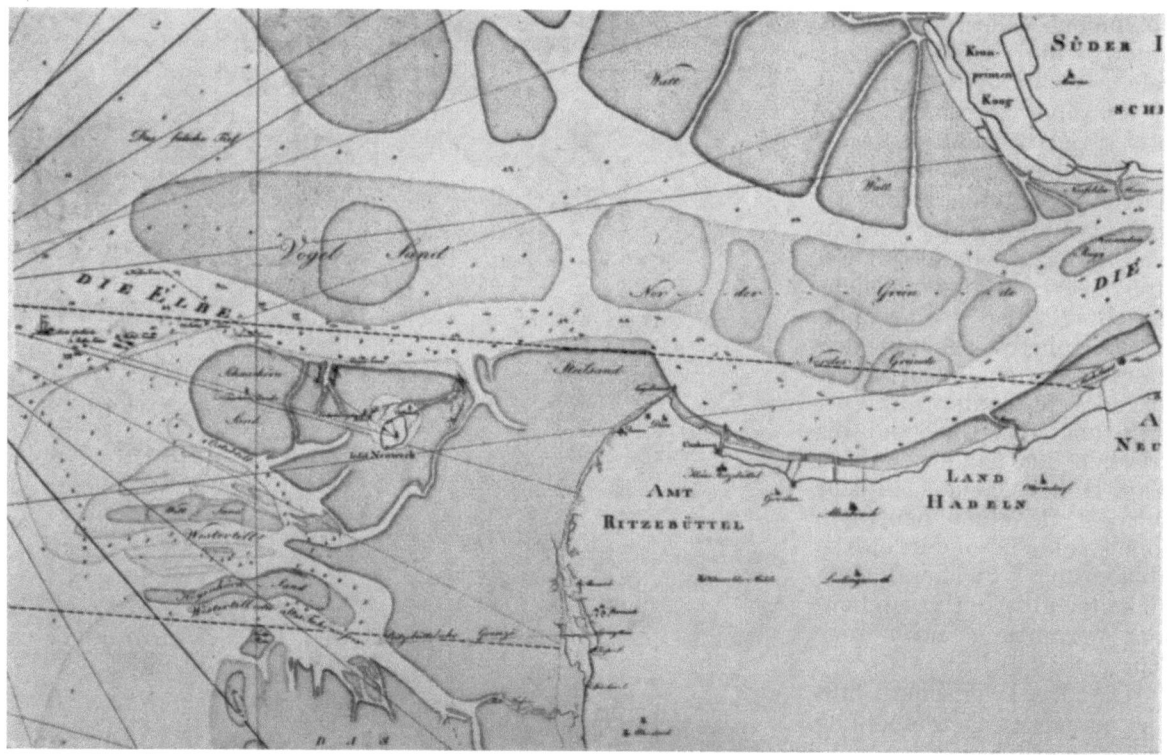

Abb. 56. Elbekarte von 1802.

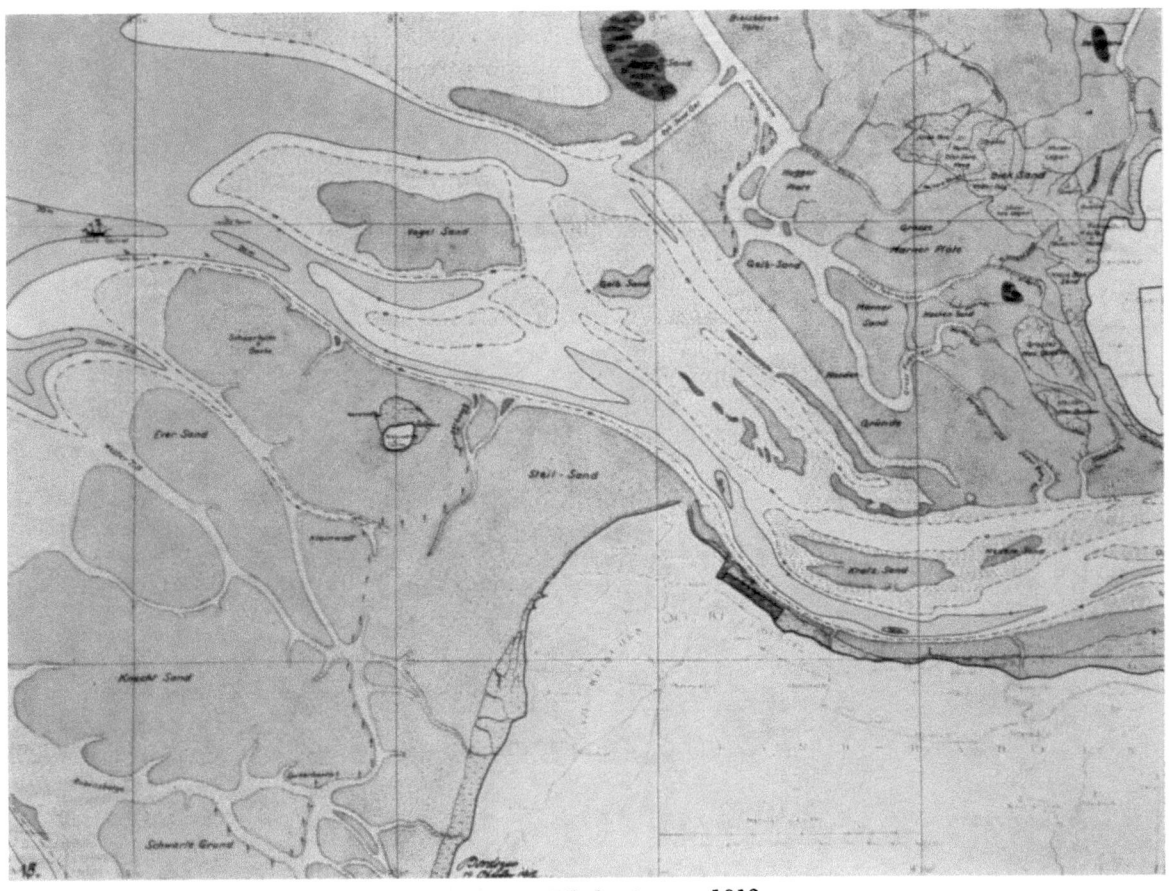

Abb. 57. Elbekarte von 1812.

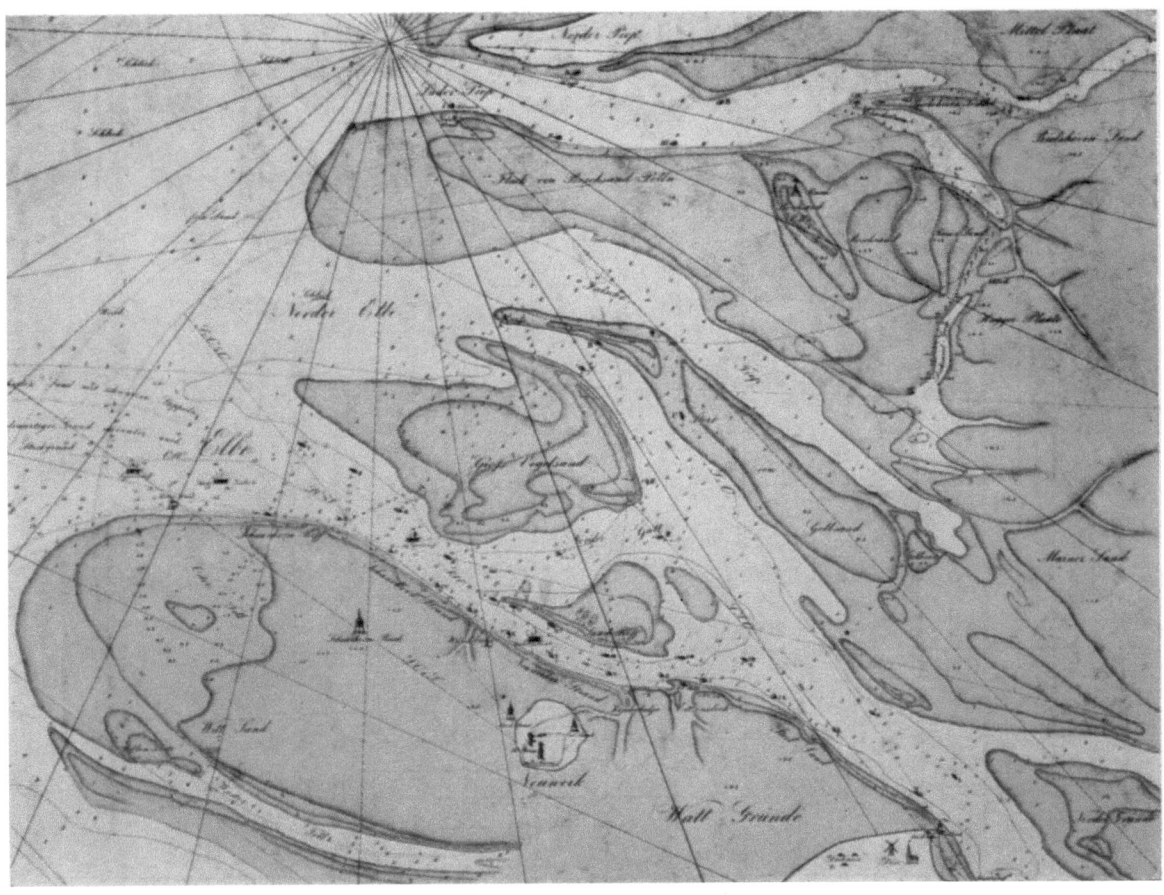

Abb. 58. Elbekarte von 1846.

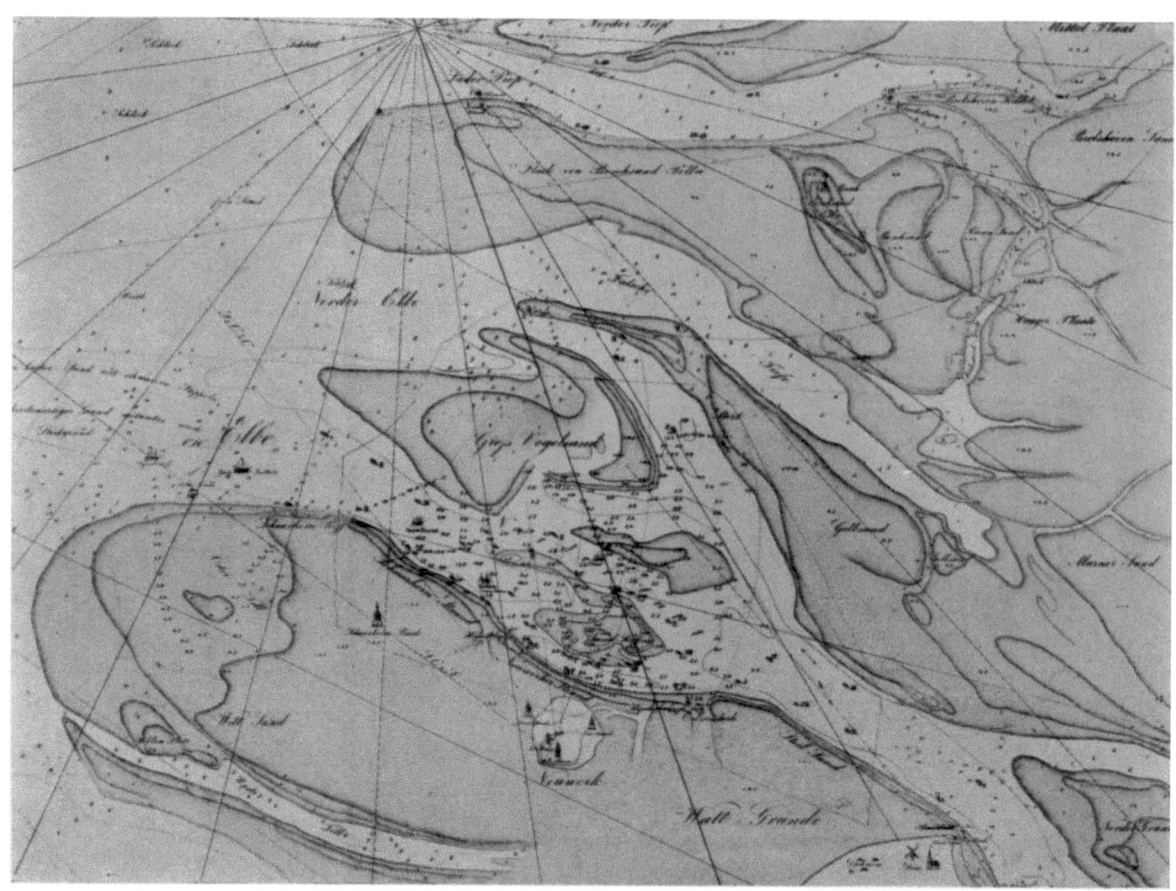

Abb. 59. Elbekarte von 1855.

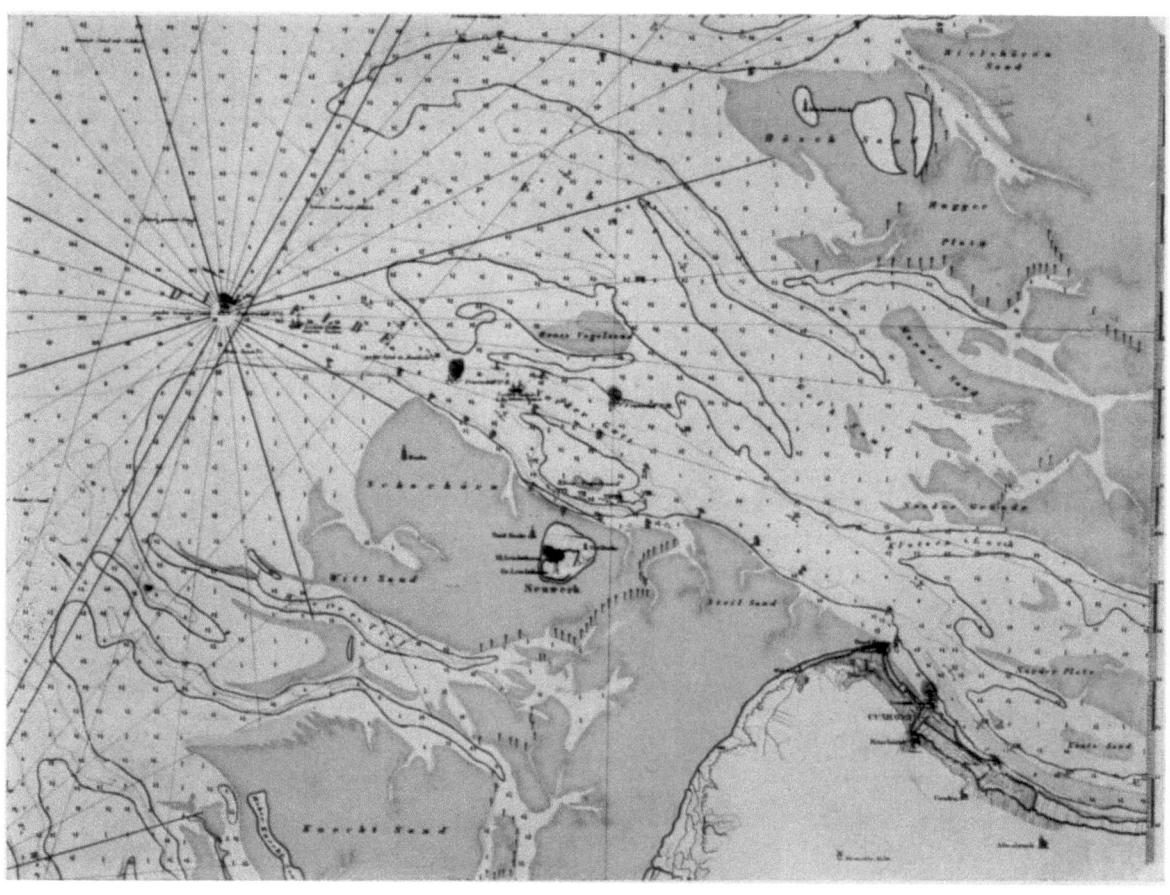

Abb. 60. Elbekarte von 1858.

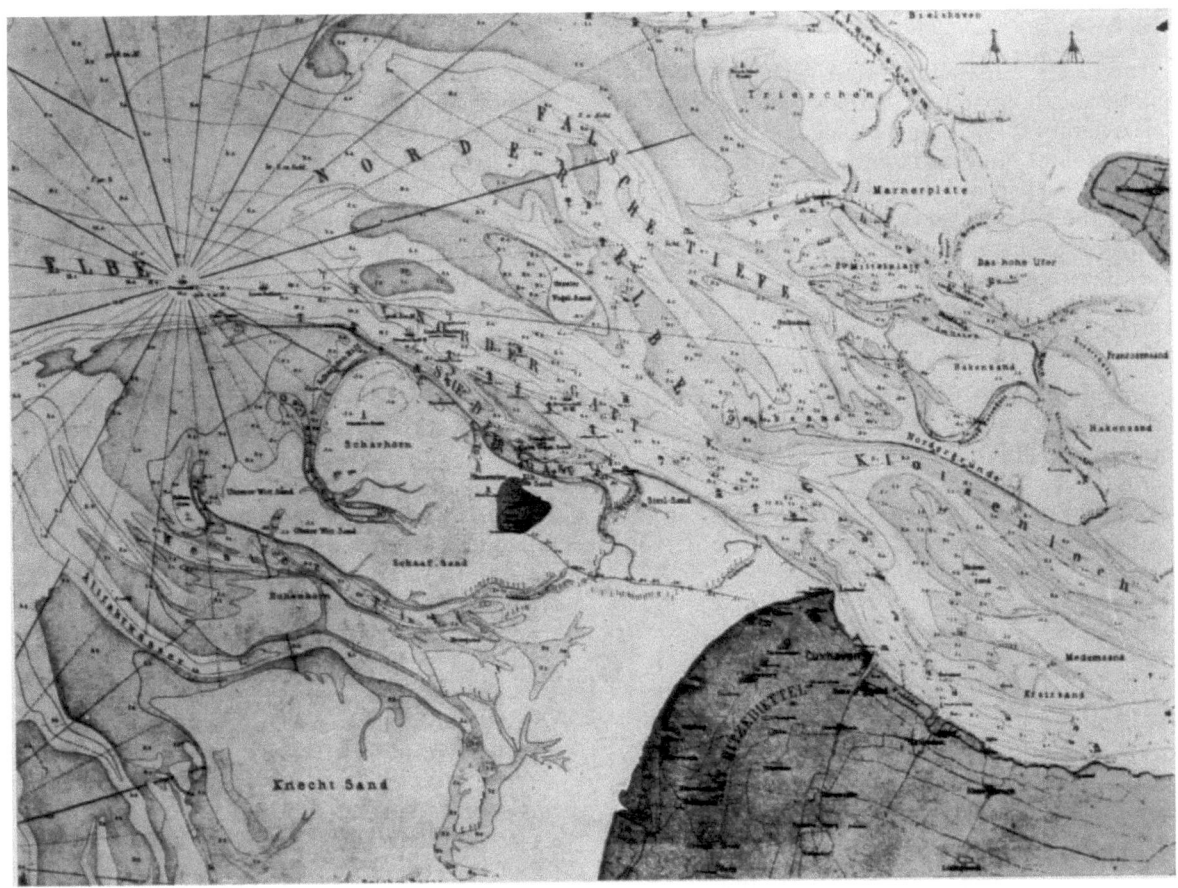

Abb. 61. Elbekarte von 1866.

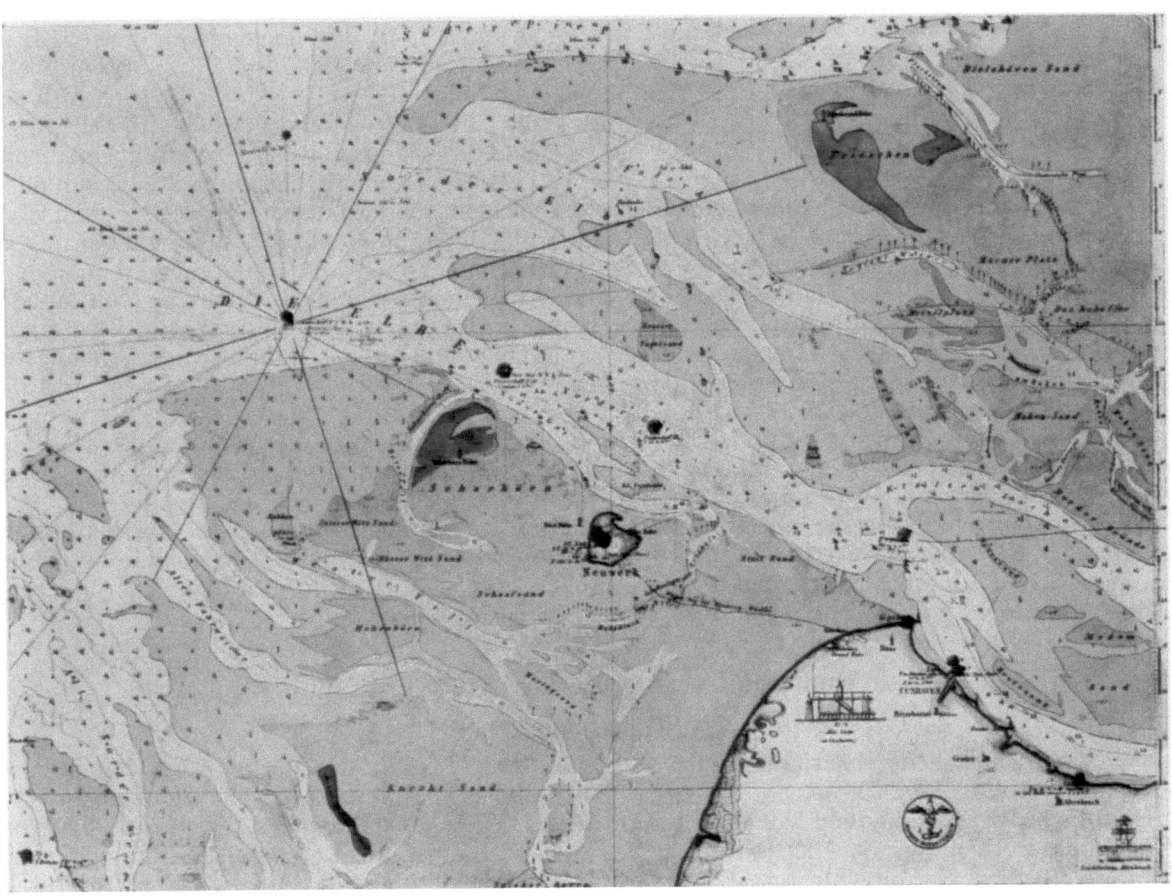

Abb. 62. Elbekarte von 1876.

Im Laufe der Zeit ist eine verhältnismäßig rasche Verlandung des ganzen nördlichen Wattengebietes zu beobachten, wobei gleichzeitig die Wattrinnen sich aus ihrer früheren NO—SW-Lage in eine mehr O—W, zum Teil sogar SO—NW gerichtete Lage umlegen. Zweifellos stellt das nördliche Wattengebiet ein Sandsammelbecken dar. Der neueren Annahme von Krüger [40], daß von dem längs der ostfriesischen Inselkette wandernden Sand in den letzten 2000 Jahren schwerlich etwas in die Elbe gelangt sei, kann nicht beigepflichtet werden. Seine Rechnung ist in mehreren Punkten (Maß der „Küstensenkung", Ermittlung der Wandersandmengen usw.) anfechtbar und in ihren Grundlagen noch umstritten.

Zu a) 5. Die Karte von 1778 (Abb. 54) zeigt, wie die Verlagerung des Mittelsandes nach Süden seit 1760 (Abb. 53) fortgeschritten ist. 1787 (Abb. 55) ist das Süder Gatt schon nicht mehr vorhanden.

Auf der Karte von 1802 (Abb. 56) tritt zum ersten Male für die frühere Norder Elbe die Bezeichnung „Das falsche Tief" auf, ein Hinweis darauf, daß die Verbindungsrinne von der Süder zur Norder Elbe bereits wieder verlandet ist.

Zu a) 6. Eine starke Anlandung setzt vor Ritzebüttel ein, als zu Ende des 16. Jahrhunderts der „Nieuwe gronden" sich dem Neuwerker Watt nähert. 1618 wurde ein später wieder verlorener Landanwachs von etwa 2 km Breite vor Ritzebüttel eingedeicht (vgl. die Karte von 1634 [Abb. 51], auf der die Eindeichung noch nicht eingetragen ist). Das südliche Ufer lag damals noch etwa 500 m nördlicher als heute die nördliche Fahrwasserbegrenzung vor Cuxhaven.

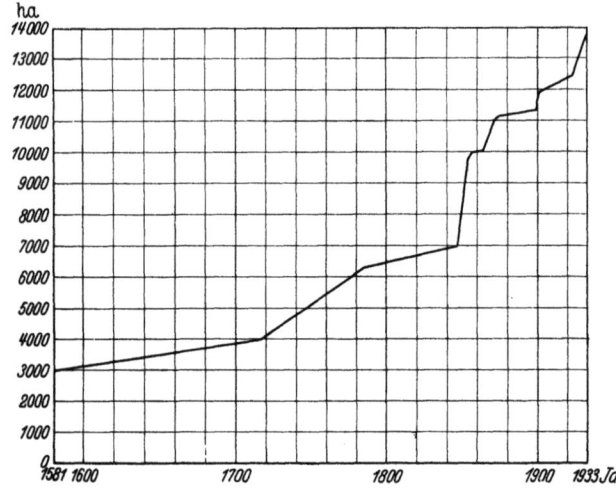

Abb. 63. Summenlinie der Eindeichungen in Süder-Dithmarschen.

In ähnlicher Weise schob sich nach dem Anlegen eines Mittelsandes an das Neuwerker Watt um 1802 (Abb. 56) der Steil-Sand wieder weit nach Norden vor.

Nachdem der Kleine Vogelsand sich dem Neuwerker Watt nach der Mitte des vorigen Jahrhunderts angeschlossen hatte, trat abermals eine Ausbuchtung des Steil-Sandes ein. Man vergleiche dazu die Karten von 1855 (Abb. 59), in der noch nichts derartiges zu bemerken ist, mit den Karten von 1858 (Abb. 60) und 1876 (Abb. 62). Aus Abb. 64, die die Entwicklung des heutigen Mittelgrundes wiedergibt, ist der Verlauf genauer zu verfolgen. Der Mittelgrund ist demnach nicht aus einer Sandwanderung von Norden nach Süden entstanden, sondern durch Abspaltung vom Watt (Steil-Sand). Daß er überhaupt — in Gegensatz zu früheren, anfangs ähnlichen Vorgängen — bestehen geblieben ist und immer noch — unter Schwankungen — an Größe zugenommen hat, wird darin begründet liegen, daß zu der Zeit seiner Entstehung erhebliche Bodenmassen aus der oberen Elbe, die damals auf Mittelwasser ausgebaut wurde, und vielleicht auch von dem ersten Ausbau der Unterweser (1887—1895) über das gewöhnliche Maß hinaus in dieses Gebiet gelangten. Bei dem Ausbau der Weser sind außer den gebaggerten Bodenmengen 26 Millionen m³ aus der Weser abgetrieben worden [62].

Auch die Sände zwischen Elbe und Klotzenloch vergrößerten sich in dieser Zeit stark, während die Fahrwasserverhältnisse in der Elbe oberhalb Cuxhavens sich durch die Bildung der Ostebank um die Jahrhundertwende besonders rasch verschlechterten [70].

Das Klotzenloch hat seine untere Abzweigung im Zusammenhang mit der starken Sandanhäufung in der Elbe vor Cuxhaven um rd. 4 km nordwestlich verlegt. Damit ist die bei Ebbestrom aus dem Klotzenloch stammende westliche Strömungskomponente nördlicher gerückt und für die Räumung des Mittelgrundes unwirksamer geworden.

c) Einzelheiten aus dem Kartenvergleich.

1. Vorgeschichte.

Die vorgeschichtliche Entwicklung der Elbemündung ist schon mehrfach untersucht und beschrieben worden [20, 29, 35, 65, 83] (u. a.). Fast übereinstimmend besteht die Ansicht, daß der Hauptarm der Elbemündung früher weiter nördlich gelegen hat und zwar soll der Hauptelbestrom von St. Margarethen über St. Michaelisdonn, Meldorf und Lunden am Geestrande entlang geflossen sein. Nach neueren Bohrergebnissen hält Dittmer [82] (Heft 2) diese Auffassung jedoch für falsch.

Die Entwicklung der Fahrwasserverhältnisse in der Außenelbe.

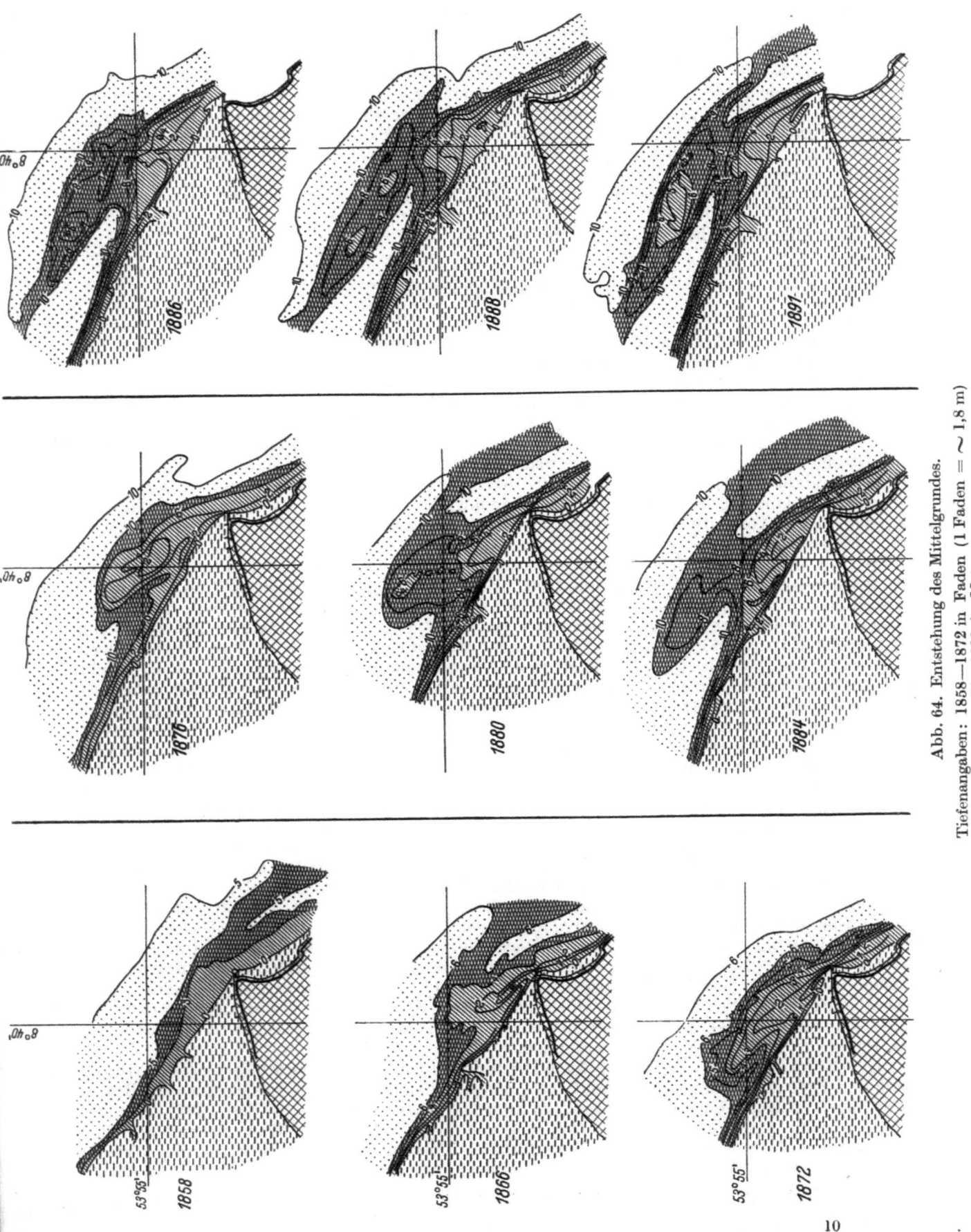

Abb. 64. Entstehung des Mittelgrundes.
Tiefenangaben: 1858—1872 in Faden (1 Faden = ∼ 1,8 m)
1876—1891 in Meter

Die Entstehung der „Silberrinne" (südlich der Doggerbank) wird als Folge einer nacheiszeitlichen Landsenkung erklärt *[24]* Die Doggerbank soll noch in geschichtlicher Zeit aus dem Meere herausgeragt haben *[83]*. Durch die Silberrinne ist der atlantischen Tidewelle, die von Norden in die Nordsee und entlang der schottischen und englischen Küste läuft, ein Weg nach Osten frei geworden. Dies hat nach Jessen *[35]* allmählich zu einer Änderung der Tiden und ihrer Strömungen vor der deutschen Nordseeküste geführt. Der Flutstrom soll dabei unter gleichzeitiger Vergrößerung des Tidehubes die heutige Elbemündung zum Hauptarm ausgebildet haben, da dieser Arm sich dem jetzt mehr von Westen statt früher von Norden kommenden Flutstrom entgegen öffnete.

Die Unsicherheiten, die heute noch in diesen Punkten bestehen, lassen es ratsam erscheinen, auf ein näheres Eingehen auf diese Vorgeschichte zu verzichten und sich auf den Vergleich von Karten, die hinreichend belegt sind, zu beschränken.

2. Gebiet nördlich der Elbe.

α) Sände und Inseln.

Dieksand. Vom Dieksand war 1588 (Abb. 50)[17] noch nichts vorhanden, auch die Karte von 1634 (Abb. 51) enthält noch nichts. Doch soll nach Geerz (zit. von Poppen *[65]*) schon 1643 an der Stelle des späteren Dieksandes eine nicht unbedeutende Insel gelegen haben. Um 1700 (b) erscheint zum ersten Male auf einer Karte eine Insel mit Namen „Dick Sandt" und mit der Bezeichnung „Anwachs" im Nordosten. 1721 ist „Dyck Sandt" in zwei Teile gespalten. Die Karte von 1751 gibt die Insel ohne Benennung wieder. Um 1760 (b) ist vom Dieksand nichts mehr dargestellt. 1787 ist eine Gruppe einzelner Sände verzeichnet, von denen fünf bald darauf zu einem Koog zusammengefaßt wurden, der jedoch bereits 1817 wieder aufgegeben werden mußte *[83]*. 1827 tritt der Sand dann mit drei Teilsänden in Erscheinung, die 1833 (vgl. die Karte von 1812, Abb. 57) als geschlossenes Vorland noch unbedeicht dem Festlande anliegen. 1853/54 wurde der Dieksand durch Eindeichung landfest gemacht.

Trischen. Etwa an der Stelle der heutigen Lage von Trischen taucht um 1721 als Mittelerhebung der „Dithmarsen Grunden" eine grüne Insel „Busch oder das Rischen Sand" auf, die in der Darstellung größer erscheint als das damalige Neuwerk (Risch = Binse, scirpus *[56]*). Im Norden ist dieser Sand begrenzt von der „Süder Pyp", im Osten vom „Flacke Gadt", im Südwesten von der „Norder Elbe". 1751 ist der Sand nicht mehr grün, aber noch als bei MTnw trockenfallend dargestellt. Um 1760 (a) (Abb. 53) sind große Veränderungen festzustellen: der Sand besteht jetzt aus zwei Teilen „Triesjen" und „den Busch". Ob diese Sände bei Tnw trocken fallen, ist nicht zu erkennen. Die jetzt zum ersten Male erscheinende „Grotte Maarl Plaat" (wahrscheinlich der am weitesten nach See gelegene Teil der früheren „Dithmarser Grunden") nimmt rasch an Ausdehnung zu. 1764 ist Trischen nicht bezeichnet. Bis 1778 (Abb. 54) haben die Bezeichnungen und Darstellungen der Sände so stark gewechselt, daß kein sicherer Anhalt über die Vorgänge dieser Zeit zu finden ist. „Triesjen" scheint bei MTnw trocken zu fallen. In der Karte von 1812 (b) (Abb. 57) fällt das rasche Anwachsen vom „Bosch Sand", der bereits wieder grün ist, auf. 1841 und 1846 (Abb. 58) gruppieren sich drei einzelne Sände: „Boschsand Polln", „Buschsand" und „Riesen-Sand". Davon scheint der am weitesten zur See gelegene „Boschsand Polln" der höchste zu sein. 1854 wurde von Schiffern zum ersten Male eine Strandvegetation festgestellt *[65]*, doch hatte bereits 1856 die Höhe von Trischen wieder bedeutend abgenommen *[47]*. 1866 (Abb. 61) trägt das Gebiet dieser Sände den Namen „Trieschen". Der früher (1588, Abb. 50; 1634, Abb. 51) bis zur Elbe durchgehende Flackstrom, das spätere (1721, 1750 u. a.) „Flacke Gadt" (die Bezeichnung läßt auf eine Verkleinerung des Wasserlaufes schließen), darauf [1812 (b) (Abb. 57)] „Dyk Sandt Gat", landet 1846/55 (Abb. 58 u. 59) stark auf, ist 1858 (Abb. 60) kaum noch vorhanden (nicht mehr benannt) und wird 1866 (Abb. 61) vom „Neufahrwasser" abgelöst. Man beachte die langsame Schwenkung aus einer anfangs NO—SW-Richtung in eine mehr ost-westliche Lage. Die Bildung einer Watt-Wasserscheide zwischen Trischen und Dieksand ist auf der Karte von 1866 (Abb. 61) besonders gut zu erkennen.

Bis 1895 war Trischen unbewohnt. Nach Möllendorf (zit. von Poppen *[65]*) besteht Trischen bis in 2 m Tiefe aus feinem Glimmersand, fast ohne jede Beimengung von Schlick usw., ein Beweis dafür, daß Trischen-Sand sich unter recht unruhigen Verhältnissen gebildet hat. 1922/25 wurde Trischen bedeicht *[24]*. Nach Wrage *[84]* ist das südliche Gehänge der Wasserscheide zwischen Dieksand und Trischen sandiger als das nördliche. Auffallend gegen den im nördlichen Wattengebiet (bei Sylt und Amrum) vorkommenden, sehr viel gröberen Sand ist die gleichmäßige Feinkörnigkeit des Sandes auf Trischen (0,2—0,24 mm ⌀).

---

[17] Soweit dieser Abhandlung Karten beigefügt sind, ist hinter der Jahreszahl stets darauf verwiesen worden.

Man beachte das Auftreten und Wiederverschwinden, besonders auch das zeitweilige rasche Anwachsen von Trischen und Dieksand. Auf den Zusammenhang mit den Vorgängen in der Elbe wurde schon hingewiesen: Das Auftreten von Mittelsänden vor Neuwerk verursacht durch die damit verbundene Verwilderung des Hauptelbearmes und die dadurch entstehende Behinderung des Abflusses ein gegen die gewöhnlichen Verhältnisse vermehrtes Drängen des Ebbestromes nach Norden, was sich außer im Auftreten einer vertieften Stromrinne zur Norder Elbe auch in verstärkter Sandablagerung im nördlichen Wattengebiet bekundet.

Großer und Kleiner Max-Queller. Die Entstehungszeit dieser Sände ist zwischen 1750 und 1780 anzusetzen [60]. Auf den Karten treten die Sände zum ersten Male 1833 (vgl. die Karte von 1812 (b), Abb. 57) in Erscheinung. Es ist anzunehmen, daß ihre Aufhöhung im Anschluß an das Landfestwerden des Dieksandes begonnen hat. 1872/73 wurden diese Sände in den „Kaiser-Wilhelm-Koog" einbezogen [24]. Den Namen gab den Sänden der sich auf ihnen ansiedelnde Queller (salicornia herbacea) [56]. (In Ostfriesland bedeutet Queller = heller, holländisch „kwelder" soviel wie Außendeichsland [83].)

Helmsand. Die Insel Helmsand lag bis 1573 südlich von Büsum [83], verschwand dann und ist 1787 wieder vorhanden. Man kann annehmen, daß dieser Sand ähnlich wie südlich der Große und Kleine Max-Queller als Folge des stark anwachsenden Dieksandes entstanden ist.

Hunden. Hunden heißt auf der Karte von 1588 (Abb. 50) eine Bank, auf der man um 1790 noch Bernstein fand [56]. Mit dieser Bank scheint der 1634 (Abb. 51) westlich von Büsum gelegene „Bul hoofden" identisch zu sein. Während der Sand 1634 anscheinend einen Grünteil besaß, scheint er um 1700 (a) (Abb. 52) wieder erniedrigt zu sein, er heißt jetzt „Hoedmer Zand". 1721 erscheint dann wieder ein Grünteil, diesmal mit der Bezeichnung „Bielshövet Sandt", der noch um 1760 als „Bielshöven" verzeichnet ist. 1778 (Abb. 54) heißt der Sand „Buls Hovet". 1787 trägt er keine Bezeichnung mehr. 1846 taucht der Sand als „Bielshöven Sand" wieder auf, ist aber nicht grün.

Franzosensand. Die Entstehungszeit des Franzosensandes liegt nicht fest. 1889 wurde zu der neuentstandenen Insel ein Damm gebaut, der die Anlandung wesentlich förderte, da er die Küstenströmung unterband [29]. Es ist bemerkenswert, daß die Anlandungen dieses Gebietes recht schlickarm sind. So wird z. B. im Friedrichskoog vorwiegend Ackerbau betrieben [84].

Norder Gründe. 1588 (Abb. 50) heißt der von der Elbe („Elue"), „De Pyp" und Flackstrom („vlacke stroom") begrenzte Komplex „Noordt gronden", von dem der westliche hohe Teil die Bezeichnung „Vogel sant" und der östliche Teil den Namen „Hunden" trägt. Die Karte von 1634 (Abb. 51) läßt erkennen, daß die „Noorder gronden" ein Sammelname für fast das ganze Wattengebiet nördlich der Elbe im Gegensatz zu den „Zuyder gronden" als Bezeichnung für das Wattengebiet zwischen Elbe und Weser ist. Der Vogelsand tritt jetzt aber schon als selbständiger, sehr langgestreckter Sand hervor.

Nach mehrfachem Wechsel der Bezeichnungen werden 1787 (Abb. 55) die im Elbestrom zwischen Süder und Norder Elbe gelegenen Sände mit „Norder Gründe" bezeichnet.

Verfolgt man die Entwicklung dieser Sände, dann fällt die ständige Zunahme der zwischen Cuxhaven und der Ostemündung im Elbestrom angehäuften Sände auf.

1806 erhält ein — anscheinend auch schon früher (1751) stärker hervorgetretener — Sand die Bezeichnung „Meme-Sand" (nach der am gegenüberliegenden linken Elbeufer mündenden „Meme", der heutigen „Medem"). Damit tritt der heutige Medem-Sand zuerst in Erscheinung.

Im weiteren Verlauf erhalten die einzelnen Sände der ehemaligen Norder Gründe eigene Namen, wie „Gelb-Sand", „Nord-Plate", „Kratz-Sand" (seit 1825/37). 1876 (Abb. 62) fällt im Vergleich zu 1812 (b) (Abb. 57) auf, daß der Medem-Sand gegenüber dem Kratz-Sand erheblich an Größe zugenommen hat.

Die „Nord Plaat" teilte 1787 (Abb. 55) den Strom vor Cuxhaven in zwei Arme. Aus der Betonnung ist zu erkennen, daß sich der Sand von den Norder Gründen abgelöst hat und gegen das südliche Ufer bei Cuxhaven vordrängt. Auf der Karte von 1802 (Abb. 56) ist der Sand nicht mehr vorhanden. Nach Hübbe [32] hat diese Plate merkbar bestanden von 1786 bis 1790. Sie ist in diesen vier Jahren unter gleichzeitiger Streckung um insgesamt rd. 2860 m = etwa 715 m im Jahre stromab gewandert.

Großer Vogelsand. Der Große Vogelsand hat seine Lage und Form im großen und ganzen durch die Jahrhunderte beibehalten. Er ist verhältnismäßig langgestreckt, steigt von der See her flach an, hat am oberen (Ost)ende eine fast immer über MTnw liegende Kuppe und fällt am Ostende steil ab. Die gelegentlich abweichende Darstellung rührt hauptsächlich daher, daß man in früherer Zeit nicht wie heute bestimmte Tiefenlinien als Umrisse der Sände darstellte, sondern die Linien, an denen ein bemerkenswerter Wechsel in den Tiefen oder auch in der Bodenbeschaffenheit festzustellen war. Die Umrisse lagen also in verschiedenen Tiefen.

1812 (b) (Abb. 57) ist der Große Vogelsand in den südlichen und westlichen Umrissen nur zum

Teil durch Peilungen aufgenommen worden. An der Seegrenze ist die Karte ungenauer, als Folge von Störung der Aufnahme durch englische Kriegsschiffe *[38]*. Die Lageänderung des Großen Vogelsandes ist im Vergleich zu anderen Sänden im Mündungsgebiet der Elbe gering. Nur am Ostende ist der Sand etwa 2000 m zurückgewichen, entsprechend der Abwärtsbewegung des periodisch auftretenden Gatts (des heutigen „Luechter Lochs"). Die Südkante ist seit 1787 rd. 1000 m nach Norden zurückgewichen. Dieser Rückgang läuft parallel mit dem Vorrücken von Schaarhörn (Abb. 47).

1846 (Abb. 58) hat der Große Vogelsand eine verhältnismäßig große Breite. Auffallend ist das Vorrücken seiner Südkante. Auf den Zusammenhang dieser Bewegung mit einer Sandzufuhr durch den Flutstrom quer durch die Elbe (von Schaarhörn her) im Zusammenspiel mit dem zum Neuwerker Watt wandernden „Sandriff" (= Kleiner Vogelsand) und mit der Bildung des breiten und tiefen Fahrwassers zur Norder-Elbe wurde schon hingewiesen. Die Teilaufnahme von 1855 (Abb. 59) läßt keinen vollständigen Vergleich zu. Man bemerkt jedoch, wie der Ebbestrom anscheinend die Südkante des Großen Vogelsandes wieder zurückdrängt.

Auf der Karte von 1858 (Abb. 60) ist nach dem Anschluß des Kleinen Vogelsandes an das Neuwerker Watt und nach der dadurch wieder eingetretenen Verlandung des Gatts zur Norder Elbe eine Fortsetzung des Zurückweichens der Südkante des Sandes feststellbar.

Kleiner Vogelsand. Bereits die Karte von 1568 enthält den „Niengrund". Dieser Sand ist 1558 entstanden *[3,22]*, d. h. man wird ihn etwa um diese Zeit zuerst bemerkt haben. Die Betonnung liegt nördlich von dem Sand. Wie aus dem „Spiegel der Seefarth" *[79]* zu entnehmen ist, wurde damals (1589) das Nordfahrwasser als „Newengatt" bezeichnet. Die Bezeichnung fehlt auf der Karte von 1588. Der Name läßt darauf schließen, daß dies Fahrwasser ursprünglich nicht vorhanden war und erst durch Wanderung des „Nieuwe gronden" nach Süden entstanden ist. Das würde bedeuten, daß der Sand an der Nordseite des Fahrwassers entstanden ist. Das südliche Fahrwasser ist schon 1568 nicht mehr betonnt, es scheint demnach bereits aufzulanden. Der Mittelsand fiel 1589 bereits trocken *[79]*, sein Anschluß an das Neuwerker Watt ist also fast vollzogen und verläuft ähnlich wie um 1880 (vgl. die Karte von 1876, Abb. 62).

Ebenfalls gleichlaufend mit späteren Entwicklungen steht die damals (um 1600) beträchtliche Anlandung vor Ritzebüttel, worüber Näheres unter „Ritzebüttel" gesagt wird.

Daß der „Niengrondt" der Karte von 1634 (Abb. 51) nicht identisch ist mit dem „Nieuwe gronden" von 1588 (Abb. 50), ist danach ziemlich sicher anzunehmen. Vielmehr wird es sich um einen abermals an der Nordseite neu entstandenen Sand nach Anschluß des „Nieuwe gronden" ans Neuwerker Watt handeln. (Man beachte in diesem Zusammenhange das unter „Neuwerk" über das Vorrücken des Wattes und unter „Ritzebüttel" über die Eindeichung des Vorlandes Gesagte.)

Die Karte um 1700 (a) (Abb. 52) ist mangels Jahresangabe zeitlich nicht genau einzuordnen. Die Karte ist stark verzerrt gezeichnet. Es sieht jedoch so aus, als ob sich der „Niengrondt" von 1634 (Abb. 51) wiederum dem Neuwerker Watt angeschlossen hat. Zwar ist nur die Hauptelbe betonnt, doch wird das Fahrwasser der Norder Elbe eine ziemliche Bedeutung gehabt haben, was schon daraus hervorgeht, daß überhaupt Tiefenangaben für diese Rinne gemacht worden sind.

1721 ist wieder ein Mittelsand vorhanden. Sein Name „Vogel Sandt" läßt auf eine Wanderung dieser Bank von Norden nach Süden schließen. Die starke Einbuchtung des Ufers bei Neuwerk gibt einen Hinweis auf die an dieser Stelle durch den Wattabbruch in der bereits geschilderten Weise vorgegangene Entwicklung. Das Süder Gatt ist noch tief, aber schon schmal, während das Norder Gatt flacher, aber breiter ist.

Um 1760 (a) (Abb. 53) fällt besonders der schon fast bis ans Grünland von Neuwerk vorgeschrittene Abbruch der Wattkante auf. Der „Midel Grond" zeigt das Bestreben, sich am oberen Ende ans Watt anzuschließen. Es ist das Stadium der Entwicklung, in dem die Verbindung mit der Norder Elbe besonders begünstigt ist. Man vergleiche die 86 Jahre jüngere Karte von 1846 (Abb. 58).

Ein Vergleich der Karte von 1778 (Abb. 54) mit der von 1787 (Abb. 55) läßt vermuten, daß sich der Mittelsand von 1778 ganz an das Watt angelegt hat. Einen Anhalt hierfür bietet die vor dem Watt gezeichnete Tiefenlinie. Das flach abfallende, in dieser Form bei Neuwerk seltene Watt ist darauf durch die Flut stromauf verschoben worden, wie die Karte von 1802 (Abb. 56) zeigt. Die „Klaren Balje" ist 1802 nicht mehr vorhanden, während der Steil-Sand sich weit nach Norden vorschiebt, so daß die Wattkante am äußersten Ende des Wattes fast in einem rechten Winkel umbiegt. Die frühere Norder Elbe wird 1802 zum ersten Male „Das falsche Tief" genannt, woraus zu entnehmen ist, daß eine brauchbare Verbindung mit der Norder Elbe nicht mehr besteht, nachdem sich der Mittelsand in der Süder Elbe an das Neuwerker Watt angelegt hat (vgl. „Norder Elbe" 1858).

Auffallend (und ebenfalls im gleichen Ablauf wie um 1846) ist das Vordringen des Großen Vogelsandes nach Süden.

1806 hat sich die scharfe Ecke beim Steil-Sand wieder abgerundet.

1812 (b) (Abb. 57) ist das Entstehen eines neuen Mittelsandes gut zu erkennen. Die Einbuchtung des Neuwerker Wattes hat bereits wieder Fortschritte gemacht, die Verbindung zur Norder Elbe bahnt sich erneut an.

1825 konnte man das Norder Gatt (in der Süder Elbe) bereits benutzen, vor dem gefährlichen Mittelsand wurde aber gewarnt und man empfahl daher, „im ordentlichen südlichen Fahrwasser" zu bleiben, statt in das „Loch zu Norden des Sandriffs" zu segeln [6].

Das „Tief zu Norden Vogelsand" (1825 nicht mehr „. . . falsche Tief . . ." wie 1787) gewinnt wieder an Bedeutung.

1846 (Abb. 58) liegt wieder eine genauere Aufnahme vor. Um diese Zeit hat sich nach einer Segelanweisung von 1857 [47] ein neues und für die Schiffahrt wichtiges Fahrwasser zur Norder Elbe gebildet. Gleichzeitig versperrt das „Sand Riff" die Süder Elbe. Man erkennt aber, wie der Flutstrom den Sand stark nach Süden drückt, nachdem er ihn von Norden umfassen konnte. Der Abbruch des Neuwerker Wattes schreitet verstärkt fort. Der Große Vogelsand ist weit nach Süden vorgerückt. Er wird wesentlich durch den Flutstrom, der anfangs nach Nordosten, dann nach Osten und schließlich nach Südosten setzt [6], Sandzufuhr erhalten. Dieser Sand wird wegen des Fehlens einer kräftigen Ebbeströmung, die sonst vorhanden gewesen, jetzt jedoch durch die Rinne zur Norder Elbe abgelenkt ist, nicht wieder restlos fortgetragen. Daß dadurch der Flut selbst der Eintritt in die Süder Elbe vorübergehend (d. h. bis zum Anschluß des Kleinen Vogelsandes an das Watt) erschwert worden sein muß, zeigt das Bemühen der Flutströmung, den Großen Vogelsand im Norden auf möglichst kurzem Wege zu umströmen. Die Lage der Tiefenlinien des Großen Vogelsandes deuten ebenso wie die Flutrinne an seiner Nordseite die Wirkung der von Norden her verstärkten Flutströmung an. Später, d. h. nach dem Anschluß des Kleinen Vogelsandes an das Watt, geht die Flutwirkung in ihre übliche Richtung zurück (das flache Gehänge ist dem auftreffenden Hauptstrom entgegengerichtet, vgl. die Tiefenlinien in der Karte von 1866, Abb. 61).

1855 (Abb. 59) ist nur ein Teil des Stromes neu aufgenommen worden. Das Watt ist fast bis zum Grünlande bei Neuwerk zurückgedrängt. Das „Sand Riff" ist stark zerrissen. Die Flut hat die Bank im Norden gepackt, beschleunigt dadurch ihre Wanderung nach Süden und hobelt ihre Nordseite kräftig ab. Diesen Sand wirft er auf den dadurch stark vergrößerten östlichen Sand.

Größeren Schiffen wurde damals bereits empfohlen, das nördliche Fahrwasser („Norder Gatt" in der Karte von 1855, Abb. 59) zum Einsegeln zu benutzen [16]. Das Fahrwasser zur Norder Elbe hat nach Ausbildung des „Norder Gattes" in der Süder Elbe bald wieder an Tiefe verloren.

Die Verhältnisse am Großen Vogelsand kommen langsam wieder zur Ruhe. Der im Nordosten abgespaltene Teil des Sand Riffes ist an den Großen Vogelsand angeschlossen (Karte von 1858, Abb. 60).

Bereits 1858 setzt das Vorrücken des Steil-Sandes ein, wie es ähnlich schon früher (1802, Abb. 56) der Fall war. Die Entstehung des heutigen Mittelgrundes bahnt sich damit an (vgl. auch Abb. 64).

Die Karten von 1866 und 1876 (Abb. 61 u. 62) lassen die weitere Entwicklung in der angegebenen Richtung erkennen. Der Kleine Vogelsand hat sich der durchgehenden Wattkante fast ganz angeschmiegt.

Zusammenfassend kann also ein wiederholter gleichlaufender Entwicklungsgang beim Kleinen Vogelsand festgestellt werden. Ein Vergleichszeitpunkt für den periodischen Ablauf ist wegen der teilweisen langen Zeitabstände zwischen den einzelnen Karten, wegen der Unsicherheit in der Bestimmung ihrer Ursprungsjahre und bei dem Fehlen eines besonders bemerkenswerten Ereignisses schwer zu bestimmen.

Zieht man den Zeitpunkt des jeweiligen Anschlusses des Mittelsandes an das Neuwerker Watt zum Vergleich heran, dann findet man, daß ein Anschluß stattfand:

1. am Ende des 16. Jahrhunderts (nach 1588)
2. „   „   „ 17.   „   (um 1700)
3. „   „   „ 18.   „   (vor 1787)
4. „   „   „ 19.   „   (um 1880),

woraus sich eine etwa 100jährige Periode ergibt. Den Zeitpunkt des Auftretens (= des ersten Bemerkens) eines Mittelsandes kann man noch weniger sicher bestimmen, da es ja hauptsächlich von den Anforderungen der Schiffahrt abhing, wann ein Sand störend auffiel. Zu Beginn des 19. Jahrhunderts (1812 bis 1825) wurde das Auftreten eines neuen Mittelsandes bemerkt. Seit Beginn des 20. Jahrhunderts bildet sich wieder ein entsprechender Sand, der sich besonders seit 1919 stark vergrößert hat (vgl. Abb. 2). Auch die Verbreiterung und Vertiefung des „Luechter Loches" macht in neuerer Zeit Fortschritte.

Gelb-Sand. 1825 findet sich zum ersten Male auf einer hamburgischen Karte die Bezeichnung „Gelb Sand". Bis 1846 (Abb. 58) hat der Sand erheblich an Größe zugenommen und einen langen

Ausläufer in nordwestlicher Richtung in die Norder Elbe erstreckt. Die um diese Zeit zur Norder Elbe abgedrängte Ebbeströmung wird haupt- und ursächlich an diesen Vorgängen beteiligt sein. Bis 1855 (Abb. 59) nimmt der Anwachs noch erheblich zu. Der Gelb-Sand rückt in neun Jahren um etwa 2000 m nach Südwesten vor. An der Anlandung wird in diesen Jahren auch die Flutströmung beteiligt gewesen sein, die bei der Vertiefung des neuen Norder Gattes große Bodenmassen in der Flutstromrichtung nach links an den Gelb-Sand herangetragen haben wird.

1858 (Abb. 60) kommt die Ausdehnung des Gelb-Sandes zum Stillstand.

1866 (Abb. 61) ist das untere Ende des Gelb-Sandes abgetrennt und selbständig geworden. „Falsche Tiefe" und „Norder Elbe" versuchen den Sand zu durchstoßen und Verbindung mit dem Klotzenloch und der Süder Elbe zu erhalten. Aus der Karte von 1876 (Abb. 62) ersieht man beim Vergleich mit der Karte von 1846 (Abb. 58), wie zugleich mit der starken Sandanhäufung beim Medem-, Kratz- und Spitz-Sand eine Verlagerung des Klotzenloches nach Nordwesten eintritt. Hinzu kommt ein Druck des Flutstromes auf den Spitz-Sand von Westen her, da der nach Norden vordringende Steil-Sand den Stromstrich der Süder Elbe nach Norden verlegt hat. Die untere Abzweigung des Klotzenloches ist diesem Drucke ausgewichen. Sie hat sich bis 1876 um rd. 4 km nach Nordwesten verlagert. Der Gelb-Sand dagegen gibt dem Drucke des Klotzenloches nur zögernd nach, da der von Nordwesten drängende Flutstrom einen Gegendruck ausübt. Man beachte die dadurch hervorgerufene starke Krümmung des unteren Klotzenloches.

β) Wasserläufe.

Auf den Karten von 1568 und 1588 (Abb. 50) ist nur ein Elbelauf dargestellt, der erst unterhalb Cuxhavens (Ritzebüttels) durch den „Nieuwe gronden" in zwei Arme gespalten ist. 1634 (Abb. 51) dagegen erscheinen auch oberhalb Ritzebüttels eine „Noorder Elue" und „Zuyder Elue", die durch einen schmalen, langen Rücken getrennt sind. Um 1700 (a) (Abb. 52) ist dieser Rücken nicht dargestellt. In den folgenden Zeiten häufen sich zwischen Norder und Süder Elbe oberhalb Cuxhavens zahlreiche Sände an. 1787 (Abb. 55) ist noch eine durchgehende Verbindung zur Norder Elbe vorhanden. 1812 (Abb. 57) mündet die obere Norder Elbe (das spätere Klotzenloch) in Höhe von Cuxhaven in die Süder Elbe. Das untere Ende der Norder Elbe, jetzt „Falsche Tief" (vgl. die Karte von 1846, Abb. 58), verliert seine Verbindung mit dem Hauptstrom. Es hat sie bisher nicht wiedererlangt.

Eine ausgeprägte Wasserscheide im nördlichen Wattengebiet scheint zu Beginn der hier untersuchten Zeit, also am Ende des 16. Jahrhunderts noch nicht bestanden zu haben. 1588 (Abb. 50) ist der „vlacke Stroom" als breiter, beprickter Wasserlauf von Büsum („Buijse") und Meldorf zur Elbe dargestellt. Er mündet unter fast 90° in die Elbe zwischen Ritzebüttel und Neuwerk. Außer diesem Wasserlauf tritt nur noch „De Pijp" hervor. Norder- und Süderpiep gab es anscheinend noch nicht. Die Karte um 1700 (a) (Abb. 52) zeigt schon das Entstehen einer Wattwasserscheide auf dem „Ditmarse Wadde".

Sämtliche Karten leiden in diesem Gebiet offenbar an der Unzugänglichkeit des Geländes. Die Darstellungen sind durchweg skizzenhaft. Immerhin fällt auf, daß noch bis 1802 (Abb. 56) die Wattwasserläufe unter fast 90° in die Norder Elbe entwässern, während sie 1812 (b) (Abb. 57) offenbar von dem Gelb-Sand nach Norden umgebogen sind. 1812 ist die Verbindung zwischen Flackstrom und Norder Elbe durch das „Dyk Sand Gat" noch vorhanden, 1846 (Abb. 58) hat sich die Wasserscheide zwischen Trischen und Dieksand stärker ausgebildet, es besteht nur noch eine bei Tnw trocken fallende Verbindungsrinne zwischen Flackstrom und Dieksand-Gat.

Es ist anzunehmen, daß dieser Verlauf, ähnlich wie die Entwicklung von Trischen, mit den Vorgängen in der Süder Elbe zusammenhängt, wo das Wandern des Kleinen Vogelsandes durch die Süder Elbe den Ebbestrom nach Norden abweist.

Um 1856 (vgl. die Karte von 1846, Abb. 58) ist der Lauf der „Süder Piep" zwischen „Mittel Plaat" und „Bielshöven" versandet, seit 1852 wird die „Norder Piep" durch Ausbreitung der „Mittel Plaat" schmaler und auch der Mielefluß verlandet, 1856 ist das Dieksander Gat fast ganz zugeschlickt und unbefahrbar geworden [47]. Um diese Zeit scheint demnach eine starke Sandzufuhr in das ganze nördliche Wattengebiet stattgefunden zu haben.

1858 (Abb. 60) ist auch noch das „Dieksand Gat" nach Norden umgebogen, anscheinend durch die nach Nordwesten vorrückenden „Marner Sand" und „Gelb-Sand".

1866 (Abb. 61) hat das alte „Dieksand Gat" den Namen „Neufahrwasser" erhalten. Ein brauchbares Fahrwasser über die ständig aufgehöhte Watthöhenscheide zwischen Trischen und Dieksand besteht nun nicht mehr.

γ) Orte.

Marne. Marne ist der Mittelpunkt des ältesten Inselseedeiches von Dithmarschen [83]. Der Deich reichte anfangs noch nicht bis zur Geest, sondern war ein Inseldeich (wahrscheinlich zwischen 1265 und 1286 erbaut). Durch zunehmende Landgewinnungen rückte Marne immer weiter vom

Deich ab, heute liegt es etwa 6 km vom Seedeich entfernt. Über die Landgewinnung in Dithmarschen gibt Abb. 63 Auskunft (vgl. *[24]*).

Büsum. Büsum lag ursprünglich auf einer Insel, die sich früher noch weiter nach Süden ausgedehnt haben soll *[83]*. Um die Mitte des 16. Jahrhunderts sind 6000 Morgen eingedeicht worden *[76]*. Diesen Zustand zeigt die Karte aus dem Jahre 1588 (Abb. 50). Ans Festland wurde Büsum 1585 angeschlossen *[83]*.

3. Gebiet südlich der Elbe.
a) Orte, Watten, Inseln, Sände.

Ritzebüttel (Cuxhaven). Die Deiche im Amte Ritzebüttel sollen im 11. oder 12. Jahrhundert erbaut worden sein *[10]*. Das Amt Ritzebüttel ist zu der Zeit seiner ersten Bedeichung nicht erheblich größer gewesen als heute, erst später ist das Ufer angewachsen *[31]*. 1394 erwarben die Hamburger Ritzebüttel (für 245 Mark), um der Seeräuberei ein Ende zu machen *[18]*.

Die Karte von 1588 (Abb. 50) enthält nur die Bezeichnung „Ritzebuttel". Eine Anlandung ist schon vorhanden, sie trägt aber noch keine Benennung.

Der Hafen wird zuerst 1618 erwähnt *[10]*. In diesem Jahre wurde der Landanwuchs von etwa 2 km Breite und mit einer Fläche von rd. 1600 ha eingedeicht. Diese Eindeichung wurde von Woltman (1807) für verspätet erklärt, da damals der Anwuchs schon wieder im Abbruch begriffen war *[31]*.

Auf der Karte von 1634 (Abb. 51) ist die Zunahme der jetzt als „Ritzenbutler Watt" bezeichneten Anlandung zu erkennen. Die neuen Deiche von 1618 sind noch nicht dargestellt.

Die Frage nach den Gründen für die Entstehung dieser Anlandung, die um 1600 besonders groß gewesen sein muß, ist nicht sicher zu beantworten. Die zeitliche Übereinstimmung mit dem Anschluß eines Mittelsandes an das Watt vor Neuwerk und der gleichartige Verlauf mit dem Vorrücken des Wattes am Steil-Sand bei späterer Wiederholung desselben Vorganges (z. B. 1802 und 1876) läßt es denkbar erscheinen, daß auch um 1600 ähnliche Ereignisse abgelaufen sind.

Von dem 1618 eingedeichten Land sind nach zehnmaliger Deichverlegung 1791 nur noch 160 ha übrig gewesen *[10]*.

Cuxhaven („Kouck Have" = Koogshafen *[22]*) erscheint zuerst auf der Karte von 1700 (a) (Abb. 52). Diese Karte zeigt bereits die starke Einbuchtung des Wattes vor Cuxhaven.

Seit 1745 hat der Abbruch des Wattes durch Anlage von Stacken (Buhnen) nachgelassen. Die Karte von 1760 (Abb. 53) zeigt die neuangelegten Werke zwischen Cuxhaven und Altenbruch. Seitdem hat sich das südliche Ufer vor Cuxhaven nicht mehr nennenswert geändert.

Wurstener und Hamburger Anwachs. Das Land Wursten soll sich in seinem südlichen Teil früher weiter nach Westen ausgedehnt haben, die letzten Ausdeichungen fanden nach der Sturmflut von 1717 statt *[83]*.

1721 tritt die Bezeichnung „Wurstener und Hamburger Anwachs" für anscheinend neu entstandene Anlandungen am Ufer zwischen Weser und Elbe auf. Auf der Karte von 1751 reicht der als „Hamburger Anwachs" bezeichnete Teil bis zum Steil-Sand.

Eine Vergrößerung des Wurstener Anwachses ist nicht mehr eingetreten, ein Teil von ihm wurde später eingedeicht (vgl. Karte von 1866, Abb. 61). Der frühere Hamburger Anwachs ist dagegen wieder ganz verlorengegangen.

Im Vergleich mit dem Wattengebiet nördlich der Elbe fällt auf, daß im Wattengebiet zwischen Elbe und Weser nur geringe Landgewinne zu verzeichnen sind, ein Hinweis auf die offenbar recht lebhafte Küstenströmung.

Neuwerk. Von Jessen *[35]* wird die Ansicht vertreten, daß Neuwerk der Rest eines in früherer Zeit abgetrennten äußeren Landgürtels ist. Neuwerk soll früher sehr viel größer und das Weideland nur durch einen schmalen, schiffbaren Priel vom Festlande getrennt gewesen sein *[58]*.

Den Namen trägt Neuwerk nach dem um 1373 errichteten massiven Turm *[22, 58]*, der an Stelle eines 1373 abgebrannten, von Hamburg zur Sicherung der Schiffahrt und zum Schutz gegen See- und Strandräuber 1299 errichteten Holzturmes aufgeführt wurde *[18]*.

Eingedeicht wurde Neuwerk im Jahre 1556, die Lage der Deiche ist bis heute unverändert geblieben *[15]*.

In der Karte von 1588 (Abb. 50) fällt der breite Wattstrom auf, der unterhalb Ritzebüttels beginnt, zwischen dem Festlande und Neuwerk parallel zum Festlandufer läuft und in die „Suijdt balch" (heute = Wester Till?) mündet. Von einer Wattwasserscheide zwischen Elbe und Weser ist noch nichts zu bemerken.

1634 (Abb. 51) liegt vor Neuwerk ein breites Watt. Es wurde schon die Vermutung ausgesprochen, daß diese Anlandungen ihre Entstehung dem Anschluß der „Nieuwe gronden" (1588) verdankt.

Der 1588 genannte Wattstrom hat jetzt nicht mehr seine alte Bedeutung, in seinem oberen Lauf scheint er aufgelandet zu sein.

Um 1760 (Abb. 53) erscheint zum ersten Male die Bezeichnung „Steil Sand" für das Watt zwischen Neuwerk und dem Festlande.

1787 (Abb. 55) hat sich nach dem Anschluß des Mittelsandes das vorher in Abbruch liegende Watt vor Neuwerk wieder verbreitert. Mit dem Vorrücken des Steil-Sandes (als Folge des Anschlusses des Mittelsandes bei Neuwerk) ist eine Verlandung der „Klaren Balje" verbunden, was sich bereits 1787 durch das Umbiegen dieses Prieles stromauf anzeigt und 1802 (Abb. 56) beendet ist. Der Steil-Sand hat sich demnach nicht nur nach Norden ausgedehnt, sondern auch gleichzeitig erhöht. Der Druck des hinter dem Steil-Sand aus dem Watt zur Elbe Abfluß suchenden Ebbewassers wird der „Kinder Ballje" im unteren Lauf die gegen 1787 eingetretene Richtungsänderung aufgezwungen haben.

Die Karte von 1812 (Abb. 57) enthält zwischen Neuwerk und dem Festlande nur die „Kinderbalge". In den folgenden Jahren entstehen oberhalb der „Kinderbalge" zwei neue Priele, von denen der westliche 1825 zum ersten Male den Namen „Eitzensloch" trägt. 1846 (Abb. 58) ist die östliche Balje wieder versandet. Das Eitzensloch rückt näher an Neuwerk heran. Die „Kinderbalge" verliert an Bedeutung.

1858 (Abb. 60) haben sich „Kinder Balge" und „Eitzensloch" zu einem Lauf vereinigt. Die Wattenfahrt zur Wester Till führt durch dieses Gatt.

1866 (Abb. 61) führt durch das wieder bedeutender gewordene östliche Gatt (jetzt „Stickersgatt" genannt) eine zweite Wattenfahrt zur Wester-Till. Sie hat jedoch nur kurze Zeit bestanden, schon 1876 (Abb. 62) ist sie nicht mehr vorhanden.

Die Betrachtung der Entwicklung des Wattes zwischen Neuwerk und dem Festlande läßt keinen sicheren Schluß zu, ob eine Erhöhung des Wattes eingetreten ist oder nicht. Insgesamt scheint eine geringe Erhöhung stattgefunden zu haben.

Der Marschboden Neuwerks ist sehr sandig. Nach Feststellungen von Hübbe [32] besteht Neuwerk aus einer nur wenige Fuß dicken horizontalen Schicht sandiger Kleierde (66,4 vH Schlick), die auf einem Untergrund von schlickhaltigem Sand (3,6 vH Schlick) ruht.

Schaarhörn. 1568 ist schon „Olde Scharhörn" und „Neue Scharhörn" verzeichnet. Danach ist anzunehmen, daß sich Schaarhörn nach Norden bewegt hat. Auch heute noch ist ein, nur durch besondere Umstände vorübergehend unterbrochener Drang Schaarhörns zu erkennen, in die Elbe vorzurücken (Abb. 47). Daß an dieser Stelle überhaupt ein Sand besteht, der sicherlich dauerndem Angriff durch Strömung, Wellenschlag und Wind ausgesetzt ist, bekräftigt die Vermutung, daß eine ständige Zufuhr von Süden den Verlust durch Abbruch und Sandflug wieder ersetzt und zeitweilig übertrifft.

In der Karte von 1787 (Abb. 55) fällt auf, daß zwischen Schaarhörn und Neuwerk zwei Priele unter einem stromauf gerichteten Winkel zur Elbe entwässern, worin sich der überwiegende Druck des Flutstromes widerspiegelt. Diese Priele wandern dementsprechend auch stromauf (vgl. die Karte von 1802, Abb. 56).

Ein Vergleich des seeseitigen Endes von Schaarhörn in den einzelnen Jahren ist unmöglich, da bei dem flachen Strandabfall, bei der Unsicherheit und Unbekanntheit des jeweiligen Kartennulls und bei der geringen Zahl von Peilungen kein brauchbares Ergebnis zu erzielen wäre.

β) Wasserläufe.

Zwischen Elbe und Weser treten drei Wasserläufe besonders hervor: Oster-Till, Wester-Till und Robinsbalge. Oster-Till und Wester-Till haben in ihrer Bedeutung gewechselt. Man gewinnt den Eindruck, daß von Süden nach Norden wandernde Sände die Ursache dafür sind. So ist z. B. 1787 (Abb. 55) die Oster-Till durch das seit 1721 festzustellende Wandern des Sandes zwischen Oster- und Wester-Till stark verlandet. 1802 (Abb. 56) versandet die Wester-Till von Süden her und schafft sich weiter nördlich ein neues Bett. Von 1815 bis 1825 hat sich der „Witt Sand" wieder vor die Oster-Till gelegt, die 1846 (Abb. 58) völlig bedeutungslos geworden ist, während die Wester-Till breit und tief (10—13 m) ist. Die Zunahme der Bedeutung der Wester-Till fällt in die Zeit der Verwilderung der Süder Elbe und der Ausbildung einer Durchbruchsrinne zur Norder Elbe. In den folgenden Jahren verliert die Wester-Till wieder an Bedeutung. (Die Süder Elbe ist durch den Anschluß des Kleinen Vogelsandes an das Neuwerker Watt wieder freier geworden.)

IV. Maßnahmen zur Verbesserung der Fahrwasserverhältnisse.
a) Heutiger Stromzustand.

Das auf Abb. 2 umgrenzte Elbemündungsgebiet ist 69000 ha groß. Es nimmt bei jeder mittleren Fluttide eine Flutwassermenge von 1215 Millionen m³ auf. In das Tidegebiet der Elbe oberhalb Cuxhavens strömen bei mittlerer Fluttide heute etwa 560 Millionen m³. Diese vorwiegend im Elbestrom selbst und nicht über die Watten auflaufende Wassermenge kommt der Erhaltung des Fahrwassers in der Außenelbe zustatten.

Die mittleren Durchflußquerschnitte in der Süder Elbe, die wegen der Höhenlage der Kenterpunkte bei Flutstrom größer sind als bei Ebbestrom, zeigt nachstehende Zahlentafel.

Bei	Bei dem mittleren Wasserstand während	
	des Flutstromes m²	des Ebbestromes m²
Schaarhörn	64 000	59 000
Neuwerk	54 000	47 000
Mittelgrund	51 000	44 000
Cuxhaven	24 000	20 500

Der schwer erfaßbare Querschnittsanteil des Klotzenloches ist in den Zahlen für Cuxhaven nicht berücksichtigt.

Die Tidewassermenge schwingt in der Elbemündung zu einem großen Teile nur hin und her. Neu hinzukommt mit jeder mittleren Ebbestromtide und bei mittlerer Oberwasserführung der Elbe eine Oberwassermenge von 25 Millionen m³ (in Artlenburg, der gewöhnlichen Flutgrenze, 150 km oberhalb Cuxhavens, betrug der mittlere Oberwasserabfluß in den Jahren 1931/35 etwa 550 m³/sek). Auch von See her findet ständig eine teilweise Erneuerung des in der Elbemündung bewegten Wassers statt, da Flut- und Ebbestrom nicht dieselben Wege nehmen. Eine vor der Elbemündung vorhandene Restströmung versetzt das aus der Elbe abströmende Oberflächenwasser längs der schleswig-holsteinischen Küste in nördlicher Richtung. Nach Zorell [85] macht sich der Einfluß des Elbewassers noch bis Horns Riff geltend.

In der periodischen Entwicklung der Fahrwasserverhältnisse befindet sich die Elbe heute in dem Zeitabschnitt, der durch die Entstehung einer Durchbruchsrinne von der Süder zur Norder Elbe gekennzeichnet ist.

Der Hauptflutstrom setzt dicht unter Schaarhörn in die Elbe und zieht zum Teil am Neuwerker Watt entlang in das Kugelbaken-Fahrwasser, zum Teil in das heutige Hauptfahrwasser nördlich vom Mittelgrund (Abb. 2). Ein vorläufig noch schwacher Flutarm greift hinter die Ablagerungsfläche, die auf der Nordseite der Süder Elbe gegenüber von Neuwerk im Wachsen begriffen ist.

Diese Ablagerungsfläche entstand während (und wegen) der allmählichen Stromverbreiterung vor Neuwerk. Von 1919 bis 1936 sind auf ihr 8 Millionen m³ Boden abgelagert worden.

Die Strombreite bei Neuwerk hat sich von 3250 m im Jahre 1895 auf 5000 m im Jahre 1933, d. h. um 54 vH vergrößert, während in der Strombreite bei Schaarhörn keine nennenswerten Unterschiede eingetreten sind (1895 2800 m, 1933 2600 m). Die Vergrößerung der Strombreite vor Neuwerk rührt als Wirkung des Flutstromes von dem Abbruch des Wattes vor Neuwerk (Abb. 49) und als Wirkung des Ebbestromes von dem Rückgange der südlichen Kante des Großen Vogelsandes her. Der Ebbestrom ist durch den sich immer weiter nach Nordosten ausdehnenden Mittelgrund nach Norden abgedrängt worden. Die schon erwähnte Verlagerung des unteren Klotzenloches in nordwestlicher Richtung und die im Zusammenhange mit der Stromregelung bei der Ostebank (1925 bis 1936, vgl. [70]) eingetretene Verringerung der Strömungen durch das Klotzenloch werden außerdem dazu beigetragen haben, daß der Ebbestrom heute weniger als früher aus seiner ungefähr nordwestlichen Richtung, die er bei Cuxhaven besitzt, abgebogen und daher der Große Vogelsand an seiner Südostecke stark angegriffen wird.

Ein Vergleich der Gesamtwassermengen, die bei Cuxhaven durch die Süder Elbe und das Klotzenloch ein- und ausströmen, ergibt folgendes Bild:

Während

	durch das Klotzenloch		durch die Süder Elbe	
	bei Flutstrom	bei Ebbestrom	bei Flutstrom	bei Ebbestrom
1864	380 = 63 %	305 = 49 %	220 = 37 %	320 Mill. m³ = 51 %

strömten, beträgt die Verteilung

1936	120 = 21 %	75 = 13 %	440 = 79 %	510 Mill. m³ = 87 %

Die Wasserführung durch die Süder Elbe hat also auf Kosten des Klotzenloches erheblich zugenommen.

Das obere Ende des Kugelbaken-Fahrwassers ist in den letzten drei Jahrzehnten durch Abbruch des Steil-Sandes verbreitet worden und dadurch verwildert. Trotz der damit verbundenen Behinderung der Tidewellenbewegung strömen heute noch rd. 175 Millionen m³ Flutwasser durch das obere Kugelbaken-Fahrwasser, das sind fast 40 vH der im Hauptstrom vor Cuxhaven während der Flut aufwärtsziehenden Wassermenge.

Für die Abnahme der gesamten Flutwassermenge von 600 Mill. m³ (1864) auf 560 Mill. m³ (1936) sind folgende Ursachen wirksam gewesen:

1. Die untere Klotzenloch-Abzweigung hat sich nach Nordwesten verschoben,
2. das Klotzenloch selbst ist stark verwildert und durch Mittelsände stark gewunden,
3. die Sände zwischen Klotzenloch und Elbe, besonders der Medem-Sand sind erheblich angewachsen,
4. die obere Klotzenloch-Abzweigung hat sich gegen früher unter gleichzeitiger Verflachung stromab verlegt.

Die Regelung bei der Ostebank hat die früher am Neufelder Watt entlangziehende Ebbeströmung geschwächt. Im Zusammenhang mit Ablagerung von Baggergut hat sich oberhalb des Klotzenloches in der Elbe eine Bank gebildet, die der Ebbeströmung das Einströmen in das Klotzenloch erschwert. Der auf Abb. 2 in der oberen Klotzenloch-Abzweigung dargestellte Sand ist innerhalb weniger Jahre nach der Regelung bei der Ostebank entstanden, er verdankt seine Entstehung der Flutströmung aus dem Klotzenloch. Die Steilkante des Sandes befindet sich an seiner Südseite.

Der Steil-Sand ist von Beginn der 80er Jahre des vorigen Jahrhunderts an bis zur Jahrhundertwende durch eine Verdrückung des an das Neuwerker Watt angeschlossenen Kleinen Vogelsandes stromauf — vielleicht auch noch durch eine verstärkte Sandzufuhr über das Watt während der Weserregelung — um etwa 1200 m vorgerückt. Seitdem herrscht aber wieder Abbruch vor, der von 1895 bis 1934 rd. 1000 m (= 25 m/Jahr) betragen hat.

Das Kugelbaken-Fahrwasser hat dadurch am Steil-Sand eine ständig zunehmende Krümmung erhalten, die zu einer Verschlechterung der Strömungsverhältnisse und zu einer Verringerung der Fahrwassertiefen geführt hat (vgl. Abb. 18). Die geringste Tiefe im Kugelbaken-Fahrwasser betrug bei der Öffnung des Fahrwassers für die Schiffahrt im Jahre 1878 etwa 4 m, sie nahm dann zunächst unter ziemlich großen Schwankungen bis auf über 10 m (1913) zu. Heute (1939) beträgt sie nur noch 4—5 m.

Durch die Verwilderung des oberen Kugelbaken-Fahrwassers wird die in ihm auflaufende Tidewelle gehemmt und reflektiert. Dadurch vergrößert sich der Tidehub, so daß bei Flutstrom ein Spiegelquergefälle und ein Überfall zum Hauptfahrwasser nördlich vom Mittelgrund auftritt. Dies ist zweifellos die Ursache für das zur Zeit festzustellende, unerwünschte Vorrücken des Mittelgrundes in den Hauptstrom zwischen den Tonnen M und N.

Auch im Wattengebiet zwischen Neuwerk und dem Festlande ist die Wirkung des gegen frühere Zeit höheren Einstaues der Flutwassermassen im Kugelbaken-Fahrwasser zu spüren. Der Wattwagenweg von Duhnen nach Neuwerk hat im Laufe der letzten Jahre ständig nach Süden verlegt werden müssen, da das Buchtloch sich immer weiter ins Watt hinein wühlt (vgl. Abb. 2 mit Abb. 62).

Das Einlaufen des Flutstromes in die Hauptstromrinne bei Cuxhaven wird durch zwei Umstände wesentlich erschwert. Zunächst bildet der weit in den Strom vorspringende hohe Rücken des Mittelgrundes ein Hindernis. Die sich etwa von der Tonne M bis zur Tonne 12 erstreckende tiefe Rinne zeigt an, daß der Flutstrom sich in der scharfen Krümmung des Hauptfahrwassers nicht am Mittelgrund zu halten vermag, sondern sich im Mittel in einer der Rechtsablenkung entsprechenden Bahn bewegt. Die zweite ungünstige Wirkung stellt die dem Flutstrom im Hauptfahrwasser aus dem Kugelbaken-Fahrwasser in die Flanke fallende Strömung dar. Dadurch wird ebenfalls der Flutstrom des Hauptfahrwassers auf die östliche Stromseite geworfen.

Der auf diese Weise hinter den Kratz-Sand fassende und ihn in das Fahrwasser drängende Flutstrom besitzt einen schädlichen Einfluß auf das ganze oberhalb gelegene Tidegebiet der Elbe, da die durch diese Verhältnisse verursachte Stromenge bei Cuxhaven die Tidewellenbewegung schwächt. Aber auch für das unterhalb dieser Enge gelegene Stromgebiet ist die Stauwirkung hinter dem Kratz-Sand wegen der dadurch eingetretenen Verringerung der Tidewassermengen als schädlich zu bezeichnen.

Bei Ebbestrom nimmt nur ein geringer Teil der aus der Hauptrinne der Elbe vor Cuxhaven ablaufenden Wassermenge den Weg durch das Kugelbaken-Fahrwasser. Wie die Flutströmung durch die Rechtsablenkung an das Neuwerker Watt gezogen wird, wird die Ebbeströmung durch die Rechtsablenkung nach Norden abgewiesen. Die Schwächung der Wasserführung durch das

Klotzenloch und die entsprechende Stärkung der Ebbewasserführung durch den Cuxhavener Elbearm haben eine nördlichere Richtung des Ebbestromes unterhalb Cuxhavens begünstigt. Schließlich verwehrt der nach Nordosten vorrückende Mittelgrund dem Ebbestrom ein glattes Einlaufen in die Hauptstromrinne der Außenelbe. Abb. 3 gibt die damit zusammenhängende Entwicklung des „Luechter Grundes" wieder. An der 9 m-Tiefenlinie erkennt man, wie der Ebbestrom sich zunehmend bemüht, nach Nordwesten durchzubrechen. Das heutige Luechter Loch ist erst nach 1925 entstanden (Abb. 65) und noch im Wachsen begriffen. Der Ebbestrom hat zu der unerwünschten Verbreiterung der Elbe zwischen Neuwerk und dem Großen Vogelsand dadurch beigetragen, daß er die südliche Kante des Großen Vogelsandes zurückdrängt (seit 1900 etwa 60 m/Jahr, insgesamt bisher rd. 2100 m).

Die Überströmung des Großen Vogelsandes durch den Flutstrom findet heute bereits wieder vorwiegend von der Norder zur Süder Elbe statt. Abb. 65 zeigt an dem Verlauf der Tiefenlinien, wie dieser wechselnde Überdruck die Gestalt des Sandes verändert hat (vgl. die ähnliche Entwicklung 1846 bis 1866, Abb. 58 u. 61).

b) Ausblick.

Die Ergebnisse der vergleichenden Untersuchungen der letzten vier Jahrhunderte und die bisher angestellten Strömungsmessungen ermöglichen es, mit einiger Wahrscheinlichkeit die voraussichtliche Entwicklung der Fahrwasserverhältnisse in der Außenelbe anzugeben.

Das Watt vor Neuwerk wird weiter abbrechen. Dem gewundenen Stromlauf im unteren Kugelbaken-Fahrwasser wird die Flutströmung solange folgen, wie sie — der Rechtsablenkung nachgebend — dazu imstande ist.

Mit der zu erwartenden Erweiterung des Luechter Loches werden die Ablagerungen in der Süder Elbe weiter zunehmen und die Entwicklung eines Mittelsandes gefördert werden.

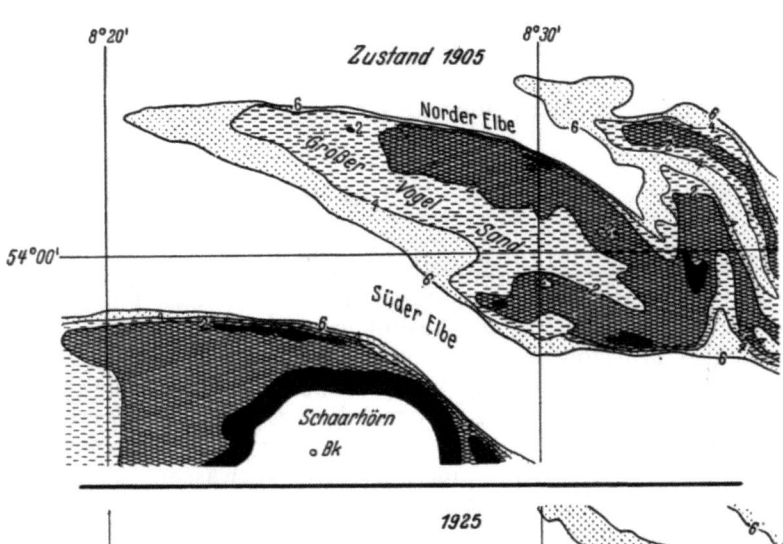
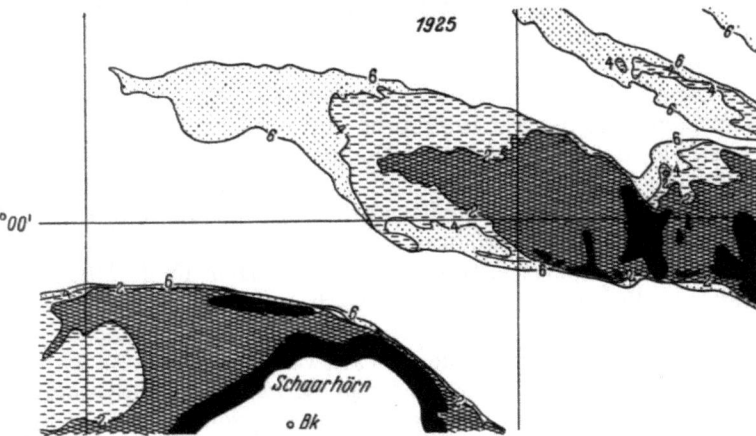
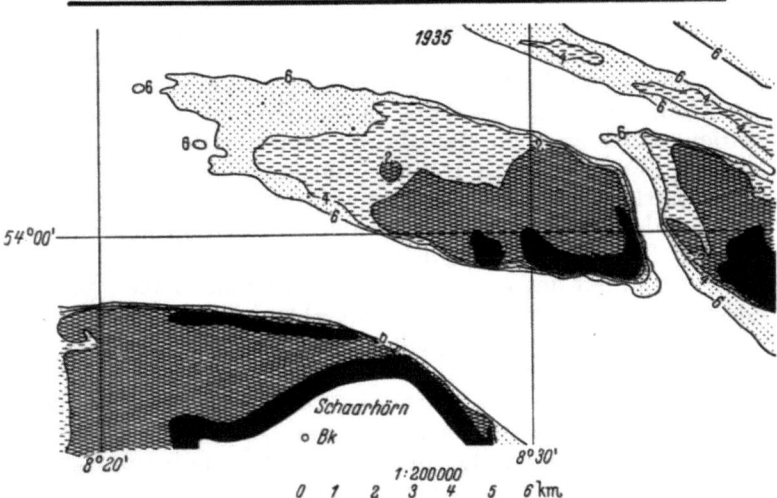

Abb. 65. Umbildung des Großen Vogelsandes.

Die weitere Entwicklung wird somit vielleicht zu unerwünschten, häufigeren Verlagerungen des Fahrwassers führen können, jedoch liegt — davon abgesehen — noch kein Anlaß zu besonderen Besorgnissen vor. In den früheren Jahrhunderten hat zu den ungünstigsten Zeitpunkten der periodischen Entwicklung — soweit es die Karten ausweisen — die kleinste Fahrwassertiefe in den jeweils vorhandenen schiffbaren Rinnen niemals weniger als 9 m bei mittlerem Tideniedrigwasser betragen.

Wenn also in den nächsten Jahren oder Jahrzehnten mit einer gewissen Erschwerung der Schiffahrtsverhältnisse zu rechnen ist, so ist es doch nicht ausgeschlossen, daß die natürliche Entwicklung auch ohne nennenswerte Schwierigkeiten für die heutigen Schiffahrtsanforderungen ablaufen wird. Sorgfältiges Studium aller Umbildungen und dauernde Überwachung des Tideverlaufes, der Strömungen und der Sandwanderung werden auch in Zukunft dazu dienen müssen, unerwartete und unerwünschte Überraschungen zu vermeiden.

c) Regelungsmaßnahmen.
1. Allgemeines.

Daß mit einfachen Maßnahmen, z. B. mit Baggerungen auch größeren Umfangs, auf die Dauer nichts an den natürlichen Vorgängen, die sich über lange Zeiten und große Gebiete ausdehnen, geändert werden kann, dürfte einleuchten. Solche Arbeiten können höchstens örtlich und vorübergehend von Erfolg sein, da sie nur die Wirkungen und nicht die Ursachen angreifen.

Von Menschenhand ist in der Außenelbe bisher nur in verhältnismäßig geringem Umfange in die natürlichen Vorgänge eingegriffen worden. Die am Mittelgrund seit Anfang dieses Jahrhunderts ausgeführten Baggerungen von etwa 16 Millionen m³ bezweckten lediglich die Beseitigung einzelner flacher Stellen innerhalb des Fahrwassers; sie sollten und konnten die natürlichen Veränderungen weder aufhalten noch umlenken. Landgewinnungsarbeiten bei der Insel Neuwerk und Anpflanzungen auf der Insel Schaarhörn zur Festlegung ihres sturmflutfreien Teiles werden erst seit einigen Jahren betrieben.

Die aus den Untersuchungen gewonnene Erkenntnis, daß die Flutströmung bei den periodischen Vorgängen in der Elbemündung die entscheidende Rolle spielt, zwingt dazu, sie bei der Suche nach Möglichkeiten zu künstlichen Eingriffen in die natürliche Entwicklung als maßgbende Größe zu berücksichtigen.

Jeder technische Eingriff würde eine Durchbrechung oder Hemmung des periodischen Verlaufes bedeuten. Man schafft damit unter Umständen völlig neue Voraussetzungen für die Strömungs- und Fahrwasserverhältnisse, so daß vorher nach Möglichkeit festgestellt werden muß, welche weiteren Folgen — außer dem beabsichtigten Regelungsziel — auch für das übrige Stromgebiet mit einem Ausbau verbunden sein können und wie die Naturkräfte die Störung ihres Gleichgewichtes (ihres Kräftespiels) beantworten werden.

Da als Endziel die selbsttätige Erhaltung eines ausreichend breiten und tiefen Fahrwassers angestrebt wird — ohne das obere Tidegebiet des Stromes zu schädigen —, müssen alle dem entgegenstehenden Hindernisse weggeräumt werden. Insbesondere ist also die Bildung eines Mittelsandes zu vermeiden. Das könnte durch Verhinderung des Wattabbruches vor Neuwerk geschehen, in einem Zeitpunkt, zu dem sich ein Mittelsand an das Watt angeschlossen hat. Zu einer solchen Maßnahme hätte man am Ende des vorigen Jahrhunderts Gelegenheit gehabt, als der Kleine Vogelsand wattfest geworden war. Bis zur Wiederkehr einer ähnlichen Gelegenheit werden allerdings noch viele Jahre, wenn nicht einige Jahrzehnte vergehen.

Eine Möglichkeit zu früherer durchgreifender Verbesserung der Fahrwasserverhältnisse liegt in der Errichtung eines Leitdammes, der in schlanker Kurve von der Kugelbake bis zum Mittelgrund und von dort auf dem Rücken des Mittelgrundes entlang geradlinig bis Schaarhörn zu legen wäre[18]. Der Flutarm, der heute — man darf sagen: nutzlos — in das Kugelbaken-Fahrwasser setzt, wäre gezwungen, in der Hauptrinne zu bleiben und in ihr Reibungs-(Räumungs-)arbeit zu leisten. Unterstützt von der Rechtsablenkung würde sich an einem solchen Leitwerk wahrscheinlich eine Rinne von ausreichender Tiefe und Breite — vielleicht sogar ohne Nachhilfe durch Baggerungen — einstellen, deren Bestand auch für die Zukunft nicht gefährdet erscheint, zumal wenn man nach der zu erwartenden raschen Auflandung des Stromgebietes hinter dem Leitdamm an eine Aufhöhung des Wattes mit dem Ziele, Neuland zu gewinnen, herangeht.

Die Krümmung des Leitdammes an seinem oberen Ende ist so zu bemessen, daß dem Flutstrom ein glattes Einströmen in das Hauptfahrwasser oberhalb der Kugelbake ermöglicht wird. Es ist zu hoffen und zu erwarten, daß alsdann auf natürlichem Wege eine Verbreiterung des Stromes vor

---

[18] Auf Abb. 2 ist die Lage eines solchen Leitdammes gestrichelt dargestellt. Der auf Grund der vorstehend beschriebenen Untersuchungen aufgestellte Entwurf, der — wie einleitend bemerkt — bereits verwirklicht wird, sieht zunächst nur den oberen Teil des Leitdammes von der Kugelbake bis etwa Neuwerk vor, da mit einer raschen Verlandung hinter dem Damm und unterhalb davon mit einem Vorgehen der Wattkante gerechnet werden kann. Es bleibt abzuwarten, ob eine Verlängerung des Dammes bis Schaarhörn später noch notwendig werden wird.

Cuxhaven eintreten wird, wovon das ganze obere Tidegebiet Nutzen haben würde. Die Beseitigung der Stromenge bei Cuxhaven wird der Tidewelle das Eindringen in die Elbe wesentlich erleichtern, oberhalb Cuxhavens werden damit die Tidehübe wieder vergrößert und — was für die Marschenentwässerung besonders bedeutsam ist — die Wasserstände bei Tideniedrigwasser wieder gesenkt werden.

2. Rechnungsverfahren.

Die hohen Kosten, die Strombauten im Tidegebiet stets erfordern, und die weitreichenden Folgen, die Regelungsmaßnahmen im Tidegebiet nach sich ziehen, lassen es wünschenswert erscheinen, die Wirkungen geplanter Regelungen nach Möglichkeit vorher zu ergründen. Der Versuch, die Tidevorgänge in Flußmündungen rechnerisch zu behandeln und solche Untersuchungen zur Grundlage von Vorausberechnungen des zukünftigen Tideverlaufes auszubilden, ist wiederholt angestellt worden. Seit den ersten, schon 1856 von Dalmann [11] auf Grund seiner umfassenden Kenntnisse der Tideflüsse und ihrer Regelungen aufgestellten Grundsätzen für Regelungen im Tidegebiet hat die Auffassung des Tideverlaufes einige Wandlungen durchgemacht. Das von Franzius [17] für die Regelung der Unterweser angewendete Rechnungsverfahren kann heutigen Ansprüchen nicht mehr genügen. Seine umfangreichen Rechnungen können über die Schwächen ihrer Grundlagen nicht hinwegtäuschen. Das Verdienst von Franzius, allen technischen und politischen Schwierigkeiten seiner Zeit zum Trotz den Ausbau der Unterweser erfolgreich zu Ende geführt zu haben, wird dadurch nicht geschmälert. Man darf annehmen, daß Franzius als genauer Kenner des Tidegebietes seine Planungen auch ohne umfangreiche Rechnungen erfolgreich verwirklicht haben würde.

Nach längerer Pause sind neuere Versuche der Tidewellenberechnung von Oeltjen [59], Reineke [68], Krey [37], Bonnet [7], Thysse [78] und Mazure [55] unternommen worden. Bis auf den Letztgenannten hat Schultze [72] die von den einzelnen Verfassern aufgestellten Verfahren einer Kritik unterzogen, auf die hier verwiesen sei. Das Verfahren von Reineke ist außer für die Weser auch noch bei Berechnungen für die Eider [81] und für die Niedrigwasserregelung der Elbe im oberen Tidegebiet [25] angewendet worden. Das Verfahren von Krey ist noch an keinem praktischen Beispiel erprobt.

Alle bisherigen Berechnungsverfahren erfordern einen erheblichen Arbeitsaufwand. Obgleich einzelne Einflüsse [z. B. Wind, Dichte (Brackwasser), Rechtsablenkung, Querströmungen] vereinfacht oder vernachlässigt werden müssen, um überhaupt eine rechnerische Behandlung praktisch zu ermöglichen, ist eine umfangreiche Rechenarbeit zu leisten. Eine Nachrechnung bestehender Verhältnisse in Tideflüssen läßt sich durch Wahl geeigneter Beiwerte (Unregelmäßigkeits- oder Abflußbeiwerte) einigermaßen zutreffend anstellen. Für Vorausberechnungen von Tidewellen für Flußbetten, die durch Regelungsmaßnahmen verändert werden sollen, besteht jedoch — ebenso wie im Oberlauf der Flüsse — eine große Unsicherheit in der Wahl der neuen Beiwerte. Diesen Mangel hat noch kein Rechnungsverfahren abzustellen vermocht. Das Ziel der Arbeit des Wasserbauingenieurs kann nicht in der Auffindung immer neuer Rechnungsverfahren liegen, für die doch wieder vereinfachte Annahmen getroffen werden müssen, sondern muß die Ergründung der wesentlichen Voraussetzungen für die Tideentwicklung in einem Tideflusse sein. Bis auf weiteres muß daher der Schwerpunkt aller Untersuchungen in der Naturbeobachtung selbst und in ihrer physikalischen und hydrodynamischen Deutung liegen.

3. Modellversuche.

Noch so gut durchdachte Rechnungsverfahren und noch so umfassend ausgeführte Rechnungen, mit denen der Tideverlauf in einem Tidefluß nach einem geplanten stärkeren Eingriff vorausberechnet wird, rufen bei dem mit den Tideverhältnissen vertrauten Wasserbauingenieur nur zu leicht ein unbefriedigendes Gefühl der Unsicherheit hervor. Er wird in Anbetracht der ihm aus der Natur bekannten zahlreichen Besonderheiten und Eigentümlichkeiten der Tidebewegung, zumal im Brackwassergebiet, seine Planung nicht allein auf Rechnungen gründen wollen. Andererseits wäre es ebenfalls unbefriedigend, größere Entwürfe im Tidegebiet lediglich auf Grund praktischer Erfahrung aufstellen zu müssen, da gerade im Tidegebiet auch die Erfahrung leicht fehlgehen könnte, wenn es an ausreichenden Beobachtungs- und Messungsunterlagen mangelt.

Diesen Schwierigkeiten hat in jüngster Zeit die Entwicklung der Modellversuche für das Tidegebiet erfolgreich abgeholfen. Der verhältnismäßig junge Zweig des Wasserbau-Versuchswesens hat in kurzer Zeit große Fortschritte gemacht und manche wertvollen Ergebnisse erzielt [74, 75]. Es ist bereits gelungen, mit überraschender Genauigkeit die senkrechte Tidebewegung in einem Modell nachzubilden. Auch die Naturähnlichkeit der waagerechten Tidebewegung ist selbst bei flächenhaften Modellen schon recht befriedigend erreicht worden. Allerdings sind noch — besonders auch für das Brackwassergebiet — einige Schwierigkeiten zu überwinden (z. B. Dichteeinfluß auf die Strömungen mit der damit verbundenen Wirkung auf die Geschwindigkeitsverteilung in der Senkrechten) und auch sonst noch manche Probleme zu klären (man denke z. B. an die Wiedergabe der Rechtsablenkung [28], ferner an die große räumliche Ausdehnung, die solche Modelle erfordern, da sie nicht zu klein werden dürfen). Dennoch ist die Hoffnung berechtigt, aus Modellversuchen für Entwürfe im Tidegebiet zuverlässige Unterlagen zu gewinnen.

Die modellmäßige Darstellung von Sohlengeschiebe und Schwebestoffen für Tideflüsse harrt noch einer Lösung, auch ist es bisher nicht gelungen, die physikalische Natur des Schlickes nachzubilden. Immerhin bedeutet es schon ein wertvolles Ergebnis, wenn in einem Modell wenigstens die Tidewellenbewegung vor und nach einem Ausbau naturähnlich eintritt.

Von einer Verbindung der Beobachtungen und Messungen in der Natur mit den aus Modellversuchen gewonnenen Ergebnissen darf auch eine Förderung der beides zusammenfassenden Rechnungsverfahren erwartet werden.

V. Vergleich der größeren deutschen Tideströme.

Die nachstehenden Angaben sollen einen zusammenfassenden Überblick geben über die deutschen Tideströme Ems, Jade, Weser und Elbe in ihrem unteren Tidegebiet. Der Vergleich stützt sich auf die angezogenen Veröffentlichungen und auf die vorliegende Arbeit, er ist somit notgedrungen lückenhaft.

Während an der Ems unterhalb Emdens [30], an der Jade unterhalb Wilhelmshavens [39] und an der Weser unterhalb Bremerhavens [63] im Laufe der Zeit beträchtliche Aufwendungen und die Errichtung von Bauwerken für die Schaffung und Erhaltung eines hinreichend tiefen und breiten Fahrwassers notwendig gewesen sind, war dies auf der Elbe unterhalb Cuxhavens bisher nur in verhältnismäßig geringem Umfange der Fall. Wer die Leistungsfähigkeit bezüglich Tiefe, Breite und Beständigkeit der Fahrwasser in den einzelnen Tideströmen vergleichen will, darf daher nicht von dem heutigen Stromzustand allein ausgehen, sondern muß die bereits künstlich geschaffenen Verbesserungen an den einzelnen Strömen mit berücksichtigen.

Die Jade oberhalb Wilhelmshavens [54] nimmt bei mittlerer Tide 455 Mill. m³ Flutwasser auf, die Weser oberhalb Bremerhavens (nach graphischer Ermittlung aus einer von Plate [62] gegebenen Wassermengenkurve) 130 Mill. m³ und die Elbe oberhalb Cuxhavens 560 Mill. m³, davon 120 Mill. m³ durch das Klotzenloch.

Im Mittel durchströmen bei Flutstrom die Jade bei Wilhelmshaven 18 500 m³/sek [52], die Weser bei Bremerhaven 6200 m³/sek [61] und die Elbe bei Cuxhaven 27 500 m³/sek einschließlich Klotzenloch (21 700 m³/sek ausschließlich Klotzenloch).

Der mittlere Durchflußquerschnitt bei Flutstrom beträgt in der Jade bei Wilhelmshaven 35 000 m² [52] und in der Elbe bei Cuxhaven 24 000 m².

In der Jade bei Wilhelmshaven herrscht somit eine mittlere Flutströmungsgeschwindigkeit von 0,53 m/sek, in der Elbe bei Cuxhaven (ohne Klotzenloch) von 0,90 m/sek. Krüger [39] glaubt, daß die Größe des Jadequerschnittes bei Wilhelmshaven heute einem Gleichgewichtszustande zwischen der Durchflußmenge und der Sohlenräumung entspricht.

Aus der in der Elbe wesentlich größeren mittleren Strömungsgeschwindigkeit geht hervor, daß der Querschnitt bei Cuxhaben noch eine erhebliche Reserve enthält, was auch die großen Tiefen von mehr als 20 m bei Kartennull (= MSpTnw) andeuten. Eine wesentliche Verbreiterung der Elbe bei Cuxhaven wird also unter Aufrechterhaltung genügender Fahrwassertiefen möglich sein. Für die Tideentwicklung wäre aber eine solche Verbreiterung von großem Wert sowohl für das oberhalb als auch für das unterhalb davon gelegene Stromgebiet der Elbe.

Wie für die Jade der Jadebusen und für die Ems der Dollart ein Spülbecken darstellen, ohne deren Wirkung die Tiefen in den Stromrinnen nicht von Bestand bleiben könnten, so ist für die Außenweser und Außenelbe die Weser oberhalb Bremerhavens und die Elbe oberhalb Cuxhavens als ein Flutwasser-Speicherraum anzusehen. Allgemein gilt — z. B. auch für die Baljen und Priele im Wattenmeer — das Naturgesetz, daß sich in jeder Rinne ein Gleichgewicht zwischen ihrer Querschnittsgröße und der Durchflußwassermenge ausbildet. Eine Abnahme der Durchflußmenge, z. B. durch Verringerung des Speicherraumes für Flutwasser, wird durch Schwächung der Spülkraft zwangsläufig eine Querschnittsverkleinerung nach sich ziehen. In der Jade sind daher auch bereits 1883 Landgewinnungsarbeiten verboten worden [39]. Für die Elbe bestehen keine derartigen Vorschriften. Man muß aber damit rechnen, daß eine Fortsetzung der Landgewinnung in Süder-Dithmarschen (vgl. Abb. 2 u. 63) nicht nur das Klotzenloch weiter schwächen würde mit allen damit verbundenen nachteiligen Folgen für die Ebbeströmungsrichtung in der Elbe, sondern auch die Durchströmung der Außenelbe weiter verringern würde.

Der an der ostfriesischen Küste von Westen nach Osten wandernde Sand überquert die Jade in Form einzelner Bänke, die sich in Zeitabständen von rd. 20 Jahren an der Südwestseite der Außenjade bilden *[39]*, durchwandert in Abständen von 60—70 Jahren die Weser *[64]* und gelangt unter etwa 100jährigen periodischen Umbildungen der Außenelbe in das Wattengebiet nördlich der Elbe. In den drei Strömen treten dabei periodische Verlagerungen der Hauptstromrinnen auf. Die Umbildungen in der Elbe gehen jedoch beträchtlich langsamer vor sich als in der Weser und in der Jade. Während dort der Sand in Gestalt einer als „Transportkörper" in gleicher Richtung ziehenden Bank wandert, ist demgegenüber die Sandwanderung in der Elbe undurchsichtiger. Es besteht sogar der scheinbar widerspruchsvolle Verlauf, daß der die Elbe durchquerende und in das nördlich der Elbe gelegene Wattengebiet gelangende Sand entgegen der Richtung der vor Neuwerk auftretenden und sich nach Süden verlagernden Mittelsände wandert. Dabei ist noch folgendes zu beachten: In die Jade selbst dringt der von Westen kommende Sand nicht ein *[39]*, da die Jade die Natur einer Ebbestromrinne besitzt, auch in die Weser wird er — nach der Wanderung der Sandbänke durch die Außenweser zu urteilen — aus demselben Grunde nicht eindringen, in die Elbe dringt er dagegen bis oberhalb der Ostemündung (Abb. 2) vor, wie aus den mitgeteilten Zahlen der unterschiedlichen, großen Ablagerungen und Abtreibungen zu entnehmen ist (vgl. Abschnitt II b) 7). Die Außenelbe stellt somit im Gegensatz zu Weser und Jade (und wahrscheinlich auch Ems) im wesentlichen eine Flutrinne dar. Auch die tief in die Elbemündung einbuchtende 20 m-Tiefenlinie deutet dies an. An den Jade- und Wesermündungen läuft die 20 m-Linie fast geradlinig vorbei.

Der im Abschnitt II b) 7 erörterte Gleichgewichtspunkt rückt in der Elbe beträchtlich höher stromauf als in der Jade und Weser. Diesen kritischen Punkt, der sich auf der Elbe etwa zwischen der Ostemündung und Brunsbüttelkoog befindet, wird man in der Jade und Weser in der Gegend der beide Ströme durchwandernden Sände zu suchen haben.

Die Erscheinung, daß an einer Stromspaltung bei Flutstrom ein seitlicher Überfall aus dem jeweils kleineren Arm in die Hauptstromrinne auftritt, weisen Ems, Weser und Elbe gemeinsam auf (die Ems an der Mittelplate bei der Knock *[30]*, die Weser am Langlütjen-Nordsteert *[63]*, die Elbe beim Mittelgrund, Kratz-Sand usw.). Sie ist begründet durch die Reflexion der Tidewellen. Die bisherigen Regelungsmaßnahmen in der Ems und in der Weser hatten als ein wesentliches Ziel, solche stets schädlichen, mit Eintreibungen in die Hauptstromrinne verbundenen Erscheinungen zu beseitigen. Auch in der Außenelbe wird eine Regelung besonders dieser Aufgabe gewidmet sein müssen.

Für die Rechtsablenkung der Strömungen infolge der Erdumdrehung liefern Ems, Weser und Elbe zahlreiche Beispiele, auf die bereits hingewiesen wurde *[28, 30, 63]*. Diese Ablenkungskraft (Beschleunigung) ist zweifellos von erheblicher Bedeutung. Sie wird jedoch gelegentlich von anderen äußeren Einflüssen und Umständen überdeckt.

Abschließend ist festzustellen, daß in den deutschen Tideströmen Ems, Jade, Weser und Elbe grundsätzlich dieselben Kräfte wirksam sind und ähnliche Erscheinungen auftreten. Verschieden groß sind nur ihre anteiligen Wirkungen.

VI. Zusammenfassung.

Die Ziele der Untersuchungen über die Entwicklung der Fahrwasserverhältnisse in der Außenelbe waren:
 1. bereit zu sein für die Forderung nach einer Verbesserung und Vertiefung des Fahrwassers,
 2. den Zusammenhang zwischen dem Stromzustande in der Elbemündung und im übrigen Tidegebiete der Elbe zu erkennen und
 3. eine etwa vorhandene Periodizität der Umbildungen in der Außenelbe und ihre Ursachen aufzudecken, um die daraus gewonnenen Erkenntnisse für eine Regelung der Außenelbe nutzbar zu machen.

Als Grundlagen der Untersuchungen dienten Vergleiche der seit 1568 herausgegebenen Elbekarten und Messungen in der Natur.

Theoretische Erörterungen über einige Probleme im Tidegebiet gingen voraus und erleichterten die Verbindung zwischen den Ergebnissen der Messungen und der Kartenvergleiche:

Die in einem Tideflusse von Schreibpegeln aufgezeichneten Tidekurven stellen nicht die einlaufende Tidewelle dar, sondern sind aus der einlaufenden und der reflektierten Tidewelle zusammengesetzt.

Je unbehinderter eine Tidewelle in einen Tidefluß eindringen kann, desto später nach Thw und Tnw kentern die Strömungen, desto größer sind die mittleren Querschnitte bei Flutstrom und desto kleiner bei Ebbestrom.

Die Abdämmung eines Tideflusses vergrößert unterhalb der Abdämmungsstelle den Tidehub durch Hebung des Thw und Senkung des Tnw. Ein für die Tidebewegung vorhandenes Hindernis im Strom, z. B. eine Barre, eine starke Krümmung oder eine Strombettverwilderung, kann als teilweise Abdämmung angesehen werden. Die Beseitigung eines solchen Hindernisses durch eine Regelung des Stromes hat die entgegengesetzten Wirkungen einer Abdämmung: unterhalb der Regelungsstrecke wird sich der Tidehub verkleinern (durch Hebung des Tnw und Senkung des Thw), oberhalb vergrößern (durch Senkung des Tnw und Hebung des Thw).

Das Oberwasser eines Tideflusses kann den Tidehub bis zur Mündung merkbar beeinflussen. Im oberen Tidegebiet nimmt mit steigendem Oberwasser der Tidehub ab, im unteren Tidegebiet dagegen zu, umgekehrt bei fallendem Oberwasser.

Der Tidehub allein ist kein Kennzeichen für die Güte eines Tideflusses.

Die Tidewelle und damit der Tidehub werden vom örtlichen Stromzustande beeinflußt. Änderungen des Tidehubes lassen Rückschlüsse auf Änderungen im Strombett zu.

An der deutschen Nordseeküste ist die mittlere Flutströmung wirksamer als die mittlere Ebbeströmung. Als kritischer „Gleichgewichtspunkt" ist die Stelle eines Tideflusses zu bezeichnen, an der die mittleren Flut- und Ebbeströmungen gleich groß sind. Bis zu diesem Punkte dringt im allgemeinen die Sandwanderung von See vor, während das Geschiebe vom Oberstrom sich hier ebenfalls anhäuft. Die Lage des Gleichgewichtspunktes hängt von der Breite der seitlich des Stromes gelegenen Watten und von der Lage des Brackwassergebietes ab, sie wechselt mit dem Oberwasser, mit dem Tidehube und mit der Temperatur.

Wenn die Kenterpunkte der Strömungen nicht mit den Scheitelpunkten der Tidekurven zusammenfallen, ist der Begriff des „Reststromes" nicht ohne weiteres anwendbar.

Die verschiedene Dichte von Fluß- und Seewasser beeinflußt die Strömungen im Brackwassergebiet entscheidend. Die Flutströmung wird an der Sohle und die Ebbeströmung an der Oberfläche verstärkt. Das Brackwassergebiet rückt je nach der Größe des Oberwassers stromauf oder stromab.

Die Strömungsablenkung infolge der Erdumdrehung ist für die Strömungen in Tideflüssen von maßgebender Bedeutung.

Bei Sturmfluten ist in Cuxhaven der Tidehub im allgemeinen nicht wesentlich von dem mittleren Tidehube verschieden. Der größte „Windstau" pflegt an der deutschen Nordseeküste vor der vorausberechneten Thw-Zeit einzutreten. Die Strömungen weichen bei Sturmfluten nur wenig von den gewöhnlichen Werten ab. Sturmfluten haben keinen entscheidenden Einfluß auf die Umbildungen in der Außenelbe.

Die „Küstensenkung" hat für die vorliegende Untersuchung keine Bedeutung.

Die Messungen in der Natur bestanden in Wasserstands-, Strömungs-, Salzgehalts- und Sandwanderungsmessungen. Außerdem wurden Bodenproben entnommen.

Aus Wasserstandsmessungen wurde ein periodisch mit den Mondphasen wechselndes Quergefälle in der Außenelbe festgestellt. Auf den Watten wird die Wasserbewegung vom Spiegelgefälle beherrscht, im Strom unterliegt sie den Gesetzen der Wellenschwingung. Bei Cuxhaven steigt der Wasserstand heute rascher als früher.

Schwimmermessungen:

Der Flutstrom setzt bei Schaarhörn vorwiegend in das Kugelbaken-Fahrwasser.

An der Südseite der Außenelbe läuft ein stärkerer Flutstrom als an der Nordseite.

Oberflächen- und Sohlenstrom sind bei Flutstrom in ihrer Größe nur wenig verschieden, in der Richtung unterscheiden sie sich dagegen teilweise beträchtlich: der Oberflächenstrom läuft südlicher als der Sohlenstrom.

Der Flutstrom fällt aus dem Kugelbaken-Fahrwasser schräg über den Mittelgrund in das Hauptfahrwasser, der Flutstrom aus dem oberen Kugelbaken-Fahrwasser drängt den Strom in der Hauptrinne nach Osten ab. Der stärkste Flutstrom läuft bei Cuxhaven an der Nordseite des Fahrwassers.

Hinter den Kratz-Sand preßt sich ein kräftiger Flutarm. Am Kratz-Sand besteht ein Überfall in das Hauptfahrwasser.

Im Klotzenloch läuft der Flutstrom langsamer als im Hauptfahrwasser.

Der Ebbestrom zeigt die Neigung, nach Norden auszulaufen, er drängt an die Südkante des Großen Vogelsandes.

Der Ebbestrom an der Oberfläche ist wesentlich größer als an der Sohle.

In das Kugelbaken-Fahrwasser setzt aus der Elbe nur ein schwacher Ebbestrom.

Der Strom kentert von Ebbe- auf Flutstrom unterhalb des Mittelgrundes linksdrehend, unterhalb des Großen Vogelsandes rechtsdrehend.

Flügel- und Logmessungen:

Flut- und Ebbeströmung unterscheiden sich in der senkrechten Verteilung: die Ebbeströmungsgeschwindigkeit nimmt von der Oberfläche zur Sohle rascher ab als die Flutströmungsgeschwindigkeit. An der Stromsohle in der Außenelbe ist im allgemeinen die Flutströmung größer als die Ebbeströmung.

Die Stromkenterung geht nicht gleichzeitig vor sich, weder in der Senkrechten noch in der Waagerechten eines Stromquerschnittes. Der Flutstrom setzt an der Sohle und an der Südseite der Außenelbe regelmäßig früher ein als an der Oberfläche und an der Nordseite. Bei Ebbestrom besteht keine klare Gesetzmäßigkeit in der Stromkenterung, an der Nordseite der Elbe setzt jedoch der Ebbestrom stets früher ein als an der Südseite.

In der Norder Elbe läuft bereits früher Flutstrom als in der Süder Elbe.

Die Strömungsrichtungen gehen bei Flutstrom im Laufe der Tide zunehmend auseinander, bei Ebbestrom liegen sie dichter zusammen, drehen sich aber im Laufe der Ebbetide etwas gegen den Uhrzeigersinn. Schaumlinien treten als Konvergenzlinien von Wassermassen verschiedener Herkunft in der Außenelbe regelmäßig auf.

Salzgehaltsmessungen:

Der Salzgehalt an der Oberfläche ist meist kleiner als an der Sohle und an der Südseite der Elbe größer als an der Nordseite. Gegen Ende der Flutströmung dringt leichteres (weniger salzhaltiges) Wasser an der Oberfläche von Norden nach Süden, schwereres (salzhaltigeres) Wasser an der Sohle von Süden nach Norden.

Auf dem Neuwerker Watt besteht ein Reststrom zur Elbe.

Die Durchmischung von Wassermassen verschiedener Herkunft (verschiedenen Salzgehaltes) geht nur langsam vor sich.

Sandwanderungsmessungen:

Die Sandwanderung bei Flutstrom ist größer als bei Ebbestrom. Eine bestimmte Grenzgeschwindigkeit, bei der sich der Sand in Bewegung setzt, ist nicht festgestellt worden.

Bodenproben:

Das vorherrschende Korn hat 0,1—0,5 mm Durchmesser. Schlick wurde im Strom an keiner Stelle angetroffen.

Die Kartenvergleiche und die Messungen in der Natur ergaben, daß in der Entwicklung der Fahrwasserverhältnisse in der Außenelbe ein periodischer Verlauf besteht, der sich in rd. 100 Jahren abspielt. Gekennzeichnet ist er durch eine allmählich eintretende Verbreiterung des Stromes infolge Wattabbruches vor Neuwerk, durch die Anhäufung von Sand in der verbreiterten Stromstrecke, woraus sich ein Mittelsand entwickelt, weiterhin durch die Wanderung dieses Mittelsandes nach Süden bei gleichzeitigem Ebbestromdurchbruch zwischen dem Großen Vogelsand und dem Gelb-Sand zur Norder Elbe und durch die Wiederverlandung dieser Rinne, sobald sich der Mittelsand dem Neuwerker Watt angeschlossen und dadurch in der Süder Elbe wieder eine schlanke Stromrinne freigemacht hat.

Als maßgebende Kräfte und Ursachen sind an diesen Umbildungen außer den aus der Tidewellenbewegung stammenden Strömungen beteiligt:

1. die als Küstenversetzung vorhandene und mit einem Reststrom auf dem Neuwerker Watt verbundene Sandwanderung von Süden nach Norden,
2. die aus den Dichteverhältnissen herrührenden Querströmungen an der Sohle und Verschiedenheiten in der senkrechten Strömungsverteilung bei Flut- und Ebbestrom,
3. die verschieden starke Reflexion der Tidewelle in der Norder und Süder Elbe sowie im Wattgebiet südlich der Elbe,
4. die Strömungsablenkung infolge der Erdumdrehung.

Neben der periodischen Entwicklung treten folgende Veränderungen in der Elbemündung und in ihrer Umgebung besonders hervor:

Bei Schaarhörn hat sich der Elbelauf in rd. 150 Jahren um fast die halbe Strombreite nach Norden verlegt.

Das Klotzenloch hat zunehmend an Bedeutung verloren. Zugleich haben sich im Stromgebiet gegenüber Cuxhaven die Sandablagerungen beträchtlich verstärkt. Die Elbe bei Cuxhaven ist dadurch erheblich eingeengt worden.

Die Landgewinnung im Wattgebiet nördlich der Elbe ist verhältnismäßig groß. Im ganzen Wattgebiet nördlich der Elbe sind im Laufe der Zeit große Sandmassen angehäuft worden.

Das Wattgebiet südlich der Elbe ist dagegen ziemlich beständig.

Der heutige Stromzustand entspricht in der periodischen Entwicklung dem Zustande der Außenelbe, in dem eine Durchbruchsrinne zur Norder Elbe entstanden ist und sich weiter vergrößert.

Auf der Nordseite der Süder Elbe ist eine große Ablagerungsfläche im Entstehen, ein Teilsand („Luechter Grund") ist mitten im Fahrwasser in kurzer Zeit emporgewachsen.

Der Ebbestrom unterhalb Cuxhavens zeigt das Bestreben, nach Norden zu laufen. Der Flutstrom aus dem Kugelbaken-Fahrwasser drängt den Mittelgrund nach Nordosten. Ein glattes Einlaufen in die Hauptstromrinne bei Cuxhaven ist dem Flutstrom dadurch verwehrt. Die Tideverhältnisse oberhalb Cuxhavens haben sich im Zusammenhange mit den Änderungen in der Elbemündung verschlechtert. Im einzelnen ergaben die Messungen in der Natur ein Bild des heutigen Stromzustandes.

Ein Ausblick auf die voraussichtliche Entwicklung der Fahrwasserverhältnisse in der Außenelbe gibt zu besonderen Sorgen keinen Anlaß. Mit der Notwendigkeit zu häufigeren Verlegungen der Fahrwasserbezeichnungen muß allerdings gerechnet werden.

Regelungsmaßnahmen sind möglich und versprechen Erfolg. Der Flutstrom ist als maßgebende Größe zu berücksichtigen.

Das Ziel einer Regelung ist die Schaffung und selbsttätige Erhaltung eines beständigen und genügend tiefen und breiten Fahrwassers. Ferner müssen die heute das übrige Tidegebiet der Elbe schädigenden Ursachen beseitigt werden.

Ein Leitdamm, der das Kugelbaken-Fahrwasser am oberen Ende abschließt und von der Kugelbake in schlanker Kurve über den Mittelgrund bis Schaarhörn verläuft, wird dem Flutstrom die Ausbildung einer durchgehenden Rinne im Hauptstrom und — nach Beseitigung des vor dem Damme liegenden Teiles des Mittelgrundes — ein unbehindertes Einlaufen in die Stromrinne bei Cuxhaven ermöglichen. Zugleich wird dadurch der Strom bei Cuxhaven zum Nutzen des ganzen oberhalb davon gelegenen Tidegebietes verbreitert werden können.

Eine Vorausberechnung des Tideverlaufes nach einer Regelung enthält heute noch so viele Schwierigkeiten und Unsicherheiten, daß sie allein keine Grundlage für einen Regelungsentwurf darstellen kann.

Modellversuche haben Aussicht auf Erfolg und könnten dazu beitragen, die Rechnungsverfahren zu verbessern.

Die größeren deutschen Tideströme an der Nordseeküste unterscheiden sich nicht nur in ihrem Aufnahmevermögen für Flut-Tidewasser sondern auch in ihrer Eigenart als Ebbe- oder Flutrinne. Der an der ostfriesischen Küste von Westen nach Osten wandernde Sand durchquert die Mündungen der Jade und Weser in Form von Sandbänken. In die Elbe dringt der Sand weit stromauf und wird schließlich im Wattengebiet nördlich der Elbe abgelagert.

Mittelsände sind in Ems, Weser und Elbe anzutreffen. Sie spalten die Stromrinne und stören das unbehinderte Auflaufen der Tidewellen. Diese Spaltungen zu beseitigen, ist eine der Hauptaufgaben von Stromregelungen im Mündungsgebiet der Tideströme.

Die Rechtsablenkung infolge der Erdumdrehung spielt in den deutschen Tideströmen eine nicht zu vernachlässigende Rolle.

Im Vergleich mit Weser und Jade besitzt die Elbe dank ihrer Fähigkeit, erhebliche Flutwassermengen aufzunehmen, eine große Reserve an Regelbarkeit, d. h. es besteht die Möglichkeit, eine Fahrrinne zu schaffen, die an Breite und Tiefe die bisher in der Elbe erforderlichen Maße noch beträchtlich übertrifft. Der Strom wird nach seinem Ausbau voraussichtlich imstande sein, eine verbreiterte und vertiefte Fahrrinne durch Selbsträumung zu erhalten.

Schrifttum.

1. Akten der Wasserstraßendirektion Hamburg.
2. Agatz und Bolle: Schiffbau, Hafenbau und Versuchswesen. Werft Reed. Hafen 1938, Heft 20.
3. Aust, A.: Die Elbkarte des Melchior Lorichs vom Jahre 1568. Hamburg 1927.
4. Baasch, E.: Beiträge zur Geschichte des deutschen Seeschiffbaues. 1899.
5. Bahr, M.: Die Veränderungen der Helgoländer Düne und des umgebenden Seegebietes. Jb. Hafenbautechn. Ges., Bd. 17, 1938.
6. Beschreibung des Fahrwassers der Elbe. Herausgegeben von der Schiffahrts- und Hafen-Deputation Hamburg 1826.
7. Bonnet, L.: Contribution à l'étude théorique des fleuves à marée du bassin de l'Escaut maritime. Ann. Trav. Publ. Belgique 1922 und 1923.
8. Bubendey: Elbstatistik. 1882 (Handschrift).
9. — Der Einfluß des Windes und des Luftdruckes auf die Gezeiten. Zbl. Bauverw. 1897, S. 441.
10. Die Cuxhavener Häfen. Verlag der A.G. „Neue Börsen-Halle". Hamburg 1897.
11. Dalmann, J.: Über Stromcorrectionen im Fluthgebiet. Hamburg 1856.
12. „Der deutsche Seemann". Jahrg. 1938, Folgen 1 und 11.
13. Deutsche Schiffahrts-Zeitung „Hansa", 1938, Nr. 47.
14. Deutsche Seewarte. Atlas der Gezeitenströmungen für das Gebiet der Nordsee, des Kanals und der britischen Gewässer. Berlin 1936.
15. Döser Deichkollegium. Der Deichschutz im Amte Ritzebüttel. 1926.
16. Erläuterung zu den Admiralitätskarten. Berlin 1860.
17. Franzius, L.: Die Korrektion der Unterweser. 1895.
18. Friedrichson, J.: Geschichte der Schiffahrt. Hamburg 1890.
19. Gaye: Entwicklung und Erhaltung der ostfriesischen Inseln. Zbl. Bauverw. 1934, Heft 22.
20. Geerkens: Küstensenkung und Flutbewegung in der Deutschen Bucht. 1927.
21. Gezeitentafeln der deutschen Seewarte (des Marineobservatoriums Wilhelmshaven). Hamburg (Wilhelmshaven).
22. Grübeler, P.: Die Betonnung und Befeuerung der Elbe durch Hamburg. Jb. Hafenbautechn. Ges., Bd. 10, 1927.
23. Hahn, A. und E. Rietschel: Langjährige Wasserstandsbeobachtungen an der Ostsee. Hauptbericht 13 zur VI. Baltischen Hydrologischen Konferenz. August 1938.
24. Heiser: Landerhaltung und Landgewinnung an der deutschen Nordseeküste. Bautechn. 1933, 11. Jahrg.
25. Hensen, W.: Der Entwurf für die Niedrigwasser-Regelung der Elbe im oberen Tidegebiet. Dtsch. Wasserwirtsch. 1937, Heft 3.
26. — Umrechnung von Strömungsgeschwindigkeiten in Tideflüssen auf Mittelwerte. Bautechn. 1937, Heft 8.
27. — Über die Ursachen der Wasserstandshebung an der deutschen Nordseeküste. Bautechn. 1938, Heft 1.
28. — Der Einfluß der Erdumdrehung auf Tideflüsse in der Natur und im Modell. Bautechn. 1939, Heft 21.
29. Hinrichs, W.: Nordsee, Deiche, Küstenschutz und Landgewinnung. Husum 1931.
30. Hirsch: Die Regulierung der unteren Ems an der Knock. Bautechn. 1938, Heft 53/54.
31. Hübbe, H.: Beiträge zur Kunde des Fluthgebietes der Elbe. Hamburg 1845.
32. — Von der Beschaffenheit und dem Verhalten des Sandes. Z. Bauwes., 11. Jahrg. Berlin 1861.
33. XVI. Internationaler Schiffahrt-Kongreß. Brüssel 1935.
34. Jahrbücher für die Gewässerkunde Norddeutschlands 1901 bis 1935. Herausgegeben von der Landesanstalt für Gewässerkunde und Hauptnivellements. Berlin.
35. Jessen, O.: Die Verlegung der Flußmündungen und Gezeitentiefs an der festländischen Nordseeküste in jungalluvialer Zeit. Stuttgart 1922.
36. Kölle: Der Ausbau der Unterweser für 8 m-tiefgehende Schiffe. Bautechn. 1930, Heft 18.
37. Krey, H.: Die Flutwelle in Flußmündungen und Meeresbuchten. Mitt. Vers.-Anst. Wasserbau u. Schiffbau Berlin, Heft 3, 1926.
38. Krüger, W.: Meer und Küste bei Wangeroog usw. Z. Bauwes. 1911.
39. — Die Jade, das Fahrwasser Wilhelmshavens, ihre Entstehung und ihr Zustand. Jb. Hafenbautechn. Ges., 4. Band, 1922.
40. — Riffwanderung vor Wangeroog. Jb. Hafenbautechn. Ges., 16. Band, 1937.
41. Krümmel, O.: Handbuch der Ozeanographie, Band II. Stuttgart 1911.
42. Legrand, J.: Causes des oscillations de longue période des niveaus moyens annuels (N.M.A.) à Brest et sur les côtes de la Mer du Nord. Sitzungsbericht der Akademie der Wissenschaften vom 14. November 1938. Paris.
43. — Les côtes allemands et bretonnes s'enfoncent-elles? Génie Civil 3. Dezember 1938.
44. Lentz, H.: Von der Flut und Ebbe des Meeres. Hamburg 1875.
45. — Strömung und Salzgehalt der Elbe bei Cuxhaven. Z. Bauwes., 38. Jahrg. Berlin 1888.
46. Leverking: Über den Einfluß des Windes auf die Gezeiten. Veröff. Kaiserl. Observ. Wilhelmshaven. Berlin 1915.
47. Lowtzow, L. von: Die Nordsee, Beschreibung der Küste, Fahrwasser, Sandbänke usw. Hamburg 1857.
48. Ludin, A.: Einfluß der Achsendrehung der Erde auf die Flüsse. Wasserwirtsch. Wien-München 1926, Heft 18.

49 Lüders, K.: Eichung des Richtungsanzeigers in einem Schwimmflügel für Strommessungen im Tidegebiet. Bautechn. 1932, Heft 6 u. 9. Ferner: Die Ablenkung (Deviation) der Kompaßnadel in Strömungsmessern mit magnetischer Richtungsangabe. Ann. Hydrographie usw. Mai 1940.
50 — Unmittelbare Sandwanderungsmessung auf dem Meeresboden. Veröff. Inst. Meereskde. N. F. 24. Berlin 1933.
51 — Über das Wandern der Priele. Abh. Nat. Verein Bremen. 1934, Band XXIX, Heft 1/2.
52 — Umrechnung von Gezeitenstromgeschwindigkeiten auf Mittelwerte. Veröff. Marineobservat. Wilhelmshaven N. F., Heft 1. Berlin 1934.
53 — Über das Ansteigen der Wasserstände an der deutschen Nordseeküste. Zbl Bauverw., 56. Jahrg., 1936, Heft 53.
54 — Der Jadebusen und seine Bedeutung für Wilhelmshaven. Werft Reed. Hafen 1937, Heft 10.
55 Mazure, J. P.: De berekening van getijden en stormvloeden op benedenrivieren. Diss. Den Haag 1937.
56 Mensing, O.: Schleswig-Holsteinisches Wörterbuch. Neumünster 1925.
57 Mügge, R.: Wetterkunde und Wettervorhersage. Die Welt im Fortschritt. Reihe 1, Band 6. Berlin 1936
58 Obst, A.: Die Insel Neuwerk. Cuxhaven 1888.
59 Oeltjen, J.: Über die Berechnung der Flutwellenlinien in einem Tideflusse. Zbl. Bauverw. 1919, Heft 27.
60 Philippsen, W. und R. Göhring: Kaiser-Wilhelm-Koog 1874 bis 1924. Heimatbuch zum 50jährigen Bestehen. Marne 1924.
61 Plate, L.: Bremen und die Weser. Werft Reed. Hafen 1923, Heft 1.
62 — Der Ausbau der Unterweser. Jb. Hafenbautechn. Ges., 7. Band, 1924.
63 — Die Vertiefung der Außenweser durch den Ausbau des Fedderwarder Armes. Jb. Hafenbautechn. Ges., 9. Band, 1926.
64 — Forschungen als Grundlage für den Ausbau der Außenweser. Dtsch. Wasserwirtsch. 1935, Nr. 4.
65 Poppen, H.: Die Sandbänke an der Küste der Deutschen Bucht der Nordsee. Ann. Hydrographie usw., 40. Band, 1912.
66 Rauschelbach, H.: Beschreibung eines bifilar aufgehängten, an Bord elektrisch registrierenden Strommessers. Beiheft zu den Ann. Hydrographie usw. Berlin 1929.
67 — Gezeitenstrombeobachtungen im ostfriesischen Gatje 1927. Ann. Hydrographie usw., 59. Jahrg. Berlin 1931.
68 Reineke, H.: Die Berechnung der Tidewelle im Tideflusse. Jb. Gewässerkde. Norddeutschlands. Bes. Mitt. 1921, Bd. 3, Nr. 4.
69 Schätzler: Strömungsmessungen im Mündungsgebiet der Elbe. Bautechn. 1931, Heft 32.
70 Schätzler, Joh. Th. und K. Meisel: Stromregelungsarbeiten in der Unterelbe bei der Ostebank und bei Pagensand. Bautechn. 1937, Heft 27/28.
71 Schmidt, R.: Die deutschen Seewasserstraßen an der Nordsee als Verkehrsträger. Zbl. Bauverw. 1934, Heft 48/51.
72 Schultze, E.: Die Bestimmung der Abflußverhältnisse im Tidegebiet. Bautechn. 1934, Heft 34 u. 38.
73 — Die nichtperiodischen Einflüsse auf die Gezeiten der Elbe bei Hamburg. Aus dem Archiv der deutschen Seewarte, 53. Band, Nr. 5. Hamburg 1935.
74 Seifert, R.: Modellversuche für Tideflüsse. Z. VDI, Bd. 81, Nr. 40. Berlin 1937.
75 — Modellversuche für Tideflüsse. Mitt. Preuß. Vers.-Anst. Wasserbau u. Schiffbau in Berlin, Heft 27. Berlin 1937. (Sonderdruck aus dem Jb. Hafenbautechn. Ges., 15. Band, 1937.)
76 Tacke, B. und B. Lehmann: Die Nordseemarschen. 32. Band der Monographien zur Erdkunde. Bielefeld und Leipzig 1924.
77 Thorade, H.: Probleme der Wasserwellen. Hamburg 1931.
78 Thyssee, J. H.: Einfluß der Abschließung der Zuidersee auf das Verhalten der Gezeiten längs der niederländischen Küste. Z. Intern. Ständ. Verb. Schiffahrtskongr. Brüssel, Januar 1933, Heft 15.
79 Waghenaer, Luc. Joh.: Spiegel der Seefahrt. Amsterdam 1589. In der deutschen Übersetzung von R. Slotboem.
80 Wasmund, E.: Färbung und Glaszusatz als Meßmethode mariner Sand- und Geröllwanderung. Geologie der Meere und Binnengewässer, Band. 3, Heft 2, 1939.
81 Weinnoldt: Die Eiderabdämmung. Dtsch. Wasserwirtsch. 1934, Heft 6.
82 Westküste, Archiv für Forschung, Technik und Verwaltung in Marsch und Wattenmeer. Herausgegeben vom Oberpräsidium der Prov. Schleswig-Holstein, 1. Jahrg., 1938.
83 Woebcken, C.: Deiche und Sturmfluten an der Nordseeküste. Bremen-Wilhelmshaven 1924.
84 Wrage, W.: Das Wattenmeer zwischen Trischen und Friedrichskoog. Aus dem Archiv der Deutschen Seewarte Hamburg, 48. Band, 1930.
85 Zorell, F.: Beiträge zur Hydrographie der Deutschen Bucht. Aus dem Archiv der Deutschen Seewarte Hamburg, Band 54, Nr. 1. Hamburg 1935.
86 Cunningham, B.: Estuary Channels and Embankments. The Dock and Harbour Authority, Band XVIII, 1938.

Abkürzungen.

h = Höhe des Wasserstandes.
h_0 = Wellenhöhe (Tidewellenhöhe).
h_{fm} = mittlerer Wasserstand während des Flutstromes.
h_{em} = mittlerer Wasserstand während des Ebbestromes.
Δh = $h_{fm} - h_{em}$
B_{fm} = mittlere Strombreite während des Flutstromes.
B_{em} = mittlere Strombreite während des Ebbestromes.
Tnw = Tideniedrigwasser ⎫
Thw = Tidehochwasser ⎪
Thb = Tidehub = Thw − Tnw (Tidekurvenhöhe) ⎪
Tmw = Tidemittelwasser (Flächenmittel von Tnw über Thw bis Tnw) ⎬ einer einzelnen
$T\frac{1}{2}w$ = Tidehalbwasser (arithmetisches Mittel = $\frac{Tnw + Thw}{2}$) ⎪ Tidekurve.
SpTnw = Springtideniedrigwasser ⎱ entsprechend SpThb, NpThw usw. ⎪
NpTnw = Nipptideniedrigwasser ⎰ ⎭
MTnw, MThw, MThb usw. = Mittelwerte über einen längeren Zeitraum.
HHThw = höchstes Tidehochwasser.
MW = mittlerer Wasserstand im tidefreien Fluß über einen längeren Zeitraum.
t = Zeit.
K_f = Kenterzeit der Strömung von Flut- auf Ebbestrom.
K_e = Kenterzeit der Strömung von Ebbe- auf Flutstrom.
D_F = Flutdauer = Zeit von Tnw bis Thw.
D_E = Ebbedauer = Zeit von Thw bis Tnw.
D_f = Flutstromdauer = Zeit von K_e bis K_f
D_e = Ebbestromdauer = Zeit von K_f bis K_e
D = Tidedauer = $D_F + D_E = D_f + D_e$
v = Strömungsgeschwindigkeit.
v_f = Strömungsgeschwindigkeit bei Flutstrom.
v_e = ,, bei Ebbestrom.
v_{fm} = ,, bei Flutstrom (Mittel über D_f)
v_{em} = ,, bei Ebbestrom (Mittel über D_e)
v_o = ,, an der Oberfläche.
v_s = ,, an der Sohle.
T_f = in der Zeit D_f insgesamt auflaufende Fluttidewassermenge.
T_e = in der Zeit D_e insgesamt ablaufende Ebbetidewassermenge.
Q_{fm} = sekundliche Fluttidewassermenge (Mittel über D_f)
Q_{em} = ,, Ebbetidewassermenge (Mittel über D_e)
Q_o = ,, Oberwassermenge an der Flutgrenze.
F_{fm} = mittlerer Stromquerschnitt bei Flutstrom (Mittel über D_f)
F_{em} = mittlerer Stromquerschnitt bei Ebbestrom (Mittel über D_e)
S = Salzgehalt
S_{K_f} = ,, bei K_f
S_{K_e} = ,, bei K_e
PN = Pegelnull (= NN − 5 m).
KN = Kartennull (= 340 cm NN − 5 m in Cuxhaven).

Pegelstellen:
Artl = Artlenburg.
Bbkg = Brunsbüttelkoog.
Bd = Brokdorf.
Bu = Bunthaus.
Cx = Cuxhaven.
Fa = Falkenthal.
Gee = Geesthacht.
Glü = Glückstadt.
Gr = Grauerort.
Hbg = Hamburg.
Ko = Kollmar.
Lü = Lühort.
Schö = Schöpfstelle.
Schu = Schulau.
Sta = Stadersand
Zo = Zollenspieker.

Die Entwicklung der ostfriesischen Inseln in geschichtlicher, geomorphologischer, hydrodynamischer und seebautechnischer Hinsicht.[1)]

Ein Beitrag zur Frage der Sandwanderung in der südlichen deutschen Nordsee.

Von Regierungsbaurat Dr.-Ing. Heinrich Backhaus, Stade
(früher Leiter der Forschungsstelle Norderney).

A. Einleitung.

I. Die ostfriesischen Inseln und die Küste in vorgeschichtlicher Zeit und ihre geologische Veränderung.

Das südliche Nordseegebiet, in dem die ostfriesischen Inseln dem heutigen Festlande vorgelagert sind (Abb. 1), hat sich in vorgeschichtlicher und geschichtlicher und überhaupt während der jüngsten geologischen Zeit, — Alluvium — ständig verändert. Die Geschichte Ostfrieslands

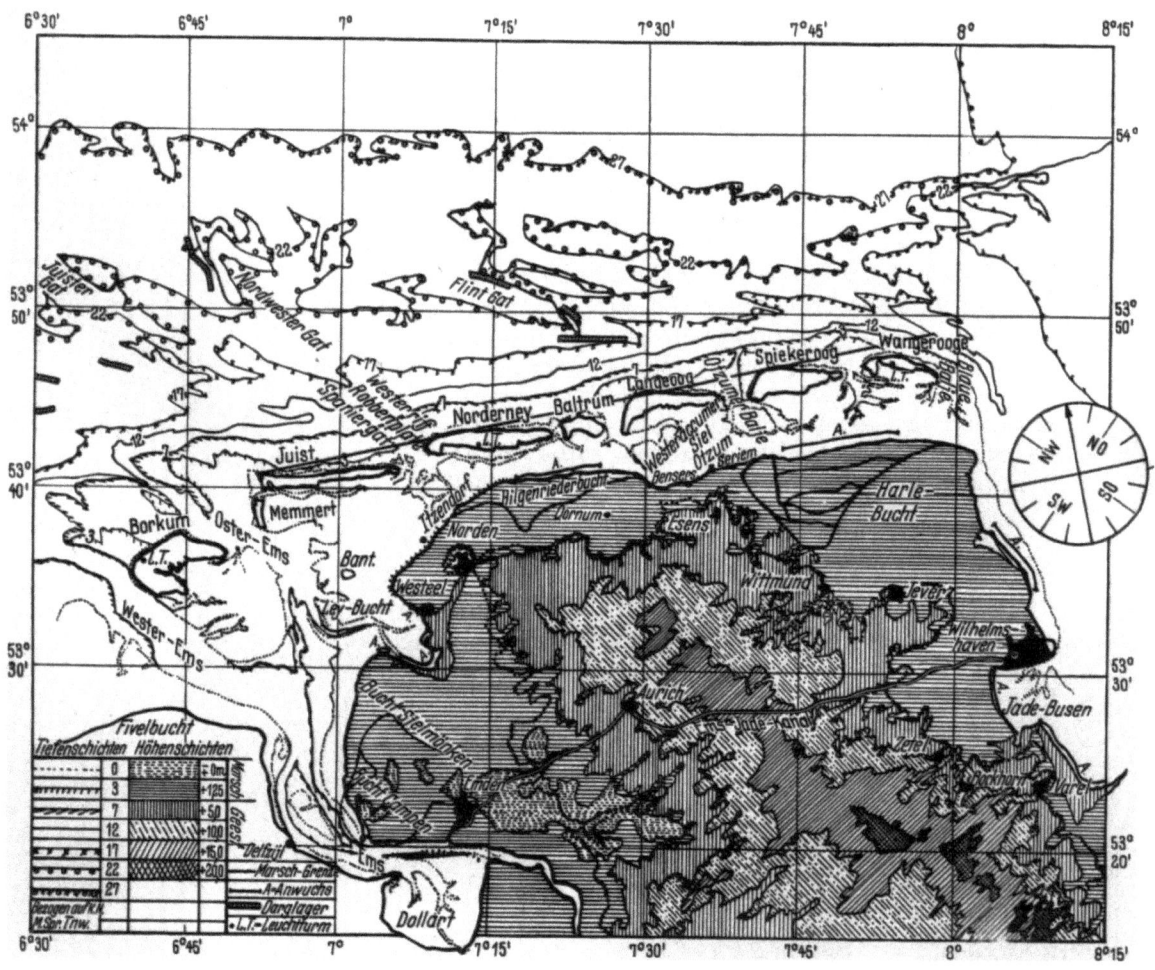

Abb. 1. Übersicht der Friesischen Küste.
Teilabzeichnung von Bl. 5 des Niedersachsen Atlas.

[1)] Von der Technischen Hochschule Berlin genehmigte Dissertation zur Erlangung der Würde eines Doktor-Ingenieurs. Berichter: Prof. Dr.-Ing. Agatz. Mitberichter: Geheimer Baurat Prof. Dr.-Ing. e. h. de Thierry.

und seiner Inseln greift über die beiden Jahrtausende unserer Zeitrechnung nicht hinaus. Das Werden und die Veränderung dieser Küstenlandschaft, die den ostfriesischen Geestrand, die Marschen, Watten, Inseln, den Vorstrand und Meeresboden umfaßt, ist etwa bis zum 16. Jahrhundert, von wo ab Altkarten und sonstige Archivalien vorliegen nur durch die Geologie, als historische Wissenschaft nachzuweisen.

Während der Eiszeit — Diluvium — war das Gebiet der heutigen Nordsee zum größten Teil Festland und wurde überzogen mit den Ablagerungen der Hauptvereisung — 2. (Saale) Eiszeit —. Mehrmals hat ein von Skandinavien kommendes Inlandeis u. a. auch die norddeutsche Tiefebene überzogen.

Die letzte (Weichsel) Eiszeit mit ihren jungen, frischen Oberflächen, die meist als ungestörte Aufbauformen gegenüber den Abtragungsformen der Elster- und Saale-Eiszeit-Ablagerungen anzusehen sind, hat das Gebiet der Nordsee nicht mehr berührt [167][1].

Nach dem Schwinden des Inlandeises, wobei die glaziale Regression den Schelf mit kontinentalen Ablagerungen überzog, glich die norddeutsche Ebene einschließlich des Gebietes der heutigen Nordsee einer Sand- bzw. Geschiebelehm-Landschaft, in die die Vegetation, vom Süden her vorrückend, sich nach und nach Eingang verschaffte, und bot einen Anblick, etwa wie die Tundren im hohen Norden Rußlands.

Während der ältesten Abschnitte der Nacheiszeit bildete das heutige ost- wie auch das west- und nordfriesische Küstengebiet (Abb. 2) einen Bestandteil des breiten Festlandes, das sich damals über die heutige südliche Nordsee bis zur Höhe der Dogger- und Jütlandbank nordwärts erstreckte (Abb. 3), im Osten die westliche Ostsee einschließlich der dänischen Inseln einschloß und mit dem südlichen Schweden in fester Landverbindung stand. Das Festland des heutigen Nordseegebietes (Abb. 3) lag am Ende der Eiszeit mindestens 40 m höher als heute. Der englische Kanal war noch nicht vorhanden. Die festländische Flora und Fauna dehnte sich über England und Skandinavien aus.

Die Nordseebucht begann sich zu senken infolge einer Schwankung des Bodens, die durch das völlige Abschmelzen des Inlandeises verursacht worden sein kann, indem das Ostseegebiet, der Last des vielleicht 500 m mächtigen Inlandeises enthoben, allmählich emporstieg und in Wechselwirkung davon das Nordseegebiet sich unter den Meeresspiegel absenkte.

Abb. 2. Schaubild der gesamten Nordsee mit ihrer reich gegliederten Küste.

Die Lage der Doggerbank als zeitweilige Nordgrenze des Festlandes vor rd. 9000—10000 Jahren ist wohl schon als ein Senkungszustand des Landes anzusehen [100]. Das Vorrücken des Meeres nach Süden ist hier gleich bedeutend einem Sinken der Erdkruste. Die Schrägschollentheorie G. Quirings [102] verdient hier erwähnt zu werden, wenn auch ihre Grundlagen noch nicht gesichert sind. Nach ihr verläuft eine, seit dem mittleren Eozän (zweitälteste Abschnitt der Tertiärformation) lagebeständige Drehachse von Lüttich über Maastricht—Wesel nach Rheine (Abb. 3). Um diese soll die nordwestdeutsche Großscholle derart kippen, daß das Gebiet Westhannover, die Niederlande, Westbelgien, Nordfrankreich—England und das Nordseegebiet in dem Maße sinken, in dem das südöstlich der Drehachse gelegene Bergland steigt. Je weiter von der Drehachse entfernt (z. B. England und Nordrand der Nordsee), desto größer würden demnach die Senkungsbeträge sein.

Die Senkung vollzog sich nicht plötzlich, sondern verteilte sich über einen geraumen Zeitabschnitt. Sie scheint auch durch mehrere Stillstands- und Hebungsperioden unterbrochen gewesen zu sein. Die Geschwindigkeit des Einbruches des Atlantischen Ozeans in das ehemalige Festland der Nordsee war daher nicht gleichmäßig, sondern von Ruhelagen und sogar von Rückzügen unterbrochen. Es war nicht schwer, die Moränenzüge der west-, ost- und nordfriesischen Geestrücken (Abb. 4) vor Kopf abzubrechen, zumal die unbestrittene Küstensenkung den Einbruch in glaziale Täler und damit die Aufarbeitung der sinkenden Geestrücken erleichterte. Das sich zur Nordsee ausbildende

---

[1]) Die Ziffern bedeuten die lfd. Nr. des Schrifttumsverzeichnisses — Anlage A —.

ozeanische Seitenbekken — Randmeer — gewann so durch Erosion im Zuge der Glazialtäler und durch Abrasion der saaleeiszeitlichen Abtragsformen mehr und mehr an Fläche und Tiefe und eroberte ein im Absinken begriffenes Festland.

Die Dogger- und Jütlandbank, wenn auch schon zu Inseln geworden, mögen den Einbruch des atlantischen Ozeans in das allmählich zur Nordsee sich weitende Becken noch aufgehalten haben. In ihrem Schutze konnte sich ein gewaltiges Haff lange erhalten, in dem große Stromsysteme, wie Rhein, Ems, Weser, Elbe und Eider den Feinsand und Tongehalt ablagerten zu einer reichen Stoffansammlung, die später, wie noch dargelegt wird, zum Aufbau einer neuen Küste diente.

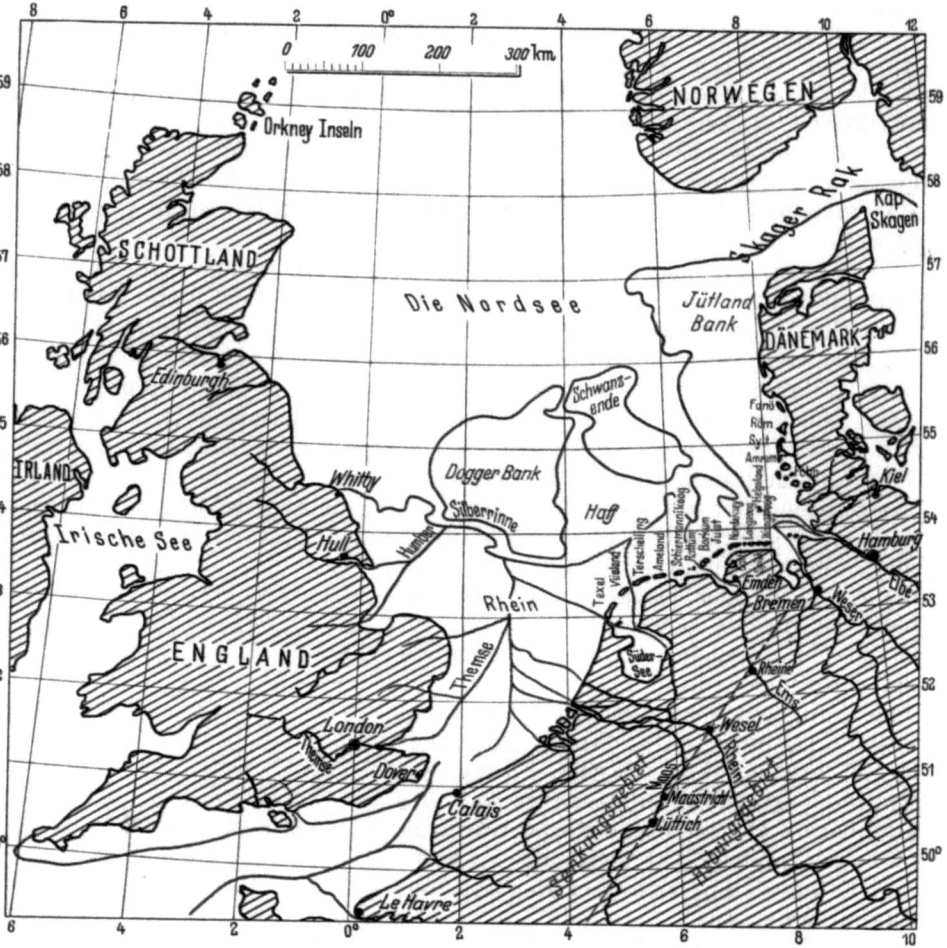

Abb. 3. Die südliche Nordsee in vorgeschichtlicher Zeit.
(Nach Wildvang: Der Boden Ostfrieslands. Aurich 1929) [- - - Drehachse nach Quiring].

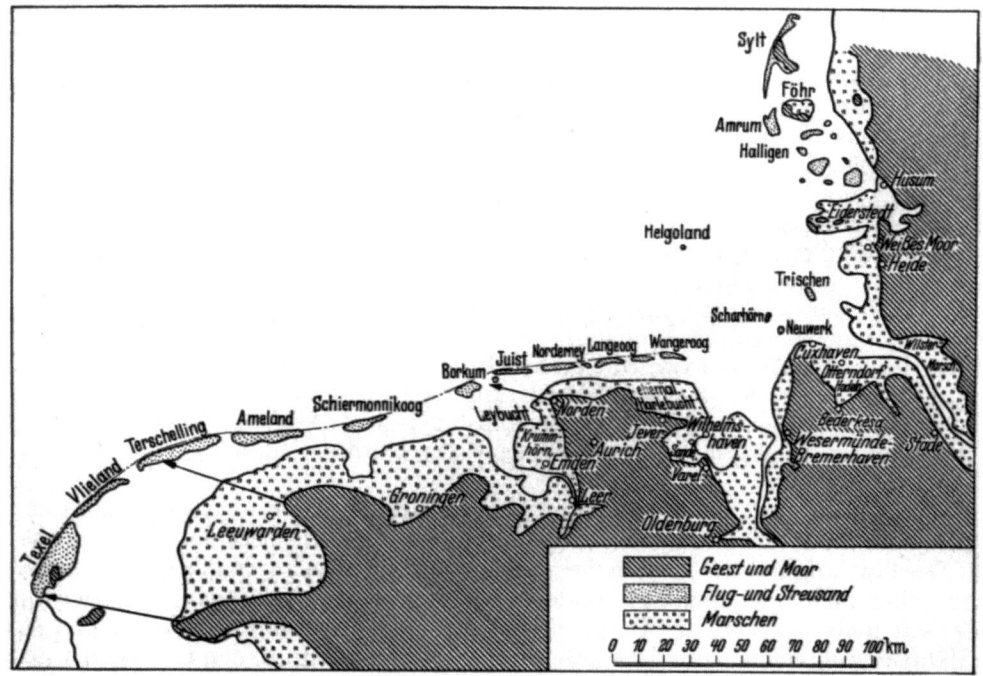

Abb. 4. Übersicht der Abgrenzungen des diluvialen Hinterlandes gegen das alluviale Marschen-, Watten- und Inselgebiet. — Teilabzeichnung 10.

Teilabzeichnung aus: Dienemann u. Scharf „Zur Frage der neuzeitlichen Küstensenkung an der deutschen Nordseeküste."
Jahrb. preuß. geol. Landesanstalt 52. 1931.

Mit der fortschreitenden Küstensenkung und der tieferen Erosion und breiteren Abrasion der weiter gen Süden einbrechenden Nordsee wurde der noch allein wirksame Schutzwall, der Jütland-Doggerbank-Moränenzug allmählich untergetaucht und vernichtet. Das Meer gewann Zugang zu dem südlich der vorgenannten großen Moränen-Insel gelegenen Haff und lagerte in verstärktem Maße Sinkstoffe des Meeres, also vor allem Schlick ab, der durch Umlagerung zu tiefgründiger Marsch wurde, die als älteste Marsch von Schütte bis zur Tiefe von 15—23 m unter Thw nördlich des Inselvorstrandes vor Wangerooge vorgefunden wurde (Abb. 5).

Die vordringende Nordsee verfrachtete die Erosions- und Abrasionsstoffe durch die Flutwelle und Windböen landeinwärts und breitete sie, vermehrt durch die Sinkstoffzufuhr aus den Flüssen, über die abgesunkene Landoberfläche, besonders über Senken und Stauseen der Eiszeit aus. Neuer Absatzraum stellte sich, wie die noch später erwähnten mächtigen Marschen erkennen lassen, durch eine langsame Küstensenkung stets neu ein. Ihr gegliederter Aufbau war nur in den Absatzräumen möglich, in denen das Gebiet während der ununterbrochenen Ablagerung an solch geschützter Stelle lag, wo Sturmfluten keine Zerstörungen bewirken konnte, sondern nur reichen Schlickfall brachten.

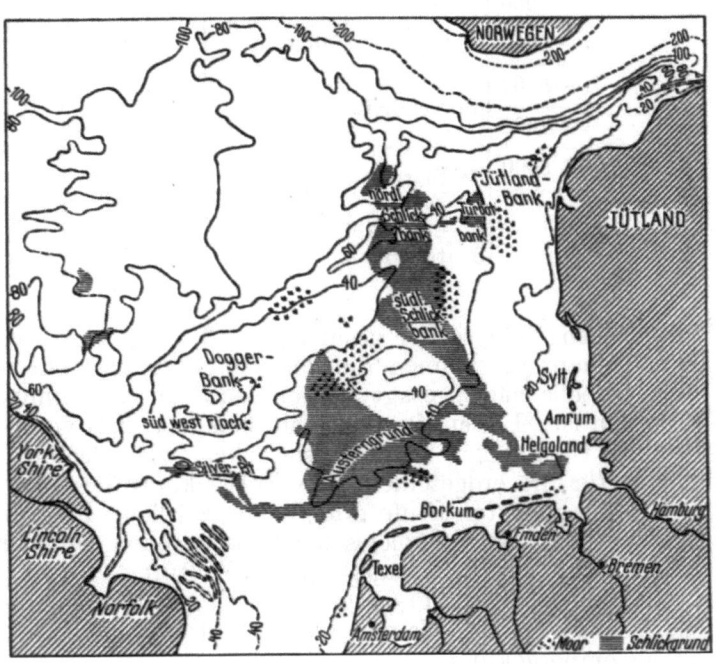

Abb. 5. Übersicht über die Schlickbänke und die Moorlager der südlichen Nordsee. Aus Schütte, Krustenbewegungen an der deutschen Nordseeküste, Stuttgart 1927.

Im Rahmen dieses Aufsatzes kann, obschon die Frage der Senkung und Hebung und deren Umfang in den einzelnen Gebieten die Kernfrage ist, auf das Problem der alluvialen Küstensenkung, in dem noch keine Einigung erzielt ist, nicht näher eingegangen werden. Ihr erster Verteidiger, Schütte, nimmt für Holland mit van Giffen 10 cm, im Jadegebiet 30 cm Senkung im Jahrhundert an. Scharf und Wolff lassen für die Marsch zwischen Weser und Elbe Werte zwischen 0—6 cm gelten. Für das in Frage stehende ostfriesische Gebiet könnte i. M. 20 cm im Jahrhundert angenommen werden. Die Geologen lassen ein solches Maß für die Senkung in diesem Gebiet jedoch zweifelhaft. Die nacheiszeitlichen Senkungen der Nordseeküste betragen für das ostfriesische Gebiet nach Wildvang im größten Ausmaß rd. 20 m. Inwieweit Senkungen als Auswirkung tektonischer und als Folge noch andauernder bodenmechanischer Vorgänge (alluviale Sackungen) sich überlagern, ist noch zu klären. Die Senkung hat ohne Zweifel hinsichtlich der Größe und Geschwindigkeit in der Abwärtsbewegung des Landes den Vorrang.

Die von Schütte zunächst an einem Punkt, am oberahnschen Felde im Jadebusen durch eine Wechselfolge von Ablagerungen nachgewiesene und danach auf das Jade-Wesergebiet ausgedehnte säkulare Küstensenkung ist unter Berücksichtigung örtlicher Abweichungen infolge andersgearteter Aufbaubedingungen für das gesamte ostfriesische Küstengebiet anzunehmen. Die Bodenschwankungen scheinen im Weser-Jadegebiet größere Ausmaße gehabt zu haben, als im westlichen Gebiet einschließlich der Ems. Dasselbe trifft auch auf das Elbegebiet zu.

Die von Schütte und Wildvang aufgestellten Senkungsschemata sind im Prinzip ähnlich, aber in den Senkungsbeträgen und in den Zeiten noch verschieden. Schütte nimmt für das Jade-Wesergebiet drei Hebungs- und vier Stillstands- bzw. Senkungsperioden an gemäß nachfolgendem Schema (s. Seite 170).

Er gliedert das Alluvium in sieben Stufen, deren Höhenlage zu MThw in Vegetationshorizonten die Unterbrechungen der Strandverschiebungen anzeigen. Die untere Grenze des Pflanzenwuchses am Meeresstrand gibt nach Schütte für geologische Untersuchungen gleichsam einen selbstanzeigenden Pegel an, da keine Landpflanze eine tägliche Salzwasserüberflutung während längerer Dauer verträgt. Oberhalb der Hebungsmarken sieht Schütte in der umgekehrten Vegetationsfolge den Wiedereintritt der Senkung, durch die z. B. eine Marsch der Hebungszeit in ein Watt verwandelt wurde. Das Alter der Stufen ist im wesentlichen aus der

Übersichtsschema der Senkungszeiten des Nordseegebietes.

Zeit	Klima der Nacheiszeit	Kulturstufen	Waldstufen	Stadien der Ostsee	Senkung des Nordseegebietes			
					Senkungszeit	maß m	Hebungszeit	maß m
+1900	Jetztzeit Subatlantische Zeit	Eisenzeit (Deichbau Wurtenbau Marschbesiedlung)	Buchenzeit	Mya				
+1000			Eichen		IV	4		
0								
−1000	Subboreal-Zeit	Bronzezeit	Eichen Mischwald Buchen	Limnaea			III	3
−2000		Jung-Steinzeit			III	8		
−3000	Atlantische Zeit		Hasel Eichen					
−4000		Kjökken-Möddinger Zeit	Kiefer	Litorina			II	3
−5000			Birken		II Hauptsenkung	12		
−6000	Boreal-Zeit		Birken	Ancylus			I	3
−7000			Weide Kiefer Hasel Eichen					
−8000	Präboreal-Zeit	Mittlere Steinzeit		Yoldia	I	5		
	Spätglacial-Zeit				Südliches Nordseegebiet noch Land			

botanischen Analyse der gesunkenen Pflanzenlager bestimmt. Die Altersbestimmungen durch die Pollenanalyse können die Perioden allerdings nur annähernd abgrenzen. Es soll durch die obige Tabelle nicht gesagt werden, daß der Rhythmus der Küstenschwankung so gleichmäßig verlaufen ist. Es sei hier allgemein bemerkt, daß vorstehende Zeitangaben keinen Anspruch auf absolute Genauigkeit erheben, sie geben, wie allgemein in der Geologie, so auch hier ein Zeitschema für die erdgeschichtliche Entwicklung des hier behandelten Gebietes wieder.

Bei der jüngsten Stufe erfolgte die zeitliche Einordnung etwa von 400 v. d. Z. auch unter Berücksichtigung archäologischer Funde schon genauer, insbesondere bei der Abgrabung der Wurten als Zeugen untergegangener Kulturen.

Im einheitlichen Bild dieser Absenkung stellt allein die Insel Helgoland einen Fremdkörper dar. Hier ist eine Triasscholle mit eigener Tektonik, vielleicht durch einen älteren Salzstock aufgepreßt, schräg emporgekippt.

Nach dem Untertauchen der Inselgruppe der Dogger- und Jütlandsbank — der höchste Punkt der Doggerbank liegt heute nur rd. 13 m unter MTnw, lag also vor der 40 m tiefen Absenkung rd. 25 m über MThw — war das Meer in die Haffs eingedrungen und erreichte nach Abbau der fluviatilen niedrigen, sumpfigen, moorigen Ränder und spätglazialen Schlicktonbänke den Nordrand des damaligen Festlandes. Daß dabei auch interglazialer Meeresboden aufgearbeitet worden ist, beweisen interglaziale Muscheln, z. B. Tapes aureus v. eemensis im tiefliegenden Strandschichten neben Süßwassermuscheln, die offenbar in dem Süßwasserhaff entstanden sind.

Die Größe des Haffs ermöglichte bereits einen so starken Wellenschlag, daß der Tongrund des Haffes und der Feinsand der Ränder aufgewühlt und in Bewegung gesetzt wurden. Aus diesen Stoffen sind, wie noch dargelegt wird, die Marschen am Rande der abgetragenen Geest, die noch bis in die Nordsee-Einbruchzone bewaldet war, aufgebaut worden.

Am Ende dieser nach Ausmaß und Dauer beträchtlichen I. Senkung war die Nordsee tief in das abgesunkene diluviale und in das schon in weiten Absatzräumen neu entstandene alluviale Festland eingedrungen. Am Rande der heutigen Geest (Abb. 6), auf einer Flachküste mit breitem Trümmerfeld kam der Nordsee-Einbruch zum Stehen. Vom alten Festlande ragte der heute als ostfriesischer Geestrücken bekannte Teil im fraglichen Gebiet als Halbinsel aus der Nordsee heraus. Daß die Endlinie einer Abrasion soweit nach Süden, landeinwärts verlegt werden konnte, hing außer von der Stärke der Brandung, des Wellenschlages, der Strömung und der Dauer des Abrasionprozesses vor allem von der Beschaffenheit der Küste ab. Das Meer griff, nachdem Brandung und Seegang das niedrige, sumpfige, moorbedeckte Ufer des Haffs südlich der Dogger- und Jütlandsbank aufgearbeitet hatte, in flachen Buchten weit in das Land. Nur noch flache Geestinseln (Abb. 6) hoben sich nahe der damaligen Küste aus dem flachen Meer heraus, auf denen später Städte und Dörfer gegründet worden sind, wie Norden, Dornum, Westeraccum, Werdum usw.

Während der I. Senkung war ein Marschboden, abgesehen von sandiger Ufermarsch infolge von Sturmfluten noch nicht vorhanden. Die ersten Marschen sind nach Schütte erst im Verlauf der II. (Haupt-)Senkung entstanden, also vor rd. 6000—8000 Jahren. Sie sind während der II. Hebung mit Moorflächen bedeckt worden, welche allerdings durch die Überflutungen der III. Senkung, vor rd. 4000—5000 Jahren fast restlos zerstört und durch eine neue mächtige Marschlage ersetzt bzw. überdeckt worden sind. Während der III. Hebung, vor 2000—3000 Jahren ist dieser Marschboden ausgesüßt, auf dem das subatlantische Klima zunächst Schilf- und Bruchwaldtorf, dann Hochmoor darüber hat aufwachsen lassen. In diese Moore drang schließlich in der IV. (letzten) Senkung, vor 2000 Jahren, also am Ende der vorgeschichtlichen Zeit, das Meer ein, räumte den größten Teil des Hochmoores ab und überschlickte das Senkungsgebiet mit jungen Ablagerungen. Während dieser bis in die jüngste Zeit andauernden Senkung haben die Küstenbewohner sich auf Wurten behauptet (3.—9. Jahrhundert n. d. Z.) und sich von rd. 1000 n. d. Z. ab durch Deiche geschützt.

Der älteste Marschboden dürfte ausschließlich aus den gewaltigen Schlickgründen nordwestlich und nördlich von Helgoland stammen (Abb. 5), aus den genannten Haffs, in denen die Wassermassen des Rheines, der Ems, Weser, Elbe und Eider zur Ruhe kamen und den Feinsand sowie Tongehalt ablagerten.

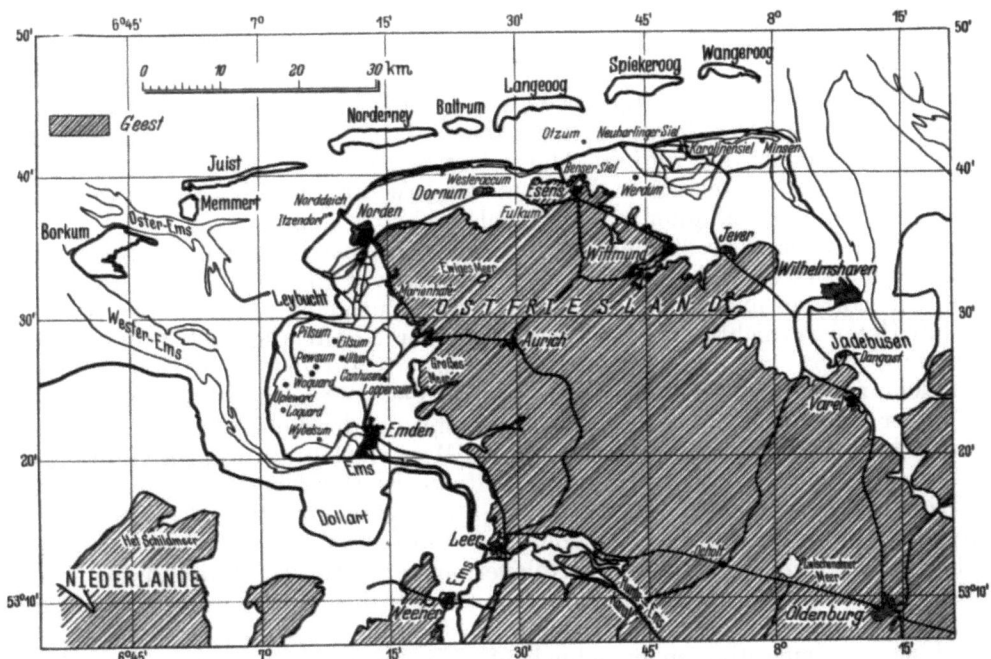

Abb. 6. Die ostfriesische Küste (gezeichnet vom Verfasser).

Die jüngeren Marschen der III. und IV. Senkung sind nach Schütte in der Hauptsache mehrfach umgelagerte Stoffe der älteren Marsch — wie noch heute —, die durch Wellenabrasion und Strömungserosion von alten Ablagerungen abgebaut und über die abgesunkene Landoberfläche gedeckt sind. Die Marschbildung ist eine Folge der Küstensenkung, die dem Meere allmählich den Eintritt in die heutigen Gezeitenmündungen und ertrunkenen Geestäler verschaffte.

Über das ostfriesische Alluvialgebiet geben die gründlichen Untersuchungen von Wildvang zuverlässige Unterlagen. Um die Grenze der ehemaligen Alluviallandschaft zu bestimmen, hat Wildvang versucht, auf den vorgelagerten Inseln Anhaltspunkte zu gewinnen.

Die Insel Borkum hat vor und zu Beginn unserer Zeitrechnung weiter nordwestlich gelegen. Friedrich Arens [2] übermittelt die sehr anschauliche und überzeugende persönliche Wahrnehmung des früheren Pastors Nikolai auf Borkum (nach einer schweren Sturmflut bei sehr niedrigem Niedrigwasser auf dem Borkumriff im Jahre 1789), der schon als Jüngling auf Kleifelder (alte Marsch) im Westen und Süden der Insel am Ufer der Westerems aufmerksam geworden war, wonach die Felder von überdeckendem Sand befreit, Spuren von Menschen (Brunnen, Gräben, Urnen), Tieren, Wagenrädern u. a. m. aufwiesen.

Aus den Angaben ist zu schließen, daß das Borkumriff ein vom Seesand überdeckter Marschboden ist, über den die Düneninsel Borkum bei der Lagenveränderung aus nordwestlicher in südöstlicher Richtung hinwegwanderte. Am Nordweststrande von Borkum kommt nach Wahrnehmung des Wasserstraßenamtes Emden auch jetzt noch eine Abbruchkante alten Marschbodens zeitweilig zum Vorschein [154].

Auf dem Memmert fand Wildvang aus einer Reihe von Bohrungen und unter einer Kleiabbruchkante am West- bzw. Südstrande, daß dieser Inselteil auf einem ausgedehnten, im Vergleich zu den Festlandsdargschichten mächtigen Moor, das frei von sandigen und tonigen Beimengen ist, lagert. Da die Torfoberschicht frei von Diatomeen (Kieselalgen) ist, darf angenommen werden, daß sie sich während der Ablagerung der Überflutung entzogen hatte. Auch wurden dort Reste von Bruchwaldmoor gefunden, sowie Baumstümpfe. Das Alter dieses Moores deckt sich mit dem südöstlich gegenüberliegenden oberen Festlands-Torfhorizont bei Pilsum (Abb. 6).

Auf Juist hat der langjährig ansässige Lehrer Dr. h. c. Leege um 1900 auf einem vorgeschobenen Teil des Nordstrandes (nördlich von Loog, etwa Inselmitte) ein von marinen Schlicksanden freigelegtes Moor entdeckt, in dem Fußstapfen von Rindern und Pferden, sowie Wagenspuren, unverkennbare Festlandsreste zeigten.

An dem Westende von Norderney wird hin und wieder eine alte Klei-Festlandskante bei Buhne A nach gewisser Strandabnahme und bei niedrigem Tnw freigelegt (Abb. 19).

Auch auf Langeoog und Wangerooge treten Abbruchkanten altalluvialen Darg- bzw. Marschbodens am Nordwest- bzw. Nordstrand zeitweise zutage, worin auch Siedlungsspuren gefunden sind.

Danach lag die Grenze des alten Alluvialfestlandes, der ältesten Marsch mit vor- und aufgelagerten Randdünen, noch über die genannten Inseln nach Norden hinaus, vermutlich bis zur heutigen 20 m Tiefenlinie.

Das ist auch verständlich, wenn man bedenkt, daß die heutigen Watten während der letzten Hebung, also vor 2000—3000 Jahren, noch Marschen waren, die sich über die heutige Inselkette ausdehnten. Der Marschenrand wird in Abbruch gelegen haben, wie heute noch ungeschützte Halligen, obschon flache Sandbänke und Dünen vor bzw. auf dem Marschenrand lagen. Deiche und planmäßige Küstenverteidigung gab es noch nicht.

Die Abrasion des noch über die heutige Inselkette hinausreichenden Marschengebietes nahm erheblich zu, als der letzten Hebung die letzte Senkung vor rd. 2000 Jahren folgte. Diese muß nach Wildvang plötzlich und mit außergewöhnlicher Wucht eingesetzt haben, denn die hereinbrechenden Salzfluten vernichteten bis an den Rand der Geest alles Leben und jeden Pflanzenwuchs, auch die Sumpf- und Schilfgewächse, die damals auf den Niederungen und Mooren in üppiger Entwicklung standen. Der Angriff der Nordsee vollzog sich im Teil der ostfriesischen Küste östlich der einen Emsmündung je nach Richtung der heftigsten Sturmfluten — wahrscheinlich auch damals aus Nordwest —, so daß das Meer Ausläufer in Form von tiefeinschneidenden Buchten in das eben wieder in Senkung begriffene Festland bzw. von Seegaten in die wattwerdende Zwischenzone vorschob und dabei den altalluvialen Festlandsboden zum Teil bis tief in den diluvialen Untergrund aufwühlte und ausfurchte. Der altalluviale Festlandsboden blieb zum Teil erhalten, wie unter jungalluvialen Ablagerungen auf den Watten und den Inseln Borkum, Juist, Norderney, Memmert, Langeoog und Wangerooge durch Bohrungen bzw. durch Strandabbrüche in jüngster Zeit festgestellt worden ist. Niederungen, Binnenseen, Moore wurden verlandet, soweit sie von den auflaufenden schlickgefüllten Fluten, insbesondere den höheren Sturmfluten auf dem Festlande erreicht wurden.

In ruhigen Zeiten und durch Verlegung der Seegate und Priele verlandeten die Buchten nach und nach. Dadurch erklärt es sich, daß sich die oben erwähnte Gliederung des Alluviums nicht überall nachweisen läßt, besonders wo die Buchten bis in das Diluvium eingeschnitten wurden, ein Fluß seine Mündungsarme verlegte und das alte Bett unter dem Einfluß der Gezeiten verfüllte.

So mag am Anfang der jüngsten (IV.) Senkungszeit die ostfriesische Halbinsel kurz vor Beginn unserer Zeitrechnung als eine aus dem Flachlande reliefartig herausgebildete Landschaft ausgesehen haben, in der sich das diluviale Landrelief noch dadurch ausprägte, daß die Höhenzüge in Küstenvorsprüngen und die Niederungen in Buchten (Abb. 4) zum Ausdruck kamen [151].

Nach Abschluß der Gesamtsenkung unter Berücksichtigung der rückläufigen Hebungsbeträge lag der Küstensaum, der heute die ostfriesischen Inseln trägt, etwa 20 m unter dem heutigen MThw. Nimmt man die heutige 20 m-Tiefenlinie, dessen Verlauf in Abb. 5 dargestellt ist, als MThw- und Festlandsküstenlinie zu Beginn der Senkung vor rd. 10 000 Jahren an, so war die Nordsee um rd. 21 km bis an die heutige Hauptdeichlinie und um i. M. 27 km bis an den Geestrand als tiefste Einbruchslinie nach Süden vorgedrungen. Die heutige 20 m-Tiefenlinie (die vor der Küstensenkung anzunehmende Festlandsküste) verläuft nördlich vom heutigen Borkumriff vorbei, das als Verlängerung des ostfriesischen Geestrückens und als Hauptwiderstandspunkt gegen den Einbruch der Nordsee und die Abrasion des südlich der 20 m-Linie gelegenen Festlandes anzusehen ist.

II. Die Kräfte der Insel- und Küstengestaltung.

Die heutige Nordsee ist mit ihren Flachland-Küstenumrissen das Gebilde der Alluvialzeit. Ihre Umrißlinien, wie sie im einzelnen durch den Verlauf des Marschen-, Watten- und Dünengürtels gegeben sind, waren erst möglich und sind geschaffen durch das Gezeitenmeer.

Die sich fortan auswirkenden kosmischen und meterologischen Kräfte waren überlagert von tektonischen Vorgängen. Im Verlaufe dieser, wahrscheinlich während der Hauptsenkung (II. nach Schütte, vor 8000—6000 Jahren), war eine tiefgreifende Veränderung in der südwestlichen Nordsee vor sich gegangen. Als Folge des Absinkens des Festlandes und des tiefen Einbruches der Nordsee nach Süden war die Verbindung Englands mit dem Festlande durchbrochen worden. Durch den englischen Kanal trat der altantische Ozean in unmittelbare Verbindung mit der südlichen Nordsee. Die Flutwelle kam seither außer von Norden um England herum, nun auch auf kürzestem Wege aus dem atlantischen Ozean in den Südraum der Nordsee. Die gegebenen Tiefen- und Raumverhältnisse, ihre Stromrinnen und Verbindungen mit dem Weltmeer waren bestimmend für die Flutwelle. Die Hauptflutwelle nimmt seither zufolge des von Baerschen Gesetzes mit großer Geschwindigkeit ihren Weg an der Ostküste Schottlands bis zur Doggerbank — die als Insel während der Hauptsenkung unter den Meeresspiegel getaucht war — stößt dann auf die Kanalwelle und wird durch sie zum größten Teil in der Silberrinne nach der Deutschen Bucht abgelenkt, dreht vor den west- und ostfriesischen Inseln nach Osten bzw. Südosten, an der Elbmündung nach Norden und trifft auf den Schenkel der atlantischen Welle, der mit geringer Geschwindigkeit im östlichen Teil der Nordsee nach Süden vorgedrungen ist.

Die so allmählich der Uhrzeigerrichtung entgegengesetzt entwickelte Drehwelle streift mit ihrem Schenkel die südliche Nordsee von Westen nach Osten und wird von der im Kanal entwickelten Drehtide, die nur bis in die südwestliche Nordsee (Hoofden) hineinwirkt, in der Fortschrittsgeschwindigkeit beschleunigt. Eigenart und Verlauf der Drehwellen sind bedingt und wurden in gewissem Sinne erzwungen außer durch die vorgenannte gesetzmäßige Rechtsablenkung durch die sich entwickelnde Grundriß-, Tiefen-, Meeresboden- und Küstengestaltung des Nordseebeckens. Die im ostfriesischen Bereiche gegen SO—O gerichtete Flutwelle erzeugt Meeresströmungen, die schräg östlich bis südöstlich gegen die Küste gerichtet und dadurch mehr oder weniger auflandig sind, während die Ebbeströmungen nicht etwa ablandige, sondern solche mit einer Komponente längs der Küste sind, denn der Ebbestrom setzt von der Küste ab, wird also nicht von der Küste abgelenkt, wohl z. B. durch die Wattengestaltung und Lage der Gezeitenrinnen geführt. Die aus Nordwesten kommenden Sturmwellen wirken in gleicher Richtung mit den Flutwellen. Dadurch ist in langer Zeit eine Ausgleichsküste entstanden, deren Formenbild der Gesamtausdruck der gemeinsamen Arbeit von Wasser, Wind, Pflanzenwelt und aller aus ihnen sich ergebenden Vorgänge ist. Infolge menschlicher Maßnahmen, auf dem Festland etwa vor 900 Jahren (Eindeichungen), auf den Inseln etwa seit 1700 n. d. Z., ist diese Ausgleichszone aktiver Angriffskräfte der See gegen die passiven Verteidigungskräfte der Inseln und des Festlandes heute nicht mehr überall in natürlichem Zustande, obschon der geologische Aufbau der ostfriesischen Küste und die an ihrer Veränderung wirksamen Kräfte eine große Gleichartigkeit aufweisen.

Als unmittelbare Kräfte wirken hier: a) die Gezeiten, b) die Meeresströmungen, c) die Windwellen und Brandung, d) die Sturmfluten, e) der Wind, die Pflanzen- und die Tierwelt [39], als mittelbare Faktoren: f) die Grundriß- und Oberflächengestaltung der Watten und die in ihm geschaffenen Stromsysteme und der Verlauf der Festlandsküste, g) die Sandwanderung in ihrem besonderem Verlauf im Bereiche der ostfriesischen Inseln, insgesamt überlagert von den oben erwähnten tektonischen Vorgängen der Senkungs- und Hebungszeiten des Nordseegebietes.

Seit dem Einbruch der Nordsee bis tief in das diluviale Festland und seit dem Durchbruch des englischen Kanales sind gewaltige Sandmassen in die südliche Nordseebucht verfrachtet, die immer wieder aufgewühlt, verfrachtet und neu gelagert worden sind. Das Meer hat durch Zerreibung und Zerkleinerung von gröberem Material, insbesondere von Grand, Geröll, Gesteinen und Muscheln eine **immer größer werdende Feinmenge** von Sedimenten aufbereitet, die durch die Meeresströmungen, die Brandung und den Wellenschlag in einem mehr oder weniger großen Raume unzählige Male umgelagert worden ist.

Im Stromschatten und unter Mitwirkung der auflandigen Richtung der Flutströmung sind die Sedimente in der tiefeingerissenen Nordseebucht zu altalluvialer Zeit als Marschen (zusammen mit den Brackwasserablagerungen) und später (nach muldenförmiger Senkung und infolge Abtragung) als Watten, anschließend als Dünensaum (Strandwall — Düneninseln) und als Vorstrand abgelagert worden. So entstand die heutige Küstenzone. Der Kampf des Gezeitenmeeres mit dem Festland schuf sich hier ein Grenzgebiet, das in seiner Lage vornehmlich vom Festlande, in seiner Gestalt mehr und mehr vom Meere bestimmt wurde.

Der Aufbau einer neuen (ostfriesischen) Küste und der wahrscheinlich erstmaligen Inseln hing in gewissem Maße von der Entwicklung des englischen Kanals ab. Diese ging allmählich vor sich. Nicht nur zwischen Frankreich, Belgien und England, sondern auch zwischen Holland und England bestand vermutlich am Ende der Jungsteinzeit — 1800 v. d. Z. — noch ein enger Zusammenhang. Dieser war durch breite Ebenen vor den beiderseitigen Küsten bis weit ins Meer gegeben. Nach Edelmann und van Veen [143] hatte Sand skandinavischer Herkunft nicht nur die Hoofden, sondern auch den Kanal westlich der Hoofden überschwemmt. Somit war der Durchbruch des englischen Kanals nur erst ein unbedeutender Meeresarm.

Die älteste Dünenlandschaft, welche sich nach dem ersten Durchbruch der Meerenge gebildet hatte, ist bewohnt gewesen. Das beweisen Steinwerkzeugfunde aus der Zeit 4000—1800 v. d. Z. und spätere Bronzefunde (1800—750 v. d. Z.). Auch spätere germanische Urnen aus den letzten Jahrhunderten v. d. Z. sind dort gefunden worden.

Für die verhältnismäßig späte Entwicklung der Meerenge zwischen England und dem Festlande sind die archäologischen Funde von großem Wert. Sie ermöglichen den Rückschluß, daß die Entwicklung der ostfriesischen Inseln, wie geologisch angenommen, infolge des erst damals in Ausbildung begriffenen englischen Kanals kurz vor Beginn unserer Zeitrechnung angefangen haben kann, weil die typische Küstenbildung die Interferenz zweier Wellen, der Schottland- und Kanalwelle zur Voraussetzung hat.

Die danach in die südliche Nordseebucht erfolgte gewaltige Sandzufuhr hatte einzelne Sandbänke (in der breiten küstennahen Sandaufschüttung) so emporwachsen lassen, daß sie bei Tnw trocken liefen und nur noch bei Thw regelmäßig unter Wasser kamen. Flächen, die in einen solchen Beharrungszustande verblieben, wurden die Watten. Andere wurden mit solcher Sandzufuhr so hoch, daß das gewöhnliche Thw die höchsten Teile der Platen nicht mehr erreichte, sie wurden nur noch von Springfluten überströmt.

Diese Strandwälle und Platen waren natürliche Ansatzpunkte für die Ablagerungen der stetig zugeführten Sedimente. Diese Punkte können staffelförmig gegliederte Abbruchkanten des alten Alluvialfestlandes als natürliche Untiefen, die in der Bodengestalt des vorgedrungenen Meeres unmittelbar bedingt und von Sand überdeckt und geschützt waren, gewesen sein, die in der Absatzlinie lagen. Teile dieser aus westlichen Abbruchküsten, aus Flüssen und vom Meeresgrunde heraufgebrachten Strandablagerungen höhten sich über MThw auf und wurden von den periodischen Höhenschwankungen des Meeresspiegels nicht mehr erreicht. Ihr Sandrücken blieb trocken. Der Wind sammelte hinter Strandgut, im Schatten kleinster Hindernisse und ersten Wachstums Sandhaufen, die sich mit der Zeit erhöhten und den ersten Ansatz von Dünen bildeten, die sich bei gegebener und zunehmender Strandbreite meist in westöstlicher Richtung ständig vergrößerten, als das Ergebnis einer Wechselwirkung zwischen windbewirkter Sandzufuhr, die die Nährstoffe vom Strand mitführte, und den sich dadurch bildenden Pflanzengesellschaften.

So sind die ostfriesischen Inseln am Ende der letzten Landhebung (um 3 m) vor rd. 2000 Jahren, in der das Watt, wie oben ausgeführt wurde, nochmals zu grüner Marsch geworden war, am Rande derselben entstanden. Indem sie als Sandbänke auftauchten, wurden sie zu Inseln, die durch Sturmfluten noch höher aufsandeten, zu Düneninseln wurden und der Marsch einen gewissen Schutz gewährten. Die Gezeiten hatten in diesem Raume einen mehr aufbauenden als zerstörenden Charakter.

Die ursprüngliche Form der ersten Dünen war die der reinen Sicheldünen mit breit ausladenden Armen. Dadurch, daß der Wind meist zwischen SW und NW hin und her drehte, näherten sich die Sichelarme einander, so daß schließlich die Form des einfachen Sandhaufens mit auslaufendem Keil an der Leeseite entstand. Die Barchandüne (leeoffen) auf dem Strande war eine vergängliche Form der Sandbewegung. Zusammenhanglose einzelne Erdhaufen waren der Anfangszustand. Diese wurden durch Sturmfluten zu einer Kette ausgerichtet, indem Brandung und Strömung von vorstehenden Einzeldünen den Sand fortrissen und in Einbuchtungen absetzten. Durch weitere Windaufhöhungen der geschlossenen Dünenkette entstanden die Walldünen, wie sie heute auf allen ostfriesischen Inseln vorhanden sind. Die so entstandenen Düneninseln wuchsen in Länge und Breite. Sie waren aber schon gleich nach ihrer Entstehung in der Umbildung begriffen, indem sie am Westende durch Brandung, Meeresströmung, Verlegen von Seegats, Baljen und Prielen angegriffen, abbrachen und an dem gegen Naturgewalten geschützten Ostende wieder anlandeten. Dadurch ergab sich eine ständige Sandwanderung, die den von Westen durch Flut herangebrachten Sandstrom vergrößerten. Wie noch näher ausgeführt wird, sind die Inseln auch in geschichtlicher Zeit erheblich gewandert, was nicht ohne Mit- und Rückwirkung durch die Wattgestaltung und Beschaffenheit der Festlandsküste zu erklären ist.

Die heutigen ostfriesischen Inseln weichen in ihrer Lage, Größe, Grundrißgestaltung und Beschaffenheit von den ursprünglichen Inseln ab. Sie sind alle unter dem Druck der Strömungen und der Stürme nach Osten bzw. Südosten gewandert.

Die erste Entstehung aller ostfriesischen Inseln ist ebenso vorzustellen, wie die Bildung des Memmert, der sich heute vor unseren Augen zu einer neuen Insel auf einer großen Sandplate entwickelt. Der Memmert ist um 1880, nachdem die Vorbedingung dazu gegeben war, über den Bereich der Springfluten angewachsen und ist danach dauernd trocken geblieben. Durch die Arbeit des Windes sind aus kleinen Sandhaufen immer größere Dünen geworden, die in kurzer Zeit von der Pflanzenwelt besiedelt und dadurch festgelegt worden sind. Zu einzelnen größeren Dünengebilden war der Memmert zwischen 1880 und 1900 entwickelt. Eine geschlossene Bedeckung mit Dünen, die in ihrem organogenen Aufbau so stark geworden war, daß sie der jungen Insel einen natürlichen Schutz auch bei schwerem Sturm bot, ist erst von 1907 ab zustande gekommen. Die Einzeldünen sind auf den anderen ostfriesischen Inseln von Natur aus zu geschlossenen Ketten von 5 und 10 m, auf einigen Inseln sogar bis 20 m Höhe angewachsen.

Die Inseln und das Festland (uneingedeichtes Marschenland) grenzten zu Beginn der geschichtlichen Zeitrechnung und noch mehrere Jahrhunderte später sehr nahe aneinander. Das bestärkt die Annahme, daß zu jener Zeit große Teile der Watten noch Marschbedeckung hatten und wesentlich höher waren als heute, und diese — als Wasseraufnahmeflächen wesentlich kleiner — allmählich in die unbedeichten Festlandsmarschen übergingen. Das ist auch aus geschichtlichem Hinweis zu entnehmen. Freese berichtet nämlich [35], daß die Gefahr für den Bestand der Inseln um so geringer war, als durch die damaligen „engen Seelöcher" (Seegaten) nicht soviel Wasser bei der Flut landeinwärts getrieben wurde. Er erwähnt auch, daß die Ems kurz vor Beginn unserer Zeitrechnung nur eine Mündung zwischen der kleinen Insel Rottum und der größten Insel Borkum, der „Burchana" bzw. „Byrchanis" der Römer hatte (die damals Borkum, Juist, Bant, Buise und den westlichen Teil von Norderney umfaßte) (Abb. 7) und die der römische Feldherr Drusus 10 v. d. Z. mit starker Armee bzw. Flotte einnahm und unter römische Herrschaft brachte.

Auch die ostwärts gelegenen Inseln Langeoog und Spiekeroog sollen nach Freese [35] damals so nahe an dem Festland gelegen haben, daß sie nur durch einen kleinen unbedeutenden Strom oder schmalen Bach, durch den Ebbe und Flut ging, vom festen Lande gegen Bense und Seriem — vgl. Abb. 1 — getrennt waren. Es geht daraus hervor, daß die Inseln im Süden ein hohes, nur durch eine schmale Gezeitenrinne durchfurchtes Watt, noch größtenteils aus Klei oberboden und Dargruntergrund bis dicht an das Marschenfestland hatten und daß die heutigen Wattengebiete erst mit der Vergrößerung der Seegaten, deren Wechselbeziehung zueinander nachgewiesen ist [39 und 144] und noch kurz erwähnt wird, wesentlich abgenommen haben, was in geschichtlicher Zeit wiederholt erwähnt wird.

III. Übersicht der geschichtlichen, kartographischen und archivalischen Unterlagen.

Soweit für die Veränderung der ostfriesischen Inseln geschichtliche Quellen in Betracht kommen, ist die erste und ungefähre Zustandsdarstellung der Inseln um 1650 möglich. Aus diesem Jahre liegt der erste Bericht von einer zur Inselbesichtigung entsandten Commission vor. Vor diesem Zeitpunkt sind die Quellen sehr wenig zuverlässig. Die Inseldarstellungen auf Altkarten z. B. des ostfriesischen Geschichtschreibers Ubbo Emmius von 1616, der damals noch die genaueste Karte entworfen hat, ist jedoch zu ungenau und zudem in zu kleinem Maßstab gehalten, um durch Übertragung der Inselumrisse auf den Maßstab der Vergleichsfigur die Veränderungen unmittelbar zur Anschauung zu bringen. Der Versuch ist zwar gemacht worden, aber als unbefriedigend wieder aufgegeben. Für einen maßstäblichen Vergleich bieten sie keine sicheren Unterlagen. Somit können über 1650 hinaus in zurückliegender Zeit nur Vermutungen angestellt werden. Genauere kartographische Unterlagen sind erst seit der grundlegenden Inselvermessung, die um 1738—1740 stattfand, vorhanden. Die ostfriesischen Inseln sind nämlich von Ubbo Emmius (bei der ersten bekanntgewordenen Vermessung von Ostfriesland) nicht winkel-, lagen- und flächentreu mitvermessen worden.

Aus Raummangel und weil es nicht Gegenstand dieser Arbeit ist, muß auf die Wiedergabe, Beschreibung und Wertung der zahlreichen Altkarten (Land- und Seekarten) und sonstigen Archivalien (Anlage A, B u. C) im einzelnen verzichtet werden. Zur Erlangung einer Übersicht sei jedoch kurz erwähnt:

Das bis 1790 entstandene, in seiner geographischen Genauigkeit schlechte Kartenmaterial veranlaßte die ostfriesischen Landstände, sich der Landvermessung anzunehmen, nachdem um 1664 eine grundlegende Vermessung von Westfriesland im Auftrage der westfriesischen Landstände stattgefunden hatte. Der holl. Artill.-Capt. Camp erhielt den Auftrag zur trigonometrischen Vermessung von ganz Ostfriesland, die er von 1798—1802 durchführte (B 55—60). In diesen Karten liegt erstmalig eine genaue Darstellung auch des ostfriesischen Küsten-, Watten- und Inselgebietes vor.

Anfangs 1840 wiederholte der hannoversche Ingenieur-Lt. A. Papen, der die Generalstabskarte des damaligen Königreichs Hannover entwarf, die Messungen zwischen Ems und Jade, wobei auch Einzelpläne der Inseln gefertigt wurden.

Um 1890 folgte, abgesehen von Einzelaufnahmen, die preußische Landesvermessung als letzte Gesamtaufnahme des ostfriesischen Küstengebietes.

Im Rahmen einer Reichsaufnahme sind 1932/33 die Inseln Borkum, Memmert und Juist luftphotogrammetrisch aufgenommen. Eine Neuvermessung der Küste zwischen Ems und Jade ist mit diesen neuzeitlichen Hilfsmitteln geplant.

Die 100 Land- und Seekarten der Anlage B und die in der Anlage C aufgeführten, im Staatsarchiv Aurich, bei der Marinewerft Wilhelmshaven und bei der nautischen Abteilung des Oberkommandos der Kriegsmarine in Berlin vorhandenen Altkarten (Schiffahrts-, Deich-, Landanwachs-, Siel-, Insel- und Küstenkarten), auf die hier nur hingewiesen werden kann, geben insgesamt eine anschauliche Übersicht über die Veränderungen der Küste, Watten und Inseln, die anschließend im einzelnen dargestellt werden sollen.

B. Hauptteil. Die Beschreibung, geschichtliche, morphologische und seebautechnische Entwicklung der ostfriesischen Inseln und Küste.

I. Die ostfriesischen Inseln.

Die ältesten Nachrichten über das Land und die Inseln der Friesen hinterließ Plinius († 79 n. d. Z.) in seiner „historia naturalis", die er auf Grund persönlicher und örtlicher Kenntnisse niedergeschrieben hat. Er erwähnt darin insbesondere die Großinsel „Burchana", die sein Zeitgenosse, der griechische Geograph Strabo „Byrchanis" nennt. Ohne besondere Einzelheiten ist lediglich das Vorhandensein dieser offenbar für den Zugang zum Festland und für die Einfahrt in die eine Ems wichtigen Insel festgelegt, sowie das Vorhandensein der Watten und des damaligen Marschenfestlandes, in dem die Bewohner auf Wohnhügeln, Warfen oder Wurten genannt, wohnten.

Danach ruhen sämtliche Nachrichten über die eigentliche Küste und Inseln bis zum frühen Mittelalter.

Erst zu Beginn der Karolingerherrschaft um 800 n. d. Z. werden die ostfriesischen Inseln und die Küste wieder erwähnt. Mit der Einführung des Christentums wird in der Geschichte die eine große Insel Bant, das Burchana der Römer, nebst fünf Emsgauen genannt, die dem Friesen Ludger als Missionssprengel übertragen wurden. Auch Bant umfaßte nach der Überlieferung Borkum, Juist, Bant, Buise und Osterende, den Westteil vom heutigen Norderney.

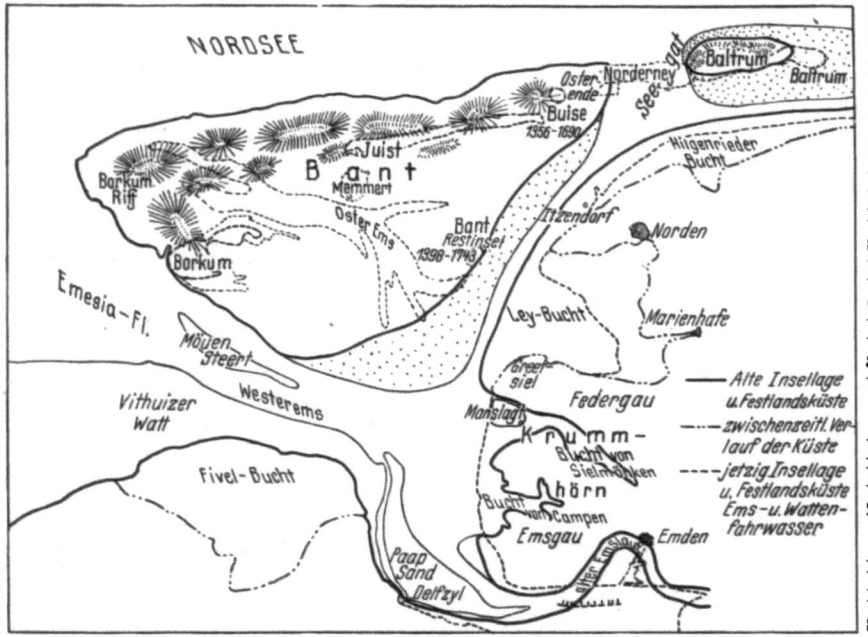

Abb. 7. Ungefähre Darstellung der Inseln Bant und Baltrum und des Festlandes um 800 n. d. Z. (Entwurf des Verfassers).

Bartels [7] hat diese Frage näher untersucht und kommt zu dem Ergebnis, daß die „positiven historischen Data", welche uns erhalten geblieben sind, durchaus für, nicht gegen die Überlieferung sprechen. Freese [35] vertritt die feste Ansicht, daß Borkum zu Beginn unserer Zeitrechnung sehr groß war und die Inseln Borkum, Juist, Bant (Restinsel) und Buise umfaßte.

Die ungefähre Ausdehnung der Großinsel Bant ist aus der Abb. 7 ersichtlich, die keinen Anspruch auf geographische Genauigkeit erheben soll. Die geologischen und geschichtlichen Unterlagen ermöglichen eine einigermaßen zutreffende, vom Verfasser entworfene Vorstellung von der Großinsel Bant in einer Zeit, aus der bisher keine Karten überliefert sind.

Die Großinsel Bant muß bis 1398, wo zum ersten Male die Namen aller heutigen Inseln, sowie die um 1690 zerstörte Insel Buise, jedoch ohne die Restinsel Bant, urkundlich erwähnt werden, als einheitliches Inselgebilde zerstört worden sein. Wahrscheinlich hat die Allerheiligen-Flut am 3. November 1170, die den Zuidersee in gewesenem Umfang eingerissen hat, die Großinsel Bant schon begonnen aufzuteilen. Die Marzellusflut von 1362 soll sie ganz in Stücke gerissen haben. Die einzelnen Teile traten danach mit Sondernamen auf. Der westlichste und bedeutendste Teil der Großinsel, von dem aus einst die Römer unter Drusus in das Eiland eingedrungen sind, behielt den Namen Borkum — von Burchana aus der Römerzeit — und blieb in kirchlicher Beziehung beim Bistum Münster. Die übrigen Inseln wurden ebenso Einzelinseln, von denen eine der kleinsten den Namen Bant fortan weitertrug. Sie wurde in kirchlicher Beziehung von Borkum getrennt und kam zum Bistum Bremen, während die alte Großinsel Bant seit etwa 800 n. d. Z. zum Bistum Münster gehört hatte, dessen erster Bischof Ludger, der Missionar der Friesen, war.

In der Urkunde vom 11. September 1398 [36], in der Widzel, der Sohn des Häuptlings Ocko tom Brock, und Folkmar Allena ihr Besitztum dem Herzog von Bayern zum Eigentum übertragen und als Erblehen zurückerhalten, werden die ostfriesischen Inseln folgendermaßen genannt: „Borkyn, Just, Buise, Osterende, Boltinge, Langeoch, Spickeroch ende Waneroch." Die Restinsel Bant, die auf Altkarten verzeichnet steht und geschichtlich erwähnt wird, ist nicht genannt. Wahrscheinlich war die Insel schon damals nur noch eine Wattinsel und somit nicht mehr bewohnt.

Nach der Aufteilung der großen Insel Bant konnten die Fluten sich leichter den Weg in das Festland bahnen. Sie erweiterten die Stromrinne der Osterems und bereiteten spätere Katastrophen vor. Im Jahre 1370 erfolgte der Einbruch des Dollart. 1373 wurde das Dorf Westeel zerstört in Verbindung mit größeren Abbrüchen und einer beträchtlichen Erweiterung der Leybucht. Das Dorf Westeel ist nach entsprechender Landgewinnung 1934 neu entstanden (Abb. 1). Durch solche Einbrüche ist wertvolles Marschland verloren gegangen. Daß auch größere und kleinere Siedlungen dabei zerstört wurden, wie Otzum und Itzendorf (1717) — Abb. 1 — ist ein Beweis für die Schutz- und Höhenlage der betreffenden Marschen vor den heutigen Hauptdeichen.

Im 17. Jahrhundert werden die Unterlagen für eine Beurteilung der Entwicklungszustände der Inseln zuverlässiger. Sie bestehen in Berichten und in kartographischen Darstellungen. Die erste eingehende amtliche Beschreibung von den Inseln ist in den Commissionsberichten [9] enthalten von 1650: „Eigentliche Beschreibung der vor dieser Grafschaft zur See hinaus belegenen Eylanden", mitgeteilt von Bartels, und [10] von 1657 in: „Generalia der Inseln", Bericht der fürstlichen Commission über Norderney, Juist, Borkum, Bant und Buise, Staatsarchiv zu Aurich.

Daraus ergibt sich in der Darstellung der Inselentwicklung eine zeitliche Unterteilung als Beginn eines Abschnittes, in dem ergiebigere Unterlagen vorliegen.

Seit 1558 liegt eine Reihe von Altkarten vor (Anl. B und C). Sie geben mehr oder weniger genau die Lage und Veränderung der Inseln und Küste an. Der Vergleich der Karten miteinander läßt eine Entwicklung nach gewisser Zeit erkennen, die in den nächsten Abschnitten näher dargelegt wird.

Im großen und ganzen sind die ostfriesischen Inseln in der Richtung der formenden Kräfte durch Abbruch im Westen und Anwachs im Osten gewandert.

Wie diese Vorgänge sich auf den ostfriesischen Inseln abgespielt haben, soll in der Entwicklung der einzelnen Inseln dargestellt werden.

Mit der zunehmenden Besiedlung der Inseln und Küste beginnt der menschliche Eingriff in den natürlichen Ablauf der Küstenentwicklung. Der Endzustand der geologischen Entwicklung ist vor allem durch die Eindeichung der Festlandsmarschen gegeben, die jedoch erst in geschichtlicher Zeit einsetzte (rd. 1000 Jahre n. d. Z.), wodurch das natürliche Landschaftsbild und die Küstengestalt und somit auch die Insellage, -größe, und -beschaffenheit verändert wurden. Dadurch setzte der Kampf der Küstenbewohner mit den Gewalten der Nordsee ein, die ein im Sinken begriffenes Gebiet immer wieder zu erobern versuchten. Dieser Kampf, in dem die Küstenbewohner Sieger blieben, formte die Menschen in ihrem ständig bedrohten Lebensraum.

Zu Beginn geschichtlicher Zeit bewohnten Friesen und Chauken den Küstenstrich. Die von Schriftstellern erwähnten „kleinen Friesen" bewohnten den Raum westlich vom Flie, das Gebiet des Zuidersees. Vom Flie bis zur Ems lag zu römischer Zeit das eigentliche Kerngebiet der „großen Friesen". Zwischen Ems und Weser waren die „kleinen" Chauken und von der Weser bis zur Elbe die „großen" Chauken ansässig.

Die gesamte Geschichte der Ostfriesen, die wechselvoll wie die Gestaltung ihrer Landschaft ist, darzustellen, dafür ist der Raum hier nicht gegeben. Unter den wechselvollen politischen Machtverhältnissen haben jedoch Deichbau, Deichschutz, Landgewinnung und Inselerhaltung teils ihre Förderung erfahren, teils aber auch gelitten. Unter diesem Gesichtspunkt mag hier kurz erwähnt werden, daß

a) mit der Einführung des Christentums in das östliche Friesland (785) durch Karl d. Gr. eine Wiedervereinigung des ganzen Friesenstammes im Raume vom heutigen Holland bis zur Weser vollzogen wurde, nachdem die Völkerwanderung Stämme bis an den Niederrhein um 400 n. d. Z. verschlagen hatte,

b) vom 9.—11. Jahrhundert die Friesen stark unter den normannischen Seeräubern litten,

c) sich Friesland erst im 12.—14. Jahrhundert aus dem Verfall erhob, Ackerbau und Viehzucht zur Blüte kamen,

d) die ostfriesischen Häuptlinge, die durch beträchtlichen Eigenbesitz und eine Burg vom 14. Jahrhundert ab Bezirke mit mehreren Ortschaften in ihre Hände brachten, die Einheitsbestrebungen teils förderten, teils durch gegenseitige Bekämpfung der Aufteilung Vorschub leisteten, bis

e) das Haus der Cirksena-Greetsiel von 1414 ab die Einheitsbestrebungen förderte, 1464 Reichsgrafen wurden, um 1500 die Grundlagen des ostfriesischen Landrechts schufen und 1662 den erblichen Fürstentitel bekamen. Die späteren Cirksenas haben zwar den Besitzstand gehalten, aber die Regierung nicht mit dem Erfolg geführt, wie die großen Vorfahren um 1500.

In der größten Not des Landes (1714 — große Deichschäden — und 1717 — katastrophale Weihnachtsflut —) haben sie versagt. Hinzu kam das wiederaufflackernde Mißtrauen der Stände gegen die landesherrliche Gewalt, was Mangel an Einigkeit und Zusammenfassung der Kräfte zur Folge hatte.

Als der letzte Cirksena 1744 starb, war das ostfriesische Staatswesen bis in seine Tiefen erschüttert. Das, was ihm der Anschluß an einen starken Staat bringen mußte, wurde ihm durch den Staat Friedrich d. Gr. vermittelt.

Von 1744—1806 gehörte Ostfriesland zu Preußen. In Preußens Unglückszeit unterstand es von 1807—1810 der holländischen Regierung und von 1811—1813 Napoleon unmittelbar. Nachdem es von 1813—1814 vorübergehend wieder zu Preußen gekommen war, gehörte es von 1815 bis 1866 zu Hannover, um von da ab endgültig bei Preußen zu verbleiben.

Kurz vor Beginn unserer geschichtlichen Zeit sind die ostf. Inseln am südlichen Rande des Gezeitenmeeres durch die in ihm und über ihm herrschenden Kräfte geschaffen und in geschichtlicher Zeit von WNW nach OSO gewandert. Als Gestadeinseln folgen sie eng dem Verlaufe der ebenfalls vom Meer geschaffenen Küste, die wieder von dem Aufbau des Hinterlandes abhängt.

Wie der aus dem Meer (über Thw) herausragende Teil der ostfriesischen Inseln sich durch Wind und Wellen im einzelnen verändert hat, wie der Strand und die Dünen sich morphologisch, dynamisch und seebautechnisch weiter entwickelt haben, soll im folgenden näher nachgewiesen werden und Hauptgegenstand dieser Arbeit sein.

a) Die Entwicklung der Insel Borkum.

Borkum, Namensträgerin der ehemals mächtigen Großinsel „Burchana", wie sie die Römer genannt haben, war zu Beginn unserer Zeitrechnung und noch um 800 n. d. Z. der größte Bestandteil dieser Insel, die zu Karls d. Gr. Zeit Bant hieß (Abb. 7) und auch noch um 1100 genannt wird. In der bereits erwähnten Urkunde vom 11. September 1398 [*36*], wird „Borkyn" genannt. In gleicher Schreibweise erscheint Borkum in der Urkunde vom November 1406 [*36*], mit der der Herzog von Bayern den Lehnsleuten und Gemeinden auf den Eilanden, darunter auch „Borkyn" seinen Friedensschluß mit der Hansa mitteilte.

Das Auftreten der einzelnen Inselnamen setzt die Zerstückelung der Großinsel Bant voraus. Über den Zeitpunkt der Zerstörung fehlen aber nähere Nachrichten. Nach den vorgenannten Urkunden wäre sie in die Zeit zwischen 1100 und 1398 zu legen. In dem Zeitabschnitt hat eine Reihe von Sturmfluten stattgefunden. Es erweckt den Anschein, als ob zwischen dem 13. und 14. Jahrhundert die Fluten vielleicht aus astronomischen Gründen ein Sturmflutmaximum nach Höhe und Häufigkeit hatten [*93*]. Die Marzellusflut von 1362 soll hauptsächlich die Zerstückelung der Insel Bant bewirkt haben. Die Aufteilung dieser Insel war das Werk der Osterems als nach und nach entstandenes Seegat. Ulrich v. Werdum schreibt in den ostfriesischen Mannigfaltigkeiten [*147*] — s. Wiarda: Ostfriesische Geschichte —:

„Die See bohrte nachgerade eine Öffnung durch die große Insel Borkum, und es entstand, da ein Teil der Ems seinen Lauf hier gleichfalls her nahm, ein neuer Arm derselben. Jener uralte Ausfluß wird die Westerems, dieser die Osterems gennennet. Das Seewasser übte nun mehrere Gewalt aus, zerriß die große Insel dergestalt, daß aus einer, die vorhin erwehnten vier entstanden, wovon Borkum und Juist, die aber von ihrer Größe sehr viel verloren, annoch vorhanden, Band und Buyse aber gänzlich von den Wellen verschlungen und zu Sandplatten geworden sind. Das feste Land litt hierunter desto mehr, da demselben nun, nachdem dieser neue Arm der Ems sich immer in seiner Weite und Tiefe vergrößerte, eine ungeheure Menge Seewasser zugeschüttet, eine Verwüstung nach der anderen zuzogen, und in dem 13. und folgenden Jahrhunderten ein ganzer ansehnlicher Distrikt Landes, dessen ich vorhin bei dem Dollart angeführt habe, durch die Wuth des Wassers verschlungen wurde."

Trotz der Zerstörungen, die zwischen 1400 und 1600 Größtwerte erreicht haben müssen, muß die Insel Borkum noch große und geschützte Hellerflächen gehabt haben. Herquet [54] berichtet über Borkum: „Zufolge der ältesten Designation, die wir besitzen und die der Vogt Dirk von Lheer (Leer) dem Grafen Enno III. im November 1606 einsandte, teilte man damals die Bewohner der Insel Borkum in „Altbauern" und „Neubauern", ein Beweis für den damaligen Lebenserwerb der Inselbewohner.

Die Petriflut von 1651 richtete große Verheerungen an der ostfriesischen Küste an.

Im Juli 1657 besuchten die fürstlichen Beamten Georg Eppen, Amtmann zu Aurich (1654 bis 1661), und Rudolf Brenneysen, Rentmeister daselbst auf Enno Ludwigs Befehl sämtliche Inseln. Ihr Bericht ist uns noch erhalten.

Über Lage, Größe, Fläche und Zustand der Inseln enthalten die Commissionsberichte damaliger Zeit nur allgemeine Angaben. Es ist im vorliegenden Falle nicht möglich, auf Grund der wenigen Angaben die grundlegende Inselfigur zu zeichnen.

Das Wesentliche in dem Bericht von 1657 ist die merkliche Abnahme der Insel Borkum von Jahr zu Jahr, der Verlust von Dünen im SW des Westendes und der schmale „Fußstrand" an der Nordseite. Der hohe und lange Ostrand ließ neue Dünen entstehen. Die Mittel zur Erhaltung, Verstärkung und Wiedergewinnung von Dünen waren unzulänglich. Mit besserer Aufsicht, größerer Sorgfalt und wirkungsvolleren Methoden werden diese Arbeiten erst nach 1744 unter preußischer Verwaltung wahrgenommen.

Am 21. November 1717 wurde gegen den Willen der Insulaner eine ausführliche Lotsenordnung erlassen. Sie befürchteten, daß ihnen manches Schiff entging, das mit ihnen, wenn es festkam, um hohe Summen akkordiert hätte.

Um 1713 zählt die Insel 84 Männer, 104 Frauen, 280 Kinder und 1742 schon 147 Häuser. 15—16 Einwohner waren Kapitäne auf der Fahrt von Hamburg und Amsterdam nach Grönland und Davidsstraße zum Walfischfang. Bis 1657 bewohnte die Insel ausschließlich eine bäuerliche Bevölkerung.

Außer den oben genannten Commissionsberichten von 1650 und 1657 sind weitere Angaben über Größe, Zustand, Lage, Beschaffenheit und Veränderungen der Insel nicht vorhanden. Die Altkarten des 16. und 17. Jahrhunderts sind zu roh und nach Lage, Figur und Größe zu ungenau dargestellt, um danach Vergleichsfiguren zu zeichnen. Zu Beginn des 18. Jahrhunderts werden auch die Inseln in die Vermessung mit einbezogen. Die erste Entwicklungsfigur der Insel (Abb. 8) ist nach der Karte von Tönnies 1710 entworfen worden. Als Festpunkt ist der in dieser, wie auch der späteren Karte eingetragene 1576 von Emder Kaufleuten erbaute Leuchtturm gewählt.

Die Insel bestand, soweit geschichtliche Nachrichten und kartographische Unterlagen vorliegen, aus voneinander getrennten Dünengruppen, dem West- und Ostland, in deren Schutze sich je ein großer Heller entwickelt hatte. Es war also seit jeher eine große Viehhaltung möglich, um die Milch- und Fleischversorgung der immerhin schon rd. 460 Personen ausmachenden Inselbevölkerung sicherzustellen.

Die Hufeisenform der beiden Dünengruppen ist seither im großen erhalten geblieben Es hat zwar eine gewisse Umbildung stattgefunden, besonders im Nordwesten, wo eine Abnahme der Dünen nach und nach eintrat.

Nach Tönnies (1713) wurde Borkum mehrmals vermessen durch I. H. Magott, der zwischen 1750 und 1758 die genannten Spezialkarten von Ostfriesland und dem Harlinger Land entwarf. Die Dünenabnahme am Westrande und im NW des Westlandes betrug gegen 1710 je 100 m. Die Dünen des Ostlandes hatten in NW um 300 m und am Ostrande um rd. 1000 m zugenommen.

Von 1798—1802 entwarf im Auftrage der ostfriesischen Landstände der holländische Art.-Cpt. W. Camp auf Grund geometrischer und trignometrischer Vermessungen die genaue geographische Karte von dem Fürstentum Ostfriesland—Harlingerland.

Durch die verstärkte Dünenpflege unter preußischer Verwaltung (seit 1744) ist ein Abbruch am Südwestrande des Westlandes vermieden worden. Ein Abbruch am Nordwestrande um 250 m war zwischen 1750 und 1800 jedoch nicht zu vermeiden (Abb. 8). Der die Siedlung schützende Dünenwall in NW ist sogar merklich schmal geworden. Die Wallddüne ist durch die Höhe und Häufigkeit der Sturmfluten, die auf den anderen ostfriesischen Inseln in dieser Zeit starke Abbrüche verursacht haben, gekappt, so daß der Scheitel des westlichen Hufeisens fehlt. Die Ostlanddünen haben am Nordwestrand nur 80 m abgenommen und sind am Ostende unverändert geblieben.

Die Neigung zur Abnahme der Westland-Dünen hat auch bis 1840 angehalten, wie die von dem hannoverschen Ing.-Lt. A. Papen entworfene Karte zeigt. Die Insel verlor trotz aller Pflege an den Westdünen 100 m, während die Nordwestdünen des West- und Ostlandes unverändert blieben. Am Ostland-Ostende war ein Dünenanwuchs um 550 m (Abb. 8).

Eine weitere Abnahme der das Dorf schützenden Dünen wurde durch die seit 1869 bzw. 1874 begonnenen Buhnen- und Dünenschutzwerke aufgehalten, wie die Inselfigur der preußischen Landesaufnahme 1890 zeigt. Ein allmählich in vier Bauabschnitten von 1869—1879, 1886—1894,

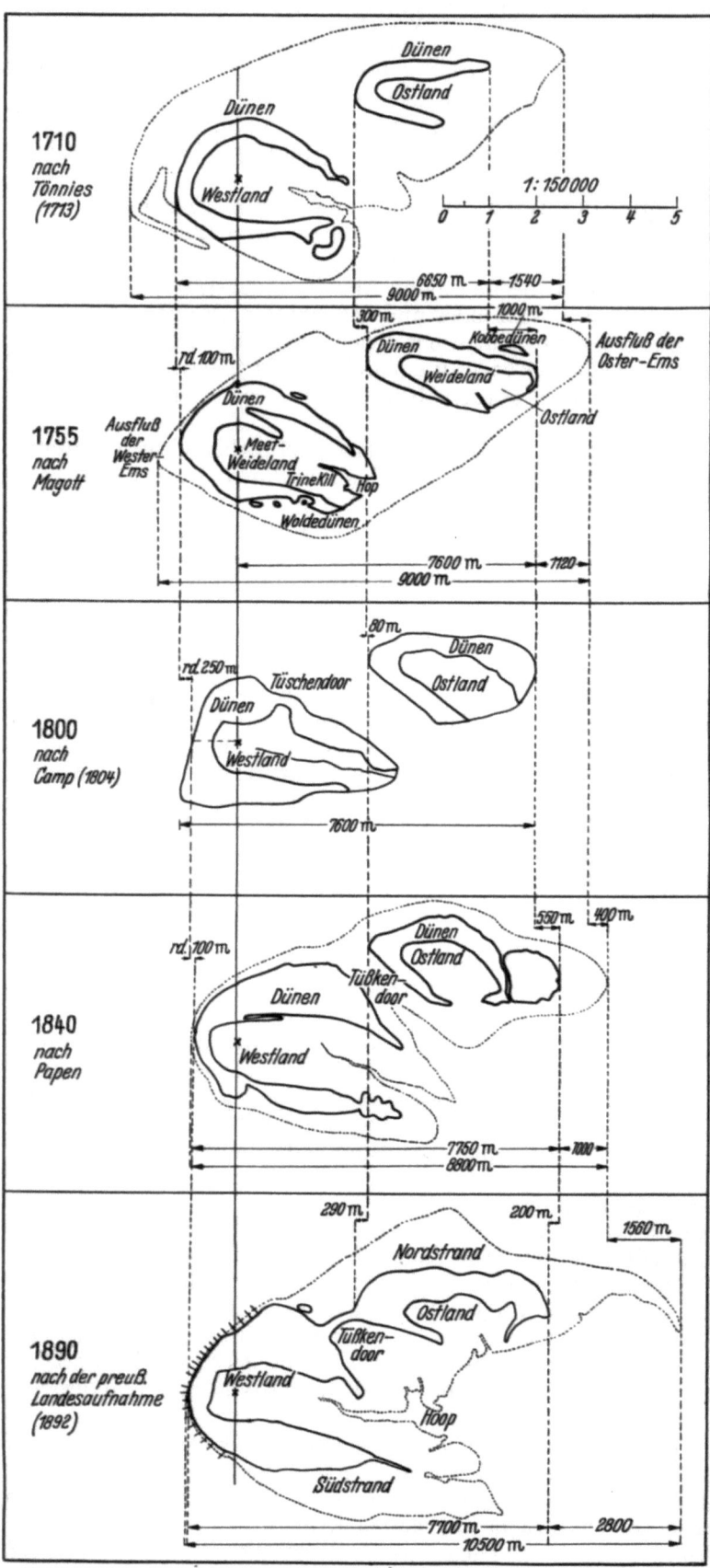

Abb. 8. Die Entwicklung der Insel Borkum 1710 bis 1890.
(Gezeichnet vom Verfasser.)

1904—1916, und 1925—1932 entwickeltes Buhnensystem mit Zwischenbuhnen unterstützte die unmittelbaren Schutzmaßnahmen und verhinderte das dichtere Heranlegen der Tiefen der Westerems und des Strandgatge an die Insel im Westen, Südwesten und vor allem im Nordwesten des Westlandes. Die zeitliche und bautechnische Entwicklung der Schutzbauten ist von Hibben [56] eingehend beschrieben.

Die Nordwestdünen des Ostlandes nahmen von 1840—1890 wieder um 290 m zu, während das Südostende um 200 m nach Osten anwuchs. Seit den 1860er Jahren sind die 2 Dünengruppen auf dem West-Ostlande, unterstützt von Menschenhand durch den „Hinterwall" zusammengewachsen. Dadurch ist das Tüßkendor erstmalig geschlossen worden. Zur Sicherung des durch Sturmfluten immer offen gehaltenen Gates Tüßkendor und des Hinterwalles ist, auch zur Vermeidung einer tiefen sturmflut-wasserstauenden Bucht, in geradliniger Verbindung der NW-Ostland- mit den NO-Westlanddünen ein Sanddamm durch Setzen von Buschzäunen geschaffen, der mangels Strandbreite sich hat nicht so hoch und breit entwickeln lassen wie auf Juist der Hammerdamm.

Im ganzen hat die Düneninsel in der Zeit der vergleichbaren Entwicklung von 1710 bis 1890 in der Länge von 6650 m — die nach dem obigen Commissionsbericht von 1650:1630 Rth = rd. 6140 m betrug — auf 7700 m zugenommen, bei einer Gesamtabnahme der Insel am Westland — W bis NW — Ende um 450 m und einer Verlängerung der Ostland-Ostende-Dünen um 1750 m. Diese beiden Größenangaben sind das Maß der Ostwärtswanderung der Insel Borkum. Ihr Festlegen und Sichern am Westende war notwendig zum Schutze der sehr alten Siedlung, die schon zu Beginn unserer Zeitrechnung bestand, und des seit 1750 in Betrieb genommenen Seebades, sowie der Anlagen der Landesverteidigung und Küstenbefeuerung. Trotz Verringerung der Strandbreiten sind die Dünen sowohl des Ost- wie des Westlandes durch beständige Pflege und erlassene Schutzmaßnahmen im ganzen stärker und an Fläche größer geworden, wie überhaupt die ganze Thw-freie Inselfläche von 26 km² um 1710 auf 32 km² bis 1935, der letzten Vermessung des Reichsamtes für Landesaufnahme, zugenommen hat.

Der Oststrand hat die 1650 gemessene Länge von 1065 Ruten = rd. 4010 m bis heute, wo sie 2500 m beträgt, nicht wieder erreicht (Abb. 8). Offenbar lag 1650 die Osterems mit ihren Tiefen weiter östlich als heute.

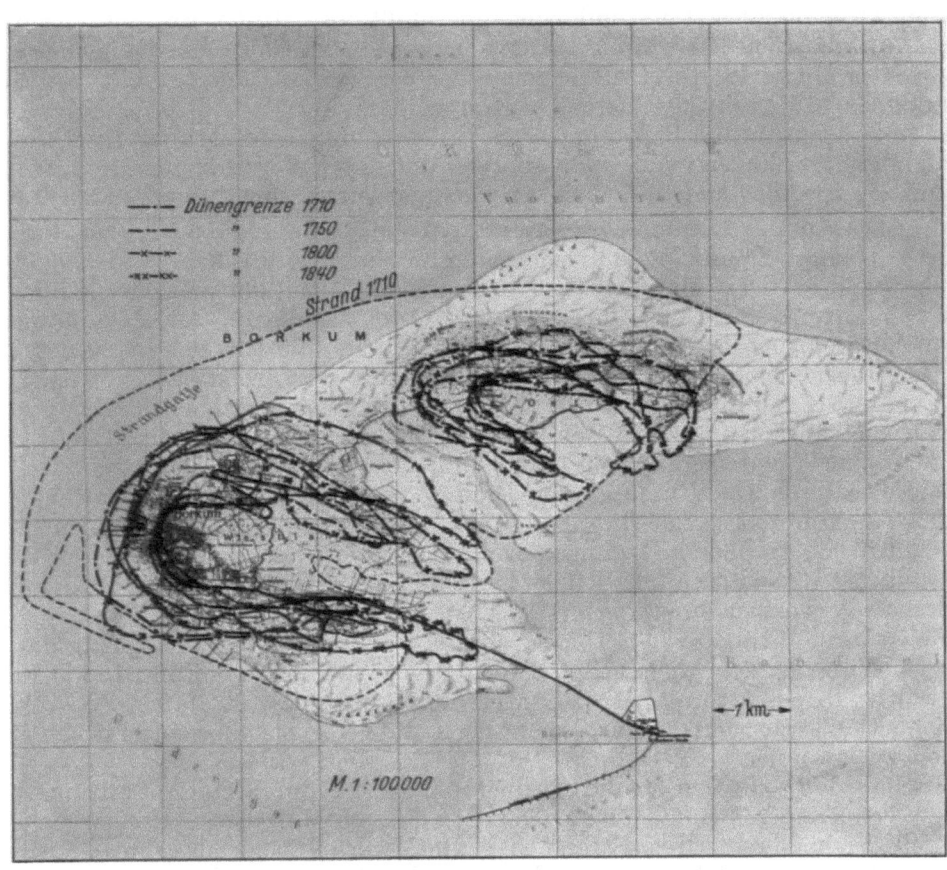

Abb. 9. Vergleich der früheren Entwicklungsfiguren der Insel Borkum mit dem Zustand der letzten Landesaufnahme 1890. (Gezeichnet vom Verfasser.)

Die kartographischen Vergleiche der Dünen-Inselentwicklung zwischen 1710 bis 1935 ergeben gemäß Abbildung 9 folgende Ausmaße der Dünen-ab- und -zunahme auf Borkum:

	in W—O-Richtung	in N—S-Richtung
1710—1750	100 m Abnahme am W- und NW-Rande 400 m Abnahme vom SW-Rande des Westlandes 1000 m Zunahme am Ostrande des Ostlandes	150 m Zunahme am N-Rande des Westendes 150 m Abnahme am N- und NW-Rande des Ostlandes
1750—1800	250 m Abnahme am W-Rande 100 m Abnahme am NW- und 600 m Zunahme am SW-Rande des Westlandes 0 m Zunahme am Ostende des Ostlandes	50 m Zunahme am N-Rande des Westlandes 200 m Abnahme am N-Rande des Ostlandes
1800—1840	100 m Abnahme am W- und NW-Rande des Westlandes 550 m Zunahme am Ostende des Ostlandes	100 m Abnahme am N-Rande des Westlandes 150 m Zunahme am N-Rande des Ostlandes
1840—1890	0 m Abnahme am W-Rande 50 m Abnahme am NW-Rande des Westlandes 200 m Abnahme am Ostende des Ostlandes	100 m Zunahme am N-Rande des Westlandes 200 m Zunahme am N-Rande des Ostlandes
1890—1935	0 m Abnahme am W-NW-Rande des Westlandes 0 m Zunahme am Ostende des Ostlandes	0 m Abnahme am N-Rande des Westlandes 200 m Zunahme am N-Rande des Ostlandes
1710—1935	450 m Abnahme am W-NW-Rande des Westlandes 1350 m Zunahme am Ostende des Ostlandes	200 m Zunahme am N-Rande des Westlandes 200 m Zunahme am N-Rande des Ostlandes

b) Die Entwicklung der Insel Juist.

Juist war wie Borkum zu Beginn unserer Zeitrechnung Bestandteil der Großinsel Burchana und um 800 n. d. Z. derselben Insel Bant. Als selbständige Insel wird Juist in den angeführten Urkunden vom 11. September 1398 und November 1406 als „Just" erwähnt. Nach einer Dünenansicht (B 78) von 1568 hatte Juist damals eine hohe geschlossene Dünenkette, auch vor der Kirche, in der Mitte der Insel. Dagegen zeigt bereits die Dünenansicht von 1585 (B 78), daß die Randdünen beiderseits der Kirche verschwunden sind.

Genauere Unterlagen für die Beurteilung des Entwicklungszustandes der Insel Juist sind erst im 17. Jahrhundert vorhanden, und zwar sind es die unter Borkum genannten Commissionsberichte [9 und 10] von 1650 und 1657. Die erste genaue Vermessung hat erst 1739 stattgefunden.

Nach den Angaben des Commissionsberichtes aus dem Jahre 1650 betrug die Länge der Insel vom Ost- bis zum Westende 2623 rheinländische Ruten je 3,766 m = rd. 9900 m. Auf der Mitte der Insel stand ein Dorf und eine Kirche mit einem Turm, der niedriger als der Borkumer war und als Schiffahrtszeichen zur Einfahrt in die Osterems diente. Die Hauptangabe für die nördliche Dünenbegrenzung lieferte der Standort der Kirche, die vor 1650 nach der alten Pfarrchronik von der Inselgemeinde Juist mitten im Dorf von 22 Häusern stand. Vor dem Kirchturm, der nach Janssen [61] 180 Fuß = rd. 57 m hoch war, sind die Randdünen nur noch rd. 42 Ruten = 160 m breit, die jährlich unter gewöhnlichen Verhältnissen 3—4 Ruten (11—15 m) und bei großen Stürmen sogar 5 und mehr Ruten (19 m und mehr) abnehmen. Westlich der Kirche war damals die Tüffelsbalje von 63 Ruten (235 m Breite), worin kleine Dünen anzuwehen begannen, ferner war das Thundünzgat in 200 Ruten (rd. 750 m) Breite vorhanden, in und neben welchem auch kleine Dünen sich zu bilden begannen. Der Nordstrand war nach dem Bericht schmal und niedrig, so daß die See öfters bis an die Dünen herankam und seit Menschengedenken mehr Dünen wegriß als damals je vorhanden waren.

Die Kirche ist nach Windberg [159] kurz vor 1300 gebaut worden und dürfte damals an der Südseite der Dünen errichtet worden sein. Somit haben die Randdünen in rd. 350 Jahren (1300 bis 1650) gewaltig abgenommen. Der Oststrand wird heute als Kalfamer (= kahle niedrige Fläche) bezeichnet und war nach obigem Bericht hoch und geeignet, mit menschlichen Maßnahmen weitere Dünen zu gewinnen.

Man hat damals den schmalen Strand nördlich der Kirche durch Holmpflanzungen „in forma triangulari" zu schützen und aufzuhöhen versucht. Jedoch war dieser Maßnahme kein Erfolg beschieden, weil der hochwasserfreie Strand zu schmal war. Ein gleich schmaler Strand wurde am „Westende über dem Balg", offenbar dicht am Haaksgat, erwähnt.

Die erste Entwicklungsfigur der Insel Juist ist nach den Zustandsangaben des Berichtes von 1650 unter Anpassung an die Vermessungsfigur von 1739 (Abb. 10) entworfen und daher gestrichelt dargestellt.

Die Pfarrchronik [61] erwähnt, daß die Gemeinde aus den Trümmern der ersten 1660 eingestürzten Kirche eine neue bescheidenere Kirche auf dem Hammer, am nordwestlichen Rande des damaligen Ostlandes, wo noch höhere Randdünen standen, erbaute. Sie war schon bald von den Sturmfluten gefährdet. Die in der Nähe der zweiten Kirche befindlichen Häuser wurden 1687 abgebrochen und weiter südöstlich wieder aufgebaut.

Nach Herquet [54] hatte die Insel im Westteil ein Billdorf mit 9 Häusern und im Ostteil des Loog mit 14 Häusern, einschließlich der Pastorei.

Weitere Berichte folgen in den Akten „generalia von Inselsachen"[A, 1] von 1702 ab. Ein Bericht vom 10. September 1702 gibt an, daß die Insel vor 51 Jahren, also 1651 bei der Petersflut in der Mitte völlig durchgerissen ist, wodurch das „große Slop" entstanden ist. Diesen Zeitpunkt des Inseldurchbruches gibt auch der Reisebericht Groninger Studenten [105] an.

Weitere Berichte bekunden, daß aus Holland herangezogene Dünemeyers (dünenbaukundige Arbeiter) unter Leitung des Ingenieurs Tönnies Dünenschutz- und Wiedergewinnungsarbeiten ausgeführt haben.

In Berichten des Jahres 1705 wird von beträchtlichen Strandhöhungen berichtet, so daß viel neuer Strand über Hochwasserhöhe entstanden ist.

Nach der Pfarrchronik [61] beschädigte die Fastnachtsflut von 1715 die zweite Kirche so stark, daß sie nicht mehr benutzt werden konnte. Eine allgemeine Sammlung im Fürstentum Ostfriesland ermöglichte jedoch bald einen Neubau. Auf fürstlichen Befehl wurden wegen der Länge der Insel 1715 zugleich zwei bescheidenere Kirchen gebaut und zwar die Dritte auf der Bill, die die „Hauptkirche" wurde, und eine vierte Kirche auf dem Ostlande im heutigen Loog. Es waren somit zwei Siedlungen vorhanden. Das Pfarrhaus wurde neben der dritten Kirche errichtet, wo auf einer Düne ein Friedhof angelegt wurde. Dieser ist am Ostende der dritten Dünenkette, Juist-Westteil (westlich des heutigen Vogelwärterhauses), östlich der dritten Kirche (Darstellungsfigur von 1740 in Abb. 10) wiedergefunden worden. Den Zustand der Insel gibt die Karte von T. Fr. Emmius wieder (C 35). Die dritte Kirche hat nur zwei Jahre gestanden. Sie wurde bereits in der Weihnachtsflut 1717 zu einer Ruine, 28 Menschen und viel Vieh kamen auf der Bill um. Von 18 Häusern des Billdorfes wurden neun weggespült. Das Ostdorf war von der Flut verschont geblieben. Das Billdorf wurde danach aufgegeben und östlich des Loogdorfes als Oster Loog (Darstellung 1739 in Abb. 10) neu aufgebaut. Aus den Trümmern der dritten Kirche und des zerfallenen Pfarrhauses im Billdorf wurde neben der vierten Kirche in Loog ein neues Pfarrhaus errichtet.

Die Weihnachtsflut 1717 hat, wie allen Inseln und dem Festlande, so auch Juist großen Schaden zugefügt. Außer vorgenannten Verlusten war nach Klopp [70] das Kleiland (Heller) ganz übersandet und der mühsam gegen 1690 geschlossene Durchbruch von 1651 im wesentlich stärkerem Maße neu eingetreten und zwar nach der Vermessung des Ingenieurs Horst in einer Durchbruchsbreite von rd. 1650 m. Der Reisebericht der Groninger Studenten von 1720 spricht von einem erschütternden Eindruck, „den die Insel gemacht" hat und erwähnt, daß nach Angabe der ältesten Insulaner noch nie eine Abnahme bis auf rd. $\frac{1}{3}$ der früheren Inselgröße stattgefunden habe.

Die gewaltige Zustandsänderung durch die Weihnachtsflut von 1717 hat den Anlaß dazu gegeben, daß sämt-

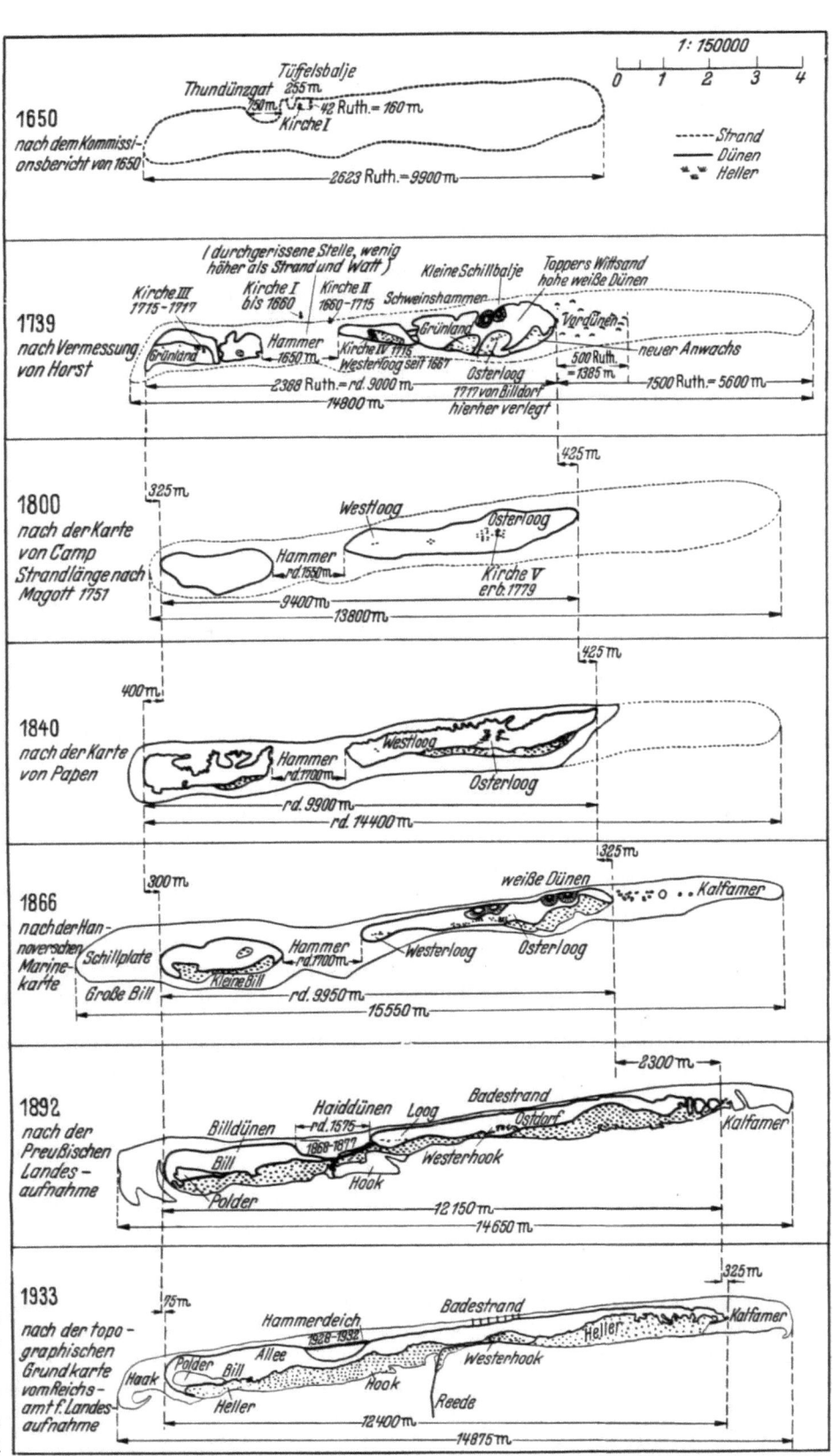

Abb. 10. Die Entwicklung der Insel Juist 1650 bis 1892. 1 Ruthe = 3,76 m.
(Gezeichnet vom Verfasser.)

liche ostfriesischen Inseln wie Borkum, das schon 1713 durch den Ingenieur Tönnies vermessen war, aufgenommen wurden.

Die erste und grundlegende Vermessung der Insel Juist hat durch den Ingenieur Horst 1739 stattgefunden (B 84). Die Inselfigur (Abb. 10) zeigt eine sehr unausgeglichene Dünenlandschaft. Vom Billdorf ist nur noch der Friedhof angedeutet, der in neuerer Zeit wieder entdeckt wurde. Das alte Loogdorf ist noch der Lage nach erhalten. In der Darstellung der Inseln (Abb. 10) sind die ungefähren Standorte der zwei ersten Kirchen, die beide nördlich vom heutigen Hammer lagen, angedeutet. Die bedeutendsten Ein- und Durchbrüche sind in der Inseldarstellung benannt. Der Hammerdurchbruch von 1717 war 1650 m breit und nur wenig höher als der Strand und das Watt. Nach der Emmiuskarte von 1715 (C 35) war der Durchbruch an dieser Stelle bereits 330 Ruten = rd. 1620 m. Demnach ist der Durchbruch von 1717 nur um rd. 30 m verbreitert worden. Der Schweinshammer (Abb. 10) ist nach Berichten [A 1a] im November 1739 in der Katharinensturmflut von neuem erweitert und quer durch die Düneninsel entstanden, indem der Deich darin weggerissen wurde, so daß der Durchbruch bis dicht an das Loog (Dorf) heranreichte. Die Berichte der Jahre 1737, 1742 und 1743 vermerken mehrfach einen Abbruch der Haaksdünen um 50 Schritt, das ist ein Beweis dafür, daß das Haaksgat „noch in dichter Lage am Dünenrand" wie es in Berichten heißt, vorhanden war. Die genaue Lage ist aus keiner Altkarte zu entnehmen. Offenbar ist das Haaksgat örtlich allein die Ursache für die Abnahme der Westdünen. Es war aber auch hier ein Wechsel zwischen Ab- und Zunahme vorhanden. 1740 meldete der Vogt z. B., daß sich am Westende zwischen den festen Dünen und dem Haaksgat auf der sog. Schillplate eine feste Bank in westnordwestlicher Richtung bis über gewöhnliches Hochwasser aufgeworfen habe. Auch die starke Abnahme des Nordstrandes in ganzer Länge wurde gemeldet. 1742 drohte der Vogt, das Loog aufzugeben und den Friedhof an das Ostende zu verlegen, wenn für die Schließung des Schweinshammers nicht wirksam etwas geschehe. Er bezeichnet die Insel als „miserable Sandbrinke" und befürchtete, daß sie bei einer hohen Flut untergehe. Danach wurden im Durchbruch Buschzäune gesetzt, die aber schon im nächsten Jahre, 1743, zerstört wurden, so daß das Sloop 120—240 m breit wurde. Die Breite der Insel betrug nach der Pfarrchronik [61] bei der Kirche nur noch 200 Schritt. Tatsächlich brachen fast alle Loogbewohner ihre Häuser im Westdorf von 1740—1780 nach und nach ab und errichteten sie zum Teil neu in Osterloog, dem heutigen Hauptdorf und zum Teil westlich von diesem. Dahin wurde die zu klein gewordene (vierte) Kirche nebst Pfarrhaus versetzt, an die der Düneneinbruch nach der Pfarrchronik schon bis auf 15 Schritt herangekommen war. Sie wurde auf dem 1742 von den Ostdorfbewohnern angelegten Friedhof als fünfte Inselkirche in heutiger Größe erbaut.

Der tatkräftige Pastor Janus, der dies vollbrachte, machte als erster 1783 den Vorschlag, Juist als Seebad einzurichten. Die Insulaner hatten sich, wie auf Borkum, nach den gewaltigen Einbrüchen und durch die Hellerversandung vom Bauern- auf den Schifferberuf umgestellt. Wie sehr die Insulaner diesen Beruf ausübten, beweist ein Bericht von 1756, in dem es heißt: „Ausgenommen die Stadt Emden fahren von keinem Orte dieser Provinz so viele schwere Schiffe als von der Insel Juist."

In den Jahren 1798—1802 entwarf im Auftrage der ostfriesischen Landstände der holländische Art.-Kapt. W. Camp auf Grund geometrischer und trigonometrischer Vermessungen die „neue geographische Karte von dem Fürstentum Ostfriesland und Harlingerland" (B 52). Wenn auch die Düneninseln einfach dargestellt ist (Signatur nach der Art der Maulwurfshügel), sind die Düneninselfiguren doch scharf umrissen und abgegrenzt. Die Dünenketten sind seit 1739 trotz der späteren kleinen und großen Ein- und Durchbrüche, jedoch mit Ausnahme des Hammergats, geschlossen worden. Daß ist wohl nur der planmäßigen und besseren Dünenpflege zu verdanken, seit Ostfriesland 1744 an Preußen fiel. Offenbar haben Strand und Dünen aber auch durch herangewanderte Sandbänke viel Sandzufuhr erhalten. Von größeren Sturmflutschäden ist aus der Zeit von 1740—1800 nichts erwähnt. Das Haaksgat ist nach der Karte von Camp in seiner Mündung nach Norden geschlossen, ein Beweis dafür, daß von der langen Sandbank westlich Juist viel Sand nach Osten gewandert ist. Durch Bohrungen, die der Verfasser auf dem Weststrande von Juist durchführte, ist nachgewiesen, daß hier ein Seegat bis tief ins Diluvium und zwar bis auf die Grundmoräne (—25,25 m NN) eingeschnitten hat [154]. Wahrscheinlich war hier das alte Haaksgat gewesen. Der Hammerdurchbruch war noch in großer Ausdehnung vorhanden und hatte um rd. 100 m Breite abgenommen, indem die Billdünen am Ostrande etwas zugenommen hatten. Ein Schließen dieses rd. 1550 m breiten Durchbruches war von Natur aus nicht möglich, weil er schräg zur Strömungsrichtung lag. Dagegen konnte sich das „durchgerissene Sloop" der Bill (Abb. 10) von selbst schließen, da es quer zur Flutströmung lag. Die Bill war gänzlich unbewohnt. Im Westloog standen nur noch zwei Häuser, in denen der Vogt allein wohnte. Alle anderen Häuser waren weiter östlich zumeist im Osterloog, dem heutigen Dorf, im Schutze von breiten Randdünen errichtet. Nach dem zusammenhängenden Verlauf der Dünen waren offenbar kräftige Randdünen neu entstanden. Klagen der Insulaner über eine schlechte oder gefahrvolle Beschaffenheit der Insel im allgemeinen und in der Nähe der Loogs im besonderen sind aus der Zeit nicht bekannt geworden.

Die ruhige Entwicklung der Insel wurde plötzlich durch die gewaltige Sturmflut vom 3. bis 4. Februar 1825 unterbrochen. Nach Bueren [20] sind von dem Osterloog sieben Häuser ganz „weggespült" und neun weitere sehr beschädigt. Die Wohnung des Vogtes im früheren Westerloog ist unbewohnbar geworden. Der Inselzustand ist nach Schilderung von Augenzeugen, so der Emder Schiffer, die bereits am 8. Februar 1825 die Insel im Auftrage des Emder Magistrates mit Lebensmitteln versorgten, so schlecht geworden, daß sie verlassen werden mußte. Alles Vieh war umgekommen und fast alle Lebensmittel verdorben. Nach Arends [3] war auch der Friedhof zum Teil aufgewühlt. Besonders stark war der Dünenverlust an der Nordwestseite des östlichen Inselteiles, also am Ostrand des Hammer, der 400 Ruten (rd. 1500 m) breit war und nur während der Ebbe trocken lag. Diese Breite hatte sich bis 1840 gemäß der Vermessung durch Ing.-Lt. Papen noch um rd. 50 m erweitert. Ein genaueres Bild des Inselzustandes gibt der Commissionsbericht vom 17. September 1826 unter Führung des Oberbaurats Dammert von der Baudirektion Ostfriesland in Aurich, von der mangels genauerer Zeichnung über die Düneninsel eine solche gefertigt wurde (Abb. 11).

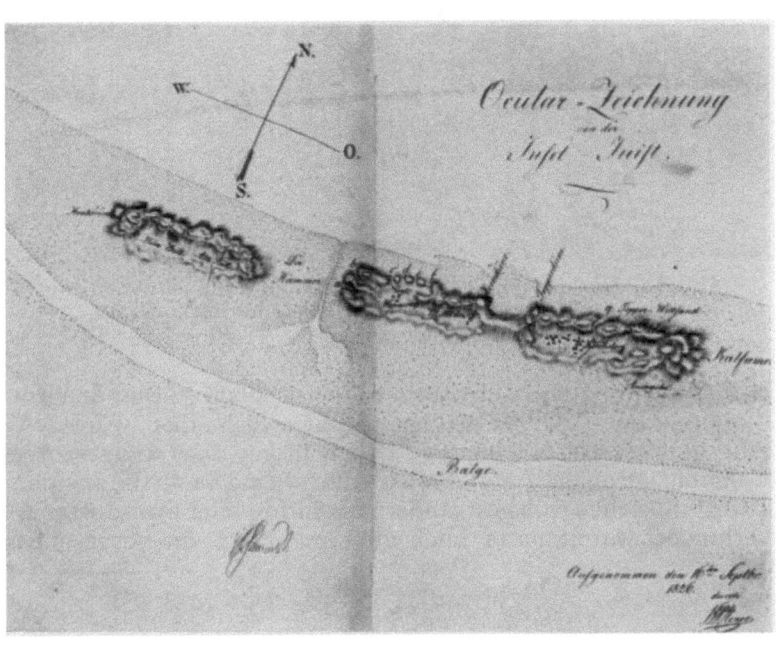

Die Erhaltung aller ostfriesischen Inseln, besonders aber der Insel Juist, wurde für den Deichschutz, wofür nach damaliger Auffassung alle Inselarbeiten gemacht wurden, wichtig gehalten. Aus diesem Grunde leistete die ostfriesische Landschaft seit Jahrhunderten einen festen Jahresbeitrag von 500 Reichstalern zu den „Conservationsarbeiten". Jedoch wurden die Insulaner wegen ihres eigenen Interesses am Schutze ihres Besitzes zu den Unterhaltungsarbeiten herangezogen. In der Regel leisteten sie die Hälfte der jeweils vorgesehenen Helmpflanzungsarbeiten unentgeltlich.

Der Inselunterhaltungsfonds, der bisher nur 700—800 Rth. für alle Inseln ausmachte, wurde von 1826 ab beträchtlich verstärkt.

Abb. 11. Zeichnung der Insel Juist von 1826.
(Abgezeichnet aus der Altakte: Wasserbausachen, Staatsarchiv. Aurich C IX C.)

Auf Juist wurden die planmäßigen Arbeiten gegen Vergütung durch Arbeiter vom Festlande ausgeführt, weil während der geeigneten Zeit im Frühjahr und Herbst die arbeitsfähigen Bewohner in der Schiffahrt beschäftigt waren.

Um den Erfolg der Dünenpflege zu gewährleisten, wurde nach dem Vorbild von Norderney 1829 ein Weidereglement erlassen, das alle viehhaltenden Insulaner für das Hirtenamt verpflichtete und das Umherlaufen bzw. Weiden von Vieh in Dünentälern oder gar auf Dünen mit 1—5 Rth. Geldstrafe, im Unvermögensfalle mit entsprechender Arbeitsleistung bestrafte. Um 1838 wurde weiter zum Dünenschutze ein Eiersammelverbot nach der 1815 von der preußischen Kriegs- und Domänenkammer für Langeoog getroffenen Regelung erlassen, wonach in den Monaten Mai bis Juni an zwei Tagen, von 1843 ab nur an einem Tage wöchentlich unter Aufsicht des Vogtes in freigegebenen Gebieten gesammelt werden durfte.

Alle Inseln, so auch Juist, litten unter starken Verwehungen, deren Anfang nach Berichtsangabe aus französischer Okkupationszeit stammte. Hinsichtlich der Dünenverwilderung wird als besonders nachteilig das wilde Abschießen der Seevögel, sowohl von Insulanern wie auch von gelegentlichen Inselbesuchern hervorgehoben. Von 1843 an wurde die Jagd mit Schießgewehren auf Seevögel, außer von Booten und Schiffen aus, verboten.

Ferner war es nachteilig für die Dünenpflege, daß die vorgesehenen Arbeiten ab und zu unterblieben, wenn die Insulaner mit dem Löschen gestrandeter Schiffe beschäftigt waren.

Die Schäden der Sturmfluten von 1825 und der weniger hohen in der Folgezeit, deren Erwährung zu weit führen würde, ließen die mit allen Mitteln erstrebte Inselverbesserung noch nicht recht voran kommen.

Das Inselbild zeigt um 1840 nach der Papenkarte (B 97) noch die starke beschädigte Randdünenkette aus den Sturmfluten von 1825. Auf der Bill sind drei tiefe Einbrüche, auf dem Ostteil mehrere, für das Osterloog mehr oder weniger gefährliche Buchten, von denen die östliche 1825 mehrere Häuser verschlang und noch 1840 hart an das Dorf heranreichte.

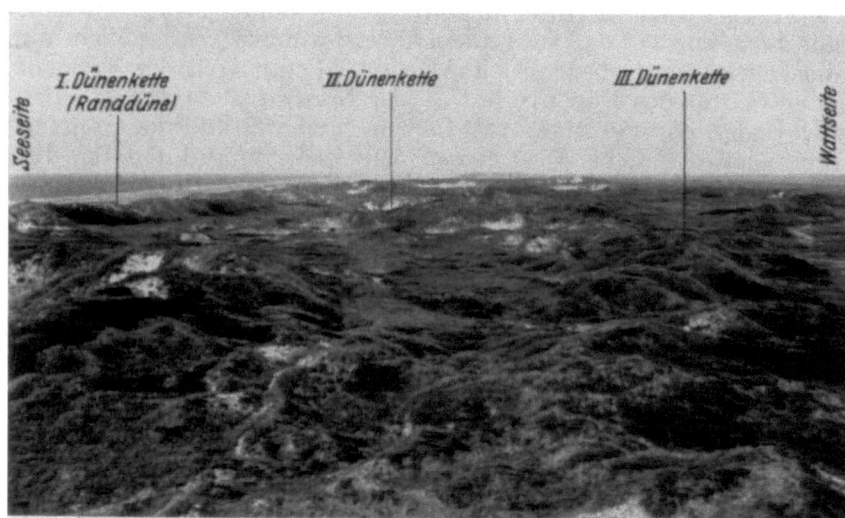

Abb. 12. Die drei Dünenketten (Rand- und Binnendünen) auf Juist
— Westteil — Blick vom Westende nach Osten.
(Aufnahme: Backhaus, Sept. 1936.)

Ruhigere Wasser- und Wetterverhältnisse haben bis 1866 sowohl die Bill, als auch die Insel (den Ostteil) wieder zur geschlossenen Dünenfigur (Abb. 10) anwachsen lassen.

Durch planmäßige und ständige Dünenpflege, wozu die Insulaner kraft fürstlicher Anordnung nach Angabe und unter Aufsicht des Inselvogtes seit 1718 verpflichtet waren, sind die größeren Dünenein- und -durchbrüche in verhältnismäßig kurzer Zeit wieder geschlossen worden. Auch hatten die Insulaner bei der Hilfeleistung von den Dünenmeyers gelernt, Buschflaken in wirksamer Weise zu setzen. Zudem muß eine natürliche Neigung zum Aufbau überwiegend vorhanden gewesen sein, um zu einer wesentlichen Zunahme der Insel zu gelangen. Im allgemeinen wurden Unterhaltungsarbeiten nur im Frühjahr und Herbst in einem zu den heutigen fast ununterbrochenen Dünenpflegearbeiten verhältnismäßig geringen Umfange ausgeführt. Und wenn die Insulaner durch Schiffahrtsdienst, Fischereierwerb, Löschen von gestrandeten Schiffen oder aus sonstigen Gründen zu der günstigen Jahreszeit verhindert waren, unter blieb auch mehrfach die vorgesehene Unterhaltungsmaßnahme. Die unmittelbare Aufsicht über die Arbeiten erfolgte überdies durch die Vögte nur nebenher, da deren Haupttätigkeit polizeiliche Verwaltungsaufgaben umfaßte und ihre Sachkenntnisse für Inselunterhaltungsarbeiten mit Ausnahme der Amtsvögte von Norderney und Borkum nach Aktenangaben (A 1 b) auf den anderen Inseln mehr oder weniger dürftig waren. Die Inseln wurden zu jener Zeit aus Mangel an Mitteln durchschnittlich jährlich nur zweimal von den zuständigen Aufsichtsbehörden bereist, so daß die Nachprüfung der Arbeiten auch in dieser Hinsicht unzureichend war.

Abb. 13. Die Dünenketten auf Juist — Ostteil — Blick vom Dorf (Wasserturm) nach Osten.
(Aufnahme: Backhaus, Sept. 1936.)

Bei den Dünen auf Juist handelt es sich im Westen, auf der Bill und auf dem Ostteil, der Insel (soweit hier vorhanden) um die jetzige 2. und 3. Dünenkette (Abb. 12). Die jetzige weiße Randdünenkette ist unter den Augen noch lebender Inselbewohner seit 1880 entstanden. Nicht nur die Abnahme und die Umgestaltung der Inselfiguren, die in der Darstellung 1737, 1804, 1840 und 1866 deutlich zum Ausdruck kommen, sind ein Beweis für die Entwicklung der Randdünen, sondern auch die Tatsache, daß das Billdorf 1717 dicht südlich der heutigen 3. Dünenkette lag, vor der damals keine schützende Kette mehr war und die in ihrem West-

und Ostende nach Süden umgebogen war. Etwa bis 1800 hat sich die heutige zweite Dünenkette gebildet, die aber 1825 starke Einbrüche erlitten hat und sich etwa bis 1866 nach und nach wieder ergänzte. Seit 1880 ist die 3. jetzige Nordranddüne, die im Gegensatz zu der 2. und 3. grauen Dünenkette noch verhältnismäßig weiß ist, vorhanden. Der große Durchbruch des Hammer ist im Zuge der 3. Dünenkette in den Jahren 1866 bis 1877 durch künstliche Maßnahmen geschlossen worden.

In gleicher Reihenfolge sind die Haiddünen sowie die Dünen zwischen Westerloog und Osterloog entstanden. Das kommt aus der Aufnahme von 1892 deutlich zum Ausdruck (Abb. 10). Sie bildeten einen geschlossenen Wall, hinter dem im Westen früher das Westerloog, das heutige „Loog" und im Osten das Osterloog (das heutige Dorf) ihre geschützte Lage hatten. Die Haid- und Loogdünen waren im Westen durch den Hammerdurchbruch und im Osten durch das Hallohmsgloop begrenzt (Abb. 10, Figur 1892). Das Hallohmsgloop ist etwa seit 1870 entstanden und von 1890 ab durch Helmpflanzen nach und nach geschlossen worden, so daß hinter der so gewonnenen Randdüne sich das romantische Tal der Goldfischteiche — östlich des Ostdorfes — entwickeln konnte.

Am Ostende des heutigen Juist sind nur weiße Dünen der jüngsten Bildung (etwa seit 1880) in einer geschlossenen Kette vorhanden (Abb. 13), die sich aber ganz am Ostende in Einzel- und Vorfelddünen auflösen. Der Ostrand von Juist hat sich seit Erbauung der Schutzwerke am Westende von Norderney, etwa seit 1860 nicht mehr verlängert (Abb. 10).

Die Bildung einer ganzen Dünenkette von Natur aus und deren planmäßige Unterstützung z. B. zur Wiedergewinnung von Dünen bzw. zur Schließung von Ein- und Durchbrüchen ist mit Erfolg nur möglich, wenn ein ausreichend trockener, breiter Strand vorhanden ist. Am Westende von Juist war von den heranwandernden Riffen der Osterems eine gute Sandzufuhr seit dem Verlanden des Haaksgates, etwa seit 1790, vorhanden. Aus diesem Grunde hat sich, abgesehen von den örtlichen Einbrüchen, das Westende im ganzen kaum nennenswert verändert. Nach dem Schließen des Hammerdurchbruches zwischen 1866 und 1877 blieb auch der Ostteil der Insel bei guter Sandzufuhr im wesentlichen beständig.

Die Sandzufuhr und die davon abhängige große und gute Strandbildung ist jedoch nicht gleichmäßig. Es wechseln vielmehr Zeiten stärkerer mit Zeiten schwächerer Sandzufuhr ab. Während letzterer tritt die

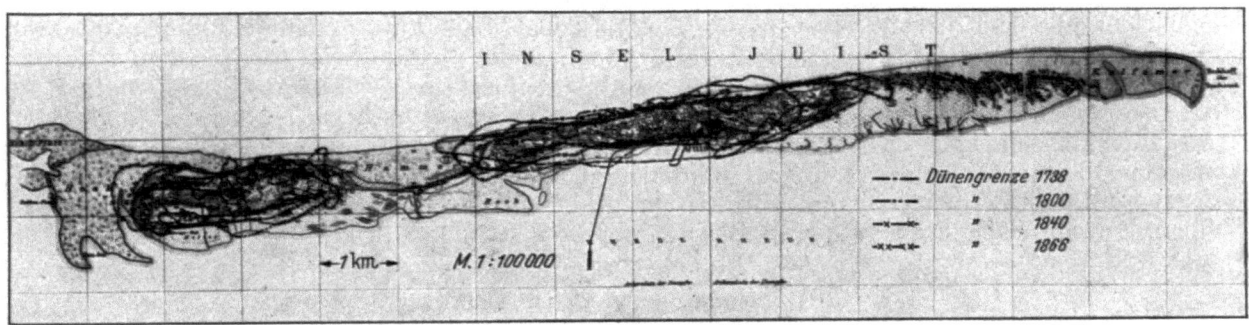

Abb. 14. Vergleich der früheren Entwicklungsfiguren der Insel Juist mit dem Zustande der Landesaufnahme 1892.
(Gezeichnet vom Verfasser.)

Hochwasserlinie oft dicht an den Dünenfuß heran. Dadurch vermögen stärkere Brandung und höhere Sturmfluten unmittelbar die Dünen anzugreifen.

Ein solcher Zeitabschnitt des ständigen Dünenabbruches setzte 1901 auf der Insel Juist nördlich des Loogs ein. Die Strandabnahme und der Dünenabbruch verlagerten sich offenbar infolge einer Riffwanderung nach Osten, und zwar um 1907 um rd. 1000 m und bis 1912 um weitere rd. 800 m nach Osten hin. Die Sturmfluten des Winters 1911/12 bildeten eine solche Dünensteilkante aus, daß die Häuser auf der Randdüne sehr gefährdet wurden. Bereits 1908 war ein Entwurf zum Bau einer 2400 m langen Dünenschutzmauer nebst 14 Buhnen abwechselnd als Basaltpflaster- und Pfahlbuhnen aufgestellt worden. Tatsächlich wurden von 1913 ab, mit Unterbrechungen während des Krieges bis 1920 rd. 1400 m Mauer und 7 Buhnen (die 7. nur 170 m lang) hergestellt. Infolge der seit 1913 wesentlich verbesserten Strandverhältnisse, als Folge erhöhter Sandzufuhr, wurden die Bauten vorzeitig eingestellt. Die Strandverbesserung hat bisher angehalten, so daß die Buhnen und Dünenschutzmauer meist völlig unter Sand liegen. Unterhaltungskosten werden dadurch gespart. Teile der Buhnen zeigen sich nur gelegentlich, wenn vorgelagerte Riffe beim Hinaufwandern auf den Strand einen Priel ausbilden.

Für die Inselentwicklung ist noch die Schließung der Hammerbucht durch einen Dünendamm von Bedeutung, der im Zuge der Nordranddünen 1928 durch Setzen von Buschzäunen mehrfach übereinander sowie durch Aufbringen von Sand aus der östlich anschließenden Düne auf dem in der natürlichen Entwicklung zurückgebliebenen Ostteil bis 1932 auf rd. 4,20 über MThw hergestellt wurde. Der Hammerdamm wird zur Zeit durch besondere Pflege noch seeseitig verstärkt. Die Abb. 14 zeigt durch übereinanderzeichnen der verschiedenen Entwicklungsfiguren in anschaulicher Weise die Veränderung der Insel Juist von 1739—1892.

Die kartographischen Vergleiche der Dünen-Inselentwicklung ergeben folgende Ausmaße der Dünen- ab- und -zunahme auf Juist (s. Seite 188).

Im ganzen besitzt die Insel Juist vom Westende bis zum Ostende, abgesehen von einer schwachen Stelle am Nordrand der Bill, eine lückenlose starke Randdüne. Dadurch war es möglich, daß sich etwa seit 60 Jahren auf der Südseite der Insel ein ausgedehnter Heller bilden konnte, von dem ein Teil auf der Bill 1875 (Abb. 10, Figur 1892) sturmflutfrei eingedeicht ist. Daß dieser Teil sich besonders gut entwickeln konnte, hängt auch damit zusammen, daß die Bill seit 1871 unbewohnt war, Dünen kaum betreten wurden und sich eine Vogelkolonie hier ansiedelte. Hingegen klagen Berichte aus der Zeit um 1840 über unaufhaltsames Sandstäuben im Osterloog, wo

	in W—O-Richtung	in N—S-Richtung	
1739—1800	325 m Abnahme am Westend 425 m Zunahme am Ostende	75 m Abnahme vor dem Osterloog 100 m Zunahme vor dem Westloog 125 m Zunahme im Westteil	Ost- teil
1800—1840	400 m Zunahme am Westende 425 m Zunahme am Ostende	Nordrandlinie im großen gehalten, jedoch sind besonders 1825 mehrere tiefe Einbrüche entstanden.	
1840—1866	300 m Abnahme am Westende 325 m Zunahme am Ostende	75 m Abnahme vor dem Osterloog 125 m Abnahme vor dem Westloog 125 m Abnahme im Westteil	Ost- teil
1866—1891	0 m Abnahme am Westende 2300 m Zunahme am Ostende	50 m Zunahme i. M. im Ostteil 75 m Zunahme i. M. im Westteil	
1740—1891	225 m Abnahme am Westende 3475 m Zunahme am Ostende	25 m Abnahme im Ostteil 75 m Zunahme im Westteil.	

Diese Zahlen haben sich bis 1933 wie auf Seite 226 gezeigt wird, noch geändert.

schon die Schule und einige Häuser verschüttet waren, so daß der Schiffer Onne Altmanns anregte, das ganze Dorf wieder nach der Bill zu verlegen, weil auch der Boden dort viel fruchtbarer war. Offenbar haben die Insulaner der sorgsamen Pflege, Schonung und Erhaltung ihres natürlichen Dünenschutzes damals wenig Wert beigelegt. Vor allem aber war nachteilig, das Viehtreiben in den Dünen und das freie Umherlaufen, besonders der Rinder und Schafe, deren Anzahl im Vergleich zu den Weideflächen der Insel übermäßig groß gehalten wurde.

Da Juist im Westen nicht an tieferes Wasser grenzt, und die Osterems weit ab eine nordwestliche Richtung und bis hier einen wenig veränderlichen Lauf hatte, somit Borkum nicht nach Osten wandern konnte, war eine nennenswerte Abnahme des Juister Westendes nicht zu erwarten, vielmehr geht das Westende in eine breite Sandplate über, vor der langgestreckte breite Riffe der Osterems im Westen und das lange Juister Riff im Nordwesten liegen, von denen in gewissen Abständen Riffe auf die Schill- und Haakplate heraufwandern und diese aufhöhen. So ist wieder mit einer Verstärkung der Haak- und Billdünen zu rechnen. Auch das Dünenostende hat noch bis zur jüngsten Zeit zugenommen. Juist ist wohl die einzige ostfriesische Düneninsel, die in den Dünen sowohl nach Osten wie nach Westen wachsen kann.

c) Entwicklung der Insel Memmert.

Wann der Memmert als Teil der Großinsel Bant für sich entstand, ob etwa auch im 14. Jahrhundert, und später von Fluten zerrissen und zu einer Sandbank wurde, ist nirgendwo vermerkt. Daß er als Insel in keiner der unter Borkum angeführten Urkunden von 1398 und 1406 genannt ist, hängt wohl damit zusammen, daß sie früher niemals bewohnt gewesen ist.

Der Memmert hat für die Schiffahrt schon immer eine gewisse Bedeutung gehabt, besonders durch die vorgelagerten Riffe, was aus den Strandungsakten des Staatsarchives zu Aurich zu entnehmen ist. Der Memmert, wahrscheinlich nach einem gestrandeten Schiff benannt, das wohl den Namen des Eisheiligen Mammertus führte, liegt außerhalb der ostfriesischen Inselkette, die staffelförmig und nach Ost-Nordost ansteigt [A 1g].

Als zwischen 1100 und 1398 die Großinsel Bant sich auflöste, war die Osterems zunächst noch nicht vorhanden, vielmehr hing die Zerstörung dieser großen Insel unmittelbar mit der Ausbildung der Osterems als Seegat zusammen. Das Juister Riff wird sich erst später gebildet haben. Als Fahrwasser von der Nordsee zu den Watten ist wahrscheinlich an den Billdünen vorbei, das Haaksgat vorhanden gewesen (Abb. 15).

Die erste bekannte Seekarte von 1584 (von Wagenaer, B 9) und die weiteren bis 1790 stellen den „Memmertsand" als festen Bestandteil der Insel Juist dar. Die Campsche Karte (B 55) zeigt erstmalig den Memmert durch das Haaksgat von Juist getrennt in ziemlicher Ausdehnung nach Westen (Abb. 15).

Die Karten von 1808—1865 (B 61—74), auf die der Gleichartigkeit mit der Campschen Karte wegen hier nicht im einzelnen eingegangen wird, zeigen übereinstimmend den Memmert als langgestreckte Sandbank, südlich von Juist, durch das Haaksgat von Juist getrennt. Die holländische Seekarte (B 65) von 1818 und die Emsein- und -aussegelungskarte 1829 (B 68) geben auf dem Memmert „droog" Stellen an, die wieder, wie im Bericht von 1650 auf den Ansatz von Urdünen hinweisen.

Die hannoversche Seekarte von 1866 (B 75) zeigt zum ersten Male den Memmert mit einer Dünengruppe im Südwesten der Sandplate (Abb. 15). Diese dürften sich in den folgenden Jahren noch verstärkt haben. 1884 wurde auf einer der niedrigen westlichen Sterndüne eine Kugelbake errichtet, die erstmalig 1901 erneuert und 1937 durch Sturmflut zerstört worden ist.

Das Werden der Insel hat der langjährige Lehrer auf Juist, Dr. h. c. Otto Leege, seit 1882 persönlich ununterbrochen verfolgt. Nach dessen Angabe hat eine verstärkte Dünenbildung von 1890 an begonnen, als eine schnelle Zunahme der Tier- und Pflanzenwelt einsetzte und sich in

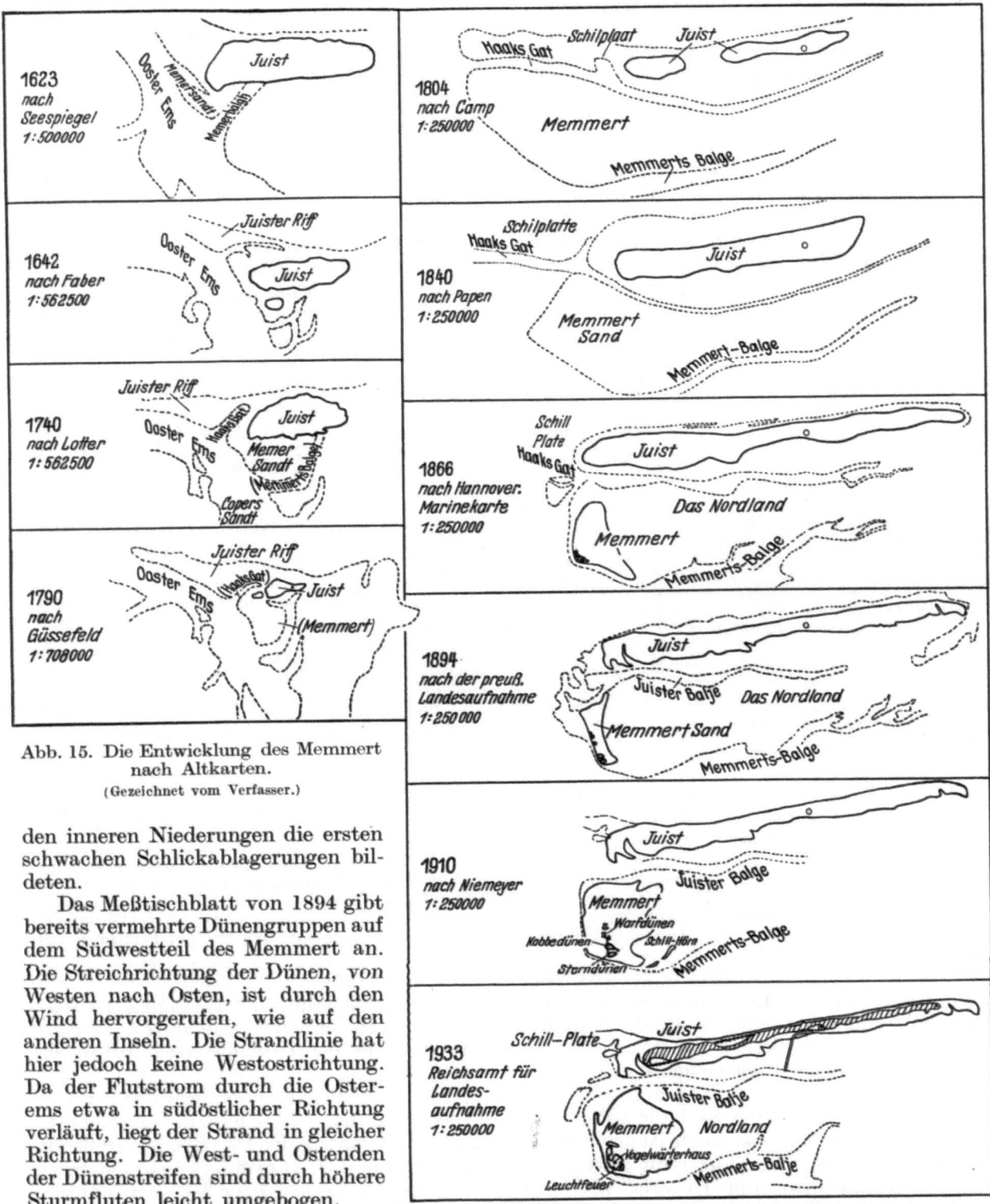

Abb. 15. Die Entwicklung des Memmert nach Altkarten.
(Gezeichnet vom Verfasser.)

den inneren Niederungen die ersten schwachen Schlickablagerungen bildeten.

Das Meßtischblatt von 1894 gibt bereits vermehrte Dünengruppen auf dem Südwestteil des Memmert an. Die Streichrichtung der Dünen, von Westen nach Osten, ist durch den Wind hervorgerufen, wie auf den anderen Inseln. Die Strandlinie hat hier jedoch keine Westostrichtung. Da der Flutstrom durch die Osterems etwa in südöstlicher Richtung verläuft, liegt der Strand in gleicher Richtung. Die West- und Ostenden der Dünenstreifen sind durch höhere Sturmfluten leicht umgebogen.

Diese günstige Entwicklung wurde wesentlich dadurch unterstützt, daß die Insel seit 1907 als Vogelschutzgebiet erklärt und seither ein planmäßiger Dünenschutz betrieben wurde, sowie ein üppiger Pflanzenwuchs, verbreitet durch Meeres- und Luftströmungen, Tiere und Menschen, nach und nach auf der Insel einsetzte. Von nur sechs Landpflanzen im Jahre 1888 nahm die

Zahl derselben auf rd. 300 Arten zu. Dadurch wurde der Memmert zu einer geschlossenen Düneninsel. Die Memmertdünen haben sich von Süden nach Norden hin entwickelt. Das ist ein Hinweis auf die künftige Entwicklung, soweit sie von Menschenhand gefördert werden kann.

Eine genaue Dünenaufnahme ist 1910 durch W. Niemeyer vorgenommen worden (Abb. 15). Die einzelnen Dünen haben sich bis 1924 zu zwei großen Dünengruppen vereinigt. Von 1920 bis 1924 verlagerte sich die Osterems am Memmert nach Osten, weil die Mündung ständig mehr nach Westen umschwenkt, so daß keine Sandbänke an den Memmert herankamen. Der Strand nahm ab und der westliche Dünenrand wurde stark angegriffen. Die Häuser auf der Warfdüne mußten abgebrochen und auf den höheren Kobbeldünen errichtet werden.

Seit 1927 ist ein weiterer Dünendamm zwischen den Warf- und Middeldünen (Abb. 15 und 16) hergestellt worden. Der in nordsüdlicher Richtung vorhandene Dünenzug ist etwa 1500 m lang. Die neueste photogrammetrische Aufnahme ist durch das Reichsamt 1933 herausgegeben. Der durchgehende westliche Dünenzug ist in Abb. 16 dargestellt.

Im Westen und Südosten liegt die Osterems noch hart an dem Südwestrand. Die Osterems ist ein Seegat. Es entwässert die Leybucht und das Watt südlich Juist.

Von der Ems tritt wohl kaum viel Wasser über, da zur Westerems nur eine sehr niedrige Verbindung von etwa 2,5 m unter SpTnw besteht. Im Osten geht die Insel allmählich in das weite Nordland über, eine Sandbank, welche die Juister- und Memmertbalje trennt.

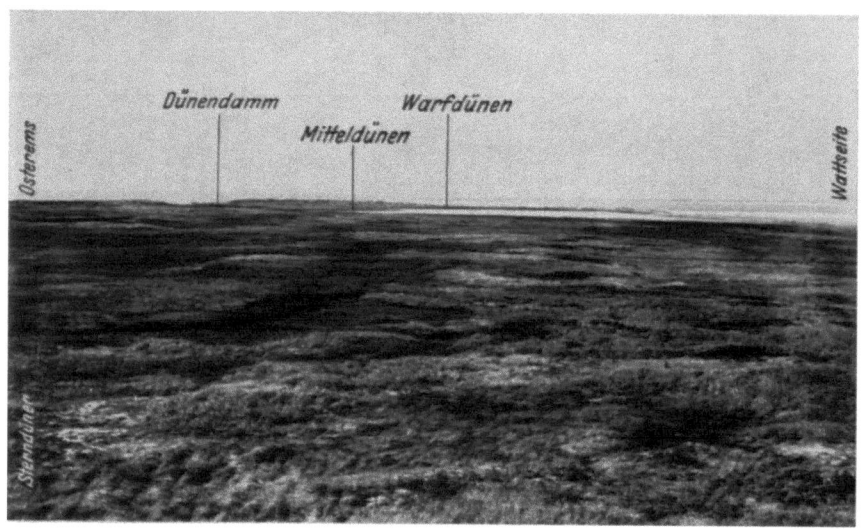

Abb. 16. Der Memmert ist heute eine geschlossene Düneninsel mit reichem Pflanzenwuchs. Blick von S. nach N.
(Aufnahme: Backhaus, Juli 1936.)

Der Memmert verdankt seine Entwicklung in den letzten 50 Jahren besonders der aus nordwestlicher Richtung kommenden Sandwanderung. Die um die Osteremsmündung herumwandernden Sandmassen teilen sich westlich Juist in einen Hauptarm, welcher an der Nordseite von Juist entlang wandert, und in einen Nebenarm, welcher dem Ostufer der Osterems (die, je weiter nordwestwärts, sich immer weiter von Memmert absetzt) folgend seine Richtung auf den Memmert nimmt. Die Sandplatten wandern durch das Haaksgat und die Juister Balge und legen sich auf den Norden des Memmert. Zahlreiche vorgelagerte Sandbänke, besonders die Kachelotplate und das Juister-Riff schwächen die Wirkung der schweren Nordweststürme ab und bringen Sandbänke an die Insel heran. Sie berechtigen zu der Hoffnung, daß Strand und Dünen, die gegenwärtig stark gelitten haben, sich wieder aufhöhen und ausdehnen.

Trotz der 300—500 m breiten Juister Balge, die den Memmert von Juist heute trennt, ist der Memmert im großen auch jetzt noch als Sandbank am Westende von Juist anzusehen, ähnlich wie der Flinthörn auf Langeoog.

d) Die Entwicklung der Insel Norderney.

Norderney war wie Borkum, Juist und Memmert vor rd. 2000 Jahren Bestandteil der Großinsel Burchana bzw. vor 900—1200 Jahren des friesischen Bant. In der Lehnsurkunde vom 11. September 1398 wird Norderney als „Osterende" erwähnt. Auch in der Urkunde vom November 1406 wird „Osterende" wieder genannt.

Auch die kurz vor 1700 zerstörte Insel Buise, die Norderney vorgelagert war, wird in den Urkunden erwähnt, was als Beweis dafür gelten mag, daß auch diese Insel früher bewohnt gewesen ist.

Aus der Bezeichnung Osterende ist zu schließen, daß die Insel vordem den Ostteil eines größeren Ganzen, nämlich der Großinsel Bant gewesen ist. Ubbo Emmius [32] erwähnt 1616 die Insel in seiner „Rerum Frisicarum Historia" als „Osterende, quae Norderneya nunc est". Henricus Ubbius [141] erwähnt die Insel 1530 als Norderoog. Nach Herquet [55] hatte Norderney 1550 16 Häuser und 80 Einwohner. 1683 wird bereits eine Kirche urkundlich nach Herquet [55] erwähnt, die als Aufbewahrungsort für Strandgüter diente. Da sie bereits baufällig war, ist daraus zu schließen, daß Norderney schon eine alte Siedlung war. Es waren damals 18 Häuser vorhanden.

Die ersten zuverlässigen Angaben enthält, wie bei Borkum und Juist, der Commissionsbericht von 1650. Danach ist das Dünengebiet in Westost-Richtung 1595 rhld. Ruten (6000 m) lang. Die östlich anschließende Sandplate hat eine Länge von 790 Ruten (rd. 2975 m). Die gesamte Insel war also 8975m lang. Die Breite der Dünen betrug im Westen 300 Ruten (rd. 1130 m), im Osten 340 Ruten (rd. 1280 m) (1. Figur in Abb. 17). Nach diesen Maßen des Commissionsberichtes ist die Inselfigur von 1650 unter Beachtung der gestreckten Lage in Gestalt der Vermessungsfigur von 1739 gezeichnet. Da sie keine kartographisch genaue Unterlage hat, ist sie (wie in ähnlichen Fällen bei den anderen Inseln) gestrichelt dargestellt.

Der Bericht von 1650 erwähnt weiter, daß die Ostplate vom Ostsaum der Dünen bis zur Wichterehe als eine ziemlich hohe Sandplate mit ziemlich starkem Sandwehenreichte. Am Westende hatten die Bewohner, als sich das Sandstäuben erhob, durch Setzen von Busch und Pflanzung von Helm „unterschiedliche", also höhere Dünen gewonnen. Die Pflanzungen wurden nach dem Bericht als zweckmäßig bezeichnet und fortgesetzt.

Das Norderneyer Tief nahm nach dem Bericht sehr ab und verlief, bevor das Wasser „leeg" war, so, daß es unbrauchbar wurde. Demnach hatte das damalige Gat nur eine geringe Tiefe und Breite. Das ist verständlich, wenn man bedenkt,

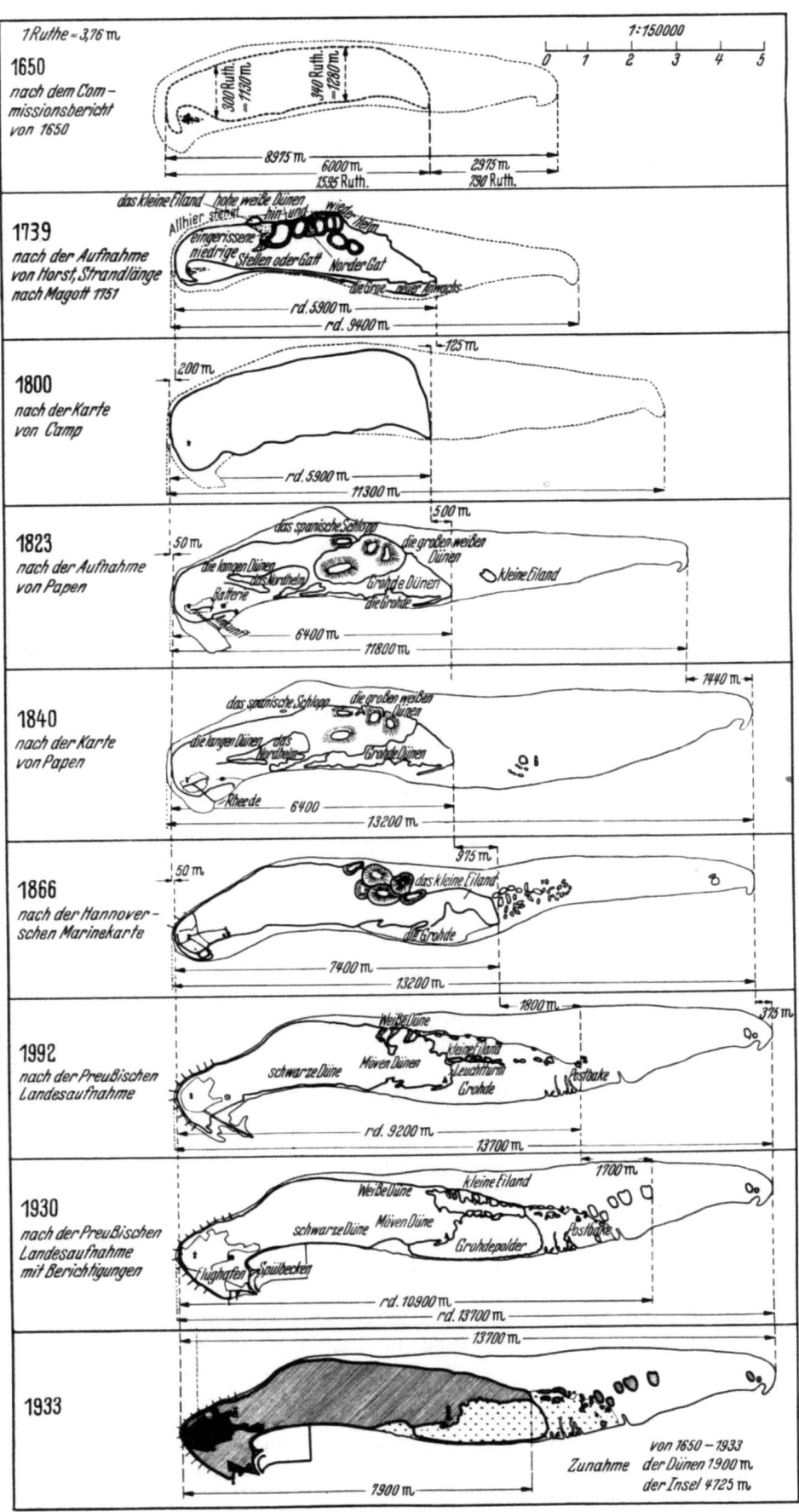

Abb. 17. Die Entwicklung der Insel Norderney.
(Gezeichnet vom Verfasser.)

daß nach Emmius (descriptio geographica) um 1590 die Insel Buise fast an Norderney hing, so daß Emmius den Ausdruck „adhaeret" gebrauchte. Die Insel Buise war offenbar für Norderney ein guter Schutz. Es betrug die Entfernung von den östlichen Buisedünen bis Norderney 267 Ruten, also nur rd. 1,3 km. Das gefährliche Buisetief lag nach den Karten und Berichten aus dem 17. Jahrhundert im Westen der Insel Buise. Dagegen geben einige Karten des 18. Jahrhunderts das Buisetief bzw. Gat westlich von Norderney an. Die Insel Buise ist etwa gegen 1690 durch die Ostwärtsverlegung des Buisertiefs und unter Mitwirkung der sonstigen in A II genannten Kräfte und Einflüsse vernichtet worden. Die Sandmassen der zerstörten Insel Buise haben offenbar im 18. Jahrhundert den Strand und die Dünen im Nordwesten von Norderney aufgehöht. Die Karte von Schlichthorst (B 90) aus dem Jahre 1820 zeigt im Nordwesten einen „neuen Anwachs".

Nach dem Commissionsbericht von 1657 befand sich die Insel in einem solch guten Zustande, daß sie nur „geringer Verbesserung" bedurfte. An der Westseite fing es nach Angaben des Vogtes Taden an, ein „winzig" abzunehmen. Die Nordranddünen waren breit und boten einen guten Schutz, welche der „wilden wüsten See opponierten". Der Strand wurde als „ziemlich weitläufig und hoch" bezeichnet, so daß er nicht zu jeder Zeit „befeuchtet und überlaufen" wurde.

Auch die Kommissionsberichte (A I a) von 1702—1740 loben den guten Inselzustand.

Die erste genaue Darstellung auf Grund eigener Vermessung zeigt die Karte des Ingenieurs Horst (B 85) von 1739. Bringt man sie zum Vergleich mit der Inselfigur der Landesaufnahme von 1891 und zwar von der Kirche aus, deren Standort immer geblieben ist, so zeigt sich, daß die Inselfiguren von 1739 und 1891 erheblich voneinander abweichen. Die größte Dünenlänge betrug 1739 rd. 5900, 1892 etwa 9200 m. Die größte Breite war damals etwa 1000 bzw. 1250 m, 1892 rd. 1500 m.

Im Nordwesten der Insel erstreckte sich 1739 das Dünengebiet noch rd. 300 m weiter seewärts als heute, während die Dünen im Norden und Osten gegen 1892 erheblich geringeren Umfang hatten. Die Gesamtdünenfläche betrug 1739 rd. 6,5 km², 1892 rd. 8,8 km². Die Gestalt der Insel war 1739 auch langgestreckt, weicht aber von der Figur 1891 noch erheblich ab. Ein Teil der Randdünen war 1739 im Norden noch nicht vorhanden.

Berichte (A I b) von 1773 und 1804 weisen erstmalig auf mäßige örtliche Abbrüche an der Westseite und zeitweilig an der Südseite hin, während die Dünen an der Ost- und Südseite ständig zunahmen.

Die 3. Entwicklungsfigur ist nach der Karte von W. Camp (B 58) um 1800 dargestellt. Wie bereits ausgeführt ist, sind die zwischen 1739 und 1800 gefertigten Karten nicht genau genug.

Nach Camp war das ohne Einzelheiten wiedergegebene Dünengebiet rd. 5900 m lang und umfaßte rd. 6,85 km². Es hat sich nicht verlängert, aber an Fläche zugenommen. Die größte Breite betrug 1675 m. Vergleicht man die Inselfigur mit denen von 1739 und 1891, so ist eine wesentliche Zunahme der Randdünen im Nordwesten und Nordosten zu verzeichnen. Die Strandlänge betrug rd. 11300 m. Die Länge und Form des Strandes kann nur als wahrscheinlich angegeben werden und ist daher nur gestrichelt.

Um 1815 erwähnte von Halem [46] erstmalig, daß die ostfriesischen Inseln im Westen abnehmen und im Osten zunehmen, daß aber Norderney im Westen so hohe durch „Natur und Kunst" bewachsene ein- oder mehrreihige Dünen, teils von 30—50 Fuß (9,4—16,7 m) Höhe hat, daß wenigstens ohne „besondere Naturereignisse" nichts zu befürchten war.

1820 hat der Vermessungsingenieur Schlichthorst eine sehr genaue Karte im Maßstab 1 : 5000 entworfen, die zum ersten Male die Hauptdünenzüge darstellt. Von besonderem Interesse ist im Nordwesten der „neue Anwachs", ein Beweis dafür, daß damals noch ständig frischer Sand auf dem Weststrande ankam, so daß durch gute Strand- und Dünenpflege, wie solche aus den Berichten von 1650—1740 ersichtlich ist, noch immer weitere Dünen selbst am West- und Nordweststrande entstehen konnten.

Wahrscheinlich lag das vereinigte Buse- und Nordertief von dem Westende der Insel Norderney bis dahin noch weit ab. Das durch die Vereinigung zweier Seegats entstandene Norderneyer Seegat hatte nach der Campschen Karte um 1800 drei Mündungen, von denen die östliche zur Schiffahrt zwar benutzt, aber noch seicht war, während wahrscheinlich der Hauptstrom in nordwestlicher bis nördlicher Richtung im Zuge des alten Busegates in die See mündete, so daß im Nordwesten der Strand von Norderney noch breit und hoch war und sogar neue Dünen entstehen lassen konnte.

Um die natürliche Strand- und Dünengrenze von 1820 mit den künstlich gehaltenen von heute deutlich in Erscheinung treten zu lassen, sind in dem Lageplan die seit 1858 erbauten Strand- und Dünenschutzwerke eingezeichnet (Abb. 18). Danach sind im Nordwesten von Norderney in rd. 100 Jahren (1820—1916) Dünen in einer Breite von rd. 500 m verloren gegangen. Nach der Schlichthorstschen Karte hatte die ganze Insel eine Größe von 3023 Diemath, 350 Ruten

= 17,15 km² gegen 21,2 km² um 1892. Das Dünengelände hatte einen Flächeninhalt von 1208 Diemath, 20 Ruten = 6,85 km².

1823 hat der Ing.-Ltn. Papen eine Inselkarte entworfen, die im großen und ganzen mit der Schlichthorstschen Karte übereinstimmt und daher nicht wiedergegeben ist. Sie ist für die 4. Entwicklungskarte benutzt worden. Die Dünenlänge hatte auf 6400 m, die ganze Dünenfläche gegen 1800 von 6,85 auf 7,6 km² zugenommen. Die größte Breite betrug 1500 m. Die Dünenfigur hat gegen 1800 im Nordwesten etwa um rd. 100 m, im Nordosten sogar um rd 400 m abgenommen und im ganzen eine ostwestgestreckte Lage erhalten. Die Strandlänge hatte von 11 300 m auf 11 800 m zugenommen, sich aber im ganzen verschmälert.

In der Sturmflut von 1825 litt Norderney nach Arends [3] am wenigsten von den ostfriesischen Inseln. Das Thw drang etwa 2—3 Fuß in die südlichen Häuserreihen ein, ohne großen Schaden anzurichten. Die Dünen im Südwesten nahmen 10 Schritt (rd. 8 m) ab. Das war nach dem Berichterstatter mit um so weniger Gefahr für die Insel verbunden, weil die Westdünen damals im Zunehmen begriffen waren und jährlich junge Dünen, mit üppig wachsendem Helm besetzt, sich dort ausbildeten. Zwischen 1823 und 1840 ist auch keine nennenswerte Abnahme zu verzeichnen (Abb. 17). Dagegen waren 1825 Dünen im Nordwesten des Dorfes stark angegriffen und abgespült. An einigen Stellen verloren sie 10 Schritt, an anderen sogar 20—30 Schritt Breite, was in dem Maßstab der Darstellung nicht deutlich wird.

Über die Dünenabnahme im Nordwesten berichtete der Amtsvogt Feldhausen bei einer Inselbereisung im April 1824, wogegen er den „Neuen Anwachs" auf der Westseite (Karte von Schlichthorst, Abb. 18) als eine „überflüssige Sicherheit" ansieht. Die Ursache des Dünenangriffes im Nordwesten wurde in der für den Norderneyer Strand nachteiligen Richtung des in der Seegatenge vorhandenen Stromes erblickt.

Nach einer zweiten Besichtigung nach der Februarsturmflut 1825 am 17. September 1826 wurden die südwestlichen Dünen in guten Zustand, die Entwicklung nach Norden und Süden gut und der Strand in Erhöhung begriffen gefunden. Während auch die Westdünen noch gut bewachsen waren, hatten die Nordwestdünen weiter abgenommen, und stand jedes die ordinäre Flut übersteigende Wasser gleich am Dünenfuß. Dadurch war dieser Punkt der Insel fortan der schwächste, während die östlich anschließenden Dünen und der Strand hoch und breit waren. Die äußere hohe Dünenkette wurde vom Spanier Slop ab weiter östlich in 100 Ruten (376 m) Breite durchbrochen. Es sollte versucht werden, diesen Durchbruch wieder zu schließen. Die Frage der „speziellen Behandlung" der Seegaten wurde bereits 1826 von der Commission erörtert, aber mangels genauer zeichnerischer Unterlagen und wegen zu großer Kosten der Anlagen zurückgestellt.

Die in kurzen Zeitabständen vorgenommenen Strand- und Dünenpflegearbeiten (Sandfangzäune aus Busch und Helmenpflanzen) hatten auf dem schmalen Strande fast keinen Erfolg.

Die Wasserbauinspektion Norden regte bereits 1834 gegenüber bisherigen „Palliativmitteln" gründliche Maßnahmen, nämlich den Bau von Buhnen an, nach dem

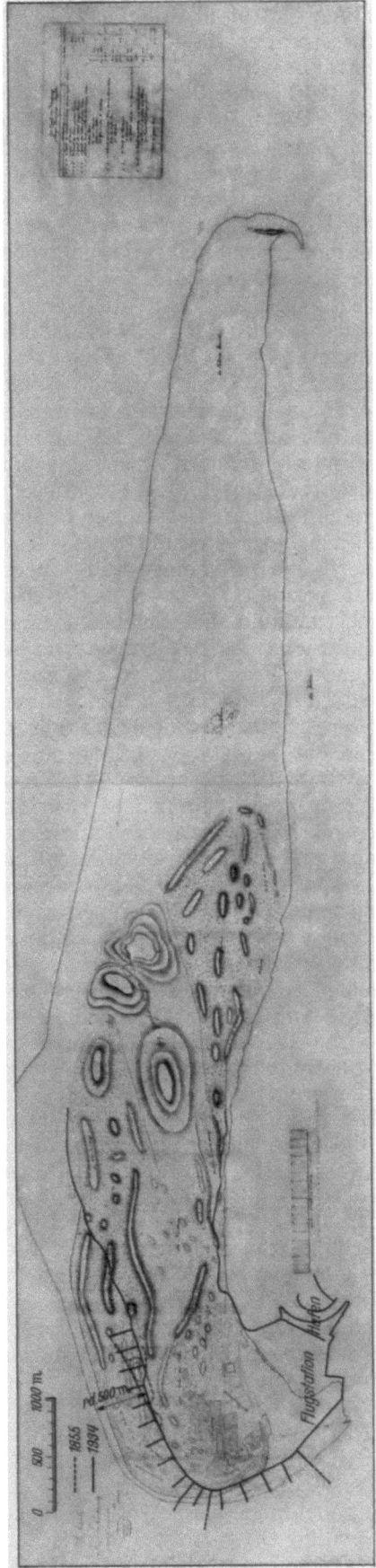

Abb. 18. Altkarte von Norderney. Aufnahme durch Ing. Schlichthorst 1820. — Die seit 1858 erbauten Dünen- u. Strandschutzwerke sind eingezeichnet.

„Muster der Holländer", um die schädlichen Strömungen abzudrängen. Die für erste Anlagen geschätzten Kosten in Höhe von 100 000 Rthr. waren aber nicht aufzubringen. Der Abbruch im Nordwesten der Insel ging indessen weiter, so daß das tägliche Thw den Dünenfuß des Herrenbadestrandes (Abb. 18) benetzte. Zum Schutze des Dorfes, der Insel und der Seebadeanlagen wurde 1845 erstmalig von der Generaldirektion des Wasserbaues in Hannover der Entwurf eines Parallel (Dünen-)Schutzwerkes angeordnet. Die beauftragten Wasserbaubeamten besichtigten zu diesem Zweck die Insel Wangeroog, deren Schutzmaßnahmen bereits 1783 begonnen hatten. Die hier auf dem Strand in Viereckform gesetzten Buschzäune mit Helmbeeten wurden jedoch auf dem flachen und schmalen Strand von Norderney für erfolglos gehalten.

Als Ursache der Annäherung der Seegattiefen an die Inseln wurde damals die seit 1839 wahrgenommene Erhöhung und Vergrößerung der Sandbänke zwischen Kalfamer und Robbenplate, dieser Plate selbst und des nördlich gelegenen Westerriffs angesehen (Abb. 1).

Trotz stetiger Strand- und Dünenabnahme wurde in der jährlichen Annäherung des Seegats um etwa 4 Fuß (1,25 m) bei einer Entfernung des Seestromes vom Dünenrand eine gegenwärtige Gefahr (1855) noch nicht erblickt. Aus Mangel an Mitteln, in der Hoffnung auf eine „günstige Veränderung in dem Seestromverhalten" und mit Rücksicht darauf, daß kostspielige Bauanlagen später immer noch errichtet werden konnten, wurden gründliche Sicherungsmaßnahmen für Norderney zurückgestellt. Statt eines Versuches mit einer Buschpackung und Steinbewurf vor dem im ständigen Abbruch liegenden Dünenrand wurde ein „unausgesetztes, aufmerksames Pflanzen von Busch- und Strohbüscheln längs des Fußes der Dünen und allmählich strandabwärts mit nachhaltiger Pflege unter täglicher Beobachtung angeordnet". Dazu wurden zwei geeignete Insulaner unter Leitung des Amtsvogtes und häufiger Besichtigung der Arbeiten durch den Wasserbaubeamten eingestellt. Wegen eines möglichen Durchbruches der Dünen am Herrenbadestrande wurden die Gärten in der Niederung dahinter, zwischen Georgshöhe und Champignondüne aufgehoben und den Eigentümern Ersatzland gegeben.

Zur Sicherung der Dünen und Aufhöhung des Strandes wurden auf dem Herrenbadestrand 1846 zwei Buschbuhnen in 140 Fuß (40 m Länge) gebaut, von denen bereits im Dezember 1847 rd. 85 Fuß Länge vernichtet wurden. Die Wiederherstellung wurde bis nach dem Vorliegen weiterer Erfahrungen zurückgestellt. Indeß hatten die Stranderhöhungsmaßnahmen in den nächsten Jahren gut gewirkt, weil 1848 eine gewisse Entlastung dadurch eintrat, daß sich das westliche Gat zwischen Robbenplate und Westerriff, der Schluchter auf rd. 9 Fuß vertiefte und erweiterte.

Wenn auch gelegentliche Sturmfluten einen Teil der Strandverbesserungen vernichteten, so wirkte das ständige Setzen und Erneuern von Busch- und Sandfangzäunen in immer engeren Abständen und Vierecken doch so gut, daß noch 1853 an der meist angegriffenen Stelle, am Nordwesthörn, der Strand 9 Fuß über ordinärer Flut lag. Dafür wurde jährlich ein Sonderfonds bewilligt.

Zur unmittelbaren und besseren Aufsicht wurden die Strand- und Dünenschutzarbeiten auf Norderney von 1856 ab der Badekommission selbständig übertragen, bis 1859 ein Wasserbaubeamter ständig nach Norderney versetzt wurde. Diesem wurden neben dem inzwischen begonnenen Ausbau der Dünenschutzbauten und der ersten Buhnen die laufenden Unterhaltungsarbeiten auf Norderney unter Leitung des Wasserbaudirektors in Aurich mitübertragen. Der Wasserbauinspektor Tolle, Norderney, brachte 1863 zwecks Vermehrung des Pflanzenwuchses im Innern der Insel die Anlagen von Kiefernpflanzen und von Kiefernsaatkämpen in einem Kostenanschlag zur Anregung.

Eine weitere Inselaufnahme hat nochmals durch Papen 1840 stattgefunden. Die Dünenlänge und die Figur hatten sich im ganzen nicht verändert. Vor den Dünen war noch ein 100 m breiter hochwasserfreier Strand. Die Dünenbreite hatte im Norden und Nordwesten etwa um 100 m abgenommen. Die größte Breite betrug rd. 1400 m. Der Strand hatte sich gegen 1823 von 11 800 auf 13 200 m verlängert. Diese Zunahme um 1400 m war wohl nur dadurch möglich, daß sich das frühere Buisetief mit dem Norderneyer Seegat ganz vereinigte. Die Strandbreite östlich der Dünen hatte von 1650 m auf 2650 m zugenommen.

In der Zeit nach 1840 hat eine wesentliche Abnahme des West- und vor allem des Nordweststrandes stattgefunden, so daß von jetzt ab menschliche Maßnahmen zur Erhaltung der Insel und zum Schutze der Wohnstätten in den Vordergrund traten. Bereits um 1843 wurde der Bau von Strandbuhnen angeregt (A I e). 1840 wurde südlich des Dorfes zu dessen Schutz zwischen den West- und Südranddünen der Mariendeich gebaut (Abb. 17, Entwicklungsfigur 1866). Durch die Niederung in den Nordwestdünen zwischen Champignondüne und Marienhöhe wurde 1855 ein Sandschutzdeich gezogen.

1849 wurden zur weiteren Erhöhung des Strandes 12 Buschschlengen vorgeschlagen, die aber nicht genehmigt wurden. Kurz danach wurde aber der Bau von Strand- und Dünenschutzanlagen notwendig. Offenbar war inzwischen der Inselsockel der bereits vor 1700 als Düneninsel untergegangenen Insel Buise durch die Ostwärtsverlegung des Buisetiefes ganz verschwunden, so daß das Buisetief sich mit dem Norderneyer Gat vereinigt hatte (was auch aus der oben erwähnten Verlängerung des Juister Oststrandes um 4000 m in verhältnismäßig kurzer Zeit [1700—1800] zu schließen ist), dieses vertiefte und ebenfalls nach Osten hin verlagerte. So kam das Westende der Insel Norderney von 1840 ab in den unmittelbaren Einflußbereich des vereinigten Norderneyer Seegats, das nunmehr Strand und Westdünen von Norderney stark angriff.

Nach wiederholten Abnahmen waren am 1. Januar 1855 am West- und Nordwestende der Insel wiederum Dünen in 20 m Breite weggerissen. Im allgemeinen war noch ein hochwasserfreier Strand von 40—50 m vorhanden, selbst an der heute gefährdetsten Stelle bei der Buhne C (Abb. 19), wo das Seegat die tiefste Kolkstelle von rd. 24 m hat. An dieser Stelle wurde 1857/58 zunächst ein Dünenschutzwerk in 900 m Länge (von Buhne D bis B) in Form der bekannten Norderneyer

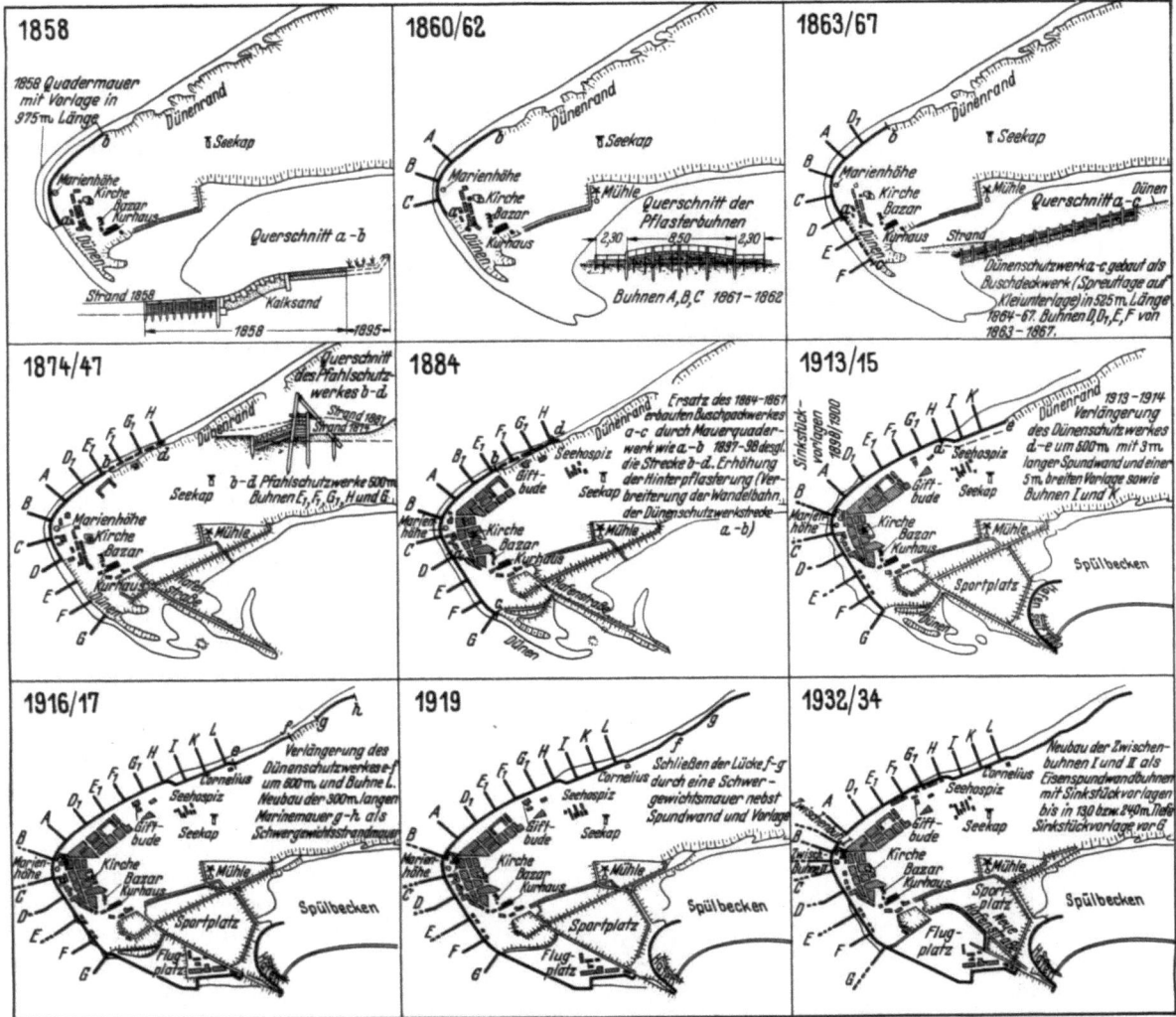

Abb. 19. Die seebautechnische Entwicklung der Strand- und Dünenschutzanlagen am Westende Norderney.
(Gezeichnet vom Verfasser.)

Quadermauer mit 5,6 m breiter Vorlage (Faschinenpackwerk mit Steinbelastung) und in rd. 525 m Länge, von Buhne G bis D ein Buschdeckwerk mit Kleiunterlage von 1863—1867 erbaut.

1857—1859 machte sich eine merkliche Abnahme des Strandes und des Vorstrandes vor dem Schutzdeich bemerkbar. Es wurde danach erneut ein Entwurf zum Bau von Strandbuhnen und zwar von schweren Steinbuhnen, aufgestellt. Der weitere Ausbau von Strand- und Dünenschutzwerken in den Zeitabschnitten 1860—1867, 1874—1884 ist von Fülscher [37] beschrieben, und zeichnerisch in der Übersicht (Abb. 19), mit den einzelnen Maßnahmen dargestellt.

Seit diesen zwischen 1858 und 1938 getroffenen Maßnahmen hat eine nennenswerte Figurenveränderung der Insel im Westen und Nordwesten nicht mehr stattgefunden, denn Inselstrand und Dünen waren in dem Hauptangriffsteil durch starke und auf Grund von Erfahrungen verbesserte Schutzwerke festgelegt. Der Strand hat jedoch in wechselndem Maße abgenommen.

Der Fluthaken im Südwesten der Düneninsel, der schon 1820 angesetzt hatte und in Haken von 1840 bis 66 immer stärker hervortrat, wurde 1891 sehr wesentlich weiter verstärkt, was vor allem eine künstliche Maßnahme, nämlich die Erbauung der hochwasserfreien Hafenstraße um 1874 und eine 88 m lange Landungsbrücke im Jahre 1873, sehr gefördert hatte, so daß in seinem Schutz der Hafen Norderney von 1880 ab an Stelle einer ungeschützten Reede (Abb. 19), angelegt werden konnte.

Abb. 20. Die Dünen auf dem Westteil von Norderney. Blick vom Leuchtfeuer Ostende der Kerndünen nach Westen.
(Aufnahme: Backhaus, August 1936.)

Die Randdünen in Höhe und nördlich vom 1872 erbauten Leuchtturm sind in östlicher Richtung im schmalen Dünenzug bis zu 10 m Höhe erst seit 1890 entstanden. Ihre Entstehung bis in Höhe der Postbake ist durch künstliche Maßnahmen (durch Buschzäune) gefördert worden (Abb. 17).

In deren Schutze konnte sich ein breites Dünental mit reichem Pflanzenwuchs entwickeln, das an einzelnen Stellen moorigen Charakter annimmt. Südlich dieses Dünentales erstreckt sich der ältere Dünenzug, der Kern des kleinen Eilands, der etwa seit 1850 entstanden ist. In dessen Schutz ist die Grohde seit 1860 nach und nach angewachsen, die 1922—1926 in rd. 167 ha großer Fläche sturmflutfrei eingedeicht ist. Am Endpunkt des Grohdedeiches vereinigen sich beide Dünenketten. Die jüngere Randdünenkette setzt sich in einem schmaler werdenden Dünenzug weiter nach Osten und auf der Ostplate in einem Zuge flacher, teilweise nur 2—5 m hoher, mehrfach unterbrochener Dünen, die zumeist mit Strandweizen bewachsen sind, fort.

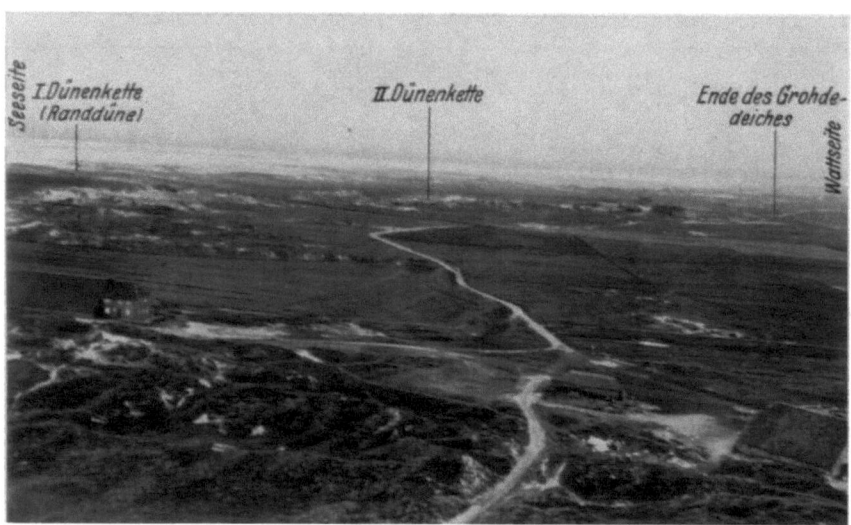

Abb. 21. Die Dünen auf dem Ostteil von Norderney. — Blick vom Ostende der Kerndüne (Leuchtturm) nach Osten.
(Aufnahme: Backhaus, August 1936.)

Östlich der Postbake (Abb. 17) bis zu der 1891 die Ostdünen sich, durch künstliche Maßnahmen unterstützt, entwickelt hatten, ist seither eine Reihe zusammenhängender und getrennter Einzeldünen (Urdünen) von Natur entstanden, deren Ostende in breiteren Dünenmassen (Vogelkolonie) in 5—7 m hohen, von Strandhafer bewachsenen Dünen etwa 1000 m über die Postbake hinausreicht. Zu deren schnelleren Entwicklung hat neben der Vogelwelt die von mehreren Seiten aus mögliche Sandzufuhr, außer vom breiten Nordstrand auch von der weiten östlichen Sandplate, beigetragen. Zur Zeit werden die Ostdünen durch größere Durchbrüche voneinander getrennt.

Die etwa seit 1866 entstandenen Einzeldünen auf dem Ostende des Strandes haben sich mit der Verlängerung des Strandes verlagert. Ihre Lage zur Wichterehe, ihre Beschaffenheit und der lange Zwischenstrand bis zur Vogelkoloniedüne in einer Länge von etwa 4500 m sind auf Abb. 17 zu ersehen.

Im ganzen hat die Insel Norderney zwei verschiedene Dünengebiete, das alte Kerngebiet (Abb. 20) bis zum Leuchtturm, das 1739 und 1820 schon vorhanden war, und das östliche, jüngere Dünengebiet (Abb. 21), das im noch werdenden Zustande seiner Entwicklung sich über die ganze östliche Sandplate auszudehnen im Begriffe ist. Die älteren Dünen heben sich westlich vom Leuchtturm als schwarze bzw. dunkle Dünen ab, infolge ihres starken Bewuchses mit Sträuchern (Sanddorn, Kriechweide, Kräutern, Sandsegge, Schwingel, Flechten und etwa 3 Moosarten). Nur im Zuge von Wegen und Windrißstellen kommt der weiße Dünensand durch. Die Kuppen und der seeseitige Abhang der Dünen gehören dagegen als Grasdünen (Strandhaferbewuchs) zu den jüngeren Dünen, die im Wechsel der oben gezeigten Randveränderungen (weil durch Windrisse und durch immer neue Zufuhr von Strandsand der Bewuchs immer wieder von Sand neu überweht wird) zustande kommen. Die Südseite der Nordranddünen zeigt noch vielfach durch ihr „graues Wachstum" ihre Zugehörigkeit zur älteren Dünenbildung an.

Östlich der Leuchtturmdüne sind die Südranddünen alte Grasdünen und wesentlich älter als die erst seit 1890 entstandenen Nordranddünen. Sie sind etwa seit 1850 entstanden und außer mit Dünenhafer bereits mit Flechten und Moosen bewachsen, deren Wachstumsdichte wesentlich geringer ist, als die der ältesten Dünen. Sie sind bereits zu den alten grauen Dünen zu rechnen. Im übrigen herrschen im Osten die jungen Grasdünen (Dünenhafer) auf geschlossenem Wall mit höheren Einzeldünen (Dünenweizen), auf Vorfeld- und Urdünen vor, bei denen noch die ersten Anfänge von Dünenbildungen unbeeinflußt vom Menschen zu beobachten sind.

Als Reincke [108] Norderney 1907 besichtigte, befanden sich östlich des Weges vom Nordstrand zum Leuchtturm, also östlich von der weißen Düne, nur alte Dünen im schmalen Streifen (etwa in der Mittellinie der Insel bis zur Postbake), der damals ein jüngerer Ausläufer der Helmdünen war. Östlich davon erstreckte sich ein ausgedehntes System mehr oder weniger emporgewölbter Triticumdünen über der Fläche der östlichen Sandplate, auf der bei geringer Höhe über MThw sich Helmbewuchs in einigen üppigen Horsten einstellte. Das war ein Beweis dafür, daß die Dünen östlich der Postbake stark nach Höhe und Ausdehnung im Anwachsen begriffen waren, wie es auch heute noch der Fall ist.

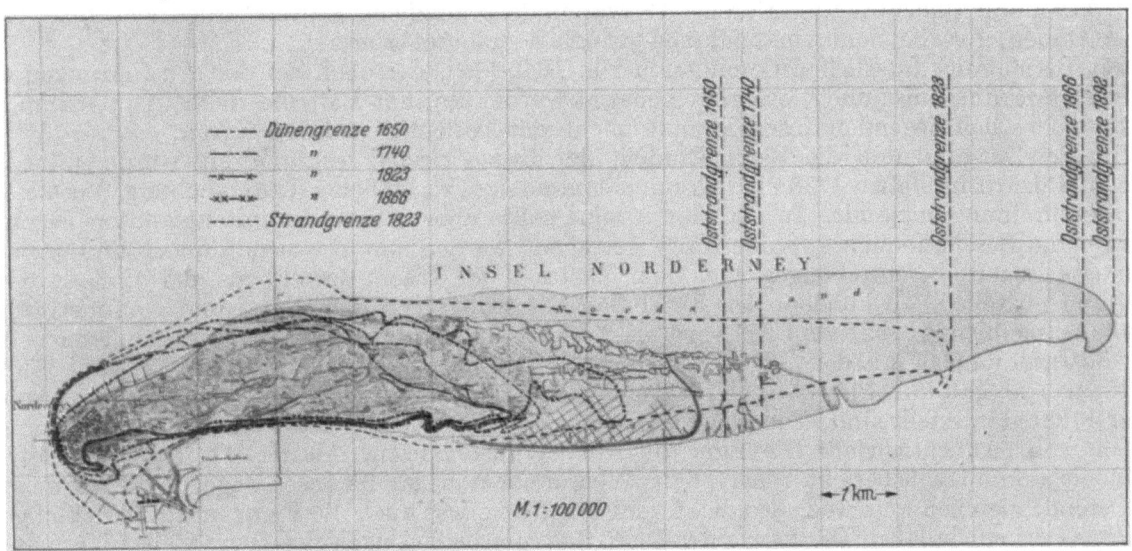

Abb. 22. Vergleich der früheren Entwicklungsfiguren der Insel Norderney mit dem Zustande der letzten Landesaufnahme 1892. (Gezeichnet vom Verfasser.)

Dem pflanzengeographischen Vergleich der Dünen in der Gegenwart entspricht die kartographisch nachgewiesene Entwicklung der Insel an Hand alter Karten. Die Art der Dünenentwicklung an der deutschen Nordseeküste läßt am Alter der Dünen und ihrem Zustand in mancher Hinsicht die Entwicklung der Inseln ermessen.

Die Gesamtveränderung der Insel Norderney ist anschaulich aus Abb. 22, in der die verschiedenen Entwicklungsfiguren übereinandergezeichnet sind, ersichtlich.

Die kartengeographischen Vergleiche der Dünen-Inselentwicklung ergeben folgende Ausmaße der Dünen-Ab- und -Zunahme auf Norderney:

	in W—O-Richtung	in N—S-Richtung i. M.
1650—1740	175 m Abnahme am Westende	25 m Zunahme im Westteil
	0 m Zunahme am Ostende	200 m Zunahme im Ostteil
1740—1800	200 m Zunahme am Westende	125 m Zunahme im Westteil
	125 m Zunahme am Ostende	200 m Zunahme im Ostttteil
1800—1823	50 m Abnahme am Westende	50 m Zunahme im Westteil
	500 m Zunahme am Ostende	150 m Zunahme im Ostteil
1823—1840	0 m Abnahme am Westende	200 m Abnahme im Westteil
	0 m Zunahme am Ostende	100 m Zunahme im Ostteil
1840—1866	50 m Abnahme am Westende	200 m Abnahme im Westteil
	975 m Zunahme am Ostende	175 m Zunahme im Ostteil
1866—1892	0 m Abnahme am Westende	250 m Abnahme im Westteil
	1800 m Zunahme am Ostende	300 m Zunahme im Ostteil
1892—1932	0 m Abnahme am Westende	50 m Abnahme im Westteil
	1700 m Zunahme am Ostende	100 m Zunahme im Ostteil
1650—1932	75 m Gesamtabnahme am Westende	500 m Gesamtabnahme im Westteil (Nordwestrand)
	5100 m Gesamtzunahme am Ostende	1225 m Gesamtzunahme im Ostteil

e) Die Entwicklung der Insel Baltrum.

Die Insel Baltrum wird zum ersten Male in der bekannten Urkunde aus dem Jahre 1398 als „Baltheringe" aufgeführt [*36*]. Im November 1406 teilte der Herzog von Bayern seinen Friedensschluß mit der Hansa den Lehnsleuten und den Inselgemeinden mit, worunter auch „Baltheringe" wieder genannt ist [*36*], was gleichzeitig beweist, daß die Insel bereits besiedelt war.

In der Segelanweisung von 1568 (78 a) heißt es von Baltrum, daß am Westende hohe Dünen, am Ostende dagegen niedrige (leege) Dünen sich befanden, was die darunter befindliche Dünenansicht von 1585 erkennen läßt (78 b).

Auf den ältesten Karten des Florianus (1579), des Fabrizius (1613) und Ubbo Emmius (1616) (B 7, 14 16 usw.) ist Baltrum dargestellt. Die Lage, Form, und Größe ist jedoch, wie bei den anderen ostfriesischen Inseln sehr roh und summarisch und daher zu Vergleichen zu ungenau wiedergegeben, so daß die Karten zu maßstäblichen Vergleichen nicht verwendet werden können.

Die ersten genauen Angaben über den Zustand dieser Insel enthält wiederum der Commissionsbericht von 1650 [*9*]. Nach diesem betrug die Länge innerhalb der Dünen 1925 rhld. Ruten = rd. 7250 m, die des Ostrandes vom Dünenfuß bis zur Accumerehe 420 Ruten = rd. 1580 m. Die größte Breite innerhalb der Dünen „bey und gegen den Häusern" war 90 Ruten = rd. 345 m. Das Dorf umfaßte 14 Häuser, der Weststrand war damals steil und hatte seit 1640 30 Ruten = rd. 112 m an Dünenbreite verloren. Es waren dort „etzliche Legten" (niedrige Stellen) und kleine Dünen, für die Schutzmaßnahmen dringlich erachtet wurden.

Der Bericht der fürstlichen Commission von 1657 [*10*], der oben bei den Ausführungen über die Insel Borkum, Juist und Norderney genannt wurde, erwähnt Baltrum nicht, da Baltrum und die davon östlich liegenden Inseln damals nicht mit besichtigt worden waren.

Um den Zustand und die Beschaffenheit der Inseln einmal festzuhalten, wurde unter dem Fürsten Edzard im Jahre 1738 eine Kammercommission zu örtlicher Untersuchung, Vermessung und Beschreibung entsandt. In der Hauptsache sollte aber von einem mitentsandten Ingenieur die „genaue Beschaffenheit auf eine Karte getragen" werden, um abwesend danach und nach den commissarischen Beschreibungen von dem Zustand der Inseln sowohl als der Conservationsanstalten „urteilen" zu können. Die Insel Baltrum wurde von dem Reg.- und Kammerrat Olk und dem Ingenieur Horst vom 29. April bis 2. Mai 1738 besichtigt, die ältesten Insulaner befragt und die Insel danach mit der „Kette vermessen". Der Bericht darüber, der am 14. Juni 1738 erstattet wurde, gab fünf Slops an, die in der maßstäblichen Karte des Ingenieurs Horst (Abb. 23 Figur 1738) dargestellt sind. Die genaue Ortslage der Horstschen Karte gestattet, die nach dem Bericht von 1650 entworfene Inselfigur auf Abb. 23 zu ergänzen. An der Westseite der Insel lag nach dem Commissionsbericht von 1738 die Wichterehe nahe an der Insel, dagegen die Accumerehe am Ostende ziemlich weit weg, also dichter an Langeoog, was auch die Figur und Entwicklung von Langeoog erkennen läßt. Die Länge der Insel Baltrum betrug nach der Horstschen Vermessung 1515 Ruten (rd. 5700 m), die Breite „bei dem Dorf" 625 m. Danach war die Düneninsel nach 1650 um 280 m breiter geworden. Als besonders wichtiges Maß gibt der Olksche Bericht an, daß die Kirche von den äußersten westlichen Dünen — die schon durchbrochene Westspitze nicht mitgerechnet — 340 Ruten (= rd. 1300 m) entfernt lag, und daß die Insel im Westen gegen 1650 um 410 Ruten (= 1900 m) von der äußersten westlichen Spitze, die schon durchbrochen war, entfernt war (Abb. 23, Figur 1738). Die Figur und Länge ist von Horst vermessen und angegeben. Der Oststrand hat gegen 1650 von 1580 m auf 425 m abgenommen [*39*].

Die Einwohner berichteten damals (1738), daß westlich vom Strand im „Seeloch" (Wichterehe) bei tiefem Tnw ein aus Rasenstücken bestehender Brunnen sichtbar geworden sei. Demnach hat bereits früher — also vor 1650 — auch auf Baltrum eine Siedlung weiter westlich gelegen.

Der 1650 sehr breit angegebene Oststrand war 1738 nicht mehr vorhanden. Die ganze Insel wurde 1738 fast ausschließlich von einem 6 km langen und 500—625 m breiten Dünengebiet eingenommen.

Die genannten Maße gestatten ohne weiteres die entworfene (daher gestrichelte) Figur von 1650 mit der genauen Horstschen Karte von 1738 in Vergleich zu setzen und den gewaltigen Verlust zu veranschaulichen, den die Insel damals seit rd. 90 Jahren erlitten hatte. Der zerrissene Zustand der Insel, besonders das Slop, ist nach Herquet [*54*] die Folge der großen Sturmfluten von 1717 und 1721. Die „ziemlich gute Kirche" und die 13 Häuser hatten damals keinen Schaden erlitten. Nach der Aussage der ältesten Insulaner, die 1738 von Olck befragt wurden, waren Schäden schon seit 30—40 Jahren (also seit 1700) entstanden. Durch die Weihnachtsflut von 1717 wurden viele Dünen an der Südseite der Insel, wo vordem Grünland gewesen war, zurück nach Norden versetzt. Mehrere Berichte zwischen 1740—1790 bekunden die ständige Abnahme der Insel am Westende.

Die Campsche Karte von 1800 (B 58), auf Grund der im Auftrage der ostfriesischen Landstände 1798—1804 erfolgten Gesamtvermessung von Ostfriesland entworfen, zeigt Baltrum mit

Dünen und Heller im ganzen als geschlossene Inselfigur. Offenbar hatte die Insel in der Zeit eine ruhige Entwicklung gehabt, so daß die Schäden von Natur und mit menschlicher Unterstützung, besonders seit unter preußischer Aufsicht von 1744 ab eine planmäßige Dünenpflege betrieben wurde, behoben wurden. Die Länge der Insel hatte gegen 1738 um 480 Ruten = rd. 1825 m abgenommen, so daß die Kirche nur noch 20 Ruten = rd. 75 m vom offenen Seegat entfernt stand (Abb. 23). Zu dem Dünenabbruch am Westende hatte neben dem Wasserangriff auch der Wind beigetragen. So war die Pastorei unweit der Kirche 1793 zum Teil, 1797 ganz mit Sand verschüttet, so daß deren Erneuerung im Jahre 1800 notwendig wurde. Die Mittel zum Versetzen der 1754/55 neugebauten Kirche waren zu spät gesammelt. Es gelang nur noch den Dachstuhl (das Holzwerk) und die bunten Kirchenfenster ab- bzw. auszubauen, da glitt das dicke Mauerwerk in die See. Somit lag auch das Dorf am Westende unmittelbar dem Seeangriff ausgesetzt. Es mußte verlegt werden. Von den 25 Häusern blieben 7 einschließlich der 1800 erbauten Pastorei, die zugleich als Kirche eingerichtet war, 14 Häuser wurden im neuen Mitteldorf und 4 Häuser in einem neuen Ostdorf erbaut (Abb. 23, Figur 1825).

Nach einem Bericht des Baudirektors Franzius vom 30. Januar 1822, der die Insel schon seit 30 Jahren kannte, waren an der Stelle, an der vormals (1797) die Kirche von Baltrum stand, bereits 40 Fuß (12 m) Wasser. Der Zustand der Insel Baltrum wurde nach dem Bericht als der schlechteste angesehen. In einem anderen Bericht von 1822 hebt Franzius aber auch hervor, daß seit Einführung der allgemeinen Aufsicht über die Dünenpflege, seit 1740, kein Dünendurchbruch entstanden wäre, der nicht sofort geheilt worden sei. Er hält dazu von Zeit zu Zeit eine Bereisung der Inseln für notwendig.

Die Sturmfluten vom 3. und 5. Februar 1825, (von der Arends [3] schreibt, daß eine solche Verwüstung, wie diese Insel erlitt, auf der ganzen Strecke der Nordsee nur die Halligen erlitten) vernichteten von den verbliebenen Häusern im Westdorf zwei Häuser völlig mit den Dünen, auf denen sie standen, die übrigen Häuser blieben, da sie hoch standen, erhalten, wurden aber durch den Sturm stark beschädigt, so daß man sie abbrechen und zum Mitteldorf versetzen mußte. Nach der im Auftrage des Amtmanns Dietzen von Schipper und Trauernicht neu aufgenommenen Inselkarte (Abb. 23 Figur 1825), die nach der Sturmflut im Juli 1825 gezeichnet wurde, war das Westdorf schon verschwunden. Das Westende zeigte einige Durchbrüche. Die Insel war durch das am Nordrande auf 700 Fuß

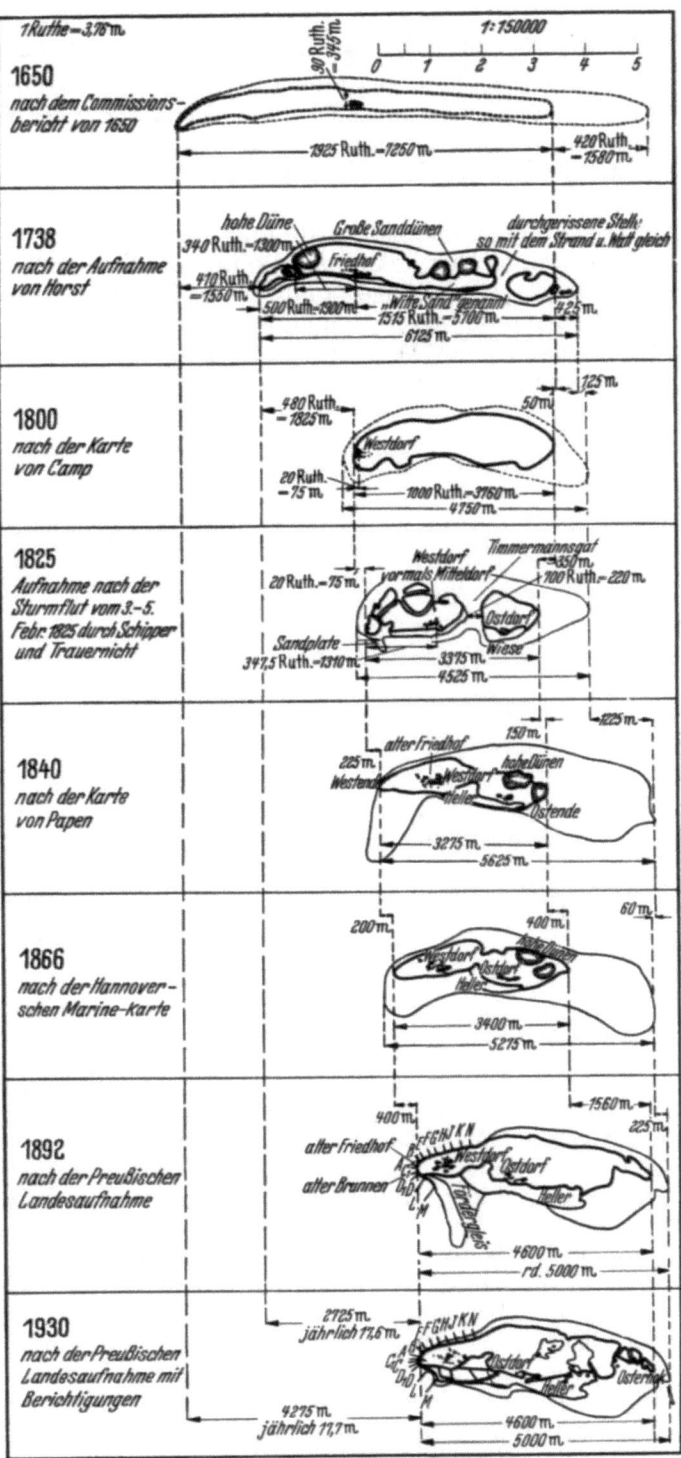

Abb. 23. Entwicklung der Insel Baltrum.
(Gezeichnet vom Verfasser.)

(rd. 22 m) und am Südstrand auf 2700 Fuß (rd. 680 m) erweiterte Timmermannsgat durchteilt. Das Dünenbild war im ganzen zerklüftet. Die Nordranddünen erlitten westlich des Timmermannsgats 7 Einbrüche von 30—150 Schritt (rd. 25—125 m) Breite und wurden stark abgespült. Im Mitteldorf, das unter den Wogen sehr stark zu leiden gehabt hatte, waren 5 Häuser vernichtet und 4 beschädigt worden. Die von den Franzosen östlich des Mitteldorfes angelegte Batteriestellung ging verloren. Vom Ostdorf, das erst 1820 angelegt war, blieb nur ein hochgelegenes Haus erhalten. Die drei übrigen waren zu Schutthaufen geworden. Selbst der Friedhof wurde aufgewühlt. Der Angriff auf das Mittel- und Ostdorf war möglich, weil die vor den Häusern sich hinziehenden Dünenerhöhungen mehrfach durchbrochen waren. Schon seit August 1824 hatte die Insel erneut im Abbruch gelegen. Es waren seither im Westen, Nordwesten und Norden rd. 40 Ruten (rd. 150 m) weggerissen. In der Februarflut 1825 waren mit einem Male 40 Ruten verloren gegangen. Nach der Vermessung Horsts waren seit 1738 bis 1824 300 Ruten (1120 m) im Westen abgebrochen. DieseAngaben stimmen mit den in der Abb. 1738 eingetragenen Zahlen wieder überein (Abb. 23).

Den Zustand der Insel nach der größten Sturmflut beschrieb die entsandte Commission unter Führung von Oberbaurat Dammert von der Wasserbaudirektion Aurich am 17. September 1826, worüber mangels genauer Karte ein Lageplan gemäß Abb. 24 aufgenommen wurde. Gegen früher hatte sich das Seegat näher an die Insel herangelegt und den Strand im Westen erniedrigt und verschmälert, wodurch auch ein starker Dünenangriff und Verlust entstanden war.

Das Timmermannsgat lag 1826 nur 3—4 Fuß über „ordinäre Flut". Der 1823 mißlungene Versuch einer Durchdämmung sollte nunmehr 1826 durch einen Sanddamm (bei a in Abb. 24) in 40 Ruten (150 m) Länge, 8 Fuß Höhe (rd. 2,50 m) und 24 Fuß Kuppenbreite wiederholt werden. Die Nebendurchbrüche b und c, sollten durch Helmpflanzungen wieder geschlossen werden. Die Dünen östlich des Timmermannsgat waren geschlossen, aber unbewachsen infolge starker Sandbestäubung von Osten her, da der Oststrand sehr breit und hoch war. Dagegen befanden sich westlich des Timmermannsgats vier „korrespondierende Slopen" d, e, f, g in 20, 25 und 30 und 20 Ruten Breite, die zwar noch keine unmittelbare Gefahr für das Dorf bedeuteten, weil noch keine geschlossene Dünenkette vorhanden war, für die aber ebenfalls Helmpflanzung zur Aufhöhung notwendig erachtet wurde. Zur besseren Schonung, insbesondere der West- und Nordwestdünen, die hauptsächlich Gegenstand der „Conservationsarbeiten" waren, wurde 1829 auf Baltrum wie auch auf Juist, Langeoog und Spiekeroog nach dem Muster der für Norderney bestehenden Regelung ein Weidereglement eingeführt. Als weitere Schutzvorrichtung für die Dünen wurde 1838 das Eiersammeln verboten und 1843 ein Jagdverbot auf Seevögel erlassen.

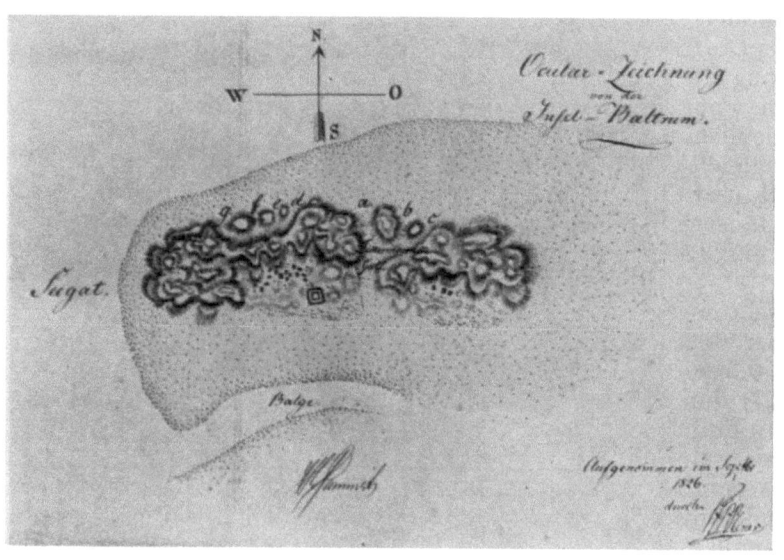

Abb. 24. Zeichnung der Insel Baltrum von 1826.
(Abgezeichnet aus der Altakte: Wasserbausachen Staatsarchiv Aurich C IX C.)

Weitere erhebliche Dünenabbrüche im Westen und Nordwesten wurden aus dem Jahre 1843 berichtet. Mit der Verschlechterung der Insel erhöhten die Inselbewohner nach und nach die unentgeltlichen Leistungen im Helmpflanzen. Die entgeltlichen Arbeiten wurden, wie auf Juist, seit vielen Jahren durch Leute vom Festland ausgeführt, weil während der günstigen Jahreszeit die arbeitsfähigen Männer auf Schiffahrt abwesend waren.

Im Jahre 1843 brach die Sturmflut am 21. November die Außendünen im Nordwesten und Norden durch, so daß die Niederungen voll Wasser liefen. Weitere Berichte vom 16. Juli 1851 und 17. Juli 1852 vermerken ein Abnehmen der Westdünen um 5—8 Ruten und an einzelnen niedrigen Dünen um 10—20 Ruten. Dagegen wird unterm 12. September 1852 eine „Anstäubung" der abgebrochenen Süddünen angegeben. Am schmalen und niedrigen Nordwest- und Nordstrand boten nur einzelne Dünenhügel, die ihrem Schicksal überlassen werden mußten „ein trauriges Bild". Die Abnahme und der gelegentliche Einbruch der Westdünen hielten auch in den nachfolgenden Jahren bis 1860 an, wobei mehrfach das Sturmflutwasser in die Gärten und Häuser drang.

Die Inselfigur von 1840 (nach der Vermessung des vereidigten Geometers R. Wolff für die Kartenherausgabe des hannoverschen Ing.-Lt. Papen) zeigt, daß das seit 1700 vorhanden gewesene Timmermannsgat durch einen schmalen Dünenstreifen geschlossen war. Die Länge der Düneninsel hat seit 1825 um weitere 225 m im Westen abgenommen, ist jedoch im Osten um 150 m verlängert. Der Oststrand war bedeutend länger und breiter geworden, was das Wachsen am Ostende erklärt. Auffallend ist der lange Sandhaken am Südwestende der Insel, dessen Ausbildung bei der Entwicklung der Watten noch erläutert wird. Infolge der Geschlossenheit der Düneninsel konnte sich auf der Wattseite von neuem ein breiter Heller bilden.

Die Pfarrchronik berichtet aus dem Jahre 1862 einen weiteren Abbruch der Insel am Westende um 100 Schritt (80 m).

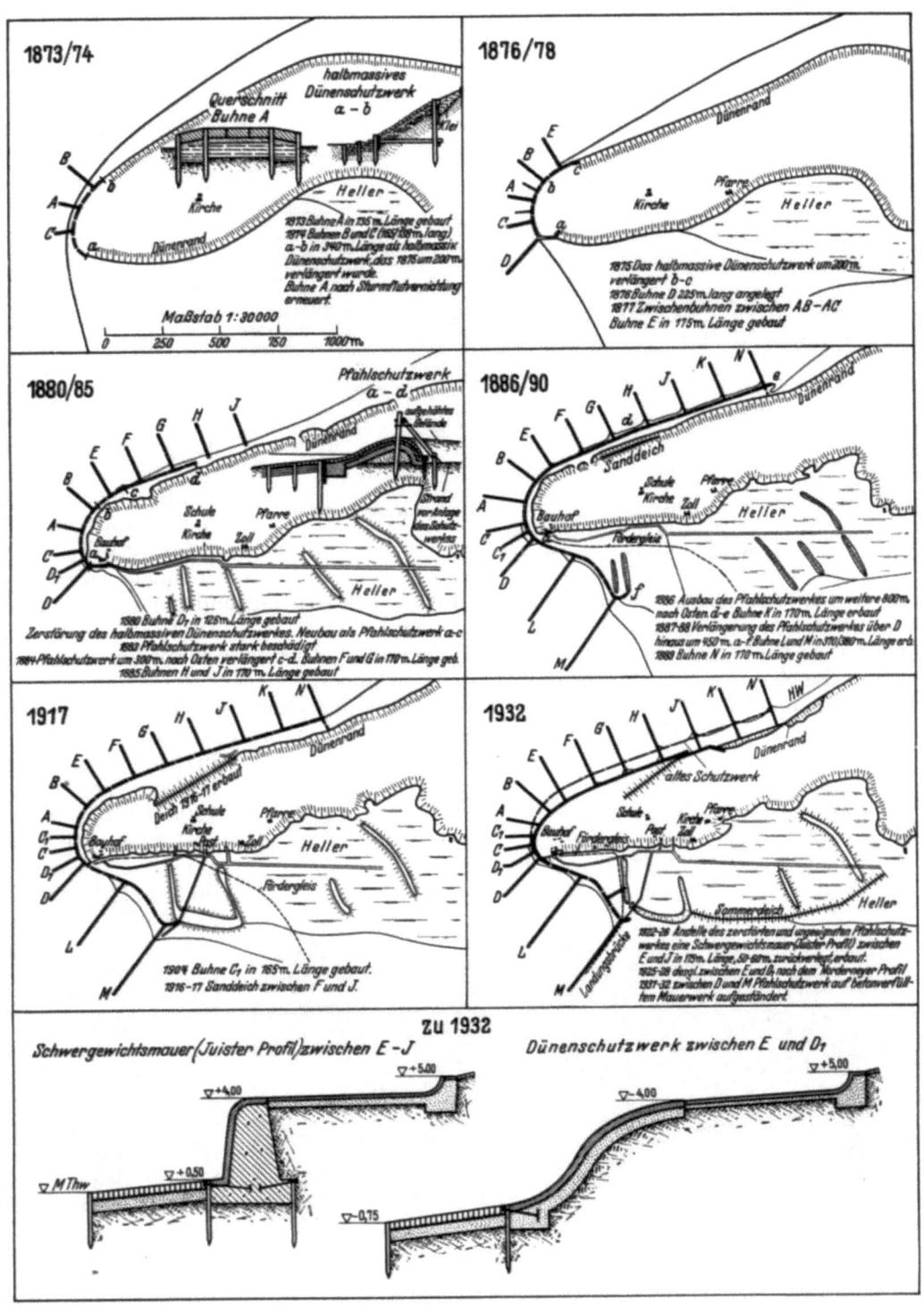

Abb. 25. Die seebautechnische Entwicklung der Strand- und Dünenschutzanlagen am Westende von Baltrum.
(Gezeichnet vom Verfasser.)

Die Inselfigur von 1866 ist nach der hannoverschen Seekarte im Westteil gestreckter und im Ostteil ein wenig breiter geworden. Die Abnahme im Westen beträgt rd. 200 m, die Zunahme im Osten dagegen rd. 400 m (Abb. 23).

Der Sandhaken am Westende war in der Umbildung nach Osten begriffen und hatte sich verkürzt. Diese Veränderungen und vor allem die ständigen Abbrüche im Westen waren verursacht durch die Ostwärtsverlegung und Verbreiterung der Wichterehe, die von 1861—1891 also in rd. 30 Jahren von 350 m auf über 1000 m Breite bei MThw zugenommen hatte.

Anfangs der 1870er Jahre näherte sich der Dünenabbruch mit nicht zu übersehender Geschwindigkeit über schmale Dünenzipfel dem West- und Hauptdorf. Der erste Entwurf zum Schutz der Insel von 1872/73 [37] sah am Westende zwei Steinbuhnen, je 180 m lang, und ein 475 m langes Dünenschutzwerk vor. Die Abb. 25 stellt die Entwicklung der Strandschutzwerke dar [39] und gibt die Zeit und die Reihenfolge der Maßnahmen wieder.

Abb. 26. Baltrum, Westdünen — Westdorf — Blick von der hohen Westdüne nach Osten.
(Aufnahme: Backhaus, September 1936.)

Von 1873—1890 sind insgesamt 1780 m Dünenschutzwerk und 14 Buhnen hergestellt worden.

Die Form und Lage des Westteiles der Insel, die seit 1866 nochmals 400 m verloren hatte, war damit festgelegt, wie sie die preußische Landesaufnahme (Abb. 23) zeigt. Der Sandhaken von 1840 hat sich von Südwesten nach Süden verschoben, wo er sich bis 1900 gehalten hat. Die unablässige Sandwanderung an der Insel vorbei und der schon seit 1840 vorhandene lange und breite Oststrand ließen die Düneninsel seit 1866—1891, also in 25 Jahren um 1560 m der Länge nach anwachsen und sich von 750 auf rd. 1000 m verbreitern. Auch der Heller konnte sich in der Zeit wesentlich verbreitern und verlängern.

Die Insellänge hat bis 1930 (Abb. 23) nicht mehr zunehmen können, ein Beweis dafür, daß die Insel in ihrer Lage zwischen den beiden Seegaten ziemlich festgelegt ist. Die Dünen haben sich inzwischen um rd. 100 m verbreitern können. Der bis 1900 gebliebene Sandhaken am Westende ist seit 1930 ganz verschwunden. Der im Nordteil darauf gelegene Sandrücken ist zerstört bis auf eine kleine Dünengruppe, die heute die Süddünen bildet, an die der Heller — Sommerdeich — anschließt (Abb. 25 Figur 1932).

An der Südseite der Insel ist zwischen dem West- und Ostdorf eine 34 ha große Hellerfläche durch einen Sommerdeich in den Jahren 1926/27, dessen Deichkrone auf 1,25 m über MThw liegt, geschützt worden.

Abb. 27. Baltrum: Vordergrund: Dünen östlich des ehemaligen Timmermannsgates. Blick in Höhe des Ostdorfes nach Westen.
(Aufnahme: Backhaus, September 1936.)

Überblickt man die Entwicklung der Insel Baltrum seit der ersten Vermessung 1738, so hat die Insel bis zur letzten Vermessung (1891) 2725 m, also jährlich durchschnittlich = rd. 17,6 m, seit den ersten genauen Berichtsangaben von 1650 zusammen 4275 m, also jährlich durchschnittlich rd. 17,7 m abgenommen. Die Dünen haben sich seit 1825 insgesamt um rd. 2110 m, also jährlich durchschnittlich 2110:66 rd. 32,0 m nach Osten verlängert. Der nach dem Bericht von 1650 noch vorhandene ausgedehnte Ostrand von 1580 m hat sich mit den Dünen nicht mitentwickelt. Heute ist nur noch ein etwa 700 m langer Strand im Osten vorhanden. Das ist auch erklärlich, denn im Osten drängt der zu bzw. aus dem größeren Watt hinter der langen Insel Langeoog gerichtete Flut- und Ebbestrom gegen das kleine Eiland und erschwert eine Verlegung der Accumerehe nach Osten. Eine Vergrößerung von Baltrum ist daher nach Osten nicht möglich.

Im Vergleich zu allen anderen Inseln, bei denen die Abnahme im Westen verhältnismäßig klein gegenüber dem Dünenanwachs im Osten ist, ist die Abnahme der Insel Baltrum im Westen außergewöhnlich groß. Die Ursachen sind außer in dem Brandungsangriff infolge westlicher und nordwestlicher Winde, vor allem in der Wattgestaltung, den Strömungsverhältnissen, der Sandwanderung und der Ostwärtsverlegung des westlichen Seegats, der Wichterehe, zu suchen. Darauf wird später näher eingegangen.

Betrachtet man im ganzen das Dünenbild, so liegt das Gebiet alter Dünen überwiegend in der westlichen Hälfte, etwa bis 1 km östlich des Ostdorfes. Auf den alten kurzrasigen Dünen der Westhälfte (Abb. 26), etwa bis zum westlichen Rande des früheren Timmermannsgats, befinden sich reichlich Helm, Labkraut, Kriechweide, Stranddorn und vereinzelt auch Brombeersträucher. Die alten Dünen zeigen vielfach Auskolkungen durch Sturm. Zwischen dem West- und Ostdorf ist auf der Südseite deutlich das Timmermannsgat zu erkennen (Abb. 27), das 1828—35 durchdeicht ist. Östlich des früheren Timmermannsgats sind drei Dünenzüge nach Osten hin zu verfolgen.

Der südliche Dünenzug, an dessen Südseite sich das Ostdorf geschützt angesiedelt hat, endigt rd. 1 km östlich vom Ostdorf. Die Dünen tragen viel Busch und sind grau. Der Mitteldünenzug verläuft ein wenig unterbrochen von der ältesten Durchdeichung des Timmermannsgats (auf der heute Haus Arnold steht) in Richtung der Süddünen, mit denen die Mitteldünen ein Längstal, in dem Gärten angelegt sind, einfassen. Das Ostende der Mitteldüne, das gegenüber dem Süddünenende ein wenig nach Westen zurückliegt, ist die alte Binnendüne, in eine (dem Charakter nach) Randdüne zurückverwandelt (von der aus das Lichtbild Abb. 27 aufgenommen ist).

Das Dünental nördlich der Mitteldüne zeigt noch eine Reihe früherer Vordünen, die aber wie das Tal selbst, von undurchdringlichem Dorn besiedelt sind. An einer feuchten Stelle befindet sich eine ansehnliche Binnenweide. Östlich vom Ostdorf und von den Süd- und Mitteldünen befindet sich ein weites flaches Dünental im Schutze der Nordranddünen. Die Nordranddünen (als dritter Dünenzug) bestehen aus hellen Dünen (Helmdünen), die von etwa 1 km östlich des alten Durchbruches ab wenig bewachsen sind. Infolge des von hier ab breiten Strandes, auf den die Sandbänke ständig heraufwandern, erhalten sich die Randdünen (von ihrem Knickpunkt nach Osten) von selbst (Abb. 23, östlich Buhne N).

Auf dem Nordstrande befindet sich östlich Buhne N (Abb. 23) und des Badestrandes, etwa 1 km östlich des früheren Durchbruches, ein breiter Triticumstrand mit einer Reihe Triticumdünen, die einen guten Schutz gegen Sturmfluten bilden.

Im Schutze des Strand- und Dünenschutzwerkes haben sich im Südwesten der Insel die verbliebenen jungen, flachen Dünen verstärkt, die in ihrem Unterbau Triticumbewuchs, im oberen Teil Psammahorste haben. Da deren Südseite seit 1930 mehr und mehr in Abbruch kam, wurden zu deren Schutze 1933 vier Buschschlengen ausgebaut, die aber mangels örtlicher Aufbautendenz eine Verbesserung der Südwestdünen bisher nicht gebracht haben.

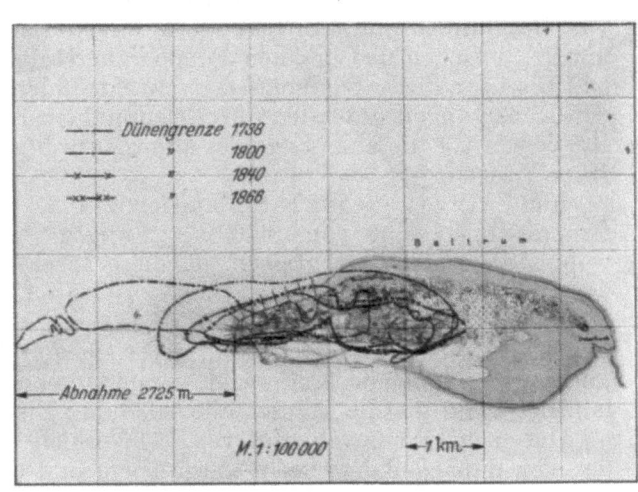

Abb. 28. Vergleich der früheren Entwicklungsfiguren der Insel Baltrum mit dem Zustande der letzten Landesaufnahme 1892.
(Gezeichnet vom Verfasser.)

Im Süden der Insel liegt eine ausgedehnte Sandmarsch als Strandwiese, die an einzelnen Stellen Kleimarsch ist, die von dem Ostende der Südwestdünen bis an den Ostrand des früheren Timmermannsgats (westliches Ende der südlichen Ostdünen) mit oben genanntem Sommerdeich eingedeicht ist (Abb. 25 Fig. 1932).

Die Gesamtveränderung von Baltrum ist auf Abb. 28, in dem die verschiedenen Entwicklungsfiguren übereinander gezeichnet sind, anschaulich dargestellt.

Die kartographischen Vergleiche der Dünen-Inselentwicklung ergeben folgende Ausmaße der Dünenab- und zunahme auf Baltrum:

	In W—O-Richtung	In N—S-Richtung im M.
1650—1738	1550 m Abnahme am Westende	0 m Zunahme im Westteil nördlich
	0 m Zunahme am Ostende	250 m Zunahme im Ostteil Westdorf
1738—1800	1825 m Abnahme am Westende	0 m Abnahme im Westteil
	50 m Abnahme am Ostende	250 m Zunahme im Ostteil
1800—1825	75 m Abnahme am Westende	100 m Abnahme im Westteil
	350 m Abnahme am Ostende	250 m Abnahme im Ostteil
1825—1840	225 m Abnahme am Westende	100 m Abnahme im Westteil
	150 m Zunahme am Ostende	200 m Abnahme im Ostteil
1840—1866	200 m Abnahme am Westende	175 m Abnahme im Westteil
	400 m Zunahme am Ostende	125 m Abnahme im Ostteil
1866—1892	400 m Abnahme am Westende	125 m Abnahme im Westteil
	1550 m Zunahme am Ostende	300 m Zunahme im Ostteil
1892—1930	0 m Abnahme am Westende	50 m Abnahme im Westteil
	0 m Zunahme am Ostende	50 m Zunahme im Ostteil
1650—1930	4275 m Gesamtabnahme am Westende	450 m Abnahme im Westteil
	1700 m Gesamtzunahme am Ostende	500 m Zunahme im Ostteil

f) Die Entwicklung der Insel Langeoog.

Nach Freese [35] lag die Insel Langeoog noch einige Jahrhunderte n. d. Z. sehr dicht am festen Lande und war nur durch einen „unbedeutenden Strom, dadurch die Ebbe und Flut ging", davon getrennt. Zwischen der Insel und dem ehemaligen Festlande lag ein schönes Dorf Otzum, auch Seriem genannt (Abb. 1), welches wahrscheinlich im 13. Jahrhundert untergegangen ist. Die Grundmauer der 60 m lang gewesenen Kirche nebst Turm aus behauenen Findlingen war im 17. Jahrhundert bei Tnw noch deutlich und ist in Spuren auch jetzt noch zu sehen. Die „Ackumhe" das westliche Seegat von Langeoog, ist bereits im Jahre 1289 [106] erwähnt, da sich die Harlingländer über eine Mordtat beklagten, die ein Bremer in der „Ackumhe" genannten Hafen verübt hatte. Hier kann es sich nur um die geschützte Reede am Westende von Langeoog gehandelt haben.

In der genannten Lehnsurkunde vom 11. September 1398 [36] ist die Insel „Langeooch" genannt. Mit dem Namen „Langeooge" erscheint sie in der an die Inselgemeinden mitgeteilten oben genannten Friedensurkunde vom Jahre 1406 [36]. Diese beweist wiederum zugleich, daß auch Langeoog schon besiedelt war. Das läßt auch eine im 13. oder 15. Jahrhundert entstandene Siedlung erkennen, die nach Zylmann [172] an der Nordwestseite der Insel nach dem Abbruch von Randdünen auf dem Strande in einem Darglager, in Spuren von Hausanlagen und Wällen mit keramischen und anderen Funden zuerst 1854, dann 1908 und zuletzt 1921 entdeckt worden ist. Die Lage dieser Siedlungsstätte am Strande, die naturgemäß ebenso wie heute hinter schützenden Dünen angelegt worden war, ist einmal ein Beweis für die Veränderung der Insel, zum anderen ein Beweis für die hohe Lage des alten Marschfestlandes auch an dieser Stelle im Nordwesten der Insel Langeoog.

Nach Herquet [54] hatte Langeoog 1627 einen Vogt und sieben Haushaltungen. In dem Commissionsbericht von 1650 ist „Langog" zwar in Zusammenhang mit „Balteringhe" erwähnt, aber nicht beschrieben, da diese Insel von der fürstlichen Kommission nicht besichtigt worden ist.

Nach Arends [2] bestanden auf Langeoog 1660 bereits 16 Häuser und es lebten dort 62 Menschen. Es wird am Westende ein guter sicherer Hafen erwähnt. Pfingsten 1672 sind die Häuser „mehrerer Bequemlichkeit wegen vom Osterende zum Westende" versetzt. Nach damaliger Erfahrung „mußten die Häuser alle 30 Jahre hier wegen des Jagsandes" umgesetzt werden.

Durch die Weihnachtsflut von 1717 erhielt die Insel in der Mitte einen großen Durchbruch, der sich danach immer mehr vergrößerte und die Kirche nebst Pastorei zum Einsturz brachte. Da die Inselgemeinde bis 1853 zur Esener Pfarrgemeinde gehörte und die Pfarrakten Langeoog erst seit 1853 wieder geführt worden sind, dürfte die Insel bis 1853 ohne Kirche gewesen sein.

Eine weitere schreckliche Sturmflut von 1721 war jedenfalls Anlaß dazu, daß die Insulaner nunmehr die Insel verließen.

1723 zogen auf Veranlassung des Fürsten von Ostfriesland acht Familien von Helgoland nach Langeoog, darunter der spätere Vogt Leus, dessen Nachkommen noch jetzt auf Langeoog sind.

Die ersten genaueren Angaben über die Beschaffenheit und den Umfang der Insel, die eine weitere Entwicklung zu verfolgen ermöglichen, sind erst seit 1738 vorhanden. Am 26. Juni 1738 hat durch den Ingenieur Horst eine genaue Vermessung und durch den Reg.- und Kammerrat Olk eine Besichtigung der Insel stattgefunden (Abb. 29). Danach bestand die Insel damals aus vier selbständigen Dünengebieten. Auf der Insel befanden sich nur noch drei Familien, von denen zwei von Bensersiel und eine von Baltrum stammten. Danach waren die Helgoländer Familien inzwischen wieder weggezogen. Die drei befragten Insulaner gaben die Bezeichnungen der Durch- und Einbruchstellen an, wie sie in einem nach der Örtlichkeit von der Herrenhausdüne aus gefertigten Handriß, der als Anlage zu dem Bericht des Kammerrats Olk diente, aufgeführt sind. Die Durchbrüche waren im nördlichen Teil höher als MThw, dagegen im Südteil niedriger. Die Herrenhausdünen, der Sage nach die einstmalige Wohnstätte eines verbannten Edelmannes, die damals die höchsten Nordranddünen waren, sind nach mehrfachem Umsetzen flache Süddünen, nachdem seit etwa 1894 eine durchgehende Nordranddüne mit menschlicher Unterstützung neu gewonnen wurde. Zwischen der Herrenhaus- und der Melkhörndüne lag 1738 das insbesondere durch die Sturmflut 1717 stark erweiterte große Slop, das in Abb. 30 in der (rechten) Niederung zu sehen ist, und das erst endgültig 1906, durch die im Vordergrund des Bildes sichtbare starke Randdüne geschlossen ist. Im Hintergrunde sind noch die Melkhörndünen östlich vom damaligen großen Slop sichtbar, deren Namen von einem zum Melken der Kühe umfriedeten Platz in oder an diesen Dünen herrührt. Östlich von den Melkhörndünen lag seinerzeit das kleine Slop, dessen heutiger Zustand aus der Abb. 31 ersichtlich ist. Die Durchbruchstelle ist nach Schließung der Lücke durch künstlich geförderte Dünenbildung mit üppiger Flora bedeckt. Im Hintergrunde der Abb. 31 beginnen die bis zum Ostende geschlossenen Dünen, die nach der Karte von Horst nur an einer Stelle, etwa in der Mitte des Ostteiles einen Einbruch hatten. Das östliche Dünengebiet ist jetzt Vogelkolonie.

Nach Herquet [54] zogen 1741 zwei weitere Familien und zwar aus dem Eiderstedtschen nach Langeoog. Klopp dagegen berichtet [70], daß einige Familien 1742 es erst wagten, sich wieder auf Langeoog anzusiedeln. Wahrscheinlich waren es die 1723 erstmalig angesiedelten Helgoländer Familien.

Die Strand- und Dünenverhältnisse waren offenbar nach 1744, als unter preußischer Verwaltung eine planmäßige Dünenpflege einsetzte, wieder besser geworden.

Nach einem Bericht des ostfriesischen Kriegs- und Domänenrats vom 30. Juli 1754 waren vom ostfriesischen Fürstenhaus zur Erhaltung der Inseln und für die Bergung des Strandgutes einige Familien angesiedelt, denen auf dem breiten Westende einige Hütten zur unentgeltlichen Benutzung gebaut worden waren. Etwa 1750 hatte ein Inselbewohner sich auf eigene Kosten am Ostende, wo heute die Meierei steht, ansässig gemacht und für sein Vieh den Heller gepachtet. Das ist ein weiterer Beweis dafür, daß die Dünen mehr festgelegt waren als früher, so daß der Heller nicht mehr versandete wie ehedem. Die Länge der Insel wird mit 1½ Meilen angegeben. Dieses Maß mit rd. 11 km dürfte damals zutreffend gewesen sein, wenn man den Strand mit einrechnet (Abb. 29).

Aus dem Jahre 1787 erwähnt Bertram [14], daß die Insel in zwei Teile geteilt war, von denen das Westende klein und von runder Form, die ganze Insel 814 Diemath (rd. 460 ha) groß, meist sandig und Weideland war. Die wenigen Familien ernährten sich von Schillfang für Kalkbrennereien.

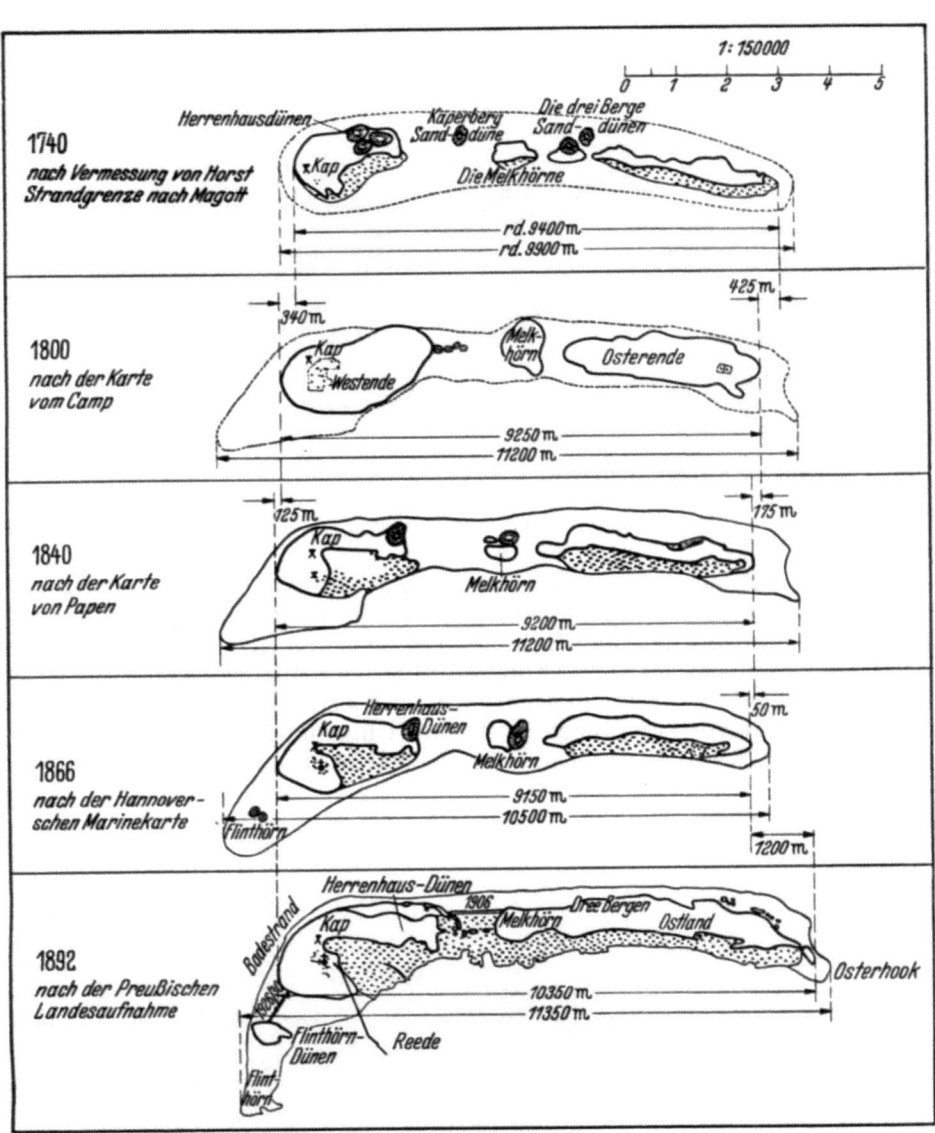

Abb. 29. Die Entwicklung der Insel Langeoog.
(Gezeichnet vom Verfasser.)

Nach der Karte von Camp (B 58) bestand Langeoog um 1800 noch aus drei Teilen. Die „Dreibergedünen" sind teilweise vernichtet, zum Teil mit dem Ostende vereinigt. Die Melkhörndünen hatten sich in nordsüdlicher Richtung vergrößert. Der „Westteil" hatte bereits einen Zuwachs an seinem Ostende erhalten (Abb. 29). Die Dünen waren in den drei Einzelteilen ziemlich geschlossen. Das Hauptdorf lag am Westende. Nach den bisherigen schlechten Erfahrungen mit der Besiedlung am Westende und auch in der Mitte hatten einige neu zugezogene Familien sich am Ostende angesiedelt (Abb. 29, Figur 1800). Die Einzeldünen in den großen Durchbrüchen waren bis auf die Melkhörndünen verschwunden. Diese hatten sich wesentlich vergrößert. Desgleichen hatte das Westende am Ostteil beträchtlich zugenommen.

Die große Sturmflut vom 3. und 5. Februar 1825 riß im Westen und Nordwesten 18—25 Ruten (67—94 m) weg, an der Südseite 8—10 Ruten (30—38 m) und im Osten noch mehr. Das Wasser drang in die meisten Häuser, trotzdem sie hoch standen und beschädigte mehrere Häuser. Große Flächen wurden mit Sand überdeckt. Westlich, nahe der Herrenhausdüne, trat ein weiterer Durchbruch von 14 Ruten (rd. 53 m) Breite ein, der aber gleich von den Insulanern mit ausgespülten Wurzeln der Helmpflanzen und mit Weiden zugesetzt wurde.

Das große und kleine Slop sind bedeutend erweitert worden, das zeigt die nächste Entwicklungsfigur auf Abb. 29 um 1840. — Die zweite Vermessung der Insel hat im Jahre 1840 durch den beeidigten Geometer Wolff im Auftrage des Ing.-Ltn. Papen für das Kartenwerk von Hannover stattgefunden. Die Karte zeigt zum erstenmal einzelne Dünengruppen, die in drei Teilen zusammenhängend waren. Der Strand war breit, eine Reihe Vordünen waren auf ihm im Entstehen begriffen, besonders nördlich vom Ostteil.

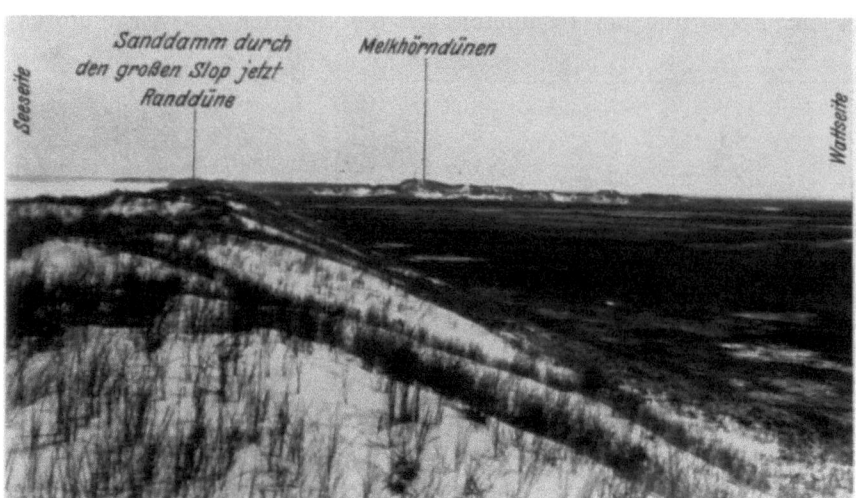

Abb. 30. Langeoog, Blick vom westlichen Ende des ehem. großen Slops nach Osten. Die Randdüne ist seit 1906 entstanden.
(Aufnahme: Backhaus, August 1936.)

Außer vorstehender geschichtlicher Mitteilung von Arends [3] gibt der Commissionsbericht vom 17. September 1826 und der von der Commission aufgenommene Lageplan (Abb. 32) eine noch genauere Beschreibung des Zustandes der Insel nach der Sturmflut von 1825. Außer den Häuserschäden waren die Gärten stark übersandet. Nördlich der Kiekdüne (die heute westlich der Wasserturmdüne gelegene Düne) war die große Einbuchtung a in rd. 36 Ruten (135 m) Länge und weiter nordwestlich der Einbruch b in 50 Ruten (rd. 190 m) Breite entstanden. Der Vergleich der Kiekdünenlage von 1826 (Abb. 32) mit der heute westlich vom Wasserturm gelegenen Düne (die nach Angabe alter Insulaner früher als Kiekdüne bezeichnet wurde) zeigt, daß seit 1826 zwei Dünenketten davor entstanden sind. Die Unterbrechung der Nordranddüne an der Stelle c war 18 Ruten (rd. 68 m) breit. Die anschließend zusammenhängende Randdüne wechselte mit zwei Durchbrüchen d und e westlich der alleinstehenden hohen fast kahlen Herrenhausdüne ab, deren südliche Ausläufer f und g im Zuge der Südranddünen damals mit Stroh, abgelagertem organischem Drift, Sand und Weidenbepflanzung geschlossen wurden, während die Ein- und Durchbrüche durch Helmpflanzungen wieder behoben werden sollten, ein Beweis dafür, daß der Strand für eine ausreichende Sandbestäubung breit genug war, wie auch die Abb. 32 erkennen läßt. Das große und kleine Slop waren durch die

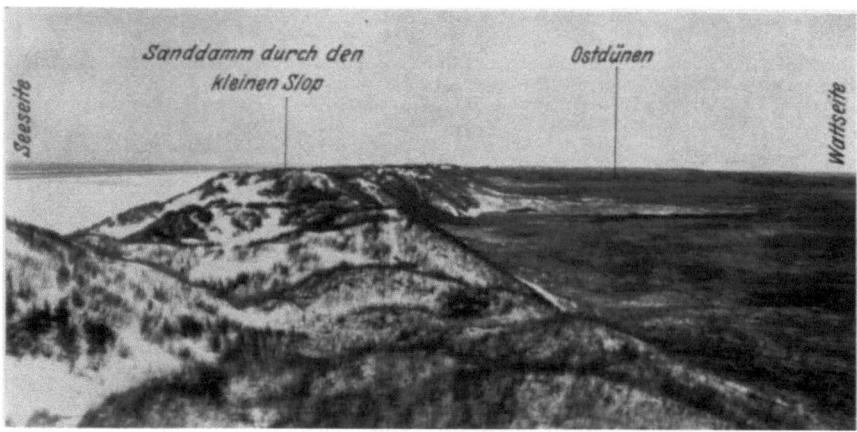

Abb. 31. Langeoog. Blick vom westlichen Ende der ehem. kleinen Slops nach Osten. Die Randdüne ist durch Pflege seit 1906 entstanden.
(Aufnahme: Backhaus. August 1936.)

Sturmflut vertieft (auf rd. 2½ Fuß über ord. Flut) und verbreitert, was auch die Darstellung von 1840 noch erkennen läßt. Die Melkhörndüne war durch Steilhangausbildung etwas verkleinert, aber noch hoch und breit. Östlich vom kleinen Slop waren in den „Dreibergedünen" zwei Einbrüche h und i von 25 und 60 Ruten (94 und 225 m) Breite entstanden. Da hier, wie überhaupt auf dem ganzen Ostteil, das Sandwehen sehr stark war, wurde auf ein selbständiges Zusetzen dieser miteinander in Verbindung stehenden Einbuchtungen gerechnet. Am „fetten Hörn" waren die Dünen am schmalsten und völlig unbewachsen, desgleichen nordwestlich von dem Pächtergebäude, so daß die an sich gute Weide des Hellers stark unter Versandungen litt. Östlich des Pächtergebäudes waren die Dünen hoch und gut bewachsen.

Die Verbesserungsmaßnahmen, von denen die Insulaner nach anfänglicher Ablehnung später, wie die Bewohner der westlich gelegenen Insel es schon viele Jahre freiwillig taten, einen Teil unentgeltlich im eigenen Interesse ausführten, erstreckten sich im Rahmen verhältnismäßig geringer Mittel auf den Zusammenschluß der Randdünen. Dagegen verursachten die vielen kleinen Dünen ein starkes Sandstäuben auf der ganzen Insel, worüber die Berichte der nächsten Jahre Klage führen. Am Südwestende war der sich bildende Anwachs von Flinthörn her 1827 stark überweht und erhöht. Die Herrenhausdüne hatte sich, wie schon seit langen Jahren, nach Osten „übersetzt" und dadurch die Schlucht erweitert.

1828 berichtete der zuständige Wasserbauinspektor Börner zu Esens, daß im Westen eine neue Dünenreihe im Entstehen begriffen war und der Nordwest- und Nordstrand breiter geworden waren, weil sich neue Sandbänke heranlegten, was seit 1815 schon das drittenmal der Fall war, wodurch der Strand bis 1829 um 75—100 Ruten (rd. 280—375 m) zugenommen hatte. Die außergewöhnliche Sandzuführung stammte vermutlich zum erheblichen Teil von den starken Abbrüchen am Westende von Baltrum.

Da die Rauhigkeit der Dünen stark durch das Beweiden und Betreten gefährdet worden war, wurde 1829 ein Weidereglement eingeführt. Ferner wurde die durch die preußische Kriegs- und Domänenkammer 1815 erlassene Verordnung über das Eiersammeln 1838 wieder verschärft eingeführt, wonach Eiersuchen nur an zwei Tagen der Woche, (ab Mai bis Juli), unter der Aufsicht des Vogtes auf freigegebenen Flächen gestattet war. Das Graben nach Kaninchen und Eiern der Bargenten war bei 5 Rthl. Strafe verboten. 1843 kam das Jagdverbot auf Seevögel hinzu.

Der Erfolg planmäßiger Unterhaltungsmaßnahmen und verschiedener Polizeivorschriften ist bereits in der Dünenfigur (Abb. 29) von 1840 zu ersehen, die eine weitere Vermessung der Insel durch

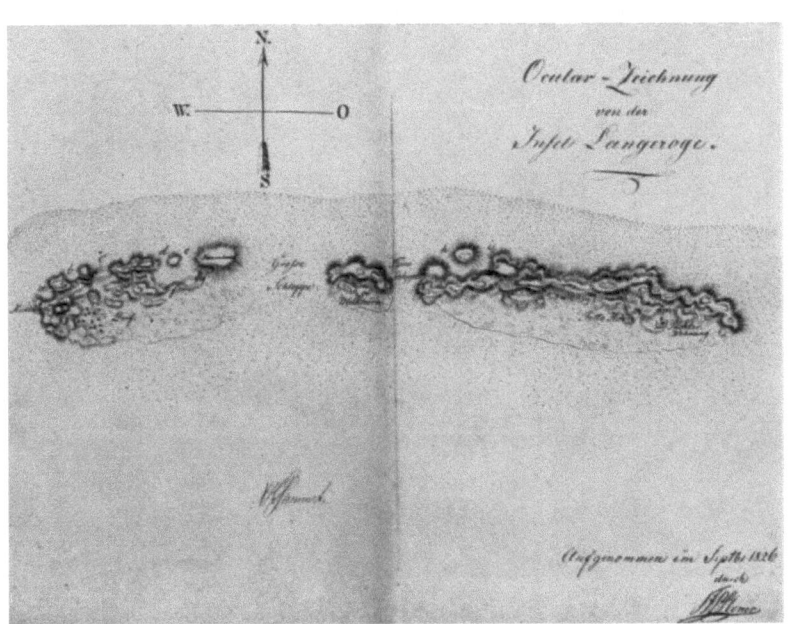

Abb. 32. Lageplan von Langeoog aus dem Jahre 1826.
(Abgezeichnet aus der Altakte: Wasserbausachen, Staatsarchiv Aurich, C IX C.)

den beeidigten Geometer Wolff im Auftrage des Ing.-Ltn. Papen darstellt. Die Karte zeigt die Insel bestehend aus drei einzelnen Dünengruppen, die aber schon einen besseren Zusammenhang hatten. Das war neben den künstlichen Maßnahmen die natürliche Folge des breiten West- und Nordstrandes, auf denen eine Reihe Vordünen im Entstehen begriffen war, besonders auf dem Ostteil. Der Strand am Westende läßt deutlich den seit 1825 sich herausbildenden Sandhaken (nach dem Flinthörn) erkennen. Die Länge der Gesamtdüneninsel hat sich um rd. 50 m durch Abnahme am Ostende verringert. Das Ostteil hatte aber an seinem Westende um rd. 560 m zugenommen. Im Westteil hatten die Dünen sich um rd. 125 m nach Westen verlängert. Am Ostende waren dagegen rd. 175 m Dünen verloren gegangen.

Die Berichte vermerken bis 1866 kaum noch nennenswerte Abbrüche an den Dünen, die durch breiten und hohen Strand gegen Sturmfluten von außergewöhnlicher Höhe geschützt waren.

Auch die hannoversche Seekarte von 1866 (B 76) zeigt als nächste Entwicklungsfigur auf Abb. 29 die Insel in drei Teilen, deren Dünen im einzelnen in zunehmenden Maße geschlossen sind. Der Sandhaken am Südwestende der Insel erscheint zum ersten Male mit der Bezeichnung „Flinthörn" als „Steinecke", d. h. Abwurfstelle von Schiffsballast. Die Gesamtdünenlänge hatte nochmals um rd. 50 m im Osten abgenommen, während die Dünenlänge am Westende geblieben war. Der Flinthörnstrand hatte ein wenig in südwestlicher Richtung zugenommen und zeigte schon größere Dünen. Das große und kleine Slop wurden durch Zunahme der angrenzenden Dünen des West- und Ostteiles wieder enger. Die Dünen waren im ganzen sehr schmal.

Die preußische Landesaufnahme von 1892 zeigt eine starke Zunahme der Dünen in Länge und Breite. Das kleine Slop ist bereits seit 1890 durch eine von Natur entstandene Nordranddüne geschlossen. Kleine Einbrüche sind seit 1894 endgültig dicht gesetzt. Der Abschluß des großen Slops ist 1894 mit Buschflaken begonnen worden, blieb aber bis 1895 ohne Ergebnis. Danach wurde 1902 versucht, im Zuge der Nordranddünen einen Sanddamm hochzubringen, der aber wieder zerstört wurde. Erst 1906 gelang es, daß große Slop durch einen Damm endgültig zu schließen (Abb. 29).

Die bis 1900 in großem Umfange entstandenen Flinthörndünen wurden 1906 erstmalig versuchsweise an die Inselhauptdünen angeschlossen, was aber nicht von Dauer war. 1922 wurden durch Buschzäune in Viereckform einzelne Zwischendünen erzeugt und in den Jahren 1926—1930 gelang es, den Flinthörndeich geschlossen durchzuführen und nach und nach zu verstärken, wobei auf die Erhaltung eines hohen Strandes besonders hingearbeitet wurde (Abb. 33).

Die Dünen des Ostlandes haben seit 1866 um rd. 1200 m zunehmen können. Einzelne Vordünen sind auf dem Nordstrande entstanden (Abb. 29, Figur 1892). Der geringe Einbruch in die Norddünen des Ostlandes ist 1922 geschlossen worden.

Planmäßige Dünenpflege hat dazu geführt, daß nunmehr die Insel Langeoog in einem ihren Bestand sichernden Zustande sich befindet und voraussichtlich erhalten werden kann, da die Hauptstromrinne der Akkumerehe ihre nach Norden gerichtete Lage seit langer Zeit unverändert infolge der dafür günstigen Wattgestaltung beibehalten hat. Daraus ergibt sich, daß die Priele und Balgen des größeren Gebietes hinter dem westlichen Teil von Langeoog mehr nach Nordwesten zeigen, so daß der Hauptebbestrom in dieser Richtung nach See zu setzt und der Flutstrom sowie die Sandwanderung nicht stark genug sind, um die Ebberinne scharf an die Insel heranzudrängen. Daher hat Langeoog auch im Westen und Nordwesten einen breiten Strand und gute Dünen. Das schließt nicht aus, daß Sturmfluten gelegentlich mehr oder weniger große Schäden verursachen.

Abb. 33. Langeoog. Blick von den Nordranddünen über das Dorf nach SW mit Flinthörndamm und -Dünen.
(Aufnahme: Backhaus, August 1936.)

So haben größere Veränderungen 1891 an der Nordwestecke der Insel stattgefunden, wo die Dünen auf rd. 1 km Länge bis 100 m Breite abgenommen haben; sie sind aber inzwischen teilweise wiedergewonnen worden. Ähnliche Veränderungen sind, wenn auch in geringerem Maße, 1921 und 1936/37/38 vorgekommen. Sie sind eine Folge schwächerer und stärkerer Sandzufuhr, die auf allen Inseln wechselt. In vorliegendem Falle haben offenbar über die Rifflinie der Akkumerehe vom Westen heranwandernde Sandplaten die Strandverhältnisse dadurch verschlechtert, daß sie in den genannten Zeiten ein größeres Priel gegen den Strand drängten und dieses um so mehr verengten und vertieften, je höher es den Vorstrand hinaufwanderte. Dadurch konnten schließlich höhere Wasserstände und auflaufende Brandung nach und nach von Südwesten nach Nordwesten den Abbruch der Dünen herbeiführen. Das Fortschreiten des Dünenabbruches dauerte in der Richtung von Südwest auf Nordwest über 2—3 Jahre.

Dieser Fortschritt des Abbruches in östlicher Richtung hat seine Ursache darin, daß das an niedrigen Strandabschnitten weiter auflaufende Brandungswasser sich dort einen Rückweg sucht, wo es nicht von neuem zurückgedrängt wird, im allgemeinen nach Osten hin, da westlich der Sandwall liegt und die Hauptwind- und Stromrichtung nach Osten gerichtet sind. Wo sich die heranwandernde Plate auf den Strand gelegt hatte, trat sehr schnell eine bedeutende Verbesserung der Strandverhältnisse ein, welche alsbald sogar ein beträchtliches Anwachsen der Dünen ermöglichte.

Die günstigen Strandverhältnisse nach Breite und Höhe ermöglichten die oben beschriebene künstliche Anlage von Dünen, wodurch eine von Südwesten über West, Nordwest und Nord bis zum Ostende durchgehende Randdüne geschaffen wurde. In deren Schutze konnte sich dann auch in den Dünenlücken des Flinthörns, des großen und kleinen Slops eine kräftige Pflanzenwelt entwickeln, wodurch die Hellerflächen bedeutend vermehrt wurden.

Ein erheblicher Teil der Grünflächen wurde 1932 und 1933 südlich und östlich des Dorfes sturmflutfrei eingedeicht. 1934 und 1935 wurde das Hellergebiet östlich davon bis zu der Meierei durch einen Sommerdeich eingedeicht. Der im Westteil noch verbliebene breite und hohe Heller gestattete 1928—1930 die Anlage eines zivilen Flugplatzes.

Die Altersgruppierung in der pflanzen-geographischen Aufteilung läßt deutlich drei Gebiete alter Dünen erkennen, nämlich das Westland, die Melkhörndünen und das Ostland. Von den im Westen und Süden um den Ort sich herumziehenden Kapdünen sind alte Dünen durch Kräuter und Sträucher, besonders Kriechweide und Stranddorn besiedelt, davor legt sich Schutz bietend eine regelmäßige mit Helm bewachsene Vordüne. Von den Süddünen und den hohen Dünen schoben sich 1907 ausgedente Triticumdünen [108], von denen über MThw liegende Kuppen schon Helmhorste trugen, nach SW vor. Der Raum zwischen diesen Vordünen war damals eine niedrige, pflanzenleere Sandfläche. Die auf dem Meßtischblatt von 1892 schon angedeutete Reihe kleiner Dünen war, wie oben erwähnt, durch Buschzäune künstlich angelegt. Diese haben sich aber nicht lange gehalten. Die westlichen hohen Flinthörndünen, die 1907 schon 10 m hoch waren, trugen schon üppigen Helm und südlich Triticum. Im Westen waren die Dünen häufig abgespült und mit Steilkante versehen.

Zwischen dem Westland und Ostland und zwar nördlich an den alten Melkhörndünen vorbei, wo 1907 noch niedrige Triticumdünen standen, zieht sich eine kräftige Helmwallmdüne hin (Abb. 30 u. 31). Die Melkhörndünen sind sehr alt und tragen den gewöhnlichen dunklen Pflanzenwuchs.

Die ganze Nordseite des Ostendes, besonders der Vogelkolonie, ist mit kräftigen Psamma-Randdünen geschützt, vor denen Triticumvordünen den Übergang zum Strand bilden. Die Binnendünen des Ostlandes sind sämtlich graue Dünen, die Gras-Labkraut und Helm tragen.

Das seit 1922—25 an die durchgehenden Nordranddünen schließende Osterhook hat auf der Nord- und Südseite Triticumvordünen und ist selbst mit Helm als Randdüne gut bewachsen. Zwei kleine Einzelhügel des Osterhooks sind 1926 zerstört worden (Abb. 29).

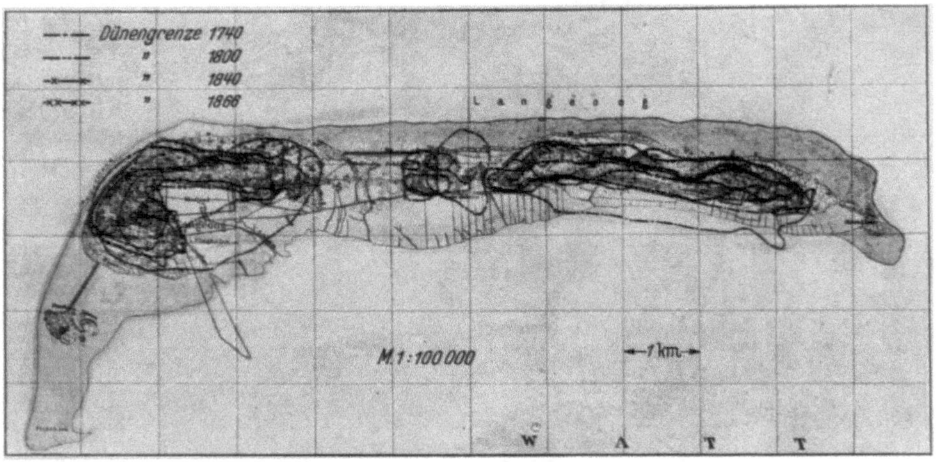

Abb. 34. Vergleich der früheren Entwicklungsfiguren der Insel Langeoog mit dem Zustand der letzten Landesaufnahme 1892.
(Gezeichnet vom Verfasser.)

Die Gesamtveränderung von Langeoog ist in Abb. 34, in die die verschiedenen Entwicklungsfiguren übereinander gezeichnet sind, anschaulich dargestellt.

Die kartographischen Vergleiche der Dünen-Inselentwicklung ergeben folgende Dünenab- und -zunahmen (ohne Berücksichtigung der Flinthörndünen) auf Langeoog:

	In W—O-Richtung	In N—S-Richtung
1740—1800	340 m Zunahme am Westende	50 m Abnahme im Westteil
	425 m Abnahme am Ostende	150 m Zunahme im Ostteil
1800—1840	125 m Zunahme am Westende	200 m Zunahme im Westteil
	175 m Abnahme am Ostende	75 m Abnahme im Ostteil
1840—1866	0 m Zunahme am Westende	100 m Abnahme im Westteil
	50 m Abnahme am Ostende	50 m Zunahme im Ostteil
1866—1892	0 m Zunahme am Westende	50 m Abnahme im Westteil
	1200 m Zunahme am Ostende	25 m Zunahme im Ostteil
1740—1893	465 m Gesamtzunahme am Westende	100 m Zunahme im Westteil
	550 m Gesamtzunahme am Ostende	250 m Zunahme im Ostteil

g) Die Entwicklung der Insel Spiekeroog.

Wie die Insel Langeoog, so lag nach Freese [35] die ebenfalls zum Harlingerland gehörige Insel Spiekeroog noch einige Jahrhunderte n. d. Z. sehr nahe am festen Land, von dem sie nur durch eine kleine Balje, in der Flut und Ebbe ging, getrennt war.

Urkundlich wird die Insel „Spiekeroch" erstmalig in der erwähnten Lehnsurkunde [36] vom 11. September 1398 nebst den anderen Inseln zwischen Jade und Ems aufgeführt. Auch in der mehrfach erwähnten Urkunde von 1406 ist Spiekeroog genannt [36]. Der ostfriesische Graf Ulrich Cirksena führte 1448 Klage beim Rat der Stadt Lübeck, daß am 29. September 1448 feindliche Häuptlinge seine Einwohner zu Spiekeroog überfallen und 100 Schafe genommen hätten.

Die Commissionsberichte von 1650/57 erwähnen Spiekeroog nicht. Dagegen ist der Zustand der Insel in den Grenzverhandlungen zwischen Wittmund und Jever aus den Jahren 1667 durch die Karte von Johann Honart (B 31) genau festgelegt (Abb. 35). Die Grenze, die sog. „goldene Linie" zwischen Ostfriesland und Jever, durchschnitt die frühere Harlebucht und den östlichen Strand von Spiekeroog. Sie wurde hergestellt, um den Gebietsstreitigkeiten ein Ende zu machen, die sich immer wieder ergeben hatten, wenn die Harlebucht immer weiter verlandete und so die Grenze zwischen Ostfriesland und Jeverland weiter nach See hin zu verlegen war. Nach der Honartschen Karte ist die erste Inselfigur von 1666/67 auf Abb. 35 gezeichnet.

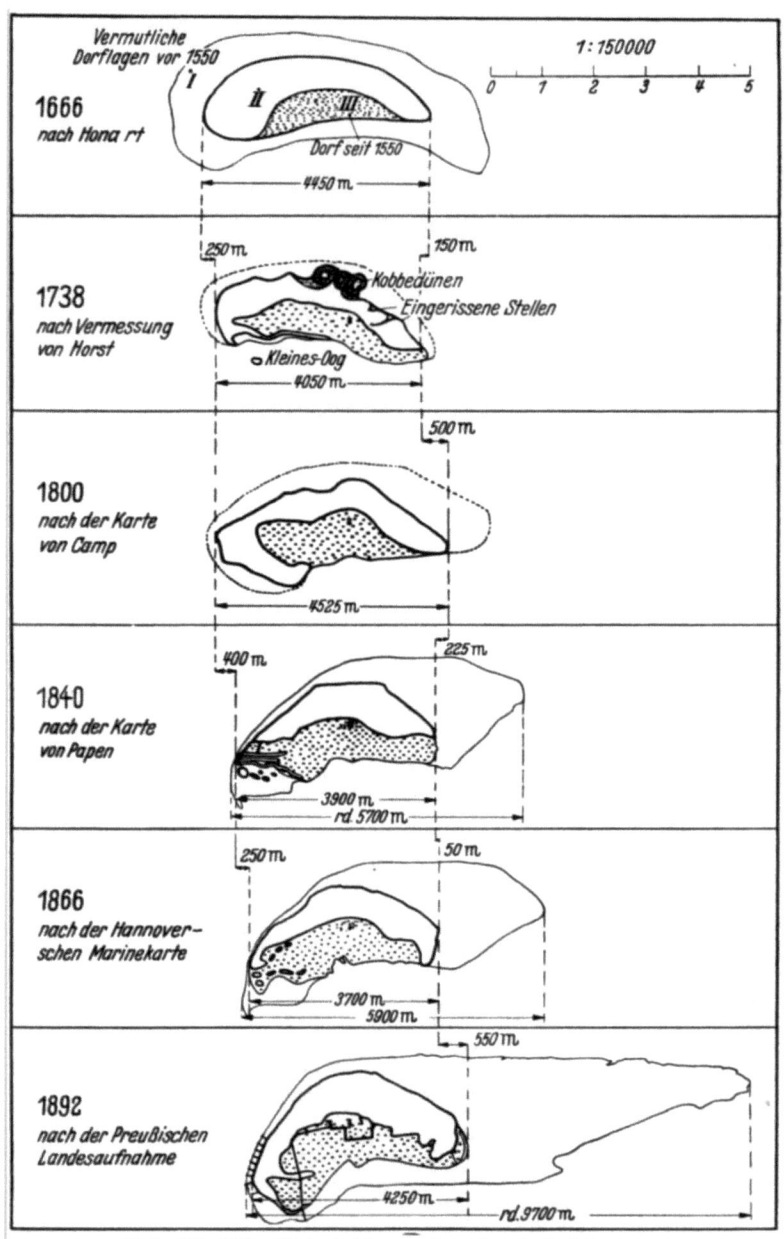

Abb. 35. Die Entwicklung der Insel Spiekeroog.
(Gezeichnet vom Verfasser.)

Nach Reimers [106] war die Insel um 1620 bei Niedrigwasser zwischen Harle- und Otzumerbalje „eine einzige Meile" = drei Stunden Weg zu Fuß lang. In Nordsüdrichtung konnte man sie während einer halben Stunde durchschreiten, was einer Breite von 2½ km entsprach. Das Längenmaß erscheint sehr groß. An der Nordseite lagen als Schutz gegen die „rasende See" „hohe Sandberge" (Duynen), von welchen die Einwohner den Helm zum Reepe (Seile) — Drehen entnahmen, die sie verkauften. Eine zwischen Dünen gelegene Ebene am Westende, wo Reiser für Vieh und zum Besenbinden wuchsen, wurde von den Einwohnern „alte Warve" genannt. Dort wurden alte Brunnen und Merkzeichen alter Feuerstätten gefunden, so daß dort früher ein Dorf gestanden haben muß. Gleiche Grundrisse von Brunnen und Feuerstätten auf dem Nordwestrand der Insel weisen auf eine noch frühere Dorflage hin. 1680 stand das Dorf mit 19 Häusern und 110 Einwohnern bereits am Ostende. Dadurch liegen drei Siedlungen fest, die in der ersten Entwicklungsfigur auf Abb. 35 mit I, II und III angedeutet sind. Die Warven, bzw. Brunnen und Feuerstättenreste sind ein Beweis dafür, daß die Insel Spiekeroog ehedem im Nordwesten abgebrochen ist, wie die übrigen Inseln, und die jeweilige Siedlung nach dem Verschwinden der schützenden Dünen abgebrochen ist und im Ostteil der Insel wieder aufgebaut werden mußte. Das war bei der leichten Bauweise der Lehmhäuser nicht allzu schwer. Eine Kirche wird auf Spiekeroog in den Esener Akten im Staatsarchiv zu Aurich in einer Klageschrift gegen das ostfriesische Grafenhaus bereits 1529 erwähnt. 1625 wurde eine Pastorei gebaut. Das Grünland war so gering, daß die Einwohner nur Schafe und Gänse notdürftig darauf weiden lassen konnten. Dagegen wurde auch Gerste und Hafer angesät, wovon die Leute ungefähr 100—170 Fuder nach Hause holten. 1676 kam das Seewasser so hoch, daß Gärten und Wälle weggespült wurden. Im Jahre 1677 waren viele Äcker unter Sand gekommen, auch Haustüren waren mit Sand zugeweht. Demnach war auf Spiekeroog auch eine Reihe wunder Dünen in der Nähe des Dorfes.

Nach Herquet [54] ist die jetzige Kirche auf Spiekeroog 1696 als dritte Kirche erbaut worden, was den drei Dorflagen entsprechen dürfte.

1706—1711 arbeiteten nach den Inselakten [A 1 a] die Dünemeyers auch auf Spiekeroog.

Nach einem Bericht des Esener Amtmanns Münnecken aus dem Jahre 1711 waren auf Spiekeroog 28 Häuser und Familien.

Die Sturmfluten von 1717 und 1721 haben nach Herquet [54] auf Spiekeroog lange nicht die schlimme Wirkung gehabt wie auf der benachbarten Insel Langeoog. Vier Insulaner verloren Hab und Gut und ihre Schiffe. Wegen der erhöhten Sicherheit waren drei Familien von Langeoog nach Spiekeroog übergesiedelt, so daß 1730 31 Familien vorhanden waren.

Jedoch hatte auch die Insel Spiekeroog nach dem Berichte des Amtmannes von Münnicken vom 22. Juli 1720 einige „gefährliche Örter", so war im Nordosten vom Dorf, eine viertel Stunde ab, ein Einbruch von 40 Schritt Breite und zum Dorf gerichtet, der bis nah an die Weide reichte. Ein weiterer Düneneinbruch war im Nordosten in 100 Schritt Breite, der zuerst in schlangenförmiger, sodann in gerader Strecke auf das Dorf zuging, und den die Bewohner als Fahrweg benutzten. Das Hochwasser drang hindurch bis an die Gärten. Im Nordwesten vom Dorf war zwischen den helmlosen Dünen ein Einbruch von 200—240 Schritt Breite, durch den das Hochwasser von Nordwesten eintrat und nach Nordosten an einer Stelle ausfloß, wo die Dünen zum Dorf nur 70 Schritt breit und schlecht bewachsen waren. An diesen Einbrüchen hatten die Dünemeyers viel gearbeitet, die geringen Erfolge ihrer Arbeit wurden aber durch die Weihnachtsflut 1717 vernichtet.

Die vorgenannten Düneneinbrüche sind aus der 1738 aufgenommenen Karte des Ingenieurs Horst, die als zweite Entwicklungsfigur auf Abb. 35 dargestellt ist, zu ersehen. Die Horstsche Karte ist die nach der Honartschen perspektivischen Darstellung erste genaue Aufnahme von Spiekeroog, das im Westen und Nordwesten eine breite Dünenkette hatte. Im Vergleich mit der Darstellung Honarts, 1666/67, hatte die Düneninsel bis 1738 im Westen um rd. 250 m, im Osten um rd. 150 m abgenommen. Leider kann sich der Vergleich nur auf die Dünen und Grünlandflächen erstrecken, da die Strandbegrenzung auf der Horstschen Karte nicht dargestellt ist. Den Kern der Insel bildete damals wie heute ein in west-östlicher Richtung verlaufendes Dünengebiet, das, abgesehen von den vorgenannten eingerissenen Stellen, die nirgendwo die Insel in ganzer Breite durchsetzten, in sich ziemlich geschlossen war. Damals war bereits die Umbiegung der Dünen im Westen vorhanden. Im Schutze der Dünen lag der bis heute dort verbliebene Ort und ein breiter durchgehender Grünlandstreifen. Das im Südosten der Hauptdünen für sich angedeutete „kleine Ög" läßt die Entwicklung einer gegen das Wattenmeer vorspringenden Sandzunge erwarten. Die auf Grund der örtlichen Besichtigung vom 21.—24. Juni 1738 gefertigte vom Regierungs- und Kammerrat Olk seinem Bericht beigefügte Handskizze ist hier nicht wiedergegeben. Sie enthält das „kleine Ög" und weitergehende Einzelheiten.

„Das alte Oog" lag nach der Berichtsangabe weit im Osten, in der Balje. Die Größe, Lage und Beschaffenheit dieser kleinen Düneninsel ist von Horst und Olk nicht mehr erwähnt. Aus diesem Grunde ist das „alte Oog" neben den Entwicklungsfiguren nicht angegeben. Es sei hier jedoch der Vollständigkeit halber erwähnt, daß eine Karte aus dem Ortelius-Atlas von 1568 (B 3) die Insel dicht östlich Spiekeroogs „olde Com" nennt [62]. Die Ubbo Emmius-Karte von 1616 (B 16) gibt, abgesehen von der unwahrscheinlichen Lage Spiekeroogs im Südosten eine kleine Insel „Oeg" an. Auch die nach der Emmius-Karte gezeichneten Karten des 17. Jahrhunderts bringen die kleine Insel mit und ohne Namen. Karten aus dem 17. und 18. Jahrhundert bringen die Insel „altes Oog" nicht mehr.

Die Otzumerbalje wurde nach dem Commissionsbericht 1738 von Schiffern nur selten befahren.

Seit dem Commissionsbericht von 1738 fehlen vorerst weitere Nachrichten über die Entwicklung der Insel. 1744 kam Spiekeroog, wie die anderen Inseln zu Preußen, indem Friedrich der Große das Erbe der Cirksena antrat. Nach den mehrfachen Verlusten von Schiffen und Hab und Gut infolge Sturmfluten und durch Seeräuber gingen die Insulaner daran, mit staatlichen Beihilfen Schiffe zu bauen und Frachten bis in die fernsten europäischen Häfen zu befördern. Schon 1792 richtete die Inselgemeinde eine ständige Fährbootverbindung mit Neuharlingersiel ein.

Die nächste Vermessung der Insel Spiekeroog geschah im Rahmen der Gesamtvermessung 1798—1802 von Ostfriesland durch Artl.-Capt.Camp (B 58). Die Entwicklungsfigur ist auf Abb. 35 dargestellt. Die Lage der Kirche und des Ortes ist danach unverändert geblieben. Die Dünen hatten um rd. 500 m nach Osten zu-, dagegen im Nordwesten an Breite abgenommen. Die schon 1738 in Südwesten vorhandene Sandzunge entwickelte sich weiter nach Osten und bildete einen nach Südosten gerichteten Fluthaken aus. Wo diese mit den Hauptdünen im Westen zusammenstießen, mag auch damals schon, worauf die Signatur hinweist, ein flaches, stellenweise sehr schmales Dünenstück gewesen sein, so daß hier am stärksten Angriffspunkte schon in früheren Zeiten Durchbruchsgefahr bestand und die Zerreißung der Insel in zwei Teile drohte.

Einige Schäden der Sturmflut von 1825 und der nachfolgenden Zeiten sind in der Karte von Papen dargestellt, die nach weiterer Vermessung der Insel Spiekeroog um 1840 durch den beeideten

212   Die Entwicklung der ostfriesischen Inseln.

Landmesser H. Wolff, im Auftrage des Ing.-Ltn. Papen entstanden ist. Die Karte (B 69) gibt zum ersten Male die einzelnen Dünen an. Die Dünen sind im Norden und Osten breit und geschlossen. Dagegen sind im meist angegriffenen Nordwesten lockere „weiße Dünen" angegeben und im Westen sind die eigentlichen Randdünen als gänzlich durchbrochen gezeichnet. Zwischen den niedrigen westost gerichteten Dünen ist der durch die hannoversche Regierung in Nordsüdrichtung erbaute Abschluß-Sanddeich zu sehen. Zum ersten Male ist die Hochwasserlinie genauer angegeben, so daß die Ausdehnung des Strandes, dessen Entwicklung von dem Verlanden der Harlebucht und dem Zustand des davorliegenden Wattes eng abhängt, zu erkennen ist. Gegen-

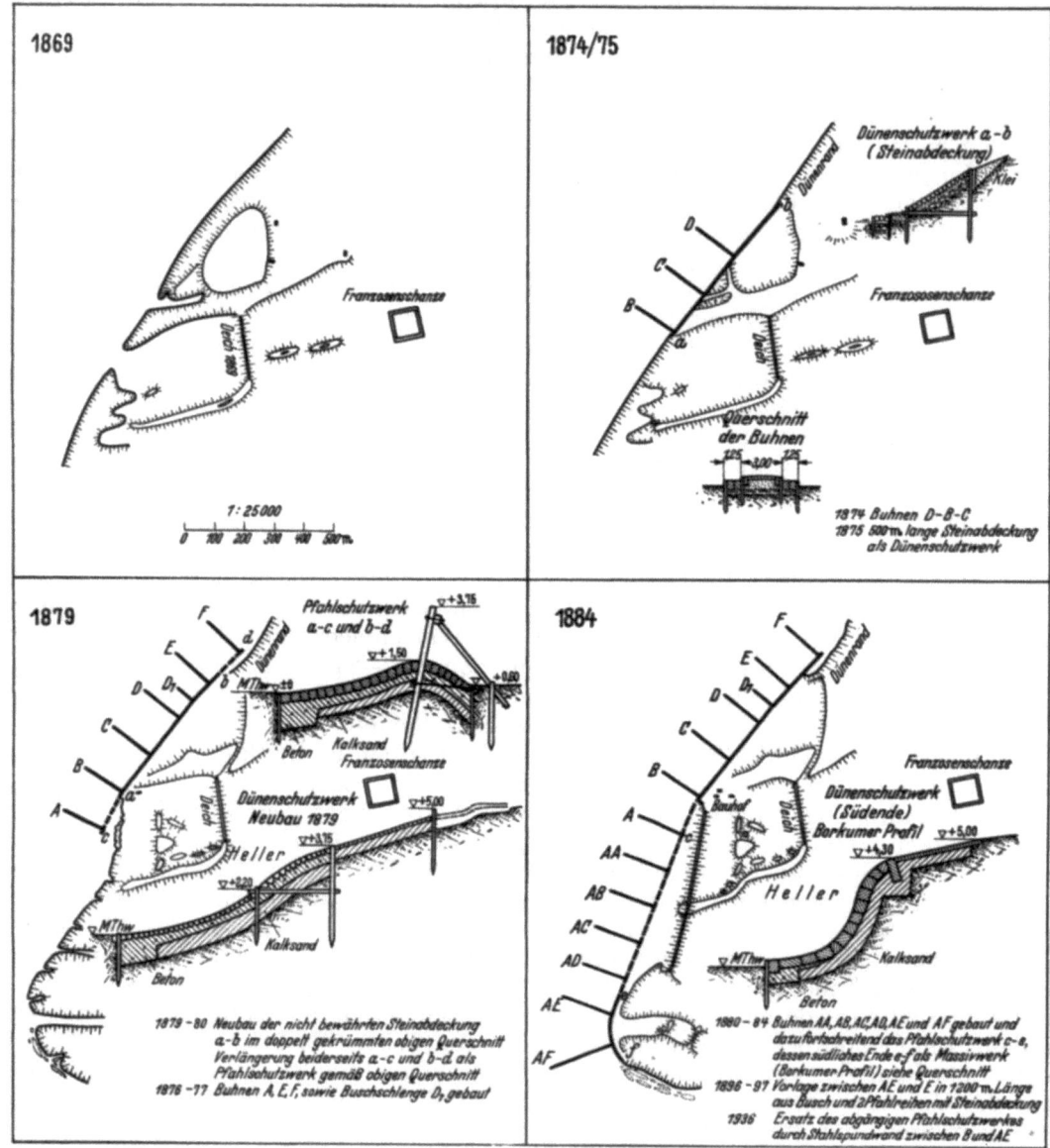

Abb. 36. Die seebautechnische Entwicklung der Strand- und Dünenschutzanlagen am Westende von Spiekeroog.
(Gezeichnet vom Verfasser.)

über 1800 hat die Dünenfigur im Westen um rd. 400 m abgenommen, wobei sich der Dünenrand im ganzen in NO—SW-Richtung umgebildet hat. Im Osten haben die Dünen rd. 225 m abgenommen. Im Norden und Nordosten sind neue Dünen hinzugekommen. Diese haben im ganzen eine schärfere westöstliche Begrenzung erfahren.

Nach Schließung des Durchbruches im Westen wurde in der Zeit von 1830—1850 bei günstiger Strandentwicklung eine neue Dünenbildung erzielt. Diese Westdünen mitsamt dem Abschlußdeich und die Nordwestdünen wurden jedoch durch die Sturmfluten im Jahre 1854 stark beschädigt.

Die nächste Karte von 1866, die hannoversche Seekarte, zeigt zwar auch ein geschlossenes Dünenbild, allein im Westen und vor allem im Nordosten sind die Dünen nur als schwach und schmal angedeutet. Offenbar hatten die Dünen besonders im Nordwesten noch stark gelitten. Die Westdünen hatten sich nach Südwesten als Fluthaken verlängert. Sie waren aber im ganzen um rd. 250 m nach Osten zurückgewichen. Am Ostende ist erstmalig eine geringe Zunahme der Dünen um rd. 50 m entstanden. Der hochwasserfreie Strand hat um rd. 425 m nach Osten zugenommen.

Die Sturmfluten von 1868 zerstörten die schwachen, zum Teil eben wiedergewonnenen Randdünen im Westen und Nordwesten. Es entstanden besonders in dem schwachen Nordwestteil der Dünen mehrere tiefgehende Einrisse (Abb. 36). Deren Gefahren versuchte die preußische Verwaltung durch einen rückwärtigen Deich, der etwa 400 m östlich des hannoverschen Deiches von 1832 lag, zunächst abzuwenden. Westlich vom Deich wurden an geeigneten Stellen zwecks Dünenbildung Buschhecken angelegt. Die Dünenabnahme hielt jedoch an. Es wurden daher nach den Erfahrungen auf anderen Inseln von 1874—1884 die in Abb. 36 dargestellten Strand- u. Dünenschutzwerke erbaut.

Im ganzen haben sich die Uferschutzwerke auf Spiekeroog bewährt, so daß nur noch geringe Veränderungen eintreten konnten und die gefährdete Nordwestecke geschützt ist.

Abb. 37. Spiekeroog Westende. Blick von der Giftbude nach SSW. Im Vordergrunde das den Dünen wenig Schutz bietende, abgängige Pfahlschutzwerk, das 1936—1937 durch Stahlspundwände ersetzt ist.
(Aufnahme: Backhaus, Mai 1935.)

Die Strandverhältnisse auf Spiekeroog sind außerordentlich wechselvoll. Eine kräftige Sandzufuhr ist vorhanden. Sie vollzieht sich jedoch abschnittweise, soweit die Platen durch und um die Otzumerbalje herumwandern. Ehe sie sich auf den Strand legen, drücken sie stark auf das Buhnensystem, in welchem sich dann jeweils gefährliche und tiefe Längspriele bilden. Diese haben wiederholt kostspielige Schutzmaßnahmen für die Buhnen erforderlich gemacht. Dagegen haben die Buhnen oft fast vollständig unter Sand gelegen, so daß sie kaum Unterhaltungskosten verursachten. Es sind zuletzt 1886 und 1914 Riffe herangewandert. Auch jetzt legt sich wieder ein Riff im Nordwesten heran.

An den Süderdünen erfolgte 1916 ein stärkerer Abbruch in rd. 200 m Breite, der durch ein Deckwerk aus Buschpackung mit Steinbelastung geschützt wurde. Die Dünen haben hier seit etwa 1925 wieder zugenommen, so daß das 700 m lange Pfahlschutzwerk in seinem

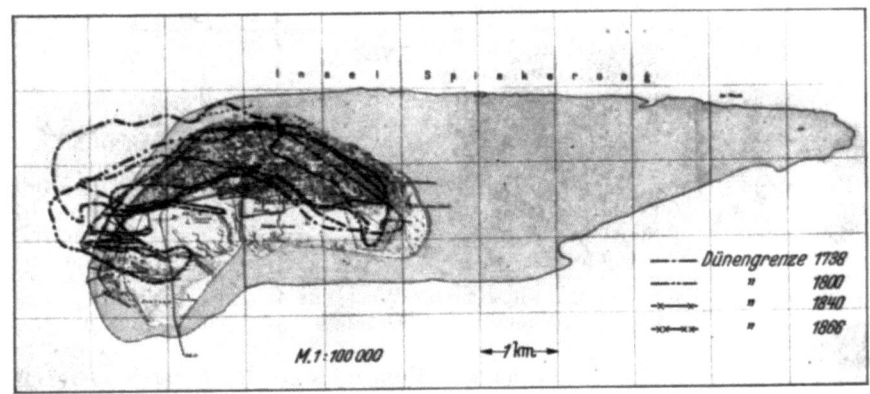

Abb. 38. Vergleich der früheren Entwicklungsfiguren der Insel Spiekeroog mit dem Zustand der letzten Landesaufnahme 1892.
(Gezeichnet vom Verfasser.)

südlichen Teil bis zur Oberkante der Pfähle eingesandet war, wodurch eine Vordüne entstand (Abb. 37). Durch die Sturmfluten 1935/36 ist das Pfahlschutzwerk ganz frei gekommen.

Das seit 1870 nach und nach bis 1884 südlich der Giftbude angelegte rd. 700 m lange Pfahlschutzwerk ist, da abhängig und frei gespült, seit Frühjahr 1936 durch ein Dünenschutzwerk aus Stahlspundwänden ersetzt worden, an die das seeseitige Bruchsteinpflaster in vorhandener Neigung herangeführt ist. Nach dem Umbau dieser Strecke ist Spiekeroog im Südwesten, Westen und Nordwesten durchgehend durch ein 4,5 m über MThw hochgeführtes Dünenschutzwerk gesichert.

Im allgemeinen ist das Inselbild heute so, daß der Strand im Westen schmal ist und die Dünen durch Uferschutzwerke geschützt sind. Soweit der ursprüngliche Kern der Insel noch erhalten ist, wird er durch das Gebiet der alten Dünen angedeutet, die in sich durch Windmulden, Windkessel und -risse reichlich gegliedertsind. Im Schutze von zahlreichen Dünenketten liegt das Dorf und sein eingedeichter Polder. Nur der Randteil der Dünen im Norden und Osten, die noch der Sandüberwehung unterliegen, sind Helmdünen. Die alten Dünen sind außer mit Helm, Zwergweide, Segge (gelben und weißen Labkraut) auch mit Flechten und Moosen als dünenerhaltenden Pflanzen besiedelt. Die unter Naturschutz gestellte Stranddistel (eryngium maritimum) kam früher noch häufiger vor.

In den Dünentälern sind Versuche mit Anpflanzungen gemacht worden. Nördlich vom Dorf sind Kiefern, Eichen und Erlen sehr zerzaust. Dagegen ist die Pflanzung östlich des Dorfes im Friederikental gut gediehen, wo ein gehölzartiger, hochstämmiger Bestand an Birken, Eichen und Kiefern entstanden ist. Der westliche Teil des Friederikenhaines ist durch infolge Sturmfluten eingedrungenes Seewasser eingegangen. Die sonstigen Baumbestände sind, abgesehen vom Dorf, im Schutze von Häusern buschförmig geblieben.

Im Osten und Nordosten geht aus der Anordnung und Richtung der Dünenwälle noch deutlich die Art und Weise hervor, wie sich die Neubildung vollzogen hat. Die Walldünen verlaufen in mehreren Reihen in NW—SO-Richtung und deuten auf ein ziemlich gleichmäßiges Vorrücken des Dünenfußes auf NO hin.

Für Spiekeroog ist das Fehlen ausgedehnter Dünentäler als Teil ehemaligen Strandes, auf dem keine Flugsandhäufung stattgefunden hat, charakteristisch. Die Dünen Spiekeroogs stellen eine Massenhäufung von Flugsand auf verhältnismäßig kleiner Fläche dar, ein Beweis für das kurzfristige Heranwandern von ausgedehnten Riffen, und weisen daher mehrere ziemlich hohe Punkte bis zu 19 m Höhe auf. Höhen und Senken wechseln auf kurzer Entfernung ab. Schon bei ihrer Ausbildung ist eine verwickelte Gliederung vorhanden gewesen. Diese ist später noch erhöht worden durch die Bildung von Windmulden und -rissen.

Östlich der Quellerdünen haben seit 1926 Schüler der Hermann Lietz-Schule durch umfangreiche Deichbauten Wiesen, Äcker und Gartenland gewonnen. Die ohne Erfahrung angelegten Deiche sind teilweise durch die Sturmfluten 1935/36 zerstört worden. Von den Hauptdünen aus schieben sich in breiter Ausdehnung Triticumdünen auf die weite Sandplate vor, als Pionier zur Bildung weiterer Dünen, die nach Osten sich nur wenig entwickeln. An sich müßte der fast 5,5 km lange und fast 2 km breite Ostrand die Ostdünen kräftig zur Entwicklung bringen. Das ist jedoch weder seit 1738 noch seit 1866, von wann ab der Ostrand bis 1892 zu außergewöhnlich großer Länge in verhältnismäßig kurzer Zeit anwuchs, geschehen. Auch nach 1892 haben sich die Dünen nur wenig nach Osten entwickelt, trotzdem der Strand in der vorgenannten Ausdehnung über MThw und somit trocken liegt. Nur wenige Triticumdünen haben sich außerhalb der geschlossenen Dünengrenze gebildet. Der weite Oststrand ist offenbar zur Zeit noch nicht für Pflanzenwuchs aufnahmefähig, weil er dazu noch zu niedrig liegt, schon bei mäßig hohem Hochwasser wiederholten Überflutungen ausgesetzt ist und ein starker Salzgehalt zurückbleibt, der auch dem Strandweizen das Ansiedeln und Vordringen erschwert. Diese Erscheinung bedarf jedoch noch näherer Untersuchungen. Ein Vergleich mit Wangeroog, das eine gleiche Strandbildung hatte, zeigt, daß, wenn der Mensch eingreift, eine Dünenbildung möglich ist. Seitdem eine Überströmung durch den seit 1888 erbauten Buschdamm unterbrochen ist, hat sich auf Wangeroog östlich der Dünen eine lange Düne bis an das Ostende gewinnen lassen.

Die Gesamtveränderung von Spiekeroog zeigt Abb. 38, in das die verschiedenen Entwicklungsfiguren übereinander gezeichnet sind.

Die kartographischen Vergleiche der Dünen-Inselentwicklung ergeben folgende Ausmaße der Dünenab- und zunahme auf Spiekeroog:

	In W—O-Richtung	In N—S-Richtung
1666—1740	250 m Abnahme am Westende	100 m Abnahme im Westteil
	150 m Abnahme am Ostende	75 m Zunahme im Ostteil
1740—1800	0 m Abnahme am Westende	450 m Abnahme im Westteil
	500 m Zunahme am Ostende	250 m Zunahme im Ostteil
1800—1840	400 m Abnahme am Westende	300 m Abnahme im Westteil
	225 m Abnahme am Ostende	150 m Zunahme im Ostteil
1840—1866	250 m Abnahme am Westende	125 m Abnahme im Westteil
	50 m Zunahme am Ostende	75 m Zunahme im Ostteil
1866—1892	0 m Abnahme am Westende	125 m Abnahme im Westteil
	550 m Zunahme am Ostende	150 m Zunahme im Ostteil
1666—1892	900 m Gesamtabnahme am Westende	1100 m Abnahme im Westteil
	725 m Gesamtzunahme am Ostende	700 m Zunahme im Ostteil.

h) Die Entwicklung der Insel Wangeroog.

Die Insel Wangeroog wird urkundlich zum ersten Male 1327 erwähnt. Ihre Einwohner werden als „oppidani" (Stadt-Einwohner) bezeichnet [125]. Diese Bezeichnung ist sicher, alten Berichten entsprechend, übertrieben. Sie läßt aber doch darauf schließen, daß die Insel schon damals einer nicht unbeträchtlichen Einwohnerzahl Heimat war. Aus dieser Zeit und den folgenden Jahrhunderten liegen Altkarten nicht vor, so daß eine kartographische Darstellung der Insel aus jener Zeit unmöglich ist.

Die erste vorliegende Karte stammt aus dem Jahre 1667. Sie ist hergestellt von Honart (B 35) und zeigt die „goldene Linie", die Grenzscheidung zwischen Oldenburg und Ostfriesland. Sie läßt einen geschlossenen Dünenwall am Nord-, West- und Oststrand erkennen. Die Größenverhältnisse der Insel 1667 sind an die von 1754 angeglichen, weil die bildliche Darstellung keine genaueren

Strand- und Dünengrenzen enthält. Ferner ist in der Karte von 1667 eine Dünen- und Strandgrenze eingetragen, die weiter nach Westen liegt. Grundlage für diese Einzeichnung war die Tatsache, daß W. Sello in „Wangeroog in der Geschichte" aus „Wangeroog wie es wurde, war und ist" [125] sagt, daß die Vermessungsbake zur Grenzvermessung 1667, auf der damals westlichsten Düne errichtet, 2,65 km südwestlich vom heute westlichsten Punkt der Strandmauer entfernt gelegen hat. Worauf diese genaue Berechnung beruht, ist nicht angegeben. Vielleicht sind noch in späterer Zeit die Findlinge, die um den Fuß der Bake gewälzt waren, bei Tnw auf dem Strande zu sehen gewesen. Jedenfalls stimmt die Berechnung der Abnahme der Insel, die von Krüger angegeben wird [75], für zwei Jahrhunderte nach 1667 mit den Maßen, die sich aus der Entwicklungsreihe ergeben, überein. Eine derartige Abnahme, die der Vergleich mit 1754 ergibt, ist durchaus möglich. Alten Berichten zufolge soll nordwestlich dieser Vermessungsbake von 1667 im Meer ein Ort gelegen haben, der bei Tnw trocken lief und „dat ol warf" genannt wurde. An dieser Stelle seien die Reste von Mauern und Brunnen, Geldmünzen, Ackerfurchen und die Spuren von Rindern und Schafen angetroffen worden. Wenn auch eine genaue kartographische Festlegung dieses Ortes nicht möglich ist, so kann doch ungefähr die kartographische Lage jener ersten bekannten Siedlung Wangeroogs bestimmt werden. Nach der Zerstörung dieser Siedlung durch die Sturmfluten legten die Bewohner Wangeroogs weiter östlich eine neue Siedlung an, die als damals bedeutende Landmarke eine Kirche (Nikolai) erhielt. Da diese Kirche bereits 1327 (sie soll von 1300 stammen) erwähnt wird, so muß die Aufgabe des ersten bekannten Siedlungsortes von Wangeroog vor dieser Zeit liegen. An der Lage des „ol warf" ist die beträchtliche Abnahme der Insel zu ersehen, obwohl das „ol warf" wahrscheinlich noch weiter nach Westen gelegen hat, als es in der Karte (Abb. 39) eingetragen ist.

Im 16. Jahrhundert wird der Abbruch der Insel an der Westseite bereits wieder so stark, daß die neue Siedlung schon wieder zum Teil zerstört wird, wobei auch der Turm von Nikolai in Gefahr gerät. Bis 1586 ist der Turm bis auf 50 Fuß zerstört. 1589 stürzten die letzten Reste dieser alten Landmarke ein. 1597 wird daher in der Mitte der Insel, östlich der alten Siedlung, eine neue Siedlung und in ihr, als Landmarke und Kirche benutzt, der Westturm errichtet. Dieser Westturm ist in allen vorhandenen Altkarten eingetragen und derselbe ist als Festpunkt benutzt worden, um die kartographische Wiedergabe der Insel aus den verschiedenen Zeitabschnitten untereinander auszurichten, da nicht sein Standort, sondern die Lage der Insel zu ihm im Laufe der Zeit durch die Kräfte des Meeres und des Windes geändert wurde.

Die Karte von 1754 (C 52) ist verfertigt nach einer Karte von L. D. Tannen. Sie scheint auf einer bei weitem sichereren Vermessung zu beruhen als die von 1667, worauf die Art der Wiedergabe der Siedlung, der Wege und die Art der Wiedergabe der Dünenabgrenzungen und der Balgen schließen lassen. Im Nordwesten der Siedlung ist der 1667 noch geschlossen gezeichnete Dünenwall durchbrochen gezeichnet und die Erläuterungen der Karte geben an, daß dort sei eine „ofne Stelle von 90 Ruthen woselbst die äußeren Dünen gantz weggespühlet sind und werden hieselbst Helm und Hocken, um den Anwuchs zu befördern, gesetzt, um diese Gegend soll der Lage nach das 2. Dorf in vorigen Zeiten gestanden sein". Der „Steert" von Wangeroog, das ist der breite Oststrand, an dem der Anwuchs stattfindet, zeigt in seiner Mitte und auch am Ostrande des geschlossenen Dünenkernes einige Dünen, die sicher als oben genannte Urdünen anzusprechen sind. Die in der Mitte des „Steertes" gelegenen Urdünen erscheinen in der folgenden Karte von 1788 (C 53) nicht, da diese Karte nicht soweit reicht. Die Strandlinie ist im Osten ergänzt worden. In der Karte von 1804 (B 60) erscheinen diese Dünen als „Beckerhell". Die übrigen Urdünen von 1754 sind den Karten zufolge in der Folgezeit erhalten geblieben. Unter dem Wort Westerbucht der Karte 1754 ist eine Bank eingezeichnet, die den Namen Lammrshell trägt und als große Schiffsbank erläutert wird. In der Karte sind umfangreiche Weiden eingezeichnet, was zur Überlieferung paßt, die Insel habe 1730 über einen ansehnlichen Weidebestand verfügt.

Die Figur von 1788 ist nach einer Karte angefertigt, die von dem Konduktor Behrens aufgenommen ist. Im Osten und Norden zeigt die Karte keine wesentlichen Veränderungen gegenüber der Karte von 1754. Die Versuche, die im Nordwesten der Siedlung verloren gegangenen Dünen durch Helmanpflanzungen usw. wiederzugewinnen, scheinen mißlungen zu sein; denn die Karte 1788 zeigt an dieser Stelle eine Unterbrechung der Dünenkette, ein „Sloop", und in dem dahinter liegenden Gelände Flugsand an. Die Form des Sloopes ist nicht der Natur entsprechend, da solche gradlinigen Durchbrüche, wie sie die Karte zeigen, nicht möglich sind. Die Karte von 1804 dagegen zeigt einen solchen Durchbruch mit natürlichen Formen. Eine wesentliche Veränderung scheint die Insel an ihrer Nordwest- und Westseite von 1754—1788 erfahren zu haben. Dem Kartenvergleich zufolge hat die Insel in dieser Zeitspanne dort starke Verluste erlitten. Auf den ersten Blick erscheint die stark nach Südsüdwesten verlaufende Strand- und Dünengrenze etwas unwahrscheinlich. Sie wird aber trotzdem zutreffen; denn man muß berücksichtigen, daß die Angriffe auf die Insel vor allem aus Nordwesten kamen. Die Karte von 1804 zeigt an

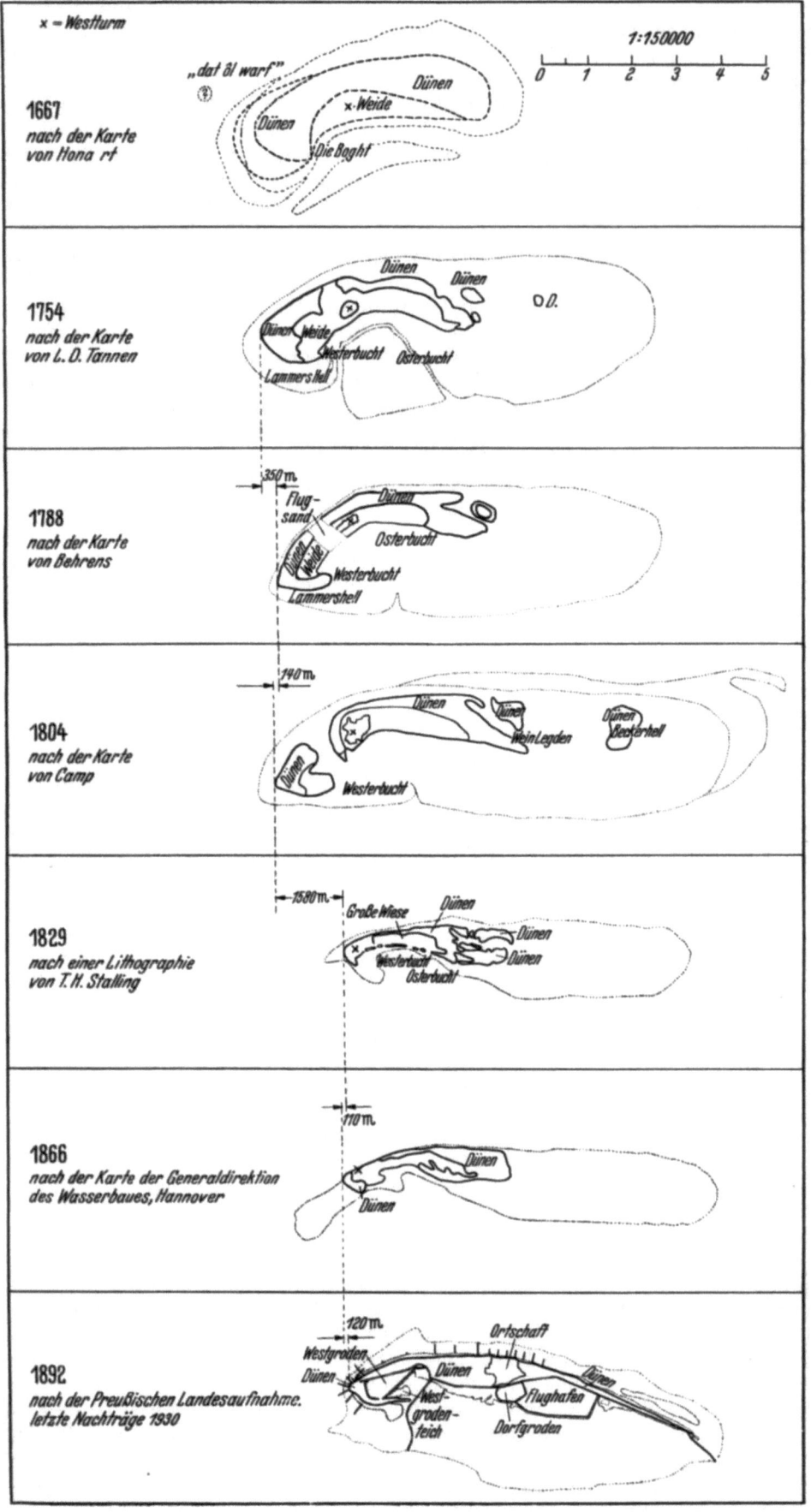

ihrem Nordwestgestade die gleiche Richtung der Dünen- und Strandgrenze wie 1788. Verglichen mit 1754 liegt der westliche Punkt der Insel 1788 350 m östlicher. Diese Zahl gibt hinreichend Aufschluß über die Verluste, besonders wenn man bedenkt, daß die Insel nicht nur in westöstlicher Richtung Verluste erlitten hat, sondern daß sie vor allem in jener Zeit auch in nordsüdlicher Richtung Veränderungen erfahren hat. So ist die in der Karte von 1754 enthaltene Schiffsbank Lammershell (-hell = Anhöhe, Hügel), scheinbar sowohl nach den Entfernungsmaßen wie auch nach den Kartenbezeichnungen 1788 zum Inselkern gehörig geworden.

Die Karte von 1804 ist angefertigt nach der von Camp [B 60] durchgeführten Aufnahme. Das Sloop der beiden Karten vorher scheint sich immer weiter ausgeprägt zu haben. Die Campsche Karte zeigt den alten westlichen Teil der Insel völlig getrennt von dem Teil, auf dem die Siedlung liegt. Und nach der Karte hat man vom Orte aus den westlichen losgetrennten Teil des Dünenkernes wohl kaum bei etwas höheren Fluten trockenen Fußes erreichen können. Wesentlich andere Veränderun-

Abb. 39 Die Entwicklung der Insel Wangerooge.

(Gezeichnet vom Verfasser)

gen zeigt die Karte nicht. Die Entfernungen vom West- zum Nordstrand und zur Westecke der Insel sind die gleichen geblieben wie 1788.

Die Karte von 1829 (C 54) ist nach einer Pause von der Lithographie des T. H. Stalling in Oldenburg aus dem Jahre 1829 hergestellt, angeblich nach einer Aufnahme der Prinzen Alexander und Peter von Oldenburg. Die Karte reicht nur bis zum Ostrande des Dünenkernes. Die Ostabgrenzung des Strandes, des „Steertes" wurde ergänzt. Die im Westen durch das Sloop abgetrennten Dünenteile sind in der Zeit seit 1804 in den Fluten verschwunden. Eine größere Ausdehnung des Strandes auf den Karten von 1829 und 1866 sind die letzten Reste und Spuren dieses abgetrennten und vom Meere und dem Wind aufgearbeiteten Inselteiles. Seit 1788 muß der eigentliche Inselkern neben den Verlusten im Westen besonders auch im Norden Verluste erlitten haben, denn die nördliche Strand- und Dünengrenze ist schon sehr nahe an den Westturm herangerückt. Die Insel macht auf der Karte von 1829 einen weit schmaleren Eindruck als auf den älteren Karten. Ihre Ausdehnung in nordsüdlicher Richtung hat erheblich abgenommen. Wenn auch in den Urkunden von übermäßig großen und hohen Fluten nicht berichtet wird, so liegt das sicher daran, daß die Fluten, trotzdem sie erhebliche Dünenverluste zur Folge hatten, den Menschen durch Häuserverluste unmittelbar nicht trafen.

Die Karte von 1866 ist nach einer Seekarte des Generaldirektoriums des Wasserbaues, Hannover (B 76) gezeichnet. Ihre Inselgestalt zeigt im Vergleich zur Karte von 1829 wenig Veränderungen. Anstatt Abnahme hat sie eine geringe Zunahme im Westen zu verzeichnen. Für den Menschen dagegen waren die Verluste, die die Insel trotzdem getroffen haben, besonders von Nordwesten her, von entscheidender Bedeutung. Wie sehr das Dorf allmählich der Nordsee ungeschützt preisgegeben war, zeigt Abb. 39. Die Karte zeigt, daß der Westturm schon beinahe unmittelbar am Nordweststrande stand. Das bedeutet, daß die Siedlung zu einem großen Teile seit 1829 von den Fluten fortgerissen wurde. Das Hauptwerk dabei haben die besonders hohen Fluten und Stürme am 9. November 1850, am 18. Februar und 25. Februar 1854, die Flut am 2. Weihnachtstage 1854 und der Sturm der Sylvesternacht 1854/55 vollbracht. Da in den folgenden Jahren die Abbrüche immer weiter gingen, wurde 1860 beim heutigen Leuchtturm ein neuer Ort und eine neue Badeanstalt errichtet. Der Westturm stand in jener Zeit bereits unmittelbar am Strande.

Die Karte von 1892 ist nach der preußischen Landesaufnahme von 1892 mit letzten Ergänzungen von 1930 dargestellt. Zwischen 1866 und 1892 liegt um 1874 der Beginn des seebautechnischen Einflusses der Menschenarbeit auf die Inselentwicklung. An der Nordwestecke werden die ersten wirkungsvollen Strandschutzwerke (Buhnen) errichtet. 1818—1821 waren zwar schon an der Westseite der Insel erste Strandbefestigungen (Buhnen) angelegt worden. Diese Werke wurden aber bereits kurz nach ihrer Vollendung zum Teil zerstört. Die Angriffe der Sturmfluten auf den Dünenkern wurden durch diese Anlagen nicht wirkungslos gemacht. Das wurde erst erreicht durch die Errichtung von Dünenschutzwerken, die in späteren Jahren zwischen 1870 und 1880 mit Buhnen zugleich erbaut wurden. Das Fundament des Westturmes wurde in einer Buhne mit eingefaßt. Der Turm war bis 1914 noch ganz erhalten, obwohl die Fluten bereits täglich seinen Fuß umspülten. Zu Beginn des Weltkrieges ist er gesprengt worden, um nicht feindlichen Fahrzeugen als Landmarke zu dienen. Der Westturm stand damals außerhalb der Dünengrenze auf dem Strand. Seit Beginn dieses wirkungsvollen Ausbaues der Dünen- und Strandbefestigungen ist die Dünen- und Strandgrenze festgelegt. 1895 und später findet ein starker Abbruch am Südwestrande statt, der auf der Karte (Abb. 39) zu erkennen ist, bis auch dort Befestigungswerke dem weiteren Abbruch der Insel auf dieser Seite Einhalt gebieten.

1829—1866 hat die Insel ihre geringste Breite erreicht. Mit dem Beginn der Festlegung der Insel im Westen beginnt eine Anlandung im Süden zum Watt hin und damit eine Verbreiterung der Insel. 1902 wird der Dorfgroden, 1912 der Westgroden und 1923—1925 der Ostgroden, auf dem der Flugplatz später angelegt ist, eingedeicht.

Wir wissen, daß dem westlichen Abbruch jeder Insel ein Anwachsen im Osten parallel läuft, d. h. hier, daß der „Steert" von Wangeroog immer weiter nach Osten hinausgeschoben wird. Diese Entwicklung läßt das vorliegende kartographische Material wohl erkennen, nicht aber genau festlegen, denn nicht alle Karten geben die Grenze von MThw oder MTnw an der Ostseite der Insel eindeutig an. Dagegen ist eine Wanderung des Dünenkernes aus den Kartenvergleichen unverkennbar, sogar dann, wenn der Ostrand der Dünen von 1667 — was möglich ist — zu weit nach Osten eingezeichnet ist. Alle folgenden Karten von 1754 anzeigen, daß sich im Windschatten des Dünenkernes in der Hauptwindrichtung (das sind vorwiegend um West drehende Winde) neue Dünen gebildet haben. Die Dünenentwicklung zum östlichen Dampferanleger hin ist künstlicher Art und durch einen Buschdamm erzielt worden. Der Mensch hat die Entwicklungsneigung der Dünen auf Wangeroog planvoll unterstützt.

Die kartographischen Vergleiche ergeben eine einwandfreie NW—SO-Wanderung der Insel Wangeroog und zeigen, daß diese Entwicklung erst durch den Eingriff des Menschen seit ungefähr 1874 fast zum Stillstand gekommen ist.

Die kartographischen Vergleiche der Dünen-Inselentwicklung ergaben folgende Ausmaße der Dünenab- und -zunahme auf Wangeroog:

	In W—O-Richtung	In N—S-Richtung i. M.
1667—1754	300 m Abnahme am Westende	150 m Abnahme im Westteil
	175 m Abnahme am Ostende	600 m Abnahme im Ostteil
1754—1788	350 m Abnahme am Westende	400 m Abnahme im Westteil
	250 m Zunahme am Ostende	125 m Zunahme im Ostteil
1788—1804	140 m Zunahme am Westende	125 m Zunahme im Westteil
	650 m Zunahme am Ostende	200 m Zunahme im Ostteil
1804—1829	1580 m Abnahme am Westende	300 m Abnahme im Westteil
	375 m Abnahme am Ostende	350 m Abnahme im Ostteil
1829—1866	110 m Zunahme am Westende	150 m Abnahme im Westteil
	100 m Abnahme am Ostende	50 m Abnahme im Ostteil
1866—1930	120 m Abnahme am Westende	150 m Abnahme im Westteil
	4000 m Zunahme*) am Ostende	150 m Abnahme im Ostteil
*) durch künstliche Maßnahmen (Buschdamm)		
1667—1930	2100 m Gesamtabnahme am Westende	1075 m Abnahme im Westteil
	4250 m Gesamtzunahme am Ostende	825 m Abnahme im Ostteil

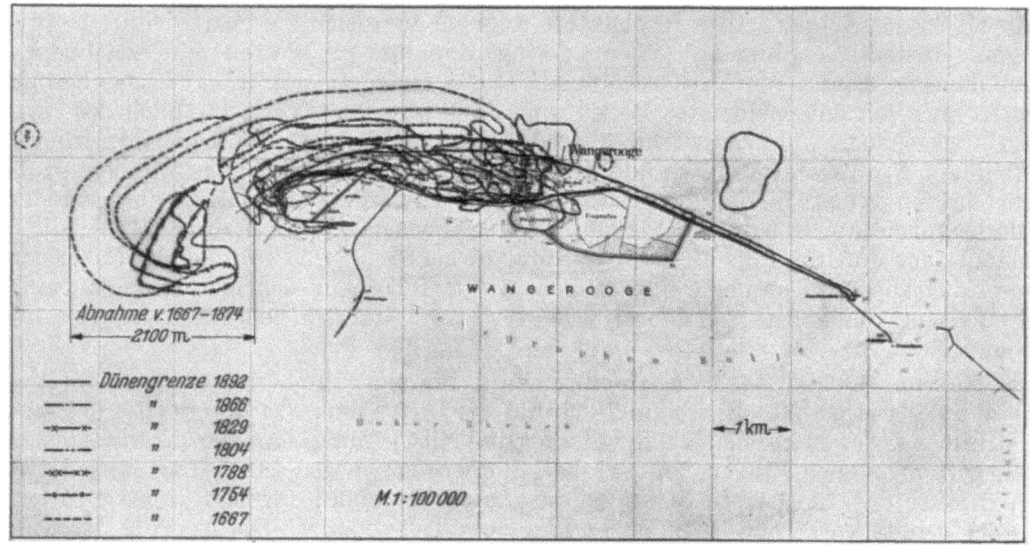

Abb. 40. Vergleich der früheren Entwicklungsfiguren der Insel Wangeroog mit dem Zustand der letzten Landesaufnahme. (Gezeichnet vom Verfasser.)

Die Gesamtveränderung von Wangeroog ist auf Abb. 40, in das die verschiedenen Entwicklungsfiguren übereinander gezeichnet sind, anschaulich dargestellt.

II. Die Beschreibung und geschichtliche Entwicklung der Watten.

Die große Linie des alluvialen Küstensaumes ist abhängig von dem Aufbau des Hinterlandes und des Untergrundes, weist aber örtliche Unterbrechungen und Besonderheiten und dadurch bei einzelnen Inseln auch Abweichungen auf.

Die in den vorhergehenden Abschnitten dargelegte Entwicklung der einzelnen Inseln geschah nämlich außer durch oben genannten Kräfte auch in Abhängigkeit von den einzelnen Seegaten und Watten. Ihre Gestaltungsfaktoren sind überlagert von den periodischen Kräften der Gezeiten und Meeresströmungen, sowie von den unperiodischen der Brandung und der Sturmflut, die wechselnde Richtung und Stärke zeigen.

Der nachgewiesene Abbruch der Inseln im Westen und Nordwesten ist die Wirkung der ständigen Strömung, trotzdem man den Sturmwellen als den einmaligen Erscheinungen in gewissen Abständen die größere, weil augenfälligere Wirkung zuschreiben müßte. Jedoch haben die Strömungen durchweg erst der Brandung der Sturmwelle die Möglichkeit des erhöhten Angriffes gegeben. Die Veränderung der Inseln ist eine Folge der Veränderung des Inselsockels, dessen Begrenzungslinie bekanntlich der Strömungsrichtung folgt. Die auf die Gestaltung der Einzelinsel in erster Linie wirkenden Strömungen finden in den Seegaten statt, deren Lage und Richtung von Grundriß- und Oberflächengestaltung der Watten und dem Verlauf der Festlandsküste abhängig ist. Aber auch die geologischen Untergrundverhältnisse spielen für die Lage der Seegaten eine Rolle. Denn wo ein Seegat, wie das zur Zeit 24 m tiefe Norderneyer Seegat rd. 15 m tief in das Diluvium seine Rinne eingearbeitet hat — die Bohrungen dicht daneben beweisen, daß das Diluvium in rd. 9 m unter MThw beginnt, — da muß einmal zwischen den auftretenden Strömungen und der Brandung als Angriffskräften und der Festigkeit (Bodenbeschaffenheit) des Untergrundes als Widerstandskraft ein Beharrungszustand eintreten, der eine weitere Vertiefung des Seegats verhindert. Im Norderneyer Seegat hat die Strömung die Erosionsrinne durch den diluvialen Decksand und den Geschiebelehm bis in die Unterlage, den mittelkörnigen Sand, ausgewaschen und würde bei weiterer Tiefenzunahme um 6—7 m auf kiesigen, festen Untergrund geraten, der einer weiteren Vertiefung erheblich größeren Widerstand entgegensetzt.

Die Umgestaltung der Watten ist leichter möglich, da das keilförmig auf dem diluvialen, abgesunkenen Untergrunde aufgelagerte Alluvium mit seinen Sanden nach der Küste zu immer feiner wird und schließlich stellenweise in reinen Schlick übergeht, aus dem das heute eingedeichte feste Land aufgebaut ist. Der Sand folgt hauptsächlich den Hauptstromlinien, während die feineren Teilchen über die ganze Wattfläche ausgebreitet werden. Ist der Schlick trocken, also zu Kleiboden geworden, kittet er fest zusammen und verhält sich wesentlich anders als der gröbere Seesand, der ihn unter- bzw. überlagert.

Die örtliche Küstengestaltung hängt davon ab, ob die Watten ihre Balgen, Priele und Rieden unmittelbar gegen das Festland, also nach Süden, führen, und so den Flutstrom und die Brandung verstärkt gegen die Küstenabschnitte wirken lassen. Wo die Balgen und ihre Nebenarme sich dagegen in östlicher Richtung erstrecken, da ist ein geringerer Angriff auf das Festland vorhanden und vielfach auch heute noch Anwuchs möglich. Im großen und ganzen dagegen ist die Küstengestalt durch den Küstenstrom geformt, der wie oben dargestellt wurde, küstenparallel ist. Vergleicht man die Strompläne für mittlere Flut und Ebbe [144] mit der 10 m und im großen auch mit der etwa 6 m Tiefenlinie, die allerdings vor den größeren Seegaten schon etwas nach Norden ausbiegt, so ist ersichtlich, daß diese mit der Hauptstromrichtung parallel verlaufen. Die Seegaten werfen den Sand mit dem starken Ebbestrom soweit nach Norden heraus, daß auch mitten vor den Inseln der Vorstrand etwa zwei- bis dreimal so breit ist, als der insellose Vorstrand der Küste südlich von Texel und der Vorstrand vor der unverhältnismäßig langen Insel Sylt. Der breite Vorstrand bedeutet einen Schutz für die Küste.

Die Stärke und Richtung des Ebbestromes entspricht der Größe und Lage — ob das östliche oder westliche Einflußgebiet überwiegt — der zu jedem Seegat zugehörigen Watten und des darin befindlichen Stromsystems. Jedes Stromsystem hat in dem zugehörigen Seegat und auf den Watten ein Abtrags- und im freien Meer ein Auftragsgebiet.

Die 4 m- und 2 m-Tiefenlinien sind im Bereiche der Seegaten weiter vorgeschoben und liegen hier mit den 6 m- und 10 m-Linien dicht zusammen. Die 4-, 2- und 0 m-Linien sind nördlich der Inseln stark gezackt. Wie Vergleiche mit Peilplänen zeigen [40], wandern die Zacken nach Osten. Das ist im Bereiche der 6 m-Tiefenlinie nur noch in geringem Maße der Fall. Demnach spielt sich die Sandwanderung größtenteils oberhalb der 4 m-Tiefenlinie ab. Offenbar wirken die Wellen bei nicht außergewöhnlichem Verlauf nicht mehr so stark sandverlagernd. Das zeigt auch die Körnungsverteilung in der Vorstrandszone, die von den 6 m-Tiefen ab gleichmäßig bleibt.

Die 10 m-Tiefenlinie bildet mit der Ostrichtung einen Winkel von rd. 11° zu Nord [62]. Legt man eine Tangente an die Nordwestbegrenzung der Inseln Norderney bis Langeoog, die vor einer gleichmäßig verlaufenden Küstenlinie und gleichartigem Wattgebiet liegen, so ergibt sich auch hier ein gleicher Winkel mit der Ostrichtung (Abb. 1). Die 10 m-Tiefenlinie kann als die ausgeglichene Küstenlinie eines größeren Abschnittes gelten, die ihre Richtung, wie ein Vergleich der Seekarten miteinander seit 1866 zeigt, beständig erhalten hat, wenn auch die Lage gewechselt hat.

Demnach verlaufen die 10 m-Tiefenlinien, die Tangente über die Hochwasserbegrenzungen der vorgenannten Inseln und die Küstenlinie parallel zueinander. Wenn der Teil der Festlandslinie östlich von Westakkumersiel nach Süden versetzt ist, aber sonst parallel verläuft (Abb. 1), so ist das außer auf die geologische Gestaltung des Hinterlandes, indem hier der Geestrücken über Esens bis dicht an die Küste vorspringt, auch auf den Umstand zurückzuführen, daß das Harlingerland, dessen Grenze mit Ostfriesland im Akkumersiel lag, der Bezirk Esens erst im 14. Jahrhundert und Amt Wittmund erst nachher das feste Land zu bedeichen angefangen haben [35].

Der gradlinige Küstenverlauf ist überhaupt dadurch gegeben, daß keine nennenswerten Vorfluter münden, so daß die Erosion des fließenden Wassers (d. h. der Flüsse) der Abrasion des Meeres nicht vorarbeiten konnte.

Der Ebbestrom ist dagegen an der Küstenformung nicht beteiligt. Er läuft von den Wattflächen zurück, nicht wie von einer einseitig geneigten Ebene, sondern durch die natürlichen Priele und Balgen, die sich häufig verlagern und in ihrem Verlauf Festlandsflüssen ähneln, mit dem Unterschied, daß bei letzteren der Mensch durch bauliche Maßnahmen der Flußverwilderung Schranken gesetzt hat. Erstere sind in der natürlichen Entwicklung vollkommen frei, zwar nicht im Sinne der stärkeren Gefälle, denn wo die einen infolge der Durchbrüche sich verlegen und vergrößern, verlanden andere wieder. Dadurch werden Wattrücken angegriffen und durch das Wandern der Prielbetten der Wattboden mit der Zeit vollkommen umgearbeitet. Somit ist es verständlich, daß die Wattsedimente sehr schlecht sortiert sind und an ihrem Aufbau nicht allein die allmählich abnehmende Schleppkraft des Flutstromes teilnimmt, sondern auch die der Ebbe. Es bleiben nur wenig Stellen von der Umlagerung in waagerechter und senkrechter Beziehung verschont, so daß es schwer ist, im Watt Schichtbildungen und dergleichen festzustellen, wozu sehr eingehende Messungen und Beobachtungen notwendig sind.

Noch schwerer ist es, im Watt eine Altersbestimmung des Wattbodens etwa auf Grund der Gezeitenschichtung wahrzunehmen. Lüders [85] hat festgestellt, daß die Mittelbalje südlich Wangerooge in einem Jahre 100 m nach Osten gewandert ist. Dies ist als außerordentliche Wandergeschwindigkeit anzusehen und ein Beweis für die Möglichkeiten der Prielverlagerung als Folge der Strömungsverhältnisse.

Seit der alluvialen Neubildung der Küste und schon seit der Marschbildung hat sich die Wattzwischenzone nicht auf der ursprünglichen Höhe gehalten. Es ist insbesondere nach erfolgreicher Bedeichung des Festlandes (etwa seit rd. 1500 n. d. Z.) anzunehmen, daß das Watt dadurch nicht unbeträchtlich abgetragen worden ist. Genauere Messungen sind darüber nicht vorgenommen worden, aber verschiedene Aktenhinweise sprechen dafür.

Domänenrat Franzius wirft in einem Bericht vom 10. September 1821 die Frage auf, ob die obere Krust des Wattes, ebenso wie in Nordholland hinter den Düneninseln aus Darg oder Moorerde (alte Festlandsreste) bestanden habe, lasse sich nicht mehr beweisen, doch sprächen die Tatsachen dafür und er führt als Beweis an, daß bei starken Stürmen noch große Dargstücke aus dem Watt ausgerissen wurden. Ob das Freispülen und Ausreißen dargiger Grundflächen sowohl durch Angriff des Seewassers wie durch Ausströmung des Binnenwassers vom Festland her eher möglich ist, als bei festerem Boden zu erwarten ist, läßt er dahingestellt sein. Das sieht er aber als feststehend an, daß das „Binnenland" zwischen den Inseln und dem Festlande" — also die Wattmarsch hinter den ostfriesischen Inseln —, „Hunderten von Quadratmeilen Fläche weggerissen ist" und daß „die Inseln, nachdem sie Tausende von Jahren den Attacken der Nordsee getrotzet", noch stehen und „in ihrer alten Lage" wahrscheinlich mit wenig Abänderung mit derjenigen, oder von den Dünen den Watten zugeweht wird, durch den Aufwurf des Sandes, von der Nordsee und der Zunahme vom Strande her, ersetzt wird." Und dieser Umstand verbürgt nach Franzius die „Haltbarkeit der Inseln einigermaßen".

Franzius folgert indessen aus der Abnahme der Dünen auf den Inseln besonders an der Nordwestseite, „wo selbst das Seeloch gefindlich" ist, daß das Seegat sich vergrößert, weil infolge Erniedrigung das dahinter liegende Watt mehr Wasser aufnimmt, woraus man Nachteile zur Erhaltung der Deiche befürchtet, jedoch weist Franzius auf die Feststellung hin, daß einmal die Tiefe der Seegaten sich in dem Maße verringern, als die Breite derselben zunimmt, weil das Profil des Seegats sich nach der Fläche des Wattes richtet, „welches in jeder Tiefe dergestalt gefüllet werden muß, daß das Wasser auf dem Watt mit dem Wasser in der Nordsee, den höheren Wellenschlag abrechnet, ohngefähr en niveau steht", zum anderen zeige die „Beschaffenheit der vorliegenden Watten mit ihren Ausströmungen klärlich an, daß selbst die Erweiterung eines Seegats auf die Haltbarkeit des Gates nicht so nachtheilig einwürket".

Soweit der wörtlich wiedergegebene Bericht des Domänenrates Franzius.

Durch einen Erlaß des hannoverschen Ministeriums des Innern (Deich- und Wasserbau) vom 24. Februar 1826 an die Landdrostei Aurich, wird in gleicher Weise auf die Gefahr hingewiesen, welche dem Deich im Amt Norden entsteht, daß sich das Watt „fortwährend durch die Einströmung der See erniedrigt". Es sollen Maßnahmen vorgeschlagen werden, wie diesem Übel abgeholfen werden könne". Ob ein Vorschlag gemacht worden ist, ist aus Akten nicht ersichtlich (A I d).

Aus vorstehenden Berichten ist einwandfrei ersichtlich, daß vor und um 1822—26 eine auffallend starke, ständige und nach Osten fortschreitende Erniedrigung der ostfriesischen Watten eingesetzt hat.

Falls das Watt als Zwischenzone früher, wie aus Siedlungs- und Kulturresten anzunehmen ist und auch nachgewiesen wurde, in höherer Lage großenteils noch eine Marschenoberfläche hatte, bildete der Klei eine gegen Meeresangriffe widerstandsfähige Decke. Das beweisen die Pflugfurchen auf dem Oberrahnschen Felde im Jadebusen, die fast 500 Jahre alt sind und die umbrandeten Küsten der nordfriesischen Marschinseln (Halligen). Die Flut schält die Marsche nicht ab. Entweder beginnt die Wattabnahme durch eine von Westen nach Osten bzw. (durch die Seegaten) von Norden nach Süden fortschreitende Unterspülung der Marschdecke, indem die Kleidecke dadurch zum Einsturz gebracht wurde, wie es an Küstenabbruchstellen zu sehen ist, oder wo der Untergrund moorig war, kamen bei starker Bewegung im Wasser ganze Erdschollen ins Treiben, die dann von den Wellen zerschlagen wurden. An solchen Stellen entstanden natürlich große Vertiefungen. Den letzten Vorgang schildert Franzius in seinem oben wiedergegebenen Bericht, wonach große Dargstücke au sdem Watt gerissen wurden, das dadurch stetig niedriger wurde. Dadurch nahm die Wasseraufnahmefähigkeit derselben ständig zu, die eine allmähliche Vergrößerung der Seegaten zur Folge hatte. Dadurch, daß dabei einzelne Seegaten (infolge überwiegenden westlichen Einflußgebietes) sich ostwärts verlegten, ist der stärkere Angriff auf das Westende der Inseln zu erklären.

Dagegen hat die Osterems ihre Mündung seit 1833 um rd. 30° weiter nach WNW verlegt und seitdem der Entwicklung von Juist und Memmert eine gewisse Beständigkeit gegeben.

In fortschreitendem Maße wurde seitdem das Juister Watt erniedrigt und durchgliedert und auf Kosten der Inseln vergrößert. Hier haben keine fortdauernde Senkung, keine Sturmfluten, die die Insel schon früher anliefen, sondern der durch das Gat in das Watt unermüdlich ein- und auslaufende Gezeitenstrom die ihm ungeschützt preisgegebenen alten Marschgebiete und Inselheller südlich der Inseln, also festen Kleiboden, rastlos angegriffen und abgetragen. Während im hohen Kleiwatt die Rinnen noch schmal und scharf eingeschnitten waren, denen das Wasser ganz folgte, konnte sich nach Abtrag der Klei- und Dargoberschicht, im sandigen, niedrigen Watt, über das nunmehr der Hauptstrom in voller Breite hinwegsetzte, ein neues größeres und tieferes Priel- und Stromnetz ausbilden, dessen Richtungsänderung, Verlegung und Vertiefung die Watten weiter erniedrigte und in zunehmendem Maße wasseraufnahmefähig machte, wodurch sich ein zu jedem Seegat gehöriges großräumiges Wattgebiet mit neuer Watteinteilung herausbildete. In Wechselwirkung von Wasseraufnahmefähigkeit der einzelnen Wattgebiete, von Stromgeschwindigkeit und Stromrichtung der Gezeitenströme sowie durch westöstliche Sandwanderung verlagerte und vergrößerte sich das zugehörige Seegat. Diese Veränderungen begannen in den einzelnen Seegaten zu verschiedenen Zeitpunkten und zwar in gesetzmäßiger Abhängigkeit, teils von der Größe und Tiefe der Watten, teils von der Tiefe und Weite gegenüberliegender festländischer Buchten, die meist zwischen dem 11. und 14. Jahrht. entstanden sind. Nach deren allmählicher Verlandung und durch Entwicklung und Verlegung der Prielsysteme bildeten sich nach und nach natürliche Wattwasserscheiden hinter den Inseln an der Stelle aus, wo die Flutströme die durch zwei Gaten in das Watt hinter einer Insel eindringenden Tiefs kentern. Der auslaufende Strom läßt das mitgeführte Material sinken. Der an dieser Stelle erst schwach einsetzende Ebbestrom hat noch nicht die Kraft, es wieder aufzunehmen. Dadurch höhte sich an der Wirkungsstelle zweier Stromsysteme das Watt flächenhaft zur natürlichen Wattwasserscheide auf. Die Lage der Wattwasserscheide mußte sich naturgemäß der Wasserführung, den Thw- und Tnw-Zeiten, der Grundriß- und Oberflächengestaltung der Watten durch die die Tiefs (Baljen, Priele) und der Stromgeschwindigkeit der sie bedingenden Stromsysteme und nicht zuletzt der Ostwärtswanderung der einzelnen Inseln anpassen. Daraus geht hervor, daß die von so mannigfachen Kräften abhängige Wattwasserscheide nicht festliegt. Je weiter sich beispielsweise der Wirkungsbereich der Tiefs der Osterems über das Juister Watt nach Osten ausdehnte, desto weiter mußte die Wattwasserscheide nach Osten weichen. So sind fast alle Wattwasserscheiden (die seit 1840 in Karten aufgenommen sind) hinter den ostfriesischen Inseln 0,5—2 km nach Osten gewandert. Dasselbe trifft auch auf die westfriesische Wattscheiden zu.

Zusammenfassend gilt für die Watten und Stromsysteme im Raume der ostfriesischen Inseln, daß zwei Hauptentwicklungen zu unterscheiden sind:

a) die Zeit der Überströmung und Auflösung der hohen Watten und damit allgemein die Einbeziehung dieser Zwischenzone in den Wirkungsbereich der Gezeiteneinflüsse der Nordsee und als Folge:

b) die Erniedrigung der Zwischenzone durch Zerstörung der aufgelagerten Klei- und Moorschichten und die Ausbildung der von mannigfachen Kräften abhängigen Stromsysteme in den Watten.

Die Angleichung an diese Kräfte ging allmählich vor sich und dauerte in vorliegendem Gebiet bis zum heutigen Tage. Der Stand der Entwicklung bei den einzelnen Inseln ist je nach ihrer Lage in der Inselkette und damit der Wirkungsmöglichkeit der hier gestaltenden Kräfte verschieden weit vorgeschritten und wie Seekartenvergleiche zeigen, keineswegs abgeschlossen. Seitentiefs von Flußmündungen und Seegats, die nicht mehr mit der Entwässerung des Festlandes zusammenhängen, sind von den Gezeitenströmungen allmählich nach Osten in eine Richtung verlagert worden, die in ihrem Verlauf der Küste und den Inseln mehr oder weniger parallel ist. Die Drehung des Tiefs ist dabei nicht als ein langsames Verschieben der Ufer nordostwärts zu denken, vielmehr gestaltet das Tief einen bereits vorher angelegten östlichen Nebenarm, der den herrschenden Bedingungen mehr entspricht, zum Hauptarm um. Durch das Heranlegen solcher Baljen sind die Klei- und Hellerflächen am Südende der Inseln und somit Weiden zerstört und Siedlungen gefährdet worden.

Gleiche Veränderungen hat Isbary [68] auf den westfriesischen Watten festgestellt.

Durch die wesentlichen Veränderungen der Watten als Bindeglied zwischen den Inseln mußten notwendigerweise Veränderungen an den ungeschützten Inseln und ein erhöhter Angriff auf die damals schon stark ausgebauten Deiche eintreten.

Betrachtet man die heutigen Watten, so werden sie gegliedert durch die Hauptwattrinnen, die Baljen, die überwiegend SO- bis O-Verlauf haben. Soweit die Inseln am Westende unter Abbruch leiden, wo also das Seegat das Westende mehr oder weniger fest umklammert — Borkum, Norderney, Spiekeroog und Wangeroog—, verlaufen Baljen auch nach S und SW im Sinne der Flutstromrichtung.[1]

Aus dem gleichartigen Verlauf der Baljen ergibt sich eine gewisse Einheitlichkeit in der Aufteilung der Watten. Das ostfriesische Wattengebiet hat in seiner Großaufteilung zwei Typen:

---

[1] Nach der Grundrißgestaltung der einzelnen Wattengebiete lassen sich zwei Hauptformen der Seegaten unterscheiden [40]:
1. bei denen die Hauptstromrinne am Westende der östlich gelegenen Insel liegt z. B. Westerems, Norderneyer Seegat, Wichter Ehe u. Harle,
2. bei denen die tiefe Hauptstromrinne vom Westende der östlich gelegenen Insel absetzt, z. B. Osterems, Akkumer Ehe u. Otzumer Balge. Die Wassermengenverteilung und demgemäß der Kräfteverlauf sowie die Hauptangriffsrichtung sind dadurch gegeben.

1. Küstenabschnitte, innerhalb deren das Inselwatt und Festlandswatt mit einer Hauptbalje aneinander grenzen (wie südlich Norderney, Baltrum und Spiekeroog),
2. Küstenabschnitte, in denen noch eine oder mehrere Watthalbinseln zwischen dem Insel- und Festlandswatt liegen (so südlich von Borkum Juist, Langeoog und Wangeroog) mit einer oder mehreren Haupt- und Nebenbaljen und etwaigen Verästelungen.

Der Wattboden besteht aus drei Hauptgruppen:
1. aus dem Sandwatt, das sich als Sedimentationswattzone zunächst an das Seegat anschließt,
2. aus dem Schlicksandwatt, an dessen Aufbau Sand und Schlick beteiligt sind,
3. aus dem Schlickwatt, das überwiegend aus Schlick aufgebaut ist.

Bodenbedeckung und Bodenformen sind hier das Ergebnis von Strömungen und Ablagerungen. Sie sind wechselvoll wie die Gezeiten. Die großen Wattflächen sind zerteilt durch Baljen und Priele. Letztere verlagern sich deshalb fast mit jeder Tide, weil keine der aufeinanderfolgenden Tiden sich ganz gleichen und geringe Änderungen der Windrichtung und -stärke andere Strömungen bewirken. Priele wie Baljen zeigen Unterschiede im Schlick wie im Sandwatt. Erstere sind im allgemeinen steiler, tiefer und im hohen Watt eingeschnitten, während letztere breiter und flacher sind. Darauf ist bei der Auswertung der kartographischen Unterlagen besonders zu achten. Außer den Baljen und Prielen befinden sich im Bereiche der Festlandswatten noch die Außentiefs als Erosionsbetten der Festlandsgewässer. Die Festlandswatten stehen zu den Außentiefs nicht in solcher Abhängigkeit wie zu den Baljen und Prielen.

Die Watten im großen sind also das Ergebnis von Strömung und Sinkstoffablagerung, wobei sie aber auch durch ihre Form die Strömung rückwirkend beeinflussen, so daß hier ein Wechselspiel von Kräften stattfindet, wobei gewisse Formen bleiben, deren Lage aber veränderlich ist. Selbst der Wattrücken als Großform hat sich bis in die jüngste Zeit verändert, obwohl die Inseln und zugehörigen Seegaten durch seebautechnische Anlagen schon festlagen.

Mit dem Wandern der Inseln und dem Verlegen der Seegaten müssen auch die Watten nach Osten verlagert worden sein.

Der Zustand der Inseln, der Watten und der Küste nach der älteren Bedeichung ist in Karten erst später und zwar von rd. 1600 ab festgehalten. Die zeitlichen Abstände ihrer erneuerten Herausgabe sind (abgesehen von neuerer Zeit) zu groß, um so kurzfristige Vorgänge wie die der fortgesetzten Umgestaltung der Inseln und Watten nach wirksamer Festlandsbedeichung erkennen zu lassen. Dabei ist noch zu unterscheiden zwischen den rohen und ungenauen Karten, die einem zufälligen Umstande ihr Entstehen verdanken und solchen, die gemäß amtlicher Anordnung auf planmäßigen Messungen beruhen.

Die älteste holländische Seekarte von 1584 (B 9) zeigt die Inseln in einer Reihe, wie sie damals von See aus gesehen wurden. Wenn auch die geographische Lage der Inseln und Küste nicht lagentreu wiedergegeben ist, und Bezeichnungsfehler vorhanden sind, so sind doch die Wattfahrwasser und damit die Wattgestaltung von Interesse.

Die Watten sind noch als zusammenhängende, also hoch gelegene Flächen, die nur durch ein Fahrwasser gegliedert waren, angegeben. Eine maßstabsgleiche Darstellung des Küstengebietes als Vergleichsunterlage mit späterer Entwicklung ist bei dem kleinen Maßstab sowohl dieser wie anderer zeitgenössischer Karten nicht möglich.

Aus der Zeit der ersten Inselvermessung um 1738 ist bekannt, daß die Inselfiguren sehr zerrissen und unzusammenhängend waren, als Folge der geschichtlich bekannten erheblichen Ab-, Ein- und Durchbrüche der Dünen. Bei der unmittelbaren Abhängigkeit des Inselzustandes von der Wattenbeschaffenheit muß demnach eine starke Veränderung der Watten vor sich gegangen sein.

In der Tat sind in der zweiten Hälfte des 17. Jahrhunderts die Watten stark zergliedert und erniedrigt, wobei Wattinseln wie Bant (Kleiinsel) und Buise (Düneninsel) abgetragen und sehr verkleinert sind bzw. die Insel Buise sogar völlig zerstört worden ist. Das Dorf Itzendorf (Abb. 1) ist 1717 in vorgeschobenem Polder — ein Beweis für eine starke Anlandung, als das Norderneyer Seegat noch nicht so breit und tief ausgebildet, das Watteinzugsgebiet noch klein war — untergegangen.

Die Küstenlinie hatte sich um 1740, die Harlebucht ausgenommen, dem Verlauf von 1892 stark genähert. Immerhin waren Bucht und Watten noch so groß, daß Spiekeroog sich noch nicht nach Osten entwickeln konnte.

In der zweiten Hälfte des 18. Jahrhunderts muß ein Beharrungszustand der Watten eingetreten sein. Bis zum Ende des 18. Jahrhunderts sind während der betrachteten Zeit größere Sturmfluten nicht eingetreten, so daß bis gegen 1800 eine wesentliche Verbesserung der Inseln und Küste eintreten konnte.

Die geschichtlich-geographischen Ereignisse und archivalischen Unterlagen lassen darauf schließen, daß bereits 1800, als noch keine genauen Seekarten vorlagen, eine allmähliche Zergliederung und Erniedrigung der ostfriesischen Watten stattgefunden hat. Diese Entwicklungsneigung hat bis 1866 angehalten. Sie hat dazu geführt, daß die meisten Inseln starken Angriffen und Abbrüchen unterlagen, so daß der Mensch seit Mitte bis Ende der 1850er Jahre zum Schutze der

Siedlungen auf den Inseln zu seebautechnischen Maßnahmen greifen mußte. Bis 1884 scheint diese Wattenentwicklung im großen langsam und vorübergehend zum Stillstand gekommen zu sein, wodurch etwa bis 1890 ein gewisser Gleichgewichtszustand zwischen Wattenmorphologie und den in und über den Watten wirkenden Kräften sich herausgebildet zu haben scheint. Es sind aus der Zeit auch keine außergewöhnlichen Sturmfluten bekannt geworden. Dagegen muß bis gegen 1900 eine Abnahme der Watten, insbesondere der Juister Watten, und eine zunehmende Sandwanderung die Ursache dafür gewesen sein, daß die zugehörigen Seegaten sich stark vertieften und an die Inselsockel heranlegten, so das Norderneyer Seegat an das Westende von Norderney, die Wichterehe an Baltrum, die Otzumerbalje an Spiekeroog, und die Harle an Wangerooge, was zu besonderen seebautechnischen Schutz und Sicherheitsmaßnahmen zwang.

Danach hat etwa bis 1918 nach den Seekartenvergleichen eine entgegengesetzte Entwicklungsneigung vorgeherrscht. Die Wattrücken und einzelne Wattplaten sind über MSprTnw hinaus aufgehöht und Balgen haben sich sowohl verflacht als auch an Länge eingebüßt. Zwischen 1916 und 1926 ist auch diese Entwicklung zum Stillstand gekommen, denn die Seekarte von 1926 zeigt bereits wieder eine neuerliche Zergliederung als kennzeichnende Abnahmeerscheinung der Watten. Die Abnahme begann im Westen hinter Juist, während hinter Baltrum und Langeoog noch der Zustand von 1916 erhalten blieb und im Osten hinter Spiekeroog sogar noch eine Wattaufhöhung stattfand. Bis 1934 (letzte Seekartenausgabe) ist eine allgemeine Erniedrigung der ostfriesischen Watten festzustellen.

Aus diesen Tatsachen geht hervor, daß innerhalb der Watten nicht eine gleichmäßige Entwicklung stattgefunden hat, sondern diese, ebenso wie die Inseln vielmehr wechselnden Neigungen unterworfen waren. Zur Zeit befinden sich die ostfriesischen Watten in einer Zeitspanne der Erniedrigung, was als Ursache der Unbeständigkeit der Strand- und Dünenverhältnisse an den Westenden der meisten ostfriesischen Inseln anzusehen ist. Offenbar steht wieder der Kräftehaushalt mit dem Stoffhaushalt des ostfriesischen Gebietes in ungünstigem Verhältnis.

III. Die Veränderung des Strandes, Vorstrandes und des Nordsee-Meeresbodens.

Für die Veränderung der einzelnen Inseln ist nicht allein die Veränderung der zugehörigen Watten von großer Bedeutung. Ihre Kräfte und Einflüsse lassen sich mit einem Angriff von rückwärts vergleichen. Ebenso wichtig ist auch die Meeresbodengestaltung des den Inseln vorgelagerten weiteren Nordseegebietes. Aus diesem Raum kommt der Frontalangriff, vor allem bei Sturmfluten. Ein Blick auf Abb. 1 läßt erkennen, daß die untermeerischen Rinnen, z. B. das Nordwestergat sowie das Nordsüdergat, gewaltige Wassermassen bei Wind und Sturm aus Nordwest gerade gegen den Westteil der Insel Norderney werfen.

Die untermeerischen Oberflächenformen, insbesondere deren Sedimente werden in der tieferen Nordsee noch so geblieben sein, wie sie die Eiszeit geformt und abgelagert hat. Das Dilivium hat dieser Landschaft hauptsächlich das Gepräge gegeben. Jedoch haben auch ältere Meere und Festlandsbildungen das Nordseebecken beherrscht [44 u. *100*]. Durch wiederholten Wechsel von Meer und Land sind die älteren Ablagerungen zum Teil neu überdeckt, zum Teil freigelegt und danach umgelagert worden. Die noch vorhandenen Ablagerungen verschiedener Erdzeitalter lassen den Schluß zu, daß die untermeerische Formenwelt der Nordsee durch die Strömungen nicht entscheidend beeinflußt ist. Dagegen bestimmen die obengenannten Kräfte und Einflüsse in den küstennahen Gebieten, insbesondere in der Ausgleichsküste, ausschließlich den Stoffhaushalt, insbesondere die Sinkstoffverteilung.

Die Zunahme der Gezeiten, der Anstieg der Wasserstände und des Tidenhubes im südlichen Raume der Nordsee haben verstärkte Flut- und Ebbeströmungen zur Folge und damit hier größeren Angriff auf den Vorstrand, das Küstenvorfeld (untermeerische Fläche bis zur neutralen Linie), den Strand, die Düneninseln, die Watten und die Küste ausgelöst. Außer der Bildung, Verlegung, und Vertiefung einzelner untermeerischer Rinnen in der freien Nordsee hat offenbar eine allgemeine Tiefenzunahme des Nordseebodens und ein Küstenrückgang insbesondere in der Zeit stärksten Inselschwundes stattgefunden. Die große Tiefenwirkung des Seeganges einschließlich der Dünung hatten eine großflächige submarine Küstenabrasion zur Folge, die ungeheure Sandmassen verfrachtete und in geschützten bzw. tieferen Absatzräumen ablagerte. Jedes Seegebiet hat dabei die Grenzzone zwischen Ablagerung (in der Tiefe) und Abrasion (im Küstenvorfeld, auf Untiefen usw.) in verschiedenen Wassertiefen. Die neutrale Zone nach Cornaglia ist also in wechselnden Tiefen zu suchen. Ihr Wesen besteht darin, daß bei gleichmäßig ansteigendem Grunde die Bewegung der Grundsee in Richtung des Strandes (positive Grundsee) überwiegt und bis zur Brandungszone zunimmt, wo der Zusammenhang der Welle aufgelöst wird. Alle Körper auf dem Meeresboden sind der Wirkung der Schwerkraft und der Grundsee unterworfen. Unter Berücksichtigung der dem Volumen dieser vom Wasser umgebenen Körper entsprechenden

Gewichtsverlustes wird die Gewichtskomponente, deren Größe von der Neigung des Strandes abhängt, die Wirkung der positiven Grundsee verkleinern, dagegen der negativen, nach der Meerestiefe gerichteten Grundsee vergrößern. Hierdurch findet die Tatsache, daß ein steilgeneigter Strand zu stärkerem Abbruch neigt als ein flach geneigter, ihre Erklärung. Aber auch bei gleichförmig geneigtem Grunde führen die Verschiedenartigkeit des Gewichtes und des Volumens der Körper auf dem Meeresgrunde (geologische Schichten verschiedener Boden- und Kornzusammensetzung) die Unterschiede in den Wellenhöhen und auch die namentlich im Ebbe- und Flutgebiet wechselnden Lagen des Wasserspiegels zum Pendeln der neutralen Linie (deren Grenzlagen für Körper von bestimmtem Gewicht von der Höhe des ruhigen Wasserspiegels und von der Wellenhöhe bestimmt werden) innerhalb einer breiten Zone [138]. Unruhige Wetterlagen bringen mehr oder weniger starke Uferabbrüche, wobei Brandung, Seegang und Strömung zum Teil als Folge tiefer und großer Wattenräume) das Material in Tiefen bis zu 10, 20 und 30 m hinabverfrachten, von wo es in längeren ruhigen Zeiten wieder strandaufwärts wandert und von neuem den Vorstrand den Inselsockel, die Inseln, die Watten und die Festlandsküste aufbaut.

Die Hauptmenge unseres Stoffhaushaltes stammt wahrscheinlich aus der tieferen Nordsee. Die Sandwanderungsmengen sind nach Richtung und Umfang nur schwer zu erfassen. Es scheint ein Fehlbetrag zugunsten der seewärtigen Abwanderung und zuungunsten der Anlandung vorzuliegen.

Ein Vergleich älterer Seekarten mit neueren Vermessungen bestätigt diese Annahme. Die Tiefenlinien sind in der Zeit, seit der zuverlässige Seekarten vorliegen, überwiegend seewärts gewandert. Der Vorstrand und das Küstenvorfeld sind z. B. seit 1866 aufgehöht worden. So ist die 30 m-Tiefenlinie nordwestlich von Borkum seit 1866—1935 um 3,3 km, die 20 m-Linie um 0,4 km, die 10 m-Tiefenlinie um 0,6 km seewärts gewandert. In ähnlicher Weise ist die Hinausverlegung der gleichen Tiefenlinien nördlich und auch nordwestlich der anderen ostfriesischen Inseln festzustellen. Dabei haben sich den Seegaten bzw. den Inseln vorgelagerte Großformen z. B. das Borkumer Riff in ihrer ostwestlichen Länge und nordsüdlichen Breite verkleinert und verflacht. Auch dieses deutet auf eine seewärtige Abwanderung des Sandes aus dem Bereiche der flacheren Küste in größere Tiefen der Nordsee hin. Die bisher entnommenen und untersuchten Proben lassen eine Gesetzmäßigkeit der Sandwanderung nach Menge und Richtung noch nicht erkennen.

Es ist notwendig, auf planmäßig verteilten vielen Meßpunkten unmittelbare Sandwanderungsmessungen [84] zugleich mit mittelbaren (Strommessungen und Vermessungen des Meeresbodens) in nicht zu langen Zeitabständen insbesondere vor und nach Sturmflutzeiten sowie bei andauernden Schönwetterlagen durchzuführen.

Die Strom- und Sandwanderungsmessungen sind — in Küstennähe — besonders wichtig in den Seegaten, vor und innerhalb der Riffgürtel, an den Riffdurchbruchsstellen, in den Tiefs, neben den Seegats und Tiefs und auf Flachstellen, sowie in der Nähe der Strandschutzwerke, an den Vereinigungsstellen der Gate mit den Baljen, dieser mit größeren Rieden und Prielen sowohl in den Watten wie auf den Wattwasserscheiden. Die Auftragungen der Seepeilungen veranschaulichen ein Bild der durch Strom- und Sandwanderung herbeigeführten Veränderung des Meeresbodens, besonders die Hauptwanderrichtung großer Sandbänke. Durch deren Lage und Veränderung wird nämlich das zugehörige Seegat entscheidend beeinflußt. Umgekehrt ist die Lage, Richtung und Größe des Seegats mitbestimmend für die Lage und Ausdehnung des betreffenden Riffgürtels. Das Seegat ist aber auch abhängig von der Lage, Größe und Oberflächengestaltung des zugehörigen Wattengebietes. Durch diese Abhängigkeit und Gesetzmäßigkeiten, sowie durch die obengenannten Kräfte der Gezeiten, Strömungen, Brandung und Sturmfluten wird der resultierende Wanderweg großer Sandmassen bestimmt, die für die Entwicklung, die Erhaltung und den Bestand der ostfriesischen Inseln und Küste von ausschlaggebender Bedeutung sind. Einzelne Messungen müssen an für die Sandwanderung wichtigen Stellen zu verschiedenen Tide-, Wind- und Wasserverhältnissen wiederholt werden, um die formenden Kräfte (die periodischen sowie die unperiodischen) und die wechselnden Zustände in ihren entscheidenden Wirkungen zu erkennen.

Die genauere Kenntnis der Sinkstoffebeschaffenheit vor, zwischen und hinter den ostfriesischen Inseln ist für die Untersuchungen der Sandwanderung von grundlegender Bedeutung. Die Korngrößen- und Schwermineralverteilung sind das Abbild der in einem so großen Ablagerungsraum stattfindenden augenblicklichen Vorgänge. Durch Entmischung entstehen Anreichungen von Schwermineralien, besonders aus Titan-Magneteisen und Granat, sowohl auf trocken fallenden Vorstrandriffen als auch in Spülsäumen, und in Windseifen (Vordünenanreicherung), sowohl in Aufbauformen als auch in Zerstörungsformen z. B. bei Randdünenabbrüchen, wobei sich Schwermineral-Lagerstätten ausbilden. Ihr Bestand und ihre Regenerierung geben auch Anhaltspunkte über die Herkunft, regionale Bewegung und provinzielle Verteilung der Sedimente.

So ist es wahrscheinlich möglich, außer der geographischen Verteilung der Gebiete gleicher Korn- und Schwermineralzusammensetzung, gleichen bzw. abweichenden Kalk- und Schlickgehaltes im größeren Raume der ostfriesischen Inseln eine sedimentpetrographische Häufigkeitsverteilung durch Kornschwere, -dichte und -größe im kleinen Raume z. B. auf einzelnen Rücken (Sandbänken, Platen, Riffen), und in Rinnen (Gats, Baljen, Prielen) zu ermitteln, um in sediment-petrographischen Profilen von Teilgebieten gegebenenfalls die petrographischen und stratigraphischen Besonderheiten von Schichtenfolgen darzustellen und um daraus soweit es etwa durch Probenentnahmen in kurzen Zeitabständen möglich ist, die dynamischen Vorgänge, die sich zur Zeit des Absatzes der Sedimente abgespielt haben unter Verwertung der vorliegenden und noch vorzunehmenden Strommessungen zu erkennen also die Art und die Einwirkungsmöglichkeit der vorhandenen wirksamen Kräfte zu erfassen.

Wenn zu dieser sediment-petrographischen Untersuchung die an der westfriesischen (holländischen) ost- und nordfriesischen Küste bereits in größerem Umfange betrieben wird, im einzelnen die Kenntnis über die Herkunft und Verbleib der Sedimente im ganzen tritt, zu deren Klärung die weitergehenden Untersuchungen die Forschungsstellen in gemeinsamer Arbeit nach einheitlichem Plan mit gleichen Geräten, Instrumenten und Methoden besonders beitragen müssen, ist ein tiefer Einblick in das Problem der Sandwanderung möglich, dessen WO-Richtung zweifellos ist, dessen Materialzufuhr vom See her, durch die tiefen untermeerischen Rinnen aus Gebieten submariner Abrasion zu dem Vorstrand und den Inselsockeln aber noch zu klären ist.

Die Untersuchungen sind weit in die Nordsee auszudehnen, um auch festzustellen ob die abgesunkene ehemalige Landoberfläche von marinen Ablagerungen bedeckt ist, oder stärker abgetragen wird, ob sich junge Vertiefungen im Nordseeboden als Gezeitenkolke an Stellen besonderer Gezeitenströmung bzw. vorhandener oder ehemaliger Moore bilden und als ertrunkene Täler zu bezeichnende untermeerische Rinnen die Erosion und Abrasion des inselnahen Vorstrandes begünstigen. Ihr Alter ist im Verhältnis zu der umgebenden Fläche, in die sie eingebettet sind wahrscheinlich feststellbar.

Aus den Veränderungen der abgesunkenen ehemaligen Landoberflächen, des jetzigen Vorstrandes und der tieferen Nordsee ist zu schließen, ob der Geschiebemergel weiter ausgewaschen wird, wodurch neue Sedimente dem Vorstrande, dem Strande und dem Dünen zugeführt werden. Dabei bleiben oft grobe Sedimente auf untermeerischen Aufragungen liegen, die als Auswaschungsreste anzusehen sind (Borkumriff, Doggerbank). So entstehen Sedimente durch eine Summe von Ursachen und Kräften in gewissen Abschnitten neu. Will man ihre Entstehungsgeschichte nachweisen, muß man versuchen, in regionaler Betrachtung die ehemalige Umwelt daraus abzulesen.

Die Veränderung der Inseln, der Watten und Küste ist vorläufig mit einiger Sicherheit nur in jüngster geschichtlicher Zeit möglich. Darüber hinaus ist sie nur zu vermuten.

C. Ergebnis der Untersuchungen und Folgerungen.

Das südliche Nordseegebiet hat sich in den letzten rd. 10 000 Jahren gewaltig verändert. Im Verlauf der Küstensenkung um rd. 20 m ist das Gebiet zu einem Gezeitenmeer geworden, in dem der Tidehub mindestens um 1,50 m zugenommen hat. Neben tektonischen, hydrodynamischen, kosmischen und metereologischen Kräften und Einflüssen hat offenbar die nachgewiesene Verschiebung der Lage der Erdachse sich hier bei der Gestaltung ausgewirkt.

In dem regelmäßigen Wechselspiel der Gezeiten und durch die sonstigen obengenannten zeitweilig auftretenden Kräfte unterstützt, entstanden die ostfriesischen Inseln auf dem absinkenden altalluvialen Untergrunde etwas nordwestlich der heutigen Inselzone.

Die Inseln, als Sedimentansammlungen über MThw konnten sich, solange ihre Lage im Raume der geringsten Wirksamkeit der zerstörenden und damit der größten Wirksamkeit der aufbauenden Kräfte entsprach, allmählich festigen. Dünen bildeten sich, begünstigt von einer sandaufhaltenden und festigenden Pflanzenwelt. An der den Kräften entrücktesten Stelle des Inselkörpers entstand, doch nur durch das Vorhandensein jener Kräfte ermöglicht, der Inselkern. Auf ihm konnte die Vielzahl der Pflanzen, der Tiere und später auch der Menschen siedeln und der locker zusammengehäuften Masse des Inselkernes eine größere Beständigkeit verleihen [68].

Kurz vor Beginn unserer Zeitrechnung waren so die ostfriesischen Inseln entstanden, davon als Großgebilde die Insel Burchana, die nach Tacitus allein von den ostfriesischen Inseln zur Römerzeit, also zu Beginn unserer Zeitrechnung, bewohnt war. Um so mehr werden die östlich Burchana gelegenen Inseln (Baltrum, Langeoog, Spiekeroog, Wangeroog) durch die ungestörte Ansiedlung und Vermehrung der Seevögel und damit des Pflanzenwuchses in ihrer Entwicklung gefördert worden sein.

Die Inseln haben sich seit ihrer Entstehung, wo sie dicht am abbrechenden und absinkenden Marschenfestland lagen, bis etwa 1650, von wo ab ihre Veränderung zu verfolgen ist, in ihren Dünen mehrfach umgesetzt. Das beweisen die verschiedenen Standorte der Dörfer auf Juist, Baltrum, Langeoog, Spiekeroog und Wangeroog. Daß die Dünen und damit die Inseln auf dem in Absenkung begriffenen altalluvialen Marschlande nach Süden und Osten gewandert sind, beweisen die freigeschwemmten Reste alter Marschlandschaft, so auf dem Borkumer Riff, ferner auf einer vorspringenden Ecke des Nordweststrandes von Borkum, auf dem Memmert, wo die Oberfläche der alten Kleischicht nur auf — 0,93 m NN liegt, auf dem vorgeschobenen Nordstrande von Juist (nördlich von Loog), am Westende von Norderney und Baltrum, sowie auf der Nordwestseite von Langeoog und Wangeroog. Auch die gefundenen Reste von Brunnenanlagen und Feuerstellen früherer Siedlungen auf Spiekeroog weisen darauf hin. Daß hier zufällig kein altes Marschland und keine Torfschicht gefunden worden sind, ist kein Gegenbeweis, denn diese können völlig oder bis auf Reste, die noch nicht zutage getreten sind, zerstört worden sein.

Die Ursache der Inselverlagerung durch Abbruch am Westende und Anlandung am Ostende ist neben den periodischen Kräften der Gezeiten und Strömungen sowie den unperiodischen der Windwellen, Brandung und Sturmfluten vor allem in der starken Sandwanderung der damaligen Zeit zu sehen, die in dem Maße der allmählichen Erweiterung der Landenge England-Kontinent zunahm und im neunten Jahrhundert n. d. Z. besonders stark war.

Die Entwicklung der ostfriesischen Inseln ist nur in den letzten 200—300 Jahren zu verfolgen. Die Großinsel Bant ist wahrscheinlich um 1270 größtenteils zerstört. Die Einzelteile traten mit dem Namen Borkum, Juist, Buise, Bant und Osterende (= Norderney) in den genannten Urkunden von 1398 und 1406 auf. Die Veränderung dieser wie der anderen ostfriesischen Inseln zu verfolgen, ist auf Grund von Altkarten, Commissions- und Altakten-Berichten, geschichtlichen und geologischen Unterlagen erst von 1620 bzw. 1650 ab möglich. Die Entwicklung der Inseln ist auf den Abb. 8, 10, 15, 17, 23, 29, 35 und 39 zeichnerisch dargestellt. Die Inseln haben sich seit 1620 bzw. 1650 also in den letzten 300 Jahren wie folgt verändert und verlagert, wobei eine Entwicklung seit der letzten Landesvermessung berücksichtigt ist:

	bezüglich der Dünen		Beginn der seebautechnischen Inselbefestigung
	im Westen	im Osten	
Borkum	Abnahme rd. 450 m	Zunahme rd. 1350 m	1869
Juist	Abnahme rd. 300 m	Zunahme rd. 3800 m	1911
Norderney	Abnahme rd. 75 m	Zunahme rd. 5100 m	1857
Baltrum	Abnahme rd. 4275 m	Zunahme rd. 1700 m	1873
Langeoog	Zunahme rd. 465 m	Zunahme rd. 550 m	ohne
Spiekeroog	Abnahme rd. 900 m	Zunahme rd. 725 m	1873
Wangeroog	Abnahme rd. 2100 m	Zunahme rd. 4250 m	1874

	bezüglich des Strandes		Seebad seit
	Im Westen und Nordwesten	Im Osten	
Borkum	Abnahme rd. 1200 m Nw	Zunahme rd. 2500 m	1850
Juist	Zunahme rd. 900 m Nw	Zunahme rd. 4100 m	1840
Norderney	Abnahme rd. 500 m Nw	Zunahme rd. 5000 m	1797
Baltrum	Abnahme rd. 4350 m Nw	Zunahme rd. 1400 m	1898
Langeoog	Zunahme rd. 900 m Nw	Zunahme rd. 550 m	1850
Spiekeroog	Abnahme rd. 1400 m Nw	Zunahme rd. 6000 m	1840
Wangeroog	Abnahme rd. 2000 m Nw	Zunahme rd. 4200 m	1804

Krüger [75] hat ebenfalls für Wangeroog eine Gesamtabnahme am Westende von 1667—1874 (in 207 Jahren) um 2100 m, also in 100 Jahren um rund 1 km festgestellt. Dieses Maß der Abnahme ist bei Baltrum doppelt so groß. Es beträgt von 1650—1874 (Beginn der Strandbefestigung), also in 224 Jahren rd. 4275 m, also in 100 Jahren 1,9 km. In der Zeit der starken Ostwärtsverlegung von Wangeroog hat sich Spiekeroog in seinem Oststrand um rd. 6000 m nach Osten verlängert und ist über die „ehemalige goldene Linie", die Grenze zwischen Ostfriesland und Jever (jetzt Oldenburg) gewandert. Bei der Wanderung der Inseln ist der ganze Kern oder ein Teil desselben durch das sich verlagernde und nach Osten drängende Seegat bis zu dessen jeweiliger Sohle umgepflügt.

Der in Abb. 41 wiedergegebene Zeitwegplan gibt eine anschauliche Darstellung und das Bestreben von der Wanderung der ostfriesischen Inseln und der Verlagerung der zugehörigen Seegaten.

Die Behauptung Heraklits, daß „alles fließt", wird auch hier wieder bestätigt. Es gibt in der Natur nicht Beständiges, keinen Dauerzustand der Ruhe und des Gleichgewichtes, sondern nur Bewegung. Die Natur stellt sich als eine Kette von „Ereignissen" dar, die scheinbar einer bestimmten Ordnung unterliegen, bei welcher jeder Naturzustand die Folge eines ursächlich vorangegangenen Zustandes ist.

Aus vorstehendem Zahlenvergleich und der Zusammenfassung der Untersuchungen ist zu folgern:

1. Alle ostfriesischen Inseln, Langeoog ausgenommen, haben am Westrande in den letzten 300 Jahren mehr oder weniger stark abgenommen, d. h. sie sind am Westende abgebrochen trotz vorübergehender Wiederzunahme.

2. Alle ostfriesischen Düneninseln haben am Ostende zugenommen.

3. Das Maß der Abnahme am Westende und der Zunahme am Ostende ist das Maß der Ostwärtswanderung jeder Insel.

4. Die Zu- und Abnahme der Dünen auf den einzelnen Inseln steht in keinem gesetzmäßigen Verhältnis zueinander. Die über MThw liegende Dünenfläche ist in den letzten 200 Jahren größer geworden.

5. Das Maß der Ostrandverlängerung der einzelnen Inseln entspricht nicht der Größe des Abbruches der nächsten östlich gelegenen Inseln, so:

a) hat während der ruckweisen Zunahme des Borkumer Oststrandes um 2500 m der Juister Weststrand zu- und abgenommen. Für den Oststrand Borkums war die Lage der Tiefenrinnen der Osterems entscheidend. Letztere ist seit 100 Jahren in der Mündung um 30° nach Westen und im inneren Teil nach Osten geschwenkt,

b) ist die große Oststrandverlängerung auf Juist um 4100 m bei einer Abnahme von Norderney-Westende um 75 m bzw. im NW um 500 m nur möglich durch den Untergang der zwischen den beiden Inseln gelegenen Insel Buise,

c) steht die Verlängerung des Oststrandes von Norderney um 5000 m mit dem Dünenabbruch von Baltrum-Westende in einem gewissen Verhältnis,

d) ist die Zunahme von Baltrum Oststrand um 1400 m und die Zunahme der Westdünen von Langeoog um 465 m nur durch einen breiten Weststrand auf Langeoog und das große Übergewicht des östlichen Wattengebietes über das westliche zu erklären,

e) steht die Zunahme des Oststrandes von Langeoog um rd. 550 m mit der Abnahme der Westdünen von Spiekeroog um rd. 900 m insofern in einem Verhältnis, als die Abnahme der Dünen nicht allein durch die

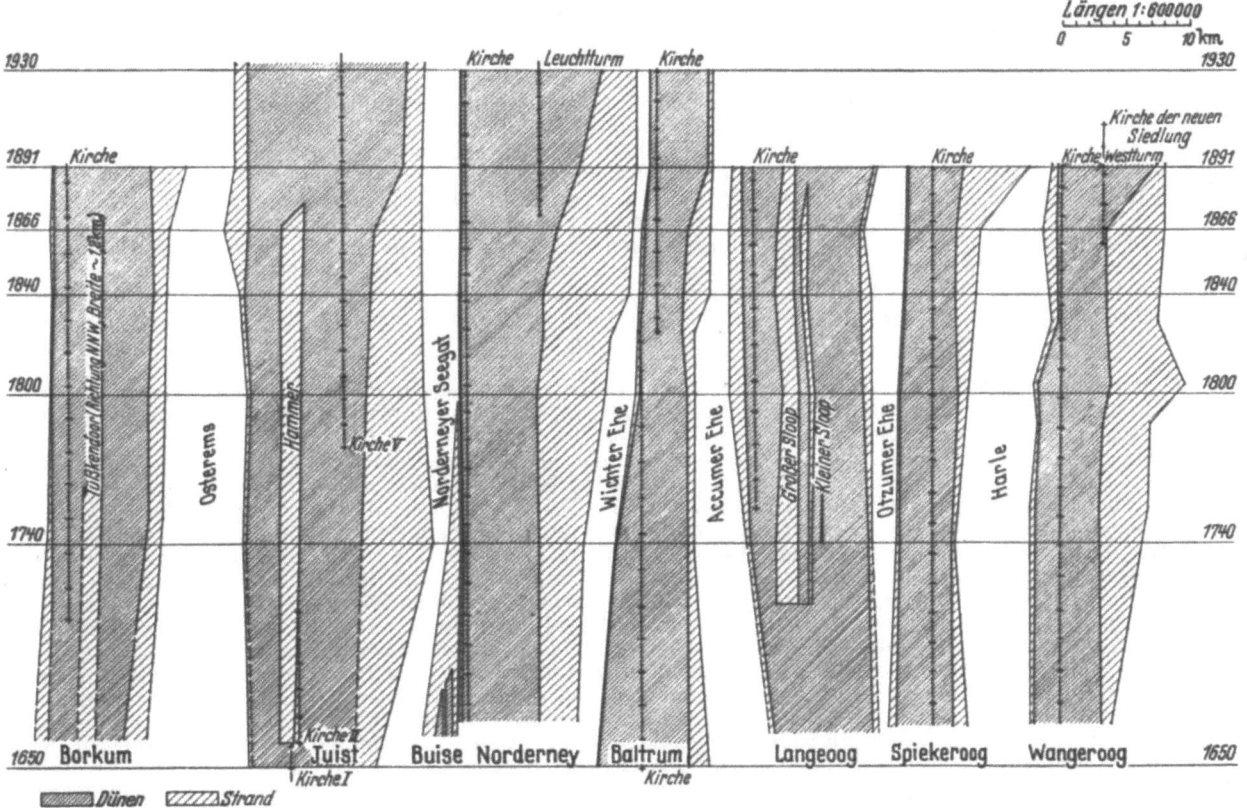

Abb. 41. Zeitwegplan. (Gezeichnet vom Verfasser.)

ständige Strömung eines nach Osten verlagerten Seegats, sondern auch durch Brandung, Sturmfluten und vor allem durch die Sandwanderung bestimmt wurde,

f) entspricht der starken Oststrandzunahme auf Spiekeroog um rd. 6000 m infolge Verlandung der Harlebucht und Erhöhung des davor liegenden Wattes die große Abnahme von Wangeroog Westende.

6. Die Wanderung der ostfriesischen Inselkette erfolgte nicht so, daß alle Inseln gleichzeitig und gleichmäßig gewandert sind (Abb. 41). Es ist z. B. in derselben Zeit, in der Baltrum und Spiekeroog sich im Westende bzw. Nordwesten stark veränderten, Langeoog fast unverändert geblieben und Norderney hat ohne großen Abbruch im Westen im Strande nach Osten stark zugenommen.

7. An dieser Inselentwicklung sind neben den gestaltenden Kräften der Gezeiten, Meeresströmungen, Brandung und Sturmfluten vor allem die Einflüsse der Grundriß- und Oberflächengestaltung der Watten, die in ihnen vorhandenen und sich vorlagernden Stromsysteme, der Verlauf der Festlandsküste, sowie die Sandwanderung, besonders die auf den Westenden der Inseln landenden Riffe beteiligt. Letztere kommen in mehr oder weniger kurzen und gleichmäßigen Zeiträumen an den Westenden an und ziehen am Nordstrand entlang. Sie beeinflussen die Form des Inselkörpers und des Inselkernes, aber nicht die Ostwanderung der Insel. Die Formänderungen stellen die Anpassung des Inselkörpers an die periodisch durch Riffenlandungen vor sich gehenden Entwicklungen dar, womit der Wechsel in den Strandhöhen und -breiten, sowie in den Vor- und Randdünen unmittelbar und ursächlich zusammenhängt. Die ostfriesischen Inseldünen haben im ganzen eine wechselvolle Entwicklung gehabt. Es gab Zeiten, in denen ihre Widerstandskraft (z. B. um 1800) vermöge ihres guten, durch Menschenhand geförderten Aufbaues größer war als die Angriffskraft der Nordsee durch Brandung, Strömung sowie der Winde und umgekehrt. Bei gleichen hydrographischen Voraussetzungen bedingt die untermeerische

Formenwelt des nahen Vorstrandes wie des weiteren Seegebietes die Entwicklungsmöglichkeit. Kamen landwärtswandernde Riffe heran, wuchsen die Dünen, wanderten Tiefs auf die Küste zu und entstanden Strandpriele, so verschmälerte und versteilte sich das Strandprofil, was auf den Angriff stärker wirken konnte als die beste natürliche Verteidigung.

8. Zeiten von mehr Sandzufuhr als -abnahme führen in der Erweiterungsneigung der Dünen dazu, daß eine neue Dünenkette sich vor die Binnendünen legt, wodurch sich an den Enden ein mehr oder weniger ausgeprägtes muschelprofilförmiges Dünensystem ausbildet. Dieses war am Westende von Norderney, Baltrum-Wangerooge um 1800 noch vorhanden und ist es auf Borkum, Juist, Langeoog und Spiekeroog noch heute. Mit der Vergrößerung des Norderneyer Seegats verlegte sich z. B. der Anlandungspunkt des Riffgürtels vom Westende bis in die jüngste Zeit stetig mehr nach Osten. Dadurch wurde dem Westende von Norderney die Sandzufuhr entzogen, d. h. das Westende nahm ab, ohne sich erneuern zu können. Der Westteil der Insel wäre der nach Osten vorgeschobenen Ausgleichszone der wirksamen Kräfte als ihrer bestmöglichen natürlichen Lage gefolgt, wenn sie nicht durch Bauwerke künstlich gehalten wäre. Dasselbe trifft auch für das Westende von Borkum, Baltrum und Wangeroog zu.

9. Obgleich die Sockel der ostfriesischen Inseln allein vom Gezeitenmeer am Rande einer Flachlandküste geschaffen sind, haben sie ehemals über die Zwischenzone der heutigen Watten eine engere Verbindung mit dem Marschenfestland gehabt. Die Zerstörung dieser Zwischenzone hat bereits mit der Entstehung von Meereseinbrüchen (Leybucht, Hilgenriederbucht, Accumer- und Harlebucht) in das Marschenfestland (wahrscheinlich während einer Senkung) begonnen und ist gesteigert worden, als nach dem Abschluß der letzten Senkung (vielleicht im Mittelalter — Küstensenkungsbeweis aus der Lage der Pflugfurchen auf dem Oberahnschen Felde in der Jade—) Inseln und Küste sich den wieder in den Vordergrund tretenden Kräften des Gezeitenmeeres anpassen mußten, die auf Ostwanderung des Küstensaumes drängten, wobei sich Stromsysteme entwickelten, die nach Begrenzung des Festlandes durch standfeste Hauptdeiche mehr und mehr die Zwischenzone aufschlossen, also das Watt zergliederten und die landwärts gewachsenen Inseln an der Wattseite angriffen. Reste des altalluvialen Festlandbodens wurde auf den Watten um 1800—1820 auffällig stark zerstört.

10. Die Lage der untersuchten ostfriesischen Inseln hat sich im Abstande zur Festlandküste seit 200 Jahren nicht mehr verschoben. Es hat lediglich in den Randdünen ein Wechsel stattgefunden. Dagegen sind die einzelnen Inseln mehr oder weniger nach Osten gewandert. Die natürliche Dünenverjüngung erhält nämlich den Insel- und Dünengürtel als Ganzes, verhindert aber nicht seine räumliche Verlagerung. Kulturbauten wie Dörfer, Badeeinrichtungen, Landesverteidigungsanlagen sind demgegenüber festliegend und lassen sich meist nur unter hohen Kosten oder gar nicht der beweglichen Verteidigung anpassen. Es bleibt daher stets zu überlegen, ob die hohen Kosten des Küstenschutzes vertretbar sind, ob ein Sicherungssystem und eine Schutzform da angebracht sind, wo mit einer dauernden Substanzverringerung und Schwächung des inneren Baues der Dünen ein absehbarer Zeitpunkt kommt, wo keine Verteidigungsform wegen mangelnder Substanz mehr möglich ist.

Kurz bevor dieser Zustand eintrat, sind auf den heute befestigten Inseln die Schutzwerke erbaut. Mangels Sandheranwanderung ist der Vorstrand und Strand z. B. auf Borkum, Norderney, Baltrum, Spiekeroog und Wangeroog ständig niedriger geworden.

Der niedrige feuchte Strand und die mehr oder weniger steile Dünenschutzmauer sind nicht fähig, Sandteile festzuhalten, die, wenn sie überhaupt noch hier aufwirbeln, durch Wind parallel zur Mauer verfrachtet werden. Meist beherrschen hier aber die Wasserkräfte das Feld. Der durch die Wasserkräfte allein noch wandernde Sand nimmt bei der Wanderung bestimmte Formen an, die sich auf dem Strand und Meeresboden deutlich abzeichnen als zungenförmige Gebilde, Rippeln, Riffe bis hinaus zu den Platen. Sie stellen mehr oder weniger ausgedehnte, wandernde Massenkörper dar, die den örtlich obwaltenden Kräften entsprechen. Das bedeutet keineswegs, daß die Sandmassen in dieser Anordnung am leichtesten ihren Weg zurücklegen können, vielmehr ist das Gegenteil der Fall. Ebenso wie die Wellenfurchen und Rippeln im Kleinen und die Dünen im Großen als rhythmische Gebilde die Fortbewegung des Sandes vermindern, so auch die Sandbänke, in denen Formen zu sehen sind, deren Entstehungsursache in der Tendenz zur Stabilität liegt. Die Tatsache, daß hier eine Sandwanderung aber nicht stattfindet, sagt schon, daß der Zustand der Stabilität noch nicht erreicht ist. Auf dem schmal gewordenen Strand vor der Dünenschutzmauer wird diese Stabilität auch nie erreicht werden. Der Strand steht hier unter dem Einfluß widerstreitender Kräfte, die sich dazu infolge Verschiedenheiten in ihrer Kraftäußerung nicht gegenseitig in ihrer Wirkung aufheben. So kommt es, daß gewisse, bei günstigen Wind- und Wetterverhältnissen im Ansatz begriffene Aufbauformen sehr schnell bei ungünstigem Wetter verschwinden, weil das Kräftespiel z. B. auf solch schmalem Strande, der landseitig eingeengt durch die Schutzmauer, seeseitig begrenzt durch eine tiefe Seegatrinne und durch ein mehr oder weniger beständiges Vorstrandpriel durchfurcht ist, notwendigerweise abbauend sein muß, selbst wenn ein System von Strandschutzwerken (Buhnen) die Längsströmung unterbindet und die Wellenwirkung abschwächt.

11. Nach dem Festlegen der angegriffenen Inseln an ihren Westenden konnte der Anwachs im Osten derselben in gewisser Gestrecktheit und größerer Länge erfolgen, sowohl in den Dünen wie auf dem Strande und Inselsockel. Dadurch bildet in neuerer Zeit die ostfriesische Inselkette eine größere sturmflutfreie Gesamtlänge als früher, zumal auch die beträchtlichen Dünenlücken in der letzten Zeit geschlossen sind. Somit können Sturmflutwellen nicht mehr in dem Umfange auf die Watten und gegen die Festlandsdeiche gelangen, wie früher. Dadurch, daß die Seegaten mehr oder weniger festliegen, ist der Angriff auf wenige Stellen beschränkt, die vorerst noch entsprechend befestigt werden können.

12. Es ist kennzeichnend für die ostfriesischen Inseln, daß sie sich mehr und mehr den in ihrem Raum wirkenden und wirksam werdenden Kräften anpassen mußten und anpassen konnten, da sie alle in ihrer Umriß- und in ihrer Oberflächenformung nach denselben Bildungsgesetzen des gegenwärtigen Erdzeitalters unter Mitwirkung tektonischer, kosmischer und meteorologischer Kräfte und Einflüsse geprägt sind. Alle menschlichen Maßnahmen der Inselerhaltung, die einfachen des 17. Jahrhunderts bis zur ersten Hälfte des 19. Jahrhunderts und die kunstvollen seit der zweiten Hälfte des 19. Jahrhunderts haben die allmähliche Abnahme der Inseln im Westen nur verzögert.

Die Inseln nahmen aber bereits vor dem 17. Jahrhundert ab. In der ostfriesischen Deichordnung von 1515 steht: „daß die Inseln von denen Seeströmen täglich abnehmen und kleiner, die Tiefen zwischen den Inseln aber größer und breiter werden".

Daraus ist zu schließen, daß die Zwischenzone zwischen Insel und Küste, besonders im Zuge der Seegate schon damals allmählich niedriger und somit die Wasseraufnahmefähigkeit der Watten größer wurde. Diese Erscheinung mag schon seit den ersten wirksamen Eindeichungen eingetreten sein, die als künstliche Bauten durch den Deichstau ein erheblich höheres Auflaufen der Sturmfluten bewirkten und dadurch immer stärker zur Ausbildung der Watten, die vorher noch altalluviale Marschzwischenzone waren, beitrugen. Die letzte und stärkste Wattabnahme wurde 1820, wie oben näher dargelegt ist, bemerkt. Deren Auswirkung war die auffällig starke Ausbildung und Verlegung der Seegaten bzw. Mündungen, so besonders der Wester- und Osterems, des Norderneyer Seegats, der Wichterehe und der Harle. Als Folge davon setzte ein ständiger Angriff auf die Westenden der Inseln Borkum und Norderney, Baltrum und Wangeroog ein. Zu ihrem Schutz wurden die oben erwähnten Strand- und Dünenschutzwerke errichtet. Durch diese künstlichen Baumaßnahmen ist die aus den oben genannten Naturkräften und Einflüssen bedingte Entwicklung gestört und nur aufgehalten. Die Befestigung der Inselkörper bedeutet nämlich kein Unabhängigwerden von den gestaltenden Kräften, sondern ein Verlangsamen der Entwicklungen.

Betrachtet man diese Entwicklungen besonders in den letzten rd. 100 Jahren rückwärts, so findet man, daß sie bedingt waren durch eine starke Veränderung der Watten, durch deren Höhen-Oberflächen Grundriß- und Stromsystemgestaltung, durch eine erheblich vermehrte Wasseraufnahmefähigkeit der Watten und demgemäß eine zunehmende Wasserverdriftung über diese hinweg infolge der vorherrschenden Westwinde und Stürme.

Eingehende Untersuchungen über eine derartige Entwicklung sind für alle ostfriesischen Seegaten anzustellen, denn jede vorauf gegangene Entwicklung ist maßgebend und grundlegend für künftige weitere Untersuchungen und geplante Maßnahmen. So liegt eine großzügige mögliche Watterhöhung und gegebenenfalls eine dazu günstige, wenn auch künstliche Wattgliederung nicht nur im heutigen Sinne der Landgewinnung, sondern auch der Insel- und Landerhaltung.

Für solche Untersuchungen liegen genauere und zeitlich enger zusammenliegende Unterlagen der letzten 80—100 Jahre vor. Es dürfte zweckmäßig sein, unter Berücksichtigung der in vorliegender Arbeit dargelegten Gesamtentwicklung von Inseln und Küste die Entwicklung einzelner Inseln oder einzelner Inselteile sowie Watten während eines kleineren Zeitraumes zu verfolgen und in ihrer Tendenz zu erkennen, um so rechtzeitig festzustellen, welche Kräfte in der Änderung begriffen sind und ob sie aufbauend oder zerstörend wirken. Planmäßige und umfassende Messungen sowie Beobachtungen in der Natur und ergänzende naturähnliche Modellversuche geben die Unterlagen für weitere Erkenntnisse und deren Hinweis für die Planung von Maßnahmen, die geeignet sind, die den Aufbau und die Erhaltung der ostfriesischen Insel bewirkenden Kräfte richtig zu lenken und in ihrer gegenseitigen Unterstützung gegebenenfalls zu stärken, dagegen die auf Abbau gerichteten Kräfte und Einflüsse weitgehend abzuschwächen und womöglich in eine aufbauende Wirkung umzuformen.

Wenn nämlich einmal die Bedingungen für den Bestand eines Inselteiles nicht mehr so wie heute gegeben sind, indem eine der bisher seine Gleichgewichtslage bzw. Ruhezone bedingenden Kräfte die Überhand gewinnt, sei es das Mündungsgebiet eines Stromes oder Seegats, sei es ein nach Osten drehendes Stromsystem, dann wird auf die Dauer kein noch so kunstvolles Bauwerk des Menschen den Untergang des davon betroffenen Inselteiles aufhalten können. So wenig wie die Watten Land oder Meer sind, so wenig liegen die noch unlängst wandernden ostfriesischen Inseln weder in ihrer Lage (abgesehen von einzelnen befestigten Teilen) noch in ihrer Form, noch in ihrem Kern fest. Demnach sind weder Dünenschutzwerke (massive Mauern, schalenförmige Dünenabdeckungen, Steinböschungen, Spundwände usw.), noch Strandschutzwerke (Buhnen, Wellenbrecher, Schlengen u. dgl.) aller Art selten geeignet zur Wiedergewinnung verlassener Inselteile. Sie können bestenfalls eine zeitlang schlimmste Schäden verhindern und gegen allzutiefe Wunden einen gewissen mechanischen Schutz gewähren. Um die Verbesserung der unter Abbruch leidenden ostfriesischen Inseln zu gewährleisten, sind weitergehende Maßnahmen anzuwenden. Diese müssen von der Gesamtwirkung der in A II aufgeführten und ihrer gestaltenden Tätigkeit mehrfach erwähnten Kräfte und Einflüsse ausgehen. Die Kräfte sind von Natur aus gegeben und können von Menschen nicht geändert, wohl aber im gewissen Sinne gelenkt werden; dagegen sind die Einflüsse, insbesondere die Grundriß- und Oberflächengestaltung der Watten, sowie die Sandwanderung im gewissen Grade sogar beeinflußbar. Ist es möglich, die Watten im ganzen zu erhöhen, sie günstig zur Lage, Richtung und Größe der zugehörigen Seegaten zu verteilen und den bisher unkontrollierten Wattentriftstrom ganz oder teilweise zu unterbinden, so sind wesentliche Voraussetzungen dafür gegeben, die Richtung und Größe der in der Hauptsache gestaltenden und dabei auf Abbruch gerichteten Faktoren günstig zu beeinflussen.

Die vorbezeichneten Untersuchungen erstrecken sich ausschließlich auf die ostfriesische Küste und küstennahen Gebiete.

Der Aufbau der ostfriesischen Küste und ihre nachgewiesene Veränderung wird aber durch den Kräfte- und Stoffhaushalt der ganzen Nordsee im allgemeinen und ihres südlichen Teiles im besonderen bestimmt. Auf Grund von Vermessungen ist die Tiefengestaltung dieses rd. 800 km langen (von den Shetlandinseln bis Holland) und rd. 600 km breiten Meeresbeckens bekannt.

Von der Bodengestaltung, der Hydrographie und über die Sedimentverteilung des Randmeeres vom atlantischen Ozean wissen wir erst wenig. Die Bodengestaltung des weniger als rd. 100 m im Mittel tiefen Flachmeeres rührt abgesehen vom Küstenrand fast ausschließlich von der Eiszeit her. Das Becken ist im Untergrund aber sehr viel älter und ist außer in der Alluvialzeit auch schon in der Zechsteinzeit und folgenden geologischen Zeiten periodischen Hebungen und Senkungen unterworfen gewesen. Hinsichtlich der älteren nordseeähnlichen Meere und der Festlandszeiten des Nordseebeckens wird auf die Veröffentlichung von Gripp [44] und Pratje [100] verwiesen. Die eiszeitlichen Geschiebe haben durchweg die älteren Ablagerungen während der diluvialen Festlandszeiten überdeckt und die Bodengestaltung bestimmt. Diese im Verlaufe oben genannter alluvialer Senkungen ertrunkene Landschaft ist größtenteils erhalten ohne grundlegende Änderung durch Seegang und Strömungen.

Die Gezeiten — Mitschwingungssysteme aus dem Atlantischen Ozean — sind die beherrschende Erscheinung der Nordsee. Infolge der Konfiguration des Gesamtbeckens ist die Gezeitenbewegung als stehende, aber (infolge Reibung, unvollständiger Reflexion und der Drehtide) noch im Übergang zur fortschreitenden Welle ausgebildet. Bisher liegen (veröffentlicht) nur Küstenbeobachtungen vor, die Grenzbedingungen des ganzen Schwingungssystems darstellen, also Ausnahmeverhältnisse, da in ihnen die Gezeit durch die Landnähe besonders gestört ist. Die Flutwelle hat hier nicht mehr ihre ursprüngliche, regelmäßige Gestalt. Die Gezeitenwelle läuft um die Nordseebucht. Die Amplituden in den Maximalwerten sind an der Küste, besonders in den seitlichen Ecken und Buchten zu finden. Die größten Tidehübe von 4—6 m treten an der englischen Küste, die mittleren von 2—3 m an der Südküste und von 1,0—1,5 m an der Ostküste der Nordsee auf. Enger werdende Buchten können die Hübe beträchtlich vergrößern (z. B. der Jadebusen, Tidehub 3,59 m).

Neben diesen kosmischen (periodischen) Einflüssen können metereologischen (unperiodische) Einflüsse und auflandige Stürme den Wasserspiegel an den Küsten bis 3 und 4 m über MThw anstauen. Die größte bekannte Sturmflut war vom 3.—4. Februar 1825 und erreichte an der ostfriesischen Küste Höhen bis rd. 3,20 m, an der Elbmündung (Cuxhaven) rd. 3,50 m, in Dithmarschen sogar rd. 4,40 m über MThw.

Entsprechend den Maximalwerten der Gezeitenamplituden sind die Stromgeschwindigkeiten an der Küste wesentlich größer als in der inneren Nordseebucht und sind küstenparallel gerichtet. Abgesehen von örtlichen Messungen *[39, 40, 75, 143, 144]* liegen für das große Gezeitenmeer verhältnismäßig wenig Messungen vor, auch solche, die neben den kosmischen und metereologischen Kräften die Meeresströmung mehr oder weniger stark beeinflussen, wie die Erdumdrehung (Tidenzirkulation, Einwirbelungs- und Vermischungsvorgänge), ungleiche Temperaturen und Dichte, verschiedener Salzgehalt, Sauerstoff usw.

Die untermeerische Formenwelt und die Hydrographie des Großraumes beeinflussen aber ganz besonders in Küstennähe die Sedimentbildung, -umlagerung und -verteilung. Das Sediment ist der Aufbaustoff der ganzen ostfriesischen Küste. Erhält dieses die Küste? Damit wird die Frage nach der Herkunft, dem Wege und der Menge der die ostfriesische Küste im ganzen und einzelnen Gebiet derselben aufbauenden Stoffe aufgeworfen. Die Frage ist so umfassend und schwierig, daß zu ihrer Beantwortung umfangreiche Messungen, Beobachtungen und Aufnahmen systematisch durchzuführen sind, um ein möglichst klares Bild von dem derzeitigen Zustand, den Oberflächenformen und den Untergrundverhältnissen der Marschen, Watten, Inseln, deren Vorstrand, des Küstenvorfeldes und der tieferen Nordsee insgesamt zu gewinnen, um deren Aufbau und Beständigkeit, sowie die an der Zerstörung, Erhaltung und Neubildung der Gebiete im einzelnen wirksamen Kräfte, Einflüsse und Lebewesen (Fauna und Flora) kennen zu lernen, um so dem Kräfte- und Stoffhaushalt zusammenhängende Sedimentstionsgebiete zu erfassen, planvoll zu lenken und zu bewirtschaften.

Das ist kurz umrissen die Aufgabe der für diese Untersuchungen im Sommer 1937 auf Norderney im Auftrage des Ministeriums für Landwirtschaft und Ernährung vom Verfasser eingerichteten Forschungsstelle.

Für die Durchführung der wissenschaftlichen Untersuchungen an der ostfriesischen Küste, die hier als einheitlichen, zusammenhängenden Sedimentationsraum das Gebiet von der Westerems bis zur Jade umfaßt, ist der in Abb. 42 dargestellte Organisationsplan vom Verfasser aufgestellt worden.

Die Erforschung der Entstehung, Entwicklung und Veränderung des ostfriesischen Küstengebietes (Marschen, Watten und Inseln) ist im großen und ganzen in geschichtlicher geomorphologischer, hydrodynamischer und seebautechnischer Hinsicht dargestellt und hinsichtlich der Inseln Hauptgegenstand vorliegender Arbeit.

Die Beobachtung der gegenwärtigen Zustände und deren Veränderungen, die Deutung des Vorhandenen sowie die Untersuchung der zu erwartenden Entwicklung sind Gegenstand derzeitiger Feld-, Laboratoriums- und Entwurfsarbeiten. Ferner werden Modellversuche durchgeführt, soweit z. B. die Verhältnisse im Norderneyer Seegat zur Beurteilung baulicher und anderer Maßnahmen für dieses Gebiet wichtig sind.

Die systematische Untersuchung so großer Gebiete ist nicht in kurzer Zeit, etwa in einem Jahre möglich, obschon gleichzeitige Messungen, Beobachtungen und Aufnahmen sowie deren Wiederholung zur Erfassung des jahreszeitlichen qualitativen und quantitativen Wechsels und der dadurch bedingten Veränderungen wünschenswert sind. Aus wirtschaftlichen, technischen und finanziellen Gründen wird der Gesamtabschnitt entsprechend den Einzugsgebieten zu fünf Seegaten in einem Fünfjahresprogramm untersucht. In den Abschnitten lassen sich Art und Umfang der Untersuchungen in ihrer Vielheit und den etwaigen Maßnahmen übersehen.

In gewissen Zeitabschnitten sind neben der grundlegenden Neuvermessung (Luft-, Land- und Wasservermessung) und deren Wiederholung die

hydrographischen (Peilungen, Wasserstands-, Strom-, Sandwanderungs-, Sinkstoff, Dichte-, Temperatur- und Wellenmessungen, Kräftehaushalt, Wasserwirtschaft der Einzelgebiete),

geologischen (Bohrungen, Schürfungen, Probenentnahmen, Pollenanalysen, Entstehungs- und Entwicklungsgeschichte frühere Verteilung von Land und Meer [Paläogeographie] Herkunft und Weg der Sinkstoffe, [Stoffhaushalt einzelner Gebiete] Aufbau und Schichtung, Sedimentierung auf physikalischer und chemischer Grundlage),

biologischen (Lebensgemeinschaft der Tiere und Pflanzen, Umwandlung der Sinkstoffe durch Lebewesen, biogene Sedimentation, mikroskopische Strukturanalyse des Bodens und der Sinkstoffe), Zerstörung,

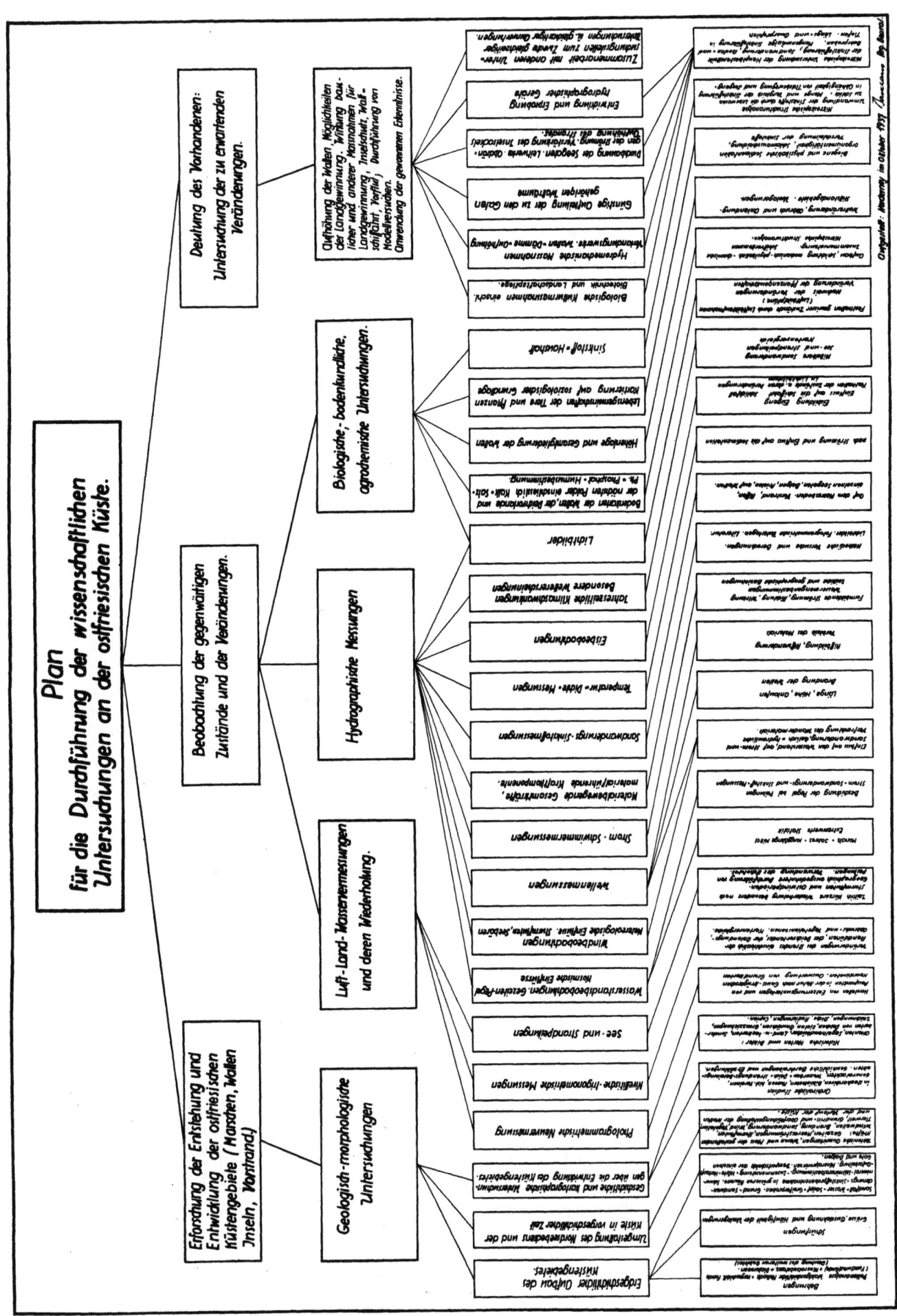

Abb. 42. Plan für die Durchführung der wissenschaftlichen Untersuchungen an der ostfriesischen Küste.
(Entwurf des Verfassers.)

Erhaltung und Neubildung von Boden, biologische Kulturmaßnahmen, Rückschluß auf die Lebens-
äußerung und Veränderung der Fossilien [Paläobiologie] auf Grund der früheren Wärme- und Kälte-
zonenverteilung),

bodenkundlichen (Umlagerungen, Ab- und Auftrag, Bodenzusammensetzung Leitminerale, anorg. und organi-
sche Substanz, Härte, Temperatur, bodenbildende und -hemmende Faktoren, mechanisch-physikalisch-
chemische Untersuchungen),

landwirtschaftlich-chemischen](Kalk-, Salz-, Phosphat, pH-, Humusbestimmungen, Vergleiche Marsch und Watt)

Untersuchungen, Messungen und Kartierungen durchzuführen und zu wiederholen, um zwischen den Naturkräften und ihren Folgeerscheinungen die Wechselbeziehungen immer besser zu erkennen.

Sind auch die hydrologischen Kräfte die bestimmenden Erscheinungen der Nordsee, so machen deren Ablagerungen sowohl in der Gegenwart (im Jungalluvium seit der Inselbildung) als auch im Mittelalluvium (Abbau,
Neu- und Umgestaltung des südlichen Nordsee-Küstengürtels) als auch im Altalluium (Einbruch der Nordsee bis
an den Geestrand, Zeit der Marschenbildung) als auch die eiszeitlichen Ablagerungen, der diluviale Untergrund
(der verschieden hoch ansteht), mit Rücksicht auf die noch nicht völlig klargestellten Wirkungen der endogenen
und exogenen Kräfte besonders deshalb eine genaue Untersuchung erforderlich, weil davon Aufbau und Zerstörung, Umlagerung, Neuwerden und Erhaltung des Küstengebietes schlechthin abhängen, also von seinem
sedimentären Aufbau. Die Sand- und Sinkstoffwanderung ist hier sowohl seebautechnisch als auch meeres-
geologisch als auch wirtschafts-wissenschaftlich das wichtigste Problem.

Das Sediment als solches befindet sich in dem betrachteten Raum niemals in stabilem Zustand bezüglich
seines stofflichen Aufbaues, ist vielmehr entsprechend der Kräfteentwicklung ständig mehr oder weniger starken Veränderungen und Angriffen ausgesetzt. Der Wattboden insbesondere ist kein mechanisches Gemenge,
sondern ein dynamisch-labiles Schichtensystem mit veränderlicher Oberfläche, besiedelt und durchsetzt von
Lebewesen (Flora und Fauna) deren Lebens- und Ernährungsweise sowie Nahrungsumsatz (Schleimausschei-
dung, Verschleimung der Sinkstoffe und Absterben, z. B. der Diatomeen, Mollusken usw.) ebenso zur Schlickbildung beitragen, wie die Algendecken und die schlickbildende Wirkung von Pflanzen, wobei Umsetzungen
vor sich gehen. Das Sediment wird auf physikalischer, chemischer und biologischer Grundlage örtlich gebildet.

Das Watt ist eine Anhäufung von Sand- und Schlickmassen sowie von Lebewesen. Letztere verkitten und
durchlüften die Sinkstoffe. Eine kennzeichnende Besiedlung von Flora und Fauna läßt ein Watt von bestimmtem Aufbau erkennen. Sind die Ansprüche der Organismen bekannt, so geben Flora und Fauna ein Anzeichen
für den Boden und dessen Entwicklungszustand ab. Boden und Lebewesen stehen somit in Wechselbeziehung.
Letztere fördern die Verlandung. Die Beziehung von Boden und Lebewesen ist so eng, daß man von boden-
erzeugenden Pflanzen und Tieren sprechen kann.

Ein Teil der Salzwassergesellschaft der Pflanzen siedelt sich unter extremen Verhältnissen und spärlichsten
Bedingungen an, z. B. der Queller, der an anderen Stellen in dichtem Bestande als Quellerwiese vorkommt.
Durch Gewinnung des Samens aus Quellerüberschußgebieten ist es möglich, durch planmäßiges Einbringen
des Samens eine geschlossene Besiedlung in bisherigen Mangel- und Stillstandsgebieten zu erzielen und so biologische Kulturmaßnahmen da zu betreiben, wo die Bodenverhältnisse die Voraussetzung dazu erfüllen. Zu
jeder Pflanzengesellschaft gehört ein bestimmtes Bodenprofil.

Um einen solchen Bodenaufbau in wesentlich weiterem Umfang, als bisher in den Watten vorhanden, zu
erzielen, muß eine großflächige Wattaufhöhung als Landgewinnung vorausgehen. Das bedingt bezüglich Norderney eine wirksame Unterbindung der starken Wasservertriftung über das trichterförmige Juister Watt und
die Anlage umfangreicher und schwerer Verladungswerke (etwa bis 1,0 m über MThW), wobei auf die durchgehende Schiffahrt Rücksicht zu nehmen ist.

Durch die vorerwähnte günstige Beeinflussung der Kräfte und Einflüsse wird das hydrologische Bild geändert. Insbesondere würde durch die Verringerung der Meeresströmung eine bedeutende Stärkung der
Sedimentation und des biogenen Haushaltes erfolgen, wodurch eine schnellere Verlandung Juister Wattengebiete zu erwarten ist. Eingehende ökologisch-bodenkundliche Untersuchungen der ostfriesischen Watten
haben ergeben, daß ein großer Teil der Wattlebewesen den Stoffhaushalt stark beeinflußt, z. B. wirken die in
den tiefer gelegenen Sandwattgebieten von selbst oder von Menschen angesiedelten Miesmuschelbänke schlick-
anreichernd, sowie bodenerhöhend und verbessernd. Die Lebensgemeinschaften der mittleren und höheren
Wattgebiete wirken ebenfalls schlickbildend und aufhöhend. Mit ihrer biogenen Sedimentation sind weitgehende
physikalisch-chemische Veränderungen des Wattbodens verbunden. In den Verlandungsgürteln und auf den
Deichvorland wirken noch stärker die sich dort ansiedelnden Pflanzen- und Tiergemeinschaften und der geschlossene Pflanzenwuchs (Queller-, Aster-, Andel-Wiesenzone) schützt den gebildeten Boden gegen Seegang, Strömung, Umlagerung und Auswaschung auch bei höheren Wasserständen und Seegang. Die hier vor sich gehende
biogene Sedimentation kann mit Erfolg, wie die Praxis z. B. an der schleswig-holsteinischen Küste beweist,
durch biologische Kulturmaßnahmen, insbesondere durch Quelleraussaaten und in gewissem Umfang auch
durch Spartinaanpflanzung verstärkt werden.

Durch eine eingehende Kartierung des Deichvorlandes, des Wattes und Inselhellers auf soziologischer Grundlage lassen sich wertvolle Rückschlüsse auf den Entwicklungszustand der einzelnen Wattentypen, auf deren
Bodenzusammensetzung, auf die Entstehung und Dynamik der verschiedenen Bodenarten, die Eigengesetzlich-
keiten der Bodentypen und auf eine weitere landwirtschaftliche Nutzung der verlandeten Wattengebiete ziehen.

Der Untersuchung über die Möglichkeiten für biologische, hydrologische und seebautechnische Maßnahmen
muß aber, wie schon oben erwähnt, eine weitgehende Klärung des Sinkstoffhaushaltes vorausgehen. Dazu
geben Mikroorganismen brauchbare Leitformen bei der Beurteilung der Herkunft der Sinkstoffe. Diese bilden
für den größten Teil der Wattenfauna die Nahrung. Die Sinkstoffe erfahren dadurch nicht nur eine chemische
Umwandlung, sondern, was noch wichtiger ist, eine grundlegende physikalische Veränderung. Aus den als
Nahrung aufgenommenen, in feinster Verteilung im Wasser schwebenden Sinkstoffen werden z. B. um das
100fache gröbere Zusammenballungen meist in Form von zylindrischen oder elliptischen Kotpillen gebildet,
deren größere Absinkgeschwindigkeit den Wattboden schlickreicher macht.

Die Landgewinnung ist im allgemeinen am wirkungsvollsten vom Festlande aus vorzutreiben. In der durch
eine Wattdurchdämmung geschaffenen tiefen Bucht z. B. zwischen Memmert (der zweckmäßig wieder mit Juist
verbunden wird), Juist und dem Festlande ist nach dem vorläufigen Ergebnis der Sandwanderungs- und Sinkstoffmessungen mit einer allgemeinen Aufhöhung zu rechnen, so daß Landgewinnungsarbeiten sowohl von Norden als auch von Süden her vorgetrieben werden können.

Seit rd. 400 Jahren sind vor der ostfriesischen Küste rd. 60000 ha Neuland gewonnen, wobei der Küstenbewohner über die anfängliche Verteidigung seit rd. 100 Jahren zum Angriff gegen das Meer übergegangen ist.

Unter Anwendung der modernen technischen und wissenschaftlichen Hilfsmittel kann unter einheitlicher straffer technischer und verwaltungsmäßiger Führung die Anlandung nicht nur zeitlich beschleunigt, sondern räumlich weiter ausgedehnt werden. An der ostfriesischen Küste ist z. Zt. die mögliche Landgewinnung vor der Küste, auf den Watten und an den Inseln auf rd. 20000 ha zu schätzen. Die größtmögliche Landgewinnung bedingt eine planvolle Regelung des Wasserhaushalts, das Vereinigen des Anlandungsrechts in der Staatshand und das Zusammenfassen aller Maßnahmen in einer verantwortl. Staatsstelle, die den Forschungs-, Planungs- und Arbeitsraum übersehen kann.

Großzügige Maßnahmen zum Zwecke der Landerhaltung (Insel- und Küstenschutz) sowie einer umfangreichen Landgewinnung unter Berücksichtigung der Vorflut (Wasserwirtschaft der Marschen) und der Wattschiffahrt, wie sie vorstehend in großen Zügen kurz angedeutet sind, lassen sich nach Kenntnis der Wechselbeziehungen zwischen den Naturkräften und Einflüssen sowie ihren Folgewirkungen in den betr. Gebieten einerseits und dem Eingreifen von Menschenhand andererseits für alle ostfriesischen Seegaten und Wattgebiete durchführen. Dadurch läßt sich vor allem voraussagen, ob die Eingriffe von Menschenhand an richtiger Stelle und mit richtigen Mitteln einsetzen, und ob sie die Landerhaltung oder Landgewinnung fördern oder beide zugleich. Es läßt sich auch erkennen, ob sich nicht eine immer kostspieliger werdende frontale Inselverteidigung durch geschickte Angriffe aus dem Rücken des Kräftewiderspiels durch Maßnahmen auf den Watten wirksamer und auf lange Dauer gesehen mit geringerem Aufwand ermöglichen läßt.

Für das Norderneyer Seegat z. B. werden die Untersuchungen in der Natur und naturähnliche Modellversuche zeigen, inwieweit zusätzliche Maßnahmen etwa zu einer Korrektion des Seegats im Interesse des Westendes von Norderney, insbesondere des Strandes, z. B. durch Verlängerung und Aufhöhung einer oder mehrerer westlicher Buhnen nebst Ausbau einer Buhne mit einem Leitwerk erforderlich sein werden. Das vorläufige Hauptziel, hier die Lage und Richtung des Norderneyer Seegats im Zuge des heutigen Schluchter oder des früher, besonders in den 1890er Jahren schon einmal stärker ausgebildeten Spaniergats, die vom Flutstrom geformt werden — an Stelle des vom Ebbestrom gestalteten und zwischen NNW bis NO pendelnden Dovetiefs als beständige Ebberinne zu erhalten (Abb. 1) was schon lange erstrebt wird, dürfte durch vorstehende Maßnahmen aller Voraussicht noch erreicht werden, da sie die in organischer Entwicklung aufgezeigten Voraussetzungen und natürlichen Gegebenheiten weitgehend ausnutzen, insbesondere durch die Unterbindung der Wasservertriftung über das Juister Watt und die wesentliche Verkleinerung des Buisetiefs — Einzugsgebietes zugunsten des Riffgats, und somit die Kräfte und Einflüsse planmäßig in dem Sinne lenken, mit der Natur einen früher vorhanden gewesenen günstigen Zustand wieder herzustellen, der die natürliche Existenz der heute wohl am stärksten von allen ostfriesischen Inseln angegriffenen Insel Norderney mit dem geringsten Aufwand an künftigen Unterhaltungsmitteln gewährleistet. Die Verhältnisse und Entwicklung der Insel Langeoog sind dafür richtunggebend. Eine beständig nach WNW gerichtete Ebberinne entlastet hier das West- und Nordwestende von Langeoog. Eine solche Entwicklung erstrebt auch das 1927/28 von den Professoren de Thierry und Franzius zum Schutze des West- und Nordwest-Teiles von Norderney erstattete Gutachten.

Das vorliegende Beispiel des Entwurfes für einen wirksamen, natürlichen Inselschutz stellt ein außerordentlich schwieriges, wasserbautechnisches Problem dar, das weder durch hydraulisches Rechnen noch durch mathematische Wahrscheinlichkeitsberechnung, noch durch naturähnliche wasserbauliche Versuche allein zu lösen ist. Die Ingenieurbaukunst in der Richtung einer neuzeitlichen Seebautechnik ist hier gleichsam als geologischer Faktor in den Dienst der Um- und Neugestaltung einer Küstenlandschaft gestellt, die den Kräften und Einflüssen einer unbändigen Natur, vor allem der rauhen Nordsee, noch offen ausgesetzt und in großer Breite zugänglich ist.

Die in vorliegender Arbeit dargestellte entwicklungsgeschichtliche Studie läßt erkennen, daß die Bindungen der Natur und die geschichtliche, morphologische, dynamische sowie seebautechnische Entwicklung zu beachten sind, um nicht beziehungslos zu planen. Das Wissen um die Vergangenheit bildet auch hier die sicherste Grundlage für die Planung und Gestaltung, nämlich einer neuen Küste. Zur Lösung einer solch schwierigen Aufgabe sind insgesamt Untersuchungen anzustellen, die oben nur in den Umrissen angedeutet werden konnten und vom Standpunkte der Ingenieurwissenschaften nicht allein zu erstellen sind. Vielmehr müssen, wie immer beim Eingriff in die Natur, viele wissenschaftliche Einzelfächer zur Klärung der vielseitigen, umfassenden Fragestellung und zur Erfassung der Ganzheit der Naturvorgänge Auskunft geben, so insbesondere die Ozeanographie, Hydrologie, Astronomie, Geologie, Mineralogie, Biologie, Botanik, Zoologie, Bakteriologie, Chemie, Physik, Geographie, Urgeschichte und Geschichte, die hier in den Dienst der Technik treten. Der Ingenieur muß selbst die notwendigen Kenntnisse vorgenannter Wissensgebiete besitzen, weil nur er und nicht der Vertreter einer einzelnen Wissenschaft die erforderliche Gesamtschau am besten gewinnen kann. Insgesamt betrachtet, haben Technik und Wissenschaft die noch bis in das einzelne gehenden Untersuchungen in einem Lebensraume gemeinsam durchzuführen, um dessen Erhaltung, Wiedergewinnung (insbesondere der Wattmarschen und natürlichen Lagebeständigkeit der Inseln) und Ausdehnung solange gekämpft worden ist, als ihn Menschen bewohnen und über den es gilt, die volle menschliche Gewalt endgültig zu erhalten und zu sichern.

Übersicht über das vorhandene Schrifttum. Anlage A

I. Altakten.

a) Generalia der Inselsachen. 1710—1743. Staatsarchiv Aurich.
b) Generalia und Specialia der Inselsachen betr. 1744—1806. (Bestände der Pr. Kriegs- und Domänenkammer Rep. C II.)
c) Wasserbausachen, die ostfriesischen Inseln betr. 1825—1865. Staatsarchiv Aurich C IX C (Rep. 42).
d) Altakten des vorm. kgl. Ministeriums Hannover. Untersuchungen und Bereisungen der ostfriesischen Inseln. 1800—1869. Staatsarchiv Hannover Des. 104, 42, 32, 10, 4a.
e) Akte betr. Anlage zur Sicherung von Strand und Dünen auf Norderney. 1854—1864. Staatsarchiv Aurich Rep. 43.
f) Altakten, betr. planmäßige Erhöhung und Verstärkung der ostfriesischen Schaudeiche. 1825—1835. Staatsarchiv Aurich, Rep. 42 C IX, B, C, D, M, Q.
g) Strandungsakten. 1600—1723. Staatsarchiv Aurich, Rep. 4 XIII — B II h —.

II. Veröffentlichungen.

1. Agatz: Landverluste und Landgewinn an der Westküste Schleswig-Holsteins. Bauing. 1937, 17/18.
2. Arends, F.: Physische Geschichte der Nordseeküste und deren Veränderungen durch Sturmfluten. II. Bd. Verl. H. Woortmann, jun. Emden 1833.
3. — Gemälde der Sturmfluten vom 3./5. Februar 1825. — Commission bei W. Kaiser, Bremen 1826.
4. Arldt: Die Nordsee als altes Festland. Umschau Wissenschaft u. Technik, 33, Heft 34, 1929.
5. Apstein, C.: Bodenuntersuchungen in Nord- und Ostsee. Sitzungsbericht der Ges. naturf. Freunde Berlin 1916.
6. Backhaus, H.: Die natürliche Entwicklung der ostfriesischen Inseln. Abh. Natur-Ver. Bremen 30, 1/2, S. 285. Bremen 1937.
7. Bartels: Fragmenta zur Geschichte des Dollarts. Tagebuch d. Ges. f. bild. Kunst und vaterl. Altertümer. Emden 1875, 3, 1.
8. — Ubbo Emmius und die Karte von Ostfriesland. Jb. Ges. f. bildende Kunst u. vaterl. Altertümer. Emden 1880, 4, 1.
9. — Der Commissionsbericht von 1650 in „Eigentliche Beschreibung der vor dieser Grafschaft zur See hinausgelegenen Eylanden". Jb. Ges. f. bild. Kunst u. vaterl. Altertümer. Emden 1880, 4, 1.
10. — Bericht der Commission von 1657, Generalia der Inseln. Staatsarchiv Aurich.
11. Behrmann, W., Die ostfriesischen Inseln. Ann. Hydrogr., Berlin 1921, 3.
12. — Borkum. Strand- und Dünenstudien. Meereskunde. Berlin 1920.
13. Berndt, F.: Deuten die Ergebnisse der bisherigen Feineinwägungen an der deutschen Nordseeküste auf gegenwärtige Erdkrustenbewegungen? Mitt. Reichsamt Landesaufn. 3, 1932/33.
14. Bertram, Joh. F.: Geographische Beschreibung der Fürstentümer Ostfrieslands und angrenzenden Harlingerlandes. Aurich 1787.
15. Beyer, Andreas: Untersuchungen über Umlagerungen an der Nordseeküste im besonderen an und auf der Insel Sylt. Halle a. S.: H. John.
16. Boss: Die Verteidigung der holländischen Küste gegen das Meer. — Bauing. 34, 31/32.
17. Brand, M. G. W.: Insel und Seebad Juist. Norden 1883.
18. Brockmann, Chr.: Diatomeen und Schlick im Jadegebiet. Abh. 430 d. Naturw. Gesellsch. Frankfurt a. M. 1935.
19. — Küstennahe und küstenferne Sedimente in der Nordsee. Abh. Naturw. Ver. Bremen 1937, 30, 1/2, S. 78.
20. Bueren, G.: Die Sturmfluten des 3./4. Februar 1825. Weener 1825.
21. von der Burgt, I. G.: De Kustverdediging langs het Ostelijk deel van de Nordzee. de Ingenieur Weekblad Gewijd van de Technik an de Economie van openbarg Werken en Nijwerheid Orgaan van het Koniklijk Ingenieurs en van de Verenigung van Delftsche Ingenieurs 1933. S. 275—91.
22. Busch, A.: Taucht unser Land auch in der Gegenwart noch unter? Jb. Nordfr. Ver. Heimatkd. u. -liebe 17, 1930.
23. Charlesworth, J. K.: A tentative reconstruction of the successive margins of the Quaternary ice-shets in the region of the North Sea. Proc. Roy. irish Acad. 40. Seet., B. 4, S. 67—83, 1931.
24. Delff, Chr.: Woher stammt der neuauflandende Boden im Wattenmeer? Kieler Neueste Nachr. 1. Aug. 1933. Kiel 1933.
25. — Nordfrieslands Werden und Vergehen. Nordelbingen 10, 1934.
26. — Gestaltwandel der nordfriesischen Marsch und seine Bedingungen. Jb. Nordfriesld. 23, 1936.
27. — Sand und Dünen. Jb. Nordfriesld. 23, 1936.
28. Dienemann und Scharf: Zur Frage der neuzeitlichen „Küstensenkung" an der deutschen Nordseeküste. Jb. preuß. geol. Landesanst. 52, 1931.
29. Dienemann, W.: Abschnitte über die Nordseemarschen. Hdb. vgl. Stratigr. Deutschland Alluvium preuß. geol. Landesanst. Berlin 1931.
30. — Junge Bodenbewegungen an der deutschen Nordseeküste. Forsch. u. Fortschr. 1933, S. 127—128.
31. van Dieren, I. W.: Organogene Dünenbildung. S'Gravenhage: Martinus Nijhoff 1934.

32. Emmius, Ubbo: Rerum Frisicarum Historia Lugdunum Batavorum 1616.
33. Franzius, O.: Die Wasserwege Niedersachsens. Wirtschaftswiss. Ges. z. Stud. Nieders. 8, 1930.
34. — Landgewinnung und Küstenströmung. 2. Denkschr. d. Marschverb. Husum 1932.
35. Freese, Joh. C.: Ostfries- und Harlingerland nach geographischen, topographischen, physischen, ökonomischen, statistischen, politischen und geschichtlichen Verhältnissen. Bd. I. Aurich 1796.
36. Friedländer, E.: Ostfriesisches Urkundenbuch 787—1470 — Bd. 1 — Emden 1878.
37. Fülscher: Die Entwicklung der ostfriesischen Küste in geschichtlicher Zeit. 1905.
38. Gagel, C.: Über einen Grenzpunkt der letzten Vereisung in Schleswig-Holstein.
39. Gaye: Entwicklung und Erhaltung der ostfriesischen Inseln. Zbl. Bauverw. 1934, 22.
40. Gaye und Walther: Die Wanderung der Sandriffe vor den ostfriesischen Inseln. Bautechn. 1935, 41.
41. — Der „Seebär" vom 19. August 1932 in der Deutschen Bucht der Nordsee. Ann. Hydrogr., Berlin 8, 1934.
42. Geerkens: Küstensenkung und Flutbewegung in der Deutschen Bucht. Aus landw. Jb. 1926.
43. Gerhardt, P.: Handbuch des deutschen Dünenaufbaues. Berlin SW.: Paul Parey.
44. Gripp, K.: Die Entstehung der Nordsee. — „Das Meer" Bd. V, Werdendes Land. Berlin: C. S. Mittler u. Sohn 1937.
45. von Halem, D. F. W.: Beschreibung der zum Fürstentum Ostfriesland gehörigen Insel Norderney, 1815.
46. — Die Insel Norderney und ihr Seebad. Hannover 1822.
47. Harder, H.: Die Siedlungsverhältnisse Ostfrieslands. Aurich 1927.
48. Hartz, O.: Joh. Nummensens Bericht von den Wasserfluten anno 1612 und 1615. Jb. Nordfr. Ver. Heimatkd. u. -liebe 21, 1934.
49. Heiser, H.: Uferschutzbauten an der deutschen Ostseeküste. Bautechn. 53, 1927.
50. — Verteidigung der Küsten gegen das Meer an Küsten mit und ohne vorwiegender Sinkstofführung. Bautechn. 40, 1932.
51. — Landerhaltung und -Gewinnung an der deutschen Nordseeküste. Bautechn. 13 u. 17, 1933.
52. Henning, R.: Untersuchungen über die Sturmfluten der Nordsee. Berlin 1897.
53. Hensen, W.: Über Ursachen der Wasserstandshebungen an der deutschen Nordseeküste. Bautechn. 1938.
54. Herquet, K.: Miszellen zur Geschichte Ostfrieslands. Norden 1883.
55. — Geschichte der Insel Norderney in den Jahren 1398—1711. Diss. Berlin 1935.
56. Hibben, J. A.: Die Schutzbauten auf der Insel Borkum. Diss. Berlin 1935.
57. Hinrichs, W.: Nordsee, Deiche, Küstenschutz und Landgewinnung. Husum 1931.
58. Holwerda, I. H.: Die Katastrophe an unserer Meeresküste im 9. Jahrhundert. „Oudheidkundige Mededeelingen" 1929.
59. von Horn, D. A.: Versuch einer Geologie der ostfriesischen Marschen, besonders im Amte Emden 1862.
60. Houtrouw, O. G.: Friesland im Mittelalter. Leer 1891.
61. Janssen, Cornel: Fünf Juister Inselkirchen in fünf Jahrhunderten. Pfarrchronik Soltau. Norden.
62. Janssen, Th.: Über die Kräfte, die die ostfriesischen Inseln, insbesondere den östlichen Sandstrand der Insel Spiekeroog, gestalten. Diss. T. H. Hann. Schweidnitz 1933.
63. — Die neuere Entwicklung des Gebietes vor Borkum. Abh. Naturw. Ver. Bremen 30, 1/2, S. 253. Bremen 1937.
64. Jacoby, G.: Beiträge zur Untersuchung der Senkung unserer Küstengebiete. Ann. Hydrogr., Berlin 3, 1935.
65. Jacob-Friesen, K. H.: Die Warfen oder Wurten als Zeugen untergegangener Kulturen an der deutschen Nordseeküste. Das Meer 5. „Werdendes Land und Meer." Berlin 1937.
66. — Einführung in Niedersachsens Urgeschichte. Darstell. a. Nieders. 1, 1934.
67. Jessen, O.: Die Verlegung der Flußmündungen und Gezeitentiefs an der festländischen Nordseeküste in jungalluvialer Zeit. Stuttgart: Ferdinand Enke 1922.
68. Isbary, G.: Das Inselgebiet von Ameland bis Rottumeroog. Arch. Dtsch. Seewarte 56, 3, 1936.
69. Kaiser, A.: Magnetische Messungen in Nordwestdeutschland. Abh. preuß. geol. Landesanst. Beitr. z. phys. Erf. d. Erdrinde 2, 1930.
70. Klopp, O.: Geschichte Ostfrieslands von 1570—1751. Hannover 1856.
71. Kranz: Die Arbeiten und Bauten auf den ostfriesischen Inseln von Borkum bis Spiekeroog. Jb. Hafenbautechn. Ges. 1931.
72. Kressner, B.: Modellversuche über die Wirkungen der Strömungen und Brandungswellen auf einem sandigen Meeresstrand und die zweckmäßige Anlage von Strandbuhnen. Bautechn. 25, 1928.
73. Krüger, W.: Das Seegebiet Oldenburgs. — „Heimatkunde des Herzogtums Oldenburg." Bremen: Schönemann 1913.
74. — Die Küstensenkung an der Jade, 19. Bauing. 1938, 7/8, S. 91—99.
75. — Meer und Küste bei Wangeroog und die Kräfte, die auf ihre Gestaltung einwirken. W. Ernst u. Sohn 1911.
76. Kumm, A.: Über Sedimentbildung an der Küste des Norddeutschen Wattenmeeres. Braunschweig 1928.
77. Leege, O.: Der Memmert. Eine entstehende Insel und ihre Besiedlung durch Pflanzenwuchs. 1910.
78. — Werdendes Land in der Nordsee. Oehringen: Hohenlohesche Buchhandlung 1935.
79. Lewis, R. G.: The orography of the North Sea bed. Geogr. Journ. 334—342, 1935.
80. Lüders, K.: Über das Ansteigen der Wasserstände an der deutschen Nordseeküste. Zbl. Bauverw. 56, 50. Berlin 1936.
81. — Entstehung der Gezeitenschichtung auf den Watten im Jadebusen. Senkenbergia 12, 1930.
82. — Sediment und Strömung. Senkenbergiana 1932.
83. — Entstehung und Aufbau von Großrücken mit Schilfbedeckung in Flut, bzw. Ebbetrichtern der Außenjade. — Beiträge zur Ablagerung mariner Mollusken in der Flachsee. Sonderabdruck aus Senkenbergiana 11.
84. — Unmittelbare Sandwanderungsmessung auf dem Meeresboden. Veröff. Inst. Meereskde., Berlin.
85. — Über das Wandern der Priele. Abh. Naturw. Ver. Bremen 22, Schütte 1/2.
86. — Die Sturmfluten der Nordsee in der Jade. Bautechn. 13—15, 1936.
87. — Senkenb. a. Meer 64. Sediment und Strömung. Senkenbergiana 14, 6, 1932.
88. — Die Messung der Sandwanderung in der Flachsee mit Gezeiten. Senkenbergianan 18, 3/4, 1936.
89. Möller, M.: Die Wellen, die Schwingungen und die Naturkräfte. Braunschweig 1926.
90. — Das Tidegebiet der Deutschen Bucht. Veröff. Inst. f. Meereskde. N. f. A. 23. Berlin 1933.

91. Mückenhausen, E.: Die Bodenbildung der Nordseemarschen. Abh. Naturw. Ver. Bremen 30, 1/2, S. 66. Bremen 1937.
92. Mungenas, A.: Dynamisch-morphologische Untersuchung der Seegaten, Watten und des Vorlandes im Bereich der ostfriesischen. Gießen 1934.
93. Niemeyer, G.: Beiträge zur morphologischen Entwicklung der Insel Norderney. Berichte des strahlungsklimatologischen Stationsnetzes im deutschen Nordseegebiet, 2, 1928 von Dr. Galbas, Norderney.
94. Olbricht, K.: Grundlinien einer Landeskunde der Lüneburger Heide. Forsch. z. dtsch. Landes- u. Volkskunde 18.
95. Ordemann, W.: Beiträge zur morphologischen Entwicklungsgeschichte der deutschen Nordseeküste mit besonderer Berücksichtigung der dünentragenden Inseln. Mitt. geogr. Ges. Jena, S. 15—150. Jena: Gustav Fischer 1912.
96. Plener: Die ostfriesischen Inseln in geographischer und hydrographischer Beziehung. Ztg. Arch. u. Ingenieurverein. Hannover 1856.
97. Poppen, H.: Die Sandbänke an der deutschen Bucht der Nordsee. Ann. Hydrogr. Berlin 1912.
98. Pratje, O.: Die Schlickgebiete der deutschen Bucht und die Beziehung zwischen Strömung und Sediment. Geol. Rundschau 25, 3, 1934.
99. — Die Sedimente der deutschen Bucht. Wiss. Meeresuntersuchungen 18, 1928—1932.
100. — Das Werden der Nordsee. Bremer Beiträge z. Naturwissenschaft. Bremen: Arthur Geist 1937.
101. Prestel, M. A. F.: Der Boden, das Klima und die Witterung Ostfrieslands. Emden 1872.
102. Quiring, G.: Das sinkende Niederland. Naturforscher. Berlin: Bermühler 1924.
103. Runge, P.: War Norddeutschland drei oder viermal vom Inlandeis bedeckt? Z. dtsch. geol. Ges. 28, 1926.
104. Reichsamt für Landesaufnahmen: Die. Feinwägungen zur Beobachtung säkularer Bodenbewegungen im Gebiet der deutschen Nordseeküste Berlin 1932.
105. Reimers, Fr.: Beschreibung der Reise der Groninger Studenten im Jahre 1720. Ostfries. Kurier vom 4.—17. Dezember 1927.
106. — Balthaser Arends Landesbeschreibung vom Harlingerland. Wittmund 1930.
107. Reimers, H.: Ostfriesland bis zum Aussterben seiner Fürstenhäuser. Bremen: Friesenverlag 1925.
108. Reincke: Die Entwicklung der Dünen auf den ostfriesischen Inseln. Kosmos. Jahrg. 8 1911.
109. — Die ostfriesischen Inseln. Studien über Küstenbildung und Küstenzerstörung. Kiel 1909.
110. Reims, C. G.: Die Insel Norderney. Hannover 1853.
111. Riefkohl, F.: Norderney. Hannover: Schmorl und von Seefeld 1861.
112. Rietschel, E.: Neuere Untersuchungen zur Frage der Küstensenkung. Dtsch. Wasserwirtsch. 5, 1933.
113. Ruhnau, K.: Die ostfriesische Insel Spiekeroog. William Biermann 1931.
114. Rykena, St. A.: Beiträge zur Geschichte von Norderney bis zum Jahre 1866. Norden 1911.
115. Scharf, W.: Die geologischen Grundlagen des Küstenschutzes an der deutschen Nordseeküste. Schr. d. Ver. f. Naturkd. d. Unterweser N. F. 4, 1929.
116. — Die geologischen Aufschlüsse der Bodenuntersuchungen. Bautechn. 35. Berlin 1930/31.
117. Schätzler, J. Th.: Strömungsmessungen im Mündungsgebiet der Elbe. Bautechn. 32, 1931.
118. Wassermengenbestimmungen im Tidegebiet. Z. d. B. 39, 1931.
119. Schucht, F.: Wissenschaftliche Bodenuntersuchungen. Berlin SW.: Paul Parey 1929.
120. — Die Entstehung der ostfriesischen Inseln. Mitt. naturhist. Ges. Hannover 1909, 13. Jahrg. 1911, S. 139—146.
121. — Die Harlebucht und ihre Verlandung. Aurich 1911.
122. — Beitrag zur Geologie der Wesermarschen. Z. Naturw. 1903.
123. Schütte: Das Alluvium des Jade-Weser-Gebietes. Teil I u. II. Oldenburg: Gerh. Stalling 1935.
124. — Der geologische Aufbau des Jever- und Harlingerlandes und die erste Marschbesiedlung.
125. — Wangerooge, wie es wurde, war und ist. Vom Landesverein Oldenburg für Heimatkunde und -schutz herausgegeben. Bremen: Leuwer 1929.
126. — Von junger Marsch überdeckte Wohnstätten als Senkungsmarken. Beilage zu Nr. 2 d. „Ostfriesenwarts" für 1929.
127. — Krustenbewegungen an der deutschen Nordseeküste. Auf der Heimat. Stuttgart 1927.
129. Schütte und D. Wildvang: Neue Aufschlüsse im Küstenalluvium. Aus Heimatkunde und Heimatschutz, 4. Beilage d. Nachr. f. „Stadt und Land" Nr. 3 u. 4, 1936.
130. Schmidt, R.: Inselschutz vor der deutschen Nordseeküste. Das Meer 5, „Werdendes Land am Meer". Berlin 1937.
131. Schumacher, W.: Der menschliche Eingriff in die Entwicklung der ostfriesischen Inseln seit 1850. Abh. Naturw. Ver. Bremen 30, 1/2, S. 90. Bremen 1937.
132. Schwarz, A.: Grundsätzliches zur Meeresgeologie. Senkenbergiana 1932.
133. Selo, G.: Des David Fabricius Karte von Ostfriesland. Norden und Norderney 1896.
134. Siebs, B. E.: Die Norderneyer. Norden: Soltau 1930.
135. Stadermann, R.: Landerhaltung und Landgewinnung an der deutschen Nordseeküste. Das Meer 5, „Werdendes Land am Meer". Berlin 1937.
136. Supan, A.: Grundzüge der physischen Erdkunde. Leipzig: Veit & Co. 1903.
137. Tesch, F.: De Vorming van de Neederlandsche Duinkust 1935 bei I. B. Wolters, Groningen.
138. de Thierry, G.: Über Grundseen und ihre Beziehungen zur Bauweise von Hafendämmen. Jb. hafenbautechn. Ges. 12, 1930/31.
139. Tidemann, B.: Über Wandern des Sandes im Küstenraum der Samlande. Berlin 1930.
140. Tongers, H. I.: Die Nordseeinsel Langeoog und ihr Seebad. Norden 1892.
141. Ubbius, H.: Die Beschreibung Ostfrieslands. Übersetzt von Dr. Ohling, Aurich.
142. Veen, J. van: Sand waves in the North Sea. Hydr. Review 1935.
143. — Onderzoekingen in de Hoofden. S'Gravenhage: Allgemeene Landsdrukkerey 1936.
144. Walther, Fr.: Die Gezeiten und Meeresströmungen im Norderneyer Seegat. Berlin 1934.
145. Wendicke, Fr.: Die hydrographischen Ergebnisse. Hydrographische und biologische Untersuchungen auf den Feuerschiffen der Nordsee 1910. Veröff. Inst. f. Meereskde. Universität Berlin.
146. Westküste: Archiv für Forschung, Technik und Verwaltung in Marsch und Wattenmeer. Jahrg. 1938. Herausgeber der Oberpräsident der Provinz Schleswig-Holstein.

147. Wiarda, T.: Ostfriesische Geschichte. Aurich 1792.
148. Wetzel, W.: Beiträge zur Sedimentpetrographie des Nordseebodens. Wiss. Meeresuntersuchungen 21, 1928—1933.
149. Wildvang und Keilhack: Erläuterungen zur geologischen Karte von Preußen und benachbarten deutschen Ländern. Blatt Borkum, Juist-Ost und Norderney. Berlin: Geol. Landesanst. 1915.
150. Wildvang, D.: Die Höhenlage des ostfriesischen Emsalluviums im Vergleich zum Wasserstand der Ems.
151. — Das Alluvium zwischen Ley und der nördlichen Dollartküste. Aurich 1915.
152. — Neue Gedanken über die ältere Besiedlung Ostfrieslands.
153. — Ein wichtiges Argument für die zeitweilige Unterbrechung der Küstensenkung durch eine Hebung. Abh. Naturw. Ver. Bremen 29, 3/4.
154. — Der tiefere Untergrund der ostfriesischen Inseln. Veröff. Naturforsch. Ges. Emden 1936.
155. — Der Boden Ostfrieslands. Erläuterungen zur Karte Ostfrieslands 1 : 50000. Aurich: Dunkmann 1929.
156. — Eine prähistorische Katastrophe an der deutschen Nordseeküste und ihr Einfluß auf die spätere Gestaltung der Alluviallandschaft zwischen der Ley und dem Dollart. Emden und Borkum 1911.
157. — Versuch einer stratigraphischen Eingliederung der ostfriesischen Marschenmoore ins Alluvialprofil und die sich dabei ergebenden Folgerungen in bezug auf Bodenschwankungen. Jb. preuß. geol. Landesanst. 1933.
158. — Einiges über zwei bei der Küstensenkungsfrage bisher zu wenig bzw. gar nicht beachteten Faktoren. Ver. f. Heimatschutz u. Heimatgeschichte, Leer i. Ostfriesland, Nr. 14. 1930.
159. Windberg: Fünf Kirchen auf Juist. Aus „Ostfriesland"-Kalender 1932.
160. — Die Dünen von Juist. Ann. Hydrogr., Berlin 1931.
161. Die ostfriesischen Inseln. Aus Ostfriesland-Kalender 1924.
162. — Zur Geschichte der Unterems. Ann. Hydrogr., Berlin 1933.
163. Winkler, H. F.: Sedimentbildung der deutschen Nordseeküste. Zbl. Mineral., Geol., Paläont. 1936, S. 174—189.
164. — Über Schichtbau, petrographische Eigenschaften und praktische Beurteilung des Marschuntergrundes. Schr. Naturw. Ver. Schleswig-Holstein 21, 2, 1935.
165. Woebken, C.: Deiche und Sturmfluten an der deutschen Norseeküste. Bremen: Friesenverlag 1924.
166. Woldstedt, P.: Das Eiszeitlager. Grundlinien einer Geologie des Diluviums. Stuttgart: Enke 1929.
167. — Erläuterungen zur geologisch-morphologischen Übersichtskarte des norddeutschen Vereisungsgebietes. Preuß. geol Landesanst. 1935.
168. Wolff, W.: Ergebnisse einer Bereisung der deutschen Nordseeküste zur Prüfung der Senkungsfrage. Z. prakt Geol 31, Jahrg. 1923, 11/12.
169. Wrage, W.: Strombänke als Flutbildungen und eigenartige Oberflächenformen im Schlick. Ann. Hydrogr., Berlin 59, 7, 1931.
170. von Zychlinski: Uferschutzbau an der deutschen Ostseeküste. Bautechn. 36, 1931.
171. Zylmann, P.: Ostfriesische Urgeschichte. Hildesheim 1933.
172. — Eine mittelalterliche Siedlung auf Langeoog. „Ostfriesenwart", Oktober 1929.

Übersicht der benutzten Karten. Anlage B
(Im Besitz des Wasserstraßenamtes Norden.)

Lfd. Nr.	Bezeichnung der Karten (Inhalt)	Verfasser	Jahr
	1500—1600		
1	Friesland	Michaelis Tramezini, Venedig	1558
2	Friesland	Jakob Bavant, Rom	1566
3	Oostende Westfrieslandts beschryvinghe	Aus dem Ortelius Atlas	1568
4	Beschreibung des Occidentischen Frieslands und von seinem Namen	Aus „Sebastian Münster"	1573
5	Frisiae Orientalis	Joh. Florianus	1779
6	Frisiae Orientalis descriptio	Joh. Florianus	1579
7	Frisiae orientalis	Joh. Florianus	1579
8	Pars Frisiae orientalis minorum Gauchorum	Laurentius Michaelis	1580
9	Beschrywinghe van de Zee Custen van Oostvrieslandt mit allen undiepten en bekenen	Lukas Wagenaer	1584
10	Holländische Schiffahrtskarte wie vor (von Schiemonnikoog bis Wangeroog)		1584
11	Beschrywinghe van de Zee Custen van Eyderst, Dithmers, en en deel vant Prowgeslandt de Weser, Elue Eyder	Lukas Joes Aurigarius	1584
12	Emden u. Oldenborch Comit	Gerh. Mercator	1585
13	Emden u. Oldenborch Comit	Gerh. Mercator	1585
	1600—1700		
14	Oostfrieslandt	David Fabriczius	1613
15	Desgleichen mit (den Grenzen der Einbrüche der Meeyes und den Grenzen der Wiedergewinnung bis 1930)	David Fabrizius	1613
16	Typus Frisiae Orientalis absolotissimus, auctore Ubbone Emmio	Ubbo Emmius	1616
17	Typus Frisiae Orientalis	F. Keer excut	1616
18	Typus Frisiae Orientalis	Ubbo Emmius	1620
19	Pas caarte van de Noord Zee (Schiffahrtskarte zwischen England-Holland-Friesland-Jütland)	Aus dem Seespiegel beschr. von Willem Janszoon	1623

Lfd. Nr.	Bezeichnung der Karten (Inhalt)	Verfasser	Jahr
20	De Wester ende ooster Eemsen mit de ander gaten der Zee tuschen Ameland und Langeroog	Aus dem Seespiegel beschr. von Willem Janszoon	1623
21	Seeansicht (Dünenlängsansicht der Insel Schiermonickoogh, Rottum-Borkum, Juist, Buys-Norderney, Baltrum u. holl. Beschreibung	Seespiegel	1623
22	Schiffahrtskarte: Tabula Frisiae Groninghae et Territory Emdensis	aus „Mercator Atlas" von Hendius, Amsterdam	1628
23	a) Schleswig bis Holland (Ausschnitt aus der Karte „Germania") b) Karte Frisiae occidentalis	Gerh. Mercator	1630 1630
24	a) Emden-Oldenborch Comit b) Westfalia cum Dioecesi Bremensi		1630
25	Nova Germaniae descriptio	Joh. Janssonius	1632
26	Episcopatus Bremensis cum Adiacentibus	Gerh. Mercator	1633
27	Schiffahrtskarte (doppelt) von Holland-Schleswig (nebst Text „die Fahrt von Amsterdam bis nach Hamburg über die Watten in holl. und deutsch	Hondius	1634
28	Schiffahrtskarte (doppelt) von Holland-Schleswig (nebst Text „die Fahrt von Amsterdam bis nach Hamburg über die Watten in holl. und deutsch	Hondius	1634
29	Cirkulus Westfalicus sive Germaniae Inferioris (mit deutscher Beschreibung auf der Rückseite)	Joh. Janssonius	1640
30	Karte der Wester- und Osterems (mit Inseln Rottum-Buise, mit Fahrwasserbezeichnung-Beschreibung. Text in holl. und deutsch)	Martin Faber — aus dem Trifoleum, das im Rathaus zu Emden liegt	1642
31	a) Plan von der Wittmunder und Jeverschen strydige Grentze b) Desgl. Lichtbild — doppelt —		1647 1647
32	Beschreibung o. Deliniation d. Reichsgrafenschaft Ostfriesland mit angehörigen Inseln	Handzeichnung ohne Verfasser	1650
33	Nova Totius Germaniae descriptio (mit Beschreibung in deutsch)	Topographie Helvetiae Rhaetiae et Valesiae, Verlg. d. Matth. Merian	1654
34	Nova Totius Westphaliae descriptio	Nic. Jans Visscher	1624
35	Grenzziehung zwischen Wittmund, Jever u. Langeoog/Wangeroog (mit Beschreibung in deutsch)	Joh. Honarz	1666/67
36	Oost-Friese ou le Comté d'Embden	Sansen	1675
37	Nova Totius Frisae orientalies emendata	Alland	1675
38	Tabula Frisiae, Groningae Territori Emdensis	N. Visscher	1680
39	Hydrographia Germaniae	Joh. Baptistae Homann	
40	Oost-Friese ou le Comté d'Embden	S. Sanson	1692
41	Circulus Westphalicus	F. de Witt	1700
	1700—1800		
42	a) Daniae, Frisiae, Groningae et Orientalis Frisiae (Nordseebucht zwischen Holland und Schleswig) b) Desgleichen	F. de Witt Aus „Atlas de la navigation et du commerce	1715 1715
43	Die Wasserflut in Niederdeutschland am 25. Dezember 1717	Joh. Bapt. Homann	1717
44	Wattengebiet Borkum-Norderney	C. Lotter	1720
45	Tabula Frisiae Orientalis	Coldewey u. Homann	1730
46	Imperium Romano-Germanicum	Matth. Seutter	1730
47	La Principauté D'Ostfrise ou le comté d'Embden	O. Lotter	1740
48	L'Ostfriese ou le comté d'Embden	Le Rouge	1745
49	Generalkarte zu den Spezialkarten der ostfries. u. harlingerland'schen Deiche nebst Situation der Inseln	C. H. Magott	1751
50	Comitatus Oldenburgici ac Delmenhorstenie — doppelt —	J. d. Rizzi Zanoni	1757
51	Carte topographieque d'Allemagne (contenant une partie du douche d'Oldenbourg)	J. W. Jaeger	1782
52	Karte von dem Fürstentum Ostfriesland	P. L. Güssefeld	1790
53	New and Improved Chart of the Rivers Elbe and Weser to Hamburg and Bremen	Reinke, J. A. Lang	1795
54	Pascarte van de custe van Holland und Vriesland (nebst Längsprofilansicht der Inseln Schiermonnikoog-Spiekeroog)	Aus „de nieuwe groote lichtende Zee-Fakkel".	1796

Die Entwicklung der ostfriesischen Inseln. 239

Lfd. Nr.	Bezeichnung der Karten (Inhalt)	Verfasser	Jahr
55	Wattengebiet Borkum-Norderny Teilansicht	W. Camp	1798 —1802
56	Wattengebiet Langeoog-Jademündung (Teilabzeichnung)	W. Camp	Dass.
57	Teilabzeichnung der Originalkarte	W. Camp	Dass.
58	Neue geographische Karte von dem Fürstentum Ostfr. und Harlingerland	W. Camp	Dass.
59	Spezialkarte von dem Fürstentum Ostfriesland u. d. Harlingerlande in 2 Teilen	W. Camp	Dass.
60	a) Karte des nordwestl. Teiles von Ostfriesland b) Karte des nördl. Teiles von Ostfriesland (mit Jever, Amt und Ritzebüttel und ein Teil von Hannover und Oldenburg	W. Camp W. Camp	1804 1804
61	Karte von den Küsten-Inseln Borkum bis Wangeroog	Generalmajor le Cocp. aus dem Atlas von Westfalen	1808
62	Karte vom Departement Ostfriesland	Nach Camp v. G. F. Seidel	1810
63	Holl. Schiffahrtskarte Holland-Elbemündung	Nathurin Guited	1810
64	Königreich Hannover u. Herzogtum Oldenburg	Art.-Ltnt. Berner	
65	Holländische Schiffahrtskarte von Ems- bis Elbmündung	Hulst v. Keulen	1818
66	Küstenkarte von dem Fürstentum Ostfriesland mit den angerichteten Zerstörungen durch die Sturmflut v. 3. u. 4. Februar 1825	F. B. Dunker	
67	Charte of the Entrance to the Elbe and Weser		1827
68	Karte zum Ein- und Aussegeln in die Oster- und Westerems, sowie in das Hommegat	Schiffer Visser und Harnack	1829
69	a) Karte von Emden b) Karte von Esens c) Norderney	Papen	1840
70	Straßen- und Wegekarte vom Königreich Hannover, Herzogtum Braunschweig und Grafschaft Oldenburg	Hannoverscher Generalstab	1850
71	Neue Spezialkarte von Ostfriesland	Nach Original Camp, W. Bock	1860
72	Spezialkarte von Deutschland, Niederland, Belgien	L. Holle	1860
73	Karte v. den Emsmündungen	v. Horn (nach S. J. Keuchenius)	1862
74	Geognostische Karte des Königreichs Hannover	Prof. Dr. Hunnaeus	1865
75	Karte der Küste d. Nordsee zwischen Ameland u. der Elbe	Kgl. Generaldirektion d. Wasserbaues zu Hannover	1866
76	Karte d. Unterems u. d. ostfries. Seeküste (in 3 Blättern)	Dass.	1866
77	a) Die ostfr. Inseln Schiermonnikoog-Norderney (Seekarte) b) Die ostfries. Inseln (Seekarte)	Vermessungen d. kais. Marine Reichsmarineamt 1907, 1912, 1924 /26	1891/94 1934/38
	Pläne der einzelnen Inseln.		
78	a) Leeskaartboek von Wisby b) Die ostfries. Inseln, Ausschnitt aus der Segelanweisung 1585, Seeansicht, Dünenlängsprofil	Aus dem Schiffahrtsmuseum Amsterdam	1568 1585
79	Abriß der Insel Juist nebst einem Teil der unweit davon gelegenen Insel Norderney	Unbekannt 12. Mai	1735
80	Abzeichnung der Karte v. Baltrum	Nach Horst Schlichthorst Trauernicht Reg.-Baum. Ricker durch Pastor Friedrichs	1737 1825 1888
81	Karte von Baltrum	Horst	1738
82	Karte von Langeoog	Horst	1738
83	Karte von Spiekeroog	Horst	1738
84	Karte von Juist	Horst	1739
85	Karte von Norderney	Horst	1739
86	Karte von Bant	A. Fuchs	1743
87	Karte von Borkum	J. A. Magott	1755
88	Karte von Borkum	T. Bley	1828
89	Die Insel Norderney	Aus v. Halem	1822
90	Charte der Insel Norderney	Schlichthorst	1820
91	Spezielle topographische Karte der Insel Norderney	A. Papen	1823
92	Ansicht von Norderney	H. Degener	1828
83	Situationsplan von dem bewohnten Teil der Insel Norderney	C. C. Eichhorn	1830
94	Desgl.	F. W. Bordling	1837

Lfd. Nr.	Bezeichnung der Karten (Inhalt)	Verfasser	Jahr
95	Norderney	Grünewald, gez. v. J. H. Sander	1840
96	Norderney	J. H. Payne	1840
96	a) Am Landungsplatz	Fr. Schreyer	
97	Karte von den Inseln Borkum bis Wangeroog und der gegenüberliegenden Küste von Ostfriesland u. Oldenburg	A. Papen, gez. Voss u. Wolff	1841/42
98	Karte von Baltrum	Nach Karte Papen	1843
99	Desgl. mit der gegenüberliegenden Küste von Ostfriesland — doppelt —	Hannoversche Oberbaudirektion	1864
100	Erinnerung an Norderney (Kirche und Konversationshaus usw.)		1880

Übersicht

Anlage C

der aus dem Staatsarchiv Aurich, dem Archiv der Marinewerft Wilhelmshaven und der nautischen Abteilung des Oberkommandos der Kriegsmarine Berlin benutzten Karten.

Lfd. Nr.	Bezeichnung der Altkarten	Verfasser	Jahr
	a) Archiv Aurich.		
	I. Unter Schiffahrtssachen.		
1	Nieuwe Kaart van het inkoomen van dem Oster en Wester-Emze ent het Homegat ent het Vaarwater naar Emden en Delfzyl	Jan Luities Buil, Thomas Donwers, van Kammenga en Jakob Tieter de Vries	1797
2	Plan von der Akkumer Ehe	Bley	1800
3	Karte von der Mündung und den Ausflüssen des Emsstromes mit den Betonnungen und Bebakungen der Oster- und Westerems, sowie den Balgen u. der Wattfahrt der ostfries. Seeküste von der Ems bis zur Jade mit den vorliegenden Inseln	van Diggelen	1812
4	Küstenkarte von dem Fürstentum Ostfriesland	Dunke	1825
5	2 Probeabdrucke der „Papenschen Karte", die Inseln und Watten enthaltend	Papen	April 1840/41
6	Karte der Inseln Baltrum, Langeoog und Spiekeroog und der gegenüberliegenden Küste von Ostfriesland usw.	Obersergeant Vohs und beeid. Geometer H. Wolff, im Auftrage Papen	1841/42
7	Situationsbezeichnung von der Otzumerbalje nebst Umgebung	von Horn	1848
8	Die Mündungen der Ems	Ltn. z. See a. R. Blomendal	1859
9	Übersichtskarte der Jade-, Weser- und Elbemündungen	Kgl. Preuß. Admiralität	1859
10	Seekarten der ostfries. Küste (5. Blatt)	Wasserbauinspektor Tacke	1864

	II. Unter Deichkarten.		
11	Karte von den Grün- und Holzdeichen von Westaccumersiel bis zum Bensersiele nebst Spittdobben und Anwachs	Horst	1736
12	Karte von dem Holz- und Stroh- und Grünendeiche von Neuharlingersiel bis an die Carolinengrode nebst Anwächsen	Horst	1737
13	Karte wegen des Holz- und Strohdeiches von Benser- bis Neuharlingersiel nebst dem bei dem Deiche befindlichem Spittdobben	Horst	1737
14	Generalkarte von den Deichen und der Provinz Ostfriesland und der Harlingerlande bis zur Jeverländischen Grenze	Magott	1778
15	Karte der Ostermarscher Mande, Heller und Deiche	Tönnies	1820
16	Karte von dem Ostermarscher Außendeichen		1820
17	Karte von den neuen Deichen im Amte Berum, wie solche vom Wasser weggerissen worden	Honart	1825
18	Karte von den Deichen und der Küste des Amtes Norden an beiden Seiten des Fahrwassers	I. S. Schipper	1826
19	Situation des westlichen Teils des Ostermarscher Schaudeiches nebst seinem Vorlande		1830
20	Deich der Wester- und Lintelermarsch		1850

Lfd. Nr.	Bezeichnung der Altkarten	Verfasser	Jahr
	III. Unter Anwächse.		
21	Karte der Deichlinie um die Westermarsch und der davorliegenden Polder und Heller	Fuchs	1745
22	Karte der grünen Deiche vor der Carolinengrode, von der Scheidung des Esener u. Wittmunder Amts bis zur Jeverschen Grenze nebst dem davorliegenden Anwachse	Magott	1748
23	Grundriß der neueinzudeichenden Sophien-Außen-Grode (Amt Jever)	Redhas	1748
24	Karte von dem Kgl. Anwachse vor dem Hagen- und Schulenburger-Polder	Franzius	1802
25	Karte vom alten Oster-Nessmer-Polder mit Deichen und Anwächsen	Franzius	1806
26	Plan von dem Heller am Norddeiche bei Norden	Börner	1809
27	Karte von dem Mande-Heller und Lütetsburger Polder		1810
28	Karte vom Heinitzpolder	Magott	1815
29	2 Karten von den Hellern von den Esenser und Wittmunder Amtsdeichen, nebst angehängter Distanz von dem Grenzpfahl bis an Wangeroog (mit goldener Linie)	Magott	1820
30	Karte von der Wester- und Lintelermarsch u. der Norder-Außentiefe mit den daranliegenden Anwächsen und Poldern		1820
	IV. Unter Sielsachen.		
31	Okularischer Riß von den Kanälen u. Hauptwasserleitungen der Neßmer und Dorumer Sielachtslande	Magott	1767
32	Plan von der Situation des Wittmunder Amts Abwasserungstief außerhalb des Deichs	Magott	1779
33	Okularischer Plan von der Außentiefe des Wittmunder Amts	Bley	1792
34	Karte von der Wester- und Lintelermarsch und dem Norder Außentief mit den daranliegenden Anwächsen und Poldern		1800
	V. Unter Inseln.		
35	Karte der Insel Juist	Taco Fr. Emmius, Ing.	1715
36	Okularische Zeichnung von der Insel Norderney	Hase Bruns, Untervogt von Norderney	1825
37	Karte der Insel Wangeroog	Hase	1829
38	Karte der Insel Baltrum und der gegenüberliegenden Küste von Ostfriesland	Hannov. Generaldirektion d. Wba.	1844
39	Der westliche Teil der Insel Norderney	H. Wolff, Geometer	1854/55
40	Zeichnung von dem nordwestlichen Dünenrande der Insel Norderney	A. Bolenius, Ing.	1856
41	Charte von dem westlichen Teile der Insel Norderney mit dem davorliegenden Seegrunde, den Gaten, Riffen und Platen	A. Tolle, Wasserbau-Conducteur	1859
42	Karte der Inseln Spiekeroog und Wangeroog mit Fahrwasser und der gegenüberliegenden Küste		1800
43	Situationszeichnung von der Insel Juist und von der Bill auf der Insel	G. Th. Boes	1866
44	Situationsplan des Strandes südl. vom Inseldorfe Norderney	H. Dannenberg	1867
45	Ostfries. Inseln. Westl. Teil mit Emsmündung und dem Ostfries. Seegat	Korv.-Kapt. Grapow u. Ltnt. z. S. Hoffmann	1868/69
46	Übersichtskarte von den fiskal. Grundstücken auf der Gem. Norderney, Amt Norden	I. G. Müller, Reg.-Feldmesser	1876
47	Die Ostfries. Inseln von Schiermonnikoog, bis Wangeroog im Anschluß daran, Karte von Ems u. Dollart	Faber	1893/94
	VI. Unter Küste		
48	Plan vom Wittwunder und Jeversche Strydigt Grenze	Grave	1647
49	Die Küsten Ostfrieslands (4teilig)	M. Alting	
50	Küste von Ostfriesland auf 4 Pergamenten gezeichnet	M. Alting	1697
51	Generalkarten zu den Spezialkarten der Ostfries- und Harlingerlandischen Deiche von der Gröningischen bis an der Jeverschen Grentze, nebst der Situation der Inseln	C. E. Magott	1751/78

Lfd. Nr.	Bezeichnung der Karten	Verfasser	Jahr
	b) Karten von der Marinewerft — Strombauressort—Wilhelmshaven.		
52	Insel Wangeroog mit Angabe der Häuser	J. D. Tannen	1754
53	Insel Wangeroog	Behrens u. Larius	1788
54	Insel Wangeroog	Prinzen Alexander u. Peter von Oldenburg	1829
55	Ostfriesische Inseln und Küste	Franz. Karte	1806
56	Wangeroog, Jade- u. Wesermündung	Wottmann u. Schubeck	1825
57	Wangeroog, Jade- u. Wesermündung	Joh. Bohse	1840
58	Wangeroog bis Borkum einschl. Küste	Dörnsloof	1840
59	Wangeroog mit Dorflage	W. Holzkamp	1843
60	Wangeroog, Jade- u. Weser-Mündung	Joh. Bosse	1847
c) Karten aus dem Archiv der Nautischen Abteilung des Oberkommandos der Kriegsmarine.			
61	Die ostfr. Inseln — 2. Bl.	Handelsministerium	1869/70
62	Die Deutsche Bucht in der Nordsee — 3. Bl.	Reichsmarineamt	1878
			1888
			1900
63	Die Mündungen der Jade, Weser, Elbe und Eider 3. Bl.	,,	1870
			1886
			1890
64	Die Emsmündung — 26. Bl.	,,	1895 bis 1932
65	Die Ostfr. Inseln mit Helgoland 18. Bl.	,,	1897 bis 1936

Bemerkung: Von 1870 erfolgten die Seevermessungen im Auftrage des Pr. Handelsministeriums. Nach 1870 wurden die Seekarten durch das Marineministerium bzw. das Reichsmarineamt hergestellt.

Aus der Geschichte des Antwerpener Hafens.

Gemeinschaftsarbeit von Oberbaurat **Franz Bock**, Köln (Zeit bis zum Weltkriege[1])
und Regierungsbaurat **Dr.-Ing. Bernhard Kressner**, Hamburg (spätere Zeit).

I. Der Zustand des Antwerpener Hafens beim Ausbruch des Weltkrieges.

A. Die Seezufahrtstraße.

Die von See kommenden Schiffe gewinnen die Scheldemündung, welche im Gegensatz zu den Hafeneinfahrten der flandrischen und holländischen Küste nur schwer zu verfehlen ist, auf der Anfahrt vom Ärmelkanal her durch den Paß von Wielingen längs der flandrischen Küste und auf dem Wege von der Nordsee her durch das unter der Küste der Insel Walcheren verlaufende Ostgat (Abb. 1).

Auf der etwa 88 km langen Weiterfahrt von Vlissingen bis Antwerpen folgen die Schiffe dem Talweg des stark gewundenen Stromes, der sich an das einbuchtende Ufer bald auf der Nordseite, bald auf der Südseite anlehnt und in den Krümmungsübergängen vielfach schwierige Barren überwinden muß.

Engstellen (bei Walsoorden, km 47, oberhalb Vlissingen, und allgemein auf dem Strom oberhalb Fort Lillo), scharfe Krümmungen mit fast rechtwinkligen Übergängen bei verhältnismäßig kleinen Halbmessern (bei Bath, km 59, mit einem Halbmesser von etwa 1200 m, bei Fort Philippe, km 78, mit 1000 m Halbmesser, bei Austruweel, km 86, mit 1000 m Halbmesser, während vergleichsweise auf der Elbe unterhalb Hamburg ein kleinster Halbmesser von 6000 m angetroffen wird), ferner die auf kurzer Stromstrecke sprungweise erfolgenden Stromwechsel an den Barren von Santvliet, km 64, von Lillo, km 72, von La Perle, km 77, insbesondere von Krankeloon, km 80—81, an welchen Stellen außerdem, wie die Karte zeigt, die Barrenbildung die gleichmäßige Durchführung der Stromtiefe von 8 m verhindert hatte, erschwerten die Großschiffahrt in bedeutendem Maße, trotzdem im allgemeinen die Kennzeichnung des Fahrwassers durch Bojen und Feuer gut durchgeführt war.

Auf der Stromstrecke zwischen Lillo und Antwerpen sind daher auch Schiffszusammenstöße außerordentlich zahlreich gewesen, beispielsweise brachte die Statistik des Jahres 1904, 59 Schiffsunfälle auf dieser Strecke, im Jahre 1905 wurden 65 Unfälle gezählt, 1906: 70, 1907: 68[2].

Die Schelde steht bis hinauf nach Gent unter der Einwirkung von Ebbe und Flut. Der mittlere Tidenhub, d. h. der Unterschied zwischen mittlerem Niedrigwasser (MTnw) und mittlerem Hochwasser (MThw) hat an den einzelnen Pegelstellen nebenstehende Größen (zugrunde gelegter Zeitraum 1891—1900).[3]

Wir erkennen also, wenn wir den Zuwachs an Tidenhub in Beziehung setzen zu den angegebenen Zwischenentfernungen, daß der Tidenhub von Vlissingen bis Bath wie bei allen trichterförmigen Strommündungen fast gleichmäßig anwächst; oberhalb Bath tritt aber plötz-

Pegelstelle	Mittlerer Tidenhub m	Zuwachs an Tidenhub m	Entfernung zwischen den einzelnen Stellen km
Vlissingen	3,68	0	18,5
Terneuzen	3,93	+ 0,25	15,3
Hansweert	4,15	+ 0,22	16,1
Bath	4,39	+ 0,24	11,0
Lillo	4,42	+ 0,03	6,65
Fort Philippe	4,39	— 0,03	7,20
Antwerpen[4]	4,39	0	—
Termonde	2,77	—	—
Gent (Gentbrugge)	1,55	—	—

---

[1] Der Verfasser hatte während des Weltkrieges als Referent für die belgischen Wasserstraßen Gelegenheit, sämtliche Dokumente der Regierung über Antwerpen als Welthafen zu studieren. Die folgende Darstellung gibt bedeutungsvolle Aufschlüsse über die Entwicklung Antwerpens als Hafenplatz und insbesondere über die technischen Verbesserungsmöglichkeiten der Schelde-Wasserstraße sowie des Hafens.

[2] Vgl. Commission d'Etude des questions relatives à l'amélioration de l'Escaut en rade et en aval d'Anvers, instituée par arrêté royal du 31 mai 1907. Procès-verbaux des séances. S. 70ff. Nach Oberbaurat Loewer sind die Schiffszusammenstöße allein bei Krankeloon erheblich zahlreicher als auf der ganzen Unterelbe (vgl. den Aufsatz: Scheldekorrektionen in „Der Belfried", 1. Jahrg., 6. Heft).

[3] Vgl. Recueil de documents relatifs à l'Escaut maritime. Brüssel 1907.

[4] Die höchste bekannte Sturmflut erreichte bei Antwerpen die Höhe von 7,15 m über Antwerpen Null (21. März 1906).

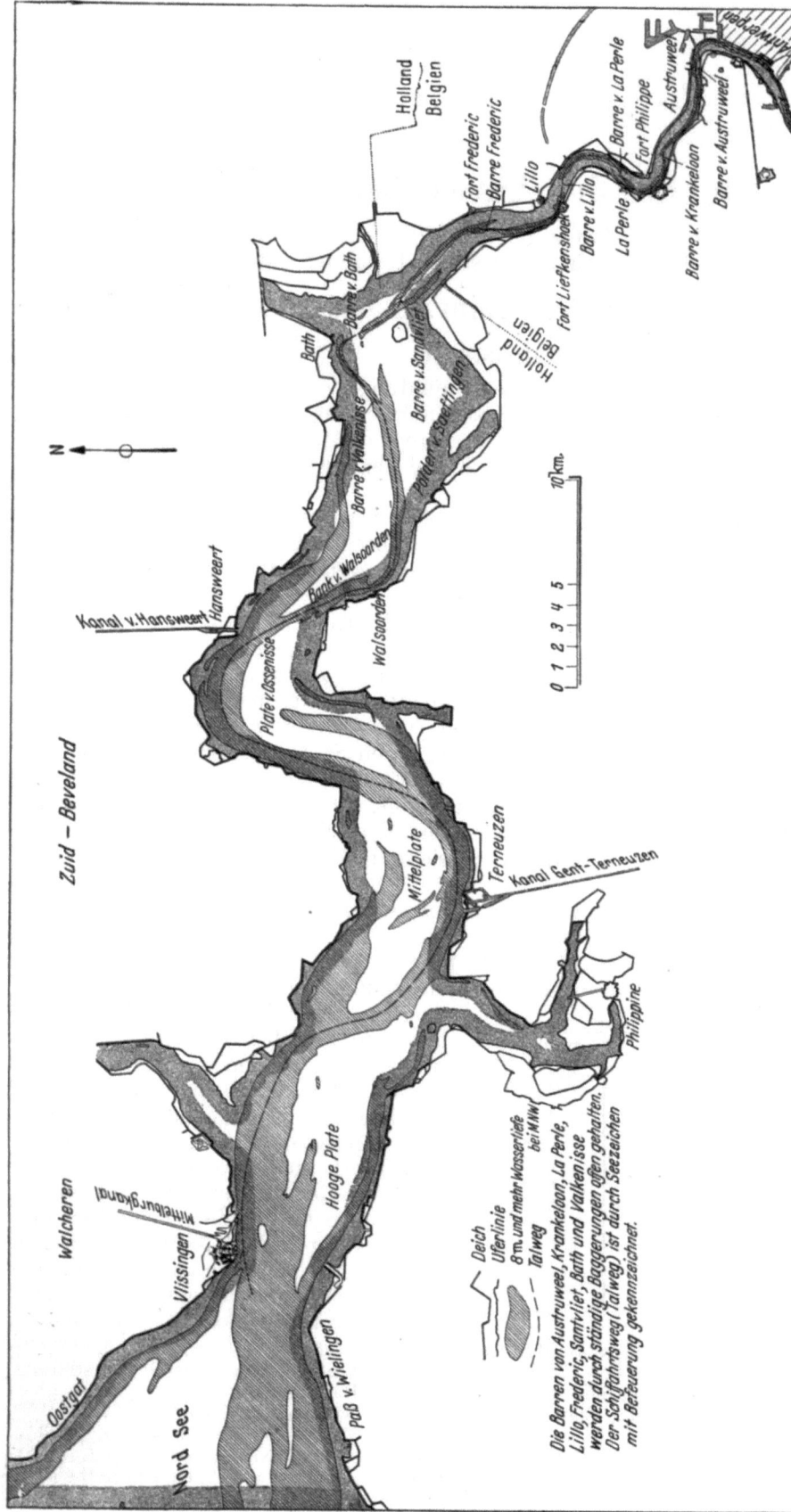

Abb. 1. Der Unterlauf der Schelde, Zustand von 1910.

lich ein Stillstand in dieser Entwicklung ein, da der Tidenhub auf der 11 km langen Strecke zwischen Bath und Lillo nur noch um den geringen Gesamtbetrag von 3 cm zunimmt. Es ist dies darauf zurückzuführen, daß der Flutwirkung in dem oberhalb Bath sich stark verengenden und stark gewundenen Stromschlauch mit seinen zahlreichen Barren erhebliche Widerstände entstehen, die seiner Kraft bedeutend Abbruch tun.

In der Tat kann man die Schelde unterhalb Lillo als Meeresarm ansehen, während sie oberhalb dieses Punktes mehr den Charakter eines Binnenstromes besitzt.

Das kommt auch in den Wassermengen zum Ausdruck, die während der im Durchschnitt 6 Stunden dauernden Flut in die Schelde eindringen; während bei Vlissingen innerhalb dieser Zeit 362 891 000 m³ vorbeifließen, sind es bei Lillo 74 925 000 m³ und bei Antwerpen hat sich die Wassermenge auf 54 934 000 m³ verringert[1].

Bei Ebbe fluten diese Wassermengen nach der See zurück. Sie sind dann vermehrt um die Wassermenge aus dem oberen Flußlauf und aus den Nebenflüssen, die während der Flut

[1] Vgl. L'Escaut depuis 1830 von Baron Guillaume. Brüssel 1902. S. auch Bonnet, L.: Contribution à l'étude theorique des fleuves à marée du bassin de l'Escaut maritime Ann. trav. publ. Belg. Bruxelles 23 (1922) und 24 (1923).

am Abflusse verhindert war. Die hierdurch vergrößerte Ebbe-Wassermenge besitzt eine bedeutende, wesentlich zur Erhaltung der Fahrwassertiefen beitragende Spülkraft.

Hochwasser tritt bei Antwerpen 2 Stunden 44 Minuten später als bei Vlissingen ein, die Dauer der Flut beträgt bei der Scheldestadt 5 Stunden 40 Minuten, die der Ebbe 6 Stunden 50 Minuten.

Die belgische Regierung hat unterhalb Antwerpen durch Baggerungen dauernd eine Fahrwassertiefe von 8,30 m auf 200 m Breite bei MTnw unterhalten[1].

Den unter Ausnutzung der Flut nach Antwerpen fahrenden Schiffen stand also im Mittel eine Fahrwassertiefe von 11—12,5 m zur Verfügung.

B. Die Hafenanlagen.[2]

Der Hafen setzte sich aus zwei wohl zu unterscheidenden Teilen zusammen (Abb. 2):

1. aus den Ladekais am offenen 400—500 m breiten Strom in einer Längenausdehnung von 5,5 km,
2. aus den von zahlreichen Becken gebildeten Dockhafenanlagen und zwar der Beckengruppe für die Seeschiffahrt im Norden und der Beckengruppe für die Binnenschiffahrt im Süden.

Die Scheldekais dienten in erster Linie dem Lade- und Löschverkehr der regelmäßigen Linienschiffahrt. Vor ihnen hatte der Strom bei MNW 8 m Tiefe, bei MHW 12,20 m, die Oberkante der Kaimauer erhob sich noch um 2,60 m über MHW.

Der ältere, um 1875 erbaute 3,5 km lange nördliche Teil der Kaimauer war wasserseitig mit zwei Gleisen ausgestattet, hinter denen sich Ladeschuppen von insgesamt 120 330 m² Flächeninhalt hinzogen. 89 mit Wasserdruck betriebene Kräne von 1,5—2 t Tragfähigkeit waren an diesem Teil aufgestellt worden, also auf rd. 40 m Kailänge je ein Kran.

Der neuere 1895 erbaute südliche Teil der Kaimauer von 2,0 km Längenentwicklung besaß wasserseitig drei Ladegleise. Die hinter diesen Gleisen errichteten Schuppen bedeckten eine Fläche von 98 800 m². Das Ufer war hier mit 74 hydraulischen Kränen von 1,0—2,0 t Tragkraft und mit einem Schwerlastkran von 50 t Tragfähigkeit ausgestattet; es kam demnach an diesem Ufer auf rd. 25 m ein Kran.

Die gesamte Kailänge wurde also von 164 Kränen bedient, die Gesamt-Schuppenfläche maß 219 130 m².

Die große Zahl von Kränen war darin begründet, daß die Schiffe bei niedrigen Wasserständen wegen der hohen Lage der Kaiflächen (rd. 6,80 m über MNW) nur schwer von ihren eigenen Ladekränen Gebrauch machen können.

An den südlichen neueren Teil der Kaimauer schloß sich stromaufwärts eine Ladestelle für den Petroleumverkehr an.

Die nördliche Gruppe der Dockhafenanlagen, deren einzelne Becken miteinander in Verbindung standen, war durch drei Schleusen vom Scheldestrom aus zugänglich, nämlich durch die älteste während 3 Stunden bei jeder Flut geöffnete sogenannte Bonaparteschleuse vor dem Hafenbecken gleichen Namens mit 18 m Torweite, durch die vor dem Kattendijkbecken liegende mit 24,80 m breiten Toröffnungen versehene Kattendijkschleuse, die den Ein- und Austritt der Schiffe schon von halber Fluthöhe an gestattet, und durch die zum Lefèbvre- oder Afrikabecken führende, 1908 in Betrieb genommene Royersschleuse, die eine nutzbare Kammerlänge von 180 m bei 22,0 m nutzbarer Breite besitzt und deren Drempel rd. 6,80 m unter MTnw liegt. Diese Schleuse kann unabhängig vom Außenwasserstande jederzeit benutzt werden. Sie gestattet das Einlaufen von Schiffen bis zu 9 m Tiefgang.

Wegen der fast winkelrechten Anordnung der Schleusen zum Stromstrich war die Ein- und Ausfahrt von Schiffen mit erheblichen Gefahren verbunden. Diese Gefahren wurden bei der Kattendijk- und Royersschleuse vermehrt durch die kurze Entfernung zwischen den Schleuseneinfahrten. Auch die enge wenig übersichtliche Ineinanderschachtelung der Becken der Nordgruppe machte den Verkehr im Hafen äußerst schwierig, zumal die Schiffe, um an die einzelnen Liegeplätze zu gelangen, vielfach Zickzack-Kurse einschlagen mußten.

---

[1] Für die Unterhaltung und den Betrieb der Scheldeschiffahrtsstraße ist die Regierung (Administration des ponts et chaussées) zuständig, ihr gehören auch die Scheldekaimauern in Antwerpen, die Hafenbecken sind Eigentum der Stadt. Den gesamten Hafenbetrieb hat gemäß einem Übereinkommen zwischen Regierung und Stadt letztere übernommen.

Die hauptsächlichsten Baggerungen, die insbesondere die Durchbaggerung zahlreicher Barren bezweckten, kamen in der Zeit von 1894—1907 zur Ausführung. Etwa 19,5 Mill. Franken wurden hierfür aufgewendet. Seitdem sind dauernde Unterhaltungsbaggerungen erforderlich. Vgl.: Les dragages de l'Escaut, von Chefingenieur Pierrot. Brüssel 1908.

[2] Vgl.: Notice sur le Port d'Anvers, Brüssel 1905 und Tableau général du Commerce de la Belgique avec les pays étrangers pendant l'année 1912, publié par le Ministre des Finances. 3. Teil. Navigation maritime. — Ports maritimes.

Eine gute, allerdings zum Teil überholte Darstellung gibt auch Wiedenfeld: Die nordwesteuropäischen Welthäfen (Sammlung der Veröffentlichungen des Instituts für Meereskunde an der Universität Berlin, Januar 1903).

In die südliche Beckengruppe war die Einfahrt nicht weniger schwierig; eine Kammerschleuse von 13 m Torweite, deren Schwelle 2 m unter MTnw liegt, vermittelt die Verbindung mit dem Strom. Diese Schleuse kann zu jeder Zeit wie die Royersschleuse befahren werden.

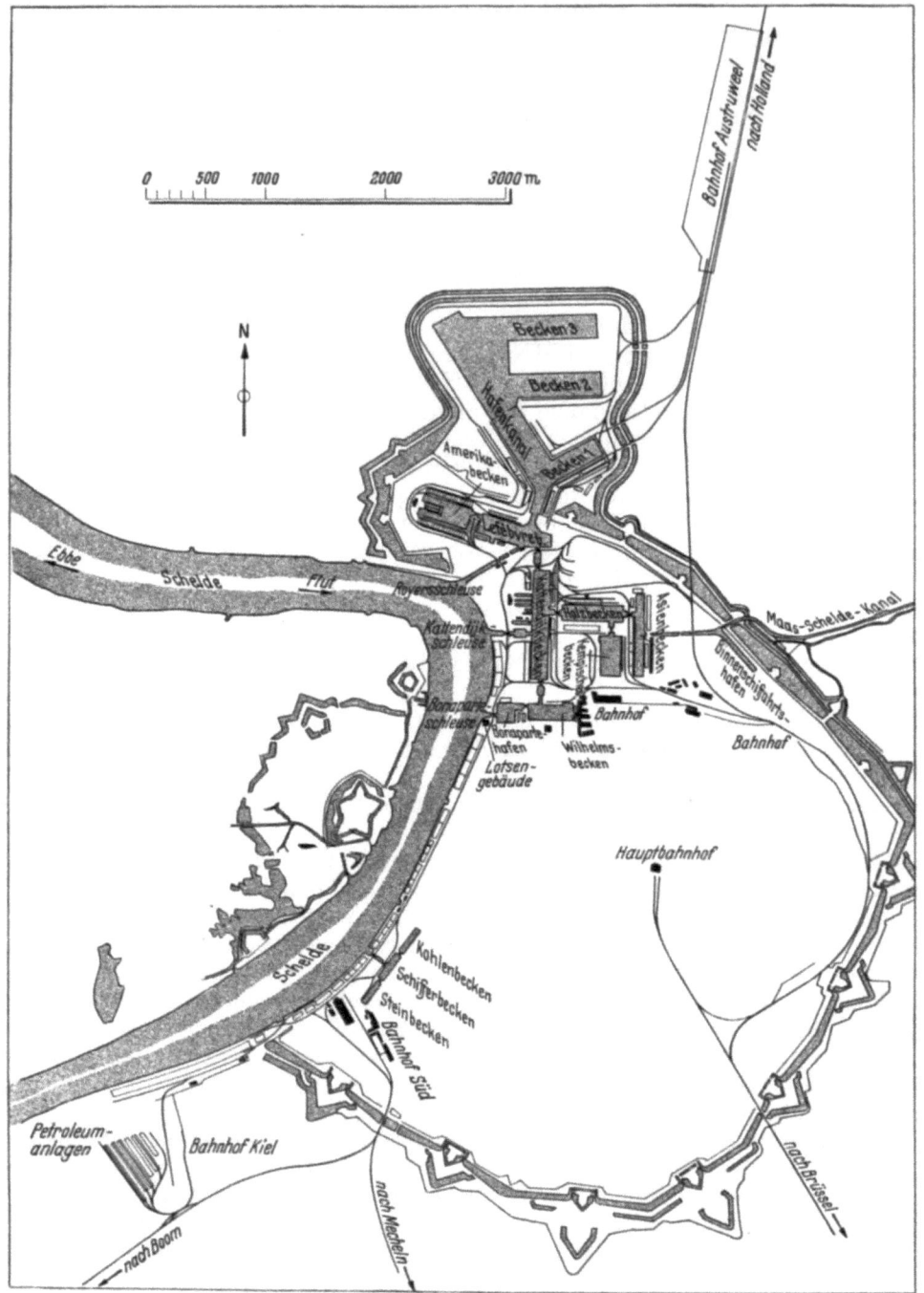

Abb. 2. Der Hafen von Antwerpen, Zustand bei Ausbruch des Weltkrieges.

Über die Abmessungen der Becken und ihre damalige Ausstattung gibt die beigefügte Zahlentafel 1 Aufschluß. Die gesamten Antwerpener Hafenanlagen waren demnach mit 410 Kränen der verschiedensten Stärke ausgerüstet, die Gesamtwasserfläche, ungerechnet die verfügbaren Wasserflächen im Strom, maß rd. 150 ha, an Kaimauern war eine Gesamtlänge von rd. 21,7 km vorhanden[1].

[1] Vergleichsweise hat der Rotterdamer Hafen 152 Kräne verschiedenster Leistung, 329,3 ha Hafenbecken, außer den Wasserflächen im Strom, und 32,3 km Kaimauern. (Nach: Taschenkalender für die Rheinschiffahrt 1917.)

Zahlentafel 1.

Bezeichnung der Becken	Länge m	Breite m	Wasserfläche m²	Kaimauern bzw. befestigte Ufer lfdm.	Kaiflächen m²	Beckensohle bezogen auf Antwerpen — Null	Wassertiefe Wasserspiegel + 3,60 m	Kräne	Lagerschuppen m²	Bemerkungen
A. Nord-Gruppe:										Die Becken der Gruppe A dienen der Seeschiffahrt.
1. Bonapartebecken	150	170	25 500	650	10 000	—3,03	6,63	34 hydr.		
2. Wilhelmsbecken	380	150	57 000	1010	15 000	—3,03	6,63			Am Ende des Wilhelmsbeckens befind. s. das große Entrepôt royal. Auß. d. angegeb. Kranen befinden sich am Kattendijkbecken noch ein 40 t-Kran, ein 20t-Kran u. ein 120 t-Scherenkr.
3. Kattendijkbecken	960	140	134 400	1980	13 000	—3,58	7,18	35 {33 hydr. 2 elektr.		
4. Holzhafen	530	137	72 610	1320	28 000	—4,78	8,38	13 hydr.		
5. Kempisches Becken	350	160	56 000	860	59 000	—4,78	8,38	17 hydr.		Im Kempischen Becken ist auch ein Kohlenkipper v. 25 t (ganzer Eisenbahnwagen) Tragfähigk. aufgest.
6. Asienbecken	678	103	69 834	1555	64 000	—4,78	8,38	27 hydr.	245 000	
7. Lefèbvrebecken (Afrika)	polygonal		100 000	1770	84 000	—5,50	9,10	16 {5 hydr. 11 elektr.		Außer den aufgezählten Kranen besitzt d. Lefèbvrebecken noch einen Kran von 10 t; auch befindet sich in ihm ein Getreidesilo von 350 000 hl Fassungsraum.
8. Amerikabecken	desgl.		67 500	1545	73 000	—5,50	9,10	32 hydr.		
9. Kanalbecken	1655	250	413 750	3000	700 000	—6,50	10,10	67 elektr.		
10. Becken Nr. 1	525	180	94 500			—5,50	9,10			
11. Becken Nr. 2	740	200	148 000	—	—	—	—	Für die Getreideverladung sind 4 pneumatische Elevatoren vorhanden.		Die Becken 2 und 3 sind ausgehoben aber noch nicht mit Verladevorrichtungen versehen. Das Gleiche gilt von 1000 m des Kanalbeckens.
12. Becken Nr. 3	960	200	192 000	—	—	—	—			
Zusammen A.	—	—	1 431 094	13 690	1 046 000	—	—	241	245 000	
B. Süd-Gruppe:							+ 3,10			Die Becken der Gruppe B sind der Binnenschiffahrt vorbehalten. Ein viertes Binnenschiffahrtsbecken befindet sich bei der Einmündung des Maas-Schelde-Kanals in das Asienbecken und zwar dicht beim Festungsgürtel. Es ist 450 m lang und 40 m breit, hat also 18 000 m² Wasserfläche. Die Kaifläche mißt 20 000 m². In dem Becken ist ein 10 t Handkran aufgestellt.
1. Kohlenbecken	246	50	12 300	565	8500	—1,75	4,85	—	—	
2. Schifferbecken	266	65	17 290	530	8100	—1,75	4,85	—	—	
3. Steinbecken	226	50	11 300	525	7400	—1,75	4,85	—	—	
Zusammen B.	—	—	40 890	1680	24 000	—	—	—	—	
Insgesamt	—	—	1 471 984	15 370	1 070 000	—	—	241	245 000	

Im allgemeinen wurden die Seehafenbecken von den weniger schnelle Abfertigung erheischenden Schiffen der freien Fahrt, die meist Massengüter führten, aufgesucht, doch machte die Unzulänglichkeit der Scheldekais es notwendig, daß auch Schiffe der Linienfahrt in den Hafenbecken festmachen mußten.

Gelegenheit zum Docken von Schiffen bot sich im Kattendijkbecken, das 6 Trockendocks besaß, deren größtes Schiffen von 160 m Länge Aufnahme gestattete. Ein großes Trockendock von 220 m nutzbarer Länge mit einer Einfahrtsbreite von 26 m war beim Kriegsausbruch im Afrikabecken im Bau begriffen und fast vollendet[1].

Innerhalb des Hafengebiets fanden sich mehrere größere Schiffsreparaturwerkstätten; Werften von mittlerer Leistungsfähigkeit befanden sich in Hoboken (Cockerill) und Burght.

Während auf dem Scheldestrom kein Schleppzwang bestand — es war für Seeschiffe nur die Führung durch staatliche Lotsen zur Pflicht gemacht — mußten sich die Schiffe im Hafen der städtischen Schlepper bedienen.

Außer den in der Zahlentafel aufgeführten in unmittelbarer Nähe der Kais liegenden Lagerschuppen, die in erster Linie dem Empfang und der vorübergehenden Lagerung der Waren dienen, bot die städtische Hafenverwaltung für längere Aufspeicherung der Waren 6 Speicher an: das

---

[1] Näheres s. Internationaler ständiger Verband der Schiffahrtskongresse: Nachrichten über die im Jahre 1913 angeordneten oder fertiggestellten Bauausführungen, Brüssel.

Entrepôt royal (Wilhelmsbecken) mit 61000 m² Gesamtlagerflächen für die Aufnahme von rd. 84000 t, das Magasin Montevideo (Kattendijkbecken) mit 7800 m² Grundfläche, das Magasin Godfried (Wilhelmsbecken) mit 3300 m² Grundfläche und einer Aufnahmefähigkeit von 6550 t Lagergut, den Hangar Prussien (Bonapartebecken), das Maison de Hesse (im Stadtviertel nahe beim Wilhelmsbecken) und das alte Kriegsarsenal (in der Nähe der Südbecken am Scheldekai). Zahlreiche Speicher, Privaten gehörig, befanden sich außerdem noch in der Stadt; erwähnenswert sind unter diesen das Entrepôt St. Félix, das Entrepôt Rubens, die Australia- und Afrikaspeicher der Compagnie des Magasins Généraux.

Der gesamte Ladeverkehr auf den Kais, das Einbringen der Waren in die Schuppen und Speicher oder die Verladung auf Landverkehrsmittel war der auf das Mittelalter zurückreichenden Organisation der „Natien" anvertraut, die die angedeuteten Geschäfte als Betriebsgemeinschaft einer größeren Zahl von Gewerbetreibenden in einem Unternehmen zusammenfassen. Die Inanspruchnahme der Natien war nicht Zwang.[1]

Die gesamten mit Gleisen reichlich ausgestatteten Hafenanlagen wurden bedient durch 5 Güterbahnhöfe, nämlich die Bahnhöfe Antwerpen-Süd und Antwerpen-Kiel für die Hafenanlagen südlich der Bonaparteschleuse mit 92 km Gleis und einer durchschnittlichen täglichen Gestellung von 2400—2800 Wagen und durch die Bahnhöfe Antwerpen-transit, Antwerpen-local und Austruweel, die die nördlichen Hafenanlagen bedienten, mit insgesamt 200 km Gleislänge und einer mittleren täglichen Gestellung von 4000 Wagen. Sämtliche Bahnhöfe konnten 18000 Eisenbahnwagen aufnehmen, ohne daß hierdurch die Hauptgleise in Anspruch genommen wurden.

Die Bahnhöfe sind Staatseigentum, der Betrieb wird durch den Staat ausgeübt.

C. Die Verbindungen mit dem Hinterland.

Ein großzügiges Eisenbahn- und Wasserstraßennetz vermittelte die Verbindungen mit dem Hinterland[2].

Nach Deutschland führen die Linien Antwerpen—M. Gladbach, Antwerpen—Hasselt—Maastricht—Aachen, Antwerpen—Löwen—Lüttich—Aachen—Köln als wichtigste Eisenbahnverbindungen mit dem rheinisch-westfälischen und linksrheinischen Industriegebiet. Das Industriegebiet an der Saar ist durch die Linie Antwerpen—Brüssel—Namur—Luxemburg nebst Zweiglinien angeschlossen. Diese Linie sowie die Bahnen über Sedan und Maubeuge—Hirson bedienen den Osten Frankreichs, während der industriereiche Norden dieses Landes durch die zahlreichen in Flandern und im Hennegau die Grenze überschreitenden Linien angeschlossen ist.

Für den Norden Frankreichs, für Elsaß-Lothringen und Deutschland liegt Antwerpen näher als Le Havre; mit diesem Hafen steht es in Wettbewerb im Osten Frankreichs und in der Schweiz. Gleichfalls hat Antwerpen seit Eröffnung des Gotthardtunnels seinen Einfluß selbst bis nach Nord-Italien ausgedehnt.

Für einen großen Teil Nordwestdeutschlands ist Antwerpen näher als Bremen und Hamburg.

Ebenso günstig waren die Wasserstraßenverbindungen. Die Hauptgebiete der belgischen Industrie im Maastal bei Lüttich und im Hennegau sind durch die kanalisierte Maas, durch die Sambre sowie die Schelde und Dender und durch die Kanäle von Lüttich über Maastricht und Herenthals (Maas-Schelde-Kanal) einerseits und durch den Charleroi-Kanal und dessen nach dem Rupelfluß (Schelde) führende Fortsetzung (Brüssel-Rupel-Kanal) mit Antwerpen in Verbindung gebracht. Flandern ist angeschlossen durch die von Gent ausgehenden Wasserstraßen: Schelde, Lys, Kanal Gent—Brügge—Ostende und Küstenkanäle. Die gesamten belgischen Wasserstraßen streben augenfällig nach Antwerpen hin, diesem Brennpunkte des Verkehrs.

Über Belgiens Grenzen hinaus bestehen zahlreiche Verbindungen mit dem nord- und ostfranzösischen und dem elsaß-lothringischen Wasserstraßennetz.

Die Verbindung mit dem holländischen Wasserstraßennetz und durch dieses mit dem deutschen Rhein, der Hauptverkehrsstraße Europas, vermittelt auf holländischem Hoheitsgebiet der die Insel Zuid—Beveland durchquerende Kanal von Hansweert.

---

[1] Näheres siehe in „Notice sur le port d'Anvers", 1905, S. 66, ferner in Wiedenfeld, a. a. O. S. 141ff. und „De Antwerpsche Natien". Antwerpen: G. Köhler 1910.

[2] Über die Wasserstraßen vgl. die Binnen-Wasserstraßen Belgiens, eine Studie von A. Deichmann. Brüssel 1917.

II. Erweiterungs- und Verbesserungsbestrebungen.

Die neueren Bestrebungen zur besseren Gestaltung des Scheldehafens, die bis auf das Jahr 1874 zurückgehen[1], zielten sowohl auf die durchgreifende Verbesserung der Fahrstraße nach Antwerpen wie auf die günstigere Gestaltung der eigentlichen Hafenanlagen ab.

In der Tat stand der Scheldehafen im Vergleich zu den großen nordwesteuropäischen Welthäfen Hamburg, Bremen, Amsterdam, Rotterdam, London, Liverpool und Le Havre, was die Linienführung der Fahrstraße angeht, an letzter Stelle. Bei keinem dieser Hafenplätze wies die Zufahrtstraße so schwierige Krümmungen und Stromwechsel auf. Hinsichtlich der gebotenen Fahrwassertiefen stand Antwerpen allerdings dank der oben schon erwähnten Baggerungen durch die belgische Regierung wesentlich günstiger da als manche der genannten Häfen[2].

Die Antwerpener Hafenanlagen selbst waren, wie bereits hervorgehoben, unzulänglich, namentlich waren die Anlegeplätze am offenen Strom für die Abfertigung der in keinem anderen der Welthäfen der nordwesteuropäischen Ecke so zahlreich verkehrenden Liniendampfer ungenügend.

Das schon erwähnte „Tableau général du Commerce de la Belgique" zählte für 1912 197 regelmäßige Verbindungen mit europäischen und überseeischen Hafenplätzen auf.

Die Zahl der Vorschläge für die Umgestaltung der Hafenanlagen hat seit 1874 die Hundert überschritten.

Man kann diese Vorschläge im wesentlichen in zwei Gruppen einteilen: die eine lehnte sich an den 1874 von Stessels gegebenen Vorschlag an, die schwierigsten Stromkrümmungen von Austruweel, Ste. Marie und La Perle durch einen zwischen Kattendijk und Kruisschans auszuführenden Durchstich, die sog. „Grande Coupure", zu umgehen unter Abschluß des

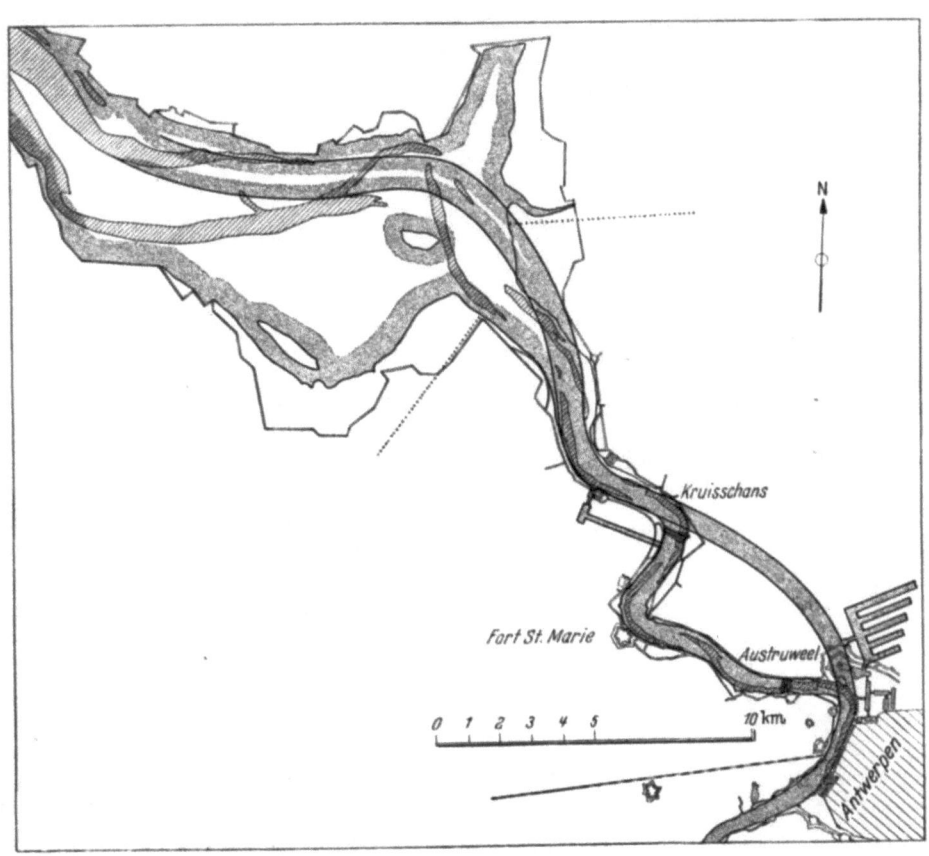

Abb. 3. Entwurf Pierrot, 1897.

demgemäß zu verlassenden alten Scheldelaufs; die andere Gruppe glaubte den Stromverhältnissen weniger Zwang antun zu sollen durch Milderung der scharfen Krümmungen bei Austruweel und Ste. Marie, indem sie von dem Gedanken ausging, daß der Charakter des Scheldestroms in der Bildung von Krümmung und Gegenkrümmung gekennzeichnet sei. Darin sei die „Seele" des Stromes verkörpert, an diesem Grundgesetz dürfe nicht gerüttelt werden.

Von den vielen Vorschlägen beider Gruppen ist in den Abb. 3 und 4 je ein Beispiel gebracht; die Abb. 5 und 6 gehören wie Abb. 4 zur Klasse der Entwürfe: „Petite Coupure".

Beiden Gruppen war der Gedanke gemeinsam, für die Abfertigung der Linienschiffahrt neue Anlagekais am offenen Strom zu schaffen, weitere Liegeplätze für die freie Schiffahrt aber durch die Anlage neuer Dockbecken zu gewinnen. Diese der Verschiedenartigkeit der Verkehrsbedürf-

---

[1] M. Stessels, Lieutenant de vaisseau de Ie classe, bekannt durch seine in den Jahren 1861—64 durchgeführte Scheldevermessung, deren Ergebnis in der heute noch als Quellenwerk benutzten „Description hydrographique de l'Escaut" niedergelegt ist, machte in seinem Briefe vom 2. Juni 1874 an den Minister der öffentlichen Arbeiten den bedeutsamen Vorschlag, eine Verbesserung der Schelde-Schiffahrtsstraße durch einen Durchstich zwischen Antwerpen—Kattendijk und der Stromkrümmung bei Kruisschans durchzuführen.

[2] Wiedenfeld a. a. O. S. 35—71.

nisse angepaßte Aufteilung der Hafeneinrichtungen hatte sich für Antwerpen zweckmäßig erwiesen. Es lag kein Anlaß vor, von diesem Grundsatz, etwa durch die Neuanlage mit dem Strom in offener Verbindung stehender Hafenbecken für die freie Schiffahrt, abzugehen. Offene Hafenbecken wären nicht allein wegen des notwendig werdenden tieferen Aushubs und dementsprechend

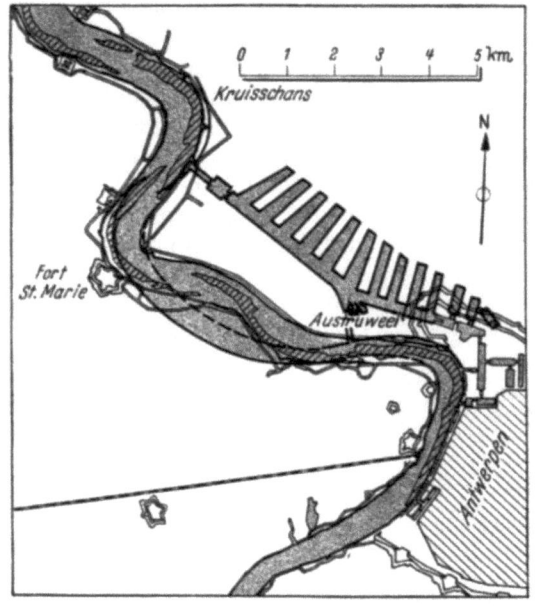

Abb. 4. Entwurf Royers, 1897.

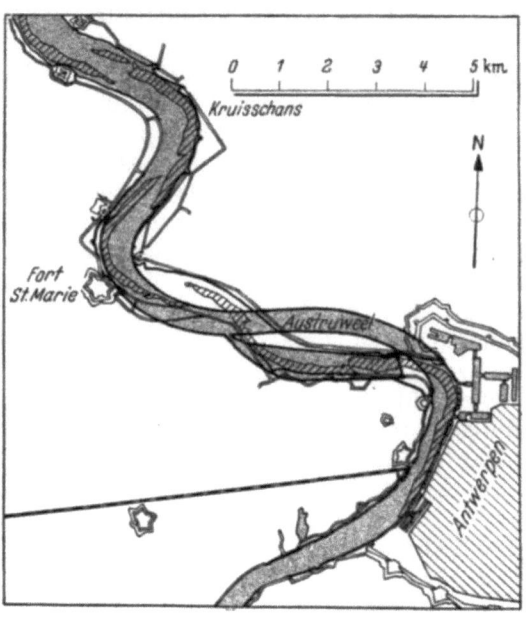

Abb. 5. Entwurf Bovie-Dufourny, 1894.

auch wegen der tieferen Gründung der kostspieligen Ufermauern erheblich teurer geworden, sie würden auch wegen der Abhängigkeit von Ebbe und Flut die Abwicklung des Massengüterumschlags stark behindern. Es käme auch die neue Unzuträglichkeit hinzu, daß in den offenen Hafenbecken starke Sinkstoffablagerungen sich bilden würden, die in gewissen Zeiträumen die längere Inanspruchnahme von Baggern erforderlich machen würden, was in einem verkehrsreichen Hafen störend empfunden wird.

Innerhalb der belgischen Verwaltung fand der Stesselssche Vorschlag der „Grande Coupure" Unterstützung namhafter Persönlichkeiten, nämlich des Generaldirektors der Administration des Ponts et Chaussées, Maus [1], des bekannten belgischen Festungsbauers, General Brialmont [2] und des Chefingenieurs und Direktors der Scheldebauverwaltung, Pierrot [3].

Demgegenüber fand der Vorschlag der „Petite Coupure", unter welchem Namen man die Bestrebungen der zweiten Gruppe zusammenfaßt, und dessen Urheber der bekannte belgische Ingenieur und nachmalige General-Inspektor der Administration des Ponts et Chaussées, Dufourny [4] ist, in dem Generalinspektor Troost [5] und in dem obersten Ingenieur der Stadt Antwerpen, Royers [6] warme Befürworter.

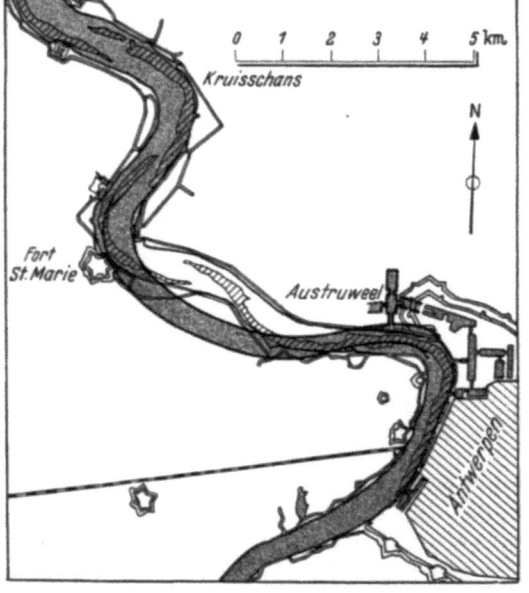

Abb. 6. Entwurf Troost, 1892.

[1] Maus: Note relative aux nouvelles installations maritimes d'Anvers dans l'emplacement de la citadelle du nord vom 19. Juli 1881. (Recueil de documents relatifs à l'Escaut maritime, Brüssel 1907.)

[2] Brialmont: Projets d'Agrandissement d'Anvers de nouveaux travaux de défense et de Port franc. Brüssel 1900.

[3] Le Port d'Anvers, ses améliorations. Brüssel 1897.

[4] Dufourny: Le Prolongement de la Rade d'Anvers, Conférence donnée à la Société Belge des Ingénieurs et des Industriels vom 11. Februar 1891.

Dufourny wollte im Interesse der alsbaldigen Ausführung von Hafenerweiterungen mit dem weniger radikalen Vorschlag der „Petite Coupure" vermitteln; ausdrücklich erkannte er die Vorzüge der „Grande Coupure" an.

[5] Troost empfahl zuerst 1892 in Anlehnung an den Dufournyschen Vorschlag die Verbesserung des Scheldebettes zwischen Kattendijk und Kruisschans nach einer S-Kurve (vgl. Commission instituée par arrêté

Während die Anhänger der „Grande Coupure" behaupteten, durch die Anlage eines sanft gekrümmten Durchstichs als Fortsetzung der schon bestehenden gleichfalls sanft gekrümmten Stromstrecke vor den Scheldekais werde es erreicht, daß der Stromschlauch infolge der Fliehkraft der Strömung längs der mit Kaimauern auszustattenden äußeren Uferlinie des Durchstichs festgelegt würde, so daß an diesem Ufer dauernd gute am tiefen Wasser gelegene Anlegeplätze für die Linienschiffahrt gewonnen werden könnten, erklärten die Verfechter der „Petite Coupure", daß die Krümmung im Durchstich zu schwach sei, als daß mit Bestimmtheit mit der Festlegung des Talwegs längs der äußersten Uferlinie gerechnet werden könne, man müsse vielmehr nach dem von der Schelde selbst gegebenen Beispiele von Kattendijk aus, unter Verbesserung der scharfen Krümmung bei Austruweel, Krümmung und Gegenkrümmung bilden. In der neu zu schaffenden gemilderten Krümmung bei Austruweel, die einen kleineren Halbmesser als die „Grande Coupure" aufweise, werde sich infolge der größeren Fliehkraft der Strömung mit Bestimmtheit die Tiefe am nördlichen Ufer einstellen, hier könnten daher mit größerer Sicherheit neue Kaimauern angelegt werden, eine gleiche Gelegenheit werde bei der S-förmigen Wahl des neuen Strombettes in der Krümmung von Kruisschans geboten.

Es muß zugegeben werden, daß die Sicherheit der Festlegung der Stromtiefen bei Austruweel und Kruisschans nach den Vorschlägen der Anhänger der „Petite Coupure" im Vergleich zur „Grande Coupure" relativ größer war. Es steht aber mit gleicher Sicherheit fest, daß bei Wahl des S-förmigen Strombettes Stromwechsel geschaffen werden, die leicht zur Barrenbildung Anlaß geben können, wie der vorhandene Zustand des Stromes zeigte. Und ob die Fahrwassertiefen in den Stromwechselstrecken dieselben sein würden wie in den Krümmungen, muß bezweifelt werden.

Für die Schiffahrt blieb die Unübersichtlichkeit des Fahrwassers nach wie vor bestehen, auch die gemilderten Krümmungen blieben für sie Gefahrenpunkte. Die „Grande Coupure" war eine großzügige Verbesserung des Scheldelaufs, die „Petite Coupure" dagegen nur eine halbe Maßnahme.

Dazu tritt eine weitere Überlegung.

Wir sahen, daß es vorwiegend der kräftigere Ebbestrom ist, der die räumende Kraft für die Offenhaltung der Stromrinne liefert. Je geringer die Widerstände des Stromes sind, die dem Aufwärtsstreben der Flut geboten werden, um so größer wird die für die Spülung nutzbare Ebbewassermasse sein. Von diesem Grundsatze ausgehend bot die gewundene S-Form des neuen Strombettes zwar nicht die gleichen Widerstände wie das alte Scheldebett, aber doch erheblich größere als die „Grande Coupure". Durch letztere würde das Aufwärtseilen der Flut erleichtert, und da die Ebbeströmung in dem gewundenen Strombett der „Petite Coupure" eine stärkere Abbremsung erfährt als in der schlankeren „Grande Coupure", so addieren sich die Nachteile der „Petite Coupure".

Für die Eisabführung ist die schlanke Linienführung bei der „Grande Coupure" außerordentlich günstig, während bei Beibehaltung des gewundenen Laufes Eisverstopfungen, wie sie beispielsweise 1890 und 91 sowie 93/94 in gefahrbringender Weise eintraten und eine längere Unterbrechung der Schiffahrt hervorriefen, nach wie vor durchaus möglich sind.

Die Gegner der „Grande Coupure" machten außer der Billigkeit ihres Vorschlages die Gefahr geltend, die darin bestehe, daß nach erfolgtem Durchstich der „Grande Coupure" für längere Zeit zwei die Wasserführung der Schelde zum Schaden der Schiffahrt ungünstig beeinflussende Strombetten nebeneinander bestehen würden. Während dieser Übergangszeit werde die solcherweise geteilte Stromkraft zu schwach sein, um mit Sicherheit die Ablagerung von Sandmassen in der „Grande Coupure" zu verhindern, daraus würden große Unzuträglichkeiten für die größeren Tiefgang aufweisende Schiffahrt entstehen, die dazu führen könnten, daß für die Zeit dieses Übergangszustandes die Schiffahrt auf Antwerpen zurückgehen und dann vielleicht für immer verloren gehen würde.

Solchen Bedenken gegenüber hatte die Regierung verschiedene Male Gelegenheit, das Gutachten von Körperschaften und bedeutenden Fachleuten anzurufen.

Im Jahre 1874 forderte die Regierung den verdienstvollen englischen Ingenieur Hawkshaw zu einem Gutachten auf, das sich für den von Stessels vorgeschlagenen Durchstich aussprach[1].

Als im Jahre 1891 die Stadt Antwerpen ihre Neubaupläne für die Ausführung der Royersschleuse der Regierung zur Genehmigung vorlegte, ergriff diese die Gelegenheit, die Frage der Hafenerweiterung einer Studienkommission zu unterbreiten, die von 1891—92 tagte.

---

royal du 13.XI.1891 à l'effet de se prononcer sur les plans de l'écluse d'entrée du bassin Africa, présentés par la ville d'Anvers pp. Procès-verbaux), auf dieser Grundlage baute er weiterhin 1893 und 1894 und 1907 seine Vorschläge für die Erweiterung auf.

[6] Wegen Royers's Vorschlag vergleiche die Sitzungsberichte des Conseil Communal der Stadt Antwerpen vom 20., 21. und 22. Dezember 1897: Discussion du Détournement de l'Escaut. Antwerpen 1898.

[1] Vgl. Baron Guillaume a. a. O. Bd. 2, S. 98, 99.

Die Kommission, in welcher Troost die bereits erwähnte Verlegung des Scheldebettes nach der S-Form zwischen Antwerpen und La Perle befürwortete, kam zu der Entschließung, daß der Schleusenbau zahlreicher Nachteile wegen nicht zu empfehlen sei; auch wurde in der Kommission betont, daß durch den Bau den Scheldeverbesserungsvorschlägen vorgegriffen würde. Diese Entscheidung veranlaßte die Vertreter der Stadt Antwerpen, sich von der weiteren Verhandlung zurückzuziehen. In eine Prüfung der Frage, nach welchem Plan die Hafenerweiterungen ausgeführt werden sollten, konnte die Kommission daher nicht eintreten. Die Stadt Antwerpen hatte es also zu vertreten, daß trotz des Kgl. Erlasses die Hafenanlage nicht gefördert wurde[1].

Von neuem wurde die Frage der Hafenerweiterung in Fluß gebracht durch die Denkschrift des Kammermitgliedes Van den Broeck vom Januar 1894, betitelt: Nos installations futures[2], in welcher der Verfasser für die radikale Lösung der Scheldekorrektion nach dem von Stessels befürworteten Plan eintrat.

Im gleichen Jahre berief die Regierung daraufhin den bremischen Oberbaudirektor Ludwig Franzius nach Brüssel und unterbreitete ihm die bis dahin bekannten wesentlichsten Pläne: Bovie-Dufourny und Stessels. Franzius sprach bei dieser Gelegenheit die Ansicht aus, daß der Entwurf Bovie-Dufourny, der eine Milderung der scharfen Krümmungen bei Austruweel und La Perle vorsah (Abb. 5), genügen würde, um allen Anforderungen zu entsprechen. In ein eingehendes Studium des Stromes, namentlich seiner Eisverhältnisse, hat Franzius damals nicht eintreten können.

Hierzu gab ihm erst die erneute am 6. November 1894 ergangene Aufforderung zur Stellungnahme über die folgenden Fragen Gelegenheit[3]:

1. Welche Linie und welche Form muß dem Scheldebett abwärts von der Schleuse Kattendijk gegeben werden, um folgende Bedingungen zu erfüllen:

Verbesserung des Regime des Flusses, Beständigkeit in der Lage der Fahrrinne, Leichtigkeit für die große Seeschiffahrt, möglichste Ausdehnung der Reede entsprechend den Bedürfnissen des Verkehrs, leichter Eisabgang?

2. Um ein möglichst gutes Regime und die besten Schiffahrtsverhältnisse der Schelde unterhalb Antwerpen zu erlangen, wie und nach welchem Grundsatz muß die Korrektion des Hauptflusses oberhalb der Stadt und seiner Nebenflüsse fortgeführt werden?

Sein durch eingehende Berechnungen belegtes Gutachten vom 1. Juli 1895 faßte Franzius in den Worten zusammen: „Der von den Herren Bovie und Defourny vorgeschlagene Verlauf der Schelde ist nicht imstande, der Gefahr einer Abschließung Antwerpens von der See infolge von Eisversetzungen genügend vorzubeugen; außerdem werden durch diese Linienführung die Schwierigkeiten, welche die Navigierung auf einem gewundenen Flußlauf bietet, nicht beseitigt, während andererseits eine Verschiebung von Antwerpen in größere Entfernung von der See mit allen daraus entstehenden Konsequenzen für die Antwerpener Reeder sich bei diesem Projekt ergeben[4]. Alle diese Nachteile, die sich erst nach eingehendem Studium dieses Projektes und durch Vergleich mit dem Hawkshaw-Brialmontschen einstellten, bestimmen mich, gegen meine erste Meinung dieser letzteren den Vorzug zu geben[5]."

Franzius vertrat und begründete in seinem umfangreichen Gutachten die Ansicht, daß sich längs dem konkaven Ufer der „Grande Coupure" die Festlegung einer bei MNW 8 m tiefen Fahrrinne erzielen lasse, wodurch die Möglichkeit der Anlage von Kais geschaffen werde, er betonte die Zweckmäßigkeit der Regulierung des Scheldelaufs unter- und oberhalb Antwerpens sowohl wie der Nebenflüsse, um deren Strombett ausgiebiger zur Aufnahme möglichst großer Flutwassermengen auszustatten, die hydraulischen Eigenschaften also zu erhöhen, damit die Wirksamkeit des Ebbestromes im Interesse der Offenhaltung der Untiefen gesteigert werde. Zu diesem Zwecke empfahl er:

1. Beseitigung aller scharfen Krümmungen,
2. Festlegung des Niedrigwasserbettes durch Ziehung von Leitdämmen an den Stellen, wo zu große Niedrigwasserbetten vorhanden sind,

---

[1] Der Hauptartikel dieses kgl. Erlasses lautete:

„Commission instituée par arrêté royal du 13. XI. 1891 pp.

Il est institué une Commission chargée de se prononcer sur les plans de l'écluse d'entrée du bassin Africa, présentés par la ville d'Anvers, et d'étudier un plan général des améliorations de la rade immédiatement à l'aval du Kattendijk, ainsi qu'un plan-programme des extensions à donner aux installations maritimes de notre métropole commerciale."

[2] Van den Broeck, L. F.: Nos installations futures. Quelques considérations. Anvers 1894.

[3] Vgl. Bericht des Oberbaudirektors Franzius an den Minister für Landwirtschaft und öffentliche Arbeiten vom 1. Juli 1895, veröffentlicht in dem Recueil de Documents relatifs à l'Escaut maritime. Brüssel 1907.

[4] Die Stromentwicklung wird nach dem Bovie-Dufournyschen Vorschlag um 300 m größer als bisher.

[5] Franzius empfahl dann eine im Interesse der Beibehaltung des Amerika- und Afrikabeckens liegende Abänderung des Stessels-Hawkshaw-Brialmontschen Projektes, die er aber später aufgab.

3. Senkung des Ebbespiegels auf der oberen Schelde zur Vergrößerung der sich im ganzen Flutgebiete bewegenden Wassermengen.

Nach diesen von Franzius angegebenen Richtlinien arbeitete sodann der Chefingenieur des Scheldedienstes, Pierrot, unter Mitwirkung von Dufourny einen Entwurf für die Scheldekorrektion unter Benutzung der „Grande Coupure" aus, von dem Franzius in seinem Schreiben vom 8. März 1897 an den Minister erklärte, daß er durchaus den von ihm vertretenen Grundsätzen entspreche, so daß er dessen Ausführung nur empfehlen könne.

Pierrots Entwurf (Abb. 3) kam im Juni 1897 zur Vorlage[1]. Er sah eine Korrektion der Schelde vor, vorzüglich von der Kattendijk-Schleuse bis nahe an den südlichen Ausgang des Hansweertkanals auf holländischem Gebiet, er verbesserte also auch die für die Schiffahrt schwierigen Stellen bei Santvliet, Bath und Valkenisse und vermied den Engpaß im Zuidergat bei Walsoorden durch die Einführung des neuen Strombettes in das Tief von Waarde. In dem Durchstich der „Grande Coupure" glaubte Pierrot längs der rechtsufrigen Kaimauer eine Tiefe von 10 m bei NW zu gewinnen. Das zwischen Austruweel und Kruisschans aufzugebende Scheldebett wollte er durch Dämme abschließen, das so geschaffene Becken aber, welches für Industrieanlagen oder als Freibezirk nutzbar gemacht werden konnte, wollte er durch eine besondere Schleusenverbindung bei Liefkenshoek der Schiffahrt zugänglich machen.

Dieser großzügige Vorschlag fand die Billigung der Regierung. Sie teilte ihre Ansicht hierüber im Laufe des Jahres 1897 der Stadt Antwerpen mit.

In der Presse der Scheldestadt wurde der von der Regierung angenommene Vorschlag lebhaft erörtert. Die Stadt forderte sowohl ihren Chefingenieur Royers wie auch die Commission du Commerce et des Travaux Publics au Conseil Communal zur Stellungnahme auf.

Royers erstattete unter dem 2. Dezember 1897 zwei Berichte, in denen er den Pierrotschen Entwurf, soweit er die Korrektion der Schelde zwischen Kattendijk und Kruisschans, also die „Grande Coupure" betraf, ablehnen zu sollen glaubte, mit der Begründung, daß

1. es nicht erwiesen sei, daß die „Grande Coupure" die angestrebten Erfolge zeitigen würde, nämlich die Verbesserung der Wasserbewegung und die Erhaltung einer unverrückbaren Schiffahrtsrinne längs dem neuen rechten Ufer, die die Groß-Schiffahrt bei jedwedem Wasserstand gestatten würde;

2. bestimmt mit einer ernsten Gefährdung und sogar der Unterbrechung der Schiffahrt bei Ausführung des Durchstichs zu rechnen sei;

3. demgegenüber ein Entwurf bestehe, dessen Endergebnis wesentlich größere Sicherheiten in jeder Beziehung verspreche.

Den zu 3 erwähnten Entwurf (Abb. 4) legte Royers vor. Danach war die Scheldekorrektion zwischen Kattendijk und Kruisschans in Anlehnung an den Entwurf Troost gedacht. Damit während der Ausführung dieser Stromverlegung die Schiffahrt auf Antwerpen gesichert bleibe, schlug Royers die vorgängige Anlage eines von Schleusen abzuschließenden Kanals vor, der einerseits zwischen La Perle und Kruisschans an die Schelde angeschlossen, andererseits im Amerikabecken münden sollte. Seitlich könnten an diesen Kanal beliebig viele Stichbecken angefügt werden. Gelegenheit zur Anlage von Kaimauern am Strom biete sich an der gemilderten Krümmung von Austruweel. Royers wies ferner auf den Umstand hin, daß bei dieser Sachlage das Amerikabecken erhalten bleibe, während es bei Ausführung der „Grande Coupure" verschwinden müßte. In der verhältnismäßig schlanken Form der „Grande Coupure" bei der Einmündung in die Schelde bei Kruisschans glaubte er eine besondere Gefahr darin zu erblicken, daß, da der Strom vom rechten nach dem linken Ufer wechseln müsse, hier eine Barrenbildung veranlaßt werden könne.

Die Stellungnahme der Commission du Commerce gipfelte darin, daß die „Grande Coupure" eine ungünstige Beurteilung erfahren müsse und daß der Vorzug derjenigen Lösung zu geben sei, die eine „Coupure éclusée" — eben den oben erwähnten von Schleusen abzuschließenden Kanal — vorsehe.

Am 20., 21. und 22. Dezember 1897 wurde über den Plan der Regierung im Stadtparlament verhandelt. Mit großer Erbitterung wurde gestritten; die Klerikalen, geführt von dem Kammermitglied Van den Broeck, setzten die „Grande Coupure" auf ihr Parteiprogramm, die liberale Mehrheit hingegen trat, wie auch die Stadtverwaltung selbst, für den Royersschen Entwurf ein, mit dem Ergebnis, daß das Regierungsprojekt abgelehnt wurde.[2]

Diese Ablehnung gab dem Minister der öffentlichen Arbeiten Veranlassung, die Hafenerweiterungsfrage an das Comité permanent consultatif des Ponts et Chaussées zu verweisen. Wie aus

---

[1] Vgl. Le port d'Anvers. Ses Améliorations. Brüssel 1897.
[2] Vgl. Discussion du détournement de l'Escaut, séances du Conseil Communal vom 20., 21. und 22. XII. 1897. Compte-rendu sténographique. Antwerpen 1898. Die Niederschrift enthält auch alle Angaben über die Stellungnahme Royers und der Commission du Commerce.

dem infolgedessen zwischen dem Minister und der Stadt Antwerpen erfolgten Briefwechsel[1] erhellt, erklärte diese Körperschaft die Zweifel der Stadt Antwerpen für nicht berechtigt, sie empfahl die Ausführung der „Grande Coupure". Die Stadt Antwerpen forderte ihrerseits die bekannten holländischen Wasserbaufachmänner Conrad und Welcker zu einem Gutachten auf.

Diese beiden Ingenieure, von denen Conrad großes Ansehen als Mitglied bedeutender Körperschaften, so des technischen Comités für den Suez-Kanal genoß, der andere, Welcker, der Schöpfer des neuen Waterwegs von Rotterdam ist, erstatteten ihr Gutachten unter dem 22. März 1899[2].

Zwei Grundfragen waren es, auf die die Stadt Antwerpen gutachtliche Auskunft verlangte:

1. „Wird eine Rinne von mindestens 8 m unter Niedrigwasser unter Einwirkung der Ebbe und Flut ohne Unterbrechung längs der rechten oder östlichen Hälfte des Stromes in der ganzen Ausdehnung des Durchstichs entstehen, so daß dort Anlegeplätze für die transatlantischen Dampfer geschaffen werden können?"

2. „Für den Fall, daß die Ausführung des Durchstichs beschlossen werden sollte, besteht die Gefahr von Versandungen und einer Erschwerung der Schiffahrt während der Zeit, wo beide Arme der Strömung offen sein werden? Ist die Gewißheit vorhanden, daß der alte Arm abgeschlossen und der neue von der Schiffahrt benutzt werden kann, ohne daß die Schiffahrt unterbrochen zu werden braucht?"

„Wenn die Ausführung scheitern sollte, könnte der alte Arm wieder für die Schiffahrt eröffnet und der Durchstich geschlossen werden?"

Conrad und Welcker erklärten, daß die Fahrrinne nur in dem obersten Teil des Durchstichs längs des rechten Ufers verlaufen würde, daß mit der Beständigkeit in der Lage der Rinne nicht mit Sicherheit gerechnet werden könne. Durch zwei Beispiele, den holländischen Wasserstraßen entnommen, versuchten die Gutachter ihre Ansicht zu stützen.

Die Gefahr, daß während des Vorhandenseins der beiden Strombetten starke Versandungen in dem neuen Durchstich entstehen würden, glaubten sie bejahen zu müssen. Diese Gefahr werde vermindert, wenn der alte Scheldearm zunächst am unteren Ende abgedämmt würde, statt, wie es Franzius vorgesehen, zunächst am oberen Ende. Da der Bau der beiden Sperrdämme, wie aus der Ausführung des Sperrdammes im Sloe, eines aufgegebenen Scheldearmes zwischen den Inseln Walcheren und Zuid-Beveland, geschlossen werden könne, mindestens 5 Monate erfordere, so sei in der Tat die Befürchtung, daß in dieser Zeit nicht zu bewältigende Versandungen im Durchstich eintreten würden, daher die Schiffahrt beeinträchtigt werde, durchaus begründet. Im Falle des Versagens des Durchstichs auf die Wiedereröffnung des alten Scheldelaufes zurückzukommen, sei nach Ansicht der Gutachter ein Mittel, das zu einer Katastrophe für den Schiffsverkehr führen würde, da die Gefahr der Versandung dadurch nur zunehme. Conrad und Welcker glaubten darum den weniger weitgehenden Vorschlag des belgischen Ingenieurs Van Mierlo empfehlen zu sollen, der in einer Milderung der scharfen Krümmung bei Ste. Marie bestand.

In einer umfangreichen Denkschrift des Oberbaudirektors Franzius und des Bauinspektors de Thierry vom 3. Februar 1900 fanden die Ausführungen der beiden holländischen Ingenieure ihre Widerlegung.

Von der Tatsache ausgehend, daß die Unterweser, was die Wasserbewegung und die allgemeinen Verhältnisse anbelangt, annähernd der Strecke der Schelde zwischen Antwerpen und Bath entspricht, daß es infolge der Unterweserkorrektion gelungen sei, die Fahrrinne in beständiger Lage festzulegen, sogar auf einer fast geraden Strecke von 16 km Länge zwischen Sandstedt und Nordenham, daß endlich auch auf der Unterweser während der Bauarbeiten mit dem gleichzeitigen Vorhandensein von zwei Strombetten gerechnet werden mußte, wobei die Verhältnisse insofern gegenüber der Scheldekorrektion erschwert wurden, als statt des tieferen Stromarmes der weniger tiefe Nebenarm unter Beibehaltung des Schiffsverkehrs als Fahrrinne auszuwechseln war, erklärte die Denkschrift die Befürchtungen wegen der Unbeständigkeit der Fahrrinne und der Gefährdung der Schiffahrt, solange der alte Scheldearm noch nicht abgeschlossen sei, für unbegründet; es wurde nachgewiesen, daß die von den holländischen Ingenieuren zur Beleuchtung ihrer Ansichten gebrachten beiden Beispiele auf die Schelde der ganz anders gestalteten Verhältnisse wegen nicht anwendbar seien. Es wurde ferner der Arbeitsvorgang für die Ausführung der Scheldekorrektion geschildert und besonders betont, daß man es durch Festlegung der Querschnitte und der Form des neuen Scheldebettes vor dessen Eröffnung in der Hand habe, der Fahrrinne, die gewollte unverrückbare Lage zu geben, daß man ferner durch den Ausbau eines zweckentsprechenden Niedrigwasserbettes die Erhaltung einer genügend tiefen Fahrrinne im gesamten Strom auch in den Stromwechselstrecken erziele. Endlich wurde der Nachweis erbracht, daß der Bau der Sperrdämme nicht die von den holländischen Ingenieuren befürchteten Schwierigkeiten

---

[1] Vgl. Recueil de Documents relatifs à l'Escaut maritime. S. 101 u. ff.
[2] Verbetering van de Schelde beneden Antwerpen. Advies van Conrad en Welcker, Antwerpen.

biete, wenn man zunächst den auch aus praktischen Gründen vorweg zu nehmenden Ausbau des oberen Dammes bewirke und darnach den des unteren Abschlußdammes.

Die Verhältnisse der Flutbewegung würden durch Anlage des Durchstichs wesentlich verbessert, die Flutdauer werde für Antwerpen verlängert, die Ebbedauer entsprechend verkürzt, die Flutwassermengen würden daher zum Nutzen für den ganzen Strom vermehrt und die Ebbeströmung vergrößert, dadurch die räumende Kraft der Ebbe verstärkt. Die hydraulischen Eigenschaften des Stromes würden also insgesamt günstig beeinflußt. Unter diesem Gesichtspunkte sei daher der Durchstich, dessen Ausführung keinerlei Gefahren für die bestehende Schiffahrt biete, die einzige Lösung, welche nicht nur den Bedürfnissen der Schiffahrt, sondern, und das in vollem Maße, der fernen Zukunft Rechnung trage.

Das von Conrad und Welcker empfohlene Van Mierlosche Projekt müsse als halbe Maßregel abgelehnt werden.

Die beiden holländischen Ingenieure betonten erneut in einer Denkschrift vom 8. Juni 1900[1] ihren alten Standpunkt; sie waren der Ansicht, daß die Verhältnisse an der Unterweser nicht verglichen werden könnten mit denjenigen auf der Unter-Schelde, alle daraus von Franzius und de Thierry hergeleiteten Betrachtungen und Folgerungen seien daher unzulässig. Sie entwickelten demgemäß, indem sie Punkt für Punkt der Denkschrift der beiden deutschen Ingenieure einer von der Sachlichkeit manchmal abweichenden Kritik unterzogen, die Auffassung, daß die Annahme des Franziusschen Vorschlags unbedingt die schwersten Gefahren für Antwerpen zur Folge haben würde.

Die Ausführungen sind zu umfangreich, als daß sie hier auch nur in den Hauptzügen wiedergegeben werden könnten.

Die Antwort der angegriffenen deutschen Fachleute blieb nicht aus. Unter dem 25. November 1900 legten sie dem Minister eine Denkschrift vor[2], die mit deutscher Gründlichkeit unter systematischer Gliederung der Einwendungen der holländischen Ingenieure folgende Punkte behandelte: Aus welchen Gründen ist eine Korrektion der Schelde unterhalb Antwerpen erforderlich? Herstellung und Eröffnung des Durchstichs; Verhalten der Schelde unterhalb Kruisschans vor völliger Absperrung des alten Scheldearms; Verhalten des alten Scheldearms selbst vor völliger Absperrung; Herstellung der Sperrdämme; Verhalten der tiefen Rinne im Durchstich; Schlußfolgerungen.

Mit vollem Recht betonten die deutschen Ingenieure gegenüber den holländischen, „daß nicht etwa das Gewicht der einen oder anderen Autorität den Ausschlag geben könne, sondern daß einzig und allein die rein sachliche Begründung des Projekts dessen Anerkennung erringen müsse." Sie überließen es hiernach der Fachwelt, zu beurteilen, welche von beiden Parteien Recht habe.

Der umfangreiche Meinungsaustausch zwischen Franzius und de Thierry einerseits und Conrad und Welcker andererseits ist für denjenigen, der sich über die technische Seite der Scheldekorrektionsfrage ein Urteil verschaffen will, von außerordentlicher Wichtigkeit. In dem Kampfe um Klarheit und Wahrheit in dieser Frage haben diese Schriften das Endziel wesentlich gefördert.

Es darf hier vorweg genommen werden, daß Welcker im Jahre 1905 in einem Vortrag in dem Institut der Ingenieure des Haags seine Ansichten in wesentlichen Punkten zugunsten der „Grande Coupure" geändert hat[3].

In diesem Vortrag, der die Einbringung des Gesetzentwurfs über die Ausführung der „Grande Coupure" in der belgischen Kammer zum Gegenstand hatte, teilte er nicht mehr die Bedenken wegen der Unbeständigkeit der Lage der Schiffahrtsrinne im Durchstich, hatte er nicht mehr die Befürchtungen, daß längs dem konkaven Ufer die durchgängige Anlage von Kaimauern unzweckmäßig sei und daß die Fahrrinne nicht auf der ganzen Strecke diesem Ufer folgen werde. Er erblickte in der Anlage des parallel zum Durchstich verlaufenden Seitenkanals im Interesse der Sicherheit der Aufrechterhaltung der Schiffahrt während der Überführung des Stromes in das neue Bett einen wesentlichen Vorteil gegenüber früheren Plänen.

Da inzwischen die Platzverhältnisse im Antwerpener Hafen immer schwieriger wurden — es war nichts Ungewöhnliches mehr, daß die Hafenverwaltung die Forderung von Reedereien nach Anlegeplätzen für die Einrichtung von neuen regelmäßigen Linien ablehnend bescheiden mußte — so glaubte die Regierung, unabhängig von dem Ausfall der noch zu treffenden Entscheidung über die Art der Hafenverbesserungen, wenigstens zum Grunderwerb in dem rechtsufrigen Poldergelände zwischen Antwerpen und Kruisschans schreiten zu müssen, damit nicht

---

[1] Conrad und Welcker: Rapports sur l'Amélioration de l'Escaut 1899—1900, in der Bibliothek des Ministeriums für Landbau und öffentliche Arbeiten.
[2] In der Bibliothek des Ministeriums unter Amélioration de l'Escaut, Réponse à la note de M.W.Conrad und Welcker relative à la correction de l'Escaut par Franzius und de Thierry.
[3] Vgl. Annales des travaux publics, 1905, S. 1314.

durch das langwierige Enteignungsverfahren gegebenenfalls weitere Aufschübe entständen. In den Haushalt für das Jahr 1900 wurden daher 17 000 000 Franken zu diesem Zwecke aufgenommen[1]. Erneut wurde die Regierung in der Kammersession 1901/02 auf die dringende Notwendigkeit einer unverzüglichen Entscheidung hingewiesen[2].

Der Kabinettschef, de Smet de Nayer, erwiderte, daß die Regierung baldigst zu einer Entscheidung zu kommen hoffe, sie habe sich nicht davon überzeugen können, daß die „Grande Coupure" nicht die beste Lösung sei; er betonte, daß die Handelskammer zu Antwerpen ihr volles Vertrauen zur Regierung in dieser Frage ausgesprochen habe, er hoffe darum auch, daß die Stadt Antwerpen dem Vorschlag der Regierung beitreten werde.

Im Jahre 1905 endlich wurde den gesetzgebenden Körperschaften der Gesetzentwurf für die Erweiterung der Hafeneinrichtungen und des Verteidigungssystems von Antwerpen unterbreitet[3].

Nach dem Vorschlage der Regierung sollte der große Durchstich zur Ausführung kommen. Um die Bedenken der Antwerpener Stadtverwaltung hinsichtlich des vorübergehenden gleichzeitigen Bestandes zweier Strombetten nach Eröffnung des Durchstiches und die daran geknüpften Befürchtungen wegen Versandung des neu geschaffenen Schiffahrtsweges zu beheben, hatte die Regierung die Anlage eines parallel zum Durchstich verlaufenden Seitenkanals vorgesehen, somit also den Vorschlag, der in dem Entwurf Royers vom Jahre 1897 zum Ausdruck kam, sich zu eigen gemacht. Der Seitenkanal sollte durch zwei Schleusen von Kruisschans her zugänglich sein, an ihn sollte eine beträchtliche je nach Bedarf anzulegende Anzahl von Stichbecken angeschlossen werden, im Süden sollte der Seitenkanal in Verbindung gebracht werden mit der bestehenden nördlichen Hafenbeckengruppe; da der Seitenkanal vor der Ausführung des Durchstichs in Betrieb genommen werden sollte, war der Gefahr, es könnte infolge der Bauarbeiten am Durchstich eine Benachteiligung der Schiffahrt eintreten, vorgebeugt. Für diesen Vorschlag fand die Regierung denn auch die Zustimmung der Stadt Antwerpen und deren Handels- und Schifffahrtskörperschaften. Der Plan der Hafenerweiterungen ist in Abb. 7 dargestellt. Wie wir es aus den Vorschlägen von Franzius kennen, sollte der im Mittel 650 m breite Durchstich in sanft geschwungener Krümmung von Kattendijk bis Kruisschans führen, an seinem rechten Ufer auf 8600 m Länge die Anlage von Kaimauern am tiefen Wasser gestattend. Infolge des Durchstichs konnte eine Verkürzung der Fahrstraße nach Antwerpen um 2,75 km erzielt werden.

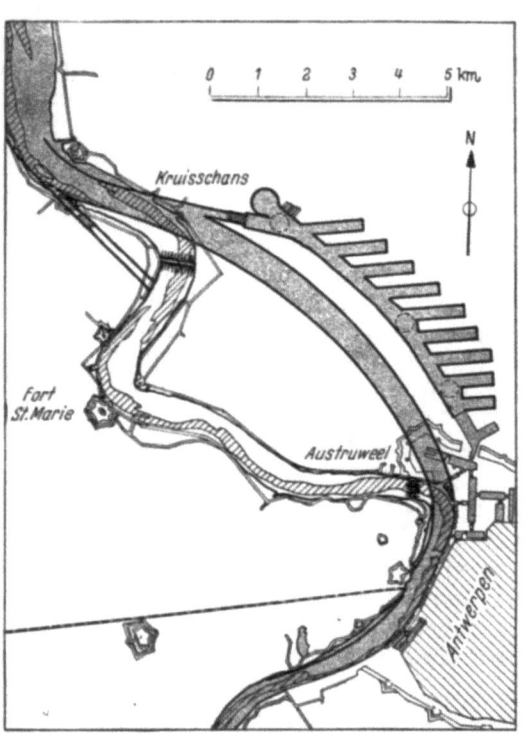

Abb. 7. Regierungsvorschlag, 1905.

Der geplante 250 m breite Seitenkanal, durch zwei in Stromrichtung liegende, daher leicht anzusteuernde Seeschleusen von 30 und 35 m Breite, 300 m Mindestlänge und mit einer Drempeltiefe von 8 m unter NW angeschlossen, bot auf seinem westlichen Ufer Gelegenheit zur Anlage von 6200 m Kaimauern. Der Kanal sollte drei Wendeplätze von je 400 m Durchmesser erhalten und bei vollständigem Ausbau außer den bis zum Kriegsausbruch bereits ausgehobenen drei Seitenbecken noch sieben Stichbecken von je 200 m Breite, die so angeordnet waren, daß die zwischen je zwei Becken liegenden Kaizungen wie die Finger einer Hand in die Wasserfläche hineingreifen, das Sinnbild also, nach dem sich See- und Landverkehr die Hände reichen, in Wirklichkeit verkörpernd. In den Stichbecken konnten 24,5 km Kaimauern geschaffen werden. Die Gesamtwasserfläche des Seitenkanals und seiner Becken war 391,7 ha. Am nördlichen Ende des Seitenkanals sollten mehrere Trockendocks verschiedener Größe Platz finden.

Die gesamte Planung der Innenhafenanlage zeichnete sich durch klare Übersichtlichkeit aus; die Gleisanschlüsse waren ebenso klar und einfach. Die Voraussetzungen für leichte glatte Betriebsführung war also gegeben. Ein wesentlicher Vorteil der Gesamtanlage war darin zu erblicken, daß die Hafeneinrichtungen sämtlich auf der Stadtseite des Stromes liegen sollten.

---
[1] Loi concernant le budget des recettes et des dépenses extraordinaires pour l'exercice 1900. Art. 8. Amélioration du cours de l'Escaut en aval d'Anvers, extension des établissements maritimes, pp. expropriations.
[2] Séances des 29 avril et 6 mai 1902, Chambre des Représentants.
[3] Projet de loi relatif au système défensif d'Anvers et à l'extension de ses installations maritimes, siehe Kammerberichte der Session 1904/05 und 1905/06 und Senatsberichte 1905/06.

Das Amerikabecken sollte nach dem Regierungsentwurf verschwinden und das Afrikabecken eine Einschränkung erfahren.

Der Maas-Schelde-Kanal, dessen Einführung in die alte Hafenanlage vom nautischen Standpunkt sehr ungünstig lag, sollte unter Beibehaltung dieser Mündung eine neue zum Afrikabecken führende Mündungsstrecke erhalten, an dieses neue Kanalstück sollte unter Benutzung eines Teils des alten Festungsgrabens ein neues Binnenschiffahrtsbecken von 16,5 ha Größe angeschlossen werden.

In Gestalt des aufzugebenden und beiderseits abzuschließenden alten Scheldearmes sollte ein 589,5 ha großes Industrie-Hafenbecken geschaffen werden, das den Anschluß an den Strom durch eine geräumige Seeschleusenanlage bei Liefkenshoek erhalten sollte.

Die Durchführung dieses Regierungsvorschlags machte die Aufgabe der Befestigungsanlage im Norden der Stadt erforderlich; neue, das ganze Hafengebiet umschließende Befestigungen wurden daher für notwendig erachtet. Abgesehen von dieser Änderung sah der Gesetzentwurf weitere nicht in den Rahmen dieser Betrachtung fallende Anlagen zur besseren Verteidigung des Platzes Antwerpen vor[1].

Den gewaltigen Umfang der vorgesehenen Bauarbeiten veranschaulichen am besten folgende Zahlen:

Der Erdaushub war für den Seitenkanal nebst Stichbecken einschließlich Schleuseneinfahrt zu 38 000 000 m³, für den großen Durchstich zu 37 000 000 m³, insgesamt also zu 75 000 000 m³ errechnet. Die Gesamtkosten der neuen Seehafenanlagen einschließlich Grunderwerb wurden veranschlagt zu 186 Millionen Franken, hiervon entfiel auf Grunderwerb der Betrag von 42 Millionen, auf die Bauarbeiten die Summe von 144 Millionen; an dieser Summe sollte sich der Staat mit 101,6 Millionen und Antwerpen mit 42,4 Millionen beteiligen. Die für Grunderwerb aufgewendeten Kosten sollten durch Verkauf der im Werte gestiegenen Grundstücke wieder eingebracht werden. Die Kosten für die Ausstattung der Ufer mit Schuppen, Speichern, Kränen sowie für die gesamten Gleisanlagen waren in diesem Kostenanschlag nicht enthalten.

Die Politik, die seit dem Erscheinen der Van den Broeckschen Denkschrift „Nos installations futures" im Jahre 1894 sich der Hafenfrage bemächtigt hatte, bereitete der Gesetzesvorlage das Schicksal, daß zwar der Ausführung des Seitenkanals und dem Grunderwerb zugestimmt wurde, daß aber betreffs der Anlage des Durchstichs eine Sonder-Kommission gutachtlich gehört werden sollte, wie es bei früheren Anlässen so oft der Fall gewesen war.

Die Notwendigkeit der Scheldeverbesserung wurde seitens der Kammern anerkannt, gegen die Ausführung nach dem Vorschlag der Regierung wurden indes wieder die schon oftmals erörterten Bedenken erhoben. Die Regierung hatte daher im Verlaufe der Debatten den Vorschlag gemacht, die Prüfung der Frage, in welcher Weise die Scheldeverbesserung stattfinden solle, einer Kommission zu überlassen[2]. Das demzufolge am 30. März 1906 erlassene Gesetz „Loi relative au système défensif d'Anvers et à l'extension de ses installations maritimes" schied daher in Artikel 5 die Ausführung des Durchstichs aus, bewilligte aber im übrigen die für die Umgestaltung der Hafenanlagen geforderten Mittel[3]. Auf den Vorschlag des Ministers der öffentlichen Arbeiten wurde die Kommission durch kgl. Verordnung vom 31. Mai 1907 berufen[4].

Ihr gehörten unter dem Vorsitz des Staatsministers de Smet de Nayer Kammermitglieder und hervorragende Techniker an, darunter auch solche des Auslandes, beispielsweise de Thierry, Professor an der Technischen Hochschule zu Berlin, Quinette de Rochemont, Generalinspektor der französischen Bauverwaltung und de Joly, des letzteren Nachfolger seit Oktober 1910. Die Kommission trat zum ersten Male am 16. Dezember 1907 zusammen und hielt ihre Schlußsitzung am 27. März 1911 ab. Ihre Aufgabe war gemäß den Einführungsworten des Arbeitsministers, vom Standpunkte der Wirtschaftlichkeit, des Handels und der Technik die beste Lösung für die Scheldeverbesserung zu finden. Mit großer Gründlichkeit ging die Kommission an ihre Arbeit. Die Schöpfer der verschiedensten im Laufe der langen Jahre erschienenen Entwürfe wurden von ihr gehört und ihre Arbeiten begutachtet. Die sehr beachtenswerten, für das Studium der Entwicklung der Antwerpener Hafenfrage wertvollen Arbeiten der Kommission sind in einem besonderen Werke niedergelegt[5].

---

[1] Der gesamte Gesetzentwurf findet eine gute Würdigung in dem Rapport de M. le Baron Descamps, Heft 19 des Sénat de Belgique, Réunions des 26 janvier, 10 et 19 février 1906.

[2] Beachtenswert sind insbesondere die Ausführungen des Kammermitgliedes und späteren Ministers der öffentlichen Arbeiten, Helleputte, in den Sitzungen vom 9., 10. November 1905. (S. Annales Parlementaires, Chambre des Représentants, Séances 1904/05.)

[3] Règne de Léopold II, Pasinomie 1906.

[4] Arrêté royal du 31. V. 1907 instituant une commission pour l'étude des questions relatives à l'amélioration de l'Escaut à Anvers (Règne de Léopold II, Pasinomie 1907).

[5] Commission d'Etude des questions pp. Procès-verbaux des séances, herausgegeben vom Ministère de l'Agriculture et des Travaux publics, 1911.

In der Kommission fand sich eine große Mehrheit (¾) für die „Grande Coupure", insbesondere traten der Präsident der Antwerpener Handelskammer, Corty, und der ehemalige Präsident der Fédération Maritime d'Anvers, Aerts, für die Durchführung der Scheldekorrektion nach diesem Vorschlag nachdrücklich ein, indem sie seine wirtschaftliche und handelstechnische Notwendigkeit betonten; mit gleicher Wärme sprachen sich vom technischen Standpunkte in überzeugender Weise die beiden französischen Mitglieder Quinette de Rochemont und de Joly und der deutsche Fachmann de Thierry für den großen Durchstich aus.

Der Erfolg der Verhandlungen war der, daß manches Mitglied, das vordem „Anticoupurist" war, ein überzeugter Anhänger der „Grande Coupure" wurde.

Indessen empfahl die Kommssion vom technischen Standpunkte folgende Abänderungen: Am unteren Ende des großen Durchstichs wird der Strom von dem ausbuchtenden rechten Ufer nach dem linken Ufer überwechseln. Diesem Umstande Rechnung tragend, muß die Schleuseneinfahrt nach dem Seitenkanal mehr stromaufwärts verlegt werden, damit vor ihr hinreichende Fahrtiefe erzielt wird. Auch wurde die Anlage einer zweiten Schleuseneinfahrt etwa halbwegs zwischen Kruisschans und Kattendijk für empfehlenswert gehalten.

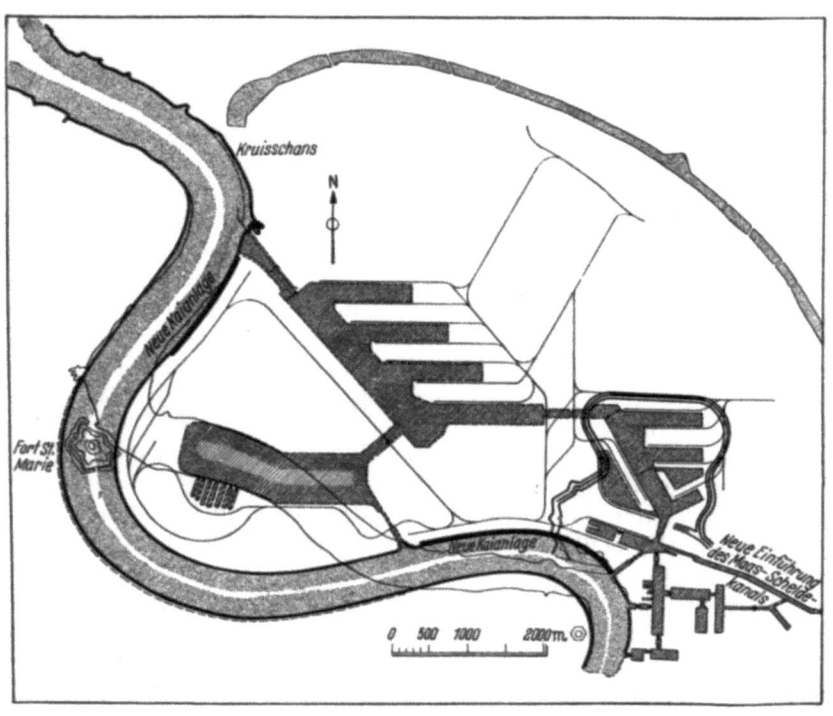

Abb. 8. Im Jahre 1912 genehmigter Entwurf.

Ungeachtet der Stellungnahme der Kommission brachte dann die Regierung im Februar 1912 den Gesetzentwurf ein, wonach die Scheldekorrektion nach Abb. 8, also nach der S-Form, ausgeführt werden sollte[1].

Diese auffällige Sinnesänderung der Regierung wurde damit begründet, daß die Ausführung der „Grande Coupure" zahlreiche Unsicherheiten in sich schließe, nämlich:

1. die Ungewißheit über die Wirkung, die sich aus der Verkürzung des Strombettes und der dadurch hervorgerufenen Verminderung der wirksamen Flutwassermenge ergebe,

2. die Unsicherheit, die darin bestehe, daß die Linienführung mit großem Halbmesser und langgestreckter Krümmung dem Charakter des sonst stark gekrümmten Stromlaufs zuwiderläuft,

3. die Ungewißheit über den Erfolg des mit durchlaufender Kaimauer ausgestatteten rechten Ufers,

4. die Zweifel über die Festlegung des Querschnitts im Durchstich und hinsichtlich der Sicherheit der Vermeidung von Anlandungen,

5. die Ungewißheit über die zukünftigen Abflußmengen sowohl ober- wie unterhalb des Durchstichs.

Obwohl diese Zweifel in der Kommission eingehend beleuchtet und behoben wurden, glaubte die Regierung die Ansicht der Mehrheit sich nicht zu eigen machen zu können; ein Hauptgrund für ihren Sinneswechsel war auch in dem Umstand zu suchen, daß man die wegen der langen Verschleppung der Hafenerweiterungsfrage immer dringender werdende Notwendigkeit der alsbaldigen Schaffung neuer Anlegeplätze am offenen Strom mit Hilfe der S-förmigen Stromverbesserung leichter und besonders schneller befriedigen konnte.

Die Regierung war der Ansicht, die in der Kommission mit Rücksicht auf die bis dahin bekannten Schiffsabmessungen für den Durchstich vorgeschlagenen Tiefen von 11—13 m seien, nachdem inzwischen Ozeanriesen von 50000 BRT auf Stapel gelegt worden seien, nicht mehr ausreichend; für solche Abmessungen biete nur die S-förmige Linienführung genügende Fahr-

---

[1] Documents parlementaires, Chambre des Représentants, Session 1911/12. Document No. 97.

wassertiefen, wie aus der Natur des bisherigen Zustandes des Stromes zweifelsfrei geschlossen werden könne. Auch ermögliche die Wahl des S-förmigen Strombettes im Falle des Mißlingens die Wiederherstellung des alten Zustandes, was bei Annahme des großen Durchstichs ein für allemal ausgeschlossen sei, sowie die Beibehaltung des Amerika- und Afrikabeckens. Endlich liege in dem jetzt von der Regierung gemachten Vorschlag die Möglichkeit der Schaffung einer Reede mit tiefen Anlegeplätzen am offenen Strom bei Kruisschans.

Man ist in der Tat erstaunt, wenn man die Ausführungen der Regierung in dem ,,Exposé des motifs" liest und die Verhandlungsprotokolle der Kommission daneben hält; fast mutet es einen an, als ob die Regierung von den gewissenhaften Untersuchungen der Kommission keinerlei Kenntnis gehabt hätte, denn alle die Zweifel der Regierung finden in diesen Untersuchungen ausnahmslos ihre Widerlegung.

Die Kammer, kurz vor Sessionsschluß und ganz unter dem Eindruck dessen stehend, daß endlich gehandelt werden müsse und daß die Zeit zu beraten, abgelaufen sei, nachdem Rotterdam seine Zufahrtsstraße in mustergültiger Weise verbessert, nachdem auch in den übrigen Wettbewerbshäfen Hamburg und Bremen großartige Verbesserungen zur Durchführung gekommen seien, so daß diese Häfen bzw. ihre Vorhäfen für größere Schiffe zugänglich gemacht seien als es in Antwerpen der Fall sei, erklärte, daß sie den Regierungsentwurf annehmen wolle, wenn er auch nicht die beste Lösung darstelle[1]. Sie gab anheim, die Stromkrümmung oberhalb Kruisschans zur leichteren Gestaltung des Stromwechsels weiter auszudehnen, derart, daß das Fort Ste Marie in das Strombett hineingezogen und die Krümmung bei Krankeloon weiter auf das linksufrige Poldergebiet hinausgeschoben würde, was zur Folge habe, daß die Krümmung bei Austruweel gleichfalls eine geringfügige Verlegung erfahre.

Der Senat schloß sich diesem Vorschlag an[2].

Unter dem 15. Mai 1912 erlangte der Entwurf alsdann durch königliche Vollziehung Gesetzeskraft[3].

Hiernach wurden als erster Kredit 15 Millionen Franken für Enteignungen zur Inangriffnahme der Arbeiten zur Berichtigung des Scheldebettes bewilligt.

Das Gesetz betont ausdrücklich, daß die Verbesserung des Scheldelaufes erst nach Schaffung des Seitenkanals und der Schleusen bei Kruisschans durchgeführt werden dürfe, für letztere Arbeiten waren die Mittel bereits durch Gesetz vom 30. März 1906 bewilligt. Die in der Kammer gemachten Änderungsvorschläge sind in der Abb. 8 bereits berücksichtigt.

Die Ziele des für die Ausführung bestimmten Entwurfs waren:

1. Der Großschiffahrt eine aus sanften Krümmungen sich zusammenfügende Fahrstraße zu bieten, die bei MTnw Wassertiefen von etwa 12 m besitzt,

2. die Kaimauern am offenen Strom bei Austruweel um 3500 m zu verlängern,

3. das linke Ufer auf 4750 m Länge in der neuen Krümmung bei Krankeloon für die Anlage von Landungsstellen an tiefem Wasser einzurichten,

4. bei Kruisschans eine Reede zu schaffen mit 1170 m Kaimauern oberhalb des Schleusenmunds der Kanaleinfahrt, während die Ausdehnung von Landungsstellen unterhalb der Schleuseneinfahrt von der Wahl der Umgestaltung des Scheldestroms von Kruisschans bis zur holländischen Grenze abhängt,

5. Die Ausführung eines geräumigen Innenhafens unter teilweiser Verlegung des Seitenkanals und eines besseren Anschlusses für diesen an den Scheldestrom in der tiefes Fahrwasser verbürgenden Krümmung bei Kruisschans.

Dieser Anschluß sollte mit zwei Schleusen von 35 m und 40 m Breite, 270 und 400 m Länge und 10,3 m bzw. 12,3 m Tiefe verwirklicht werden. Der Seitenkanal und seine Becken sollten 12 m tief werden.

In dem für den Seeverkehr bestimmten Innenhafen sollten 26,1 km Kaimauerlänge und 407,1 ha Wasserfläche neu gewonnen werden.

Das aufgegebene Scheldebett sollte zum Teil als Industriehafen ausgebaut und mit besonderer Schleuseneinfahrt von Austruweel her ausgestattet werden.

An Erdbewegung waren nach dem Voranschlag: 37 600 000 m³ für die Scheldeverlegung und 19 800 000 m³ für den Seitenkanal und die Schleuseneinfahrten (ohne die Stichbecken), insgesamt also 57 400 000 m³ zu leisten; das entsprach nahezu derselben Erdbewegung wie beim großen Durchstich nebst Seitenkanal (ohne Becken).

---

[1] In einer einzigen Sitzung, derjenigen vom 3. Mai 1912, wurde die Generaldebatte und die Abstimmung erledigt. Vgl. Annales Parlementaires, Chambre des Représentants. Session 1911/12.
Das Gesetz wurde mit 118 von 119 Stimmen bei 1 Stimmenthaltung angenommen.

[2] Annales Parlementaires. Sénat, Session 1911/12. Sitzung vom 10. Mai 1912.
Annahme des Gesetzes mit 83 von 84 Stimmen bei 1 Stimmenthaltung.

[3] Pasinomie, 1912.

Die Kosten wurden veranschlagt zu rd. 120 Millionen Franken (gegenüber 144 Millionen Franken bei der „Grande Coupure") und zwar für die Ausführung der Scheldeverlegung, des Seitenkanals (ohne Becken), der Kaimauern und der beiden Schleusen, jedoch ohne den Grunderwerb.

Wie schon erwähnt, ist von diesem Plan bis zum Ausbruch des Krieges der unmittelbar nördlich des Afrika-(Lefèbvre)-Beckens anschließende Teil des Seitenkanals mit zwei Stichbecken zur Ausführung gekommen, und zwar mit 5,5 km Kailänge und 67,0 ha Wasserfläche, die in den oben angegebenen Zahlen bereits enthalten sind.

III. Der Antwerpener Hafen in seiner wirtschaftlichen Bedeutung vor dem Weltkriege.

Über Belgiens Handel und seine Bedeutung in der Weltwirtschaft und über die Stellung Antwerpens als internationale Hafenstadt insbesondere ist eine bedeutende deutsche Literatur erschienen[1].

Derselbe Stoff ist behandelt in zahlreichen Aufsätzen in der Monatsschrift für Gegenwart und Geschichte der belgischen Lande: Der Belfried, Inselverlag zu Leipzig[2].

Von belgischen Untersuchungen sei nur die eine Schrift erwähnt: Le port d'Anvers et la Conférence économique de Paris, von Max Oboussier, Anvers, Librairie „Flandria" 1917, die, wie der Titel schon sagt, durch den Beitritt Belgiens zu dem von der Entente aufgestellten Programm eines Wirtschaftskrieges gegen die Mittelmächte veranlaßt worden ist.

Wenn im folgenden versucht wird, die wirtschaftliche Bedeutung des Scheldehafens und die deutsch-belgischen Wirtschaftsbeziehungen insbesondere bis zum Ausbruch des Weltkrieges in kurzen Zügen darzustellen, so wird in den Hauptgesichtspunkten der Gedankengang der erwähnten Schriften richtunggebend sein.

Die geographische Lage Belgiens, das, selbst das dichtestbevölkerte Land Europas, inmitten der volksreichsten Landstriche Deutschlands, Frankreichs und der Niederlande liegt und gegenüber seiner Küste die bevölkertsten Gegenden des britischen Reiches findet, macht dieses Land zum Vermittler des Austauschverkehrs zwischen diesen arbeitsamen, hochentwickelten Gebieten. Diesem Verkehr dienen ein äußerst engmaschiges Eisenbahnnetz und ein in die Nachbargebiete vielfach übergreifendes Wasserstraßennetz.

Belgiens Lage an der Hauptseeverkehrsstraße der Welt, an dem Kanal, durch den sich der große ost-westlich gerichtete und der nord-südlich führende Schiffahrtsverkehr bahnt, begünstigt in Verbindung mit der Tatsache, daß die Ansteuerung von der See her unter allen Hafenplätzen der ganzen Küste von Calais bis zum holländischen Helder die beste ist, seine Weltstellung.

Selbst ein hochentwickelter Industriestaat, dessen Politik, da der eigene Markt zu klein, auf unbedingte Ausfuhr eingestellt ist, findet das Land an seinen Grenzen die hochentwickelten industriereichsten Gebiete Deutschlands, Luxemburgs und Frankreichs mit ihrem ungeheuer großen Bedarf an Rohstoffen und Lebensmitteln und ihrer großen Erzeugung an Fabrikaten, und in seinem nördlichen Nachbarn Holland, einen Staat mit hochentwickelter Landwirtschaft und regstem Handel, dessen Politik wiederum auf die Ausfuhr landwirtschaftlicher Erzeugnisse abzielt.

Im Mittelpunkte dieses ganzen internationalen Wirtschaftsgebiets und des dichten Schienen- und Wasserstraßennetzes, liegt der Welthafen Antwerpen, 88 km von der See, in ihm kommt der Seeverkehr dem Landverkehr möglichst weit entgegen.

Auf diesen Vermittler des internationalen Verkehrs war Belgiens ganze Verkehrspolitik eingespielt. Zu seinen Gunsten wurden die Eisenbahntarife tunlichst niedrig gehalten, die Hafengebühren möglichst billig gestaltet, gegenüber den Verfrachtern seitens der Eisenbahn im Hafen denkbar weitgehendes Entgegenkommen bekundet, so daß an Billigkeit kein Welthafen mit Antwerpen sich messen konnte.

Eine außerordentlich große Nachfrage nach Schiffsraum war kennzeichnend für Antwerpen. Das kam in der Verhältniszahl für die Rückfracht zum Ausdruck. Nach Schumacher[3] betrug

---

[1] Schumacher: Antwerpen. Seine Weltstellung und Bedeutung für das deutsche Wirtschaftsleben. München und Leipzig, 1916, Dunker & Humblot; desselben Verfassers Schrift: Belgiens Stellung in der Weltwirtschaft. Leipzig: Verlag S. Hirzel 1917; ferner die als Handschrift gedruckte Denkschrift: Der deutsch-belgische Wettbewerb und seine Regelung.

[2] Waentig: Belgiens Handel und Antwerpen (1. Jahrg., Doppelheft 10 u. 11); desselben Verfassers Studie: Antwerpen—Köln (1. Jahrg., Heft 8) bietet einen Einblick in die Entwicklung des belgischen Handels und seiner Verkehrswege. Die Bestrebungen der belgischen Regierung nach Schaffung einer nationalen Handelsmarine werden in Waentigs Aufsatz: Der Lloyd Royal Belge (ebenda, 1. Jahrg., Heft 3 und 4), beleuchtet.

[3] Schumacher: Antwerpen usw. S. 39.

diese 80 vH der gelöschten Güter, während dieser Satz in Hamburg nur 48 vH und in Rotterdam, wenn man die Kohlenfrachten außer acht läßt, nur 16 vH ausmachte. Dem Werte nach war der Ausgleich für Antwerpen noch bedeutender.

In Hamburg und Rotterdam lag also kein so großer Bedarf an Schiffsraum für die Ausfuhr vor, und der Überschuß an Ausfuhrschiffsraum vermochte die Waren etwa des Industriegebietes am Rhein nicht nach Rotterdam oder Hamburg zu locken, denn trotz der Billigkeit des überschüssigen Schiffsraumes waren für den Verfrachter außer der kürzeren Wegeverbindung noch andere Gründe maßgebend, die ihn auf Antwerpen hinwiesen.

Das waren zunächst die außerordentlich vielseitigen und zahlreichen regelmäßigen Schiffahrtsverbindungen, die Antwerpen besaß, und die es in Beziehung brachte zu allen übrigen wichtigeren Hafenplätzen der Welt. Nicht weniger als 197 regelmäßige Schiffahrtsverbindungen zählte das Tableau général du Commerce, année 1912, für Antwerpen auf. Es war vermöge dieser Tatsache ein Großschiffahrtshafen und genoß daraus den Vorteil geringer Kosten für die Frachteinheit. Antwerpen war damit der bedeutendste Anlaufhafen der Welt geworden, da an Vielseitigkeit und Vielfältigkeit der regelmäßigen Verbindungen kein Welthafen ihm gleich kam.

Für den Verfrachter lag hierin der große Vorteil, daß er wegen der Häufigkeit der Verbindungen mit einer schnellen Abfertigung der Waren rechnen konnte; in der Tat gelangten vielfach die Güter vom Eisenbahnwagen unmittelbar ins Schiff; das bedeutete für den Verfrachter einen Zeit- und Zinsgewinn, da in der Regel die Ware, sowie sie aufs Schiff gebracht ist, bezahlt wird. In Hamburg oder Bremen mußte der Verfrachter meist mit einer mehrtägigen Einlagerung der Waren im Schuppen rechnen, ehe sie ihr Schiff erreichten, was mit Zinsverlust verbunden war.

Die Gunst der Rückfrachtverhältnisse brachte es außerdem mit sich, daß Antwerpen die niedrigsten Seefrachtsätze bieten konnte. Denn abgesehen von der regelmäßigen Linienschiffahrt hatte sich in Antwerpen, da hier hochwertiges und vielgestaltiges Gut aller Art, Schwergut sowohl wie Maßgut, stets nach Schiffsraum rief, eine Art Trampschiffahrt (wilde Schiffahrt) mit mehr oder weniger regelmäßigem Dienst eingestellt, die die Frachtsätze der Verbandsschiffahrt zu unterbieten suchte.

Die Trampschiffahrt spielte auch in der Einfuhr eine bedeutende Rolle und drückte so auf die Frachtsätze, ihre Rückfracht nahm sie gewöhnlich in den nahen englischen Kohlenhäfen in Gestalt von Kohle.

Wie aber in Vorstehendem schon angedeutet, beruhte Antwerpens Größe in erster Linie auf seiner Stellung als der Hauptausfuhrhafen für das nordwesteuropäische Industriegebiet, der an Billigkeit seinesgleichen suchte. Der Haupteinfuhrhafen für die Massengüter dieser Wirtschaftsgebiete war der dementsprechend anders gestaltete und organisierte Hafen von Rotterdam, der den Vorzug genoß, an der Hauptbinnenwasserstraße, dem Rhein, unmittelbar zu liegen und aus dem vervollkommneten Umschlag zwischen See- und Binnenschiff den größten Nutzen zu ziehen. Antwerpen hatte diese Art von Umschlag wenig organisiert, obwohl seinem Hafen ein vielverzweigtes Binnenwasserstraßennetz zur Verfügung stand. Antwerpens Einfuhr an Massengütern kam daher in erster Linie für Belgien selbst in Frage.

Gleichwohl wickelte sich in Antwerpen ein reger Binnenschiffahrtsverkehr mit dem deutschen Rhein ab, der sich zwar mit dem gewaltigen Umschlag von Rotterdam — im Jahre 1912 Zufuhr vom Rhein 6 Millionen t und Abfuhr nach dem Rhein nahezu 15 Millionen t —, nicht vergleichen ließ; denn im gleichen Jahre betrug nach Schumacher die Zufuhr vom Rhein in den belgischen Häfen, also besonders in Antwerpen, 5½ Millionen t und die Rheinabfuhr fast 3 Millionen t. Wie diese Zahlen aber zeigen, waren auch in diesem Verkehr die Frachtraumverhältnisse günstiger für Antwerpen als bei Rotterdam; während in letzterem Hafen der Frachtraum für die Bergfahrt schwer erhältlich war, hatte Antwerpen Überfluß an Frachtraum für diese Fahrt[1].

Der Lloyd Anversois zählte für das Jahr 1912 15 Gesellschaften auf, die einen regelmäßigen Dienst zwischen Antwerpen und dem deutschen Rhein eingerichtet haben, unter diesen war die deutsche Flagge die führende[2].

In der Seeschiffahrt (Einfuhr) stand die englische Flagge mit 6 173 231 NRT für 1913, das ist mit 45,5 vH des Gesamtschiffsraumes an erster Stelle, an zweiter stand mit 4 510 522 NRT oder 32,2 vH die deutsche Flagge, die belgische Flagge war an dritter Stelle mit nur 921 722 NRT oder 6,5 vH vertreten. Zieht man den regelmäßigen englischen Dienst Antwerpen—Harwich in Betracht mit etwa 520 000 NRT so wird die Stellung der deutschen Flagge wesentlich gehoben, sie steht dann nur noch um 1 Million NRT hinter der englischen zurück[3].

Oboussier zeigt in seiner eingangs genannten Schrift (S. 17), daß von der englischen Tonnage nicht weniger als 2 358 021 NRT in Ballast im Jahre 1913 ausliefen, daran ist der bedeutende

---
[1] Schumacher: Antwerpen usw. S. 52—53.
[2] Annuaire maritime du Lloyd Anversois, Janvier 1912, S. 26.
[3] Oboussier: Le port d'Anvers pp. S. 13.

Anteil der englischen Trampschiffahrt zu ermessen; deutsche Tonnage lief nach derselben Quelle nur in Höhe von 80 147 NRT in Ballast aus.

Die führenden deutschen Schiffahrtslinien in Antwerpen waren der Norddeutsche Lloyd, die Hamburg-Amerika-Linie, die Hansa-Linie, die D. Australische D. G., die Roland-Linie, die Deutsch-Ostafrika-Linie, die D. G. „Neptun", die Kosmos-Linie, die Oldenburg-Port. D. R. und die Woermann-Linie.

Deutsche Linien bedienten von Antwerpen aus fast alle bedeutenderen Überseeplätze, nur die Verbindungen mit den nordamerikanischen Häfen der atlantischen Küste lagen in Antwerpen in fremden Händen, da die im nordatlantischen Syndikat vertretenen deutschen Reedereien auf diesen Fahrten Antwerpen nicht anlaufen durften.

Im Austausch mit nordamerikanischen Häfen war also die westdeutsche Industrie auf dem Wege über Antwerpen auf fremde Flaggen, vorwiegend die englische, angewiesen.

Für das Jahr 1912 wurden in Antwerpen 6973 einlaufende Seeschiffe gezählt mit einem Gesamtraumgehalt von 13 761 591 NRT. Will man den Scheldehafen in Vergleich bringen mit den übrigen Welthäfen der nordwesteuropäischen Ecke, so muß man der andersartigen Schiffsvermessung in Belgien wegen diese Zahl um etwa 13 vH kürzen. Nach Oboussier erhält man dann folgenden Vergleich.

Es liefen ein 1912 in Millionen NRT:

in Antwerpen	11,987
„ Rotterdam	12,179
„ Amsterdam	2,869
„ Bremen	4,210
„ Hamburg	13,797
„ London	12,986
„ Liverpool	11,810
„ Le Havre	3,572

Hamburg war hiernach führend, London stand an zweiter und Antwerpen an vierter Stelle, dem Hafen Rotterdam, der die dritte Stelle behauptete, fast gleichkommend.

Maßgebend für die Bedeutung eines Welthafens ist aber sein Güterverkehr zur See. Er betrug in Ein- und Ausfuhr zur See, zusammengenommen in 1912:

in Hamburg	24 757 000 t
„ Antwerpen	18 157 000 t[1]

Ein Gradmesser für die Bedeutung ist aber vor allem der Wert von Ein- und Ausfuhr; von Peters wurden für 1912 folgende Zahlen angegeben[2]:

	Einfuhr fr.	Ausfuhr fr.	Zusammen fr.
für Antwerpen	3 243 477 890	3 050 436 590	6 293 914 480
„ Bremen	2 897 587 007	2 760 416 340	5 658 003 347
„ Hamburg	9 723 148 000	8 433 536 677	18 156 684 677
„ London	6 055 412 915	3 650 402 100	9 705 815 015
„ Le Havre	1 884 295 000	1 324 299 000	3 208 594 000
„ Liverpool	4 535 028 440	4 911 119 088	9 446 147 528

Für Rotterdam wurde der Wert der Ein- und Ausfuhr nicht festgestellt, doch stand er nach Schumachers Urteil hinter demjenigen von Antwerpen zurück[3]. Hamburg nahm also in dieser Hafengruppe die erste Stelle ein, es war überhaupt der erste Welthafen dem Werte seines Güterverkehrs nach, da New-York mit 9,148 Milliarden fr. für 1912 noch hinter Liverpool blieb.

Über den Gesamtgüterverkehr des Jahres 1912 im Hafen Antwerpen gibt folgende aus dem Tableau général du Commerce de la Belgique und dem Rapport général de la Chambre de Commerce d'Anvers herausgezogene Zusammenstellung Auskunft:

Hafenverkehr von Antwerpen im Jahre 1912.

Eingang	über See t	über Kanal und Landverbindung t	Zusammen t	Wert in 1000 fr.
1. Vom Ausland	10 080 450	2 681 747[1]	12 762 197	3 243 478
2. Aus Belgien	—	5 874 444	5 874 444	—
Zusammen	10 080 450	8 556 191	18 636 641	—

Ausgang				
1. Nach dem Ausland	8 076 385	2 082 719[4]	10 159 104	3 050 437
2. Nach Belgien	—	4 850 271	4 850 271	—
Zusammen	8 076 385	6 932 990	15 009 375	—
Gesamthafenverkehr	18 156 835	15 489 181	33 646 016	6 293 915

---

[1] Oboussier: a. a. O. S. 40.
[2] Peters: Mouvement des Ports. Juni 1914. Antwerpen bei Aug. van Nylen.
[3] Schumacher: Antwerpen usw. S. 116.
[4] Auf Wasserwegen allein (vgl. Tableau général pp. III. S. 712/713).

Diese Zahlen gewinnen an Bedeutung, wenn man sie in Vergleich setzt mit den Ein-, Ausfuhr- und Durchfuhrzahlen Belgiens. Für das Jahr 1912 entwickelt das Tableau général du Commerce folgendes Bild:

Handel Belgiens im Jahre 1912.

Einfuhr

Handelsart	über See t	über Kanal und Landverbindung t	Unbestimmt t	Zusammen t	Wert in 1000 fr.-
1. Eigenhandel	11 212 575	19 193 524	876 438	31 282 537	4 958 000
2. Durchgangsgut	401 024	6 112 360	78 584	6 591 988	2 437 295
Zusammen	11 613 599	25 305 094	955 022	37 874 525	7 395 304

Ausfuhr

Handelsart	über See t	über Kanal und Landverbindung t	Unbestimmt t	Zusammen t	Wert in 1000 fr.-
1. Eigenhandel	5 543 363	15 103 911	219 561	20 866 835	3 951 479
2. Durchgangsgut	3 546 946	2 966 458	78 584	6 591 988	2 437 295
Zusammen	9 090 309	18 070 369	298 145	27 458 823	6 388 774

An der Gesamteinfuhr Belgiens zur See war der Hafen Antwerpen also dem Gewichte nach mit 86,8 vH, an der Seeausfuhr mit 88,8 vH beteiligt. An der Gesamteinfuhr über Kanal- und Landverbindungen nahm Antwerpen mit 10,6 vH teil, an der Ausfuhr über diese Wege mit 11,5 vH. Dem Werte nach betrug der Anteil Antwerpens an der Gesamteinfuhr 43,8 vH und an der Gesamtausfuhr 47,7 vH vom belgischen Generalhandel.

Besonderes Interesse verdient die Untersuchung, mit welchen Teilbeträgen die fremden Länder an dem Hafenverkehr Antwerpens beteiligt waren (Tableau général 1912 III. s. 712/13).

In der Einfuhr nach Antwerpen waren es der Reihenfolge nach:

1. Deutschland (Zollverein) mit 2 361 782 t, davon führte es allein 2 175 206 t auf dem Binnenwasserwege nach Antwerpen,
2. England . . . . 1 536 273 t,
3. Vereinigte Staaten . . . . 1 285 676 t,
4. Argentinien . . . . 1 090 702 t,
5. Rumänien . . . . 1 017 833 t,
6. Rußland . . . . 934 707 t,
7. Britisch-Indien . . . . . . 902 247 t,
8. Holland . . . . 426 532 t, hiervon 422 848 t auf dem Binnenwasserwege,
9. Australien . . . . 421 814 t.

Frankreich war in der Einfuhr nur mit 193 259 t beteiligt.

Als Herkunftsländer waren an dieser Einfuhr nach Antwerpen vertreten:

Deutschland mit Kohlen, Koks, Briketts, Eisen aller Art, mineralischen Erzeugnissen, chemischen Erzeugnissen, Farben, Papier, Salz, Häuten, Hülsenfrüchten, Gerste, Hafer, Zuckerkonserven, Tonwaren;

England mit Kohlen, Kohlendestillaten, Wolle, Salz, Fetten, Erz;

die Vereinigten Staaten mit Weizen, Gerste, Ölkuchen, Baumwolle, Petroleum, sonstigen mineralischen Ölen, Kupfer, phosphorsaurem Kalk, Futtermitteln, Obst;

Argentinien mit Weizen, Hafer, Mais, Wolle, Gerste, Leinsaat, Häuten, Farbholz;

Rumänien mit Weizen, Roggen, Mais, Gerste, Raps, Hülsenfrüchten, Petroleum;

Rußland mit mineralischen Erzeugnissen, Ölen, Weizen, Holz, Hafer, Hülsenfrüchten;

Britisch-Indien mit Hülsenfrüchten, Reis, Leinsaat, Baumwolle, Gerste, Weizen, Raps und mineralischen Erzeugnissen;

Holland mit landwirtschaftlichen Erzeugnissen, Reis, Holz;

Australien mit mineralischen Erzeugnissen, Kupfer, Weizen, Wolle.

Den Antwerpener Kaffeemarkt versieht vorwiegend Brasilien.

In der Ausfuhr aus Antwerpen bestand folgende Rangordnung unter den fremden Bestimmungsländern:

1. Deutschland (Zollverein) mit 1 779 112 t, davon bezog es allein 1 302 353 t auf dem Binnenwasserwege,
2. England . . . . ,, 1 543 557 t,
3. Argentinien . . . . . . ,, 776 386 t,
4. Vereinigte Staaten . . . ,, 723 605 t,
5. Holland . . . . ,, 527 407 t, hiervon 524 020 t auf dem Binnenwasserwege,
6. Brasilien . . . . ,, 514 328 t,
7. Frankreich . . . . . . ,, 364 817 t, hiervon 247 398 t auf Kanälen,
8. Britisch-Indien . . . . . ,, 340 604 t,
9. Türkei . . . . ,, 299 670 t,
10. Australien . . . . . . ,, 298 910 t,
11. Italien . . . . ,, 285 555 t,
12. Spanien . . . . ,, 282 702 t.

Für Deutschland, Frankreich und Holland waren es vorwiegend Nahrungsmittel, wie Weizen, Roggen, Gerste, Hafer, Mais und Rohstoffe, wie Öle und Rohmetalle, die über Antwerpen bezogen wurden; für die übrigen Länder waren es die mannigfaltigsten Halb- und Ganzfabrikate des nordwesteuropäischen Industriegebiets, die über Antwerpen ausgeführt wurden.

An Getreide führte Antwerpen im Jahre 1912 allein 3 331 804 t ein (Rotterdam: 4 205 749), darunter an Weizen 1 843 384 t (gegen 1 578 435 t bei Rotterdam). Antwerpen bezog seinen Weizen vorwiegend aus Rumänien, Bulgarien, Nordamerika, Südamerika, Indien und Australien, während Rotterdams Hauptbezugsquellen Rußland, Nordamerika, Südamerika und Rumänien waren[1].

An Eisen- und Stahlerzeugnissen wurden nach Schumacher im Jahre 1912 über Antwerpen 2 952 424 t ausgeführt, Maschinen und Instrumente nicht eingerechnet[2]; und der deutsche Stahlwerksverband allein leitete über Antwerpen mehr als 1 Million t.

In dem Umstande gerade, daß sich in Antwerpen Schwergut und Stückgut aller Art so glücklich ergänzten, war die besonders günstige Stellung des Scheldehafens für den Reeder wie den Verfrachter begründet.

IV. Die Ausbau- und Erweiterungsarbeiten in der Zeit nach dem Weltkriege.

Es ist bekannt, wie sehr sich die verfehlte Handelspolitik in der Zeit nach dem Weltkriege, besonders die Reparationspolitik der sog. Siegerstaaten des Weltkrieges Deutschland und seinen damaligen Verbündeten gegenüber zum Nachteil der wirtschaftlichen Entwicklung in ganz Europa ausgewirkt hat. Es erübrigt sich daher, an dieser Stelle auf die Folgen dieser Politik und des dadurch entstandenen Wirtschaftskrieges im einzelnen einzugehen. Inzwischen dürfte von allen Einsichtigen erkannt worden sein, daß es in dem großen Völkerringen des Weltkrieges keinen Sieger, sondern nur Besiegte gegeben hat.

Daß auch Belgien unter diesen Verhältnissen zu leiden hatte, ist nicht zweifelhaft. Wie oben gezeigt wurde, war Belgiens Handel mit dem Wirtschaftsleben des deutschen Raumes aufs engste verknüpft. Der Verkehr im Antwerpener Hafen war auf die Erzeugnisse deutschen Gewerbefleißes angewiesen; sie hatten im Gesamtumschlag des Hafens einen hervorragenden Anteil. Das westdeutsche Industriegebiet gehörte so sehr zum Hinterland des Scheldehafens, daß ihm kein anderes Land für den Ausfall des Güterstromes aus diesem Gebiet Ersatz bieten konnte. Jede Leistungsminderung der deutschen Industrie und jede Erschwernis, die dem deutschen Ausfuhrhandel erwuchs, mußte sich hemmend auch auf die Entwicklung des Antwerpener Hafens auswirken.

So ist es zu erklären, daß die Verwirklichung der großen Pläne, die man in Belgien für den weiteren Ausbau seines größten Hafens und seines wichtigsten Wasserweges vor dem Weltkriege hegte, nicht in dem Umfang und schnellen Schrittmaß vor sich ging, wie es nach der bisherigen Entwicklung zu erwarten gewesen wäre. Wenn es den europäischen Staaten gelungen wäre, nach der Beendigung der kriegerischen Auseinandersetzungen im Jahre 1919 sich zu einem wirklichen Frieden, zu einer vernünftigen Handelspolitik und zu einer wirtschaftlichen Arbeitsgemeinschaft zusammenzufinden, so wäre fraglos der Scheldehafen schneller gewachsen, als es tatsächlich geschehen ist.

In welchem Umfange trotzdem die weitgespannten Pläne der Zeit vor dem Weltkriege für die Verbesserung des Scheldelaufes und den Ausbau des Hafens inzwischen verwirklicht werden konnten, sollen die folgenden Ausführungen zeigen.

A. Die Seezufahrtstraße.

Viele Jahre hatten sich die belgische Regierung und die Stadtverwaltung von Antwerpen mit der Frage beschäftigt, wie der Unterlauf der Schelde und besonders die stark gekrümmte Stromstrecke zwischen der Kattendijkschleuse und Kruisschans geregelt und ausgebaut werden könne. Nicht nur die leitenden Ingenieure Belgiens, sondern auch die bedeutendsten Wasserbauingenieure der Nachbarländer Deutschland und Holland hatten, wie oben im einzelnen dargestellt wurde, an der Lösung dieser Frage gearbeitet. Tatsächlich ist bisher weder der eine noch der andere der in der Zeit vor dem Weltkriege so heiß umstrittenen Vorschläge verwirklicht worden. Weder der sog. „große Durchstich" noch die Verlegung des Scheldebettes zwischen Antwerpen und dem Fort La Perle nach der S-Form, die im genehmigten Entwurf von 1912 vorgesehen war (Abb. 8), sind ausgeführt worden.

---
[1] Vgl. Schumacher: Antwerpen usw. S. 168—170.
[2] Vgl. Schumacher: Antwerpen usw. S. 40/41.

Die heute gültigen Ausbaupläne enthalten nur noch eine mäßige Zurückverlegung des rechten Stromufers unterhalb der Royersschleuse bei Austruweel. Hier soll ein größerer Krümmungshalbmesser erzielt und das neue Ufer zu einer rd. 2000 m langen Kaianlage ausgebaut werden.

Auf der unteren Schelde wird die Fahrwassertiefe durch Baggerungen erhalten. Zur Zeit findet die Schiffahrt von der Scheldemündung aufwärts bis zur belgisch-holländischen Grenze eine Wassertiefe von 9—10 m bei MTnw vor. Weiter aufwärts bis zur Kruisschansschleuse ist die Tiefe im Fahrwasser 8,5—9 m bei MTnw, und oberhalb der genannten Schleuse sind im Bereich des Antwerpener Seehafens noch 8—8,5 m Wassertiefe vorhanden. Da der Tidehub in der Scheldemündung bei Vlissingen rd. 3,7 m und in Antwerpen sogar rd. 4,4 m beträgt, steht allen Schiffen, die zu ihrer Fahrt den Hochwasserscheitel ausnutzen, überall eine Fahrwassertiefe von mindestens rd. 12,4 m zur Verfügung.

Der Unterlauf der Schelde ist fast immer eisfrei, nur in sehr strengen Wintern sind an wenigen Tagen Behinderungen der Schiffahrt durch Eis eingetreten.

B. Die Hafenanlagen.

1. Allgemeine Hafenwerke.

Erst im Jahre 1922 hat der Seeschiffsverkehr im Antwerpener Hafen nach seinem starken Rückgang und zeitweiligen völligen Erliegen während der Weltkriegsjahre die Verkehrsgröße des Jahres 1913 wieder erreicht. Er ist dann in den Jahren bis 1929 stark angewachsen, jedoch in der darauf folgenden Zeit der Weltwirtschaftskrise bis etwa auf den Stand des Jahres 1925 zurückgesunken, und erst von 1934 ab wieder gestiegen.

Abgesehen von der Inbetriebnahme des Leichterhafens im Jahre 1922, der in der Alberthafengruppe zwischen dem ersten und zweiten Hafenbecken ausgehoben wurde, ist die erste großzügige und bedeutende Hafenerweiterung der Zeit nach dem Weltkriege im Jahre 1928 fertiggestellt worden. Am 31. August des genannten Jahres wurde die Kruisschansschleuse, das Hansabecken bis zur Abzweigung des Leopoldbeckens, dieses Becken selbst und die Durchfahrt nach dem Albertbecken nebst dessen nördlichem Verbindungsstück in feierlicher Form durch das belgische Königspaar dem Verkehr übergeben (Abb. 9).

Der Zuwachs, den die Hafenanlagen durch diese neuen Becken erfuhren, war bedeutend. Abgesehen von dem verhältnismäßig kleinen Verbindungskanal zwischen der Albertbeckengruppe und dem Leopoldbecken, der 350 m lang und 100 m breit ist, also eine Grundfläche von 3,5 ha bedeckt, umfassen die beiden großen neuen Hafenbecken eine gesamte Fläche von rd. 160 ha. Diese Becken haben 11,75 m Wassertiefe, an ihren Ufern konnten neue Schiffsliegeplätze von insgesamt rd. 10 km Länge geschaffen und mit Kaimauern oder befestigten Böschungen ausgebaut werden.

Schon vier Jahre später, im Jahre 1932, kam als weiteres großes Hafenbecken das vierte Hafenbecken hinzu, das rd. 43 ha Grundfläche besitzt und dessen ausbaufähige Uferstrecken fast 4 km lang sind. Auch dieses Becken hat größtenteils 11,75 m Wassertiefe erhalten.

Die Fortschritte beim Bau des Albert-Kanals, auf dessen Bedeutung weiter unten noch zurückzukommen sein wird, führten zu einer weiteren Ergänzung der Hafenanlagen im Jahre 1934. Der Kanal mündet am Nordrande der Stadt und wurde durch das neu geschaffene Straßburgbecken sowohl mit dem Asiabecken wie auch mit dem Lefebvrebecken unmittelbar verbunden. Die Kanalschiffe erreichen über das Asiabecken zugleich die daran anschließende Beckengruppe mit dem Holzhafenbecken, dem Kempischen Becken, dem Kattendijkbecken, Wilhelms- und Bonapartebecken. Andererseits können die Kanalschiffe über das Lefebvrebecken in das Amerikabecken oder in die nördlichen neuen Hafengruppen des Albert- und Hansabeckens gelangen, oder sie können durch die Royersschleuse die Schelde erreichen (Abb. 9). Das Straßburgbecken dient den bis zu 2000 t großen Kanalschiffen als Liegehafen, ist 10 ha groß und hat 4 m Wassertiefe erhalten.

Ein Vergleich des Entwurfes für die Hafenerweiterung, wie er im Jahre 1912 genehmigt worden war (Abb. 8), mit dem Plan des Hafens in seinem heutigen Ausbauzustand (Abb. 9) läßt erkennen, daß die bisher ausgeführten Erweiterungsbauten im allgemeinen den damaligen Planungen entsprachen. Außer der Hansahafen-Beckengruppe war jedoch ein großes Industriehafenbecken unter Ausnutzung des Scheldebettes, das nach den damaligen Plänen aufgegeben werden sollte, vorgesehen (Abb. 8). Dieses Becken sollte eine besondere Einfahrtschleuse bei Austruweel erhalten. Da die Verlegung des Scheldelaufes unterblieben ist, konnte auch das Industriehafenbecken nicht ausgeführt werden. Für den weiteren Ausbau des Hafens in zukünftigen Zeiten sind heute andere Anlagen geplant; sie sind im Hafenplan (Abb. 9) gestrichelt dargestellt.

Zugleich mit den oben genannten Erweiterungsbauten wurden in den Jahren nach dem Weltkriege die vorhandenen Anlagen ständig verbessert, ergänzt und leistungsfähiger gestaltet[1]. Eine

---

[1] Jahresberichte über den Hafen von Antwerpen, herausgegeben von der Gemeindeverwaltung, Büro für kulturelle und ökonomische Propaganda.

große Zahl von offenen und geschlossenen Kaischuppen, meistens in Stahlbauweise, wurden errichtet. Einen neuen solchen Schuppen von 60 m Breite zeigt Abb. 10 im Querschnitt.

Bemerkenswert ist bei der gewählten Lösung, daß keine Laderampen

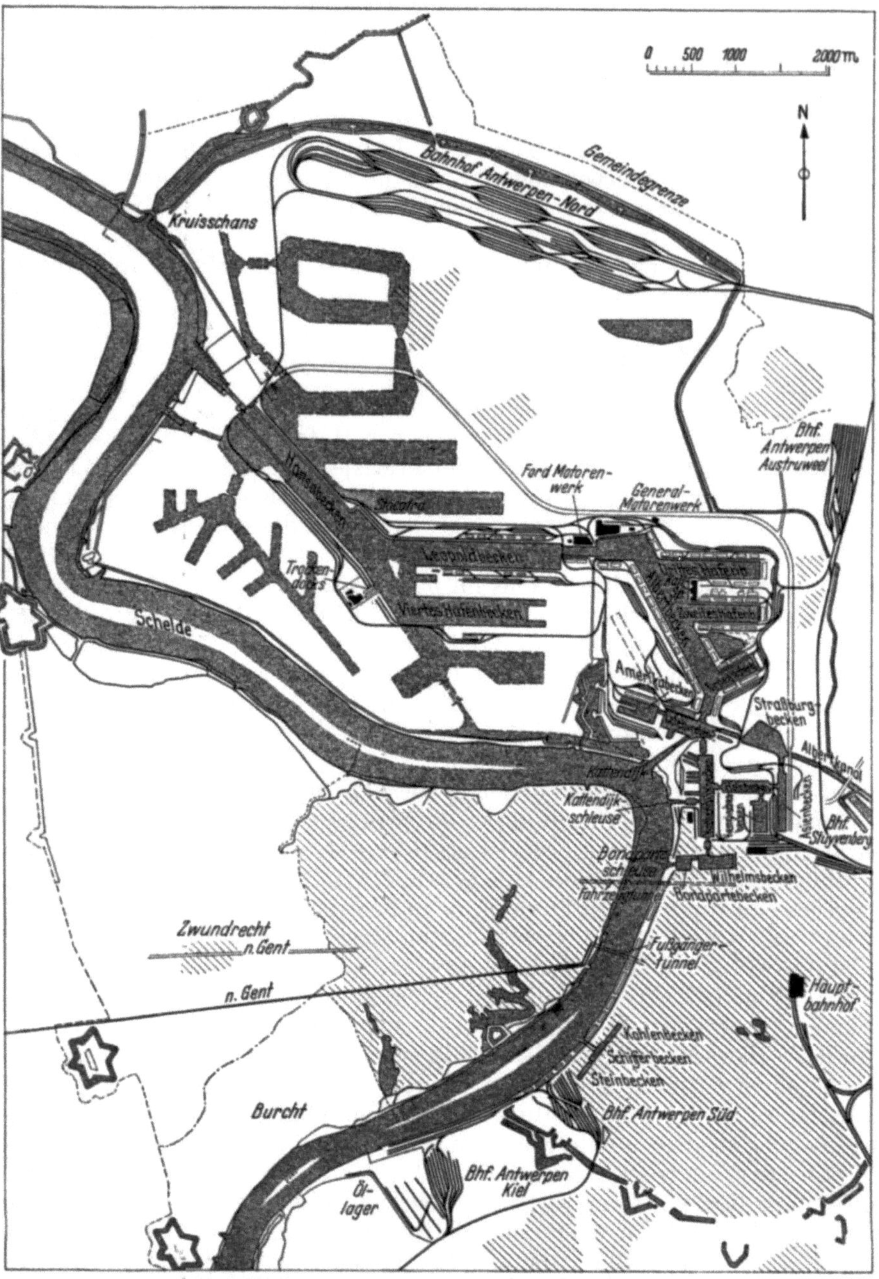

Abb. 9. Der Hafen von Antwerpen, heutiger Zustand.

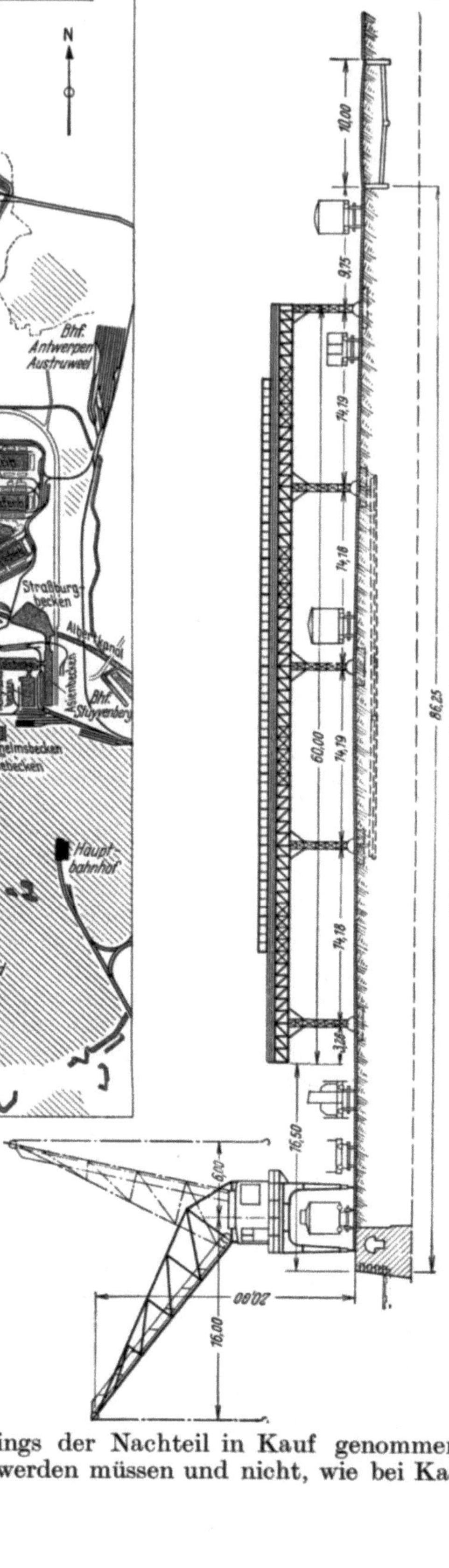

Abb. 10. Querschnitt eines Kaischuppens.

vorhanden sind. Die Kaifläche, der Schuppenfußboden und die hinter dem Schuppen entlanggeführte Straße liegen in gleicher Höhe. Das bietet den Vorteil, daß Eisenbahngleise durch den Schuppen geführt und Lastkraftwagen überall im Schuppen aufgestellt und unmittelbar an den Lagerplätzen beladen werden können, ohne daß die Querförderung der Güter von der Kaikante nach den Stapelplätzen im Schuppen oder durch den ganzen Schuppen hindurch wesentlich behindert, und nur erschwert wird, wenn im Wege stehende Eisenbahn- oder Straßenfahrzeuge umgangen werden müssen. Dabei ist allerdings der Nachteil in Kauf genommen, daß alle Güter beim Verladen in die Fahrzeuge gehoben werden müssen und nicht, wie bei Kaischuppen, deren Fußboden in Laderampenhöhe liegt, in die Wagen hineingeschoben oder gerollt werden können.

Auch die Einrichtungen für die langfristige Lagerung von Gütern sind in der Zeit nach dem Weltkriege beträchtlich vermehrt worden. Neue Speicher wurden errichtet und weitere Lagerplätze für Massengüter geschaffen. Für die Einlagerung von Ölen entstanden Tankanlagen, deren Aufnahmefähigkeit diejenige der vor dem Weltkrieg bereits vorhandenen Anlagen übertraf. In der Verbesserung und Vermehrung der Hebezeuge und der mechanischen Hafenausrüstung sowie in der Ausgestaltung der Eisenbahnausrüstung des Hafens wurden wesentliche Fortschritte erzielt. Hierüber soll weiter unten noch in besonderen Abschnitten eingehender berichtet werden.

Um ein Bild von der Leistungssteigerung der Antwerpener Hafenanlagen und seiner Umschlagseinrichtungen zu vermitteln, seien nachstehend die wichtigsten Angaben zahlenmäßig zusammengestellt, wobei die Zahlen für die Jahre 1925 und 1935 die Entwicklung in der Nachkriegszeit kennzeichnen:

Zahlentafel 2.

	1913	1925	1935
Anzahl der Hafenbecken	18	21	25
Grundfläche der Hafenbecken in ha	97,5	174,1	391,1
Gesamte Kailänge in km	17,3	23,8	41,6
Gesamtfläche der Kaischuppen in ha	45,3	58,7	69
Bebaute Grundfläche der städtischen Lagerhäuser in ha	6,1	7,5	11
Fassungsraum der Öltankanlagen in 1000 m^3	176	261	443
Anzahl der Öltanks	85	181	348
Anzahl der Kräne mit Wasserdruckantrieb	300	298	270
Anzahl der Kräne mit elektrischem Antrieb	82	172	343
Anzahl der Schwimmkräne	1	11	15
Anzahl der schwimmenden Getreideheber (200—300 t stündl. Leistung)	12	18	24
Anzahl der Trockendocks	6	7	12

Eine Luftbildaufnahme des Albertbeckens mit den von ihm abzweigenden ersten bis dritten Hafenbecken und mit dem Leichterhafen zeigt Abb. 11. Einen Blick auf das Ostende des Leopoldbeckens, den Verbindungskanal und den nördlichen Teil des Albertbeckens kurz vor der Fertigstellung der Bauarbeiten gibt Abb. 12 wieder. Diese Aufnahme zeigt die am Norduferr des Verbindungskanals errichteten Anlagen der Ford Motorenwerke während des Baues und die am Nordufer des Albertbeckens befindlichen Gebäude der General Motoren-Werke (beide auf der linken Seite der Abbildung).

2. Besondere Anlagen.

a) Die Kruisschansschleuse[1]. Die in der Zeit nach dem Weltkriege entstandenen Hafenbecken stehen mit der Schelde durch eine neue große Seekammerschleuse bei Kruisschans in Verbindung. Sie ist erheblich größer als die älteren Antwerpener Seeschleusen wie die folgende Zusammenstellung zeigt:

Bauwerk	Eröffnungsjahr	Länge m	Breite m	Wassertiefe bei MHW m	Bauart
Bonaparteschleuse	1811	—	18,0	6,8	Seeschleuse
Kattendijkschleuse	1860	—	24,8	7,2	,,
Royersschleuse	1909	180	22,0	10,5	Seekammerschleuse
Kruisschansschleuse	1928	270	35,0	14,5	,,

Das in dieser Zusammenstellung angegebene Maß der Länge der Kruisschansschleuse ist die nutzbare Länge zwischen den beiden Außentoren der Häupter; die eigentliche Schleusenkammer ist rd. 196 m lang.

Einen Lageplan und Längsschnitt der Kruisschansschleuse sowie einen Querschnitt durch die Schleusenkammer und einen Längsschnitt der Torkammern zeigt Abb. 13. Die Bauart der Schleuse und ihre wichtigsten Abmessungen sind aus dieser Zeichnung ersichtlich.

Da der Baugrund an der Schleusenbaustelle ausreichende Tragfähigkeit besaß, konnte auf eine Tiefgründung verzichtet werden. Die Häupter, die Kammermauern und die Kammersohle ruhen unmittelbar auf dem vorhandenen Baugrund.

---

[1] Mitteilung über die Erweiterungsarbeiten des Antwerpener Hafens von Bonnet und Blockmans: Z. d. Intern. ständ. Verbandes der Schiff.-Kongr. Juli 1929, Nr. 8, S. 57.

Als Schleusenverschlüsse dienen Schiebetore von 37 m Länge und 7,90 m Breite. Man wählte diese Torart vorwiegend aus Sicherheitsgründen, denn man war der Meinung, daß Stemmtore

Abb. 11. Luftbild der Albertbeckengruppe.

durch gegenfahrende Schiffe leichter durchstoßen würden oder sich beim Anprall eines Schiffes öffnen könnten. Mit Rücksicht auf die Sicherheit wurden außerdem beide Häupter mit zwei Toren ausgerüstet, von denen je ein Tor als Reservetor dient. Für den Entschluß, Schiebetore zu ver-

Abb. 12. Luftbild des Verbindungskanals zwischen dem Leopoldbecken und dem Albertbecken.

wenden, war ferner die Überlegung mitbestimmend, daß bei der Wahl von Stemmtoren in jedem Haupt 1 Paar Fluttore und 1 Paar Ebbetore, und mit Reservetoren also je vier Torpaare not-

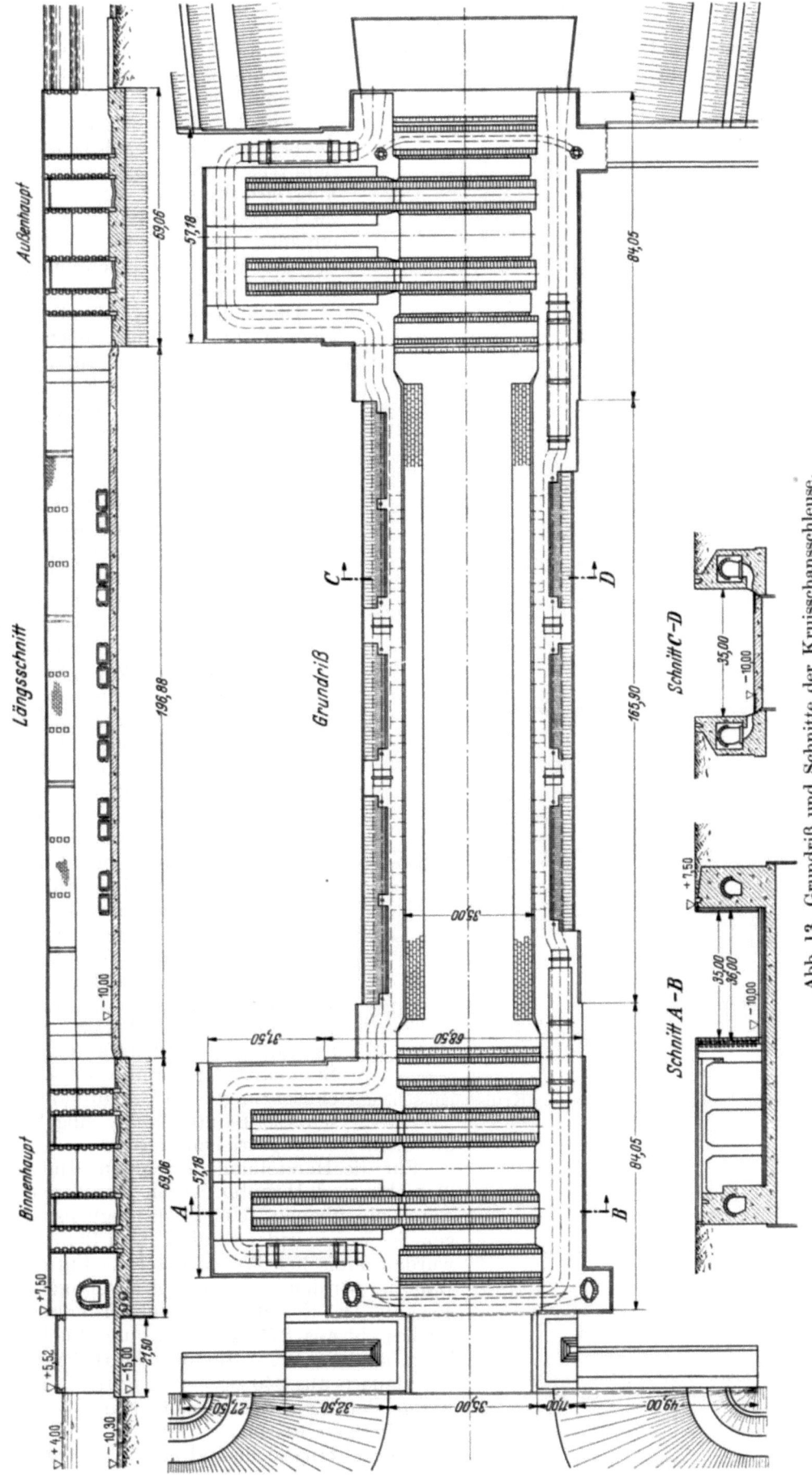

Abb. 13. Grundriß und Schnitte der Kruisschansschleuse.

wendig gewesen wären. Denn der Wasserspiegel der Schelde kann bei außergewöhnlichem Niedrigwasser rd. 5 m tiefer absinken oder bei Sturmfluten 3 m höher ansteigen als der ständig gehaltene Wasserspiegel der Hafenbecken, so daß die Tore nach beiden Seiten kehren müssen. Da ein Schiebetor nach beiden Seiten hin dem Wasserüberdruck zu widerstehen vermag, gestaltete sich die Anordnung von je zwei Toren dieser Bauart in jedem Haupt einfacher und auch wirtschaftlicher als es bei der Wahl von Stemmtoren möglich gewesen wäre.

Die Schiebetore (Abb. 14) werden durch kleine elektrisch angetriebene Wagen bewegt. Jedes Tor läuft auf 16 Rollen, die in je 4 Gruppen von 4 Rollen angeordnet sind. Dabei ist durch die Anordnung von Ausgleichsträgern, die auf Kipplagern ruhen, dafür gesorgt, daß die 4 Rollen jeder Gruppe stets gleichmäßig beansprucht werden (Abb. 15). Jede Rollengruppe läuft in einer wasserdichten Kammer, die durch Druckluft entleert werden kann und durch einen Schacht zugänglich ist, so daß alle beweglichen Teile jederzeit besichtigt, ausgewechselt oder instandgesetzt werden können. Die Rollen haben keine Spurkränze und laufen auf breitköpfigen Schienen.

Der Torkörper zwischen den beiden mittleren waagerechten Hauptriegeln bildet einen wasserdicht abgeschlossenen Schwimmkasten, der so bemessen ist, daß er dem Tor einen seinem Gewicht entsprechenden Auftrieb verleiht. Dieser Schwimmkasten ist in mehrere Kammern geteilt; die beiden äußeren Kammern können soviel Wasserballast aufnehmen, wie notwendig ist, um dem Tor beim Öffnen und Schließen genügend Auflagergewicht und Standsicherheit zu geben.

Das Füllen und Entleeren der Schleusenkammer dauert bei normalem Betrieb 10 Minuten. Das Wasser strömt durch Umlaufkanäle in den Kammerwänden und Stichkanäle ein und aus. Als Verschlußeinrichtungen der Umlaufkanäle sind Rollschütze, Bauart Stoney, eingebaut worden, die elektrisch angetrieben werden.

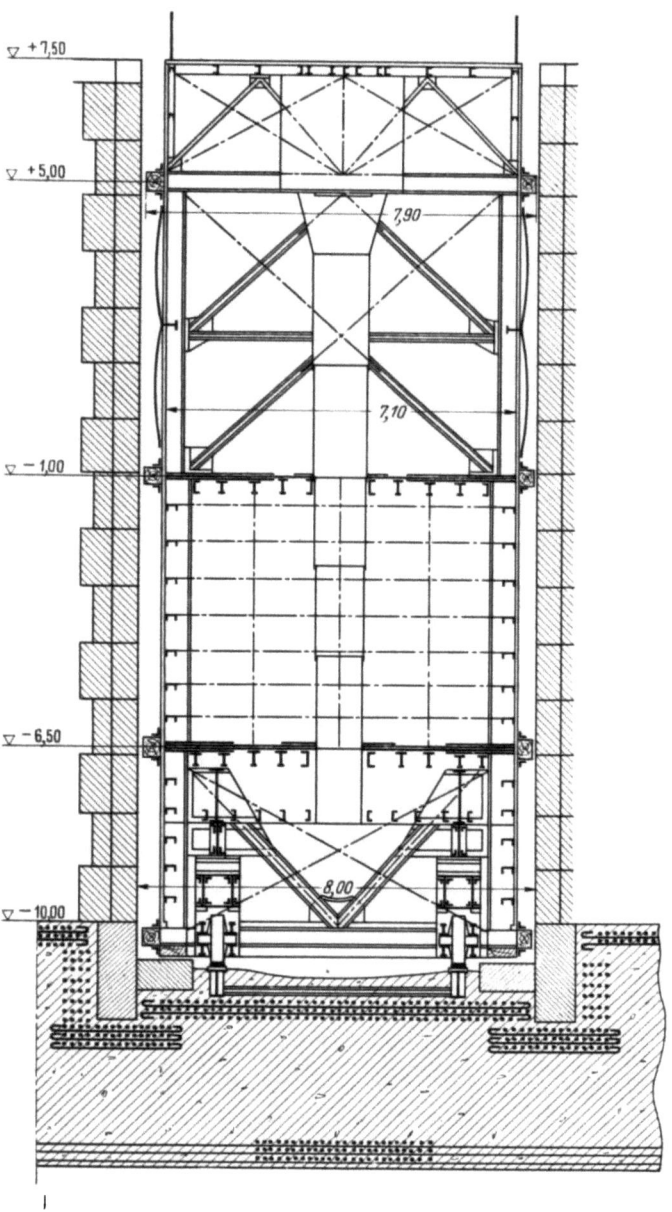

Abb. 14. Querschnitt eines Schiebetores der Kruisschansschleuse.

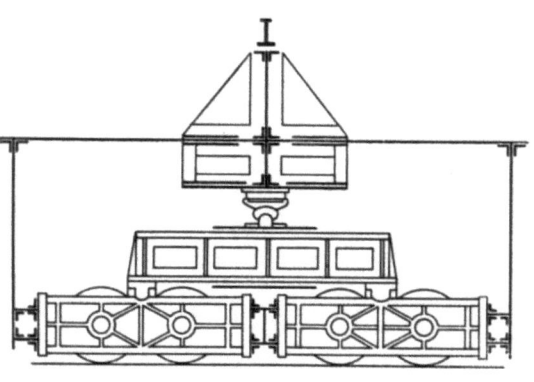

Abb. 15. Rollenlagergruppe eines Schiebetores der Kruisschansschleuse.

Für die Herstellung der Schleusenmauern, Kammersohle und Häupter waren insgesamt 260000 m³ Beton einzubauen. Um einen möglichst dichten, gegen Seewasser widerstandsfähigen Beton zu erzielen, wurde rheinischer Traß zugesetzt. Für die einzelnen Bauteile wurden verschiedene Mischungsverhältnisse gewählt. Der Eisenbeton für die Gründung der Häupter besteht aus 275 kg Zement und 100 kg Traß, der Eisenbeton für die Aufbauten der Häupter und Kammermauern aus 250 kg Zement und 75 kg Traß, der übrige Beton aus 200 kg Zement und 60 kg Traß auf 1 m³ fertigen Betons.

Eine umfangreiche und leistungsfähige Baustelleneinrichtung ermöglichte die Herstellung von täglich bis zu 500 m³ Beton. Die Baustoffe kamen in Kähnen an, die in einem für diesen Zweck besonders angelegten Bauhafen gelöscht wurden. Außer dem Traß kamen auch die erforderlichen Zuschlagstoffe, Sand und Kies, vom Rhein. Der Traß wurde in Stücken von mindestens 7 kg Gewicht bezogen und auf der Baustelle selbst in einer Brecheranlage zerkleinert und gemahlen. An Betonmischmaschinen waren zwei große Mischer, die in einer 8stündigen Arbeitsschicht je 250 m³ Beton lieferten, dauernd in Betrieb; hinzutraten zeitweilig drei Mischer mit je 50 m³ und zwei Mischer mit je 75 m³ täglicher Leistung. Der fertige Beton wurde von Auslegerkränen abgenommen und in Lagen von 20 cm Stärke eingebracht; diese Lagen wurden mit Druckluftgeräten gestampft.

Auf die Verwendung von hölzernen Schalungen wurde verzichtet. Die Wände der Betonmauern wurden mit 50 cm hohen Betonblöcken, die auf einem Werkplatz angefertigt, im abgebundenen Zustand an die Verwendungsstellen gebracht und in regelmäßigem Verbande verlegt wurden, verkleidet. Im Schutze der so hergestellten Wände konnten die Betonmassen der Mauerkörper wie in Schalungen eingebaut werden. Einige Wandflächen, die besonders widerstandsfähig gegen Abnutzung sein sollten, wurden mit Klinkern verblendet, so z. B. die inneren Wandungen der Umlaufkanäle.

Dehnungsfugen sind in den Kammerwänden in Abständen von 25—40 m angeordnet und durch Bleche, die in einem Mauerabschnitt befestigt und im benachbarten Abschnitt in einer Filzpackung verschieblich sind, gedichtet.

Die Schiebetore wurden in den Torkammern zusammengebaut, die Schütze der Umlaufkanäle auf dem benachbarten Schleusengelände. Alle Stahlteile wurden mit der Eisenbahn an die Baustelle gebracht.

Abb. 16. Klappbrücke an der Kruisschansschleuse.

b) Bewegliche Brücken. Die verhältnismäßig schmalen Durchfahrten zwischen den einzelnen alten Hafenbecken und auch zwischen den neuen Beckengruppen sind für das Fahren der Seeschiffe innerhalb der Antwerpener Binnenhäfen ohne Zweifel nicht günstig. Beim Bugsieren großer Schiffe von einem Hafenbecken in ein anderes ist äußerste Vorsicht notwendig. Die Durchfahrten ermöglichen aber in günstiger Weise die Überführung von Straßen und Gleisen auf beweglichen Brücken. Eine beträchtliche Zahl solcher Brücken ist im Hafengebiet vorhanden. Während die in der Zeit vor dem Weltkriege erbauten Brücken fast ausnahmslos Drehbrücken waren, die von Hand oder mit Hilfe von Wasserdruck bewegt wurden, sind in der Zeit nach dem Weltkriege Klappbrücken nach den Bauarten Scherzer bzw. Strauß ausgeführt worden. Einige der älteren Brücken wurden durch Neubauten in dieser Bauart ersetzt, wobei gleichzeitig die für den wachsenden Schiffsverkehr zu schmalen Durchfahrten verbreitert wurden.

Die drei neuesten Brücken führen über die beiden Enden des Verbindungskanals zwischen dem Albert- und dem Leopoldbecken (Abb. 12) sowie über die binnenseitige Einfahrt in die Kruisschansschleuse. Diese drei Brücken haben 35 m lichte Durchfahrtweiten. Die Klappbrücke an der Kruisschansschleuse zeigt Abb. 16.

Ein großer Vorteil der Bauarten der neuen beweglichen Brücken liegt darin, daß sie sich sehr schnell öffnen und schließen lassen. Das Aufrichten der Brücken einschließlich der Verriegelung dauert nur 1—2 Minuten.

Sämtliche im Hafen vorhandenen beweglichen Brücken überführen nicht nur den Straßenverkehr, sie dienen zugleich der Eisenbahn. Die Gleise sind in den Straßenkörper eingepflastert, sie liegen auf Schwellen aus Jarrah-Holz, die auf besondere, mit der Brücke vernietete Stahlschwellen aufgeschroben sind. Für die Schienen sind keine besonderen Verriegelungsvorrichtungen vorhanden. Durch die Verriegelung der Brückenklappen wird zugleich der Anschluß der Schienen auf der Brücke mit denen der anschließenden Straßen gesichert[1].

Der Verkehrsregelung dienen bei Tage Korbbälle, bei Nacht Lampen, die anzeigen, ob der Verkehr über die Brücke frei oder gesperrt ist.

---

[1] Bonnet: Die Eisenbahnanlagen in den belgischen Häfen. XV. Int. Schiff.-Kong. Venedig 1931, 2. Abt., 1. Frage, Heft 66.

c) Die Speicher- und Umschlagsanlagen für Kalisalze.

Unter den neueren Anlagen für die Lagerung und den Umschlag von Massengütern im Antwerpener Hafen verdient die Speicher- und Umschlagsanlage für elsässisches Kali besondere Erwähnung und eingehende Erläuterung.

Die Ausfuhr von Rohkalisalzen aus dem Elsaß erreichte um 1930 Mengen von rd. 400000 t jährlich, ein großer Teil davon ging nach Holland, Belgien, England und Nord-Amerika. Die Kalibergwerke im Oberelsaß waren größtenteils im Besitz des französischen Staates, und dieser förderte die Ausfuhr der Salze, um seine Außenhandelsbilanz verbessern und um die bei der Ausfuhr gemachten Gewinne zur Verbilligung der Kalilieferungen an die französische Landwirtschaft verwenden zu können.

Die Rohkalisalze sind Sylvinit, das hauptsächlich aus einer Mischung von Kalichlorid und Natriumchlorid besteht. Diese Salze werden im Bergwerk in Korngrößen von nicht mehr als 4 mm gewonnen und in verschiedenen Gütegraden an die Landwirtschaft geliefert. Die Salze neigen sehr zur Feuchtigkeitsaufnahme. Für ihre Verfrachtung auf Seeschiffe nach der Einlagerung sind daher besondere mechanische Einrichtungen notwendig. Aus diesen Rohsalzen werden durch Reinigung konzentrierte Kalisalze hergestellt, die besonders Chloride und Kalisulfat enthalten.

Für die Verfrachtung der Rohkalisalze aus dem Elsaß kam nur die Rheinschiffahrtsstraße und ein Ausfuhrhafen an der Rheinmündung in Frage. Antwerpen hat es verstanden, fast den gesamten Verkehr an sich zu ziehen. Die Rheinschiffe erreichten die Schelde über die niederländischen Wasserstraßen, und ihre Kaliladungen wurden ursprünglich in Antwerpen unmittelbar in Seeschiffe übergeladen. Hierbei ergaben sich für einen regelmäßigen und störungslosen Absatz gewisse Schwierigkeiten; zuweilen mußten größere Mengen in den Kähnen gelagert werden. Denn die Nachfrage war in den einzelnen Jahreszeiten nicht gleichmäßig, und es kam vor, daß gerade nicht genügend Kahnraum zur Verfügung stand, wenn die Bergwerke größere Mengen verschiffen wollten. Schwierigkeiten ergaben sich ferner im Winter, wenn die Rheinschiffahrt infolge Eisganges eingestellt werden mußte. So entstand das Bedürfnis nach einer Lagerungsmöglichkeit im Ausfuhrhafen, und die Antwerpener Hafenverwaltung schloß mit der Handelsgesellschaft für elsässisches Kali eine Vereinbarung, worin sie sich zum Bau einer Speicheranlage mit Umschlagseinrichtung für die Einlagerung und die Verladung der Kalisalze bereit erklärte.

Die im Jahre 1927 von der Stadt erbaute Anlage liegt auf dem äußeren Ende der Hafenzunge zwischen dem ersten und zweiten Hafenbecken (Abb. 9 und 11) und nimmt dort eine Gesamtfläche von 17300 m² ein. Die Einrichtungen bestehen im wesentlichen aus zwei Lagerspeichern, einem turmartigen Mittelbau mit 7 Stockwerken zum Verteilen und zum Einsacken des Gutes sowie aus zahlreichen Förder- und Hubgeräten[1]. Eine Gesamtansicht der Anlage zeigt Abb. 17. Die Gliederung der Bauwerke, ihre Bauart und ihre Ausrüstung mit Förderanlagen ist aus den Abb. 18 und 19 zu ersehen.

Abb. 17. Gesamtansicht der Speicher- und Umschlagsanlage für Kalisalze.

---
[1] Engineering 1930, 7. März, S. 305ff. und 21. März, S. 365. Werft Reed. Hafen 1938, Heft 11, S. 152ff.

Der Speicher ist ein zweischiffiger Hallenbau mit insgesamt annähernd 150 000 t Fassungsvermögen. Die Förderanlagen sind so bemessen, daß jährlich das Fünf- und Sechsfache dieser

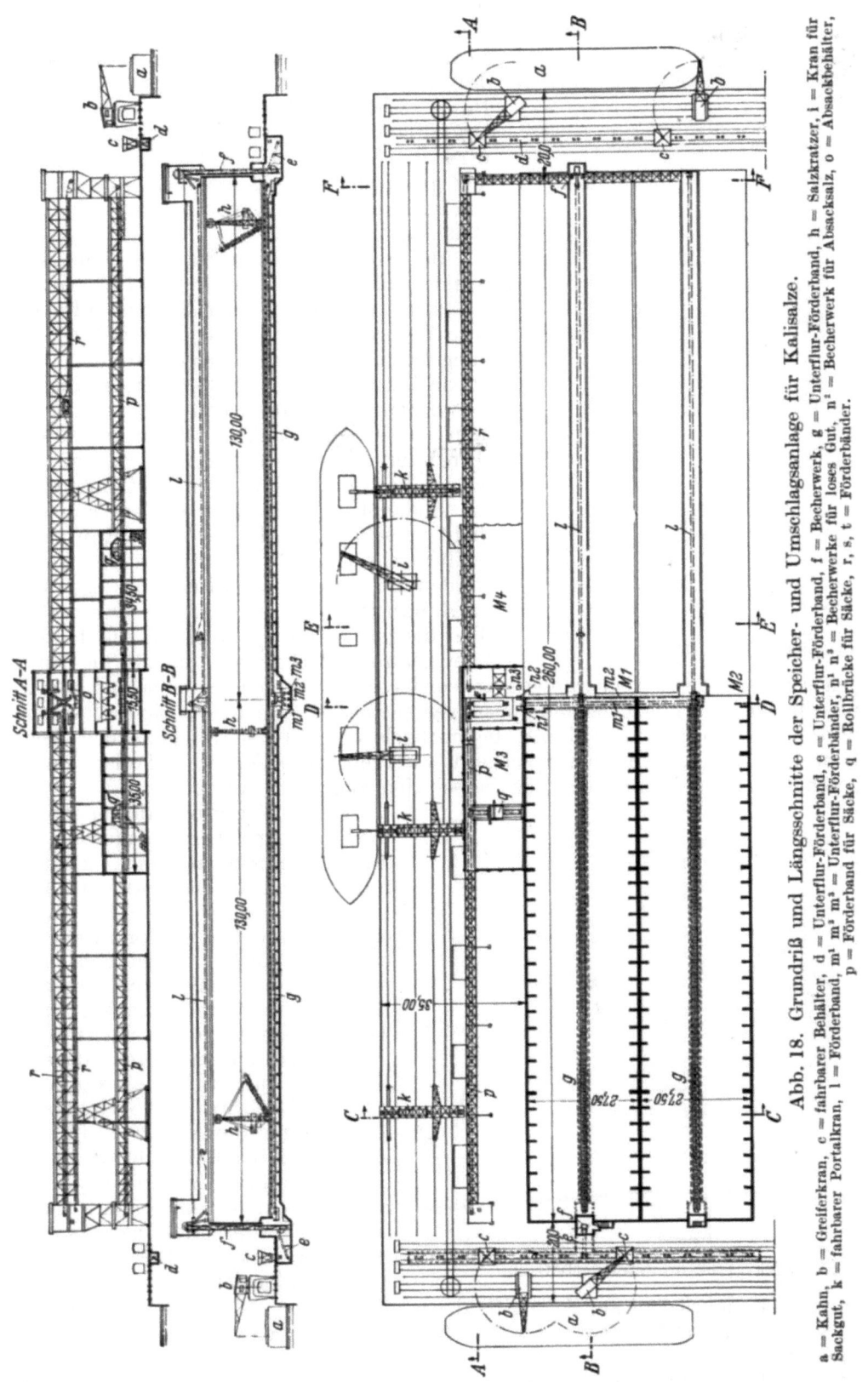

Abb. 18. Grundriß und Längsschnitte der Speicher- und Umschlagsanlage für Kalisalze.
a = Kahn, b = Greiferkran, c = fahrbarer Behälter, d = Unterflur-Förderband, e = Unterflur-Förderband, f = Becherwerk, g = Unterflur-Förderband, h = Salzkratzer, i = Kran für Sackgut, k = fahrbarer Portalkran, l = Förderband, m^1, m^2, m^3 = Unterflur-Förderbänder, n^1, n^2 = Becherwerke für loses Gut, n^3 = Becherwerk für Absacksalz, o = Absackbehälter, p = Förderband für Säcke, q = Rollbrücke für Säcke, r, s, t = Förderbänder.

Menge umgeschlagen werden kann. Da die Speicher sich über die gesamte Breite der Hafenzunge erstrecken, besitzt die Anlage an drei Seiten Kaianschluß. An den kurzen Stirnseiten des Speichers werden die Rheinkähne gelöscht, an seiner Längsseite vor Kopf der Hafenzunge werden die Seeschiffe beladen. Eisenbahngleise liegen auf allen drei Kaistrecken.

Beide Speicherhallen zusammen haben eine Nutzfläche von 14300 m², ihre Länge beträgt 260 m, die Breite jeder Halle 27,50 m und die Höhe 18 m. Sie sind in Eisenbeton erbaut. Die Gewölbeform der Hallen entspricht etwa dem natürlichen Böschungswinkel der gelagerten Salze, so daß die Toträume an den Wänden auf ein Mindestmaß beschränkt sind. In der Mitte der vorderen Halle steht der Verteilungsbau mit 15,0 × 15,5 m Grundfläche und 30 m Gesamthöhe. Von ihm aus wird die Verteilung des Lagergutes vorgenommen und gleichzeitig kann hier Salz abgesackt werden. Auch für die Lagerung von 25000 Sack bietet dieser Bau Raum.

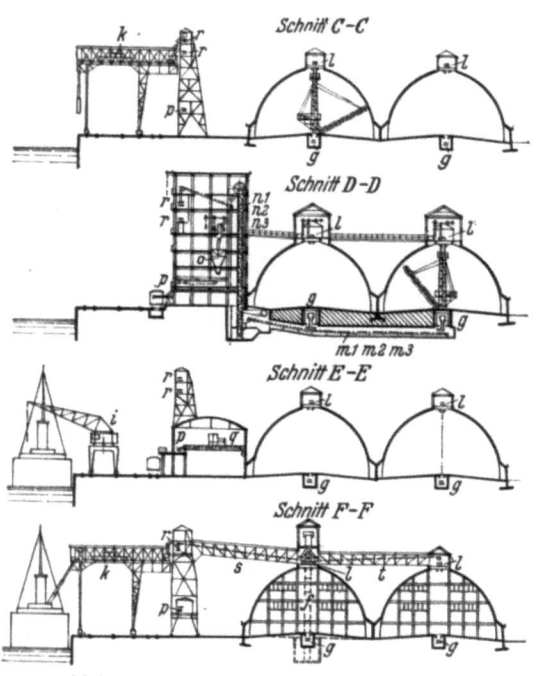

Abb. 19. Querschnitte zu Abb. 18.

Auf den Kaistrecken vor den Giebelwänden der Speicherhallen sind vier Greiferkrane von 5 t Tragfähigkeit zum Löschen der Binnenschiffe aufgestellt. Ihre Motoren leisten 50 PS und sind gegen Verstaubung durch Stahlblechkapseln geschützt. Die Krane haben feste Ausleger mit 15 m Ausladung. Die Greifer werden mit je drei Seilen bewegt, von denen eines zum Heben und Senken, die beiden anderen zum Öffnen und Schließen dienen. Das gelöschte Gut wird in bewegliche Bunker entleert und gelangt durch die Bodenöffnungen dieser Bunker und durch luftdicht verschließbare Luken in der Kaifläche auf Unterflurförderbänder. Auf die gleichen Förderbänder werden auch Salze, die in Eisenbahnwagen ankommen, im Handbetrieb ausgeladen. Die Salze gelangen nun über die genannten und quer dazu laufenden Förderbänder an ein Becherwerk, das sie bis auf die Höhe der über den Dächern der Speicheranlage angeordneten Förderbänder hebt und mit Hilfe von drei Auslaufschurren, die mit Umstellklappen versehen sind, je nach Bedarf auf diese Förderbänder abgibt. Die Salze können durch die hochgelegene, in den Dachlaternen der Speicher und in einem Brückenhaus vor den Speichern untergebrachte Förderbandanlage in einen der Speicher geschüttet oder unmittelbar den Seeschiffen zugeführt werden.

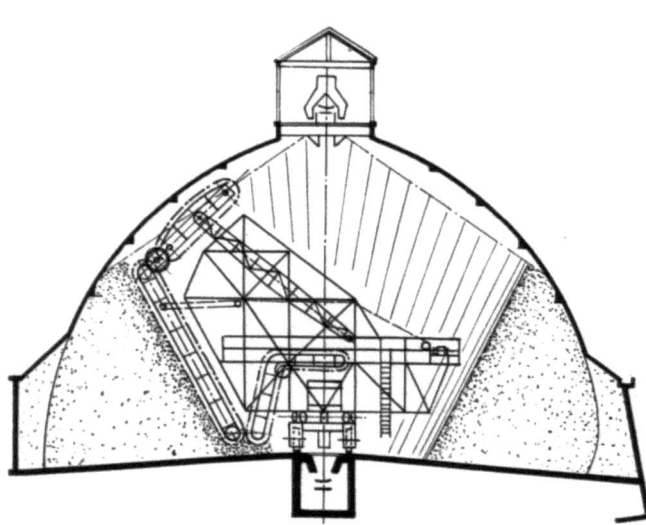

Abb. 20. Salzkratzer im Speicherbetrieb.

Bei der Verladung auf Seeschiffe werden die in den Speichern gelagerten Salze durch Salzkratzer aufgenommen. Diese sind verfahrbar und um ihre lotrechte Achse drehbar. Sie lockern die Salze durch Kratzeisen, die in den Auslegern der Geräte an endlosen Ketten angebracht sind. Den neuesten und schwersten Kratzer, dessen Ausleger aus zwei gelenkig verbundenen Teilen besteht und der im stande ist, mit lotrecht gestelltem oberen Auslegerteil vor Kopf des Salzhaufens arbeitend die Salze bis zum Dachfirst des Speichers hinauf zu lösen, zeigen die Abb. 20 und 21. Die Salzkratzer schütten die gelösten Salze auf Förderbänder, die in Gruben unter den Speicherfußböden angeordnet sind. Durch querlaufende Förderbänder werden die Salze an zwei lotrechte Becherwerke im Absackgebäude abgegeben, von wo sie durch weitere Bänder auf Verladebrücken am Seeschiffkai verteilt werden. Es sind drei verschiebbare Verladebrücken vorhanden. Diese sind mit selbsttätigen Sackwaagen, Förderbändern und Schüttrohren ausgerüstet.

Salze, die auf Eisenbahnwagen verladen werden sollen, gehen durch das Absackgebäude in einen Zwischenspeicher. Eine Förderschnecke (Abb. 22) dient zum Beladen der Wagen.

Zum Einsacken bestimmte Salze werden zunächst in einer Mahlanlage gebrochen und gelangen dann in einen Absackbehälter von 50 t Fassungsvermögen. Beim Füllen werden die Säcke selbsttätig gewogen. Die gefüllten Säcke werden durch Maschinen zugenäht, auf Rollbahnen gestoßen und durch Laufbänder in die Speicher befördert oder zur unmittelbaren Verladung drei Kaikränen von je 2,5 t Tragfähigkeit zugeführt.

Die Förderbänder für loses Gut sind 600 bzw. 700 mm breit und schütten 150 bzw. 200 t/Std. Sie bestehen aus mehreren mit Kautschuk belegten Leinewandschichten und bewegen sich mit 1,5 m/sec Geschwindigkeit. Von den fünf vorhandenen Becherwerken leisten vier je 200 t/Std. und das fünfte, das die Absackeinrichtung bedient, 100 t/Std. Alle Elektromotoren sind luftdicht abgeschlossen, da die Kalisalze sehr staubig und wasseraufnahmefähig sind und alle Metallteile stark angreifen. Alle Motoren sind asynchron und dreiphasig, sie sind mit Luftkühlapparaten ausgerüstet. Die Anlasser und Ausschalter sowie alle elektrischen Leitungen und Schalteinrichtungen sind durch luftdicht geschlossene Kästen geschützt.

Die gesamte Umschlagsanlage ist in der Lage, täglich bis zu 6000 t Kali zu verladen. Stündlich können 1000 Säcke gefüllt und aufgestapelt werden. Im Jahre 1929 wurden rd. 600000 t Kali umgeschlagen. Für den Bau der Anlagen hat die Stadt Antwerpen rd. 18 Mill. Franken aufgewendet.

Über die Erfahrungen mit der Anlage nach zehnjährigem Betrieb hat der Chef-Ingenieur Direktor des Antwerpener Hafens, M. F. Kinart, sich wie folgt geäußert:

Alle Einrichtungen haben den an sie gestellten Erwartungen vollkommen entsprochen. Die jährlich aufzuwendenden Unterhaltungskosten sind allerdings beträchtlich. Allein für den Anstrich der Metallteile müssen in jedem Jahr mehr als 125000 belg. Franken ausgegeben

Abb. 21. Salzkratzer.

werden. Alle nur denkbaren Versuche mit den kostspieligsten Farbstoffen, von denen eine mehr als einjährige Widerstandsfähigkeit zu erwarten war, sind fehlgeschlagen. Der in der Luft schwebende Kalistaub greift alle Anstriche ungewöhnlich stark an, so daß der alljährliche Anstrich mit einer Farbe aus Blei- und Zinkoxyd unvermeidlich ist.

Die Anwendung von leichten kantigen Bauteilen, Winkel- oder U-Eisen sollte bei derartigen Anlagen vermieden werden, denn in den Ecken setzt sich der Kalistaub fest und zerfrißt das Metall, ohne daß man es schützen kann. Alle Eisenverbindungen müßten geschweißt und genietete Bauteile durch Träger ersetzt werden.

Die Elektromotoren haben sich unter den getroffenen Schutzmaßnahmen gut bewährt; die Wicklungen sind in vollkommenem Zustand geblieben. Nur die Bleche der Schutzkästen haben stark gelitten und mußten erneuert werden.

Von den Förderbändern haben sich nur die mit Kautschuk stark belegten als haltbar erwiesen. Ursprünglich war der Kautschukbelag nur 1 mm dick, allmählich machte man ihn mindestens 3 mm stark.

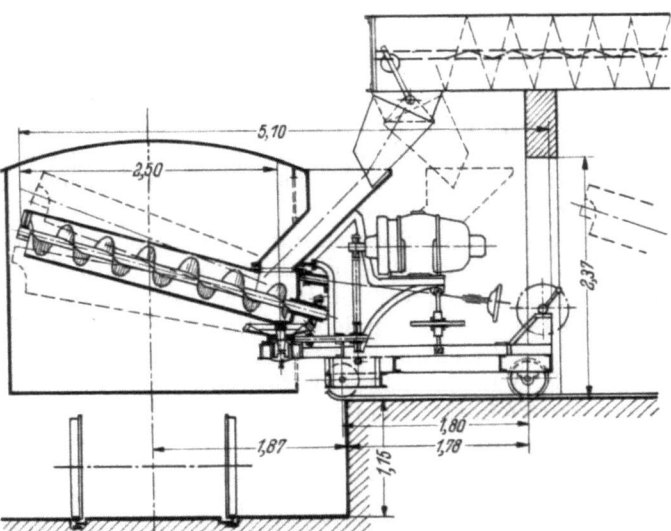

Abb. 22. Förderschnecke für Bahnumschlag.

Die zuerst gelieferten Kratzer mußten verstärkt werden, da Ketten und Kettenräder häufig brachen. Die Zahnradgehäuse aus Gußeisen wurden durch solche aus Stahlguß und auch die eisernen Messer durch solche aus Stahl ersetzt.

Im Betrieb der Anlage entfällt etwa ein Drittel des Gesamtumschlages auf Salze in Säcken. Früher wurden die Säcke mit Averywaagen gewogen. Diese waren an sich gut, aber die Kontrolle des Wiegegutes war schwierig. In den Zwischenbehältern blieben Salze zurück, so daß Gewichtsunstimmigkeiten bis zu 1 kg je Sack vorkamen. Deshalb wurden die selbsttätigen Averywaagen durch Chronoswaagen ersetzt, bei denen die Säcke an der Waage hängen bleiben. Das Gut wird also im Sack gewogen, und die Unstimmigkeiten betragen höchstens 200 g je 100 kg, d. h. 0,2 vH. Diese Waagen sind außerdem mit einem Rührwerk versehen, das die gereinigten Salze, die sehr zum Zusammenballen neigen, in möglichst leichtfließendem Zustand erhält.

d) Trockendocks. Eine Großwerft mit Helgenanlage ist im Antwerpener Hafen nicht vorhanden. Ausbesserungen an Seeschiffen können in den städtischen oder privaten Trockendocks vorgenommen werden. Zu den 6 Trockendocks, die vor dem Weltkriege bereits vorhanden waren und alle der städtischen Hafenverwaltung gehörten, hat die Stadt ein weiteres im Jahre 1920 und drei neue im Jahre 1930 hinzugefügt. Im gleichen Jahre haben die Mercantile Marine Engineering Works zwei Trockendocks in Betrieb genommen.

Folgende Zusammenstellung gibt Aufschluß über die nutzbaren Abmessungen aller Trockendocks im Antwerpener Hafen:

Trockendock	Länge m	Breite m	Wassertiefe m	Betriebsführer
Dock Nr. 1	158,65	23,95	6,31	Hafenverwaltung
,, ,, 2	70,80	12,00	3,98	,,
,, ,, 3	49,70	10,00	2,94	,,
,, ,, 4, 5, 6	135,00	15,00	5,34	,,
,, ,, 7	221,50	26,00	8,70	,,
,, ,, 8, 9	151,00	20,00	6,53	,,
,, ,, 10	100,00	15,00	5,48	,,
Privat-Dock	165,00	20,20	6,59	Merc. Marine Eng.
,,	145,00	18,50	5,94	a. Graving DocksCo

Die neuen Trockendocks Nr. 8, 9 und 10 liegen, wie die alten Docks Nr. 1—6 am Westufer des Kattendijkbeckens, das Dock Nr. 7 ist am Ostende des Lefebvrebeckens erbaut worden. Die beiden Privatdocks liegen am Südwestufer des Hansabeckens.

Alle Häupter der städtischen Docks werden durch Stemmtore verschlossen, mit Ausnahme des Hauptes des größten Docks Nr. 7, das mit einem Schwimmtor ausgerüstet ist. Dieses Dock enthält in gefülltem Zustand 65000 m^3 Wasser. Zum Entleeren der Dockkammer sind drei Kreiselpumpen vorhanden; sie werden durch Motoren von je 500 PS Leistung mit 285 Umdrehungen je Minute angetrieben. Zur Erleichterung der Arbeiten an gedockten Schiffen hat die städtische Hafenverwaltung am Trockendock Nr. 7 einen fahrbaren elektrischen Kran aufgestellt.

Die Trockendocks werden von der Stadt gegen eine Gebühr, die nach dem Tonnengehalt des gedockten Schiffes und nach der Benutzungsdauer bemessen wird, zur Verfügung gestellt.

3. Fortschritte in der mechanischen Hafenausrüstung.

a) Kaikräne. Bereits vor dem Weltkriege waren die Antwerpener Hafenanlagen, wie im ersten Abschnitt dieser Arbeit erwähnt wurde, mit zahlreichen Kaikränen ausgerüstet, weil der starke Tidehub an den Scheldekais der Abwicklung des Güterumschlages mit Hilfe der Schiffsladegeschirre Schwierigkeiten bereitete. Auch die Uferstrecken in den Dockhäfen sind mit Rücksicht auf das Überwiegen des Stückgutverkehrs über den Massengutumschlag reichlich mit Kaikränen ausgestattet worden.

Bis zum Jahre 1908 waren nur Wasserdruckkräne beschafft worden. Die meisten dieser Kräne haben 2 t Tragfähigkeit, einige können 4 t bei halber Ausladung tragen. Vom genannten Jahre ab wurden nur noch vereinzelt hydraulische Kräne aufgestellt; bei allen größeren Bestellungen wurde der elektrische Antrieb gewählt. Neben rd. 300 hydraulischen Kaikränen waren im Jahre 1913 bereits 82 elektrische vorhanden. Bis heute ist die Zahl der hydraulischen Kräne auf rd. 270 zurückgegangen, dagegen die Zahl der elektrischen Kräne auf rd. 340 angestiegen.

Die Entwicklung des elektrischen Kaikranbetriebes im Antwerpener Hafen zeigt die nachstehende Zusammenstellung[1]:

Bestelljahr	Anzahl	Tragkraft t	Ausladung m
1908	80	2	13,75
1921	30	2,5	14,75
1923	15	2,5	6—16
1924/25	91	3	6—16
1927/28	32	3	6—18
1928	5	5	6—18,75
1928/29	68	3	6,50—19,50
1930	8	3	8—21

Die Zusammenstellung zeigt, wie die Tragkraft und Ausladung allmählich gestiegen sind. Die älteren Kräne hatten feste Ausleger, erst 1923 wurden die ersten Kräne mit verstellbaren Auslegern bestellt. Vollwertige Wippkräne wurden vom Jahre 1927 ab beschafft. Diese haben sich in Antwerpen, wie überall, ausgezeichnet bewährt, zumal sie die hier beson-

---
[1] Kinart, De Cavel, Wundram: Die mechanische Ausrüstung des Hafens von Antwerpen. Werft Reed. Hafen 1938, 1. Juni, Heft 11, S. 148.

ders breiten Kaistraßen vor den Kaischuppen vollständig zu bestreichen in der Lage sind. Wippkrane der Bauart Stork-Hijsch, Hengelo, zeigt Abb. 23, solche von Cockerill, Seraing, gibt Abb. 24 wieder. Auch andere Bauarten von Figee, Harlem, und von Smulders, Schiedam, wurden in Antwerpen erprobt.

Abb. 23. Wippkran von Stork-Hijsch.   Abb. 24. Wippkran von Cockerill.

Eine Anzahl Schwerlastkräne von 30—50 t Tragfähigkeit, die ebenfalls elektrischen Antrieb besitzen, stehen an den Kais für den Umschlag einzelner schwerer Güter zur Verfügung.

Die meisten Kräne werden mit Gleichstrom, die am zweiten und dritten Hafenbecken aufgestellten dagegen mit Drehstrom betrieben. Den Strom liefert ein ausgedehntes Hochspannungsnetz mit Umformern und Gleichrichterstellen.

b) **Verladebrücken und Brückenkräne.** Die ersten Verladebrücken im Antwerpener Hafen wurden im Jahre 1930 aufgestellt, weitere Verladebrücken und Brückenkräne folgten im Jahre 1935.

Sechs Verladebrücken befinden sich am Nordost-Ufer des Hansabeckens. Sie dienen dem Umschlag von Kohlen, Erzen, Salz, Phosphat und Natursteinblöcken und sind an die Firma „Stocatra" verpachtet (Abb. 25 und 26). Die Brücken haben 50 m Spannweite, 41 m wasserseitige und 21,50 m landseitige Ausladung, bei 24 m lichter Höhe. Die vier Stützen jeder Brücke ruhen auf je acht Rädern, von denen je vier elektromotorisch angetrieben sind. Die

Abb. 25. Verladebrücken am Hansabecken.

Räder bestehen aus Elektrostahl hoher Festigkeit. Bei Sturm werden die Brücken durch Einrichtungen, die der Demag geschützt sind, gegen Verwehungen gesichert. Jede Brücke ist mit einer Drehlaufkatze von 15 t Tragfähigkeit ausgerüstet. Die Laufkatzen haben 5 m Ausladung und sind zum Zwecke der Gewichtsersparnis aus Sonderstahl mit geschweißten Verbindungen hergestellt. Zur Verminderung des Verschleißes sind Katzenfahrschienen aus St. 80 verwendet worden. Die

Greiferwindwerke sind Demagkastenwinden. Die Hubgeschwindigkeit der Greiferwinden beträgt bei Vollast 1 m/sec; auch die übrigen Arbeitsgeschwindigkeiten sind zeitgemäß hoch.

Die sechs Verladebrücken arbeiten mit zwei fahrbaren Wiegebunkern, Bauart Demag, zusammen, um abgewogene Mengen von Kohlen und Erzen auf Eisenbahnwagen umschlagen zu können. Die Bunker können 200 t Erz oder 100 t Kohlen aufnehmen, wovon mit Hilfe ihrer Wiegevorrichtungen, die von Schenck, Darmstadt, geliefert wurden, jeweils 40 t abgewogen werden können.

Zum Löschen von Restladungen von Kohlen und Erzen sind für die Anlagen der Stocatra zwei kleinere Brückenkräne mit 8 t Tragfähigkeit beschafft worden, weil die großen Verladebrücken für derartige Arbeitsvorgänge nicht sehr geeignet sind. Diese beiden Brückenkräne sollten auf der ganzen Kailänge von rd. 450 m verfahrbar sein, wobei sie unter den großen Verladebrücken hindurchfahren sollten. Dabei sollte ihre Ausladeweite über Wasser möglichst groß sein. Diese Forderungen führten zu einer ungewöhnlichen Lösung. Auf einem brückenartigen Torgerüst von 19,8 m Spannweite ist ein ausschiebbarer, im Ruhezustand zurückgezogener Träger angeordnet, der den Drehkran mit 18,00 bzw. 16,5 m Ausladung trägt.

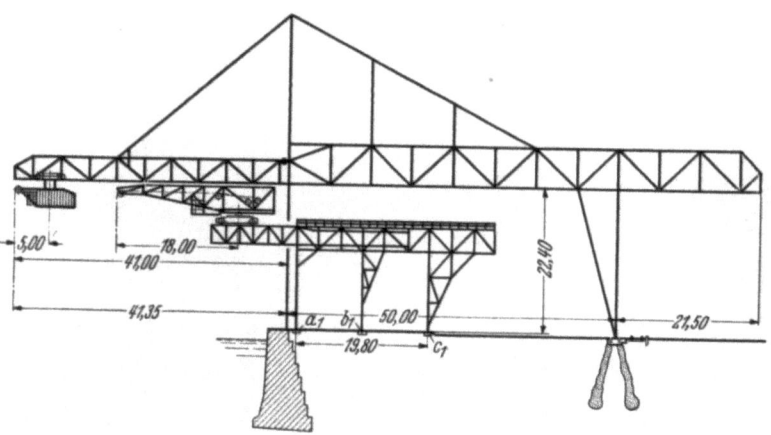

Abb. 26. 8 t-Brückenkran unter der 15 t-Verladebrücke.

In Abb. 26 ist einer der 8 t-Brückenkräne in seiner Arbeitsstellung unter der 15 t-Verladebrücke dargestellt. Die nutzbare Höchstausladung des Drehkranes beträgt 24 m. Beide Brückenkräne werden auch zum Löschen kleinerer Schiffe und Leichter verwendet.

Am Nordufer des Leopoldbeckens, auf dem Platz der Firma „Vloeberghs", die ebenfalls Kohlen und andere Schüttgüter umschlägt, stehen weitere Brückenkräne der Hafenverwaltung, und zwar zwei Volltorwippkräne von 8 t Tragfähigkeit. Ihre Bauart ist aus Abb. 27 ersichtlich. Die Tore dieser Kräne und ihre beweglichen Teile sind weitgehend geschweißt. Ihre Hubgeschwindigkeit bei voller Belastung beträgt 1,17 m/sec, die Fahrgeschwindigkeit der Krantore 0,5 m/sec, die Wippgeschwindigkeit 0,83 m/sec. Jede Stütze der Fahrwerke läuft auf vier Rädern, von denen je die Hälfte durch einen Verschiebeankermotor angetrieben wird. Das Greiferwindwerk ist eine Zweimotorenkastenwinde, die auch für den Umschlag von Stückgut verwendet werden kann. Das Antriebswerk für die Wippbewegung besteht aus einem Verschiebeankermotor mit Spindel. Die Kräne werden wie die oben beschriebenen Verladebrücken mit 550 V Gleichstrom betrieben. Sie sind von der Demag, Duisburg, geliefert, ihre elektrische Ausrüstung besorgten die SSW. und SEM., Gent.

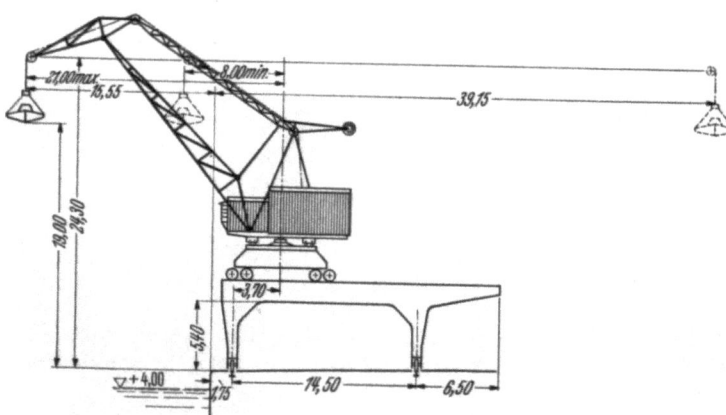

Abb. 27. 8 t-Volltor-Wippkran am Leopoldbecken.

Außer diesen Brückenkränen hat die Hafenverwaltung noch einen 5 t-Wippkran auf hohem Fahrgestell für den Scheldekai beschafft, er ist für den Umschlag von Kraftwagen, Behältern und schweren Stückgütern bestimmt.

c) **Schwimmkräne.** Während die Antwerpener Hafenverwaltung bis zum Ausbruch des Weltkrieges nur einen Schwimmkran besaß, stehen ihr heute 17 solche Kräne zur Verfügung, von denen vier je 3,5 t, zwei je 8 t, acht je 10 t, zwei je 40 t und einer 150 t Tragfähigkeit besitzen. Einer der 40 t-Schwimmkräne, ein Bockkran, hat eine feste nutzbare Ausladung von 7,40 m, alle übrigen Kräne sind mit verstellbaren Auslegern ausgerüstet. Die kleineren Schwimmkräne bis einschließlich 10 t Tragkraft werden durch Dampfmaschinen angetrieben und vorwiegend für den Kohlen- und Erzumschlag benutzt. Zwei dieser Kräne haben große Wippgeschwindigkeiten und eignen sich besonders zum Bebunkern großer Schiffe. Ein 40 t-Kran, der bei 28 m nutzbarer Ausladung noch 15 t trägt, hat dieselelektrischen Antrieb (Abb. 28). Für noch schwerere Lasten kann der

150 t-Kran herangezogen werden, der dampfelektrischen Antrieb hat. Dieser Kran dient in erster Linie der Hafenverwaltung selbst bei Bau- und Instandsetzungsarbeiten; er ist in der Lage, schwere Ausrüstungsteile der Hafenbauwerke, wie Brückenträger, Schleusentore und ähnliche Bauteile, anzuheben und zu befördern. Abb. 29 zeigt den Kran beim Verladen von Lokomotiven. Alle diese Kräne können für den Stückgutumschlag verwendet werden.

Da die Hafenverwaltung bestrebt ist, dem Antwerpener Hafen durch günstige Tarifgestaltung das Bunkergeschäft zu erhalten und dieses nach Möglichkeit noch zu steigern, ist eine Vermehrung der 10 t-Schwimmkräne zu erwarten. Im Jahre 1937 schlugen die Schwimmkräne 1 102 000 t Bunkerkohle um; das waren rd. 80 vH ihrer Gesamtleistung.

Außer den genannten Schwimmkränen der städtischen Hafenverwaltung sind in Antwerpen noch einige private Schwimmkräne vorhanden.

Abb. 28. 40 t-Schwimmkran.

d) **Schwimmende Getreideheber.** Der Getreideumschlag hatte schon vor dem Weltkriege im Antwerpener Hafen eine stetige Zunahme gezeigt und im Jahre 1913 rd. 750 000 t erreicht. Unmittelbar nach der Beendigung des Weltkrieges entwickelte sich die Getreideeinfuhr sprunghaft, und bereits im Jahre 1920 wurden rd. 2 750 000 t umgeschlagen. Nach einem vorübergehenden Rückgang bis zum Jahre 1925 stieg den Getreideumschlag wiederum mit geringen Schwankungen bis auf 3 600 000 t im Jahre 1931 und hält sich seitdem auf über 3 000 000 t jährlich. Antwerpen kann daher zu den bedeutendsten Getreideeinfuhrhäfen des europäischen Festlandes gerechnet werden.

Das Löschen der in Seeschiffen ankommenden Getreidefrachten und ihr Umschlag auf Binnenkähne und kleinere See- und Küstenfahrzeuge geschieht vorwiegend mit schwimmenden Getreidehebern. Die ersten dieser Umschlagsgeräte beschaffte die Hafenverwaltung im Jahre 1910, nachdem derartige Heber sich in anderen Häfen, wie London, Genua, Rotterdam und Hamburg bereits bewährt hatten und ihre anfänglichen Mängel überwunden waren[1]. Bis zum Ausbruch des Weltkrieges stieg die Zahl der städtischen Getreideheber in Antwerpen auf zwölf. Um der steigenden Nachfrage gerecht werden zu können, wurde in der Zeit nach dem Weltkriege diese Zahl der Heber durch Neuanschaffungen verdoppelt.

Bis auf die drei zuletzt in Dienst gestellten Getreideheber, die Dieselantrieb haben, arbeiten alle diese Heber mit Dampfantrieb. Die Schwimmkörper der Heber Nr. 1—21 sind 30 × 10 × 3,30 m groß und ent-

Abb. 29. 150 t-Schwimmkran.

[1] Müller, Dr.-Ing. Carl A. E.: Die Entwicklung der schwimmenden pneumatischen Getreideheber. Jb. hafenbautechn. Ges. 18 (1937) S. 163. — Kinart, De Cavel und Aertssen: Les Elévateurs à Grains du Port d'Anvers. Ann. Trav. publ. Belg. 1936/37. — Wundram: Die Getreideheber des Antwerpener Hafens. Werft Reed. Hafen, 15. 11. 1937, Heft 22, S. 338.

halten in fünf durch Schotte getrennten Abteilungen die Räume für Vorräte, Ausrüstung, Kabel, Lampen usw., Räume für Leitung und Besatzung, Kessel- und Maschinenräume und Ballasttanks. Auf den Decks sind Winden und Spills zum Verholen und Festmachen angeordnet. Die eisernen Aufbauten der Heber sind 15 m hoch und enthalten durch Treppen zugängliche Be-

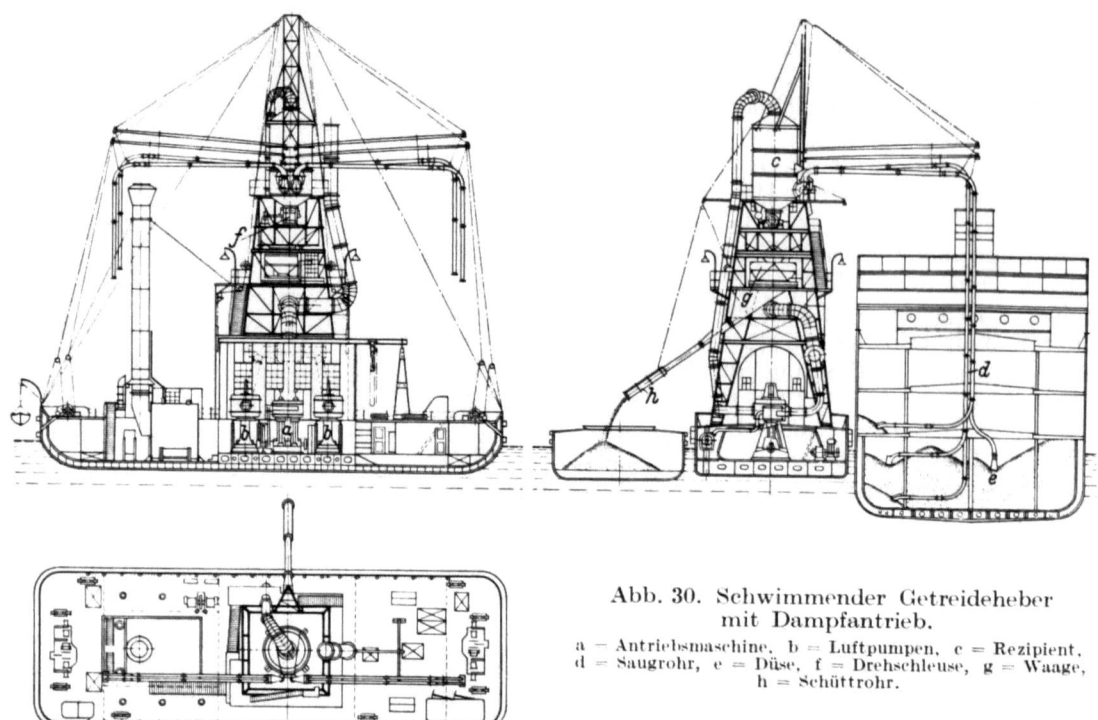

Abb. 30. Schwimmender Getreideheber mit Dampfantrieb.
a = Antriebsmaschine, b = Luftpumpen, c = Rezipient, d = Saugrohr, e = Düse, f = Drehschleuse, g = Waage, h = Schüttrohr.

triebsräume, in denen sich die pneumatischen Apparate, Waagen und Winden zur Bewegung der Rohre befinden (Abb. 30). Der Kessel eines solchen Hebers hat 145 m² Heizfläche und entwickelt 11 atü Dampfdruck. Er ist mit Überhitzer und Speisewasservorwärmer ausgerüstet. Die Verbunddampfmaschine leistet 280 PS. Auf derselben Welle mit ihr sitzt das Schwungrad und zu beiden Seiten je eine Kolbenluftpumpe. Durch diese beiden Pumpen wird der Windkessel, der sich auf der obersten Plattform des Aufbaues befindet, luftleer gehalten. Am unteren Ende des Windkessels sind zwei elektrisch angetriebene Luftschleusen angebracht, durch die Getreide und Staub ohne Lufteinbruch abgenommen werden kann. Einen dieser Heber während des Betriebes zeigt Abb. 31.

Obwohl die Hafenverwaltung versuchte, die Wirtschaftlichkeit des Dampfantriebes zu verbessern, gelang es doch nicht, den Dampfverbrauch der Heber im Jahresmittel unter 3 kg/t geförderten Getreides zu senken. Nur unter besonders günstigen Bedingungen wurde zeitweilig ein Dampfverbrauch von nur etwa 1 kg/t Um-

Abb. 31. Schwimmender Getreideheber mit Dampfantrieb.

schlagleistung erreicht. Die Hauptverlustquelle war die nicht zu vermeidende Dampfhaltung während der Betriebspausen. Die Hafenverwaltung entschloß sich daher, einen Heber mit Verbrennungsmotor bauen zu lassen. Diese Antriebsart versprach außer größerer Wirtschaftlichkeit noch weitere Vorteile, wie billigere Unterbringung des Brennstoffes und Einsparung des Heizers.

Für die Kraftübertragung vom Dieselmotor auf die Luftpumpen gab es zwei Möglichkeiten, die dieselelektrische oder die dieselmechanische. Man wählte die letztere als Riemenantrieb. Gewisse Befürchtungen galten der einwandfreien Durchführung des Wiegegeschäftes auf einem Heber mit Dieselantrieb, denn man mußte mit der Möglichkeit rechnen, daß die Arbeit der Waagen durch die Erschütterungen des Dieselantriebes gestört werden könnte. Ferner erforderte die Wahl der Antriebsart für die Hilfsmaschinen eingehende Überlegungen. Man entschloß sich für die dieselelektrische Kraftübertragung.

Auf Grund einer Ausschreibung, in der eine Garantie des Brennstoffverbrauches, Erschütterungsfreiheit für die Waagen und einwandfreies Arbeiten aller Hilfsmaschinen gefordert wurde, erhielt die Miag, Braunschweig, den Auftrag zum Bau des Hebers Nr. 22 mit Deutz-Dieselmotoren. Bei den Abnahmeversuchen ergab sich ein Brennstoffverbrauch von 165,9 g je Tonne Getreide und eine Leistung von 277,42 t/Std. mit vier Rohren.

Nachdem sich der Heber ein Jahr lang im Betriebe bewährt hatte, bestellte die Antwerpener Hafenverwaltung zwei weitere Getreideheber mit Dieselantrieb bei der Firma Verschure, Amsterdam; die Schwimmkörper wurden auf der Werft von Jos. Boel & Sohn, Tamise, hergestellt. Diese beiden Heber Nr. 23 und 24 wurden 1932/33 geliefert. Ihre Schwimmkörper sind 30 × 11 × 3,40 m groß und enthalten in der Mitte den Maschinenraum. Die Anordnung der Maschinen ist aus der Abb. 32 zu ersehen. Zwei dreizylindrige Viertakt-Dieselmotoren, die zusammen 290 PS leisten, treiben mit einem Riemen zwei Luftpumpen an. Die Drehzahl der Motoren beträgt 290 U/min, die der Kolbenluftpumpen 110 U/min. Die im gleichen Raum untergebrachten Gasölbehälter haben zusammen 20 m³ Fassungsraum. Dem elektrischen Antrieb sämtlicher Hilfsmaschinen dienen zwei Dieseldynamos, die je 30 kW bei 220 V Gleichstrom leisten. Zehn Hilfsmaschinen von 1½—18 PS können von ihnen betrieben werden. Während der Stilliegezeiten der Heber liefern kleine Hilfsaggregate von 4 kW den nötigen Strom. Die Rohranlagen der neuen Heber bestehen aus vier Saugrohren von 20 m Länge bei 9 m Ausladung. Bei der Abnahme betrug der Brennstoffverbrauch des Hebers Nr. 23 153 g/t und der des Hebers Nr. 24 167 g/t Umschlagsleistung mit vier Rohren.

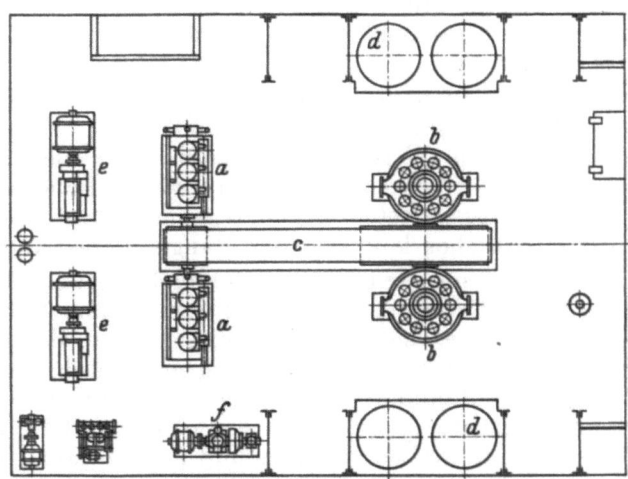

Abb. 32. Maschinenanordnung der dieselbetriebenen Getreideheber.

a = Dieselmotoren. b = Kolbenluftpumpen. c = Riemenantrieb.
d = Gasölbehälter. e = Dieseldynamos. f = Hilfsaggregat.

Über die Erfahrungen mit den neuen Hebern berichtet der Chef-Ingenieur Direktor des Antwerpener Hafens, M. F. Kinart, durchaus günstig. Der schwimmende Heber mit Dieselantrieb ist wirtschaftlicher als der mit Dampfantrieb. Die Kraftübertragung zwischen Motor und Pumpe muß elastisch sein, was beim Riemenantrieb erreicht wird. Zum direkten Antrieb eignet sich der Dieselmotor seiner Schwingungen wegen nicht.

Weder die Wiegetätigkeit noch die ununterbrochene Haltung des Luftunterdruckes im Windkessel sind durch die Schwingungen der Dieselmotoren behindert worden. Die stehenden Kolbenpumpen haben sich gut bewährt, weil sie sehr widerstandsfähig und gegen Staub unempfindlich sind; sie sind an Bord einem Turbogebläse vorzuziehen, da dieses bedeutend stärkere Antriebsmaschinen erfordert und seiner hohen Drehzahl wegen empfindlicher ist als eine Kolbenpumpe mit ihren Ventilen. Als Riemenstoff hat sich Kamelhaargewebe am besten bewährt.

Über die Wirtschaftlichkeit der Heber mit Dieselantrieb teilt Kinart mit, daß die Kosten für Brennstoff und Schmiermittel nur etwa halb so hoch sind wie bei Hebern mit Dampfantrieb. Hinzu kommt die einfachere Bunkerweise beim Gasöl und eine Ersparnis an Heizpersonal. Die Instandsetzungskosten sind beim Dieselmotor ebenfalls niedriger als bei einer Dampfmaschine.

Allgemein gelten für Getreideheber, unabhängig von ihrer Antriebsart, die Erfahrungen, daß durch den im Getreide vorhandenen Staub starke Verschleißerscheinungen an den Windkesseln, Rohren, Düsen sowie Getreide- und Staubschleusen auftreten, besonders dort, wo der Förderstrom durch Krümmungen geführt wird. Daher sind auswechselbare Verschleißplatten aus Sonderstahl, die bei den Staubschleusen zweimal im Jahre zu erneuern sind, zweckmäßig. Die Saugrohre werden aus den gleichen Gründen aus 1 ½ mm starkem Sonderstahl von 60—70 kg/mm² Festigkeit und die Windkessel aus 9 mm starkem Stahlblech hergestellt.

4. Die Entwicklung der Eisenbahnanlagen.

Wie oben im einzelnen ausgeführt wurde, beschränkte sich die Erweiterung der Antwerpener Hafenanlagen in der Zeit nach dem Weltkriege in erster Linie auf Neuanlagen im Norden der alten Hafenteile, nahm dort jedoch sehr bedeutenden Umfang an. Der Bahnhof Austruweel, der zur Bedienung des Lefébvrebeckens und der Hafengruppe des Albertbeckens und seiner Stichbecken angelegt war, konnte den hinzukommenden Verkehr der neuen Nordhafengruppe nicht aufnehmen. Seine Lage zu diesen neuen Häfen war nicht so günstig, daß eine wesentliche Erweiterung seiner Anlagen ratsam gewesen wäre. Dem Umfang der neuen Hafenanlagen und ihrer in Aussicht genommenen Erweiterungen entsprechend, wurde ein neuer großer Hafenbahnhof, der Bahnhof Antwerpen-Nord, am nördlichen Rande des zur Stadtgemeinde gehörigen Geländes angelegt (Abb. 9). So ist also heute der Antwerpener Hafen an drei Gruppen von Haupthafenbahnhöfen angeschlossen, die Bahnhöfe Antwerpen-Süd mit Antwerpen-Kiel, die Bahnhöfe Zurenborg (local) und Stuyvenberg (transit) sowie die Bahnhöfe Austruweel und Antwerpen-Nord.

Der Bahnhof Antwerpen-Nord erfüllt neben seinen Aufgaben als Hafenbahnhof für die nördlichen Hafenbecken auch diejenigen eines Verschiebebahnhofes für die gesamte nördliche und mittlere Bahnhofsgruppe. Im Bahnhof Nord kommen die Güterzüge aus dem Inneren des Landes an. Hier werden die Züge gebildet für die neuen Hafenanlagen, für die Bahnhöfe Zurenborg und Stuyvenberg mit Hafenbecken-Zoll, ferner für die Gleisanlagen am Albertkanal. Die aus den nördlichen Hafenanlagen kommenden Züge werden im Bahnhof Austruweel geordnet und fahren von hier aus.

Bei der Planung des Bahnhofes Antwerpen-Nord waren die Gesichtspunkte maßgebend, daß der Wirkungsgrad von Hafenbahnanlagen am größten ist, wenn sie den Kaianlagen möglichst nahe liegen, und ferner, daß ein großer Verschiebebahnhof wirtschaftlicher ist als mehrere kleinere[1]. Je größer der Verkehrsumfang in einem Bahnhof ist, desto mehr Bestimmungsorte können mit vollständig ausgelasteten Zügen regelmäßig von diesem Bahnhof aus bedient werden, und desto wirtschaftlicher läßt sich der Rangierdienst und Verschiebebetrieb gestalten.

Im wesentlichen ist der Bahnhof Antwerpen-Nord ein zweiseitiger Verschiebebahnhof mit Richtungsgleisen nach und von dem Hafen. Jede der beiden Bahnhofsseiten besteht aus einer Einfahrgruppe und zwei Ordnungsgruppen, deren letzte zugleich die Ausfahrgruppen sind. Alle diese Gruppen sind je 700 m lang und durch Ablaufberge voneinander getrennt. Die von innerbelgischen Bahnhöfen oder belgischen Grenzbahnhöfen ankommenden Züge werden in der Einfahrgruppe übernommen, in der mittleren Gruppe nach Kaistrecken oder örtlichen Bahnhöfen oder Sammelstellen geordnet und zur Ausfahrt nach dem Hafen zusammengestellt. Umgekehrt laufen alle Züge aus dem Hafen oder sonstigen Sammelgleisen in die Einfahrgruppe der anderen Bahnhofsseite ein, werden in der mittleren Gleisgruppe nach den Linien des belgischen Eisenbahnnetzes geordnet und in der letzten Gleisgruppe weiter nach Bestimmungsbahnhöfen geordnet und zu abfahrtbereiten Zügen zusammengestellt. Wenn schon in den mittleren Gleisgruppen vollständige Züge gebildet werden können, fahren diese auf Durchlaufgleisen unmittelbar aus, ohne die zweiten Ablaufberge und die dritten Gleisgruppen zu benutzen. Alle Ablaufberge sind mit neuzeitlichen Signaleinrichtungen und mechanischen Gleisbremsen ausgerüstet.

Der Bahnhof Antwerpen-Nord ist durch zwei Gleise mit den neuen Hafenanlagen verbunden worden.

Die neuen Kaistrecken des Antwerpener Hafens, die kurz vor dem Ausbruch des Weltkrieges und in späterer Zeit erbaut wurden, sind seit dem Jahre 1924 den jeweiligen Bedürfnissen entsprechend in verschiedener Weise, aber überall sehr reichlich mit Gleisanlagen ausgestattet worden. Dabei sind Gleise für die folgenden verschiedenen Betriebsvorgänge angeordnet worden:

1. Gleise an den Kaikanten für den unmittelbaren Umschlag von Gütern zwischen Eisenbahn und Schiffen;
2. Gleise für die Zwischenlagerung von Gütern in Kaischuppen oder auf Kaiflächen;
3. Gleise für das Umladen von Gütern aus Eisenbahnwagen auf Straßenfuhrwerke oder umgekehrt;

---

[1] Dessent-Bollengier: Die Zufahrtsbahnen zum Hafen von Antwerpen und die Eisenbahnanlagen dieses Hafens. XV. Int. Schiff. Kongr. Vendig, 2. Abt., 1. Frage, Heft 66.

4. Aufstellgleise hinter den Kais für beladene oder leere Wagen, die noch nicht auf den Betriebsgleisen gebraucht werden, oder für Wagengruppen, die noch nach einzelnen Ladestellen oder Ladeluken der Schiffe geordnet werden sollen.

5. Durchfahrtgleise für Zugfahrten im Verkehr mit den Bahnhöfen.

Es würde den Rahmen dieser Arbeit überschreiten, die zahlreichen verschiedenen Gleisanlagen an den Kaistrecken, die in der Zeit nach dem Weltkriege eisenbahntechnisch ausgerüstet wurden, hier im einzelnen aufzuführen und zu erläutern. Nur einige wenige Beispiele seien genannt.

Der im Jahre 1914 erbaute Nordkai des zweiten Hafenbeckens ist im Jahre 1924 mit Gleisen ausgestattet worden. Die Kaifläche ist rd. 110 m, die geschlossenen Kaischuppen sind rd. 50 m breit. Vor den Schuppen liegen 3 Gleise, von denen das landseitige zum Aufstellen von Eisenbahnwagen bestimmt ist, deren Ladung auf dem Kai gelagert werden soll. Hierfür steht unmittelbar vor den Kaischuppen ein rd. 9 m breiter Flächenstreifen zur Verfügung. An der Rückseite der Kaischuppen sind 8 Gleise vorhanden; diese werden zum Teil als Abstellgleise benutzt.

Am Nordkai des dritten Hafenbeckens liegen 45,5 m breite geschlossene Lagerschuppen für Salpeter. Der Kai ist 87,35 m breit und wurde im Jahre 1925 mit Gleisanlagen versehen. Vor den Lagerschuppen steht ein 30 m breiter Flächenstreifen für den unmittelbaren Umschlag zwischen Eisenbahnwagen und Schiffen zur Verfügung. Hier sind 5 Gleise angeordnet, von denen das unmittelbar an der Kaikante liegende von den Fahrgestellen der Volltorwippkräne überspannt wird. Hinter den Lagerhallen liegen 3 Gleise, die durch Weichenstraßen mit den Kaigleisen und durch Durchlaufgleise mit einer umfangreichen Abstellgleisgruppe verbunden sind. Einen Lageplan und Querschnitt dieser Kaistrecke zeigt Abb. 33.

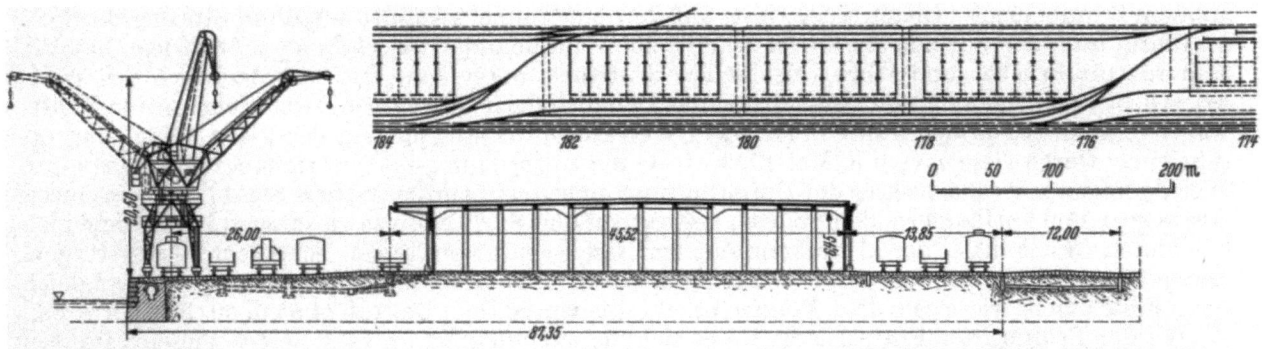

Abb. 33. Lageplan und Querschnitt der Kaistrecke für Salpeterumschlag am Nordufer des Dritten Hafenbeckens.

An anderen Kaistrecken sind Gleise auch durch die Schuppen gelegt worden, wie oben bereits erwähnt wurde (vgl. Abb. 10). Kennzeichnend für Antwerpen sind im übrigen die breiten Kaiflächen vor den Kaischuppen. Da sie nur teilweise von den Gleisen in Anspruch genommen werden, eignen sie sich zum Aufstellen von Straßenfuhrwerken im Bereich der Kaikräne, also für den unmittelbaren Umschlag von Gütern zwischen Schiffen und Lastkraftwagen. Sie eignen sich ferner zur vorübergehenden Lagerung und Stapelung von Gütern, die nicht unter Witterungseinflüssen leiden und daher außerhalb der Kaischuppen liegen können.

Als Beispiel der Ausstattung einer Umschlaganlage für Massengüter mit Eisenbahngleisen sei eine Kaistrecke am Nordufer des Albertbeckens erwähnt, die der Ausfuhr von Eisenteilen dient und mit Brückenkränen versehen ist. Die Kaifläche ist 33,5 m breit, sie ist mit 6 Gleisen ausgestattet, die sämtlich im Bereich der Kranausleger liegen. Das zweite Gleis kann verschlossen und außer Betrieb gesetzt werden, damit Güter darauf abgesetzt werden können. Zwischen dem vierten und fünften sowie fünften und sechsten Gleis sind breite Flächenstreifen freigeblieben, auf denen die Eisenerzeugnisse gestapelt werden können.

Sämtliche Bahnanlagen im Hafen von Antwerpen gehören der belgischen Eisenbahngesellschaft, die auch den Betrieb mit ihren Lokomotiven und ihrem Personal führt. Die Gesellschaft behandelt die gesamten Eisenbahnanlagen des Hafens wie einen großen Verschiebebahnhof. Die Stadt Antwerpen, die den ganzen Hafen verwaltet, besitzt keinerlei eigene Bahnanlagen und liefert keine Bau- oder Betriebsstoffe für diese Anlagen. Sie überläßt unentgeltlich das für die Gleisanlagen erforderliche Gelände der Eisenbahngesellschaft. Über die Anzahl und Lage der Gleise wird vor der Ausführung zwischen der Stadt und der Gesellschaft eine Vereinbarung abgeschlossen.

5. Die Untertunnelungen der Schelde.

Die Stadt Antwerpen und ihre Hafenanlagen haben sich lediglich auf und an dem rechten Ufer der Schelde entwickelt. Auch die Planungen für weitere Hafenanlagen sehen keine Inanspruchnahme von Gelände auf dem der Stadt gegenüberliegenden Stromufer vor. Fragen, die eine Kreuzung der Schelde durch Landverkehrsmittel zur Verbindung von Hafenteilen aufwerfen würden, stehen daher nicht zur Erörterung. Das Bedürfnis, die Schelde durch einen leistungsfähigen Landverkehrsweg zu kreuzen, ist aus Verkehrsbeziehungen der Stadt Antwerpen mit den westlich von ihr gelegenen Landesteilen Belgiens entstanden, aus Gründen also, die mit dem Hafen in keinem unmittelbaren Zusammenhang stehen. Da jedoch dieser Verkehrsweg so geplant und ausgeführt werden mußte, daß er den Schiffsverkehr auf der Schelde und den Hafenbetrieb am rechten Scheldeufer in keiner Weise stört, soll seine Vorgeschichte und seine Verwirklichung an dieser Stelle nicht ganz unerwähnt bleiben. Auf die Behandlung technischer Einzelfragen, die sich beim Bau dieses Verkehrsweges naturgemäß in großer Zahl ergeben haben, muß im Rahmen der vorliegenden Arbeit verzichtet werden, zumal darüber ein umfangreiches Schrifttum vorhanden ist[1].

Die Landstraße, die Antwerpen mit Gent und mit anderen Orten der flandrischen Provinzen verbindet, endete auf dem linken Scheldeufer. Auch für Reisende, die die Eisenbahn nach Gent benutzen wollen, liegt der Abfahrtbahnhof auf diesem Stromufer. Der Verkehr der Stadt Antwerpen von und nach dem Westen muß also die Schelde kreuzen; er wurde durch Fähren vermittelt. Diese dienten auch dem allerdings nicht sehr bedeutenden örtlichen Verkehr mit dem nur schwach besiedelten Gelände im Scheldebogen, dem Vlaamschhoofd (Haupt von Flandern). Dieses Gebiet ist aber von der Stadt eingemeindet worden und als Stadterweiterungsgebiet für die Bebauung vorgesehen. Um es aufzuschließen und für den genannten Zweck nutzbar zu machen, mußte zunächst eine bessere Verkehrsverbindung der beiden Scheldeufer geschaffen werden, die auch den genannten Fernverkehr nach Gent und den flandrischen Provinzen erleichtern sollte.

Schon im Jahre 1909 wurde die Frage der Verbindung der beiden Scheldeufer durch einen Ausschuß untersucht. Dieser stellte fest, daß nur ein Tunnel geeignet sei, ohne Störung der Seeschiffahrt auf der Schelde ihre Ufer unmittelbar miteinander zu verbinden. Seitdem hat die Behörde für Brücken und Wege verschiedene Entwürfe untersucht, bis zum Ausbruch des Weltkrieges ist es jedoch nicht zur Ausführung des Bauvorhabens gekommen. Der zunehmende Kraftwagenverkehr ließ in den Jahren nach dem Weltkriege die Ausführung der Pläne dringlicher erscheinen. Durch Gesetz vom 8. Mai 1929 wurde die Aufbringung der Geldmittel für das geplante Werk geregelt und gleichzeitig die Durchführung einer aus dem belgischen Staat, den Provinzen Antwerpen und Ostflandern, den Städten Antwerpen und St. Nicolas sowie einigen Landgemeinden gebildeten Gesellschaft, der „Interkommunalen Gesellschaft vom linken Scheldeufer" übertragen. Diese veranstaltete im Jahre 1930 einen Wettbewerb für den Bau eines Tunnels, der zugleich dem Fußgänger- wie auch dem Wagenverkehr dienen sollte. Darauf gingen 60 Entwürfe ein.

Bei der Prüfung der Entwürfe erwies es sich als zweckmäßig, an Stelle eines Tunnels für den gesamten Straßenverkehr zwei getrennte Tunnels zu bauen, von denen der eine lediglich dem Wagenverkehr, der andere dem Fußgänger- und Radfahrverkehr dienen sollte. Für diesen Beschluß waren die Erwägungen maßgebend, daß ein gemeinsamer Tunnel bei ausreichender Bemessung der Fahrbahnbreite sowie der Geh- und Radfahrwege einen sehr großen Querschnitt erhalten mußte und teurer werden würde als zwei getrennte Tunnels. Ein gemeinsamer Tunnel erschien ferner nicht ratsam, weil in diesem Falle die Belästigung der Fußgänger und Radfahrer durch den Geruch der Verbrennungsgase der Kraftwagen und durch die Luftströmung, die die schnelle Bewegung der Fahrzeuge verursacht, unvermeidbar war.

Die Gesellschaft entschloß sich daher zum Bau von zwei Tunneln und vergab die Ausführung an die Bauunternehmung Compagnie Internationale des Pieux Armés in Lüttich. Die Arbeiten wurden im März 1931 begonnen und konnten ohne größere Störungen bis zum Juni 1933 fertiggestellt werden.

Der Fahrzeugtunnel liegt im Zuge der Straßen Brouwersvliet und Oude Leeuwenrui am südlichen Rande des Hafengebietes. Er ist insgesamt 2110,85 m lang und besteht aus zwei Rampen mit 3,5 vH Steigung und einem mittleren waagerechten Stück von 150 m Länge. Die Oberkante der Mittelstrecke liegt 21,3 m unter dem MNW der Schelde. Die äußeren Enden der Rampen sind in offenen Einschnitten zwischen Stützmauern, die an beiden Seiten daran anschließenden Tunnelstrecken unter Absenkung des Grundwassers aus Eisenbeton hergestellt worden. Der mittlere 1235,30 m lange Teil des Tunnels ist unter Druckluft mit Schildvortrieb erbaut worden. Die Tunnelröhre dieser Mittelstrecke hat 9,40 m Durchmesser und besteht aus gußeisernen verschraubten Ringstücken. Einen Querschnitt dieses Tunnelteiles zeigt Abb. 34. Der unter der Fahrbahn vorhandene Raum dient als Kanal für die Zuführung von Frischluft, die verbrauchte Luft dringt in den Raum über der Zwischendecke und wird dort abgeleitet. Die Maschinen der

---

[1] Van Hauwaert: Les Tunnels sous l'Escaut à Anvers. La Technique des Travaux, Juni, Juli, Sept. und Dez. 1932, Januar 1933, Februar u. März 1934. — Thonet: De tunnels onder de Schelde te Antwerpen. De Ingenieur 47 (1933) Nr. 3, S. B 17. — Proetel: Die Tunnels unter der Schelde in Antwerpen. Z. VDI. 77 (1933) Nr. 50, S. 1331. — F. W. Otto Schulze: Seehafenbau III, S. 235. Berlin: Wilh. Ernst & Sohn 1935.

Belüftungsanlage sind in zwei Türmen untergebracht, die auf beiden Ufern über der Tunnelröhre stehen und mit Hilfe des Gefrierverfahrens gegründet wurden.

Der Fußgängertunnel liegt rd. 1½ km südlich vom Fahrzeugtunnel. Er besitzt keine Rampen, sondern kreisrunde Zugangsschächte, deren innere Durchmesser 11,6 m betragen. Der 31,57 m große Höhenunterschied zwischen der Straßenoberkante und der Tunnelsohle wird durch Aufzüge überwunden. Außerdem sind Rolltreppen vorhanden, deren Absätze in unterirdischen Schächten neben den Fahrstuhlschächten angeordnet sind. Die Oberkante der Tunnelröhre liegt 12 m unter der Flußsohle. Der Tunnel wurde unter Schildvortrieb mit Druckluft erbaut; sein innerer Durchmesser beträgt 4,30 m, die Breite des Fußweges 3,80 m. Verschiedene Rohrleitungen liegen unter dem Fußweg. Durch den Tunnel sollen stündlich bis zu 16 000 Personen hindurchgehen können. Auf künstliche Belüftung der Tunnelröhre ist vorläufig verzichtet worden; sie kann aber eingerichtet werden, wenn sie sich künftig bei wachsendem Verkehr für notwendig erweist.

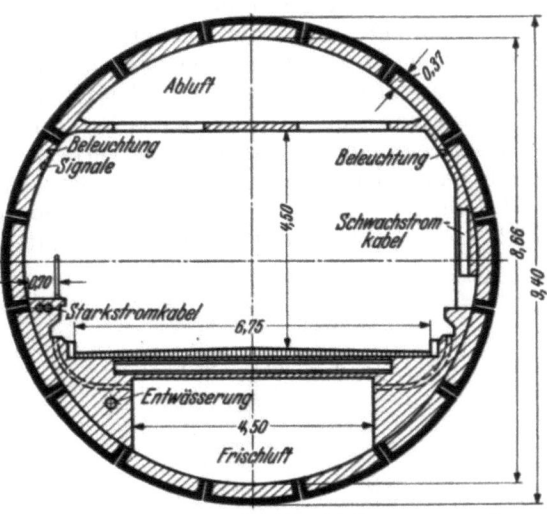

Abb. 34. Querschnitt des Fahrzeugtunnels.

Die gesamten Baukosten des Fahrzeugtunnels ohne die Kosten für den Grunderwerb auf dem rechten Scheldeufer haben 250 Millionen belg. Fr. (30 Millionen RM) betragen, der Fußgängertunnel hat einschließlich der elektrischen und maschinellen Ausrüstung 50 Millionen belg. Fr. (6 Millionen RM) gekostet.

C. Die Verbindungen mit dem Hinterland. — Der Albert-Kanal.

Bereits vor dem Weltkriege war Antwerpen durch ein dichtes und weitverzweigtes Eisenbahnnetz und durch zahlreiche Binnenschiffahrtsstraßen mit seinem Hinterland verbunden, wie oben im Abschnitt I C erläutert worden ist.

In der Zeit nach dem Weltkriege ist das belgische Eisenbahnnetz weiter ausgebaut worden, neue Industrieanlagen wurden angeschlossen und die technischen Betriebseinrichtungen neuzeitlich gestaltet. Um den steigenden Verkehr nach und von Antwerpen bewältigen zu können, mußten verschiedene zweigleisige Bahnstrecken in der Nähe der Stadt viergleisig und streckenweise sogar sechsgleisig ausgebaut werden.

Das Netz der Binnenwasserstraßen, das den Schiffsverkehr mit Antwerpen vermittelt, stellte sich nach der Beendigung des Weltkrieges in manchen Beziehungen als mehr und mehr unzureichend heraus. Während die Verbindungen Antwerpens mit den flandrischen Landesteilen über die Schelde, Lys und die von Gent ausgehenden Kanäle und der Anschluß des Hennegaues und des Industriegebietes von Charleroi durch den Charleroi-Kanal, der von der Sambre bei Charleroi nach Brüssel führt, auch in neuester Zeit dem Verkehrsbedürfnis genügten, fehlte eine günstige und genügend leistungsfähige Verbindung mit der Maas. Gerade diese Wasserstraße nach der Maas gewann aber für Antwerpen in der Zeit nach dem Weltkriege besondere Bedeutung, denn die vielseitige Industrie im Maastal bei Lüttich erlebte eine neue Blütezeit, und das Limburger Kohlenbecken wurde in zunehmendem Maße erschlossen und entwickelt.

Schon in der Mitte des vorigen Jahrhunderts hatte Belgien im Tal der Maas einen Seitenkanal von Lüttich nach Maastricht gebaut. Die Abmessungen dieses Kanals mit 15 m Sohlenbreite und 2,30 m Wassertiefe ließen aber nur einen Verkehr mit 450 t-Schiffen zu. Weiter unterhalb stand der Schiffahrt die Süd-Wilhelms-Fahrt zur Verfügung. Von diesem Kanal, der auf holländisches Gebiet hinüberführt, hatte Belgien noch auf seinem Staatsgebiet den Maas-Schelde-Kanal oder Kempischen Kanal nach Antwerpen abgezweigt. Auch dieser Kanal war nur für Schiffe bis zu 450 t Tragfähigkeit bemessen. Auf ihrem Wege von Lüttich nach Antwerpen mußten die Schiffe insgesamt 24 Schleusen durchfahren. Bei Maastricht, wo die Wasserstraße streckenweise auf holländischem Staatsgebiet lag, gab es auf 8,5 km Länge vier Zollübergänge, drei Schleusen, acht Klappbrücken und drei feste Brücken, wodurch die Fahrt der Schiffe stark verzögert wurde. Die Kähne mußten außerdem auf diesem Abschnitt durch Menschenkraft fortbewegt werden, Treideln mit Pferden war nur streckenweise möglich, Dampfschleppbetrieb war ausgeschlossen. Infolgedessen mußten die Schiffer für das Durchfahren dieser kurzen Strecke mindestens zwei Tage, oft noch viel mehr Zeit rechnen. Für die gesamte Reise eines Kahnes von Lüttich bis Antwerpen mußten 8—12 Tage angesetzt werden.

Mehrfach ließ Belgien der niederländischen Regierung Vorschläge und Wünsche zur Verbesserung der Schiffahrtsverhältnisse bei Maastricht übermitteln, fand aber wenig Entgegenkommen. Nicht zu unrecht fürchtete Holland eine Schädigung Rotterdams zugunsten Antwerpens. In ihrer ablehnenden Haltung wurde die niederländische Regierung wohl auch durch die Annahme bestärkt, daß Belgien einen rein belgischen Kanal zwischen Lüttich und Antwerpen nicht werde bauen können, da einem solchen Plan sehr erhebliche Geländeschwierigkeiten entgegenstanden, denn die hohe Wasserscheide zwischen der Maas und der Schelde schien technisch und wirtschaftlich kaum zu überwinden sein. Als Holland jedoch im Jahre 1925 zwischen Maastricht und Maasbracht einen neuzeitlichen Maas-Seitenkanal, den Juliana-Kanal, zu bauen begann, um seinen Wasserweg nach Rotterdam zu verbessern, entschloß sich Belgien, trotz aller Schwierigkeiten doch eine leistungsfähige neue Binnenwasserstraße von Lüttich nach Antwerpen ausschließlich auf belgischem Gebiet zu schaffen. Der Entwurf dieses Kanales, des Albertkanales, wurde 1927 dem belgischen Parlament zugeleitet und zu Beginn des folgenden Jahres von Kammer und Senat einstimmig gebilligt.

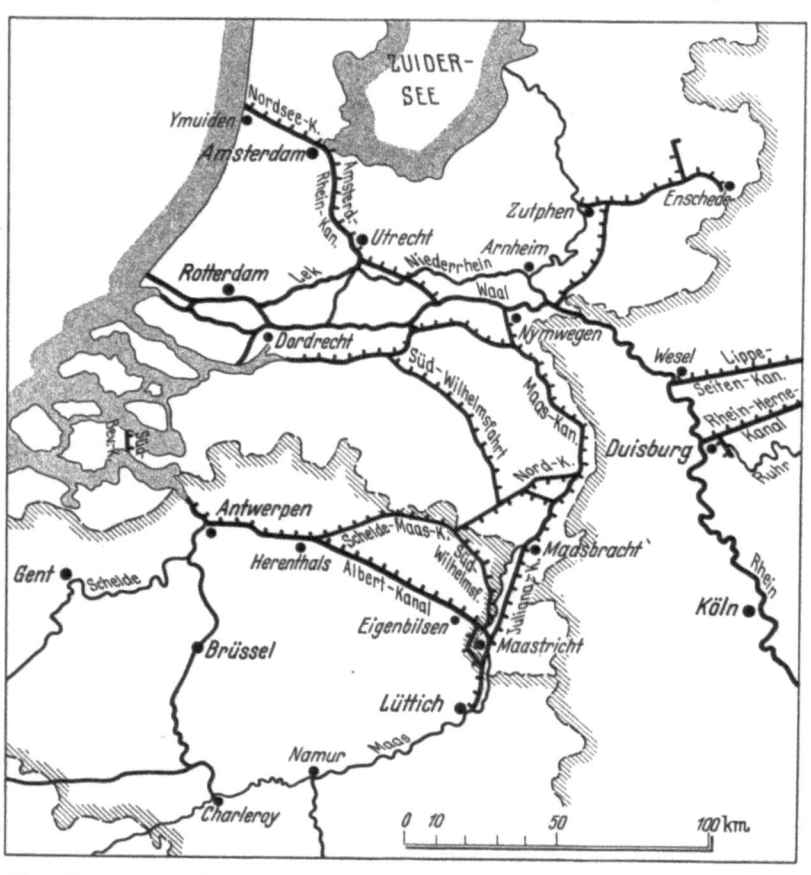

Die Sambre und die Maas oberhalb Lüttichs sollten durch Stauregelung so verbessert werden, daß Schiffe bis zu 600 t Tragfähigkeit auf ihnen verkehren können. Von Lüttich maasabwärts war ein Seitenkanal bis zur niederländischen Grenze vorgesehen, von da ab sollte der Kanal unter Umgehung des holländischen Gebietes bei Maastricht an der Grenze entlang geführt werden und einen Abstieg nach der weiter abwärts die belgisch-holländische Grenze bildenden Maas erhalten. Von diesem das holländische Gebiet umgehenden Kanalstück sollte der eigentliche Albertkanal abzweigen und in fast gerader Linie über Hasselt und Herenthals nach Antwerpen geführt werden, wobei auf der letzten Strecke das alte Bett des Maas-Schelde-Kanals benutzt werden konnte. Auf der Strecke Lüttich—Antwerpen sollten die Abmessungen dieser Wasserstraße für das 1350 t-Schiff bemessen werden (Abb. 35).

Abb. 35. Die wichtigsten Wasserstraßen der Niederlande und Belgiens

Im Jahre 1930 wurde mit dem Bau des Albertkanals begonnen. Die schwierigste Bauaufgabe lag in der Umgehung des holländischen Gebietes bei Maastricht und in der Überwindung der daran unmittelbar anschließenden hohen Wasserscheide zwischen der Maas und dem Flußgebiet der Schelde. Der gewöhnliche Wasserspiegel der Maas liegt auf $+60$ m NN, das Gelände in der Gegend von Eigenbilsen, das die Wasserscheide bildet, erreicht Höhenlagen bis zu $+120$ m NN. Der Gedanke, diese Wasserscheide durch einen Aufstieg mit Scheitelhaltung zu überwinden, wurde aufgegeben, da das erforderliche Speise- und Betriebswasser für die Scheitelhaltung auf natürlichem Wege nicht leicht zu beschaffen war. Man entschied sich daher für eine durchgehende Haltung von der Abzweigungsstelle des Kanals aus der Maas bei Lüttich bis hinter Eigenbilsen mit einer Wasserspiegellage von $+60$ m NN, und nahm dabei in Kauf, daß der Kanalwasserspiegel im Tal der Maas streckenweise bis zu 10 m über dem Gelände und bei der Umgehung des holländischen Gebietes sowie in der Gegend von Eigenbilsen bis zu 60 m darunter liegt. Im Tale der Maas mußten also hohe Dämme gebaut und im hochgelegenen Gelände sehr tiefe Einschnitte hergestellt werden. Die Aushubmassen der Einschnittsstrecke, etwa 24 Millionen m³, davon rd. 7 Millionen m³ Kreidefels, wurden zu Geländeaufhöhungen im Maastal verwendet. Die Arbeiten an dieser schwierigen Baustrecke wurden von einer Arbeitsgemeinschaft, bestehend aus den Firmen Hochtief A.-G., Essen, Dyckerhoff & Widmann A. G., Berlin, und Léon Monnoyer et Fils, Brüssel, unter Beteiligung vieler deutscher Ingenieure und Arbeiter ausgeführt. Dank des Einsatzes zahlreicher leistungsfähiger Trockenbagger und Fördergeräte konnte die Bauzeit, die auf 9 Jahre bemessen war, von der Arbeitsgemeinschaft um mehr als 4 Jahre abgekürzt werden.

Westlich von Eigenbilsen steigt der Kanal durch hügeliges Gelände mit 6 Schleusen auf den Wasserstand des Antwerpener Hafens, der auf + 4,0 m NN liegt, hinab.

Die Hauptabmessungen des Kanals wurden bei der Ausführung so bemessen, daß auch Schiffe von 2000 t Tragfähigkeit auf ihm verkehren können. Die Sohlenbreite beträgt 24 m, in der Kanalachse sind 5 m, an den Sohlenkanten 4,5 m Wassertiefe vorhanden.

Bis auf einige Nacharbeiten, die infolge von Böschungsrutschungen notwendig geworden sind, konnten die gesamten Bauarbeiten vor Ausbruch des jetzigen Krieges beendet und der Schiffsverkehr konnte auf der ganzen Kanalstrecke eröffnet werden. Antwerpen hat damit eine allen Ansprüchen gerecht werdende Wasserstraßenverbindung mit seinem wichtigen nahen Hinterland erhalten, die sich erst in der Zukunft voll auswirken wird. Allein der Verkehr, der aus dem Limburger Kohlenbecken dem Kanal zufließen wird, ist auf rd. 12 Millionen t geschätzt worden. Das Lütticher Industriegebiet ist durch den Albertkanal eng an den Seehafen Antwerpen angeschlossen und dem Einfluß Rotterdams weitgehend entzogen worden.

Auf die Behandlung wirtschaftlicher und technischer Einzelfragen, die mit dem Bau des Albertkanals zusammenhängen, näher einzugehen, ist hier nicht der Platz, die vorhandenen Veröffentlichungen geben darüber weitere Auskunft[1].

V. Der Schiffs- und Warenverkehr nach dem Weltkriege.

Antwerpen hat seine vor dem Weltkrieg errungene Stellung im Wettbewerb mit den anderen großen Seehäfen des nordeuropäischen Festlandes auch in den letzten Jahrzehnten halten können. Sowohl vor wie nach dem Weltkriege hat der Scheldehafen dank seiner zahlreichen und regelmäßigen Linienverkehre mit allen wichtigen Hafenplätzen in Europa und Übersee und der dadurch möglichen schnellen Abfertigung der Frachten eine starke Anziehungskraft auf den aus- und eingehenden Güterstrom Mitteleuropas ausgeübt. Eine geschickte Gebührenpolitik der Hafenverwaltung hat dafür gesorgt, daß die Unkosten beim Güterumschlag im Antwerpener Hafen verhältnismäßig niedrig gehalten wurden. Ferner konnten infolge der guten und reichlichen Ausstattung des Hafens mit maschinellen Umschlageinrichtungen bei der Be- und Entladung der Schiffe beachtliche Leistungen in oft sehr kurzen Zeiten erzielt werden. So wurden beispielsweise aus eingehenden Seeschiffen Getreideladungen von 7000—8000 t in Arbeitsschichten von rd. 14 Stunden gelöscht, also durchschnittlich rd. 600 t/Std. An einzelnen Tagen konnten im Antwerpener Hafen bis zu 20000 t Getreide in einer achtstündigen Arbeitsschicht gelöscht werden. Ähnliche gute Leistungen wurden beim Umschlag von anderen Massengütern, wie Öl, Kohlen und Kalisalzen, erreicht.

Einen Überblick über den Seeschiffsverkehr des Antwerpener Hafens und einen Vergleich mit den Wettbewerbshäfen Rotterdam und Hamburg in den Jahren 1920—1938 gibt die Zahlentafel 3. Um einen

Zahlentafel 3. Seeschiffsverkehr in den Häfen Antwerpen, Rotterdam und Hamburg 1913 und 1920—1938.
(Einkommender Seeschiffsverkehr).

Jahr	Antwerpen		Rotterdam		Hamburg[1]	
	Anzahl der Schiffe	Schiffsraum NRT	Anzahl der Schiffe	Schiffsraum NRT	Anzahl der Schiffe	Schiffsraum NRT
1913 . .	7 056	12 019 000	10 459	12 785 861	15 073	14 185 496
1920 . .	7 686	8 856 000	5 951	7 609 797	4 808	4 485 833
1921 . .	8 076	10 963 000	7 500	10 860 232	8 401	9 421 487
1922 . .	8 331	12 793 000	8 462	11 402 000	10 787	12 980 384
1923 . .	9 350	14 750 000	8 069	12 338 016	13 192	15 344 116
1924 . .	9 709	16 410 000	10 085	15 089 293	12 527	15 540 497
1925 . .	9 971	17 148 000	11 099	16 864 000	13 240	16 635 346
1926 . .	11 599	19 336 000	14 558	21 496 000	14 788	17 423 197
1927 . .	11 418	19 967 000	13 130	21 393 207	16 011	19 595 541
1928 . .	11 333	20 064 000	12 291	20 456 344	17 267	21 292 336
1929 . .	11 582	20 676 865	12 739	21 544 793	18 175	21 965 410
1930 . .	11 002	19 945 635	12 409	20 536 917	20 350	21 990 248
1931 . .	10 559	19 030 094	11 088	18 073 245	19 871	20 774 510
1932 . .	9 407	16 716 672	9 542	14 160 429	18 024	18 054 048
1933 . .	9 841	17 373 316	9 556	14 306 115	16 570	17 712 722
1934 . .	10 305	17 286 000	10 422	15 315 000	16 706	18 432 459
1935 . .	11 125	18 735 000	11 126	18 029 000	15 705	18 214 917
1936 . .	11 429	19 586 670	12 623	20 572 000	16 288	18 922 431
1937 . .	12 386	20 592 138	14 375	23 750 000	18 663	19 744 709
1938 . .	11 762	19 798 650	14 542	23 538 931	18 595	20 833 146

[1] Spethmann, Dr. H.: Die großen Kanalbauten in Holland und Belgien. Oldenburg: Gerhard Stalling 1935. — Ruoff: Der Albert-Kanal in Belgien. Zbl. Bauverw. 1935, H. 3, S. 44. — Laternser: Der Albert-Kanal zwischen Maas und Schelde. Bautechn. 1935, H. 2 und 6, S. 24 u. 70. — Delmer: Le Canal Albert. Lüttich 1939.

[1] Ab 1929 Hafen Hamburg (einschließlich Altona, Harburg-Wilhelmsburg und Hamburgisch-Preußische Hafengemeinschaft).

Maßstab für den Verkehr der genannten Jahre mit dem letzten Friedensjahr vor Ausbruch des Weltkrieges zu geben, sind in der Zahlentafel 3 die Angaben für 1913 vorangestellt. Wie aus der Zusammenstellung zu ersehen ist, wurde der Seeschiffsverkehr des Jahres 1913 in Antwerpen erstmalig im Jahre 1922 überschritten, während in Rotterdam diese Entwicklung erst 1924 und in Hamburg erst 1923 erreicht wurde. Ein Vergleich mit Rotterdam ergibt ferner, daß sich der Seeschiffsverkehr im Antwerpener Hafen in Zeiten wirtschaftlichen Rückganges, wie er besonders 1932—1934 eingetreten ist, beständiger gehalten hat. Der durchschnittliche Tonnengehalt der Antwerpen anlaufenden Schiffe war vom Jahre 1922 ab durchweg größer als derjenige der in Rotterdam und Hamburg eingelaufenen Schiffe.

Die Entwicklung des seewärtigen Güterverkehrs in Antwerpen und seinen Wettbewerbshäfen Rotterdam, Amsterdam, Bremen und Hamburg in der Zeit nach der Beendigung des Weltkrieges zeigt die Zahlentafel 4. Auch aus dieser Zusammenstellung ergibt sich eine größere Krisenfestigkeit des Güterverkehrs in Antwerpen als beispielsweise in Rotterdam. Bemerkenswert ist ferner die weitgehende Übereinstimmung der Einfuhr und Ausfuhr im Güterverkehr des Antwerpener Hafens. Nur in Bremen konnte zeitweilig eine ähnliche Angleichung der ein- und ausgehenden Ladungsmengen erzielt werden; in den übrigen Wettbewerbshäfen war die Einfuhr stets erheblich größer als die Ausfuhr.

Von den rd. 12 Millionen t Gütern, die im Jahre 1938 in Antwerpen von See eingingen, waren rd. 8 Millionen t belgische Einfuhr und rd. 4 Millionen t Durchfuhrgut. Im seewärtigen Güterversand des Jahres 1938 in Höhe von 11,7 Millionen t waren rd. 6,2 Millionen t belgische Ausfuhr und 5,5 Millionen t Durchfuhrgut.

Zahlentafel 4. Seewärtiger Güterverkehr in Antwerpen, Rotterdam, Amsterdam, Bremen und Hamburg 1913 und 1920—1938 in 1000 t.

Jahr	Antwerpen			Rotterdam			Amsterdam			Bremen			Hamburg		
	Einfuhr	Ausfuhr	Insges.	Einfuhr	Ausfuhr	Insges.	Einfuhr	Ausfuhr	Insges.	Einfuhr	Ausfuhr	Insges.	Einfuhr	Ausfuhr	Insges.
1913	10 210	8 661	18 871	22 262	7 161	29 423	1 426	942	2 368	4 464	2 913	7 377	19 117	10 058	29 235
1920	5 589	4 479	10 068	10 709	4 564	15 273	—	—	—	—	—	—	3 907	18 91	5 798
1921	6 044	5 635	11 679	15 948	6 259	22 207	—	—	—	—	—	—	7 657	3 654	11 291
1922	9 168	5 209	15 377	17 985	4 938	22 923	—	—	—	3 999	1 080	5 079	11 191	5 398	16 589
1923	11 060	6 900	17 960	12 282	3 396	15 678	3 141	1 089	4230	4 423	1 190	5 613	14 158	6 774	20 932
1924	11 306	10 050	21 356	14 825	10 135	24 960	3 034	1 341	4 375	2 836	1 530	4 366	15 535	7 478	23 013
1925	10 062	10 736	20 798	17 046	11 858	28 904	2 757	1 523	4 280	2 901	1 520	4 421	14 727	7 644	22 371
1926	9 431	13 848	23 279	15 410	21 898	37 308	2 508	2 091	4 599	2 581	2 750	5 331	12 292	12 487	24 779
1927	10 841	13 096	23 937	23 796	16 772	40 568	3 388	1 859	5 247	3 949	1 637	5 586	18 761	8 839	27 600
1928	10 653	13 829	24 482	20 702	14 763	35 465	3 829	2 220	6 049	3 990	1 937	5 927	19 736	9 925	29 661
1929	12 559	13 653	26 212	22 948	14 884	37 832	4 229	2 333	6 562	4 031	2 435	6 466	18 975	9 782	28 757
1930	10 478	11 627	22 105	20 764	13 364	34 128	4 025	1 978	6 003	3 403	2 410	5 813	16 562	9 285	25 847
1931	10 523	10 288	20 811	15 845	12 163	28 008	3 892	1 781	5 673	2 769	2 129	4 898	14 975	8 275	23 250
1932	9 365	8 064	17 429	12 170	8 479	20 649	3 490	1 364	4 854	2 636	1 684	4 320	12 953	6 874	19 827
1933	10 048	8 904	18 952	13 399	9 096	22 495	3 461	1 394	4 855	2 589	2 126	4 715	12 920	6 660	19 580
1934	10 681	10 206	20 887	16 004	11 321	27 325	3 657	1 487	5 144	2 801	3 322	6 123	14 009	6 294	20 303
1935	11 112	12 122	23 234	15 312	12 879	28 191	3 184	1 751	4 935	2 690	3 816	6 506	13 454	6 498	19 952
1936	12 480	12 772	25 252	18 016	15 207	33 223	3 125	1 876	5 001	2 640	4 137	6 777	14 808	7 219	22 027
1937	14 313	14 119	28 432	22 440	19 913	42 353	3 521	2 339	5 860	3 328	4 754	8 082	16 669	9 859	25 258
1938	11 869	11 711	23 580	24 504	17 867	42 371	3 485	2 170	5 655	4 025	4 943	8 968	18 241	7 501	25 742

Über den Güterverkehr mit Binnenschiffen im Antwerpener Hafen geben die nachstehenden Zahlen Aufschluß:

Jahr	Empfang t	Versand t	Zusammen t
1929 . . .	4 922 997	2 613 790	7 536 787
1934 . . .	4 452 339	2 988 743	7 441 082
1938 . . .	4 589 167	4 411 694	9 000 861

Von dem Binnenschiffahrtsverkehr des Jahres 1938 entfielen rd. 6,4 Millionen t auf Durchfuhrgüter und rd. 2,6 Millionen t auf innerbelgischen Verkehr.

Sowohl beim seewärtigen Güterverkehr wie auch besonders beim Güterverkehr auf Binnenwasserstraßen zeigt sich also die große Bedeutung des Durchfuhrgutes für den Antwerpener Hafen.

Ohne die engen Wirtschaftsbeziehungen mit seinem deutschen und nordwesteuropäischen Hinterland hätte der Scheldehafen nicht in die Reihe der größten Seehäfen Nordeuropas aufsteigen und seine errungene Stellung auch nicht behaupten können. Die bereits im Gange befindliche und nach Abschluß des jetzigen Krieges zu vollendende Neuordnung Europas unter deutscher Führung wird dem Antwerpener Hafen neue Aufgaben zuweisen. Bei einer sinnvollen und planmäßigen Abwicklung des Verkehrs Mitteleuropas mit der übrigen Welt wird Antwerpen auch in Zukunft eine wichtige Mittlerrolle zu übernehmen haben.

Der Seehafen von Bangkok. (Thailand.)

Von Dr. Ing. A. Agatz,
ord. Professor an der Technischen Hochschule Berlin, Hafenbaudirektor a. D.

1. Die Handelsstatistik von Thailand.

a) Allgemeines.

Das Königreich Thailand erstreckt sich von 6°—20° nördlicher Breite und von 97°—106° östlicher Länge und hat eine Flächengröße von rd. 513 000 km². Seine größte Länge ist rd. 1650 km und seine größte Breite rd. 770 km. Die Küste am Golf von Thailand ist rd. 1930 km und am Indischen Ozean rd. 490 km lang (Abb. 1).

Die Bevölkerung beträgt zur Zeit rd. 14,5 Mill. Einwohner und hat sich in dem Zeitraum von 1911—1937 um rd. 6,3 Mill., d. h. um rd. 77 vH vermehrt.

Von den rd. 7,5 Mill. arbeitender Bevölkerung sind 84 vH mit Ackerbau und Viehzucht beschäftigt (Zahlentafel 1). Der Rest von rd. 1,2 Mill. verteilt sich auf die anderen Berufe. Schon hieraus geht hervor, welche überragende Bedeutung gerade die Landwirtschaft — insbesondere der Reis — in dem Staatshaushalt und im Handel und Wandel haben muß.

Zahlentafel 1.
Zusammensetzung der arbeitenden Bevölkerung nach der Beschäftigung.

Art der Berufstätigkeit	Anzahl
Beamte	82 853
Fischer	93 967
Freie Berufe und unabhängige Arbeiter	164 526
Hausangestellte u. a.	367 105
Handel	503 839
Landwirtschaft	6 245 358
insgesamt	7 457 648

Das Land ist in 70 Provinzen eingeteilt, die von Gouverneuren verwaltet werden und dem Innenminister unterstehen. In früherer Zeit waren 4—9 Provinzen in sog. „Circles" (10 an der Zahl) zusammengefaßt.

Die Einnahmen und Ausgaben der Regierung sind über einen Zeitraum von rd. 30 Jahren in Abb. 2 zusammengestellt, sie zeigen einmal steigende Tendenz, sind andererseits aber auch stark abhängig von dem Werte der jährlichen Reisausfuhr. Mit der Einführung eines verantwortlich geführten Regierungssystems im Jahre 1932/33[1] wachsen die Einnahmen, während die verminderten Staatsausgaben die vorsichtige Regierungsführung veranschaulichen.

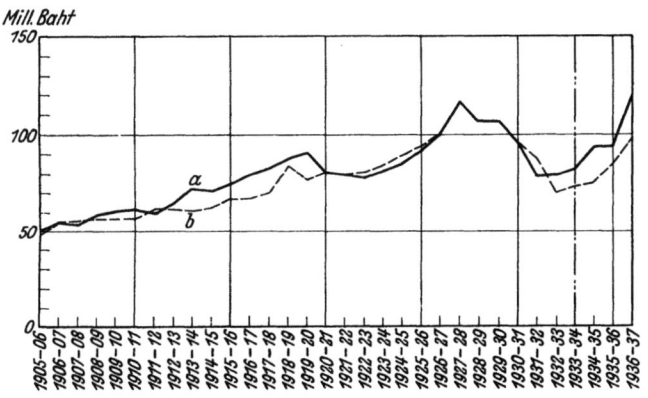

Abb. 2. Staatseinnahmen und -ausgaben.
a = Einnahmen, b = Ausgaben.

Das Klima des Landes hat tropischen Charakter. Die mittlere Jahrestemperatur über 40 Jahre beträgt 27,3°, die maximale Temperatur im Mittel 31,8°, die minimale im Mittel 23,4° C. Der Regenfall beträgt im Jahresmittel über 40 Jahre 1429,6 mm an 135,8 Tagen (Zahlentafel 2).

Die Hauptregenzeit erstreckt sich in Bangkok mit kleinen Schwankungen von Mai/Juni bis September/Oktober, wobei die Hauptregenfälle in den Monaten August und September zu ver-

---

[1] Bis zum 1. 1. 1941 begann die Zeitrechnung in Thailand mit dem 1. April. Am 1. 1. 1941 wurde der Jahresbeginn auf den 1. Januar vorverlegt. Dem Jahre 1941 entspricht das Jahr 2484 B. E. (nach Buddhas Tod). Da die Statistik nach der Thaizeitrechnung geführt wird, erscheinen im folgenden immer Doppeljahre, z. B. 1932/33 für 2475 B. E.

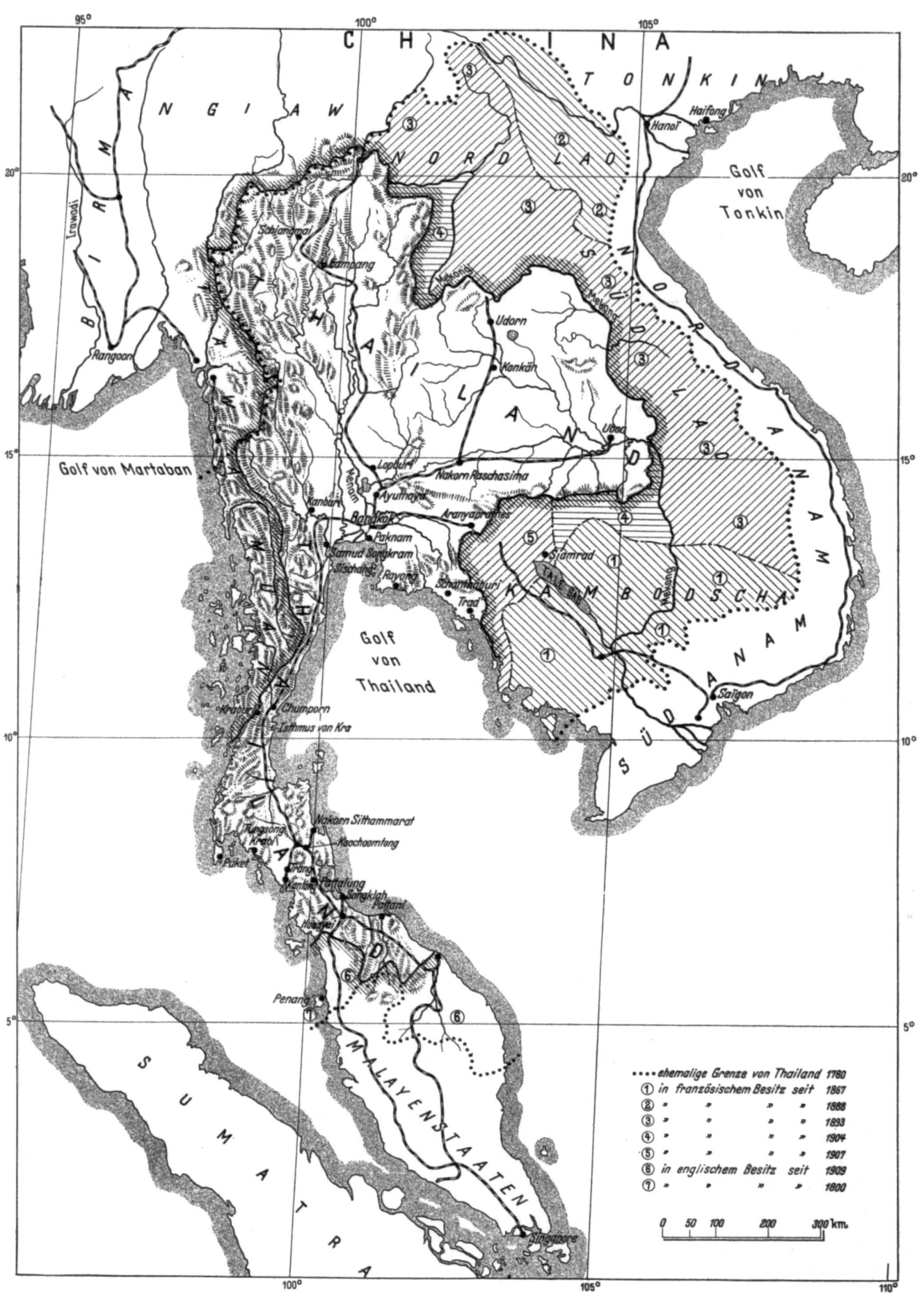

Abb. 1. Karte von Thailand mit den historischen Grenzen.
Die neuen Grenzen Thailands, die durch den Vertrag von Tokio vom 11. März 1941 gegen Franz.-Indochina festgelegt wurden, bedeuten eine Rückgliederung der Gebiete 4 und 5 mit einigen Ausrundungen am Tale Sab, der ganz im französischen Gebiet verbleibt.

Zahlentafel 2.
Wetterkundliche Beobachtungen.

Zeitspanne	Mittlere Jahrestemperaturen in ° Celsius			Jährliche Regenmengen in mm			i. M. Regentage
	Max.	i. M.	Min.	Max.	i. M.	Min.	
1859—68	31,3	26,6	23,5		1448,8		143
1905—14	33,3	28,3	23,0	1832,1	1452,9	1167,1	136,9
1915—24	31,6	27,7	23,2	1714,8	1348,0	867,1	138,9
1925—34	31,8	28,1	23,6	1827,7	1430,4	1164,8	101,7
1905—34 . . . . (30 Jahre)	32,3	28,0	23,3	1791,5	1410,4	1066,3	128,6

zeichnen sind. Die kühle trockene Jahreszeit liegt in den Monaten November—Dezember—Januar, die trockene heiße Jahreszeit im Februar, März und April.

Das ganze Klima und die Witterung des Landes sind von dem Nord-Ost und dem Süd-West Monsun beeinflußt.

Das Gewichts- und Maßwesen Thailands verwendet die folgenden Einheiten:

Zahlentafel 3: Maße und Gewichte Thailands

1. Gewichte:

1 Standard Picul . . . . = 60 kg
1 ,, Katty . . . . = 600 g
1 ,, Karat . . . . = 0,2 g

2. Längenmaße:

1 Sen . . . . = 40 m
1 Wa . . . . = 2 m
1 Sok . . . . = 0,5 m
1 Keup . . . . = 0,25 m

3. Flächenmaße:

1 Rai . . . . = 1600 m²
1 Ngan . . . . = 400 m²
1 Square Wa . . . . = 4 m²

4. Raummaße:

1 Standard Kwien . . . . = 2 m³
1 ,, Ban . . . . = 1 m³
1 ,, Sat . . . . = 20 l
1 ,, Tanan . . . . = 1 l

5. Währung:

1 Baht (auch Tical) = 100 Satang = 1,87 RM (Goldkurs, bis 1932). Seit 1932 gehört die thailändische Währung zum Sterlingblock: 11 Baht = 1 £. Tageskurs Ende 1940: 1 Baht etwa 1 Reichsmark.

b) Die Ausfuhrerzeugnisse Thailands.

Thailand ist in überwiegendem Maße ein Agrarland (Abb. 3). An erster Stelle steht der Reis, der im Nordosten, im mittleren Landesteil im Menam-Einflußgebiet, im Norden und zum kleineren Teil im Süden gepflanzt wird. Baumwolle, Seide, Pfeffer, Tabak, Erbsen, Mais, Sesam, Kaffee werden nur vereinzelt und in geringerem Umfange angebaut und dementsprechend nur wenig ausgeführt. Baumwolle kann bei planmäßigem Anbau noch einmal eine größere Bedeutung erlangen, da Boden und Klima besonders im Norden hierfür geeignet sind.

Neben dem Ackerbau hat die Viehzucht — Rindvieh, Pferde, Schweine, Federvieh — Bedeutung. Leider hat der Viehbestand durch die Rinderpest stark gelitten.

Für die Ausfuhr von Bedeutung ist auch der Kautschuk, der in ausgedehnten Plantagen besonders im Süden gewonnen wird.

Fährt man mit der Bahn durch das Land, so fällt sofort der gewaltige Reisanbau auf, der in der Hauptsache von den genügsamen Reisfarmern und zwar als Plandorfwirtschaft betrieben wird, d. h. das gesamte Dorf beackert, pflanzt und erntet gemeinsam die den einzelnen Bauern gehörigen Felder. Es gibt wohl kaum auf der Welt eine schwierigere und schwerere Landarbeit als die des Reisbaues.

Trotz der geringen Gelderträge lebt der Reisbauer zufrieden, und es gibt schwerlich ein friedlicheres Bild als die Pflanz- oder Erntearbeit auf den Feldern. Von Bambusbüschen umgeben, liegen die schilfgedeckten Farmerhäuschen mit dem Vorrats- und Viehstall sauber in der grünen Landschaft, in die eine Reise mit dem Flugzeug den besten Überblick gewährt.

Neben diesen landwirtschaftlichen Erzeugnissen haben Zinn und Teakholz sowie die Kokosnuß im Ausfuhrhandel des Landes Bedeutung. Das Teakholz wird in den ausgedehnten Gebirgswäldern des Nordens gewonnen und auf den Nebenflüssen und dem Hauptfluß Menam selbst nach Bangkok geflößt. Eine vorsorgliche Forstwirtschaft sorgt dafür, daß kein Raubbau getrieben wird. Neben dem Teakholz gibt es noch eine große Anzahl anderer Hart- und Nutzhölzer, die zum Teil der weiteren Ausnutzung harren.

Das Zinn wird hauptsächlich im Süden des Landes, und zwar neuerdings mit Hilfe großer Schwimmbagger gewonnen, denen gegenüber die ältere einfachere Gewinnungsart zurückgetreten ist. Auch das Zinn wird ausgeführt und würde bei den ausgedehnten Lagerstätten des Landes eine noch viel größere Bedeutung haben, wenn der Zinnwelthandel nicht quotenmäßig beschränkt wäre.

Die Kokosnußpflanzungen liegen zum größeren Teil im Süden des Landes.

Neben dem Zinn wird noch in kleinerem Maße Wolfram gewonnen. Lagerstätten an Eisenerzen, Gewinnungsmöglichkeiten von Holzkohle sind in genügendem Umfange vorhanden und werden, dem geologischen Aufbau besonders der südlichen Halbinsel des Landes entsprechend, noch in größerem Umfange gefunden werden, wenn erst einmal diese Gebiete durch Straße und Eisenbahn aufgeschlossen sind. Das ist meiner Ansicht nach gerade der ungeheure Vorteil des Landes, daß die Naturerzeugnisse und Bodenschätze erst zu einem geringen Teil ausgenutzt sind, also für die Zukunft noch eine erhebliche Bedeutung gewinnen werden, je mehr in anderen Teilen der Welt die Rohstoffe bereits abgebaut sind und ihre Vorräte übersehen werden können.

Auch hinsichtlich des Ölvorkommens neige ich keineswegs einer pessimistischen Auffassung zu.

Bedeutsam ist, daß von den Haupthandelsgütern der Reis wohl im Eigenbetrieb der Farmer gewonnen wird, aber der eigentliche Reishandel mit den Reismühlen hauptsächlich in den Händen der Chinesen liegt. Hier hat allerdings die Regierung klar die Ausnutzung der Notlage der Farmer durch das Vorrecht der chinesischen Händler erkannt und ist dabei, den Reisfarmern durch Bildung von Genossenschaften zu Hilfe zu kommen und auch die Mühlen allmählich in Thaihände überzuführen. Gewiß ist dazu noch ein gehöriges Stück Arbeit, mit entsprechender Zeitspanne, aufzuwenden, jedoch sprechen die bisherigen Entschlüsse für den späteren Erfolg[1].

Wenn man, wie später im einzelnen bei der Ausfuhrübersicht noch ausgeführt wird, erkennt, welches Kapital jährlich durch die Reisausfuhr umgesetzt wird, dann sieht man, wie wichtig es ist, daß die teilweise Notlage der Reisfarmer, die zum Teil ihren Reis schon auf dem Halm dem Chinesen verkaufen müssen, nicht nur zu ihrem Vorteil geändert, sondern daß auch die Nutznießung des ausgedehnten Reishandels in Thaihände übergeführt wird. Hierzu gehört auch die Anlage von neuzeitlichen Reismühlen, die zweckmäßigerweise in dem Hauptausfuhrhafen Bangkok angelegt werden, da die Lagerung und Beförderung von Rohreis (Paddy) leichter und ohne Verderb erfolgen kann, als von gemahlenem Reis in Säcken. Eine andere Frage ist die des Baues von Eisenbetonsilos für Rohreis, die nicht nur in Bangkok, sondern auch im Lande selbst zahlreich zu errichten sind, um einmal den Paddy länger und in größeren Mengen zu lagern, ohne daß ein großer Teil verdorben wird, und um Monate mit schlechter Preislage besser überbrücken zu können.

Hand in Hand hiermit wird späterhin auch die Beförderungsfrage auf der Eisenbahn und vor allem auf dem Wasserwege mit Barken größeren Fassungsraumes gelöst werden.

Bei der Gewinnung von Teakholz sind es hauptsächlich ausländische — englische, dänische, holländische — Firmen, die in ihren Konzessionen das Teakholz, das nicht in geschlossener Waldform, sondern vereinzelt in den Wäldern wächst, gewinnen. Die Regierung hat hier Vorsorge getroffen, daß eine ordnungsgemäße Nutzung des Waldes erfolgt. Der Einschlag ist daher genau begrenzt. Daß bislang nur große ausländische Firmen das Nutzungsrecht erhalten haben, liegt in der Teakholzgewinnung und dem Teakholztransport mit langer Zeitdauer begründet, die erhebliches Kapital bedingen. Da das Hauptvorkommen im Norden noch im Einflußgebiet des Menams liegt, wird das Teakholz in Stämmen nach Bangkok geflößt und dort in den verschiedenen, hauptsächlich Chinesen gehörenden Sägemühlen geschnitten und ausgeführt. Die Regierung und damit das Land erhält also unmittelbar aus der Teakholzgewinnung nur die Abgaben.

Ähnlich sieht es bei der Gewinnung des Zinns aus, das ebenfalls überwiegend von ausländischen Gesellschaften durch große Schwimmbagger mit Abscheidern gewonnen, gewaschen und gesammelt wird. Die Hauptausfuhr des Zinns läuft über die Häfen Penang und Singapur. Auch hier erhält die Regierung nur die Nutznießung aus den Steuern und Abgaben.

Die Erzeugung von Kopra liegt dagegen fast ganz in den Händen der Thais, während beim Rohgummi die Verteilung zwischen Fremden und Thais sich etwa 50:50 verhält,

Auf die übrigen Landeserzeugnisse einzugehen, kann hier unterlassen werden, da es sich in der vorliegenden Veröffentlichung ja hauptsächlich um Fragen des Hafens Bangkok und die Hauptausfuhrerzeugnisse handelt. Die restlichen Erzeugnisse haben keinen entscheidenden Einfluß auf die Ausfuhr.

---

[1] Inzwischen ist durch Gründung der staatlichen Thai-Reisgesellschaft der gesamte Reishandel zusammengefaßt worden und dadurch die Führung an den Staat übergegangen.

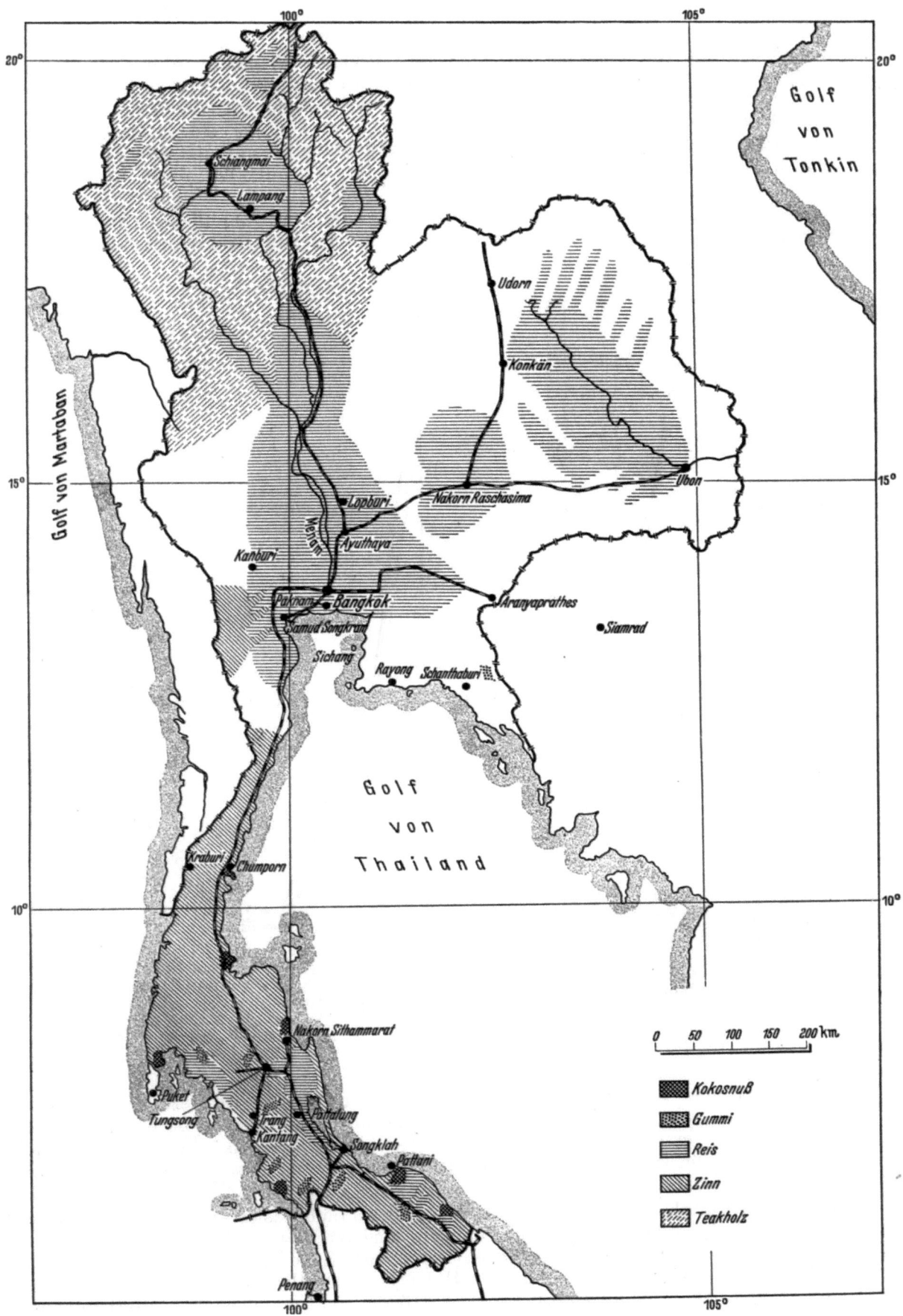

Abb. 3. Wirtschaftskarte von Thailand.

c) Der Außenhandel Thailands.

Betrachtet man die rd. 15jährige Ein- und Ausfuhrkurve Thailands (Abb. 4), so erkennt man, wie überaus wichtig es für das Land ist, den Ausfuhrüberschuß dauernd zu halten, da von ihm ein wesentlicher Teil des Staatshaushaltes gedeckt werden muß. Abgesehen von den Jahren 1929/30 und 1930/31 ist dies auch immer in hohem Maße der Fall gewesen, ja, nach der Übernahme der Regierungsgewalt hat die neue Staatsführung dafür gesorgt, daß die Ausfuhrkurve steiler anstieg als die Einfuhrkurve, um Betriebsmittel für den mit aller Macht in Angriff genommenen Staatsausbau zur Verfügung zu haben und sicher zu wirtschaften.

Interessant ist es, zu verfolgen, woher und wohin Ein- und Ausfuhr fließen (Abb. 5). Hinsichtlich der Ausfuhr hat Südostasien als Abnehmer mit 110—140 Mill. Baht in den Jahren 1934/37

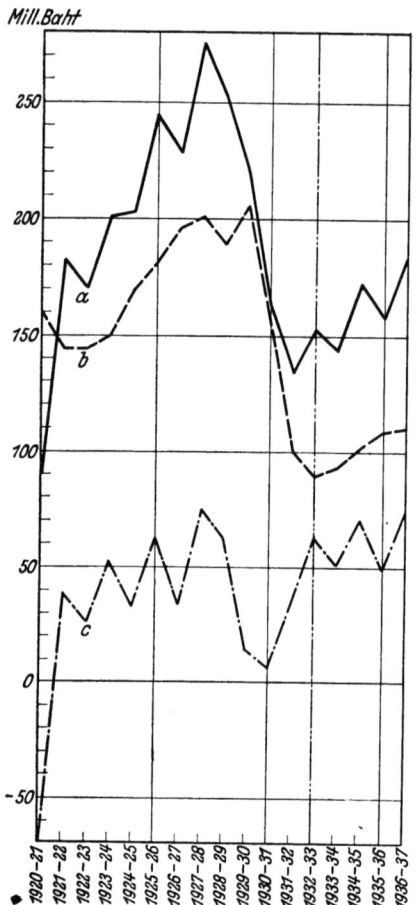

Abb. 4. Wertmäßige Schwankungen des Außenhandels.
a = Ausfuhr, b = Einfuhr, c = Ausfuhrüberschuß

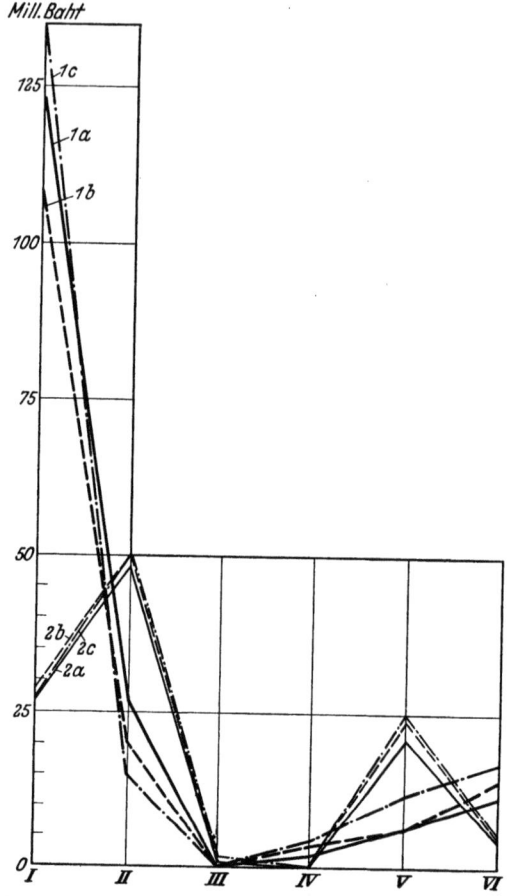

Abb. 5. Verteilung des Außenhandels auf die verschiedenen Länder und Erdteile.
I. Südostasien, II. übriges Asien, III. Ozeanien,
IV. Afrika, V. Europa, VI. Amerika.
ferner 1 = Ausfuhr, 2 = Einfuhr,
a = 1934/35, b = 1935/36 c = 1936/37.

die weitaus überragende Bedeutung für Thailand beibehalten, und wir werden später noch sehen, wie es besonders die Häfen Hongkong, Singapur und Penang sind, die den Außenhandel Thailands bislang geradezu beherrschen. Die Ausfuhr nach Amerika überwiegt die nach Europa wesentlich, wenn sie auch an der Gesamtausfuhr gemessen, nur einen kleinen Bruchteil ausmacht.

Hinsichtlich der Einfuhr steht das übrige Asien an erster, Südostasien an zweiter und Europa an dritter Stelle, jedoch weist der Verkehr mit Europa in den letzten Jahren in der Ein- und Ausfuhr steigende Tendenz auf. Hinsichtlich der bedeutenden Stellung Südostasiens darf man sich jedoch nicht täuschen lassen, da in den obengenannten Häfen ein wesentlicher Teil der Güter von und nach Europa für Bangkok umgeschlagen wird, so daß das Bestimmungs- bzw. Herkunftsland nicht mehr offen in Erscheinung tritt.

Die monatlichen Ein- und Ausfuhrziffern der beiden Jahre 1935/36 und 1936/37 zeigen von 20 vH Schwankungen abgesehen, eine stetige Zunahme (Abb. 6). Der Wert der Einfuhr schwankt zwischen rd. 8 und 10, und der der Ausfuhr zwischen 12 und 15 Mill. Baht je Monat.

Untersucht man auf Grund des Zolltarifes die Verteilung der Ein- und Ausfuhrwerte auf die Hauptgruppen, so erkennt man, daß bei der Ausfuhr (Abb. 7), die Gruppen b, Nahrungsmittel und Getränke (also hauptsächlich Reis), und c, Rohstoffe, das Übergewicht haben.

Bei der Einfuhr liegt naturgemäß die größte Bedeutung bei der Gruppe d, Fertigwaren (Abb. 8). Bei beiden Kurven besteht ein starker Abfall zum Jahre 1931/32 und von der Zeit der Machtübernahme an ein Anstieg.

Unterzieht man sich nun der Mühe, aus den Jahren 1921/22 bis 1936/37 die Mindest-, Größt- und Durchschnittsziffern der Hauptausfuhrgüter, bezogen auf die Gesamtausfuhr gleich 100, zu ermitteln (Abb. 9), so zeigt nichts schlagender als dieses Kurvenbild die überragende Bedeutung des Reises. Zinn, Gummi und Teakholz treten demgegenüber weit zurück, behalten aber eine Bedeutung, besonders in Zeiten schlechter Reisernte oder Reiskonjunktur.

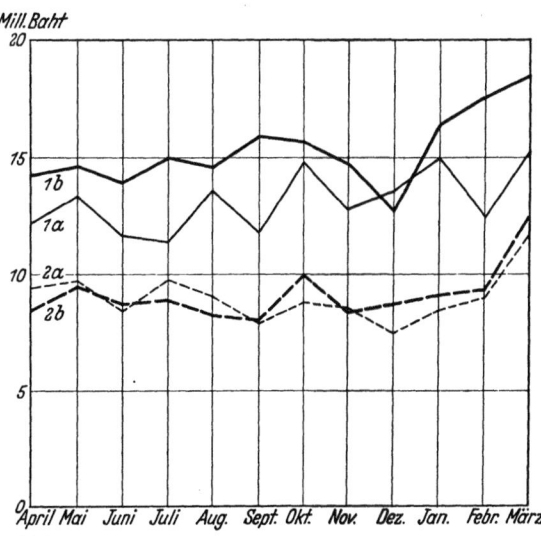

Abb. 6. Monatliche Schwankungen der Außenhandelswerte.

1 = Ausfuhr, *2* = Einfuhr; *a* = 1935/36, *b* = 1936/37.

Trotz allem zeigt das Bild, daß in erster Linie für das Volk erhebliche Vorteile herausspringen werden, wenn das gesamte Reisproblem von Grund neu organisiert wird. Daß hierbei der Hafen Bangkok eine ganz wesentliche Rolle spielen wird, ist vorher schon angedeutet und wird späterhin noch klarer zum Ausdruck kommen.

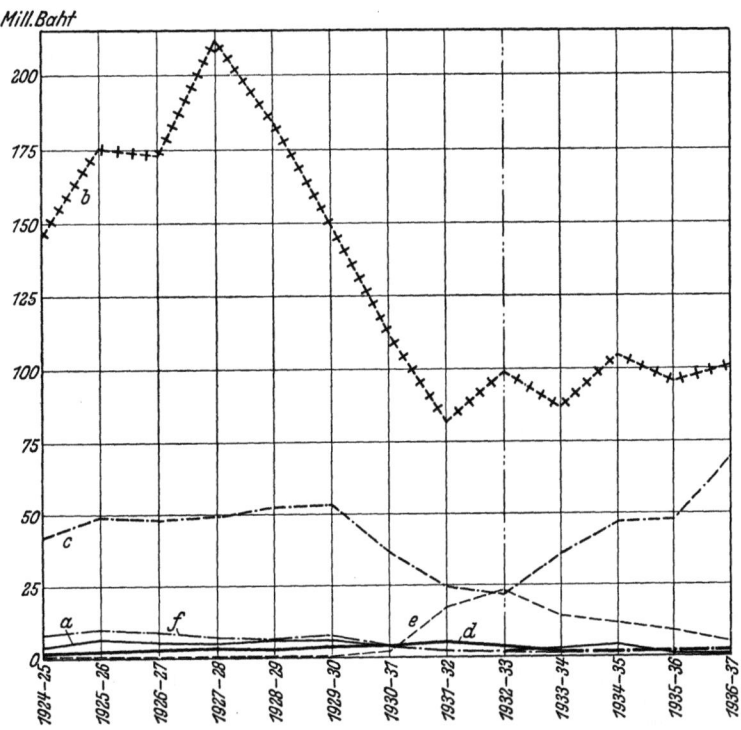

Abb. 7. Jährliche Ausfuhrwerte nach Hauptwarengruppen.

a = Lebende Tiere,   *b* = Nahrungsmittel und Getränke,   *c* = Rohstoffe,
d = Fertigwaren,   *e* = Edelsteine, Edelmetalle,   *f* = Wiederausfuhr.

d) Die Reisausfuhr.

Mit wachsender Bevölkerung hat sich der Reisanbau erhöht (Abb. 10) und zwar in den Jahren 1921/22 bis 1936/37 um rd. 25 vH gegenüber einem Bevölkerungszuwachs von rd. 34 vH.

Die Reisernte hat in demselben Zeitraum im Mittel um 16 vH und die Reisausfuhr um 25 vH zugenommen.

Wenn man berücksichtigt, daß der Reisverbrauch im eigenen Lande mit wachsender Bevölkerung ebenfalls steigt, kann die Reisausfuhr einmal durch vermehrten Reisanbau in be-

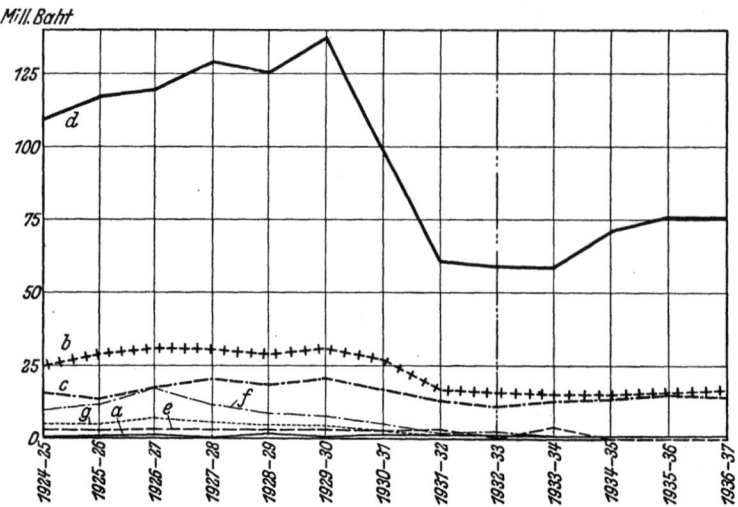

Abb. 8. Jährliche Einfuhrwerte nach Hauptwarengruppen.
a = Lebende Tiere, b = Nahrungsmittel und Getränke, c = Rohstoffe,
d = Fertigwaren, e = Spirituosen, f = Edelmetalle, g = Opium.

stimmten Grenzen, andererseits aber durch sachgemäßere Lagerung und bessere Mahlung mengen- und vor allem wertmäßig gesteigert werden. So beträgt, über den gleichen Zeitraum betrachtet, die Ausfuhr an weißem Reis im Mittel 46 vH, an Bruchreis IA 39 vH der Gesamt-

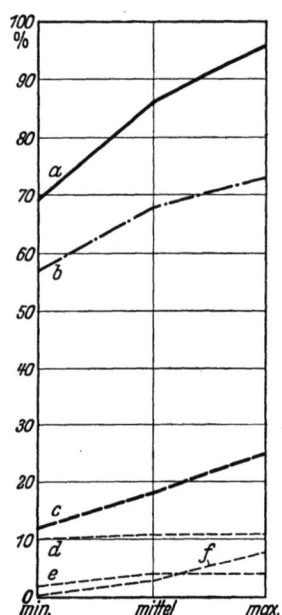

Abb. 9. Verteilung der Ausfuhr auf die Hauptwarengruppen in Jahren schwachen, mittleren und lebhaften Außenhandels.

a = Insgesamt, b = Reis, c = Zinn, Gummi und Teakholz, d = Zinn, e = Gummi f = Teakholz.

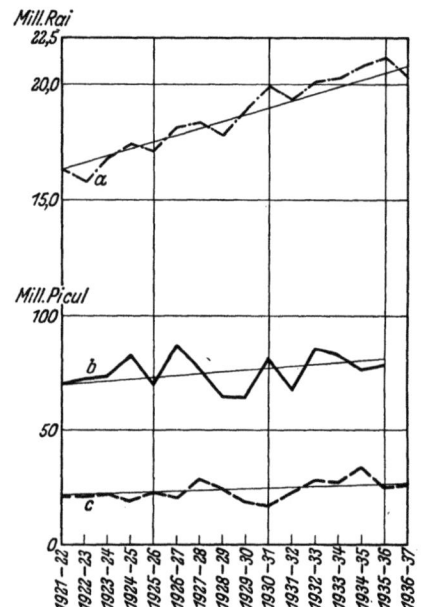

Abb. 10. Reisanbau, Reisernte und Reisausfuhr.
a = Reisanbaufläche in Mill. Rai,
b = Reisernte in Mill. Picul,
c = Reisausfuhr in Mill. Picul.

ausfuhr (Abb. 11 und 12). Der Bruchreisanteil ist also unverhältnismäßig hoch. Es liegt auf der Hand, daß dieser Anteil mit besserer Lagerung, besserer Beförderung und neuzeitlicherer Mahlung erheblich gesenkt werden kann. Da der Preisunterschied zwischen weißem Reis und Bruchreis im Mittel etwa 1 Baht je Picul beträgt, können bei der Ausfuhr noch erhebliche

Beträge gewonnen werden, genau so wie durch zweckmäßigere und längere Lagerung des Rohreises in Silos, um Monate mit schlechter Preislage besser überbrücken zu können. Betrug doch in den drei Jahren 1934/37 der geringste mittlere Jahrespreis beim weißen Reis 3,31 Baht/Picul, der höchste 4,9 Baht/Picul, das ist ein Preisunterschied von fast 1,6 Baht/Picul. Beim Bruchreis schwankt der Preis im Mittel zwischen 2,48 Baht/Picul und 3,6 Baht/Picul, das ist ein Unterschied von rd. 1,1 Baht/Picul (Abb. 13 und 14). Notwendig wäre eine Speicherung für rd. drei Monate.

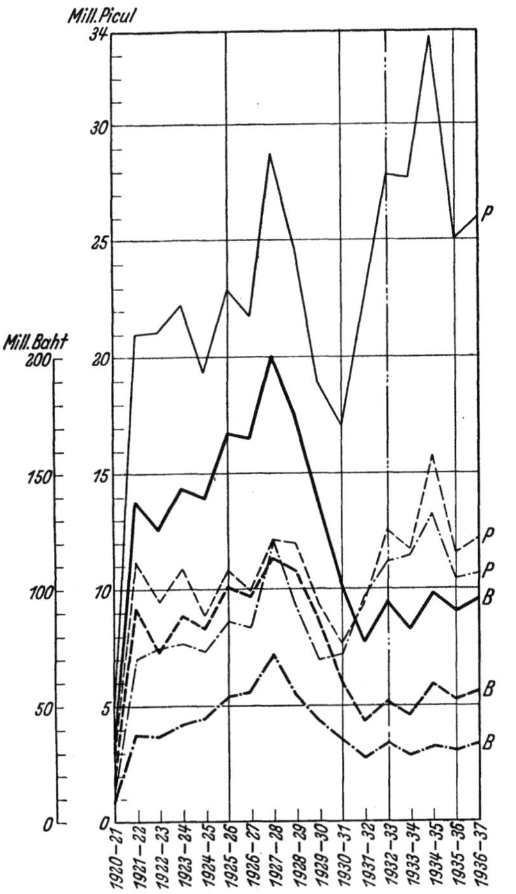

Die Ausfuhrkurve des Reises im gleichen Zeitraum (Abb. 15) zeigt sowohl mengen- wie wertmäßig Schwankungen, die fast 100 vH erreichen. Einmal ist das von der eigenen Ernte, zum anderen aber von dem Ausfall der anderen Reiserzeugenden Länder und der Spanne zwischen Angebot und Nachfrage abhängig. Wertmäßig können die Schwankungen jedenfalls durch bessere Güte des gemahlenen Reis gemindert werden.

Hauptausfuhrhafen für Reis ist Bangkok, wo rd. 95 vH versandt werden (Abb. 16). Die unnatürliche Senkung der Ausfuhr im Jahre 1920/21 ist auf das

Abb. 11. Jährliche Reisausfuhr in Baht (B) und Picul (P).
—— = insgesamt, ---- = weißer Reis, · · · · · = Bruchreis.

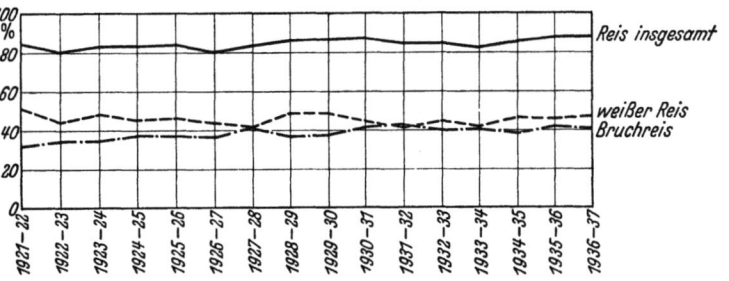

Abb. 12. Anteil des weißen und des Bruchreises an der Ausfuhr.

Reisausfuhrverbot der Regierung zurückzuführen, um die Ernährung der eigenen Bevölkerung sicherzustellen.

Interessant ist, zu verfolgen, nach welchen Ländern die Reisausfuhr erfolgt (Abb. 17), wobei bei den Häfen Singapur und Hongkong nicht vergessen werden darf, daß von hier aus der Reis, vermischt oder unvermischt, zum Teil weiterverfrachtet wird.

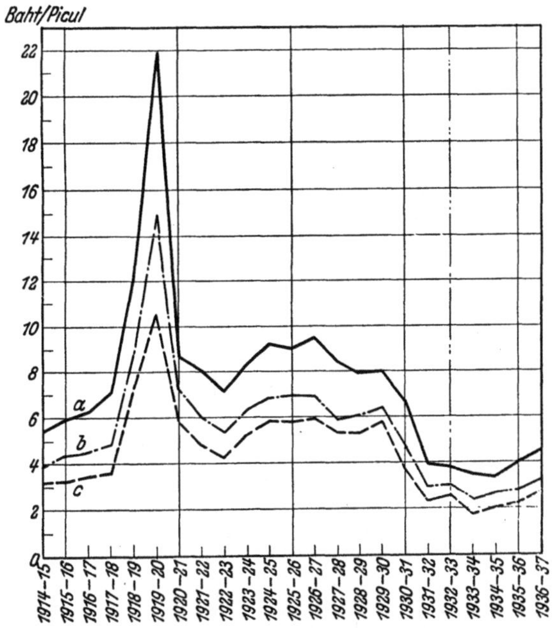

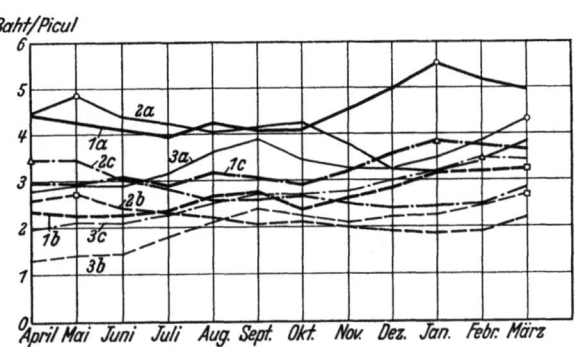

Abb. 13. Jährliche Schwankungen des Reispreises in Baht je Picul.
a = Weißer Reis, 1. Sorte, b = Bruchreis Sorte 1 A
c = Bruchreis Sorte 3 C.

Abb. 14. Monatliche Schwankungen des Reispreises in Baht je Picul.
a = Weißer Reis, 1. Sorte, b = Bruchreis, Sorte 1 C, c = Bruchreis, Sorte 1 A;
ferner: 1 = 1936/37, 2 = 1935/36, 3 = 1934/35.

Mengenmäßig stehen diese beiden Häfen an allererster Stelle. Die vH-Kurve (Abb. 18) veranschaulicht noch klarer, welche überragende Bedeutung der Außenhandel über Singapur und Hongkong einerseits bislang hat, und welche Bedeutung dem neuen Hafen Bangkok zukommt, wenn die Reisausfuhr von hier unmittelbar dem Welthandel zugeleitet wird. Der Anteil der indischen Staaten schwankt um 10 von vH, einer Spitze von 24,5 vH. abgesehen, der von Japan und China ebenfalls um 10 vH, während Europa

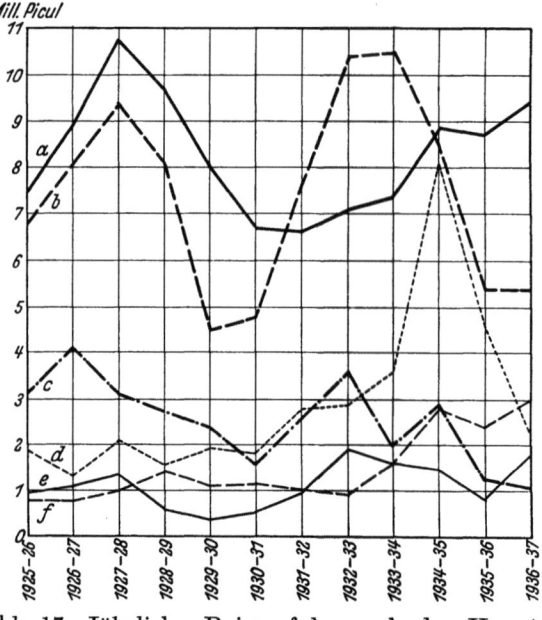

Abb. 17. Jährliche Reisausfuhr nach den Hauptländern und -richtungen.

a = Singapur, b = Hongkong, c = China und Japan, d = Niederländisch-Indien, Malayenstaaten, Ceylon, Britisch-Indien, e = Europa, f = Westindien.

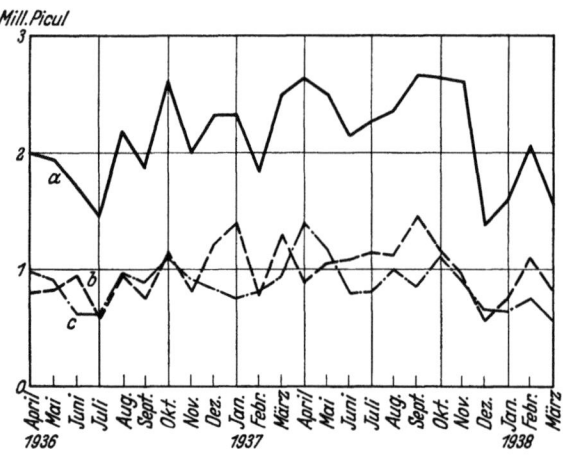

Abb. 15. Monatliche Ausfuhr von Reis.

a = insgesamt, b = weißer Reis, c = Bruchreis.

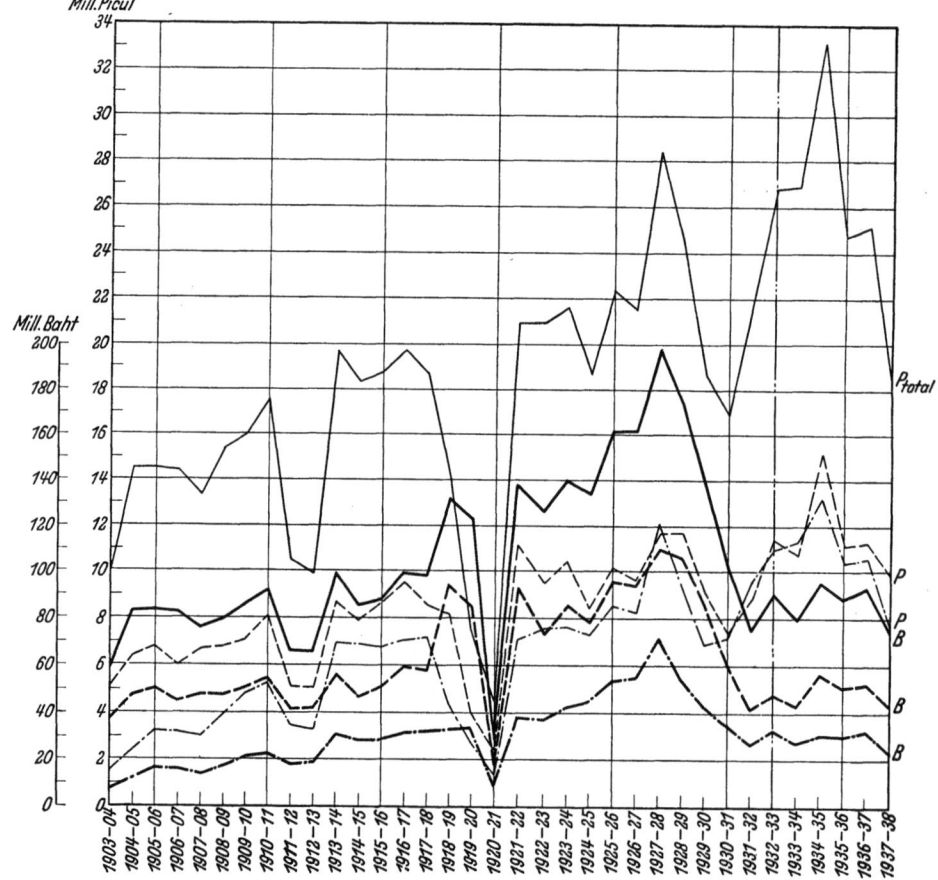

Abb. 16. Mengen- (P, dünne Linien) und wertmäßiger (B, dicke Linien) Verlauf der Reisausfuhr in Bangkok.
—— = gesamt, ---- = weißer Reis, -·-·- = Bruchreis.

nur mit im Durchschnitt 4—5 vH Anteil an der unmittelbaren Reisausfuhr beteiligt ist, obwohl sie mittelbar über Singapur höher ist.

Die monatliche Ausfuhrmenge an Reis über Bangkok schwankt um 2 Mill. Picul, das sind rd. 120000 t im Monat in den Jahren 1935/36 und 1936/37. Die höchste Spitze betrug rund 2,6 Mill. Picul, die niedrigste Ausfuhrmenge in einem Monat lag bei 1,4 Mill. Picul.

e) Die Teakholzausfuhr.

Wie bereits ausgeführt, liegt das Hauptgewinnungsgebiet für Teakholz im Norden des Landes. Das Gesamtgebiet, das von der Forstverwaltung erfaßt wird, beläuft sich auf rd. 40000000 Rai. Die schlagbaren Stämme werden jährlich festgestellt, ihre Zahl schwankte zwischen 160000 und 300000 in den Jahren 1932/37. Die tatsächlich geschlagenen Stämme beliefen sich auf rd. 90000 Stück jährlich.

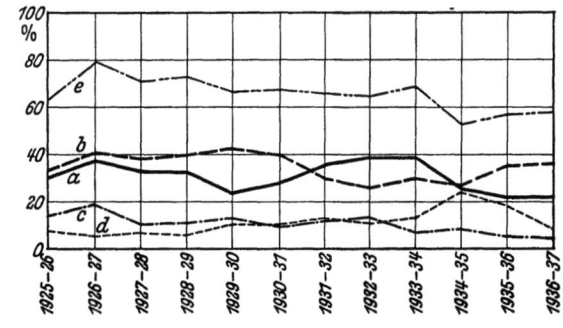

Abb. 18. Anteil der Hauptverbrauchsländer an der jährlichen Reisausfuhr.
a = Hongkong, b = Singapur, c = China und Japan, d = Indien, e = Singapur und Hongkong zusammen.

Hauptausfuhrhafen für Teakholz ist Bangkok. In den Jahren 1935/37 schwankte die Ausfuhr zwischen 60000 und 108000 m³ mit einem Wert von 3,3 Mill. und 11,2 Mill. Baht (Abb. 19).

Haupteinfuhrland für Teakholz ist Europa, ferner China und Japan, Ceylon und Britisch Indien, das letztere in der Hauptsache wohl wegen der Durchgangs- und Umschlagshäfen Hongkong nnd Singapur (Abb. 20).

f) Die Zinnausfuhr.

Die jährliche Zinnerzgewinnung und die Ausfuhr von Zinnerz belief sich in den letzten 13 Jahren auf jährlich rd. 200000—360000 Piculs vom Jahre 1937/38 an steigend, wobei in den letzten neun Jahren bei der Gewinnung das wirtschaftlichere Baggerverfahren den Handbetrieb überwiegt (Abb. 21). Die jährlichen Abgaben stiegen im Jahre 1937/38 auf 6,25 Mill. Baht.

Das Zinn wird in den kleinen Küstenhäfen an der West- und Ostküste verschifft und geht in der Hauptsache nach Penang und zum klei-

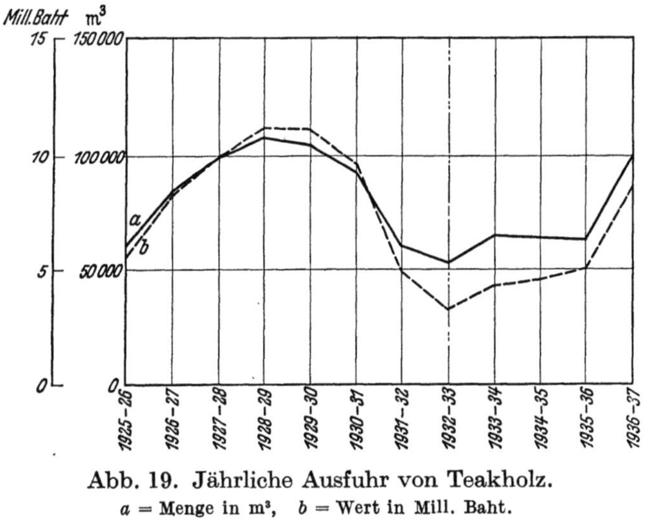

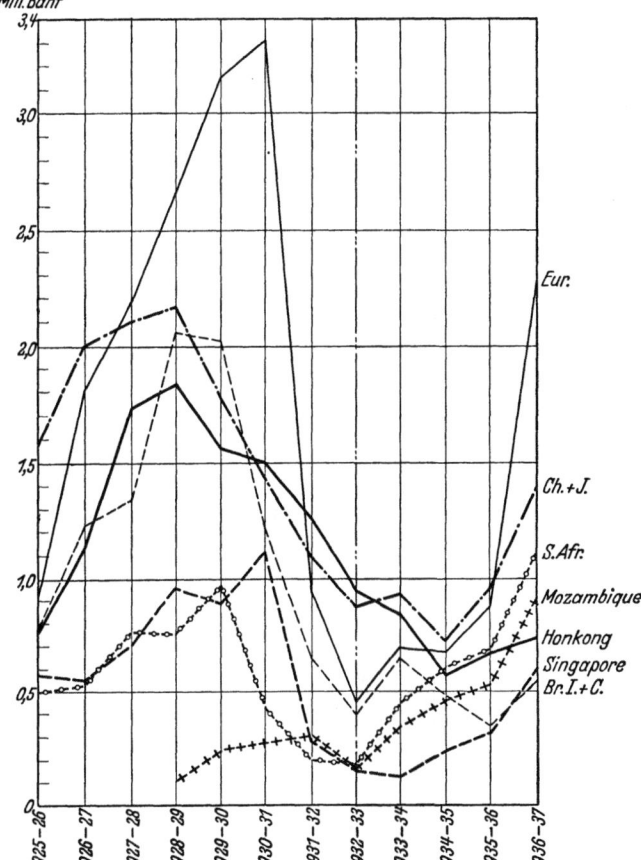

Abb. 19. Jährliche Ausfuhr von Teakholz.
a = Menge in m³, b = Wert in Mill. Baht.

Abb. 20. Teakholzausf. nach den Hauptverbrauchsländern
Eur. = Europa, Ch. + J. = China und Japan, S.Afr. = Südafrikanische Union, Br. I. + C. = Britisch Indien und Ceylon.

neren Teil nach Singapur in die dortigen Zinnschmelzen, um von dort weiter verfrachtet zu werden (Abb. 22 und 23). Auch hier wird Thailand den Weg der Errichtung eigener Zinnschmelzen gehen müssen, wenn es sich hinsichtlich des Marktpreises für Zinnerz unabhängiger machen will.

Die monatliche Zinnausfuhr hat in den letzten drei Jahren steigend zugenommen und bewegt sich im Durchschnitt um rd. 30000 Picul im Monat. Die größte Spitze wurde im Dezember 1937 mit 40000 Picul erreicht (Abb. 24).

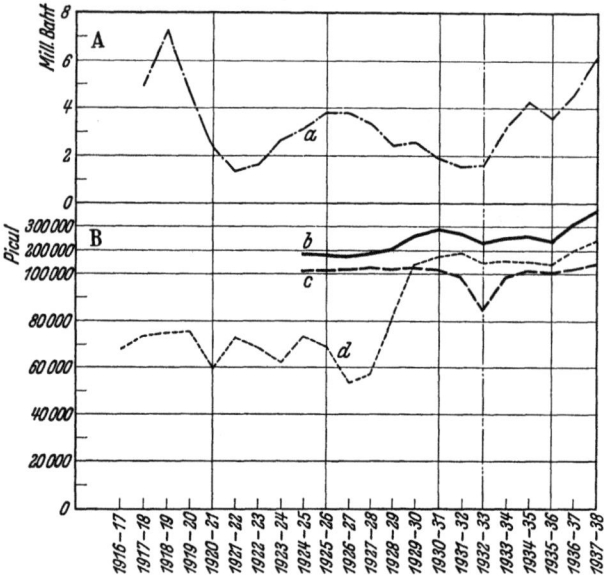

Abb. 21. Übersicht über die Zinngewinnung.
A. Wert B. Menge.
a = Einkünfte in Baht, b = gesamte Ausfuhr in Picul, c = mit Baggern gewonnene Mengen in Picul, d = im Handbetrieb gewonnene Mengen in Picul.

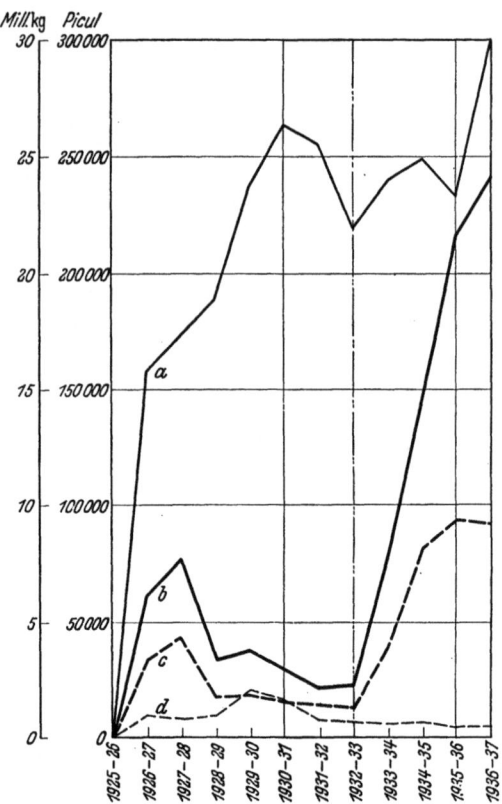

Abb. 22. Jährliche Ausfuhrmengen von Zinn und Gummi nach den Hauptverschiffungshäfen.
a = Zinn aus Penang in Picul, b = Gummi aus Penang in kg, c = Gummi aus Singapur in kg, d = Zinn aus Singapur in Picul.

Auch beim Zinn wird eine planmäßige Hafenwirtschaft Thailands mit dem Ausbau der Verkehrswege, eigenen Industrien und eigener Küstenschiffahrt nach dem neuen Schiffahrtsgesetz eine Wandlung zum Anschluß an den direkten Welthandel bringen.

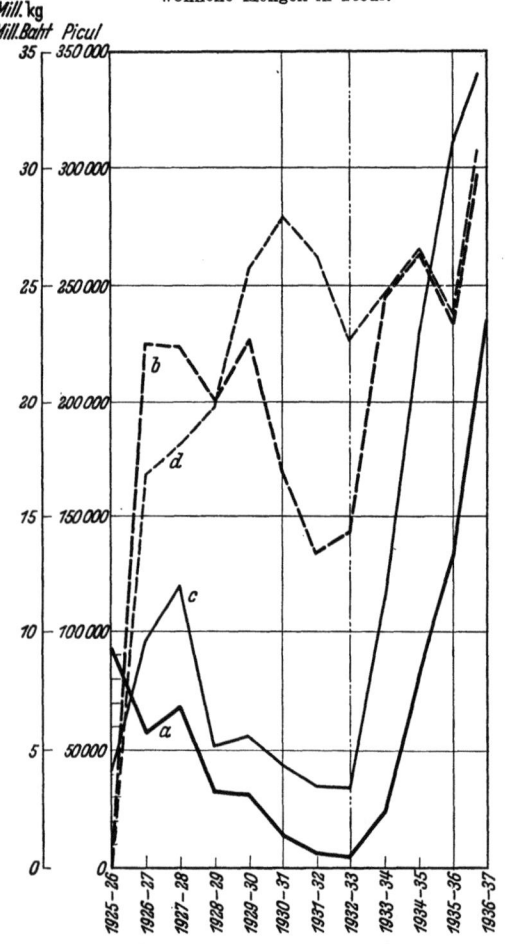

Abb. 23. Jährliche Ausfuhr von Zinn und Gummi.
a = Gummi, Wert in Baht, b = Zinn, Wert in Baht,
c = Gummi, Menge in kg, d = Zinn, Menge in Picul.

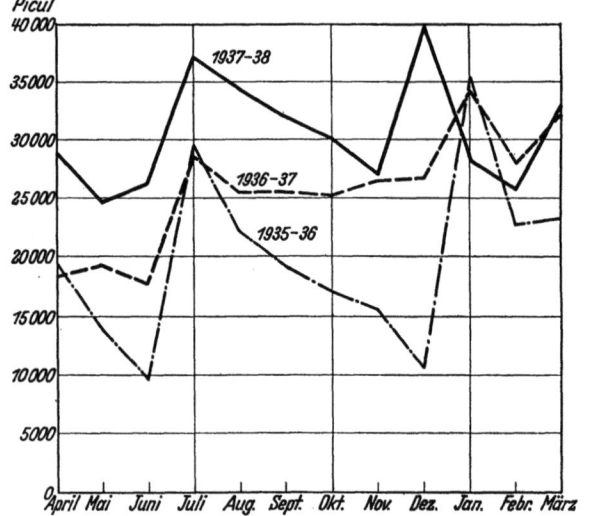

Abb. 24. Monatliche Zinnausfuhr.

g) Die Ausfuhr von Gummi.

Die Ausfuhr von Kautschuk stieg in den letzten sechs Jahren von 3,4 Mill. kg auf 38,3 Mill. kg und wertmäßig von 0,4 Mill. Baht auf 23,5 Mill. Baht mit steigenden Einheitspreisen (Abb. 23).

Auch beim Kautschuk sind Singapur und Penang die Häfen, die den Hauptanteil an der Ausfuhr haben, wobei Penang Singapur mit steigender Tendenz überwiegt (Abb. 22).

h) Die Ein- und Ausfuhr über die derzeitigen Häfen.

Betrachtet man den Wert der Ein- und Ausfuhr in den einzelnen Zollbezirken in den letzten 13 Jahren, so erkennt man, wie der Bezirk Bangkok mit dem Hafen Bangkok in der Ein- und Ausfuhr die beiden anderen Zollbezirke im Süden weitaus überragt (Abb. 25). Während sich die Werte der letzteren beiden auf 5 bis 30 Mill. Baht belaufen, liegen die Ein- und Ausfuhrwerte für Bangkok zwischen rd. 100 und 230 Mill. Baht.

Auch monatlich gesehen ergibt sich das gleiche überragende Bild für den Bezirk Bangkok, wobei naturgemäß die Ausfuhr den Einfuhrwert übersteigt (Abb. 26). Die monatlichen Schwankungen bewegen sich im großen um den Durchschnitt von rd. 20 vH. für die Ausfuhr und rd. 10 vH für die Einfuhr.

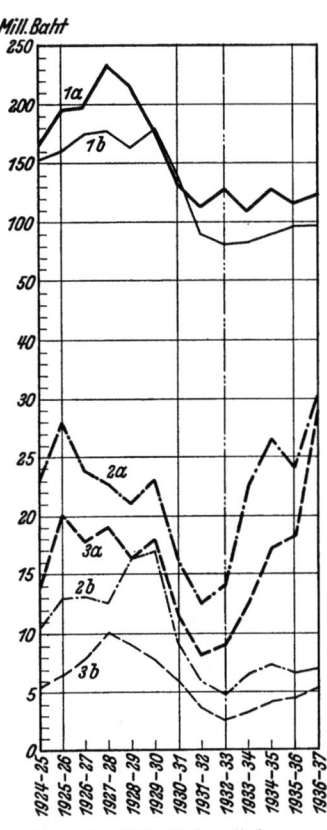

Abb. 25. Jährliche Schwankungen des Außenhandels der einzelnen Landesteile.

a = Einfuhr, b = Ausfuhr;
1 = Bangkok, 2 = Bhuket. (Puket)
3 = Nakorn Sithammarat.

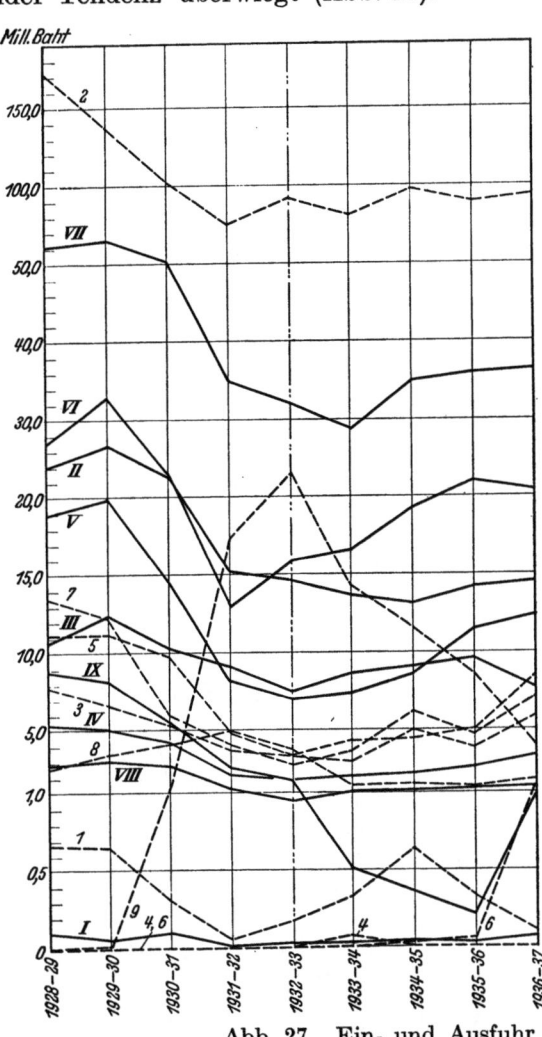

Abb. 27. Ein- und Ausfuhr nach Hauptgüterklassen im Hafen Bangkok. Einfuhr (römische Ziffern), Ausfuhr (arabische Ziffern):

I (1) = Vieh,
II = Nahrungsmittel,
III = Mineralöl,
IV = übrige Rohstoffe,
V = Metallwaren, Maschinen,
VI = Spinnstoffwaren,
VII = übrige Fertigwaren,
VIII = Getränke,
IX (9) = Metallbarren, Geld,
2 = Reis und Rohreis,
3 = übrige Nahrungsmittel,
4 = Zinn,
5 = Teakholz,
6 = Gummi,
7 = übrige Rohstoffe,
8 = Fertigwaren.

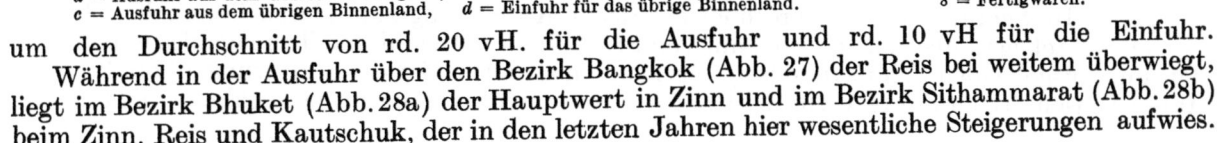

Abb. 26. Monatliche Schwankungen des Außenhandels (wertmäßig).

a = Ausfuhr aus dem Gebiet um Bangkok, b = Einfuhr für das Gebiet um Bangkok,
c = Ausfuhr aus dem übrigen Binnenland, d = Einfuhr für das übrige Binnenland.

Während in der Ausfuhr über den Bezirk Bangkok (Abb. 27) der Reis bei weitem überwiegt, liegt im Bezirk Bhuket (Abb. 28a) der Hauptwert in Zinn und im Bezirk Sithammarat (Abb. 28b) beim Zinn, Reis und Kautschuk, der in den letzten Jahren hier wesentliche Steigerungen aufwies.

In der Einfuhr überwiegen im Bezirk Bangkok Textilwaren, Fertigfabrikate und Nahrungsmittel, im Bezirk Bhuket Metallwaren und Maschinen, Fertigfabrikate und Nahrungsmittel, im Bezirk Sithammarat Mineralöl, Metallwaren, Maschinen und Fertigfabrikate.

Diesen Werten entsprechend, liegen auch die Zolleinnahmen in den einzelnen Bezirken für den Bezirk Bangkok an hervorragender Stelle (Abb. 29 s. S. 16).

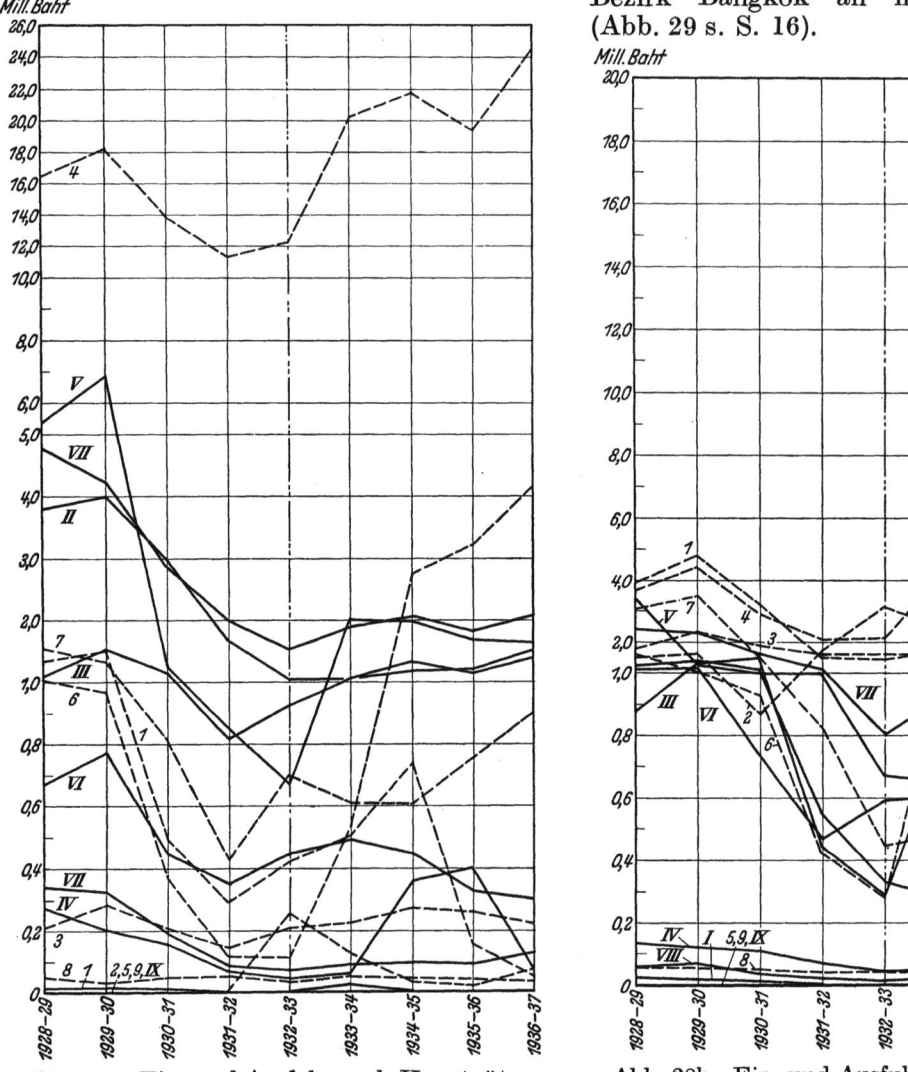

Abb. 28a. Ein- und Ausfuhr nach Hauptgüterklassen im Hafen Bhuket (Puket). Einfuhr (römische Ziffern), Ausfuhr (arabische Ziffern):

I (1) = Vieh, *II* = Nahrungsmittel, *III* = Mineralöl, *IV* = übrige Rohstoffe, *V* = Metallwaren, Maschinen, *VI* = Spinnstoffwaren, *VII* = übrige Fertigwaren, *VIII* = Getränke, *IX (9)* = Metallbarren, Geld, *2* = Reis und Rohreis, *3* = übrige Nahrungsmittel, *4* = Zinn, *5* = Teakholz, *6* = Gummi, *7* = übrige Rohstoffe *8* = Fertigwaren.

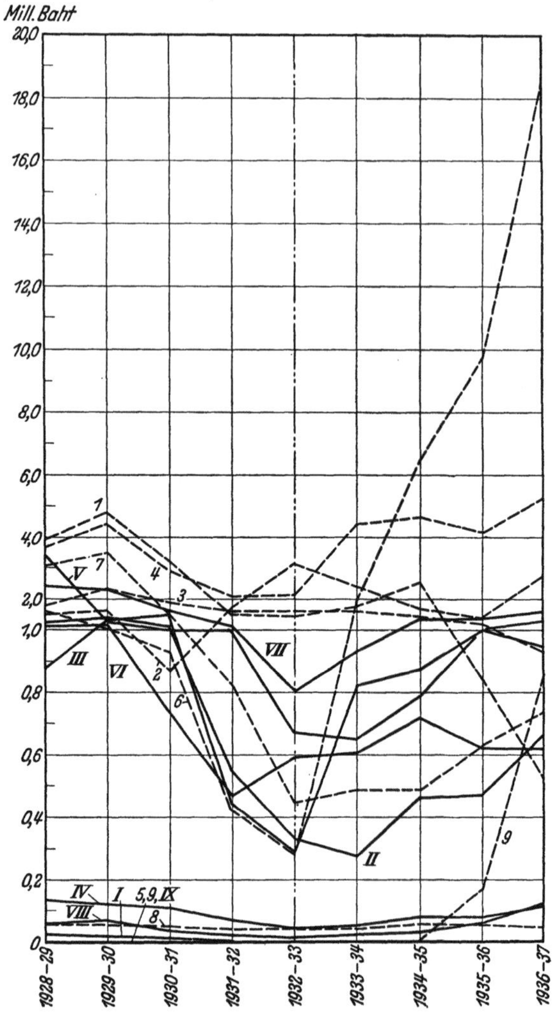

Abb. 28b. Ein und Ausfuhr nach Hauptgüterklassen im Hafen Nakorn Sithammarat. Einfuhr (römische Ziffern), Ausfuhr (arabische Ziffern):

I (1) = Vieh, *II* = Nahrungsmittel, *III* = Mineralöl, *IV* = übrige Rohstoffe, *V* = Metallwaren, Maschinen, *VI* = Spinnstoffwaren, *VII* = übrige Fertigwaren, *VIII* = Getränke, *IX (9)* = Metallbarren, Geld, *2* = Reis und Rohreis, *3* = übrige Nahrungsmittel, *4* = Zinn, *5* = Teakholz, *6* = Gummi, *7* = übrige Rohstoffe, *8* = Fertigwaren.

i) Schiffahrt und Verkehr im Hafen Bangkok.

Da der Zugang zum Hafen Bangkok wegen der vor der Mündung des Menam liegenden Barre für Schiffe mit größerem Tiefgang als rd. 4 m bislang nicht möglich ist, müssen die großen Frachter des Weltverkehrs (Abb. 30) ihre Ladung in Koh Sichang, einer Insel vor der Mündung des Flusses im Golf von Thailand, leichtern und auch dort neue Ladung erhalten. Einzelne Frachter sind auf den geringen Tiefgang der Barre zugeschnitten und fahren mit dem Rest der Ladung nach Bangkok. Im Schiffahrtsverkehr rechnet die Reede Ko Sichang zum Hafen Bangkok (Abb. 38).

Betrachtet man über einen Zeitraum von rd. 20 Jahren Anzahl und Tonnage des einkommenden und ausgehenden Schiffsverkehrs, so erkennt man auch hier die Steigerung (Abb. 31). Der starke Einschnitt im Jahre 1920/21 ist auf das Reisausfuhrverbot zurückzuführen. Er zeigt wiederum die starke Abhängigkeit von der Ausfuhr von Reis. Der Gesamtschiffsverkehr, ein- und ausgehend, hatte im Jahre 1934/35 mit je rd. 1150 Schiffen eine Tonnage von je fast 1 500 000 BRT erreicht.

Es liegt auf der Hand, daß Anzahl und Tonnage der einkommenden Schiffe mit Ballast erheblich größer und 2—3,5 mal so groß ist als die der ausgehenden Schiffe mit Ballast. Das ist in dem Verhältnis von Ein- und Ausfuhr und dem Laderaumanspruch ihrer Güter begründet.

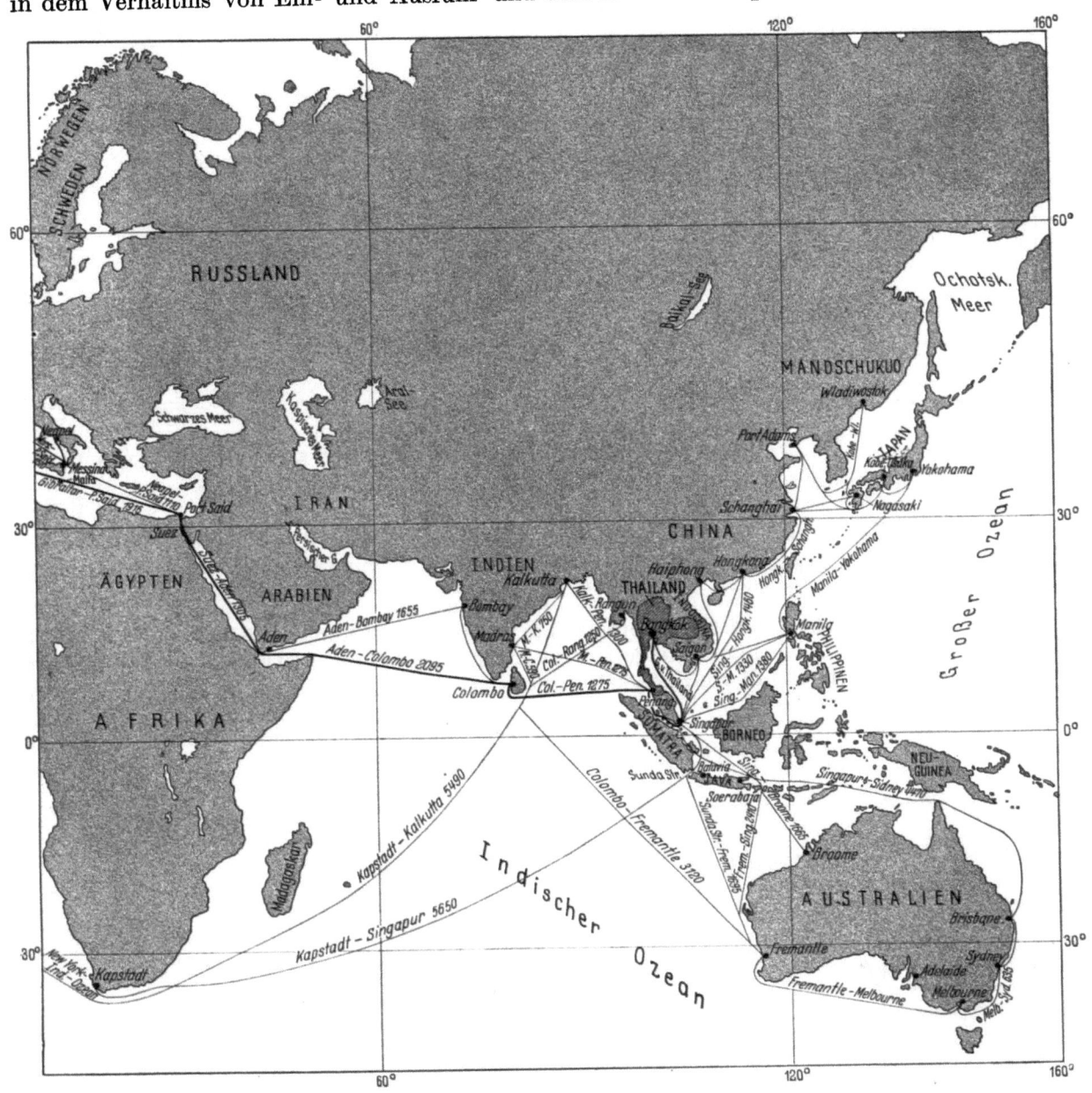

Abb. 30. Hauptverkehrslinien der Weltschiffahrt von und nach Hinterindien. Die unmittelbare Schiffsverbindung mit Europa ist stark ausgezogen.

Der Anteil der britischen Flagge am Verkehr, die in den fünf Jahren bis 1924/25 mit über 40 vH weitaus die Führung hatte und noch im Jahre 1928/29 rd. 34 vH betrug, ist seither immer weiter gesunken, auf rd. 22 vH im Jahre 1936/37 (Abb. 32). Auch die norwegische Flagge, deren Anteil in den Jahren 1926/29 mit rd. 35 vH der größte war, zeigt eine Abnahme auf rd. 28 vH im Jahre 1936/37. Dafür zeigen die japanische und dänische Flagge in den letzten zehn Jahren Steigerungen auf rd. 16 vH bzw. 10 vH. Mit wachsender Schiffsgröße hat die Thaiflagge im Schiffsverkehr abgenommen und betrug 1936/37 rd. 5 vH. Mit dem neuen Schiffahrtsgesetz für den Küstenverkehr und dem Hafenbau Bangkok wird hier zweifellos eine Zunahme eintreten.

Mit dem Schiffsverkehr im Hafen ist naturgemäß der Inlandverkehr auf den Flüssen, auf der Eisenbahn und auf der Straße eng verbunden, und es wird von Interesse sein, auch diesen Verkehr über einen längeren Zeitraum zu verfolgen.

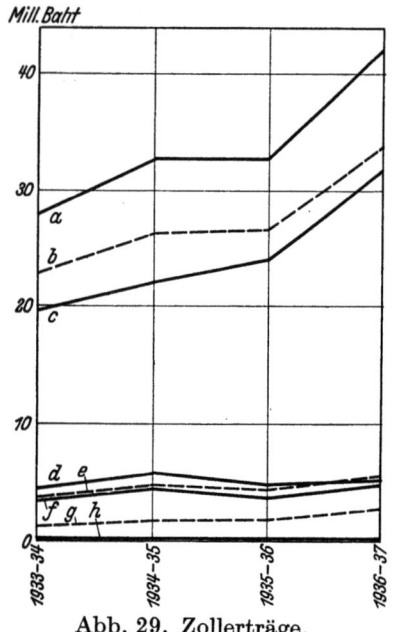

Abb. 29. Zollerträge.

a = insgesamt, *b* = Gesamteinnahmen im Bezirk Bangkok, *c* = Einfuhrzölle, *d* = Ausfuhrzölle, *e* = Gesamteinnahmen im Bezirk Bhuket, *f* = Kronzölle und Abgaben, *g* = Gesamteinnahmen im Bezirk Nakorn Sithammarat, *h* = Rückvergütung für Gehälter und Unkosten.

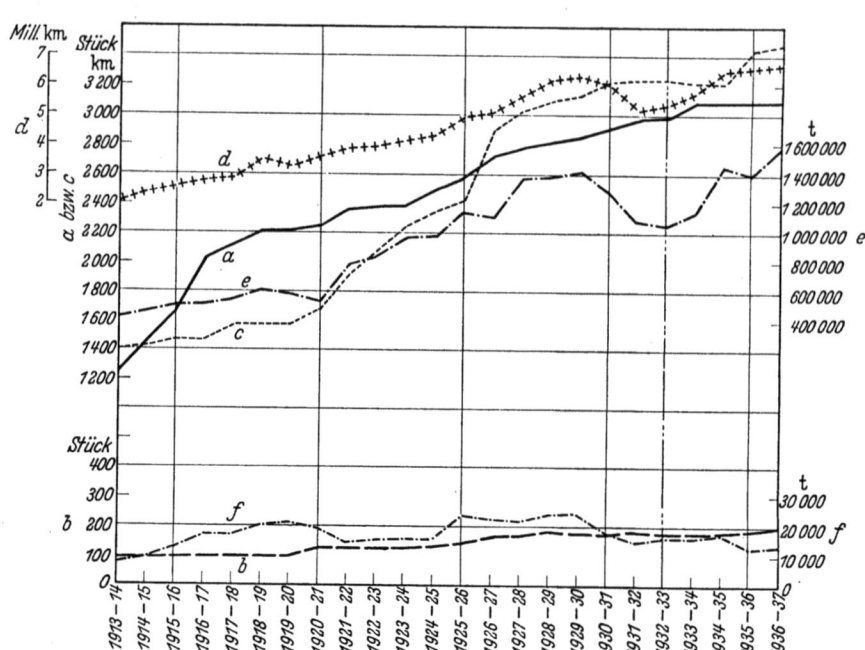

Abb. 33. Entwicklung des Eisenbahnverkehrs.

a = Betriebslänge der Bahnen in km, *b* = Anzahl der Lokomotiven, *c* = Anzahl der Wagen, *d* = gefahrene Zugkilometer, *e* = beförderte Güter in t, *f* = befördertes Vieh in t.

Die Anzahl der Leichter und Fährboote hat im Verlauf der letzten rd. 25 Jahre von rd. 86 000 auf rd. 64 000, wohl hauptsächlich infolge Überalterung, abgenommen. Die kleinen Dampfboote, die noch fast ausschließlich mit Holz geheizt werden, haben sich von rd. 290 auf rd. 310 nur wenig

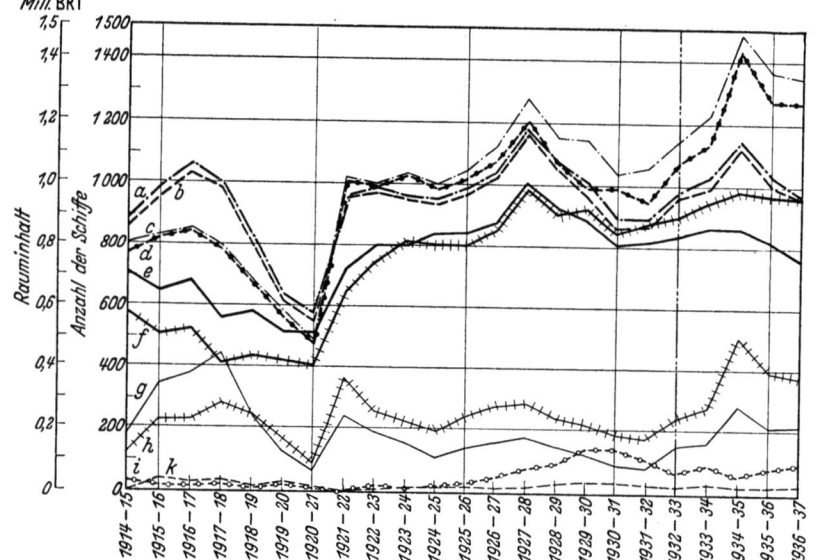

Abb. 31. Anzahl u. Rauminhalt d. Bangkok anlaufenden Frachtschiffe.

a = Gesamtzahl der einkommenden Schiffe, *b* = Anzahl der ausgehenden Schiffe mit Fracht, *c* = Gesamtrauminhalt der Schiffe ein- und ausgehend, *d* = Ausgehender Schiffsraum mit Fracht, *e* = Anzahl der einkommenden Schiffe mit Fracht, *f* = Einkommender Schiffsraum mit Fracht, *g* = Anzahl der einkommenden Schiffe mit Ballast, *h* = Einkommender Schiffsraum mit Ballast, *i* = Ausgehender Schiffsraum mit Ballast, *k* = Anzahl der ausgehenden Schiffe mit Ballast.

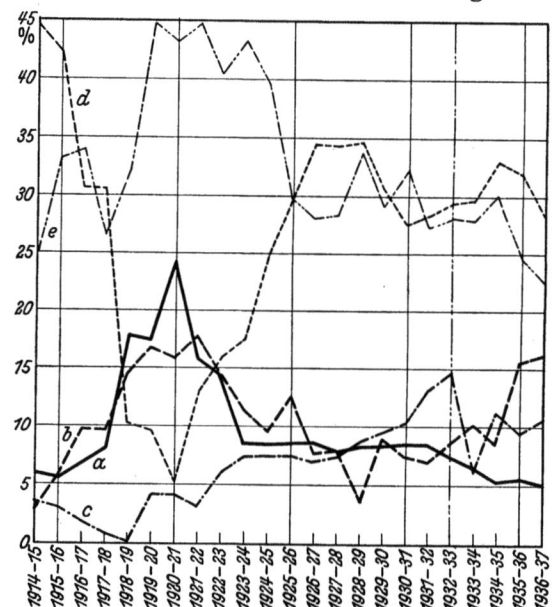

Abb. 32. Verteilung des verkehrenden Schiffsraums auf die einzelnen Länder.

a = Thailand, *b* = Japan, *c* = Dänemark, *d* = Norwegen, *e* = Großbritannien.

vermehrt, dagegen hat die Zahl der Motorboote von rd. 50 auf rd. 1600 stark zugenommen. Auch hier wird, im ganzen genommen, mit der weiteren Entwicklung des Hafenverkehrs eine Zunahme nicht nur in der Anzahl, sondern auch der Größe nach eintreten.

Die Königliche Staatseisenbahn ist in den letzten 25 Jahren erheblich ausgebaut worden und ist in weiterer stark steigender Entwicklung auch für die Zukunft begriffen (Abb. 33). Die Gleis-

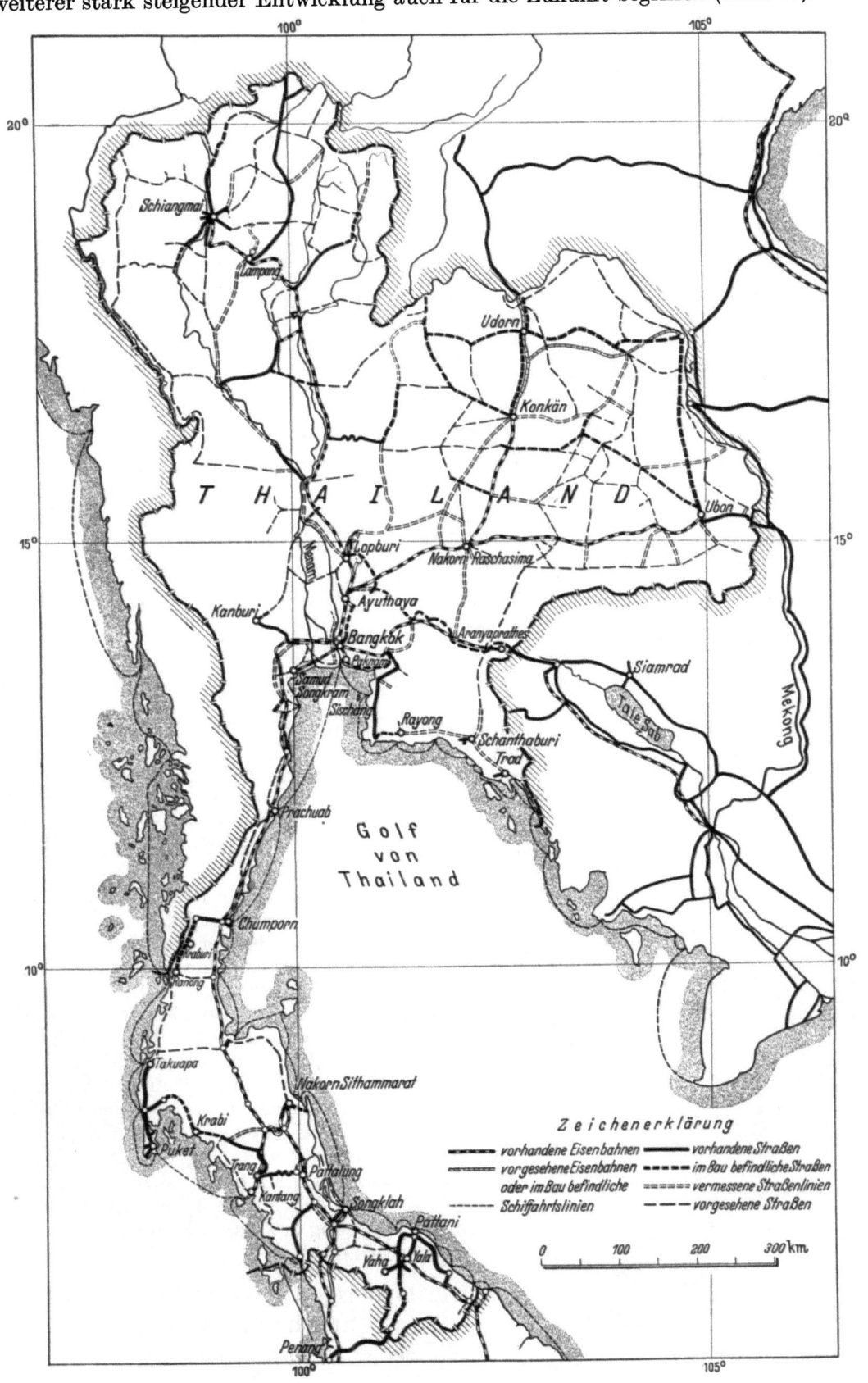

Abb. 34. Verkehrskarte von Thailand.

länge hat sich von rd. 1250 km auf rd. 3100 km vermehrt, und die Anzahl der gefahrenen Zugkilometer und der beförderten Güter sowie der Wagen in gleich ansteigender Linie entwickelt. Der in Abb. 34 dargestellte Plan zeigt das Eisenbahnnetz des Landes.

Der Fahrgastverkehr (Abb. 35), der über die Südgrenze mit der Eisenbahn und über Bangkok über See geht, hatte im Jahre 1927/28

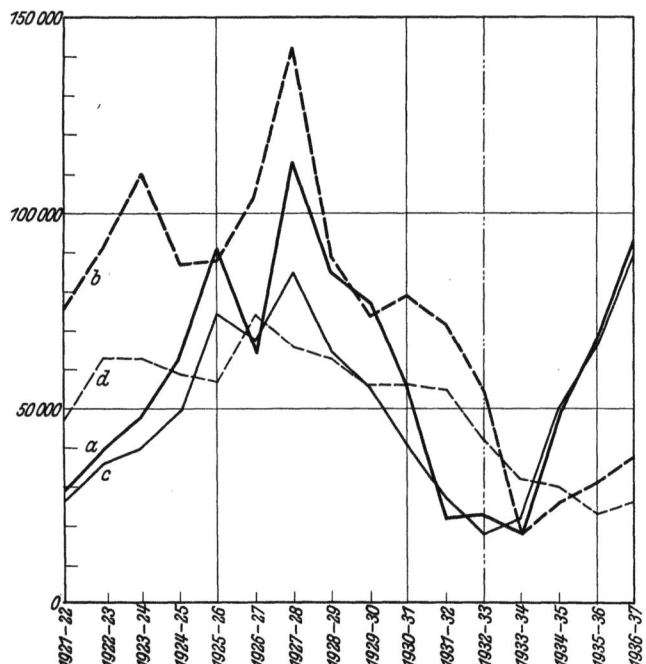

Abb. 35. Fahrgastverkehr von und nach Thailand.
a = Ankunft mit der Eisenbahn über die Südgrenze, b = Ankunft auf dem Seewege über Bangkok, c = Ausreise mit der Eisenbahn über die Südgrenze, d = Ausreise auf dem Seewege über Bangkok.

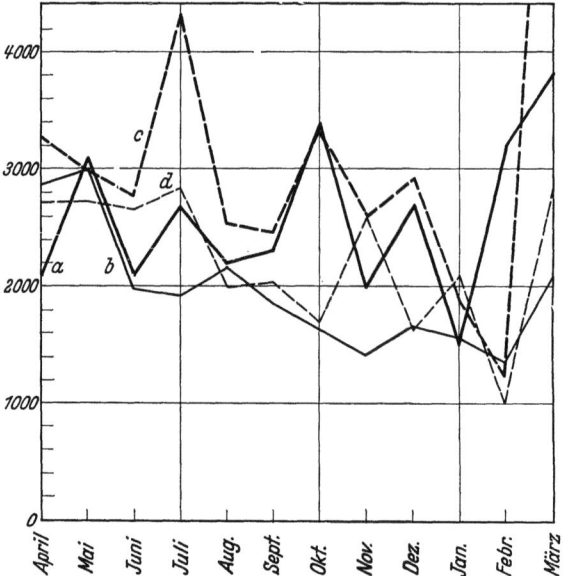

Abb. 36. Monatlicher Fahrgastverkehr über den Hafen Bangkok.
a = Ankunft 1935/36, b = Ausreise 1935/36, c = Ankunft 1936/37, d = Ausreise 1936/37.

seine höchste Spitze erreicht. Von hier ab ist der Verkehr bis zum Jahre 1933/34 gewaltig gefallen, um seither auf der Eisenbahn um mehr als das vierfache zuzunehmen, während über See nur eine geringe Zunahme eingetreten ist. Der ganze Fahrgastverkehr umfaßt in der Hauptsache die chinesischen Ein- und Auswanderer. Der monatliche Fahrgastverkehr über den Hafen Bangkok in den letzten zwei Jahren pendelte um 2500 mit gelegentlichen Spitzen von 4—7000 und Senkungen bis zu 1000 Personen (Abb. 36).

Ein guter Gradmesser für den steigenden Verkehr in Bangkok ist auch der Straßenverkehr. In den letzten rd. 15 Jahren hat die Anzahl der Lastkraftwagen von rd. 100 auf 4000 Stück, also um das vierzigfache zugenommen, die der Personenwagen um mehr als das dreifache von 1250 auf 3780 Stück (Abb. 37). Die Gesamtzahl der Motorfahrzeuge beträgt heute fast 10 000 Stück.

Zusammenfassend ist zum bisherigen Handel und Verkehr Thailands festzustellen, daß er mit Übernahme der Regierungsgeschäfte durch die verantwortliche Regierung auf fast allen Gebieten Steigerungen aufweist. Wert- und mengenmäßig bleibt er abhängig in der Hauptsache vom Ausfall der Reisernte und den Weltpreisen für Reis. Es liegt auf der Hand, daß mit dem Bau des Hafens Bangkok und Durchbaggerung der Barre Handel und Verkehr weiter steigen werden.

2. Die bisherigen Anlagen für den Seeschiffsumschlag in Bangkok.

Der bisherige Hafen Bangkok umfaßt den Landungshafen Paknam an der Mündung des Chow Praya-Flusses (allgemein Menam = Mutter des Wassers genannt), die

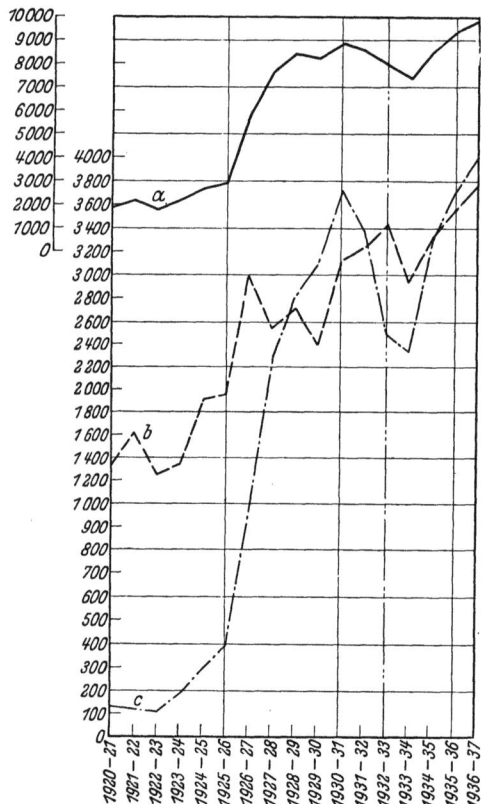

Abb. 37. Anzahl der im Verkehr befindlichen Kraftfahrzeuge.
a = Kraftwagen, insgesamt, b = Personenkraftwagen, c = Lastkraftwagen.

Der Seehafen von Bangkok.

Hafenanlagen in Bangkok am Menam in einer Länge von rd. 17 km, hauptsächlich am Ostufer gelegen, und den Menam selbst als Reede, ferner die Reede von Koh Sichang (Abb. 38).

Letztere liegt rd. 24 Seemeilen (45 km) von der Barre entfernt in ostsüdöstlicher Richtung. Von der Barre bis Paknam sind es rd. 11 Seemeilen (20 km) und von Paknam bis Bangkok Hafen. rd. 19 Seemeilen (35 km). Die Gesamtentfernung Koh Sichang—Bangkok Hafen beträgt also rd. 54 Seemeilen (100 km).

Die Reede von Koh Sichang liegt zwischen einer größeren und zwei kleineren Inseln gegen Winde und Wellengang gut geschützt. Sie ist so ausgedehnt, daß sie dem stärksten Schiffsverkehr genügt (Abb. 39). Anfang Oktober 1939 lagen dort z.B. 13 große Seedampfer zum Laden und Löschen. Die Leichterung erfolgt mit Segeldschunken und Leichtern, deren Größe zwischen 20 und 200 t schwankt. Die Tiefe auf der Barre und im Hauptkanal erlaubt Schiffen von rd. 4 m Tiefgang bei normalen Wasserständen die Durchfahrt.

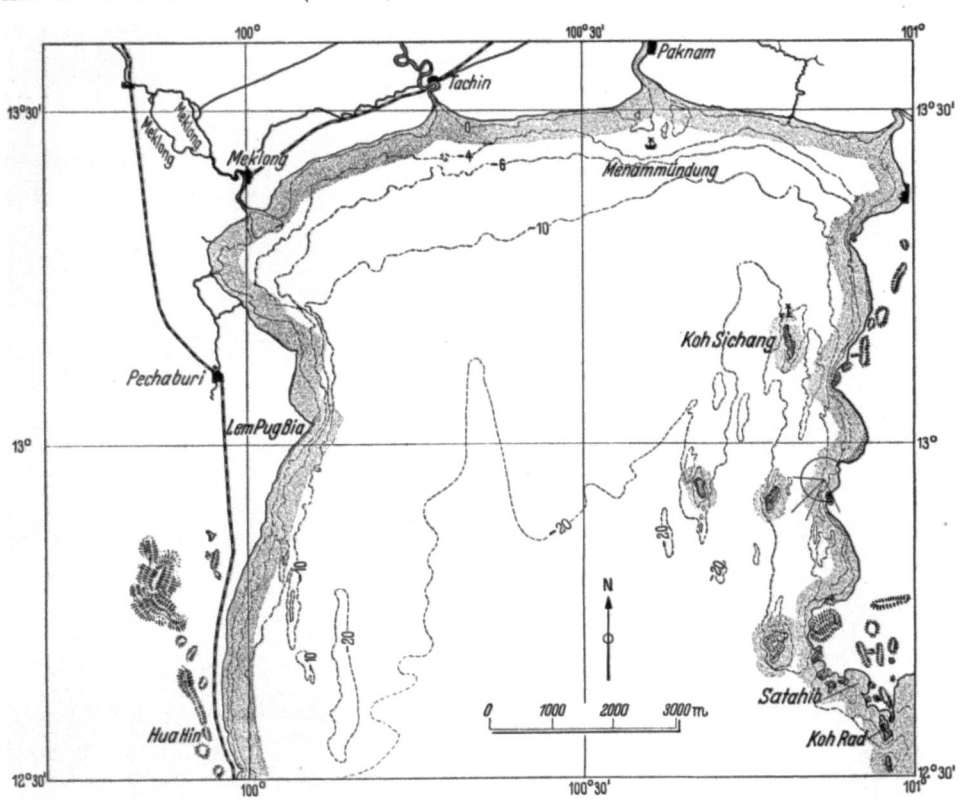

Abb. 38. Golf von Thailand in der Umgebung der Menam-Mündung mit der Insel Koh Sichang, bei der bisher der Umschlag aus den Seeschiffen in Leichter stattgefunden hat. Tiefen bezogen auf MSprTnw. Der Ort Meklong heißt auch Samud Songkram (Abb. 1, 2 und 34).

Paknam an der Mündung des Menams wird eigentlich nur gelegentlich von Kabinenfahrgästen benutzt, die von hier mit Kraftwagen oder Bahn Bangkok rascher erreichen können und umgekehrt.

Die bisherigen Hafenanlagen in Bangkok (Abb. 40) erstrecken sich innerhalb der Nord- und Südgrenze auf eine Länge von 6 km, mit Ankerplätzen im Strom für die großen Seedampfer (Abb. 41). Hier liegt auch der größere Teil der Anlegebrücken der privaten Gesellschaften und Agenturen der großen Reedereien, wie die East Asiatic Company (Abb. 42), Borneo Company, Mitsui Bussan Kaisha (Abb. 43), Anglo-Siam Trading Corporation, China—Siam Steamship Co., Bangkok Dock Co., British India Steam Navigation Co., Standard-Vacuum Oil Co. u. a. m. Zum Teil können hier Seedampfer unmittelbar am Ufer an den offenen Piers anlegen (Abb. 44). Die Lagerschuppen erstrecken sich längs des Ostufers und zum kleineren Teil auch am Westufer, sie sind zum großen Teil offen und aus Holz, einige neuere in Eisenbeton gebaut.

Abb. 39. Reede von Koh Sichang.

Auf dieser Hafenstrecke liegt auch die Werft der Bangkok Dock Company mit einem alten hölzernen Dock von 108 m größter Länge, 12,8 m Einfahrtsweite und 3,5 m Tiefe über dem Drempel.

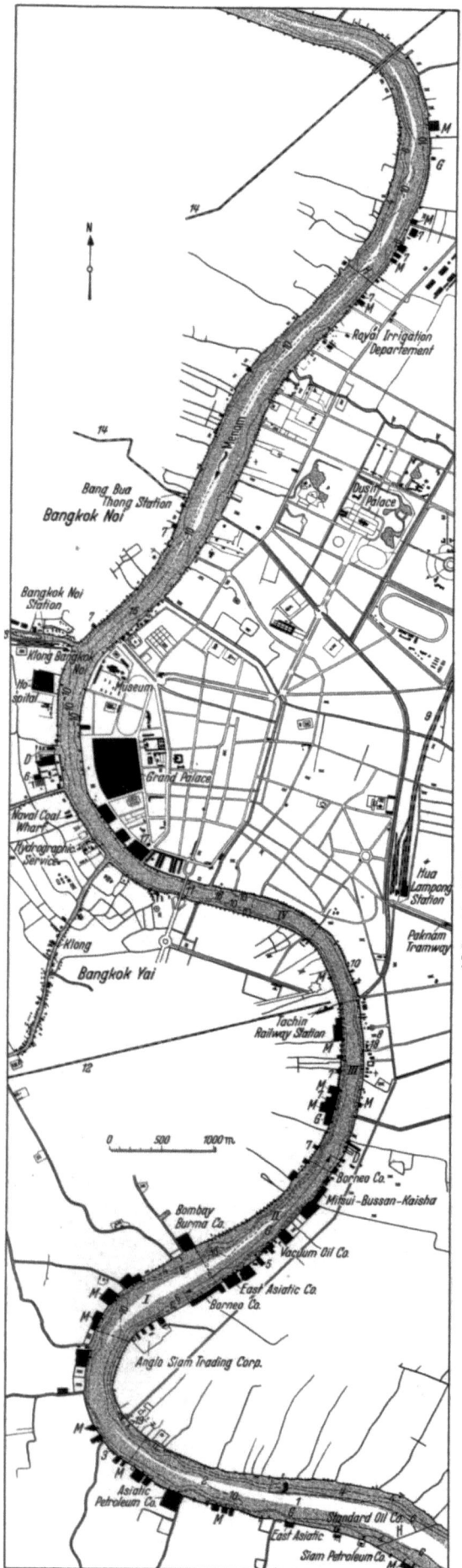

Abb. 40. Bestehender Hafen von Bangkok.

1 = Liegeplätze für Sprengstoffe, *2* = Liegeplätze für Quarantäne, *3* = Hafenkapitän, *4* = Liegeplätze für Leichter, *5* = Helling, *6* = Königl. Marine, *7* = Sägemühlen, *8* = Banken- und Geschäftsviertel, *9* = Ostbahn und Nordbahn, *10* = Hafenverwaltung, *11* = Klappbrücke, *12* = Südbahn, *13* = Küstenbahn, *14* = Verbindungsbahn, *15* = Liegeplätze für Kriegsschiffe, *16* = Notliegeplätze, *17* = Ministry of Economic Affairs (Handelsministerium), *18* = Zollverwaltung, *19* = Schlachthaus. *I–IV* = Hauptliegeplätze für Handelsschiffe, *D* = Trockendock, *H* = Hafengrenzen, *M* = Reismühlen, *G* = Speicherschuppen. Die Tiefenlinien im Fluß beziehen sich auf MSpThw. Mittlerer Springtidenhub 2,7 m; mittlerer Nipptidenhub 1,3 m. Fortsetzung siehe Abb. 84.

Abb. 41. Stromumschlag in Bangkok.

Abb. 42. Kaianlage der East Asiatic Company.

Abb. 43. Kaianlage der Mitsui-Bussan-Kaisha.

Das neuere, 1917 erbaute Eisenbetondock hat eine größte Länge von 112 m, eine Einfahrtsweite von 15,55 m und eine Tiefe von 5,10 m über dem Drempel bei SpThw (Springtidenhochwasser). Einige weitere kleinere Docks und Slipanlagen anderer Gesellschaften sind noch vorhanden. Es fehlt also bislang die Dockungsmöglichkeit für die großen Seedampfer.

Abb. 44. Ablegen eines Frachtdampfers von einer Landungsbrücke.

Abb. 45. Kaianlage der Marine.

Abb. 46. Ölraffinerie der Regierung am Menam.

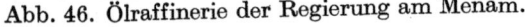
Abb. 47. Sägemühle.

Abb. 48. Reismühle.

Abb. 49. Schleppen von Reisbooten.

Oberhalb der Memorial Bridge liegen die Navy Yard der Royal Navy (Abb. 45) und Anlagen für kleinere Handelsfahrzeuge.

Am Eingang zum Hafengebiet liegen die Quarantänestation und am Ufer die große Ölbunkerstation der Regierung (Abb. 46), die in den letzten Jahren nach modernen Gesichtspunkten erbaut worden ist, sowie Anlagen der privaten Ölgesellschaften. Hier befindet sich auch der Ankerplatz für die Entladung von Sprengstoffen und die Pieranlagen der Eisenbahnverwaltung. Am Westufer erstrecken sich hauptsächlich die Reis- und Sägemühlen (Abb. 47 und 48), zum kleineren Teil auch am Ostufer, doch sämtlich kleineren Umfanges.

Das Be- und Entladen der Dampfer erfolgt entweder im Strom oder am Ufer. Die Güter werden in den Lagerhäusern gestapelt, die zum größten Teil einstöckig angelegt sind.

Die bisherigen gesamten Hafenanlagen Bangkoks sind also mehr oder weniger nur auf Leichterverkehr abgestellt (Abb. 49). In sich geschlossene Hafenanlagen für große Seedampfer mit den dazugehörigen Schuppen, Speichern und Krananlagen sind nicht vorhanden. Trotzdem ist es bewunderungswürdig, welche umfangreichen Ein- und Ausfuhrmengen über Bangkok jedes Jahr verarbeitet worden sind.

3. Die bisherige Verwaltung des Hafens „Bangkok".

Die gesamte Verwaltung des Hafens „Bangkok" ist in dem „Harbour-Departement" vereinigt, das dem Wirtschaftsministerium unterstellt ist. An der Spitze steht der Generaldirektor, zur Zeit Commander R. N. Phra Bhar Smudh. Die Geschäftsverteilung geht aus dem folgenden Organisationsplan so klar hervor, daß weitere Erläuterungen sich erübrigen:

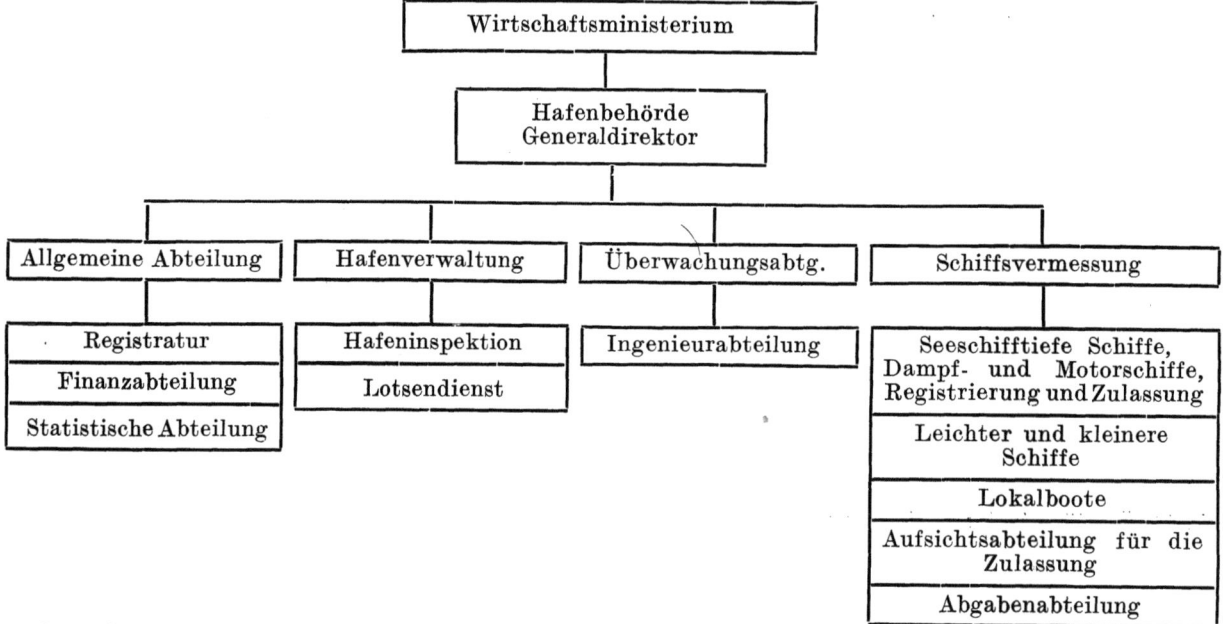

Die Zollbehandlung der Waren untersteht der Zollbehörde (Department of Customs), das dem Finanzministerium unterstellt ist (s. S. 23). An der Spitze steht der Generaldirektor, zur Zeit Colonel Luang Karj Songgram.

Die verschiedenen Verordnungen (Bye-Laws) bestimmen, welche Fahrzeuge zwischen der Barre und der Südgrenze des Hafens Bangkok einen Lotsen nehmen müssen. Allgemein ist dieses vorgeschrieben für Fahrzeuge von 250 BRT aufwärts.

Die Höhe der Lotsensätze schwankt zwischen 166 Baht für das 250 RT-Schiff und 228 Baht für das 1000 BRT-Schiff. Für größere Fahrzeuge sind für jede weiteren 50 BRT 2 Baht zu bezahlen.

Die Zollbehandlung der Einfuhrgüter geht wie folgt vor sich:

Jedes Schiff, das mit Gütern aus fremden Ländern beladen ist, ist gezwungen, an bestimmten Piers (gemäß Abschnitt 6 der „Customs Regulations" B. E. 2469 (1926/27), § 12) anzulegen. Diese Piers mit Lagerschuppen sind zur Zeit:

1. Tan Wang Lee,
2. East Asiatic Company, Ltd.,
3. Mitsui Bussan Kaisha, Ltd.,
4. Anglo-Siam Corporation, Ltd.,
5. Borneo Company, Ltd.,
6. Bombay Burmah Trading Corporation, Ltd.

In diesen Zollgebieten sind 14 Einfuhrschuppen (Landing Godowns) und drei Zollspeicher (Bonded Warehouses), die der Borneo Company, der East Asiatic Company und Tan Wang Lee gehören. Die „Bonded Warehouses" sind für Dauerlagerung von Gütern gebaut, und eine besondere Erlaubnis muß für die Stapelung und Entnahme der Güter nachgesucht werden.

Der Seehafen von Bangkok.

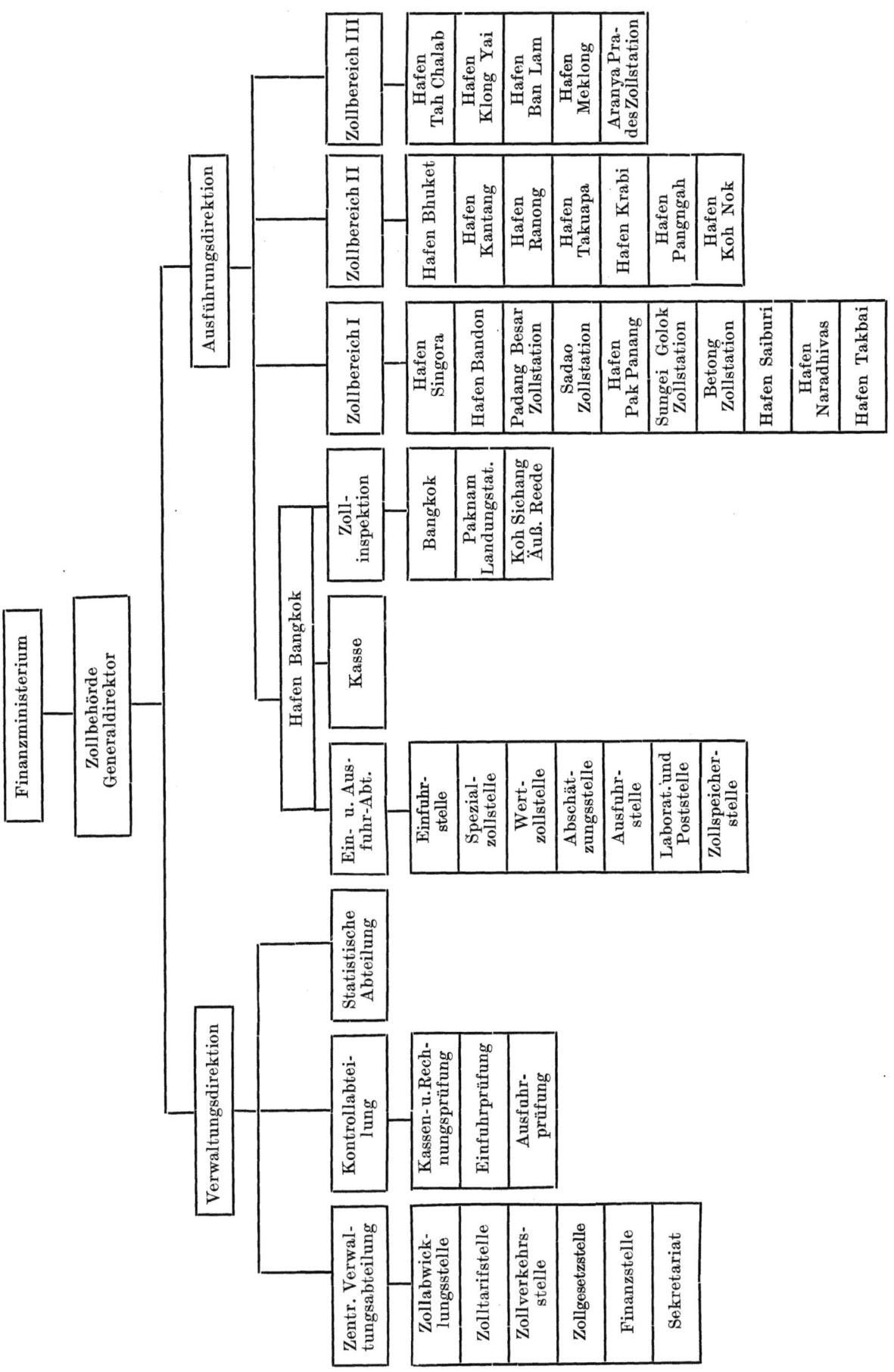

Grundsätzlich dürfen Güter von im Strom ankernden Fahrzeugen ohne besondere Erlaubnis des Zolles nicht entladen werden. Entladene Güter sind nur in den vom Zoll anerkannten und unter Zollaufsicht stehenden Godowns (Schuppen) oder Bonded Warehouses (Speichern) zu stapeln. Erst nachdem die vorgeschriebenen Zollerklärungen ausgefüllt, die Waren nachgeprüft und die Zollsätze gemäß dem Einfuhrzolltarif gezahlt sind, dürfen die Güter in das Inland abgegeben werden.

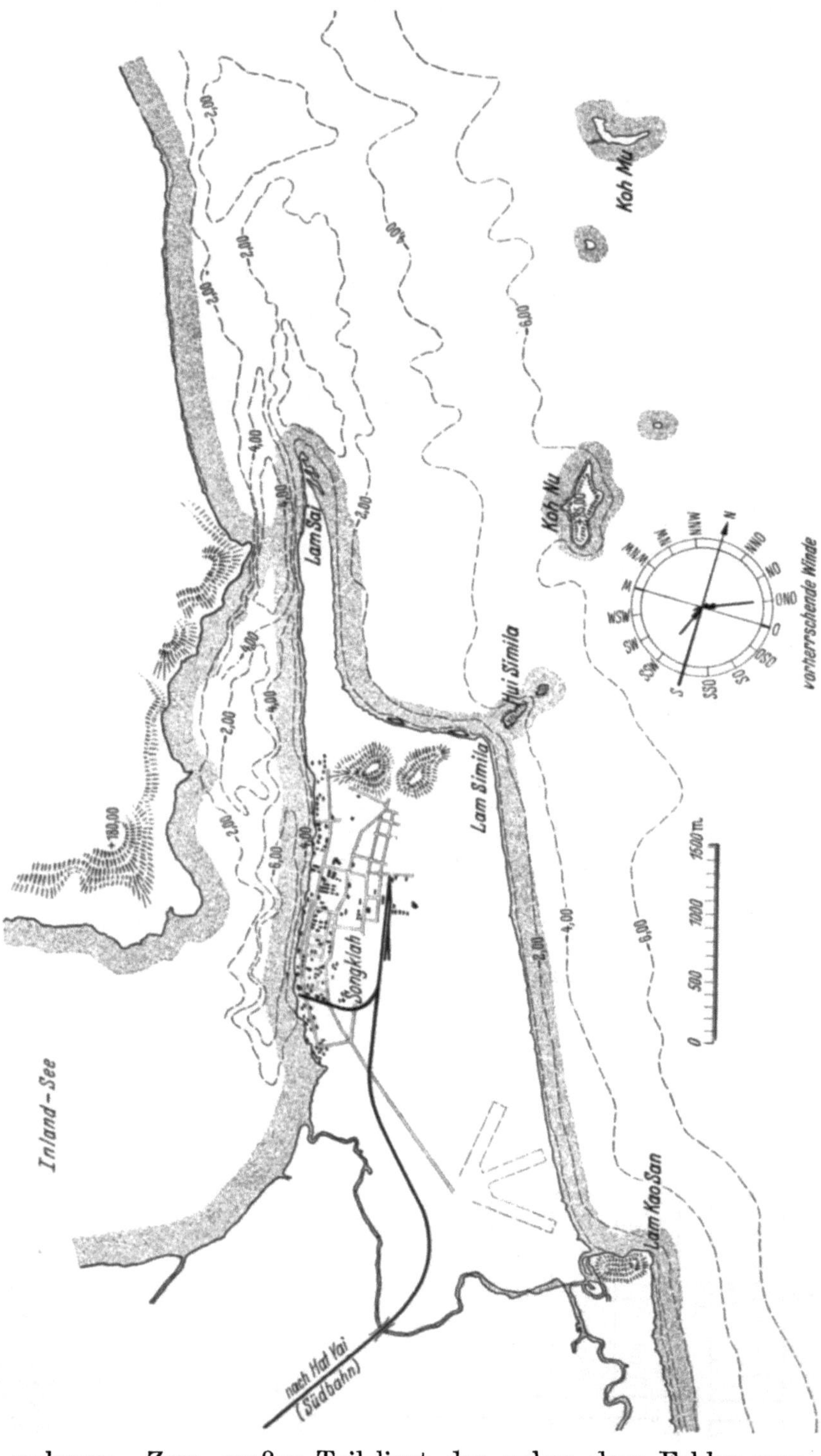

Es liegt auf der Hand, daß diese gesamte Verwaltungsarbeit sehr erschwert und verteuert wird durch die bisherige zersplitterte und ausgedehnte Hafenanlage an beiden Seiten des Menams.

Hier wird der neue Hafen mit seiner in sich geschlossenen übersichtlichen Anlage ganz wesentliche Vorteile mit sich bringen.

4. Die übrigen Häfen von Thailand.

Wie aus der Handelsstatistik von Thailand hervorgeht, liegt das Hauptgewicht des Außenhandels des Landes im Hafen von Bangkok. Alle übrigen Hafenplätze haben zur Zeit nur örtliche Bedeutung und sind entweder gar nicht oder nur für kleine Küstenfahrzeuge mit einfachen Landepiers und kleineren Schuppen und Speichern von Privatfirmen ausgestattet.

An der Ostküste Thailands sind es die Häfen Bandon, Sithammarat, Songkhla (Singora) (Abb. 50) und Patani (Abb. 51), die ihre Ein- und Ausfuhr über Bangkok leiten. Neben kleinen Küstendampfern mit wöchentlichem Verkehr sind es hauptsächlich Segelfahrzeuge, die den Transport der Güter im Küstenverkehr übernehmen. Zum großen Teil liegt das neben dem Fehlen von eigentlichen Hafenanlagen auch darin begründet, daß die Hafenplätze nicht die nötigen Tiefen für größere Fahrzeuge aufweisen. Die beigefügten Karten geben einen Überblick über die vorhandenen Verhältnisse. Die besten Bedingungen weist zweifellos Songkhla auf.

An der Westküste (Abb. 1) liegen die Verhältnisse ähnlich, nur daß der Handel der dort gelegenen Häfen hauptsächlich über Penang und Singapur läuft. Kantang, Krabi und Pangngah

Abb. 50. Hafen Songkhla (Singora) an der Ostküste der malaiischen Halbinsel. Tiefen bezogen auf MSprTnw. Springtidenhub 0,6 m, Nipptidenhub 0,2 m.

Der Seehafen von Bangkok. 313

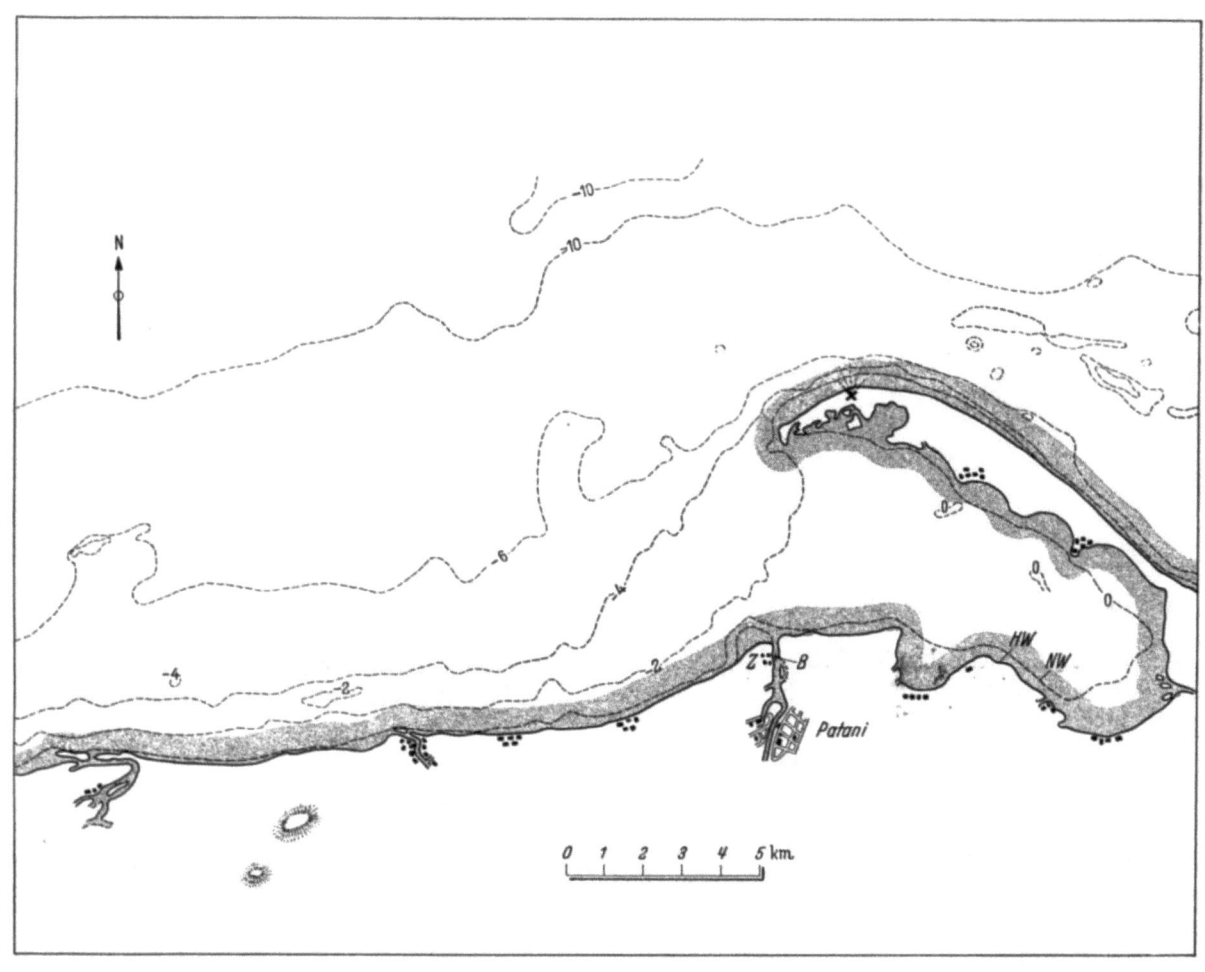

Abb. 51. Hafen Patani an der Ostküste der malaiischen Halbinsel. Tiefen bezogen auf MSprTnw. Springtidenhub 0,6 m, Nipptidenhub 0,3 m. *B* = Anlegebrücke, *Z* = Zoll.

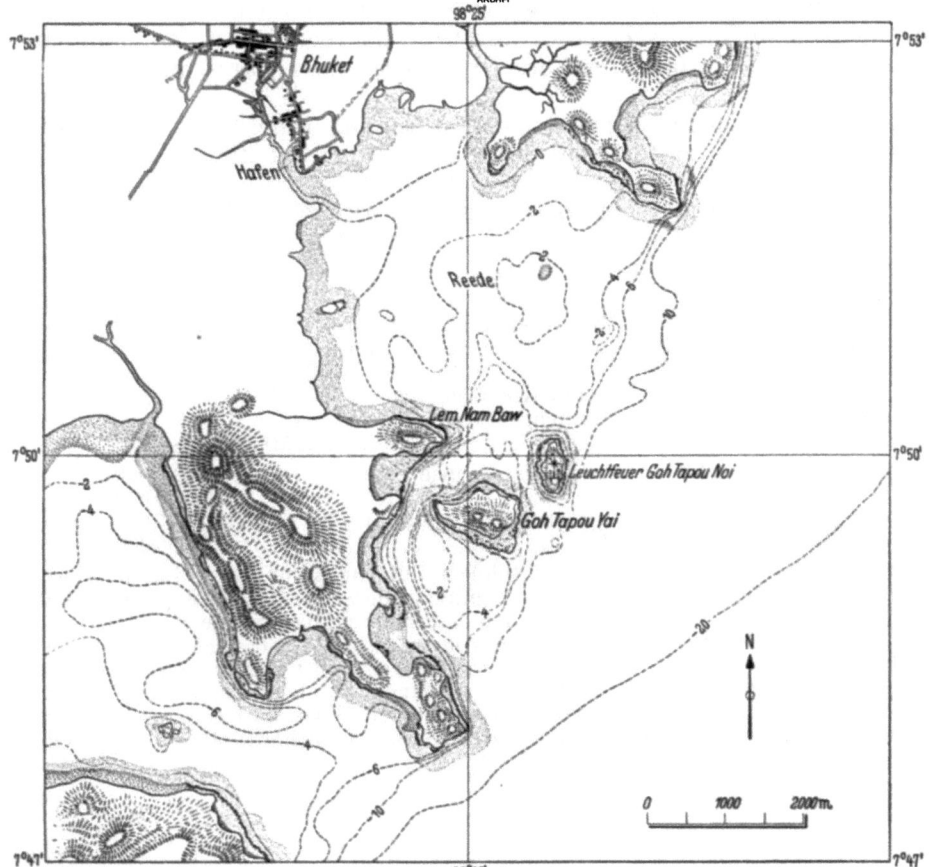

sind Flußmündungshäfen, die infolge der vorgelagerten, wechselnden Sandbänke nur für kleine Küstenfahrzeuge bis zu 200 t Größe zugänglich sind, und deren Flußläufe gleichfalls durch Sandbänke äußerst schwierig zu befahren sind. Kantang und Krabi leiden in der Monsunzeit an starkem Wellenschlag.

Der Zinnausfuhrhafen Bhuket (Abb. 52) besitzt einen inneren Hafen für kleinste Segelfahrzeuge, der aber bei Ebbe trockenfällt, eine innere geschützte Reede

Abb. 52. Hafen Bhuket (Puket) an der Westküste der malaiischen Halbinsel. Tiefen bezogen auf MSprTnw. Springtidenhub 3,1 m, Nipptidenhub 1,70 m.

für kleine Segelfahrzeuge, und eine äußere, ebenfalls geschützte Reede für Dampfer bis 3000 BRT, die hauptsächlich nach Singapur fahren (Abb. 53).

Abb. 53. Außenreede von Bhuket mit Zinnerzdampfer.

Der gesamte Küstenverkehr wird durch kleine Dampfer ausländischer Gesellschaften von 50—200 t in zweiwöchentlichem Verkehr in Verbindung mit Penang aufrechterhalten.

Nach dem neuen Schiffahrtsgesetz kann der inländische Küstenverkehr ab 1. Oktober 1939 nur noch durch Thaigesellschaften betrieben werden.

5. Die Voruntersuchungen für die Anlage eines Seehafens in Bangkok.

In den Jahren nach dem Kriege von 1914/18 war die Königliche Regierung verschiedentlich der Frage der Anlage eines neuen Seehafens in Bangkok nähergetreten und hatte dann Anfang des Jahres 1933 den Beschluß gefaßt, Voruntersuchungen anstellen zu lassen.

Zu diesem Zwecke hatte die Regierung in einem Schreiben vom 23. Februar 1933 den Völkerbund gebeten, die Meinung von Sachverständigen über die Anlage und den Ausbau eines Seehafens in Bangkok einzuholen.

Der Völkerbund beauftragte die drei Sachverständigen:

1. Mr. A. T. Coode, von der Firma Coode, Wilson, Mitchell and Vaughan-Lee, London, Beratende Ingenieure, England.
2. M. G. P. Nijhoff, Beratender Ingenieur, Holland.
3. M. P. H. Watier, Generaldirektor der Schiffahrtswege und Seehäfen beim Ministerium der öffentlichen Arbeiten, Frankreich,

einen entsprechenden Bericht auf Grund von örtlichen Untersuchungen aufzustellen, der im April 1934 erstattet wurde.

a) Bericht der Völkerbundkommission.

Der Bericht umfaßt die Vor- und Nachteile des seinerzeitigen Außenhandels von Thailand, des bestehenden Hafens von Bangkok und seines Zugangs zum Golf, die technischen Maßnahmen zur Verbesserung des Zugangs zum Golf, insbesondere des Durchstiches der Barre, und die neu zu errichtenden Hafenanlagen.

Die an Ort und Stelle gemachten Untersuchungen sind in einem Anhang beigefügt. Der Bericht kommt hinsichtlich der Anlage eines neuen Hafens und der Verbesserung der Zuwege zu einem positiven Ergebnis.

Im folgenden sollen kurz die Ergebnisse der Untersuchungen in deutscher Übersetzung angeführt werden.

1. Zusammenfassung (Kapitel II, F, 4).

Bedeutung der berührten Interessen.

Die verschiedenen Arten von Schädigungen, die dem Siamesischen Handel durch die Unzulänglichkeit des Hafens von Bangkok und seiner Zufahrtswege jährlich entstehen, sind folgende:

	Bahts	Bahts
a) Mittelbare und unmittelbare Kosten des Umschlags in Koh-Sichang . .	1 700 000	—
b) Folgen der Verwendung von Schiffen geringen Tonnengehalts und des Umschlages in Hongkong und Singapur	1 025 000	—
1. Folgen der Unzulänglichkeit der Zufahrtswege zum Hafen, insgesamt	—	2 725 000
2. Folgen der Unzulänglichkeit des Hafens	—	1 000 000
1. und 2. Unzweifelhaft schädliche Wirkungen, geschätzt für ein Jahr	—	3 725 000
3. Wahrscheinliche schädliche Wirkungen jährlich	—	5 000 000

Die Größe dieser Zahlen zeigt die ernsthaften Folgen eines solchen Zustandes für die Volkswirtschaft Thailands. Der Aufschwung und die wirtschaftliche Entwicklung von Thailand sind wesentlich abhängig von dem Umfang des Außenhandels. Etwa 90 vH dieses Handels geht über den Hafen Bangkok und die Unzulänglichkeit des Hafens und seiner Zufahrtswege ist gleichbedeutend mit einer unmittelbaren und sicheren Belastung von 3 750 000 Bahts und gleichbedeutend mit einer wahrscheinlichen mittelbaren Belastung von nicht weniger als 5 000 000 Bahts. Um die Bedeutung der eingetretenen Verluste zu erkennen, vergleiche man das Kapital, das der Staat in den großen Unternehmungen investiert hat, die zur nationalen Wirtschaft gehören, mit der Aufstellung, die die Kapitalisierung dieser mittelbaren und unmittelbaren Steuern enthält. Man wird finden, daß so berechnet die Folgen der Unzulänglichkeit des Hafens von Bangkok dem Kapital vergleichbar sind, das während der letzten 35 Jahre in die Staatseisenbahnen hineingesteckt worden ist.

2. Erforderliche Maßnahmen für die Verbesserung der Zufahrtswege (Kapitel II, G).

Man kommt zu dem Schluß, daß die Schaffung einer Wasserstraße, die bei jedem HW für Schiffe mit einem Tiefgang von 7 m befahrbar ist, für Siam eine unmittelbare Ersparnis von 1 670 000 Bahts jährlich und eine dauernd zunehmende mittelbare Ersparnis, die in einigen Jahren auf 2½ Mill. Bahts jährlich ansteigen wird, bedeutet.

Die zweite Frage, mit der sich die Gutachter auseinanderzusetzen hatten, ist folgende:

Welche Tiefe an der Barre ist erforderlich, um die Notwendigkeit des Umschlags in Koh-Sichang für die augenblicklich eingeführten Güter zu vermeiden, also für die Schiffe, in denen diese Güter befördert werden?

Man erkennt aus den bisher Gesagten, daß der Hafen zu diesem Zweck bei jedem Hochwasser für Schiffe mit einem Tiefgang von 9,5 m zugänglich sein muß. Man muß dabei allerdings darauf hinweisen, daß 95 vH der gegenwärtigen Ausfuhr und 100 vH der gegenwärtigen Einfuhr umgeschlagen werden kann, wenn die Tiefe an der Barre ausreicht, um bei jedem Hochwasser Schiffe mit 8,5 m Tiefgang durchzulassen. Wenn diese Bedingung erfüllt würde, dann würden nur in Ausnahmefällen Schiffe mit mehr als 8,5 m Tiefgang in Koh-Sichang einen Teil der Ladung ableichtern müssen.

Es wird später einmal notwendig werden, die Wassertiefe an der Barre so zu vergrößern, daß sie Schiffen von 9,5 m oder auch 10 m Tiefgang die Zufahrt gestattet.

Mit diesem letzten Ausbau würde Bangkok zu den größten Häfen der Welt gerechnet werden können.

3. Technische Maßnahmen zur Verbesserung des Hafens von Bangkok (Kapitel III).

A. Die verschiedenen Lösungen für die Verbesserung der Seewasserstraße.

Es gibt drei Möglichkeiten, durch die eine größere Wassertiefe in der Seewasserstraße zum Hafen von Bangkok erreicht werden kann:

a) Ein ausreichend breiter und tiefer Schiffahrtskanal kann durch die Sandbänke an der Flußmündung gezogen werden.

b) Ein Seekanal mit Schleusen kann gebaggert werden, der sich an der Flußmündung entlangzieht und die offene See mit einem oberhalb der Mündung gelegenen Punkt des Menam verbindet, wo die natürlichen Verhältnisse für die Schiffahrt ausreichen.

c) Ein Hafen im tiefen Wasser kann an der Küste selbst gebaut werden und zwar außerhalb des Bereichs der Sandbänke an der Flußmündung. Dieser Hafen kann mit Bangkok durch Straße, Eisenbahn und eine Binnenwasserstraße verbunden werden.

B. Bau eines Schiffahrtskanals durch die Barre, allgemeines Verfahren.

Das Ergebnis ist also die Schaffung einer Zufahrt für Schiffe von 8,5 m Tiefgang bei jedem Hochwasser. Jedoch muß dieses Endziel schrittweise erreicht werden. Zunächst wird ein Kanal für Schiffe mit 7 m Tiefgang zu bauen sein, der später planmäßig weiter zu vertiefen wäre. Für den ersten Ausbau wird man zu Baggerungen greifen. Man ist dann imstande, einen wirtschaftlichen Ausbau in kürzester Frist zu erreichen, weil die Kosten für Baggerungen geringer sind als diejenigen für Strombauwerke. Man wird auf alle Fälle die Bagger nicht nur zum Bau des Kanals, sondern später auch für seine Unterhaltung verwenden. Als technisches Ziel ist anzustreben, daß ausschließlich Bagger verwendet werden, ohne Zuhilfenahme von Strombauten.

Aber die Erfahrung, die man in ähnlichen Fällen gesammelt hat, erlaubt den Schluß, daß erstens die Kosten für die Ausbaggerung und Unterhaltung eines solchen Kanals mit zunehmender Tiefe sehr stark anwachsen und bald zu sehr hohen Beträgen anlaufen werden.

Meistens könnte durch die Verwendung von leichten, wirtschaftlichen Strombauten wahrscheinlich eine Verringerung der endgültigen Kosten erreicht werden, sowohl in bezug auf die Schaffung des Wasserweges als auch in bezug auf seine Unterhaltung.

Es wird zweckmäßig sein, die Arbeiten im ersten Ausbauzustand auf die Baggerung eines Kanals von 7 m Tiefe bei Hochwasser mit Hilfe von Baggern allein zu beschränken.

Die Linienführung des Kanals müßte so gewählt werden, daß eine möglichst starke Räumung durch die Strömung eintritt.

Auf der Strecke zwischen dem grünen Blitz-Feuerschiff und der Breite von 13° 28', wo der Kanal schon immer eine bemerkenswerte Standsicherheit gehabt hat, wie man das aus den verschiedenen Karten ersehen kann, müßte die Achse des auszubaggernden Querschnittes zusammenfallen mit der Achse des natürlichen Kanals. Alsdann würde zwischen den zwei endgültigen Absteckungslinien eine Kurve von etwa 3500 m Radius erforderlich sein.

Es ist zweckmäßig, in der Gegend der sog. eigentlichen Barre in der Nachbarschaft des weißen Blitz-Feuerschiffs die Linienführung nach Osten abzubiegen, um die Achse des zu baggernden Querschnittes möglichst senkrecht zu den Tiefenlinien verlaufen zu lassen und das tiefe Wasser auf dem kürzesten Wege zu erreichen. Durch dieses Vorgehen kann die Zeit gewonnen werden, um den Fluß an Hand von Modellversuchen betrachten zu können und festzustellen, bis zu welchem Maße Strombauten für die Aufrechterhaltung des Kanals technische und wirtschaftliche Vorteile bringen und den Betrag verringern können, der zunächst einmal für die Schaffung und Instandhaltung erforderlich ist.

Dieses empirische Verfahren wird nur dann zu befriedigenden Ergebnissen führen, wenn eine Reihe von Beobachtungen und Untersuchungen über die Wasserwirtschaft des Flusses unverzüglich in Angriff genommen und während der Ausführung des ersten Bauabschnittes fortgeführt wird, um eine Grundlage für den späteren Entwurf von Strombauten zu schaffen.

Die Konstruktion dieser Strombauten hat somit nur einen mittelbaren Zweck, nämlich die Baggerkosten für die spätere Vertiefung und Unterhaltung zu verringern und Querströmungen zu beseitigen.

D. Ausbau des Hafens.

1. Allgemeine Ziele. Der Ausbau des Hafens von Bangkok muß zwei klar unterschiedene Zwecke verfolgen; auf der einen Seite: gutausgerüstete Kaimauern oder Landungsbrücken mit Eisenbahnanschluß, die so gelegen sind, daß sie im Verhältnis zu der Zunahme des Verkehrs erweitert werden können; auf der anderen Seite: ein Industriegelände längs des Ufers, wo die Seedampfer liegen können und wo infolgedessen moderne Industrieanlagen angesiedelt werden können, die ihr Rohmaterial und ihre Erzeugnisse unmittelbar mit der Eisenbahn, dem Binnenschiff oder mit dem Seeschiff erhalten bzw. verfrachten.

Dieser zweifache Zweck kann auf zweifache Weise erreicht werden:

Die erste Lösung wäre die Schaffung von Hafenbecken, die sich vom Fluß aus erstrecken, von denen ein Teil für den Handel und der andere Teil für die Industrie bestimmt ist.

Die zweite Lösung wäre die Schaffung von Umschlagsanlagen an den Flußufern, wo die Wassertiefen von Natur aus vorhanden sind.

Die zweite Lösung verdient den Vorzug zum mindesten für den ersten Ausbau des Hafens.

Die Kosten der Anlagen werden natürlich geringer sein, da die Hafenbecken nicht ausgebaggert zu werden brauchen, und es wird für die Schiffe sehr einfach sein, längs der Landungsanlagen im Fluß zu liegen. Dazu kommt, daß das Wasser des Menam einen starken Schwebestoffgehalt hat und infolgedessen die Hafenbecken der Verschlickung ausgesetzt sein würden, was nicht unbeträchtliche Unterhaltungsbaggerungen erfordern würde.

In Bangkok und Umgebung befinden sich noch genügend Uferstrecken, um gegenwärtige und zukünftige Notwendigkeiten zu befriedigen.

Insbesondere das linke einbuchtende Ufer unterhalb der Eisenbahn und der Anlagen von Shell würde sehr geeignet erscheinen. In der unmittelbaren Nachbarschaft findet sich genügend Gelände für die Ansiedlung moderner Industrie. Jedoch ist längs des einbuchtenden Ufers auf den Strecken, wo der Fluß das Ankern von großen Schiffen erlaubt, das Gelände, das mit der Eisenbahn verbunden werden kann, nicht unbegrenzt.

2. Umfang der vorgesehenen Arbeiten. Das auszuführende Arbeitsprogramm enthält den Bau und die Ausrüstung von 1 km Kaistrecke mit Umschlagsplätzen, Schuppen, Speichern, Lagerflächen und Gleisanschlüssen sowie die Bereitstellung von Gelände für Handel und Industrie. Der erste Ausbau wird die sofortige Herstellung von 500 m gut ausgerüsteter Kaimauern mit Eisenbahnanschluß umfassen. Diese Kaimauer wird zweckmäßig auf dem linken Ufer unterhalb der Anlagen von Shell liegen.

E. Zusammenfassung (Kapitel III).

Die Schaffung eines Kanals durch die Barre von Bangkok ist der zweckmäßigste Weg, um eine seeschifftiefe Zufahrt zum Hafen zu erhalten. Dieses Verfahren ist von allen Seiten gesehen besser als der Bau eines Seekanals und viel besser als der Bau eines Küstenhafens.

Der Ausbau der Außenbarre wird nur einen geringen Einfluß auf den Salzgehalt des Flußwassers ausüben und infolgedessen werden landwirtschaftliche Belange nicht geschädigt werden.

Die Arbeiten des ersten Ausbaues sollen die Schaffung eines Kanals durch die Barre von 5 m Wassertiefe bei Tnw enthalten, um bei jedem Thw Schiffen mit einem Tiefgang von 7 m die Durchfahrt zu gewährleisten. Das Baggern ermöglicht den Beginn der Arbeit, kurz nachdem eine Entscheidung über ihre Ausführung gefallen ist. Die erforderlichen Tiefen können dadurch nach zwei Jahren erreicht werden. Dieses Verfahren ist bedeutend vorteilhafter als die Verbindung von Baggerarbeiten mit der Errichtung von Regelungsbauwerken.

Der Ausbau des Hafens von Bangkok umfaßt die Herstellung von 1000 m Kaimauern mit Umschlagsgeräten, Schuppen, Speichern, Freilagerflächen und Eisenbahnanschlüssen.

Im ersten Ausbau soll die Hälfte dieser Anlagen entstehen. Die erforderlichen Flächen längs des seeschifftiefen Ufers müssen sowohl für Handels- als auch für industrielle Zwecke erworben werden.

Mit diesem Ergebnis war der Regierung nunmehr die Möglichkeit gegeben, den Plan eines Seehafens Bangkok weiter zu verfolgen. Es kam nun darauf an, den günstigsten Generalplan für den Hafen und ein Gesamtarbeitsprogramm aufzustellen.

An Hand dieser waren dann die eingehenden Voruntersuchungen technischer und wirtschaftlicher Art in Angriff zu nehmen, da ja der Bericht auf Grund der Kürze der Zeit nur die beiden Hauptfragen Hafen und Zugang verneinen oder bejahen konnte. Alle weiteren Ausbau- und Einzelfragen konnten immer nur summarisch zusammengefaßt, aber niemals eine genaue Richtlinie gegeben werden.

Wir werden auch späterhin sehen, daß sowohl im Hafengeneralplan wie im Ausbau des Seekanals Änderungen eingetreten sind, die das eingehende Studium der örtlichen Bedingungen im Verlauf der letzten zwei Jahre unbedingt verlangte.

b) Die Ausschreibung des Generalplanes für den Seehafen Bangkok.

Nachdem die Regierungsgewalt 1932/33 in die Hände der jetzigen Regierung übergegangen war, hatte der Ministerrat unter dem Vorsitz des seinerzeitigen Ministerpräsidenten, S. E. Generalmajor Phya Bahol nach Eingang des Berichtes und weiterem Studium der wirtschaftlichen Fragen im Jahre 1936 beschlossen, den Ausbauplan des Seehafens international auszuschreiben.

Das Wirtschaftsministerium unter der Leitung des Herrn Ministers S. E. Phra Boribhand wurde mit der Weiterführung der Arbeiten beauftragt. Die Ausschreibung erfolgte im Juni 1937. Die Bedingungen hatten in deutscher Übersetzung folgenden Wortlaut:

Hafen Bangkok.
Allgemeine Bedingungen.

Es liegt in der Absicht des Ausschusses, daß der allgemeine Entwurf des Hafens Bangkok alle Forderungen erfüllt, die an einen modernen Hafen gestellt werden, wie Einrichtungen für den Güterverkehr, für die allgemeine Verwaltung des Hafens, für die Erleichterung des Umschlages, für eine genaue Zollkontrolle usw.

Der Seehafen von Bangkok. 317

Die allgemeinen Forderungen sind folgende:

1. Die bestehende Menameisenbahn soll mit dem Hafen verbunden werden, damit eine schnelle Beförderung der Waren und Güter in das Innere des Landes ermöglicht wird. Die Eisenbahnanlagen innerhalb des Hafens dürfen die Grenzen nicht überschreiten, die in dem anliegenden Plan angegeben sind.

2. Für den sofortigen Gebrauch erforderlich ist eine Kaimauer von ungefähr 1800 m Länge. Außerdem soll aber der zukünftige Ausbau im Rahmen des verfügbaren Hafengeländes berücksichtigt werden.

3. Speicher und Schuppen für alle Arten von Waren und Gütern; ebenfalls mit einem Entwurf für die spätere Erweiterung.

4. Innerhalb des Hafengeländes sind vorzusehen:
   a) Verwaltungsgebäude für die gesamte Zollverwaltung, Zollüberwachungsstellen für die unmittelbare Kontrolle im Hafen mit den notwendigen eingezäunten Flächen für die Besichtigung und Zollkontrolle,
   b) Eine Quarantäne- und Einwandererstelle,
   c) eine Lotsenstation,
   d) Verwaltungsgebäude für die Hafenverwaltung,
   e) Verwaltungsgebäude für die Hafenpolizei,
   f) ein Bootshaus für 5—6 Zollmotorboote.

5. Unterkünfte für diejenigen Beamten, die im Hafen zu tun haben, sind vorzusehen.

6. Unterkünfte für die Hafenarbeiter.

7. Der Hafen soll mit modernen arbeitsparenden Maschinen und Geräten für den Umschlag aller Art von Waren ausgerüstet werden. Ferner sollen Wasserleitungen, Feuerschutzeinrichtungen, Signale usw. vorgesehen werden.

8. In gleicher Weise soll auch für die Güterbewegung auf Straßen und Eisenbahn gesorgt werden. Es ist vorgesehen, die jetzige Sunthorn-Kosa-Straße für den Verkehr zum Hafen auf sechs Verkehrsspuren zu verbreitern, wie das auf dem anliegenden Plan dargestellt ist.

An bestimmten Kaistrecken sollen kurze Eisenbahngleise mit Drehscheiben für den unmittelbaren Umschlag zwischen Eisenbahn und Seeschiff vorgesehen werden.

9. Es sind vorzusehen: Schuppen für Rohreis, weißen Reis, Freilagerplätze für Holzstämme und Bohlen. Diese Schuppen müssen durch Straße, Eisenbahn und auf dem Wasserwege zugänglich sein.

10. Ein Landungssteg für Hafenmotorboote ist vorzusehen.

11. Ein Hafenbahnhof für die Aufstellung und Ordnung der Wagen, die im Hafenverkehr gebraucht werden, soll in angemessener Größe innerhalb des angegebenen Geländes liegen.

Die Achsen der Eisenbahngleise sollen den kleinsten zulässigen Abstand von 4 m haben. Der geringste zulässige Krümmungshalbmesser beträgt 180 m.

Die Weichen sollen auf der Hauptstrecke eine Neigung von 1 : 10 und am Ufer eine Neigung von 1 : 8 haben.

12. Im südlichen Teil des Hafens ist Gelände für einen Hafenbahnhof und eine Anlegestelle für Schwerlastgüter wie Lokomotiven, Wagen, Schienen, Stahlbrücken usw. anzuweisen.

13. Der entwerfende Ingenieur hat volle Freiheit, den allgemeinen Entwurf unter Berücksichtigung der genannten allgemeinen Bedingungen aufzustellen.

14. Der Ausschuß behält sich das Recht vor, nicht an die Annahme irgendeines Entwurfs gebunden zu sein. Auch ist der Ausschuß nicht verpflichtet, Gründe für die Nichtannahme anzugeben.

15. Beim Entwurf sollen in erster Linie die Zweckmäßigkeit und Leistungsfähigkeit aber nicht die Kosten eine Rolle spielen.

Am 15. September 1937 liefen beim Wirtschaftsministerium neun Angebote ein von folgenden Firmen:

1. Mitsui Bussan Kaisha, Ltd., Bangkok, — Japan.
2. Christiani & Nielsen (Thailand), Ltd., Bangkok, — Dänemark.
3. Decour & Cabaud, Bangkok, — Frankreich.
4. Hamburg-Thai Company, Bangkok, (Prof. Agatz), — Deutschland.
5. Toed Chang, Bangkok, — Thailand.
6. „Impresitor", Imprese Italiane all'Estero-Oriente, S. A., Bangkok, — Italien.
7. Nai Miew, Bangkok, — Thailand.
8. Bangkok Dock Co., Ltd., Bangkok, — England.
9. Far East Oxygen & Acetylene Co., Ltd., Bangkok, — Frankreich.

Sie wurden eingehend von dem für den Hafenausbau gebildeten Komitee unter dem Vorsitz des Wirtschaftsministers S. E. Phra Boribhand geprüft. Man kam zu dem Entschluß, folgenden Wettbewerbern einen Preis von 2000 Baht für ihre Arbeiten zuzubilligen:

Mitsui Bussan Kaisha, Japan (Abb. 54 a, b).
Christiani & Nielsen, Dänemark (Abb. 55a bis c).
Toed Chang, Thailand (Abb. 56).
Hamburg-Thai Company, Bangkok (Abb. 57—60).

Den Anlaß zu meiner Beteiligung an der internationalen Generalplan-Ausschreibung gab Herr Lamszies, der Inhaber der Hamburg-Thai Company in Bangkok, der sich wegen Beteiligung deutscher Fachleute an den Inhaber seiner Korrespondenzfirma, Herrn Ernst Glässel, Bremen, wandte. Dieser nahm dann auf Grund unserer Zusammenarbeit beim Ausbau der Hafenanlagen in Bremerhaven in seiner Eigenschaft als damaliger Generaldirektor des Norddeutschen Lloyd in Bremen die Verbindung mit mir auf. Nachdem es mir möglich war, die für eine erfolgreiche

Beteiligung notwendigen Ergänzungsunterlagen zu beschaffen, beschloß ich, verschiedene Vorschläge auszuarbeiten, auch ohne die sonst unbedingt erforderliche Kenntnis der Örtlichkeit. Hierauf ist dann die Vielzahl der Vorschläge für den Generalplan und die Einzelbauten zurückzuführen.

Auf Grund meines späteren Studiums der örtlichen Bedingungen konnte keiner der eingereichten Pläne der vier preisgekrönten Wettbewerber ohne mehr oder weniger wesentliche Änderungen dem

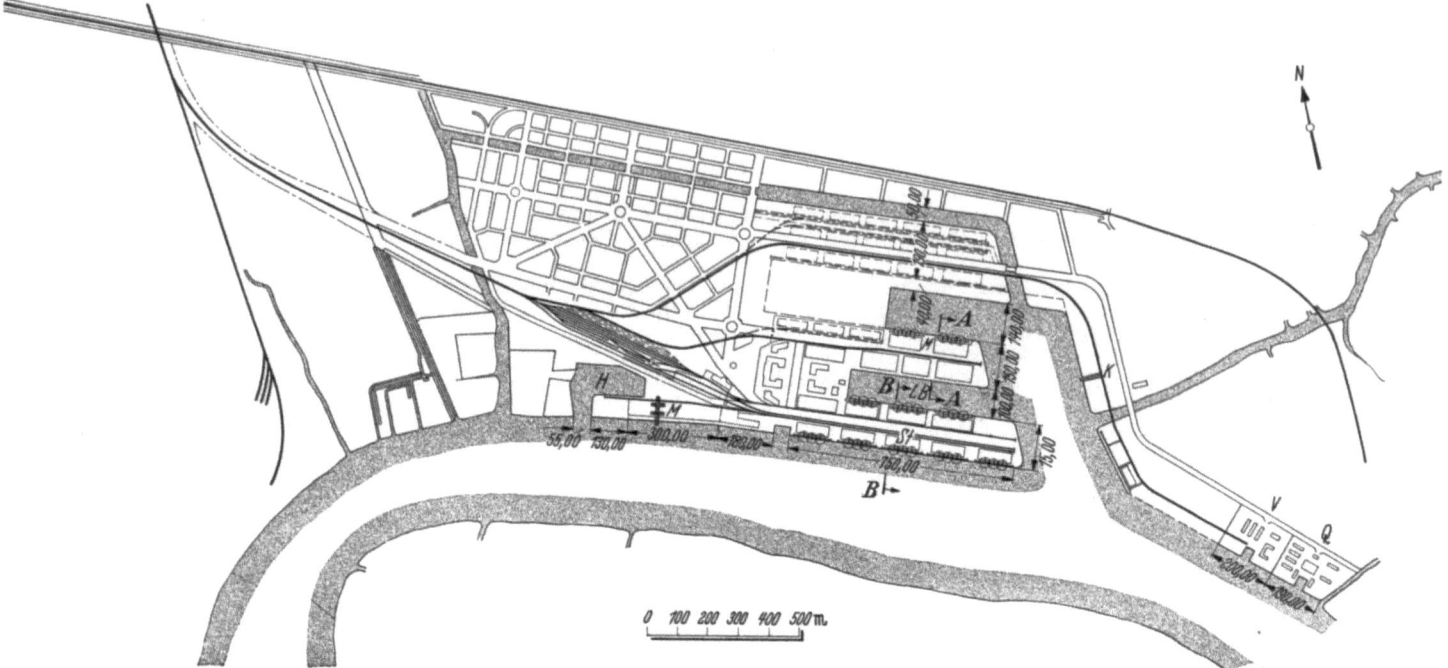

Abb. 54a. Entwurf der Fa. Mitsui, Japan, Lageplan.
H = Holzbecken, LB = Leichterbecken, K = Kohle, V = Viehhof, Q = Quarantäne, St = Stückgut, M = Massengut und Schwerlastanlage.

Generalplan für den neuen Hafen zugrundegelegt werden. Ganz allgemein lag allen Entwürfen der richtige Gedanke zugrunde, möglichst weitgehend den wertvollsten Teil des Hafens, das Menamufer, auszubauen und hinter ihm ein zweites Becken anzulegen. Zu wenig berücksichtigt aber war, auch das rückwärtige Hafengelände soviel wie möglich für Hafen- und Industriezwecke und nicht für Wohnviertel auszunutzen. Teilweise war auch nicht auf eine gute Eisenbahn- und Straßenverbindung zwischen Hafenbahnhof und Seeschiffshafen, Kais und Industrieplätzen Rücksicht genommen. Die Einfahrtsweite zum zweiten Hafenbecken war mit über 240 m wegen der großen Sinkstoffmengen des Menam zu groß. Zum Teil war auch eine rückwärtige Wasserverbindung für Binnenschiffe nicht vorgesehen. Von diesen Einzelheiten abgesehen, boten die obigen Pläne eine ausgezeichnete Grundlage — zumal von Christiani & Nielsen und der Hamburg-Thai Company eingehende Berichte mitgeliefert wurden —, nunmehr auf Grund eines eingehenden Studiums der örtlichen technischen und wirtschaftlichen Bedingungen den endgültigen Generalplan aufzustellen und den Umfang des ersten Ausbaues festzulegen.

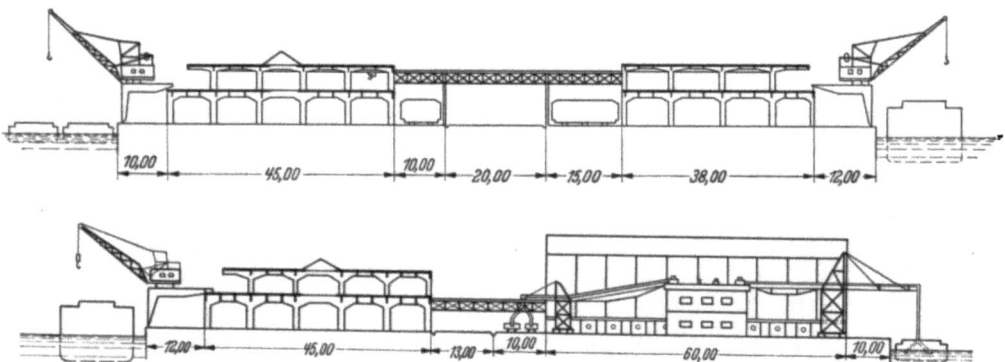

Abb. 54b. Entwurf der Fa. Mitsui, Querschnitte B—B und A—A der Abb. 54a.

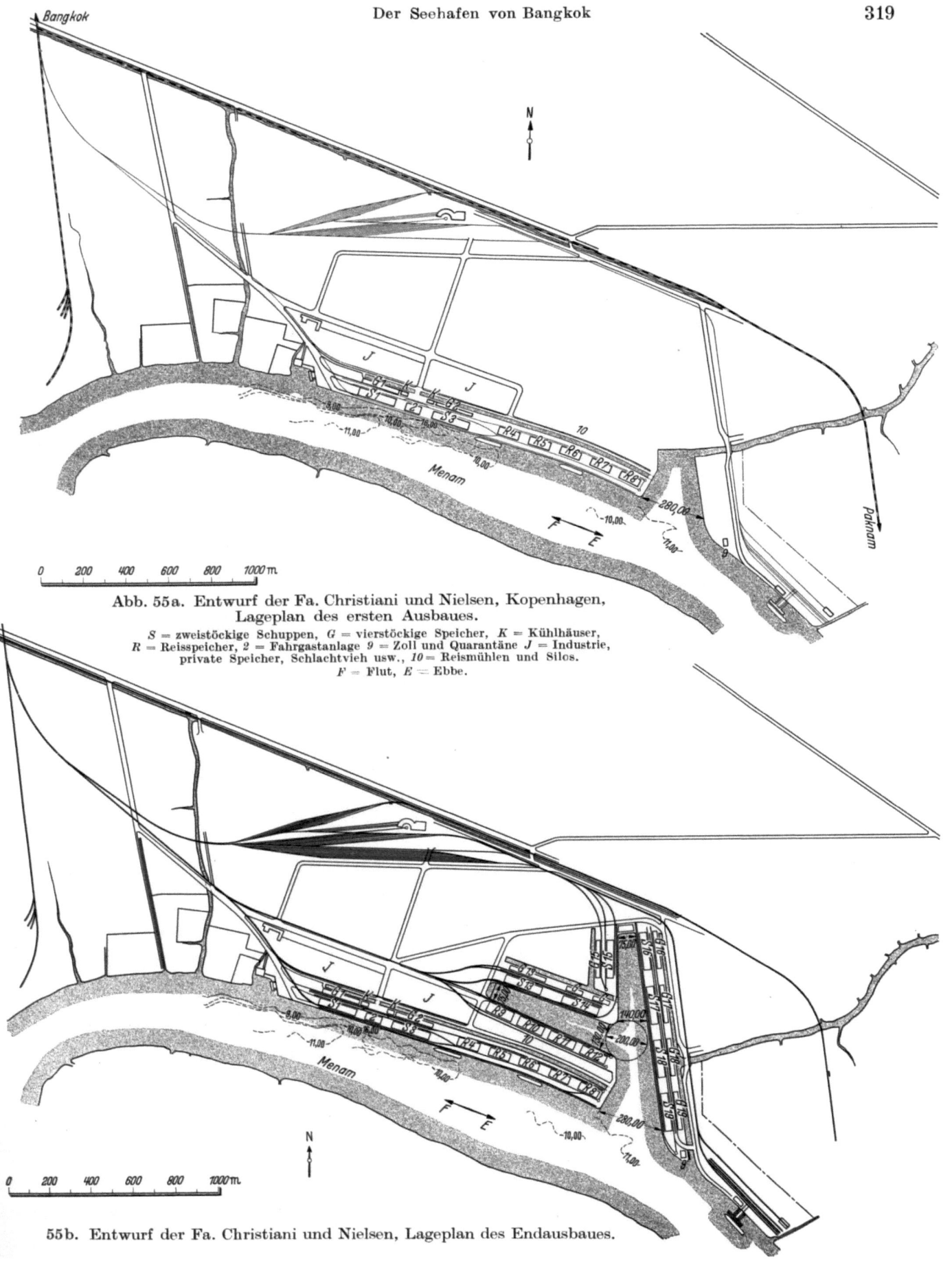

Abb. 55a. Entwurf der Fa. Christiani und Nielsen, Kopenhagen, Lageplan des ersten Ausbaues.

S = zweistöckige Schuppen, G = vierstöckige Speicher, K = Kühlhäuser, R = Reisspeicher, 2 = Fahrgastanlage 9 = Zoll und Quarantäne J = Industrie, private Speicher, Schlachtvieh usw., 10 = Reismühlen und Silos. F = Flut, E = Ebbe.

55b. Entwurf der Fa. Christiani und Nielsen, Lageplan des Endausbaues.

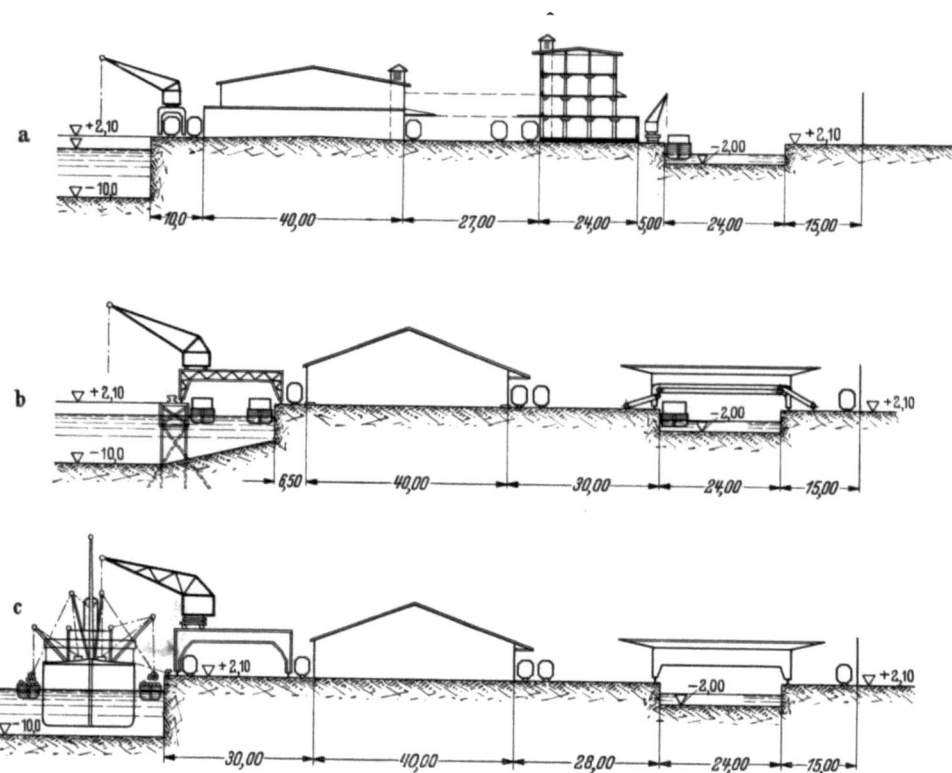

Abb. 55c. Entwurf der Fa. Christiani und Nielsen, Querschnitte.

a = Stückgutkai mit zweistöckigem Speicherschuppen für die Einfuhr und vierstöckigem Speicher, *b* = Reiskai. Der Binnenschiffskanal ist durch eine Fußgängerbrücke mit elektrischem Sackförderband überspannt. Die Brücke ist in der Kanalachse beweglich. Rechts der Abbildung liegen Reismühlen und Reissilos, *c* = Kai für besondere Güter. Von links nach rechts: Kai zum Stapeln von Holz und anderen sperrigen Gütern (Freiladeplatz), Ausfuhrschuppen für Reis oder Salz, Straße, Brücke wie unter *b*, Kai für Binnenschiffe, Platz für Reismühlen und Reissilos.

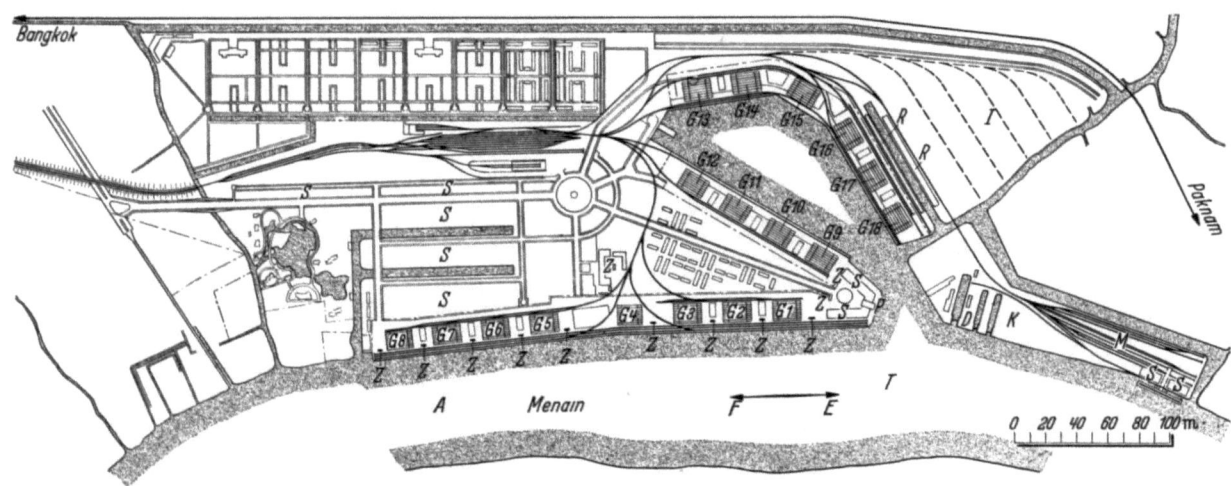

Abb. 56. Entwurf der Fa. Toed Chang, Bangkok, Lageplan.

A = Liegeplätze im Strom, D = Trockendocks, E = Ebbstrom, F = Flutstrom, G = Speicher, I = Industrie, K = Kohlenstation, M = Massengut, P = Fahrgastanlage, R = Reisschuppen, S = Schuppen, T = Wendekreis von 350 m Durchmesser, Z = Zoll.

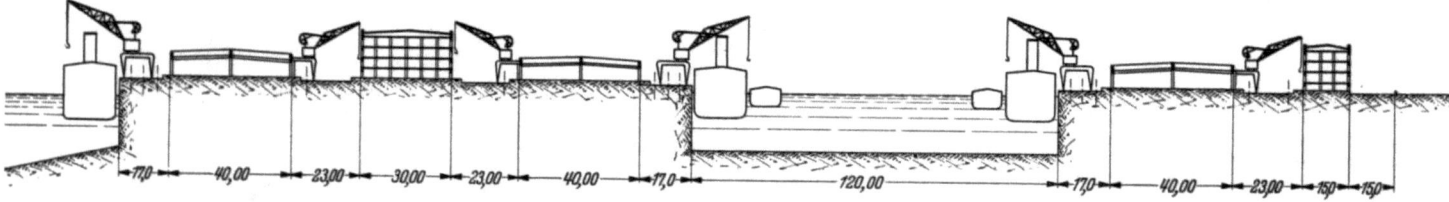

Abb. 58. Entwurf der Hamburg Thai-Comp. Querschnitt für den Endausbau des 1. Entwurfs. Schuppen und Speicher in Eisenbeton.

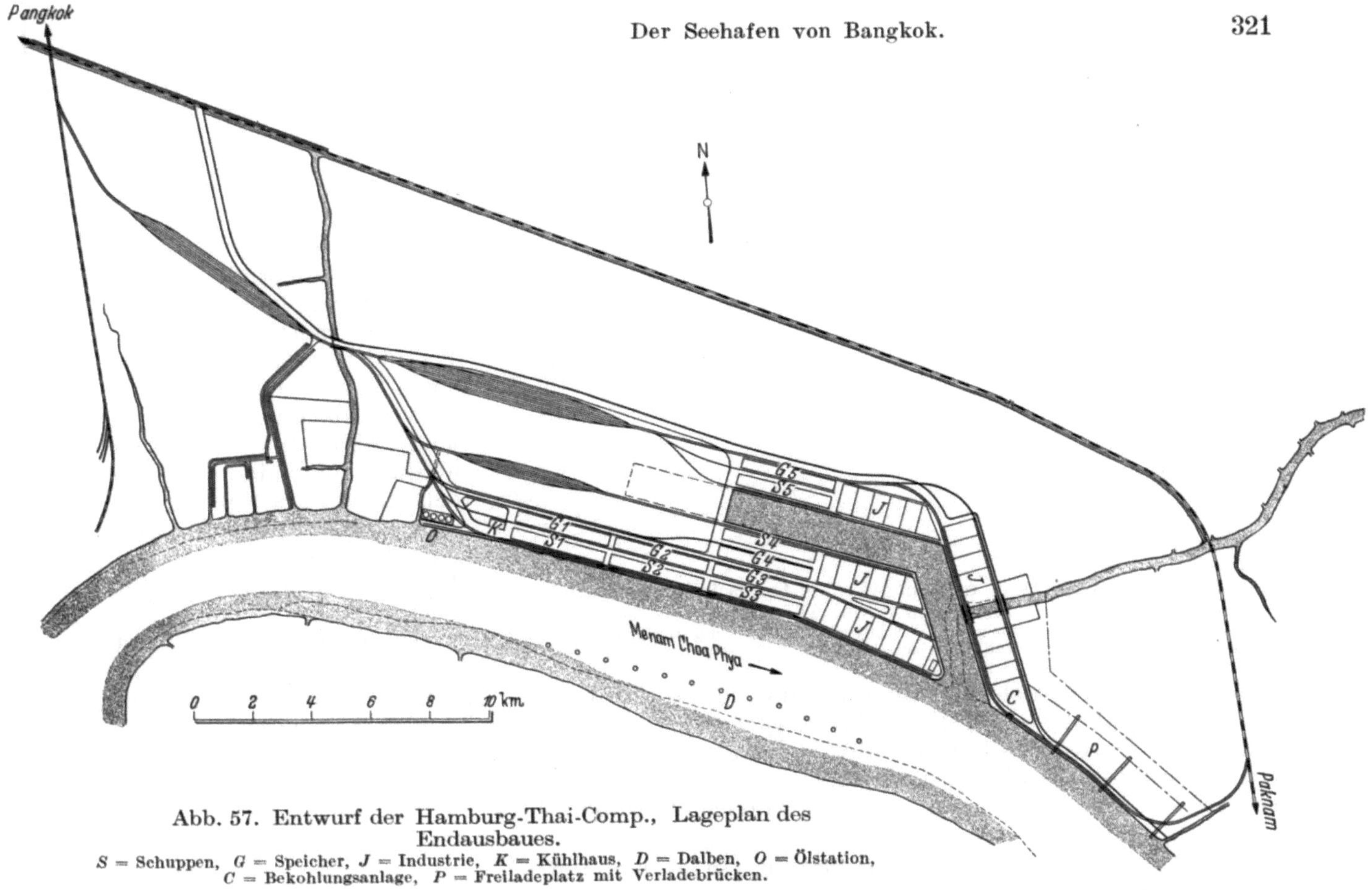

Abb. 57. Entwurf der Hamburg-Thai-Comp., Lageplan des Endausbaues.
S = Schuppen, G = Speicher, J = Industrie, K = Kühlhaus, D = Dalben, O = Ölstation,
C = Bekohlungsanlage, P = Freiladeplatz mit Verladebrücken.

6. Die Aufstellung des Generalplanes für den Seehafen Bangkok.

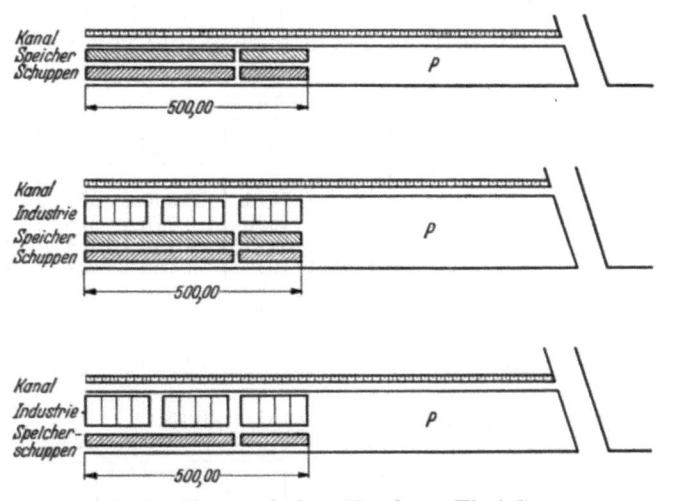

Abb. 59. Entwurf der Hamburg-Thai-Comp. Wahlvorschläge für die Schuppenanordnung.
P = Freiladeplatz.

Nachdem so die Ansichten verschiedener internationaler Fachleute bzw. Firmen vorlagen, wurde beschlossen, einen Sachverständigen zu gewinnen, der den Entwurf des Generalplanes übernehmen und auch den weiteren Ausbau von Hafen und Menam überwachen sollte.

Die königliche Regierung beauftragte den kgl. Thaigesandten in London, S. E. Phay Rajawangsan sich mit mir in Verbindung zu setzen, und es kam dann zu meiner ersten Reise nach Bangkok vom 17. Mai bis 22. Juli 1938 und meinem zweiten Aufenthalt in Thailand vom 21. Juni 1939 bis 6. Dezember 1939. In dieser Zeit entstand in Bangkok und in meinem Büro in Berlin in verständnisvoller harmonischer Zusammenarbeit aller Stellen der im Nachfolgenden näher beschriebene Generalplan des Gesamtausbaues und des ersten Ausbaues.

a) Lage des Hafens.

In richtiger Erkenntnis, daß nur ein von der Bebauung der Stadt Bangkok bislang freigebliebenes, genügend großes Gelände für die großzügige Anlage eines Seehafens in Frage kam, hat die königliche Thai-Regierung stromabwärts der Stadt ein entsprechend großes Gelände sichergestellt (Abb. 84). Dieses wird begrenzt im Norden und Osten von der Bahn Bangkok—Paknam, im Süden von dem Chow—Phraya-Fluß. Die westliche Begrenzung ist dadurch gegeben, daß hier nur ein dreieckförmiges Areal von Grundstücken erworben werden konnte, das zur Heranführung der

Eisenbahn und zur Entwicklung der Ausziehgleise dient. Das eigentliche Hafengelände geht in voller Breite bis zu dem im Westen verlaufenden Klong Toi[1]. Die siamesische Regierung hat nachträglich im Norden der jetzigen Einfahrgruppe noch zusätzliche Grundstücke erworben.

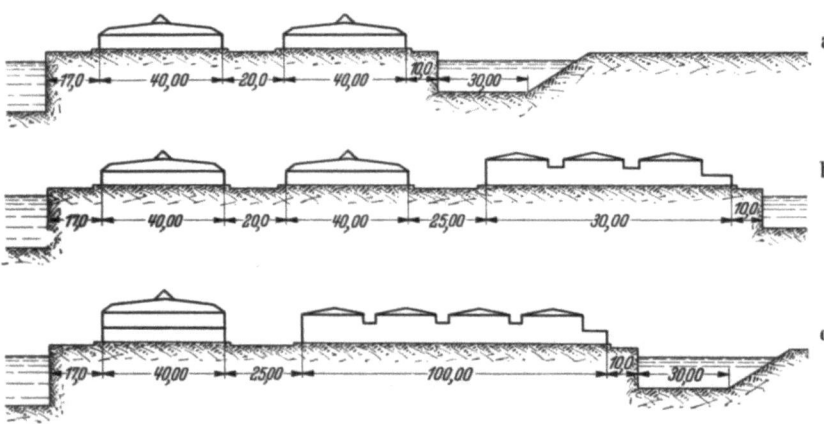

Abb. 60. Entwurf der Hamburg-Thai-Comp. Querschnitte zu den Grundrißlösungen der Abb. 59.

a = links Schuppen, rechts Speicher, b = Schuppen, Speicher und Industrie, c = Speicherschuppen und Industrie, überall links: seeschifftiefer Fluß, rechts Binnenschiffahrtskanal.

Der Hafen liegt etwa 27 bis 28 km oberhalb der Mündung und 15 km unterhalb der Stadtmitte von Bangkok (Abb. 84). Innerhalb des Hafengeländes münden zwei Wasserwege in den Fluß, der Klong Toi und der Klong Phra Kanong, von denen der erstere teilweise zugeschüttet werden muß (Abb. 66). Der Abfluß wird um den Hafen herum in den Klong Phra Kanong verlegt. Dieser östliche Wasserlauf bleibt als Zubringer vom Binnenlande und als Vorfluter erhalten.

Da das Hafengelände sonst unbebaut ist, brauchen keine Rücksichten auf bestehende Anlagen genommen zu werden. Der Eisenbahnanschluß des Hafens wird von Westen her erfolgen, wo ein Industriegleis von Norden nach Süden an den Chow-Phraya-Fluß läuft. Dieses Gleis kreuzt die Bahn Bangkok—Paknam. Südlich dieses Punktes zweigen die Hafenanschlußgleise ab. Das Hafengelände liegt zur Zeit auf etwa + 0,90 m und wird auf den Kaistrecken auf + 2,10 m bis + 2,24 m aufgehöht werden

b) Forderungen an den Hafen.

Der Hafen soll nach Durchbaggerung der Barre vor der Flußmündung Seeschiffen von 7 m Tiefgang bei MThW im ersten Ausbau und von 8 m Tiefgang im endgültigen Ausbau offenstehen, d. h. also, daß der Hafen von dem Regelfrachtschiff des Weltverkehrs jederzeit angelaufen werden kann.

Die größten, zur Zeit regelmäßig Koh-Sichang anlaufenden Schiffe der East-Asiatic-Comp. haben folgende Abmessungen (siehe Zahlentafel 4).

Für die Zukunft muß damit gerechnet werden, daß auch die Klasse der Asien-Frachtdampfer anderer Reedereien Bangkok regelmäßig anlaufen wird.

Als Beispiel für die Abmessungen dieser Regelfrachtschiffe des Ostasiendienstes mögen die folgenden Dampfer deutscher Reedereien gelten (s. Zahlentafel 5).

Zahlentafel 4: Größe der nach Bangkok fahrenden Schiffe.

Name des Schiffes	Baujahr	BRT	Ladefähigkeit in t	Art	Länge m	Breite m	Tiefgang m
Asia	1919	7014	10 800	MS	130	16,80	8,80
Selandia	1912	4950	6 770	MS	113	16,20	7,39
Boringia	1930	5821	8 150	MS	130	17,45	7,52
Lalandia	1927	4913	7 480	MS	119	16,25	7,59
Jutlandia	1934	8457	7 950	MS	133	18,60	7,60
Fionia	1914	5219	6 820	MS	120	16,20	7,46
Meonia	1927	5218	7 500	MS	123	16,56	7,57
Peru	1916	6962	10 325	MS	130	16,81	8,35

Zahlentafel 5: Größe der Regelfrachtschiffe des deutschen Ostasiendienstes.

Name des Schiffes	Baujahr	BRT	Ladefähigkeit in t	Art	Länge m	Breite m	Tiefgang m
Fulda	1924	7744	8 135	MS	140	17,57	8,88
Burgenland	1928	7320	8 195	MS	141	18,65	7,99
Oldenburg	1923	8537	10 835	D	144	17,75	8,41
Oder	1927	8516	11 695	D	155	19,39	8,57
Ramses	1926	7983	9 695	MS	147	19,11	8,29
Aller	1927	7627	10 980	D	153	19,24	8,30
Kulmerland	1929	7363	8 525	MS	141	18,33	7,94
Franken	1926	7789	11 190	D	150	19,47	8,33
Duisburg	1928	7389	8 525	MS	141	18,33	7,94
Elbe	1929	9179	9 060	MS	149	18,47	8,84
Sauerland	1929	7087	7 835	MS	141	18,62	7,98
Leverkusen	1928	7386	8 525	MS	141	18,33	7,94
Donau	1929	9035	11 115	D	159	19,39	8,54
Alster	1928	8514	11 595	D	155	19,39	8,57

[1] Klong = Binnenschiffahrtskanal.

Der Umschlag des Hafens geht aus Zahlentafel 6 hervor:

Der Aus- u. Einwandererverkehr von und nach Bangkok ist beträchtlich und erfordert besondere Anlagen am Flußufer.

Außerdem soll der Hafen Anlagen zur Bunkerung von Kohle, Trockendocks zur Ausbesserung von Schiffen mit dem dazugehörigen Werftgelände, eine Viehumschlagsanlage und die notwendigen Gebäude für Hafenverwaltung, Zoll und Polizei enthalten.

Zahlentafel 6:
Größe des Umschlages im neuen Hafen Bangkok.

	Stückgüter		Reis
	Einfuhr in t	Ausfuhr in t	Ausfuhr in t
Erster Ausbau	200 000	70 000	400 000
Endausbau	400 000	160 000	2 234 300 (max. 3 350 000)
bisheriger Gesamthandel Siams	450 000	160 000	1 600 000

Außer dem Eisenbahn- und Straßensoll auch der Binnenschiffsverkehr möglichst reibungslos in den Hafen eingeführt werden, da ein beträchtlicher Teil, besonders der Reiszufuhr, durch Binnenkähne bewerkstelligt wird.

c) Natürliche Verhältnisse.

Der Wind ist schwach und weht vorwiegend aus Südwesten im Sommer (Mai bis September) und aus Nordosten im Winter. Er ist nicht von Einfluß auf die Gestaltung der Hafenanlagen gewesen. Der Tidenhub beträgt im Mittel 1,64 m.

Folgende Wasserstände sollten dem Entwurf des Hafens zugrunde gelegt werden:

HThw . . . . +1,80 m
MW . . . . ±0
NTnw . . . . —1,50 m

Neuerdings sind folgende Wasserstände ermittelt worden (Abb. 61):

HThw . . . . +2,07 m
MThw . . . . +0,89 m
MW . . . . ±0
MTnw . . . . —0,75 m
NTnw . . . . —1,72 m

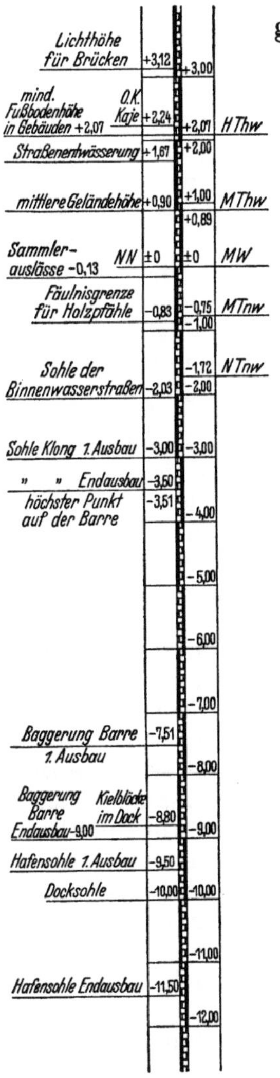

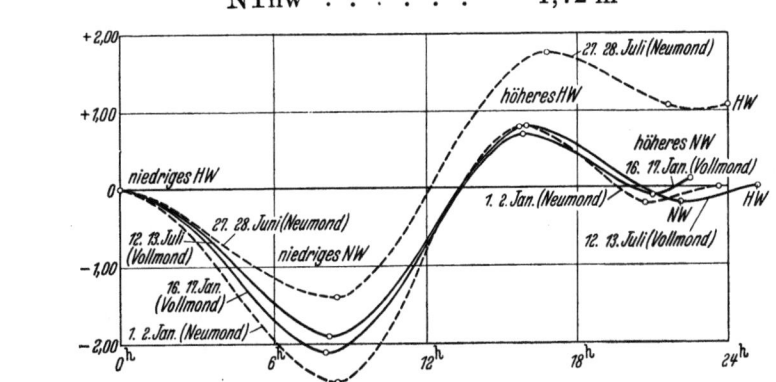

Abb. 62. Gezeitenkurven an der Menambarre im Januar und Juli 1938 bei Voll- und Neumond.

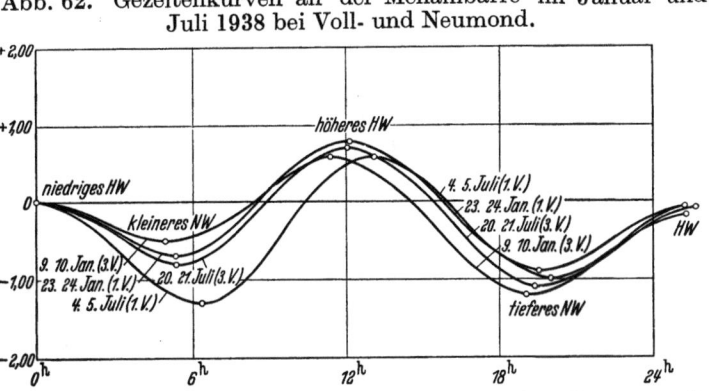

Abb. 61. Höhen und Wasserstände bezogen auf den mittleren Meeresspiegel.

Abb. 63. Gezeitenkurven an der Menambarre im Januar und Juni/Juli 1938 beim 1. und 3. Mondviertel.

Die Gezeiten sind von gemischter Form, d. h. ihr Verlauf wiederholt sich erst nach rd. 25 Stunden. Es tritt jeweils ein höheres und nach etwa $12\frac{1}{2}$ Stunden eine niedrigeres ThW

324   Der Seehafen von Bangkok.

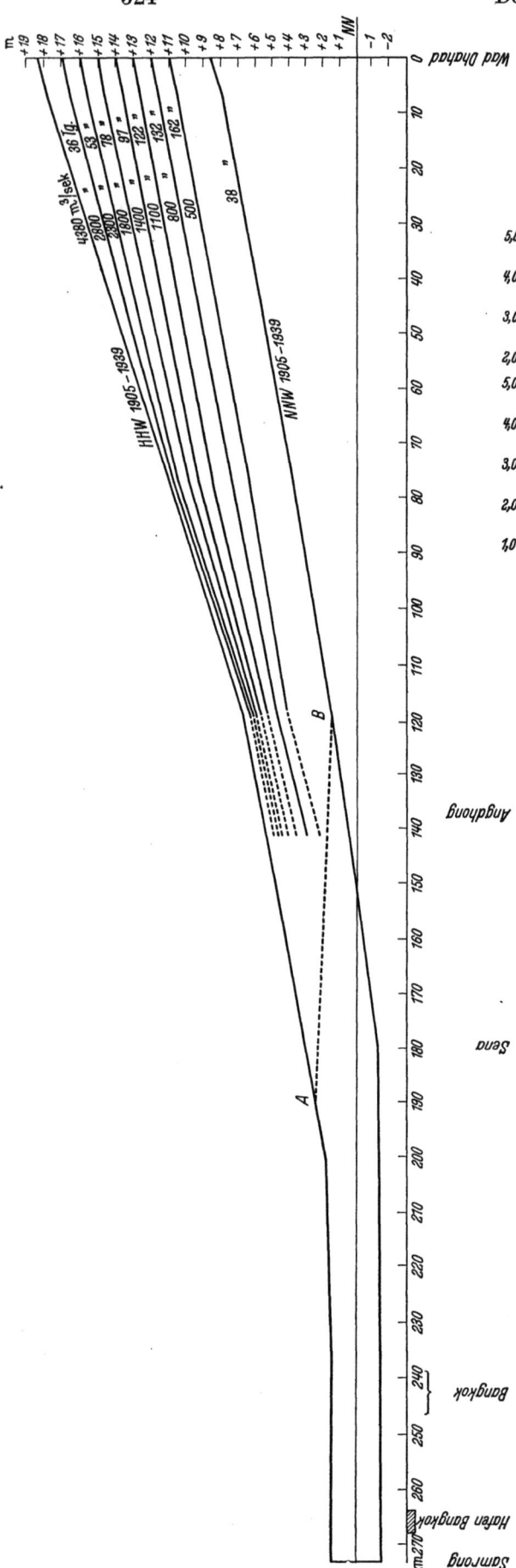

und TnW auf (Abb. 62—64). In einigen Monaten des Jahres verschwindet bei bestimmten Mondphasen ein HW und ein NW völlig (Eintagsgezeiten). Der Strom kentert häufig nur einmal am Tage. Die Geschwindigkeiten des Stromes bewegen sich um 1 m/sek. im Maximum. Der Oberwasserzufluß des Chow Phraya wächst ab Mai und erreicht im Oktober seinen Höchstwert (Abb. 65). Die eigent-

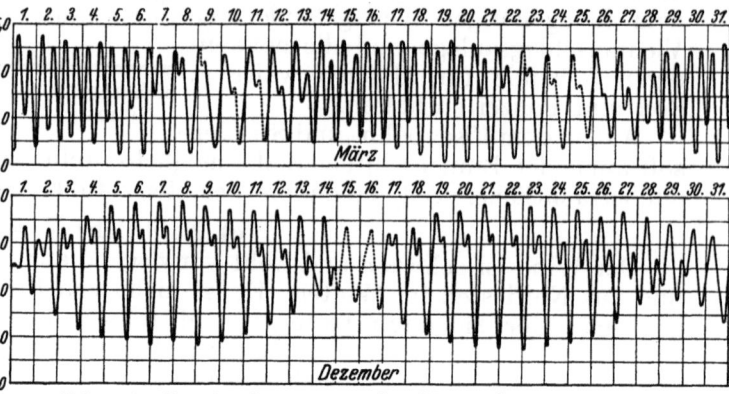

Abb. 64. Gezeitenkurven an der Menambarre im März und Dezember 1930.

liche Hochwasserperiode dauert von Juli bis Dezember. Die Regenzeit erstreckt sich auf die Monate Mai bis Oktober mit einem Monatshöchstwert von etwa 250 mm Niederschlag. Der größte Abfluß seit 1905 beträgt 4380 m³/sek., der geringste Abfluß 38 m³/sek. Die Flutgrenze des Stromes schwankt zwischen 75 km und 145 km oberhalb des Hafengeländes. Der mittlere Sinkstoffgehalt des Flusses beträgt etwa 55 g/m³. Infolge der starken Sinkstoffführung des Flusses ist zu erwarten, daß in regelmäßigen Abständen in den Hafenbecken und im Fluß gebaggert werden muß.

d) Aufteilung des Hafengeländes.

Die Grundgestalt des Hafens ist ein ausgebautes Flußufer mit zwei nahezu parallelen Hafenbecken (Abb. 66 und 67). Die Einfahrt zu den Hafenbecken liegt flußabwärts und schräg gegen die Stromachse geneigt mit Rücksicht auf die Sinkstoffführung des Flusses und ein gutes Ein- und Auslaufen der Schiffe. Wegen der Sinkstoffführung ist die Einfahrt schmal gehalten. Der Ausbau soll mit dem Flußufer beginnen und später mit zunehmendem Bedarf landeinwärts fortschreiten. Für die Zuführung der Eisenbahn steht eine verhältnismäßig knappe Länge zur Verfügung. Deswegen sind die Bezirksbahnhöfe vor Kopf der Hafenbecken zusammengezogen worden. Am Eingang zum Hafengebiet und am flußabwärts gelegenen Teil liegen landeinwärts Wohnviertel für die im Hafen beschäftigten Personen. Das eigentliche Hafengebiet zerfällt in den oberen Flußkai (Menam-Kai-West), der im endgültigen Ausbau mit Schuppen besetzt wird, und in den flußabwärts gelegenen Teil (Menam-Kai-Ost), auf dem sich die Fahrgastanlage, der Platz für den Schwerlastumschlag, die Kohlenstation und im östlichsten Zipfel die Trockendocks befinden. Flußaufwärts vom westlichsten Schuppen liegt der

Abb. 65. Längenschnitt durch den Menam Mittellauf von Wad Dhahad bis unterhalb des neuen Seehafens Bangkok mit Eintragung der Spiegellinien bei verschiedenen Abflußmengen. Die Anzahl der Tage gibt die mittlere jährliche Überschreitung der Wasserstände an.

A = Flutgrenze bei HHW, B = Flutgrenze bei NNW, A−B = Flutgrenze bei den übrigen Wasserständen.

Bootshafen für Zoll und Verwaltung. Hinter den Schuppen liegen im ganzen Hafen entweder Stückgutspeicher oder Reismühlen mit Silos und dem übrigen Zubehör (Abb. 68—70). Einheitlich

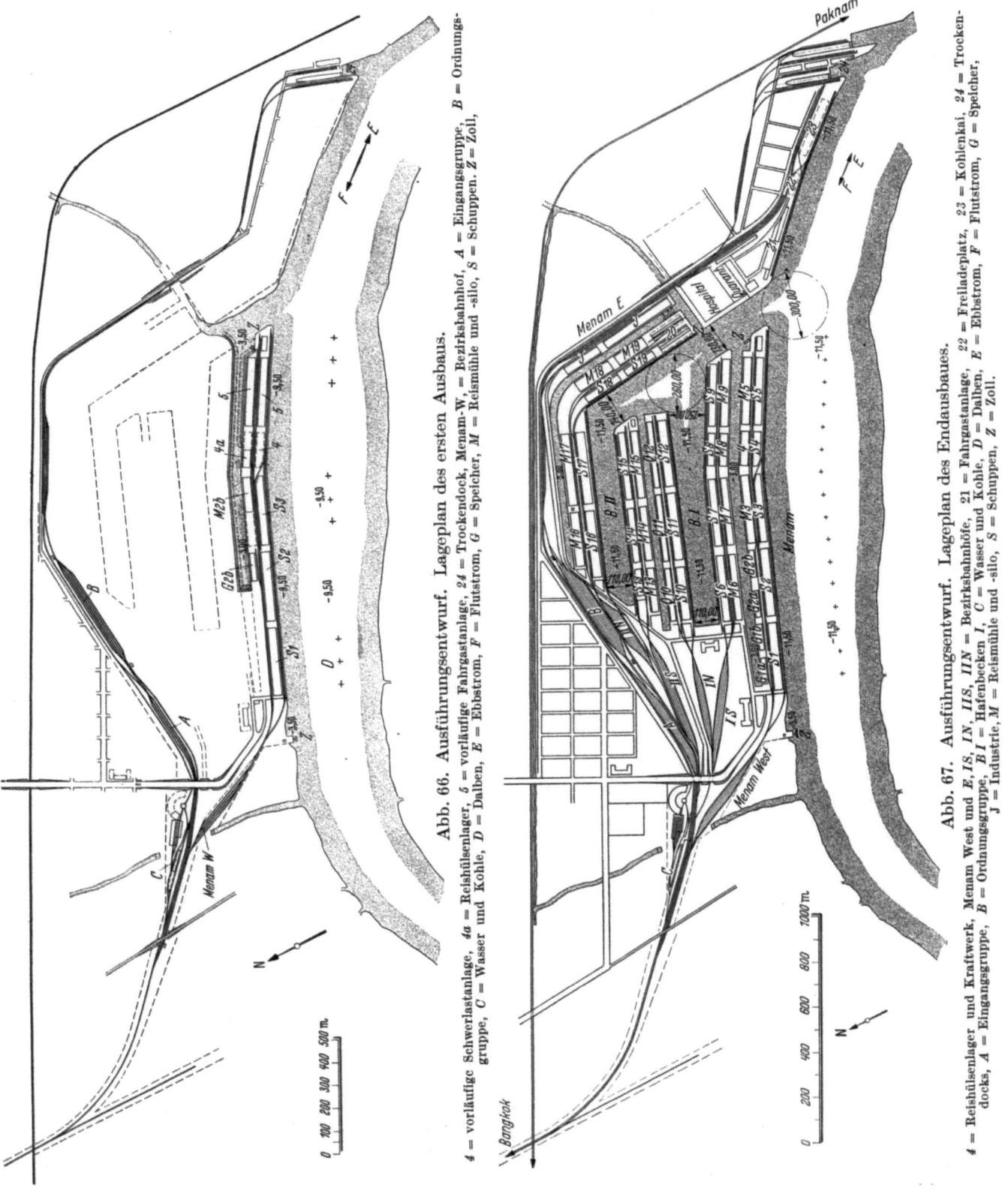

Abb. 66. Ausführungsentwurf. Lageplan des ersten Ausbaus.
4 = vorläufige Schwerlastanlage, 4a = Reishülsenlager, 5 = vorläufige Fahrgastanlage, 24 = Trockendock, Menam-W. = Bezirksbahnhof, A = Eingangsgruppe, B = Ordnungsgruppe, C = Wasser und Kohle, D = Dalben, E = Ebbstrom, F = Flutstrom, G = Speicher, M = Reismühle und -silo, S = Schuppen, Z = Zoll.

Abb. 67. Ausführungsentwurf. Lageplan des Endausbaues.
4 = Reishülsenlager und Kraftwerk, Menam West und E, IS, IIS, IN, IIN = Bezirksbahnhöfe, 21 = Fahrgastanlage, 22 = Freiladeplatz, 23 = Kohlenkai, 24 = Trockendocks, A = Eingangsgruppe, B = Ordnungsgruppe, B I = Hafenbecken I, C = Wasser und Kohle, D = Dalben, E = Ebbstrom, F = Flutstrom, G = Speicher, J = Industrie, M = Reismühle und -silo, S = Schuppen, Z = Zoll.

durchgeführt ist die Anordnung eines Klongs (Kanals) hinter den Speichern und Reismühlen. Auf diese Weise können die Güter mit den Binnenschiffen unmittelbar an die Lagerhäuser und Reismühlen gebracht werden (Abb. 68).

Die Breite dieser Klongs richtet sich nach den Anforderungen des Verkehrs, also im wesentlichen nach der Anzahl der Reismühlen und der Länge des Kais.

Bei den Hafenbecken wurde eine Mindestbreite von 110 m innegehalten. Außerdem ist durch einen Wendekreis von 300 m Durchmesser vor der Abzweigung der Hafenbecken und einen zweiten mit 260 m Durchmesser vor Kopf des Beckens I dafür gesorgt, daß die Beweglichkeit des Verkehrs aufrechterhalten bleibt. An dem Zufahrtskanal sind Viehumschlagsanlagen und Quarantäne mit Hospital vorgesehen. Die letzteren sind unmittelbar mit der Fahrgastanlage verbunden, um bei der Einwanderung die Gesundheits-

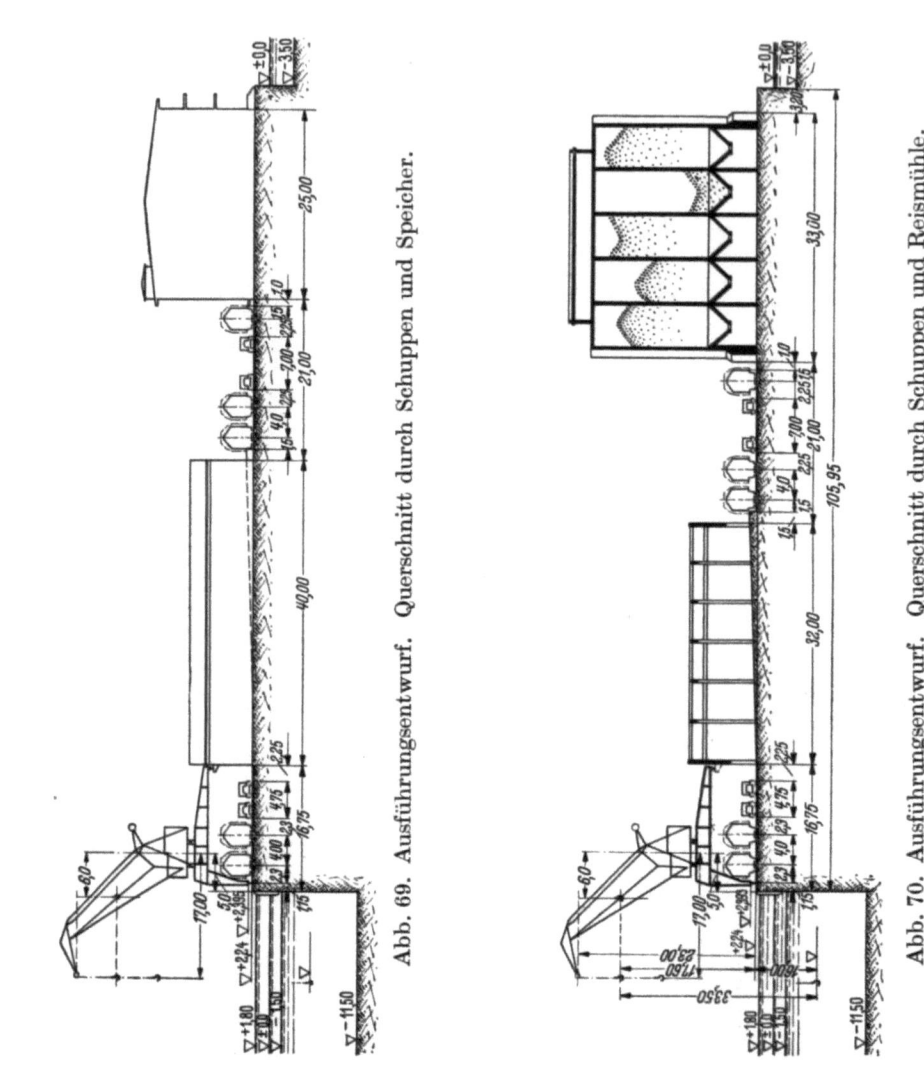

überwachung zu erleichtern. Vor dem Kai ist im Endausbau ein 250 m breiter Wasserstreifen des Flusses für den Hafenbetrieb mit in Anspruch genommen, der mit einer Reihe von Dalben versehen ist, um Liegestellen für Seeschiffe und Umschlagstellen für den reinen Wasserumschlag zu schaffen. Seine Sohlenlage deckt sich mit der vor der Kaje (—11,50 m im Endausbau).

e) Eisenbahnverkehrswege.

Der Haupthafenbahnhof (Abb. 71 und 72) besteht aus einer Einfahrgruppe, einer Ordnungsgruppe und der Ausfahrgruppe. Zwischen der Einfahr- und der Ordnungsgruppe, die durch zwei Gleise miteinander verbunden sind, befindet sich ein Ablaufberg. In die Einfahrgleise (A) fahren die Züge aus dem Inland unmittelbar ein. Die Züge aus den Bezirksbahnhöfen (Menam W, IS, IN, IIS, IIN) fahren zunächst in die Ausziehgleise vor der Einfahrgruppe (E) ein und setzen dann in die Einfahrgruppe (A) zurück. Die aus dem Inland und den Bezirksbahnhöfen eingefahrenen Züge werden über den

Ablaufberg (F) gedrückt und gelangen durch Schwerkraft in die Richtungsgleise (B), geordnet nach Bezirksbahnhöfen bzw. nach den Richtungen der vier Inlandstrecken.

Aus den Ordnungsgleisen (B) werden die Züge in die Ausfahrgleise (D) vorgezogen. Hierbei können Züge aus den Wagen verschiedener Richtungen zusammengesetzt werden. Die Zuglokomotive setzt sich vor den fertigen Zug nach dem Inland und verläßt mit ihm das Hafengelände. Die Rangierlokomotiven, die die Züge aus den Bezirksbahnhöfen in die Einfahrgleise (A) gebracht haben, gelangen auf dem Umfahrgleis zur Ordnungsgruppe (B) und bringen die Kaizüge über die Ausfahrgleise (D) und die Umfahrgleise in die Ausziehgleise im Westen (E) und von dort aus in die verschiedenen Bezirksbahnhöfe. Bei den Bezirksbahnhöfen II Nord und Süd besteht auch die Möglichkeit der direkten Einfahrt von Osten.

Jeder Kai hat einen eigenen Bezirksbahnhof (*Menam W, I S, I N, II S, II N, Menam E*) erhalten. Aus diesen Bahnhöfen zweigen Gleise ab, die die Schuppen von beiden Seiten umfassen, während die Speicher nur einseitig berührt werden, damit auf der Klongseite der Quertransport aus den Binnenschiffen nicht gestört wird. Die Anzahl der Gleise, die vor dem Schuppen liegen, beträgt zwei, die der Gleise hinter den Schuppen ebenfalls zwei. Vor dem Speicher liegt ein Gleis. Durch Querverbindungen zu den Schuppengleisen kann hier ein Zufahrtgleis entbehrt werden. Im ganzen stehen also auf einer Kaihälfte zwei Zufahrtsgleise (Verkehrsgleise) zur Verfügung, von denen ein Gleis vor und das andere hinter dem Schuppen liegt, ferner drei Ladegleise, je ein Gleis an der Kaikante hinter den Schuppen und vor den Speichern bzw. Reismühlen. (Abb. 69 u. 70.)

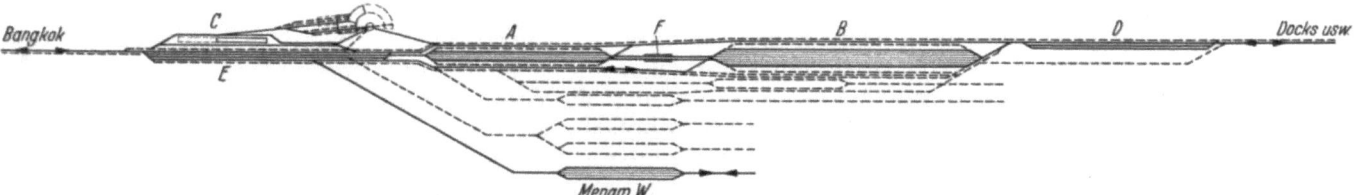

Abb. 71. Anordnung der Eisenbahnanlagen im ersten Ausbau.

A = Einfahrtsgruppe, B = Ordnungsgruppe, C = Wasser und Kohle, D = Ausfahrgruppe zum Inland und zu den Kais, E = Ausziehgleise, F = Ablaufberg, Menam W und E I S, I N, II S, II N = Bezirksbahnhöfe.

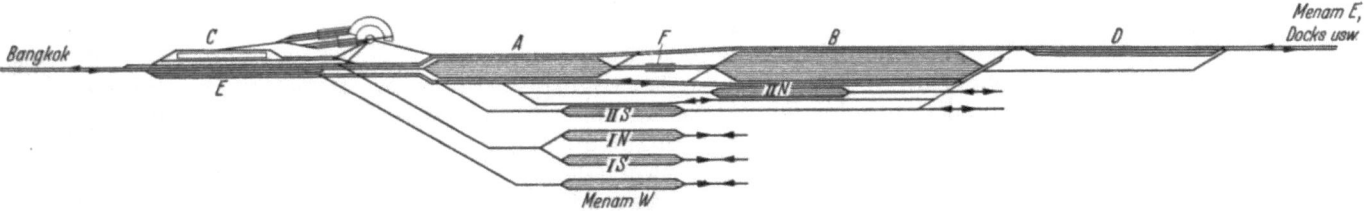

Abb. 72. Anordnung der Eisenbahnanlagen im Endausbau.
Erläuterungen wie Abb. 71.

Die Anlage ist sehr leistungsfähig, weil das Zerlegen der Züge nicht durch Ein- und Ausfahrten gestört wird. Für das Zerlegen genügt ebenso wie für das Bilden der Züge je eine Lokomotive. Da sowohl die Einfahr- als auch die Ordnungsgleise für die Inlandzüge und die Züge aus den Bezirksbahnhofgruppen nebeneinander liegen, können in den Einfahr- als auch in den Ordnungsgleisen die Gleise bei Verlagerungen des Verkehrs wechselseitig benutzt werden.

Die Anlage paßt sich also den Verkehrsschwankungen leicht an. Ist eine Gleisverbindung zwischen den Einfahr- und Ordnungsgleisen unbrauchbar, so ist noch das zweite Gleis vorhanden. Der Ablaufberg liegt sehr nahe an den Ordnungsgleisen. Daher ist die Übersicht vom Ablaufberg in die Ordnungsgleise gut. Am Fuße des Ablaufberges liegt in den vier Gleisen je eine Hemmschuhbremse. Dadurch wird die Arbeit der Beschäftigten sehr erleichtert. Bei ablauftechnisch richtiger Durchbildung der Weichenentwicklung und des Ablaufprofiles ist bei 16 Gleisen die Zuführungsgeschwindigkeit im ungünstigsten Fall $v_0 = 0,8$ m/sek. Westlich der Einfahrgruppe ist für einen direkten Anschluß der Bezirksbahnhöfe an die Ferngleise gesorgt, um auch einen direkten Zugverkehr zwischen den Kais und dem Landeseisenbahnnetz zu ermöglichen. Diese Verbindung ist besonders für den Fahrgastverkehr im ersten Ausbau unbedingt erforderlich.

Um den Rangierbetrieb nicht zu stören, müssen in den Bezirksbahnhöfen sowohl bei der Einfuhr als auch bei der Ausfuhr für Züge (voll und leer), die bei einem Zugwechsel (z. B. mittags) anfallen, Gleise vorgesehen werden.

Es ist geplant, an einem Tage zwei Zugwechsel durchzuführen, und zwar einen halben am Morgen vor Beginn der Hafenarbeit (Zufuhr zum Kai), einen ganzen in der Mittagszeit (die Kaigleise werden entleert und wieder belegt) und einen halben am Abend nach Beendigung der Hafenarbeit (Abholung vom Kai). Die am Abend von den Kaigleisen kommenden Züge werden in den zugehörigen Bezirksbahnhöfen abgestellt.

Die Gesamtarbeitszeit samt Zugwechselzeiten beträgt 10 Stunden. Die eigentliche Be- und Entladezeit beträgt ~ 8 Stunden.

Um an Loks zu sparen und einen flüssigen Betrieb zu gewährleisten, ist es angebracht, in den Bezirksbahnhöfen für jeden Zug ein besonderes Gleis vorzusehen. Die Züge erhalten, wenn möglich, ungefähr die Länge eines Schiffes. Die im Einzelfall einzuhaltenden Zuglängen richten sich jedoch nach der jeweils vorhandenen nutzbaren Gleislänge an der Kaistrecke, für die der Zug bestimmt ist. Sie ist bedingt durch die Weichenaufteilung.

Ferner muß in jedem Bezirksbahnhof ein Durchlaufgleis vorgesehen werden, auf dem niemals Züge abgestellt werden dürfen. Dieses Gleis ist tunlichst so zu wählen, daß es die kürzeste und einfachste Verbindung zwischen der Ordnungsgruppe und dem entsprechenden Kai darstellt.

Bei der Planung der Bahnanlagen sind die Weichen im allgemeinen mit einer Neigung 1 : 8 und die Halbmesser mindestens zu 200 m eingesetzt. An einigen Stellen mußte wegen der Raumbeschränkung auf das Maß von 150 m heruntergegangen werden. Um das Verkehrsgleis auf dem Kai zu entlasten, mußten stellenweise besondere Gleisführungen angewandt werden, so zwischen Schuppen 2 und 3, 3 und 4 und 17 und 18. Diese besonderen Gleisführungen ergaben sich aus der Verschiebung der Achsen zweier Schuppen gegeneinander. An diesen Stellen mußte auch auf den Halbmesser $R = 150$ m heruntergegangen werden.

Einige besondere Bahnanlagen sind noch zu erwähnen:

Der Personenbahnhof am Menam-Kai-Ost (Abb. 67) wurde für Einwanderung und Auswanderung getrennt. Der Einwandererbahnhof ist mit Quarantäne und Hospital verbunden, der Auswandererbahnhof hat eine hiervon unabhängige Verbindung mit der Stadt. Es ist selbstverständlich auch die Möglichkeit vorgesehen, die ankommenden Fahrgäste, die die gesundheitlichen Bedingungen erfüllt haben, mit dem Kraftwagen oder der Eisenbahn in die Stadt zu bringen. Der Verkehr geschieht auf zwei vollkommen voneinander getrennten Bahnhöfen. Bei dem Auswandererbahnhof können die Begleitpersonen über einen besonderen Aufgang auf eine Plattform gelangen, ohne den Reiseverkehr zu stören. Für den Auswandererverkehr ist ein doppelseitig benutzbarer Bahnsteig vorgesehen, um den stoßweisen Betrieb in möglichst kurzer Zeit bewältigen zu können. Für den Einwandererverkehr kann infolge der Quarantäne mit einer langsameren Abbeförderung der Personen gerechnet werden. Infolgedessen genügt hier ein einseitig benutzbarer Bahnsteig. Die Aufstellgleise für den Personenbahnhof befinden sich nördlich des Klongs. An dem Personenbahnhof vorbei laufen zwei Durchfahrtsgleise, die den Lagerplatz für Schwerlastgüter und Bunkerkohle sowie den Personenkai anschließen. Da die Personenbahnhöfe 100—200 m hinter dem Fahrgastkai liegen, muß das Gepäck sowie Expreßgut und Post unmittelbar an den Seedampfer herangebracht werden können. Hierfür dienen zwei Gleise am seeschifftiefen Kai.

Östlich der Fahrgastanlage gelangen die ankommenden Züge durch eine Weichenstraße auf jedes beliebige Gleis auf beiden Seiten des Kohlenlagers. Von den drei Gleisen auf der Landseite des Lagers dient ein Gleis als Ausziehgleis für das Schwerlastlager und den Fahrgastkai, das zweite Gleis als Ladegleis und das dritte als Durchfahrgleis für das Kohlenlager. Ebenso können Ausziehgleise und Weichenstraßen zum Umstellen der Personenzüge benutzt werden. So können z. B. Auswandererzüge über das Ausziehgleis im Osten zum Einwandererbahnhof gedrückt werden und umgekehrt.

Der Eisenbahnanschluß der Trockendocks an die Hafenbahn ist unabhängig von den Personengleissträngen und zweigt bereits nach Überquerung des Klongs ab. Die Anlage enthält einen kleinen Aufstellbahnhof, an den sich vier Zuführungsgleise für die vier Dockseiten anschließen. Die zwischen die beiden Docks führenden Anschlüsse erhielten ein Aufstellgleis und ein Durchfahrtgleis.

Die Eisenbahnanlagen für den ersten Ausbau umfassen nur einen geringen Teil der endgültig vorgesehenen, weisen jedoch bereits dieselbe grundsätzliche Gestaltung auf (Abb. 71). Ein eigenes Umfahrungsgleis ist im ersten Ausbau noch nicht erforderlich, da das nördlich vom Hafenbahnhof liegende Ferngleis als solches mit verwendet werden kann. Südlich der Einfahrgruppe ist jedoch ein Verkehrsgleis angeordnet, das Kaizügen die Möglichkeit bietet, aus der Ordnungsgruppe direkt nach dem Westen auszulaufen.

Die Eisenbahnanlagen des ersten Ausbaus werden dann schrittweise, dem weiteren Ausbau des Hafens entsprechend, bis zum Endzustand erweitert. Die Nebenanlagen (*C*), wie Lokomotivschuppen und Reparaturwerkstätten, werden nach Bedarf im ersten Ausbau erstellt.

f) Leistungsfähigkeit der Bahnanlagen.

Gemäß den Thai-Regelblättern werden für den An- und Abtransport von Stückgütern Lokomotiven von 18 m Länge (samt Tender) und Wagen von ~ 8 m Länge und 10 t Durchschnitts-

Der Seehafen von Bangkok.

belastung verwendet. In der Berechnung werden Langzüge zu 18 Wagen je 8 m = 144 m Nutzlänge und Kurzzüge zu 12 Wagen je 8 m = 96 m Nutzlänge unterschieden. Die Kurzzüge entsprechen den zur Zeit üblichen Schiffslängen von 110—130 m (5000—7000 BRT). Die Belegung der Ladegleisstrecken soll tunlichst so beschaffen sein, daß die Züge jederzeit in Richtung zum jeweiligen Bezirksbahnhof auf das Verkehrsgleis gezogen werden können.

Die Langzüge entsprechen dem später zu erwartenden 160 m-Schiff (9000 BRT) und stellen überhaupt eine für den ganzen Umschlagsbetrieb günstige Zuglänge dar.

Was die Umschlagsmengen anbelangt, wurde angenommen, daß die Stückgüter nur auf der Eisenbahn verfrachtet werden. Der Reis soll im ersten Ausbau mit $1/5$ der Gesamtausfuhrmenge auf die Eisenbahn entfallen. Bei späteren Ausbauabschnitten erhöht sich dieser Anteil auf $1/3$, da mit einer Verkehrssteigerung der Eisenbahn gerechnet werden muß.

I. Bemessung der Gleisanlagen für die einzelnen Kaistrecken.
A. Erster Ausbau (Ausbau des Menamufers).
1. Stückgutumschlag.

a) Berechnung für die Jahresmittelwerte. Entsprechend Abschnitt 6b ist zur Zeit des ersten Ausbaues mit einer Einfuhr von 200000 t/Jahr Stückgütern und einer Ausfuhr von 70000 t/Jahr Stückgütern und Salz, zusammen also mit 270000 t/Jahr zu rechnen.

Es wurde davon ausgegangen, daß 1. an 365 — 58 = 307 Wochentagen im Jahr durchgehend gearbeitet wird, 2. die 270000 t nur mit der Eisenbahn ab- bzw. anbefördert werden, 3. von der Ein- und Ausfuhr nur $1/4$ unmittelbar vom Schiff auf die Eisenbahn bzw. umgekehrt verladen wird und die restlichen $3/4$ des Gesamtstückgutumschlages die Schuppen und Speicher durchlaufen.

Mit Rücksicht auf eine rasche Entladung der Schiffe am Kai ist an eine sofortige Wiederbeladung leergewordener Züge nicht zu denken. Hier kann es sich im großen gesehen nur um die Zuführung von Leerzügen und die Abholung von Vollzügen bzw. umgekehrt handeln. An den hinter den Schuppen liegenden Gleisen ist jedoch ein gewisser Ausgleich von Ein- und Ausfuhr möglich.

Der unmittelbare Umschlag beträgt insgesamt $1/4$ (200000 + 70000) = 50000 + 17500 = 67500 t/Jahr.

Ein- und Ausfuhr können ausgeglichen werden bei 70000 — 17500 = 52500 t/Jahr (= Ausfuhr, die durch den Schuppen geht).

Die nicht ausgeglichene Einfuhr, die über die Schuppengleise geht, beträgt
200000 — (52500 + 50000) = 200000 — 102500 = 97500 t.

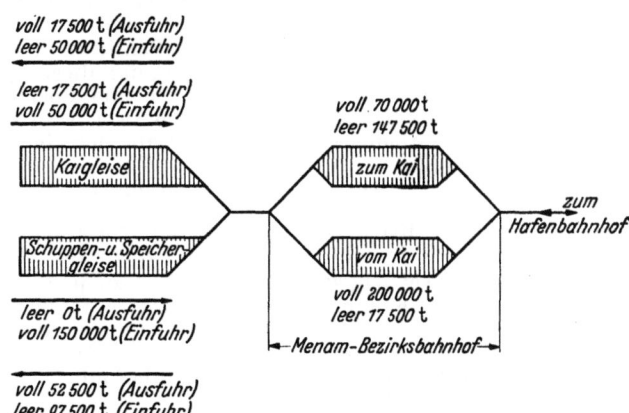

Abb. 73. Schema für den Eisenbahnverkehr zum Menam-Stückgutkai.

Daher muß der Menam-Bezirksbahnhof (Abb. 73) für 2 · (67500 + 52500 + 97500) = 2 · 217500 t = 435000 t im Jahr durchgehendes Wagen-Abfertigungsvermögen bemessen werden. (2mal d. i. 1mal voll und 1mal leer.)

Die mit „voll" bezeichneten Tonnen sind tatsächlich zu befördern, die mit „leer" bezeichneten geben nur das Ladevermögen der notwendigen Leerzüge an.

Diesen 435000 t im Jahr entsprechen bei 307 Arbeitstagen und einer Durchschnittswagenladung von 10 t

$$\frac{435000}{307 \cdot 10} \approx 142 \text{ (volle und leere) Wagen am Tag}$$

und
$$\frac{142}{2} = 71 \text{ Wagen je Zugwechsel.}$$

Wenn zwei Schiffe von 110—130 m vor einem Schuppen gleichzeitig anlegen, kann man mit einer durchschnittlichen nutzbaren Zuglänge von 96 m (= 12 Wagen je 8 m) rechnen. Man braucht dann für 71 Wagen

$$\frac{71}{12} = 5{,}91 \approx 6 \text{ Aufstellgleise.}$$

Von den auf diesen Gleisen aufgestellten Zügen gehen drei auf die Kaizunge und drei zur Ordnungsgruppe.

Auf den Kaigleisen kommen und gehen im Durchschnitt

$$2 \cdot \frac{67500}{307 \cdot 120} = 3{,}67 \approx 4 \text{ Züge/Tag zu 12 Wagen je 10 t}$$

und 1,84 $\approx$ 2 Züge je Zugwechsel (1 Voll- und 1 Leerzug).

Man sieht daraus, daß der Verkehr auf einem Ladegleis am Kai abgewickelt werden kann, wenn keine Spitzen auftreten.

Auf den Schuppen- und Speichergleisen kommen und gehen im Durchschnitt

$$2 \cdot \frac{150000}{307 \cdot 120} = 8{,}14 \text{ Züge/Tag zu 120 t und 96 m Nutzlänge}$$

und $1/2 \cdot 8{,}14 = 4{,}07 \approx 4$ Züge/Zugwechsel.

Auch an den Schuppen- und Speichergleisen ist die Jahresdurchschnittsbelegung sehr gering.

Bei einem Hafenbetrieb, bei dem nur jeweils ein Schiff von 160 m Länge vor einem Schuppen liegt, könnte man Züge (mit 18 Wagen je 8 m) von 8 · 18 m = 144 m in Betrieb stellen.

Es kommen und gehen dann auf den Kaigleisen im Durchschnitt

$$2 \cdot \frac{67500}{307 \cdot 180} = 2{,}44 \text{ Züge/Tag und } 1{,}22 \text{ Züge/Zugwechsel.}$$

Auf den Schuppen- und Speichergleisen kommen und gehen im Durchschnitt

$$2 \cdot \frac{150000}{307 \cdot 180} = 5{,}44 \text{ Züge/Tag und } 2{,}72 \text{ Züge/Zugwechsel.}$$

Es kommen dann am Tage $\frac{1}{2} \cdot (2{,}44 + 5{,}44) = 3{,}94 \backsimeq 4$ Züge an und verlassen den Stückguthafen wieder.

Das sind für einen Zugwechsel ~2 Züge. Man benötigt dafür im Bezirksbahnhof vier Gleise von je 18 · 8 + 2 · 18 = 180 m.

Dabei ist vorausgesetzt, daß die Gleise im Bezirksbahnhof je nach Bedürfnis für den Kai und für den Schuppen- und Speicherumschlag verwendet und auf diese Weise Verkehrsspitzen auf der einen bzw. den anderen Seite ausgeglichen werden.

Alle diese Durchschnittsrechnungen geben jedoch nur einen Gesamteindruck vom Zugverkehr. Sie gelten nur, wenn die An- und Abfuhr der 270000 t gleichmäßig erfolgt. Diese Tatsache wäre am sichersten gegeben, wenn die Schiffe gleichmäßig einliefen und der Be- und Entladevorgang gleichmäßig erfolgen könnte. Das wird jedoch nicht der Fall sein.

b) Rechnerische Erfassung der Spitzenbelastung. Es ist in jedem Hafen darauf zu achten, daß die Schiffe in kürzester Zeit entladen und beladen werden. Die Liegezeit der Schiffe richtet sich also vornehmlich nach der Leistungsfähigkeit der Krane.

Die Krane haben ein Tragvermögen von 3 t, und man kann mit 30 Spielen in der Stunde rechnen. Dabei wird mit Rücksicht auf unhandliche und leichte Güter die Durchschnittsleistung kaum 1 t/Spiel übersteigen.

Ein Kran leistet daher bei Vollbeschäftigung theoretisch 30 · 1 · 8 = 240 t/Tag. Diese 240 t/Tag sind eine absolute Spitzenleistung und haben nichts mit den Durchschnittswerten 40 t bzw. 80 t/Tag, die in der Umschlagsberechnung (Abschnitt 6 l) angegeben sind, zu tun. Da an den sechs Luken eines Schiffes sechs solcher Krane angesetzt werden können, wird ein Schiff an einem Tage mit 6 · 240 = 1440 t be- bzw. entladen.

Es sei an dieser Stelle darauf verwiesen, daß diese Spitzenleistung der Krane wohl für die Bemessung der Eisenbahn, nicht aber für die der Schuppen und Speicher und die Berechnung der Schiffsliegezeit zutrifft.

Rechnet man als Spitzenbelastung, daß zwei Schiffe der zur Zeit üblichen Länge gleichzeitig mit dieser Leistung be- oder entladen werden, dann ergibt sich eine ungünstigste Kranleistung von 2 · 1440 = 2880 t/Tag (gegenüber $\frac{270000}{307} = 880$ t/Tag im Durchschnitt). Davon entfällt $\frac{1}{4} \cdot 2880 = 720$ t/Tag auf den Umschlag auf die Eisenbahn. Rechnet man weiter ungünstig, daß beide Schiffe an demselben Schuppen anlegen, dann können am Kaigleis je Schuppen nur zwei Züge von 96 m Nutzlänge aufgestellt werden.

Das gibt bei zwei Zugwechseln vier Züge zu je 120 t und eine Gesamtlademenge von 4 · 120 = 480 t.

Um die 720 t der Kranleistung abzubefördern, müßte man drei Zugwechsel durchführen, 3 · 2 · 120 = 720 t.

Liegen die Schiffe nicht an demselben Schuppen, dann kann man längere Züge mit 18 Wagen einschalten. Das gibt dann bei nur zwei Zugwechseln 2 · 2 · 180 = 720 t/Tag, was genau $\frac{1}{4}$ der Kranleistung entspricht.

Es empfiehlt sich, dabei den Bezirksbahnhof mit Gleisen von mindestens 144 + 2 · 18 = 180 m Nutzlänge auszustatten (18 m = Loklänge).

Im äußersten Falle könnte man auf 144 + 18 = 162 m heruntergehen. Dabei müßte sich aber das eine Zugende bereits genau an der 3,50 m Grenze der Weiche befinden.

Diese starke Belastung von Eisenbahn und Kranen kann im Jahre höchstens an $\frac{270000}{2880} = 94$ Tagen erfolgen.

In dieser Zeit werden 94 · 720 = 67500 t unmittelbar über die Eisenbahn befördert. Dabei braucht man Gleise für vier Züge, zwei Vollzüge und zwei Leerzüge je Zugwechsel.

Die An- und Abfuhr der Güter, die über Schuppen und Speicher gehen, kann als vollkommen gleichmäßig über das Jahr verteilt angenommen werden.

Es kommen und gehen daher je Arbeitstag

$$2 \cdot \frac{150000}{307 \cdot 10} \backsimeq 97{,}5 \text{ Wagen zu 10 t.}$$

Das sind

8,14 Züge zu 12 Wagen/Tag
6,5 ,, ,, 15 ,, } in beiden Richtungen)
5,44 ,, ,, 18 ,,

Rechnet man wie vorher mit Zügen zu 18 Wagen und zwei Zugwechseln/Tag, so kommen und gehen bei einen Zugwechsel 2,72 $\backsimeq$ 3 Züge.

Man wird den Betrieb z. B. wie folgt einrichten:

Am Morgen kommen zwei Züge an die Schuppen und Speicher. Sie werden beladen oder entladen und in der Zugwechselzeit am Mittag wieder abgeschleppt und im Menam-Bezirksbahnhof aufgestellt. Aus dem letzteren kommt in derselben Zugwechselzeit ein Zug an die Schuppen und Speicher. Dieser wird am Abend abgeschleppt und bis zum Morgen im Menam-Bezirksbahnhof aufgestellt.

Für den Stückgutverkehr, der über die Schuppen und Speicher geht, sind infolgedessen im Menam-Bezirksbahnhof drei Gleise von 180 m Nutzlänge vorzusehen.

Man benötigt also, um den höchstenfalls zu erwartenden Stoßverkehr an der Stückgutanlage zu bewältigen

4 + 3 = 7 Gleise zu 180 m Nutzlänge.

Vergleicht man (bei Zügen mit 18 Wagen) die Mittelwerte mit denen der Höchstbelastung, so ergibt sich beim Schuppen- und Speicherbetrieb keine Steigerung des Zugverkehrs infolge Stoßbelastung, beim Betrieb am Kaigleis hingegen eine Steigerung von 2,44 Zügen/Tag auf 8 Züge/Tag, d. i. um 228 vH gegenüber dem Mittelwert des Zugverkehrs. Bezogen auf den gesamten Stückgutumschlag ergibt sich eine Steigerung um

Der Seehafen von Bangkok. 331

$$100 \cdot \frac{8 + 5{,}44}{2{,}44 + 5{,}44} - 100 = 71 \text{ vH}$$

gegenüber dem Mittelwert des Zugverkehrs.

2. Reis- und Rohreisumschlag am Menam-Kai.

Der gesamte Rohreisumschlag betrug in den Jahren

1937 . . . . 747 643 t
1938 . . . . 1 271 998 t.

Es ist für die nächste Zukunft eine Reisausfuhr von 1,5 bis 2 Millionen t Reis zu erwarten.

Aus den bisherigen Ausfuhrzahlen ist zu entnehmen, daß die Monatsspitzenausfuhr im Jahr das Monatsmittel um rd. 35 vH übersteigt. Die 35 vH sollen auch in der weiteren Rechnung, soweit sie von Einfluß sind, berücksichtigt werden.

Es ist zu erwarten, daß zur Zeit des ersten Ausbaues von der ganzen, über den Hafen gehenden Reismenge nur 20 vH mit der Eisenbahn herangebracht werden.

Die Reismenge, die über den Menam-Kai umgeschlagen wird, richtet sich nach der Leistungsfähigkeit der Reismühlen. Sie beträgt am Menam-Kai beim

1. Reismühlenteilausbau (½ Mühle) 100 000 t/Jahr Rohreis (Paddy),
2. „ (2 Mühlen) 400 000 „ „

Es kann angenommen werden, daß die Reiszufuhr zu den Reismühlen gleichmäßig über das ganze Jahr erfolgt. Eine etwaige Reisausfuhrspitze kann zum Teil aus den Reismühlensilos gedeckt werden. Außerdem wird aus Sicherheitsgründen mit einer Stoßbelastung = 1,35 des Jahresmittelwertes gerechnet.

Nach Abschnitt 61 soll die Zufuhr zum Hafen zu ⅓ der Ausfuhrmenge aus bereits geschältem Reis bestehen. Die restlichen ⅔ werden durch Verarbeitung im Hafen aus Rohreis (Paddy) gewonnen, wobei man für 0,67 t weißen Reis 1 t Rohreis benötigt. Daher entspricht einer Ausfuhr von 1 t weißem Reis eine Zufuhr zum Hafen = 1,33 t (0,33 t fertiger Reis + 1 t Rohreis).

Die Kleie (Bran) soll, nur soweit sie als Rückfracht in Frage kommt, mit der Eisenbahn aus dem Hafen befördert werden (der übrige Teil mit Kähnen). Der Kleieumschlag hat daher auf den Raumbedarf an Wagen beim Eisenbahnumschlag keinen Einfluß.

Legt man 400 000 t Reisausfuhr der weiteren Berechnung zugrunde, dann müssen 1,33 · 400 000 = 532 000 t Roh- und Fertigreis in den Hafen gebracht werden. Davon entfallen auf die Eisenbahn ⅕ · 532 000 t = 106 400 t/Jahr. Rechnet man weiter wie beim Stückgutumschlag mit 307 Arbeitstagen im Jahr, so kommen an einem Tage $\frac{106\,400}{307} = 347$ t im Durchschnitt an. Auf einen Zugwechsel kommen $\frac{347}{2} = 174$ t in der Einlaufrichtung.

Es wird angenommen, daß die Wagen für Reis und Rohreis eine Durchschnittsbelastung von 8 t aufweisen. Rechnet man auch hier wieder mit den Normalzügen zu 18 Wagen, so kann ein Zug 18 · 8 = 144 t schaffen.

Um die 174 t heranzubefördern, sind $\frac{174}{144} = 1{,}21$ Züge zu 18 Wagen notwendig.

Diesen 1,21 Vollzügen entspricht die gleiche Anzahl an Leerzügen bzw. mit Kleie beladenen, so daß an einem Zugwechsel 2 · 1,21 = 2,42 Züge beteiligt sind.

Es wird angenommen, daß die Stoßbelastung auf der Eisenbahn den Jahresmittelverkehr um 35 vH übersteigt.

Zu Zeiten von Reisverkehrsspitzen ist demnach mit 2,42 · 1,35 = 3,27 Zügen/Zugwechsel in beiden Richtungen zu rechnen.

Es empfiehlt sich, dafür im Menam-Bezirksbahnhof drei Gleise mit 180 m Nutzlänge bereitzustellen. Diese drei Gleise erscheinen ausreichend, da nicht anzunehmen ist, daß Stückgut- und Reisspitzenbelastungen zusammenfallen, weshalb im Bedarfsfalle Stückgutgleise zur Deckung der restlichen 0,27 Züge herangezogen werden können.

Beim ersten Reismühlenausbau kommt für den Reisumschlag der Kai bei Schuppen 3 in Frage. Am Ladegleis bei Schuppen 3 kann man Züge von ~170 m Länge aufstellen. Bei Reismühle 3 hat man eine nutzbare Gleislänge von 290 m zur Verfügung. Am Kailadegleis des zukünftigen Schuppens 4 können im Grenzfall noch Züge bis 144 m Länge aufgestellt werden, ohne daß der Gesamtverkehr am Kai behindert wird. Das gleiche gilt für das Schuppenladegleis.

Das Gelände des späteren Schuppens 5 wird im ersten Ausbau als Fahrgastanlage ausgebaut. Hier können 144 m-Züge ohne weiteres aufgestellt werden.

Der Fahrgastbetrieb spielt sich ohne Aufenthalt im Bezirksbahnhof über das Durchlaufgleis ab. Die Fahrgäste werden auf dem raschesten Wege nach Bangkok gebracht.

Man braucht also insgesamt im Menam-Bezirksbahnhof beim Endausbau insgesamt 7 + 3 = 10 Aufstellgleise von je 180 m Länge und ein Durchlaufgleis. Eine Erweiterungsmöglichkeit ist vorzusehen, insbesondere für den Fall, daß später mehr als 20 vH der Reis- und Rohreisumschlagsmenge mit der Eisenbahn herangebracht werden oder die Leistungsfähigkeit einer Mühle sich als größer als 200 000 t Rohreis/Jahr erweist (200 000 t Rohreis für eine ganze Mühle von 300 m Länge, 100 000 t Rohreis für eine halbe Mühle von 150 m Länge).

B. Berechnung der Eisenbahnanlagen für den Südkai des Beckens I.

An diesem Kai können nach Abschnitt 61 bei 200 Betriebstagen der Mühlen im Jahr 693 700 t Rohreis/Jahr verarbeitet werden. Man erhält daraus 462 800 t/Jahr weißen Reis.

Wie am Menam-Kai soll auch hier ⅓ der Reisausfuhr in bereits geschältem Zustand in den Hafen gebracht werden.

Daher setzt sich die gesamte Zufuhr zum Südkai des Beckens I zusammen aus:

693 700 t Rohreis/Jahr
½ · 462 800 = 231 400 t Reis/Jahr
zusammen: 925 100 t.

⅓ der Gesamtzufuhr möge mit der Eisenbahn herangebracht werden:

$$\tfrac{1}{3} \cdot 925\,100 \cong 308\,000 \text{ t/Jahr.}$$

617100 t/Jahr werden mittels Kähnen in den Hafen gebracht.

Man kann in diesem Hafengebiet ausgenommen bei Schuppen 8 ohne weiteres mit Langzügen (18 Wagen) zu 144 m arbeiten. Ein solcher Langzug bringt $18 \cdot 8 = 144$ t Ladegut.

Bei 307 Arbeitstagen/Jahr kommen $\dfrac{308\,000}{307} = 1004$ t/Tag an.

Bei zwei Zugwechseln kommen $\dfrac{1004}{2} = 502$ t/Zugwechsel in der Einlaufrichtung.

Dem entsprechen $\dfrac{502}{144} = 3{,}49 \cong 4$ der besagten Langzüge mit 18 Wagen je 8 t für alle Ladegleise (Kailadegleis, Schuppenladegleis und Mühlenladegleis).

Wenn die Zufuhr vollkommen gleichmäßig über das Jahr verteilt wäre, brauchte man also $2 \cdot 4 = 8$ Aufstellgleise mit 180 m Nutzlänge und dazu noch ein Durchlaufgleis.

Nach dem früher gesagten ist als Spitzenbelastung mit einer Steigerung des Durchschnittsverkehrs um 35 vH zu rechnen: $3{,}49 \cdot 1{,}35 = 4{,}72 \cong 5$ Züge in einer Richtung.

Für diese Zuganzahl ist der Bezirksbahnhof zu bemessen. Man braucht demnach $2 \cdot 5 = 10$ Aufstellgleise mit 180 m Nutzlänge und ein Durchlaufgleis, das nicht zum Abstellen herangezogen werden darf.

Ladegleise auf der Kaizunge sind in ausreichender Anzahl vorhanden.

C. Zweiter Ausbauzustand der Stückgutanlage.

1. Berechnung für die Jahresumschlagsmittelwerte.

Ausbau der Nordseite des Beckens I.

Es wird angenommen, daß beim zweiten Ausbau mit einer Einfuhr von 400000 t/Jahr und einer Ausfuhr von 160000 t/Jahr gerechnet werden kann. Davon entfallen auf den ersten Ausbau 200000 t Einfuhr und 70000 t Ausfuhr. Es bleiben also für den Nordkai des Beckens I 200000 t Einfuhr und 90000 t Ausfuhr, zusammen 290000 t. Die Annahmen über Arbeitszeit und Zugbetrieb sollen hier dieselben sein wie beim Ausbau I.

Der unmittelbare Umschlag von Eisenbahn auf Schiff beträgt insgesamt $\tfrac{1}{4}\,(200\,000 + 90\,000)$ $= 50\,000 + 22\,500 = 72\,500$ t/Jahr.

Ein- und Ausfuhr können ausgeglichen werden bei $90\,000 - 22\,500 = 67\,500$ t/Jahr. Die nicht ausgeglichene Einfuhr, die über die Schuppengleise geht, beträgt $200\,000 - (67\,500 + 50\,000) = 200\,000 - 117\,500 = 82\,500$ t.

Daher muß der Bezirksbahnhof I Nord für $2 \cdot (72\,500 + 67\,500 + 82\,500) = 2 \cdot 222\,500 = 445\,000$ t/Jahr durchgehenden Wagenladefähigkeit bemessen werden. (Leerladung inbegriffen.)

Die in Abb. 74 mit „voll" bezeichneten Tonnen sind tatsächlich zu befördern, die mit „leer" bezeichneten geben nur das Ladevermögen der notwendigen Leerzüge an.

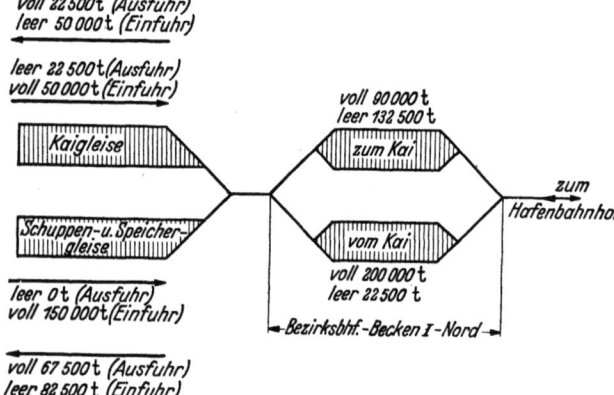

Abb. 74. Schema für den Eisenbahnverkehr zum Stückgutkai des Beckens I.

Den 445000 t entsprechen bei 307 Arbeitstagen und einer Durchschnittswagenladung von 10 t

$$\dfrac{445\,000}{307 \cdot 10} \cong 145 \text{ volle und leere Wagen an einem Tage.}$$

Bei zwei ganzen Zugwechseln am Tage entfallen auf einen Zugwechsel $\dfrac{145}{2} \cong 72{,}5$ volle und leere Wagen.

Rechnet man, wenn zwei Schiffe vor einem Schuppen gleichzeitig anlegen, mit einer durchschnittlichen nutzbaren Zuglänge von 96 m ($= 12$ Wagen je 8 m), so braucht man für 72,5 Wagen $\dfrac{72{,}5}{12} = 6{,}04 \cong 6$ Züge/Zugwechsel und damit sechs Aufstellgleise. Von den auf diesen Gleisen aufgestellten Zügen gehen drei auf die Kaizunge und drei zum Hafenbahnhof (Abb. 74).

Auf die Kaigleise selbst kommen und gehen im Durchschnitt $2 \cdot \dfrac{72\,500}{307 \cdot 120} = 3{,}94 \cong 4$ Züge/Tag zu 120 t und 96 m Nutzlänge und zwei Züge/Zugwechsel. Am Kailadegleis liegt also in der Zeit von einem Zugwechsel zum anderen im Durchschnitt ein Zug.

Man sieht daraus, daß auf einem Kailadegleis der Verkehr abgewickelt werden kann, wenn keine besonderen Spitzen auftreten.

Auf den Schuppen- und Speichergleisen (Abb. 74) kommen und gehen an einem Tag im Durchschnitt $2 \cdot \dfrac{150\,000}{307 \cdot 120} = 8{,}14$ Züge zu 120 t und 96 m Nutzlänge. Bei einem Zugwechsel $\tfrac{1}{2} \cdot 8{,}14 = 4{,}07 \cong 4$ Züge in beiden Richtungen.

Auf den Schuppen- und Speichergleisen liegen also in der Zeit zwischen zwei Zugwechseln zwei Züge. Auch hier ist die Jahresdurchschnittsbelegung sehr gering.

Bei einem Hafenbetrieb, bei dem nur jeweils ein Schiff vor einen Schuppen liegt, könnte man Züge (mit 18 Wagen je 8 m) von $8 \cdot 18 = 144$ m in Betrieb stellen.

Der Seehafen von Bangkok.

Es entfielen dann auf die Kaigleise $\frac{72\,500}{307 \cdot 180} = 1{,}31$ Züge/Tag in einer Richtung und in beiden Richtungen $2 \cdot 1{,}31 = 2{,}62$ Züge/Tag $= 1{,}31$ Züge/Zugwechsel (zwei Abstellgleise).

Auf die Schuppen- und Speichergleise entfallen $\frac{150\,000}{307 \cdot 180} \backsimeq 2{,}72$ Züge/Tag in einer Richtung, in beiden Richtungen $2 \cdot 2{,}72 = 5{,}44$ Züge/Tag $= \frac{1}{2} \cdot 5{,}44 = 2{,}72$ Züge/Zugwechsel.

Für diese 2,72 Züge benötigt man im Bezirksbahnhof drei Aufstellgleise. Auf den Schuppen- und Speicherladegleisen stehen in der Zeit von einem Zugwechsel zum anderen 1,31 Züge zu 18 Wagen.

Man benötigt also für den Jahresdurchschnittsbetrieb im Bezirksbahnhof $2 + 3 = 5$ Aufstellgleise mit 180 m Nutzlänge.

2. Rechnerische Erfassung des Stoßverkehrs.

Rechnet man, daß (als Stoßverkehr) drei Schiffe entsprechend drei Schuppen gleichzeitig mit der errechneten Ladeleistung von 1440 t/Schiff und Tag be- oder entladen werden, dann ergibt sich eine ungünstigste Kranleistung von $3 \cdot 1440 = 4320$ t/Tag. Davon kommen $\frac{1}{4} \cdot 4320 = 1080$ t/Tag sofort an den Kaigleisen vom Seeschiff auf die Eisenbahn bzw. umgekehrt.

Es wird angenommen, daß bei diesem Stoßverkehr jeweils nur ein Schiff an einem Schuppen liegt. Man kann dann Langzüge mit 18 Wagen in den Verkehr bringen.

Man benötigt für den unmittelbaren Umschlag Schiff—Eisenbahn in einer Richtung $\frac{1}{2} \cdot \frac{1080}{10 \cdot 18} = 3$ Züge/ Zugwechsel zu 18 Wagen je 10 t Durchschnittsbelastung und in beiden Richtungen sechs Züge und dafür sechs Aufstellgleise im Bezirksbahnhof.

Die nutzbare Zuglänge ist dann $18 \cdot 8 = 144$ m, was bereits die obere Länge von Zügen für 160 m-Schiffe darstellt. Es empfiehlt sich, den Bezirksbahnhof mit Gleisen von mindestens $144 + 2 \cdot 18 = 180$ m Nutzlänge auszurüsten (18 m = Loklänge).

Diese starke Belastung von Eisenbahn und Kranen kann im Jahre höchstens an $\frac{290\,000}{4320} = 67$ Tagen erfolgen. In dieser Zeit gehen $67 \cdot 1080 = 72\,500$ t unmittelbar den Weg Schiff—Eisenbahn. Dabei braucht man im Bezirksbahnhof Aufstellgleise für sechs Züge, drei Vollzüge und drei Leerzüge.

Die An- und Abfuhr der Güter, die über Schuppen und Speicher gehen, kann als vollkommen gleichmäßig über das Jahr verteilt angenommen werden:

$\frac{150\,000}{307 \cdot 10} \backsimeq 49$ Wagen/Tag in einer Richtung, das sind 2,72 Züge mit 18 Wagen/Tag in einer Richtung, und wie bereits errechnet, $2 \cdot 2{,}72 = 5{,}44$ Züge/Tag in beiden Richtungen.

Auf einen ganzen Zugwechsel kommen $2{,}72 \backsimeq 3$ Züge. Man kann dabei den Betrieb z. B. wie folgt einrichten:

Am Morgen kommen zwei Züge an die Schuppen- und Speichergleise und werden bis zur Mittagspause be- oder entladen. In der Mittagspause werden diese beiden Züge in den Bezirksbahnhof zurückgebracht, in dem schon ein Zug in Richtung Kai bereit steht. Letzterer wird dann gleichfalls noch in der Mittagspause auf die Kaizunge gebracht und bis zum Abend be- oder entladen und in den Bezirksbahnhof zurückgebracht, wo er bis zum nächsten Morgen stehenbleibt.

Für den Stückgüterverkehr, der über die Schuppen und Speicher geht, sind drei Gleise von 180 m Nutzlänge im Bezirksbahnhof für den Nordkai des Beckens I vorzusehen.

Man benötigt also, um den höchstenfalls zu erwartenden Stoßverkehr an den Stückgutanlagen des Beckens I zu bewältigen, $6 + 3 = 9$ Gleise zu 180 m Nutzlänge.

Vergleicht man die Mittelwerte (bei den Zügen mit 18 Wagen) mit denen der Höchstbelastung, so ergibt sich beim Schuppen- und Speicherbetrieb keine Steigerung des Zugverkehrs infolge Stoßbelastung, beim Betrieb am Kaigleise hingegen eine Steigerung von 1,31 Zügen/Tag in einer Richtung auf 6 Züge/Tag, also um 358 vH gegenüber dem Mittelwert des Zugverkehrs. Bezogen auf den gesamten Stückgutumschlag ergibt sich eine Steigerung um $100 \cdot \frac{6 + 2{,}72}{1{,}31 + 2{,}72} - 100 = 117$ vH gegenüber dem Mittelwert des Zugverkehrs.

Die Stoßbelastung der Eisenbahn ist hier größer als beim ersten Ausbau, weil um 50 vH mehr Anlegestellen vorhanden sind (hier sechs gegenüber vier am Menam-Stückgutkai).

Man braucht rechnungsmäßig neun Aufstellgleise und ein Durchlaufgleis. Es erscheint jedoch wegen der sehr hoch angenommenen Stoßbelastung als ausreichend, vorerst einmal acht Aufstellgleise zu bauen und das Gelände für ein weiteres Gleis vorzusehen, das dann im Bedarfsfalle erstellt werden kann.

D. Bemessung der Gleisanlagen für den Reiskai im Süden des Beckens II.

Da Schuppen 13 nur 120 m lang ist, liegen die Verhältnisse am genannten Hafengebiet so, daß vom gesamten Zugverkehr $\frac{1}{3}$ nur mit Kurzzügen zu 12 Wagen = 96 m abgewickelt werden kann. Der übrige Zugverkehr erfolgt mit Langzügen zu 18 Wagen = 144 m.

Die mittlere Zuglänge beträgt $\frac{96 + 144 + 144}{3} = 128$ m = 16 Wagen je 8 m.

Die mittlere Lademenge beträgt $16 \cdot 8 = 128$ t/Zug.

Nach Abschnitt 6 I können an diesem Kai bei 200 Arbeitstagen der Mühlen/Jahr 493 600 t Rohreis verarbeitet werden. Man erhält daraus 329 300 t weißen Reis.

Wie bisher gerechnet, soll auch hier $\frac{1}{3}$ der Reisausfuhr in bereits geschältem Zustande in den Hafen gebracht werden.

Die gesamte Zufuhr zum Südkai des Beckens II setzt sich also zusammen aus

$\phantom{\frac{1}{2} \cdot 329\,300 = 1}$ 493 600 t Rohreis/Jahr
$\frac{1}{2} \cdot 329\,300 = \underline{164\,700 \text{ t Reis/Jahr}}$

zusammen: 658 300 t/Jahr.

⅓ der Gesamtzufuhr wird mit der Eisenbahn herangebracht:
$$\tfrac{1}{3} \cdot 658\,300 = 219\,000 \text{ t/Jahr}.$$
Das sind bei 307 Arbeitstagen der Eisenbahn
$$\frac{219\,000}{307} = 714 \text{ t/Tag}$$
und $\tfrac{1}{2} \cdot 714 = 357$ t/Zugwechsel in einer Richtung. Hierzu sind erforderlich
$$\frac{357}{128} \backsimeq 2{,}79 \text{ Züge mittlerer Länge}.$$

Es wird angenommen, daß die Stoßbelastung die Jahresmittelbelastung um 35 vH übersteigt. Daher müssen die Gleisanlagen bemessen werden für $2{,}79 \cdot 1{,}35 = 3{,}67$ Züge mittlerer Länge/Zugwechsel (in einer Richtung). Der Bezirksbahnhof muß demnach Abstellgleise für $2 \cdot 3{,}67 = 7{,}34$ Züge mittlerer Länge aufweisen. Es empfiehlt sich, den Bezirksbahnhof mit sechs Abstellgleisen zu je 180 m Mindestlänge und zwei Gleisen zu je 132 m Mindestnutzlänge auszurüsten. Ferner ist ein Durchlaufgleis vorzusehen.

E. Bemessung der Gleisanlagen im Bezirksbahnhof für den Reiskai im Norden und Osten des Beckens II.

An dieser Kaistrecke können durchgehend Langzüge mit 18 Wagen zu 8 m eingesetzt werden.

Nach Abschnitt 61 können an diesem Kai bei 200 Arbeitstagen der Mühlen/Jahr 647 000 t Rohreis verarbeitet werden.

Man erhält daraus 431 700 t weißen geschälten Reis. Ein Drittel der Reisausfuhr soll in bereits geschältem Zustand in den Hafen gebracht werden. Daher setzt sich die gesamte Zufuhr zum Nord- und Ostkai des Beckens II zusammen aus:

$$\begin{aligned}
&\phantom{\tfrac{1}{2} \cdot 431\,700 = }\ 647\,000 \text{ t Rohreis/Jahr} \\
&\tfrac{1}{2} \cdot 431\,700 = 215\,900 \text{ t Reis/Jahr} \\
&\phantom{\tfrac{1}{2} \cdot 431\,700 =}\text{insgesamt: } 862\,900 \text{ t/Jahr.}
\end{aligned}$$

⅓ der Gesamtzufuhr erfolgt mit Hilfe der Eisenbahn:
$$\tfrac{1}{3} \cdot 862\,900 \backsimeq 288\,000 \text{ t/Jahr,}$$
das sind
$$\frac{288\,000}{307} = 938 \text{ t/Tag und Richtung}$$
$$= 469 \text{ t/Zugwechsel und Richtung}.$$
Dem entsprechen
$$\frac{469}{144} = 3{,}26 \text{ Züge zu 18 Wagen in einer Richtung und}$$
$$6{,}25 \backsimeq 7 \text{ Züge zu 18 Wagen in beiden Richtungen}.$$

Soll die Stoßbelastung die Jahresmittelbelastung um 35 vH übersteigen, dann sind zur Zeit einer solchen Hauptverkehrsspitze $3{,}26 \cdot 1{,}35 = 4{,}40$ Züge zu 18 Wagen/Zugwechsel in einer Richtung zu befördern.

Für diesen Zugverkehr sind im Bezirksbahnhof vorzusehen: $2 \cdot 4{,}40 = 8{,}8 \backsimeq 9$ Aufstellgleise mit 180 m Mindestnutzlänge. Weiter werden zwei Gleise zu 132 m Nutzlänge für die Viehstation und ein Durchlaufgleis erstellt.

Die Gleise für Reis und Vieh können natürlich auch wechselseitig benutzt werden.

II. Berechnung des Haupthafenbahnhofs.

A. Allgemeines über die nutzbaren Gleislängen.

Es erscheint zweckmäßig, den Gleisen des Haupthafenbahnhofes mindestens eine Länge von
$$6 + 36 \cdot 8 + 2 \cdot 18 = 6 + 288 + 36 = 330 \text{ m}$$
zu geben; hierin sind
288 m = Nutzlänge eines Fernzuges = Nutzlänge von zwei Kaizügen,
18 m = Loklänge.
6 m = Sicherheitszuschlag.

Man kann jeweils auf dem kürzesten Gleis einen Fernzug zu 36 Wagen oder zwei Züge zu 18 Wagen, wie sie für den eigentlichen Hafenbetrieb in Frage kommen, aufstellen.

B. Bemessung des Haupthafenbahnhofes.

Das Ladevermögen der Fernzüge beträgt bei Stückgütern $36 \cdot 10 = 360$ t/Zug, bei Reis $36 \cdot 8 = 288$ t/Zug. Es wird angenommen, daß für Reis Sonderwagen in Frage kommen, daß also der Stückgut- und Reiswagenverkehr sich nicht gegenseitig ergänzen kann.

1. Erster Ausbauzustand.

a) Stückgüterverkehr. Bei Stoßbelastung müssen an einem Tage
$$720 + 49 \cdot 10 = 720 + 490 = 1210 \text{ t/Tag}$$
den Bahnhof in einer Richtung durchlaufen; 720 t sind unmittelbarer Umschlag Schiff—Eisenbahn.

49 Wagen zu 10 t kommen von den Schuppen und Speichern; das sind $\frac{1210}{360} = 3{,}36$ Züge zu 36 Wagen/Tag

oder $\frac{3{,}36}{2} = 1{,}68 \backsimeq 2$ Züge/Halbtag in einer Richtung.

In den zwei Zügen steckt dann auch noch eine gewisse Reserve für schwere Güter.

b) Reisverkehr, 1. Ausbau. Bei Stoßverkehr kommen je Halbtag $1{,}21 \cdot 1{,}35 \cdot 18 \cdot 8 = 235$ t Reis an.

Das ist $\frac{235}{288} = 0{,}815 \backsimeq 1{,}0$ Zug zu 36 Wagen.

Dabei ist noch eine gewisse Reserve für schwere Güter vorhanden. Stückgut und Reisverkehr ergeben demnach zusammen 1,68 + 0,82 = 2,5 ≙ 3 Fernzüge zu 36 Wagen je Halbtag in einer Richtung.

Der Eisenbahnverkehr ist also zur Zeit des ersten Ausbaus sehr gering. Man benötigt zu seiner Abwicklung folgende Anlagen:

1. Eine *Vorgruppe im Westen* (Ausziehgleisgruppe) mit drei Gleisen und zwar:
   1 Ausziehgleis für Züge, die zum Kai gehen,
   1   ,,   ,,   ,,   , ,, vom Kai kommen,
   1 Betriebs- bzw. Reservegleis.
2. Eine *Einfahrgruppe* mit vier Gleisen und zwar:
   1 Gleis für Züge aus dem Inland und ein Reservegleis,
   1   ,,   ,,   ,,   ,,   ,,   Menam-Bezirksbahnhof und ein Reservegleis.
3. Eine *Ordnungsgruppe* mit acht Gleisen und zwar:
   4 Gleise für die vier Inlandstrecken,
   3   ,,   ,,   ,, Hauptkaiabschnitte (Schuppen 1, 2 und 3),
   1 Reservegleis.
4. Eine *Ausfahrgruppe* mit drei Gleisen und zwar:
   1 Gleis für Züge nach dem Inland,
   1   ,,   ,,   ,,   ,,   ,,   Menam-Bezirksbahnhof,
   1   ,,   ,,   ,,   ,,   ,,   Dock.

2. Endausbau.

Der Bahnhof soll für den Stoßverkehr bei Stückgütern und den Durchschnittsverkehr bei Reis ausgebaut werden.

a) Stückgüterverkehr. Die gesamte Leistung beträgt

$$1210 + 1080 + 490 = 2780 \text{ t/Tag in einer Richtung.}$$

(1210 t siehe ersten Ausbauzustand,
1080 t unmittelbarer Umschlag zwischen Schiff und Eisenbahn am Stückgutkai des Beckens I,
490 t = 49 Wagen zu 10 t kommen von den Schuppen und Speichern der Stückgutanlage am Becken I)

2780 t sind $\frac{2780}{360} = 7,72$ Züge/Tag und $\frac{7,72}{2} = 3,86$ Züge/Halbtag in einer Richtung.

b) Reisverkehr. Die mit der Eisenbahn in den Hafen gebrachte Reis- und Rohreismenge beträgt im Endausbau 993 000 t/Jahr. (s. S. 336)

Das sind im Mittel

$$\frac{993\,000}{2 \cdot 307} = 1620 \text{ t/Halbtag oder}$$

$$\frac{1620}{288} = 5,63 \text{ Züge zu 36 Wagen/Halbtag in einer Richtung.}$$

Stückgut- und Reisverkehr ergeben zusammen

$$3,86 + 5,63 = 9,49 ≙ 10 \text{ Züge/Halbtag für eine Richtung.}$$

In den 10 Zügen ist eine gewisse Reserve für schwere Güter, lebendes Vieh usw. enthalten.

Bei fünf Stunden Arbeitszeit je Halbtag im Haupthafenbahnhof kommt alle halbe Stunde ein Fernzug mit 36 Wagen an und ein gleich langer verläßt den Haupthafenbahnhof wieder. Es gehen demnach je Halbtag über den Ablaufberg

$$2 \cdot 10 \cdot 36 = 720 \text{ Wagen,}$$

das sind 10 Fernzüge zu 36 Wagen + 20 Kaizüge zu 18 Wagen.

Zum Rangieren von einem Wagen stehen daher

$$\frac{5 \cdot 3600}{720} = 25 \text{ Sekunden zur Verfügung,}$$

eine Zeit, die, wie aus den folgenden Überlegungen hervorgeht, bei Vorhandensein eines Ablaufberges ohne weiteres ausreicht.

Bei einer Zugstärke von 36 Wagen, deren Länge je 8 m ist, ist die Zuglänge l = 36 · 8 = 288 m. Die Zerlegezeit ist $t = l/v_0 = \frac{288}{8} = 360$ Sek. = 6 Min. ($v_0 = 0,8$ m/sec = Zuführungsgeschwindigkeiten im ungünstigsten Fall). Rechnet man für die Umfahrt der Abdrücklokomotive und das Andrücken des Zuges auf den Ablaufberg nochmals 6 Min., so kann ein Zug in 12 Min. zerlegt werden. In einer Stunde werden fünf Züge zerlegt. Zum Verschieben eines Wagens benötigt man $\frac{12 \cdot 60}{36} = 20$ Sek. (20 < 25). Ist jeder Wagen mit 10 t beladen, so ist die Nettolast eines jeden Zuges 360 t. In einer Stunde werden also 5 · 360 = 1800 t im Haupthafenbahnhof verarbeitet. Bei der Gesamtarbeitszeit von 10 Stunden täglich ist die Tagesleistung 10 · 1800 = 18 000 t. Bei 307 Arbeitstagen im Jahr beträgt die Jahresleistung max. 307 · 18 000 = 5 526 000 t. Ist jeder Wagen nur mit 8 t beladen (Reiswagen), so ist die Nettolast eines jeden Zuges 288 t. In einer Stunde werden dann 5 · 288 = 1440 t im Haupthafenbahnhof verarbeitet. Bei der Gesamtarbeitszeit von 10 Stunden ist dann die Tagesleistung 10 · 1440 = 14 400 t und bei 307 Arbeitstagen im Jahr die max. Jahresleistung 4 421 000 t.

C. Berechnung für Mittelwerte des Umschlages.

Nach Abschnitt 6b beträgt die größte Reisausfuhr 3 350 000 t weißer Reis je Jahr. Nach Abschnitt 6l wird ⅓ der Reisausfuhr in bereits geschältem Zustand in den Hafen gebracht. Die restlichen ⅔ werden aus Rohreis gewonnen, wobei aus 1 t Rohreis ⅔ t weißer Reis geschält werden.

Daher beträgt die gesamte Reis- und Rohreiszufuhr:

Der Seehafen von Bangkok.

$$\text{Rohreis} \ldots \ldots \ldots \ldots 3\,350\,000 \text{ t/Jahr}$$
$$\text{Reis} \ldots \ldots \ldots \ldots \ldots 1\,117\,000 \text{ t/Jahr}$$
$$\text{zusammen } 4\,467\,000 \text{ t/Jahr.}$$

Davon entfallen auf die Eisenbahn

$$\tfrac{1}{3} \cdot 4\,467\,000 = 1\,489\,000 \text{ t/Jahr.}$$

Das erforderliche Wagenladevermögen (voll + leer) ist $2 \cdot 1\,489\,000 = 2\,978\,000$ t/Jahr für Reis und Rohreis. Das Wagenladevermögen für Stückgüter muß im Endausbau betragen:

$$435\,000 \text{ t (Menam-Bezirksbahnhof)}$$
$$445\,000 \text{ t (Bezirksbahnhof I Nord)}$$

insgesamt 880 000 t/Jahr.

Das gesamte Wagenladevermögen muß demnach betragen:

$$2\,978\,000 \text{ t/Jahr (Reis und Rohreis)}$$
$$880\,000 \text{ t/Jahr (Stückgüter)}$$
$$3\,858\,000 \text{ t/Jahr.}$$

Davon entfallen auf

$$\text{Stückgüter} \ldots 22{,}8 \text{ vH}$$
$$\text{Reis und Rohreis } 77{,}2 \text{ vH.}$$

Diesem Verhältnis entspricht eine Leistungsfähigkeit der Haupthafenbahnhofsanlage von

$$5\,526\,000 \cdot 0{,}228 = 1\,260\,000 \text{ t}$$
$$4\,421\,000 \cdot 0{,}772 = 3\,413\,000 \text{ t}$$
$$4\,673\,000 \text{ t/Jahr.}$$

Es besteht also gegenüber der tatsächlich zu erwartenden Wagenladefähigkeit eine Reserve von

$$100 \cdot \frac{4\,673\,000}{3\,858\,000} - 100 = 121 - 100 = 21 \text{ vH.}$$

und es ist nicht zu befürchten, daß das zutrifft, was bisher bei allen Seehäfen, sehr zu ihrem Nachteil, eingetreten ist, nämlich, daß die Eisenbahnanlagen viel zu klein bemessen wurden und mit großen Mehrkosten später unzureichend erweitert werden mußten.

Eine noch bedeutend größere Reserve ergibt sich, wenn mit der in der Zukunft wahrscheinlich umzuschlagenden Reismenge von 2 234 300 t/Jahr gerechnet wird.

Ihr entspricht eine gesamte Reis- und Rohreiszufuhr von

$$\text{Rohreis} \ldots \ldots 2\,234\,000 \text{ t/Jahr}$$
$$\text{Reis} \ldots \ldots \ldots 745\,000 \text{ t/Jahr}$$
$$\text{zusammen } 2\,979\,000 \text{ t/Jahr.}$$

Davon entfallen auf die Eisenbahn:

$$\tfrac{1}{3} \cdot 2\,979\,000 = 993\,000 \text{ t/Jahr.}$$

Das erforderliche Wagenladevermögen im Endausbau ist daher

$$1\,986\,000 \text{ t/Jahr für Reis } (2 \cdot 993\,000)$$
$$+\; 880\,000 \text{ t/Jahr für Stückgüter}$$
$$2\,866\,000 \text{ t/Jahr zusammen.}$$

Davon entfallen auf

$$\text{Stückgüter} \ldots = 30{,}7 \text{ vH}$$
$$\text{Reis} \ldots \ldots = 69{,}3 \text{ vH}$$

Diesem Verhältnis entspricht eine Leistungsfähigkeit der Haupthafenbahnhofsanlage von

$$5\,526\,000 \cdot 0{,}307 = 1\,696\,000 \text{ t/Jahr}$$
$$4\,421\,000 \cdot 0{,}693 = 3\,064\,000 \text{ t/Jahr}$$
$$\text{zusammen } 4\,760\,000 \text{ t/Jahr.}$$

Es besteht also gegenüber der tatsächlich zu erwartenden Wagenladefähigkeit eine Reserve von

$$100 \cdot \frac{4\,760\,000}{2\,866\,000} - 100 = 166 - 100 = 66 \text{ vH,}$$

welche bedeutende Stoßbelastungen aufnehmen kann und für die, in hohem Maße, der eingangs erwähnte Vorteil gegenüber anderen Seehäfen, zutrifft.

Der Haupthafenbahnhof muß im Endausbau aus betrieblichen Gründen folgende Gleisgruppen erhalten:

1. Eine *Einfahrgruppe* mit 8 Gleisen. Für die 9 Hauptrichtungen (4 Inlandstrecken und 5 Bezirksbahnhöfe) erscheinen, da nicht alle Hauptrichtungen gleichzeitig belastet sind, 8 Gleise ausreichend. Hierbei sind Ferngleise und Umfahrgleise nicht mit einbezogen.

2. Eine *Ordnungsgruppe* mit 16 Richtungsgleisen. Bei 16 Richtungsgleisen stehen für jeden der 5 Bezirksbahnhöfe 2 Gleise, für Schwerlastumschlag und Dock zusammen 1 Gleis und für die 4 Inlandstrecken 5 Gleise zur Verfügung.

3. Eine *Ausfahrgruppe* mit 4 Gleisen. 1 Gleis für Züge zur Schwerlastanlage und Dock, 1 Gleis für die Züge nach dem Inland, gleichzeitig Durchfahrtgleis, 2 Gleise für die Züge, die zu den Bezirksbahnhöfen gehen.

Westlich vom Haupthafenbahnhof muß eine Vorgruppe (mit Ausziehgleisen) bestehend aus 6 Gleisen angeordnet werden. (1 Gleis für Züge, die zu den Bezirksbahnhöfen gehen und 1 Reservegleis; 1 Gleis für Züge, die von den Bezirksbahnhöfen kommen und 1 Reservegleis; 2 Ferngleise.)

Die beiden Reservegleise können auch als Betriebsgleise verwendet werden.

D. Schlußbemerkung.

Es ist klar, daß durch die hier angestellten Überlegungen nur die rechnerisch zu erfassenden Anhaltspunkte für die tatsächlich notwendigen Ausmaße des Haupthafenbahnhofs und der Bezirksbahnhöfe gefunden wurden.

Die zweckmäßigste Anzahl der Gleise bei den verschiedenen Ausbauabschnitten wird sich erst jeweils aus dem Betrieb ergeben.

Man kann aber auf Grund der hier angestellten Untersuchungen feststellen, daß die jeweils gewählte Anzahl der Ladegleise (je ein Gleis an Kai, Schuppen und Speicher) durchaus ausreichend erscheint.

g) Straßenwege.

Eine Hauptstraße führt von der Stadt Bangkok durch die Hafensiedlung über den Hafenbahnhof hinweg in das Hafengelände. Die Vereinheitlichung der Zuführung erleichtert den Zollabschluß des Hafens. Aus der Haupthafenstraße zweigen Zuführungsstraßen zu den einzelnen Kais ab, die sich vor Kopf der Hafenbecken in schmalere Kaistraßen aufspalten. Es sind folgende Breiten für die Straßen einschließlich Fuß-, Radfahr- und Rikschawege vorgesehen (Abb. 75):

Hauptzufahrtstraße . . . . 32 m
Hauptzubringer zwischen den Bezirksbahnhöfen I Nord
und II Süd . . . . 18 m
Zufahrtstraßen zu den einzelnen Kaizungen . . . . 15 m
untergeordnete Hafenstraßen . . . . 6—9 m

Die Bahngleise sind überall in die Straßen eingepflastert, so daß die Nutzbreite dadurch erhöht wird.

Im Anschluß an die Straßen sind ausreichende Parkplätze vorgesehen.

Durch das Wohngebiet ist eine Hauptverkehrsader gelegt worden, die vom Norden nach Südost verläuft und den Verkehr der östlichen Hafenanlagen in sich aufnimmt, im übrigen aber auch einen repräsentativen Charakter aufweisen soll.

h) Wasserwege.

Die Kanäle (Klongs) haben im Endausbau eine Tiefe von 3,5 m unter MW, (im ersten Ausbau 3 m unter MW) und dienen dem Verkehr der Reiskähne, die eine Tragfähigkeit von 20—70 t (später) aufweisen.

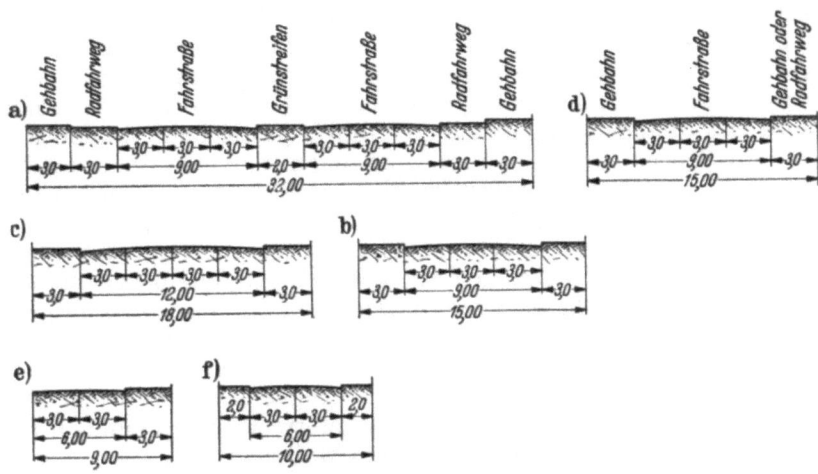

Abb. 75. Querschnitt durch die Hafenstraßen.
a = Hauptstraße von der Stadt bis zum Verwaltungsgebäude und durch das Wohngebiet des Hafens, b = dasselbe im ersten Ausbau, c = Hauptstraße im Hafen zwischen den Bezirksbahnhöfen IN und II S und im Wohngebiet, d = Nebenstraße im Hafen, e = dasselbe im ersten Ausbau, f = Straße am Dock, an der Kohlenstation usw.

Infolge der großen Mengen von Reis, die auf dem Wasserwege herangebracht werden, kann ein reibungsloser Verkehr nur dann abgewickelt werden, wenn diese Binnenschiffskanäle eine genügende Breite besitzen, um sämtliche wartenden Kähne ohne Behinderung der Durchfahrt aufnehmen zu können. Es muß verhindert werden, daß die seeschifftiefen Teile des Hafens von den Binnenschiffen als Liegehäfen benutzt werden. Die Kanäle sind deswegen nicht nur Verkehrskanäle und Umschlagshafenbecken, sondern auch Liegehäfen. Die Breite des Kanals hinter dem Menam-Kai beträgt 45 m (Abb. 68), da dieser Kai sehr lang und sehr eng mit Reismühlen besetzt ist. Bei den beiden anderen Kanälen kann man sich mit einer Breite von 35 bzw. 30 m begnügen. Sie sind entweder kürzer oder nur einseitig an die Reismühlen angeschlossen.

i) Zollabschluß.

Das gesamte Hafengebiet wird durch einen Zaun vom Zollinland getrennt. Dieser Zaun ist im Generalplan durch eine strichpunktierte oder gestrichelte Linie angegeben (Abb. 67) und umfaßt:

die gesamten Bahnanlagen einschließlich der Ausziehgleise im Westen, jedoch ausschließlich der Anschlußgleise;
die gesamten Hafenanlagen ausschließlich der Wohnbezirke und der Fahrgastanlage für ausgehende Fahrgäste, der Schwerlastanlage, des Kohlenlagers und der Docks.

Eine Zollkontrolle für den Schienenweg ist daher nur an zwei Stellen, nämlich an den Anschlußgleisen des bestehenden Eisenbahnnetzes und dem Übergang der Auswandererbahnhofs-, Schwerlast-, Kohlenlager- und Dockgleise vom Zollausland in das Zollinland nötig. Ähnliches gilt für das Straßennetz. Hier kommt man mit einer Zollkontrolle am Rande des Wohngebietes nordöstlich der Bahnanlagen und einer zweiten an der Einwandererstation aus. Eine etwas umfangreichere Überwachung erfordern die Wasserwege. Zu diesem Zweck sind schwimmende Zollstellen im westlichen Bootshafen, am östlichen Ende des Menam-Kai und am Klong Phra-Kanong geplant. Diese Abfertigungsstellen kontrollieren die einkommenden Binnenschiffe, die entweder von der Flußseite oder aus dem Klong in den Hafen gelangen. Im wesentlichen dient die erstgenannte Zollstelle der Abfertigung der Schiffe am Menam-Kai, die zweite für die Klongs und die landeinwärts gelegenen Hafenbecken und die dritte für Binnenschiffe, die den Klong Phra-Kanong befahren.

k) Stückgutanlagen.

Die Länge der Schuppen mit 150 oder 300 m ist so gewählt, daß sie gleich der einfachen oder doppelten Länge der künftig in Bangkok verkehrenden Seeschiffe ist. Die Breiten der Schuppen betragen 32 oder 40 m, je nachdem ob es sich um einen Schuppen für Reismühlen oder Schuppen für den Stückgutumschlag handelt. Beim Stückgutumschlag genügt, da die Speicher mehrstöckig ausgeführt werden, eine Speicherbreite von 25 m, so daß für die Schuppen das Maß von 40 m übrigbleibt (Abb. 69). In den Schuppen befinden sich an der Stirnseite die Einbauten für den Betrieb. Zwischen den Schuppen befinden sich Zwischenräume von 30 m Breite für den Querverkehr und für Nebenanlagen. Die Stückgutspeicher sind dreistöckig und benötigen nicht die gesamte Schuppenlänge insbesondere deswegen nicht, weil während der trockenen Jahre viele Güter im Freien gelagert werden. Infolgedessen sind sie beim ersten Ausbau auf eine Länge von 2 · 120 m an Stelle von 300 m Schuppenlänge zusammengezogen worden, wovon jedoch vorerst nur Speicher 2b ausgebaut wird. Ob diese Form bei einem späteren Ausbau beibehalten wird, ist offengelassen und daher durch gestrichelte Linien angedeutet.

Für den ersten Ausbau ist vorgesehen, auf jede Schuppenlänge von 300 m 12 Halbtorkrane von 3 t Tragfähigkeit zu setzen, die gegebenenfalls noch vermehrt werden müssen, soll der Kai restlos und wirtschaftlich ausgenutzt werden.

Um nun im ersten Ausbau möglichst auch den Fahrgast- und Schwerlastumschlag zu erfassen, sind hier vorläufige Anlagen zu schaffen. Diese sind so an- und eingeordnet, daß sie auf den späteren Ausbau dieser Umschlagstrecken für ihre endgültige Bestimmung als Reisumschlags- und Reismühlenanlage Rücksicht nehmen (Abb. 66). So wird zunächst der Schuppen 4 nicht gebaut werden, sondern an seine Stelle wird der Umschlagplatz für schwere Güter gelegt. Der Schuppen 5 wird mit dem dahinterliegenden Reismühlengelände zu einer Fahrgastanlage eingerichtet. Der gesamte erste Ausbau erstreckt sich demnach nur auf den Menam-Kai-West und auf die südliche Strecke des Menam-Kai-Ost.

l) Leistungsfähigkeit der Umschlagsanlagen für Stückgut.

In der nachstehenden Berechnung ist von Umschlagsziffern ausgegangen worden, die einer ausgeglichenen Statistik des siamesischen Handels der letzten Jahre entstammen, bzw. darauf aufgebaute Schätzungen für die Zukunft darstellen. Die Verteilung der Ein- und Ausfuhr auf Schiff oder Bahn ist ebenfalls der Verkehrsstatistik in abgerundeter Form entnommen worden.

An Hand europäischer Erfahrungen sind überschläglich folgende Annahmen getroffen worden: Als nutzbare Schuppen- und Speicherfläche wurde sehr vorsichtig $2/3$ der vorhandenen Grundfläche angesetzt. Die durchschnittliche Ausnutzung der Stückgutkrane ist mit 40 t/Tag verhältnismäßig niedrig geschätzt. Als Tageshöchstleistung sind 80 t angenommen worden. Die Berechnung des Umschlages enthält folgende Einzelnachweise: Nachdem die Ein- und Ausfuhrziffern festgelegt sind, wird die Belastung der Schuppen und Speicher je m² im Jahr, die Belastung des Kais in t/lfd. m im Jahr und die Belastung der Krane in t/Tag ausgerechnet. Danach wird unter Zugrundelegung einer Schuppenbelastung von nur 1 t/m² die Anzahl der Tage ausgerechnet, die bei dem gegebenen Jahresumschlag das Gut im Schuppen oder Speicher liegen kann. Durch eine überschlägliche Umrechnung läßt sich ermitteln, daß 1 BRT normalerweise ungünstig gerechnet etwa 1 t Gewichtsladung (nach Tafel 4 und 5 etwa 1,15—1,50 t bei voller Auslastung des Schiffes, die jedoch nur bei schweren Gütern möglich ist, während bei der gewöhnlichen Zusammensetzung der Schiffsgüter sich etwa 1,14 t Durchschnitt ergeben) entspricht. Man kann auf dieser Voraussetzung aufbauend die Anzahl der Schiffe berechnen, die erforderlich sind, um den vorhandenen Umschlag im Jahre zu bewältigen. Die sich ergebenden Zahlen sind verschieden, je nachdem ob man annimmt, daß große oder kleine Schiffe den Hafen berühren und je nachdem, ob die Schiffe voll oder weniger voll geladen werden. Unter diesen verschiedenen Voraussetzungen ist die Anzahl der Schiffe berechnet worden, die im Jahr Ladung einnehmen oder abgeben, ferner ist deren durchschnittliche Liegezeit ermittelt worden, und zwar zunächst als erforderliche Liegezeit aus der Länge des Kais und der Anzahl der Schiffe im Jahr. Die Anzahl der Umschlagsgeräte und ihre Leistungsfähigkeit muß so groß sein, daß die vorhandene Kailänge ausreicht, um im

Der Seehafen von Bangkok.

Jahresdurchschnitt sämtlichen Schiffen ein Anlegen zu gestatten. Unter der Annahme, daß die Ladung eines Dampfers auf einer gleich langen Schuppenstrecke untergebracht werden soll, wurde die Schuppenbelegung bestimmt. Hierbei muß allerdings damit gerechnet werden, daß wohl nur ein Teil dieser Belegung in Wirklichkeit auftritt, da wohl mehr Ladung unmittelbar auf Eisenbahn, Binnenschiff oder Kraftwagen umgeschlagen wird, als dies in der Berechnung vorgesehen ist (¼ des Gesamtumschlages).

Erster Ausbau (Menam-Ufer), Stückgut.

Einfuhr . . . . 200 000 t/Jahr
Ausfuhr . . . . 70 000 ,, = 0,35 v. H. der Einfuhr
insgesamt 270 000 t/Jahr = 1,35 v. H. der Einfuhr,
davon ¼ Umschlag Schiff/Bahn . . . . . . Einfuhr 50 000 t
Ausfuhr 17 500 t
67 500 t
¾ über den Schuppen . . . . Einfuhr 150 000 t
Ausfuhr 52 500 t
202 500 t

Zur Verfügung stehen:
Für Stückgut 2 Schuppen zu 300 m Länge und 4 Speicher zu 120 m Länge mit 3 Stockwerken.
Schuppen $2 \cdot 300 = 600$ m Länge; $2 \cdot 300 \cdot 40 = 24000$ m²;
Speicher $4 \cdot 120 \cdot 25 \cdot 3 = 36000$ m²;
(In Bremen entspricht 1 m² Schuppen ≙ 1 m² Speicher, in Hamburg desgl.)
Die Nutzfläche ist vorsichtig gerechnet ⅔ der Grundfläche (gegebenenfalls auch ⅘), je Schiffsliegestelle: 4000 m². Schuppen $⅔ \cdot 24000 = 16000$ m²,
Speicher $⅔ \cdot 36000 = 24000$ m²,
Krane je Schuppen = 2 Schiffslängen = 300 m: 12 Stück,
Ausnutzung der Krane im Jahresdurchschnitt: 40 t/Tag Leistungsfähigkeit; im Tagesdurchschnitt bei vollem Betrieb: 80 t.

Belastung   Vergleich Bremen:

der Schuppen . . . . $\frac{202000}{16000}$ t/m² = 12 t/m²,   8 t/m²

der Speicher bei Speicherung von 50 vH der Güter . $\frac{101000}{24000}$ t/m² = 4,2 t/m²,

des Kais . . . . $\frac{270000 \text{ t}}{600 \text{ m}}$ = 450 t/m,   500 t/m

der Krane . . . . $\frac{270000}{307 \cdot 12 \cdot 2}$ = 36,7 t/Tag   40 t/Tag

bei einer Annahme von 307 Arbeitstagen im Jahr.
Mittlere Aufenthaltsdauer im Schuppen bei 1 t/m² Schuppenlast
$$\frac{307 \cdot 1 \cdot 16000}{202000} = 24,3 \text{ Tage},$$
in den Speichern . . . . $\frac{307 \cdot 24000}{101000}$ = 73 Tage.

Also sind dreigeschossige Speicher groß genug.
Tragfähigkeit der Schiffe
$$0,67 \text{ t/m}^3 \cdot 2,83 \cdot 0,6 = 1,14 \text{ t}$$
$$1 \text{ BRT} = 1,14 \text{ t Last} \sim 1 \text{ t}$$
wobei 0,67 t/m³ = mittleres Raumgewicht der Ladung, 2,83 m³ = RT und 1 NRT = 0,6 BRT sind.

A. Nur Einfuhr.

Mittlere Schiffe 5000 BRT = 5000 t Ladung;
1. Annahme: ½ Ladung für Bangkok . . . . = 2500 t;

Anzahl der Schiffe . . . . $\frac{200000}{2500}$ = 80 Schiffe/Jahr;

durchschnittliche Liegezeit bei 4 Schiffsliegeplätzen . . . $\frac{307 \cdot 4}{80}$ = 15,4 Tage;

erforderliche Liegezeit:

Löschen . . . . $\frac{2500 \text{ t}}{6 \cdot 80}$ = 5,2 Tage,

Laden . . . . $\frac{0,35 \cdot 2500}{6 \cdot 80}$ = 1,8 Tage,

insgesamt . . . . = 7 Tage

2. Annahme: ¼ Ladung für Bangkok . . . . . . $\frac{200000}{1250}$ = 160 Schiffe/Jahr;

durchschnittliche Liegezeit . . . . $\frac{307 \cdot 4}{160} = 7{,}7$ Tage;

erforderliche Liegezeit:

$$\begin{array}{rl} \text{Löschen} \ldots \ldots \ldots & 2{,}6 \text{ Tage} \\ \text{Laden} \ldots \ldots \ldots & \underline{0{,}9 \text{ ,,}} \\ & 3{,}5 \text{ Tage.} \end{array}$$

Schuppenbelegung für mittlere Schiffe:

$$1{,}35 \cdot 5000 \text{ t Ladung:} \quad \frac{1{,}35 \cdot 5000 \text{ t}}{4000 \text{ m}} = 1{,}70 \text{ t/m}^2,$$
$$1{,}35 \cdot 2500 \text{ t} \qquad\qquad\qquad\;\; = 0{,}85 \text{ t/m}^2.$$

B. Ein- und Ausfuhr.

Ladung der Schiffe:

$$\text{Großes Schiff} \ldots \left.\begin{array}{r} 5000 \text{ t Einfuhr} \\ \underline{1750 \text{ t Ausfuhr}} \\ 6750 \text{ t} \end{array}\right\} = 10000 \text{ BRT mit etwa } \tfrac{1}{2} \text{ Ladung}$$

$$\text{Mittleres Schiff} \ldots \left.\begin{array}{r} 2500 \text{ t Einfuhr} \\ \underline{875 \text{ t Ausfuhr}} \\ 3375 \text{ t} \end{array}\right\} = 5000 \text{ BRT mit etwa } \tfrac{1}{2} \text{ Ladung}$$

$$\text{Mittleres Schiff} \ldots \left.\begin{array}{r} 1250 \text{ t Einfuhr} \\ \underline{450 \text{ t Ausfuhr}} \\ 1700 \text{ t} \end{array}\right\} = 5000 \text{ BRT mit etwa } \tfrac{1}{4} \text{ Ladung}$$

Anzahl der Schiffe:

$$\text{Große Schiffe mit } \tfrac{1}{2} \text{ Ladung:} \quad \frac{200000}{5000} = 40 \text{ Schiffe/Jahr}$$

$$\text{Mittlere Schiffe mit } \tfrac{1}{2} \text{ Ladung:} \quad \frac{200000}{2500} = 80 \quad\text{,,}$$

$$\text{,, \quad ,, \quad } \tfrac{1}{4} \text{ ,, \quad } \frac{200000}{1250} = 160 \quad\text{,,}$$

Liegezeit erforderlich:

Große Schiffe mit $\tfrac{1}{2}$ Ladung:

$$\begin{array}{rl} \text{Löschen} \ldots \ldots & \dfrac{5000}{6 \cdot 80} = 10 \text{ Tage} \\[2pt] \text{Laden} \ldots \ldots & \dfrac{1750}{6 \cdot 80} = 4 \text{ Tage} \\ \hline & \qquad\quad 14 \text{ Tage;} \end{array}$$

mittlere Schiffe mit $\tfrac{1}{2}$ Ladung:

$$\begin{array}{rl} \text{Löschen} \ldots \ldots & \dfrac{2500}{6 \cdot 80} = 5 \text{ Tage} \\[2pt] \text{Laden} \ldots \ldots & \dfrac{875}{480} = 2 \text{ Tage} \\ \hline & \qquad\quad 7 \text{ Tage;} \end{array}$$

mittlere Schiffe mti $\tfrac{1}{4}$ Ladung:

$$\begin{array}{rl} \text{Löschen} \ldots \ldots & \dfrac{1250}{480} = 3 \text{ Tage} \\[2pt] \text{Laden} \ldots \ldots & \dfrac{450}{480} = 1 \text{ Tag} \\ \hline & \qquad\quad 4 \text{ Tage.} \end{array}$$

vorhandene Liegezeit bei 4 Schiffsliegeplätzen:

$$\text{großes Schiff } (\tfrac{1}{2} \text{ Ladung}) \ldots \frac{307 \cdot 4}{40} = 30{,}7 \text{ Tage}$$

$$\text{mittleres Schiff } (\tfrac{1}{2} \text{ Ladung}) \ldots \frac{307 \cdot 4}{80} = 15{,}4 \text{ ,,}$$

$$\text{mittleres Schiff } (\tfrac{1}{4} \text{ Ladung}) \ldots \frac{307 \cdot 4}{160} = 7{,}7 \text{ ,,}$$

Schuppenbelegung: $\dfrac{6750 \cdot \tfrac{3}{4}}{\tfrac{3}{4} \cdot \tfrac{2}{3} \cdot 150 \cdot 40} = 1{,}7 \text{ t/m}^2$

bei großem Schiff mit $\tfrac{1}{2}$ Ladung, wenn $\tfrac{1}{4}$ Platz für Dauerlagerung in Anspruch genommen wird; bei großem Schiff (10000 BRT) und voller Ladung (11400 t Einfuhr und 4000 t Ausfuhr) muß der Schuppen zu $\tfrac{2}{3}$ ausgenutzt werden. Wenn dann $\tfrac{3}{4}$ des Umschlags über den Schuppen geht, ist die Schuppenbelastung:

$$\frac{10000 \cdot 1{,}14 \cdot 1{,}35 \cdot 3 \cdot 3}{150 \cdot 40 \cdot 4 \cdot 2} = 2{,}9 \text{ t/m}^2$$

(zulässig gemäß statischer Berechnung 3 t/m²).

Zweiter Ausbau (Becken 1 Nord), Stückgut.

Einfuhr 400000 t/Jahr — 200000 t/Jahr = 200000 t/Jahr,
Ausfuhr 160000 t/Jahr — 70000 t/Jahr = 90000 t/Jahr = 0,45 v. H. der Einfuhr
$$\overline{290000 \text{ t/Jahr} = 1,45 \text{ v. H. der Einfuhr}}$$

davon ¼ Umschlag Schiff/Bahn: Einfuhr 50000 t
Ausfuhr 22500 t
$$\overline{72500 \text{ t;}}$$

¾ Umschlag über den Schuppen: Einfuhr 150000 t
Ausfuhr 67500 t
$$\overline{217500 \text{ t.}}$$

Kailänge: 840 m.
Schuppenfläche: $40 \cdot (240 + 600)$ . . . . $= 33600 \text{ m}^2$,
nutzbare Schuppenfläche: $^2/_3 \cdot 33600$ . . . . . $= 22400 \text{ m}^2$,
Speicherfläche: $6 \cdot 25 \cdot 120 \cdot 3$ . . . . $= 54000 \text{ m}^2$,
nutzbare Speicherfläche: $^2/_3 \cdot 54000$ . . . . . . $= 36000 \text{ m}^2$,
Krane: $10 + 12 + 12$ . . . . $= 34$ Stück.

Belastung der Schuppen . . . . . $\dfrac{217500}{22400} = 9{,}7 \text{ t/m}^2/\text{Jahr}$,

der Speicher (bei 50 vH Speicherung) $\dfrac{217500}{2 \cdot 36000} = 3 \text{ t/m}^2/\text{Jahr}$,

des Kais . . . . $\dfrac{290000}{840} = 345 \text{ t/m}$,

der Krane: . . . . $\dfrac{290000}{307 \cdot 34} = 27{,}8 \text{ t/Tag;}$

mittlere Aufenthaltsdauer der Güter:
im Schuppen . . . . $\dfrac{307 \cdot 1 \cdot 22400}{217500} = 31{,}6$ Tage,

im Speicher (bei 50 vH Speicherung) $\dfrac{2 \cdot 307 \cdot 1 \cdot 36000}{217500} = 101{,}5$ Tage.

m) Fahrgastanlagen.

Der Eisenbahnbetrieb an der endgültigen Fahrgastanlage ist bereits in Abschnitt 6e behandelt worden. Die Fahrgastanlage liegt im endgültigen Ausbau am östlichen Menam-Ufer stromab der

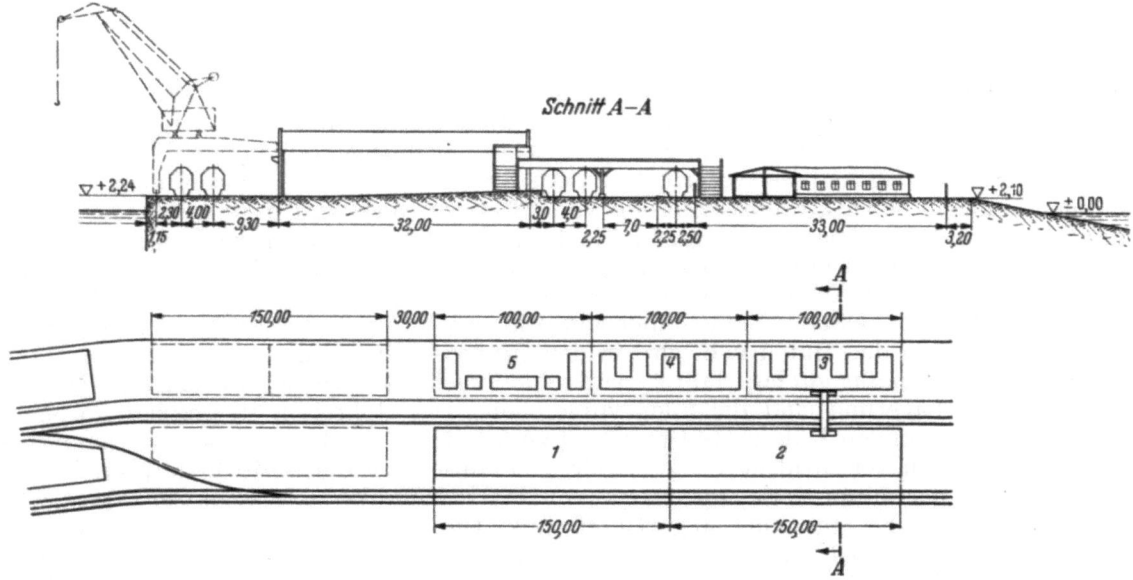

Abb. 76. Vorläufige Fahrgastanlage am Menamkai.
Oben von links nach rechts: Kai, Fahrgastschuppen (*1* = Einwanderung, *2* = Auswanderung), Übergang zur Quarantäne, Baracken für Quarantäne (*3*), Hospital (*4*) und Zoll (*5*), dahinter Binnenschiffskanal.

Einfahrt in die Stichbecken. Sie bietet Anlegestellen für zwei 160 m-Schiffe. Der Kaiabschnitt für die Einwanderung ist durch ein Gitter von dem übrigen Hafengelände abgetrennt, das erstens als Zollgitter dient und zweitens verhindert, daß Fahrgäste, die die ärztlichen Untersuchungsformalitäten noch nicht durchlaufen haben, mit der Außenwelt in Berührung kommen. Die ärztliche Untersuchung findet in dem Gebäude westlich der Einwandererstation statt. Personen, die seuchenverdächtig sind, kommen von dort aus in die eigentliche Quarantäne, und Seuchenkranke werden in das Hospital, das eine eigene Seuchenstation besitzt, eingeliefert. Personen, die gesundheitlich für einwandfrei befunden wurden, können das Hafengelände im Kraftwagen auf der mit drei Fahrspuren ausgerüsteten Straße, die im Osten und Norden im Zollinland um das Hafengelände herumführt, oder mit Hilfe der Eisenbahn verlassen. Die Auswanderer sind weder durch Zoll- noch durch Quarantänesperren auf ihrem Wege zum Schiff behindert. Gleis und Straße führen daher ohne Schranken an den dafür vorgesehenen Kai. Die Auswanderer gelangen vom Auswandererbahnsteig über eine leichte Fußgängerbrücke, die die Anschlußstraße überspannt, zum Auswandererkai, wobei sie das Kaiplanum über zwei Treppen, die seitlich an der Fußgängerbrücke angeordnet sind, erreichen. Die Begleiter begeben sich über die Brücke unmittelbar auf die Plattform, auf der sie der Abfahrt des Schiffes beiwohnen. Die Plattform ist für Begleitpersonen, die auf dem Straßenwege ankommen, noch im Osten und Westen mit je einer Treppe versehen. Unter der erhöhten Plattform wickelt sich der eigentliche Auswandererverkehr ab.

Die Fahrgastanlage für den ersten Ausbau liegt an der Stelle des Schuppens Nr. 5. Die Entfernung der Einbauten im Schuppen genügt, um ihn später seinem eigentlichen Zweck zuzuführen. Die vorläufige Fahrgastanlage ist in Abb. 76 gesondert dargestellt. Auch sie bietet Anliegestellen für zwei 160 m-Schiffe. Die eigentliche Fahrgasthalle wird für ausfahrende und einkommende Schiffe in der Mitte geteilt. Hinter ihr liegen an Stelle der Reismühle 5 Quarantäne, Hospital und Wohnbaracken für das Personal, die sämtlich durch einen Zaun vom übrigen Hafengelände und voneinander getrennt sind. Zwischen Quarantäne und der als Einwandererstation vorgesehenen östlichen Schuppenfläche stellt eine Übergangsbrücke die Verbindung so her, daß alle Einwanderer, ohne mit dem übrigen Hafenbetrieb vorher in Berührung zu kommen, der ärztlichen Untersuchung zugeführt werden können.

n) Schwerlastumschlag.

Für schwere Lastgüter ist im endgültigen Ausbau neben der Fahrgastanlage ein besonderer Lagerplatz von $100 \cdot 20 = 2000$ m² für Schwerlastgüter vorgesehen. Die Anliegestelle bietet dem 160 m-Schiff Platz. Sie besitzt einen guten Straßen- und Eisenbahnanschluß. Im ersten Ausbau liegt die Schwerlastanlage an der Stelle des später zu errichtenden Schuppens 4. Hier wird der Schuppenfußboden bereits jetzt hergestellt, so daß später ohne bauliche Veränderungen auf ihm der Reisschuppen errichtet werden kann. Für den Schwerlastkai sind besondere Krane erforderlich, die erhöhte Leistungsfähigkeit besitzen.

o) Reisumschlags- und Verarbeitungsanlagen.

Ein wesentlicher Teil des Hafengeländes wird durch Umschlags- und Verarbeitungsanlagen für Reis bzw. Rohreis (Paddy) in Anspruch genommen. Eine solche Umschlagsanlage ist zweiteilig. An der Kanalseite stehen Reismühle und Rohreissilos mit den dazugehörigen maschinellen Einrichtungen für Reisumschlag und Reisverarbeitung, das Trocknen, Vergasen und Müllen des Reises. Reismühlen sind mit einer Grundstückbreite von 33 m, vereinzelt im nördlichen und östlichen Teil des Hafens von 40 und 50 m vorgesehen. Die dazugehörigen Schuppen erhalten die schmaleren Abmessungen von 32 m, Schuppen 16 und 17 40 m (Abb. 70). Gemäß Abschnitt 6p können je Mühle, das ist auf 150 m Kailänge, 100000 t Rohreis im Jahr verarbeitet werden. Der größte Teil des Reises kommt aus dem Binnenlande mit Binnenschiffen und zwar im ungeschälten Zustande als Rohreis in den Hafen und wird in den Binnenschiffskanälen umgeschlagen. Dieser Rohreis ist verhältnismäßig gut lagerfähig, wenn seine Feuchtigkeitsgehalt 12—16 vH nicht übersteigt. Für seine Lagerung sind die Silos vorgesehen. Der Rohreis wird geschält, wobei die beim Schälen entstehenden Hülsen als Brennstoff zum Betrieb von Kraftwerken ausgenutzt werden können. Es fallen verhältnismäßig große Mengen Hülsen an, die weite Lagerplätze fordern. Zur Lagerung des gemüllten Reises dienen die vor den Reismühlen gelegenen Schuppen, die für eine etwa 4,5—5 m hohe Stapelung eingerichtet sind. Die Stapelung ist dadurch begrenzt, daß die Schuppenböden allgemein für 3 t/m² Belastung berechnet sind und diese Belastung ausgenutzt werden soll. Für den Reisumschlag bedarf man besonderer Anlagen. Während die Reismühle am Kanal angeordnet ist, wird am seeschifftiefen Kai der Lagerschuppen für gemahlenen und gesackten Reis in der gleichen Art wie die Stückgutschuppen errichtet werden. Für den Umschlag Schuppen-Schiff werden besondere Umschlagsgeräte angesetzt werden müssen, um große Umschlagsleistungen zu erzielen.

p) Berechnung der Leistungsfähigkeit der Umschlagsanlagen für Reis.

Für die Umschlagsanlagen für Reis gelten die Annahmen, die in Abschnitt 6l für Stückgut aufgeführt sind. Es werden die gleichen Untersuchungen durchgeführt. Dabei ist angenommen,

Der Seehafen von Bangkok. 343

daß auf 150 m Reismühlenlänge im Endausbau 100000 t Rohreis im Jahr verarbeitet werden. Die Leistungsfähigkeit der Umschlagsanlagen beträgt bei 10stündiger Arbeitszeit für die Entladung der Binnenschiffe auf der Kanalseite mit fünf Aggregaten im Mittel 100 t/Std. Die Tagesleistung beträgt 500 t, also gleich der Tagesleistung der Mühle, zuzüglich der Mengen, die im Silo gespeichert werden. Der Rohreis kommt in Kähnen von 20—70 t Tragfähigkeit lose an. Die Abmessungen dieser Kähne zeigt Zahlentafel 7.

Der gemahlene Reis wird abgesackt im Reisschuppen gelagert. Bei einer zulässigen Bodenbelastung von 3 t/m² beträgt die Stapelhöhe 4,5—5 m, das sind 14—16 Säcke. Aus dem Reisschuppen sollen gleichzeitig zwei Dampfer mit einer mittleren Ladefähigkeit von 5000 t und einer größten Ladefähigkeit von 10000 t beladen werden. Das entspricht einem BRT-Gehalt von $\frac{10000}{0{,}75 \cdot 2{,}83 \cdot 0{,}6} \cong 8000$ BRT, wenn das

Zahlentafel 7: Abmessungen der Binnenschiffe in Thailand.

Tragfähigkeit t	Länge m	Breite m	Tiefgang m
22,0	13,20	4,42	1,50
37,4	14,50	4,82	2,00
58,3	14,70	5,27	2,14

mittlere Raumgewicht des Reises 0,75 t/m³ ist. Die stündliche Leistung beträgt je Dampfer 1000 Sack in der Stunde, das ist 1000 · 240 · 0,454 kg netto/Stunde = 109 t/Stunde. Ein Sack wiegt netto 240 · 0,454 = 109 kg. Infolgedessen wird mit einer Beladeleistung von 100 t/Stunde über 10 Stunden gleich 1000 t/Tag gerechnet. Bei Minderung der Stundenleistung muß die Arbeitszeit etwa auf 16 Stunden verlängert werden. Der Rohreis wiegt 0,55—0,60 t/m³, der Reis 0,7—0,8 t/m³. Man erhält aus 100 t Rohreis rd. 67 t weißen Reis, 20 t Hülsen, und 13 t Kleie (Bran). Fast die gesamte Reisausfuhr geht über Bangkok. Vom ausgeführten Reis kommen an als Rohreis etwa $^2/_3$, als gemüllter Reis etwa $^1/_3$ der Gewichtsmenge des Gesamtreises, also ergeben 33 t weißer Reis und 100 t Rohreis zusammen 100 t Reisausfuhr. Der Rohreis kommt zur Zeit des ersten Ausbaues zu 80 vH im Boot und zu 20 vH mit der Eisenbahn an. Es kommen daher bei 100 t Reisausfuhr 80 t Rohreis im Schiff an. Die gesamte Reisausfuhr beträgt zur Zeit etwa 1600000 t. Die Mühle arbeitet unter den bestehenden Marktbedingungen 200 Tage im Jahr. Es wird daher mit 200 Arbeitstagen der Mühle, 365 Jahrestagen und 307 Schiffahrts- und Umschlagstagen gerechnet. Der Silo soll im ersten Teilausbau ein Fassungsvermögen von 15000 t entsprechend 30 Tagen Mühlenerzeugung erhalten, das ist 15 vH der Jahresleistung. Im Silo kann nur Rohreis gelagert werden, und zwar in 5—8 verschiedenen Sorten, von denen drei Sorten zu gleicher Zeit eingefüllt werden können. Die zulässige Lagerzeit von trockenem Rohreis beträgt mehrere Monate, die von abgesacktem Reis ebenfalls. Als Abfallerzeugnisse fallen außer „Bran" (Kleie) in der Reismühle noch Rohreishülsen an und zwar gewichtsmäßig 20 vH des verarbeiteten Rohreises. Die Hülsen haben ein Raumgewicht von 125 kg/m³; da der Rohreis 0,55—0,60 t/m³ wiegt und das Hülsengewicht = 20 vH des Rohreisgewichts ist, kommen auf 1 m³ Rohreis ungefähr 1 m³ Hülsen. Täglich werden im ersten Ausbau $\frac{500}{0{,}6} = 830$ m³ Rohreis verarbeitet und 830 m³ Hülsen erzeugt. Hierfür ist ein Lagerplatz von 75 · 33 = 2500 m² hinter dem Schuppen 4 vorgesehen.

1. Ausbau Menamkai (Schuppen 3).

Reismühlen . . . . 33 · 300 = 9900 m²;
Kailänge . . . . = 300 m;
Schuppen . . . . 32 · 300 = 9600 m²;
nutzbare Schuppenfläche . . $^2/_3$ · 9600 = 6400 m² (1. und 2. Teilausbau);
= 3200 m² (1. Teilsaubau).

Leistungsfähigkeit der Anlage:
Reismühle 1. Teilausbau (½ Mühle) 500 t Rohreis/Tag · 200 Tage = 100000 t Rohreis/Jahr;
„ 1. und 2. Teilausbau (1 Mühle) 1000 t Rohreis/Tag = 200000 t Rohreis/Jahr;
Silo 0,15 · 100000 t (1. Teilausbau) . . . . = 15000 t;
0,15 · 200000 t (1. und 2. Teilausbau) . . . . = 30000 t;
Schuppen 3200 m² · 3 t/m² (1. Teilausbau) . . . . = 9600 t;
6400 m² (1. und 2. Teilausbau) . . . . = 19200 t.

Belastung im Jahre:
Schuppen 3, wenn die gesamte Reisausfuhr durch den Schuppen geht
$$\frac{100000}{6400} = 15{,}6 \text{ t/m}^2/\text{Jahr};$$

Kai . . . . $\frac{100000}{150} = 667$ t/m/Jahr.

Lagerungszeit des Gesamtumschlags von 100000 t:
im Silo (Rohreis) 30 Arbeitstage der Mühle . . . . = 54,8 Jahrestage;
im Schuppen bei 3 t/m²: $\frac{200 \cdot 3 \cdot 3200}{100000}$ . . . . = 19,2 Arbeitstage der Mühle,
= 35 Jahrestage,
= 29,5 Schiffahrtstage.

Anzahl der Schiffe auf 150 m Kailänge:

bei mittleren Schiffen . . . . . $\frac{100\,000}{5000} = 20$ Schiffe/Jahr,

„ „ mit ½ Fracht . . . $\frac{100\,000}{2500} = 40$ Schiffe/Jahr,

„ großen Schiffen . . . . . . $\frac{100\,000}{10\,000} = 10$ Schiffe/Jahr.

Liegezeit, erforderlich:

für mittlere Schiffe . . . . . . $\frac{5000}{1000} = 5$ Arbeitstage der Umschlagsgeräte,

„ „ mit ½ Fracht . . $\frac{2500}{1000} = 2,5$ „ „ „

„ große Schiffe . . . . . . $\frac{10\,000}{1000} = 10$ „ „ „

vorhanden:

„ mittlere Schiffe . . . . . $\frac{307}{20} \simeq 15,4$ Schiffahrtstage,

„ „ mit ½ Fracht . . $\frac{307}{40} \simeq 7,7$ „

„ große Schiffe . . . . . . $\frac{307}{10} \simeq 30,7$ „

2. Ausbau Menamkai (Schuppen 3, 4 und 5, Mühle 3 und 5).

Leistungsfähigkeit der Anlage:

Mühlen 4 · 100 000 . . . . = 400 000 t Rohreis/Jahr;
Silo 4 · 15 000 . . . . = 60 000 t Rohreis;
Schuppen 2,5 · 6400 · 3 . . . . = 48 000 t Reis.

Belastung im Jahr (wenn die gesamte Reisausfuhr durch die Schuppen geht):

Schuppen . . . . $\frac{400\,000}{2,5 \cdot 6400} = 25$ t/m²;

Kai . . . . $\frac{400\,000}{750} = 534$ t/m.

Lagerungszeit des Gesamtumschlages von 400 000 t:
im Silo (Rohreis) 30 Arbeitstage der Mühlen . . . . = 54,8 Jahrestage;

in den Schuppen bei 3 t/m²: $\frac{200 \cdot 3 \cdot 6400 \cdot 2,5}{400\,000}$ . . . . . = 24 Arbeitstage der Mühlen.
= 43,8 Jahrestage.
= 36,8 Schiffahrtstage.

Anzahl der Schiffe auf 5 Liegeplätzen (750 m Kailänge):

bei mittleren Schiffen . . . . . $\frac{400\,000}{5000} = 80$ Schiffe/Jahr;

„ „ mit ½ Fracht . . . $\frac{400\,000}{2500} = 160$ „

„ großen Schiffen . . . . . $\frac{400\,000}{10\,000} = 40$ „

Liegezeit, erforderlich wie unter 1.

für mittlere Schiffe mit ½ Fracht . . . $\frac{5000}{1000} = 5$ Arbeitstage der Umschlagsgeräte (Schiffahrtstage)

„ „ „ . . . . . . $\frac{2500}{1000} = 2,5$ „ „ „ „

„ große „ . . . . $\frac{10\,000}{1000} = 10$ „ „ „ „

Liegezeit bei 5 Schiffsliegestellen
vorhanden:

für ein mittleres Schiff . . . . . $\frac{307 \cdot 5}{80} = 19,2$ Schiffahrtstage;

„ „ „ „ (½ Fracht) $\frac{307 \cdot 5}{160} = 9,6$ „

„ „ großes Schiff . . . . . . $\frac{307 \cdot 5}{40} = 38,4$ „

Schuppenbelegung für 1 Schiff (gültig für jeden Ausbau):

$$\frac{10\,000}{3200} = 3,13 \text{ t/m}^2, \text{ zulässig 3 t/m}^2.$$

Da ein Teil des Reises unmittelbar mit der Bahn oder im Kraftwagen ankommt, reicht die Belegung mit 3 t/m² aus.

Der Seehafen von Bangkok. 345

3. Späterer Ausbau.

Je Mühle (150 m Frontlänge) = 100000 t Rohreis/Jahr = 667 t Rohreis/lfd. m Mühle, das sind 667 · 0,667
= 445 t/m weißer Reis.

						t Rohreis/Jahr	t weißer Reis/Jahr
Becken 1 Süd:	4	Mühlen mit	1040 m	Länge	=	693700	= 462800
„ 1 „ :	3	„	740 m	„	=	493600	= 329300
„ 2 Nord:	4	„	970 m	„	=	647000	= 431700
Menam-Kai:	2	„	600 m	„	=	400000	= 267000
						2234300	= 1490800

Bei Steigerung der Arbeitszeit der Mühlen von 200 auf 300 Tage 3350000 t Rohreis/Jahr.

4. Bemessung des Silos.

Der erforderliche Speicherraum ergibt sich als Differenz aus der Zu- und Abfuhrsumme zum bzw. vom Hafen.
Reisspeicherung 1938 in t siehe Zahlentafel 8. Es ist die
mittlere Monatsmenge 106000 t; die
größte Monatsmenge 218564 = 2,06 mal der
mittleren Monatsmenge;
Jahresmenge 1272000 t;
Speichermenge 170000 t Reis.

Dementsprechen $170000 \cdot \frac{2}{3} \cdot \frac{3}{2} = 170000$ t

Rohreis, das ist 13,4 vH der Jahresmenge.
Gewählter Speicherraum im Silo für 1. Teilausbau 15 vH.

5. Speicherung des gesackten Reises im Schuppen
= 29,5 Schiffahrtstage (s. unter 1),
mittlere Abfahrt der Schiffe alle 15,4 Schiffahrtstage (s. S. 344).

Der Schuppeninhalt (mehr als eine Schiffsladung) würde umgeschlagen werden in $\frac{19200}{1000}$
≙ 20 Schiffahrtstagen.
Die Bemessung ist also reichlich.

Zahlentafel 8: Verteilung der Reisausfuhr während des Jahres 1938.

Monat	Monatliche Ausfuhr t	Summen der Monatsausfuhr t	Summen der Zufuhr bei gleichmäßiger Verteilung t	Speicherbedarf t
1	124360	124360	106000	18360
2	134292	258652	212000	46652
3	218564	477216	318000	159216
4	113402	590618	424000	166618
5	108695	699313	530000	169313
6	83663	782976	636000	146976
7	106492	889468	742000	147468
8	93840	983308	848000	135308
9	72075	1055383	954000	101383
10	66404	1121787	1060000	61787
11	62237	1184024	1166000	18024
12	87974	1271998	1272000	0000

6. Belastung der Wasserstraßen:

Erfolgt im Endausbau $^2/_3$ der Anfuhr von Reis und Rohreis auf dem Wasserwege, dann werden jährlich mit Kähnen in den Hafen gebracht:

Bei Kahnladungen von i. M. 35 t beträgt der Verkehr in den Binnenschiffskanälen (Klongs) bei 307 Schiffahrtstagen:

Zahlentafel 9: Reisumschlag auf dem Wasserwege Fall 1.

Nähere Bezeichnung	Reismühlenlänge m	Rohreisanfuhr t	Reisanfuhr t	Rohreis- und Reisanfuhr t
Menam-Kai	600	267000	89000	356000
I Süd	1040	462800	154000	616800
II „	740	329300	110000	439300
II Nord	970	431700	144000	575700
zusammen:		1490800	497000	1987800

Zahlentafel 10: Binnenschiffsverkehr im Hafen 1. Fall.

Nähere Bezeichnung	Kähne je Tag	Häufigkeit des Eintreffens der Kähne min.
Menam	33 ⎱ 91	6,6
I Süd	58 ⎰	
II „	41	14,6
II Nord	54	11,1

Erfolgt im Endausbau $^4/_5$ der Anfuhr von Reis und Rohreis auf dem Wasserwege, dann werden im Jahre mit Kähnen in den Hafen gebracht:

Zahlentafel 11: Reisumschlag auf dem Wasserwege 2. Fall

Nähere Bezeichnung	Reismühlenlänge m	Rohreisanfuhr t	Reisanfuhr t	Rohreis- und Reisanfuhr t
Menam	600	320000	107000	427000
I Süd	1040	555000	185000	740000
II „	740	395000	132000	527000
II Nord	970	517000	173000	690000
zusammen:		1787000	597000	2384000

Zahlentafel 12: Binnenschiffsverkehr im Hafen 2. Fall.

Nähere Bezeichnug	Kähne je Tag	Häufigkeit des Eintreffens der Kähne min.
Menam	40 ⎱ 109	5,5
I Süd	69 ⎰	
II „	49	12,2
II Nord	64	9,4

Für jeden Kahn steht vor der Mühle eine Strecke von etwa 13 m zur Verfügung, wenn die Kähne eines Tages auf Abruf liegen. Die größte Kahnlänge beträgt 15 m. Für je 100000 t Jahresleistung würden mit fünf Aggregaten zu je 10 t/Std mittlerer Stundenleistung unter Berücksichtigung der Ausfälle (20 t/Std durchschnittliche Maschinenleistung) alle 42 min ein Kahn geleert. Rechnet man, daß vor jedem Aggregat ein Kahn in Bereitschaft liegt, so werden Liegeplätze für 10 · 15 = 150 m gebraucht, was der Länge einer Mühle zu 100000 t entspricht. Die Kähne können also hintereinander liegen und werden in 3½ Stunden geleert. Bei der vollen ungestörten Maschinenleistung dauert das Löschen eines Kahnes 1¾ Stunden. Nach Tabelle 8 beträgt die größte Monatsausfuhr 1938 rd. das zweifache der mittleren Ausfuhr. Nimmt man eine gleiche Spitzenbelastung bei der Ankunft der Reiskähne an, so müssen die Kähne zweireihig gelegt werden.

Der Gesamtverkehr in dem Kanal steigt dann, wenn ²/₃ (⁴/₅) von Reis und Rohreis auf dem Wasserwege ankommen, auf eine Kahnhäufigkeit von 3,3 (2,75) min (Menam-Kai-Kanal und I Süd) bzw. 7,3 (6,1) min (II Süd) bzw. 5,6 (4,7) min (II Nord). Die Querschnitte der Kanäle sind wegen dieses starken Verkehrs entsprechend breit ausgebildet worden, vor allem der Kanal für den Menam-Kai und I Süd, der die Hauptbelastung bekommt 91 (109) Kähne/Tag).

(Die eingeklammerten Zahlen gelten für den Fall, daß ⁴/₅ von Reis und Rohreis auf dem Wasserwege ankommen.)

q) Sonstige Anlagen an seeschifftiefen Kais.

Ergänzt werden die bisher erwähnten Anlagen durch eine Viehumschlagsanlage und eine Bekohlungsanlage mit den erforderlichen Lagerplätzen, die am östlichen Menam-Kai liegen.

Die Bekohlungsanlage ist erstens für die Versorgung der Schiffahrt gedacht und zweitens für den allgemeinen öffentlichen Kohlenumschlag, der, da Thailand bislang keine nennenswerten Kohlengruben besitzt, in Zukunft möglicherweise noch an Umfang zunehmen wird. An der Bekohlungsanlage sollen die Dampfer entweder unmittelbar anlegen, um Kohle zu löschen oder zu laden oder es soll das Laden von dort aus durch Kohlenbarken, die an die Schiffe, die an den Kais liegen, heranfahren, erfolgen.

Ein Treibstoffhafen ist nicht vorgesehen, da in unmittelbarer Nähe der neuen Hafenanlagen bereits ein solcher besteht. Die Versorgung der Seeschiffe mit Treibstoffen erfolgt mit Hilfe von Tankschiffen.

r) Anlagen am binnenschiffstiefen Kai.

Außer den Reismühlen und Reissilos, die sämtlich an den Kanälen liegen, liegen auch die Speicher und das Kraftwerk an Kanälen. Weiter ist eine Kanalstrecke im Nordosten des endgültigen Ausbaues für die Ansiedlung der Industrie vorgesehen. Außerdem liegen am binnenschiffstiefen Wasser der Bootshafen am Westende des Menam-Kai-West, der für die Boote der Zollverwaltung und der Hafenbehörden gedacht ist, sowie der Bootshafen an der östlichen Spitze des Menam-Kai-West, der außer Booten der Zoll- und Hafenverwaltung auch anderen Motorbooten Anlegemöglichkeiten bieten soll.

s) Trockendocks.

Für die beiden Trockendocks ist im endgültigen Ausbau der östlichste Teil des Hafengeländes ausgenutzt (Abb. 77). Zunächst soll hiervon nur das kleinere Dock von 190 m Länge und 23 m Sohlenbreite gebaut werden. Die Oberkante des Drempels liegt auf —9,10 m, bezogen auf MW. Die Drempeltiefe ist so gewählt, daß bei NTnw (—1,72) noch eine Wassertiefe von 7,38 m vorhanden ist, so daß also Schiffe bis 6,80 m Docktiefgang bei NTnw in das Dock einlaufen können.

Die Docksohle liegt mit Rücksicht auf die Kielstapelhöhe von 1,20 m auf —10,00 m. Desgleichen erwies sich als notwendig, für Schiffe mit mehr als 6,80 m Tiefgang, die nur bei höheren Wasserständen in das Dock einlaufen können, die Sohle am Dockeinlauf ebenfalls auf —10,00 m zu legen, und zwar weil bei größeren Wartezeiten die Möglichkeit besteht, daß sonst ein solches Schiff bei NTnw auf dem Grund aufsitzt.

An der rechten Einfahrt in das Dock ist eine Anlegestelle für ein 160 m-Schiff vorgesehen. Diese Anlegestelle liegt schräg zur Dockachse und springt um 25 m hinter die eigentliche Dockeinfahrt zurück. Diese 25 m waren erforderlich, um genügend Raum zum Aufstellen des ausgeschwommenen Dockschwimmtores (25 m Länge) zu gewinnen.

Die lichte Weite der eigentlichen Dockeinfahrt beträgt 23 m (Abb. 78). Der Querschnitt hat schräge Seitenwände, die von zwei senkrechten Pfeilern unterbrochen werden.

Parallel zu diesem kleinen Trockendock ist noch ein großes Trockendock geplant, das vorerst mit einer Sohlenlänge von 250 m, einer Sohlenbreite von 28 m und einer Sohlhöhe auf —12 m eingetragen ist. Beide Docks sind getrennt durch eine 90 m breite Landzunge, die mit einem Schuppen (26 · 100 m), mit Gleisen für Eisenbahn und Krane, Straßenanschluß und Lagerplätzen ausgerüstet ist. Ebenso liegen auf den beiden Außenkais der Docks Lagerplätze mit Eisenbahn- und Straßenanschluß und Krangleisen für die Ausrüstungskrane. Die vor den Docks befindlichen Kais sind auch als Ausrüstungskais gedacht. Das vorerst in Bau genommene kleine Dock ist ausgerüstet mit Volltorkranen von 15 t Tragfähigkeit am Westkai und 20 t am Ostkai vor dem Schuppen. Die genannten Krane haben eine größte Ausladung von 19 bzw. 22 m. Aus Zweckmäßigkeitsgründen wurde der Kran am Ostkai, da zwischen Dock und Schuppen arbeitend, mit größerem Tragvermögen und größerer Reichweite ausgestattet.

Jedes Dock wird mit einem eigenen Pumpwerk ausgerüstet. Die Sohle erhält parallel zur Dockachse zwei Entwässerungsgräben mit Gefälle nach dem Pumpwerk hin. Von einer Zusammenlegung der beiden Pumpwerke zu einer gemeinsamen in der Mitte liegenden Anlage wurde wegen der dann vorhandenen langen Wasserwege abgesehen. Der Schuppen ist jedoch so gelegt, daß er die beiden Docks bedienen kann. Die Lagerplatzfläche für das kleine Dock beträgt ~ 1 ha, für das große ~ 1,15 ha, zusammen 2,15 ha.

t) Siedlungsgebiet.

Dasjenige Hafengelände, welches nicht unmittelbar für die eigentlichen Hafenanlagen günstig ausnutzbar erschien, ist in Siedlungen aufgeteilt worden. Eine Siedlung im Nordwesten enthält, außer den Zollverwaltungsgebäuden, Gelände für die Wohnungen von Zolloffizieren und Zollmannschaften sowie Siedlungsgelände für das im Hafen beschäftigte Personal. Das im Osten gelegene Gelände kann für den gleichen Zweck verwendet werden. Das Gebiet in der Nähe des Hospitals soll in erster Linie als Wohnviertel für das Quarantänepersonal dienen. Außer diesen geschlossenen Wohngebieten befinden sich im Hafen verstreut Verwaltungsgebäude für die Polizei und die Hafenbehörden, ferner sanitäre Anlagen (Aborte, Müllkästen) und im Lageplan nicht besonders gekennzeichnete Gebäude, die als Verpflegungshallen für das Hafenpersonal sowie aus anderen zwingenden Gründen erbaut werden müssen.

Es ist zwischen den Verschneidungen von Straßen, Eisenbahnen und Kaikanten insbesondere vor Kopf der Hafenbecken und Hafenzungen Gelände vorhanden, das für eigentliche Hafenzwecke nicht gut ausgenutzt

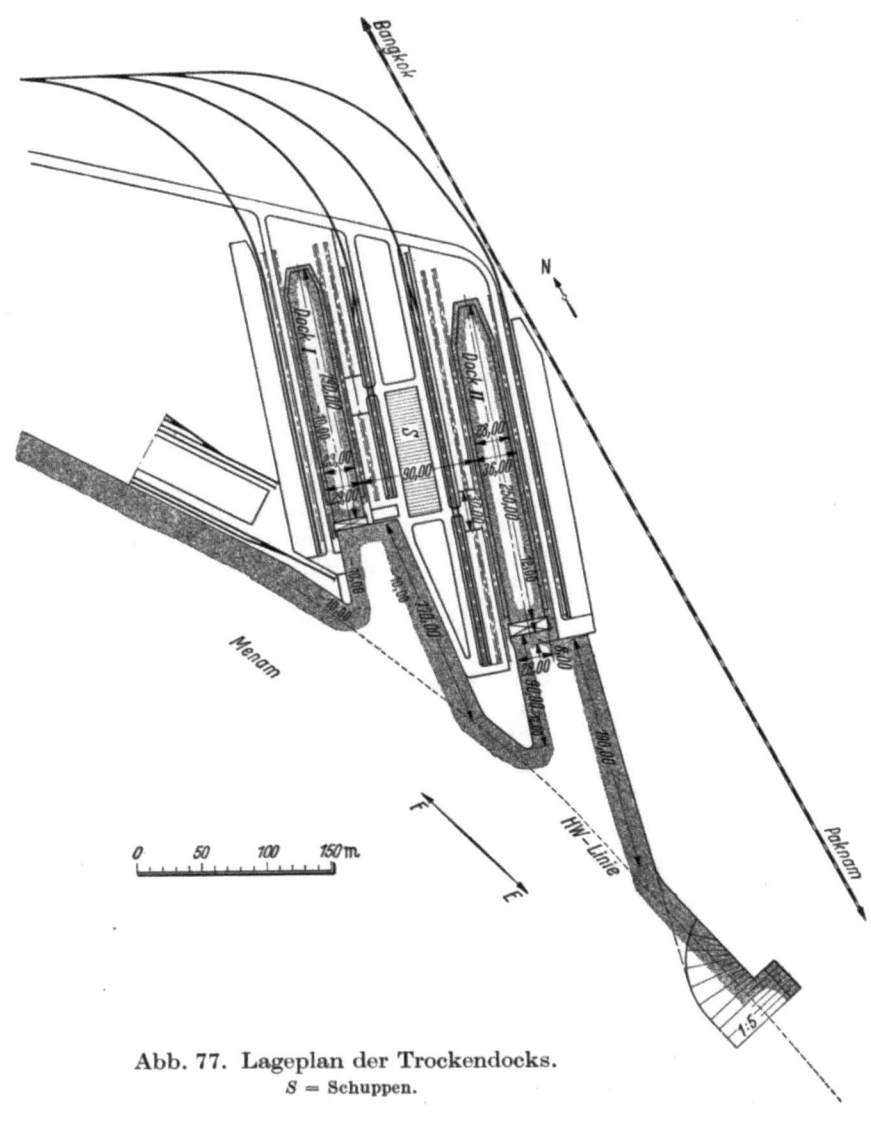

Abb. 77. Lageplan der Trockendocks.
S = Schuppen.

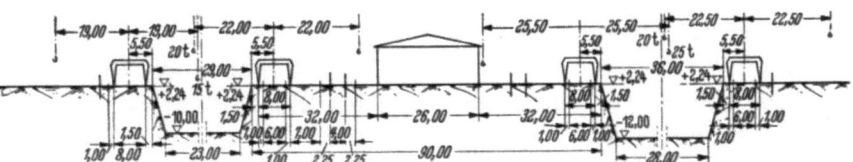

Abb. 78. Querschnitt durch die Trockendocks.

werden kann, jedoch zur Errichtung solcher Gebäude sehr geeignet erscheint. Ein Teil dieses Geländes ist durch Parkplätze für Personen- und vor allem Lastkraftwagen in Anspruch genommen. Es ist besonderer Wert darauf gelegt worden, daß dem Lastkraftwagenverkehr, dessen Umfang immer mehr wächst, genügend breite Verkehrswege zur Verfügung gestellt und Parkplätze so angeordnet werden, daß keine allzu großen Entfernungen zwischen Parkplätzen und Umschlagstellen überwunden werden müssen.

u) Versorgungsleitungen.

Der Hafen muß versorgt werden mit Gas, Wasser, Elektrizität, Fernsprechleitungen und Feuerschutzanlagen. Außerdem muß eine Straßenentwässerung für die starken Niederschläge sowie für Abwässer geschaffen werden. Diese Leitungen werden in üblicher Weise im Straßenquerschnitt untergebracht. Die Abwasserleitungen sind auf natürliches Gefälle angewiesen und daher abhängig von der Lage der Straßenoberkante zu dem Wasserspiegel im Hafen.

v) Einzelbauwerke des ersten Ausbaues.

Für den bisher ausgeschriebenen Teil des ersten Ausbaues sind die Einzelbauwerke bereits entworfen und in der Ausführung begriffen. Mit Rücksicht auf den gleichmäßig anstehenden Tonboden, der in seinen oberen Schichten als ausgesprochen schlechter Baugrund bezeichnet werden muß (Abb. 79), hat die Lösung der Frage nach einer wirtschaftlichen und technisch einwandfreien Uferbegrenzung erhebliche Schwierigkeiten bereitet. Die gewählten Pfahlrostbauwerke passen sich dem Verhalten des Bodens, der zu sehr langsamen und großen Bewegungen neigt, an. Zur Entlastung des Wasserdruckes auf diese Bauwerke sind in je etwa 60 m Abstand Entwässerungsrohre eingebaut, die einen Überdruck des Wassers auf die Mauer verhindern. Die Ausflußöffnungen der Straßenentwässerung sind durch die Vorderkante der Mauer geführt. Die Gründung der Kaischuppen schließt sich so an die Kaimauern an, daß auch dadurch eine weitere Entlastung der Mauer vom Erddruck erreicht wird.

Die bisher entworfenen Gründungsbauwerke weisen ziemlich deutlich die Richtung auf, in der sich auch die zukünftigen Gründungsentwürfe halten müssen. Der Pfahlrost wird bei allen Bauwerken, die eine stärkere Belastung des Bodens hervorrufen und keinen allzu starken Setzungen ausgeliefert sein dürfen, wiederkehren. Eine Ausnahme machen tiefe Bauwerke wie das Dock wo eine besondere Konstruktion gefunden worden ist. Da der Pfahlrost aus einheimischen Baustoffen hergestellt werden kann, ist seine Anwendung auch aus volkswirtschaftlichen Gründen gegeben. Für die Aufbauten aus Eisenbeton steht ebenfalls im Lande hergestellter Zement zu Verfügung.

w) Umfang der Hafenanlagen.

Die nutzbaren Uferlängen, Wasserflächen und die Aushubmassen für den ersten und den endgültigen Ausbau gehen aus der Tafel 13 hervor.

x) Bauprogramm.

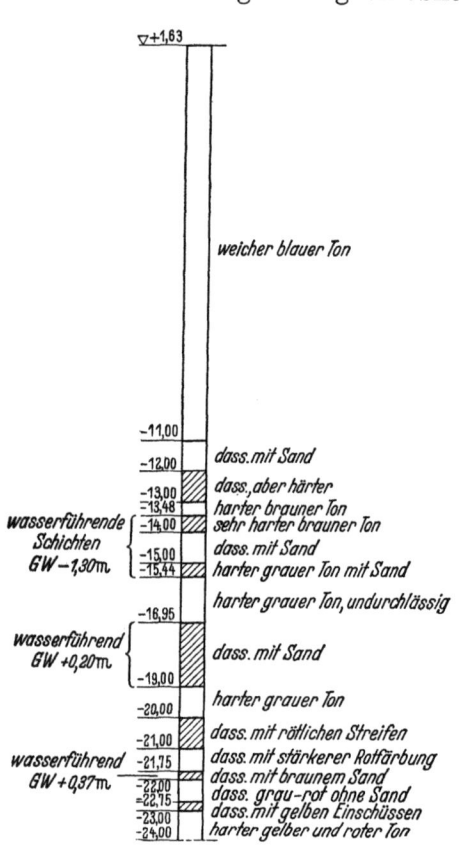

Abb. 79. Bohrprofil im Hafengelände.

In der Abb. 80 ist das voraussichtliche Bauprogramm für den Hafen Bangkok einschließlich der Regulierung des Menam-Stromes gegeben, wie es sich nach den bisherigen Arbeiten ergibt. Von den eingetragenen Arbeiten ist der erste Ausbau der Kaimauer bereits im Gange. Mit den Schuppenbauten kann begonnen werden, sobald etwa ein Drittel der Mauer einschließlich der Schuppenböden und der Flurs erstellt sind.

y) Zusammenfassung.

Die Gründe für den unterschiedlichen Ausbau des Seehafens Bangkok, der jetzt ausgeführt wird, gegenüber dem Bericht der Sachverständigen des Völkerbundes sind folgende:

Bei einem Ausbau einer nur 500 m langen, am Menam gelegenen Kaistrecke mit nur einem Stückgutschuppen, einem Reisschuppen, einer Reismühle und einem Speicher, wie ihn dieser Bericht empfahl, konnte niemals der erste Bedarf an Hafeneinrichtungen für den vorhandenen Umfang an Ein- und Ausfuhr in Bangkok gedeckt werden. Es hätte dann der heutige, mißliche Zustand der zerrissenen, damit unübersichtlichen und schwer zu überwachenden alten Hafenanlagen für eine ganze Reihe von Jahren mit in den neuen Hafenbetrieb hineingenommen werden müssen.

Es mußte also Vorsorge getroffen werden für:

a) genügend Stapelraum für zu ladende und entladende Güter und für Dauerlagerung von Einfuhrgütern für 6 Monate bis 1 Jahr;

hierfür waren notwendig:
2 Stückgutschuppen von 300 m Länge und 40 m Breite,
1 zwei- bzw. dreistöckiger Speicher von 120 m Länge und 25 m Breite;

b) eine Reismühle von 500 t Tagesleistung mit den dazugehörigen Siloanlagen, einem Reislagerschuppen von 300 m Länge und 32 m Breite, und einem Rohreislager;

c) die Anlagen für den Schwerlastgüterumschlag mit Stapelplatz von 150 m Länge und 32 m Breite;

d) die Abfertigungsanlage für die sehr hohe Zahl von Ein- und Auswanderern mit den dazugehörigen vorläufigen Quarantäne- und Hospitalbaracken in einer Gesamtlänge von 300 m;

e) ein Bootshafen für die Verwaltungsfahrzeuge;

f) eine landwärts gelegene Wasserstraßenverbindung für Binnenwasserfahrzeuge zur Reismühle und zum Speicher;

g) ein Trockendock, in dem das Regelfrachtschiff des Weltverkehrs gedockt werden kann.

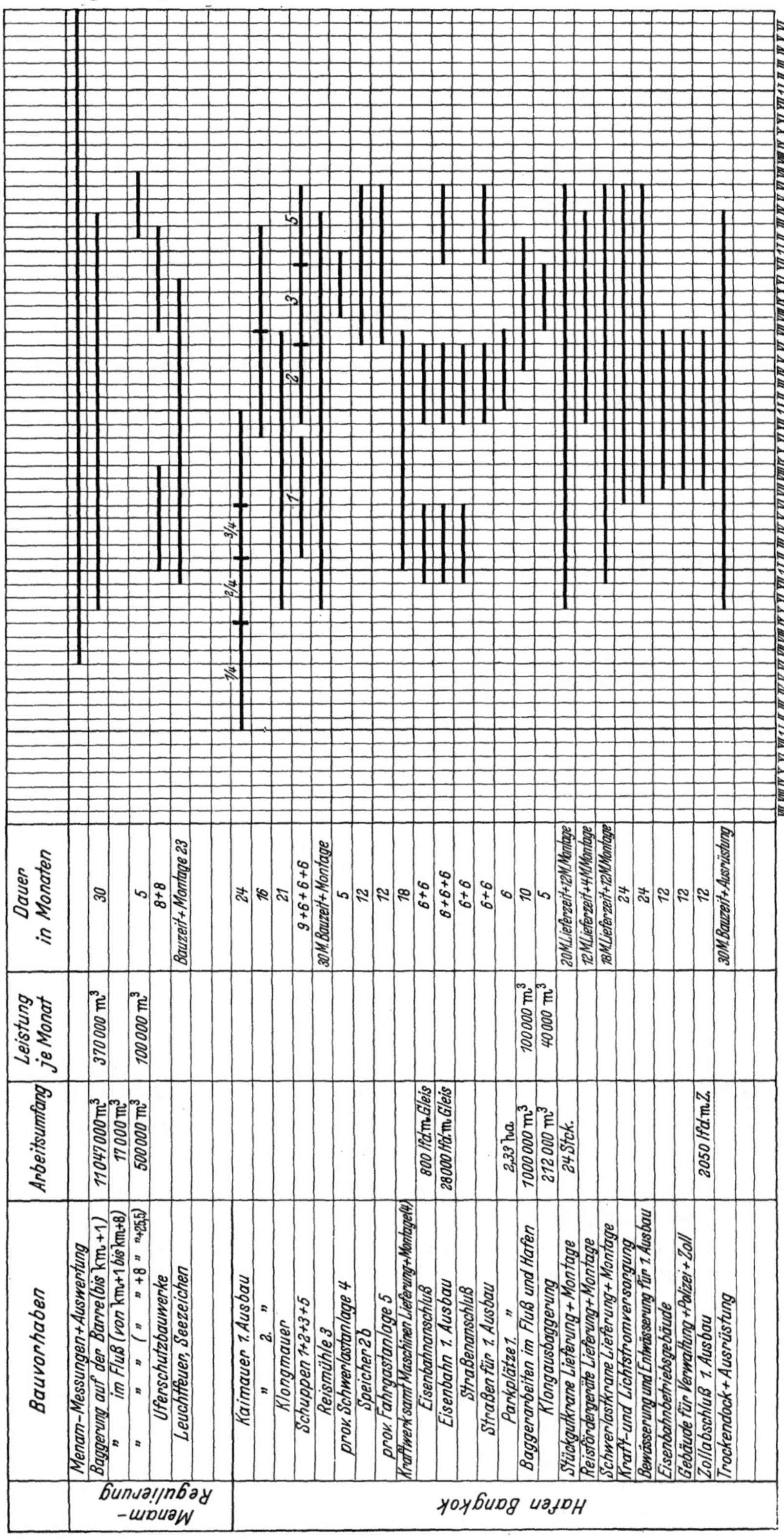

Somit kam man von vornherein zu einer Gesamtkailänge am Menam von rd. 1500 m Länge, die den großen Vorteil einer in sich geschlossenen Anlage aufweist und sich in der Herstellung, auf die Einheit umgerechnet, wesentlich billiger stellte als der schrittweise Ausbau mit seinen betrieblichen Nachteilen.

Es war so der Vorteil ausnutzbar, Hafenanlagen von vornherein zur Verfügung zu haben, die dem Verkehr voraussichtlich für die ersten 10 Jahre genügen werden, weil genügend Ausbaumöglichkeiten für Reismühlen und Speicher am fertigen Kanal vorhanden sind.

Des ferneren wurde die ganze Abfertigung der Schiffe, die Zollbehandlung der Waren und die Überwachung des Hafens wesentlich vereinfacht.

Abb. 80. Vorläufiges Bauprogramm für die Arbeiten des Hafenausbaues und der Menamregulierung bei Beginn der Arbeiten im Jahre 1939. (Durch den Ausbruch des Krieges ist eine Durchführung aller Arbeiten im ursprünglich vorgesehenen Zeitmaß nicht möglich.)

Zahlentafel 13: Hauptmaße des Hafens.

Sachangabe	Nähere Bezeichnung	Abmessung
	I. Nutzbare Uferlängen	
A. Seeschifftiefes Ufer	1. Ausbau Endausbau	1650 m 7160 m
B. Klong	1. Ausbau Endausbau	500 m 6500 m
	II. Nutzbare Wasserflächen	
A. Seeschifftiefe Hafenwasserflächen	1. Ausbau (nutzbare Menam-Wasserfläche): a) Baggerziel —9,50 b) Baggerziel —11,50 (mit 250 m nutzbarer Sohlbreite) Endausbau: Nutzbare Menam-Wasserfläche im Hafengebiet Hafenbecken und Zufahrten	 38 ha 47 ha 63 ha 36 ha
B. Wasserflächen an den Dockvorhäfen	1. Kleines Dock 2. Großes Dock	0,67 ha 0,95 ha
C. Klongwasserflächen	1. Ausbau davon bei NTnw nutzbar Endausbau	4,9 ha 2,4 ha 15,8 ha
D. Bootshafenwasserflächen	Westlicher Bootshafen Östlicher Bootshafen	0,28 ha 0,14 ha
	III. Aushubmassen	
A. Aushubmassen im seeschifftiefen Gebiet vom westlichen Bootshafen bis einschl. Docks	1. Ausbau: Ausbauziel vor den Kajen —9,50 und Einfahrt zum kleinen Dock —10,0 Ausbauziel vor den Kajen —11,5, 250 m nutzbare Breite und Sohle der Einfahrt zum kleinen Dock —10,0 Endausbau: a) Beckenaushub α) Ausbauziel — 9,50 β) Ausbauziel —11,50 b) Einfahrt zum großen Dock	 1 000 000 m³ 2 100 000 m³ 3 820 000 m³ 4 540 000 m³ 130 000 m³
B. Aushubmassen der Klongs	1. Ausbau Endausbau	212 000 m³ 710 000 m³
C. Gesamter Aushub bei Endausbau rund		7,5 Mill.

7. Die Regulierung des Chow Phraya Flusses (Menam) und die Durchbaggerung der Barre mit Hauptkanal.

Da im Gegensatz zu europäischen Verhältnissen irgendwelche Unterlagen über Gezeitenverlauf, Wasserstandsverhältnisse, Strömungsverhältnisse, genaue Wassertiefen im Menam und seinem Mündungsgebiet, Salzgehalt, Sinkstoffgehalt, Wassertemperaturen, Bodenverhältnisse usw. nicht vorhanden waren, mußten die Vorarbeiten möglichst bald in Angriff genommen werden, um die derzeitigen natürlichen Verhältnisse im Menam und seinem Mündungsgebiet wenigstens annähernd festzustellen.

Der große Nachteil lag nun darin, daß für diese Vorarbeiten praktisch nur 12 Monate zur Verfügung standen, von denen rd. 6 Monate für den Bau der Vermessungsfahrzeuge und Beschaffung der erforderlichen Meßgeräte benötigt wurden. Praktisch wurde dann auch erst im Mai 1939 mit den Messungen begonnen.

Verwendet wurden: drei Peilboote der Elsflether Werft (Abb. 81) von 17,60 m Länge über alles, 4,27 m Breite, 1,00 m Tiefgang, 9,6 Sm/Stde Geschwindigkeit, mit eingebautem Echolot und Echograph der Atlas-Werke Bremen für geringe Wassertiefen bis 30 m, je einem Potomac-Flügel der Firma A. Ott, Kempten, je einem Bodengreifer der Firma Hayen, Wilhelmshaven, je einem Wasserschöpfer mit Thermometer der Firma Schweder, Kiel, ferner 9 Stück kleinere Flügel „Sonas" der Firma A. Ott, Kempten und 24 Stück selbstschreibende Pegel der Firma A. Ott, Kempten.

Zur Einarbeitung für die mit den obigen Apparaten vorzunehmenden Messungen wurden auf meinen Vorschlag hin Commander Luang Subhi Udokadhar und Senior Lieutenant Sanid *Mahakita* auf rd. 3 Monate nach Deutschland gesandt. Dank des Entgegenkommens der zuständigen deutschen Regierungsstellen erhielten sie bei den Meßarbeiten für die Landgewinnungsarbeiten an der Westküste Schleswig-Holsteins, bei den Strombauarbeiten an der Unterweser und vor der Jade den erforderlichen Ein- und Überblick. Über den Bau und die Unterhaltung der Apparate wurden sie bei den Firmen Atlas-Werke Bremen und A. Ott, Kempten, unterrichtet.

Als erste Maßnahmen wurden dann die erforderlichen Absteckungen und Einmessungen der Meßprofile (Abb. 82), die Kilometrierung im Menam und Mündungsgebiet und die Aufstellung der Schreibpegel durchgeführt.

Die gesamten Meßarbeiten wurden dann in dem nachstehenden Arbeitsprogramm festgelegt, wobei es vorbehalten bleiben muß, Vereinfachungen aus dem Zwang der Verhältnisse heraus vorzunehmen (Zahlentafel 14).

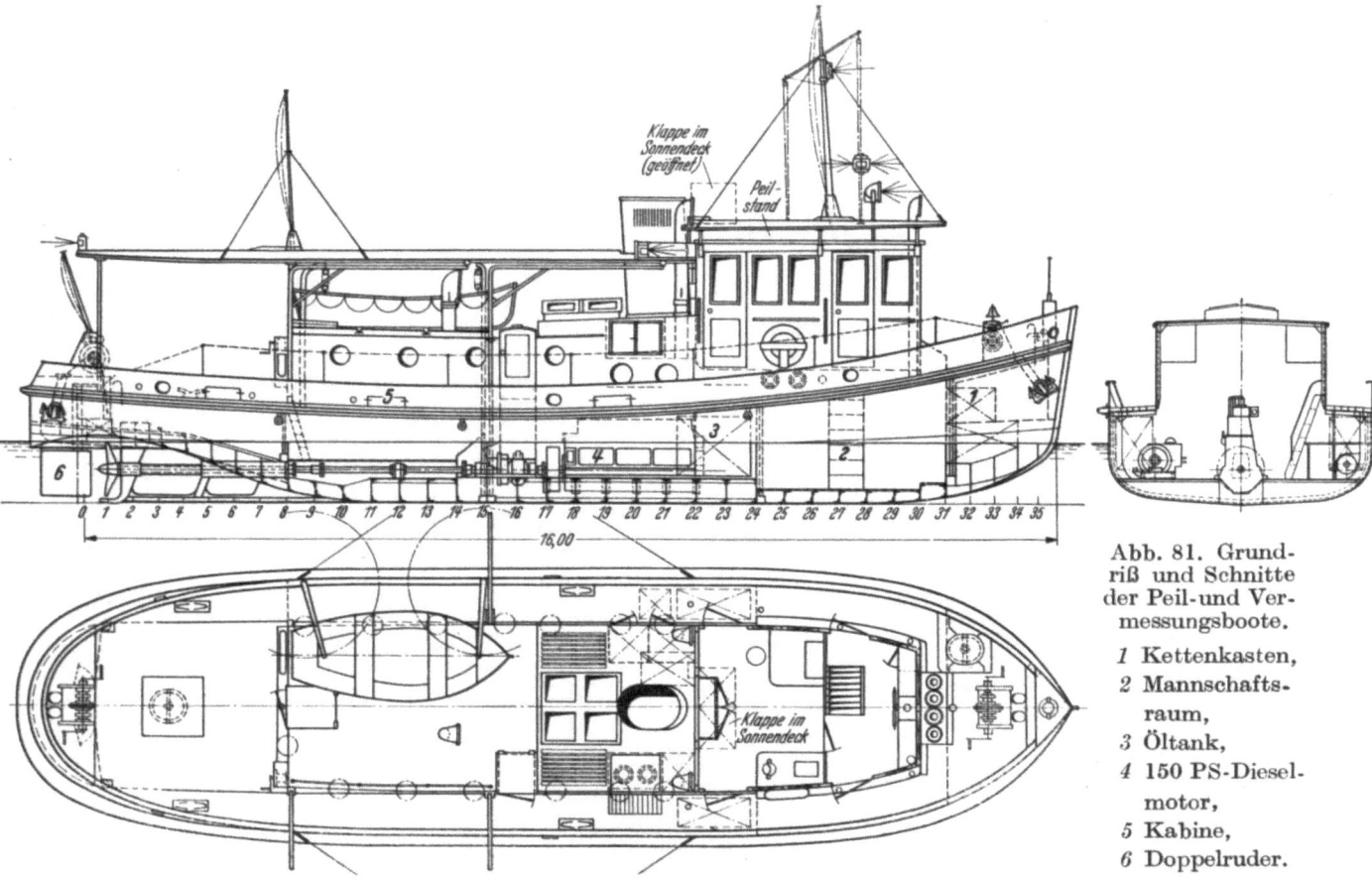

Abb. 81. Grundriß und Schnitte der Peil- und Vermessungsboote.

1 Kettenkasten,
2 Mannschaftsraum,
3 Öltank,
4 150 PS-Dieselmotor,
5 Kabine,
6 Doppelruder.

Es gelang bis zum Eintreffen des Saugbaggers mit Hopperraum und auswechselbarem Schneidkopf der Firma Gusto, Schiedam, im Oktober 1939 die erforderlichen Strömungs-, Gezeiten- und Tiefenmessungen soweit voranzubringen, daß Mitte November 1939 mit den eigentlichen Baggerarbeiten begonnen werden konnte.

Der Saugbagger hat folgende Abmessungen:

77,75 m Länge über alles,
13   m Breite,
 4,40 m Tiefgang, beladen,
10 Sm/Std Geschwindigkeit,
4000 PS Maschinenleistung,
1000 m³ Hopperrauminhalt,
1500 m³ Stundenleistung,
10 m größte Baggertiefe.

Betrachtet man den derzeitigen Zustand des Menams und seiner Mündung (Abb. 82—85), so erkennt man, daß im Menam selbst bei Bangkok bis Paknam genügende Breiten von rd. 200 bis 300 m bis —9 m, dem Ziel des ersten Ausbauprogramms wenn auch mit einer starken Krüm-

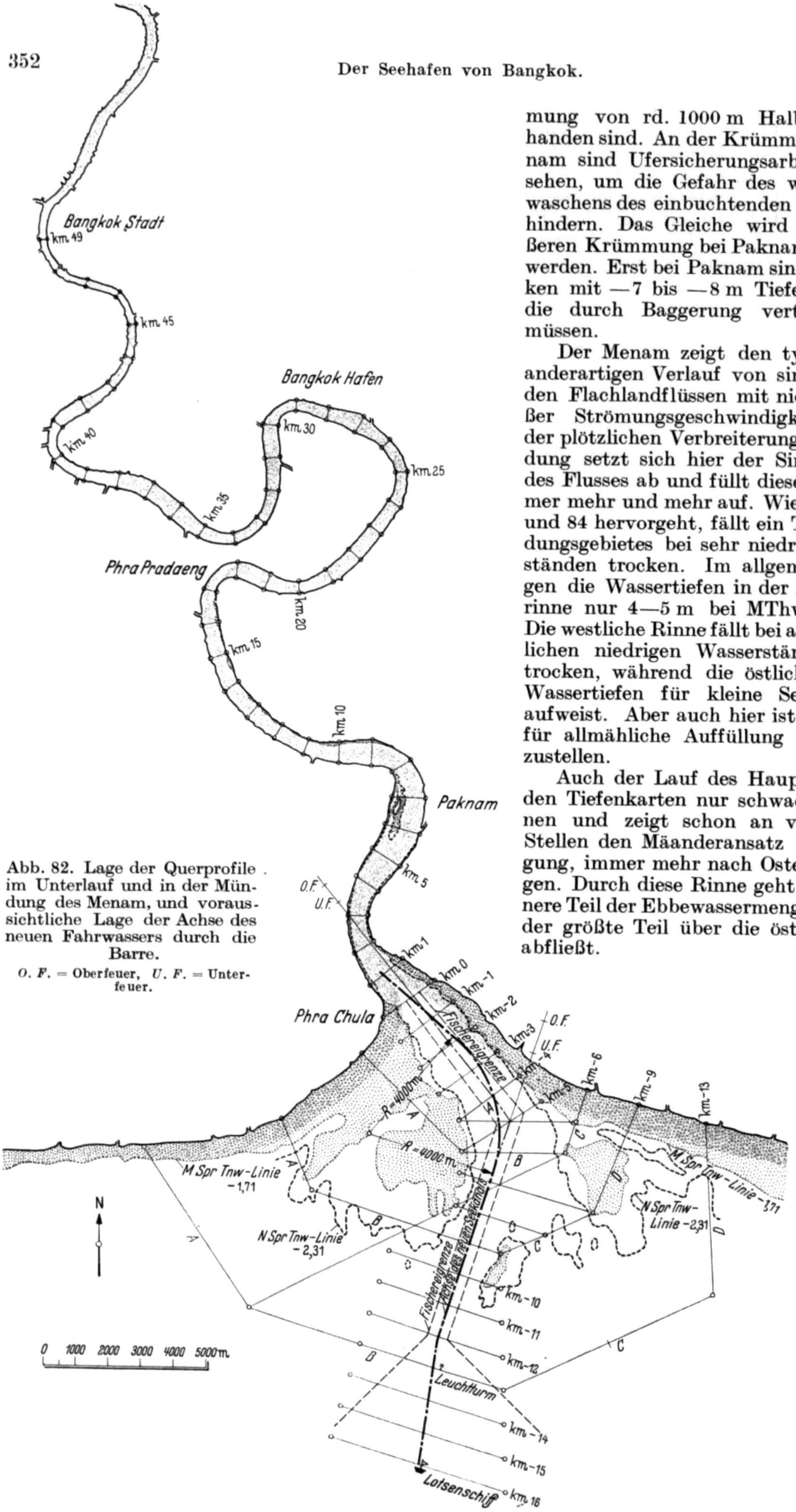

Abb. 82. Lage der Querprofile im Unterlauf und in der Mündung des Menam, und voraussichtliche Lage der Achse des neuen Fahrwassers durch die Barre.

O. F. = Oberfeuer, U. F. = Unterfeuer.

mung von rd. 1000 m Halbmesser vorhanden sind. An der Krümmung vor Paknam sind Ufersicherungsarbeiten vorzusehen, um die Gefahr des weiteren Auswaschens des einbuchtenden Ufers zu verhindern. Das Gleiche wird an der größeren Krümmung bei Paknam notwendig werden. Erst bei Paknam sind zwei Strekken mit —7 bis —8 m Tiefe vorhanden, die durch Baggerung vertieft werden müssen.

Der Menam zeigt den typischen mäanderartigen Verlauf von sinkstoffführenden Flachlandflüssen mit nicht sehr großer Strömungsgeschwindigkeit. Infolge der plötzlichen Verbreiterung an der Mündung setzt sich hier der Sinkstoffgehalt des Flusses ab und füllt dieses Gebiet immer mehr und mehr auf. Wie aus Abb. 82 und 84 hervorgeht, fällt ein Teil des Mündungsgebietes bei sehr niedrigen Wasserständen trocken. Im allgemeinen betragen die Wassertiefen in der Hauptstromrinne nur 4—5 m bei MThw (Abb. 83). Die westliche Rinne fällt bei außergewöhnlichen niedrigen Wasserständen bereits trocken, während die östliche nur noch Wassertiefen für kleine Segelfahrzeuge aufweist. Aber auch hier ist die Neigung für allmähliche Auffüllung bereits festzustellen.

Auch der Lauf des Hauptarms ist in den Tiefenkarten nur schwach zu erkennen und zeigt schon an verschiedenen Stellen den Mäanderansatz mit der Neigung, immer mehr nach Osten vorzudringen. Durch diese Rinne geht nur der kleinere Teil der Ebbewassermengen, während der größte Teil über die östlichen Sände abfließt.

Der Seehafen von Bangkok.

Zahlentafel 14. Vorarbeiten für die Menamregulierung.

Messung	Häufigkeit	Termin	Uhrzeit	Ort Name	Ort km	Meßpunkt	Instrument Art	Instrument Zahl	Auftragung	Bemerkung
Luft Temperatur	dauernd	stündlich		Bangkok		Nordwand 1 m über Boden	Luftthermometer im Schutzgehäuse		Tabelle: Zeit, Zehntelgrad	veröffentlicht in: Monthly Meteorological Bulletin, Hydrographic Service, Bangkok
Druck	,,	,,		,,		1—1,5 m über Boden	Quecksilberbarometer		Tabelle: Zeit, Druck in Millibar	
Niederschlag	,,	,,		,,			Einfacher Niederschlagsmesser		Tabelle: Zeit, mm Wasserhöhe	
Windrichtung, Windstärke	,,	,,		,,		10—20 m über Boden	Windfahne, Anemometer		Tabelle: Zeit, Windrichtung, Windstärke in Beaufort Grad	
Wasser Wasserstand	dauernd	stets	stets	Flutgrenze (Ang Dhong)	160	Ufer, Aufstellung in geschützter Lage gegen Wellen und Wind Einnivellierung, Einmessung in das trigonometrische Netz	Schreib- und Lattenpegel	1	Wasserstandskurven, Zeit, Wasserstand	Je 1 Schreibpegel eingebaut mit 1 Lattenpegel zur Kontrolle
				Ayuthay	136		,,	1		
				Sena	127		,,	1	Wasserstandslisten: Tnw Thw Zeit	
				Bang Sai	110		,,	1		
				Bangkok (Hydrographic Service)	48		,,	1		
				Bangkok (Hafen)	28		,,	1		
				Phra Pradaeng	18		,,	1		
				Paknam	6		,,	1		
				Phra Chula	0		,,	1		
				Leuchtturm	—13		,,	1		
				Songkhla	—		,,	1		
				Koh-Sichang	—		,,	1		
				Koh Pai	—		,,	1		
				Puket	—		,,	1		
				Sattahib	—		,,	1		
				Koh Lak	—		,,	1		
				Patani	—		,,	1		
				Krabi	—		,,	1		
Flußquerschnitt (Kontrollmessung)	periodisch	einmal jährlich im Mai, (1 Monat nach NW)		Wat Dha Had	253	Kontinuierliche Festlegung der Bezugslinie am Ufer durch Polygonzug Im Watt Einmessen durch Theodolith, Kennzeichnung durch Pricken und Bojen	Peilgerät (Peilstange, Peilleine)		Tabelle: Profil Nr. Abstand von der Null-Linie Wassertiefe (automatisch durch Echograf), Zeit Hilfswerte: Wasserstände am nächstgelegenen Pegel Zeichnungen: Peilquerschnitte Tiefenplan	
				Ang Dhong	160					
				Ayuthay	136					
				Sena	127					
				Bang Sai	110					
				Bangkok—Hafen	28		Peilboote mit Echolot und Echograf 46 Profile Kontrolle durch gelegentliche Handpeilungen Uferanschluß durch Handpeilung	3		
				↓	von km 28 bis km 18 alle km					
				Phra Pradaeng	18					
				↓	von km 18 bis km 6,5 alle km					
				Paknam	6					
				↓	von km 6 bis km 0 alle km					
				Phra Chula	0					
				↓	von km 0 bis km —15 alle km					
Flußquerschnitt (Hauptmessung)	periodisch	einmal jährlich im November und Dezember		Bangkok	29	wie Kontrollmessung	Peilboote insgesamt: 350 Profile Bangkok-Paknam 230 Profile Paknam-Lotsenschiff: 120 Profile	3	wie Kontrollmessung	
				↓	alle 100 m					
				Phra Chula	0					
				↓	alle 250 m					ab km —6 nur Hauptkanal
				Lotsenschiff	—15					

Zahlentafel 14 (Fortsetzung).

Der Seehafen von Bangkok.

Messung	Häufigkeit	Termin	Uhrzeit	Ort Name	km	Meßpunkt	Instrument Art	Zahl	Auftragung	Bemerkung
Strömung	periodisch	Januar April (Trockenzeit) Juli Oktober (Regenzeit) wöchentlich ein Tag Neumond (1. Tag) 1. Viertel (9. Tag) Vollmond (16. Tag) 3. Viertel (23. Tag) Spielraum 3 Tage	fortlaufend über eine Doppeltide	Ang Dhong Ayuthay Sena Bang Sai Bangkok	160 136 127 110 28 18 13 8 5 1 − 2,5 − 4 − 7 − 9 −11	3 Meß-Lotrechte über die Breite. Anordnung der Meßpunkte einer Lotrechten: mindestens 0,30 unter Wasserspiegel halbe Tiefe mindestens 0,30 m über Sohle Abstand der Meßpunkte mindestens 0,50 m	Sonas-Meßflügel 12 kg (Binnengebiet auf Meßflößen oder kleinen Booten) Sonas-Meßflügel 25 kg (Unterlauf auf Meßflößen oder kleinen Booten) Potomacflügel auf den Peilbooten	7 2 3	Tabelle: Ort, Meßpunkt, Tiefe, Zeit, Ablesung Hilfswerte: Wasserstand Auftragung: Diagramme der Lotrechten Querprofil mit V_m und $V_m \cdot t$-Linie Q_m und V_m-Werte über die Tide Auftragung: Potomac automatisch	Dauer einer Messung rd. 20 Stunden
				Leuchtturm	−13 −15					
Strömung (ablaufend)	periodisch	Januar Oktober	Beginn nach Möglichkeit n. dem niedrigeren HW Messungen bei Tageslicht		0 3	10 Meßlotrechte im Abstand von mindestens 100 m über die Rinne.	Schwimmer mit verstellbarer Stange bei niedrigen Wasserständen. Blechbüchsen auf flachen Stellen Verfolgung der Schwimmer mit Motorbooten, soweit die Peilboote nicht zur Verfügung stehen		Zurückgelegter Weg auf der Seekarte mit Zeitangabe. Nach Bedarf wird ein Zwischenpunkt abgelesen Ortsbestimmung der Schwimmer durch Anpeilen von Uferwarten.	An jedem Tag kann nur eine Messung vorgenommen werden. Gesamtzeitverbrauch: 6 Messungen = 6 Tage St = Stauwasser
			NWSt −3 bis NWSt	Außenmündung	−4A					
			HWSt +2 bis NWSt −1	Golf von Siam	−6B					
			NWSt −3 bis NWSt		−6B					
			HWSt +2 bis NWSt −1	Barre	−9B					
			NWSt −3 bis NWSt		−9B					
Strömung (auflaufend)	periodisch	wie vor	NWSt +1 bis HSWt −1	Barre	−13A	wie vor	wie vor		wie vor	Gesamtzeitverbrauch: 7 Messungen = 7 Tage
			″		−13B					
			″		−13C					
			″		−13D					
			NWSt +1 bis HWSt −1		− 9B					
			HWSt −3 bis NWSt		− 9B					
Temperatur	periodisch	wie Strömung (Meßflügel) wird gleichzeitig mit den Strömungsmessungen ausgeführt	wie Strömung (Meßflügel)	Bangkok	28 18 13 8 5 1 − 2,5 − 4A − 7 − 9C − 9B	wie Strömung	horizontale Wasserschöpfer nach Wohlenberg u. Schweder mit Umkippthermometer	15	Tabelle: Ablesung Thermometer, Nummer der Wasserprobe Auftragung: Diagramme der Lotrechten wie vor, gegebenenfalls Ermittlung und Auftragung von Mittelwerten über dem Profil. Verteilung der Temp.-Werte über die Tide.	Im Unterlauf je zwei Schöpfer auf einem Boot, davon eins in Reserve
				Leuchtturm	− 13B					
Salz- u. Schwebestoffgehalt. . .	periodisch	wie Temperatur	wie Temperatur	Wasserproben aus den gleichen Punkten wie Temperatur		wie vor	wie Temperatur	wie vor		Numerierung der Proben, Analyse im Laboratorium durch Refraktometer, Zentrifuge und Trockenschrank
Wassermenge .	periodisch	wie Strömung (Meßflügel)	wie Strömung (Meßflügel)	wie Strömung (Meßflügel)		wie vor	wie Strömung	wie Strömung	Berechnung aus den Strömungsmessungen	
Boden Beschaffenheit der Flußsohle .	periodisch	einmal jährl. gleichzeitig mit den Flügelmessungen bzw. nach den Flügelmessungen		Phra Chula	+ 0 − 6B − 9B	Entnahme aus 1 bis 2 Punkten des Profils entsprechend der Gestalt u. Breite des Profils Entnahmestellen soweit möglich in den Meßlotrechten für Flügelmessung	Bodengreifer System Petersen, die auf den Peilbooten untergebracht sind	3	Tabelle: Ort, Meß-Lotrechte, Zeit, Probennummer; Untersuchung der Probe im Labor: Kornzusammensetzung, Raumgewicht, Kornverteilungskurve	
				Leuchtturm	−13B					
				Lotsenschiff	−16					

An der Ausmündung der Hauptrinne haben sich Löß und Feinsand in Gestalt der Barre, die etwa 1 m hoch aufragt, abgelagert (Abb. 84 und 85). Dicht vor und hinter der Barre liegt wieder der weichere Schlick.

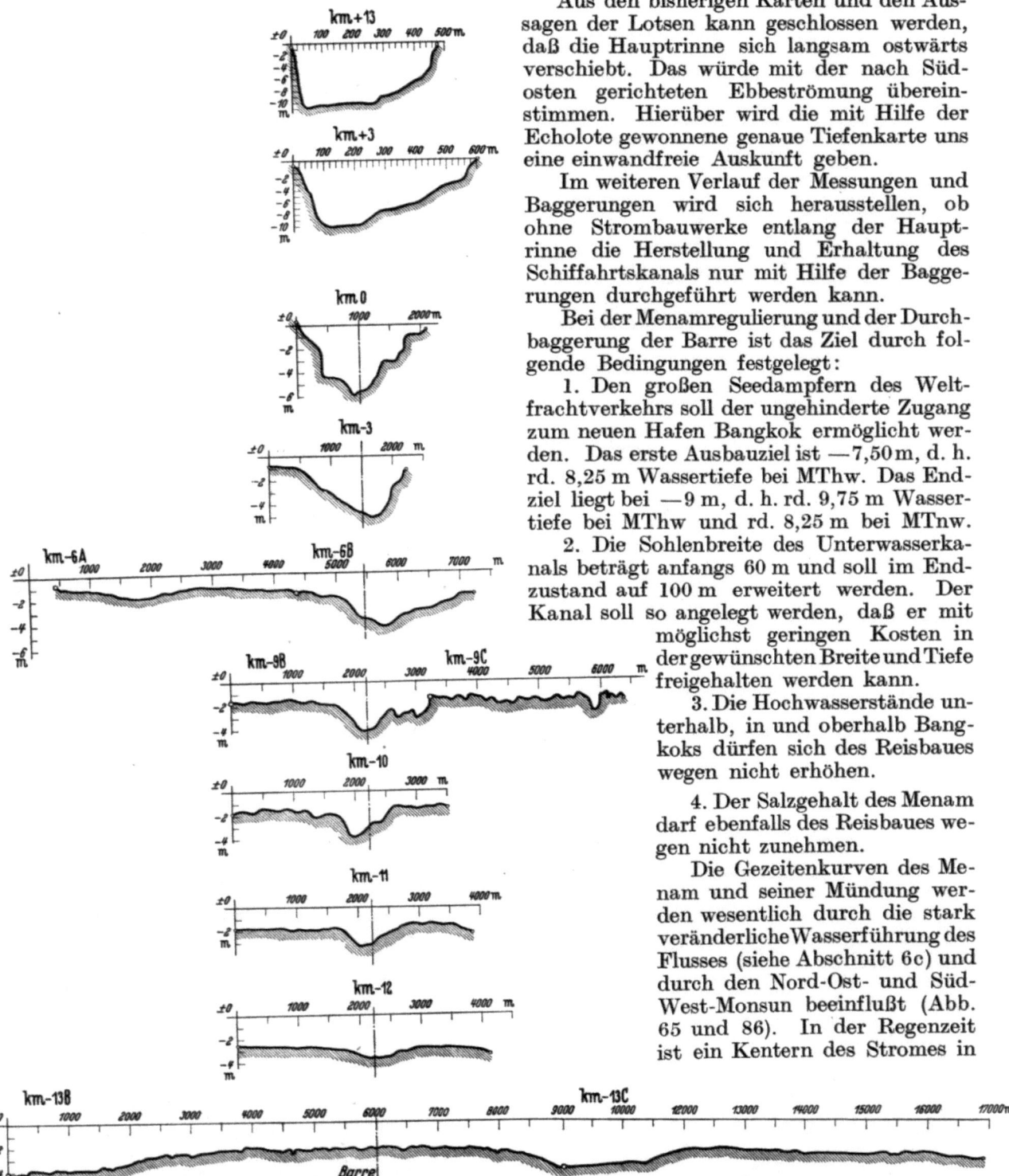

Aus den bisherigen Karten und den Aussagen der Lotsen kann geschlossen werden, daß die Hauptrinne sich langsam ostwärts verschiebt. Das würde mit der nach Südosten gerichteten Ebbeströmung übereinstimmen. Hierüber wird die mit Hilfe der Echolote gewonnene genaue Tiefenkarte uns eine einwandfreie Auskunft geben.

Im weiteren Verlauf der Messungen und Baggerungen wird sich herausstellen, ob ohne Strombauwerke entlang der Hauptrinne die Herstellung und Erhaltung des Schiffahrtskanals nur mit Hilfe der Baggerungen durchgeführt werden kann.

Bei der Menamregulierung und der Durchbaggerung der Barre ist das Ziel durch folgende Bedingungen festgelegt:

1. Den großen Seedampfern des Weltfrachtverkehrs soll der ungehinderte Zugang zum neuen Hafen Bangkok ermöglicht werden. Das erste Ausbauziel ist —7,50 m, d. h. rd. 8,25 m Wassertiefe bei MThw. Das Endziel liegt bei —9 m, d. h. rd. 9,75 m Wassertiefe bei MThw und rd. 8,25 m bei MTnw.

2. Die Sohlenbreite des Unterwasserkanals beträgt anfangs 60 m und soll im Endzustand auf 100 m erweitert werden. Der Kanal soll so angelegt werden, daß er mit möglichst geringen Kosten in der gewünschten Breite und Tiefe freigehalten werden kann.

3. Die Hochwasserstände unterhalb, in und oberhalb Bangkoks dürfen sich des Reisbaues wegen nicht erhöhen.

4. Der Salzgehalt des Menam darf ebenfalls des Reisbaues wegen nicht zunehmen.

Die Gezeitenkurven des Menam und seiner Mündung werden wesentlich durch die stark veränderliche Wasserführung des Flusses (siehe Abschnitt 6c) und durch den Nord-Ost- und Süd-West-Monsun beeinflußt (Abb. 65 und 86). In der Regenzeit ist ein Kentern des Stromes in

Abb. 83. Querschnitte durch den Unterlauf und die Mündungsbarre des Menam.
Lage der Querschnitte und Achse des neuen Seekanals s. Abb. 82.

Bangkok nicht mehr vorhanden. Bisher sind nur die Gezeiten an der Barre beobachtet und vorausberechnet worden (Abb. 62 bis 64). In Bangkok (Abb. 64) wurden gelegentliche Messungen durchgeführt.

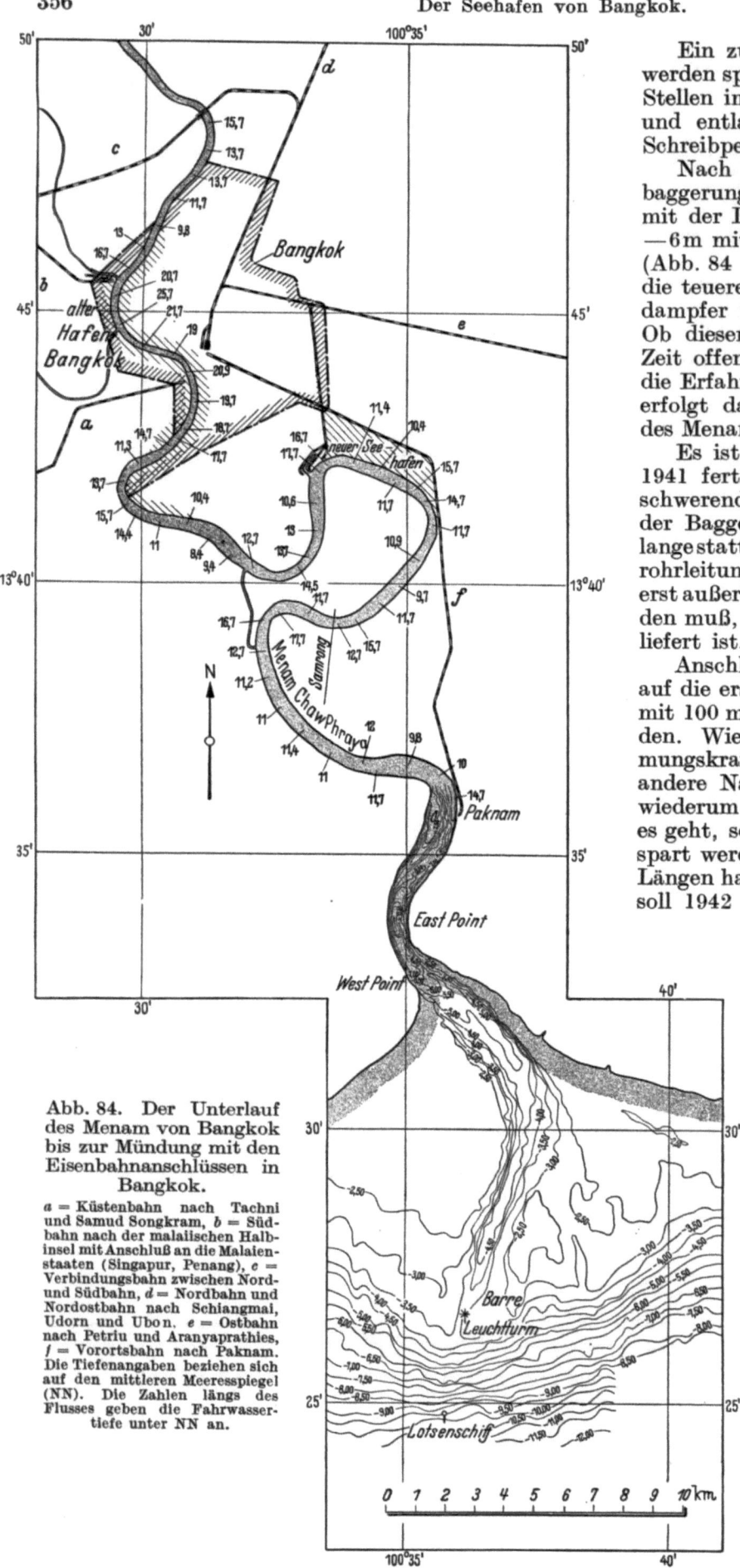

Abb. 84. Der Unterlauf des Menam von Bangkok bis zur Mündung mit den Eisenbahnanschlüssen in Bangkok.

a = Küstenbahn nach Tachni und Samud Songkram, b = Südbahn nach der malaiischen Halbinsel mit Anschluß an die Malaienstaaten (Singapur, Penang), c = Verbindungsbahn zwischen Nord- und Südbahn, d = Nordbahn und Nordostbahn nach Schiangmai, Udorn und Ubon, e = Ostbahn nach Petriu und Aranyaprathies, f = Vorortsbahn nach Paknam. Die Tiefenangaben beziehen sich auf den mittleren Meeresspiegel (NN). Die Zahlen längs des Flusses geben die Fahrwassertiefe unter NN an.

Ein zuverlässiges Bild der Gezeiten werden später die an den verschiedenen Stellen im Menam im Mündungsgebiet und entlang der Küste aufgestellten Schreibpegel ergeben.

Nach der Beendigung der Versuchsbaggerungen wurde im Frühjahr 1940 mit der Durchbaggerung der Barre auf —6 m mit 60 m Sohlenbreite begonnen (Abb. 84 und 85), um möglichst bald die teuere Leichterung der großen Seedampfer in Koh-Sichang zu ersparen. Ob dieser schmale Kanal für die erste Zeit offengehalten werden kann, muß die Erfahrung lehren. Die Baggerung erfolgt dann weiter bis zur Mündung des Menam mit einer Ausweichstelle.

Es ist zu hoffen, daß dieser Kanal 1941 fertiggestellt werden kann. Erschwerend kommt allerdings hinzu, daß der Bagger nur eine einseitige 400 m lange statt einer 1000 m langen Schwimmrohrleitung hat, so daß der Boden vorerst außerhalb der Barre verklappt werden muß, bis die lange Leitung angeliefert ist.

Anschließend soll dann der Kanal auf die erste Ausbautiefe von —7,50 m mit 100 m Sohlenbreite gebracht werden. Wie weit Leitdämme die Räumungskraft erhöhen werden, ohne daß andere Nachteile damit eintreten, muß wiederum die Erfahrung lehren. Wenn es geht, sollen diese Kosten vorerst gespart werden, da es sich um erhebliche Längen handelt. Dieser Baggerabschnitt soll 1942 beendet sein.

In der Zwischenzeit soll ein zweiter Bagger die Baggerarbeiten vor der rd. 1500 m langen Kaimauer im Menam durchführen. Auch diese sind wiederum darauf abgestellt, daß die ersten 400 m Kailänge mit Schuppen und Speicher 1941 für den Verkehr freigegeben werden können[1].

Über den Erfolg der Baggerarbeiten und die Ergebnisse der Messungen wird später ausführlich berichtet werden.

---

[1] Nach neueren Nachrichten soll der Hafen Anfang Juni 1941 mit einer Zufahrtsrinne von 5—6 m Tiefe unter NN eröffnet werden.

Der Seehafen von Bangkok.

8. Das Ausbauprogramm des ersten Ausbaues.

Auf Grund der vorstehenden Überlegungen soll in den Jahren 1938—42 folgendes Ausbauprogramm des ersten Ausbaues für den Hafen zur Durchführung gelangen (Abb. 80):

a) Eine 1500 m lange Kaimauer am Menam mit 9,5 m Wassertiefe bei MTnw.

b) Ein 1000 m langer Kanal hinter dem seeschiffstiefen Kai, entlang der Reismühle und dem Schuppen, mit einer Wassertiefe von 2,75 m bei MTnw und einer Breite von 45 m.

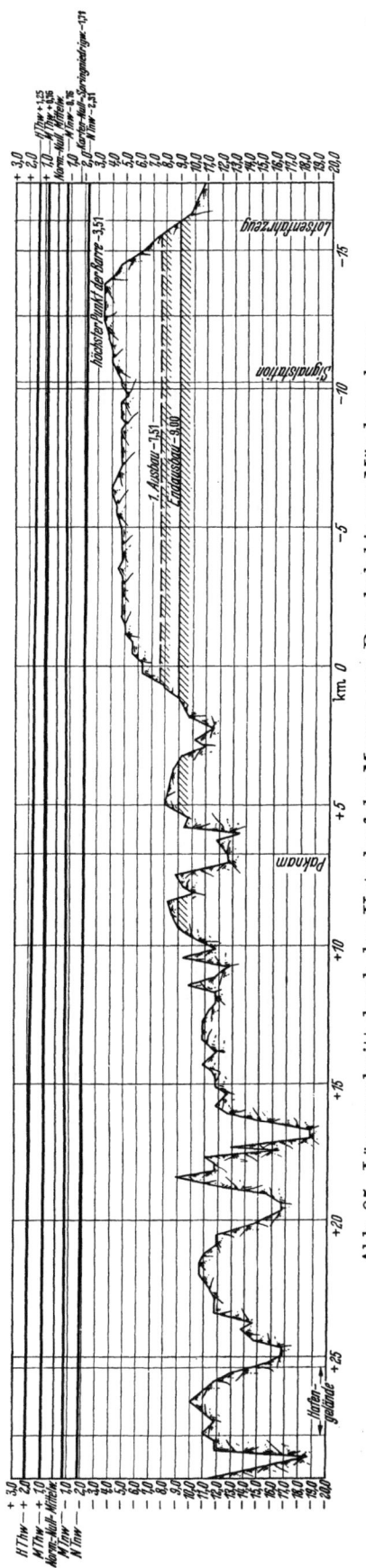

Abb. 85. Längenschnitt durch den Unterlauf des Menam von Bangkok bis zur Mündungsbarre.

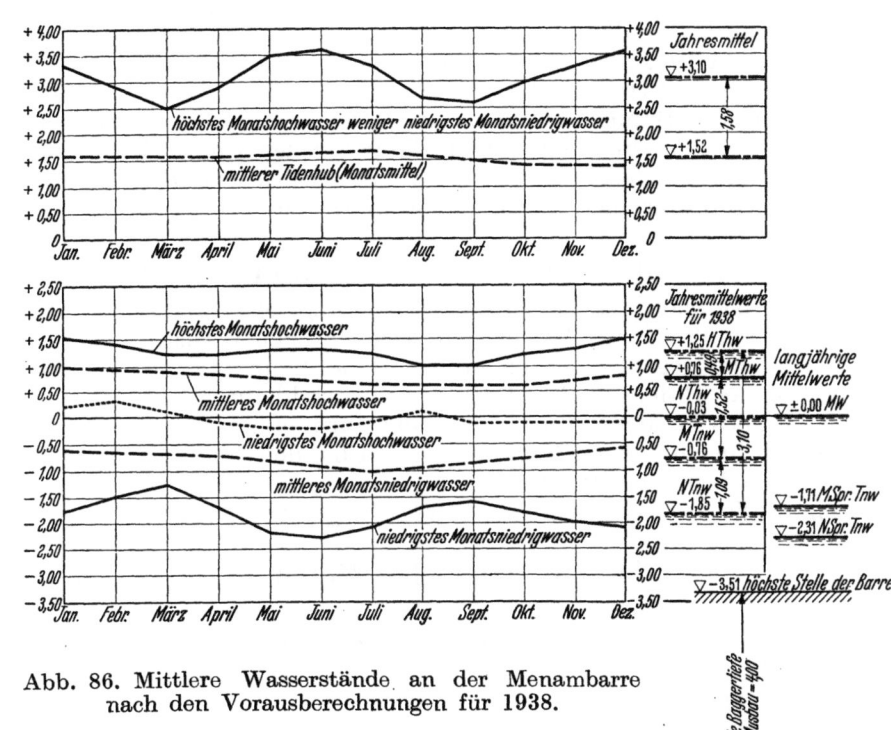

Abb. 86. Mittlere Wasserstände an der Menambarre nach den Vorausberechnungen für 1938.

c) Ein Bootshafen von 100 m Länge, 30 m Breite und 2,25 m Tiefe bei Mnhw. Er liegt stromaufwärts vom Kai.

d) Zwei einstöckige Stückgutschuppen von je 300 m Länge und 40 m Breite.

e) Ein einstöckiger Reisschuppen von 300 m Länge und 32 m Breite.

f) Ein Schwerlastfreiladeplatz von 150 m Länge und 32 m Breite.

g) Eine einstweilige Ein- und Auswandererabfertigungsanlage mit Quarantänestation und Krankenhaus.

h) Eine Reismühle mit 500 t Rohreis Tagesleistung und Silo mit 15000 t Rohreis-Lagerraum.

i) Ein dreistöckiger Schuppen von 120 m Länge und 25 m Breite.

k) Ein Trockendock von 23 m Sohlenbreite, 190 m Nutzlänge und 8 m Wassertiefe über den Kielstapeln bei MTnw (9,70 m bei MThw).

l) Die erforderlichen Straßen- und Eisenbahnanlagen.

m) Die erforderlichen Verwaltungsgebäude für Hafenverwaltung, Zoll und Polizei.

n) Die erforderlichen Krananlagen auf dem Kai.

o) Die elektrischen Kraftanlagen.

p) Die erforderlichen Be- und Entwässerungsanlagen.

Die Gesamtkosten dieses ersten Ausbauprogrammes werden sich auf rd. 20 000 000 Baht belaufen.

9. Die Bauarbeiten und ihre Organisation.

Mit den Bauarbeiten ist am 1. August 1938 begonnen worden. Die Kaimauer mit den Schuppengrundungen war Ende des Jahres 1939 zu etwa einem Viertel fertiggestellt.

Das Trockendock ist Ende des Jahres 1939 in Angriff genommen. Mit den Hochbauten (Schuppen und Speicher) ist Mitte 1940 begonnen worden und ungefähr gleichzeitig mit ihnen mit den Bodenbewegungen für Straßen- und Eisenbahnanlagen.

Es ist zu erwarten, daß der erste Teil des Bauprogramms trotz des Krieges eingehalten werden kann.

Zur Durchführung dieser umfangreichen Bauarbeiten ist eine besondere Bauabteilung geschaffen worden, die unmittelbar dem Minister untersteht. Alle einschlägigen Fragen des Entwurfes, des Ausbaues, der Ausschreibung und Vergebung werden in einem besonderen Hafenausschuß unter dem Vorsitz des Herrn Wirtschaftsministers beraten.

Die Leitung der Bauabteilung liegt in den Händen des Superintending Engineer Luang Prasert Vithirath, der vorher in der Generaldirektion der Eisenbahnen das Dezernat „Unterhaltung der Bahnen" (Maintenance Department) unter sich hatte.

In der Bauabteilung werden die generellen Entwürfe aufgestellt und die verschiedenen Bauwerke einschließlich der Konstruktionsentwürfe öffentlich ausgeschrieben. Die Bauarbeiten selbst werden im einzelnen durch Regierungsinspektoren laufend überwacht.

10. Die neue Organisation für den Seehafen Bangkok.

Es ist klar, daß mit der Fertigstellung des Hafens auch eine neue Organisation geschaffen werden muß. Zur Zeit schweben hierüber noch Verhandlungen, sodaß ein abschließender Bericht noch nicht gegeben werden kann. So viel kann aber heute schon gesagt werden, daß die Organisation des Hafens nach europäischem Vorbild aufgebaut werden wird, wobei jedoch die Besonderheiten des Landes und der Regierungsform entsprechend berücksichtigt werden müssen. Obwohl es sich hier um einen Regierungshafen handelt, muß es Grundsatz bleiben, die Hafenverwaltung auch nach privatwirtschaftlichen Gesichtspunkten einzurichten, so daß sie den vielfältigen Fragen eines Welthafens gegenüber beweglich genug bleibt.

11. Die wirtschaftlichen Folgen des Seehafenbaues.

Rufen wir uns kurz das Ergebnis der Abschnitte 1—4 ins Gedächtnis zurück, so haben wir gesehen, daß einmal Thailand mit seinem Ausfuhrhafen Bangkok nicht unmittelbar an den Weltverkehr angeschlossen ist, und daß andererseits die eigentlichen Hafenanlagen in keiner Weise den Ansprüchen eines Welthafens genügen.

Einige Beispiele mögen zeigen, welche Summen im Hafenverkehr durch die neuen Anlagen gespart werden können:

Die Gesamtmenge der eingeführten Güter in den Monaten April—September 1939 (6 Monate) belief sich auf rd. 280000 t. Von diesen mußten 500000 Stück Güter mit rd. 31000 t in Koh-Sichang auf Leichter umgeladen werden.

Bedeutend ungünstiger ist diese Ziffer für Ausfuhrgüter (ebenfalls in den gleichen 6 Monaten des Jahres 1939). In Bangkok wurden in Leichter geladen und nach Koh-Sichang verfrachtet:

      Reis und Kleie   482000 t,
      andere Güter   13000 t.

In Bangkok wurde direkt ins Seeschiff verladen:

      Reis und Kleie   474000 t,
      andere Güter   78000 t.

d. i. ein Verhältnis von

                      1 : 1 für Reis und Kleie, und
                      1 : 6 für andere Güter.

Die Fracht für die Leichterung Bangkok—Ko-Sichang beträgt:

        für Reis und Kleie im Mittel 2,— Baht je t
        „ Verschiedenes   „   „   4,75   „
        „ Holz   „   „   6,50   „

für Leichterung Koh-Sichang—Bangkok:

        für Einfuhrgüter   im Mittel 4,75 Baht je t

Es mußten also in 6 Monaten des Jahres 1939 für Leichterung gezahlt werden

      für 495000 t Ausfuhrgüter = 1000000,— Baht
      „ 31000 t Einfuhrgüter =   150000,— „
                              zusammen 1150000,— Baht.

Man kann also damit rechnen, daß im großen Durchschnitt rd. 2 000 000,— Baht jedes Jahr durch Fortfall der Leichterung erspart werden können, wenn der neue Hafen in Betrieb genommen ist.

Auch die für das Ein- und Ausladen in Anspruch genommene Zeit auf der Reede Koh-Sichang ist beträchtlich.

Die stündliche Leistung für den Umschlag an einem 8000 t-Dampfer beträgt:
Ausladen: Stückgüter = 40 t/je Stunde
Laden: Reis = 50 „
Holz = 30 „

Herrschen starke Winde und Wellengang, sinken diese Leistungen noch erheblich herab.

Sind die neuen Reisumschlaganlagen fertig, können stündlich 200 t Reis mit Hilfe der Krane in Dampfer geladen werden.

Für die Leichterung werden von Schleppern gezogene, hölzerne und stählerne Leichter von 200 t—400 t Ladefähigkeit benutzt. Von Bangkok-Hafen bis Paknam, also stromabwärts kann ein Schlepper bis zu rd. 20 Barken von nicht mehr als 30 t Ladefähigkeit schleppen. Der Verkehr mit Koh-Sichang erfolgt durch Schlepper mit nicht mehr als 2—3 Leichtern von 300 bzw. 400 t Ladefähigkeit.

Auch für Seedampfer, die noch über die Barre bei Thw kommen können, bedeutet das Anlaufen Bangkoks zur Zeit eine erhebliche Fahrtbeschränkung. Schiffe von 3,20 m Tiefgang können während 8—9 Stunden am Tag über die Barre fahren. Schiffe mit Tiefgang bis zu 4 m, die also in Ko-Sichang leichtern, müssen einen ganzen Tag warten, wenn sie nur eine halbe Stunde zu spät an der Barre eintreffen.

Auch bei der Überwachung des Hafens, bei der Zollbehandlung und der Beförderung der Güter werden wesentliche Ersparnisse erzielt werden können, da im neuen Hafen die Wege zwischen Seeschiff am tiefen Kai, Schuppen, Speichern, Eisenbahn und Lastwagen nur gering und entsprechend leistungsfähige Fördergeräte vorhanden sein werden.

Werden aber durch alle diese Maßnahmen die Güter billiger, dann wird dementsprechend der wirtschaftliche Bereich des neuen Seehafens Bangkok größer und damit der Umsatz steigen.

In einer späteren Veröffentlichung werde ich im einzelnen nachweisen, welchen segenspendenden Einfluß der neue Seehafen Bangkok zusammen mit einer geregelten Hafen- und Verkehrswirtschaft des gesamten Landes auf den Außenhandel und damit auch auf die Binnenwirtschaft des Landes haben wird.

12. Zusammenfassung.

Ich habe mich bemüht, im Vorstehenden einen möglichst geschlossenen Bericht über die Planung des neuen Seehafens Bangkok mit dem Zufahrtskanal vom Golf von Thailand geben.

Es ist für jeden Ingenieur eine Selbstverständlichkeit, daß die Grundlage jeder technischen Planung das genaue Studium der wirtschaftlichen Bedingungen bilden muß. Wir haben gesehen, wie vorteilhaft die wirtschaftliche Zukunft des Landes mit seinen großen Vorräten an Bodenschätzen und Naturerzeugnissen sich gestalten kann. Viele Jahre werden noch vergehen, um sie zu erschließen und nutzbar zu machen. Es war der richtige Entschluß der Regierung, den bestehenden wirtschaftlichen Bedingungen entsprechend, das Tor zum Weltverkehr mit dem neuen Seehafen Bangkok zu öffnen und es so ausbaufähig zu gestalten, daß es mit den wachsenden Verhältnissen jeweils leicht erweitert werden kann.

Die technische Seite bietet bei den ungünstigen Boden- und Naturverhältnissen viele Schwierigkeiten, die aber in gemeinsamer Zusammenarbeit zwischen Thai- und europäischen Ingenieuren gemeistert werden können. Wie diese gelöst werden, wird die nächste Veröffentlichung darlegen. Möge das Werk unter einem glücklichen Stern seiner Vollendung entgegengehen.

Schrifttum zur weiteren Unterrichtung über Hafenfragen in Thailand.

1. Agatz, A.: Peil- und Vermessungsboote für Siam. Werft Reed. Hafen 20 (1939) S. 213.
2. Credner, W.: Siam, das Land der Tai. Stuttgart 1935.
3. Ellis, S. H.: The Construction of River Wharves: Bangkok. Dock and Harbour 6 (1926/27) S. 166.
4. Oberkommando der Kriegsmarine, Handbuch für das Südchinesische Meer. Berlin 1928. Nachtrag 1937.
5. Oberkommando der Kriegsmarine, Handbuch für Ceylon und die Malakkastraße. Berlin 1927.
6. Bangkok bar tide tables 1938, 1939, 1940. Hydrographic Service, Bangkok.
7. League of Nations, Advisory and technical Committee for communications and transit. Improvement of the Port of Bangkok and its approaches. Report by the Committee of experts appointed by the League of Nations. Bangkok 1935.
8. Ministry of Commerce and Communications, Bangkok — Commercial Directory for Siam 1929.
9. Ministry of Economic Affairs, Bangkok — Commercial Directory for Siam. 4. Ausgabe 1939.
10. The directory for Bangkok and Siam 1937—39 (B. E. 2480).
11. Statistical Year Book — Siam 1935/36 und 1936/37.
12. Thailand, Staatliche Lenkung der Wirtschaft, Wirtschaftsdienst 26 (1941) S. 128.

Register.

I. Verfasser- und Namenverzeichnis.

Seite

Agatz, Dr.-Ing., 25 Jahre Hafenbautechnische Gesellschaft 1914—1939, B 1
Agatz, Dr.-Ing., Der Seehafen von Bangkok (Thailand) B 289
Backhaus, Heinrich, Dr.-Ing., Die Entwicklung der ostfriesischen Inseln in geschichtlicher, geomorphologischer, hydrodynamischer und seebautechnischer Hinsicht, B 166
Bock, Franz, Aus der Geschichte des Antwerpener Hafens, B 243
Christiani, Rudolf, Dr.-Ing. e. h., Ernennung zum Ehrenmitglied . . . . Titelseite IV
Daitz, Gesandter, Lübecks neue Aufgaben im Ostseeraum, B 33
Drechsler, Dr., Lübecks hansische Überlieferung, B 31
Goedhart, Leonard, Dr.-Ing. e. h., Ernennung zum Ehrenmitglied . . . . . . Titelseite IV
Goedhart, Leonard, Dr.-Ing. e. h., † Titelseite XI
Heinrich, Prinz von Preußen, Schirmherr der Hafenbautechnischen Gesellschaft 2
Hensen, Walter, Dr.-Ing., Die Entwicklung der Fahrwasserverhältnisse in der Außenelbe, B 91
Kauermann, August, Dr.-Ing. e. h., Mitbegründer der Hafenbautechnischen Gesellschaft . . . 1

Seite

Kauermann, August, Dr.-Ing. e. h., † Titelseite IX
Koenigs, Gustav, Ernennung zum Ehrenmitglied Titelseite IV
Koenigs, Gustav, Hafenpolitik, V 7
Kressner, Bernhard, Dr.-Ing., Aus der Geschichte des Antwerpener Hafens, B 243
Lorenzen, I. M., Regierungs- und Baurat, Vorarbeiten für Seebauten, B 64
Nadermann, Die Straßenverkehrswege in den Binnenhäfen, B 17
Raeder, Großadmiral, Dr. h. c., Übernahme der Schirmherrschaft 4
Rimstad, Dr.-Ing., Der Hafen von Kopenhagen, B 36
Schütte, Dr.-Ing., Baurat, Wirkungen von Formänderungen verankerter Bohlwände und des stützenden Bodens auf die Verteilung der äußeren und inneren Kräfte, B 55
Thierry, de, Dr.-Ing. e. h., Mitbegründer der Hafenbautechnischen Gesellschaft 1
Wendemuth, Dr.-Ing. e. h., Mitbegründer der Hafenbautechnischen Gesellschaft 1
Woernle, Professor Dr.-Ing., Ergebnisse der Drahtseilforschung 15
Wundram, Ausschuß für Hafenumschlagtechnik, Jahresbericht 1939 14

II. Orts- und Gewässerverzeichnis.

Seite

Albert-Kanal 285
Amsterdam, Seewärtiger Güterverkehr in Antwerpen, Rotterdam, —, Bremen und Hamburg 288
Antwerpen, Aus der Geschichte des —er Hafens, B 243
Antwerpen, Seeschiffsverkehr in den Häfen —, Rotterdam und Hamburg 287
Antwerpen, Seewärtiger Güterverkehr in —, Rotterdam, Amsterdam, Bremen und Hamburg 288
Außenelbe, Die Entwicklung der Fahrwasserverhältnisse in der —, B 91
Bangkok, Der Seehafen von — (Thailand), B . . 289
Baltrum, Entwicklung der Insel 198
Borkum, Entwicklung der Insel 178
Bremen, Seewärtiger Güterverkehr in Antwerpen, Rotterdam, Amsterdam, — und Hamburg . 288
Büsum, Holstein, Lage zur See 151
Chow Phraya Fluß (Menam), Die Regulierung des — (Thailand) 350
Dieksand, ehemalige Insel im Mündungsgebiet der Elbe 146
Elbe, Die Entwicklung der Fahrwasserverhältnisse in der Außenelbe, B 91
Franzosensand, Insel im Mündungsgebiet der Elbe 147
Friedrichskoog, Sicherung der Westecke der Halbinsel — in Dithmarschen 79
Gelb-Sand, Sandbank in der Außenelbe 149
Hamburg, Seeschiffsverkehr in den Häfen Antwerpen, Rotterdam und — 287
Hamburg, Seewärtiger Güterverkehr in Antwerpen, Rotterdam, Amsterdam, Bremen und — 288

Seite

Helmsand, Sandinsel im Mündungsgebiet der Elbe 147
Hunden, Sandbank im Mündungsgebiet der Elbe 147
Juist, Entwicklung der Insel 182
Kopenhagen, Der Hafen von —, B 36
Langeoog, Entwicklung der Insel 204
Lübeck, —s hansische Überlieferung, B 31
Lübeck, —s neue Aufgaben im Ostseeraum, B . 33
Magdeburg, Verkehrsanlagen der —er Häfen . 18
Magdeburg, Straßenverkehrswege im Handelshafen — 20
Marne in Holstein, Lage zur See 150
Max-Queller, Großer und Kleiner, ehemalige Sände im Mündungsgebiet der Elbe 147
Memmert, Entwicklung der Insel 188
Menam, Die Regulierung des Chow Phraya-Flusses (—) in Thailand 350
Norder Gründe, Sandbänke in der Außenelbe . 147
Norderney, Entwicklung der Insel 190
Nordseeküste, Die Entwicklung der ostfriesischen Inseln in geschichtlicher, geomorphologischer, hydrodynamischer und seebautechnischer Hinsicht, B 166
Neuwerk, Veränderungen im Wattgebiet . . . 151
Nürnberg, Verkehrswege des —er Hafens . . . 19
Ostfriesische Inseln, Die Entwicklung der ostfriesischen Inseln in geschichtlicher, geomorphologischer, hydrodynamischer und seebautechnischer Hinsicht, B 166
Pellworm, Dammbau Festland- — 84
Ritzebüttel, Landgewinnung und Eindeichungen im Amte — 151

Register. 361

	Seite		Seite
Rotterdam, Seeschiffsverkehr in den Häfen Antwerpen, — und Hamburg	287	Thailand, Der Seehafen von Bangkok, B	289
Rotterdam, Seewärtiger Güterverkehr in Antwerpen, — Amsterdam, Bremen und Hamburg	288	Thailand, Handelsstatistik	289
		Thailand, Ausfuhrerzeugnisse	291
		Thailand, Außenhandel	294
Schaarhörn, Sandinsel an der Elbmündung	152	Trischen, Insel in der Elbmündung	146
Schelde, Seezufahrtstraße des Antwerpener Hafens	243, 264	Unterschelde, Zustand und Ausbau	243, 264
Schelde, Die Untertunnelungen der — in Antwerpen	283	Vogelsand, Großer und Kleiner, Sandbänke in der Außenelbe	147
Spiekeroog, Entwicklung der Insel	209	Wangeroog, Entwicklung der Insel	214
Sylt, Uferschutz auf der Insel —	86	Wursten, Anlandungen und Landverluste im Wurstener Lande	151

III. Sachverzeichnis.

	Seite		Seite
Ablegereife bei Kranseilen	16	Hafenbahnanlagen, Die Entwicklung der — im Antwerpener Hafen	282
Ausstellung, Internationale Wasser — Lüttich 1939, Verleihung des Grand Prix an HTG	Titelseite III	Hafenbahnanlagen, Eisenbahnverkehrswege im Hafen Bangkok (Thailand)	326
Baggerarbeiten für die Regulierung des Chow Phraya-Flusses (Menam) in Thailand	350	Hafenbautechnische Gesellschaft, 25 Jahre — 1914—1939. B	1
Bauingenieur, Der —, Zeitschrift, Gesellschaftsorgan	3	Hafenbautechnische Gesellschaft, Ausschüsse	2
Bewegliche Brücke, Die Knippelsbro und Langebro in Kopenhagen	41	Hafenbautechnische Gesellschaft, Ausschuß für Hafenverkehrswege der Binnenhäfen	17
Bewegliche Brücke, Neue — n im Antwerpener Hafen	271	Hafenbautechnische Gesellschaft, Ausschuß für Hafenumschlagtechnik, Jahresbericht 1939	14
Binnenhafen, Die Straßenverkehrswege in den Binnenhäfen	17	Hafenbautechnische Gesellschaft, Eingliederung in den NSBDT	4
Blockbau, Kaimauer in Kopenhagen	47	Hafenbautechnische Gesellschaft, Gründung am 22. Mai 1914	1
Bodenprobe, Untersuchung von —n aus der Außenelbe	130	Hafenbautechnische Gesellschaft, Jahrbücher	3
Bohlwand, Wirkungen von Formänderungen verankerter Bohlwände und des stützenden Bodens auf die Verteilung der äußeren und inneren Kräfte, B	55	Hafenbecken, Die — des Antwerpener Hafens 247, 265	
		Hafenplanung, Der Seehafen Bangkok (Thailand), B	289
Bohlwerk, Verankerte —e im Kopenhagener Hafen	45	Hafenstraße, Begriff, Planung, Arten	20
Bohrung, Erforschung des Wattenmeeres durch —en	72	Hafenstraße, Geplante Straßenwege im Hafen Bangkok (Thailand)	337
Bollwerk, im Kopenhagener Hafen	45	Hafenverwaltung, Seehäfen in der gemeindlichen Selbstverwaltung	9
Brückenkran, im Antwerpener Hafen	277	Hafenverwaltung des Hafens Bangkok (Thailand)	310
Drahtfestigkeitsversuche mit Kranseilen	15	Handel, Der — des Antwerpener Hafens	263
Drahtseil, Forschungsergebnisse über die Lebensdauer von —en	15	Handel, Die Handelsstatistik von Thailand	289
Eisenbahn, Die Entwicklung der Eisenbahnanlagen im Antwerpener Hafen	282	Hinterland, Die Verbindungen des Antwerpener Hafens mit dem —	248, 285
Erddruck, Wirkungen von Formänderungen verankerter Bohlwände und des stützenden Bodens auf die Verteilung der äußeren und inneren Kräfte, B	55	Kaiausrüstung, Anordnung von Uferstraßen in Binnenhäfen	22
		Kaimauer, Die —n im Kopenhagener Hafen	46
Erdumdrehung, Strömungsablenkung infolge der Erdumdrehung	107	Kaischuppen, Anordnung der — zu den Verkehrswegen in Binnenhäfen	22
Flußregelung, Die Pläne für die Regelung der Unterschelde	249	Kali, Umschlag von Kalisalzen im Antwerpener Hafen	272
Flußregelung, Die — des Chow Phraya Flusses (Menam) in Thailand	350	Kanal, Der Albert-Kanal	285
Förderband, Kaliumschlaganlagen in Antwerpen	272	Klappbrücke, Knippelsbro und Langebro in Kopenhagen	41
Förderschnecke für den Umschlag von Kalisalzen in Antwerpen	274	Klappbrücke, Neue —n im Antwerpener Hafen	271
Freihafen, Der Zollabschluß des Hafens Bangkok (Thailand)	337	Knippelsbro, Klappbrücke in Kopenhagen	41
Getreideheber, Entwicklung der schwimmenden — im Antwerpener Hafen	279	Kraftwagen, Anlagen für die Abfertigung von — in Binnenhäfen	22
Gleichschlagseil, Eignung im Kranbetrieb	15	Kran, Entwicklung der Kranausrüstung des Antwerpener Hafens	276
Grand Prix der Internationalen Wasserausstellung Lüttich, Verleihung an HTG	Titelseite III	Kranseil, Forschungen über Lebensdauer	15
Güterverkehr, Seewärtiger — in Antwerpen, Rotterdam, Amsterdam, Bremen und Hamburg	288	Kreuzschlagseil, Eignung im Kranbetrieb	15
		Küstenschutz, Bedeutung des Wattenmeeres für den Küstenschutz	65
Hafen, Aus der Geschichte des Antwerpener Hafens, B	243	Küstensenkung, im Nordseegebiet	167
		Langebro, Klappbrücke in Kopenhagen	41
		Lastkraftwagen, Abfertigung in den Häfen, Ausschußarbeiten	14
Hafen, Der Seehafen Bangkok (Thailand), B	289	Lastkraftwagen, Anlagen für die Abfertigung von — in Binnenhäfen	22
		Luftbild als Hilfsmittel für Wattaufnahmen	69

	Seite
NSBDT, Eingliederung der Hafenbautechnischen Gesellschaft in den —	4
Pegel, Das —wesen im Wattenmeer an der Westküste Schleswig-Holsteins	74
Pfahlbock, Bollwerk in Kopenhagen	45
Pfahlgründung, Kaimauer in Kopenhagen	46
Peilung, —en zur Erforschung des Wattenmeeres	70
Peilung, Peil- und Vermessungsboote für die Regulierung des Chow Phraya Flusses (Menam) in Thailand	351
Reichswasserstraßenverwaltung, Die Seehafenpolitik der —	7
Reis, Umschlagsanlagen für — im Hafen Bangkok (Thailand)	342
Rostschutz bei Kranseilen	15
Salzgehalt, Salzgehaltsmessungen im Mündungsgebiet der Elbe	125
Salzkratzer im Kalispeicherbetrieb	274
Sandablagerung, Entstehung, Wanderung und Wirkung von —en in der Außenelbe	132
Schiebetor, Die —e der Kruisschansschleuse in Antwerpen	268
Schiffsabmessungen, Abmessungen großer Fahrgastschiffe	91
Schiffsverkehr, See— in den Häfen Antwerpen, Rotterdam und Hamburg	287
Schiffsverkehr im Antwerpener Hafen	261, 287
Schiffsverkehr im Hafen Bangkok (Thailand)	302
Schleuse, Die Kruisschansschleuse in Antwerpen	267
Schleusentor, Schiebetore der Kruisschansschleuse in Antwerpen	268
Schmierung, Innen- — bei Drahtseilen	15
Schwimmkasten, Kaimauer auf —in Kopenhagen	47
Schwimmkran, verschiedene —e im Antwerpener Hafen	278
Schwerlastkrane im Antwerpener Hafen	278
Seebau, Vorarbeiten für —ten, B	64
Seekarte, Verzeichnis und Vergleich alter —n der Elbmündung	94
Seeschleuse, Die Kruisschansschleuse in Antwerpen	267
Seewasserstraße, Die Arbeiten der Reichswasserstraßenverwaltung zur Verbesserung der —n	8
Seezufahrtsstraße, Die Schelde als — des Antwerpener Hafens	243, 264
Seezufahrtsstraße, Die Regulierung des Chow Phraya Flusses (Menam) in Thailand	350
Seil, Forschungsergebnisse über die Lebensdauer von Drahtseilen	15
Sinkstoffmessung, —en an der schleswig-holsteinischen Westküste	77
Sinkstoffmessung, Sandwanderungsmessungen im Mündungsgebiet der Elbe	128
Speicher, Hafenspeicher im Kopenhagener Freihafen	48
Speicher, Die — und Umschlagsanlagen für Kalisalze in Antwerpen	272

	Seite
Straße, Die Straßenverkehrswege in den Binnenhäfen	17
Straße, Geplante Straßenwege im Hafen Bangkok (Thailand)	337
Strommessung, —en an der schleswig-holsteinischen Westküste	76
Strommessung, —en im Mündungsgebiet der Elbe	115
Stromverbrauch, von Hafenhebezeugen, Ausschußarbeiten	14
Sturmflut, —en im Mündungsgebiet der Elbe	109
Tarif, Seehafentarifpolitik	11
Tidehub, Einfluß von Flußregelungen auf den Tidehub	98
Tidehub, Der — auf der Unterschelde	243
Tidewelle, zeitliche Lage der Kenterpunkte in einem Tidefluß	102
Tidewelle, theoretische Betrachtungen	97
Trockendock, Die —s im Antwerpener Hafen	276
Trockendock, Geplante —s im Hafen von Bangkok (Thailand)	346
Tunnel, Die Untertunnelungen der Schelde in Antwerpen	283
Ufermauer, Die —n im Kopenhagener Hafen	46
Uferschutz auf der Insel Sylt	86
Uferstraße in Binnenhäfen	22
Uferwand aus Pfahlböcken im Kopenhagener Hafen	45
Umschlaganlagen, Die Speicher und — für Kalisalze in Antwerpen	272
Umschlaganlagen im Hafen Bangkok (Thailand)	306, 338
Verkehr, Der — im Antwerpener Hafen	260, 287
Verkehr, Schiffahrt und — im Hafen Bangkok (Thailand)	302
Verladebrücke, —n im Antwerpener Hafen	277
Verzinkung von Kranseilen	16
Vorarbeiten für Seebauten, B	64
Vorarbeiten, Die Voruntersuchungen für die Anlage eines Seehafens in Bangkok (Thailand)	314
Wasserausstellung, Internationale in Lüttich, Verleihung des Grand Prix an HTG. Titelseite	III
Wasserstandsbeobachtungen im Mündungsgebiet der Elbe	113
Wasserstraße, Übergang der —n auf das Reich	8
Wasserstraße, Ausbaupläne für die deutschen Binnen—n und ihre Bedeutung für die Seehäfen	11
Wattenmeer, Bedeutung des —es für den Küstenschutz	65
Wattenmeer, Beschreibung und geschichtliche Entwicklung der Watten im Raume der ostfriesischen Inseln	218
Wattenmeer, Erforschung des —es	69
Werft-Reederei-Hafen, Zeitschrift, Fachblatt der Hafenbautechnischen Gesellschaft	3
Zoll, Der —abschluß des Hafens Bangkok (Thailand)	337
Zubringerstraßen für Binnenhäfen	17

Tischrede gehalten in Travemünde anläßlich der Hauptversammlung der H.T.G. in Lübeck=Kopenhagen Mai 1939.

Verehrte Damen! Desgleichen Herrn!

Ich dichte nicht gut, doch dichte ich gern,
Und Verse entströmen dem giftigen Mund,
Wenn ich dazu einen triftigen Grund.
Gern greif' ich hinein in die Trubelleier
Aus Anlaß solch' einer Jubelfeier. —

Was hat das Ganze zu bedeuten?
Wozu sitzt man hier mit den Leuten?
Manch 'einer nimmt das nicht genau
Und sagt ganz einfach: „Ich mach' blau!"
Ein Weiser aber fragt sich klug:
„Hat man zum Feiern Grund genug?"
Was wird denn heute hier gefeiert?
Wenn man das bunte Bild entschleiert,
Den Schluß scharf überlegend zieht,
So merkt der, welcher schärfer sieht,
Selbst der mit einer langen Leitung —
Und außerdem steht's in der Zeitung —
Was ich im großen Ganzen seh',
Dreht heut' sich um die H.T.G.
Sie zählt schon, was nicht weiter wundert,
Der Lenze heut' ein Viertel Hundert.
Ich soll mit altem Brauche brechen
Und heut' einmal in Versen sprechen.
Der Dichter tut das, was er soll,
Die andern sind erwartungsvoll.

Die H.T.G., das weiß wohl jeder,
Kämpft mit dem Wort und mit der Feder
Für Hafentechnik und Verkehr,
Für dies und jenes Andre mehr,
Für den Betrieb und gleichermaßen
Für Häfen und für Wasserstraßen.
Wenn sich ein Hafen selbst verwaltet,
Dann ist das Ganze gut gestaltet,
Hat heut' Herr Koenigs vorgetragen;
Wir haben nichts dazu zu sagen;
Die Freiheit wohl ein jeder liebt,
Wenn nur das Reich die Mittel gibt.
Das wird natürlich glatt geschafft
Bei der enormen Steuerkraft.

Für uns, wir brauchen nicht zu lügen,
Ist Steuerzahlen ein Vergnügen.

Wie wird ein Wasserlauf befeuert,
Und wodurch der Betrieb verteuert?
Was lernt man aus Modellversuchen?
Wie backt man aus Zement den Kuchen?
Wie baut man gut die Hafenmauern,
Auf daß sie uns noch überdauern?
Das, was von selber geht und steht,
Wird theoretisch durchgedreht,
Um wissenschaftlich durchzukneten,
Was Praktiker gar nicht erbeten,
Denn jede Mauer, die erstellt,
Wenn sie nur etwas auf sich hält — hält! —
Stürzt etwas ein, dann kommt's davon,
Weil viel zu mager der Betŏn.
Betŏn, Betōn, wie sagt man gleich?
Es gibt darüber Streit im Reich.
Im Norden sagt man einfach: „bŏn":
Für uns steht fest, es heißt Betŏn.
Erwähnen aber muß ich schon,
Im Süden ist korrekt Betōn.
Wir wollen Frieden auf der Welt,
Wenn nur die Mischung gut und hält.
Ein Streit darum kann sich nicht lohnen,
D'rum soll man nicht Betŏn betōnen.

Recht klug ist, daß man danach schaut,
Wie anderswo man etwas baut;
Das wollen wir besorgen
Auf uns'rer Fahrt ab morgen. —

Was sonst die H. T. G. noch tut,
Ist lobenswert, ja es ist gut.
Nicht nur der Beitrag wird kassiert,
Nein, auch ein Buch wird redigiert;
Alljährlich drückt man in die Hände
Uns schöne, dicke Jahrbuchbände.
Man hinkt ein Jahr stets hinterher,
Das zu erkennen ist nicht schwer.
Das Jahrbuch schmückt wohl durch die Bank
Zum mindesten den Bücherschrank.
Der Umfang ist stets groß gewesen.
Es gibt auch welche, die es lesen ! ! !

Ich darf darüber Witze machen,
Denn ich verarzte diese Sachen. —
Wir alle, die zusammenkamen,
Wir feiern heut' das Fest mit Damen,
Die blumig hier das Bild verzieren
Und nebenbei uns kontrollieren.

Wir sind darüber herzlich froh,
Und dann auch, überhaupt und so,
Die Frau, sie zieht, Dank sei dem Mann,
Vergnügt das gute Seid'ne an,
Sie tut das schon besonders gern,
Denn sonst wird es noch unmodern. —
Wenn man so sieht den Damenflor,
Dann kommt es einem spanisch vor,
Daß die Vernunft kann nicht erhellen
Die armen, armen Junggesellen;
Sie haben noch nicht eingeseh'n,
Daß solo sie zu Grunde geh'n.
Doch, die da allzu hart gesotten,
Die mögen peu à peu vermotten. —
Doch ist es Pflicht, Sie auch zu warnen,
Vor denen, die Sie forsch umgarnen.
Eine Ehe ist schon was,
Immer ohne Unterlaß,
Immer eine fremde Frau
Um sich in demselben Bau,
Die man früher noch nicht sah,
Immer, immer ist sie da,
Immer auf dem gleichen Fleck,
Und sie geht, sie geht nicht weg;
Damit muß man sich versöhnen,
Daran kann man sich gewöhnen,
Wir, wir haben es getan,
Doch man sieht es uns auch an. —

Mein Freund, ich geb' Dir einen Rat,
Es heißt: im Anfang war die Tat,
Doch wer erfahren, fährt dann fort,
Am Ende aber steht das Wort,
Und dieses letzte, nehm' ich an,
Hat stets die Frau und nie der Mann.
Wenn Du was willst, was sie nicht will,
Schweig still, schweig still, schweig still, schweig still.

Ich bitte, bleiben Sie vergnüglich,
Ich meine dies ganz unbezüglich. —
Den Damen hab' ich Lob gespendet
Und damit diesen Teil beendet.
Ich hab' sie kräftig 'rausgestrichen;
Jetzt wird vom Thema abgewichen. —
Ich wende mich in Seelenruh'
Zum Schluß noch etwas anderm zu.

Vertreten sind besonders stark
Die Herren hier aus Dänemark.
Wir wollen heut' sie noch nicht loben,

Das wird am besten aufgeschoben.
Wir wollen seh'n, in welchem Rahmen
Verläuft für uns und uns're Damen
Das Fest, wie wickelt es sich ab,
Dort, wo die Butter noch nicht knapp,
Dort, wo noch Milch und Honig fließt,
In vollen Zügen man genießt,
Dort in dem schönen Nachbarland
Erwarten wir noch allerhand.

Wir feiern heut' hier ganz allein,
Hier ist man Mensch, hier darf man's sein.
Wir sind nicht an die Wand gedrückt,
D'rum ist die Tagung gut geglückt.
Wenn einer sich nach vorne drängt,
Dann wird der and're abgehängt.

Die liebe, gute, alte brave —
Das Haupt der Hanse an der Trave,
Wo man so gastlich uns empfing,
Fürwahr, das ist ein lecker Ding.
Das wundervolle Marzipan
Hat's unsern Damen angetan.
Uns Männern kam bezaubernd vor
Das weltberühmte Holstentor,
Das Schiffer- und das Schabbelhaus,
Die machten auch nicht wenig aus.
Und dann bei näherer Betrachtung
Verdient auch sonst noch was Beachtung;
Man braucht sich gar nicht vorzugaukeln,
Daß auf der Trave Schiffe schaukeln,
Ganz ausgewachs'ne große Kasten
Mit richtiggeh'nden schlanken Masten. —
Wir sind empfangen wie noch nie,
Und glänzend war auch die Regie;
Wir wollen einmal ehrlich sein,
Wir machten Ihnen Schererei'n.
Für alle Mühe, die Sie hatten,
Gilt's unser'n Dank jetzt abzustatten.

Der Dichter hat nun ausgesungen
Und durch den Stoff sich durchgerungen,
Mehr hat er nicht kontraktlich,
Man naht dem letzten Akt sich.
Wir sind zu größtem Dank verpflichtet,
Der jetzo sich zum Hoch verdichtet.
Laßt uns das Glas der Reben fassen,
Die Stadt der Hanse leben lassen,
Und es bittet sehr, ach tun Sie es,
In diesem Sinne   I. A. Bunnies.

Inhalt
der bis zum Jahre 1941 erschienenen Jahrbücher der Hafenbautechnischen Gesellschaft

Erster Band 1918
Mit 35 Abbildungen und 1 Tafel,
Lexikon-Format, 158 Seiten.
Vergriffen.
Hamburg 1918.

Entstehungsgeschichte der Gesellschaft, Satzungsentwurf, das erste Mitgliederverzeichnis.
Bubendey, Hamburg: Die Wasserstraßenentwürfe für Mitteleuropa und ihre Beziehungen zu den deutschen Seeschiffhäfen.
G. de Thierry, Berlin: Weltgeschichte und Seehäfen.
E. G. Meyer, Hamburg: Verladeeinrichtungen im Hamburger Hafen.
W. Kern, Mannheim: Der Umschlagsverkehr in den Rheinhäfen.
H. Schumacher, Bonn: Die belgischen und holländischen Eisenbahnen und ihre Tarifpolitik.

Zweiter Band 1919
Mit 112 Abbildungen, 8 Karten und Plänen und einem Schaubild, Lexikon-Format, 300 Seiten.
Preis geheftet RM 17,—.
Hamburg 1920.

Geschäftliche Mitteilungen, Mitgliederverzeichnis.
E. Tießen, Berlin: Die deutschen Häfen und die Verkehrsnot.
Kutschke, Königsberg: Die Königsberger Hafenanlagen.
E. Lohmeyer, Emden: Der Emdener Hafen und seine Zukunft.
M. H. Panum und *H. Ehlers*, Hamburg: Die Kaimauern im Hamburger Hafen.
W. Böttcher, Hamburg: Das Problem der Verkehrskreuzungen im Hamburger Hafen.
W. Luft, Biebrich, und *G. Eisig*, Buenos Aires: Die Erweiterung des argentinischen Kriegshafens Puerto Militar bei Bahia-Blanca.
R. Borchers: Starrgeführte Greifer, ihre Vorteile und Entwicklungsmöglichkeiten.
G. Stein, *O. Brandes* und *R. Krüger*, Duisburg: Unfallschutz in den Häfen.
A. Schmidt-Essen, Hamburg: Frankreichs Schiffahrtspolitik auf dem Rhein.

Dritter Band 1920
Mit 155 Abbildungen und 5 Tafeln,
Lexikon-Format, 328 Seiten.
Preis geheftet RM 15,30; geb. Halbleinen RM 18,—.
Hamburg 1921.

Geschäftliche Mitteilungen, Mitgliederverzeichnis.
B. Huldermann, Hamburg: Amerikanische Seeschiffahrt.
F. W. O. Schulze, Danzig: Danzig und sein Hafen.
E. Bock, Köln: Die Hafenneubaupläne der Stadt Köln.
H. Weihe, Berlin: Leistung und Wirtschaftlichkeit maschineller Fördermittel in Umschlaghäfen.
Miether, Altona: Der Hafen von Altona.
W. Scholz, Hamburg: Die Deutsche Werft.
J. Th. Schäßler und *Meinken*, Hamburg: Der Cuxhavener Fischmarkt.
F. Loewer, Hamburg, und *H. Kayser*, Darmstadt: Die Hebung der „Gneisenau" aus dem Fahrwasser der Schelde bei Antwerpen.
E. Böhmler †, Mannheim: Die Hafenanlage Duala in Kamerun.
J. Wey, Bergheim a. d. Erft: Die Energie der Meereswellen als Grundlage zur Berechnung der Molen.
Scheck, Fürstenwalde-Spree: Über die Formen der Spundwandeisen.
C. Schiebeler, Berlin: Die elektrischen Ausrüstungen der Hebezeuge in Hafenanlagen.

G. Heymann, Berlin: Über elektrische Antriebe von Hafenbauwerken.
E. von Beckerath, Rostock: Die deutschen Seehafentarife und ihre Aufhebung.

Vierter Band 1921
Mit 83 Abbildungen und 18 Tafeln,
Lexikon-Format, 314 Seiten.
Preis geheftet RM 15,30; geb. Halbleinen RM 18,—.
Hamburg 1922.

Geschäftlicher Teil, Mitgliederverzeichnis.
K. Reinhard, Mannheim: Die Häfen als Vermittler der Zusammenarbeit zwischen Schiffahrt und Eisenbahn.
W. Kern, Mannheim: Die süddeutschen Wasserstraßen und ihre Hafenanlagen.
Die wirtschaftliche und technische Umstellung der Reichskriegshäfen auf Friedenswirtschaft:
  I. Wilhelmshaven-Rüstringen:
    a) *G. Kayser*, Oldenburg: Die wirtschaftlichen Voraussetzungen.
    b) *W. Krüger*, Wilhelmshaven: Die Baugeschichte der Hafenanlagen.
    c) *Hermeking*, Wilhelmshaven: Die technische Umstellung.
  II. Kiel:
    H. Meyer, Kiel: Die wirtschaftliche Umstellung.
    Kruse, Kiel: Die technische Umstellung.
Horowitz, Mannheim: Die Hafenanlagen in Mannheim und Ludwigshafen.
Blum-Neff, Karlsruhe: Die Hafenanlagen der Hauptstadt Karlsruhe.
Die bautechnischen Versuchsanstalten der Technischen Hochschule Karlsruhe.
  Ammann, Karlsruhe: Das neue badische Verkehrsmuseum.
  E. Probst, Karlsruhe: Das Beton- und Eisenbetonlaboratorium.
  Th. Rehbock, Karlsruhe: Das Flußbaulaboratorium.
H. Engels, Dresden: Entwurf zu einem Verkehrs- und Industriehafen in Linz an der Donau.
M. Eisenlohr, Mannheim: Die Flußkorrektion bei Mannheim und deren Einwirkung auf die Entwicklung der Stadt.
W. Krüger, Wilhelmshaven: Die Jade, das Fahrwasser Wilhelmshavens, ihre Entstehung und ihr Zustand.
Böttcher und *Krahnen*, Duisburg: Kipperkatzen-Verladeanlagen für Häfen.
Ewald, Neukölln: Luftbild und Relief im Dienste von Hafenbau und Schiffahrt.

Fünfter und sechster (Doppel-) Band 1922-1923
Mit 110 Abbildungen und 5 Tafeln,
Lexikon-Format, 353 Seiten.
Preis gebunden Halbleinen RM 22,50.
Hamburg 1924.

Geschäftliche Mitteilungen, Mitgliederverzeichnis.
Tewaag, Stettin: Das Wirtschaftsgebiet der Ostsee.
E. Jacoby, Riga: Die ehemals russischen Häfen im Baltikum.
Fabricius, Stettin: Bebauungspläne für Seehäfen.
Waeser, Frankfurt a. M.: Die technischen Einrichtungen und die wirtschaftliche Stellung der Hafenbahnen.
Schulze, Stettin: Der Stettiner Hafen.
E. Probst, Hamburg: Das Stettiner Werk der Vulcanwerke Hamburg und Stettin, Aktiengesellschaft.
H. Friedrich, Stettin: Das Werk Odermünde der Feldmühle Papier- und Zellstoffwerke, Aktiengesellschaft.
Faendrich, Stettin: Die Wasserstraße Stettin—Swinemünde.
v. Graßmann und *Krenzer*, München: Die süddeutschen Wasserstraßen und ihre Hafenanlagen.
Dücker, Hamburg: Die Beziehungen Süddeutschlands zu den deutschen Seehäfen.

K. *Günther*, Darmstadt: Die maschinelle Ausrüstung des Neuen Hafens Aschaffenburg.
G. *Klebert*, Berlin: Selbsttätige Leuchtfeuer.
B. *Henrici*, Charlottenburg: Der Einfluß der Bau-, Betriebs- und Personalkosten sparsam hergestellter kleinerer Binnenhäfen auf deren Jahreskosten und Tarife.
A. *Schlößer*, München: Die Photogrammetrie und ihre optisch-mechanischen Hilfsmittel in Anwendung insbesondere auf den Wasserbau.

Siebenter Band 1924
Mit 150 Abbildungen und 7 Tafeln,
Din A 4, 222 Seiten.
Preis gebunden Halbleinen RM 22,50.
Hamburg 1925.

Geschäftliche Mitteilungen, Mitgliederverzeichnis.
Ostpreußens Wirtschaft und der Königsberger Hafen:
  a) *H. Litten*, Königsberg: Königsberg als Seehafen.
  b) *Wehrheim*, Königsberg: Verkehrswege und Hinterland des Hafens Königsberg.
  c) *C. Kutschke*, Königsberg: Die Neubauten des Königsberger Hafens.
Heinson, Düsseldorf: Die Verkehrsbeziehungen zwischen dem Osten und dem Westen des Deutschen Reiches unter besonderer Berücksichtigung der Wasserwege.
C. *Kutschke*, Königsberg: Bau und Ausrüstung der neuen Getreidespeicher am Industriehafen Königsberg/Pr.
Prengel, Pillau: Der Ausbau des Königsberger Seekanals.
Pundt, Königsberg: Die Pregel-Memel-Wasserstraße.
Niese, Berlin: Die Weichsel als Schiffahrtsstraße.
Weber, Memel: Der Memeler Hafen.
Plate, Bremen: Der Ausbau der Unterweser.
L. *Lawski*, Stockholm, und *Burmeister*, Berlin: Der Södertälje-Kanal.
E. *Blunk*, Hamburg: Der Ausbau des Hafens von Helsingborg.
Stecher, Essen: Die Verwendung der Spundwandeisen Form Larßen im Hafenbau.

Achter Band 1925
Mit 103 Abbildungen und 4 Tafeln,
Din A 4, 170 Seiten.
Preis gebunden Halbleinen RM 18,—.
Hamburg 1927.

Geschäftliche Mitteilungen. Mitgliederverzeichnis nebst Satzung.
Fabian, Breslau: Die obere und mittlere Oder als Schiffahrtsstraße.
Gothein, Berlin: Die Notwendigkeit des Ottmachauer Staubeckens für die Oderschiffahrt.
W. *Teubert*, Potsdam: Über verkehrspolitische Aufgaben zur Stärkung des Wettbewerbes der deutschen Seehäfen.
O. *Wundram*, Hamburg: Neuerungen auf dem Gebiete des mechanischen Hafenumschlages.
G. *Trauer*, Breslau: Die Behandlung der Hafenfragen im Wettbewerb Groß-Breslau 1921.
Schönsee, Breslau: Häfen und Hafenpläne im Odergebiet.
Kanalfragen im Odergebiet:
  a) *Platzmann*, Guben: Kanalpläne zwischen Elbe und Oder.
  b) *Kahle*, Gleiwitz: Der Kanal zum oberschlesischen Industriegebiet.
Von den Firmen *Fried. Krupp* Grusonwerk A.-G., Magdeburg-Buckau, und Eisenwerk (vorm. *Nagel & Kaemp*) A.-G., Hamburg: Elektrische Kohlenkipper in den Häfen von Breslau und Cosel.

Neunter Band 1926
Mit 247 Abbildungen und 2 Tafeln,
Din A 4, 233 Seiten.
Preis gebunden Halbleinen RM 25,—.
Berlin 1928.

Geschäftlicher Teil.
Lübbers, Emden: Die Vergesellschaftung der Seehäfen.
Bartsch, Mannheim: Die Vergesellschaftung der Binnenhäfen.
P. *Hedde*, Bremen, und P. *Beck*, Bremerhaven: Baugeschichtliche Entwicklung der bremischen Hafenanlagen.
H. *Gettert*, Duisburg: Die Verwendung von Déri-Motoren im Kranbetrieb.
Tillmann, Bremen (Mitarbeiter *Andressen* und *Agatz*): Die Entwicklung der Umschlagseinrichtungen in den bremischen Häfen.

L. *Plate*, Bremen: Die Vertiefung der Außenweser durch den Ausbau des Fedderwarder Armes.
Becké, Bremerhaven: Bremerhaven, die hundertjährige Hafenstadt Bremens an der Unterweser.
Die Hochseefischerei in Bremerhaven:
  a) W. *Reisner*, Bremerhaven: Das deutsche Hochseefischereigewerbe mit besonderer Berücksichtigung Bremerhavens.
  b) *Hagedorn*, Bremerhaven: Die Hochseefischereianlagen Bremerhavens.
W. *Kunze*, Bremen: Neue akustische Signalgeber in der Seeschiffahrt für die Ansteuerung der Küsten und Häfen.
H. *Brockmann*, Hannover: Über die Möglichkeit wirtschaftlicher Betreibung mehrstöckiger Umschlagsschuppen im Hamburger Hafen.
E. *Kröger*, Mannheim: Die Hafenerweiterung von Tanga in Deutsch-Ostafrika in den Jahren 1912—1913.

Zehnter Band 1927
Mit 283 Abbildungen, 2 Textblättern und 3 Tafeln (darunter Tafel 3: Elbkarte), Din A 4, 222 Seiten.
Preis gebunden Halbleinen RM 30,—.
Berlin 1928.

Geschäftliches.
Die Steinkohle als Umschlagsgut des rheinisch-westfälischen Industriegebiets.
  Skalweit, Essen: Bedeutung des Ruhrgebietes und der Ruhrkohle.
  Germanus, Duisburg-Ruhrort: Die Duisburg-Ruhrorter Häfen.
  Wehrspan, Wanne-Eickel: Kohlenverladung am Rhein-Herne-Kanal.
  Hoffbauer und *Thiessen*, Duisburg: Die Werkshäfen am Niederrhein. Die Häfen Alsum-Schwelgern, Walsum, Phönix, Nordhafen und Rheinhausen.
H. *Meiners*, Essen-Bredeney: Die Rheinhäfen der Zeche „Rheinpreußen" zu Hamborn und der „Mannesmannröhrenwerke" Abt. Schulz-Knaudt zu Huckingen bei Duisburg.
Saling, Duisburg-Ruhrort: Die Eisenbahnverhältnisse der Duisburg-Ruhrorter Häfen.
H. F. *Oehler*, Wanne-Eickel: Die Hafenanlagen der Hafenbetriebsgesellschaft Wanne-Herne m. b. H.
Braun, Mülheim a. d. R.: Der Schiffahrtsweg vom Rhein nach Mülheim an der Ruhr und die Mülheimer Hafenanlagen.
D. *Boomsma*, Rotterdam: Die Entwicklung des Kaimauerbaues in Rotterdam.
A. *Oberste-Lehn*, Rotterdam: Der Hafen in Vlaardingen.
van Heemskerck van Beest, Amsterdam: Zweigeschossige Schuppen im Amsterdamer Hafen.
P. *Grübeler*, Reichswasserstraßenverwaltung, Hamburg: Die Befeuerung und Betonnung der Elbe durch Hamburg.
Mueller-Dannien, Hamburg, und *Doepking*, Buenos Aires: Ölverladeanlagen an der patagonischen Küste.

Elfter Band 1928/29
Mit 322 Abbildungen, 14 mehrfarbigen Tafeln und Textblättern, 2 Heliogravüren und 26 Zahlentafeln, Din A 4, 367 Seiten.
Preis gebunden Halbleinen RM 45,—.
Berlin 1930.

Geschäftliches 1928.
S. *Helander*, Kiel: Die weltwirtschaftliche Bedeutung des Kaiser-Wilhelm-Kanals.
O. *Cornehls*, Hamburg: Aufschlepp- und Dockanlagen in Häfen.
G. *de Thierry*, Berlin: Über neuere Molenbauten und die künftige Tiefe von Seezufahrtsstraßen und Hafenbecken.
S. *Kiehne*, Kiel (jetzt Frankreich): Die Schiffsbauplätze und Kaianlagen der Werft Kiel der Deutsche Werke Kiel A.-G.
Iwersen, Rendsburg: Umschlaganlagen im Kreishafen Rendsburg.
Neufeldt, Lübeck: Der Land- und Seeflughafen Travemünde.
Fabricius und *Schulze*, Stettin: Der Bau eines Schuppenspeichers für Stückgut im Seehafen Stettin.
Fabricius, Stettin: Eine neue Zufahrtsstraße im Stettiner Hafen und die besondere Art ihrer Bauausführung.
Westermann, Berlin: Die Befeuerung der Seezufahrtsstraße Stettin—Swinemünde.
Völcker, Tilsit: Tilsits Handel und Hafenanlagen.

Geschäftliches 1929.
Die Elbe in ihren Beziehungen zu den Seehäfen:
 a) *A. Sorger*, Dresden: Die sächsische Elbe, ihre Häfen und Umschlagstellen.
 b) *Zander*, Magdeburg: Die Elbe im preußischen Staatsgebiet.
E. G. Buschmeyer, Hamburg: Die Rationalisierung im Seehafenbetriebe.
K. Burkhardt, Dresden: Über die Beziehungen zwischen dem Hafenausbau und der Eisenbahntarifpolitik in Sachsen.
P. Gerecke, Magdeburg: Der Mittellandkanal.
Götsch, Magdeburg, und *Nadermann*, Magdeburg: Die Magdeburger Häfen und ihre Erweiterung am Elbabstieg des Mittellandkanals.
Peters, Leipzig: Leipzig und der Mittellandkanal.
W. Petzel und *K. Behrends*, Harburg-Wilhelmsburg: Die Anlagen der Hamburgisch-Preußischen Hafengemeinschaft im Rahmen der Erweiterungsbauten des Harburg-Wilhelmsburger Hafens 1924 bis 1929.
W. Sichardt, Berlin: Beiträge zur Frage der Grundwasserabsenkung bei der Ausführung von Häfen und Flußbauten.
H. Proetel, Aachen: Vorschläge für den Ausbau des Freihafens Barcelona nach den beim internationalen Wettbewerb 1927 preisgekrönten deutschen Entwürfen.

Zwölfter Band 1930/31
Mit 294 Abbildungen, 2 Bildnissen, 9 mehrfarbigen Tafeln und Textblättern, 1 Gravüre und 11 Zahlentafeln.
Din A 4, 327 Seiten.
Vergriffen. Berlin 1932.

Geschäftliche Mitteilungen 1930.
Ein- oder mehrgeschossige Kaischuppen und Hafenspeicher nach betriebstechnischen und wirtschaftlichen Gesichtspunkten und das Verhältnis des Kaiumschlags zur Einlagerung:
 a) *Sieveking*, Hamburg: Ein- und mehrgeschossige Kaischuppen.
 b) *Fabricius*, Stettin: Hafenspeicher.
H. Versteeg, Dordrecht: Neue Umschlagseinrichtungen für Massengüter im Seehafen Dordrecht/Holland.
E. van Heemskerck van Beest, Amsterdam: Der J. P. Coen-Hafen zu Amsterdam und seine Erweiterung.
 Schriftleitung: Zwei Beispiele von Seeschiffskaianlagen in unmittelbarer Verbindung mit Hafenbecken für Kleinfahrzeuge.
Ostendorf, Münster i. W.: Der Hüttenhafen der Friedrich Krupp A.-G. am Rhein-Herne-Kanal.
H. Meiners, Essen-Bredeney: Die Kohlenumschlaghäfen am neuen Wesel-Datteln-Kanal.
A. Eckhardt, Wilhelmshaven: Erfahrungen über Wellenwirkung beim Bau des Hafens in Helgoland.
G. de Thierry, Berlin-Schlachtensee: Über Grundseen und ihre Beziehungen zur Bauweise von Hafendämmen.
V. Behrendt, Hamburg: Die verschiedenen Möglichkeiten des Zuwasserbringens von Caissons und Senkkästen aus Eisenbeton unter besonderer Berücksichtigung des Baues auf schwimmender Anlage.
Geschäftliche Mitteilungen 1931.
L. Schulze: Aus dem Betrieb des Emder Hafens.
Kranz, Aurich: Die Arbeiten und Bauten auf den Ostfriesischen Inseln von Borkum bis Spiekeroog.
E. Lohmeyer, Hamburg: Über Hafenverwaltungen im In- und Auslande.
W. Paxmann: Der Ausbau des Dortmund-Ems-Kanals.
A. Meyers, s'Gravenhage: Der zweite Binnenhafen von Scheveningen.
E. Blunk, Hamburg: Die Kaimauer- und Fahrgastlandungsanlagen im Hafen von Cherbourg.
 M. A. N. Nürnberg: Neuzeitliche Krananlagen in Dünkirchen.
 Demag, Duisburg: Neue Krane in französischen und belgischen Häfen.
W. Buchholz, Hannover: Erdwiderstand auf Ankerplatten.

Dreizehnter Band 1932/33
Mit 328 Abbildungen im Text und auf 4 Tafeln sowie einer farbigen Tafel. Din A 4, 283 Seiten.
Preis gebunden Halbleinen RM 60,—.
Berlin 1934.

Geschäftliche Mitteilungen 1932.
E. Lohmeyer, Hamburg: Über Hafenverwaltungen im In- und Auslande. Aussprache.

Hafenbahnausschuß:
 1. *K. Giese*, Hamburg: Der hamburgische Hafenbahnvertrag.
 2. *Dronke*, Bremen: Der bremische Hafenbahnvertrag.
Ausschuß für Hafenumschlagsgeräte:
 1. *E. G. Buschmeyer*, Hamburg: Einführung.
 2. *O. Wundram*, Hamburg: Die Arbeitsgeschwindigkeit von Hafendrehkränen.
 3. *H. Neumann*, Hamburg: Die Stromar. für den Betrieb von Stückgut-Kaikränen im Seehafen-Umschlagverkehr.
 4. *J. Gewecke*, Berlin-Siemensstadt: Gleichstrom oder Drehstrom?
 5. *C. Schiebeler*, Berlin: Die Entwicklung des Gleichstrom-Hafenkranes für Stückgut.
Geschäftliche Mitteilungen 1933.
K. W. Mautner, Frankfurt a. M., und *G. Werner-Ehrenfeucht*, Berlin: Vorhafen und Seeschleuse in Dünkirchen (Frankreich).
E. Blunk, Hamburg: Der Bau der Neuen Seeschleuse in St. Nazaire.
F. Bohny, Lindau i. B.: Die Schiebetore der neuen Einfahrt im Hafen von St. Nazaire.
H. Tengström, Berlin: Die elektrische Ausrüstung der Schleusenanlage St. Nazaire.
S. Walther, Berlin: Der Bau der Mole für den Vorhafen Le Verdon bei Bordeaux.
W. Imm, Frankfurt a. M.: Kaimauerbau Bassens-aval bei Bordeaux.
G. Werner-Ehrenfeucht, Berlin: Bau einer Kaimauer an der Garonne in Bassens-amont bei Bordeaux.
 M. A. N.: Landungssteg am Quai des Chartrons im Hafen von Bordeaux.
Arens, Münster i. W.: Der Hafenausbau Las Palmas.
E. L. Mueller-Dannien und *E. Bachus*, Hamburg: Der Hafenbau von Tamatave auf Madagaskar.
W. Kossmann, Buenos Aires: Der Hafen von Buenos Aires, seine Entwicklung und seine jüngste Erweiterung.
Ostendorf, Münster i. W.: Neue Zechenhäfen am Rhein-Herne-Kanal. — Kohlenumschlaghäfen im Bergsenkungsgebiet.
H. Lange, Hamburg: Neue Wippkrane für Stückgutumschlag im Hafen von Rotterdam.
W. von Bleichert: Krane für den Molenbau.

Vierzehnter Band 1934/35
Mit 350 Abbildungen im Text und auf 7 zum Teil farbigen Tafeln. Din A 4, 288 Seiten.
Preis gebunden Halbleinen RM 45,—.
Berlin 1936.

Lingnau, Frankfurt a. M.: Die Häfen des rhein-mainischen Wirtschaftsgebietes.
Wundram, Hamburg: Neuere Umschlagskräne, ihre Formen und Leistungen.
Hacker und *E. Becker*, Bremen: Erfahrungen mit Stahlrammpfählen.
H. Benrath, Hamburg: Erfahrungen mit stählernen Spundwänden und Pfählen beim Bau von Kaimauerverstärkungen im Hamburger Hafen.
Fischer und *Hahn*, Frankfurt a. M.: Die Hafenanlagen der Stadt Frankfurt am Main.
Vogel, Wesermünde: Ausbau des Hafens Wesermünde.
Teichgräber, Hamburg: Die Fischmarktanlagen in Cuxhaven und der neue Fischversandbahnhof.
G. de Thierry, Berlin-Schlachtensee: Der Hafen von Genua.
M. Arens, Münster i. W.: Das Kippverfahren zum Einleiten des Stapellaufs von Eisenbetonschwimmkästen. Theorie und Ausführung und Vergleich mit anderen Verfahren des Zuwasserbringens von Schwimmkästen.
Ziegler, Königsberg: Der Masurische Kanal.
Schultz, Königsberg: Der Königsberger Hafen und seine wirtschaftliche Bedeutung.
K. A. Pohl, Berlin: Die Ausgestaltung der russischen Binnenschiffahrt im Hinblick auf die Entwicklung der russischen Häfen.
P. Brands, Hamburg: Verwendung von Holz für Vorsetze- und Kaimauern.
Petry, Oberkassel: Die Verwendung von Eisenbeton für Ufereinfassungen in See- und Binnenhäfen.
L. Leichtweiß, Braunschweig: Verwendung von Stahl (Peiner Kastenspundbohlen) bei Verkehrwasserbauten.
R. Bruns, Danzig: Der Ausbau des Danziger Hafens in den Jahren 1920 bis 1935.
B. Nagórski, Danzig: Der Verkehr im Danziger Hafen.

St. Legowski, Gdingen: Der Hafen von Gdingen.
Neue Häfen am Mittellandkanal:
Högg, Hildesheim: Der Hildesheimer Kanalhafen.
H. Schröder, Großilsede: Der Hafen der Ilseder Hütte in Peine.
Gebensleben, Braunschweig: Der Braunschweiger Hafen.
Quadbeck, Bremerhaven: Die neuere Entwicklung der Klappbrücken.
F. Baumeister, Berlin: Ausrüstung der Ufereinfassungen in Seehäfen.
Hoffmann, Madrid: Die Erweiterung der Ausbootungsmole im Hafen von Funchal.

Fünfzehnter Band 1936
Mit 207 Abbildungen im Text und 2 Tafeln sowie einer Tabellentafel. Din A 4, 180 Seiten.
Preis gebunden Ganzleinen RM 25,—.
Berlin 1937.

Kölzow, Berlin: Die technische und wirtschaftliche Entwicklung der Berliner Häfen.
Wilhelm, Berlin: Die Berliner Wasserstraßen als Zubringer der Berliner Häfen.
H. Etterich, Düsseldorf: Der Düsseldorfer Hafen und seine Entwicklung.
Hoffbauer, Duisburg: Die wirtschaftliche und technische Entwicklung der westdeutschen Häfen in den letzten Jahren.
Ostendorf, Münster i. W.: Grundlagen für den Bau von Industrie- und Werfthäfen an Binnenwasserstraßen.
Wehrspan, Wanne-Eickel: Fragen des Hafenbetriebes.
J. Th. Schäßler und Mitarbeiter, Hamburg: Die Fürsorge des Reiches für die Schiffbarkeit der Unterelbe.
P. Grübeler, Hamburg: Die Fürsorge des Deutschen Reiches für die Betonnung und Befeuerung der Unterelbe seit dem 1. März 1921.
R. Seifert, Berlin: Modellversuche für Tideflüsse.
R. S. Mac Elwee, New York, *J. Halpern*, New York, und *B. C. Allin*, Stockton: Neue Hafenbauten in den Vereinigten Staaten von Nordamerika: Die neuen Pieranlagen für Überseedampfer im Hafen von New York; Der Hafen von Albany im Staate New York; Der Charlotte-Kai, Hafen von Rochester am Ontariosee, Staat New York; Der Hafen von Stockton.
H. Speth, Madrid: Der Wellenbrecher des Hafens von Leixões.
F. E. Wentworth Sheilds, Southampton, *B. Kreßner* und *E. Förster*, Hamburg: Die Hafenanlagen in Southampton und ihre Erweiterung.
A. Eggink: Die Bauten der Twenthekanäle.
V. Kelstrup, Oslo: Der Osloer Hafen in seiner geschichtlichen, wirtschaftlichen und technischen Entwicklung.

Inhaltsverzeichnis für Band 1 bis 15
Din A 4, 35 Seiten.
Preis geheftet RM 2,40.
Berlin 1938.
Verfasser- und Namenverzeichnis. — Orts- und Gewässerverzeichnis. — Sachverzeichnis.

Sechzehnter Band 1937
Mit 373 Abbildungen im Text und auf 5 Tafeln.
Din A 4, 272 Seiten.
Vergriffen.
Berlin 1938.

G. Gaye, Breslau: Der Adolf-Hitler-Kanal.
W. Stolze, Gleiwitz: Der Hafen Gleiwitz des Adolf-Hitler-Kanals.
A. Eckhardt, Berlin: Die technische und wirtschaftliche Bedeutung Wilhelmshavens.
G. Frede, Wilhelmshaven: Die Arbeiten zur Verbesserung des Fahrwassers der Jade.
W. Krüger, Wilhelmshaven: Die Entwicklung der Harlebucht und ihr Einfluß auf die Außenjade.
R. Schneider, Wilhelmshaven: Baustoffangriffe in Wilhelmshaven.
E. Obst, Hannover: Die südafrikanischen Seehäfen.
O. Lacmann, Berlin: Die Photogrammetrie unter besonderer Berücksichtigung ihrer Verwendung im Wasserbau und im wasserbautechnischen Versuchswesen.
H. Gerdes, Wilhelmshaven: Die Seeschleusen der III. Hafeneinfahrt in Wilhelmshaven und ihre gründliche Instandsetzung in den Jahren 1934 bis 1937.
C. A. E. Müller, Braunschweig: Die Entwicklung der schwimmenden pneumatischen Getreideheber.
W. Krüger, Wilhelmshaven: Riffwanderung vor Wangeroog.
W. Böttcher, Tsingtao: Der Hafen von Tsingtao.
V. Rosu: Die rumänischen Donauhäfen und die Donauwasserstraße bis zum Schwarzen Meere.
B. Kanew, Sofia: Erweiterung des Hafens von Russe an der Donau.
H. Schulze, Stettin, und *H. Canß*, Herne: Der neue Getreidespeicher im Stettiner Hafen.

Siebzehnter Band 1938
Mit 375 Abbildungen im Text und auf 5 Tafeln.
Din A 4, 296 Seiten.
Preis gebunden Ganzleinen RM 30,—.
Berlin 1939.

M. Bahr, Tönning: Die Veränderungen der Helgoländer Düne und des umgebenden Seegebietes.
Gährs, Berlin: Die Pläne für den weiteren Ausbau des Deutschen Wasserstraßennetzes.
J. Götsch, Magdeburg: Magdeburg als Hafen- und Schiffahrtsstadt.
R. Christiani, Kopenhagen: Neuzeitliche Grund- und Wasserbauten.
K. Lenk, Frankfurt a. M.: Verschiedene Formen von Druckluftgründungskörpern.
O. Wundram, Hamburg: Hafen- und Kraftwagenverkehr.
A. Agatz: Geleitwort für die Aufsätze über die ehemaligen deutschen Kolonialhäfen.
B. Pfister, Freiburg i. Br.: Die wirtschaftliche Bedeutung der deutschen Kolonialhäfen vor und nach dem Kriege.
E. Schultze, Berlin: Die technische Entwicklung der deutschen Kolonialhäfen.
H. Butzer, Dortmund: Über die Gestaltung von Hafenbauwerken in Kolonialhäfen an der West- und Ostküste Afrikas.
P. Peltier, Marseille: Der Hafen von Marseille.
H. Jansson und *C. Semler*, Stockholm: Die bauliche Entwicklung der schwedischen Häfen nach dem Weltkrieg.

Achtzehnter Band 1939/40
Mit 305 Abbildungen im Text und auf 6 Tafeln.
Din A 4, 379 Seiten.
Preis gebunden Ganzleinen RM 46.—
Berlin 1941.

A. Agatz: 25 Jahre Hafenbautechnische Gesellschaft 1914 bis 1939.
G. Koenigs: Hafenpolitik.
O. Wundram: Ausschuß für Hafenumschlagstechnik.
J. H. Nadermann: Die Straßenverkehrswege in den Binnenhäfen.
O. H. Drechsler: Lübecks hansische Überlieferung.
W. Daitz: Lübecks neue Aufgaben im Ostseeraum.
I. A. Rimstad: Der Hafen von Kopenhagen.
H. G. Schütte: Wirkungen von Formänderungen verankerter Bohlwände und des stützenden Bodens auf die Verteilung der äußeren und inneren Kräfte.
J. M. Lorenzen: Vorarbeiten für Seebauten.
W. Hensen: Die Entwicklung der Fahrwasserverhältnisse in der Außenelbe.
H. Backhaus: Geschichtliche und geologische Veränderungen der ostfriesischen Inselgruppe.
F. Bock und *B. Kreßner*: Aus der Geschichte des Antwerpener Hafens.
A. Agatz: Der Seehafen von Bangkok.
Register.

Die Bände sind, soweit vorhanden, von der Hafenbautechnischen Gesellschaft oder im Buchhandel durch den Springer-Verlag, Berlin, erhältlich. Mitglieder der Hafenbautechnischen Gesellschaft erhalten die Jahrbücher zum halben Bezugspreis.

Hafenbautechnische Gesellschaft e. V.

im Arbeitskreis „Schiffahrtstechnik" des NS.-Bundes Deutscher Technik

Geschäftsstelle: Berlin-Charlottenburg 2, Berliner Str. 170/172, Technische Hochschule
Hauptgebäude Zimmer 357

Fernruf: 31 00 11, App. 222
Fernverkehr: 31 80 11

Postscheckkonto: Berlin 113712

Berlin, im September 1941

Rundschreiben Nr. 1/1941

An unsere Mitglieder und Förderer!

1. Jahrbuch der Hafenbautechnischen Gesellschaft.

In der Anlage übersenden wir unseren Mitgliedern den 18. Band des Jahrbuches der Hafenbautechnischen Gesellschaft, der als Doppelband für die Jahre 1939 und 1940 herausgegeben ist. Daß dieses Jahrbuch in der gleichen Ausführung wie seine Vorgänger und in diesem stattlichen Umfange erscheinen kann, verdanken wir in erster Linie der unermüdlichen Arbeit des Schriftleitungsausschusses und des Springer-Verlags, die keine Mühe gescheut haben, trotz aller Schwierigkeiten der Kriegszeit das geistige und stoffliche Material zu dieser Veröffentlichung zu beschaffen. Es ist für die Hafenbautechnische Gesellschaft besonders erfreulich, daß sie nach zwei Jahren Krieg mit einem wissenschaftlichen Werk an die Öffentlichkeit treten kann, das die bisherige Tradition der Friedenszeit in jeder Beziehung voll weiterführt.

Da vorerst noch mit einer Fortdauer der Einschränkungsmaßnahmen für Arbeitskräfte und Papier gerechnet werden muß, können wir einen genauen Termin für das Erscheinen des nächsten Jahrbuches Band 19 nicht angeben. Jedenfalls wird auch dieser Band zur Ersparnis von Rohstoffen als Doppelband für die Jahre 1941/42 erscheinen Es liegt bereits ein umfangreiches Programm für den Inhalt dieses Jahrbuches vor, das wir mit unserem nächsten Rundschreiben bekanntgeben werden.

2. Beilagen zum Jahrbuch.

Dem Jahrbuch sind als lose Beilagen drei Drucksachen angefügt. Das **Verzeichnis der bisher erschienenen Jahrbücher** ist bis zum Jahre 1941 ergänzt und wesentlich übersichtlicher gestaltet worden. Die dort angegebenen Jahrbücher sind durch die Geschäftsstelle oder den Springer-Verlag, Berlin, erhältlich.

Ferner glauben wir unseren Mitgliedern eine besondere Freude zu machen, indem wir ihnen das **Festgedicht** von Herrn Baudirektor Bunnies, Hamburg, das anläßlich der Feier des 25jährigen Bestehens der Gesellschaft in Travemünde vorgetragen und mit großem Beifall aufgenommen wurde, zur Erinnerung an diesen Tag überreichen.

Als dritte Anlage ist ein **Register für die Aufsätze über die Kolonialhäfen** beigefügt, das eine Ergänzung zu dem 17. Band der Jahrbücher bilden und die Benutzung dieser für die Zukunft wesentlichen Darstellung erleichtern soll.

Mit dem Band 18 ist eine grundlegende Neuerung insofern eingetreten, als die Jahrbücher nunmehr regelmäßig mit einem Register erscheinen werden, das in der gleichen Weise eingeteilt ist wie das vor einigen Jahren erschienene Inhaltsverzeichnis der Bände 1—15. Seine Zusammenstellung hat dankenswerterweise ebenfalls der Schriftleitungsausschuß in Hamburg übernommen.

3. Nachtrag zum Mitgliederverzeichnis.

Seitdem unser letztes Mitgliederverzeichnis im September 1939 herausgegeben wurde, haben sich derart viele Neuaufnahmen und Änderungen der Anschrift ergeben, daß eine Ergänzung dringend notwendig erschien. Infolge der Tatsache, daß das Verzeichnis bereits frühzeitig in Druck gegeben wurde, war es möglich, das Papier für die Veröffentlichung genehmigt zu erhalten. Wir möchten bei dieser Gelegenheit unsere Mitglieder nochmals bitten, etwaige Ungenauigkeiten der Anschrift der Geschäftsstelle umgehend mitzuteilen, da anderenfalls eine ordnungsgemäße Zustellung der Drucksachen und eine einwandfreie Listenführung nicht möglich ist.

die mit überzeugenden Gründen von einer weiteren Inanspruchnahme abzusehen baten, zugesagt. Diesen Herren sei der besondere Dank unserer Gesellschaft ausgesprochen, da sie trotz starker Inanspruchnahme sich für die Ziele unserer Vereinigung zur Verfügung gestellt haben. Den übrigen Herren darf ich für ihre Bereitwilligkeit danken, eine Wiederberufung in den Großen Vorstandsrat anzunehmen, und sie hiermit erneut als Mitglieder berufen.

7. Vereinsleitung.

Im Jahre 1941 scheidet satzungsgemäß der Vereinsleiter aus seinem Amt aus. In Anbetracht der Tatsache, daß augenblicklich eine Hauptversammlung nicht stattfinden kann, auf der anderen Seite eine gesetzliche Vertretung des Vereins vorhanden sein muß, hat der Kleine Vorstandsrat den derzeitigen Vereinsleiter gebeten, sein Amt auf Kriegsdauer weiterzuführen, und eine ordentliche Neuwahl des Vereinsleiters auf die nächstmögliche Hauptversammlung anberaumt.

8. Ausschußarbeiten.

Berichte über die Ausschußarbeiten in den vergangenen Jahren sind im Jahrbuch enthalten. Für die Zukunft sind folgende neuen Arbeiten durch den Ausschuß für Hafenumschlagstechnik in Angriff genommen:

Zusammenstellung der Unfallverhütungsvorschriften und Sicherheitsmaßnahmen im Hafenumschlagsbetrieb.

Untersuchung der Förder- und Umschlagsleistung in der Binnenschiffahrt. Verfügbarer Laderaum und mittlere Abladung bei verschiedenen Kahntypen und Güterarten. Mittlere Umschlagsleistung der Binnenschiffe bei mechanischer und Handentladung. Verhältniszahl zwischen Umschlaggeräten und Schiffsliegeplätzen. Hafenliegezeit beim Umschlag. Anteile an den verschiedenen Umschlagseinrichtungen: Binnenschiff—Eisenbahn—Lastwagen—Lagerplatz.

Ferner werden vom gleichen Ausschuß weitergeführt:

Eine Untersuchung über den Stromverbrauch von Umschlagskränen. Einfluß der Stromkosten auf die gesamten Umschlagskosten bei Stückgut und Schüttgut. Messung der Verbräuche in einfacher Form unter gleichzeitiger Wertung der Steuerung. Schaffung von Richtlinien für Verbrauchsmessungen auf gleicher Grundlage.

Außerdem hat die Hafenbautechnische Gesellschaft ihre Mitarbeit an den Arbeiten der Kolonialwissenschaftlichen Abteilung des Reichsforschungsrates, Fachgruppe Koloniale Verkehrsforschung, zugesichert und die folgenden Arbeiten übernommen:

Die Häfen Französisch-Äquatorial-Afrikas
Die Häfen Belgisch-Kongos,

und zwar jeweils eine Behandlung des Ausbaus, des derzeitigen Zustands, der Leistungsfähigkeit, der Verkehrsorganisation und der Verkehrsleistungen.

Wir werden über diese Arbeiten weiter berichten.

9. Werbung.

Unsere bisherige Aufforderung an die Mitglieder, sich für die Werbung neuer Mitglieder einzusetzen, ist von einem beachtlichen Erfolg begleitet gewesen, wie die Zahl der Neuaufnahmen in dem beigefügten Nachtrag zum Mitgliederverzeichnis erkennen läßt. Dieser Erfolg ermutigt uns, wieder mit der Bitte an unsere Mitglieder heranzutreten, weiter eine Werbung für die Hafenbautechnische Gesellschaft zu betreiben und hierfür Unterlagen bei der Geschäftsstelle anzufordern. Die Hafenbautechnische Gesellschaft hat sich während des Krieges bereits als äußerst wertvoll für die Beschaffung von Auskünften auf ihrem Spezialgebiet erwiesen. Besonders ist das umfangreiche Material, das in den Jahrbüchern enthalten ist, bereits häufig von grundlegender Bedeutung für Maßnahmen gewesen, die auf hafenbautechnischem Gebiet im Kriege ergriffen wurden. Diese Anforderungen, die an unsere Gesellschaft gestellt werden, werden nach dem Kriege zunehmen, so daß wir unsere Aufgaben nur dann erfüllen können, wenn auch unser Mitgliederbestand möglichst alle Kreise umfaßt, die mittelbar oder unmittelbar mit dem Hafenbau, dem Hafenbetrieb und der Hafenwirtschaft zu tun haben.

Hafenbautechnische Gesellschaft e. V., Hamburg

Der 1. Vorsitzende:
Professor Dr.-Ing. Agatz

Der Geschäftsführer:
Reg.-Baumeister a. D. Dr.-Ing. habil. Schultze

5. Hauptversammlung.

In Anbetracht der derzeitigen Kriegslage ist es unerwünscht, daß Hauptversammlungen, deren Teilnehmer sich über ein großes Gebiet Deutschlands verteilen, abgehalten werden, da auf diese Weise eine unnötige Belastung der Bahnen entsteht. Aus diesem Grunde haben wir davon abgesehen, während des Krieges eine Hauptversammlung auch in einer bescheidenen Form abzuhalten. Ebensowenig begünstigen die augenblicklichen Verhältnisse die Veranstaltung von Vortragsabenden örtlichen Charakters, da diese nur im Winter stattfinden können und dann schon zu sehr früher Stunde anberaumt werden müssen. Wir glauben daher im Interesse unserer Mitglieder zu handeln, wenn wir in diesen Zeiten, wo die Kräfte aller restlos durch die kriegswichtigen Aufgaben in Anspruch genommen sind, die ihnen auf ihrem Fachgebiet zufallen, auf jede Form von Veranstaltungen verzichten und diese einer Zeit überlassen, in der die Beanspruchung des einzelnen eine Teilnahme an Vortragsabenden und Hauptversammlungen wieder gestattet. Dafür hat die Gesellschaft ihr besonderes Augenmerk darauf gerichtet, die neueren Erfahrungen und Erkenntnisse auf den Gebieten des Hafenbaues und der Hafenwirtschaft ihren Mitgliedern durch die ständige Arbeit an den Jahrbüchern und die Ausschußarbeiten in der bisherigen Weise weiter zu vermitteln.

6. Kleiner und Großer Vorstandsrat.

Satzungsgemäß sind nach fünfjähriger Amtsdauer im Jahre 1939 und 1940 folgende Herren aus dem Großen Vorstandsrat ausgeschieden:

Direktor R. Ahlf, Wesermünde;
Direktor Dr. Bilfinger, Mannheim;
Oberbaurat Bollmann, Emden;
Hüttendirektor, Dipl.-Ing. A. Brüninghaus, Dortmund;
Oberbaudirektor Bruns, Danzig-Langfuhr;
Dr.-Ing. e. h. H. Butzer, Dortmund;
Hafendirektor Dittmar, Dortmund;
Dr. jur. Direktor Eggers, Bremen;
Hafendirektor H. Fischer, Frankfurt/M.;
Fabrikdirektor Dr. H. Fischmann, Grünberg (Schl.);
Dr.-Ing. E. Foerster, Hamburg;
Direktor E. Godeffroy, Hamburg;
Dr.-Ing. e. h. J. Gollnow, Stettin;
Konsul Dr. h. c. E. Gribel, Stettin;
Regierungs- und Baurat a. D. H. Heiser, Dresden;
Dr. W. Hoffmann, Hamburg;
Dr.-Ing. eh. h. Kreisselmeier, Berlin;
Hafendirektor Kusche, Breslau;
Oberregierungsbaurat, Hafendirektor R. Lehnert, Dresden;
Dr.-Ing. Oberbaudirektor a. D. Lohmeyer, Berlin;
Regierungsbaumeister a. D. Direktor Lütze, Berlin;
Dipl.-Ing. Direktor Mauterer, Dortmund;
Gerichtsassessor a. D. Direktor H. Michelau, Bremen;
Professor Dr.-Ing. W. Müller, Berlin;
Baurat, Direktor Nadermann, Magdeburg;
Dr.-Ing. Reg.- u. Baurat a. D. Generaldirektor W. Nakonz, Berlin;
Wasserbaudirektor T. Pfaue, Hannover;
Oberbaudirektor L. Plate, Bremen;
Prokurist Charles Sartori, Kiel;
Direktor J. Schätzler, Hamburg;
Direktor C. Schiebeler, Berlin;
Dr.-Ing. Oberregierungs- und Baurat a. D. M. Schinkel, Duisburg;
Dr. Magistratsrat Direktor Schultz, Königsberg/Pr.;
Direktor F. Stickan, Bremen;
Oberbaurat Strangmann, Berlin;
Direktor Struck, Hamburg;
Direktor H. Tigler, Duisburg;
Oberbaurat Vogel, Wesermünde;
Regierungsbaurat a. D. Direktor Wehrspan, Wanne-Eickel;
Dr. phil. h. c. Generaldirektor J. Welker, Duisburg-Ruhrort;
Dr. jur. Regierungsrat a. D. Direktor Wellhausen, Nürnberg;
Dipl.-Ing. Oberbaurat a. D. Wundram, Hamburg.

Auf die Anfrage des Vereinsleiters, ob sie eine Wiederberufung annehmen würden, haben sämtliche Herren mit Ausnahme der Herren:

Dr. h. c. Konsul E. Gribel, Stettin;
Gerichtsassessor a. D. Direktor H. Michelau, Bremen;

4. Jubiläumsstiftung.

In dem Mitgliederverzeichnis ist auf den ersten Seiten ein Verzeichnis der Stifter aufgeführt, und zwar in der Fassung, wie die Stiftung eingetragen worden ist.

In besonders anerkennender Form ist die Jubiläumsstiftung durch unseren Schirmherrn gefördert worden, der folgendes Schreiben an die Vereinsleitung richtete:

„Mit Genugtuung habe ich davon Kenntnis genommen, daß trotz des Krieges noch eine beträchtliche Erweiterung der Jubiläumsstiftung zu verzeichnen ist. Ich freue mich auch, daß durch diese Zeichnungen eine weitere Sicherung der wissenschaftlichen Arbeiten und der Herausgabe Ihrer Jahrbücher erreicht worden ist, und möchte die auch für die Kriegsmarine wertvollen Arbeiten der Hafenbautechnischen Gesellschaft dadurch mitfördern, daß ich als ihr Schirmherr hierdurch einen Beitrag von 1000,— RM für die Jubiläumsstiftung zeichne. gez. Raeder."

Durch die lebhafte Unterstützung unseres Schirmherrn sowie einiger Mitglieder, die sich besonders rührig in den Dienst der Sache gestellt haben, gelang es, weite Kreise auf unsere Stiftung aufmerksam zu machen und damit die Liste der Stifter seit dem letzten Rundschreiben Nr. 2/1940 im November 1940 ganz wesentlich zu erweitern.

Es sind seitdem hinzugekommen:

Großadmiral Dr. h. c. Raeder, Berlin;
Atlas-Werke AG., Bremen;
Blohm u. Voß, Hamburg;
Bremer Vulkan, Vegesack;
Dampfschiffahrtsgesell. „Neptun", Bremen;
Demag AG., Duisburg;
Deschimag, Bremen;
Deutsche Werft AG., Hamburg;
Deutscher Stahlbau-Verband, Berlin W 35;
Dortmunder Hafen AG., Dortmund;
Duisburg-Ruhrorter Häfen AG., Duisburg;
Förderergemeinschaft der westdeutschen Eisen- und Stahlindustrie, Düsseldorf;
J. Gollnow u. Sohn, Stettin;
Habermann u. Guckes-Liebold AG., Berlin W 30;
Hafen AG. Magdeburg, Magdeburg;
Hafenamt der Stadt Krefeld-Uerdingen, Krefeld-Uerdingen;
Hafenbetriebsgesellschaft Wanne-Herne mbH., Wanne-Eickel;
Hafen-Hauptkasse Danzig, Danzig;
Hafenverwaltung Frankfurt/M., Frankfurt/M.;
Hamburger Hafen- und Lagerhaus AG., Hamburg;
Franz Haniel u. Cie. GmbH., Duisburg-Ruhrort;
Ilseder Hütte, Peine;
Aug. Klönne, Dortmund;
Königsberger Hafengesellschaft mbH., Königsberg/Pr.;
Direktor H. Krewinkel, Düsseldorf;
Lübecker Maschinenbau-Gesellschaft, Lübeck;
MAN AG., Augsburg;
„Nordsee" Deutsche Hochseefischerei AG., Cuxhaven;
Nordseewerke, Emden;
Reederei „Braunkohle" GmbH. u. Co., Köln;
Reichshauptstadt Berlin (Hafenverwaltung), Berlin;
Reichsstatthalter, Hamburg;
Rhein-Main-Donau AG., München;
Rheinschiffahrts AG. vorm. Fendel, Mannheim;
Rhein.-Westf. Kohlen-Syndikat, Essen;
Schenck u. Liebe Harkort AG., Düsseldorf;
Dr. Ing. habil. Edgar Schultze, Berlin;
Senat der Freien Hansestadt Bremen, Bremen;
Städt. Hafenbetriebe Düsseldorf, Düsseldorf;
Städt. Hafenkasse Köln, Köln;
Städt. Rheinhäfen Karlsruhe, Karlsruhe;
Städt. Verkehrsamt Abtlg. II (Häfen), Hannover-Linden;
Stettiner Hafengesellschaft mbH., Stettin.

Wir möchten darauf aufmerksam machen, daß die vorstehende Liste jederzeit ergänzt werden kann und es unseren Mitgliedern nochmals nahelegen, sich für die Bestrebungen der Stiftung, die satzungsgemäß folgenden Wortlaut haben, einzusetzen:

Die Stiftung bezweckt die auf ausschließlich gemeinnütziger Grundlage beruhenden technisch-wissenschaftlichen Arbeiten der Gesellschaft und die ebenso gemeinnützigen Zwecken dienende Herausgabe von Jahrbüchern der Hafenbautechnischen Gesellschaft e. V., die von grundlegender Bedeutung für deutsche Hafenbautechnik und deutsche Hafenbetriebe sind, sicherzustellen.

If you have any concerns about our products,
you can contact us on
ProductSafety@springernature.com

In case Publisher is established outside the EU,
the EU authorized representative is:
**Springer Nature Customer Service Center GmbH
Europaplatz 3, 69115 Heidelberg, Germany**

Printed by Libri Plureos GmbH
in Hamburg, Germany